《量子电动力学（第四版）》

本书是《理论物理学教程》的第四卷，内容包括外场中自由粒子的相对论理论，光发射和散射理论，相对论微扰理论及其在电动力学过程中的应用，辐射修正理论，高能过程的渐近理论。本书的处理透彻、仔细而不学究式。本书可作为高等学校物理专业高年级本科生教材，也可供相关专业的研究生、科研人员和教师参考。

《统计物理学 I（第五版）》

本书是《理论物理学教程》的第五卷，以吉布斯方法为基础讲述经典统计与量子统计。全书论述热力学基础，理想气体的统计物理学，非理想气体理论，费米分布与玻色分布及其对黑体辐射热力学与固体理论的应用，溶液理论，化学平衡与表面现象理论，气体的磁性质，晶体的对称性理论，涨落，一级相变、二级相变和物质在临界点附近的性质，以及涨落在这些现象中的作用。本书可作为高等学校物理专业高年级本科生教材，也可供相关专业的研究生、科研人员和教师参考。

《流体力学（第五版）》

本书是《理论物理学教程》的第六卷，将流体力学作为理论物理学的一部分来阐述，全书风格独特，内容和视角与其它教材相比有很大不同。作者尽可能全面地研究了所有对物理学有重要意义的问题，尽可能清晰地描述了诸多物理现象和它们之间的相互关系。主要内容除了流体力学的基本理论外，还包括湍流、传热传质、声波、气体力学、激波、燃烧、相对论流体力学和超流体等专题。本书可作为高等学校物理专业高年级本科生教材，也可供相关专业的研究生和科研人员参考。

列夫·达维多维奇·朗道（1908—1968） 理论物理学家、苏联科学院院士、诺贝尔物理学奖获得者。1908 年 1 月 22 日生于今阿塞拜疆共和国的首都巴库，父母是工程师和医生。朗道 19 岁从列宁格勒大学物理系毕业后在列宁格勒物理技术研究所开始学术生涯。1929—1931 年赴德国、瑞士、荷兰、英国、比利时、丹麦等国家进修，特别是在哥本哈根，曾受益于玻尔的指引。1932—1937 年，朗道在哈尔科夫担任乌克兰物理技术研究所理论部主任。从 1937 年起在莫斯科担任苏联科学院物理问题研究所理论部主任。朗道非常重视教学工作，曾先后在哈尔科夫大学、莫斯科大学等学校教授理论物理，撰写了大量教材和科普读物。

朗道的研究工作几乎涵盖了从流体力学到量子场论的所有理论物理学分支。1927 年朗道引入量子力学中的重要概念——密度矩阵；1930 年创立电子抗磁性的量子理论（相关现象被称为朗道抗磁性，电子的相应能级被称为朗道能级）；1935 年创立铁磁性的磁畴理论和反铁磁性的理论解释；1936—1937 年创立二级相变的一般理论和超导体的中间态理论（相关理论被称为朗道相变理论和朗道中间态结构模型）；1937 年创立原子核的概率理论；1940—1941 年创立液氦的超流理论（被称为朗道超流理论）和量子液体理论；1946 年创立等离子体振动理论（相关现象被称为朗道阻尼）；1950 年与金兹堡一起创立超导理论（金兹堡 - 朗道唯象理论）；1954 年创立基本粒子的电荷约束理论；1956—1958 年创立了费米液体的量子理论（被称为朗道费米液体理论）并提出了弱相互作用的 CP 不变性。

朗道于 1946 年当选为苏联科学院院士，曾 3 次获得苏联国家奖；1954 年获得社会主义劳动英雄称号；1961 年获得马克斯·普朗克奖章和弗里茨·伦敦奖；1962 年他与栗弗席兹合著的《理论物理学教程》获得列宁奖，同年，他因为对凝聚态物质特别是液氦的开创性工作而获得了诺贝尔物理学奖。朗道还是丹麦皇家科学院院士、荷兰皇家科学院院士、英国皇家学会会员、美国国家科学院院士、美国国家艺术与科学院院士、英国和法国物理学会的荣誉会员。

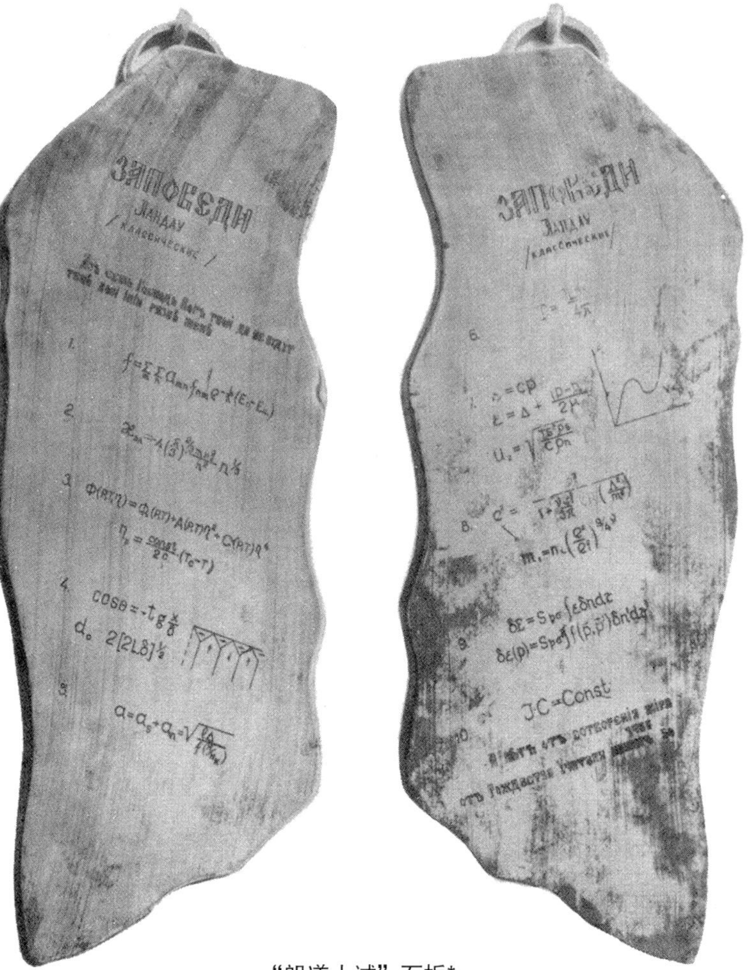

“朗道十诫”石板*

1958年苏联原子能研究所为庆贺朗道50岁寿辰，送给他的刻有朗道在物理学上最重要的10项科学成果的大理石板，这10项成果是：

1. 量子力学中的密度矩阵和统计物理学（1927年）
2. 自由电子抗磁性的理论（1930年）
3. 二级相变的研究（1936—1937年）
4. 铁磁性的磁畴理论和反铁磁性的理论解释（1935年）
5. 超导体的混合态理论（1934年）
6. 原子核的概率理论（1937年）
7. 氦Ⅱ超流性的量子理论（1940—1941年）
8. 基本粒子的电荷约束理论（1954年）
9. 费米液体的量子理论（1956年）
10. 弱相互作用的CP不变性（1957年）

* Бессараб М Я. Ландау: Страницы жизни. Москва: Московский рабочий, 1988.

ТЕОРЕТИЧЕСКАЯ ФИЗИКА ТОМ III

Л. Д. ЛАНДАУ
Е. М. ЛИФШИЦ

КВАНТОВАЯ МЕХАНИКА
(НЕРЕЛЯТИВИСТСКАЯ ТЕОРИЯ)

理论物理学教程 第三卷

量子力学

（非相对论理论）（第六版）

Л. Д. 朗道 Е. М. 栗弗席兹 著 严肃 译 喀兴林 校

俄罗斯联邦教育部推荐大学物理专业教学参考书

高等教育出版社·北京

图字：01 - 2007 - 0912 号

Л. Д. Ландау, Е. М. Лифшиц. Теоретическая физика. В 10 томах
Copyright© FIZMATLIT PUBLISHERS RUSSIA, ISBN 5 - 9221 - 0053 - X
The Chinese language edition is authorized by FIZMATLIT PUBLISHERS RUSSIA for publishing and sales in the People's Republic of China

图书在版编目(CIP)数据

量子力学:非相对论理论:第6版/(俄罗斯)朗道,(俄罗斯)栗弗席兹著;严肃译.—北京:高等教育出版社,2008.10(2023.11重印)
ISBN 978 - 7 - 04 - 024306 - 2

Ⅰ.量…　Ⅱ.①朗…②栗…③严…　Ⅲ.量子力学　Ⅳ.O413.1

中国版本图书馆 CIP 数据核字(2008)第117488号

策划编辑　王　超　　责任编辑　王　超　　封面设计　刘晓翔　　责任绘图　郝　林
版式设计　陆瑞红　　责任校对　胡晓琪　　责任印制　赵义民

出版发行　高等教育出版社
社　　址　北京市西城区德外大街4号
邮政编码　100120
印　　刷　北京中科印刷有限公司
开　　本　787 × 1092　1/16
印　　张　39
字　　数　730 000
插　　页　1
购书热线　010 - 58581118
咨询电话　400 - 810 - 0598
网　　址　http://www.hep.edu.cn
　　　　　http://www.hep.com.cn
网上订购　http://www.landraco.com
　　　　　http://www.landraco.com.cn
版　　次　2008年10月第1版
印　　次　2023年11月第9次印刷
定　　价　85.00元

物 料 号　24306 - 00

第四版编者序言

在《量子力学》目前的第四版中,改正了在第三版中已发现的错误和不妥之处,对几个例题也作了一些修正和补充。

我感谢所有提出意见的本书读者。

Л. П. 皮塔耶夫斯基

1988年5月

第三版序言

本卷前一版是我和我的老师朗道共同工作的最后一本书。我们所作的修改和扩充很可观,影响到每一章。

对这第三版,所需的修改自然少得多,但也增添了不少新材料,包括更多的例题,补充了一些日益显得重要的早期结果和近期研究。

朗道对理论物理的惊人理解力往往使他无需参考原始文献,他能用自己的方法导出结果。这可能是我们的书中为什么不列出其他作者的一些必要参考文献的一个原因,在本版中,我尝试尽量地列举这些文献。在我们描述属于朗道本人未曾发表的一些结果或方法之处,我还增举了关于朗道本人工作的一些参考文献。

正如修订《理论物理学教程》其它几卷时一样,我得到了许多同事的帮助,他们告诉我前版处理中的不足之处或者应予增添的新材料。(余略)对所有这些,我表示衷心的感谢。

本卷的整个修订工作,是在和 Л. П. 皮塔耶夫斯基密切合作中完成的。我结识了这位出身于同一朗道学派并受科学服务的同样理想鼓舞的同事,甚感有幸。

E. M. 栗弗席兹

1973 年 11 月,莫斯科

第一版序言摘录

《理论物理学教程》的这一卷是讲述量子力学的。由于量子力学的相关内容十分浩繁,我们把它分成两个部分。已出版的第一部分是非相对论理论,而相对论理论将放在第二部分。

关于相对论理论,我们是按它的最广泛的意义去理解,是指所有实质上与光速有关的量子现象的理论。其中不仅包括狄拉克的相对论性理论及相关问题,而且包括全部辐射的量子理论。

在本书中,和量子力学的基础内容一起还讲述了量子力学的大量应用。应用的数量远比通常量子力学教材为多。我们只是没有收入一类应用问题,讨论这类问题必须同时分析有关的实验数据,这显然超出了本书的范围。

讲述具体问题时我们力求全面,在引用原始文献时只限于指出其作者。

和前几卷一样,在讲述一般问题的时候,我们尽可能把理论的物理实质以及在这个基础上所建立的数学工具讲解清楚。特别是在本书的前几节中,在阐述量子力学算符的一般性质时,就采用了这种讲法。

和一般采用的讲法不同,我们不是从线性算符的数学理论出发,而是从面临的物理问题出发,引导到数学上的需要,提出算符和本征函数。

必须指出,和原始文献相比,许多量子力学教程讲得过于复杂。这种复杂化的一般理由虽然是为了普遍化和严格化,但是仔细研究后不难看出,这种做法实际上往往是一种空想,这些"严格"理论往往不少是错误的。

既然复杂化的阐述我们认为根本不恰当,我们就力求简洁并且更多地回到原始文献。

为了不打断论述的连续性,尽可能不把注意力转移到纯粹的计算方面,我们把某些纯粹的数学知识放到书末的"数学附录"中,以备参考。

Л. Д. 朗道

E. M. 栗弗席兹

1947 年 5 月,莫斯科

目　　录

第一章

量子力学的基本概念

§1 不确定性原理

每当我们试用经典力学和经典电动力学阐释原子现象时，总会得出与实验有明显矛盾的结论. 最明显的例子，是把通常的电动力学用于电子绕原子核作经典轨道运动的原子模型. 当电子作这种运动的时候，它和任何带电粒子的加速运动一样，会不断地辐射电磁波. 由于这种辐射，电子便会丧失能量，这将使它最终落入原子核中. 故按经典电动力学看来，原子是不稳定的，但这与事实完全不符.

理论与实验之间如此深刻的矛盾，表明有必要建立一种适用于原子现象(即质量极小的一些粒子在极短间距内所发生的现象)的理论，需要根本改变基本的物理概念和定律.

为方便计，我们拿实验上观察到的**电子衍射**现象①，作为阐明这种根本改变的出发点. 当一均匀电子束穿过一块晶体时，发现出射波呈现一种强弱交替的图样，完全类似于电磁波衍射中所观察到的衍射图样，由此可见，在一定的条件下，粒子(此例中为电子)的行为中会表现出属于波动过程的特征.

这种现象与习常的运动观念之间的矛盾，究竟尖锐到什么地步，最好用以下的假想实验说明，它是晶体的电子衍射实验的一种抽象化. 设想有一块电子不能穿透的屏板，板上开有两道狭缝. 让电子束②通过其中的一个狭缝(遮住另一个)，则在狭缝后放置的连续幕上可以得到某一强度分布图样；应用同样的方法，遮闭第一个狭缝并打开第二个，可得另一个图样. 现在让电子束同时通过这

---

① 电子衍射现象实际上是在量子力学建立以后才发现的. 但在我们的论述中，我们不去拘泥于理论的历史发展顺序，而是尽量采用这样的讲法，使得量子力学的基本原理与实验现象之间的联系表达得最为清楚.

② 假定粒子束是如此稀疏，以致粒子间的相互作用可以略去不计.

两个狭缝,我们根据通常的经典观念,一定会设想所得的图样不过是原先两个图样的简单叠合:因为每一个电子都沿自己的轨道运动,只通过狭缝之一,而不会影响正在通过另一个狭缝的电子.可是,电子衍射现象表明,由于干涉作用,我们所得的衍射图样实际上并不等于每一个单狭缝所分别给出的那两个衍射图样之和.十分明显,这个结果无法与电子的轨道运动观念相协调.

因此,统辖原子现象的力学——**量子力学或波动力学**——必须建立在与经典力学根本不同的运动观念的基础之上.量子力学中并不存在粒子轨道之类的概念.这就构成了1927年① W.海森伯所发现的量子力学基本原理之一所谓**不确定性原理**的主要内容.

从抛弃经典力学的习常观念这一角度来讲,不确定性原理的内容也许可以说是消极的.诚然,这个原理本身,还不足以作为建立新的粒子力学的基础.这样一种新的理论,自应建立在若干积极论断的基础上,这将在以后(§2)讨论.但是,为了能够表述这些论断起见,我们有必要首先弄清量子力学所面临的问题的提法.为此,我们先来考察一下量子力学和经典力学内在关系间的特殊性质.

凡是一个更为普遍的理论,往往可用完整的逻辑形式表述出来,并且独立于那些作为它的极限情形的较窄理论.例如相对论力学可以建立在自己的基本原理的基础上,无需参考牛顿力学.可是,当我们表述量子力学的基本概念时,原则上却不能不用到经典力学.一个电子②没有确定的轨道,这一事实本身意味着这个电子也不会有其它什么动力学标志③.于是就很清楚,对于一个只包含量子客体的系统来讲,势必完全不可能建立起任何逻辑上独立的力学.对电子运动作出定量描述的可能性,要求同时存在一些物理客体,这些物理客体在足够精确的范围内服从经典力学.如果一个电子和这样的"经典客体"相作用,后者的状态一般讲来会有所变化.这一变化的性质及大小依赖于电子的状态,从而就可以用来定量描述电子的状态.

因而,"经典客体"通常称为**仪器**,它和电子的作用就称为**测量**.但是有必要强调指出,我们在这里根本没有讨论物理观测者所参与的"测量"过程.量子力学中所谓的**测量**,我们总是把它理解为与任何观测者无关的发生于经典客体和量子客体之间的任一相互作用过程.测量概念在量子力学中的重要性是由N.玻尔所阐明的.

我们已把"仪器"定义为在足够精确范围内服从经典力学的一个物理客体.

---

① 值得指出,量子力学的完整数学表述,是在不确定性原理发现之前,由W.海森伯和E.薛定谔在1925—1926年间建立起来的,不确定性原理体现了这一数学表述的物理内容.

② 为简便计,在本节及以后各节中,凡是讲到"一个电子"的地方,可以一般地理解为一个具有量子特性的任何客体,即指不服从经典力学而服从量子力学的粒子或粒子系统.

③ 我们所指的是标志电子运动的那些量,而不是指标志粒子本身的电荷、质量等等参量.

例如一个质量足够大的物体.但不能因此认为仪器必然是宏观的.在一定条件下,微观客体也能起部分仪器的作用,因为“具有足够的精确度”这一概念取决于所涉及的具体问题.例如威耳逊云室中的电子运动,可用它所遗留的云迹来观察,这种云迹的粗细远大于原子尺度;当用这样低的精确度确定轨道时,电子完全是一个经典客体.

由此可见,量子力学在物理理论中占有一个很不平常的地位;它把经典力学作为一种极限情形而包含在内,但在它的自身表述中,同时又需要这一极限情形.

现在可以来表述一下量子力学问题的提法.一种典型的问题是:用前次测量的已知结果,去预断下一次的测量结果.除此以外,我们以后将看到,量子力学中的各种物理量(例如能量)所能采取的数值,即作为该量的测量结果所能得到的数值,它们的值域和经典力学相比一般讲来是受限制的.量子力学方法必须告诉我们怎样来确定它们的各种允许值.

量子力学中的测量过程具有一种十分重要的特性:它总是要影响到被测的电子,并且在给定的测量精确度范围内,原则上不可能使这种影响变得任意小.测量得愈精确,它所给予的影响就愈大,只有在精确度极低的测量中,被测客体所受的影响才能很小.测量的这种性质,逻辑上是由于电子的动力学标志仅仅作为测量本身的结果才能表现出来;十分明显,如果测量过程对客体的影响可以任意地小,这就意味着被测的那个量本身具有一个和测量无关的定值.

在各种测量中,电子的坐标测量具有基本的意义.在量子力学的适用限度内,对一个电子所施行的坐标测量①总是可以达到需要的任何精确度.

现在假定对一个电子的坐标相继测量了许多次,每次相隔的时间固定为Δt.这些测量结果,一般讲来,并不位于一条光滑的曲线上.而是相反,测量得愈精确,这些结果会变化得愈不连续愈不规则;正好和电子不存在轨道的概念相一致.只有在极为粗略地测量电子坐标的情形下,例如,在威耳逊云室中根据蒸气凝成的液滴确定电子坐标的情形下,才会得到一条相当光滑的轨道.

现在让测量的精确度保持不变,我们把测量之间的时间间隔Δt加以缩短,那么,相邻的测量当然就会给出坐标的相邻值.一系列相继测量之后所得的结果,虽然都会落到某一很小的空间范围内,可是它们将在这个区域内毫无规则地分布着,并不位于任一光滑曲线上.特别是Δt趋向于零时,相继测量的结果完全不趋于同一直线上.

这种情况表明,量子力学中并不存在经典意义下的粒子速度概念,经典的粒

① 我们再强调一遍,所谓“施行测量”是指一个电子和一个经典“仪器”的相互作用,丝毫也没有预设外界观测者的存在.

子速度,就是指两个时刻的坐标之差除以这两个时刻的时间间隔 Δt 后当 Δt 趋向于零时所得的极限. 不过,以后我们会看到,量子力学中可以建立一个合理的定义,用来表示某一给定时刻的粒子速度,并且当量子力学转向经典力学时,这个速度也随之转为经典的速度. 可是,在经典力学中,一个粒子在任一给定时刻可以同时具有确定的坐标和确定的速度,而在量子力学中,情况则完全不同. 如果测量结果发现电子具有确定的坐标,那么,它就不可能同时具有任何确定的速度. 反之,具有确定速度的电子,就不可能具有确定的空间位置. 事实上,坐标和速度的同时存在就意味着一条确定轨道的存在,这正是电子所没有的. 由此可见,在量子力学中,一个电子的坐标和速度是两个不能同时确切测量的量,也就是两个不能同时具有定值的量. 我们也可以说,电子的坐标和速度是两个无法同时存在的量. 以后我们还要导出一个定量的关系式,用来判断坐标和速度同时进行非精确测量的可能性.

在经典力学中,物理系统的完全描述是通过某一时刻给定其中的全部坐标和速度来实现的. 运动方程根据这些初始条件就可以完全确定系统此后所有时刻的行为. 而在量子力学中这种描述在原则上是不可能的,因为坐标和与其相应的速度不可能同时确定. 于是,量子系统的状态是用远比经典力学为少的数值描写的. 这就是说,对量子系统的状态的描写不如经典系统那样详细.

由此得出关于量子力学所能作出的预言的性质的一个非常重要的结论:和经典力学的描述能够准确地预言系统此后的运动相比,量子力学对力学系统的描述是不够详细的,显然做不到像经典力学那样. 这就是说,即使电子处于一个描述得最完全的态中,在以后的时刻它的行为在原则上也是不唯一的. 因此量子力学对于电子此后的行为不可能给出确切的预言. 处于给定起始状态的电子,此后对它进行测量时可以得出各种各样的结果. 量子力学的任务只是给出测量得到这一结果或那一结果的概率. 当然,在有的情况下测量得到某一结果的概率可能等于 1,这时过渡到确定性,这一测量结果是单值的.

量子力学中所有的测量过程可以分成两类. 其中有一类居多数,这类测量不管系统处于什么状态,都不能测得唯一的肯定结果. 另外一类测量,它的每一种可能结果都能从某种相应状态中肯定地测得. 后一类测量在量子力学中占有重要的地位,称为可以预断的测量. 由这种测量所确定的状态,它的定量标志称为量子力学中的**物理量**. 如果在某一态中,某种测量总是给出唯一的肯定结果,我们就说该态中相应的物理量具有定值. 今后我们对"物理量"一词,总是理解为此处所指的含义.

今后我们一再会看到,量子力学中远非任意一组物理量都能同时测量,即都能同时具有定值. 我们早已讲过一个例子,就是一个电子的坐标和速度,在量子力学中起着巨大作用的是具有下述性质的一组物理量:这组量能够同时测量,并且当它们同时具有定值的时候，再也没有别的物理量（只要不是这一组量的函数）能在该态中再具有定值，我们把这样的一组物理量称为一个**完全集合**.

电子状态的任何描述全都来自某种测量结果. 现在来讲一下量子力学中对一个状态进行完全描述的含义. 完全描述的态是由物理量的某一完全集合同时测量的结果所产生的. 根据这样的测量结果，我们就能确定下一次任何测量中各种所得结果的概率，并与首次测量（完全测量）之前电子的历史无关.

今后（§14 除外）我们总是把一个量子系统的状态理解成为这种完全描述的态.

§2 叠加原理

量子力学中的运动概念和经典力学相比较有了根本性的改变，当然，这就要求理论的数学表述作出同样的根本改变. 对此，我们必须首先考虑量子力学中态的描述方法.

我们用 q 表示量子系统坐标的集合，用 $\mathrm{d}q$ 表示这组坐标的微分的乘积. $\mathrm{d}q$ 通常称为该系统**位形空间**中的一个体积元；对单粒子来讲，$\mathrm{d}q$ 等同于普通空间中的一个体积元 $\mathrm{d}V$.

量子力学的数学表述基于这样的一个命题：在某一给定时刻，一个系统的状态可以用一个确定的坐标函数 $\Psi(q)$（通常为复函数）来描述. 这个函数的模量平方确定了坐标值的概率分布：对系统进行坐标测量时，测量所得诸值处于位形空间的 $\mathrm{d}q$ 体积元内的概率等于 $|\Psi|^2\mathrm{d}q$. Ψ 函数称为该系统的**波函数**①.

知道波函数后，我们还能在原则上算出任何其它测量（不一定是坐标测量）结果的概率. 所有这些概率都可由 Ψ 和 Ψ^* 的双线性表式所确定. 这种表式的最一般形式为

$$\iint \Psi(q)\Psi^*(q')\phi(q,q')\mathrm{d}q\mathrm{d}q', \tag{2.1}$$

其中的 $\phi(q,q')$ 函数依赖于测量的结果及性质，积分则遍及整个位形空间. 坐标值的概率式 $\Psi\Psi^*$ 本身，也是属于这种类型的一个表式②.

一般讲来，系统的状态及其波函数会随时间变化. 在这种意义下，波函数也可以看成是时间的函数. 如果某一起始时刻的波函数是已知的，那么，根据状态的完全描述这一概念本身所具有的含义，在原则上可确定此后每一时刻的波函数. 波函数对时间的具体依赖关系，将由以后导出的方程式来确定.

---

① 波函数是由薛定谔于 1926 年首先引入量子力学的.

② (2.1)式中当 $\phi(q,q')=\delta(q-q_0)\delta(q'-q_0)$ 时可得 $\Psi(q_0)\Psi^*(q_0)$，其中的 δ 代表后面 §5 中定义的德耳塔函数；q_0 为我们欲求其概率的一组坐标值.

根据定义,一个系统的各种可能坐标值的概率总和必须等于 1. 故 $|\Psi|^2$ 对整个位形空间的积分结果必须等于 1:

$$\int |\Psi|^2 \mathrm{d}q = 1. \tag{2.2}$$

这个等式称为波函数的**归一化条件**. 如果 $|\Psi|^2$ 的积分是收敛的,那么,只要适当选择函数 Ψ 前的常数系数,总能使 Ψ 得到**归一化**. 但是,我们在以后还会碰到 $|\Psi|^2$ 的积分为发散的波函数. 以致 Ψ 无法用条件(2.2)加以归一化. 当然,这种情形下的 $|\Psi|^2$ 并不代表坐标的绝对概率值,但是,在位形空间中两个不同点处的 $|\Psi|^2$ 的比值,可给出这两处坐标值的相对概率.

凡用波函数算出并且具有直接物理意义的各种量,都呈(2.1)式的形式,式中的 Ψ 总是跟 Ψ^* 乘在一起,由于这一点,归一化的波函数显然可以包含一个具有 $\mathrm{e}^{\mathrm{i}\alpha}$($\alpha$ 为任一实数)形式的不确定的常数**相因子**,这个因子的模量等于 1. 这种不确定性原则上是无法消除的;但它无关紧要,因为它并不影响任何物理结果.

量子力学的积极内容是建立在有关波函数性质的一系列假定的基础之上的. 这些假定如下:

设在波函数为 $\Psi_1(q)$ 的态中进行某种测量可以获得可靠的肯定结果(称为结果 1),而在 $\Psi_2(q)$ 的态中进行这种测量也可以获得可靠的肯定结果 2. 那么可以假定,在 Ψ_1 和 Ψ_2 的任一线性叠加所给出的态中,即在任一具有 $c_1\Psi_1 + c_2\Psi_2$ 函数形式(其中 c_1 和 c_2 为常数)的态中,进行该种测量所得的结果或者是 1,或者是 2. 此外,还可进一步假定,只要以上两个态的时间依赖关系是已知的,也就是一个由函数 $\Psi_1(q,t)$ 给出,另一个由函数 $\Psi_2(q,t)$ 给出,那么,它们的任一线性叠加也给出了这个叠加态的可能的时间依赖关系. 以上这些假定,构成了量子力学的一个首要原理,称为**状态叠加原理**. 从这个原理可以立刻知道,波函数所满足的一切方程必须对 Ψ 保持线性.

现在让我们考虑一个系统,它由两个子系统所组成,并且假定这个系统处于这样的状态,它的每一个子系统都是完全描述的①. 那么我们可以断言,第一个子系统的 q_1 坐标概率和第二个子系统的 q_2 坐标概率彼此无关,从而整个系统的概率分布必然等于这两个子系统的概率分布的乘积. 这就是说,该系统的波函数 $\Psi_{12}(q_1,q_2)$ 可以表为这两个子系统波函数 $\Psi_1(q_1)$ 和 $\Psi_2(q_2)$ 的乘积:

$$\Psi_{12}(q_1,q_2) = \Psi_1(q_1)\Psi_2(q_2), \tag{2.3}$$

如果这两个子系统没有相互作用,那么,整个系统及其两部分之间的上述波函数

---

① 当然,这意味着整个系统的态也是完全描述的. 但应强调指出相反的情况并不成立:如果整个系统的态是完全描述的,一般来讲,它并不能由此确定各个个别部分的态(又见 §14).

关系式在此后各时刻仍将保持不变,即可写成

$$\Psi_{12}(q_1,q_2,t)=\Psi_1(q_1,t)\Psi_2(q_2,t). \tag{2.4}$$

§3 算符

现在来考虑某一标志量子系统状态的物理量 f. 严格讲来,我们下面所讨论的量不是一个,而是同时有一组这种物理量的完全集合. 但由于对问题的讨论没有多大差别,为简明计,下面只讲一个物理量.

在量子力学中,一个给定物理量所能取的数值称为它的**本征值**,这些数值的集合则称为该量的**值谱**. 在经典力学中,一般讲来,物理量具有连续值. 量子力学中也有一些物理量(例如坐标),它们的本征值具有连续的值域;这种情形下的本征值称为具有**连续谱**. 可是,量子力学中除了这些量以外,还有其它一些量,它们的本征值是一组离散的数值;这种情形我们称为具有**离散谱**.

为简单计,我们假定所考虑的量 f 具有离散谱;连续谱的情形将在 §5 中讨论. f 的本征值用 f_n 表示,下标 n 可取 0,1,2,3,… 等值. 我们还用 Ψ_n 表示系统的一个状态波函数,该态中的 f 具有确定的 f_n 值. 这个波函数 Ψ_n 称为所给物理量 f 的**本征函数**. 假定每一个这样的波函数已经归一化,即有

$$\int |\Psi_n|^2 \mathrm{d}q=1. \tag{3.1}$$

假定该系统处于某一波函数为 Ψ 的任意状态中,对之进行物理量 f 的测量结果可得 f 的某些本征值 f_n. 根据状态叠加原理可以断言,波函数 Ψ 必然是这样一些本征函数 Ψ_n 的线性组合,这些 Ψ_n 所对应的各个 f_n 值都能在 Ψ 态中测到,且其概率不等于零. 因此在一般情形下,任一态的 Ψ 函数可表成下列级数形式:

$$\Psi=\sum_n a_n\Psi_n, \tag{3.2}$$

式中对所有的 n 求和,a_n 是一些常系数.

由此得出结论,任何波函数可以用任一物理量的一套本征函数来展开. 使上述展开式得以成立的那一套函数称为一个**完备组**(或**封闭组**).

当系统处于波函数为 Ψ 的态时,展开式(3.2)足以确定在该态中找到物理量 f 具有任一给定 f_n 值的概率(即测量结果为 f_n 值的概率). 正如上节所述,这些概率应由 Ψ 和 Ψ^* 的某种双线性表式所确定,这种表式对 a_n 和 a_n^* 而言因而也是双线性的. 当然,这样的表式还必须是正量. 最后,当系统处于波函数 $\Psi=\Psi_n$ 的态中时,f_n 值的概率必须等于 1,当波函数 Ψ 的展开式(3.2)中不含 Ψ_n 时,f_n 值的概率必须等于零. 能够满足上述诸条件的唯一正量只能是系数 a_n 的模量平方. 我们就得到这样的结论,展开式(3.2)中每一个系数的模量平方值 $|a_n|^2$,确定了波函数为 Ψ 的态中物理量 f 具有相应值 f_n 的概率. 各种 f_n 值的概

率总和必须等于 1;换句话说,以下关系式必须成立:

$$\sum_n |a_n|^2 = 1. \tag{3.3}$$

如果函数 Ψ 未经归一化,(3.3)式也就不再成立. 此时 $\sum\limits_n |a_n|^2$ 将由 Ψ 和 Ψ^* 的某一双线性表式所确定,这个表式当 Ψ 归一化后必须等于 1. 这样的表式只能是积分式 $\int \Psi\Psi^* \mathrm{d}q$. 故下式必须成立:

$$\sum_n a_n a_n^* = \int \Psi\Psi^* \mathrm{d}q. \tag{3.4}$$

另一方面,如果我们用 Ψ 去乘 Ψ^*(Ψ 的共轭复函数)的展开式 $\Psi^* = \sum\limits_n a_n^* \Psi_n^*$,积分之,可得

$$\int \Psi\Psi^* \mathrm{d}q = \sum_n a_n^* \int \Psi_n^* \Psi \mathrm{d}q,$$

将此式和(3.4)式比较,我们有

$$\sum_n a_n a_n^* = \sum_n a_n^* \int \Psi_n^* \Psi \mathrm{d}q,$$

由此可以导出下列公式:

$$a_n = \int \Psi\Psi_n^* \mathrm{d}q, \tag{3.5}$$

这个公式确定了 Ψ 函数对 Ψ_n 本征函数组展开时的系数 a_n.

如果把(3.2)式代入上式,可得

$$a_n = \sum_m a_m \int \Psi_m \Psi_n^* \mathrm{d}q,$$

由上式显然可知,本征函数组必须满足以下条件:

$$\int \Psi_m \Psi_n^* \mathrm{d}q = \delta_{nm}, \tag{3.6}$$

$n = m$ 时其中的 $\delta_{nm} = 1$,$n \neq m$ 时 $\delta_{nm} = 0$. $m \neq n$ 时乘积 $\Psi_m \Psi_n^*$ 的积分等于零,这一事实称为 Ψ_n 函数组的**正交性**. 因此,Ψ_n 本征函数组构成一套正交的归一化的完备函数组(或简称为**正交归一系**).

现在来引入物理量 f 在某一给定态中的**平均值** $\bar{f}$ 的概念. 根据通常的平均值定义,我们把平均值 $\bar{f}$ 定义为该量的所有本征值 f_n 分别乘以相应的概率值 $|a_n|^2$后相加所得的总和,即

$$\bar{f} = \sum_n f_n |a_n|^2. \tag{3.7}$$

我们来写出 $\bar{f}$ 的一个表式,这个表式中不含 Ψ 的展开系数 a_n 而只含 Ψ 函数本身. 鉴于(3.7)式中出现乘积 $a_n a_n^*$,显然,欲求的表式对 Ψ 和 Ψ^* 必须是双

线性的. 我们引入某种数学**算符**,用$\hat{f}$表示之①,并定义如下. 令$(\hat{f}\Psi)$为算符$\hat{f}$作用于函数Ψ后所得的结果. 我们定义的$\hat{f}$,是使$(\hat{f}\Psi)$和共轭复函数Ψ^*相乘后的积分结果等于平均值$\bar{f}$:

$$\bar{f}=\int\Psi^*(\hat{f}\Psi)\,\mathrm{d}q. \tag{3.8}$$

很易证明,$\hat{f}$在一般情形下是一个线性②积分算符. 实际上,应用a_n的表式(3.5),可以把(3.7)式的平均值定义改写成

$$\bar{f}=\sum_n f_n a_n a_n^*=\int\Psi^*\left(\sum_n a_n f_n\Psi_n\right)\mathrm{d}q,$$

和(3.8)式比较,可以看出算符$\hat{f}$作用于函数Ψ的结果呈以下形式:

$$(\hat{f}\Psi)=\sum_n a_n f_n\Psi_n, \tag{3.9}$$

如果把(3.5)式的a_n代入上式,我们就发现$\hat{f}$是一个以下形式的积分算符:

$$(\hat{f}\Psi)=\int K(q,q')\Psi(q')\,\mathrm{d}q', \tag{3.10}$$

其中的函数$K(q,q')$(称为该算符的**核**)为

$$K(q,q')=\sum_n f_n\Psi_n^*(q')\Psi_n(q). \tag{3.11}$$

因此,量子力学中的每一个物理量都有一个确定的线性算符与之相应.

由(3.9)式可知,如果函数Ψ就是本征函数Ψ_n之一(此时所有的a_n除了一个以外都等于零),那么,用算符$\hat{f}$作用之后,就等于这个函数乘上它的相应本征值f_n:

$$\hat{f}\Psi_n=f_n\Psi_n \tag{3.12}$$

[此后凡不会发生混淆之处,常把$(\hat{f}\Psi)$表式中的括号略去;将该算符视为作用在它后面所跟的表式上]. 因此我们可以说,所给物理量f的诸本征函数均为下列方程的解:

$$\hat{f}\Psi=f\Psi,$$

其中的f是一个常数,当上述方程具有满足所需条件的解答时,这个常数所能采取的诸数值即为本征值. 以后将会看到,许多物理量的算符形状可以通过直接的

① 我们约定,凡在字母上加一符号"^"的都代表算符.

② 一个算符具有以下性质时,称为线性的:

$$\hat{f}(\Psi_1+\Psi_2)=\hat{f}\Psi_1+\hat{f}\Psi_2\text{ 及 }\hat{f}(a\Psi)=a\hat{f}\Psi,$$

其中Ψ_1和Ψ_2为任意函数,a为任意常数.

物理考虑确定出来，上面所讲的算符性质，使我们有可能通过解 $\hat{f}\Psi = f\Psi$ 方程而求出其本征函数及本征值.

一个实物理量的本征值及其在每个态中的平均值都是实数. 这一点限制了它的相应算符. 令(3.8)式等于它的复共轭式，可得以下关系：

$$\int \Psi^* (\hat{f}\Psi)\mathrm{d}q = \int \Psi(\hat{f}^* \Psi^*)\mathrm{d}q, \tag{3.13}$$

其中的 $\hat{f}^*$ 代表 $\hat{f}$ 的复共轭算符①. 一般讲来，这个式子对任意的线性算符不一定成立，因而它对算符 $\hat{f}$ 的形式是一种限制. 对任意的算符 $\hat{f}$ 讲来，我们可以求出它的**转置算符** $\tilde{\hat{f}}$，其定义如下：

$$\int \Phi(\hat{f}\Psi)\mathrm{d}q = \int \Psi(\tilde{\hat{f}}\Phi)\mathrm{d}q, \tag{3.14}$$

式中的 Ψ 和 Φ 是两个不同的函数. 如果令 Φ 等于 Ψ 的共轭复函数 Ψ^*，再和(3.13)式比较，我们就有

$$\tilde{\hat{f}} = \hat{f}^*, \tag{3.15}$$

满足这个条件的算符称为**厄米算符**②. 这样一来，在量子力学的数学表述中，和实物理量相对应的算符就必须是厄米算符.

我们还可以纯形式地考虑复物理量，即其本征值为复数的物理量. 假定 f 是这样一个量. 则可引进其共轭复量 f^*，它的本征值和 f 的本征值成共轭复数关系. 我们用 $\hat{f}^+$ 代表 f^* 所对应的算符. $\hat{f}^+$ 称为算符 $\hat{f}$ 的**厄米共轭算符**，一般讲来它不同于复共轭算符 $\hat{f}^*$：f^* 在 Ψ 态中的平均值为

$$\bar{f}^* = \int \Psi^* \hat{f}^+ \Psi \mathrm{d}q.$$

另一方面，我们有

$$(\bar{f})^* = \left[\int \Psi^* \hat{f}\Psi\mathrm{d}q\right]^* = \int \Psi\hat{f}^* \Psi^* \mathrm{d}q = \int \Psi^* \tilde{\hat{f}}^* \Psi\mathrm{d}q$$

以上两式相等，得

$$\hat{f}^+ = \tilde{\hat{f}}^* \tag{3.16}$$

显然，$\hat{f}^+$ 一般讲来并不等于 $\hat{f}^*$.

条件(3.15)现在可写成

---

① 对算符 $\hat{f}$，如果有 $\hat{f}\psi = \phi$，则复共轭算符 $\hat{f}^*$ 可通过 $\hat{f}^*\psi^* = \phi^*$ 加以定义.

② 对(3.10)形式的线性积分算符而言，厄米条件相当于该算符的核必须满足 $K(q,q') = K^*(q',q)$.

$$\hat{f}=\hat{f}^{+} \tag{3.17}$$

因此,一个实物理量的算符等于它的厄米共轭算符(厄米算符也称为**自轭算符**).

对一个厄米算符讲来,属于不同本征值的本征函数彼此正交,现在来讲一下如何直接证明这种正交性.设 f_n 和 f_m 为 $\hat{f}$ 的两个不同本征值,Ψ_n 和 Ψ_m 为其相应的本征函数:

$$\hat{f}\Psi_n=f_n\Psi_n,\quad \hat{f}\Psi_m=f_m\Psi_m.$$

第一式两边各乘以 Ψ_m^*,第二式经过复共轭后再在两边各乘以 Ψ_n,然后两式相减,得

$$\Psi_m^*\hat{f}\Psi_n-\Psi_n\hat{f}^*\Psi_m^*=(f_n-f_m)\Psi_n\Psi_m^*,$$

上式两边对 dq 积分.由于 $\hat{f}^*=\tilde{\hat{f}}$,按(3.14)上式左边的积分等于零,故得

$$(f_n-f_m)\int\Psi_n\Psi_m^*\,dq=0,$$

由于 $f_n\neq f_m$,得证 Ψ_n 和 Ψ_m 两个函数的正交性.

我们在这里只讲了一个物理量 f,但在本节之初早已说明过,对一组同时可测的物理量的完全集合也可以同样讲.此时完全集合中的每一个量 $f,g,\cdots$ 均有其对应的算符 $\hat{f},\hat{g},\cdots$.本征函数 Ψ_n 则对应于上述诸量同时具有定值的态,即对应于具有一组确定的本征值 $f_n,g_n,\cdots$ 的态,且为下列方程组的共同解:

$$\hat{f}\Psi=f\Psi,\quad \hat{g}\Psi=g\Psi,\cdots.$$

§4 算符的加法和乘法

设 $\hat{f}$ 和 $\hat{g}$ 是两个物理量 f 和 g 的算符.它们之和 $f+g$ 对应于一个相应算符 $\hat{f}+\hat{g}$.但是,量子力学中不同物理量相加的含义在很大程度上取决于这两个算符能否同时测量.如果 f 和 g 能够同时测量,算符 $\hat{f}$ 和 $\hat{g}$ 就具有共同本征函数,它们也就是算符 $\hat{f}+\hat{g}$ 的本征函数,这一算符的本征值就等于二本征值之和 f_n+g_n.但当 f 和 g 不能同时具有确定值时,二者之和 $f+g$ 的含义就更有限了.此时我们只能说,算符之和在任一态中的平均值等于二者平均值之和:

$$\overline{f+g}=\bar{f}+\bar{g}. \tag{4.1}$$

至于算符 $\hat{f}+\hat{g}$ 的本征值和本征函数,一般讲来与 f 和 g 的本征值和本征函数不再有任何关系.如果 $\hat{f}$ 和 $\hat{g}$ 都是自轭算符,显然 $\hat{f}+\hat{g}$ 也是自轭算符,从而它的本征值都是实数,并且等于由此定义的新量 $f+g$ 的值.

下列定理值得提一下.设 f_0 和 g_0 分别为 f 和 g 的最小本征值,而 $(f+g)_0$ 为

$f+g$ 的最小本征值. 则可证明

$$(f+g)_0 \geqslant f_0+g_0, \tag{4.2}$$

式中的等号当 f 和 g 可以同时测量时成立. 这个定理的证明基于这样一个明显的事实,即一个量的平均值总是大于或等于它的最小本征值. 在 $f+g$ 具有本征值 $(f+g)_0$ 的态中,我们有 $\overline{f+g}=(f+g)_0$,另一方面,由于 $\overline{f+g}=\bar{f}+\bar{g}\geqslant f_0+g_0$,我们就得到不等式(4.2).

再令 f 和 g 是两个可以同时测量的量. 除了它们的和之外,还可以引进它们的**乘积**概念,这个乘积是这样一个量,这个量的本征值等于 f 和 g 的本征值的乘积. 很易证明,这个量的算符作用在函数上的结果,相当于把原先两个量的算符先后作用于该函数上所得的结果. 这样的算符,在数学上可表为 $\hat{f}$ 和 $\hat{g}$ 两个算符的乘积. 实际上,设 $\boldsymbol{\Psi}_n$ 为 $\hat{f}$ 和 $\hat{g}$ 的共同本征函数,我们有

$$\hat{f}\hat{g}\boldsymbol{\Psi}_n=\hat{f}(\hat{g}\boldsymbol{\Psi}_n)=\hat{f}g_n\boldsymbol{\Psi}_n=g_n\hat{f}\boldsymbol{\Psi}_n=g_nf_n\boldsymbol{\Psi}_n$$

(记号 $\hat{f}\hat{g}$ 代表一个算符,它作用于函数 $\boldsymbol{\Psi}$ 上的结果,等于先把算符 $\hat{g}$ 作用于 $\boldsymbol{\Psi}$ 上再把算符 $\hat{f}$ 作用于函数 $\hat{g}\boldsymbol{\Psi}$ 后所得的结果). 同样我们也可以用算符 $\hat{g}\hat{f}$ 代替 $\hat{f}\hat{g}$,两者的差别仅在于因子的次序. 这两个算符作用于 $\boldsymbol{\Psi}_n$ 函数的结果显然是相同的. 由于任一波函数 $\boldsymbol{\Psi}$ 可表为 $\boldsymbol{\Psi}_n$ 函数组的线性组合,故 $\hat{f}\hat{g}$ 和 $\hat{g}\hat{f}$ 作用于任一函数的结果也是相同的. 这一事实可以用符号等式 $\hat{f}\hat{g}=\hat{g}\hat{f}$ 来表示,或写作

$$\hat{f}\hat{g}-\hat{g}\hat{f}=0. \tag{4.3}$$

这样的两个算符 $\hat{f}$ 和 $\hat{g}$ 称为可相互**对易**. 由此得出一个重要结论:如果 f 和 g 两个量可以同时取定值,则其算符彼此对易.

上述定理的逆定理也能加以证明(见 §11):如果算符 $\hat{f}$ 和 $\hat{g}$ 对易,那么,它们所有的本征函数都可取成两者的共同本征函数;其物理含义是,这两个算符所对应的物理量可以同时测量. 因此算符的可对易性是物理量可以同时测量的一个充要条件.

算符相乘的一个特殊情形是一个算符的幂乘. 根据以上的讨论可知,算符 $\hat{f}^p$ (p 为整数)的本征值等于算符 $\hat{f}$ 的本征值的 p 次方. 一般讲来,我们可以把一个算符 $\hat{f}$ 的任意函数 $\varphi(\hat{f})$ 定义为一个算符,这个算符的本征值等于同一函数 $\varphi(f)$,其中的 f 是算符 $\hat{f}$ 的本征值. 如果函数 $\varphi(f)$ 可展开成泰勒级数,则算符 $\varphi(\hat{f})$ 也能展成这样的幂级数,即归结为各种幂次的 $\hat{f}^p$.

特别是算符 $\hat{f}^{-1}$,它称为 $\hat{f}$ 的**逆算符**. 显然,把算符 $\hat{f}$ 和 $\hat{f}^{-1}$ 先后作用于任一

函数上，其结果使该函数保持不变，亦即有 $\hat{f}\hat{f}^{-1}=\hat{f}^{-1}\hat{f}=1$.

如果 f 和 g 不能同时测量，它们的乘积概念就不再具有上述直接意义. 这一点可用下列事实说明：现在的算符 $\hat{f}\hat{g}$ 不再自轭，从而不能对应于任一实物理量. 事实上，根据一个算符的转置定义，我们可写出

$$\int \Psi\hat{f}\hat{g}\Phi \mathrm{d}q=\int \Psi\hat{f}(\hat{g}\Phi)\mathrm{d}q=\int(\hat{g}\Phi)(\tilde{\hat{f}}\Psi)\mathrm{d}q,$$

这里的算符 $\tilde{\hat{f}}$ 只作用在 Ψ 上而算符 $\hat{g}$ 只作用在 Φ 上，所以被积函数不过是 $\hat{g}\Phi$ 和 $\tilde{\hat{f}}\Psi$ 两个函数的简单乘积. 再一次应用算符的转置定义，我们可写成

$$\int \Psi\hat{f}\hat{g}\Phi \mathrm{d}q=\int(\tilde{\hat{f}}\Psi)(\hat{g}\Phi)\mathrm{d}q=\int \Phi\tilde{\hat{g}}\tilde{\hat{f}}\Psi \mathrm{d}q.$$

于是我们得到一个积分，和原积分相比，其中的函数 Ψ 和 Φ 对调了位置. 换句话说，算符 $\tilde{\hat{g}}\tilde{\hat{f}}$ 是 $\hat{f}\hat{g}$ 的转置算符，我们可写成

$$\widetilde{\hat{f}\hat{g}}=\tilde{\hat{g}}\tilde{\hat{f}}, \tag{4.4}$$

即乘积 $\hat{f}\hat{g}$ 的转置，等于其因子分别转置后再以相反次序写出的乘积. (4.4) 式两边都取复共轭，可得

$$(\hat{f}\hat{g})^{+}=\hat{g}^{+}\hat{f}^{+}. \tag{4.5}$$

如果 $\hat{f}$ 和 $\hat{g}$ 都是厄米算符，则 $(\hat{f}\hat{g})^{+}=\hat{g}\hat{f}$. 由此可见，当且仅当 $\hat{f}$ 和 $\hat{g}$ 对易时，$\hat{f}\hat{g}$ 才能是厄米算符.

我们要指出，从两个不对易厄米算符的乘积 $\hat{f}\hat{g}$ 和 $\hat{g}\hat{f}$ 出发，可以对称化成一个厄米算符：

$$\frac{1}{2}(\hat{f}\hat{g}+\hat{g}\hat{f}), \tag{4.6}$$

这样的表式有时会碰到；称之为**对称化乘积**.

容易看出 $\hat{f}\hat{g}-\hat{g}\hat{f}$ 是一个反厄米算符(即其转置算符等于其复共轭算符乘上一个负号). 它乘上 i 后即可变成厄米算符；因此

$$\mathrm{i}(\hat{f}\hat{g}-\hat{g}\hat{f}) \tag{4.7}$$

又是一个厄米算符.

为简便计，今后我们有时将用以下的记号：

$$[\hat{f},\hat{g}]=\hat{f}\hat{g}-\hat{g}\hat{f}, \tag{4.8}$$

并称为这两个算符的**对易**式. 容易证明下列恒等式

$$[\hat{f}\hat{g},\hat{h}]=[\hat{f},\hat{h}]\hat{g}+\hat{f}[\hat{g},\hat{h}]. \tag{4.9}$$

注意，如果$[\hat{f},\hat{h}]=0$和$[\hat{g},\hat{h}]=0$，一般讲并不导致$\hat{f}$和$\hat{g}$对易.

§5 连续谱

§3 和 §4 中描述离散谱本征函数特性的所有关系式，可以毫无困难地推广到本征值为连续谱的情形中去.

设f为具有连续谱的一个物理量. 我们可以简单地用同一字母f代表它的各个本征值，并用Ψ_f代表相应诸本征函数. 按(3.2)式，任一波函数Ψ可对离散谱的一套本征函数来展开，与此类似，Ψ也可对具有连续谱的物理量的一套完备本征函数来展开(此时展开式是一个积分式). 这种展开式所具的形状为

$$\Psi(q)=\int a_f\Psi_f(q)\,\mathrm{d}f, \tag{5.1}$$

式中的积分遍及量f所能取的整个值域.

连续谱本征函数的归一化问题要比离散谱情形来得复杂. 以后将看到，本征函数模量平方积分等于一的要求，现在无法满足. 为此，我们把Ψ_f函数的归一化定义改成这样：使得$|a_f|^2\mathrm{d}f$等于在Ψ_f波函数所描述的态中测得该物理量的数值介于f和$f+\mathrm{d}f$之间的概率. 所有f可能值的概率总和必须等于1，因此有

$$\int|a_f|^2\mathrm{d}f=1 \tag{5.2}$$

[类似于离散谱的(3.3)式].

仿效推导(3.5)式的方法，应用同一论证，可得下列两式，其一是

$$\int\Psi\Psi^*\,\mathrm{d}q=\int|a_f|^2\mathrm{d}f,$$

其二是

$$\int\Psi\Psi^*\,\mathrm{d}q=\int\int a_f^*\,\Psi_f^*\,\Psi\mathrm{d}f\mathrm{d}q.$$

比较以上两式，发现展开式系数满足下列公式：

$$a_f=\int\Psi(q)\,\Psi_f^*\,(q)\,\mathrm{d}q, \tag{5.3}$$

此式与(3.5)式完全类似.

为了推导归一化条件，现在把(5.1)代入(5.3)式，结果得

$$a_f=\int a_{f'}\left(\int\Psi_{f'}\Psi_f^*\,\mathrm{d}q\right)\mathrm{d}f'.$$

此式必须对任意的a_f都能成立，因而必须是恒等地得到满足. 为此，首先，被积函数中的$a_{f'}$的系数(即$\int\Psi_{f'}\Psi_f^*\,\mathrm{d}q$)只要$f'\neq f$就必须等于零，而当$f'=f$时，这个系数必须变成无穷大(否则对$\mathrm{d}f'$积分后将等于零). 故积分$\int\Psi_{f'}\Psi_f^*\,\mathrm{d}q$应为

$f'-f$ 的函数,这个函数当宗量不等于零时为零,当宗量等于零时为无穷大,我们用 $\delta(f'-f)$ 代表这个函数:

$$\int \Psi_{f'}\Psi_f^* \mathrm{d}q = \delta(f'-f). \tag{5.4}$$

我们必须有

$$\int \delta(f'-f)a_{f'}\mathrm{d}f' = a_f.$$

这个式子确定了 $\delta(f'-f)$ 函数当 $f'-f=0$ 时变成无穷大的方式. 由上式显然可得

$$\int \delta(f'-f)\mathrm{d}f' = 1.$$

这样定义的函数称为 **δ 函数**(它是由 P. A. M. 狄拉克首先引入量子力学的). 我们再把定义它的公式写一遍. 它们是

$$x\neq 0 \text{ 时 } \delta(x)=0, \quad \text{而 } \delta(0)=\infty, \tag{5.5}$$

而且

$$\int_{-\infty}^{\infty} \delta(x)\mathrm{d}x = 1, \tag{5.6}$$

式中的上下积分限可换成任意数值,只要 $x=0$ 的点处于积分区内就可以了. 设 $f(x)$ 为在 $x=0$ 点处连续的函数,则有

$$\int_{-\infty}^{\infty} \delta(x)f(x)\mathrm{d}x = f(0). \tag{5.7}$$

此式可改写成更普遍的形式

$$\int \delta(x-a)f(x)\mathrm{d}x = f(a), \tag{5.8}$$

式中的积分区间包含 $x=a$ 点,并且 $f(x)$ 在 $x=a$ 点处连续. 容易证明 δ 函数是一个偶函数,即

$$\delta(-x)=\delta(x), \tag{5.9}$$

最后,根据

$$\int_{-\infty}^{\infty} \delta(\alpha x)\mathrm{d}x = \int_{-\infty}^{\infty} \delta(y)\frac{\mathrm{d}y}{|\alpha|} = \frac{1}{|\alpha|}$$

可导出

$$\delta(\alpha x) = \left(\frac{1}{|\alpha|}\right)\delta(x), \tag{5.10}$$

其中 α 为任意常数.

(5.4)式给出了连续谱本征函数的归一化法则;它可以代替离散谱情形下的归一化条件(3.6). 我们看到,和以前一样,Ψ_f 和 $\Psi_{f'}$ 函数当 $f'\neq f$ 时是相互正交的. 可是模量平方 $|\Psi_f|^2$ 的积分对连续谱讲来是发散的.

函数 $\Psi_f(q)$ 还满足另一个类似于(5.4)式的关系式.要推导这个关系式,可把(5.3)式代入(5.1)式中,得

$$\Psi(q) = \int \Psi(q')\left(\int \Psi_f^*(q')\Psi_f(q)\,\mathrm{d}f\right)\mathrm{d}q',$$

由此我们可以立刻推知必有

$$\int \Psi_f^*(q')\Psi_f(q)\,\mathrm{d}f = \delta(q'-q). \tag{5.11}$$

离散谱情形中当然也有一个与上式相类似的关系式:

$$\sum_n \Psi_n^*(q')\Psi_n(q) = \delta(q'-q). \tag{5.12}$$

(5.1),(5.4)两式和(5.3),(5.11)两式相比较,可以看出,一方面,函数 $\Psi(q)$ 可按函数组 $\Psi_f(q)$ 展开,其展开系数为 a_f,另一方面,(5.3)式是一个完全类似的展开式,式中的 $a_f \equiv a(f)$ 函数按函数组 $\Psi_f^*(q)$ 展开,而 $\Psi(q)$ 充当了展开式系数.函数 $a(f)$ 和 $\Psi(q)$ 一样,也能完全确定此系统的状态;我们有时把 $a(f)$ 称为 **f 表象中**的波函数[而 $\Psi(q)$ 称为 q 表象中的波函数].正如 $|\Psi(q)|^2$ 确定系统的坐标值介于给定的 $\mathrm{d}q$ 区间内的概率一样,$|a(f)|^2$ 确定了 f 的数值介于给定的 $\mathrm{d}f$ 区间内的概率.一方面,$\Psi_f(q)$ 函数为物理量 f 在 q 表象中的本征函数;另一方面,它的共轭复函数 $\Psi_f^*(q)$ 就是坐标 q 在 f 表象中的本征函数.

设 $\varphi(f)$ 为物理量 f 的某种函数,并且 φ 和 f 的关系是一一对应的.那么,每个 $\Psi_f(q)$ 函数都可以看作 φ 的一个本征函数.可是,这时这些函数的归一化问题必须改变,φ 的本征函数 $\Psi_\varphi(q)$ 应按以下条件归一化:

$$\int \Psi_{\varphi(f')}\Psi_{\varphi(f)}^*\,\mathrm{d}q = \delta[\varphi(f')-\varphi(f)].$$

而 $\Psi_{f'}$ 函数是按条件(5.4)归一化的.δ 函数只有当宗量 $f'=f$ 时才等于零.当 f' 趋近 f 时,我们有

$$\varphi(f')-\varphi(f) = \frac{\mathrm{d}\varphi(f)}{\mathrm{d}f}(f'-f).$$

按(5.10)式我们可写成①

$$\delta[\varphi(f')-\varphi(f)] = \frac{1}{\left|\dfrac{\mathrm{d}\varphi(f)}{\mathrm{d}f}\right|}\delta(f'-f). \tag{5.13}$$

此式和(5.4)式对比,可知 Ψ_φ 和 Ψ_f 函数的相互关系为

---

① 一般来讲,如 $\varphi(x)$ 为某一单值函数(其逆函数无需单值),我们就有

$$\delta[\varphi(x)] = \sum_i \frac{1}{|\varphi'(\alpha_i)|}\delta(x-\alpha_i),$$

其中 α_i 为方程式 $\varphi(x)=0$ 的各个根.

$$\Psi_{\varphi(f)}=\frac{1}{\sqrt{\left|\dfrac{\mathrm{d}\varphi(f)}{\mathrm{d}f}\right|}}\Psi_f. \tag{5.14}$$

还有一些物理量,这种量在一个值域内具有离散谱,而在另一值域内具有连续谱.对这种物理量的本征函数讲来,本节和前节中导出的所有公式当然也能成立.但有一点必须指出,它的完备函数组是由离散谱和连续谱的本征函数加在一起组成的.因此,任一波函数对这种量的本征函数组展开时具有以下的形式:

$$\Psi(q)=\sum_n a_n\Psi_n(q)+\int a_f\Psi_f(q)\mathrm{d}f. \tag{5.15}$$

式中对离散谱求和,并对整个连续谱求积分.

坐标 q 本身是具有连续谱的物理量的一个例子.容易证明:它所对应的算符相当于简单地乘以因子 q.由于各种不同坐标值的概率是由模量平方 $|\Psi(q)|^2$ 确定的,所以坐标平均值应为

$$\bar{q}=\int q|\Psi|^2\mathrm{d}q\equiv\int\Psi^* q\Psi\mathrm{d}q.$$

将上式和算符定义(3.8)式比较,得到①

$$\hat{q}=q, \tag{5.16}$$

根据一般规则,这个算符的本征函数应该由方程 $q\Psi_{q_0}=q_0\Psi_{q_0}$ 确定,式中的 q_0 暂时代表一个具体的坐标值,以便和变量 q 相区别.由于 $\Psi_{q_0}=0$ 或 $q=q_0$ 时这个方程式都能得到满足,很明显,满足归一化条件的本征函数应该是②

$$\Psi_{q_0}=\delta(q-q_0). \tag{5.17}$$

§6 过渡到经典力学极限情形

量子力学把经典力学作为自己的某种极限形式包括在内.问题是如何过渡到这种极限情形.

在量子力学中,一个电子是由波函数描述的,波函数确定了电子坐标的各种数值;对于这种波函数,迄今我们只知道它是某种线性偏微分方程的解.另一方面,经典力学中的一个电子被看成一个质点,运动于由运动方程所完全确定的轨道上.量子力学和经典力学之间的这种内在关系,在某种意义上,与电动力学中

① 为简单计,今后我们常把恒等于乘以某因子的算符直接写成该因子.

② 任一 Ψ 函数对这种本征函数展开后的展开系数为

$$a_{q_0}=\int\Psi(q)\delta(q-q_0)\mathrm{d}q=\Psi(q_0)$$

故坐标值介于给定区间 $\mathrm{d}q_0$ 内的概率为

$$|a_{q_0}|^2\mathrm{d}q_0=|\Psi(q_0)|^2\mathrm{d}q_0$$

这正是应有的结果.

波动光学和几何光学之间的内在关系相类似. 在波动光学中,电磁波是由满足一定的线性微分方程组(即麦克斯韦方程)的电场矢量和磁场矢量所描述的. 但在几何光学中,光的传播被看作是沿着确定的轨道(光线)行进的. 这种类似性,使我们能像波动光学过渡到几何光学那样,将量子力学过渡到经典力学的极限情形.

我们来回忆一下波动光学在数学形式上是如何过渡到几何光学的(见《场论》, § 53). 设 u 为电磁波的任一场分量. 它可表成 $u = ae^{i\varphi}$ 的形式(a 和 φ 为实量),其中的 a 称为波的**振幅**, φ 称为波的**相位**. 几何光学对应于波长很短时的极限情形;从数学上讲来,就是**相位** φ(在几何光学中, φ 称为程函)在短距离内具有很大的改变量;这就是说,此时可以假定 φ 本身具有很大的绝对值.

与此类似,我们可以从这样的假定出发,假定量子力学的波函数在经典力学极限情形下具有 $\boldsymbol{\Psi} = ae^{i\varphi}$ 的形式,式中的 a 是一个缓变函数,而 φ 取很大的数值. 大家知道,力学中的质点轨道可以通过变分原理确定,按此原理,一个力学系统的作用量 S 必须取极小值(最小作用量原理). 在几何光学中,光线是由所谓费马原理确定的,按此原理,光线的光程亦即轨道的起端与终端的相位差必须取最小(或最大)可能值.

基于这一类似性,我们可以断言,在经典极限情形下,波函数中的相位 φ 应与所考虑物理系统的力学作用量 S 成正比,即有 $S =$ 常量 $\times\varphi$. 这个比例常量称为**普朗克常量**,我们用 $\hbar$ 表示①. $\hbar$ 具有作用量的量纲(因 φ 量纲为 1),并且

$$\hbar = 1.055 \times 10^{-34}\ \mathrm{J \cdot s}$$

因此一个"几乎经典的"(或称**准经典的**)物理系统的波函数具有下列形式:

$$\boldsymbol{\Psi} = ae^{\frac{iS}{\hbar}}. \tag{6.1}$$

普朗克常量 $\hbar$ 在一切量子现象中占有重要地位. 它的相对值(与同量纲的其它物理量相比)决定着该物理系统的"量子化程度". 量子力学向经典力学的过渡. 相当于相位很大时的情形,这可用 $\hbar$ 趋于零($\hbar \to 0$)的形式描述(正如波动光学过渡到几何光学时,相当于波长趋于零, $\lambda \to 0$).

我们已经阐明了波函数的极限形式,但未涉及它与经典轨道运动的关系问题. 一般讲来,用波函数描述的运动并不趋向确定的轨道运动. 它与经典运动的关系是这样的,假定在某一起始时刻,波函数和随之而有的坐标概率分布值已给定,在随后各时刻,这个概率分布将按经典力学的定律变化(详见 § 17 的末段).

为了得出沿确定轨道的运动,我们必须从特殊形状的波函数出发,这种波函数只在一个很小的空间范围内才显著地不等于零(称为**波包**);这个空间范围的

① 1900 年由 M. 普朗克引入物理学中. 本书各处所用的 $\hbar$, 严格来讲应等于普朗克常量 h 除以 2π; $\hbar$ 是狄拉克最先使用的.

尺度必须随 $\hbar$ 一起趋于零.然后我们才能说,在准经典情形下,该波包在空间将沿质点的经典轨道运动.

最后,量子力学算符在这种极限情形下应该还原成为一个相乘因子,这个因子就是相应的物理量.

§7　波函数与测量

让我们再回到测量过程,它的性质已经在§1中定性地讨论过;现在来说明这些性质和量子力学的数学表述是怎样联系的.

考虑包括以下两个部分的一个系统:一个经典仪器和一个电子(看作一个量子客体).测量过程就是这两个部分进入相互作用,其结果是仪器由初态转为另一状态,根据其状态变化可以引出电子状态的有关结论.仪器的状态是由标志它的某种(或某些)物理量的数值——即“仪器的读数”——所确定的.我们暂时用 g 表示这个量,用 g_n 表示 g 的本征值;g 的值域按照仪器的经典性质一般讲来应该是连续的,但我们——仅为今后简化公式起见——假定它为离散谱.仪器的状态可用准经典波函数 $\Phi_n(\xi)$ 描写,下标 n 对应于仪器“读数”g_n,而 ξ 为其坐标的集合.仪器的经典性质表现于下列事实,在任一给定时刻,我们可以肯定它处于具有确定 g 值的某一已知态 Φ_n 中;这样的假定,对一个量子系统讲来,当然是不合理的.

令 $\Phi_0(\xi)$ 为仪器的初态波函数(测量之前),$\Psi(q)$ 为电子的任一归一化初态波函数(q 表示其坐标的集合).这两个函数相互独立地描述仪器和电子的状态.故整个系统的初态波函数等于下列乘积:

$$\Psi(q)\Phi_0(\xi), \tag{7.1}$$

随后,仪器和电子进入相互作用.运用量子力学的方程式,可在原则上追踪该系统的波函数随时间的变化.在测量过程结束之后,这个波函数当然不一定仍是 ξ 的函数和 q 的函数的乘积.把这个波函数对仪器的本征函数 Φ_n(它们构成一完备组)展开后,可得下列叠加形式:

$$\sum_n A_n(q)\Phi_n(\xi), \tag{7.2}$$

其中 $A_n(q)$ 为 q 的某种函数.

仪器的“经典性质”,以及经典力学既是量子力学的基础又是其极限情形的双重角色,现在开始露面.如前所述,仪器的经典性质意味着,g 量(“仪器读数”)在任何时刻均有某种定值.这就使我们能够断定,测量之后,仪器加电子的整个系统的态,实际上并不是由(7.2)式的整个级数之和描述,而是由其中与仪器“读数”g_n 相对应的那一项描述的:

$$A_n(q)\Phi_n(\xi), \tag{7.3}$$

由此可见，上式中的 $A_n(q)$ 正比于测量结束后电子的波函数. 从函数 $A_n(q)$ 并没有归一化这一点也可以看出，它还不是电子波函数本身，$A_n(q)$ 中不但包含有关电子末态性质的信息，而且还包含着仪器出现第 n 个"读数"的概率（由系统初态所确定）的信息.

由于量子力学方程的线性性质，$A_n(q)$ 和电子的初态波函数 $\Psi(q)$ 的关系，一般讲来，可以通过某种线性积分算符表出：

$$A_n(q)=\int K_n(q,q')\Psi(q')\mathrm{d}q', \tag{7.4}$$

其中的核 $K(q,q')$ 表述这个测量过程的特征.

我们假定上述测量给出了电子态的完全描述. 换句话说（见 §1），末态中所有各量的概率应该与电子的先前（测量以前）状态无关. 从数学上讲，这意味着函数 $A_n(q)$ 的形状必须由测量过程本身所确定，而与电子的初态波函数 $\Psi(q)$ 无关. 因此 A_n 应呈下列形式：

$$A_n(q)=a_n\varphi_n(q), \tag{7.5}$$

其中 φ_n 为某种确定的函数，我们假定它已经归一化，只有常数 a_n 才依赖于 $\Psi(q)$. 在积分关系式(7.4)中，这相当于核 $K_n(q,q')$ 分解成为 q 的函数和 q' 的函数二者的乘积

$$K_n(q,q')=\varphi_n(q)\Psi_n^*(q'). \tag{7.6}$$

从而常数 a_n 和函数 $\Psi(q)$ 的线性关系呈下列形式：

$$a_n=\int\Psi(q)\Psi_n^*(q)\mathrm{d}q, \tag{7.7}$$

其中 $\Psi_n(q)$ 为依赖于测量过程的某些确定的函数.

函数 $\varphi_n(q)$ 就是测量之后电子的归一化波函数. 这里我们看到，用测量方法确定一个电子态（这个电子态被一个确定的波函数描述）的可能性在理论的数学表述中是怎样得到反映的.

如果对一个波函数给定为 $\Psi(q)$ 的电子进行这种测量，则常数 a_n 具有一个简单的物理含义：根据一般规则，$|a_n|^2$ 就是测得第 n 个结果的概率. 所有测量结果的总概率应该等于一：

$$\sum_n|a_n|^2=1. \tag{7.8}$$

为了使(7.7)式和(7.8)式对任意的归一化的函数 $\Psi(q)$ 都能成立，任意函数 $\Psi(q)$ 必须能对函数组 $\Psi_n(q)$ 展开（参考 §3），这就是说，$\Psi_n(q)$ 构成一套正交归一化的完备函数组.

如果电子的初态波函数等于其中的一个函数 $\Psi_n(q)$，则与 Ψ_n 对应的常数 a_n 显然等于 1，而其它的 a_n 都等于零. 换句话说，对处于 $\Psi_n(q)$ 态的电子进行该种测量后，肯定能够得出第 n 个结果.

函数 $\Psi_n(q)$ 的上述一切性质表明，它们就是用以标志电子的某种物理量（用 f 表示）的本征函数，我们所讲的那种测量，可以说是对 f 这个量进行测量.

十分重要的是，$\Psi_n(q)$ 这组函数一般讲来并不等于 $\varphi_n(q)$ 这组函数. 一般讲来，后一组函数甚至并不相互正交，也不构成任一算符的本征函数组. 这就表明了这样一个事实，量子力学中的测量结果是无法重现的. 如果电子处于 $\Psi_n(q)$ 态，那么，测量 f 的结果，会肯定地得出 f_n 值. 但当测量结束之后，该电子就处于不同于初态的 $\varphi_n(q)$ 态，一般讲来，在这个态中 f 不再取任何定值. 故在第一次测量结束之后，对该电子紧接着作第二次测量时，我们会得到不同于第一次测得的 f 值①. 要想用第一次测量的已知结果去预断第二次测量的结果（意即算出其概率），我们必须首先知道：由第一次测量所建立的那个态的波函数 $\varphi_n(q)$，以及在第二次测量中欲求其概率的那个波函数 $\Psi_n(q)$. 这就是说，从第一次测量结束时的 $\varphi_n(q)$ 出发，应用量子力学方程求出 $\varphi_n(q,t)$ 波函数；那么，在 t 时刻进行第二次测量时获得第 m 个结果的概率可以用积分 $\int \varphi_n(q,t)\Psi_m^*(q)\mathrm{d}q$ 的模量平方给出.

我们看到，量子力学中的测量过程具有"两面"性：它对电子的过去和未来起着不同的作用. 对过去而言，即对前次测量中所建立的一个电子态而言，通过这次测量，可以"验证"由该态所预断的各种可能结果的概率. 对未来而言，通过这一次的测量后又建立了一个新的电子态（参见 §44）. 因此，测量过程本身的这个特性包含着一个深邃的不可逆性原理.

这种不可逆性具有重要的原则意义. 我们将在以后看到（见 §18 末段），量子力学基本方程本身对时间的变号具有对称性；从这一方面讲来，量子力学和经典力学没有什么区别. 但是测量过程的不可逆性，使得时间的两个指向具有物理上的不等价性，也就是说，使得过去和未来呈现差别.

---

① 关于测量的无法重现性问题，必须指出一个重要例外——测量结果可以重现的一个量就是坐标. 在足够短的时间间隔内对一个电子的坐标进行两次测量，一定会得出相邻值；否则将意味着电子具有无限大的速度. 从数学上讲来，这一点与下列事实有关，即电子和仪器的相互作用能量算符与坐标算符互相对易，因为这种相互作用能（在非相对论理论中）仅为坐标的函数.

第二章

能量和动量

§8 哈密顿算符

量子力学中,物理系统的态完全由波函数 Ψ 确定. 这就是说,给出了某一时刻的波函数后,不但该系统在该时刻的所有性质得以描述,并且能确定该系统在此后所有时刻的行为(当然,这只能确定到量子力学一般允许的完备程度为止). 这一事实的数学表述为,任一时刻波函数的时间微商$\frac{\partial\Psi}{\partial t}$的值必须由该时刻的 Ψ 函数本身的值所确定,根据叠加原理,它们之间的关系还应是线性的. 其最普遍形式为

$$\mathrm{i}\hbar\frac{\partial\Psi}{\partial t}=\hat{H}\Psi \tag{8.1}$$

式中 $\hat{H}$ 是某个线性算符;因子 $\mathrm{i}\hbar$ 的引进下面即将说明.

由于积分式 $\int\Psi\Psi^{*}\mathrm{d}q$ 是一个和时间无关的常数,我们有

$$\frac{\mathrm{d}}{\mathrm{d}t}\int|\Psi|^{2}\mathrm{d}q=\int\Psi\frac{\partial\Psi^{*}}{\partial t}\mathrm{d}q+\int\Psi^{*}\frac{\partial\Psi}{\partial t}\mathrm{d}q=0.$$

把(8.1)式代入上式,并对第一个积分应用算符的转置定义,我们有(略去公因子 $\mathrm{i}/\hbar$)

$$\int\Psi\hat{H}^{*}\Psi^{*}\mathrm{d}q-\int\Psi^{*}\hat{H}\Psi\mathrm{d}q=\int\Psi^{*}\tilde{\hat{H}}^{*}\Psi\mathrm{d}q-\int\Psi^{*}\hat{H}\Psi\mathrm{d}q=$$

$$=\int\Psi^{*}(\tilde{\hat{H}}^{*}-\hat{H})\Psi\mathrm{d}q=0$$

由于上式必须对任意的 Ψ 函数成立,因而必须有等式 $\hat{H}^{+}=\hat{H}$;故 $\hat{H}$ 是一个厄米算符. 我们来求算符 $\hat{H}$ 所对应的物理量. 为此,我们应用波函数的极限表式(6.1),并把它写成

$$\frac{\partial \Psi}{\partial t}=\frac{\mathrm{i}}{\hbar}\frac{\partial S}{\partial t}\Psi,$$

其中的缓变振幅 a 无需微分. 将此式和定义(8.1)式比较,可知极限情形下,$\hat{H}$ 算符归结为相乘因子 $-\partial S/\partial t$. 这就是说, $-\partial S/\partial t$ 是厄米算符 $\hat{H}$ 所对应的物理量.

我们在力学中熟知,微商 $-\dfrac{\partial S}{\partial t}$ 正好就是一个力学系统的哈密顿函数 H. 故算符 $\hat{H}$ 是量子力学中对应于哈密顿函数的算符;称为**哈密顿算符**,或者简称为该系统的**哈密顿量**. 如果哈密顿量的形式为已知,方程(8.1)就确定了该物理系统的波函数. 这个量子力学中的基本方程称为**波动方程**.

§9 算符对时间的微商

量子力学中物理量的时间微商概念,不能按经典力学的方式来定义. 因为经典力学的微商定义中考虑了一个量在两个相邻的不同时刻所具有的数值. 但在量子力学中,一个量在某一时刻具有定值,它在随后各时刻一般讲来并不具有定值;这一点已经在 §1 中详细讨论过.

因此量子力学中的时间微商概念必须给予另外的定义. 我们自然地把物理量 f 的微商 $\dot{f}$ 定义成这样一个量,这个量的平均值等于平均值 $\bar{f}$ 的时间微商. 即定义为:

$$\bar{\dot{f}}=\dot{\bar{f}}. \tag{9.1}$$

从这个定义出发,不难获得对应于 $\dot{f}$ 的量子力学算符 $\hat{\dot{f}}$ 的表式. 由于 $\bar{f}=\int\Psi^{*}\hat{f}\Psi\mathrm{d}q$,故

$$\bar{\dot{f}}=\dot{\bar{f}}=\frac{\mathrm{d}}{\mathrm{d}t}\int\Psi^{*}\hat{f}\Psi\mathrm{d}q=\int\Psi^{*}\frac{\partial\hat{f}}{\partial t}\Psi\mathrm{d}q+$$
$$+\int\frac{\partial\Psi^{*}}{\partial t}\hat{f}\Psi\mathrm{d}q+\int\Psi^{*}\hat{f}\frac{\partial\Psi}{\partial t}\mathrm{d}q.$$

其中的 $\dfrac{\partial\hat{f}}{\partial t}$ 是对算符 $\hat{f}$ 进行时间偏微商后所得的算符,因为 $\hat{f}$ 可能依赖于参量 t. 把 $\dfrac{\partial\Psi}{\partial t}$ 和 $\dfrac{\partial\Psi^{*}}{\partial t}$ 按(8.1)的表式代入上式,可得

$$\bar{\dot{f}}=\int\Psi^{*}\frac{\partial\hat{f}}{\partial t}\Psi\mathrm{d}q+\frac{\mathrm{i}}{\hbar}\int(\hat{H}^{*}\Psi^{*})\hat{f}\Psi\mathrm{d}q-\frac{\mathrm{i}}{\hbar}\int\Psi^{*}\hat{f}(\hat{H}\Psi)\mathrm{d}q.$$

由于算符 $\hat{H}$ 是厄米的,因而

$$\int (\hat{H}^* \Psi^*)(\hat{f}\Psi)\mathrm{d}q = \int (\hat{f}\Psi)(\hat{H}^*\Psi^*)\mathrm{d}q = \int \Psi^* \hat{H}\hat{f}\Psi\mathrm{d}q;$$

因此有

$$\dot{\bar{f}} = \int \Psi^* \left(\frac{\partial \hat{f}}{\partial t} + \frac{\mathrm{i}}{\hbar}\hat{H}\hat{f} - \frac{\mathrm{i}}{\hbar}\hat{f}\hat{H}\right)\Psi\mathrm{d}q.$$

另一方面,由于按平均值定义有 $\dot{\bar{f}} = \int \Psi^* \hat{\dot{f}}\,\Psi\mathrm{d}q$,故知被积函数中圆括号内的表式就是欲求的算符 $\hat{\dot{f}}$ ①:

$$\hat{\dot{f}} = \frac{\partial \hat{f}}{\partial t} + \frac{\mathrm{i}}{\hbar}(\hat{H}\hat{f} - \hat{f}\hat{H}). \tag{9.2}$$

要注意的是,如果算符 $\hat{f}$ 不显含时间,那么,$\hat{\dot{f}}$ 除开一个常因子 $\mathrm{i}/\hbar$ 外,就等于算符 $\hat{f}$ 和哈密顿量的对易式.

有一类十分重要的物理量,它的算符不显含时间,且和哈密顿量相对易,从而有 $\hat{\dot{f}} = 0$. 这样的量称为**守恒量**. 由于 $\dot{\bar{f}} = \bar{\dot{f}} = 0$,即 $\bar{f}$ 是一个常量. 换句话说,该量的平均值不随时间变化. 这里我们还可断定,如果所给态中的 f 具有定值(即波函数为算符 $\hat{f}$ 的一个本征函数),则在所有的随后时刻 f 仍具(同一)定值.

§10　定态

封闭系统(或处于恒定外场中的系统)的哈密顿量不可能显含时间. 这是因

---

① 经典力学中,如果量 f 是该系统的广义坐标 q_i 和广义动量 p_i 的函数,则 f 的时间全微商为

$$\frac{\mathrm{d}f}{\mathrm{d}t} = \frac{\partial f}{\partial t} + \sum_i \left(\frac{\partial f}{\partial q_i}\dot{q}_i + \frac{\partial f}{\partial p_i}\dot{p}_i\right).$$

把哈密顿方程 $\dot{q}_i = \partial H/\partial p_i$ 和 $\dot{p}_i = -\partial H/\partial q_i$ 代入上式,可得

$$\frac{\mathrm{d}f}{\mathrm{d}t} = \frac{\partial f}{\partial t} + [H, f],$$

其中的

$$[H, f] \equiv \sum_i \left(\frac{\partial f}{\partial q_i}\frac{\partial H}{\partial p_i} - \frac{\partial f}{\partial p_i}\frac{\partial H}{\partial q_i}\right)$$

称为 f 和 H 两量的**泊松括号**(参考第一卷,《力学》,§42). 此式和(9.2)式比较,我们看到,当算符 $\mathrm{i}(\hat{H}\hat{f} - \hat{f}\hat{H})$ 过渡到经典力学极限情形时,第一级近似应当等于零,第二级近似(相对于 $\hbar$)就是 $\hbar[H, f]$. 这个结论对任意两个量 f 和 g 来讲都是正确的;即算符 $\mathrm{i}(\hat{f}\hat{g} - \hat{g}\hat{f})$ 趋向于经典极限量 $\hbar[f, g]$,而 $[f, g]$ 为下列泊松括号:

$$[f, g] \equiv \sum_i \left(\frac{\partial g}{\partial q_i}\frac{\partial f}{\partial p_i} - \frac{\partial g}{\partial p_i}\frac{\partial f}{\partial q_i}\right)$$

我们总可以把 $\hat{g}$ 形式地想象为某一系统的哈密顿量,根据这个事实即得上式.

为对这样的系统来讲,所有时间都是等价的.另一方面,由于任一算符和它自己当然是对易的,我们就得到这样一个结论,对不在可变外场中的一个系统来讲,它的哈密顿函数是一个守恒量.大家知道,守恒的哈密顿函数称为**能量**.量子力学中能量守恒定律的意义就在于,如果所给态的能量具有定值,则此值将不随时间变化.

能量为定值的态称为该系统的**定态**.描述定态的波函数 Ψ_n 是哈密顿算符的本征函数,满足方程 $\hat{H}\Psi_n = E_n\Psi_n$.其中的 E_n 为能量的本征值.对函数 Ψ_n 讲来波动方程(8.1)成为

$$\mathrm{i}\hbar\frac{\partial\Psi_n}{\partial t} = \hat{H}\Psi_n = E_n\Psi_n.$$

此式可对时间直接积分,并得

$$\Psi_n = \mathrm{e}^{-(\mathrm{i}/\hbar)E_n t}\psi_n(q), \tag{10.1}$$

式中 ψ_n 仅为坐标的函数.上式确定了定态波函数对时间的依赖关系.

我们用小写的 ψ 代表不包含时间因子的定态波函数.这种函数以及它的能量本征值是由下列方程确定的:

$$\hat{H}\psi = E\psi. \tag{10.2}$$

能量为最小允许值的定态称为该系统的**基态**.

任一波函数 Ψ 按定态波函数展开后,呈以下的形式:

$$\Psi = \sum_n a_n \mathrm{e}^{-(\mathrm{i}/\hbar)E_n t}\psi_n(q). \tag{10.3}$$

和通常一样,展开式系数的各个模量平方 $|a_n|^2$ 确定了该系统具有各种能量值的概率.

一个定态中的坐标概率分布由模量平方 $|\Psi_n|^2 = |\psi_n|^2$ 所确定;我们看到它和时间无关.同理可知任一物理量 f(其算符不显含时间)在定态中的平均值也不随时间变化:

$$\bar{f} = \int \Psi_n^* \hat{f}\Psi_n \mathrm{d}q = \int \psi_n^* \hat{f}\psi_n \mathrm{d}q.$$

前面已经讲过,任一守恒物理量的算符与哈密顿量相对易.这就是说,任一守恒物理量可以和能量同时测量.

在一个系统的各种不同定态中,有些定态可能具有相同的能量值(相同的**能级**),但有不同的其它物理量值.被几个不同的定态所对应的那个能级称为有**简并**的能级.从物理上讲来,存在着简并能级的可能性与下列事实有关,即能量本身一般讲来还不足以构成物理量的一个完全集合.

如果有两个守恒的物理量 f 和 g,它们的算符并不对易,那么该系统的诸能级一般讲来是简并的.譬如,设 ψ 为某一定态波函数,该态中除能量外量 f 也具

有定值. 我们很易断定函数 $\hat{g}\psi$ 并不等同于函数 ψ(常因子除外);否则该态中的量 g 也将具有定值,这是不可能的,因为 f 和 g 不能同时测量. 另一方面,函数 $\hat{g}\psi$ 又是哈密顿量的一个本征函数,并且和 ψ 对应于同一能量值 E:

$$\hat{H}(\hat{g}\psi)=\hat{g}\hat{H}\psi=E(\hat{g}\psi).$$

由此可见,这个时候有不止一个本征函数对应于同一能量值 E,也就是说该能级是简并的.

属于同一简并能级的各种不同波函数加以任意的线性组合后,显然仍为该能级的一个本征函数. 换句话说,一个简并能级的一套本征函数的选择方式不是唯一的. 任意选出的属于同一简并能级的一套本征函数,一般讲来并不相互正交. 但把它们加以适当的线性组合后,总可以组合成为一套正交的(且为归一化的)本征函数. ①

对简并能级的一套本征函数所作的上述论断,当然不仅对能量的本征函数而言是正确的,而且对任一算符的一套本征函数而言也是正确的. 对所论的算符讲来,只有属于不同本征值的那些本征函数,才是自动正交的;属于同一简并本征值的那些本征函数,一般讲来并不相互正交.

如果系统的哈密顿量等于两个(或更多个)部分之和. $\hat{H}=\hat{H}_1+\hat{H}_2$,其中的一个部分只含坐标组 q_1,而另一部分只含坐标组 q_2,那么,算符 $\hat{H}$ 的本征函数就能写成算符 $\hat{H}_1$ 和算符 $\hat{H}_2$ 的本征函数的乘积,能量的本征值也就等于这两个算符的本征值之和.

能量的本征值谱既可以是离散谱,也可以是连续谱. 离散谱中的定态总是对应于该系统的有限运动,也就是对应于这样一种运动,该系统以及它的任一部分都不会跑到无穷远处. 这是因为对离散谱的本征函数讲来,$\int|\Psi|^2\mathrm{d}q$ 对整个空间的积分是有限的. 这当然就意味着,模量平方 $|\Psi|^2$ 的数值很快地衰减,并在无穷远处变成零. 换句话说,坐标值为无穷大的概率等于零;亦即该系统在作有限运动,或者说该系统处于**束缚态**中.

对连续谱的波函数讲来,$\int|\Psi|^2\mathrm{d}q$ 是发散的. 此时波函数的模量平方 $|\Psi|^2$ 并不直接决定各种坐标值的概率,它只能看作是和这种概率成正比的一个量. 积分 $\int|\Psi|^2\mathrm{d}q$ 的发散原因总是由于 $|\Psi|^2$ 在无穷远处不等于零(或者不是够快地

① 并且存在着无限多种组合方法,因为在 n 个函数的线性变换中有 n^2 个独立的变换系数,而 n 个函数的正交归一化条件只有 $\frac{1}{2}n(n+1)$ 个;也就是小于 n^2 个.

趋于零)所引起的.因此可以断定,在一个任意大而有限的封闭面外的空间区域,积分 $\int |\Psi|^2 \mathrm{d}q$ 总是发散的.这就意味着处于该态中的系统(或其某一部分)位于无穷远处.对于一个由连续谱的各种定态波函数叠加而成的波函数讲来,积分 $\int |\Psi|^2 \mathrm{d}q$ 可能是收敛的,此时该系统处于一个有限的空间范围内.可是这个有限空间范围将随着时间无限制地扩张,终于使该系统运动到无穷远处.

这一点可以根据下面的讨论看出.连续谱本征函数的叠加形式为

$$\Psi = \int a_E \mathrm{e}^{-(\mathrm{i}/\hbar)Et} \psi_E(q)\,\mathrm{d}E.$$

Ψ 的模量平方可以表成以下的重积分形式:

$$|\Psi|^2 = \iint a_E a_{E'}^* \mathrm{e}^{(\mathrm{i}/\hbar)(E'-E)t} \psi_E(q)\psi_{E'}^*(q)\,\mathrm{d}E\mathrm{d}E'.$$

这个式子如果对某一时间间隔 T 求平均值,再让 T 趋向无穷,则振荡因子 $\mathrm{e}^{(\mathrm{i}/\hbar)(E'-E)t}$ 的平均值趋于零,从而整个积分趋于零.这就是说,该系统处于位形空间任一指定点的概率 $|\Psi|^2$ 的时间平均值趋于零;但是这种结果只有对发生于无限空间中的运动才有可能成立①.可见连续谱中的定态对应于系统的无限运动.

§11 矩阵

为方便计,我们假定所考虑系统的能谱为离散谱;下面求得的所有关系式,都可以直接推广到连续谱的情形.设 $\Psi = \sum_n a_n \Psi_n$ 为任一波函数对定态波函数 Ψ_n 的展开式.如果把这个展开式代入 f 的平均值定义(3.8)式中,则得

$$\bar{f} = \sum_n \sum_m a_n^* a_m f_{nm}(t). \tag{11.1}$$

其中的 $f_{nm}(t)$ 代表下列积分:

$$f_{nm}(t) = \int \Psi_n^* \hat{f} \Psi_m \,\mathrm{d}q. \tag{11.2}$$

当 n 和 m 采取所有可能的各种数值时,这一组量 $f_{nm}(t)$ 称为量 f 的一个**矩阵**②,每一个 $f_{nm}(t)$ 则称为由 n 态**跃迁**到 m 态的**矩阵元**.

矩阵元 $f_{nm}(t)$ 的时间依赖关系是由(如果算符 $\hat{f}$ 不显含 t)波函数 Ψ_n 的时间

---

① 要注意的是,如果 Ψ 是由离散谱的波函数叠加而成的,则有

$$\overline{|\Psi|^2} = \sum_n \sum_m a_n a_m^* \overline{\mathrm{e}^{(\mathrm{i}/\hbar)(E_m-E_n)t}} \psi_n \psi_m^* = \sum_n |a_n \psi_n(q)|^2$$

亦即概率密度的时间平均值保持有限.

② 物理量的矩阵表示法,是在薛定谔发现波动方程以前由海森伯于1925年引进的.后来,M.玻恩,W.海森伯和P.约当又进一步发展,成为"矩阵力学".

依赖关系确定的. 用(10.1)式代入上式,可得

$$f_{nm}(t)=f_{nm}\mathrm{e}^{\mathrm{i}\omega_{nm}t},\tag{11.3}$$

其中的

$$\omega_{nm}=\frac{E_n-E_m}{\hbar}\tag{11.4}$$

称为 n 态和 m 态之间的**跃迁频率**,而

$$f_{nm}=\int\psi_n^*\hat{f}\psi_m\mathrm{d}q,\tag{11.5}$$

这一组量构成 f 的不依赖于时间的矩阵,在量子力学中经常用到①.

f 的微商 $\dot{f}$ 的矩阵元可从 f 矩阵元的时间微商求出;这可直接从下式出发:

$$\dot{\bar{f}}=\dot{\bar{f}}=\sum_n\sum_m a_n^*a_m\dot{f}_{nm}(t).\tag{11.6}$$

用(11.3)式,可得 $\dot{f}$ 的矩阵元为

$$\dot{f}_{nm}(t)=\mathrm{i}\omega_{nm}f_{nm}(t),\tag{11.7}$$

或不含时间(上式两边消去时间因子 $\mathrm{e}^{\mathrm{i}\omega_{nm}t}$ 后)的矩阵元为

$$(\dot{f})_{nm}=\mathrm{i}\omega_{nm}f_{nm}=\frac{\mathrm{i}}{\hbar}(E_n-E_m)f_{nm}.\tag{11.8}$$

为简化式中的符号起见,以下导出的所有公式都是针对不含时间的矩阵元而言的;对依赖于时间的矩阵讲来,也能导出同样的式子.

考虑到厄米共轭算符的定义后,我们可以求出 f 的复共轭量 f^* 的矩阵元:

$$(f^*)_{nm}=\int\psi_n^*\hat{f}^+\psi_m\mathrm{d}q=\int\psi_n^*\tilde{\hat{f}}^*\psi_m\mathrm{d}q=\int\psi_m\hat{f}^*\psi_n^*\mathrm{d}q$$

或

$$(f^*)_{nm}=(f_{mn})^*.\tag{11.9}$$

通常我们只需考虑实物理量,因此有

$$f_{nm}=f_{mn}^*\tag{11.10}$$

[f_{mn}^*即$(f_{mn})^*$]. 满足上式条件的矩阵,其名称和它所对应的算符相同,称为厄米矩阵.

$n=m$ 的矩阵元称为**对角矩阵元**. 这种矩阵元和时间无关,从(11.10)式并可看出它们都是实量. 矩阵元 f_{nn} 实际上就是量 f 在态 ψ_n 中的平均值.

不难获得矩阵的"乘法规则". 为此,我们首先指出下列公式是成立的:

---

① 由于归一化波函数中有一个不确定的相因子(见§2),矩阵元 f_{nm} 及 $f_{nm}(t)$ 也只能确定到相差一个 $\mathrm{e}^{\mathrm{i}(\alpha_m-\alpha_n)}$ 形式的因子为止. 这种不确定性同样不会影响到任何物理结果.

$$\hat{f}\psi_n = \sum_m f_{mn}\psi_m. \tag{11.11}$$

这个式子不过是函数 $\hat{f}\psi_n$ 对函数组 ψ_m 的展开式，其中的系数可由普遍公式(3.5)确定. 根据这一公式，我们可写出两个算符的乘积作用在函数 ψ_n 上所得的结果：

$$\hat{f}\hat{g}\psi_n = \hat{f}(\hat{g}\psi_n) = \hat{f}\sum_k g_{kn}\psi_k = \sum_k g_{kn}\hat{f}\psi_k = \sum_{k,m} g_{kn}f_{mk}\psi_m.$$

另一方面我们应该有

$$\hat{f}\hat{g}\psi_n = \sum_m (fg)_{mn}\psi_m.$$

由此得出结论，乘积 fg 的矩阵元是由下式确定的：

$$(fg)_{mn} = \sum_k f_{mk}g_{kn}, \tag{11.12}$$

这个乘法法则和数学中采用的矩阵乘法法则完全相同：第一个矩阵的行乘以第二个矩阵的列.

给出矩阵，就等价于给出了算符本身. 特别是，如果矩阵已知，则原则上可求出该物理量的本征值及其相应的本征函数.

现在假定所考虑的所有各量都在某一固定时刻，我们把任一波函数 Ψ(在该时刻)按哈密顿算符 $\hat{H}$ 的本征函数组展开，即按不含时间的定态波函数 ψ_m 展开：

$$\Psi = \sum_m c_m\psi_m, \tag{11.13}$$

式中的 c_m 代表展开系数. 把上式代入确定 f 的本征值和本征函数的方程式 $\hat{f}\Psi = f\Psi$ 中. 我们有

$$\sum_m c_m(\hat{f}\psi_m) = f\sum_m c_m\psi_m.$$

上式两边各乘 ψ_n^* 后再对 $\mathrm{d}q$ 积分. 式左的每一个积分式 $\int \psi_n^*\hat{f}\psi_m\mathrm{d}q$ 就是相应的矩阵元 f_{nm}. 式右的所有 $m \neq n$ 的积分式 $\int \psi_n^*\psi_m\mathrm{d}q$ 由于 ψ_m 函数组的正交性而等于零，并由于归一化条件有 $\int \psi_n^*\psi_n\mathrm{d}q = 1$①，故

$$\sum_m f_{nm}c_m = fc_n \tag{11.14}$$

---

① 按照一般规则(§5)，展式(11.13)中的一套 c_n 系数可以看作"能量表象"中的波函数(其变量为下标 n，即能量本征值的编号). 矩阵 f_{nm} 在这个表象中起着算符 $\hat{f}$ 的作用，它作用在波函数上的结果等于(11.14)式的左边. 表式 $\bar{f} = \sum\sum c_n^*(f_{nm}c_m)$ 相当于一个量用其算符及状态波函数表出的平均值一般公式.

或

$$\sum_m (f_{nm}-f\delta_{nm})c_m=0,$$

式中，当 $m\neq n$ 时 $\delta_{nm}=0$，$m=n$ 时 $\delta_{nm}=1$.

于是，我们得到了一组齐次的线性代数方程组（以 c_m 为未知数）. 大家都知道，这样一组方程式，只有当它们的系数所组成的行列式等于零时，才可能有不等于零的解，因此上式有解的条件为

$$\det(f_{nm}-f\delta_{mn})=0. \qquad (11.15)$$

这个式子（以 f 为未知数）的根就是物理量 f 的各种可能值. 当 f 等于这些可能值中的任意一个时，满足（11.14）式的一套 c_m 值就确定了对应于该可能值的本征函数.

如果在物理量 f 的矩阵元定义（11.5）式中，令 ψ_n 为 f 的本征函数，则按方程式 $\hat{f}\psi_n=f_n\psi_n$ 可得

$$f_{nm}=\int\psi_n^*\hat{f}\psi_m\mathrm{d}q=f_m\int\psi_n^*\psi_m\mathrm{d}q.$$

根据 ψ_m 函数组的正交归一化条件，当 $m\neq n$ 时得出 $f_{nm}=0$，$n=m$ 时则有 $f_{mm}=f_m$. 因此只有对角矩阵元才不等于零，并且分别等于量 f 的相应本征值. 只有对角矩阵元不等于零的矩阵称为**对角**矩阵. 特别是在 ψ_n 函数为定态波函数的常用表象中，能量矩阵就成为一个对角矩阵（同样，凡是在定态中具有定值的其它物理量的矩阵也是对角矩阵）. 一般讲来，用算符 $\hat{g}$ 的本征函数来定义的 f 矩阵，称为物理量 f 在 g 表象中的矩阵. 此后如无特殊声明，当我们讲到一个物理量的矩阵时，就是指该物理量在常用表象中的矩阵，这个表象中的能量矩阵是一个对角矩阵. 前面讲过的矩阵元的时间关系式，都是仅仅针对这个常用表象而言的①.

借助于算符的矩阵表示，我们可以证明 §4 中提到过的一个定理：如果有两个算符相互对易，它们就具有一整套共同的本征函数组. 假定 $\hat{f}$ 和 $\hat{g}$ 是这样的两个算符，根据 $\hat{f}\hat{g}=\hat{g}\hat{f}$ 和（11.12）式的矩阵乘法规则，可得

$$\sum_k f_{mk}g_{kn}=\sum_k g_{mk}f_{kn}.$$

如果取算符 $\hat{f}$ 的一套本征函数 ψ_n 来计算诸矩阵元，则 $m\neq k$ 时 $f_{mk}=0$，故上式可化成 $f_{mm}g_{mn}=g_{mn}f_{nn}$，或

$$g_{mn}(f_m-f_n)=0.$$

如果 f 的所有本征值 f_n 都不一样，那么，只要 $m\neq n$ 就有 $f_m-f_n\neq0$，从而有 $g_{mn}=0$. 由此可见 g_{mn} 的矩阵也是对角的，这就是说，函数组 ψ_n 也是物理量 g 的本征函

① 根据能量矩阵的对角性，很容易看出（11.8）式就是算符公式（9.2）的矩阵表示.

数组.如果 f_n 这组本征值中有些值是相同的(也就是存在这样一些本征值,其中每个本征值同时与几个不同的本征函数相对应),那么,对每一组属于同一本征值的本征函数 ψ_n 而言,所对应的 g_{mn} 矩阵元一般不等于零.但是,把属于同一本征值的那些本征函数 ψ_n 加以种种线性组合后,它们显然仍是该本征值的一组本征函数;从中我们总是可以挑出这样一组线性组合,使得所对应的各个非对角矩阵元 g_{mn} 全都等于零.由此可见,在这样的情况下我们还是可以求得一套函数,它们都是 $\hat{f}$ 和 $\hat{g}$ 的共同本征函数.

下式在应用中会遇到:

$$\left(\frac{\partial H}{\partial \lambda}\right)_{nn}=\frac{\partial E_n}{\partial \lambda}, \tag{11.16}$$

λ 是哈密顿量 $\hat{H}$(从而也是能量本征值 E_n)所依赖的一个参量.证明如下.方程 $(\hat{H}-E_n)\psi_n=0$ 对 λ 微商后,左乘以 ψ_n^*,得

$$\psi_n^*(\hat{H}-E_n)\frac{\partial \psi_n}{\partial \lambda}=\psi_n^*\left(\frac{\partial E_n}{\partial \lambda}-\frac{\partial \hat{H}}{\partial \lambda}\right)\psi_n,$$

对 q 积分,左边为

$$\int \psi_n^*(\hat{H}-E_n)\frac{\partial \psi_n}{\partial \lambda}\mathrm{d}q=\int \frac{\partial \psi_n}{\partial \lambda}(\hat{H}-E_n)^*\psi_n^*\mathrm{d}q.$$

由于 $\hat{H}$ 是厄米的,上式得零.由前式右边积分即得到所证的方程.

近来文献中,常用下列记号(由狄拉克引进)代表矩阵元 f_{nm}①:

$$\langle n|f|m\rangle. \tag{11.17}$$

它可看作是由 f 及初态 $|m\rangle$ 和末态 $\langle n|$ 所"组成"(这些初末态记号与其波函数的表象无关).我们也可用这些记号表出波函数的展开系数:如果有一组完备的波函数对应于态 $|n_1\rangle$,$|n_2\rangle$,…,则态 $|m\rangle$ 的波函数对这套函数展开后,其展开系数可记作

$$\langle n_i|m\rangle=\int \psi_{n_i}^*\psi_m\mathrm{d}q. \tag{11.18}$$

§12 矩阵的变换

一个给定的物理量,其矩阵元可用不同的波函数组加以定义.例如,它可以是各种物理量的定态波函数组,也可以是同一系统在各种不同外场中的定态波函数组.于是就产生了把一个表象中的矩阵变换到另一表象中去的问题.

设 $\psi_n(q)$ 和 $\psi_n'(q)$ $(n=1,2,\cdots)$ 为两套完备的正交函数组.彼此间存在着以

---

① 本书中两套记号都用.当脚标须由多个字母组成时,用(11.17)式特别方便.

下的线性变换关系：

$$\psi'_n = \sum_m S_{mn}\psi_m \tag{12.1}$$

这不过是 ψ'_n 按完备组 ψ_n 的展开式. 这个变换关系式可以按惯例写成下列算符形式：

$$\psi'_n = \hat{S}\psi_n \tag{12.2}$$

算符 $\hat{S}$ 必须满足一定的条件，使得函数组 ψ_n 为正交归一化函数组时 ψ'_n 也是正交归一化的. 将(12.2)代入下列正交归一化条件中：

$$\int \psi'^*_m \psi'_n \mathrm{d}q = \delta_{mn}.$$

然后采用转置算符的定义式(3.14)，我们有

$$\int (\hat{S}\psi_n)\hat{S}^*\psi^*_m \mathrm{d}q = \int \psi^*_m \tilde{\hat{S}}^* \hat{S}\psi_n \mathrm{d}q = \delta_{mn}.$$

如果上式对所有的 m 和 n 都成立，我们必须有 $\tilde{\hat{S}}^*\hat{S} = 1$，或

$$\tilde{\hat{S}}^* \equiv \hat{S}^+ = \hat{S}^{-1}. \tag{12.3}$$

即其逆算符等于其厄米共轭算符. 具有这种性质的算符称为**幺正算符**. 由于这一性质，(12.1)的逆变换 $\psi_n = \hat{S}^{-1}\psi'_n$ 为

$$\psi_n = \sum_m S^*_{nm}\psi'_m. \tag{12.4}$$

把 $\hat{S}^+\hat{S} = 1$ 或 $\hat{S}\hat{S}^+ = 1$ 写成矩阵形式，可得下列形式的幺正条件：

$$\sum_l S^*_{lm}S_{ln} = \delta_{mn}, \tag{12.5}$$

或

$$\sum_l S^*_{ml}S_{nl} = \delta_{mn}. \tag{12.6}$$

现在来考虑某个物理量 f，我们写出它在“新”表象中的矩阵元，亦即相对于 ψ'_n 函数组的矩阵元. 它由下列积分式给出：

$$\int \psi'^*_m \hat{f}\psi'_n \mathrm{d}q = \int (\hat{S}^*\psi^*_m)(\hat{f}\hat{S}\psi_n)\mathrm{d}q = \int \psi^*_m \tilde{\hat{S}}^* \hat{f}\hat{S}\psi_n \mathrm{d}q =$$

$$= \int \psi^*_m \hat{S}^{-1}\hat{f}\hat{S}\psi_n \mathrm{d}q.$$

可知算符 $\hat{f}$ 在新表象中的矩阵，等于算符

$$\hat{f}' = \hat{S}^{-1}\hat{f}\hat{S} \tag{12.7}$$

在旧表象中的矩阵①.

一个矩阵的对角元素之和称为该**矩阵的迹**,记作 tr$f$②

$$\mathrm{tr}f=\sum_n f_{nn} \qquad (12.8)$$

首先应该注意,两个矩阵的乘积的迹与乘积的次序无关:

$$\mathrm{tr}(fg)=\mathrm{tr}(gf) \qquad (12.9)$$

因为按矩阵乘法规则,有

$$\mathrm{tr}(fg)=\sum_n\sum_k f_{nk}g_{kn}=\sum_k\sum_n g_{kn}f_{nk}=\mathrm{tr}(gf).$$

同理,容易证明,对于多个矩阵的乘积,其迹对因子的循环置换保持不变;例如

$$\mathrm{tr}(fgh)=\mathrm{tr}(hfg)=\mathrm{tr}(ghf). \qquad (12.10)$$

阵迹有一个重要的性质,就是它并不依赖于定义矩阵元时所选的函数组,因为

$$(\mathrm{tr}f)'=\mathrm{tr}(S^{-1}fS)=\mathrm{tr}(SS^{-1}f)=\mathrm{tr}f. \qquad (12.11)$$

一个幺正变换,使函数组的模量平方之和在变换后保持不变:由(12.6)我们得

$$\sum_i|\psi'_i|^2=\sum_{k,l,i}S_{ki}\psi_kS^*_{li}\psi^*_l=\sum_{k,l}\psi_k\psi^*_l\delta_{kl}=\sum_k|\psi_k|^2. \qquad (12.12)$$

任一幺正算符都可写成

$$\hat{S}=\mathrm{e}^{\mathrm{i}\hat{R}}, \qquad (12.13)$$

其中 $\hat{R}$ 是一个厄米算符:由于 $\hat{R}^+=\hat{R}$,我们有

$$\hat{S}^+=\mathrm{e}^{-\mathrm{i}\hat{R}^+}=\mathrm{e}^{-\mathrm{i}\hat{R}}=\hat{S}^{-1}.$$

把 $\mathrm{e}^{\pm\mathrm{i}\hat{R}}$ 直接展开为 $\hat{R}$ 的幂级数,不难验证下式成立:

$$\hat{f}'=\hat{S}^{-1}\hat{f}\hat{S}=\hat{f}+[\hat{f},\mathrm{i}\hat{R}]+\frac{1}{2}[[\hat{f},\mathrm{i}\hat{R}],\mathrm{i}\hat{R}]+\cdots. \qquad (12.14)$$

当 $\hat{R}$ 正比于一个小参量时,上式很有用处,此时(12.14)变成对参量的幂级数展开式.

---

① 如果$[\hat{f},\hat{g}]=-\mathrm{i}\hbar\hat{c}$,是算符 $\hat{f}$ 和 $\hat{g}$ 的对易关系,由变换(12.7)得$[\hat{f}',\hat{g}']=-\mathrm{i}\hbar\hat{c}'$,即对易关系不变.在§9的附注中已指出,$\hat{c}$ 是经典泊松括号$[f,g]$的量子类比.而在经典力学中,泊松括号在变量(广义坐标和广义动量)的正则变换下是保持不变的;见《力学》§45.在这种意义下,我们可以说,量子力学中的幺正变换,起着类似于经典力学中正则变换的作用.

② 阵迹的德文为 Spur,英文为 trace,记作 sp$f$ 或 tr$f$,当然,阵迹只有当对 n 的求和式收敛时才能有定义.

§ 13　算符的海森伯绘景

在上述量子力学的数学表述中，对应于各种物理量的算符是作用在坐标函数上，并且一般地不显含时间 t. 物理量平均值对时间的依赖关系，仅仅来自状态波函数对时间的依赖关系，其公式为

$$\bar{f}(t)=\int\Psi^{*}(q,t)\hat{f}\Psi(q,t)\mathrm{d}q. \tag{13.1}$$

但是，在量子力学的数学表式中，我们还可以采用另一种有所不同但是等价的方式，即把波函数对时间的依赖关系全部转移到算符身上去. 这种**海森伯绘景**中的算符（不同于前述**薛定谔绘景**中的算符）虽然在本卷中并不采用. 但为了相对论理论中的应用起见，在这里把它讲一下.

我们定义下列算符［它是幺正的；见(12.13)式］：

$$\hat{S}=\mathrm{e}^{-\frac{\mathrm{i}}{\hbar}\hat{H}t}, \tag{13.2}$$

其中 $\hat{H}$ 为系统的哈密顿量. 根据定义，这个算符的本征函数就是算符 $\hat{H}$ 的本征函数，也就是定态波函数 $\psi_n(q)$，此时

$$\hat{S}\psi_n(q)=\mathrm{e}^{-\frac{\mathrm{i}}{\hbar}E_nt}\psi_n(q). \tag{13.3}$$

根据上式，任意波函数 Ψ 对定态波函数的展开式(10.3)可以写成下列算符形式：

$$\Psi(q,t)=\hat{S}\Psi(q,0). \tag{13.4}$$

这就是说，算符 $\hat{S}$ 的作用，是把某一起始时刻的波函数变成任一时刻的波函数.

按(12.7)式，定义下列依赖于时间的算符：

$$\hat{f}(t)=\hat{S}^{-1}\hat{f}\hat{S}, \tag{13.5}$$

则有

$$\bar{f}(t)=\int\Psi^{*}(q,0)\hat{f}(t)\Psi(q,0)\mathrm{d}q. \tag{13.6}$$

这就是时间依赖性完全转移到算符以后的 f 的平均值公式(3.8)［我们对算符的定义基于(3.8)式］.

显然，(13.5)式的算符对定态波函数而言的矩阵元，就是(11.3)式所定义的依赖于时间的矩阵元 $f_{nm}(t)$.

最后，(13.5)式对时间求微商（假定算符 $\hat{f}$ 以及 $\hat{H}$ 本身都不含 t），可得下列方程：

$$\frac{\partial}{\partial t}\hat{f}(t)=\frac{\mathrm{i}}{\hbar}[\hat{H}\hat{f}(t)-\hat{f}(t)\hat{H}]. \tag{13.7}$$

此式和(9.2)式类似，但具有不同的含义：(9.2)式是与物理量 $\dot{f}$ 对应的算符 $\hat{\dot{f}}$

的定义,而(13.7)式左边是物理量算符 f 本身对时间的微商.

§14 密度矩阵

在§1末段指出的含义下,用一个波函数来对一个系统进行的描述,是量子力学中可能做到的最完全的描述.

不能够进行完全描述的态是有的,如果我们所考虑的系统只是一个大的封闭系统的一部分.我们假定整个封闭系统处于由波函数 $\Psi(q,x)$ 所描述的某个态中,其中的 x 是我们所考虑的那个子系统的坐标组,q 是该封闭系统的其余坐标组.这个波函数一般讲来不能分解成一个 x 函数和一个 q 函数的乘积①,因此所考虑的子系统本身并不具备自己的波函数.

设 f 是这个子系统的某个物理量.它的算符只作用在坐标组 x 上,不作用在 q 上.这个量在 $\Psi(q,x)$ 态中的平均值为

$$\bar{f}=\iint \Psi^{*}(q,x)\hat{f}\Psi(q,x)\,\mathrm{d}q\mathrm{d}x. \tag{14.1}$$

引进 $\rho(x',x)$ 函数,其定义为

$$\rho(x',x)=\int \Psi^{*}(q,x')\Psi(q,x)\,\mathrm{d}q. \tag{14.2}$$

式中只对坐标组 q 进行积分;这个 ρ 函数称为子系统的**密度矩阵**.根据(14.2)式的定义,这个函数显然是"厄米"的,即

$$\rho^{*}(x,x')=\rho(x',x). \tag{14.3}$$

这个密度矩阵的"对角元"为

$$\rho(x,x)=\int |\Psi(q,x)|^{2}\mathrm{d}q.$$

上式确定了子系统坐标组的概率分布.

应用密度矩阵,平均值 $\bar{f}$ 可以写成以下的形式:

$$\bar{f}=\int [\hat{f}\rho(x',x)]_{x'=x}\mathrm{d}x. \tag{14.4}$$

其中的 $\hat{f}$ 只作用在函数 $\rho(x',x)$ 中的 x 变量上;算出其作用结果后,再令 $x'=x$.由此可见,知道了密度矩阵后,就可以算出描述 x 系统的任一物理量的平均值.根据这一点,我们还可以通过 $\rho(x',x)$ 算出该系统中每一个物理量取各种可能值的概率.因此,对一个不具备波函数的系统讲来,它的状态可以通过密度矩阵来描述.这个密度矩阵不包含不属于该系统的 q 坐标组,当然,它实质上还是依

---

① 要使 $\Psi(q,x)$ 能够(在某一时刻)写成这样的乘积,建立 $\Psi(q,x)$ 态的那些测量值必须能够对 x 系统和 q 系统分别作出完全描述.此外,为了使 $\Psi(q,x)$ 在随后时刻仍能继续保持这种乘积形式,封闭系统的这两部分还必须没有相互作用(见§2).这些条件现在一个也没有.

赖于整个封闭系统所处的态.

用密度矩阵进行的描述,是一种最普遍形式的量子力学描述. 而波函数的描述不过是这种普遍描述的一种特殊情形,也就是相当于密度矩阵具有 $\rho(x',x) = \Psi^*(x')\Psi(x)$ 形式时的情形. 这种特殊情形与普遍情形之间存在着以下的重要差别①. 对具备波函数的一个态讲来,它总是存在着某种完全的测量过程,可以在该态中测得肯定的结果(从数学上讲来,这意味着 Ψ 总是某种算符的一个本征函数). 另一方面,对只具有密度矩阵的那些态讲来,就不存在测量结果可以唯一地断定的完全测量.

现在假定所考虑的系统是封闭的,或在某一时刻成为封闭的. 那么,我们可以导出密度矩阵的一个时间变化式,它类似于 Ψ 函数所满足的波动方程式. 我们注意到,$\rho(x',x,t)$ 所应满足的那个线性微分方程式,在特殊情形下,当 x 系统具有波函数时,即当

$$\rho(x,x',t) = \Psi(x,t)\Psi^*(x',t)$$

也应该成立,考虑这一点后,就可以使推导过程简化. 上式对时间求微商并应用波动方程(8.1),可得

$$\mathrm{i}\hbar\frac{\partial\rho}{\partial t} = \mathrm{i}\hbar\Psi^*(x',t)\frac{\partial\Psi(x,t)}{\partial t} + \mathrm{i}\hbar\Psi(x,t)\frac{\partial\Psi^*(x',t)}{\partial t} =$$

$$= \Psi^*(x',t)\hat{H}\Psi(x,t) - \Psi(x,t)\hat{H}'^*\Psi^*(x',t),$$

式中的 $\hat{H}$ 是子系统的哈密顿量,只作用在 x 的函数上,$\hat{H}'$ 是同一算符,只作用在 x' 的函数上. 式中的函数 $\Psi^*(x',t)$ 和 $\Psi(x,t)$ 显然能分别移到 $\hat{H}$ 和 $\hat{H}'$ 算符的后面,从而得出欲求的方程式:

$$\mathrm{i}\hbar\partial\rho(x,x',t)/\partial t = (\hat{H} - \hat{H}'^*)\rho(x,x',t). \tag{14.5}$$

假定 $\Psi_n(x,t)$ 是子系统的定态波函数组,也就是子系统哈密顿量的本征函数组. 我们把密度矩阵按这组函数展开;这个展开式是 $\Psi_n(x,t)$ 和 $\Psi_n(x',t)$ 两函数的一个双重级数,它的形式是

$$\rho(x,x',t) = \sum_m\sum_n a_{mn}\Psi_n^*(x',t)\Psi_m(x,t) =$$

$$= \sum_m\sum_n a_{mn}\psi_n^*(x')\psi_m(x)\mathrm{e}^{(\mathrm{i}/\hbar)(E_n-E_m)t}, \tag{14.6}$$

对密度矩阵讲来,这个式子的作用,相当于波函数的展开式(10.3),原来的单组系数 a_n 现在被双组系数 a_{mn} 所代替. a_{mn} 系数和密度矩阵本身一样显然是“厄米”的:

① 可以用一个波函数描述的态有时称为“**纯态**”,以便区别于只能用密度矩阵描述的态,这种态称为“**混合态**”.

$$a_{nm}^{*}=a_{mn}, \tag{14.7}$$

把(14.6)式代入(14.4)式,物理量f的平均值就可以表成

$$\bar{f}=\sum_{m}\sum_{n}a_{mn}\int\Psi_{n}^{*}(x,t)\hat{f}\Psi_{m}(x,t)\mathrm{d}x$$

或

$$\bar{f}=\sum_{m}\sum_{n}a_{mn}f_{nm}(t)=\sum_{m}\sum_{n}a_{mn}f_{nm}\mathrm{e}^{(\mathrm{i}/\hbar)(E_{n}-E_{m})t}. \tag{14.8}$$

式中的f_{nm}就是物理量f的矩阵元.这个式子和(11.1)式相类似①.

a_{mn}这组量必须满足某些不等式.密度矩阵的"对角元"$\rho(x,x)$确定坐标组的概率分布,显然必须是一些正量.故按(14.6)式(令其中$x'=x$),由系数a_{mn}所组成的下列二次型

$$\sum_{n}\sum_{m}a_{mn}\xi_{n}^{*}\xi_{m}$$

(其中的ξ_n是一些任意复量)必须为正量.根据二次型的理论可以知道,此时系数a_{mn}就必须满足某些条件.例如,所有的"对角"量显然必须是正量:

$$a_{nn}\geqslant 0, \tag{14.9}$$

而a_{nn},a_{mm}和a_{mn}任意三量必须满足以下的不等式:

$$a_{nn}a_{mm}\geqslant|a_{mn}|^{2}. \tag{14.10}$$

"纯态"情形下,密度矩阵变成两个函数的乘积,相应的a_{mn}矩阵显然呈下列形式:

$$a_{mn}=a_{m}a_{n}^{*}. \tag{14.11}$$

现在来指出一个简单的判据,使我们能够根据a_{mn}矩阵来判断所考虑的态究竟是"纯态"还是"混合"态.在纯态下,我们有:

$$(a^{2})_{mn}=\sum_{k}a_{mk}a_{kn}=\sum_{k}a_{k}^{*}a_{m}a_{n}^{*}a_{k}=$$
$$=a_{m}a_{n}^{*}\sum_{k}|a_{k}|^{2}=a_{m}a_{n}^{*}$$

或

$$(a^{2})_{mn}=a_{mn}. \tag{14.12}$$

也就是说纯态的密度矩阵等于它自身的平方.

§15 动量

我们来考虑一个不在外场中的多粒子封闭系统.由于空间的所有位置对作为一个整体的这个系统而言都是等价的,由此可以断定,当整个系统平移任一距

① a_{mn}组成能量表象中的密度矩阵,用此矩阵描述系统的态是由Л.朗道和F.布洛赫于1927年各自独立地提出的.

离后，该系统的哈密顿量仍将保持不变. 只要对任一无限小位移讲来这个条件能够得到满足就够了.

距离为 $\delta\boldsymbol{r}$ 的一个无限小平移，相当于这样一种变换，这时所有粒子的径矢量 $\boldsymbol{r}_a$（a 为粒子的编号）都获得同一增量 $\delta\boldsymbol{r}$，即 $\boldsymbol{r}_a\to\boldsymbol{r}_a+\delta\boldsymbol{r}$. 在这种变换下，粒子坐标的任意函数 $\psi(\boldsymbol{r}_1,\boldsymbol{r}_2,\cdots)$ 就变成下列函数：

$$\psi(\boldsymbol{r}_1+\delta\boldsymbol{r},\boldsymbol{r}_2+\delta\boldsymbol{r},\cdots)=\psi(\boldsymbol{r}_1,\boldsymbol{r}_2,\cdots)+\delta\boldsymbol{r}\cdot\sum_a\nabla_a\psi=$$

$$=\left(1+\delta\boldsymbol{r}\cdot\sum_a\nabla_a\right)\psi(\boldsymbol{r}_1,\boldsymbol{r}_2,\cdots)$$

（对于 $\boldsymbol{r}_a$ 的微分算符 ∇_a 代表一个“矢量”，它的分量为算符 $\partial/\partial x_a,\partial/\partial y_a,\partial/\partial z_a$）. 括号中的表式

$$1+\delta\boldsymbol{r}\cdot\sum_a\nabla_a,$$

是无限小平移算符，它可使 $\psi(\boldsymbol{r}_1,\boldsymbol{r}_2,\cdots)$ 函数变成下列函数：

$$\psi(\boldsymbol{r}_1+\delta\boldsymbol{r},\boldsymbol{r}_2+\delta\boldsymbol{r},\cdots).$$

所谓“使哈密顿量保持不变”的变换，它的含义是，如果对 $\hat{H}\psi$ 函数施行这种变换，其结果等于先对 ψ 函数施行这种变换后，再把算符 $\hat{H}$ 作用在变换以后的 ψ 函数上. 从数学上讲来. 这可以表成以下的形式. 令 $\hat{O}$ 代表“进行”上述变换的算符. 则有 $\hat{O}(\hat{H}\psi)=\hat{H}(\hat{O}\psi)$，所以

$$\hat{O}\hat{H}-\hat{H}\hat{O}=0,$$

即哈密顿量必须和算符 $\hat{O}$ 对易.

在我们所考虑的情形下，$\hat{O}$ 算符就是上面提到的无限小平移算符. 由于单位算符（这个算符的作用相当于乘以 1）当然和任一算符对易，同时常因子 $\delta\boldsymbol{r}$ 可以移到 $\hat{H}$ 的前面去，条件 $\hat{O}\hat{H}-\hat{H}\hat{O}=0$ 现在可化成

$$\left(\sum_a\nabla_a\right)\hat{H}-\hat{H}\left(\sum_a\nabla_a\right)=0.\tag{15.1}$$

我们已经知道，和 $\hat{H}$ 对易的算符（不显含时间）它所对应的物理量是一个守恒量. 一个封闭系统由于空间均匀性而导致的守恒量就是该系统的**动量**（见《力学》§7）. 因此(15.1)式表达了量子力学中的动量守恒定律；$\sum\limits_a\nabla_a$ 算符除开一个常因子外应该对应于该系统的总动量，每一个 ∇_a 则对应于单粒子的动量.

∇ 算符和单粒子的动量算符 $\hat{\boldsymbol{p}}$ 之间的比例系数，可以用过渡到经典力学极限情形的方法来确定，它等于 $-\mathrm{i}\hbar$：

$$\hat{\boldsymbol{p}}=-\mathrm{i}\hbar\nabla\tag{15.2}$$

其分量式是

$$\hat{p}_x=-i\hbar\frac{\partial}{\partial x},\quad \hat{p}_y=-i\hbar\frac{\partial}{\partial y},\quad \hat{p}_z=-i\hbar\frac{\partial}{\partial z}$$

应用波函数的极限表式(6.1),我们有

$$\hat{\boldsymbol{p}}\Psi=-i\hbar(i/\hbar)\Psi\nabla S=\Psi\nabla S$$

亦即算符 $\hat{\boldsymbol{p}}$ 的作用在经典近似中还原成为乘以 ∇S. 作用量的梯度 ∇S 就是粒子的经典动量 $\boldsymbol{p}$(见《力学》§43).

容易证明(15.2)的算符确是厄米的. 设 $\psi(x)$ 和 $\varphi(x)$ 是两个任意函数,他们在无穷远处趋于零,则有

$$\int\varphi\hat{p}_x\psi\mathrm{d}x=-i\hbar\int\varphi\frac{\partial\psi}{\partial x}\mathrm{d}x=i\hbar\int\psi\frac{\partial\varphi}{\partial x}\mathrm{d}x=\int\psi\hat{p}_x^*\varphi\mathrm{d}x$$

这正是算符的厄米条件.

对任一函数的两个不同变量进行微商,其结果和微商的先后次序无关,由此可知,动量的三个分量的算符是相互对易的:

$$\hat{p}_x\hat{p}_y-\hat{p}_y\hat{p}_x=0,\quad \hat{p}_x\hat{p}_z-\hat{p}_z\hat{p}_x=0,\quad \hat{p}_y\hat{p}_z-\hat{p}_z\hat{p}_y=0. \tag{15.3}$$

这意味着单粒子的三个动量分量可以同时具有定值.

我们来求动量算符的本征值和本征函数. 它们是由下列矢量方程确定的:

$$-i\hbar\nabla\psi=\boldsymbol{p}\psi. \tag{15.4}$$

解的形式为

$$\psi=Ce^{(i/\hbar)\boldsymbol{p}\cdot\boldsymbol{r}} \tag{15.5}$$

其中 C 是一个常数. 我们看到,如果同时给出了动量的三个分量,粒子的波函数就完全确定. 换句话说,p_x,p_y,p_z 三个分量组成单粒子物理量的一个可能的完全集合. 它们的本征值构成从 $-\infty$ 到 $+\infty$ 的连续谱.

根据连续谱本征函数的归一化法则(5.4),$\int\psi_{\boldsymbol{p}'}^*\psi_{\boldsymbol{p}}\mathrm{d}V$ 对整个空间($\mathrm{d}V=\mathrm{d}x\mathrm{d}y\mathrm{d}z$)积分应该等于函数 $\delta(\boldsymbol{p}'-\boldsymbol{p})$①. 但是,根据以后应用中即将明白的理由,最好把粒子动量的本征函数归一化成动量差除以 $2\pi\hbar$ 的 δ 函数:

$$\int\psi_{\boldsymbol{p}'}^*\psi_{\boldsymbol{p}}\mathrm{d}V=\delta\left(\frac{\boldsymbol{p}'-\boldsymbol{p}}{2\pi\hbar}\right),$$

或等价于

$$\int\psi_{\boldsymbol{p}'}^*\psi_{\boldsymbol{p}}\mathrm{d}V=(2\pi\hbar)^3\delta(\boldsymbol{p}'-\boldsymbol{p}). \tag{15.6}$$

因为三维 δ 函数的三个因子中,每个因子都有 $\delta[(p_x'-p_x)/2\pi\hbar]=2\pi\hbar\delta(p_x'-p_x)$,等等.

利用公式

① 矢量 $\boldsymbol{a}$ 的三维 $\delta(\boldsymbol{a})$ 函数,定义为它的分量 δ 函数之积,即 $\delta(\boldsymbol{a})=\delta(a_x)\delta(a_y)\delta(a_z)$.

$$\frac{1}{2\pi}\int_{-\infty}^{\infty} e^{i\alpha\xi}d\xi = \delta(\alpha) \tag{15.7}$$

进行积分①可以看出，如按(15.6)归一化，则(15.5)中的常数 $C=1$②：

$$\psi_p = e^{(i/\hbar)\boldsymbol{p}\cdot\boldsymbol{r}} \tag{15.8}$$

粒子的任意波函数 $\psi(\boldsymbol{r})$ 按其动量算符的本征函数组 ψ_p 展开，其展式简单地等于傅里叶积分：

$$\psi(\boldsymbol{r}) = \int a(\boldsymbol{p})\psi_p(\boldsymbol{r})\frac{d^3p}{(2\pi\hbar)^3} = \int a(\boldsymbol{p})e^{(i/\hbar)\boldsymbol{p}\cdot\boldsymbol{r}}\frac{d^3p}{(2\pi\hbar)^3} \tag{15.9}$$

(其中 $d^3p = dp_x dp_y dp_z$). 按(5.3)式，展开系数 $a(\boldsymbol{p})$ 为

$$a(\boldsymbol{p}) = \int \psi(\boldsymbol{r})\psi_p^*(\boldsymbol{r})dV = \int \psi(\boldsymbol{r})e^{-(i/\hbar)\boldsymbol{p}\cdot\boldsymbol{r}}dV. \tag{15.10}$$

函数 $a(\boldsymbol{p})$ 可看作“动量表象”中的粒子波函数(见 §5)；

$|a(\boldsymbol{p})|^2\dfrac{d^3p}{(2\pi\hbar)^3}$ 是动量值在 d^3p 范围内的概率.

正如在坐标表象中求出动量算符 $\hat{\boldsymbol{p}}$ 的本征函数一样，我们也可在动量表象中引入粒子的坐标算符 $\hat{\boldsymbol{r}}$. 它必须这样定义，使得坐标平均值呈下列形式：

$$\bar{\boldsymbol{r}} = \int a^*(\boldsymbol{p})\hat{\boldsymbol{r}}a(\boldsymbol{p})\frac{d^3p}{(2\pi\hbar)^3}, \tag{15.11}$$

另一方面，这个平均值可通过波函数 $\psi(\boldsymbol{r})$ 由下式求出：

$$\bar{\boldsymbol{r}} = \int \psi^*\boldsymbol{r}\psi dV.$$

把(15.9)式的 $\psi(\boldsymbol{r})$ 代入，我们得(用分部积分法)

$$\boldsymbol{r}\psi(\boldsymbol{r}) = (2\pi\hbar)^{-3}\int \boldsymbol{r}a(\boldsymbol{p})e^{(i/\hbar)\boldsymbol{p}\cdot\boldsymbol{r}}d^3p =$$

$$= (2\pi\hbar)^{-3}\int i\hbar e^{(i/\hbar)\boldsymbol{p}\cdot\boldsymbol{r}}[\partial a(\boldsymbol{p})/\partial\boldsymbol{p}]d^3p$$

用上式及(15.10)，得

$$\bar{\boldsymbol{r}} = (2\pi\hbar)^{-3}\iint \psi^*(\boldsymbol{r})i\hbar[\partial a(\boldsymbol{p})/\partial\boldsymbol{p}]e^{(i/\hbar)\boldsymbol{p}\cdot\boldsymbol{r}}d^3p\,dV =$$

$$= \int i\hbar a^*(\boldsymbol{p})[\partial a(\boldsymbol{p})/\partial\boldsymbol{p}]\frac{d^3p}{(2\pi\hbar)^3}$$

---

① 此式的习惯含义是，式左的函数具有(5.8)式的 δ 函数性质. 把(15.7)形式的 $\delta(x-a)$ 函数代入(5.8)，即得熟知的傅里叶积分式

$$f(a) = \int_{-\infty}^{\infty}\int f(x)e^{i\xi(x-a)}dx\frac{d\xi}{2\pi}$$

② 采用这种归一化时，注意：概率密度 $|\psi|^2=1$，即函数归一化到“每单位体积中有一个粒子”. 这种归一化的一致性并不是偶然的，见 §48 的最后一个脚注.

与(15.11)比较,可知动量表象中的径矢算符为

$$\hat{\boldsymbol{r}} = \mathrm{i}\hbar\partial/\partial\boldsymbol{p} \tag{15.12}$$

在动量表象中的动量算符则简单地变成了相乘因子 $\boldsymbol{p}$.

最后,我们试用 $\hat{\boldsymbol{p}}$ 表出空间平移间距 $\boldsymbol{a}$ 为有限大(不光是无限小)的算符 $\hat{T}_a$. 根据这个算符的定义,我们有

$$\hat{T}_a\psi(\boldsymbol{r}) = \psi(\boldsymbol{r}+\boldsymbol{a})$$

把函数 $\psi(\boldsymbol{r}+\boldsymbol{a})$ 展成泰勒级数,我们有

$$\psi(\boldsymbol{r}+\boldsymbol{a}) = \psi(\boldsymbol{r}) + \boldsymbol{a}\cdot\partial\psi(\boldsymbol{r})/\partial\boldsymbol{r} + \cdots,$$

或者,引入算符 $\hat{\boldsymbol{p}} = -\mathrm{i}\hbar\nabla$,

$$\psi(\boldsymbol{r}+\boldsymbol{a}) = \left[1 + \frac{\mathrm{i}}{\hbar}\boldsymbol{a}\cdot\hat{\boldsymbol{p}} + \frac{1}{2}\left(\frac{\mathrm{i}}{\hbar}\boldsymbol{a}\cdot\hat{\boldsymbol{p}}\right)^2 + \cdots\right]\psi(\boldsymbol{r})$$

括号内的表式即算符

$$\hat{T}_a = \mathrm{e}^{(\mathrm{i}/\hbar)\boldsymbol{a}\cdot\hat{\boldsymbol{p}}} \tag{15.13}$$

就是我们欲求的**有限大平移算符**.

§16 不确定度关系式

我们来推导动量算符和坐标算符之间的对易关系. 我们知道,对 x, y, z 中的任一个变量求微商再乘上其中的另一个变量后,所得的结果和这两种运算的先后次序无关,因此有

$$\hat{p}_x y - y\hat{p}_x = 0, \quad \hat{p}_x z - z\hat{p}_x = 0, \tag{16.1}$$

对 $\hat{p}_y, \hat{p}_z$ 讲来也有类似的式子.

推导 $\hat{p}_x$ 和 x 的对易关系时我们有:

$$(\hat{p}_x x - x\hat{p}_x)\psi = -\mathrm{i}\hbar\frac{\partial(x\psi)}{\partial x} + \mathrm{i}\hbar x\frac{\partial\psi}{\partial x} = -\mathrm{i}\hbar\psi.$$

可见 $(\hat{p}_x x - x\hat{p}_x)$ 算符的作用结果等于乘以 $-\mathrm{i}\hbar$;这一点,对 $\hat{p}_y$ 和 y 以及 $\hat{p}_z$ 和 z 的对易关系讲来,当然也是正确的. 因此有①

$$\hat{p}_x x - x\hat{p}_x = -\mathrm{i}\hbar, \quad \hat{p}_y y - y\hat{p}_y = -\mathrm{i}\hbar, \quad \hat{p}_z z - z\hat{p}_z = -\mathrm{i}\hbar. \tag{16.2}$$

(16.1)和(16.2)诸式可以并写成以下形式:

$$\hat{p}_i x_k - x_k\hat{p}_i = -\mathrm{i}\hbar\delta_{ik} \quad (i, k = x, y, z). \tag{16.3}$$

在考察这些关系式的物理意义及其后果前,我们先来推导两个以后有用的式子. 令 $f(\boldsymbol{r})$ 为某一坐标函数. 由于

$$(\hat{\boldsymbol{p}}f - f\hat{\boldsymbol{p}})\psi = -\mathrm{i}\hbar[\nabla(f\psi) - f\nabla\psi] = -\mathrm{i}\hbar\psi\nabla f,$$

① 1925 年海森伯发现了(16.2)式的矩阵表式,成为量子力学的一个起点.

所以有

$$\hat{\boldsymbol{p}}f(\boldsymbol{r})-f(\boldsymbol{r})\hat{\boldsymbol{p}}=-\mathrm{i}\hbar\nabla f. \tag{16.4}$$

动量算符的函数 $f(\hat{\boldsymbol{p}})$ 与 $\boldsymbol{r}$ 之间,也有类似的对易关系式:

$$f(\hat{\boldsymbol{p}})\boldsymbol{r}-\boldsymbol{r}f(\hat{\boldsymbol{p}})=-\mathrm{i}\hbar\frac{\partial f}{\partial\boldsymbol{p}}. \tag{16.5}$$

这个式子的推导方法和(16.4)式相同,式中的坐标算符可以采用(15.12)式,然后在 $\boldsymbol{p}$ 表象中进行计算即可.

(16.1)和(16.2)式表明,一个粒子沿某一轴的坐标分量可以和沿其它两轴的动量分量同时具有定值;可是,沿同一轴的坐标分量和动量分量却不可能同时存在.特别是,粒子不可能处于空间某一固定点而又同时具有确定的动量 $\boldsymbol{p}$.

设有一个粒子处于某一有限空间区域内,这个空间区域沿三个坐标轴方向的尺度(它的数量级)分别为 $\Delta x,\Delta y,\Delta z$. 再令 $\boldsymbol{p}_0$ 为该粒子的动量平均值. 从数学上讲来,这意味着波函数具有 $\psi=u(\boldsymbol{r})\mathrm{e}^{(-\mathrm{i}/\hbar)\boldsymbol{p}_0\cdot\boldsymbol{r}}$ 的形状,其中的 $u(\boldsymbol{r})$ 函数只有在上述空间区域内才显著地不等于零. 我们把这个 ψ 函数按动量算符的本征函数组展开(即展为傅里叶积分). 展开式系数 $a(\boldsymbol{p})$ 是由(15.10)式确定的,该式中的被积函数呈 $u(\boldsymbol{r})\mathrm{e}^{(\mathrm{i}/\hbar)(\boldsymbol{p}_0-\boldsymbol{p})\cdot\boldsymbol{r}}$ 的形式. 为了使这个积分显著地不等于零,振荡因子 $\mathrm{e}^{(\mathrm{i}/\hbar)(\boldsymbol{p}_0-\boldsymbol{p})\cdot\boldsymbol{r}}$ 的周期必须不小于 $\Delta x,\Delta y,\Delta z$,即不小于 $u(\boldsymbol{r})$ 函数不等于零的空间区域的尺度. 这就是说,只有当 $\boldsymbol{p}$ 值满足 $(1/\hbar)(p_{0x}-p_x)\Delta x\lesssim1$ 诸式时,$a(\boldsymbol{p})$ 才显著地不等于零. 由于 $|a(\boldsymbol{p})|^2$ 决定动量值的概率,$a(\boldsymbol{p})$ 不等于零的各种 p_x,p_y,p_z 值,正好就是该态中所能找到的粒子动量的各种分量值. 我们用 $\Delta p_x,\Delta p_y,\Delta p_z$ 代表 $a(\boldsymbol{p})$ 不等于零时 p_x,p_y,p_z 所具有的值域,因此有

$$\Delta p_x\Delta x\sim\hbar,\quad \Delta p_y\Delta y\sim\hbar,\quad \Delta p_z\Delta z\sim\hbar. \tag{16.6}$$

这些式子叫做**不确定度关系式**,它是海森伯于 1927 年建立的.

我们看到,粒子坐标知道得愈精确(即 Δx 愈小),沿同一轴的动量分量的不确定度 Δp_x 就愈大,反之亦然,特别是当粒子处于空间的某一确定点($\Delta x=\Delta y=\Delta z=0$)时,则 $\Delta p_x=\Delta p_y=\Delta p_z=\infty$. 这意味着此时所有各种动量值机会均等. 反之,如果粒子具有完全确定的动量 $\boldsymbol{p}$,则该粒子的位置在整个空间内机会均等[这一点可以从(15.8)式的波函数直接看出来,这个波函数的模量平方与坐标变量完全无关].

如果用标准偏差来表明坐标和动量的不确定度

$$\delta x=\sqrt{[(x-\bar{x})^2]},\quad \delta p_x=\sqrt{[(p_x-\bar{p}_x)^2]}$$

则可确切求出它们的乘积的最小可能值(H. Weyl). 我们来考虑一维波包,它的波函数 $\psi(x)$ 只依赖于一个坐标,并为简单计,假定这个态中的 x 和 p_x 的平均值都等于零. 考虑下列明显成立的不等式:

$$\int_{-\infty}^{\infty}\left|\alpha x\psi+\frac{\mathrm{d}\psi}{\mathrm{d}x}\right|^2\mathrm{d}x\geqslant 0$$

其中 α 是一个任意的实常数.计算上述积分时,注意到

$$\int x^2|\psi|^2\mathrm{d}x=(\delta x)^2,$$

$$\int\left(x\frac{\mathrm{d}\psi^*}{\mathrm{d}x}\psi+x\psi^*\frac{\mathrm{d}\psi}{\mathrm{d}x}\right)\mathrm{d}x=\int x\frac{\mathrm{d}|\psi|^2}{\mathrm{d}x}\mathrm{d}x=-\int|\psi|^2\mathrm{d}x=-1,$$

$$\int\frac{\mathrm{d}\psi^*}{\mathrm{d}x}\frac{\mathrm{d}\psi}{\mathrm{d}x}\mathrm{d}x=-\int\psi^*\frac{\mathrm{d}^2\psi}{\mathrm{d}x^2}\mathrm{d}x=\frac{1}{\hbar^2}\int\psi^*\hat{p}_x^2\psi\mathrm{d}x=\frac{1}{\hbar^2}(\delta p_x)^2.$$

我们得

$$\alpha^2(\delta x)^2-\alpha+\frac{1}{\hbar^2}(\delta p_x)^2\geqslant 0.$$

如果这个 α 的二次三项式对所有的 α 值而言都是正的,则它的判别式必须为负,从而给出下列不等式:

$$\delta x\delta p_x\geqslant\frac{1}{2}\hbar,\tag{16.7}$$

乘积的最小可能值为$\frac{1}{2}\hbar$,此时波包的波函数呈下列形式:

$$\psi=\frac{1}{(2\pi)^{1/4}\sqrt{(\delta x)}}\exp\left(\frac{\mathrm{i}}{\hbar}p_0x-\frac{x^2}{4(\delta x)^2}\right)\tag{16.8}$$

其中 p_0 和 δx 都是常数,这个态中的坐标概率值为

$$|\psi|^2=\frac{1}{\sqrt{(2\pi)}\cdot\delta x}\exp\left(-\frac{x^2}{2(\delta x)^2}\right)$$

这是对称于原点(平均值 $\bar{x}=0$)的高斯分布,标准偏差为 δx. 动量表象中的波函数是

$$a(p_x)=\frac{1}{\sqrt{2\pi\hbar}}\int_{-\infty}^{\infty}\psi(x)\mathrm{e}^{-(\mathrm{i}/\hbar)p_xx}\mathrm{d}x$$

算出上式积分,得到

$$a(p_x)=常数\times\exp\left[-\frac{(\delta x)^2(p_x-p_0)^2}{\hbar^2}\right]$$

动量的概率分布 $|a(p_x)|^2$ 也是一个对称于平均值 $\bar{p}_x=p_0$ 的高斯分布,标准偏差为 $\delta p_x=\hbar/2\delta x$,所以乘积 $\delta p_x\delta x$ 确为$\frac{1}{2}\hbar$.

最后,我们来推导另一个有用的关系式.假定 f 和 g 是两个物理量,它们的算符满足以下的对易关系:

$$\hat{f}\hat{g}-\hat{g}\hat{f}=-\mathrm{i}\hbar\hat{c},\tag{16.9}$$

式中的 $\hat{c}$ 是某个物理量 c 的算符. 上式右边之所以引入 $\hbar$ 因子,是由于经典极限(即当 $\hbar\to 0$)时所有的物理量算符应该还原成为经典量而彼此对易. 故在"准经典"情形下,第一级近似时可把(16.9)式的右边当作零. 在下一级近似中,算符 $\hat{c}$ 可以用经典量 c 来代替,即有

$$\hat{f}\hat{g}-\hat{g}\hat{f}=-\mathrm{i}\hbar c.$$

这个式子正好和 $\hat{p}_x x - x\hat{p}_x = -\mathrm{i}\hbar$ 相类似,唯一的区别是以 $\hbar c$ 代替了 $\hbar$①. 因此我们用关系式 $\Delta x\Delta p_x\sim\hbar$ 类推,就可以得到这样的结论,即在准经典情形下 f 和 g 两个量有以下的不确定度关系式:

$$\Delta f\Delta g\sim\hbar c. \tag{16.10}$$

特别是,如果其中之一为能量($\hat{f}\equiv\hat{H}$),并且另一个量的算符($\hat{g}$)不显含时间,则按(9.2)式有 $c=\dot{g}$,准经典情形下的不确定度关系式此时变成

$$\Delta E\Delta g\sim\hbar\dot{g}. \tag{16.11}$$

① 这个经典量 c 就是 f 和 g 的泊松括号,见§9 中的附注.

第三章

薛定谔方程

§17 薛定谔方程

一个物理系统的波动方程的形式取决于它的哈密顿量，所以 H 在量子力学的整个数学表述中至关重要.

一个自由粒子的哈密顿量，它的形式可以根据伽利略相对性原理以及空间的均匀性和各向同性等普遍要求来确立. 经典力学中，这些要求导致粒子能量对其动量的平方依赖关系：$E = p^2/2m$，其中常数 m 称为该粒子的质量（见《力学》§4）. 量子力学中，同样的要求导致能量和动量本征值之间与经典力学相应的关系式相同，这些量现在是同时可测的守恒量，（对一个自由粒子而言）.

如果能量和动量的每一本征值都满足关系式 $E = p^2/2m$，则能量和动量算符也必定满足同一关系式：

$$\hat{H} = \frac{1}{2m}(\hat{p}_x^2 + \hat{p}_y^2 + \hat{p}_z^2). \tag{17.1}$$

把(15.2)式代入上式，可得下列形式的自由粒子的哈密顿量：

$$\hat{H} = -\frac{\hbar^2}{2m}\Delta \tag{17.2}$$

其中的 $\Delta = \partial^2/\partial x^2 + \partial^2/\partial y^2 + \partial^2/\partial z^2$ 为拉普拉斯算符.

无相互作用的多粒子系统的哈密顿量，等于其各个粒子的哈密顿量之和：

$$\hat{H} = -\frac{1}{2}\hbar^2 \sum_a \frac{1}{m_a}\Delta_a \tag{17.3}$$

（下标 a 代表粒子的编号；Δ_a 代表对第 a 个粒子的坐标进行微商的拉普拉斯算符）.

经典（非相对论）力学中，粒子间的相互作用由哈密顿量中添加势能项 $U(\boldsymbol{r}_1, \boldsymbol{r}_2, \cdots)$ 来描写，它是粒子坐标的函数. 我们在系统的哈密顿量中加进同一

个函数后，粒子间的作用在量子力学中可表为①

$$\hat{H} = -\frac{1}{2}\hbar^2 \sum_a \frac{\Delta_a}{m_a} + U(\boldsymbol{r}_1, \boldsymbol{r}_2, \cdots). \tag{17.4}$$

第一项可以看作动能算符，第二项可以看作势能算符. 特别是对外场中的一个单粒子而言，它的哈密顿量为

$$\hat{H} = \frac{\hat{\boldsymbol{p}}^2}{2m} + U(x,y,z) = -\frac{\hbar^2}{2m}\Delta + U(x,y,z), \tag{17.5}$$

其中的 $U(x,y,z)$ 就是该粒子在外场中的势能.

把(17.2)到(17.5)各式分别代入普遍公式(8.1)中，可以分别得到各相应系统的波动方程. 在这里，我们写出外场中一个单粒子的波动方程：

$$\mathrm{i}\hbar\frac{\partial\Psi}{\partial t} = -\frac{\hbar^2}{2m}\Delta\Psi + U(x,y,z)\Psi. \tag{17.6}$$

确定各定态的(10.2)式呈以下形式：

$$\frac{\hbar^2}{2m}\Delta\psi + [E - U(x,y,z)]\psi = 0. \tag{17.7}$$

(17.6)和(17.7)式是由薛定谔于 1926 年得到的，称为**薛定谔方程**.

对一个自由粒子讲来，(17.7)具有以下的形式：

$$\frac{\hbar^2}{2m}\Delta\psi + E\psi = 0. \tag{17.8}$$

当能量 E 等于任一正值时，上式具有在整个空间范围内都取有限值的解. 对于定向运动的各态，这些解还是动量算符的本征函数，并有 $E = p^2/2m$. 这些定态的整个波函数(与时间有关的波函数)为

$$\Psi = 常数 \times \mathrm{e}^{-(\mathrm{i}/\hbar)Et + (\mathrm{i}/\hbar)\boldsymbol{p}\cdot\boldsymbol{r}} \tag{17.9}$$

每一个这样的函数(**平面波**)描述一个态，该态中的粒子具有确定的能量 E 和确定的动量 $\boldsymbol{p}$. 这个波的角频率为 $E/\hbar$，波矢为 $\boldsymbol{k} = \boldsymbol{p}/\hbar$；相应的波长 $2\pi\hbar/p$，称为该粒子的**德布罗意波长**②.

由此可见，一个自由运动粒子的能谱是连续的，从零一直延伸到 $+\infty$. 其中的每一个本征值($E=0$ 除外)都是简并的，并且简并度为无穷大. 实际上，对应于每一个不等于零的 E 值，存在着无穷多个(17.9)形式的本征函数，这些函数具有相同的动量绝对值，但有不同的动量方向 $\boldsymbol{p}$.

我们来追究一下薛定谔方程如何过渡到经典力学的极限情形，为简单计，只考虑外场中的一个单粒子. 把波函数的极限表式(6.1)，$\Psi = a\mathrm{e}^{(\mathrm{i}/\hbar)S}$，代入薛定谔方程(17.6)，求微商后，可得

---

① 这种说法当然不是量子力学基本原理的逻辑推论，而可看作是来自实验的推断.

② 与粒子相关联的波的概念是由 L. 德布罗意于 1924 年首先提出的.

$$a\frac{\partial S}{\partial t}-\mathrm{i}\hbar\frac{\partial a}{\partial t}+\frac{a}{2m}(\nabla S)^2-\frac{\mathrm{i}\hbar}{2m}a\Delta S-\frac{\mathrm{i}\hbar}{m}\nabla S\cdot\nabla a-$$
$$-\frac{\hbar^2}{2m}\Delta a+Ua=0.$$

这个式子中含有纯虚项和纯实项(注意 S 和 a 都是实量);令两者分别等于零,得以下两个方程:

$$\frac{\partial S}{\partial t}+\frac{1}{2m}(\nabla S)^2+U-\frac{\hbar^2}{2ma}\Delta a=0,$$
$$\frac{\partial a}{\partial t}+\frac{a}{2m}\Delta S+\frac{1}{m}\nabla S\cdot\nabla a=0.$$

第一式中略去含有 $\hbar^2$ 之项后,得

$$\frac{\partial S}{\partial t}+\frac{1}{2m}(\nabla S)^2+U=0, \tag{17.10}$$

这个式子就是单粒子作用量 S 的经典哈密顿-雅可比方程.附带还可以看到,当 $\hbar\to0$ 时,经典力学在 $\hbar$ 一次幂(不只是零次幂)的限度内是成立的.

以上所得的第二个方程式乘以 $2a$ 后,可以改写成下列形式:

$$\frac{\partial a^2}{\partial t}+\operatorname{div}\left(a^2\frac{\nabla S}{m}\right)=0. \tag{17.11}$$

这个式子具有一个明显的物理含义:a^2 是在空间某点找到粒子的概率密度($|\Psi|^2=a^2$);$\nabla S/m=\boldsymbol{p}/m$ 为粒子的经典速度 v.所以(17.11)式就是连续方程,它表明概率密度按经典力学的规律“运动着”,并在每一点具有经典速度 v.

习　题

试求伽利略变换下波函数的变换规律.

解: 先求一个自由运动粒子(平面波)波函数的变换规律.由于任意函数 Ψ 可按平面波展开,求得平面波的变换规律后,就可求得任意波函数的变换规律.

在参考系 K 和 K' 中(K'相对于 K 以速度 $\boldsymbol{V}$ 运动)的平面波为:

$$\Psi=\text{常数}\cdot \mathrm{e}^{\frac{\mathrm{i}}{\hbar}(\boldsymbol{p}\cdot\boldsymbol{r}-Et)},\quad \Psi'=\text{常数}\cdot \mathrm{e}^{\frac{\mathrm{i}}{\hbar}(\boldsymbol{p}'\cdot\boldsymbol{r}'-E't)}.$$

由于 $\boldsymbol{r}=\boldsymbol{r}'+\boldsymbol{V}t$,两个参考系中,粒子的动量和能量具有下列关系(见《力学》§8):

$$\boldsymbol{p}=\boldsymbol{p}'+m\boldsymbol{V},\quad E=E'+\boldsymbol{V}\cdot\boldsymbol{p}'+\frac{mV^2}{2}.$$

把上列 $\boldsymbol{r},\boldsymbol{P},E$ 诸表式代入 Ψ 中,可得

$$\Psi(\boldsymbol{r},t)=\Psi'(\boldsymbol{r},t)\exp\left[\frac{\mathrm{i}}{\hbar}m\boldsymbol{V}\cdot\left(\boldsymbol{r}'+\frac{\boldsymbol{V}t}{2}\right)\right]=$$
$$=\Psi'(\boldsymbol{r}-vt,t)\exp\left[\frac{\mathrm{i}}{\hbar}\left(m\boldsymbol{V}\cdot\boldsymbol{r}-\frac{1}{2}mv^2t\right)\right], \tag{1}$$

这个式子已不包含表征粒子自由运动的参量,从而确立了所求的任意态的粒子波函数的一般变换规律. 对多粒子系统而言,(1)式中的指数幂包含对所有的粒子求和.

§18 薛定谔方程的基本性质

薛定谔方程的解所应满足的条件,具有十分普遍的性质. 首先,波函数在整个空间内必须是单值的和连续的. 即使在势场 $U(x,y,z)$ 本身具有突变面的情形下,连续性的要求仍应满足. 在这样的突变面上波函数及其导数都应保持连续. 如果势能 U 超出某一界面即呈无穷大,则在此界面上导数的连续性条件不再成立. 一个粒子根本不可能穿入一个 $U=\infty$ 的空间区域内,也就是说在该区域各处必须有 $\psi=0$. ψ 的连续性意味着该区域界面上的 ψ 等于零;可是在这种情形下,ψ 的导数一般讲来是不连续的.

如果势能 $U(x,y,z)$ 到处有限,则波函数在整个空间内也应该到处有限. 如果 $U(x,y,z)$ 在某一点趋向无穷大,但其趋势不超过 $1/r^s$ ($s<2$),则波函数的有限性条件仍能得到保持(可再参阅 §35).

设 $U_{\min}$ 为 $U(x,y,z)$ 函数的最小值. 由于单粒子哈密顿量等于动能算符($\hat{T}$)和势能算符两项之和,任一态中的能量平均值 $\overline{E}$ 应该等于 $\overline{T}+\overline{U}$. 但因算符 $\hat{T}$(它相当于一个自由粒子的哈密顿量)的所有本征值均为正值;故其平均值 $\overline{T}\geqslant 0$. 我们还记得明显的不等式 $\overline{U}>U_{\min}$,即有 $\overline{E}>U_{\min}$. 由于这个不等式对任意态都成立,它对能量 E 的所有本征值讲来显然也是成立的:

$$E_n>U_{\min}. \tag{18.1}$$

我们来考虑运动于外场中的一个粒子,该场消失于无穷远处;可以按照通常的方式,定义 $U(x,y,z)$ 函数在无穷远处的值等于零. 很容易看出,能量的负本征值将呈离散谱,也就是说,在无穷远处等于零的场中,所有 $E<0$ 的态都是束缚态. 这是因为,连续谱中的定态都对应于无限运动,这些态中的粒子可以到达无穷远处(见 §10). 在足够远处场已可忽略,该处的粒子运动可以看作自由运动;而自由运动的能量只能是正量.

能量的正本征值,反之,将构成连续谱①,并且对应于粒子的无限运动;因为 $E>0$ 时,薛定谔方程(在以上所考虑的场中)一般讲来并不存在能使积分 $\int|\psi|^2\mathrm{d}V$ 收敛的解.

① 应该声明,对某些特殊数学形状的 $U(x,y,z)$ 函数而言(并不具有物理意义),这个连续谱中可能要去掉一些离散的数值.

必须注意到这样一个事实,在量子力学中,有可能在 $E<U$ 的空间区域内找到作有限运动的粒子;其概率 $|\psi|^2$ 虽随粒子进入该区距离的增大而很快地趋于零,但在所有的有限距离内它并不完全等于零.这种情形和经典力学根本不同,经典力学中的粒子不可能进入 $U>E$ 的区域内.这种不可能性是由于 $E<U$ 时动能变成负值,亦即速度将成为虚数.在量子力学中,动能本征值仍为正值;但在这里不会引起矛盾,因为,如有某一测量过程把粒子定域于空间某一固定点,那么这一测量的结果将使该粒子的态发生改变,使得这个粒子根本不再具有任何确定的动能.

如果在整个空间内 $U(x,y,z)>0$(同时在无穷远处有 $U\to 0$),则按不等式(18.1)我们有 $E_n>0$.另一方面,由于 $E>0$ 的能谱是连续的,由此得出结论,这种情形下根本不存在离散谱,也就是说粒子只能作无限运动.

假定 U 在某点(我们取作原点)按下列方式趋向 $-\infty$:

$$U\approx -\alpha r^{-s}\quad(\alpha>0)\tag{18.2}$$

我们来考虑一个波函数,它在原点附近的某一(半径为 r_0 的)小区域内取有限值,在这个区域以外等于零.这种波包中粒子的坐标不确定度具有 r_0 的数量级;故动量的不确定度为 $\sim\hbar/r_0$.这个态中的动能平均值具有 $\frac{\hbar^2}{mr_0^2}$ 的数量级,而势能平均值为 $\sim -\alpha/r_0^s$.先假定 $s>2$,则动能与势能平均值的和

$$\hbar^2/mr_0^2-\alpha/r_0^s$$

当 r_0 足够小时可取任意大的负值.可是,当能量平均值能够取这样的数值时,就已意味着能量本身具有负的本征值,并且这种本征值具有任意大的绝对值.在原点附近极小空间区域内运动的粒子,对应于 $|E|$ 很大的那些能级.它的"基态"则对应于处在原点的粒子,即"落"入 $r=0$ 点的粒子.

但如 $s<2$,则能量本身不能等于任意大的负值.从某一有限负值开始将呈离散谱.粒子在这种情形下并不"落"入力心.要指出的是,在经典力学中,粒子在任意的引力场(即 s 为任意正值的场)内原则上都有可能"落"入力心.$s=2$ 的情形将在§35专门研究.

其次,我们来研究能谱的性质如何依赖于场在远处的行为,假定 $r\to\infty$ 时势能为负,并按(18.2)式的规律趋于零(现在该式中的 r 很大).我们考虑一个波包,"充满"在半径为 r_0(r_0 很大)厚度为 $\Delta r\ll r_0$ 的球层内.则动能的数量级为 $\hbar^2/m(\Delta r)^2$,势能为 $-\alpha/r_0^s$.我们增大 r_0,同时使 Δr 的增大和 r_0 成正比.如果 $s<2$,则 r_0 足够大时,$\hbar^2/m(\Delta r)^2-\alpha/r_0^s$ 变成负值.因此就有负能量定态的出现,这种定态中的粒子可以在远离原点处被找到,并具有不小的概率.这就意味着,存在着绝对值为任意小的许多负能级(必须注意到,$U>E$ 的空间区域内波函数很快地衰减到零).因此在这种情况下,离散谱中含有无穷多个能级,它们愈来愈密地挤向 $E=0$ 的能级.

如果场在无穷远处按 $-1/r^s$ 的方式消失，而 $s>2$，那就不存在绝对值为任意小的负能级. 到绝对值不等于零的某一能级为止，离散谱就宣告终止，从而它的能级总数是有限的.

不含时间的定态薛定谔方程本身以及所加的求解条件都是实的，所以它的解 ψ 总能取成实函数①. 那些非简并能级的本征函数，除了一个不重要的相位因子外，都自动地等于实函数. 这是因为 ψ^* 和 ψ 既然满足同一方程，ψ^* 也应该是属于同一能量本征值的一个本征函数；如果该本征值无简并，则 ψ 和 ψ^* 必须基本相同，也就是说它们只可能相差一个（模量为一的）常因子. 属于同一简并能级的那些波函数不一定都是实函数，但对它们进行适当的线性组合后，我们总可以得到一套实函数.

含时间的完备波函数 Ψ 则由系数中出现 i 的那种薛定谔方程确定. 这种方程当 t 换成 $-t$ 并取复共轭后，仍能保持原来的形式②. 因此我们总可以这样选取函数 Ψ，使 Ψ 和 Ψ^* 只差一个时间符号.

众所周知，经典力学方程对**时间反演**变换保持不变，亦即时间反号后保持不变. 在量子力学中我们看到，两种时间指向的对称性表现在，把 t 换成 −t 同时把 Ψ 换成 Ψ^* 后波动方程具有不变性. 但是应该记住，这里的对称性只是针对方程而言的，不是针对量子力学中具有基本意义的（我们已在 §7 中详述过）测量概念本身而言的.

§19　流密度

经典力学中，一个粒子的速度v 和其动量的关系为 $\boldsymbol{p}=m\boldsymbol{v}$，我们预料，在量子力学中，相应算符之间类似的关系式也能成立. 这一点不难证明，只要根据算符对时间微商的一般公式(9.2)，算出算符$\hat{v}=\hat{\dot{\boldsymbol{r}}}$：

$$\hat{v}=(\mathrm{i}/\hbar)(\hat{H}\boldsymbol{r}-\boldsymbol{r}\hat{H}).$$

应用(17.5)式的 $\hat{H}$ 和(16.5)式，便得

$$\hat{v}=\hat{\boldsymbol{p}}/m. \tag{19.1}$$

这个关系式，在速度与动量的本征值之间，以及这两个量在任一态中的平均值之间，显然都是成立的.

一个粒子的速度和动量一样，不能和它的坐标同时具有定值. 但是速度乘以无限短时间间隔 dt 后，等于 dt 时间内的粒子位移. 故速度与坐标不能同时存在的含义为：如果粒子在某一时刻处于空间某一固定点，那么，该粒子即使在无限

① 这个论断对处于磁场中的系统来讲并不成立.

② 这里已经假定了势能 U 不显含时间：该系统或则封闭或则处于（非磁场的）恒定外场中.

接近的随后时刻也不再具有确定的位置.

设$f(\boldsymbol{r})$为粒子径矢量的一个函数,我们来推导时间微商算符 $\hat{\dot{f}}$ 的一个有用表式.注意f和$U(\boldsymbol{r})$对易,我们有

$$\hat{\dot{f}}=(\mathrm{i}/\hbar)(\hat{H}f-f\hat{H})=\frac{\mathrm{i}}{2m\hbar}(\hat{\boldsymbol{p}}^2f-f\hat{\boldsymbol{p}}^2),$$

应用(16.4)我们可以写出

$$\hat{\boldsymbol{p}}^2f=\hat{\boldsymbol{p}}\cdot(f\hat{\boldsymbol{p}}-\mathrm{i}\hbar\nabla f)$$

$$f\hat{\boldsymbol{p}}^2=(\hat{\boldsymbol{p}}f+\mathrm{i}\hbar\nabla f)\cdot\hat{\boldsymbol{p}}$$

代入 $\hat{\dot{f}}$ 的表式中,即得欲求的表式:

$$\hat{\dot{f}}=\frac{1}{2m}(\hat{\boldsymbol{p}}\cdot\nabla f+\nabla f\cdot\hat{\boldsymbol{p}}).\tag{19.2}$$

其次,我们来找加速度算符.得

$$\hat{\dot{v}}=\frac{\mathrm{i}}{\hbar}(\hat{H}\hat{v}-\hat{v}\hat{H})=\frac{\mathrm{i}}{m\hbar}(\hat{H}\hat{\boldsymbol{p}}-\hat{\boldsymbol{p}}\hat{H})=\frac{\mathrm{i}}{m\hbar}(U\hat{\boldsymbol{p}}-\hat{\boldsymbol{p}}U)$$

[$\hat{H}$中除$U(\boldsymbol{r})$外所有各项都和$\hat{\boldsymbol{p}}$对易].应用(16.4)式,我们得

$$m\hat{\dot{v}}=-\nabla U.\tag{19.3}$$

这个算符方程和经典力学中的运动方程(牛顿方程)具有完全相同的形式.

$\int|\Psi|^2\mathrm{d}V$对某一有限体积V进行积分,等于在该体积内发现粒子的概率.现在来计算这种概率的时间微商.我们有

$$\frac{\mathrm{d}}{\mathrm{d}t}\int_V|\Psi|^2\mathrm{d}V=\int_V\left(\Psi\frac{\partial\Psi^*}{\partial t}+\Psi^*\frac{\partial\Psi}{\partial t}\right)\mathrm{d}V=$$

$$=\frac{\mathrm{i}}{\hbar}\int_V(\Psi\hat{H}^*\Psi^*-\Psi^*\hat{H}\Psi)\mathrm{d}V.$$

用下式代入

$$\hat{H}=\hat{H}^*=-(\hbar^2/2m)\Delta+U(x,y,z),$$

并应用下列恒等式

$$\Psi\Delta\Psi^*-\Psi^*\Delta\Psi=\mathrm{div}(\Psi\nabla\Psi^*-\Psi^*\nabla\Psi),$$

可得

$$\frac{\mathrm{d}}{\mathrm{d}t}\int_V|\Psi|^2\mathrm{d}V=-\int_V\mathrm{div}\,\boldsymbol{j}\mathrm{d}V,$$

式中的$\boldsymbol{j}$代表下列矢量①

① 如把Ψ写成$|\Psi|\mathrm{e}^{\mathrm{i}\alpha}$,则

$$\boldsymbol{j}=\frac{\hbar}{m}|\Psi|^2\nabla\alpha\tag{19.4a}$$

$$\boldsymbol{j}=\frac{\mathrm{i}\hbar}{2m}(\boldsymbol{\Psi}\nabla\boldsymbol{\Psi}^{*}-\boldsymbol{\Psi}^{*}\nabla\boldsymbol{\Psi})=\frac{1}{2m}(\boldsymbol{\Psi}\hat{\boldsymbol{p}}^{*}\boldsymbol{\Psi}^{*}+\boldsymbol{\Psi}^{*}\hat{\boldsymbol{p}}\boldsymbol{\Psi}) \tag{19.4}$$

对 $\operatorname{div}\boldsymbol{j}$ 的积分可按高斯定理变换成为对封闭面 S(体积 V 的表面)的面积分:

$$\frac{\mathrm{d}}{\mathrm{d}t}\int_{V}|\boldsymbol{\Psi}|^{2}\mathrm{d}V=-\oint_{S}\boldsymbol{j}\cdot\mathrm{d}\boldsymbol{S}. \tag{19.5}$$

由上式可知矢量 $\boldsymbol{j}$ 可称为**概率流密度**矢量,或简称为**流密度**. 这个矢量的面积分等于单位时间内粒子穿过该面积的概率. 矢量 $\boldsymbol{j}$ 以及概率密度 $|\boldsymbol{\Psi}|^2$ 满足下列方程式:

$$\partial|\boldsymbol{\Psi}|^{2}/\partial t+\operatorname{div}\boldsymbol{j}=0, \tag{19.6}$$

这个方程和经典连续性方程相类似.

自由运动的波函数[(17.9)式的平面波]可以这样来归一化,使它所描述的粒子流具有单位流密度(每单位时间平均有一个粒子流过一单位截面). 这样的波函数为

$$\boldsymbol{\Psi}=\frac{1}{\sqrt{v}}\mathrm{e}^{-(\mathrm{i}/\hbar)(Et-\boldsymbol{p}\cdot\boldsymbol{r})}, \tag{19.7}$$

其中 v 为粒子速度,因为把上式代入(19.4)得 $\boldsymbol{j}=\boldsymbol{p}/mv$,这是沿运动方向的单位矢量.

值得指出的是,如何从薛定谔方程出发直接证明不同能级的状态波函数的相互正交性. 设 ψ_m 和 ψ_n 为这样两个函数,分别满足以下方程:

$$-(\hbar^2/2m)\Delta\psi_m+U\psi_m=E_m\psi_m,$$
$$-(\hbar^2/2m)\Delta\psi_n^*+U\psi_n^*=E_n\psi_n^*.$$

第一式乘以 ψ_n^*,第二式乘以 ψ_m 后,相减,得

$$(E_m-E_n)\psi_m\psi_n^*=(\hbar^2/2m)(\psi_m\Delta\psi_n^*-\psi_n^*\Delta\psi_m)=$$
$$=\frac{\hbar^2}{2m}\operatorname{div}(\psi_m\nabla\psi_n^*-\psi_n^*\nabla\psi_m).$$

上式两边如果对整个空间积分,右边用高斯定理变成面积分后等于零,我们就得

$$(E_m-E_n)\int\psi_m\psi_n^*\,\mathrm{d}V=0,$$

因已假定 $E_m\neq E_n$,故得欲求的正交关系式

$$\int\psi_m\psi_n^*\,\mathrm{d}V=0.$$

§20　变分原理

一般形式的薛定谔方程 $\hat{H}\psi=E\psi$ 可从下列变分原理

$$\delta\int\psi^*(\hat{H}-E)\psi\,\mathrm{d}q=0 \tag{20.1}$$

获得. 由于 ψ 是复函数,ψ^* 和 ψ 可以独立变分. 对 ψ^* 变分,得

$$\int \delta\psi^* (\hat{H} - E)\psi \mathrm{d}q = 0,$$

由于 $\delta\psi^*$ 是任意的,结果就得欲求的方程式 $\hat{H}\psi = E\psi$. 对 ψ 变分并不能得出新的结果. 因为,对 ψ 变分,并用 $\hat{H}$ 算符的厄米性,得

$$\int \psi^* (\hat{H} - E)\delta\psi \mathrm{d}q = \int \delta\psi (\hat{H}^* - E)\psi^* \mathrm{d}q = 0,$$

由此求得复共轭方程 $\hat{H}^* \psi^* = E\psi^*$.

(20.1)式的变分原理要求该积分取无条件极值. 这个原理也可以用另一种方式表述,只要把 E 看作此问题中的拉格朗日乘子,并对下式取条件极值,即

$$\delta \int \psi^* \hat{H}\psi \mathrm{d}q = 0, \tag{20.2}$$

其附加条件为

$$\int \psi\psi^* \mathrm{d}q = 1. \tag{20.3}$$

积分(20.2)式[具有附加条件(20.3)]的最小值就是能量的第一个本征值,即基态能量值 E_0. 给出该极小值的 ψ 函数就是基态波函数 $\psi_0$①,其它的定态波函数 $\psi_n(n>0)$ 只对应于这个积分的一个极值,但不是这个积分的真实极小值.

根据积分式(20.2)为极小值的条件,要想求得仅次于基态的能量值 E_1 及其波函数 ψ_1,我们必须选择这样的 ψ 函数,它不但满足(20.3)式的归一化条件,而且要满足与基态波函数 ψ_0 的正交条件: $\int \psi\psi_0 \mathrm{d}V = 0$. 一般讲来,如果前面 n 个态(按能量递增的次序编号)的波函数 $\psi_0, \psi_1, \cdots, \psi_{n-1}$ 为已知,下一个态的波函数除了使积分(20.2)等于一个极小值外,还有下列附加条件:

$$\int \psi^2 \mathrm{d}q = 1, \quad \int \psi\psi_m \mathrm{d}q = 0, \quad (m = 0, 1, 2, \cdots, n-1). \tag{20.4}$$

在这里我们给出若干普遍定理,这些定理都可以用变分原理加以证明②.

基态波函数 ψ_0 对任意有限坐标值而言不会等于零③(或称无节点). 换句话说,ψ_0 在整个空间内具有相同的符号. 由于这一点,与 ψ_0 正交的其它定态波函数 $\psi_n(n>0)$,必然具有节点(如果 ψ_n 也有恒定的符号,则积分 $\int \psi_0\psi_n \mathrm{d}q$ 不会等

---

① 本节以下各段中我们假定波函数 ψ 为实函数;它们总能选成实函数(如果没有磁场的话).

② 关于本征函数零点定理(可见下节)的证明,可参考:M. A. 拉弗林契叶夫等著《变分学教程》,高等教育出版社,1955 年版,第九章;R. 柯朗,D. 希尔伯特著《数学物理方法》,第一卷,科学出版社,1958 年版,第六章.

③ 这个定理(及其导出的推论),对全同粒子系统的波函数来讲,一般并不成立(参考 §63 末段).

于零).

其次,从 ψ_0 无节点这个事实出发,可以证明基态能级不会有简并.如果不是这样,令 ψ_0 和 ψ'_0 为对应于 E_0 能级的两个不同本征函数.则任一线性组合 $c\psi_0+c'\psi'_0$ 仍是 E_0 的一个本征函数;但是适当选择 c,c' 常数,可使此函数在空中任一指定点等于零,这就是说,得到一个有节点的本征函数.

如果运动局限于一个有限的空间区域内,则在该区的界面上一定有 $\psi=0$(见 §18).用变分原理求其能级时,应该根据这个边界条件去求积分(20.2)的极小值.在这种情况下,基态波函数无节点的定理的含义是 ψ_0 在该区内处处不等于零.

要注意的是,当运动区域的尺度逐渐增大时,所有的 E_m 能级都随之减小;这是因为运动区域扩大时,使积分为极小值的那些波函数的定义域也随之扩大,其结果只能使积分的极小值减小.

多粒子系统离散谱能级的下列表式

$$\int \psi\hat{H}\psi\mathrm{d}q=\int\left[-\sum_a\frac{\hbar^2}{2m_a}\psi\Delta_a\psi+U\psi^2\right]\mathrm{d}q,$$

可以化成另一种更便于实用的形式.被积式第一项中的下列表式可以写成

$$\psi\Delta_a\psi=\mathrm{div}_a(\psi\nabla_a\psi)-(\nabla_a\psi)^2.$$

$\mathrm{div}_a(\psi\nabla_a\psi)$ 对整个空间积分,可以化成一个无穷大封闭面上的面积分,由于离散谱的状态波函数在无穷远处足够快地趋于零,这个积分就等于零.所以

$$\int \psi\hat{H}\psi\mathrm{d}q=\int\left[\sum_a\frac{\hbar^2}{2m_a}(\nabla_a\psi)^2+U\psi^2\right]\mathrm{d}q. \tag{20.5}$$

§21 一维运动的一般性质

一个粒子的势能如果只依赖于一个坐标(x),则波函数可以表为一个 y 和 z 的函数与一个只含 x 的函数的乘积.前一个函数,由自由运动的薛定谔方程所确定,后一个函数,则满足以下的一维薛定谔方程:

$$\frac{\mathrm{d}^2\psi}{\mathrm{d}x^2}+\frac{2m}{\hbar^2}[E-U(x)]\psi=0. \tag{21.1}$$

这样的一维方程显然可以在势能为 $U(x,y,z)=U_1(x)+U_2(y)+U_3(z)$ 的问题中得到,其中的势能可以分解成为若干个只依赖于单个坐标的函数之和.我们将在 §22 ~ §24 中讨论这一类"**一维运动**"的许多实例,在本节中,我们要事先阐明这类运动的若干普遍性质.

首先要证明的是,一维问题中所有的离散谱能级均无简并.为了证明这一点,暂时假定以上的说法不成立,并令 ψ_1 和 ψ_2 为属于同一能量值的两个不同本征函数.由于它们都满足(21.1)式,我们有

$$\frac{\psi''_1}{\psi_1}=\frac{2m}{\hbar^2}(U-E)=\frac{\psi''_2}{\psi_2}$$

或 $\psi''_1\psi_2-\psi''_2\psi_1=0$（撇号代表对 x 微商）. 此式积分得

$$\psi'_1\psi_2-\psi_1\psi'_2=\text{常数}. \tag{21.2}$$

由于在无穷远处 $\psi_1=\psi_2=0$，上式中的常数必须等于零，即

$$\psi'_1\psi_2-\psi_1\psi'_2=0$$

或 $\psi'_1/\psi_1=\psi'_2/\psi_2$. 再积分一次可得 $\psi_1=\text{常数}\times\psi_2$，这就是说这两个函数基本上相同.

对离散谱的波函数 $\psi_n(x)$ 而言存在着下列定理①（称为**振荡定理**）：属于第 $(n+1)$ 个能级 E_n（按本征值的递增次序编号）的本征函数 $\psi_n(x)$ 共有 n 次等于零（对 x 的所有有限值②而言）.

假定 $x\to\pm\infty$ 时 $U(x)$ 函数趋向有限值（但 U 不一定是单调函数）. 我们令极限值 $U(+\infty)$ 为能量的零点［即令 $U(+\infty)=0$］，并把 $U(-\infty)$ 写作 U_0，假定 $U_0>0$. 离散谱的能量值应该介于这样的值域中，使得具有这些能量值的粒子不能运动到无穷远处；根据这一点，该能量必须同时小于 $U(\pm\infty)$ 这两个极限值，也就是说必须是负值：

$$E<0, \tag{21.3}$$

当然，在任何情形下，还必须有 $E>U_{\min}$，也就是说，$U(x)$ 函数至少要有一个极小值 $U_{\min}<0$.

现在来考虑小于 U_0 的正能量值域：

$$0<E<U_0. \tag{21.4}$$

这个值域内的能谱将是连续的，粒子在相应的定态中作无限运动，向着 $x=+\infty$ 的方向行进. 很易看出，这一段能谱中没有一个能级是简并的. 要证明这一点，只要注意当函数 ψ_1 和 ψ_2 只在一个无穷远点等于零时（目前情形下它们在 $x\to-\infty$ 时趋于零）前面（对离散谱）给出的证明仍然有效就足够了.

当 x 等于足够大的正值时，我们可以略去薛定谔方程(21.1)中的 $U(x)$：

$$\psi''+\frac{2m}{\hbar^2}E\psi=0.$$

这个方程式具有平面驻波形式的实函数解：

$$\psi=a\cos(kx+\delta), \tag{21.5}$$

其中的 a 和 δ 都是常数，而 $k=p/\hbar=\sqrt{2mE}/\hbar$ 称为**波数**. 这个式子确定了(21.4)式所示的连续谱值域中非简并能级（当 $x\to+\infty$ 时）的波函数渐近式. 当

---

① 见 § 20 中第二个附注所列的参考书. ——译者注

② 如果粒子只能处于 x 轴的某一有限区间内，我们应该在该区间内考虑 $\psi_n(x)$ 的这些零点.

x 等于足够大的负值时，薛定谔方程成为

$$\psi'' - \frac{2m}{\hbar^2}(U_0 - E)\psi = 0.$$

$x \to -\infty$ 时不等于无穷大的解为

$$\psi = b\mathrm{e}^{\kappa x}，其中\ \kappa = \frac{1}{\hbar}\sqrt{2m(U_0 - E)}. \tag{21.6}$$

这就是波函数当 $x \to -\infty$ 时的渐近式. 由此可见，在 $E < U$ 的区域内，波函数按指数规律递减.

最后，当

$$E > U_0 \tag{21.7}$$

时能谱为连续，并且正负两个方向都是无限运动. 在这一段能谱中，所有的能级都是双重简并的. 这是因为相应的波函数由(21.1)式的二阶方程所确定，这个方程式的两个独立解都能满足无穷远处的那些必要条件(例如在上段所述的情形下，其中的一个解由于 $x \to -\infty$ 时变成无穷大而被抛弃). $x \to +\infty$ 时波函数的渐近式为

$$\psi = a_1\mathrm{e}^{\mathrm{i}kx} + a_2\mathrm{e}^{-\mathrm{i}kx}, \tag{21.8}$$

$x \to -\infty$ 时也有类似的渐近式. 式中的 $\mathrm{e}^{\mathrm{i}kx}$ 项对应于向右运动的粒子，$\mathrm{e}^{-\mathrm{i}kx}$ 对应于向左运动的粒子.

我们假定 $U(x)$ 是一个偶函数[即 $U(-x) = U(x)$]. 此时坐标反号后薛定谔方程式(21.1)保持不变. 由此可知，如果 $\psi(x)$ 是该方程的一个解，则 $\psi(-x)$ 也是一个解，并且和 $\psi(x)$ 只差一个常数因子：$\psi(-x) = c\psi(x)$. 再把 x 反号一次，可得 $\psi(x) = c^2\psi(x)$，故 $c = \pm 1$. 因此，对于具有对称形式(对 $x = 0$ 点对称)的势能讲来，定态波函数只能是偶函数[$\psi(-x) = \psi(x)$]或奇函数[$\psi(-x) = -\psi(x)$]①. 特别是，它的基态波函数一定是偶函数：因为这个函数必须无节点，但奇函数在 $x = 0$ 点总是等于零[$\psi(0) = -\psi(0) = 0$].

一维运动的(连续谱中的)波函数的归一化问题，有一个简单办法，可以从 $|x|$ 值很大时的波函数渐近式出发，直接求出它的归一化系数.

考虑沿单方向($x \to +\infty$ 方向)作无限运动的波函数. 这个波函数的归一化积分式当 $x \to \infty$ 时是发散的($x \to -\infty$ 时波函数指数式衰减，使得积分很快地收敛). 因此，在求归一化常数的时候，我们可以把 ψ 改成它(在 x 为很大正值时)的渐近式，然后再进行积分，积分的下限可取 x 的任一有限值，譬如说取 $x = 0$；这种做法，相当于在无穷大值中略去了一个有限值. 我们来证明，当波函数按下

---

① 这个讨论中，已经假定这个定态是没有简并的. 这就是说，沿两个方向的运动都不是无限运动. 要不然，当 x 反号时，属于所考虑能级的两个定态波函数可以相互变换. 在这种情形下，定态波函数虽然不一定都是偶函数或奇函数，但对它们进行适当的线性组合后，总是可以组合成为偶函数或奇函数.

式条件加以归一化后(式中的 p 为粒子在无穷远处的动量),

$$\int \psi_p^* \psi_{p'} \mathrm{d}x = \delta\left(\frac{p-p'}{2\pi\hbar}\right) = 2\pi\hbar\delta(p-p'), \tag{21.9}$$

它的渐近式必呈(21.5)形式,并且其中的 $a=2$:

$$\psi_p \approx 2\cos(kx+\delta) = \mathrm{e}^{\mathrm{i}(kx+\delta)} + \mathrm{e}^{-\mathrm{i}(kx+\delta)}. \tag{21.10}$$

把(21.10)式代入归一化积分式 $\int \psi_p^* \psi_{p'} \mathrm{d}x$ 中,我们不去验证这两个函数的正交性,只要假定式中的 p 和 p' 十分接近;因而可令 $\delta=\delta'$(一般来讲 δ 是 p 的函数). 其次,在被积式中,我们只保留 $p=p'$ 时积分为发散的项;换句话说,我们把含有 $\mathrm{e}^{\pm \mathrm{i}(k+k')x}$ 因子的项略去不计. 因此可得

$$\int \psi_p^* \psi_p' \mathrm{d}x = \int_0^\infty \mathrm{e}^{\mathrm{i}(k'-k)x}\mathrm{d}x + \int_0^\infty \mathrm{e}^{-\mathrm{i}(k'-k)x}\mathrm{d}x = \int_{-\infty}^\infty \mathrm{e}^{\mathrm{i}(k'-k)x}\mathrm{d}x.$$

借助于(15.7)式可知,上式与(21.9)式相同.

根据(5.14)式,ψ_p 乘以下列因子后即变成对能量的 δ 函数归一化:

$$\left(\frac{\mathrm{d}(p/2\pi\hbar)}{\mathrm{d}E}\right)^{1/2} = \frac{1}{\sqrt{2\pi\hbar v}},$$

式中 v 是粒子在无穷远处的速度. 所以

$$\psi_E = \frac{1}{\sqrt{2\pi\hbar v}}\psi_p = \frac{1}{\sqrt{2\pi\hbar v}}\left(\mathrm{e}^{\mathrm{i}(kx+\delta)} + \mathrm{e}^{-\mathrm{i}(kx+\delta)}\right), \tag{21.11}$$

上式驻波中每个行波的流密度为 $1/2\pi\hbar$. 我们就得到以下的规则:对单方向作无限运动的波函数而言,要归一化成能量的 δ 函数,可以先把该波函数的渐近表式写成两个向相反方向行进的平面波之和,然后选择归一化常数,使得向原点(或离开原点)运动的那个平面波具有概率流密度 $1/(2\pi\hbar)$.

同理,对于左右方向都能运动到无限远处的波函数而言,也可以得到一个类似的归一化法则. 如果对从 $x=+\infty$ 处运动到原点以及从 $x=-\infty$ 处运动到原点的两个平面波讲来,它们的概率流密度之和等于 $1/2\pi\hbar$,那么这个波函数就是已按能量的 δ 函数归一化的波函数.

§22 势阱

作为一维运动的一个简单例子,我们来考虑方**势阱**中的运动,也就是在图 1 所示的 $U(x)$ 势场中的运动:$0<x<a$ 时有 $U(x)=0$,$x<0$ 和 $x>a$ 时有 $U(x)=U_0$. 显然,$E<U_0$ 时能谱是离散的. 而当 $E>U_0$ 时,我们有一个能级为双重简并的连续谱.

在 $0<x<a$ 区域内,薛定谔方程为

$$\psi'' + \frac{2m}{\hbar^2}E\psi = 0 \tag{22.1}$$

(撇号代表对 x 微商),势阱以外的区域内有

$$\psi'' + \frac{2m}{\hbar^2}(E - U_0)\psi = 0. \tag{22.2}$$

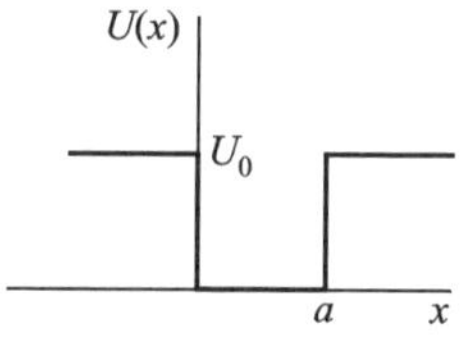

图 1

在 $x=0$ 和 $x=a$ 点处,以上两式之解及其导数均须连续,而(22.2)式之解当 $x=\pm\infty$ 时必须保持有限(对 $E<U_0$ 的离散谱而言,它必须等于零).

对 $E<U_0$ 而言,(22.2)式在无穷远处为零的解为

$$\psi = 常数 \times \mathrm{e}^{\mp\kappa x},\quad 其中\ \kappa = \frac{1}{\hbar}\sqrt{2m(U_0 - E)} \tag{22.3}$$

(指数上的 - 号和 + 号是分别对 $x>a$ 和 $x<0$ 两个区域而言的). $E<U(x)$ 区域内发现粒子的概率 $|\psi|^2$ 作指数式递减. 势阱边上的 ψ 和 ψ' 的连续性条件,为方便计,可用 ψ 及其对数导数 ψ'/ψ 的连续性条件来代替. 计算(22.3)式,可得下列形式的边界条件:

$$|\psi'|/\psi = \mp\kappa. \tag{22.4}$$

我们不在这里讨论势阱深度 U_0 为任意值时的能级问题(见习题 2),下面只对无限深势壁($U_0\to\infty$)这一极限情形作出详细分析.

当 $U_0=\infty$ 时,§18 中已经指出,粒子只能在 $x=0$ 和 $x=a$ 两点之间运动,这两个端点处的边界条件为

$$\psi = 0. \tag{22.5}$$

[很易证明上式也可以由一般条件(22.4)式得出. 因为 $U_0\to\infty$ 时同时有 $\kappa\to\infty$,从而有 $\psi'/\psi\to\infty$;由于 ψ' 不能等于无穷大,故 $\psi=0$]. 势阱之内的(22.1)式具有以下形状的解:

$$\psi = c\sin(kx+\delta),\quad 其中\ k = \frac{\sqrt{2mE}}{\hbar}. \tag{22.6}$$

由 $x=0$ 时 $\psi=0$ 的条件,得 $\delta=0$,再按同一条件,在 $x=a$ 处给出 $\sin ka=0$,故 $ka=n\pi$(n 为一正整数①,从 1 开始)或

$$E_n = \frac{\pi^2\hbar^2}{2ma^2}n^2,\quad n=1,2,3,\cdots \tag{22.7}$$

这个式子确定了势阱中一个粒子的各种能级. 归一化的定态波函数为

$$\psi_n = \sqrt{\frac{2}{a}}\sin(\pi nx/a). \tag{22.8}$$

根据以上的结果我们可以直接写出一个粒子在直角"势箱"中的各种能级,该粒子在这个"势箱"中作三维运动,其势能当 $0<x<a$, $0<y<b$, $0<z<c$ 时为

---

① $n=0$ 时将有 ψ 恒等于零.

$U=0$,在这个区域以外为 $U=\infty$. 实际上,这种能级等于下列和量:

$$E_{n_1n_2n_3}=\frac{\pi^2\hbar^2}{2m}\left(\frac{n_1^2}{a^2}+\frac{n_2^2}{b^2}+\frac{n_3^2}{c^2}\right),(n_1,n_2,n_3=1,2,3,\cdots),\tag{22.9}$$

相应的波函数等于下列乘积:

$$\psi_{n_1n_2n_3}=\sqrt{\frac{8}{abc}}\sin\frac{\pi n_1}{a}x\cdot\sin\frac{\pi n_2}{b}y\cdot\sin\frac{\pi n_3}{c}z.\tag{22.10}$$

由(22.7)或(22.9)式可知,基态能量 E_0 的数量级约为 $\hbar^2/ml^2$,l 为粒子运动区域的线性尺度. 这个结果和不确定度关系式相一致:当坐标不确定度约为 l 时,动量的不确定度因而动量本身的数量级约为 $\hbar/l$;相应的能量均为$\frac{1}{m}(\hbar/l)^2$.

习 题

1. 在无限深的方势阱中,求一基态粒子的各种动量值的概率分布.

解:(22.8)式的 ψ_1 函数按动量本征函数展开后的展开系数 $a(p)$ 为

$$a(p)=\int\psi_p^*\psi_1\mathrm{d}x=\sqrt{\frac{2}{a}}\int_0^a\sin\left(\frac{\pi}{a}x\right)\mathrm{e}^{-(\mathrm{i}/\hbar)px}\mathrm{d}x.$$

做出积分后,再求其模量平方,即得下列概率分布:

$$|a(p)|^2\frac{\mathrm{d}p}{2\pi\hbar}=\frac{4\pi\hbar^3a}{(p^2a^2-\pi^2\hbar^2)^2}\cos^2\frac{pa}{2\hbar}\mathrm{d}p$$

2. 求图 2 中势阱的能级.

解:我们考虑 $E<U_1$ 的离散谱. $x<0$ 区域内的波函数为

$$\psi=c_1\mathrm{e}^{\kappa_1x},\text{其中 }\kappa_1=\frac{1}{\hbar}\sqrt{2m(U_1-E)},$$

$x>a$ 区域内有

$$\psi=c_2\mathrm{e}^{-\kappa_2x},\text{其中 }\kappa_2=\frac{1}{\hbar}\sqrt{2m(U_2-E)}.$$

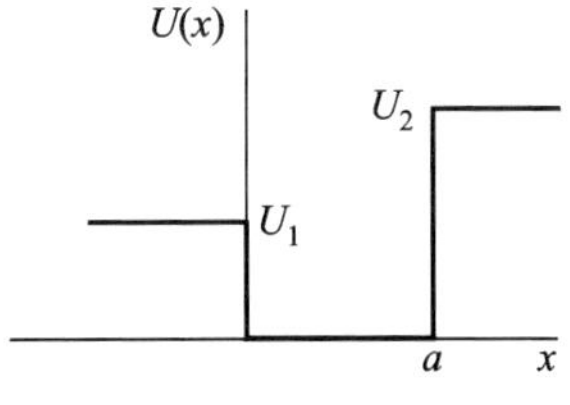

图 2

势阱内($0<x<a$)的 ψ 可取下列形式:

$$\psi=c\sin(kx+\delta),\text{其中 }k=\frac{\sqrt{2mE}}{\hbar}.$$

根据势阱边上 ψ'/ψ 的连续性条件,得

$$k\cot\delta=\kappa_1=\sqrt{\frac{2m}{\hbar^2}U_1-k^2},\quad k\cot(ak+\delta)=-\kappa_2=-\sqrt{\frac{2m}{\hbar^2}U_2-k^2},$$

或

$$\sin\delta=\frac{k\hbar}{\sqrt{2mU_1}},\quad\sin(ka+\delta)=-\frac{k\hbar}{\sqrt{2mU_2}}.$$

消去 δ 后,得下列超越方程:

$$ka = n\pi - \arcsin\frac{k\hbar}{\sqrt{2mU_1}} - \arcsin\frac{k\hbar}{\sqrt{2mU_2}} \tag{1}$$

（其中 $n=1,2,3,\cdots$，反正弦函数所取之值介于 0 到 $\frac{1}{2}\pi$ 之间），上式之根确定了能级 $E=k^2\hbar^2/2m$. 对每一个 n 一般来讲只有一个根；n 值按能级的递增次序编号.

由于反正弦函数的宗量不能超过 1，k 值显然只能介于 0 到 $\sqrt{2mU_1}/\hbar$ 之间. (1) 式的左边随 k 单调地增大，该式的右边却随 k 单调地减小. 因此 (1) 式有根的必要条件为 $k=\sqrt{2mU_1}/\hbar$ 时，式右应该小于式左. 特别是，由 $n=1$ 所得的下列不等式

$$a\frac{\sqrt{2mU_1}}{\hbar} \geqslant \frac{\pi}{2} - \arcsin\sqrt{\frac{U_1}{U_2}}, \tag{2}$$

给出了阱中至少存在一个能级的条件. 由此可见，给定了不相等的 U_1 和 U_2 后，总可以找到一个很窄的阱宽 a，使得该阱中不能存在离散能级. 对 $U_1=U_2$ 而言，条件 (2) 总能得到满足.

$U_1=U_2\equiv U_0$（一个对称势阱）时，(1) 式可化成

$$\arcsin\frac{\hbar k}{\sqrt{2mU_0}} = \frac{1}{2}(n\pi - ka). \tag{3}$$

引进变量 $\xi=\frac{1}{2}ka$，当 n 为奇数时，得下列方程：

$$\cos\xi = \pm\gamma\xi,\quad 其中\ \gamma = \frac{\hbar}{a}\sqrt{\frac{2}{mU_0}}, \tag{4}$$

上式应取 $\tan\xi>0$ 的根. 当 n 为偶数时，可得

$$\sin\xi = \pm\gamma\xi \tag{5}$$

我们应取 $\tan\xi<0$ 的根. 这两个方程式的根确定了 $E=2\xi^2\hbar^2/ma^2$ 能级，$\gamma\neq 0$ 时能级的总数为有限.

特别是对于 $U_0 \ll \hbar^2/ma^2$ 的浅势阱，我们有 $\gamma\gg 1$，(5) 式根本无解. (4) 式有一个根（式右取 + 号），等于 $\xi\approx\frac{1}{\gamma}\left(1-\frac{1}{2\gamma^2}\right)$. 因此，阱中只包含有一个能级

$$E_0 \approx U_0 - \frac{ma^2}{2\hbar^2}U_0^2,$$

处于阱“口”附近.

3. 粒子在一直角“势箱”中运动，求箱壁所受的压强.

解：作用于垂直于 x 轴的箱壁上的力，等于 $-\partial H/\partial a$（粒子的哈密顿函数对沿 x 轴的箱长的微商）的平均值；此力除以该壁面积 bc 后即得压强. 根据

(11.16)式,欲求的平均值可从(22.9)式能量本征值的微商得到.结果压强为

$$p^{(x)}=\frac{\pi^2\hbar^2}{ma^3bc}n_1^2.$$

§23　线性振子

我们来考虑一个作一维小振动的粒子(称为一个**线性振子**).该粒子的势能为 $m\omega^2x^2/2$,其中的 ω 为经典力学中的固有振动(圆)频率.该振子的哈密顿量因而是

$$\hat{H}=\frac{\hat{p}^2}{2m}+\frac{m\omega^2x^2}{2}. \tag{23.1}$$

由于 $x\to\pm\infty$ 时势能为无穷大,该粒子只能作有限运动,其能谱完全是离散的.

我们试用矩阵方法①求解该振子的能级.我们从(19.3)形式的"运动方程"出发;在目前情形下,由该式得

$$\hat{\ddot{x}}+\omega^2x=0. \tag{23.2}$$

此式的矩阵形式为

$$(\ddot{x})_{mn}+\omega^2x_{mn}=0.$$

根据(11.8)式,加速度的矩阵元 $(\ddot{x})_{mn}=\mathrm{i}\omega_{mn}(\dot{x})_{mn}=-\omega_{mn}^2x_{mn}$.因此,得

$$(\omega_{mn}^2-\omega^2)x_{mn}=0.$$

由此可见,矩阵元 x_{mn} 除了 $\omega_{mn}=\pm\omega$ 以外显然都等于零.我们把所有的定态加以编号,使得 $n\to n\mp1$ 的跃迁频率为 $\pm\omega$,即 $\omega_{n,n\mp1}=\pm\omega$.此时不等于零的矩阵元只有 $x_{n,n\pm1}$.

现在假定所有的波函数 ψ_n 都取实函数.由于 x 为实量,从而所有的矩阵元 x_{mn} 都是实数.厄米条件(11.10)式表明,这样的 x_{mn} 矩阵是一个对称矩阵:即满足 $x_{mn}=x_{nm}$.

为了算出不等于零的矩阵元,我们利用下列对易关系:

$$\hat{\dot{x}}\hat{x}-\hat{x}\hat{\dot{x}}=-\mathrm{i}\frac{\hbar}{m},$$

把它写成矩阵形式:

$$(\dot{x}x)_{mn}-(x\dot{x})_{mn}=-\frac{\mathrm{i}\hbar}{m}\delta_{mn}.$$

利用矩阵乘法法则(11.12),当 $m=n$ 时,上式为

$$\mathrm{i}\sum_l(\omega_{nl}x_{nl}x_{ln}-x_{nl}\omega_{ln}x_{ln})=2\mathrm{i}\sum_l\omega_{nl}x_{nl}^2=-\mathrm{i}\frac{\hbar}{m}.$$

① 这是在薛定谔波动方程未发现前由海森伯于1925年所作的.

这个求和式中,只有 $l=n\pm1$ 的项不等于零,故得

$$(x_{n+1,n})^2-(x_{n,n-1})^2=\frac{\hbar}{2m\omega}. \tag{23.3}$$

上式表明,$(x_{n+1,n})^2$ 诸量组成一个算术级数,因为它们只能是正的,这组量没有上限但有下限.由于我们只编定了各态的相对位置,还没有确定编号 n 的绝对值,我们可以任选一个 n 值对应于振子的第一态(基态).现在取这个 n 值等于零.因此 $x_{0,-1}$ 现在必须看作恒等于零,依次应用 $n=0,1,\cdots$ 的(23.3)式,可导出下列结果:

$$(x_{n,n-1})^2=\frac{n\hbar}{2m\omega}.$$

因此最后得下列不等于零的坐标矩阵元①:

$$x_{n,n-1}=x_{n-1,n}=\sqrt{\frac{n\hbar}{2m\omega}}. \tag{23.4}$$

算符 $\hat{H}$ 的矩阵是对角的,并且矩阵元 H_{nn} 就是欲求的振子能量本征值 E_n.它的计算方法如下:

$$\begin{aligned}H_{nn}=E_n&=\frac{m}{2}[(\dot{x}^2)_{nn}+\omega^2(x^2)_{nn}]=\\&=\frac{m}{2}\left[\sum_l \mathrm{i}\omega_{nl}x_{nl}\mathrm{i}\omega_{ln}x_{ln}+\omega^2\sum_l x_{nl}x_{ln}\right]=\\&=\frac{m}{2}\sum_l(\omega^2+\omega_{nl}^2)x_{ln}^2.\end{aligned}$$

对 l 求和时,只有 $l=n\pm1$ 的两项不等于零;用(23.4)式代入,得

$$E_n=\left(n+\frac{1}{2}\right)\hbar\omega,\quad n=0,1,2,\cdots \tag{23.5}$$

由此可见,振子的各个能级是以等间隔 $\hbar\omega$ 依次排列的.基态($n=0$)能量为 $\frac{1}{2}\hbar\omega$;注意,它并不等于零.

式(23.5)的结果也可以从振子的薛定谔方程中直接解出来.这个方程的形式为

$$\frac{\mathrm{d}^2\psi}{\mathrm{d}x^2}+\frac{2m}{\hbar^2}\left(E-\frac{m}{2}\omega^2x^2\right)\psi=0. \tag{23.6}$$

为方便计,最好将坐标变量 x 换成以下所示的量纲为 1 的变量 ξ:

$$\xi=\sqrt{\frac{m\omega}{\hbar}}x. \tag{23.7}$$

---

① 我们选择未确定的相位 α_n(见 §11 第三个脚注),使得(23.4)式的所有矩阵元在平方根前均取正号.这样的选择总是可能的,因为这个矩阵中只有相邻两态间的跃迁矩阵元才不等于零.

则方程式成为

$$\psi'' + [(2E/\hbar\omega) - \xi^2]\psi = 0. \tag{23.8}$$

式中的撇号现在代表对 ξ 求微商.

当 ξ 很大时,$2E/\hbar\omega$ 和 ξ^2 相比可以略去不计;方程式 $\psi'' = \xi^2\psi$ 具有渐近积分 $\psi = e^{\pm\frac{1}{2}\xi^2}$(对这个函数求微商后,略去数量级较小的项,可得 $\psi'' = \xi^2\psi$). 由于 $\xi \to \pm\infty$ 时波函数 ψ 必须保持有限,指数上的符号只能取负号. 因此,我们自然用下式代入(23.8)式:

$$\psi = e^{-\frac{1}{2}\xi^2}\chi(\xi). \tag{23.9}$$

结果得函数 $\chi(\xi)$ 的一个方程式

$$\chi'' - 2\xi\chi' + 2n\chi = 0 \tag{23.10}$$

$\left[\text{式中的 } 2n = (2E/\hbar\omega) - 1;\text{我们已知 } E > 0,\text{故有 } n > -\frac{1}{2}\right]$,式中的函数 χ 对 ξ 的所有有限值而言必须保持有限,且当 $\xi \to \pm\infty$ 时,不能比 ξ 的任一有限次幂更快地趋向无穷大(以便使函数 ψ 能趋于零).

只有当 n 等于正整数(及零)时,(23.10)式才能有这样的解(见数学附录§a);它所给出的能量本征值就是我们早已知道的(23.5)式. (23.10)式中,当 n 等于各种正整数值时,它的相应解为 χ = 常数 $\times H_n(\xi)$,其中的 $H_n(\xi)$ 称为**厄米多项式**,它们是 ξ 的 n 次多项式,其定义为

$$H_n(\xi) = (-1)^n e^{\xi^2} d^n(e^{-\xi^2})/d\xi^n. \tag{23.11}$$

求出 ψ_n 中的常数,使 ψ_n 满足归一化条件

$$\int_{-\infty}^{\infty} \psi_n^2(x)\,dx = 1,$$

结果得[见附录(a.7)式]

$$\psi_n(x) = \left(\frac{m\omega}{\pi\hbar}\right)^{\frac{1}{4}} \frac{1}{\sqrt{2^n n!}} e^{-\frac{m\omega}{2\hbar}x^2} H_n\left(x\sqrt{\frac{m\omega}{\hbar}}\right). \tag{23.12}$$

故基态波函数为

$$\psi_0(x) = \left(\frac{m\omega}{\hbar\pi}\right)^{\frac{1}{4}} e^{-\frac{m\omega}{2\hbar}x^2}. \tag{23.13}$$

理所当然,这个函数对有限的 x 值而言并无零点.

计算积分式 $\int_{-\infty}^{\infty} \psi_n\psi_m\xi\,d\xi$,可给出坐标的矩阵元;其结果当然也和(23.4)式给出的值相同.

最后,我们来看一下如何用矩阵方法求出 ψ_n 波函数. 我们注意到,$\hat{\dot{x}} \pm i\omega\hat{x}$ 算符的矩阵中不等于零的矩阵元只有

$$(\dot{x}-\mathrm{i}\omega x)_{n-1,n}=-(\dot{x}+\mathrm{i}\omega x)_{n,n-1}=-\mathrm{i}\sqrt{\frac{2\omega\hbar n}{m}}. \tag{23.14}$$

应用(11.11)的普遍公式,并且考虑到 $\psi_{-1}\equiv 0$,可得下列结论:

$$(\hat{\dot{x}}-\mathrm{i}\omega x)\psi_0=0.$$

把 $\hat{\dot{x}}=-\mathrm{i}\frac{\hbar}{m}\frac{\mathrm{d}}{\mathrm{d}x}$代入上式后得到以下方程式:

$$\frac{\mathrm{d}\psi_0}{\mathrm{d}x}=-\frac{m\omega}{\hbar}x\psi_0,$$

这式的归一化解就是(23.13)式.并由于

$$(\hat{\dot{x}}+\mathrm{i}\omega x)\psi_{n-1}=(\dot{x}+\mathrm{i}\omega x)_{n,n-1}\psi_n=\mathrm{i}\sqrt{\frac{2\omega\hbar n}{m}}\psi_n,$$

我们得循环式

$$\psi_n=\sqrt{\frac{m}{2\omega\hbar n}}\left(-\frac{\hbar}{m}\frac{\mathrm{d}}{\mathrm{d}x}+\omega x\right)\psi_{n-1}=$$

$$=\frac{1}{\sqrt{(2n)}}\left(-\frac{\mathrm{d}}{\mathrm{d}\xi}+\xi\right)\psi_{n-1}=-\frac{1}{\sqrt{(2n)}}\mathrm{e}^{\frac{1}{2}\xi^2}\frac{\mathrm{d}}{\mathrm{d}\xi}(\mathrm{e}^{-\frac{1}{2}\xi^2}\psi_{n-1}),$$

上式对(23.13)式的 ψ_0 函数连用 n 次,即得(23.12)式中的归一化波函数 ψ_n.

习　题

1. 试求振子的各种动量值的概率分布.

解:在振子情形下,不采用把定态波函数展开成动量本征函数组的方法,而直接从动量表象中的薛定谔方程出发比较来得简单.把(15.12)式的坐标算符 $\hat{x}=\mathrm{i}\hbar(\mathrm{d}/\mathrm{d}p)$ 代入(23.1)式,可得"p 表象"中的哈密顿量:

$$\hat{H}=\frac{p^2}{2m}-\frac{m\omega^2\hbar^2}{2}\frac{\mathrm{d}^2}{\mathrm{d}p^2}$$

p 表象中的波函数 $a(p)$ 所满足的薛定谔方程 $\hat{H}a(p)=Ea(p)$ 为

$$\frac{\mathrm{d}^2a(p)}{\mathrm{d}p^2}+\frac{2}{m\omega^2\hbar^2}\left(E-\frac{p^2}{2m}\right)a(p)=0.$$

这个方程正好和(23.6)式具有相同的形式,故其解可以参照(23.12)式立即写出来,由此得出欲求的概率分布为

$$|a_n(p)|^2\frac{\mathrm{d}p}{2\pi\hbar}=\frac{1}{2^n n!\sqrt{\pi m\omega\hbar}}\mathrm{e}^{-p^2/m\omega}H_n^2\left(\frac{p}{\sqrt{m\omega\hbar}}\right)\mathrm{d}p$$

2. 试用不确定度关系式(16.7),求振子能量可能值的下限.

解:由于$\overline{x^2}=\bar{x}^2+(\delta x)^2$,$\overline{p^2}=\bar{p}^2+(\delta p)^2$,(16.7)给出振子能量平均值

$$\overline{E}=\frac{m\omega^2}{2}\overline{x^2}+\frac{\overline{p^2}}{2m}\geqslant\frac{m\omega^2}{2}(\delta x)^2+\frac{1}{2m}(\delta p)^2\geqslant\frac{m\omega^2\hbar^2}{8(\delta p)^2}+\frac{1}{2m}(\delta p)^2,$$

求出上式的极小值(看作 δp 的函数),即得能量平均值的下限,故对能量的所有可能值,有

$$E\geqslant\frac{1}{2}\hbar\omega.$$

3. 求线性振子的状态波函数,这些态的测不准关系具有极小值,即波包中的坐标和动量标准偏差具有关系式 $\delta p\delta x=\frac{1}{2}\hbar$(E. 薛定谔,1926)①.

解:所求的波函数应具下列形式:

$$\Psi(x,t)=\frac{1}{(2\pi)^{1/4}(\delta x)^{1/2}}\exp\left\{\frac{\mathrm{i}\bar{p}x}{\hbar}-\frac{(x-\bar{x})^2}{4(\delta x)^2}-\mathrm{i}\phi(t)\right\},\qquad(1)$$

式中任一时刻的坐标依赖关系与(16.8)式一致,$\bar{x}=\bar{x}(t)$ 和 $\bar{p}=\bar{p}(t)=m\dot{\bar{x}}(t)$ 是坐标和动量的平均值;根据(19.3)式,对线性振子来讲 $\left(U=\frac{1}{2}m\omega^2x^2\right)$,我们有 $\dot{\hat{p}}=-m\omega^2x$,故其平均值 $\dot{\bar{p}}=-m\omega^2\bar{x}$,或

$$\ddot{\bar{x}}+\omega^2\bar{x}=0.\qquad(2)$$

亦即 $\bar{x}(t)$ 函数满足经典运动方程.(1)式中的常数因子应由以下的归一化条件确定:

$$\int_{-\infty}^{\infty}|\Psi|^2\mathrm{d}x=1;$$

除了这个因子外,Ψ 中还可含有一个相位因子,其相位 $\phi(t)$ 与时间有关.为求未知常数 δx 和未知函数 $\phi(t)$,可把(1)式代入下列波动方程

$$-\frac{\hbar^2}{2m}\frac{\partial^2\Psi}{\partial x^2}+\frac{1}{2}m\omega^2x^2\Psi=\mathrm{i}\hbar\frac{\partial\Psi}{\partial t}.$$

代入后利用(2)式,得

$$\left(\frac{1}{2}x^2-x\bar{x}\right)\left(\frac{m^2\omega^2}{\hbar^2}-\frac{1}{4(\delta x)^4}\right)+\left[\frac{m^2\dot{\bar{x}}^2}{2\hbar^2}-\frac{\bar{x}^2}{8(\delta x)^4}+\frac{1}{4(\delta x)^2}-\frac{m}{\hbar}\dot{\phi}(t)\right]=0,$$

从而得 $(\delta x)^2=\hbar/2m\omega$ 及

$$\dot{\phi}=\frac{m}{2\hbar}(\dot{\bar{x}}^2-\omega^2\bar{x}^2)+\frac{1}{2}\omega,$$

$$\phi=\frac{1}{2\hbar}\bar{p}\bar{x}+\frac{1}{2}\omega t.$$

① 这些态称为**相干态**.

因此最后得

$$\Psi(x,t)=\left(\frac{m\omega}{\pi\hbar}\right)^{1/4}\exp\left\{\frac{\mathrm{i}\bar{p}x}{\hbar}-\frac{m\omega(x-\bar{x})^2}{2\hbar}\right\}\cdot\exp\left\{-\frac{1}{2}\mathrm{i}\omega t-\frac{\mathrm{i}\bar{p}\bar{x}}{2\hbar}\right\} \qquad (3)$$

当 $\bar{x}=0$ 和 $\bar{p}=0$ 时，上式变成 $\psi_0(x)\mathrm{e}^{-\mathrm{i}\omega t/2}$，即振子的基态波函数.

相干态中振子的平均能量为

$$\overline{E}=\frac{\overline{p^2}}{2m}+\frac{1}{2}m\omega^2\overline{x^2}=$$

$$=\frac{\bar{p}^2}{2m}+\frac{1}{2}m\omega^2\bar{x}^2+\frac{1}{2}\hbar\omega\equiv\hbar\omega\left(\bar{n}+\frac{1}{2}\right) \qquad (4)$$

$\bar{n}$ 为该态中量子 $\hbar\omega$ 的平均“数”. 由此可知，相干态完全是由满足经典方程(2)的 $\bar{x}(t)$ 函数确定的. 这个函数的一般形式可用下式给出：

$$\frac{m\omega\bar{x}+\mathrm{i}\bar{p}}{\sqrt{2m\hbar\omega}}=a\mathrm{e}^{-\mathrm{i}\omega t},\ |a|^2=\bar{n} \qquad (5)$$

函数(3)可按振子的定态波函数展开：

$$\Psi=\sum_{n=0}^{\infty}a_n\Psi_n,$$

$$\Psi_n(x,t)=\psi_n(x)\exp\left\{-\mathrm{i}\left(n+\frac{1}{2}\right)\omega t\right\},$$

式中的展开系数为(参考 §41，题 1)

$$a_n=\int_{-\infty}^{\infty}\Psi_n^*\Psi\mathrm{d}x. \qquad (6)$$

从而得振子处于第 n 个定态的概率

$$w_n=|a_n|^2=\mathrm{e}^{-\bar{n}}\frac{\bar{n}^n}{n!}. \qquad (7)$$

这是泊松分布.

4. 一个粒子在下列势场中运动(图 3)

$$U(x)=A(\mathrm{e}^{-2\alpha x}-2\mathrm{e}^{-\alpha x})$$

试求其能级(P. M. Morse).

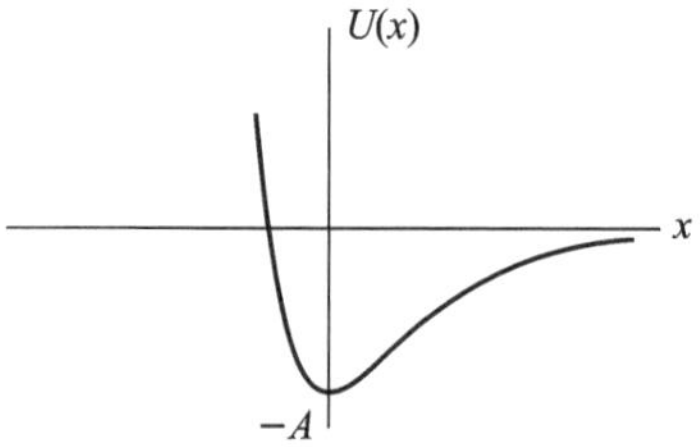

图 3

解： 正能量本征值呈连续谱(且其能级无简并)，而负能量本征值呈离散谱.

薛定谔方程为

$$\frac{\mathrm{d}^2\psi}{\mathrm{d}x^2}+\frac{2m}{\hbar^2}(E-A\mathrm{e}^{-2\alpha x}+2A\mathrm{e}^{-\alpha x})\psi=0,$$

引进一个新变量

$$\xi=\frac{2\sqrt{2mA}}{\alpha\hbar}\mathrm{e}^{-\alpha x}$$

(其值从 0 到 $+\infty$),并令(我们考虑离散谱,故 $E<0$)

$$s=\frac{\sqrt{-2mE}}{\alpha\hbar},\quad n=\frac{\sqrt{2mA}}{\alpha\hbar}-\left(s+\frac{1}{2}\right),\tag{1}$$

则薛定谔方程呈以下形式:

$$\psi''+\frac{1}{\xi}\psi'+\left(-\frac{1}{4}+\frac{n+s+\frac{1}{2}}{\xi}-\frac{s^2}{\xi^2}\right)\psi=0.$$

当 $\xi\to\infty$ 时,函数 ψ 的渐近行为和 $e^{\pm\frac{1}{2}\xi}$ 一样,而当 $\xi\to 0$ 时,ψ 和 $\xi^{\pm s}$ 成正比. 考虑到波函数的有限性,我们所选的解当 $\xi\to\infty$ 时必须像 $e^{-\frac{1}{2}\xi}$ 那样,而当 $\xi\to 0$ 时必须像 ξ^s 那样. 因而作下列变换:

$$\Psi=e^{-\xi/2}\xi^s w(\xi)$$

可得下列 w 的方程式

$$\xi w''+(2s+1-\xi)w'+nw=0,\tag{2}$$

求解 w 时,要求 w 当 $\xi\to 0$ 时为有限,$\xi\to\infty$ 时 w 不能比 ξ 的任一有限次幂更快地趋向无穷大. (2)式是一个合流超几何函数的方程式(见数学附录 § d);

$$w=F(-n,2s+1,\xi).$$

n 为非负整数时即得满足所需条件的解(此时 F 函数变成一个多项式). 按定义(1),由此得出的能级值为

$$-E_n=A\left[1-\frac{\alpha\hbar}{\sqrt{2mA}}\left(n+\frac{1}{2}\right)\right]^2,$$

其中的 n 为正整数,n 的数值可以从零开始一直到满足 $\frac{1}{\alpha\hbar}\sqrt{2mA}>n+\frac{1}{2}$ 的最大整数值为止(因按定义参量 s 是正的),因此离散谱中只包含有限多个能级. 如果 $\sqrt{2mA}/\alpha\hbar<\frac{1}{2}$,离散谱就根本不存在.

5. 上题中 $U=-U_0/\cosh^2\alpha x$(见图 4).

解:正能量本征值呈连续谱,负能量本征值呈离散谱;我们只考虑后一种情况. 薛定谔方程为

$$\frac{d^2\psi}{dx^2}+\frac{2m}{\hbar^2}\left(E+\frac{U_0}{\cosh^2\alpha x}\right)\psi=0.$$

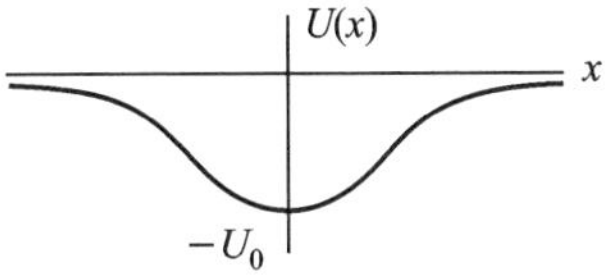

图 4

把变量换成 $\xi=\tanh\alpha x$,并令

$$\varepsilon=\frac{\sqrt{-2mE}}{\alpha\hbar},\quad \frac{2mU_0}{\alpha^2\hbar^2}=s(s+1),\quad s=\frac{1}{2}\left(-1+\sqrt{1+\frac{8mU_0}{\alpha^2\hbar^2}}\right),$$

可得

$$\frac{d}{d\xi}\left[(1-\xi^2)\frac{d\psi}{d\xi}\right]+\left[s(s+1)-\frac{\varepsilon^2}{1-\xi^2}\right]\psi=0.$$

这是缔合勒让德函数的方程. 如令

$$\psi=(1-\xi^2)^{\varepsilon/2}w(\xi),$$

并把变量暂时改成 $u=\frac{1}{2}(1-\xi)$,则上式可变为下列超几何方程:

$$u(1-u)w''+(\varepsilon+1)(1-2u)w'-(\varepsilon-s)(\varepsilon+s+1)w=0.$$

$\xi=1$(即 $x=\infty$)时取有限值的解为

$$\psi=(1-\xi^2)^{\varepsilon/2}F[\varepsilon-s,\varepsilon+s+1,\varepsilon+1,(1-\xi)/2].$$

为了使 ψ 当 $\xi=-1$(即 $x=-\infty$)时保持有限,必须有 $\varepsilon-s=-n$,而 $n=0,1,2,\cdots$;此时 F 是一个 n 次多项式,$\xi=-1$ 时 F 为有限.

因此能级由条件 $s-\varepsilon=n$ 所确定,得出

$$E_n=-\frac{\hbar^2\alpha^2}{8m}\left[-(1+2n)+\sqrt{1+\frac{8mU_0}{\alpha^2\hbar^2}}\right]^2.$$

根据 $\varepsilon>0$ 即 $n<s$ 的条件可知,能级总数为有限.

§24 均匀场中的运动

考虑一个粒子在一均匀外场中运动. 取外场方向为 x 轴方向,令 F 为粒子在该场中所受的力;对强度为 E 的电场而言,此力 $F=eE$,e 为粒子的电荷.

均匀场中的粒子势能呈 $U=-Fx+$常数的形式;选常数使得 $x=0$ 时 $U=0$,则有 $U=-Fx$. 这个问题的薛定谔方程为

$$\frac{d^2\psi}{dx^2}+\frac{2m}{\hbar^2}(E+Fx)\psi=0. \tag{24.1}$$

由于 $x\to-\infty$ 时 U 趋向 $+\infty$,$x\to+\infty$ 时 $U\to-\infty$,各能级显然组成连续谱,能量 E 的值域占有从 $-\infty$ 直到 $+\infty$ 的整个区域. 其中没有一个本征值是简并的,所对应的运动向 $x=-\infty$ 方向为有限,向 $x\to+\infty$ 方向为无限.

我们引入下列量纲为 1 的变量来代替原来的坐标变量 x:

$$\xi=\left(x+\frac{E}{F}\right)\left(\frac{2mF}{\hbar^2}\right)^{1/3}. \tag{24.2}$$

则(24.1)式呈以下形式:

$$\psi''+\xi\psi=0. \tag{24.3}$$

此式不含能量参量. 因此,如能求出一个解满足有限性等必需条件,则立刻得到任意能量值的本征函数.

(24.3)式中对所有 x 都取有限值的解呈下列形式(见数学附录 § b):

$$\psi(\xi)=A\Phi(-\xi), \tag{24.4}$$

其中

$$\Phi(\xi)=\frac{1}{\sqrt{\pi}}\int_0^{+\infty}\cos\left(\frac{1}{3}u^3+u\xi\right)\mathrm{d}u$$

称为**艾里函数**,A 为归一化因子,将在下面确定之.

当 $\xi\to-\infty$ 时,$\psi(\xi)$ 函数按指数规律趋于零. ξ 为很大的负值时,$\psi(\xi)$ 的渐近式为[见(b.4)式]:

$$\psi(\xi)\approx\frac{A}{2|\xi|^{1/4}}\exp\left[-\frac{2}{3}|\xi|^{3/2}\right]. \tag{24.5}$$

当 ξ 为很大正值时,$\psi(\xi)$ 的渐近式为[见(b.5)式①]

$$\psi(\xi)=A\xi^{-\frac{1}{4}}\sin\left(\frac{2}{3}\xi^{3/2}+\frac{1}{4}\pi\right). \tag{24.6}$$

根据连续谱波函数的一般归一化法则(5.4)式,我们可以把(24.4)式化成一个函数,它归一化成能量的 δ 函数. 即

$$\int_{-\infty}^{\infty}\psi(\xi)\psi(\xi')\mathrm{d}x=\delta(E'-E). \tag{24.7}$$

§21 中曾经给出过一个简单方法,利用波函数的渐近式求出归一化系数. 应用这个方法,我们首先把(24.6)式写成两个行波之和

$$\psi(\xi)\approx\frac{1}{2}A\xi^{-\frac{1}{4}}\exp\left(\mathrm{i}\left[\frac{2}{3}\xi^{3/2}-\frac{1}{4}\pi\right]\right)+$$

$$+\frac{1}{2}A\xi^{-\frac{1}{4}}\exp\left(-\mathrm{i}\left[\frac{2}{3}\xi^{3/2}-\frac{1}{4}\pi\right]\right).$$

由以上两项分别算出的概率流密度等于

$$v\left(\frac{A}{2\xi^{1/4}}\right)^2=\sqrt{\frac{2(E+Fx)}{m}}\left(\frac{A}{2\xi^{1/4}}\right)^2=A^2\frac{(2\hbar F)^{1/3}}{4m^{2/3}}.$$

令上式等于 $1/2\pi\hbar$,得到

$$A=\frac{(2m)^{1/3}}{\pi^{1/2}F^{1/6}\hbar^{2/3}}. \tag{24.8}$$

习　题

求处于均匀场中的一个粒子在动量表象中的波函数.

解:动量表象中的哈密顿算符为

$$\hat{H}=\frac{1}{2m}p^2-\mathrm{i}\hbar F\frac{\mathrm{d}}{\mathrm{d}p}$$

故波函数 $a(p)$ 所满足的薛定谔方程具有下列形状

① 顺便指出,渐近表式(24.5)和(24.6)对应于波函数在经典禁区和通区内的准经典表式(§47).

$$-\mathrm{i}\hbar F\frac{\mathrm{d}a}{\mathrm{d}p}+\left(\frac{p^2}{2m}-E\right)a=0.$$

解出此式,即得欲求的波函数

$$a_E(p)=\frac{1}{\sqrt{2\pi\hbar F}}\exp\left[\frac{\mathrm{i}}{\hbar F}\left(Ep-\frac{p^3}{6m}\right)\right].$$

这种函数已按下列条件归一化:

$$\int_{-\infty}^{\infty}a_E^*(p)a_{E'}(p)\mathrm{d}p=\delta(E'-E).$$

§25　透射系数

我们来考虑一个粒子,在图 5 所示的那类势场中运动:$U(x)$ 从某一固定极限值($x\to-\infty$ 时的 $U=0$)开始,单调地增加到另一固定极限值($x\to+\infty$ 时的 $U=U_0$). 根据经典力学,能量 $E<U_0$ 的一个粒子在这样的势场中自左向右运动时,碰到"势壁"以后会"反射"回来并开始沿相反的方向运动;但如 $E>U_0$,该粒子将沿原方向继续运动下去,只是会减速. 量子力学中则会产生一种新的现象:即使 $E>U_0$,粒子仍有可能被势壁所"反射". 它的反射概率原则上可用下法算出.

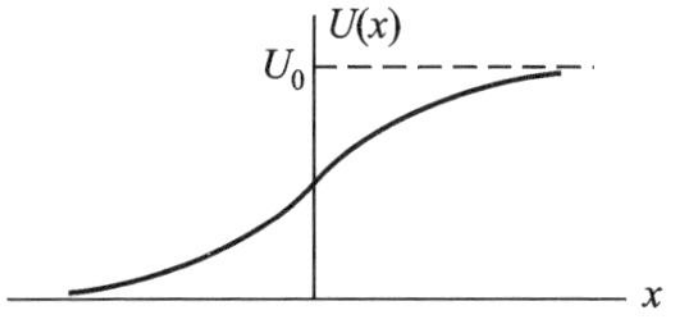

图 5

设粒子自左向右运动. 当 x 为很大正值时,波函数应该描述越过"壁顶"并沿 x 轴的正方向运动的一个粒子,它的渐近式必然是

$$x\to\infty\text{ 时},\qquad \psi\approx A\mathrm{e}^{\mathrm{i}k_2x},$$

式中

$$k_2=\frac{1}{\hbar}\sqrt{2m(E-U_0)},\tag{25.1}$$

A 是一个常数. 为了求出满足以上边界条件的薛定谔方程之解,我们来计算 $x\to-\infty$ 时的渐近式;这个渐近式等于自由运动方程中两个独立解的线性组合,具有下列形式

$$x\to-\infty\text{ 时},\qquad \psi\approx\mathrm{e}^{\mathrm{i}k_1x}+B\mathrm{e}^{-\mathrm{i}k_1x},$$

$$k_1=\frac{1}{\hbar}\sqrt{2mE}.\tag{25.2}$$

第一项相当于射向势壁的粒子(我们假定 ψ 已经归一化成这样,使得该项的系数等于 1);第二项代表由势壁反射回来的粒子. 入射波的概率流密度为 k_1,而反射波为 $k_1|B|^2$,透射波为 $k_2|A|^2$. 我们把粒子的**透射系数** D 定义成为透射波的概率流密度与入射波的概率流密度之比:

$$D=(k_2/k_1)|A|^2.\tag{25.3}$$

同理可以定义**反射系数** R,它等于反射波与入射波的概率流密度之比. 显然有

$R=1-D$:

$$R=|B|^2=1-(k_2/k_1)|A|^2 \tag{25.4}$$

(A 和 B 自动满足此关系式).

如果粒子自左向右运动而能量 $E<U_0$,则 k_2 为纯虚数,$x\to+\infty$ 时波函数呈指数式衰减.反射流量就和入射流量相等,亦即粒子从势壁"全反射".但须指出,在这种情形下,$E<U$ 区域内找到粒子的概率仍不等于零,但随 x 的增大而很快地减小.

一般情形下,任意定态(能量 $E>U_0$)波函数的渐近式,不论是 $x\to-\infty$ 或 $x\to+\infty$,都可以写成沿 x 轴的相反方向行进的两个平面波之和:

$$\begin{aligned} &x\to-\infty \text{ 时}, \quad \psi=A_1\mathrm{e}^{\mathrm{i}k_1x}+B_1\mathrm{e}^{-\mathrm{i}k_1x},\\ &x\to+\infty \text{ 时}, \quad \psi=A_2\mathrm{e}^{\mathrm{i}k_2x}+B_2\mathrm{e}^{-\mathrm{i}k_2x}. \end{aligned} \tag{25.5}$$

由于以上两式都是线性微分方程的同一个解的渐近式,系数 A_1,B_1 和 A_2,B_2 之间存在着线性关系.设 $A_2=\alpha A_1+\beta B_1$,其中的 α 和 β 是两个常数(一般讲来是复数),依赖于势场 $U(x)$ 的具体形状.如果考虑到薛定谔方程是实方程,我们还可以写出 B_2 的相应关系式.这就是说,设 ψ 为所给薛定谔方程之解,则其共轭复函数 ψ^* 也是该方程之解.它的渐近形式为

$$x\to-\infty \text{ 时}, \quad \psi^*=A_1^*\mathrm{e}^{-\mathrm{i}k_1x}+B_1^*\mathrm{e}^{\mathrm{i}k_1x},$$

$$x\to+\infty \text{ 时}, \quad \psi^*=A_2^*\mathrm{e}^{-\mathrm{i}k_2x}+B_2^*\mathrm{e}^{\mathrm{i}k_2x},$$

此式和(25.5)式的差别仅在于常系数的记号;因此有 $B_2^*=\alpha B_1^*+\beta A_1^*$,或 $B_2=\alpha^*B_1+\beta^*A_1$.可见(25.5)式的系数间存在着下列关系:

$$A_2=\alpha A_1+\beta B_1, \quad B_2=\beta^*A_1+\alpha^*B_1. \tag{25.6}$$

沿 x 轴的概率流密度是一常数,这个条件导致下列关系

$$k_1(|A_1|^2-|B_1|^2)=k_2(|A_2|^2-|B_2|^2).$$

根据(25.6)式,把 A_2,B_2 换成 A_1,B_1,结果得:

$$|\alpha|^2-|\beta|^2=\frac{k_1}{k_2}. \tag{25.7}$$

应用(25.6)式,可证沿 x 轴的正方向或沿 x 轴的负方向运动的粒子(能量给定为 $E,E>U_0$)具有相同的反射系数;在前一种情形下,相应于(25.5)式中令 $B_2=0$;在后一情形下,是令 $A_1=0$.两种情形下分别有 $B_1/A_1=-\beta^*/\alpha^*$ 和 $A_2/B_2=\beta/\alpha^*$.相应的反射系数分别为

$$R_1=\left|\frac{B_1}{A_1}\right|^2=\left|\frac{\beta^*}{\alpha^*}\right|^2, \quad R_2=\left|\frac{A_2}{B_2}\right|=\left|\frac{\beta}{\alpha^*}\right|^2,$$

显然有 $R_1=R_2$.

习　　题

1. 求粒子对一直角势壁(见图 6)的反射系数;该粒子的能量 $E > U_0$.

解:在整个 $x > 0$ 的区域内波函数呈(25.1)形式,而在 $x < 0$ 的区域内呈(25.2)的形式. 常数 A 和 B 可以由 $x = 0$ 点处的 ψ 及 $\mathrm{d}\psi/\mathrm{d}x$ 的连续性条件确定:

$$1 + B = A, \quad k_1(1 - B) = k_2 A,$$

即

$$A = \frac{2k_1}{k_1 + k_2}, \quad B = \frac{k_1 - k_2}{k_1 + k_2}.$$

反射系数①(25.4)式为:

$$R = \left(\frac{k_1 - k_2}{k_1 + k_2}\right)^2 = \left(\frac{p_1 - p_2}{p_1 + p_2}\right)^2.$$

$E = U_0\,(k_2 = 0)$ 时 R 等于 1,而当 $E \to \infty$ 时 R 按 $(U_0/4E)^2$ 的规律趋于零.

2. 求粒子穿过直角势垒(见图 7)的透射系数.

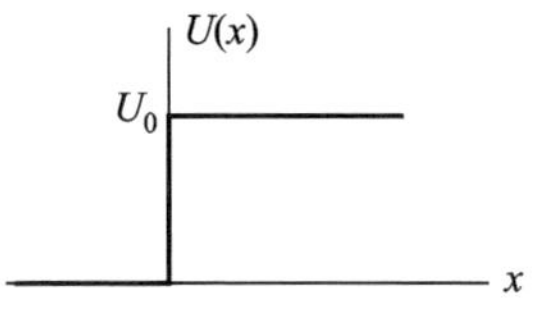

图 6

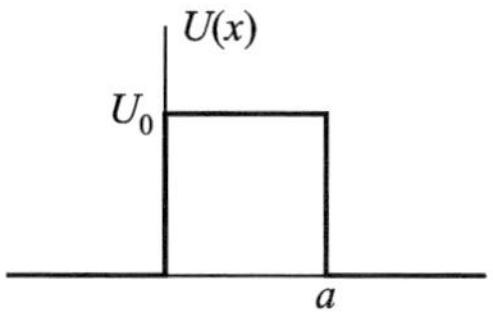

图 7

解:令 $E > U_0$,并设入射粒子自左向右运动. 则在不同区域内的波函数表式为

$x < 0$ 时,　　$\psi = \mathrm{e}^{\mathrm{i}k_1 x} + A\mathrm{e}^{-\mathrm{i}k_1 x}$,

$0 < x < a$ 时,　　$\psi = B\mathrm{e}^{\mathrm{i}k_2 x} + B'\mathrm{e}^{-\mathrm{i}k_2 x}$,

$x > a$ 时,　　$\psi = C\mathrm{e}^{\mathrm{i}k_1 x}$

(在 $x > a$ 一边只能有沿 x 正方向行进的透射波). A, B, B' 和 C 等常数可以由 $x = 0, x = a$ 两处的 ψ 及 $\mathrm{d}\psi/\mathrm{d}x$ 的连续性条件确定. 透射系数为 $D = k_1|C|^2/k_1 = |C|^2$. 由此算得

$$D = \frac{4k_1^2 k_2^2}{(k_1^2 - k_2^2)^2 \sin^2 ak_2 + 4k_1^2 k_2^2}.$$

---

① 经典力学极限情形时,反射系数必须等于零. 可是,此处所得的表式中根本没有普朗克常量. 这一表观矛盾可作如下解释. 经典极限情形相当于粒子的德布罗意波长 $\lambda \sim \hbar/p$ 远小于所考虑问题中的特征尺度,也就是 λ 远小于某一距离,在该段距离内,势场 $U(x)$ 有显著的改变. 但在题 1 中,这段距离等于零(在 $x = 0$ 点),从而无法过渡到经典极限情形.

$E<U_0$ 时，k_2 是一个纯虚量；上式中的 k_2 可以用 i κ_2 代替，而 $\hbar\kappa_2=\sqrt{2m(U_0-E)}$，即得相应的 D 式：

$$D=\frac{4k_1^2\kappa_2^2}{(k_1^2+\kappa_2^2)^2\sinh^2 a\kappa_2+4k_1^2\kappa_2^2},$$

3. 求粒子对势壁为 $U(x)=U_0/(1+\mathrm{e}^{-\alpha x})$（图 5）的反射系数；该粒子的能量 $E>U_0$.

解：薛定谔方程为

$$\frac{\mathrm{d}^2\psi}{\mathrm{d}x^2}+\frac{2m}{\hbar^2}\left(E-\frac{U_0}{1+\mathrm{e}^{-\alpha x}}\right)\psi=0.$$

我们需要求这样的解，这解当 $x\to+\infty$ 时具有下列形式：

$$\psi=常数\times\mathrm{e}^{\mathrm{i}k_2x}.$$

引入一新变量

$$\xi=-\mathrm{e}^{-\alpha x}$$

（所取之值可从 $-\infty$ 到 0），把该解写成下列形式：

$$\psi=\xi^{-\mathrm{i}k_2/\alpha}w(\xi),$$

其中的 $w(\xi)$ 当 $\xi\to0$（即 $x\to\infty$）时应趋于一个常数. 结果 $w(\xi)$ 满足下列超几何方程：

$$\xi(1-\xi)w''+(1-2\mathrm{i}k_2/\alpha)(1-\xi)w'+(k_2^2-k_1^2)w/\alpha^2=0,$$

其解为下列超几何函数：

$$w=F\left(\mathrm{i}\frac{k_1-k_2}{\alpha},-\mathrm{i}\frac{k_1+k_2}{\alpha},-\frac{2\mathrm{i}}{\alpha}k_2+1,\xi\right)$$

（我们略去了一个常因子）. $\xi\to0$ 时这个函数趋向 1，即已满足所加条件.

$\xi\to-\infty$（即 $x\to-\infty$）时 ψ 函数的渐近式为①

$$\psi\approx\xi^{-\mathrm{i}k_2/\alpha}[C_1(-\xi)^{\mathrm{i}(k_2-k_1)/\alpha}+C_2(-\xi)^{\mathrm{i}(k_1+k_2)/\alpha}]=$$
$$=(-1)^{-\mathrm{i}k_2/\alpha}[C_1\mathrm{e}^{\mathrm{i}k_1x}+C_2\mathrm{e}^{-\mathrm{i}k_1x}],$$

其中

$$C_1=\frac{\Gamma(-2\mathrm{i}k_1/\alpha)\Gamma(-2\mathrm{i}k_2/\alpha+1)}{\Gamma(-\mathrm{i}(k_1+k_2)/\alpha)\Gamma(-\mathrm{i}(k_1+k_2)/\alpha+1)},$$

$$C_2=\frac{\Gamma(2\mathrm{i}k_1/\alpha)\Gamma(-2\mathrm{i}k_2/\alpha+1)}{\Gamma(\mathrm{i}(k_1-k_2)/\alpha)\Gamma(\mathrm{i}(k_1-k_2)/\alpha+1)}.$$

所求的反射系数为 $R=|C_2/C_1|^2$；计算时可用下列熟知公式：

$$\Gamma(x)\Gamma(1-x)=\pi/\sin\pi x,$$

我们得

① 见(e.6)式，把该式中的两个 $1/z$ 的超几何函数都改成 1，也就是说，我们只取每项展式中的第一项.

$$R=\left(\frac{\sinh[\pi(k_1-k_2)/\alpha]}{\sinh[\pi(k_1+k_2)/\alpha]}\right)^2.$$

$E=U_0(k_2=0)$ 时 R 变成 1，而当 $E\to\infty$ 时 R 按以下规律趋于零：

$$R=\left(\frac{\pi U_0}{\alpha\hbar}\right)^2\frac{2m}{E}\mathrm{e}^{-\frac{4\pi}{\alpha\hbar}\sqrt{2mE}}$$

经典力学极限情形时 R 果真变成零.

4. 求粒子穿过下列势垒的透射系数(见图 8)：

$$U(x)=U_0/\cosh^2\alpha x,$$

该粒子的能量 $E<U_0$.

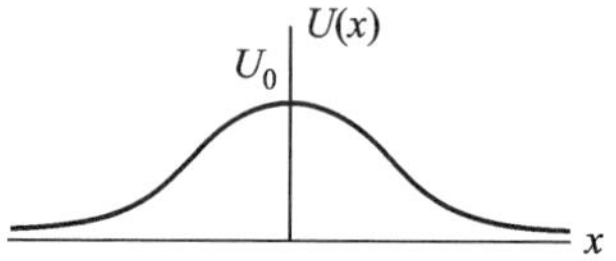

图 8

解：薛定谔方程和 §23 题 5 的相同，只要把该题中 U_0 的符号更改一下，并把 E 看作正量就可以了. 类似的计算给出解

$$\psi=(1-\xi^2)^{-\frac{ik}{2\alpha}}F\left(-\frac{ik}{\alpha}-s,-\frac{ik}{\alpha}+s+1,-\frac{ik}{\alpha}+1,\frac{1-\xi}{2}\right),\tag{1}$$

其中的

$$\xi=\tanh\alpha x,\quad k=\frac{1}{\hbar}\sqrt{2mE},$$

$$s=\frac{1}{2}\left(-1+\sqrt{1-\frac{8mU_0}{\alpha^2\hbar^2}}\right).$$

这个解已经满足这样的条件，使得 $x\to\infty$ [即 $\xi\to1,(1-\xi)\approx2\mathrm{e}^{-x}$] 时 ψ 中只含透射波($\sim\mathrm{e}^{ikx}$). 应用超几何函数变换式(e.7)，这个波函数当 $x\to-\infty\ (\xi\to-1)$ 时的渐近式为

$$\psi\sim\mathrm{e}^{-ikx}\frac{\Gamma\left(\mathrm{i}\frac{k}{\alpha}\right)\Gamma\left(1-\frac{ik}{\alpha}\right)}{\Gamma(-s)\Gamma(1+s)}+\mathrm{e}^{ikx}\frac{\Gamma\left(-\frac{ik}{\alpha}\right)\Gamma\left(1-\frac{ik}{\alpha}\right)}{\Gamma\left(-\frac{ik}{\alpha}-s\right)\Gamma\left(-\frac{ik}{\alpha}+s+1\right)}.\tag{2}$$

算出上式中两个系数的模量平方比，可得下列形式的透射系数 $D=1-R$：

$$\frac{8mU_0}{\hbar^2\alpha^2}<1\text{ 时},D=\frac{\sinh^2\frac{\pi k}{\alpha}}{\sinh^2\frac{\pi k}{\alpha}+\cos^2\left(\frac{\pi}{2}\sqrt{1-\frac{8mU_0}{\hbar^2\alpha^2}}\right)};$$

$$\frac{8mU_0}{\hbar^2\alpha^2}>1\text{ 时},D=\frac{\sinh^2\frac{\pi k}{\alpha}}{\sinh^2\frac{\pi k}{\alpha}+\cosh^2\left(\frac{\pi}{2}\sqrt{\frac{8mU_0}{\hbar^2\alpha^2}-1}\right)}.$$

第一式对 $U_0<0$ 的情形也适用，此时粒子不是越过势垒而是越过势阱. 有趣

的是，当 $1+(8m|U_0|/\hbar^2\alpha^2)=(2n+1)^2$ 时，$D=1$，也就是说，当阱深 $|U_0|$ 具有适当数值时，在势阱上越过的粒子没有反射. 这个结果还可从(2)式看出，当 s 为正整数时，该式中的 e^{-ikx} 项不再存在.

5. 设势能 $U(x)$ 当 $|x|\gg a$ 时迅速减小，a 是描写相互作用区域的一个特征尺度，求当 $E\to 0$ 时透射系数趋于零的规律.

解：在距离满足 $k|x|\ll 1$ 的区域，可将薛定谔方程中的能量 E 略去，如果同时 $|x|\gg a$，则连势能也可略去，这时薛定谔方程成为

$$-\frac{\hbar^2}{2m}\frac{d^2\psi}{dx^2}=0$$

它的解可以写成

$$\begin{aligned}x<0\text{ 时}\quad \psi&=a_1+b_1x\\ x>0\text{ 时}\quad \psi&=a_2+b_2x\end{aligned}\tag{1}$$

在距离为 $x\sim a$ 处解此方程可得出 a_1b_1 和 a_2b_2 的关系，这个关系是线性的，并具有下列形式

$$a_1=\rho a_2+\mu b_2,\quad b_1=\nu a_2+\tau b_2\tag{2}$$

系数 ρ,μ,ν 和 τ 都是实的，并且与能量无关，因为薛定谔方程中已无能量.①(1)式的解应该与函数(25.1)，(25.2)按 x 的幂展开式的前两项相一致，即

$$a_1=1+B,\quad b_1=ik(1-B),\quad a_2=A,\quad b_2=ikA$$

将这些关系代入(2)式，并当 k 小时解出 A，得

$$A\approx 2ik/\nu$$

由此得

$$D\approx\frac{4k^2}{\nu^2}\sim E$$

于是得，透射系数与粒子的能量成正比地趋于零. 在上面例题 2 和例题 4 的例子中，这个一般的规律显然是满足的.

① 由于概率流是常数，这四个系数满足下列关系：$\rho\tau-\mu\nu=1$.

第四章

角　动　量

§26　角动量

§15 中推导动量守恒定律的时候，我们利用了多粒子封闭系统的空间均匀性. 除了这种均匀性以外，空间还具有各向同性：所有的空间方向都是等价的. 因此当整个系统绕任意轴转过任意角以后，该封闭系统的哈密顿量不会改变. 这一条件，只要对任意的无限小旋转而言能够满足，就足够了.

令 $\delta\boldsymbol{\varphi}$ 为无限小旋转矢量，它的长度等于转角 $\delta\varphi$，它的方向沿着转轴. 粒子的径矢量 $\boldsymbol{r}_a$ 经过这种旋转后的改变量 $\delta\boldsymbol{r}_a$ 等于

$$\delta\boldsymbol{r}_a=\delta\boldsymbol{\varphi}\times\boldsymbol{r}_a$$

于是，一个任意函数 $\psi(\boldsymbol{r}_1,\boldsymbol{r}_2,\cdots)$ 就被变换成下列函数：

$$\begin{aligned}\psi(\boldsymbol{r}_1+\delta\boldsymbol{r}_1,\boldsymbol{r}_2+\delta\boldsymbol{r}_2,\cdots)&=\psi(\boldsymbol{r}_1,\boldsymbol{r}_2,\cdots)+\sum_a\delta\boldsymbol{r}_a\cdot\nabla_a\psi=\\&=\psi(\boldsymbol{r}_1,\boldsymbol{r}_2,\cdots)+\sum_a\delta\boldsymbol{\varphi}\times\boldsymbol{r}_a\cdot\nabla_a\psi=\\&=\left(1+\delta\boldsymbol{\varphi}\cdot\sum_a\boldsymbol{r}_a\times\nabla_a\right)\psi(\boldsymbol{r}_1,\boldsymbol{r}_2,\cdots).\end{aligned}$$

其中的表式

$$1+\delta\boldsymbol{\varphi}\cdot\sum_a\boldsymbol{r}_a\times\nabla_a$$

可以看作“无限小旋转”算符. 无限小旋转不改变系统的哈密顿量这一事实，可以用“旋转算符”与$\hat{H}$算符的可对易性来表述（见 §15）. 由于单位算符与任意算符都对易，而 $\delta\boldsymbol{\varphi}$ 是一个恒矢量，这个可对易条件就可以化成

$$\left(\sum_a\boldsymbol{r}_a\times\nabla_a\right)\hat{H}-\hat{H}\left(\sum_a\boldsymbol{r}_a\times\nabla_a\right)=0,\tag{26.1}$$

这个式子表述了某种守恒律.

一个封闭系统由于空间各向同性而导致的守恒量，就是该系统的**角动量**

（见《力学》§9）. 因此算符 $\sum \boldsymbol{r}_a \times \nabla_a$ 除了一个常因子外必须正好对应于该系统的总角动量，而求和式中的每一项 $\boldsymbol{r}_a \times \nabla_a$ 对应于一个个别粒子的角动量.

这个比例系数应该等于 $-\mathrm{i}\hbar$；因为这样一来，单粒子的角动量表式变成 $-\mathrm{i}\hbar\boldsymbol{r} \times \nabla = \boldsymbol{r} \times \hat{\boldsymbol{p}}$，正好对应于经典表式 $\boldsymbol{r} \times \boldsymbol{p}$. 今后，我们总是用 $\hbar$ 作为角动量的量度单位. 这样定义的单粒子角动量算符，我们用 $\hat{\boldsymbol{l}}$ 表示之，整个系统的角动量算符，则用 $\hat{\boldsymbol{L}}$ 表示之. 因而单粒子角动量的算符可表为

$$\hbar \hat{\boldsymbol{l}} = \boldsymbol{r} \times \hat{\boldsymbol{p}} = -\mathrm{i}\hbar\boldsymbol{r} \times \nabla \tag{26.2}$$

其分量式：$\hbar \hat{l}_x = y\hat{p}_z - z\hat{p}_y$，$\hbar \hat{l}_y = z\hat{p}_x - x\hat{p}_z$，$\hbar \hat{l}_z = x\hat{p}_y - y\hat{p}_x$

处于外场中的一个系统的角动量一般讲来是不守恒的. 但如该场具有某种对称性，则角动量仍有守恒的可能. 例如，在一有心力场中的系统，自力心引出的各个空间方向都是等价的，故相对于力心而言的角动量将是守恒的. 同理，在具有轴对称性的外场中，沿该对称轴的角动量分量将是守恒的. 所有这些在经典力学中成立的守恒律，在量子力学中也同样成立.

对角动量不守恒的系统来讲，定态中没有确定的角动量值. 在这样的情形下，我们感兴趣的往往是角动量在所给定态中的平均值. 很容易证明，在任一非简并的定态中，角动量的平均值等于零. 因为，当时间反号后能量保持不变，由于所给能级只有一个定态，故 t 变成 $-t$ 后，该系统的态必将保持不变. 这就意味着所有各量的平均值特别是角动量的平均值也将保持不变. 但是当时间变号时，角动量也要随之变号，我们就有 $\overline{\boldsymbol{L}} = -\overline{\boldsymbol{L}}$，从而得 $\overline{\boldsymbol{L}} = 0$. 如果从平均值的数学定义出发，把 $\overline{\boldsymbol{L}}$ 看作 $\psi^* \hat{\boldsymbol{L}}\psi$ 的积分，也能得到同样的结论. 非简并态的波函数都是实函数（见 §18 末尾）. 故下列表式是一个纯虚量：

$$\overline{\boldsymbol{L}} = -\mathrm{i}\hbar \int \psi^* \left(\sum_a \boldsymbol{r}_a \times \nabla_a \right) \psi \mathrm{d}q,$$

可是 $\overline{\boldsymbol{L}}$ 必须是实量，显然有 $\overline{\boldsymbol{L}} = 0$.

现在来推导角动量算符和坐标算符以及和动量算符的各种对易关系. 借助于(16.2)式，我们很易求得

$$\left.\begin{aligned} &[\hat{l}_x, x] = 0, \quad [\hat{l}_x, y] = \mathrm{i}z, \quad [\hat{l}_x, z] = -\mathrm{i}y, \\ &[\hat{l}_y, y] = 0, \quad [\hat{l}_y, z] = \mathrm{i}x, \quad [\hat{l}_y, x] = -\mathrm{i}z, \\ &[\hat{l}_z, z] = 0, \quad [\hat{l}_z, x] = \mathrm{i}y, \quad [\hat{l}_z, y] = -\mathrm{i}x. \end{aligned}\right\} \tag{26.3}$$

例如

$$\hat{l}_x y - y\hat{l}_x = (1/\hbar)(y\hat{p}_z - z\hat{p}_y)y - y(y\hat{p}_z - z\hat{p}_y)(1/\hbar) =$$

$$= -(z/\hbar)[\hat{p}_y, y] = \mathrm{i}z.$$

(26.3)诸式可以并写成下列张量形式

$$[\hat{l}_i, x_k] = \mathrm{i}e_{ikl}x_l, \tag{26.4}$$

其中的 e_{ikl} 是一个三秩反对称单位张量①,而 l 是一个叠标,它在同一项中出现两次,即表示对该下标求和.

同样,容易证明,角动量算符和动量算符之间也满足完全类似的对易关系式:

$$[\hat{l}_i, \hat{p}_k] = \mathrm{i}e_{ikl}\hat{p}_l. \tag{26.5}$$

利用这些公式,容易求出 $\hat{l}_x, \hat{l}_y, \hat{l}_z$ 算符间的对易关系. 例如

$$\begin{aligned}\hbar(\hat{l}_x\hat{l}_y - \hat{l}_y\hat{l}_x) &= \hat{l}_x(z\hat{p}_x - x\hat{p}_z) - (z\hat{p}_x - x\hat{p}_z)\hat{l}_x = \\ &= (\hat{l}_x z - z\hat{l}_x)\hat{p}_x - x(\hat{l}_x\hat{p}_z - \hat{p}_z\hat{l}_x) = \\ &= -\mathrm{i}y\hat{p}_x + \mathrm{i}x\hat{p}_y = \mathrm{i}\hbar\hat{l}_z.\end{aligned}$$

由此有

$$[\hat{l}_y, \hat{l}_z] = \mathrm{i}\,\hat{l}_x, [\hat{l}_z, \hat{l}_x] = \mathrm{i}\,\hat{l}_y, [\hat{l}_x, \hat{l}_y] = \mathrm{i}\,\hat{l}_z. \tag{26.6}$$

或

$$[\hat{l}_i, \hat{l}_k] = \mathrm{i}e_{ikl}\hat{l}_l. \tag{26.7}$$

系统的总角动量算符 $\hat{L}_x, \hat{L}_y, \hat{L}_z$ 之间也满足同样的关系式. 这是因为不同粒子的角动量算符是彼此对易的,例如

$$\sum_a \hat{l}_{ay}\sum_a \hat{l}_{az} - \sum_a \hat{l}_{az}\sum_a \hat{l}_{ay} = \sum_a (\hat{l}_{ay}\hat{l}_{az} - \hat{l}_{az}\hat{l}_{ay}) = \mathrm{i}\sum_a \hat{l}_{ax}.$$

故

$$[\hat{L}_y, \hat{L}_z] = \mathrm{i}\,\hat{L}_x, \quad [\hat{L}_z, \hat{L}_x] = \mathrm{i}\,\hat{L}_y, \quad [\hat{L}_x, \hat{L}_y] = \mathrm{i}\,\hat{L}_z. \tag{26.8}$$

(26.8)式表明角动量的三个分量不能同时具有定值(除非这三个分量同时等于零,见后). 从这一点来讲,角动量和动量具有基本的区别,动量的三个分量是可以同时具有定值的.

从 $\hat{L}_x, \hat{L}_y, \hat{L}_z$ 等算符出发,我们可以组成角动量矢量的模量平方算符,并用 $\hat{\boldsymbol{L}}^2$

---

① 三秩反对称单位张量 e_{ikl}(也称为单位轴张量)的定义为分量 $e_{123}=1$ 且对三个下标全部反对称的一个张量. 它的 27 个分量中,显然只有 6 个分量不等于零,这 6 个分量的下标 i,k,l 等于 1,2,3 的某种置换. 如果可以从 1,2,3 出发对调偶数次以后得到置换 i,k,l,则该分量等于 +1,如果这种对调次数为奇数,则该分量等于 −1,显然有

$$e_{ikl}e_{ikm} = 2\delta_{lm}, e_{ikl}e_{ikl} = 6$$

两个矢量 $\boldsymbol{A}, \boldsymbol{B}$ 的矢积 $\boldsymbol{A}\times\boldsymbol{B}=\boldsymbol{C}$ 的分量可以通过 e_{ikl} 张量表为

$$C_i = e_{ikl}A_kB_l.$$

表示之：

$$\hat{\boldsymbol{L}}^2=\hat{L}_x^2+\hat{L}_y^2+\hat{L}_z^2. \tag{26.9}$$

这个算符和$\hat{L}_x,\hat{L}_y,\hat{L}_z$等算符分别对易：

$$[\hat{\boldsymbol{L}}^2,\hat{L}_x]=0,\quad [\hat{\boldsymbol{L}}^2,\hat{L}_y]=0,\quad [\hat{\boldsymbol{L}}^2,\hat{L}_z]=0. \tag{26.10}$$

例如，应用(26.8)式，我们有

$$[\hat{\boldsymbol{L}}_x^2,\hat{L}_z]=\hat{L}_x[\hat{L}_x,\hat{L}_z]+[\hat{L}_x,\hat{L}_z]\hat{L}_x=$$
$$=-\mathrm{i}(\hat{L}_x\hat{L}_y+\hat{L}_y\hat{L}_x),$$
$$[\hat{L}_y^2,\hat{L}_z]=\mathrm{i}(\hat{L}_x\hat{L}_y+\hat{L}_y\hat{L}_x),$$
$$[\hat{L}_z^2,\hat{L}_z]=0.$$

以上三式相加，可得$[\hat{\boldsymbol{L}}^2,\hat{L}_z]=0$. 从物理上来讲，(26.10)式表明了角动量的平方(即其绝对值)可以和它的一个分量同时具有定值.

为方便计，通常用下列复组合量代替$\hat{L}_x$和$\hat{L}_y$算符：

$$\hat{L}_+=\hat{L}_x+\mathrm{i}\hat{L}_y,\quad \hat{L}_-=\hat{L}_x-\mathrm{i}\hat{L}_y. \tag{26.11}$$

应用(26.8)式进行直接计算后，很易证明下列对易关系：

$$[\hat{L}_+,\hat{L}_-]=2\hat{L}_z,\quad [\hat{L}_z,\hat{L}_+]=\hat{L}_+,\quad [\hat{L}_z,\hat{L}_-]=-\hat{L}_- \tag{26.12}$$

不难验证

$$\hat{\boldsymbol{L}}^2=\hat{L}_+\hat{L}_-+\hat{L}_z^2-\hat{L}_z=\hat{L}_-\hat{L}_++\hat{L}_z^2+\hat{L}_z. \tag{26.13}$$

最后，我们来写出常用的单粒子角动量算符在球坐标中的表达式. 按照通常方式引进球坐标

$$x=r\sin\theta\cos\varphi,\quad y=r\sin\theta\sin\varphi,\quad z=r\cos\theta,$$

经过简单计算后，可得下列表式：

$$\hat{l}_z=-\mathrm{i}\frac{\partial}{\partial\varphi}, \tag{26.14}$$

$$\hat{l}_\pm=\mathrm{e}^{\pm\mathrm{i}\varphi}\left(\pm\frac{\partial}{\partial\theta}+\mathrm{i}\cot\theta\frac{\partial}{\partial\varphi}\right). \tag{26.15}$$

代入(26.13)式中，得下列形式的单粒子角动量平方算符：

$$\hat{\boldsymbol{l}}^2=-\left[\frac{1}{\sin^2\theta}\frac{\partial^2}{\partial\varphi^2}+\frac{1}{\sin\theta}\frac{\partial}{\partial\theta}\left(\sin\theta\frac{\partial}{\partial\theta}\right)\right]. \tag{26.16}$$

要注意的是，上式除了一个相乘因子外就是拉普拉斯算符的角部.

§27 角动量的本征值

为了求出单粒子角动量沿某一方向的分量的本征值，最好把该分量所沿的

方向取作极轴，并在球坐标系中表出该算符. 根据(26.14)式，方程$\hat{l}_z\psi = l_z\psi$ 可写作

$$-\mathrm{i}\partial\psi/\partial\varphi = l_z\psi. \tag{27.1}$$

其解为

$$\psi = f(r,\theta)\,\mathrm{e}^{\mathrm{i}l_z\varphi},$$

其中的$f(r,\theta)$是 r 和 θ 的任意函数. 为了使 ψ 函数是单值函数起见，它对 φ 而言必须具有周期性，其周期为 2π. 由此得①

$$l_z = m,\quad 其中\ m = 0,\ \pm 1,\ \pm 2,\cdots. \tag{27.2}$$

因此本征值 l_z 是一些正负整数，零也包括在内. $\hat{l}_z$ 算符的本征函数依赖于 φ，这个依赖于 φ 的因子可写作

$$\Phi_m(\varphi) = (2\pi)^{-\frac{1}{2}}\mathrm{e}^{\mathrm{i}m\varphi}. \tag{27.3}$$

这种函数已按下式归一化：

$$\int_0^{2\pi}\Phi_m^*(\varphi)\Phi_{m'}(\varphi)\,\mathrm{d}\varphi = \delta_{mm'}. \tag{27.4}$$

系统总角动量 z 分量的本征值显然也等于一些正负整数：

$$L_z = M,\quad 其中\ M = 0,\ \pm 1,\ \pm 2,\cdots. \tag{27.5}$$

(这是因为$\hat{L}_z$ 算符等于相互对易的单粒子算符$\hat{l}_z$ 之和.)

由于 z 轴所取的方向并无任何特殊性，显然对$\hat{L}_x$，$\hat{L}_y$ 或对角动量沿任一方向的分量来讲，也能得同样结论；亦即它们只能取整数值. 这个结论粗看起来似乎有些不大合理，特别是我们把它应用到两个靠得无限近的方向上的时候. 但在实际上我们必须记住，$\hat{L}_x$，$\hat{L}_y$，$\hat{L}_z$ 算符的唯一共同本征函数只能对应于下列本征值：

$$L_x = L_y = L_z = 0;$$

这种情形下的角动量矢量等于零，从而沿任一方向的投影也都等于零. 本征值 L_x，L_y，L_z 中只要有一个不等于零，$\hat{L}_x$，$\hat{L}_y$，$\hat{L}_z$ 算符就没有共同本征函数. 换句话说，不存在这样的态，该态中两个或三个沿不同方向的角动量分量算符可以同时具有(不全等于零的)定值，因此我们只能谈到其中的一个分量为整数.

一个系统的各种定态之间的差别，仅在于 M 值不同的那些定态具有相同的能量值；这是根据 z 轴方向毫无特殊性这样一种一般考虑得知的. 因此，角动量守恒(并不等于零)的系统，它的那些能级总是简并的②.

---

① 角动量分量的本征值按习惯用 m 来标志，它和粒子的质量采用相同的记号，然而在实际上不会导致混淆.

② 这是§10 中提到过的一个普遍定理的特殊情形，该定理指出，如果存在两个或两个以上的守恒量它们的算符并不相互对易，那么能级是简并的. 现在的三个角动量分量就是这样的量.

现在来求角动量平方的本征值.我们只从对易关系(26.8)式出发,看一看怎样求出这些本征值.令 ψ_M 为某一简并能级中 $\boldsymbol{L}^2$ 值相同但 M 值不同的那些定态波函数①.

首先,由于 z 轴的两个方向在物理上是等价的,对每个正值 $M=|M|$,就有一个对应的负值 $M=-|M|$.令 L(正整数或零)为 $\boldsymbol{L}^2$ 给定后 $|M|$ 的最大可能值.这一上限的存在,是由于 $\hat{\boldsymbol{L}}^2-\hat{L}_z^2=\hat{L}_x^2+\hat{L}_y^2$ 代表正物理量 $L_x^2+L_y^2$ 的算符,它的本征值不可能是负的.

把 $\hat{L}_z\hat{L}_\pm$ 算符作用在 $\hat{L}_z$ 的本征函数 ψ_M 上,应用(26.12)式的对易关系 $[\hat{L}_z,\hat{L}_\pm]=\pm\hat{L}_\pm$,可得

$$\hat{L}_z\hat{L}_\pm\psi_M=(M\pm1)\hat{L}_\pm\psi_M. \tag{27.6}$$

由此可见 $\hat{L}_\pm\psi_M$ 函数相当于 L_z 值等于 $M\pm1$ 的本征函数(除开一个归一化常数外);我们可写作

$$\psi_{M+1}=\text{常数}\times\hat{L}_+\psi_M,\qquad \psi_{M-1}=\text{常数}\times\hat{L}_-\psi_M. \tag{27.7}$$

如果在第一式中令 $M=L$,则必须有下列恒等式:

$$\hat{L}_+\psi_L=0, \tag{27.8}$$

因为根据定义 $M>L$ 的态是不存在的.把 $\hat{L}_-$ 算符作用于上式,并利用(26.13)式,可得

$$\hat{L}_-\hat{L}_+\psi_L=(\hat{\boldsymbol{L}}^2-\hat{L}_z^2-\hat{L}_z)\psi_L=0.$$

但由于 ψ_M 是 $\hat{\boldsymbol{L}}^2$ 和 $\hat{L}_z$ 算符的共同本征函数,我们有

$$\hat{\boldsymbol{L}}^2\psi_L=\boldsymbol{L}^2\psi_L,\ \hat{L}_z^2\psi_L=L^2\psi_L,\ \hat{L}_z\psi_L=L\psi_L,$$

故由前式可得

$$\boldsymbol{L}^2=L(L+1). \tag{27.9}$$

(27.9)式确定了欲求的角动量平方本征值;L 可以取所有的正整数值,包括零在内.对给定的一个 L 值而言,角动量分量 $L_z=M$ 可以采取以下的各种数值:

$$M=L,L-1,\cdots,-L, \tag{27.10}$$

---

① 这里已假定不存在附加简并,这种附加简并会使角动量平方值不同的态具有相同的能量值.这样的假定,对离散谱而言是成立的(库仑场中所谓的偶然简并除外;见§36),对连续谱而言一般并不成立.可是,即使有这样的附加简并存在的时候,我们总可以选取这样一套本征函数,这套本征函数所描述的各个态中 $\boldsymbol{L}^2$ 具有各种定值,从而可以再从中选出一些状态,它们具有相同的 E 值和相同的 $\boldsymbol{L}^2$ 值.这一事实的可能性,从数学上来讲,是由于一组对易算符的矩阵总能同时对角化.为简单计,我们下面不考虑这些附加简并,因为根据上述理由,所得的结论实际上是和有无附加简并的假定无关的.

总共有 $2L+1$ 个不同的值. 因此,角动量为 L 的能级具有 $(2L+1)$ 重简并;通常称为角动量方向上的简并. 角动量 $L=0$(当三个分量全都为零时)的态并不简并,这种态的波函数是球对称的,这是因为在任意无限小转动下,改变量 $\hat{\boldsymbol{L}}\psi$ 此时为零.

为简便计,我们按习惯常称一个系统的"角动量"为 L,其含义是指角动量的平方值等于 $L(L+1)$;角动量的 z 分量通常就叫做"角动量分量".

对单粒子角动量而言(27.9)式可写成

$$\boldsymbol{l}^2 = l(l+1). \tag{27.11}$$

我们用小写的 l 代表单个粒子的角动量.

现在来计算 L_x 和 L_y 在一个表象中的矩阵元,这个表象中的能量以及 $\boldsymbol{L}^2$ 和 L_z 都是对角的(1926 年,玻恩,海森伯,约当). 首先,我们注意到,由于 $\hat{L}_x$ 和 $\hat{L}_y$ 算符与 $\hat{H}$ 算符分别对易,它们的矩阵对能量而言呈对角形式,也就是说,对具有不同能量值(以及不同角动量值 L)的那些态而言,这些态之间的跃迁矩阵元全都等于零. 因此,我们只需考虑同一简并能级中具有不同 M 值的那些态之间的跃迁矩阵元就可以了.

由(27.7)式可知,算符 $\hat{L}_+$ 的矩阵中只有 $M-1\to M$ 的跃迁矩阵元才不等于零,而在算符 $\hat{L}_-$ 的矩阵中只有 $M\to M-1$ 的跃迁矩阵元不等于零. 考虑到这一点以后,我们在(26.13)式的两边各取对角矩阵元,可得①

$$L(L+1) = \langle M|L_+|M-1\rangle\langle M-1|L_-|M\rangle + M^2 - M.$$

注意到算符 $\hat{L}_x$, $\hat{L}_y$ 都是厄米的,

$$\langle M-1|L_-|M\rangle = \langle M|L_+|M-1\rangle^*$$

我们可以把前式改写成下列形式:

$$|\langle M|L_+|M-1\rangle|^2 = L(L+1) - M(M-1) = \\ = (L-M+1)(L+M),$$

所以②

$$\langle M|L_+|M-1\rangle = \langle M-1|L_-|M\rangle = \\ = \sqrt{(L+M)(L-M+1)}. \tag{27.12}$$

因而对 L_x 和 L_y 本身来讲,不等于零的矩阵元为

① 为简便计,我们往往在矩阵元的记号中略去一些指标(包括指标 L 在内),这些所略指标对该矩阵而言是对角的.

② 此式中根号前所选的符号,与角动量本征函数中所选的相位因子一致.

$$\left.\begin{aligned}\langle M|L_x|M-1\rangle &= \langle M-1|L_x|M\rangle = \\ &= \frac{1}{2}\sqrt{(L+M)(L-M+1)} \\ \langle M|L_y|M-1\rangle &= -\langle M-1|L_y|M\rangle = \\ &= -\frac{1}{2}\mathrm{i}\sqrt{(L+M)(L-M+1)}\end{aligned}\right\} \tag{27.13}$$

L_x 和 L_y 矩阵中的对角元都等于零. 由于对角矩阵元代表该量在有关态中的平均值,从而在 L_z 具有定值的态中,平均值$\overline{L}_x$ 和$\overline{L}_y$ 都等于零. 由此可知,如果角动量分量在空间某一指定方向具有定值,则矢量$\overline{\boldsymbol{L}}$本身也沿该方向.

§28 角动量的本征函数

当 l 和 m 的数值事先给定后,一个粒子的波函数并未完全确定. 这是因为以上两量的算符在球坐标表式中只含 θ 和 φ 角,从这一点可以看出它们的本征函数中可含一个依赖于 r 的任意因子. 我们现在只考虑该波函数中表征角动量本征函数的那个角部因子. 把它记作 $Y_{lm}(\theta,\varphi)$,具有下列归一化条件:

$$\int |Y_{lm}|^2 \mathrm{d}o = 1,$$

其中 $\mathrm{d}o = \sin\theta\mathrm{d}\theta\mathrm{d}\varphi$ 为立体角元.

我们以后将看到,在求解$\hat{\boldsymbol{l}}^2$ 和$\hat{l}_z$ 算符的共同本征函数问题中,允许把变量 θ 和 φ 分离开来,把这个函数写成下列形式:

$$Y_{lm} = \Phi_m(\varphi)\Theta_{lm}(\theta), \tag{28.1}$$

其中的 $\Phi_m(\varphi)$ 为算符$\hat{l}_z$ 的本征函数,已由(27.3)式给出. 由于 Φ_m 函数已按(27.4)式的条件归一化,因而 Θ_{lm}函数的归一化条件应该是

$$\int_0^{\pi} |\Theta_{lm}|^2 \sin\theta\mathrm{d}\theta = 1. \tag{28.2}$$

l 或 m 值不同的 Y_{lm}函数是自动正交的:

$$\int_0^{2\pi}\int_0^{\pi} Y_{l'm'}^* Y_{lm} \sin\theta\mathrm{d}\theta\mathrm{d}\varphi = \delta_{ll'}\delta_{mm'}, \tag{28.3}$$

因为它们是对应于不同本征值的角动量算符的本征函数. $\Phi_m(\varphi)$这组函数本身是相互正交的[见(27.4)式],因为它们是$\hat{l}_z$ 算符的不同的本征函数,对应于该算符的不同本征值 m. $\Theta_{lm}(\theta)$ 这组函数本身并不是任何角动量算符的本征函数;根据(28.3)式,它们对不同的 l 而言是相互正交的,但对不同的 m 而言并不正交.

计算所求函数的最直接方法是把$\hat{\boldsymbol{l}}^2$ 算符写为球坐标如表式(26.16),直接

求解它的本征函数. 方程式$\hat{\boldsymbol{l}}^2\psi=\boldsymbol{l}^2\psi$ 成为

$$\frac{1}{\sin\theta}\frac{\partial}{\partial\theta}\left(\sin\theta\frac{\partial\psi}{\partial\theta}\right)+\frac{1}{\sin^2\theta}\frac{\partial^2\psi}{\partial\varphi^2}+l(l+1)\psi=0.$$

把(28.1)形式的 ψ 代入上式,可得 Θ_{lm} 函数的方程式

$$\frac{1}{\sin\theta}\frac{\mathrm{d}}{\mathrm{d}\theta}\left(\sin\theta\frac{\mathrm{d}\Theta_{lm}}{\mathrm{d}\theta}\right)-\frac{m^2}{\sin^2\theta}\Theta_{lm}+l(l+1)\Theta_{lm}=0. \tag{28.4}$$

这个方程在球谐函数论中是熟知的. 当 $l\geqslant|m|$ 为正整数时,上式具有满足单值条件和有限条件的解,与上节用矩阵方法求得的角动量本征值相一致. 它所对应的解称为**连带勒让德多项式** $P_l^m(\cos\theta)$(见数学附录 § c). 应用归一化条件(28.2),得到①

$$\Theta_{lm}(\theta)=(-1)^m\mathrm{i}^l\sqrt{\frac{(2l+1)}{2}\frac{(l-m)!}{(l+m)!}}\mathrm{P}_l^m(\cos\theta). \tag{28.5}$$

上式中已经假定了 $m\geqslant0$. 当 m 为负值时,我们采用定义

$$\Theta_{l,-|m|}=(-1)^m\Theta_{l,|m|}, \tag{28.6}$$

换句话说,(28.5)式中去掉$(-1)^m$ 因子并把 m 改成$|m|$后即得 $m<0$ 的 Θ_{lm}.

由此可知,角动量本征函数在数学上就是用特殊方式归一化以后的球谐函数. 为参考计,我们写出上述定义下的完整表式:

$$\mathrm{Y}_{lm}(\theta,\varphi)=(-1)^{\frac{m+|m|}{2}}\mathrm{i}^l\sqrt{\frac{2l+1}{4\pi}\frac{(l-|m|)!}{(l+|m|)!}}\mathrm{P}_l^{|m|}(\cos\theta)\mathrm{e}^{\mathrm{i}m\varphi}, \tag{28.7}$$

特别是

$$\mathrm{Y}_{l0}=\mathrm{i}^l\sqrt{\frac{2l+1}{4\pi}}\mathrm{P}_l(\cos\theta), \tag{28.8}$$

显然,m 值反号的两个函数,存在下列关系:

$$(-1)^{l-m}\mathrm{Y}_{l,-m}=\mathrm{Y}_{lm}^*. \tag{28.9}$$

当 $l=0$(从而有 $m=0$)时,球谐函数变成一个常数. 换句话说,角动量等于零的粒子态波函数只依赖于 r,亦即具有球对称性,这和 § 27 中的一般论述是一致的.

当 m 值给定以后,l 可从$|m|$开始依次地等于 $\boldsymbol{l}^2$ 的各个递增本征值. 根据本征函数的一般零点原理(§ 21),我们可以导出这样的结论,Θ_{lm}函数对 $l-|m|$个不同的 θ 角而言可以等于零;换句话说,它以球面上的 $l-|m|$条"纬线"为节线.

---

① 归一化条件当然不能确定相位因子的选择方式. 我们在本书中采用(28.5)式的定义,从普遍的角动量相加理论看来最为自然. 它和一般采用的定义相差一个 i^l 因子. 上述选法的优点,参考 § 60, § 106 和 § 107 中的附注即能明白.

如果整个角部函数中的 $e^{\pm im\varphi}$ 因子用实因子 $\cos m\varphi$ 或 $\sin m\varphi$ 来代替①,它还具有 $|m|$ 条"经线"节线;从而节线总数等于 l.

最后,我们来看一下怎样用矩阵方法算出 Θ_{lm} 函数. 它和 §23 中计算振子波函数时所采用的做法类似. 从(27.8)式 $\hat{l}_+ Y_{ll}=0$ 出发,应用(26.15)式的 $\hat{l}_+$ 算符,并把它作用在下列函数上:

$$Y_{ll}=\frac{1}{\sqrt{2\pi}}e^{il\varphi}\Theta_{ll}(\theta),$$

可得 Θ_{ll} 的方程式

$$\frac{d\Theta_{ll}}{d\theta}-l\cot\theta\cdot\Theta_{ll}=0,$$

因而 $\Theta_{ll}=$ 常数 $\times\sin^l\theta$. 应用归一化条件求出此常数后,得

$$\Theta_{ll}=(-i)^l\sqrt{\frac{(2l+1)!}{2}}\frac{1}{2^l l!}\sin^l\theta. \tag{28.10}$$

其次,应用(27.12)式,我们有

$$\hat{l}_- Y_{l,m+1}=(l_-)_{m,m+1}Y_{lm}=\sqrt{(l-m)(l+m+1)}\,Y_{lm}.$$

重复应用此式,得

$$\sqrt{\frac{(l-m)!}{(l+m)!}}Y_{lm}=\frac{1}{\sqrt{(2l)!}}(\hat{l}_-)^{l-m}Y_{ll}.$$

采用(26.15)式的 $\hat{l}_-$ 算符,易于把上式右边计算出来,我们有

$$\hat{l}_-[f(\theta)e^{im\varphi}]=e^{i(m-1)\varphi}\sin^{1-m}\theta\frac{d}{d\cos\theta}(f\sin^m\theta).$$

重复应用此式,得

$$(\hat{l}_-)^{l-m}e^{il\varphi}\Theta_{ll}=e^{im\varphi}\sin^{-m}\theta\frac{d^{l-m}}{(d\cos\theta)^{l-m}}(\sin^l\theta\Theta_{ll}).$$

应用上式以及(28.10)式的 Θ_{ll},最后可得

$$\Theta_{lm}(\theta)=(-i)^l\sqrt{\frac{2l+1}{2}\frac{(l+m)!}{(l-m)!}}\frac{1}{2^l l!}\frac{1}{\sin^m\theta}\frac{d^{l-m}}{(d\cos\theta)^{l-m}}\sin^{2l}\theta, \tag{28.11}$$

此式和(28.5)式相同.

§29 矢量的矩阵元

我们再来考虑一个多粒子封闭系统②;设 f 为标志该系统的任一标量物理

① 这种函数所对应的态中没有确定的 l_z 值,但可以具有概率相等的 $\pm m$ 值.

② 本节所有的结论,对有心力场中的一个粒子也是成立的(一般来讲,对总角动量守恒的系统也是成立的).

量,对应于这个量的算符为$\hat{f}$. 任一标量对该系统的坐标系旋转而言是不变的. 因此标量算符$\hat{f}$经过旋转变换后保持不变,即$\hat{f}$与旋转算符相对易. 我们知道,除开一个常因子外,无限小旋转算符等于角动量算符,故有

$$\{\hat{f},\hat{\boldsymbol{L}}\}=0 \tag{29.1}$$

根据$\hat{f}$和角动量算符的可对易性可知,在 $\boldsymbol{L}^2$ 和 L_z 为对角的表象中,f 矩阵对下标 LM 而言也是对角的. 再则,M 仅决定于系统和坐标轴的相对取向,一个标量的值是和这个取向无关的,因此我们可以说,矩阵元$\langle n'LM|f|nLM\rangle$是和 M 值无关的;n 暂时代表除 L 和 M 外确定系统状态的所有量子数. 上述论断可以根据算符$\hat{f}$和$\hat{L}_+$的可对易性形式地得到证明:

$$\hat{f}\hat{L}_+-\hat{L}_+\hat{f}=0. \tag{29.2}$$

把上式的 $n,L,M\to n',L,M+1$ 的跃迁矩阵元写出来. 考虑到$\hat{L}_+$算符只有一个 $n,L,M\to n,L,M+1$ 矩阵元不等于零,可得

$$\langle n',L,M+1|f|n,L,M+1\rangle\langle n,L,M+1|L_+|n,L,M\rangle=$$
$$=\langle n',L,M+1|L_+|n',L,M\rangle\langle n',L,M|f|n,L,M\rangle$$

由于 L_+ 的矩阵元与指标 n 无关,我们有

$$\langle n',L,M+1|f|n,L,M+1\rangle=\langle n',L,M|f|n,L,M\rangle \tag{29.3}$$

可见 M 值不同(其它指标相同)的所有$\langle n',L,M|f|n,L,M\rangle$是相等的.

如果把上述结论应用到哈密顿量本身上来,就可得出早先的结论,即定态的能量和 M 无关,也就是说,能级具有$(2L+1)$重简并.

其次,设 $\boldsymbol{A}$ 为标志封闭系统的某一矢量物理量. 当该系统的坐标系转动后(如为无限小旋转,即用角动量算符作用后),一个矢量的三个分量就变换成为它们之间的线性组合. 因此,$\hat{L}_i$ 算符和$\hat{A}_i$ 算符的对易结果,必然仍得到该矢量的一些$\hat{A}_i$ 分量. 确切的形式可以这样求出,只要注意到,在 $\boldsymbol{A}$ 为粒子径矢的特殊情形下,应该得到(26.4)式. 因此得出下列对易关系:

$$[\hat{L}_i,\hat{A}_k]=\mathrm{i}e_{ikl}\hat{A}_l. \tag{29.4}$$

这些对易式使我们有可能对 A_x,A_y,A_z 诸分量的矩阵形式作出一系列的结论(玻恩,海森伯和约当,1926). 首先,我们可以求出对哪些跃迁矩阵元才可能不为零,也就是求出它们的**选择定则**. 但是,我们不准备在这里进行这种冗长的计算,以后将会讲明(§107),这些选择定则,实际上是一个矢量的一般变换性质的直接结果,根据变换性质,几乎无需计算,就可以把它求出来. 在这里我们先不加证明,只给出这些选择定则.

所有矢量分量的跃迁矩阵元,只有当角动量 L 的改变值不超过 1 的时候才

不等于零;即

$$L\to L \quad 或 \quad L\pm 1. \tag{29.5}$$

此外还有一个附加的选择定则,它禁止两个 $L=0$ 的态之间的跃迁;这个附加定则,乃是角动量 $L=0$ 的态具有完全的球对称性的直接结果.

对角动量投影值 M 而言,它的选择定则对矢量的不同分量具有不同的结果.这就是说,改变 M 值的各种跃迁矩阵元中,只有下列跃迁矩阵元有可能不等于零:

$$\left.\begin{aligned}&对\ A_+=A_x+\mathrm{i}A_y \quad M\to M+1,\\&对\ A_-=A_x-\mathrm{i}A_y \quad M\to M-1,\\&对\ A_z \qquad\qquad\qquad M\to M.\end{aligned}\right\} \tag{29.6}$$

此外,还有可能求出矢量矩阵元依赖于量子数 M 的一般公式.这是一些经常用到的重要公式,我们不加证明地把它写出来,它们实际上是 §107 中求得的(关于任意张量的)某些更普遍公式的特殊情形.

不等于零的 A_z 矩阵元由下列公式给出:

$$\left.\begin{aligned}\langle n'LM|A_z|nLM\rangle&=\frac{M}{\sqrt{L(L+1)(2L+1)}}\langle n'L\|A\|nL\rangle,\\\langle n'LM|A_z|n,L-1,M\rangle&=\sqrt{\frac{L^2-M^2}{L(2L-1)(2L+1)}}\langle n'L\|A\|n,L-1\rangle,\\\langle n',L-1,M|A_z|nLM\rangle&=\sqrt{\frac{L^2-M^2}{L(2L-1)(2L+1)}}\langle n',L-1\|A\|nL\rangle.\end{aligned}\right\} \tag{29.7}$$

记号 $\langle n'L'\|A\|nL\rangle$ 称为**约化矩阵元**,不依赖于量子数 M①.这些矩阵元有下列关系:

$$\langle n'L'\|A\|nL\rangle=\langle nL\|A\|n'L'\rangle^*, \tag{29.8}$$

这可直接根据算符 $\hat{A}_z$ 的厄米性得出.

A_- 和 A_+ 的矩阵元也可由约化矩阵元确定.A_- 的非零矩阵元为

$$\left.\begin{aligned}\langle n',L,M-1|A_-|nLM\rangle&=\sqrt{\frac{(L-M+1)(L+M)}{L(L+1)(2L+1)}}\langle n'L\|A\|nL\rangle,\\\langle n',L,M-1|A_-|n,L-1,M\rangle&=\sqrt{\frac{(L-M+1)(L-M)}{L(2L-1)(2L+1)}}\langle n'L\|A\|n,L-1\rangle,\\\langle n',L-1,M-1|A_-|nLM\rangle&=-\sqrt{\frac{(L+M-1)(L+M)}{L(2L-1)(2L+1)}}\langle n',L-1\|A\|nL\rangle.\end{aligned}\right\} \tag{29.9}$$

① (29.7)和(29.9)中出现的依赖于 L 的分母是和 §107 中采用的一般记号一致的.写出这些分母的方便之处,可从(29.12)式(两个矢量的标积矩阵元)采取简单的形式看出来.

约化矩阵元的符号具有整体性,不像矩阵元符号那样可以分开理解[见(11.17)式后的说明].

A_+ 的矩阵元无需再写：由于 A_x 和 A_y 是实量，我们有

$$\langle n'L'M'|A_+|nLM\rangle = \langle nLM|A_-|n'L'M'\rangle^*. \tag{29.10}$$

还有一个公式，用约化矩阵元表出两个矢量 $\boldsymbol{A}$ 和 $\boldsymbol{B}$ 的标积 $\boldsymbol{A}\cdot\boldsymbol{B}$ 的矩阵元. 如把算符 $\boldsymbol{A}\cdot\boldsymbol{B}$ 写成下列形式，可以简捷地导出

$$\hat{\boldsymbol{A}}\cdot\hat{\boldsymbol{B}} = \frac{1}{2}(\hat{A}_+\hat{B}_- + \hat{A}_-\hat{B}_+) + \hat{A}_z\hat{B}_z. \tag{29.11}$$

矩阵 $\boldsymbol{A}\cdot\boldsymbol{B}$（和任一个标量一样）对 L 和 M 是对角的. 应用公式(29.7)—(29.9)，可算出下列结果：

$$\langle n'LM|\boldsymbol{A}\cdot\boldsymbol{B}|nLM\rangle = \frac{1}{2L+1}\sum_{n''L''}\langle n'L\|A\|n''L''\rangle\langle n''L''\|B\|nL\rangle, \tag{29.12}$$

式中 L'' 取值 $L, L\pm 1$.

为参考计，我们给出矢量 $\boldsymbol{L}$ 的约化矩阵元本身，比较(29.9)和(27.12)式，得

$$\left.\begin{aligned}\langle L\|L\|L\rangle &= \sqrt{L(L+1)(2L+1)},\\ \langle L-1\|L\|L\rangle &= \langle L\|L\|L-1\rangle = 0.\end{aligned}\right\} \tag{29.13}$$

应用中经常碰到的一个量是粒子径矢的单位矢量 $\boldsymbol{n}$. 它的约化矩阵元可以通过例如 $n_z = \cos\theta$ 对 $m = 0$ 的角动量分量的矩阵元求出来；

$$\langle l-1, 0|n_z|l0\rangle = \int_0^{\pi}\Theta^*_{l-1,0}\cos\theta\cdot\Theta_{l0}\sin\theta\,d\theta$$

Θ_{l0} 已由(28.11)式给出. 上式积分后，得①

$$\langle l-1, 0|n_z|l0\rangle = \frac{\mathrm{i}l}{\sqrt{(2l-1)(2l+1)}}.$$

$l\to l$ 的跃迁矩阵元均为零[和单粒子的任一极矢量一样，见后面(30.8)式]. 和(29.7)式比较后，得到

$$\left.\begin{aligned}\langle l-1\|n\|l\rangle &= -\langle l\|n\|l-1\rangle = \mathrm{i}\sqrt{l},\\ \langle l\|n\|l\rangle &= 0.\end{aligned}\right\} \tag{29.14}$$

习　　题

把张量 $n_i n_k - \frac{1}{3}\delta_{ik}$（$\boldsymbol{n}$ 是沿粒子径矢方向的单位矢量）对角动量绝对值给定为 l（但其方向即 l_z 不确定）的态平均化，求其结果.

解：所求的张量平均值仍为算符，这种算符可以只通过 $\boldsymbol{l}$ 算符来表述. 其形

① 对 $d\cos\theta$ 进行 $l-1$ 次分部积分；此类积分的一般公式为(107.14)式.

式为

$$\overline{n_i n_k} - \frac{1}{3}\delta_{ik} = a\left[\hat{l}_i\hat{l}_k + \hat{l}_k\hat{l}_i - \frac{2}{3}\delta_{ik}l(l+1)\right];$$

这是由$\hat{\boldsymbol{l}}$的分量所能组成的其迹为零的二秩对称张量的最一般形式. 为了求出常数 a,上式可左乘$\hat{l}_i$ 并右乘$\hat{l}_k$(并对 i 和 k 求和). 由于 $\boldsymbol{n}$ 和 $\hbar\hat{\boldsymbol{l}} = \hat{\boldsymbol{r}}\times\hat{\boldsymbol{p}}$相垂直,故 $n_i\hat{l}_i = 0$(i 为叠标). 乘积$\hat{l}_i\hat{l}_i\hat{l}_k\hat{l}_k = (\hat{\boldsymbol{l}}^2)^2$ 可用本征值 $l^2(l+1)^2$ 代替,乘积$\hat{l}_i\hat{l}_k\hat{l}_i\hat{l}_k$ 可用(26.7)式变换成下列形式:

$$\hat{l}_i\hat{l}_k\hat{l}_i\hat{l}_k = \hat{l}_i\hat{l}_i\hat{l}_k\hat{l}_k - \mathrm{i}\mathrm{e}_{ikl}\hat{l}_i\hat{l}_l\hat{l}_k = (\hat{\boldsymbol{l}}^2)^2 - \frac{\mathrm{i}}{2}\mathrm{e}_{ikl}\hat{l}_i(\hat{l}_l\hat{l}_k - \hat{l}_k\hat{l}_l) =$$

$$= (\hat{\boldsymbol{l}}^2)^2 + \frac{1}{2}\mathrm{e}_{ikl}\mathrm{e}_{lkm}\hat{l}_i\hat{l}_m = (\hat{\boldsymbol{l}}^2)^2 - \hat{\boldsymbol{l}}^2 = l^2(l+1)^2 - l(l+1)$$

(其中我们应用了 $\mathrm{e}_{ikl}\mathrm{e}_{mkl} = 2\delta_{im}$). 经过简单整理后,得下列结果:

$$a = \frac{-1}{(2l-1)(2l+3)}.$$

§30 态的宇称

除了坐标系的平移和旋转不变性分别代表空间的均匀性和各向同性以外,还有一种变换可使一个封闭系统的哈密顿量保持不变. 这种变换称为**反演变换**,它由所有坐标的同时变号所组成,亦即把每个坐标轴反向;右手坐标系变成左手坐标系,或者反之. 哈密顿量在这种变换下的不变性代表空间的镜向反射对称性①. 经典力学中,哈密顿函数对空间反演的不变性并不导致守恒律,量子力学中情况则有所不同.

我们用符号$\hat{P}$(因"宇称"的英文是"Parity")代表一个反演算符,它作用在波函数 $\psi(\boldsymbol{r})$上的效果是使坐标变号:

$$\hat{P}\psi(\boldsymbol{r}) = \psi(-\boldsymbol{r}). \tag{30.1}$$

容易求出这个算符的本征值 P,它由下式确定:

$$\hat{P}\psi(\boldsymbol{r}) = P\psi(\boldsymbol{r}). \tag{30.2}$$

我们注意到,把反演算符连用两次,等于一个恒等变换:函数的宗量没有变化. 换句话说,我们有$\hat{P}^2\psi = P^2\psi = \psi$,即 $P^2 = 1$,故

$$P = \pm 1. \tag{30.3}$$

因此,反演算符的本征函数用$\hat{P}$作用后,或者根本不变,或者变一符号. 第一种情况下,波函数(及其相应的态)称为**偶**的,第二种情况下则称为**奇**的.

---

① 处于有心力场中的一个多粒子系统,它的哈密顿量对力心也有反演不变性.

哈密顿量反演变换下的不变性(亦即算符$\hat{H}$和$\hat{P}$对易)代表了**宇称守恒定律**:如果一个封闭系统的态具有确定的宇称(它是偶的或奇的),这个宇称在随后的时刻中保持不变①.

角动量算符在反演变换下也是不变的,坐标以及对坐标微商的算符都变号,结果使算符(26.2)保持不变.换句话说,反演算符和角动量算符对易,这意味着,一个系统可以在具有确定的宇称的同时,具有确定的角动量 L 和确定的角动量分量 M.所有那些只有 M 值不同的态都有相同的宇称;因为一个封闭系统的性质和它的空间取向无关,这可从对易式$\hat{L}_+\hat{P}-\hat{P}\hat{L}_+=0$ 出发加以证明,其方法和(29.2)到(29.3)的推导方法相同.

各种物理量的矩阵元具有一定的**宇称选择定则**.我们先来考虑标量.首先必须区分反演后保持不变的真标量和反演后变号的赝标量,后者例如一个轴矢量和一个极矢量的标积.一个真标量的算符$\hat{f}$与$\hat{P}$对易;由于这一点,如果 P 的矩阵是对角的,则矩阵 f 对宇称指标也是对角的,亦即除了 $g\to g$ 和 $u\to u$ 的跃迁外矩阵元均为零(g 和 u 分别代表偶态和奇态).对于赝标量算符,我们有$\hat{P}\hat{f}=-\hat{f}\hat{P}$;算符$\hat{P}$和$\hat{f}$反对易.对 $g\to g$ 跃迁而言,此式的矩阵元为 $P_{gg}f_{gg}=-f_{gg}P_{gg}$,由于 $P_{gg}=1$,故 $f_{gg}=0$.同理可得 $f_{uu}=0$.因此,赝标量矩阵中,只有改变宇称的那些跃迁矩阵元才不等于零.由此可知,标量矩阵元的选择定则为

$$\left.\begin{aligned}&\text{真标量}\quad g\to g,u\to u,\\&\text{赝标量}\quad g\to u,u\to g.\end{aligned}\right\}\tag{30.4}$$

这些定则也可从矩阵元定义出发直接导出.例如,我们来考虑积分 $f_{ug}=\int\psi_u^*\hat{f}\psi_g\mathrm{d}q$,其中 ψ_g 是偶函数,ψ_u 是奇函数.如果 f 是真标量,当所有坐标变号时被积函数也随之变号;另一方面,积分是遍及整个空间的,不会因积分变量的更名而变化.因此,有 $f_{ug}=-f_{ug}$,即 $f_{ug}=0$.

我们可以类似地导出矢量的选择定则,此时必须记得,普通矢量(极矢量)反演时变号,而轴矢量(例如角动量矢量,它是 $\boldsymbol{p}$ 和 $\boldsymbol{r}$ 两个极矢量的矢积)反演时不变号.求出的选择定则如下:

$$\left.\begin{aligned}&\text{极矢量}\quad g\to u,u\to g,\\&\text{轴矢量}\quad g\to g,u\to u.\end{aligned}\right\}\tag{30.5}$$

我们来确定角动量为 l 的单粒子态的宇称.反演变换($x\to-x,y\to-y,z\to-z$)在球坐标中相当于下列变换:

① 为避免误解,必须申明这是针对非相对论理论的.在相对论理论范围内,存在着破坏宇称守恒的相互作用.

$$r\to r,\quad \theta\to\pi-\theta,\quad \varphi\to\pi+\varphi. \tag{30.6}$$

粒子波函数和角度的关系,是由角动量本征函数 Y_{lm} 给出的,其中,除开一个这里并不重要的常数外,具有 $P_l^m(\cos\theta)e^{im\varphi}$ 的形式. 当 φ 被 $\pi+\varphi$ 代替后,$e^{im\varphi}$ 因子乘上了一个 $(-1)^m$,而当 θ 被 $\pi-\theta$ 代替后,$P_l^m(\cos\theta)$ 变成 $P_l^m(-\cos\theta)=(-1)^{l-m}P_l^m(\cos\theta)$. 因此整个函数等于原函数乘以 $(-1)^l$(和 m 无关,与以前所讲的一致),这就是说,l 值为给定的态中,其宇称为

$$P=(-1)^l. \tag{30.7}$$

我们看到,凡是 l 为偶数的态都是偶态,l 为奇数的态都是奇态.

一个单粒子的矢量物理量只有 $l\to l$ 或 $l\pm1$ 的跃迁矩阵元才不等于零(§29). 记住这一点,再和矢量矩阵元的宇称改变问题联系起来,参照(30.7)式,可得如下的结论:一个单粒子的矢量矩阵元只有对下列跃迁才不等于零:

$$\left.\begin{array}{ll}\text{极矢量} & l\to l\pm1;\\ \text{轴矢量} & l\to l.\end{array}\right\} \tag{30.8}$$

§ 31 角动量的相加

我们来考虑一个系统,它由相互作用很弱的两个部分组成. 当把相互作用全部略去后,每一部分都能满足角动量守恒定律. 整个系统的总角动量 $\boldsymbol{L}$ 可以看作是这两个部分的角动量 $\boldsymbol{L}_1$ 和 $\boldsymbol{L}_2$ 之和. 在下一步近似中,考虑了弱的相互作用后,$\boldsymbol{L}_1$ 和 $\boldsymbol{L}_2$ 不再严格守恒,但是模量平方值的量子数 L_1 和 L_2 仍是"好的"量子数,适合于对该系统的态进行近似描述. 把角动量看作经典量,我们可以这样说,在这种近似中,$\boldsymbol{L}_1$ 和 $\boldsymbol{L}_2$ 只绕 $\boldsymbol{L}$ 方向旋转,它们的长度保持不变.

对这样的系统,产生了角动量的"相加法则"问题:L_1 和 L_2 给定后 L 的可能值是什么? 角动量分量的相加法则是很明显的:由于 $\hat{L}_z=\hat{L}_{1z}+\hat{L}_{2z}$,可得

$$M=M_1+M_2. \tag{31.1}$$

但对角动量平方算符,没有这样简单的关系,为了导出它们的"相加法则",我们作如下的考虑.

如果把 $\boldsymbol{L}_1^2,\boldsymbol{L}_2^2,L_{1z},L_{2z}$ 取作物理量的一个完全集合①,任一态可以由 L_1,L_2,M_1,M_2 四个值确定. 当 L_1 和 L_2 给定以后,M_1 和 M_2 可以分别取 $(2L_1+1)$ 个及 $(2L_2+1)$ 个不同的数值,因此共有 $(2L_1+1)(2L_2+1)$ 个不同的态具有相同的 L_1 和 L_2 值. 我们令 $\varphi_{L_1L_2M_1M_2}$ 为这种表象中的状态波函数.

如果不用以上四个量,我们也可以拿 $\boldsymbol{L}_1^2,\boldsymbol{L}_2^2,\boldsymbol{L}^2,L_z$ 作为一个完全集. 那么,

---

① 以上四个量与其它量放在一起才能组成一个完全集. 但是其它物理量在以下的讨论中不起作用,为表述简单计,我们可以把它们完全略去,而把以上四个量暂称为一个完全集.

每个态可以用 L_1, L_2, L, M 四个值来标志(其相应的波函数我们记作 $\psi_{L_1L_2LM}$). 当 L_1 和 L_2 给定以后,必须和以前一样具有 $(2L_1+1)(2L_2+1)$ 个不同的态,也就是说,对给定的 L_1 和 L_2 而言,L 和 M 必须取 $(2L_1+1)(2L_2+1)$ 对不同的数值. 这些数值可以用下法确定.

把各种可能的 M_1 和 M_2 值相加起来,得到相应的各个 M 值,如下表所示:

M_1	M_2	M
L_1	L_2	L_1+L_2
L_1	L_2-1	L_1+L_2-1
L_1-1	L_2	
L_1	L_2-2	L_1+L_2-2
L_1-1	L_2-1	
L_1-2	L_2	
…	…	…

我们看到,对应于一个 φ 态(这时有一对 M_1 和 M_2 值). M 的最大可能值为 $M=L_1+L_2$,ψ 态中 M 的最大可能值,也就是 L 的最大可能值,因而为 L_1+L_2. 其次,$M=L_1+L_2-1$ 的 φ 态有两个. 因此,具有这种 M 值的 φ 态也一定有两个;其中一态的 $L=L_1+L_2$(以及 $M=L-1$),另一个态的 $L=L_1+L_2-1$(以及 $M=L$). $M=L_1+L_2-2$ 的 φ 态有三个. 这意味着,除了 $L=L_1+L_2$,$L=L_1+L_2-1$ 这两个值外,还会有 $L=L_1+L_2-2$ 这个值.

继续分析下去,M 值每减少 1,具有给定 M 值的态数就增加 1. 很易看出,上述情况会继续下去. 直到 M 值等于 $|L_1-L_2|$ 为止. 当 M 值进一步减小时,态数就不再增加,仍等于 $2L_2+1$(如果 $L_2\leqslant L_1$). 这就表明,$|L_1-L_2|$ 是 L 的最小可能值. 因此,我们可以得出结论,L_1 和 L_2 值给定后,量子数 L 可以采取下列各种数值:

$$L=L_1+L_2, L_1+L_2-1, \cdots, |L_1-L_2|, \tag{31.2}$$

这里一起有 $2L_2+1$ 个不同的数值(假定 $L_2\leqslant L_1$). 容易验证此时 L, M 这一对量子数的确可取 $(2L_1+1)(2L_2+1)$ 种不同的数值. 要注意的是,如果我们不管 $2L+1$ 个不同的 M 值(对一个给定的 L),那么,(31.2) 中每一个可能的 L 值只对应于一个态.

上述结果可以用"**矢量模型**"直观地描述. 如果令矢量 $\boldsymbol{L}_1$ 和 $\boldsymbol{L}_2$ 的长度为 L_1 和 L_2,则 L 的可能值可以用 $\boldsymbol{L}_1$ 和 $\boldsymbol{L}_2$ 矢量相加后所得的 $\boldsymbol{L}$ 矢量的整数长度表示之;当 $\boldsymbol{L}_1$ 和 $\boldsymbol{L}_2$ 平行时,可得 L 的最大值 L_1+L_2,当 $\boldsymbol{L}_1$ 和 $\boldsymbol{L}_2$ 反平行时,得最小值 $|L_1-L_2|$.

在角动量 L_1, L_2 及总角动量 L 都具有定值的态中,$\boldsymbol{L}_1 \cdot \boldsymbol{L}_2, \boldsymbol{L} \cdot \boldsymbol{L}_1, \boldsymbol{L} \cdot \boldsymbol{L}_2$ 等标积也都具有定值. 这些定值很容易算出来. 计算 $\boldsymbol{L}_1 \cdot \boldsymbol{L}_2$ 时,我们令 $\hat{\boldsymbol{L}} = \hat{\boldsymbol{L}}_1 + \hat{\boldsymbol{L}}_2$,把它平方再移项后,得

$$2\hat{\boldsymbol{L}}_1 \cdot \hat{\boldsymbol{L}}_2 = \hat{\boldsymbol{L}}^2 - \hat{\boldsymbol{L}}_1^2 - \hat{\boldsymbol{L}}_2^2.$$

式右的算符用他们的本征值来代替,我们得到式左算符的本征值:

$$\boldsymbol{L}_1 \cdot \boldsymbol{L}_2 = \frac{1}{2}\{L(L+1) - L_1(L_1+1) - L_2(L_2+1)\}. \tag{31.3}$$

同理可得

$$\boldsymbol{L} \cdot \boldsymbol{L}_1 = \frac{1}{2}\{L(L+1) + L_1(L_1+1) - L_2(L_2+1)\}. \tag{31.4}$$

现在来求“宇称的相加法则”. 我们知道,由两个独立部分所组成的一个系统,它的波函数 Ψ 等于这两个部分的波函数 Ψ_1 和 Ψ_2 的乘积. 如果后两个波函数具有相同的宇称(即当所有坐标变号时它们同时变号,或同时不变号),则整个系统的波函数显然是偶的. 反之,如果 Ψ_1 和 Ψ_2 的宇称相反,则 Ψ 函数是奇的. 这个说法可写成

$$P = P_1 P_2, \tag{31.5}$$

P 是整个系统的宇称,P_1 和 P_2 分别是子系统的宇称. 这个法则当然可以立刻推广到由无相互作用的任意多个部分所组成的系统中去.

特别是,如果我们考虑的是处于有心力场中的一个多粒子系统(粒子间的相互作用假定很弱),则整个系统的态的宇称[见(30.7)]为

$$P = (-1)^{l_1 + l_2 + \cdots + l_n}. \tag{31.6}$$

我们强调指出,上式幂数中只包含角动量 l_i 的代数和,一般来讲,它和角动量的“矢量和”,即该系统的总角动量 L,是很不一样的.

如果一个封闭系统(在内力作用下)发生分裂,它的总角动量和宇称都必须守恒. 这些条件有可能使得一个系统的分裂因此成为不可能,尽管从能量角度看来这种分裂似乎是可能的.

例如,我们来考虑一个原子,处于角动量为 $L=0$ 的偶态,并从能量角度看来,它有可能分裂成为一个自由电子和一个角动量为 $L=0$ 并处于奇态的一个离子. 但是很容易证明这样的分裂实际上是不可能的(或者说是**禁戒**的). 这是因为,由于角动量守恒定律,这个自由电子的角动量也必须等于零,从而处于偶态 $[P=(-1)^0=+1]$;而离子 + 自由电子系统的态将为奇态,可是该原子的初态却是偶态.

第五章

有心力场中的运动

§32 有心力场中的运动

量子力学中两个相互作用粒子的运动问题,可以照经典力学中所做的那样,把它简化成为一个单粒子问题.按 $U(r)$ 规律(r 为这两个粒子间的距离)相互作用着的两个粒子(质量分别为 m_1, m_2),其哈密顿量呈以下形式:

$$\hat{H} = -\frac{\hbar^2}{2m_1}\Delta_1 - \frac{\hbar^2}{2m_2}\Delta_2 + U(r), \tag{32.1}$$

式中 Δ_1 和 Δ_2 分别是这两个粒子坐标的拉普拉斯算符.我们引进新变量 $\boldsymbol{R}$ 和 $\boldsymbol{r}$,代替粒子的径矢 $\boldsymbol{r}_1$ 和 $\boldsymbol{r}_2$:

$$\boldsymbol{r} = \boldsymbol{r}_2 - \boldsymbol{r}_1, \quad \boldsymbol{R} = \frac{m_1\boldsymbol{r}_1 + m_2\boldsymbol{r}_2}{m_1 + m_2}; \tag{32.2}$$

$\boldsymbol{r}$ 为两粒子距离矢量,而 $\boldsymbol{R}$ 为质心的径矢.经过简单计算后,可得

$$\hat{H} = -\frac{\hbar^2}{2(m_1 + m_2)}\Delta_R - \frac{\hbar^2}{2m}\Delta + U(r) \tag{32.3}$$

式中 Δ_R 和 Δ 分别是对 $\boldsymbol{R}$ 和 $\boldsymbol{r}$ 坐标的拉普拉斯算符,$m_1 + m_2$ 是该系统的总质量,而 $m = m_1m_2/(m_1 + m_2)$ 是**约化质量**.由此可见哈密顿量变成了两个独立部分之和.与此相应,我们可以把 $\psi(\boldsymbol{r}_1, \boldsymbol{r}_2)$ 写成 $\varphi(\boldsymbol{R})\psi(\boldsymbol{r})$ 的乘积形式,其中的 $\varphi(\boldsymbol{R})$ 函数描述质心的运动(如同质量为 $m_1 + m_2$ 的一个自由粒子),而 $\psi(\boldsymbol{r})$ 函数描述这两个粒子的相对运动[如同质量为 m 的一个粒子在有心力场 $U(r)$ 中运动].

一个粒子在有心力场中运动时薛定谔方程具有下列形式:

$$\Delta\psi + \frac{2m}{\hbar^2}[E - U(r)]\psi = 0. \tag{32.4}$$

采用拉普拉斯算符在球坐标中的熟知表式,我们可以把上式写成

$$\frac{1}{r^2}\frac{\partial}{\partial r}\left(r^2\frac{\partial\psi}{\partial r}\right)+\frac{1}{r^2}\left[\frac{1}{\sin\theta}\frac{\partial}{\partial\theta}\left(\sin\theta\frac{\partial\psi}{\partial\theta}\right)+\frac{1}{\sin^2\theta}\frac{\partial^2\psi}{\partial\varphi^2}\right]+$$
$$+\frac{2m}{\hbar^2}[E-U(r)]\psi=0. \tag{32.5}$$

如果在式中引入(26.16)式的角动量平方算符$\hat{\boldsymbol{l}}^2$,可得①

$$\frac{\hbar^2}{2m}\left[-\frac{1}{r^2}\frac{\partial}{\partial r}\left(r^2\frac{\partial\psi}{\partial r}\right)+\frac{\hat{\boldsymbol{l}}^2}{r^2}\psi\right]+U(r)\psi=E\psi. \tag{32.6}$$

在有心力场中运动时,角动量是守恒的.我们来考虑角动量 l 及其分量 m 都有定值的那些定态.这两个值确定了波函数的角部.因此我们要找的(32.6)式之解具有下列形式:

$$\psi=R(r)\mathrm{Y}_{lm}(\theta,\varphi), \tag{32.7}$$

式中的 $\mathrm{Y}_{lm}(\theta,\varphi)$是球谐函数.

由于$\hat{\boldsymbol{l}}^2\mathrm{Y}_{lm}=l(l+1)\mathrm{Y}_{lm}$,我们得到**径向函数** $R(r)$的方程式:

$$\frac{1}{r^2}\frac{\mathrm{d}}{\mathrm{d}r}\left(r^2\frac{\mathrm{d}R}{\mathrm{d}r}\right)-\frac{l(l+1)}{r^2}R+\frac{2m}{\hbar^2}[E-U(r)]R=0. \tag{32.8}$$

上式根本不包含数值 $l_z=m$,这与能级对角动量方向的简并度为$(2l+1)$是一致的,这一点我们已经熟悉.

我们来研究波函数的径部.作下列变换

$$R(r)=\frac{\chi(r)}{r}, \tag{32.9}$$

(32.8)式变成下列形式:

$$\frac{\mathrm{d}^2\chi}{\mathrm{d}r^2}+\left[\frac{2m}{\hbar^2}(E-U)-\frac{l(l+1)}{r^2}\right]\chi=0 \tag{32.10}$$

如果势场 $U(r)$处处有限,波函数 ψ 在整个空间也必须处处有限,包括原点在内,从而其径部 $R(r)$也必处处有限.根据这一点$\chi(r)$在 $r=0$ 处必须等于零:

$$\chi(0)=0. \tag{32.11}$$

如果 $r\to0$ 时势场趋向无穷大,上述条件实际上还是成立的(见§35).

(32.10)式在形式上等同于具有下列势场的一维运动薛定谔方程:

---

① 如果引入动量的径向分量算符$\hat{p}_r$,它的形状为

$$\hat{p}_r\psi=-\mathrm{i}\hbar\frac{1}{r}\frac{\partial}{\partial r}(r\psi)=-\mathrm{i}\hbar\left(\frac{\partial}{\partial r}+\frac{1}{r}\right)\psi,$$

则哈密顿量就可以写成下列形式:

$$\hat{H}=\frac{1}{2m}(\hat{p}_r^2+\hbar^2\hat{\boldsymbol{l}}^2/r^2)+U(r),$$

这和经典哈密顿函数的球坐标形式完全相同.

$$U_l(r) = U(r) + \frac{\hbar^2}{2m}\frac{l(l+1)}{r^2}, \qquad (32.12)$$

它是势能 $U(r)$ 与下式之和：

$$\frac{\hbar^2 l(l+1)}{2mr^2} = \frac{\hbar^2 \boldsymbol{l}^2}{2mr^2},$$

这个表式可以称为离心能. 由此可见，有心力场中的运动问题，可以归结为运动区域在一端受限制的（$r=0$ 处的边界条件）一个一维运动问题. χ 函数的归一化条件也是“一维”的，由下列积分确定：

$$\int_0^\infty |R|^2 r^2 \mathrm{d}r = \int_0^\infty |\chi|^2 \mathrm{d}r.$$

一端受限的一维运动，其能级是非简并的（§21）. 因此我们可以这样说，如果能量已经给定，则（32.10）式之解，亦即波函数的径部，就被完全确定. 如果还记得这个波函数的角部已由 l 和 m 值完全确定，我们就得到这样的结论，对有心力场中的运动讲来，它的波函数可以由 E，l 和 m 三个数值完全确定. 换句话说，对这样的运动讲来，能量，角动量的平方以及角动量的 z 分量这三个量组成物理量的一个完全集.

有心力场中的运动问题归结为一维问题后，使我们有可能应用振荡定理（见 §21）. 我们把具有给定 l 值的各个能量本征值（离散谱）按递增次序加以排列，给予编号 n_r，令最低能级的编号为 $n_r=0$. 则 n_r 确定了波函数的径部在 r 的有限值域内所具有的节点数（$r=0$ 点除外）. n_r 称为**径量子数**. 对有心力场中的运动讲来，l 常常称为**角量子数**，m 则称为**磁量子数**.

对于角动量 l 值不同的各种粒子态，有一套常用符号；用下列拉丁字母标志：

$$\begin{array}{ccccccccc} l= & 0 & 1 & 2 & 3 & 4 & 5 & 6 & 7 & \cdots. \\ & \mathrm{s} & \mathrm{p} & \mathrm{d} & \mathrm{f} & \mathrm{g} & \mathrm{h} & \mathrm{i} & \mathrm{k} & \cdots. \end{array} \qquad (32.13)$$

运动于有心力场中的一个粒子，它的基态总是 s 态；因为如果 $l\neq 0$，则波函数的角部一定具有节点，但是基态波函数根本不存在节点. 我们还可以断言，l 给定后，能量的最小可能值随 l 增加. 因为角动量的存在使哈密顿量中多出一个正项 $\hbar^2 l(l+1)/2mr^2$，这一项是随 l 增加的.

现在来找径函数在原点附近的形状. 此处我们假定

$$\lim_{r\to 0} U(r) r^2 = 0. \qquad (32.14)$$

我们把 $R(r)$ 表成 r 的幂级数，当 r 很小时只保留该级数的首项；换句话说，我们把 $R(r)$ 表成 $R=$ 常数 $\times r^s$ 的形式. 把它代入下列方程中：

$$\frac{\mathrm{d}}{\mathrm{d}r}\left(r^2\frac{\mathrm{d}R}{\mathrm{d}r}\right) - l(l+1)R = 0,$$

这个式子是由(32.8)式乘以 r^2 后再取极限 $r\to 0$ 得到的,结果得

$$s(s+1)=l(l+1).$$

故

$$s=l \text{ 或 } s=-(l+1).$$

$s=-(l+1)$这个解不满足必要条件;$r=0$ 时它变成无穷大(注意 $l\geqslant 0$).因此只留下 $s=l$ 这个解,也就是说,具有给定 l 值的状态波函数在原点附近和 r^l 成正比:

$$R_l\approx \text{常数}\times r^l. \tag{32.15}$$

粒子与原点的距离在 r 和 $r+\mathrm{d}r$ 范围内的概率由 $r^2|R|^2$ 确定,因而和 $r^{2(l+1)}$ 成正比.可见 l 值愈大,这个概率在原点愈快地趋于零.

§33 球面波

平面波

$$\psi_p=\text{常数}\times \mathrm{e}^{(\mathrm{i}/\hbar)\boldsymbol{p}\cdot\boldsymbol{r}}$$

描述一个定态,该态中一个自由粒子具有确定的动量 $\boldsymbol{p}$(以及确定的能量 $E=p^2/2m$).现在考虑自由粒子的另一种定态,该态中,不但具有确定的能量值,而且具有确定的角动量绝对值及其分量值.为方便计,我们引入**波数** k 代替能量:

$$k=\frac{p}{\hbar}=\frac{\sqrt{2mE}}{\hbar}. \tag{33.1}$$

角动量为 l 而其投影值为 m 的状态波函数具有下列形式:

$$\psi_{klm}=R_{kl}(r)Y_{lm}(\theta,\varphi), \tag{33.2}$$

其中的径函数由下式确定:

$$R''_{kl}+\frac{2}{r}R'_{kl}+\left[k^2-\frac{l(l+1)}{r^2}\right]R_{kl}=0 \tag{33.3}$$

[即(32.8)式中 $U(r)\equiv 0$].连续谱(对 k 而言)的 ψ_{klm} 波函数满足下列正交归一化条件:

$$\int\psi^*_{k'l'm'}\psi_{klm}\mathrm{d}V=\delta_{ll'}\delta_{mm'}\delta\left(\frac{k'-k}{2\pi}\right).$$

对不同的 l,l' 和不同的 m,m' 而言的正交性有角部函数加以保证.径函数则必须按下列条件归一化

$$\int_0^\infty r^2R_{k'l}R_{kl}\mathrm{d}r=\delta\left(\frac{k'-k}{2\pi}\right)=2\pi\delta(k'-k), \tag{33.4}$$

如果我们不是按"$k/2\pi$ 标度"归一化,而是按"能量标度"亦即按下列条件归一化:

$$\int_0^\infty r^2R_{E'l}R_{El}\mathrm{d}r=\delta(E'-E),$$

那么，按照一般公式(5.14)，我们有

$$R_{El}=R_{kl}\sqrt{\frac{1}{2\pi}\frac{\mathrm{d}k}{\mathrm{d}E}}=\frac{1}{\hbar}\sqrt{\frac{m}{2\pi k}}R_{kl}\tag{33.5}$$

$l=0$ 时，(33.3)式可写成

$$\frac{\mathrm{d}^2(rR_{k0})}{\mathrm{d}r^2}+k^2rR_{k0}=0;$$

上式之解，当 $r=0$ 时取有限值并满足归一化条件(33.4)者[参考(21.9)式]，呈以下形式：

$$R_{k0}=2\frac{\sin kr}{r}.\tag{33.6}$$

求解 $l\neq0$ 的(33.3)式时，我们作下列替换：

$$R_{kl}=r^l\chi_{kl}.\tag{33.7}$$

对 χ_{kl} 我们有方程式

$$\chi''_{kl}+\frac{2(l+1)}{r}\chi'_{kl}+k^2\chi_{kl}=0.$$

将上式对 r 求微商，我们得

$$\chi'''_{kl}+\frac{2(l+1)}{r}\chi''_{kl}+\left[k^2-\frac{2(l+1)}{r^2}\right]\chi'_{kl}=0.$$

作替换 $\chi'_{kl}=r\chi_{k,l+1}$，上式变成

$$\chi''_{k,l+1}+\frac{2(l+2)}{r}\chi'_{k,l+1}+k^2\chi_{k,l+1}=0,$$

这实际上正好是 $\chi_{k,l+1}$ 本来应该满足的方程式. 可见相邻的 χ_{kl} 函数满足下列关系：

$$\chi_{k,l+1}=\frac{1}{r}\chi'_{kl},\tag{33.8}$$

从而有

$$\chi_{kl}=\left(\frac{1}{r}\frac{\mathrm{d}}{\mathrm{d}r}\right)^l\chi_{k0},$$

其中的 $\chi_{k0}=R_{k0}$ 已由(33.6)式所确定(该式当然可以乘一任意常数).

就这样，我们最后求得的一个自由运动粒子的径函数具有如下的表式：

$$R_{kl}=(-1)^l\frac{2r^l}{k^l}\left(\frac{1}{r}\frac{\mathrm{d}}{\mathrm{d}r}\right)^l\frac{\sin kr}{r}\tag{33.9}$$

[因子 k^{-l} 是为归一化目的而引进的(见后)而 $(-1)^l$ 是为方便而引进的]. 函数(33.9)可用半整数阶的贝塞尔函数表成

$$R_{kl}=\sqrt{\frac{2\pi k}{r}}\mathrm{J}_{l+1/2}(kr)=2kj_l(kr),\tag{33.10}$$

其中

$$j_l(x)=\sqrt{\frac{\pi}{2x}}\mathrm{J}_{l+1/2}(x) \tag{33.11}$$

称为**球贝塞尔函数**①

为了求得径函数(33.9)式在远距离处的渐近表式,我们注意到,$r\to\infty$ 时衰减得最慢的那一项,可由对 $\sin kr$ 求微商 l 次后求得. 由于每进行一次 $-\mathrm{d}/\mathrm{d}r$ 的微商,正弦函数的宗量增加 $-\frac{1}{2}\pi$,故得下列渐近表式:

$$R_{kl}\approx\frac{2}{r}\sin\left(kr-\frac{\pi l}{2}\right). \tag{33.12}$$

§21 中已经解释过,R_{kl}函数可以利用它的渐近表式加以归一化. 把渐近式(33.12)与(33.6)式中的归一化函数 R_{k0}相比较,可以看出(33.9)式中所用的系数使得 R_{kl}函数实际上已经归一化.

在原点附近(r 很小),把 $\sin kr$ 展成级数,求微商后,只保留 r 的最低幂次项,得②

$$\left(\frac{1}{r}\frac{\mathrm{d}}{\mathrm{d}r}\right)^l\frac{\sin kr}{r}\approx\left(\frac{1}{r}\frac{\mathrm{d}}{\mathrm{d}r}\right)^l(-1)^l\frac{(kr)^{2l+1}}{r(2l+1)!}=\frac{(-1)^lk^{2l+1}}{(2l+1)!!}.$$

故 R_{kl}函数在原点附近具有下列形式;

$$R_{kl}=\frac{2k^{l+1}}{(2l+1)!!}r^l. \tag{33.13}$$

这和(32.15)的一般结论相符合.

某些问题(散射理论)中,需要考虑的波函数不满足通常的有限性条件,而是对应于流入或流出原点的粒子流. 要求得描述角动量 $l=0$ 的这些粒子束的波函数,可以把(33.6)式中的“球驻波”解换成以下形式的球出射波解 R_{k0}^+,或球入射波解 R_{k0}^-;

$$R_{k0}^{\pm}=\frac{A}{r}\mathrm{e}^{\pm ikr}. \tag{33.14}$$

在角动量 l 不等于零的一般情形下,我们求得的(33.3)式之解具有以下形式:

$$R_{kl}^{\pm}=(-1)^lA\frac{r^l}{k^l}\left(\frac{1}{r}\frac{\mathrm{d}}{\mathrm{d}r}\right)^l\frac{\mathrm{e}^{\pm ikr}}{r}. \tag{33.15}$$

---

① 前几个函数为

$$\mathrm{j}_0=\frac{\sin x}{x},\mathrm{j}_1=\frac{\sin x}{x^2}-\frac{\cos x}{x},\mathrm{j}_2=\left(\frac{3}{x^3}-\frac{1}{x}\right)\sin x-\frac{3\cos x}{x^2}$$

有时也采用另外的定义,使这些函数乘以 x 倍.

② 记号$(2l+1)!!=1\cdot3\cdot\cdots\cdot(2l+1)$,表示同宇称的所有整数相乘直到包括 $2l+1$ 为止.

这些函数可以用汉克尔函数表出如下：

$$R_{kl}^{\pm} = \pm \mathrm{i}A \sqrt{\frac{k\pi}{2r}} \mathrm{H}_{l+1/2}^{(1,2)}(kr) \tag{33.16}$$

+号和 - 号分别针对第一类和第二类汉克尔函数.

这些函数的渐近式为

$$R_{kl}^{\pm} \approx A\mathrm{e}^{\pm \mathrm{i}(kr - l\pi/2)}/r, \tag{33.17}$$

在原点附近,具有下列形式

$$R_{kl}^{\pm} \approx A \frac{(2l-1)!!}{k^l} r^{-l-1}. \tag{33.18}$$

我们把这些函数这样归一化,使它们对应于每单位时间只放出(或吸收)一个粒子. 为此我们注意到,远距离处的球面波在任一小间隔内可以看作一个平面波,其中的概率流密度等于 $j = v\psi\psi^*$,式中 $v = k\hbar/m$ 为粒子的速度. 归一化条件由 $\oint j\mathrm{d}f = 1$ 所确定,式中的积分是在一个半径 r 很大的球面上计算的,也就是说,$\int jr^2 \mathrm{d}o = 1$,其中的 $\mathrm{d}o$ 为立体角元. 如果角部函数已按以前方式归一化,则径函数中的系数 A 必须等于

$$A = \frac{1}{\sqrt{v}} = \sqrt{\frac{m}{k\hbar}}. \tag{33.19}$$

有一个类似于(33.12)式的渐近式,这种表式不但对自由运动的径向波函数能够成立,而且对在远处消失得足够快的任意场①中的运动(具有正能量)也能成立. 在远距离处,我们可以把薛定谔方程中的势场和离心能全部略去,留下以下的近似方程：

$$\frac{1}{r} \frac{\mathrm{d}^2(rR_{kl})}{\mathrm{d}r^2} + k^2 R_{kl} = 0.$$

这个方程的通解为

$$R_{kl} \approx \frac{2}{r} \sin\left(kr - \frac{\pi l}{2} + \delta_l\right), \tag{33.20}$$

其中的 δ_l 是一个常数,称为**相移**,式中所选的常因子使得波函数已经按"$k/2\pi$ 标度"归一化②,常数相移 δ_l 是由边界条件确定的($r \to 0$ 时 R_{kl} 为有限);它不能用一般方式算出,而要从精确的薛定谔方程式中解出来. 这个相移 δ_l 当然是 l 和

---

① 我们将在 § 124 中指出,该势场应比 $1/r$ 消失得快.

② 正弦函数的宗量中加有 $-\frac{1}{2}l\pi$ 一项,其目的是使 δ_l 当势场消失时满足 $\delta_l = 0$. 由于波函数前面的正负号一般讲来是无所谓的,δ_l 只能确定到相差一个 $n\pi$(不是 $2n\pi$)为止,因此 δ_l 之值只能确定到介于 0 和 π 之间.

k 的函数，并且是连续谱本征函数的一个重要特性.

习 题

1. 角动量为 $l=0$ 的一个粒子在下列球对称方势阱中运动，试求其能级：$r<a$ 时 $U(r)=-U_0$，$r>a$ 时 $U(r)=0$.

解：$l=0$ 的波函数只依赖于 r. 阱内的薛定谔方程呈以下形式：

$$\frac{1}{r}\frac{\mathrm{d}^2}{\mathrm{d}r^2}(r\psi)+k^2\psi=0,\quad k=\frac{1}{\hbar}\sqrt{2m(U_0-|E|)}.$$

$r=0$ 处取有限值的解为

$$\psi=A\frac{\sin kr}{r}.$$

$r>a$ 时，方程式为

$$\frac{1}{r}\frac{\mathrm{d}^2}{\mathrm{d}r^2}(r\psi)-\kappa^2\psi=0,\quad \kappa=\frac{1}{\hbar}\sqrt{2m|E|}.$$

无穷远处等于零的解为

$$\psi=A'\frac{\mathrm{e}^{-\kappa r}}{r}.$$

由 $r\psi$ 的对数导数在 $r=a$ 处的连续条件给出：

$$k\cot ka=-\kappa=-\sqrt{\frac{2mU_0}{\hbar^2}-k^2},\tag{1}$$

或

$$\sin ka=\pm ka\sqrt{\frac{\hbar^2}{2ma^2U_0}}.\tag{2}$$

这个式子以隐函数的形式确定了欲求的能级[按(1)式，上式根号前所取的符号必须使 $\cot ka<0$]. 其中的第一个能级($l=0$)也就是所有能级中最深的能级(见§32)，对应于该粒子的基态.

如果阱深 U_0 足够小，负能级就不存在，粒子就不能在阱内"逗留". 这一点，用以下的作图法容易从(2)式中看出来. 方程式 $\pm\sin x=\alpha x$ 的根，可以用直线 $y=\alpha x$ 和曲线 $y=\pm\sin x$ 的交点给出，我们应该只取 $\cot x<0$ 的那些交点；$y=\sin x$ 曲线中的这一有关部分在图 9 中用实线画出. 我们看到，如果 α 足够大(U_0 足够小)，这样的交点不能存在. 当 $y=\alpha x$ 直线处于 Oa 位置时，即 $\alpha=2/\pi$ 时，在 $x=\frac{1}{2}\pi$ 处出现第一个交点. 令 $\alpha=h/\sqrt{2ma^2U_0}$，$x=ka$，我们就可以求得只有一个负

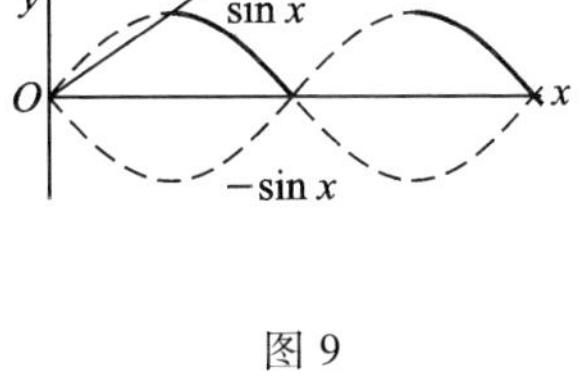

图 9

能级时的最小阱深：

$$U_{0,\min}=\frac{\pi^2\hbar^2}{8ma^2}. \tag{3}$$

势阱半径 a 愈小，$U_{0,\min}$ 就愈大. 第一个能级 E_1 开始出现时所在的位置由 $ka=\frac{1}{2}\pi$ 确定，此时 $E_1=0$. 当阱深进一步增加时，基态能级 E_1 下降. 当差值 $\Delta=(U_0/U_{0,\min})-1$ 很小时，有

$$-E_1=(\pi^2/16)U_{0,\min}\Delta^2 \tag{4}$$

2. 试求：在一个很深的球势阱中（$U_0>>\hbar^2/ma^2$），角动量 l 值不同的各个能级的排列次序（W. Elsasser，1933）.

解：当 $U_0\to\infty$ 时，阱边的条件要求 ψ 趋于零（参考§22）. 把阱内的径向波函数写成（33.10）的形式，可得下列方程

$$J_{l+\frac{1}{2}}(ka)=0,$$

当 l 取不同值时上式的各个根就确定了阱底以上各能级的位置（$\hbar^2k^2/2m=U_0-|E|$）. 从基态开始它们的排列次序如下：

1s，1p，1d，2s，1f，2p，1g，2d，1h，3s，2f，….

字母前的数字标志 l 值相同的能级的出现次序①.

3. 试求：当阱深 U_0 逐渐增加时，不同 l 值的各种能级的先后出现次序.

解：每当一个新能级开始出现时，它的能量 $E=0$. 此时的阱外波函数为 $R_l=$ 常数 $\times r^{-(l+1)}$，满足 $r\to\infty$ 时 $R_l\to0$ 的条件[方程式（33.3）当 $k=0$ 时之解]. 根据阱边上 R_l 和 R'_l 的连续性，特别是微商 $(r^{l+1}R_l)'$ 的连续性，可得阱内波函数在这种情形下所满足的条件：

$$r=a\text{ 时}，(r^{l+1}R_l)'=0,$$

这个条件等价②于 $r=a$ 时的 $R_{l-1}=0$，再按（33.10）式，得下列方程

$$J_{l-\frac{1}{2}}\left(\frac{a}{\hbar}\sqrt{2mU_0}\right)=0;$$

$l=0$ 时，$J_{l-\frac{1}{2}}$ 函数应换成余弦函数. 由上式可得 U_0 逐渐增大时各个新能级的先后出现次序，如下所示：

1s，1p，1d，2s，1f，2p，1g，2d，3s，1h，2f，….

---

① 这种记号对原子核中的粒子能级讲来经常采用（见§118）.

② 按（33.7）（33.8）式，我们有 $(r^{-l}R_l)'=r^{-l}R_{l+1}$. 由于 l 换成 $-l-1$ 时方程式（33.3）保持不变，我们就有 $(r^{l+1}R_{-l-1})'=r^{l+1}R_{-l}$. 最后，由于 R_{-l} 和 R_{l-1} 满足同一方程，从而得

$$(r^{l+1}R_l)'=r^{l+1}R_{l-1}$$

这就是题中所用的式子.

注意,它和深阱中能级排列次序的差别,仅出现在相当高的能级中.

4. 求一空间振子$\left(\text{势场 } U=\frac{1}{2}m\omega^2r^2 \text{ 中的一个粒子}\right)$的能级,并求它的简并度,以及相应定态中轨道角动量的各种可能值.

解:在 $U=\frac{1}{2}m\omega^2(x^2+y^2+z^2)$ 势场中的单粒子薛定谔方程,能用分离变量法归结为三个线性振子方程.故其能级为

$$E=\hbar\omega\left(n_1+n_2+n_3+\frac{3}{2}\right)\equiv\hbar\omega\left(n+\frac{3}{2}\right).$$

第 n 个能级的简并度,等于把 n 分割成三个正整数(包括零)之和时各种不同分割方法的总数①;它等于

$$\frac{(n+1)(n+2)}{2}.$$

定态波函数为

$$\psi_{n_1n_2n_3}=\text{常数}\times e^{-\alpha^2r^2/2}H_{n_1}(\alpha x)H_{n_2}(\alpha y)H_{n_3}(\alpha z), \tag{1}$$

其中的 $\alpha=\sqrt{m\omega/\hbar}$ (m 为该粒子质量).当坐标反号时,H_n 多项式变成 $(-1)^nH_n$.故函数(1)的宇称为 $(-1)^{n_1+n_2+n_3}=(-1)^n$.把满足 $n_1+n_2+n_3=n$ (n 为给定)的各个 $\psi_{n_1n_2n_3}$ 函数加以线性组合后,可以组成以下一套函数;

$$\psi_{nlm}=\text{常数}\times e^{-\alpha^2r^2/2}r^lY_{lm}(\theta,\varphi)F\left(-\frac{1}{2}n-\frac{1}{2}l,l+\frac{3}{2},\alpha^2r^2\right), \tag{2}$$

其中的 $|m|=0,1,\cdots,l$,而 l 当 n 为偶数时可取 $0,2,\cdots,n$ 诸值,当 n 为奇数时可取 $1,3,\cdots,n$ 诸值.这是由于函数组(1)的宇称为 $(-1)^n$,而函数组(2)的宇称为 $(-1)^l$,这两个宇称必须相同.这就确定了所考虑能级中轨道角动量所能采取的各种可能值.

因此,空间振子的能级次序(采用题2题3中所用的记号)如下:

$$(1s),(1p),(1d,2s),(1f,2p),(1g,2d,3s),\cdots.$$

括号中包括了同一能级的各种简并态②.

§34 平面波的分解

考虑一个自由粒子,沿 z 轴的正方向以给定的动量值 $p=k\hbar$ 运动.这种粒子的波函数呈以下形式:

$$\psi=\text{常数}\times e^{ikz}.$$

我们来把这个函数按自由运动的角动量本征函数 ψ_{klm} 展开.由于所考虑的

① 换句话说,这就是把 n 个相同的球分配到三个匣子里有多少种不同的分配方法的总数.

② 注意角动量 l 值不同的能级相互简并;见§36末段的附注.

态中能量具有定值 $k^2\hbar^2/2m$，显然，欲求的展开式中只能出现具有上述 k 值的各种函数. 此外，由于 e^{ikz} 函数对 z 轴具有轴对称性，它的展开式中只能包含与 φ 角无关的函数，即 $m=0$ 的各种函数. 因此一定有

$$e^{ikz}=\sum_{l=0}^{\infty}a_l\psi_{kl0}=\sum_{l=0}^{\infty}a_lR_{kl}Y_{l0}$$

其中的 a_l 是一些常数. 把(28.8)和(33.9)式的 Y_{l0} 和 R_{kl} 函数代入上式，我们得

$$e^{ikz}=\sum_{l=0}^{\infty}C_lP_l(\cos\theta)\left(\frac{r}{k}\right)^l\left(\frac{1}{r}\frac{d}{dr}\right)^l\frac{\sin kr}{kr},(z=r\cos\theta).$$

其中的 C_l 是另一些常数. 上式两边都展成 r 的幂级数后，再比较 $(r\cos\theta)^n$ 前面的系数，就可以把这些常数求出来. 对上式的右边讲来，$(r\cos\theta)^n$ 只包含在第 n 个求和项中；因为 $l>n$ 时，径函数的展式是从 r 的更高幂次开始的，而当 $l<n$ 时，$P_l(\cos\theta)$ 多项式中只含 $\cos\theta$ 的较低次幂. $P_l(\cos\theta)$ 中 $\cos^l\theta$ 一项的系数为 $(2l)!/2^l(l!)^2$[见(c.1)式]. 再用(33.13)式，可得上式右边展开式中的欲求项为

$$(-1)^lC_l\frac{(2l)!\ (kr\cos\theta)^l}{2^l(l!)^2(2l+1)!!}$$

上式左边(在 $e^{ikr\cos\theta}$ 的展开式中)的对应项为

$$\frac{(ikr\cos\theta)^l}{l!}.$$

以上两项相等，我们求得 $C_l=(-i)^l(2l+1)$. 因此最后求得的展开式为

$$e^{ikz}=\sum_{l=0}^{\infty}(-i)^l(2l+1)P_l(\cos\theta)\left(\frac{r}{k}\right)^l\left(\frac{1}{r}\frac{d}{dr}\right)^l\frac{\sin kr}{kr}.\qquad(34.1)$$

此式在远距离处呈下列渐近形式：

$$e^{ikz}\approx\frac{1}{kr}\sum_{l=0}^{\infty}i^l(2l+1)P_l(\cos\theta)\sin\left(kr-\frac{1}{2}l\pi\right).\qquad(34.2)$$

在(34.1)式中，z 轴是选定在沿着平面波波矢 $\boldsymbol{k}$ 的方向的. 这个表式可以写成更一般的形式，使它与坐标轴的选取无关. 为此必须应用球谐函数相加定理[见(c.11)]，用 $\boldsymbol{k}$ 方向和 $\boldsymbol{r}$ 方向(两者的夹角为 θ)的球谐函数表出多项式 $P_l(\cos\theta)$. 结果为

$$e^{i\boldsymbol{k}\cdot\boldsymbol{r}}=4\pi\sum_{l=0}^{\infty}\sum_{m=-l}^{l}i^lj_l(kr)Y_{lm}^*\left(\frac{\boldsymbol{k}}{k}\right)Y_{lm}\left(\frac{\boldsymbol{r}}{r}\right).\qquad(34.3)$$

$j_l(kr)$ 函数[由(33.11)式定义]只依赖于乘积 kr，使得上式明显地对称于矢量 $\boldsymbol{k}$ 和 $\boldsymbol{r}$；两个球谐函数中，不论哪个取复共轭都毫无关系.

我们把 e^{ikz} 归一化成概率流密度等于 1 的波函数，使它对应于这样一股粒子流，该粒子流平行于 z 轴，每单位时间内有一个粒子穿过一个单位面积. 这样的归一化波函数为

$$\psi=\frac{1}{\sqrt{v}}e^{ikz}=\sqrt{\frac{m}{k\hbar}}e^{ikz},\tag{34.4}$$

其中 v 为该粒子的速度；见(19.7).(34.1)式两边各乘 $\sqrt{m/k\hbar}$ 并在式右引进归一化的 $\psi_{klm}^{\pm}=R_{kl}^{\pm}(r)Y_{lm}(\theta,\varphi)$ 函数后，我们得

$$\psi=\sum_{l=0}^{\infty}\sqrt{\pi(2l+1)}\frac{1}{ik}(\psi_{kl0}^{+}-\psi_{kl0}^{-}).$$

按照一般规则，这个展开式中 ψ_{kl0}^{-}（或 ψ_{kl0}^{+}）前面的系数的模量平方值，等于汇于原点（或从原点发出）的粒子流中一个粒子具有角动量 l（相对于原点）的概率. 由于波函数 $v^{-\frac{1}{2}}e^{ikz}$ 相当于流密度为 1 的粒子流，这个“概率”就具有面积的量纲；它可以直观地解释成角动量为 l 的粒子所应通过的那个“截面”（在 xy 平面内）的面积. 用 σ_l 代表这个量，我们有

$$\sigma_l=\frac{\pi}{k^2}(2l+1).\tag{34.5}$$

l 值很大时，在 Δl 区间内（此时有 $1\ll\Delta l\ll l$）的截面之和等于

$$\sum_{\Delta l}\sigma_l\approx\frac{\pi}{k^2}2l\Delta l=2\pi\frac{l\hbar^2}{p^2}\Delta l.$$

把角动量的经典表式 $\hbar l=\rho p$ 代入（ρ 称为**碰撞参量**），上式变成

$$2\pi\rho\Delta\rho,$$

就与经典结果相一致. 这样的结果并不是偶然的；以后将看到，l 值很大时，运动是准经典的（见 §49）.

习　题

试将一个平面波按照一组态的波函数展开，这组态在 y 轴上具有确定的角动量分量 m 和动量分量 p_y.

解：引入其轴与 y 轴一致的柱面坐标系 y,ρ,φ. 题中所给的那些态的波函数将具有下列形式：

$$Q_m(\rho)e^{im\varphi}e^{ip_y y/\hbar}$$

取 φ 为径矢与 z 轴所成的角度，则展开式为

$$e^{ikz}=e^{ik\rho\cos\varphi}=\sum_{m=-\infty}^{\infty}Q_m(\rho)e^{im\varphi}$$

（此时 $p_y=0$），由此得

$$Q_m(\rho)=\frac{1}{2\pi}\int_0^{2\pi}\exp[i(k\rho\cos\varphi-m\varphi)]d\varphi=i^mJ_m(k\rho),$$

式中 $J_m(x)$ 为贝塞尔函数. 当 $k\rho\gg1$ 时 Q_m 的渐近形式为

$$Q_m(\rho) \approx \mathrm{i}^m \sqrt{\frac{2}{\pi k\rho}} \sin\left[k\rho - \frac{\pi}{2}\left(m - \frac{1}{2} \right) \right].$$

§ 35　粒子向力心的“坠落”

为了揭示量子力学运动的某些特性,我们来考察一种有益的情况,尽管这种情况本身并没有直接的物理意义:设有一粒子运动于某一势场中,该场在某点(原点)按 $U(r) \approx -\beta/r^2 (\beta > 0)$ 的规律趋向无穷大;场在远离原点处的形状,我们不予考虑. 我们在 § 18 中已经看到,这样的情况,是介于通常的定态运动和粒子向力心的“坠落”这两种情况之间的.

在原点附近,薛定谔方程现在变成

$$R'' + \frac{2}{r}R' + \frac{\gamma}{r^2}R = 0 \tag{35.1}$$

[$R(r)$为波函数的径部],式中引进了下列常数:

$$\gamma = \frac{2m\beta}{\hbar^2} - l(l+1), \tag{35.2}$$

并且已经略去了幂次低于 $1/r$ 的所有各项;能量 E 的数值假定是有限的,因而含 E 之项亦已在方程中略去.

我们假定 R 的形状为 $R \sim r^s$;则可得出 s 的一个二次方程:

$$s(s+1) + \gamma = 0,$$

它有以下两个根:

$$s_1 = -\frac{1}{2} + \sqrt{\frac{1}{4} - \gamma}, \quad s_2 = -\frac{1}{2} - \sqrt{\frac{1}{4} - \gamma}. \tag{35.3}$$

为了进一步研究这个问题,最好采用以下的步骤. 我们先绕原点划出一个半径为 r_0 的小区域,并用常数 $-\gamma/r_0^2$ 代替这个区域内的 $-\gamma/r^2$ 函数. 然后把这个“被截断的”场中的波函数求出来,再来研究过渡到极限情形 $r_0 \to 0$ 时能得什么结果.

我们先假定 $\gamma < \frac{1}{4}$. 此时 s_1 和 s_2 都是负实数,并且 $s_1 > s_2$,对 $r > r_0$ 而言,薛定谔方程的通解具有下列形式(我们永远限于 r 很小时的情形):

$$R = Ar^{s_1} + Br^{s_2}, \tag{35.4}$$

A 和 B 都是常数. 当 $r < r_0$ 时,方程

$$R'' + \frac{2}{r}R' + \frac{\gamma}{r_0^2}R = 0$$

的解如果在原点取有限值,则此解的形式为

$$R = C\frac{\sin kr}{r}, \quad k = \frac{\sqrt{\gamma}}{r_0}. \tag{35.5}$$

在 $r=r_0$ 处,R 函数及其导数 R' 必须连续. 这两个连续条件最好改为一个条件,rR 的对数导数为连续. 由此得出下列式子:

$$\frac{A(s_1+1)r_0^{s_1}+B(s_2+1)r_0^{s_2}}{Ar_0^{s_1+1}+Br_0^{s_2+1}}=k\cot kr_0$$

或

$$\frac{A(s_1+1)r_0^{s_1}+B(s_2+1)r_0^{s_2}}{Ar_0^{s_1}+Br_0^{s_2}}=\sqrt{\gamma}\cot\sqrt{\gamma}.$$

从上式解出的比值 B/A 呈以下的形式:

$$\frac{B}{A}=\text{常数}\times r_0^{s_1-s_2}. \tag{35.6}$$

现在让 $r_0\to0$,我们发现 $B/A\to0$(注意 $s_1>s_2$). 由此可见,对薛定谔方程(35.1)的两个在原点处发散的解讲来,我们应该选取发散得较慢的那个解:

$$R=\frac{A}{r^{|s_1|}}. \tag{35.7}$$

现在设 $\gamma>\frac{1}{4}$. 此时 s_1 和 s_2 都成为复数:

$$s_1=-\frac{1}{2}+\mathrm{i}\sqrt{\gamma-\frac{1}{4}},s_2=s_1^*.$$

重复以上的分析,结果仍得(35.6)式,把 s_1 和 s_2 的值代入以后得到

$$\frac{B}{A}=\text{常数}\times r_0^{\mathrm{i}\sqrt{4\gamma-1}}. \tag{35.8}$$

过渡到极限情形 $r_0\to0$ 时,上式并不趋向任何固定的极限值,可见不可能直接过渡到极限. 采用(35.8)式,则实解的一般形式可以写成

$$R=\text{常数}\times r^{-\frac{1}{2}}\cos\left(\sqrt{\gamma-\frac{1}{4}}\ln\frac{r}{r_0}+\text{常数}\right). \tag{35.9}$$

这个函数所具的零点数随 r_0 的减小而无限增多. 一方面,由于(35.9)式对具有任意有限能量值 E 的波函数(指 r 很小时的波函数)讲来都能成立,另一方面,基态波函数是根本没有零点的,我们就可以得出这样的推论,该场中粒子的"基态"对应于能量 $E=-\infty$. 对离散谱的任一状态讲来,粒子主要是在 $E>U$ 的空间区域内. 因此,当 $E\to-\infty$ 时,该粒子处在原点附近的无限小区域内,这就是说,该粒子"落"入力心.

粒子开始"落"入力心的"临界"场 U_{cr} 相当于 $\gamma=\frac{1}{4}$. U_{cr} 中 $-1/r^2$ 前面的最小系数可以从 $l=0$ 的(35.2)式得出,即

$$U_{cr}=-\frac{\hbar^2}{8mr^2}. \tag{35.10}$$

由(35.3)式(式中的 s_1)可以看出,薛定谔方程允许解(在 $U\sim 1/r^2$ 的附近)的发散程度在 $r\to 0$ 时不快于 $1/\sqrt{r}$. 如果 $r\to 0$ 时该势场比 $1/r^2$ 更慢地趋向无穷大,则在原点附近的薛定谔方程中,$U(r)$ 与其它项相比可以略去不计,从而得到和自由运动相同的解,即 $\psi\sim r^l$(见 §33). 最后,如果势场比 $1/r^2$ 更快地趋向无穷大(按 $-1/r^s$ 规律,$s>2$),那么,原点附近的波函数就和 $r^{s/4-1}$ 成正比(见 §49 例题). 在所有以上情况下,乘积 $r\psi$ 在 $r=0$ 点都趋于零.

其次,我们来研究场在无穷远处按 $U\approx -\beta/r^2$ 的规律消失并在原点附近具有任意形式时,薛定谔方程之解所具有的性质. 我们首先假定 $\gamma<\dfrac{1}{4}$. 容易证明这种情形下只能存在有限多个负能级①. 实际上,能量 $E=0$ 时,薛定谔方程在远距离处呈(35.1)形式,它的通解为(35.4)式. 可是(35.4)式的函数是没有零点的($r\neq 0$ 时);因此,径向波函数的所有零点都位于有限距离内,它们的总数是有限的. 换句话说,离散谱的终止能级 $E=0$ 的编号是一个有限值.

另一方面,如果 $\gamma>\dfrac{1}{4}$,离散谱就含无穷多个负能级. 实际上,$E=0$ 的状态波函数在远距离处呈(35.9)形式,具有无穷多个零点,从而其编号永远是无穷大.

最后,设场在整个空间内呈 $U=-\beta/r^2$ 形式. 如果 $\gamma>\dfrac{1}{4}$,该粒子就"落"入力心,如果 $\gamma<\dfrac{1}{4}$,则完全不存在负能级. 实际上,此时 $E=0$ 的状态其波函数在整个空间内呈(35.7)形式;这个式子,在有限距离内没有零点,亦即它对应于最低的能级(对给定的 l 而言).

§36　库仑场中的运动(球坐标)

有心力场运动中一个极重要的情形是**库仑场**

$$U=\pm\alpha/r$$

中的运动(其中 α 是一个正的常数). 我们先考虑库仑引力场,因而写成 $U=-\alpha/r$. 根据以前讲过的一般考虑,显然负能量本征值呈离散谱(具有无穷多个能级),正能量本征值呈连续谱.

(32.8)的径函数方程呈以下形式:

$$\frac{\mathrm{d}^2R}{\mathrm{d}r^2}+\frac{2}{r}\frac{\mathrm{d}R}{\mathrm{d}r}-\frac{l(l+1)}{r^2}R+\frac{2m}{\hbar^2}\left(E+\frac{\alpha}{r}\right)R=0. \tag{36.1}$$

如果我们考虑的是两个相吸粒子的相对运动,m 应取折合质量.

---

① 这里已经假定了 r 很小时该场中的粒子不会"落"入力心.

在涉及库仑场的计算中,最好采用一种特殊的单位制代替通常的单位制,我们称它为**库仑单位制**.这种单位制中的质量、长度和时间的量度单位分别为

$$m,\quad \frac{\hbar^2}{m\alpha},\quad \frac{\hbar^3}{m\alpha^2}.$$

所有其它单位都可以从以上三个单位导出;例如能量的单位为

$$\frac{m\alpha^2}{\hbar^2}.$$

在本节及下节中,我们都采用这种单位制(除非作特殊声明)①.

(36.1)式在新单位制中变成

$$\frac{\mathrm{d}^2R}{\mathrm{d}r^2}+\frac{2}{r}\frac{\mathrm{d}R}{\mathrm{d}r}-\frac{l(l+1)}{r^2}R+2\left(E+\frac{1}{r}\right)R=0. \tag{36.2}$$

离　散　谱

引入下列新量代替参量 E 和变量 r:

$$n=\frac{1}{\sqrt{-2E}},\quad \rho=\frac{2r}{n}. \tag{36.3}$$

E 为负值时,n 是一个正实数.(36.2)式作(36.3)式的替代后呈下列形式:

$$R''+\frac{2}{\rho}R'+\left[-\frac{1}{4}+\frac{n}{\rho}-\frac{l(l+1)}{\rho^2}\right]R=0 \tag{36.4}$$

(撇号代表对 ρ 取微商).

ρ 很小时,满足有限性条件之解与 ρ^l 成正比[见(32.15)式].ρ 很大时,要计算 R 的渐近行为,我们可在(36.4)式中略去含有 $1/\rho$ 和 $1/\rho^2$ 的项,得下列方程:

$$R''=\frac{1}{4}R,$$

故 $R=\mathrm{e}^{\pm\frac{1}{2}\rho}$.我们只对无穷远处等于零的解感兴趣,可见,$\rho$ 很大时,这个解应按 $\mathrm{e}^{-\frac{1}{2}\rho}$ 的规律递减.

据此我们很自然地作下列替代:

$$R=\rho^l\mathrm{e}^{-\frac{1}{2}\rho}w(\rho), \tag{36.5}$$

---

① 如令 $m=9.11\times10^{-31}$ kg 为电子的质量,并令 $\alpha=e^2$(e 为电子的电荷),则库仑单位制就和**原子单位制**一致.长度的原子单位为

$$\hbar^2/me^2=0.529\times10^{-10}\ \mathrm{m}$$

(称为**玻尔半径**).能量的原子单位为

$$me^4/\hbar^2=4.36\times10^{-18}\ \mathrm{J}=27.21\ \mathrm{eV}.$$

取这个单位的一半,称为1里德伯(rydberg).电荷的原子单位为 $e=1.60\times10^{-19}$ C.在原式中形式地令 $e=m=\hbar=1$,我们就得到原子单位制中的各个公式.对于 $\alpha=Ze^2$,库仑单位就和原子单位不同.

此时,(36.4)式变成

$$\rho w'' + (2l+2-\rho)w' + (n-l-1)w = 0. \tag{36.6}$$

此式之解在无穷远处应该不比 ρ 的任意有限次幂发散得更快,而当 $\rho = 0$ 时应该等于一个有限值. 满足后一条件的解为下列合流超几何函数:

$$w = \mathrm{F}(-n+l+1, 2l+2, \rho) \tag{36.7}$$

(见数学附录 § d)①. 满足无穷远处条件之解,要求(36.7)式中的 $-n+l+1$ 只能取负整数(或零),此时,(36.7)式所示的函数变成一个 ρ 的 $n-l-1$ 次多项式. 否则(36.7)式在无穷远处将按 e^{ρ} 方式发散[见(d.14)式].

由此得出结论,n 必须是一个正整数,对给定的 l 而言,必须有

$$n \geqslant l+1. \tag{36.8}$$

忆及(36.3)式中参量 n 的定义,我们得到

$$E = -\frac{1}{2n^2}, \quad n = 1, 2, \cdots. \tag{36.9}$$

这就解决了库仑场中离散谱的能级问题. 我们看到,在零与基态能级 $E_1 = -\dfrac{1}{2}$ 之间,存在着无穷多个能级. 相邻能级的间距随 n 的增大而递减;这些能级愈来愈密地挤向 $E=0$ 的能级,在 $E=0$ 处,离散谱宣告终止而转为连续谱. 在通常的单位制中,(36.9)式呈下列形式②:

$$E = -\frac{m\alpha^2}{2\hbar^2 n^2}. \tag{36.10}$$

整数 n 称为**主量子数**. § 32 中定义的径量子数等于

$$n_r = n - l - 1.$$

主量子数的数值给定后,l 可取以下各种数值:

$$l = 0, 1, \cdots, n-1, \tag{36.11}$$

即 l 可取 n 个不同的数值. (36.9)的能量表式中只出现 n. 因此,n 相同 l 不同的各种态具有相同的能量值. 由此可见,每一个本征值,不但对磁量子数 m 而言(这是任意有心力场所共有的)而且对 l 而言都是简并的. 后一种简并(称为**偶然简并或库仑简并**)是库仑场特有的性质. 我们知道,对每一个 l 值而言,有 $(2l+1)$ 个不同的 m 值. 因此第 n 个能级的简并度等于

$$\sum_{l=0}^{n-1}(2l+1) = n^2. \tag{36.12}$$

定态波函数是由(36.5)和(36.7)式确定的. 合流超几何函数的两个参量都

---

① (36.6)式的第二种解当 $\rho \to 0$ 时按 ρ^{-2l-1} 方式发散.

② 在量子力学出现之前的 1913 年,N. 玻尔首先得到(36.10)式. 量子力学中,泡利于 1926 年运用矩阵方法得到此式,几个月后,薛定谔(运用波动方程)又求出此式.

为整数时,除开一个因子外,等于**广义拉盖尔函数**(见数学附录§d),故

$$R_{nl}=\text{常数}\times\rho^{l}e^{-\frac{1}{2}\rho}L_{n+l}^{2l+1}(\rho).$$

径函数应按下列条件归一化:

$$\int_0^\infty R_{nl}^2 r^2\,dr=1.$$

其最终形式为①

$$R_{nl}=-\frac{2}{n^2}\sqrt{\frac{(n-l-1)!}{[(n+l)!]^3}}e^{-r/n}\left(\frac{2r}{n}\right)^{l}L_{n+l}^{2l+1}\left(\frac{2r}{n}\right)=$$
$$=\frac{2}{n^{l+2}(2l+1)!}\sqrt{\frac{(n+l)!}{(n-l-1)!}}\times$$
$$\times(2r)^{l}e^{-r/n}F\left(-n+l+1,2l+2,\frac{2r}{n}\right) \qquad (36.13)$$

这个归一化积分是用(f.6)式算出的②.

在原点附近,R_{nl}呈下列形式:

$$R_{nl}\approx r^{l}\frac{2^{l+1}}{n^{2+l}(2l+1)!}\sqrt{\frac{(n+l)!}{(n-l-1)!}}. \qquad (36.14)$$

在远距离处,

$$R_{nl}\approx(-1)^{n-l-1}\frac{2^{n}}{n^{n+1}\sqrt{[(n+l)!\,(n-l-1)!]}}r^{n-1}e^{-r/n} \qquad (36.15)$$

当距离 r 的数量级达到 $r\sim1$ 时(在通常单位制中 $r\sim\hbar^2/m\alpha$ 时),基态波函数 R_{10} 指数式地下降.

r 的各种幂次的平均值是用下式计算的:

$$\overline{r^k}=\int_0^\infty r^{k+2}R_{nl}^2\,dr.$$

应用(f.7)式可以求得$\overline{r^k}$的通式.我们在这里写出前几个$\overline{r^k}$值(包括正、负 k 值):

$$\bar r=\frac{1}{2}[3n^2-l(l+1)],\quad \overline{r^2}=\frac{1}{2}n^2[5n^2+1-3l(l+1)],$$

---

① 我们给出前面几个 R_{nl}函数:

$$R_{10}=2e^{-r},\quad R_{20}=\frac{1}{\sqrt2}e^{-\frac{1}{2}r}\left(1-\frac{1}{2}r\right),\quad R_{21}=\frac{1}{2\sqrt6}e^{-\frac{1}{2}r}r,$$
$$R_{30}=\frac{2}{3\sqrt3}e^{-\frac{1}{3}r}\left(1-\frac{2}{3}r+\frac{2}{27}r^2\right),$$
$$R_{31}=\frac{8}{27\sqrt6}e^{-\frac{1}{3}r}r\left(1-\frac{r}{6}\right),\quad R_{32}=\frac{4}{81\sqrt{30}}e^{-\frac{1}{3}r}r^2$$

② 把拉盖尔多项式的表式(d.13)代入,并进行分部积分,也能算出这个归一化积分[与计算勒让德多项式的积分式(c.8)相似].

$$\overline{r^{-1}}=\frac{1}{n^2},\quad \overline{r^{-2}}=\frac{1}{n^3(l+1/2)}. \tag{36.16}$$

连　续　谱

正能量本征值呈连续谱,从零一直延伸到无穷大.每一个这样的本征值都是无穷简并的;因为每一个 E 值有无穷多个态与之对应,这些态中的 l,可取零到 ∞ 的所有整数值(对给定的 l 而言,m 还可取各种可能的数值).

(36.3)式中定义的数值 n 及变量 ρ,现在都变成纯虚量:

$$n=-\frac{\mathrm{i}}{\sqrt{2E}}=-\frac{\mathrm{i}}{k},\quad \rho=2\mathrm{i}kr, \tag{36.17}$$

其中 $k=\sqrt{2E}$①.连续谱的径函数呈下列形式:

$$R_{kl}=\frac{C_{kl}}{(2l+1)!}(2kr)^l\mathrm{e}^{-\mathrm{i}kr}\mathrm{F}\left(\frac{\mathrm{i}}{k}+l+1,2l+2,2\mathrm{i}kr\right), \tag{36.18}$$

其中的 C_{kl} 是归一化因子.这些径函数可以表成下列复积分形式(见 § d):

$$R_{kl}=C_{kl}(2kr)^l\mathrm{e}^{-\mathrm{i}kr}\frac{1}{2\pi\mathrm{i}}\oint\mathrm{e}^{\xi}\left(1-\frac{2\mathrm{i}kr}{\xi}\right)^{-\frac{\mathrm{i}}{k}-l-1}\xi^{-2l-2}\mathrm{d}\xi, \tag{36.19}$$

所取的积分路线②如图 10 所示.通过替代 $\xi=2\mathrm{i}kr\left(t+\frac{1}{2}\right)$,这个积分可以化成更为对称的形式:

$$R_{kl}=C_{kl}\frac{(-2kr)^{-l-1}}{2\pi}\oint\mathrm{e}^{2\mathrm{i}ktr}\left(t+\frac{1}{2}\right)^{\frac{\mathrm{i}}{k}-l-1}\left(t-\frac{1}{2}\right)^{-\frac{\mathrm{i}}{k}-l-1}\mathrm{d}t, \tag{36.20}$$

所取的积分路线沿正方向绕过 $t=\pm\frac{1}{2}$ 两点.根据这个表式立刻可以看出函数 R_{kl} 都是实函数.

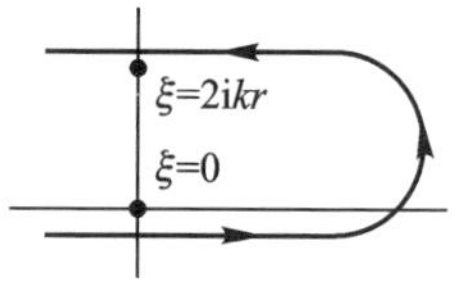

图 10

利用合流超几何函数(d.14)的渐近展式,可以立刻求得波函数 R_{kl} 的类似展式.(d.14)式中的两项给出了函数 R_{kl} 中的两个复共轭表式,结果得

$$R_{kl}=C_{kl}\frac{\mathrm{e}^{-\pi/2k}}{kr}\mathrm{Re}\left\{\frac{\mathrm{e}^{-\mathrm{i}\left[kr-\frac{1}{2}\pi(l+1)+\left(\frac{1}{k}\right)\ln 2kr\right]}}{\Gamma(l+1-\mathrm{i}/k)}\times\right.$$
$$\left.\times\mathrm{G}\left(l+1+\frac{\mathrm{i}}{k},\frac{\mathrm{i}}{k}-l,-2\mathrm{i}kr\right)\right\}. \tag{36.21}$$

如果波函数按"$k/2\pi$ 标度"归一化[即按条件(33.4)归一化],则归一化系

---

① n 和 ρ 也可以用复共轭表式 $n=\mathrm{i}/k,\rho=-2\mathrm{i}k/r$ 定义;实函数 R_{kl} 当然与采用哪一种定义无关.

② 我们也可以用沿正方向绕过 $\xi=0$ 和 $\xi=2\mathrm{i}kr$ 两个奇点的任意一条封闭曲线来代替图 10 中的积分曲线.对整数的 l,函数 $V(\xi)=\xi^{-n-l}(\xi-2\mathrm{i}kr)^{n-l}$(见 § d)绕此曲线一周回到原值.

数等于

$$C_{kl}=2k\mathrm{e}^{\pi/2k}\,|\Gamma(l+1-\mathrm{i}/k)|. \tag{36.22}$$

因而当 r 很大时,R_{kl} 的渐近表式[即(36.21)式的展开式中的首项]具有下列形式:

$$R_{kl}\approx\frac{2}{r}\sin\left(kr+\frac{1}{k}\ln 2kr-\frac{1}{2}l\pi+\delta_l\right),$$

$$\delta_l=\arg\Gamma\left(l+1-\frac{\mathrm{i}}{k}\right), \tag{36.23}$$

这和有心力场中连续谱的归一化波函数所具有的一般公式(33.20)相一致.(36.23)式和(33.20)式不同之处,在于正弦函数的宗量中存在一个对数项;但由于 $\ln r$ 与 r 相比增长较慢,在计算无穷远处为发散的归一化积分时,这一项的存在是无关紧要的.

出现于归一化因子(36.22)式中的伽马函数的模量值,可以用初等函数表出.应用熟知的伽马函数的性质:

$$\Gamma(z+1)=z\Gamma(z),\quad \Gamma(z)\Gamma(1-z)=\frac{\pi}{\sin\pi z},$$

我们有

$$\Gamma\left(l+1+\frac{\mathrm{i}}{k}\right)=\left(l+\frac{\mathrm{i}}{k}\right)\cdots\left(1+\frac{\mathrm{i}}{k}\right)\frac{\mathrm{i}}{k}\Gamma\left(\frac{\mathrm{i}}{k}\right),$$

$$\Gamma\left(l+1-\frac{\mathrm{i}}{k}\right)=\left(l-\frac{\mathrm{i}}{k}\right)\cdots\left(1-\frac{\mathrm{i}}{k}\right)\Gamma\left(1-\frac{\mathrm{i}}{k}\right).$$

以及

$$\left|\Gamma\left(l+1-\frac{\mathrm{i}}{k}\right)\right|=\left[\Gamma\left(l+1-\frac{\mathrm{i}}{k}\right)\Gamma\left(l+1+\frac{\mathrm{i}}{k}\right)\right]^{\frac{1}{2}}=$$

$$=\sqrt{\frac{\pi}{k}}\prod_{s=1}^{l}\sqrt{s^2+\frac{1}{k^2}}\sinh^{-\frac{1}{2}}\frac{\pi}{k}.$$

故

$$C_{kl}=\frac{\sqrt{8\pi k}}{\sqrt{1-\mathrm{e}^{-2\pi/k}}}\prod_{s=1}^{l}\sqrt{s^2+\frac{1}{k^2}} \tag{36.24}$$

$l=0$ 时,乘积变成 1.

取极限 $k\to0$,便能得到零能量特殊情况下的径函数,对此有

$$\mathrm{F}\left(\frac{\mathrm{i}}{k}+l+1,2l+2,2\mathrm{i}kr\right)\to\mathrm{F}\left(\frac{\mathrm{i}}{k},2l+2,2\mathrm{i}kr\right)=$$

$$=1-\frac{2r}{(2l+2)\cdot1!}+\frac{(2r)^2}{(2l+2)(2l+3)\cdot2!}-\cdots=$$

$$=(2l+1)!\,(2r)^{-l-\frac{1}{2}}\mathrm{J}_{2l+1}(\sqrt{8r}),$$

其中的 J_{2l+1} 是 $2l+1$ 阶贝塞尔函数.(36.24)中的 C_{kl} 系数,当 $k\to0$ 时,趋向于

$$C_{kl} \approx \sqrt{8\pi} k^{-l+\frac{1}{2}}.$$

故

$$\left.\frac{R_{kl}}{\sqrt{k}}\right|_{k\to 0} = \sqrt{\frac{4\pi}{r}} \mathrm{J}_{2l+1}(\sqrt{8r}), \tag{36.25}$$

r 很大时,这个函数的渐近式为①

$$\left.\frac{R_{kl}}{\sqrt{k}}\right|_{k\to 0} = \left(\frac{8}{r^3}\right)^{1/4} \sin\left(\sqrt{8r} - l\pi - \frac{\pi}{4}\right). \tag{36.26}$$

如果改为以能量标度归一化,即把 R_{kl} 改成(33.5)式的 R_{El},则上式的$\sqrt{k}$因子消失;$E\to 0$ 时,R_{El}保持有限.

在库仑斥力场中($U = \alpha/r$)只存在正能量本征值的连续谱.从数学形式上讲来,把库仑引力场方程式中的 r 改成 $-r$,就可得到斥力场中的薛定谔方程.因此,(36.18)式作同一更改后,立刻得到斥力场中的定态波函数.归一化系数仍由渐近表式所确定,所得的结果为

$$R_{kl} = \frac{C_{kl}}{(2l+1)!}(2kr)^l \mathrm{e}^{\mathrm{i}kr} \mathrm{F}\left(\frac{\mathrm{i}}{k} + l + 1, 2l+2, -2\mathrm{i}kr\right),$$

$$C_{kl} = 2k\mathrm{e}^{-\pi/2k}\left|\Gamma\left(l+1+\frac{\mathrm{i}}{k}\right)\right| = \frac{\sqrt{8\pi k}}{\sqrt{\mathrm{e}^{2\pi/k}-1}} \prod_{s=1}^{l} \sqrt{s^2 + \frac{1}{k^2}}. \tag{36.27}$$

r 很大时这个函数呈下列渐近形式:

$$R_{kl} \approx \frac{2}{r} \sin\left(kr - \frac{1}{k}\ln 2kr - \frac{1}{2}l\pi + \delta_l\right),$$

$$\delta_l = \arg \Gamma\left(l + 1 + \frac{\mathrm{i}}{k}\right). \tag{36.28}$$

库仑简并的本质

粒子在库仑场中作经典运动时,这种形式的场有一个特殊的守恒定律;如果是引力场,则有(见《力学》§15)

$$\boldsymbol{A} = \frac{\boldsymbol{r}}{r} - \boldsymbol{p} \times \hat{\boldsymbol{l}} = \text{常数}. \tag{36.29}$$

量子力学中,相应算符为

$$\hat{\boldsymbol{A}} = \frac{\boldsymbol{r}}{r} - \frac{1}{2}(\boldsymbol{p} \times \hat{\boldsymbol{l}} - \hat{\boldsymbol{l}} \times \boldsymbol{p}), \tag{36.30}$$

容易证明,它和哈密顿量$\hat{H} = \frac{1}{2}\boldsymbol{p}^2 - \frac{1}{r}$对易.

---

① 注意,这个函数相当于$\left(l+\frac{1}{2}\right)^2 \ll r \ll k^{-2}$运动区域内所用的准经典近似式(§49).

由直接计算,给出算符$\hat{A}_i$之间以及它和角动量算符之间的下列对易关系:

$$[\hat{l}_i,\hat{A}_k]=\mathrm{i}e_{ikl}\hat{A}_l,\quad [\hat{A}_i,\hat{A}_k]=-2\mathrm{i}\hat{H}e_{ikl}\hat{l}_l. \tag{36.31}$$

$\hat{A}_i$之间的不对易性,说明A_x,A_y,A_z三个量在量子力学中不能同时有定值.其中的任一个算符,例如$\hat{A}_z$,与相应的角动量分量$\hat{l}_z$对易,但和角动量平方算符$\hat{\boldsymbol{l}}^2$不对易.这个附加守恒量的存在,而又不能和其它量同时测量,导致了能级的附加简并(见§10),这就是离散能级的“偶然”简并,为库仑场所特有.

这种简并性的由来,还可以用量子力学库仑问题中与空间旋转对称性相比所增的对称性来加以表述(В. А. Фок1935).为此,我们注意到,具有固定负能量值的离散谱态中,我们可把(36.31)第二式右边的$\hat{H}$改成E,并用算符$\hat{u}_i=\hat{A}_i/\sqrt{-2E}$代替$\hat{A}_i$.这些算符的对易关系为

$$[\hat{l}_i,\hat{u}_k]=\mathrm{i}e_{ikl}\hat{u}_l,\quad [\hat{u}_i,\hat{u}_k]=\mathrm{i}e_{ikl}\hat{l}_l. \tag{36.32}$$

上式和对易式$[\hat{l}_i,\hat{l}_k]=\mathrm{i}e_{ikl}\hat{l}_l$放在一起,形式上等同于四维欧氏空间中无限小转动算符的对易关系①.这就是量子力学中库仑问题的对称性②.

从对易关系(36.32)出发,我们又能导出库仑场中的能级表式③.先把$\hat{\boldsymbol{l}}$和$\hat{\boldsymbol{u}}$改写成下列算符:

$$\hat{\boldsymbol{j}}_1=\frac{1}{2}(\hat{\boldsymbol{l}}+\hat{\boldsymbol{u}}),\quad \hat{\boldsymbol{j}}_2=\frac{1}{2}(\hat{\boldsymbol{l}}-\hat{\boldsymbol{u}}). \tag{36.33}$$

对此,有

$$[\hat{j}_{1i},\hat{j}_{1k}]=\mathrm{i}e_{ikl}\hat{j}_{1l},\quad [\hat{j}_{2i},\hat{j}_{2k}]=\mathrm{i}e_{ikl}\hat{j}_{2l},$$
$$[\hat{j}_{1i},\hat{j}_{2k}]=0. \tag{36.34}$$

上式等同于两个独立的三维角动量矢量的对易关系式.因此$\boldsymbol{j}_1^2$和$\boldsymbol{j}_2^2$的本征值为$j_1(j_1+1)$和$j_2(j_2+1)$,其中$j_1,j_2=0,\frac{1}{2},1,\frac{3}{2},\cdots$,④另一方面,根据算符$\hat{\boldsymbol{u}}$和$\hat{\boldsymbol{l}}=\boldsymbol{r}\times\hat{\boldsymbol{p}}$的定义,经简单计算后,得

$$\hat{\boldsymbol{l}}\cdot\hat{\boldsymbol{u}}=\hat{\boldsymbol{u}}\cdot\hat{\boldsymbol{l}}=0,$$
$$\hat{\boldsymbol{l}}^2+\hat{\boldsymbol{u}}^2=-1-\frac{1}{2E},$$

---

① 此时$\hat{l}_x,\hat{l}_y,\hat{l}_z$代表四维笛卡儿坐标系$x,y,z,u$中$yz,zx$和$xy$平面内的无限小转动算符;$\hat{u}_x,\hat{u}_y,\hat{u}_z$是在$xu,yu$和$zu$平面内的无限小转动算符.

② 在波函数的动量表象中显示的对称性:见 V. A. Fok, Zeitschrift für Physik 98, 145, 1935.

③ 这个推导基本上与 W. 泡利(1935)给出的推导相同.

④ 此处我们提前提到了角动量在§54中所描述的性质(j可以是整数和半整数).

在$\hat{\boldsymbol{l}}^2+\hat{\boldsymbol{u}}^2$的计算中，又一次把$\hat{H}$换成了$E$. 从而有

$$\boldsymbol{j}_1^2=\boldsymbol{j}_2^2=-\frac{1}{4}\left(1+\frac{1}{2E}\right)=j(j+1),$$

(其中$j\equiv j_1\equiv j_2$)，以及$E=-1/2(2j+1)^2$. 其中记号

$$2j+1=n,\quad n=1,2,3,\cdots,\tag{36.35}$$

我们就得到所需结果$E=-1/2n^2$. 能级的简并度为$(2j_1+1)\times(2j_2+1)=(2j+1)^2=n^2$，是应有的结果. 最后，由于$\hat{\boldsymbol{l}}=\hat{\boldsymbol{j}}_1+\hat{\boldsymbol{j}}_2$，对于给定的$j_1=j_2=\frac{1}{2}(n-1)$，轨道角动量$l$的取值是从0到$2j=n-1$①.

习　　题

1. 求氢原子基态中动量的概率分布②.

解：基态波函数为

$$\psi=R_{10}Y_{00}=\frac{1}{\sqrt{\pi}}\mathrm{e}^{-r}.$$

$\boldsymbol{p}$表象中的基态波函数可以由下列积分求出：

$$a(\boldsymbol{p})=\int\psi(\boldsymbol{r})\mathrm{e}^{-\mathrm{i}\boldsymbol{p}\cdot\boldsymbol{r}}\mathrm{d}V$$

[见(15.10)式]. 上式的积分可采用球坐标计算，取极轴沿$\boldsymbol{p}$方向；结果得

$$a(\boldsymbol{p})=\frac{8\sqrt{\pi}}{(1+p^2)^2},$$

$\boldsymbol{p}$空间中的概率密度为$|a(\boldsymbol{p})|^2/(2\pi)^3$.

---

① 能级对不同l值的“偶然”简并也出现在$U=\frac{1}{2}m\omega^2r^2$的有心力场运动中(三维振子；见§33，题4). 这种简并也是由于哈密顿量的额外对称性，在这种情况下，对称性之出现是因为$\hat{H}=\hat{\boldsymbol{p}}^2/2m+\frac{1}{2}m\omega^2\hat{\boldsymbol{r}}^2$中算符$\hat{p}_i$和坐标$x_i$都呈平方和. 如把这些算符改成

$$\hat{a}_i=\frac{m\omega x_i+\mathrm{i}\hat{p}_i}{\sqrt{2m\hbar\omega}},\quad\hat{a}_i^+=\frac{m\omega x_i-\mathrm{i}\hat{p}_i}{\sqrt{2m\hbar\omega}},$$

我们得

$$\hat{H}=\hbar\omega\left[\hat{\boldsymbol{a}}^+\cdot\hat{\boldsymbol{a}}+\frac{3}{2}\right].$$

此式对算符$\hat{a}_i^+$和$\hat{a}_i$的任意么正变换保持不变，这些么正变换所组成的对称群，要比三维旋转群(它使任意有心力场中的粒子哈密顿量保持不变)来得大.

量子力学中库仑场和振子场的这种特殊性质(偶然简并的存在)，对应于经典力学中这些场(而且只有这些场)内存在着封闭粒子轨道的事实.

② 题1和题2中采用原子单位.

2. 求氢原子基态中的电子和原子核所组成的平均势场.

解:在任一点 $\boldsymbol{r}$ 处,“电子云”产生的平均势场 φ_e,是由电荷密度为 $\rho = -|\psi|^2$ 的泊松方程的球对称解确定的:

$$\frac{1}{r}\frac{\mathrm{d}^2}{\mathrm{d}r^2}(r\varphi_e) = 4\mathrm{e}^{-2r}.$$

上式求积分,选积分常数使 $\varphi_e(0)$ 为有限值,且 $\varphi_e(\infty) = 0$,再加上原子核的势场后,即得

$$\varphi = \frac{1}{r} + \varphi_e(r) = \left(\frac{1}{r} + 1\right)\mathrm{e}^{-2r}.$$

当 $r \ll 1$ 时,有 $\varphi \approx 1/r$(核场),而当 $r \gg 1$ 时,势场为 $\varphi \approx \mathrm{e}^{-2r}$(核被电子屏蔽).

3. 一粒子运动于势能为 $U = \frac{A}{r^2} - \frac{B}{r}$ 的有心力场中(图 11),试求其能级.

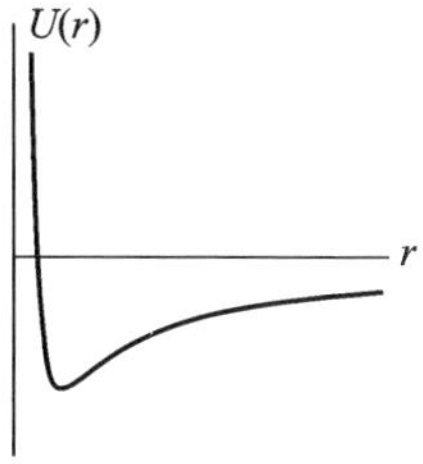

图 11

解:正能量呈连续谱,负能量是离散的;我们只考虑后者.径函数的薛定谔方程为

$$\frac{\mathrm{d}^2R}{\mathrm{d}r^2} + \frac{2}{r}\frac{\mathrm{d}R}{\mathrm{d}r} + \frac{2m}{\hbar^2}\left[E - \frac{\hbar^2}{2m}l(l+1)\frac{1}{r^2} - \frac{A}{r^2} + \frac{B}{r}\right]R = 0. \tag{1}$$

引入下列新变量:

$$\rho = \frac{2\sqrt{-2mE}}{\hbar}r,$$

并令

$$\frac{2mA}{\hbar^2} + l(l+1) = s(s+1), \tag{2}$$

$$\frac{B}{\hbar}\sqrt{\frac{m}{-2E}} = n. \tag{3}$$

则(1)式呈下列形式:

$$R'' + \frac{2}{\rho}R' + \left(-\frac{1}{4} + \frac{n}{\rho} - \frac{s(s+1)}{\rho^2}\right)R = 0,$$

这和(36.4)具有同一形式.因此可以立刻断定,满足所需条件的解为

$$R = \rho^s\mathrm{e}^{-\rho/2}F(-n+s+1, 2s+2, \rho),$$

其中的 $n - s - 1 = p$ 必须是一个正整数(或零),并且 s 必须取(2)式的正根.按定义(3),我们得知其能级为

$$-E_p = \frac{2B^2m}{\hbar^2}\left[2p + 1 + \sqrt{(2l+1)^2 + \frac{8mA}{\hbar^2}}\right]^{-2}.$$

4. 同上题，但 $U=\frac{A}{r^2}+Br^2$（图 12）.

解：此题只有离散谱. 薛定谔方程如下：

$$\frac{d^2R}{dr^2}+\frac{2}{r}\frac{dR}{dr}+\frac{2m}{\hbar^2}\left[E-\frac{\hbar^2 l(l+1)}{2mr^2}-\frac{A}{r^2}-Br^2\right]R=0.$$

引入变量

$$\xi=\frac{\sqrt{2mB}}{\hbar}r^2,$$

并令

$$l(l+1)+\frac{2mA}{\hbar^2}=2s(2s+1),$$

$$\sqrt{\frac{2m}{B}}\frac{E}{\hbar}=4(n+s)+3,$$

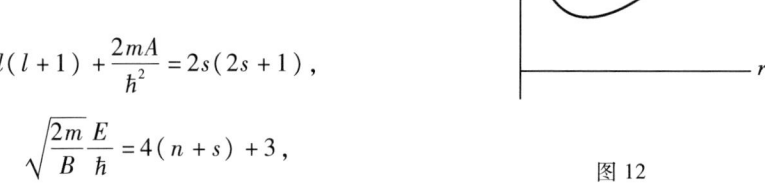

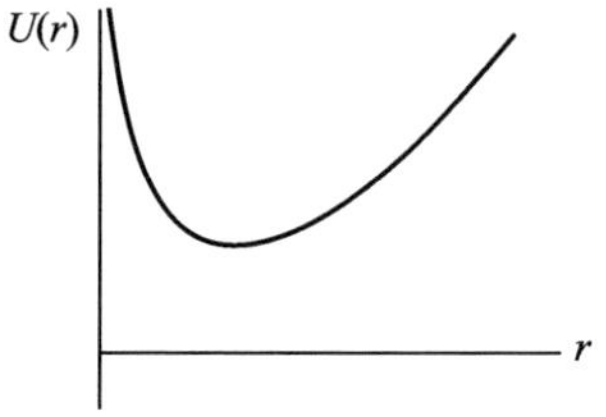

图 12

得方程

$$\xi R''+\frac{3}{2}R'+\left[n+s+\frac{3}{4}-\frac{\xi}{4}-\frac{s\left(s+\frac{1}{2}\right)}{\xi}\right]R=0.$$

当 $\xi\to\infty$ 时，所求解的渐近行为如 $e^{-\xi/2}$，而当 ξ 很小时，这个解应和 ξ^s 成正比，其中的 s 必须取正值

$$s=\frac{1}{4}\left[-1+\sqrt{(2l+1)^2+\frac{8mA}{\hbar^2}}\right].$$

因此，可令所求解呈下列形式：

$$R=e^{-\xi/2}\xi^s w,$$

则得 w 的方程为

$$\xi w''+\left(2s+\frac{3}{2}-\xi\right)w'+nw=0,$$

从而得

$$w=F\left(-n,2s+\frac{3}{2},\xi\right),$$

其中的 n 必须取非负整数. 因而发现所得的能级是等间隔的无穷集合：

$$E_n=\hbar\sqrt{\frac{B}{2m}}\left[4n+2+\sqrt{(2l+1)^2+\frac{8mA}{\hbar^2}}\right],n=0,1,2,\cdots.$$

§37　库仑场中的运动（抛物坐标）

对任意有心力场中的运动而言，薛定谔方程在球坐标中总能够分离变量. 在库仑场的情形下，这种分离变量法也能在**抛物坐标系**中实现. 库仑场问题在抛物坐标系中的解,对于某些问题的研究特别有用,这些问题中的某一空间方向具有特殊性;例如,处于外电场中的一个原子(见§77).

抛物坐标系 ξ,η,φ 是由下式定义的:

$$x=\sqrt{\xi\eta}\cos\varphi,\quad y=\sqrt{\xi\eta}\sin\varphi,\quad z=\frac{1}{2}(\xi-\eta),\tag{37.1}$$

$$r=\sqrt{x^2+y^2+z^2}=\frac{1}{2}(\xi+\eta).$$

或反之:

$$\xi=r+z,\quad \eta=r-z,\quad \varphi=\arctan\left(\frac{y}{x}\right);\tag{37.2}$$

ξ 和 η 的取值可以从 0 到 ∞,φ 是从 0 到 2π. 曲面 ξ = 常数和 η = 常数,都是绕 z 轴的旋转抛物面. 并以原点为焦点. 这是一套正交坐标系. 长度元由下式给出:

$$(\mathrm{d}l)^2=\frac{\xi+\eta}{4\xi}(\mathrm{d}\xi)^2+\frac{\xi+\eta}{4\eta}(\mathrm{d}\eta)^2+\xi\eta(\mathrm{d}\varphi)^2,\tag{37.3}$$

体积元为

$$\mathrm{d}V=\frac{1}{4}(\xi+\eta)\mathrm{d}\xi\mathrm{d}\eta\mathrm{d}\varphi.\tag{37.4}$$

由(37.3)式,拉普拉斯算符可表为

$$\Delta=\frac{4}{\xi+\eta}\left[\frac{\partial}{\partial\xi}\left(\xi\frac{\partial}{\partial\xi}\right)+\frac{\partial}{\partial\eta}\left(\eta\frac{\partial}{\partial\eta}\right)\right]+\frac{1}{\xi\eta}\frac{\partial^2}{\partial\varphi^2}.\tag{37.5}$$

库仑引力场

$$U=-\frac{1}{r}=-\frac{2}{\xi+\eta}$$

中的单粒子薛定谔方程呈以下形式:

$$\frac{4}{\xi+\eta}\left[\frac{\partial}{\partial\xi}\left(\xi\frac{\partial\psi}{\partial\xi}\right)+\frac{\partial}{\partial\eta}\left(\eta\frac{\partial\psi}{\partial\eta}\right)\right]+\frac{1}{\xi\eta}\frac{\partial^2\psi}{\partial\varphi^2}+2\left(E+\frac{2}{\xi+\eta}\right)\psi=0.\tag{37.6}$$

令本征函数 ψ 呈下列形式:

$$\psi=f_1(\xi)f_2(\eta)\mathrm{e}^{\mathrm{i}m\varphi},\tag{37.7}$$

其中的 m 是磁量子数. 上式代入(37.6)并乘以$\frac{1}{4}(\xi+\eta)$,分离 ξ 和 η 变量,得 f_1 和 f_2 的两个方程式:

$$\left.\begin{aligned}&\frac{\mathrm{d}}{\mathrm{d}\xi}\left(\xi\frac{\mathrm{d}f_1}{\mathrm{d}\xi}\right)+\left[\frac{1}{2}E\xi-\frac{m^2}{4\xi}+\beta_1\right]f_1=0,\\&\frac{\mathrm{d}}{\mathrm{d}\eta}\left(\eta\frac{\mathrm{d}f_2}{\mathrm{d}\eta}\right)+\left[\frac{1}{2}E\eta-\frac{m^2}{4\eta}+\beta_2\right]f_2=0,\end{aligned}\right\}\tag{37.8}$$

其中的**分离参量** β_1 和 β_2 的关系为

$$\beta_1+\beta_2=1.\tag{37.9}$$

我们来考虑离散能谱($E<0$).引入下列各量代替 E,ξ,η:

$$n=\frac{1}{\sqrt{-2E}},\quad \rho_1=\xi\sqrt{-2E}=\frac{\xi}{n},\quad \rho_2=\frac{\eta}{n}, \tag{37.10}$$

得 f_1 的方程为

$$\frac{\mathrm{d}^2 f_1}{\mathrm{d}\rho_1^2}+\frac{1}{\rho_1}\frac{\mathrm{d}f_1}{\mathrm{d}\rho_1}+\left[-\frac{1}{4}+\frac{1}{\rho_1}\left(\frac{|m|+1}{2}+n_1\right)-\frac{m^2}{4\rho_1^2}\right]f_1=0, \tag{37.11}$$

对 f_2 可得同样的方程,其中

$$n_1=-\frac{|m|+1}{2}+n\beta_1,\quad n_2=-\frac{|m|+1}{2}+n\beta_2. \tag{37.12}$$

与求解(36.4)式相似,我们发现,当 ρ_1 很大时,f_1 如同 $\mathrm{e}^{-\frac{1}{2}\rho_1}$,而当 ρ_1 很小时,如同 $\rho_1^{\frac{1}{2}|m|}$.因此可设(37.11)式之解呈下列形式:

$$f_1(\rho_1)=\mathrm{e}^{-\frac{1}{2}\rho_1}\rho_1^{\frac{1}{2}|m|}w_1(\rho_1)$$

(对 f_2 而言也有类似的式子).结果得 w_1 的方程:

$$\rho_1 w_1''+(|m|+1-\rho_1)w_1'+n_1 w_1=0.$$

这又是合流超几何函数的方程.满足有限性条件之解为

$$w_1=F(-n_1,|m|+1,\rho_1),$$

其中的 n_1 必须是一个非负整数.

可见在抛物坐标中,离散谱的每一个定态是由这样三个整数确定的:即**抛物量子数** n_1 和 n_2,以及磁量子数 m.对主量子数 n 而言,由(37.9)和(37.12)式得

$$n=n_1+n_2+|m|+1. \tag{37.13}$$

至于能级,当然和以前所得的(36.9)式相同.

对给定的 n 而言,$|m|$可取 0 到 $n-1$,共 n 个不同的数值.固定 n 和$|m|$以后,n_1 尚可取 $n-|m|$个不同的数值,从 0 到 $n-|m|-1$.再考虑到对给定的$|m|$我们可以选取 $m=\pm|m|$两种不同的函数.因此,对一个给定的 n 值而言,一共有

$$2\sum_{m=1}^{n-1}(n-m)+(n-0)=n^2$$

个不同的态,这和 § 36 中所得的结论一致.

离散谱的波函数 $\psi_{n_1n_2m}$应按下列条件归一化:

$$\int|\psi_{n_1n_2m}|^2\mathrm{d}V=\frac{1}{4}\int_0^\infty\int_0^\infty\int_0^{2\pi}|\psi_{n_1n_2m}|^2(\xi+\eta)\,\mathrm{d}\xi\mathrm{d}\eta\mathrm{d}\varphi=1. \tag{37.14}$$

归一化后的波函数具有下列形式:

$$\psi_{n_1n_2m}=\frac{\sqrt{2}}{n^2}f_{n_1m}\left(\frac{\xi}{n}\right)f_{n_2m}\left(\frac{\eta}{n}\right)\frac{\mathrm{e}^{\mathrm{i}m\varphi}}{\sqrt{2\pi}}, \tag{37.15}$$

其中

$$f_{pm}(\rho)=\frac{1}{|m|!}\sqrt{\frac{(p+|m|)!}{p!}}F(-p,|m|+1,\rho)\mathrm{e}^{-\frac{1}{2}\rho}\rho^{\frac{1}{2}|m|}. \tag{37.16}$$

与球坐标中的不同,抛物坐标中的波函数对 $z=0$ 的平面是不对称的. $n_1>n_2$ 时,发现粒子的概率在 $z>0$ 的方向大于 $z<0$ 的方向, $n_1<n_2$ 时则反之.

连续谱($E>0$)情形下,(37.8)式中的 β_1 和 β_2 参量都取实的连续值[当然仍有(37.9)式的关系].我们不准备把这种情形下的波函数写出来,因为通常不大用到.如果把(37.8)式看作"本征值"β_1 和 β_2 所应满足的方程式,则 β_1 和 β_2 还可以取复数值($E>0$ 时).与此相应的波函数将在 §135 中写出,我们在该节中利用它们去求解库仑场中的散射问题.

定态 $|n_1n_2m\rangle$ 的存在导致一个附加守恒律(36.29).在这些态中,能量以及量 $l_z=m$ 和 A_z 均有定值.计算算符 $\hat{A}_z$ 的对角矩阵元,给出

$$A_z=\frac{n_1-n_2}{n}. \tag{37.17}$$

其中 $u_z=n_1-n_2$,"角动量"$\boldsymbol{j}_1$ 和 $\boldsymbol{j}_2$ 的分量值为

$$\left.\begin{aligned}j_{1z}&=\frac{1}{2}(m+n_1-n_2)\equiv\mu_1,\\ j_{2z}&=\frac{1}{2}(m-n_1+n_2)\equiv\mu_2.\end{aligned}\right\} \tag{37.18}$$

根据 $|n_1n_2m\rangle$ 态(即 $|n\mu_1\mu_2\rangle$ 态)的这些性质容易建立起它们与 $|nlm\rangle$ 态之间波函数的关系.由于 $\boldsymbol{l}=\boldsymbol{j}_1+\boldsymbol{j}_2$,这两个表象间的相互变换,基本上就是 §106 中讨论的两个角动量相加时的波函数组合问题.所以用"角动量"$\boldsymbol{j}_1$ 和 $\boldsymbol{j}_2$ 来表述时, $|nlm\rangle$ 和 $|n_1n_2m\rangle$ 态可写为 $|j_1j_2lm\rangle$ 和 $|j_1j_2\mu_1\mu_2\rangle$ 态,根据(36.35)和(37.13),我们有

$$j_1=j_2=\frac{1}{2}(n-1)=\frac{1}{2}(n_1+n_2+|m|). \tag{37.19}$$

根据一般公式(106.9)—(106.11),得到(D. Park,1960)

$$\left.\begin{aligned}\psi_{nlm}&=\sum_{\mu_1+\mu_2=m}\langle lm\mid\mu_1\mu_2\rangle\psi_{n\mu_1\mu_2},\\ \psi_{n\mu_1\mu_2}&=\sum_{l=0}^{n-1}\langle l,\mu_1+\mu_2\mid\mu_1\mu_2\rangle\psi_{nlm}.\end{aligned}\right\} \tag{37.20}$$

第六章

微　扰　论

§38　与时间无关的微扰

薛定谔方程的精确解只有在少数简单情形下才能找到，对量子力学中的大多数问题来讲，所得的方程过于复杂，很难精确解出. 但是往往有这样的情形，在所给问题的条件中，各量具有不同的数量级；当我们把其中较小的量略去以后，这个问题有可能变得十分简单，以致可以求出它的精确解. 在这种情形下，求解这个物理问题的第一步，是求出简化问题的精确解，第二步，是计算由于在简化问题中略去了较小项而引起的误差. 计算这种误差的一般方法，称为**微扰论**.

我们假定某一给定物理系统的哈密顿量呈以下形式：

$$\hat{H}=\hat{H}_0+\hat{V},$$

式中的 $\hat{V}$ 是**未受扰**算符 $\hat{H}_0$ 的微小修正（或称**微扰项**）. 在 §38 和 §39 中，我们只考虑与时间无关的微扰（对 $\hat{H}_0$ 也作同样的假定）. 能把 $\hat{V}$ 看作是"小于"算符 $\hat{H}_0$ 的必要条件，将在下面推导.

离散谱的微扰论问题，可按下列方式表述. 假定未受扰算符 $\hat{H}_0$ 的离散谱本征值 $E_n^{(0)}$ 及其本征函数 $\psi^{(0)}$ 都是已知的，即下列方程的精确解是已知的：

$$\hat{H}_0\psi^{(0)}=E^{(0)}\psi^{(0)}. \tag{38.1}$$

现在欲求下列方程的近似解：

$$\hat{H}\psi=(\hat{H}_0+\hat{V})\psi=E\psi, \tag{38.2}$$

也就是求受扰算符 $\hat{H}$ 的本征值 E_n 和本征函数 ψ_n 所具有的近似表式.

本节中，我们假定算符 $\hat{H}$ 的所有本征值都是无简并的. 同时为了使结果简单起见，暂时假定本征值只有离散谱.

为方便计，最好采用矩阵形式的计算方法. 为此，我们先把欲求的 ψ 函数对 $\psi_n^{(0)}$ 函数组展开：

$$\psi = \sum_m c_m \psi_m^{(0)}, \tag{38.3}$$

把这个展式代入(38.2)式，得

$$\sum_m c_m (E_m^{(0)} + \hat{V})\psi_m^{(0)} = \sum_m c_m E \psi_m^{(0)},$$

上式两边各乘 $\psi_k^{(0)*}$ 后再积分，得

$$(E - E_k^{(0)}) c_k = \sum_m V_{km} c_m. \tag{38.4}$$

我们在这里引入了微扰算符 $\hat{V}$ 对未受扰函数组 $\psi_m^{(0)}$ 而言的矩阵 V_{km}：

$$V_{km} = \int \psi_k^{(0)*} \hat{V} \psi_m^{(0)} \mathrm{d}q. \tag{38.5}$$

我们把系数 c_m 和能量 E 表成以下的级数形式：

$$E = E^{(0)} + E^{(1)} + E^{(2)} + \cdots, c_m = c_m^{(0)} + c_m^{(1)} + c_m^{(2)} + \cdots,$$

其中的 $E^{(1)}$ 和 $c_m^{(1)}$ 具有与微扰 $\hat{V}$ 同样小的数量级，$E^{(2)}$ 和 $c_m^{(2)}$ 具有二级小的数量级，以此类推.

现在来求第 n 个本征值和其本征函数的修正问题，此时，可令 $c_n^{(0)} = 1$，$m \neq n$ 的 $c_m^{(0)} = 0$. 求第一级近似时，我们把 $E = E_n^{(0)} + E_n^{(1)}$，$c_k = c_k^{(0)} + c_k^{(1)}$ 代入(38.4)式，只保留该式中的一级小项. 由 $k = n$ 的该式给出

$$E_n^{(1)} = V_{nn} = \int \psi_n^{(0)*} \hat{V} \psi_n^{(0)} \mathrm{d}q. \tag{38.6}$$

故本征值 $E_n^{(0)}$ 的一级修正等于微扰项在 $\psi_n^{(0)}$ 态中的平均值.

(38.4)式当 $k \neq n$ 时给出

$$c_k^{(1)} = \frac{V_{kn}}{E_n^{(0)} - E_k^{(0)}}, \quad k \neq n \tag{38.7}$$

而 $c_n^{(1)}$ 还没有确定；它必须这样选取，使得函数 $\psi_n = \psi_n^{(0)} + \psi_n^{(1)}$ 在含有一级小项为止的情形下得到归一化. 根据这一点，我们须使 $c_n^{(1)} = 0$. 由于下列函数

$$\psi_n^{(1)} = \sum_m{}' \frac{V_{mn}}{E_n^{(0)} - E_m^{(0)}} \psi_m^{(0)} \tag{38.8}$$

(式中的撇号代表求和时除去 $m = n$ 的项)是和 $\psi_n^{(0)}$ 正交的，故 $|\psi_n^{(0)} + \psi_n^{(1)}|^2$ 的积分与 1 只差一个二级小量.

(38.8)式确定了波函数的一级近似修正. 由此式可以附带地看出上述微扰法的适用条件. 这个条件就是下列不等式必须成立：

$$|V_{mn}| \ll |E_n^{(0)} - E_m^{(0)}|, \tag{38.9}$$

这就是说，算符 $\hat{V}$ 的矩阵元必须远小于那两个未受扰能级间的相应间距.

其次，我们来求本征值 $E_n^{(0)}$ 在二级近似中的修正. 为此，我们把 $E = E_n^{(0)} + E_n^{(1)} + E_n^{(2)}$ 和 $c_k = c_k^{(0)} + c_k^{(1)} + c_k^{(2)}$ 代入(38.4)式，观察该式中的二级小项. 当 $k = n$时，由该式给出

$$E_n^{(2)} c_n^{(0)} = \sum_m{}' V_{nm} c_m^{(1)},$$

故

$$E_n^{(2)} = \sum_m{}' \frac{|V_{mn}|^2}{E_n^{(0)} - E_m^{(0)}} \tag{38.10}$$

[我们已把 $c_m^{(1)} = \dfrac{V_{mn}}{E_n^{(0)} - E_m^{(0)}}$代入，并且应用了算符 $\hat{V}$ 的厄米性：$V_{mn} = V_{nm}^*$].

注意，基态能级的二级近似修正永远是负的；因为，如果 $E_n^{(0)}$ 对应于最低的能量值，则(38.10)式中所有的求和项都是负的.

更高级近似可以用同样的方法计算出来.

以上所得的结果，可以立刻推广到 $\hat{H}_0$ 算符也有连续谱的情形(但微扰仍和以前一样，应用于离散谱的一个态). 为此目的，我们只要在离散谱的求和式中加进一项连续谱的相应求积式. 我们用下标 ν 来区分连续谱中的各个态，ν 的值域是连续的；我们按惯例把 ν 理解为一组物理量的数值，这组数值足以对该态进行完全描述(连续谱的态往往是简并的，这时仅仅能量值本身还不足以确定这个态)，这样一来，比如(38.8)式就应该改成①

$$\psi_n^{(1)} = \sum_m{}' \frac{V_{mn}}{E_n^{(0)} - E_m^{(0)}} \psi_m^{(0)} + \int \frac{V_{\nu n}}{E_n^{(0)} - E_\nu} \psi_\nu^{(0)} \mathrm{d}\nu. \tag{38.11}$$

其它公式也作类似的修改.

还有一个公式值得一提，此式是用函数组 $\psi_n = \psi_n^{(0)} + \psi_n^{(1)}$ 算出物理量 f 的矩阵元的微扰值，采用(38.8)式给出的 $\psi_n^{(1)}$，精确到一级项为止，不难求得如下的表式：

$$f_{nm} = f_{nm}^{(0)} + \sum_k{}' \frac{V_{nk} f_{km}^{(0)}}{E_n^{(0)} - E_k^{(0)}} + \sum_k{}' \frac{V_{km} f_{nk}^{(0)}}{E_m^{(0)} - E_k^{(0)}}. \tag{38.12}$$

第一个求和式中的 $k \neq n$，第二个求和式中的 $k \neq m$.

习　题

1. 求本征函数的二级近似修正 $\psi_n^{(2)}$.

解：$c_k^{(2)}$ $(k \neq n)$ 系数可以由 $k \neq n$ 并写到二级项为止的(38.4)式算出，至于 $c_n^{(2)}$ 系数可这样选取，使 $\psi_n = \psi_n^{(0)} + \psi_n^{(1)} + \psi_n^{(2)}$ 函数在包含二级项为止的情形下

① 这里的波函数 $\psi_\nu^{(0)}$ 应按 ν 的 δ 函数归一化.

得到归一化. 结果得

$$\psi_n^{(2)}=\sum_m{}'\sum_k{}'\frac{V_{mk}V_{kn}}{\hbar^2\omega_{nk}\omega_{nm}}\psi_m^{(0)}-\sum_m{}'\frac{V_{nn}V_{mn}}{\hbar^2\omega_{nm}^2}\psi_m^{(0)}-$$

$$-\frac{1}{2}\psi_n^{(0)}\sum_m{}'\frac{|V_{mn}|^2}{\hbar^2\omega_{nm}^2},$$

式中引进了频率

$$\omega_{nm}=\frac{1}{\hbar}(E_n^{(0)}-E_m^{(0)})$$

2. 求能量本征值的三级近似修正.

解: 写出 $k=n$ 时(38.4)式中的三级小项,我们得

$$E_n^{(3)}=\sum_k{}'\sum_m{}'\frac{V_{nm}V_{mk}V_{kn}}{\hbar^2\omega_{mn}\omega_{kn}}-V_{nn}\sum_m{}'\frac{|V_{nm}|^2}{\hbar^2\omega_{mn}^2}.$$

3. 求一非谐线性振子的能级,其哈密顿量为

$$\hat{H}=\frac{\hat{p}^2}{2m}+\frac{m}{2}\omega^2x^2+\alpha x^3+\beta x^4.$$

解: 利用 x 的矩阵元表式(23.4),再根据矩阵的乘法规则,可以直接求出 x^3 和 x^4 的矩阵元. 我们发现不等于零的 x^3 矩阵元有

$$(x^3)_{n-3,n}=(x^3)_{n,n-3}=\left(\frac{\hbar}{m\omega}\right)^{3/2}\sqrt{\frac{1}{8}n(n-1)(n-2)},$$

$$(x^3)_{n-1,n}=(x^3)_{n,n-1}=\left(\frac{\hbar}{m\omega}\right)^{3/2}\sqrt{\frac{9n^3}{8}}.$$

这两个矩阵的对角元等于零,故哈密顿量中的 αx^3 项(看作谐振子的一个微扰项)在一级近似中的修正值等于零. 这一项的二级近似修正和 βx^4 的一级近似修正具有相同的数量级. x^4 的对角矩阵元呈下列形式:

$$(x^4)_{n,n}=\left(\frac{\hbar}{m\omega}\right)^2\cdot\frac{3}{4}(2n^2+2n+1).$$

应用一般公式(38.6)和(38.10),我们求得这个非谐振子能级的下列近似表式:

$$E_n=\hbar\omega\left(n+\frac{1}{2}\right)-\frac{15}{4}\frac{\alpha^2}{\hbar\omega}\left(\frac{\hbar}{m\omega}\right)^3\left(n^2+n+\frac{11}{30}\right)+$$

$$+\frac{3}{2}\beta\left(\frac{\hbar}{m\omega}\right)^2\left(n^2+n+\frac{1}{2}\right).$$

4. 一个具有无限高势壁的球形势阱,经微小形变(体积不变)变成一个半轴为 $a=b$ 和 c 的略长或略扁的旋转球体. 求此变形阱内粒子能级的分裂(А. Б. Мигдал, 1959).

解: 阱壁的方程为

$$\frac{x^2+y^2}{a^2}+\frac{z^2}{c^2}=1,$$

通过变量变换：$x\to ax/R, y\to ay/R, z\to cz/R$，上式化成 $x^2+y^2+z^2=R^2$，这是半径为 R 的球方程. 这个变换把粒子的哈密顿量 $\hat{H}=\hat{\boldsymbol{p}}^2/2M=-\hbar^2\Delta/2M$（$M$ 为粒子质量，能量则从阱底算起）变成 $\hat{H}=\hat{H}_0+\hat{V}$，其中

$$\hat{H}_0=-\frac{\hbar^2}{2M}\Delta,$$

$$\hat{V}=-\frac{\hbar^2}{2M}\left[\left(\frac{R^2}{a^2}-1\right)\left(\frac{\partial^2}{\partial x^2}+\frac{\partial^2}{\partial y^2}\right)+\left(\frac{R^2}{c^2}-1\right)\frac{\partial^2}{\partial z^2}\right].$$

从而把椭球阱中的运动化成了球阱中运动的问题. 如果这个椭球和半径为 $R=(a^2c)^{1/3}$ 的球相差不多，则 $\hat{V}$ 可看作微扰. 引入椭度 β（$|\beta|\ll 1$）按下式定义

$$a\approx R\left(1-\frac{1}{3}\beta\right),\quad c\approx R\left(1+\frac{2}{3}\beta\right),$$

微扰算符可写成

$$\hat{V}=\frac{\beta}{3M}(\hat{\boldsymbol{p}}^2-3\hat{p}_z^2).$$

一级微扰论中，粒子能级与球阱能级的差别为

$$\Delta E_{nlm}=E_{nlm}-E_{nl}^{(0)}=\langle nlm|V|nlm\rangle,$$

l 和 m 是粒子角动量及其沿椭球轴的分量；n 是球阱中具有给定 l 值的能级编号，它与 m 无关. 由于 $\boldsymbol{p}^2-3p_z^2$ 是不可约无迹张量 $\delta_{ik}\boldsymbol{p}^2-3p_ip_k$ 的 zz 分量，根据(107.2)和(107.6)，$\langle nlm|V|nlm\rangle$ 矩阵元正比于

$$(-1)^m\begin{pmatrix} l & 2 & l\\ -m & 0 & m\end{pmatrix},$$

因而

$$\langle nlm|V|nlm\rangle=\left(1-\frac{3m^2}{l(l+1)}\right)\langle nl0|V|nl0\rangle.$$

$3j$ 符号表见 §106.

其次，

$$\langle nl0|V|nl0\rangle=\frac{2}{3}\beta E_{nl}^{(0)}+\beta\frac{\hbar^2}{M}\left\langle nl0\left|\frac{\partial^2}{\partial z^2}\right|nl0\right\rangle=$$

$$=\frac{2}{3}\beta E_{nl}^{(0)}-\beta\frac{\hbar^2}{M}\int\left|\frac{\partial\psi_{nl0}}{\partial z}\right|^2 r^2\mathrm{d}r\mathrm{d}o.$$

第一项中，我们利用了球阱中的薛定谔方程 $\hat{H}_0\psi_{nlm}=E_{nl}^{(0)}\psi_{nlm}$，第二项进行了分部积分. 采用(28.11)式的 Y_{l0}，我们求出 $\psi_{nl0}=R_{nl}(r)Y_{l0}(\theta,\varphi)$ 的微商为

$$\frac{\partial}{\partial z}\psi_{nl0}=\left(\cos\theta\frac{\partial}{\partial r}-\frac{\sin\theta}{r}\frac{\partial}{\partial\theta}\right)\psi_{nl0}=$$

$$= -\frac{\mathrm{i}(l+1)}{\sqrt{4(l+1)^2-1}}\left(R'_{nl}-\frac{l}{r}R_{nl}\right)Y_{l+1,0}+$$

$$+\frac{\mathrm{i}l}{\sqrt{4l^2-1}}\left(R'_{nl}+\frac{l+1}{r}R_{nl}\right)Y_{l-1,0}.$$

径部的积分用下列公式计算：

$$\int_0^\infty R_{nl}R'_{nl}r\mathrm{d}r=-\frac{1}{2}\int_0^\infty R_{nl}^2\mathrm{d}r,$$

$$\int_0^\infty R'^2_{nl}r^2\mathrm{d}r=\frac{2M}{\hbar^2}E_{nl}^{(0)}-l(l+1)\int_0^\infty R_{nl}^2\mathrm{d}r.$$

这些公式是用分部积分和径向薛定谔方程(33.3)导出的：

$$R''_{nl}+\frac{2}{r}R'_{nl}-\frac{l(l+1)}{r^2}R_{nl}=-\frac{2M}{\hbar^2}E_{nl}^{(0)}.$$

含有 R_{nl}^2 的被积项相消，最后得

$$\Delta E_{nlm}=4\beta\frac{l(l+1)}{(2l-1)(2l+3)}\left[\frac{m^2}{l(l+1)}-\frac{1}{3}\right]E_{nl}^{(0)}.$$

注意到

$$\frac{1}{2l+1}\sum_{m=-l}^{l}E_{nlm}=E_{nl}^{(0)},$$

说明多重谱线的“重心”没有位移.

§39　久期方程

现在回到未受扰算符 $\hat{H}_0$ 的本征值具有简并时的情形. 我们用 $\psi_n^{(0)},\psi_{n'}^{(0)},\cdots$ 代表属于同一能量本征值 $E_n^{(0)}$ 的一套本征函数. 我们早已知道，这一套本征函数的选择方式不是唯一的；可以把它们线性组合起来，从中任意选出 s 个独立的函数（s 为 $E_n^{(0)}$ 能级的简并度），来代替原来的那套函数. 但是，如果要求这些波函数在微扰的作用下改变都很小，那么，这套函数的选择方式就不再是任意的了.

现在我们把 $\psi_n^{(0)},\psi_{n'}^{(0)},\cdots$ 理解成为任意选定的一套未受扰本征函数. 在零级近似中，正确的零级近似波函数应该是它们的线性组合，呈 $c_n^{(0)}\psi_n^{(0)}+c_{n'}^{(0)}\psi_{n'}^{(0)}+\cdots$ 形式. 其中的组合系数可以和本征值的一级修正同时求出来，其步骤如下.

我们写出 $k=n,n',\cdots$ 的(38.4)式，在一级近似中，把 $E=E_n^{(0)}+E^{(1)}$ 代入；至于 c_k，只要用零级近似值就足够了，即 $c_n=c_n^{(0)},c_{n'}=c_{n'}^{(0)},\cdots;m\neq n,n'\cdots$ 的 $c_m=0$. 于是得

$$E^{(1)}c_n^{(0)}=\sum_{n'}V_{nn'}c_{n'}^{(0)}$$

或

$$\sum_{n'} (V_{nn'} - E^{(1)}\delta_{nn'})c_{n'}^{(0)} = 0, \tag{39.1}$$

其中的 n,n'遍取未受扰本征值 $E_n^{(0)}$ 所属各态的各种编号值. 这是一套以 $c_n^{(0)}$ 为未知数的齐次线性方程组,如果这些未知数前的系数所组成的行列式等于零,这套方程就有非零解. 因此可得下列方程:

$$|V_{nn'} - E^{(1)}\delta_{nn'}| = 0. \tag{39.2}$$

这是一个 $E^{(1)}$ 的 s 次代数方程式,一般讲来具有 s 个不同的实根. 这些根就是欲求的那个本征值的各种一级修正. (39.2)式称为**久期方程**①. 我们注意到,各根之和等于所有对角元 $V_{nn}, V_{n'n'}, \cdots$之和(这个和等于久期方程中$[E^{(1)}]^{s-1}$前面的系数).

把(39.2)式的 s 个根依次代入方程组(39.1)中,解出后,可得 s 套 $c_n^{(0)}$ 系数,从而求得 s 个零级近似本征函数.

我们注意到,经过微扰以后,原来的简并能级一般讲来不再简并[(39.2)式一般讲来没有重根];或者说,简并度被微扰所**解除**. 简并度的解除可以是全部的,也可以是部分的(在后一种情况下,加入微扰后简并仍存在,但其简并度小于原来的简并度).

也有可能发生这样的情形,由于某种原因,属于同一能级的各个简并态 n, n',…之间的跃迁矩阵元全都非常小(甚至是零). 这时,我们不但要计及一级矩阵元 $V_{nn'}$,还要计及高级的不同能级之间的跃迁矩阵元 V_{nm} ($m \neq n, n', \cdots$). 我们来计算二级近似的 V_{mn}矩阵元.

在(38.4)式中 $k=n$ 时,令式左的 $E = E_n^{(0)} + E_n^{(1)}$ (保留记号 $E_n^{(1)}$,作为目前近似下的能量修正值),并用 $c_n^{(0)}$ 代替 c_n. 由于 $m \neq n, n', \cdots$时所有 $c_m^{(0)} = 0$,我们有

$$E^{(1)}c_n^{(0)} = \sum_m V_{nm}c_m^{(1)} + \sum_{n'} V_{nn'}c_{n'}^{(0)}. \tag{39.3}$$

当 $k = m \neq n, n', \cdots$时,精确到一级项为止,(38.4)式,给出

$$[E_n^{(0)} - E_m^{(0)}]c_m^{(1)} = \sum_{n'} V_{mn'}c_{n'}^{(0)},$$

故

$$c_m^{(1)} = \sum_{n'} \frac{V_{mn'}}{E_n^{(0)} - E_m^{(0)}} c_{n'}^{(0)}.$$

代入(39.3)式,得

$$E^{(1)}c_n^{(0)} = \sum_{n'} c_{n'}^{(0)} \left(\sum_m \frac{V_{nm}V_{mn'}}{E_n^{(0)} - E_m^{(0)}} + V_{nn'} \right).$$

① 这个名词来自天体力学.

这组方程代替了(39.1);方程组的相容条件又导致久期方程,它和(39.2)的差别在于作了下列替代:

$$V_{nn'}\to V_{nn'}+\sum_{m}\frac{V_{nm}V_{mn'}}{E_n^{(0)}-E_m^{(0)}}. \tag{39.4}$$

习　　题

1. 求一个两重简并能级的零级近似波函数以及本征值的一级近似修正值.

解:(39.2)式现在呈下列形式:

$$\begin{vmatrix} V_{11}-E^{(1)} & V_{12} \\ V_{21} & V_{22}-E^{(1)} \end{vmatrix}=0$$

(下标1和2对应于这个两重简并能级的两个任意选定的未受扰本征函数 $\psi_1^{(0)}$ 和 $\psi_2^{(0)}$).解之,得

$$E^{(1)}=\frac{1}{2}\left[(V_{11}+V_{22})\pm\hbar\omega^{(1)}\right], \tag{1}$$

其中,记号 $\hbar\omega^{(1)}=\sqrt{(V_{11}-V_{22})^2+4|V_{12}|^2}$,

代表两个修正能级 $E^{(1)}$ 之差.再解具有以上 $E^{(1)}$ 值的(39.1)式,可得零级近似归一化波函数 $\psi^{(0)}=c_1^{(0)}\psi_1^{(0)}+c_2^{(0)}\psi_2^{(0)}$ 中的系数,其值为

$$c_1^{(0)}=\left\{\frac{V_{12}}{2|V_{12}|}\left[1\pm\frac{V_{11}-V_{22}}{\hbar\omega^{(1)}}\right]\right\}^{1/2}, \tag{2}$$

$$c_2^{(0)}=\pm\left\{\frac{V_{12}}{2|V_{12}|}\left[1\mp\frac{V_{11}-V_{22}}{\hbar\omega^{(1)}}\right]\right\}^{1/2}.$$

2. 推导一级近似的本征函数修正式,以及二级近似的本征值修正式.

解:我们假定 $\psi_n^{(0)}$ 已经是正确的零级近似波函数组.由这些波函数所定义的 $V_{nn'}$ 矩阵对下标 n,n'(属于同一简并能级的一组函数)而言显然是对角的,并且对角元 $V_{nn},V_{n'n'},\cdots$ 分别等于一级近似中的各种修正值 $E_n^{(1)},E_{n'}^{(1)},\cdots$.

现在来考虑本征函数 $\psi_n^{(0)}$ 的微扰问题.在零级近似中,$E=E_n^{(0)}$,$c_n^{(0)}=1$,$m\neq n$ 的 $c_m^{(0)}=0$.在一级近似中,我们有 $E=E_n^{(0)}+V_{nn}$,$c_n=1+c_n^{(1)}$,$c_m=c_m^{(1)}$.写出 $k\neq n,n'\cdots$ 的方程组(38.4),保留其中的一级项:

$$(E_n^{(0)}-E_k^{(0)})c_k^{(1)}=V_{kn}c_n^{(0)}=V_{kn},$$

故

$$c_k^{(1)}=\frac{V_{kn}}{E_n^{(0)}-E_k^{(0)}},k\neq n,n',\cdots \tag{1}$$

其次,我们写出 $k=n'$ 的方程式,保留其中的二级项:

$$E_n^{(1)}c_{n'}^{(1)}=V_{n'n'}c_{n'}^{(1)}+\sum_m{}'V_{n'm}c_m^{(1)}$$

(m 的求和式中略去 $m=n,n',\cdots$ 的项). 把 $E_n^{(1)}=V_{nn}$ 以及(1)式中的 $c_m^{(1)}$ 代入, $n'\neq n$ 时得

$$c_{n'}^{(1)}=\frac{1}{V_{nn}-V_{n'n'}}\sum_m{}'\frac{V_{n'm}V_{mn}}{E_n^{(0)}-E_m^{(0)}},\tag{2}$$

(这个近似中的 $c_n^{(1)}$ 等于零). ①(1)式和(2)式确定了该组本征函数在一级近似中的修正值 $\psi_n^{(1)}=\sum\limits_m c_m^{(1)}\psi_m^{(0)}$.

最后,写出 $k=n$ 时(38.4)式中的二级项,可得下式所示的二级能量修正:

$$E_n^{(2)}=\sum_m{}'\frac{V_{nm}V_{mn}}{E_n^{(0)}-E_m^{(0)}},\tag{3}$$

上式在形式上等同于(38.10)式.

3. 设有一系统,在 $t=0$ 时刻处于两重简并能级的 $\psi_1^{(0)}$ 态中. 在某一恒定微扰的作用下发生跃迁,求 t 时刻该系统跃迁到同一能级的 $\psi_2^{(0)}$ 态的概率.

解: 我们令正确的零级近似波函数为

$$\psi=c_1\psi_1+c_2\psi_2,\quad \psi'=c_1'\psi_1+c_2'\psi_2,$$

其中的 c_1,c_2 和 c_1',c_2',就是题1的(2)式所确定的两对系数(为简单计我们把所有各量中的标号 $^{(0)}$ 全部略去).

反过来,有

$$\psi_1=\frac{c_2'\psi-c_2\psi'}{c_1c_2'-c_1'c_2}.$$

ψ 和 ψ' 是分属于受扰能量值 $E+E^{(1)}$ 和 $E+E^{(1)'}$ 的两个态,其中的 $E^{(1)}$ 和 $E^{(1)'}$ 是题1中的(1)式所示的两个修正值. 引入时间因子后,就过渡到与时间有关的波函数:

$$\Psi_1=\frac{\mathrm{e}^{-(\mathrm{i}/\hbar)Et}}{c_1c_2'-c_1'c_2}\left[c_2'\psi\mathrm{e}^{-(\mathrm{i}/\hbar)E^{(1)}t}-c_2\psi'\mathrm{e}^{-(\mathrm{i}/\hbar)E^{(1)'}t}\right]$$

($t=0$ 时, $\Psi_1=\psi_1$). 最后,再把上式中的 ψ 和 ψ' 表成 ψ_1 和 ψ_2, Ψ_1 就变成 ψ_1 和 ψ_2 的线性组合,其组合系数与时间有关. ψ_2 函数前系数的模量平方值就是欲求的跃迁概率 w_{21}. 把题1中的(1)式和(2)式代入,算出

$$w_{21}=\frac{2|V_{12}|^2}{(\hbar\omega^{(1)})^2}\left[1-\cos\omega^{(1)}t\right].$$

我们看到,这个概率随时间周期性地变化,其频率为 $\omega^{(1)}$.

当时间 t 远小于本题中的周期时,上式的中括号与 t^2 成正比,从而 w_{21} 也与

---

① 注意(1)和(2)中的各量必须很小(这是本微扰法的适用条件),这个条件只要求属于不同能级的跃迁矩阵元满足条件(38.9). 至于属于同一简并能级的跃迁矩阵元,可由久期方程精确(在一定的意义下)算出.

t^2 成正比：

$$w_{21}=\frac{1}{\hbar^2}|V_{12}|^2t^2.$$

此式可用下节所给的方法[应用(40.4)]十分简单地获得.

§40 与时间有关的微扰

现在研究明显地依赖于时间的微扰. 一般讲来,我们在这种情况下谈不上本征值的修正问题,因为当哈密顿量依赖于时间时[例如受扰后的算符为 $\hat{H}=\hat{H}_0+\hat{V}(t)$],能量不再守恒,因而也就不存在定态. 我们在这里提出的问题,只是从未扰系统的定态波函数出发,对该波函数进行近似计算.

为此,我们应用一种方法,类似于求解线性微分方程组时熟知的常数变易法(P. A. M. Dirac,1926). 设 $\boldsymbol{\Psi}_k^{(0)}$(含有时间因子)为未扰系统的定态波函数. 此时,未受扰波动方程的一个任意解可以表成 $\boldsymbol{\Psi}=\sum\limits_k a_k\boldsymbol{\Psi}_k^{(0)}$ 的形式. 现在来求下列受扰方程的解：

$$\mathrm{i}\hbar\frac{\partial\boldsymbol{\Psi}}{\partial t}=(\hat{H}_0+\hat{V})\boldsymbol{\Psi},\tag{40.1}$$

把这个解表成以下的求和式：

$$\boldsymbol{\Psi}=\sum_k a_k(t)\boldsymbol{\Psi}_k^{(0)},\tag{40.2}$$

其中的展开系数都是时间的函数. 把(40.2)式代入(40.1)式中考虑到所有的 $\boldsymbol{\Psi}_k^{(0)}$ 函数都满足下列方程：

$$\mathrm{i}\hbar\frac{\partial\boldsymbol{\Psi}_k^{(0)}}{\partial t}=\hat{H}_0\boldsymbol{\Psi}_k^{(0)},$$

我们得

$$\mathrm{i}\hbar\sum_k\boldsymbol{\Psi}_k^{(0)}\frac{\mathrm{d}a_k}{\mathrm{d}t}=\sum_k a_k\hat{V}\boldsymbol{\Psi}_k^{(0)}.$$

上式两边左乘 $\boldsymbol{\Psi}_m^{(0)*}$ 后,积分得

$$\mathrm{i}\hbar\frac{\mathrm{d}a_m}{\mathrm{d}t}=\sum_k V_{mk}(t)a_k,\tag{40.3}$$

其中的

$$V_{mk}(t)=\int\boldsymbol{\Psi}_m^{(0)*}\hat{V}\boldsymbol{\Psi}_k^{(0)}\mathrm{d}q=V_{mk}\mathrm{e}^{\mathrm{i}\omega_{mk}t},$$

$$\boldsymbol{\omega}_{mk}=\frac{E_m^{(0)}-E_k^{(0)}}{\hbar}$$

为含有时间因子的微扰项矩阵元(必须注意,当 $\hat{V}$ 显含 t 时,V_{mk} 也是时间的函

数).

我们取第 n 个定态的波函数作为未受扰波函数,(40.2)式中的相应系数值为 $a_n^{(0)}=1,k\neq n$ 的 $a_k^{(0)}=0$. 求一级近似时,(40.3)式左边的 a_k 写成 $a_k=a_k^{(0)}+a_k^{(1)}$,右边则用 $a_k=a_k^{(0)}$ 代入(因为其中已经包含了一级小量 V_{mk}). 结果得

$$
\mathrm{i}\hbar\frac{\mathrm{d}a_k^{(1)}}{\mathrm{d}t}=V_{kn}(t). \tag{40.4}
$$

为了能够表明所算的修正究竟属于哪个未受扰函数,我们在 a_k 系数中加进第二个下标,写成

$$
\boldsymbol{\Psi}_n=\sum_k a_{kn}(t)\boldsymbol{\Psi}_k^{(0)}.
$$

据此,我们可以把(40.4)式的积分结果写成以下的形式:

$$
a_{kn}^{(1)}=-\left(\frac{\mathrm{i}}{\hbar}\right)\int V_{kn}(t)\,\mathrm{d}t=-\left(\frac{\mathrm{i}}{\hbar}\right)\int V_{kn}\mathrm{e}^{\mathrm{i}\omega_{kn}t}\,\mathrm{d}t, \tag{40.5}
$$

这个式子确定了一级近似波函数.

现在我们来更详细地考察微扰项 $\hat{V}$ 为时间的周期函数这一重要情形,$\hat{V}$ 的形式为

$$
\hat{V}=\hat{F}\mathrm{e}^{-\mathrm{i}\omega t}+\hat{G}\mathrm{e}^{\mathrm{i}\omega t}, \tag{40.6}
$$

其中的 $\hat{F}$ 和 $\hat{G}$ 都是和时间无关的算符. 由于 $\hat{V}$ 是厄米的,我们必须有

$$
\hat{F}\mathrm{e}^{-\mathrm{i}\omega t}+\hat{G}\mathrm{e}^{\mathrm{i}\omega t}=\hat{F}^{+}\mathrm{e}^{\mathrm{i}\omega t}+\hat{G}^{+}\mathrm{e}^{-\mathrm{i}\omega t},
$$

由此得 $\hat{G}=\hat{F}^{+}$,即

$$
G_{nm}=F_{mn}^{*}. \tag{40.7}
$$

应用这个关系式,我们有

$$
V_{kn}(t)=V_{kn}\mathrm{e}^{\mathrm{i}\omega_{kn}t}=F_{kn}\mathrm{e}^{\mathrm{i}(\omega_{kn}-\omega)t}+F_{nk}^{*}\mathrm{e}^{\mathrm{i}(\omega_{kn}+\omega)t}. \tag{40.8}
$$

代入(40.5)式并进行积分,我们得到下列波函数展开系数:

$$
a_{kn}^{(1)}=-\frac{F_{kn}\mathrm{e}^{\mathrm{i}(\omega_{kn}-\omega)t}}{\hbar(\omega_{kn}-\omega)}-\frac{F_{nk}^{*}\mathrm{e}^{\mathrm{i}(\omega_{kn}+\omega)t}}{\hbar(\omega_{kn}+\omega)}. \tag{40.9}
$$

这个表式只有分母都不等于零时①才能应用,即所有的 k(n 为给定)必须满足

$$
E_k^{(0)}-E_n^{(0)}\neq\pm\hbar\omega. \tag{40.10}
$$

许多应用问题中,要用到任一物理量 f 对受扰波函数而言的矩阵元. 一级近似中我们有

$$
f_{nm}(t)=f_{nm}^{(0)}(t)+f_{nm}^{(1)}(t),
$$

其中的

① 精确来讲,这个表式中的分母都不能很小,否则 $a_{kn}^{(1)}$ 就不能远小于 1.

$$f_{nm}^{(0)}(t) = \int \Psi_n^{(0)*} \hat{f} \Psi_m^{(0)} \mathrm{d}q = f_{nm}^{(0)} \mathrm{e}^{\mathrm{i}\omega_{nm}t},$$

$$f_{nm}^{(1)}(t) = \int [\Psi_n^{(0)*} \hat{f} \Psi_m^{(1)} + \Psi_n^{(1)*} \hat{f} \Psi_m^{(0)}] \mathrm{d}q.$$

把 $\Psi_n^{(1)} = \sum_k a_{kn}^{(1)} \Psi_k^{(0)}$ 代入上式,式中的 $a_{kn}^{(1)}$ 由(40.9)式所确定,易得所求的表式为

$$f_{nm}^{(1)}(t) = -\mathrm{e}^{\mathrm{i}\omega_{nm}t} \sum_k \left\{ \left[\frac{f_{nk}^{(0)} F_{km}}{\hbar(\omega_{km}-\omega)} + \frac{f_{km}^{(0)} F_{nk}}{\hbar(\omega_{kn}+\omega)} \right] \mathrm{e}^{-\mathrm{i}\omega t} + \right.$$

$$\left. + \left[\frac{f_{nk}^{(0)} F_{mk}^*}{\hbar(\omega_{km}+\omega)} + \frac{f_{km}^{(0)} F_{kn}^*}{\hbar(\omega_{kn}-\omega)} \right] \mathrm{e}^{\mathrm{i}\omega t} \right\}. \tag{40.11}$$

这个表式只有当每一项都不太大时才能应用,即所有的频率 ω_{kn},ω_{km}全都不能太接近于 ω. 当 $\omega = 0$ 时,上式回到(38.12)式.

以上给出的各种公式,都是对只具离散谱的未受扰能级而言的. 但是这些公式可以立刻推广到还具连续谱的情形中去(和以前一样,我们所考虑的微扰是对离散谱中的态而言的);这只要在离散谱能级的求和式中,简单地补充一项对连续谱的相应求积式就可以了. 这些公式中的能量 $E_k^{(0)}$,现在不但能取离散谱中的各种数值,而且能取连续谱中的各种数值,但是必须保证(40.9)(40.11)式中的分母 $\omega_{kn} \pm \omega$ 没有一个等于零. 如果连续谱处于整个离散谱能级的上面,那么,在这种常遇的情况下,除了(40.10)以外,还需要补充下列条件

$$E_{\min}^{(0)} - E_n^{(0)} > \hbar\omega, \tag{40.12}$$

其中 $E_{\min}^{(0)}$ 为该连续谱的最低能级.

习　　题

设有一周期性微扰(呈(40.6)形式),其频率 ω 满足 $E_m^{(0)} - E_n^{(0)} = \hbar(\omega + \varepsilon)$,$\varepsilon$ 是一个小量. 求薛定谔方程第 n 个解和第 m 个解受这种周期微扰后的改变量.

解: 本节所讲的方法在这里不适用,因为(40.9)式中的 $a_{mn}^{(1)}$ 系数现在变得太大. 我们要从精确方程(40.3)重新出发,该式中的 $V_{mk}(t)$ 由(40.8)式给出. 很明显,(40.3)式右边的各个求和项中,最重要的贡献是来自这样一些项,这些项中的时间关系由微小频率 $\omega_{mn} - \omega$ 所确定,略去所有其它各项后,我们得到以下两个联立方程:

$$\mathrm{i}\hbar \frac{\mathrm{d}a_m}{\mathrm{d}t} = F_{mn} \mathrm{e}^{\mathrm{i}(\omega_{mn}-\omega)t} a_n = F_{mn} \mathrm{e}^{\mathrm{i}\varepsilon t} a_n,$$

$$\mathrm{i}\hbar \frac{\mathrm{d}a_n}{\mathrm{d}t} = F_{mn}^* \mathrm{e}^{-\mathrm{i}\varepsilon t} a_m.$$

我们作下列替代

$$a_n e^{i\varepsilon t} = b_n,$$

得以下两个方程:

$$i\hbar \dot{a}_m = F_{mn} b_n, \quad i\hbar(\dot{b}_n - i\varepsilon b_n) = F_{mn}^* a_m.$$

消去 a_m 后,得

$$\ddot{b}_n - i\varepsilon \dot{b}_n + |F_{mn}|^2 b_n/\hbar^2 = 0$$

这个方程组的两套独立解可以取成

$$a_n = A e^{i\alpha_1 t}, \quad a_m = -A \frac{\hbar\alpha_1}{F_{mn}^*} e^{i\alpha_2 t} \tag{1}$$

和

$$a_n = B e^{-i\alpha_2 t}, \quad a_m = B \frac{\hbar\alpha_2}{F_{mn}^*} e^{-i\alpha_1 t} \tag{2}$$

其中的 A 和 B 都是常数(它们由归一化条件确定),式中应用了下列记号:

$$\alpha_1 = -\frac{\varepsilon}{2} + \Omega, \ \alpha_2 = \frac{\varepsilon}{2} + \Omega, \ \Omega = \sqrt{\frac{\varepsilon^2}{4} + |\eta|^2}, \ \eta = \frac{F_{mn}}{\hbar}.$$

因此,在所给微扰的作用下,函数 $\Psi_n^{(0)}$,$\Psi_m^{(0)}$ 变成函数 $a_n\Psi_n^{(0)} + a_m\Psi_m^{(0)}$,其中的 a_n 和 a_m 由(1)式及(2)式给出.

假定该系统在起始时($t=0$)处于 $\Psi_m^{(0)}$ 态.在随后时刻,该系统就处于我们求得的两个函数的线性组合态 Ψ 中,该组合态当 $t=0$ 时变成 $\Psi_m^{(0)}$:

$$\Psi = e^{\frac{i\varepsilon t}{2}} \left(\cos \Omega t - \frac{i\varepsilon}{2\Omega} \sin \Omega t\right) \Psi_m^{(0)} - \frac{i\eta^*}{\Omega} e^{-\frac{i\varepsilon t}{2}} \sin \Omega t \cdot \Psi_n^{(0)}. \tag{3}$$

$\Psi_n^{(0)}$ 前系数的模量平方为

$$\frac{|\eta|^2}{2\Omega^2}(1 - \cos 2\Omega t). \tag{4}$$

这个式子给出了 t 时刻发现该系统处于 $\Psi_n^{(0)}$ 态的概率.我们看到这个概率是一个频率为 2Ω 的周期函数,概率值在 0 与 $|\eta|^2/\Omega^2$ 之间变化.

$\varepsilon=0$ 时(严格共振),(4)式所示的概率变成

$$\frac{1}{2}(1 - \cos 2|\eta| t),$$

它在 0 与 1 间周期性地变化;换句话说,该系统周期性地从 $\Psi_m^{(0)}$ 态跃迁到 $\Psi_n^{(0)}$ 态.

§41 有限时间间隔微扰作用下的跃迁

现在假定微扰 $V(t)$ 只作用于某一有限时间间隔内[或者,当 $t\to\pm\infty$ 时,$V(t)$ 消失得足够快].并假定该系统在微扰作用之前(或者在 $t\to-\infty$ 时)处于

(离散谱的)第 n 个态中. 在随后时刻,系统的态将由 $\Psi=\sum_k a_{kn}\Psi_k^{(0)}$ 函数所确定,一级近似时,其中的系数为

$$a_{kn}=a_{kn}^{(1)}=-\frac{\mathrm{i}}{\hbar}\int_{-\infty}^{t}V_{kn}\mathrm{e}^{\mathrm{i}\omega_{kn}t}\mathrm{d}t,\ k\neq n,$$

$$a_{nn}=1+a_{nn}^{(1)}=1-\frac{\mathrm{i}}{\hbar}\int_{-\infty}^{t}V_{nn}\mathrm{d}t;\tag{41.1}$$

(40.5)式中的积分限是这样选取的,使得 $t\to-\infty$ 时所有的 $a_{kn}^{(1)}$ 都趋于零. 当微扰作用停止以后(或者在 $t\to+\infty$ 时),a_{kn} 系数都取定值 $a_{kn}(\infty)$,该系统则处于下列波函数所描述的态中:

$$\Psi=\sum_k a_{kn}(\infty)\Psi_k^{(0)},$$

这个波函数又满足未受扰的波动方程,但是已不同于原来的 $\Psi_n^{(0)}$ 函数. 根据一般规则,$a_{kn}(\infty)$ 系数的模量平方值确定了该系统具有能量值 $E_k^{(0)}$ 的概率,即该系统处于第 k 个定态的概率.

由此可见,在微扰作用下,该系统有可能从起初的定态过渡到任一其它定态. 从初态(第 i 个定态)跃迁到末态(第 f 个定态)的概率等于①

$$w_{fi}=\frac{1}{\hbar^2}\left|\int_{-\infty}^{\infty}V_{fi}\mathrm{e}^{\mathrm{i}\omega_{fi}t}\mathrm{d}t\right|^2.\tag{41.2}$$

现在来考虑一个微扰,它一经作用之后,将继续地作用下去(当然,它总是保持很小). 换句话说,$V(t)$ 当 $t\to-\infty$ 时趋于零,而当 $t\to+\infty$ 时趋向不等于零的某一有限值. 这种情形下,(41.2)式不能直接应用,因为式中的积分是发散的. 但是这种发散性从物理上讲来并不重要,并且很容易把它去掉. 为此目的,我们进行分部积分:

$$a_{fi}=-\frac{\mathrm{i}}{\hbar}\int_{-\infty}^{t}V_{fi}\mathrm{e}^{\mathrm{i}\omega_{fi}t}\mathrm{d}t=-\left[\frac{V_{fi}\mathrm{e}^{\mathrm{i}\omega_{fi}t}}{\hbar\omega_{fi}}\right]_{-\infty}^{t}+$$
$$+\int_{-\infty}^{t}\frac{\partial V_{fi}}{\partial t}\frac{\mathrm{e}^{\mathrm{i}\omega_{fi}t}}{\hbar\omega_{fi}}\mathrm{d}t.$$

第一项的数值在下限等于零,在上限形式上与(38.8)式中的展开系数相同;式中多出一个周期因子 $\mathrm{e}^{\mathrm{i}\omega_{fi}t}$ 的原因,仅仅是由于上式中的 a_{fi} 是整个(含时)波函数 Ψ 的展开系数,而 §38 中的 c_{fi} 是不含时的 ψ 函数的展开系数. 这就很明显,$t\to\infty$ 时这一项的极限值,不过是原函数 $\Psi_i^{(0)}$ 在微扰的"恒定部分" $V(+\infty)$ 作用下所引起的改变,这种改变与跃迁到其它态没有什么关系. 跃迁概率是由上式第二

---

① 为一致起见,今后谈到跃迁概率时,初态和末态一律记作 i 和 f,这个概率的下标次序为 fi(不是 if),与矩阵元的下标次序相同.

项的模量平方值给出的，并等于

$$w_{fi}=\frac{1}{\hbar^2\omega_{fi}^2}\left|\int_{-\infty}^{\infty}\frac{\partial V_{fi}}{\partial t}e^{i\omega_{fi}t}dt\right|^2. \tag{41.3}$$

对于从离散谱的态跃迁到连续谱中的态讲来，以上所得的这些公式也是成立的. 其差别仅在于，当我们讲到从所给态（第 i 个态）出发跃迁到值域（见 §38 末）介于 ν_f 和 $\nu_f+d\nu_f$ 之间的态时，跃迁概率式（41.2）应写成下列形式：

$$dw_{fi}=\frac{1}{\hbar^2}\left|\int_{-\infty}^{\infty}V_{fi}e^{i\omega_{fi}t}dt\right|^2 d\nu_f. \tag{41.4}$$

如果微扰 $V(t)$ 在数量级为周期 $\frac{1}{\omega_{fi}}$ 的时间间隔内变化得很少，则（41.2）或（41.3）式中的积分值也将很小. 在极限情形下，当所加微扰变化得十分缓慢的时候，具有能量变化的（即频率 ω_{fi} 不等于零的）任何跃迁概率都趋于零. 由此可见，当所加微扰变化得足够慢（或称**浸渐微扰**）的时候，处于某一无简并定态中的系统仍将留在该态中（还可参考 §53）.

反之，在极快地“瞬时”加入微扰这一极限情形下，“加入时刻”的导数值 $\frac{\partial V_{fi}}{\partial t}$ 变成无穷大. 我们可以在 $\left(\frac{\partial V_{fi}}{\partial t}\right)e^{i\omega_{fi}t}$ 的积分式中，把变化得较慢的 $e^{i\omega_{fi}t}$ 因子取出积分号外，并令它等于该时刻所具有的数值. 留下的积分就可以立刻算出，结果得

$$w_{fi}=\frac{|V_{fi}|^2}{\hbar^2\omega_{fi}^2}. \tag{41.5}$$

当微扰本身并不太小时，也可求出瞬时微扰下的跃迁概率. 假定系统原处于哈密顿量 $\hat{H}_0$ 的某一本征函数 $\psi_i^{(0)}$ 所描述的态中. 如果“瞬时”地改变哈密顿量（这就是说，所用的时间远小于原来的第 i 个态跃迁到其它态的周期 $\frac{1}{\omega_{fi}}$），则该系统的波函数“来不及”改变，仍留于微扰以前的态中. 但是，它并不是新哈密顿量 $\hat{H}$ 的本征函数，也就是说，$\psi_i^{(0)}$ 不再是定态. 根据量子力学的一般规则，该系统跃迁到某一新定态的概率 w_{fi} 是由 $\psi_i^{(0)}$ 函数对 $\hat{H}$ 的本征函数组 ψ_f 展开后的展开系数确定的：

$$w_{fi}=\left|\int\psi_i^{(0)}\psi_f^*\,dq\right|^2. \tag{41.6}$$

现在来证明，如果哈密顿量的改变量 $\hat{V}=\hat{H}-\hat{H}_0$ 很小，这个一般公式如何化回到（41.5）式. 以下两式

$$\hat{H}_0\psi_i^{(0)}=E_i^{(0)}\psi_i^{(0)},\quad \hat{H}^*\psi_f^*=E_f\psi_f^*$$

分别各乘上 ψ_f^* 和 $\psi_i^{(0)}$ 后，对 dq 积分，并逐项相减. 再利用 $\hat{H}$ 算符的厄米性，可得

$$(E_f - E_i^{(0)})\int \psi_f^* \psi_i^{(0)} \mathrm{d}q = \int \psi_f^* \hat{V} \psi_i^{(0)} \mathrm{d}q.$$

如果微扰 $\hat{V}$ 很小，则一级近似下的 E_f 可用未微扰能级 $E_f^{(0)}$ 代替，而波函数 ψ_f（在上式右边的）相应地可用 $\psi_f^{(0)}$ 代替. 此时得

$$\int \psi_f^* \psi_i^{(0)} \mathrm{d}q = \frac{1}{\hbar\omega_{fi}} \int \psi_f^{(0)*} \hat{V} \psi_i^{(0)} \mathrm{d}q.$$

故(41.6)式变成了(41.5)式.

习　　题

1. 处于基态的一个带电振子上突然加入一个均匀电场，求该振子受此微扰后跃迁到激发态的概率.

解：均匀电场中的振子势能（电场的作用力为 F）为

$$U(x) = \frac{m\omega^2}{2}x^2 - Fx = \frac{m\omega^2}{2}(x - x_0)^2 + 常数$$

$\left(其中的\ x_0 = \dfrac{F}{m\omega^2}\right)$，故仍具振子形式（但平衡位置移动了）. 因此受扰振子的定态波函数为 $\psi_k(x - x_0)$，而 $\psi_k(x)$ 是(23.12)式的振子波函数；初态波函数是(23.13)式的 $\psi_0(x)$. 根据这些公式以及(23.11)式的厄米多项式，可得

$$\int_{-\infty}^{\infty} \psi_0^{(0)} \psi_k \mathrm{d}x = \frac{(-1)^k}{\sqrt{2^k \pi k!}} \mathrm{e}^{-\xi_0^2/2} \int_{-\infty}^{\infty} \mathrm{e}^{-\xi\xi_0} \frac{\mathrm{d}^k}{\mathrm{d}\xi^k} \mathrm{e}^{-\xi^2 + 2\xi\xi_0} \mathrm{d}\xi,$$

式中引入了记号 $\xi_0 = x_0\sqrt{\dfrac{m\omega}{\hbar}}$. 分部积分 k 次以后，上式右边积分变成下列形式：

$$\xi_0^k \int_{-\infty}^{\infty} \mathrm{e}^{-\xi^2 + \xi\xi_0} \mathrm{d}\xi = \xi_0^k \sqrt{\pi}\, \mathrm{e}^{\xi_0^2/4}.$$

故跃迁概率(41.6)为

$$w_{k0} = \frac{\bar{k}^k}{k!}\mathrm{e}^{-\bar{k}}, \quad \bar{k} = \frac{1}{2}\xi_0^2 = F^2/2m\hbar\omega^3.$$

作为量子数 k 的函数，上式呈泊松分布形式，其中 $\bar{k}$ 是 k 的平均值.

当 F 很小，以致 $\bar{k} \ll 1$ 时，微扰论可以适用. 此时，跃迁到激发态的概率很小，并随 k 的增大而很快衰减. 最大值为 $w_{10} \approx \bar{k}$.

相反的情形下，当 F 很大时（$\bar{k} \gg 1$），激发振子的产生具有极大的概率：该振子仍留于基态的概率为 $w_{00} = \mathrm{e}^{-\bar{k}}$.

2. 处于基态的原子核，受一急剧撞击后具有速度 v；撞击时间 τ 假定既小于电子周期，又小于 a/v（a 为原子线度）. 求该原子在这种“冲击”影响下的激发概率（А. Б. Мигдал，1939）.

解：变换到 K' 参考系，这个参考系与受撞后的原子核一起运动. 由于条件 $\tau \ll a/v$，受撞期间的原子核可以认为实际上没有移动，因此，受扰刚结束时，参考系 K' 中的电子坐标与原参考系 K 中的电子坐标相等. 初态波函数在 K' 参考系中为

$$\psi_0' = \psi_0 \exp\left(-\mathrm{i}\boldsymbol{q}\cdot\sum_a \boldsymbol{r}_a\right),\quad \boldsymbol{q} = \frac{mv}{\hbar},$$

其中的 ψ_0 为原子核未动时的基态波函数，指数幂中的 $\sum_a$ 是对该原子中所有的 Z 个电子求和. 按(41.6)式，跃迁到第 k 个激发态的概率由下式确定：

$$w_{k0} = \left|\langle k|\exp\left(-\mathrm{i}\boldsymbol{q}\cdot\sum_a \boldsymbol{r}_a\right)|0\rangle\right|^2.$$

特别是当 $qa \ll 1$ 时，积分号内的指数因子可以展开. 并由于 ψ_0 和 ψ_k 函数的正交性，注意 $\psi_k^*\psi_0$ 的积分等于零，故得

$$w_{k0} = \left|\langle k|\left(\boldsymbol{q}\cdot\sum_a \boldsymbol{r}_a\right)|0\rangle\right|^2.$$

3. 求氢原子受突然“冲击”后激发和电离的总概率（参考上题）.

解：欲求的总概率可按下式计算：

$$1 - w_{00} = 1 - \left|\int \psi_0^2 \mathrm{e}^{-\mathrm{i}\boldsymbol{q}\cdot\boldsymbol{r}}\mathrm{d}V\right|^2,$$

其中的 w_{00} 为原子仍留于基态的概率（氢原子基态波函数 $\psi_0 = \frac{1}{\sqrt{\pi a^3}}\mathrm{e}^{-r/a}$；$a$ 为玻尔半径）. 算出积分后得

$$1 - w_{00} = 1 - \frac{1}{\left(1 + \frac{1}{4}q^2a^2\right)^4}.$$

在 $qa \ll 1$ 的极限情形下，这个概率变成 $1 - w_{00} \approx q^2a^2$ 而趋于零，当 $qa \gg 1$ 时，$1 - w_{00} \approx 1 - (2/qa)^8$ 趋于 1.

4. 原子序数 Z 很大的原子核进行 β 衰变，求该原子 K 层电子的逸出概率. β 粒子的速度假定大于 K 电子的速度（А. Б. Мигдал，1941；Е. Л. Фейнберг，1939）.

解①：在上述条件下，β - 粒子穿过 K 层的时间小于电子的绕核周期，因而核电荷的变化可以看作是瞬时的. 电荷变化所引起的核电场改变量 $V = 1/r$ 很小（1

① 题 4 和题 5 中应用了原子单位.

与 Z 之比),起着微扰的作用.按(41.5)式,能量①为 $E_0=-Z^2/2$ 的两个 K 层电子中,有一个电子跃迁到能量介于 $E=k^2/2$ 和 $E+\mathrm{d}E(\mathrm{d}E=k\mathrm{d}k)$ 的连续谱区间内的概率为

$$\mathrm{d}w=2\frac{4|V_{0k}|^2}{(k^2+Z^2)^2}\mathrm{d}k.$$

在决定矩阵元 V_{0k} 的表式时,近核处($\sim 1/Z$)的积分区间最重要,这时连续谱状态波函数仍可利用类氢原子的表式.末态电子的角动量必为 $l=0$(等于初态的角动量).利用§36得到的 R_{10} 和按 $k/2\pi$ 标度归一化的 R_{k0} 函数以及数学附录中的(f.3)式,得②

$$\left(\frac{1}{r}\right)_{0k}=\frac{4\sqrt{2\pi k}\left(1+\frac{\mathrm{i}k}{Z}\right)^{\mathrm{i}Z/k}\left(1-\frac{\mathrm{i}k}{Z}\right)^{-\mathrm{i}Z/k}}{\left(1-\mathrm{e}^{-2\pi Z/k}\right)\left(1+\frac{k^2}{Z^2}\right)}.$$

由于

$$|(1+\mathrm{i}\alpha)^{\mathrm{i}/\alpha}|^2=\exp\left(-2\frac{\arctan\alpha}{\alpha}\right),$$

最后得

$$\mathrm{d}w=\frac{2^7}{Z^4\left(1+\frac{k^2}{Z^2}\right)^4}\mathrm{f}\left(\frac{k}{Z}\right)k\mathrm{d}k,$$

并有

$$f(\alpha)=\frac{1}{1-\mathrm{e}^{-2\pi/\alpha}}\exp\left(-4\frac{\arctan\alpha}{\alpha}\right).$$

$f(\alpha)$ 函数的极限值为

$$\alpha\ll 1 \text{ 时 } f=\mathrm{e}^{-4},\quad \alpha\gg 1 \text{ 时 } f=\alpha/2\pi.$$

$\mathrm{d}w$ 对逸出电子的所有能量积分,可得 K 层电离的总概率.数值计算后,得 $w=0.65Z^2$.

5. 原子序数 Z 很大的原子核进行 α 衰变,求该原子 K 层电子的逸出概率.α 粒子的速度小于 K 电子的速度,但是它从原子核内逸出的时间小于电子的绕核周期(А. Б. Мигдал,1941;J. S. Levinger,1953).

解:α 粒子刚逸出时,作用于电子的微扰还是浸渐微扰.因此,所求效应主要取决于浸渐被破坏那一微扰"加入时刻"附近的时间间隔,此时的 α 粒子虽已逸出原子核并作自由运动,但仍处于比 K 层电子的轨道半径来得小的距离内.α 粒

① 对 K 电子,今后将用类氢原子态(参考§74).

② 计算时最好采用库仑单位,最后结果中再换成原子单位.

子和原子核的联合场与纯库仑场 Z/r 的差别，代表了致使原子电离的微扰作用 V. 原子量分别为 4 和 $A-4$，电荷分别为 2 和 $Z-2$ 相互距离为 vt(v 是 α 粒子和原子核的相对速度)的两个粒子的偶极矩等于

$$\frac{2(A-4)-4(Z-2)}{A}vt=\frac{2(A-2Z)}{A}vt.$$

故原子核和 α 粒子的势场的偶极项为①

$$V=\frac{2(A-2Z)}{A}vt\,\frac{z}{r^3},$$

式中取 z 轴沿速度v的方向. 取电子运动方程 $\ddot{z}=-Zz/r^3$ 的矩阵元，可把以上微扰 V 的矩阵元化成 z 的矩阵元，我们有

$$\left(\frac{z}{r^3}\right)_{0k}=\frac{(E-E_0)^2}{Z}z_{0k}.$$

按(41.2)式，两个 K 电子中有一个电子进行跃迁的概率为

$$\mathrm{d}w=2\left|\int_0^\infty V_{0k}\mathrm{e}^{\mathrm{i}(E_0-E)t}\mathrm{d}t\right|^2\mathrm{d}k=\frac{8(A-2Z)^2v^2}{A^2Z^2}|z_{0k}|^2\mathrm{d}k/2\pi.$$

计算此积分时，先在被积函数中引进一个阻尼因子 $\mathrm{e}^{-\lambda t}$，$\lambda>0$，积出后，再令 $\lambda\to 0$，计算 $z=r\cos\theta$ 的矩阵元时，由于初态的轨道角动量 $l=0$，因此只有跃迁到 $l=1$ 的态时 $\cos\theta$ 的矩阵元才不等于零；故有

$$|(\cos\theta)_{01}|^2=(\cos^2\theta)_{00}=\frac{1}{3},\ |z_{0k}|^2=\frac{1}{3}|r_{0k}|^2.$$

应用径函数 R_{00}和 R_{k1}算出 r_{0k}后，结果得

$$\mathrm{d}w=\frac{2^{11}(A-2Z)^2v^2}{3A^2Z^6\left(1+\frac{k^2}{Z^2}\right)^5}\mathrm{f}\left(\frac{k}{Z}\right)k\mathrm{d}k.$$

f 函数已见题 4.

§42 周期微扰作用下的跃迁

在周期微扰的作用下跃迁到连续谱状态的概率，和以前的结果有所不同. 设在 $t=0$ 的起初时刻，系统处于离散谱的第 i 个定态中. 假定周期微扰的频率 ω 满足

$$\hbar\omega>E_{\min}-E_i^{(0)}, \tag{42.1}$$

其中的 $E_{\min}$为连续谱的起始能量值.

根据 §40 的结果显然可知，起首要作用的态是能量 E_f 十分接近于**共振**能量 $E_i^{(0)}+\hbar\omega$ 的那些态，亦即 $\omega_{fi}-\omega$ 值很小的那些态. 根据这一点，(40.8)式的

---

① 如果 $A-2Z$ 很小，还需考虑下一项四极矩项.

微扰矩阵元中只要考虑(频率 $\omega_{fi}-\omega$ 接近于零的)第一项就足够了. 把这一项代入(40.5)式中进行积分,我们得

$$a_{fi}=-\frac{\mathrm{i}}{\hbar}\int_0^t V_{fi}(t)\,\mathrm{d}t=-F_{fi}\frac{\mathrm{e}^{\mathrm{i}(\omega_{fi}-\omega)t}-1}{\hbar(\omega_{fi}-\omega)}. \tag{42.2}$$

积分下限的选定,要使 $t=0$ 时 $a_{fi}=0$,以便符合于所设的初始条件.

由此求得的 a_{fi} 模量平方值为

$$|a_{fi}|^2=|F_{fi}|^2\cdot\frac{4\sin^2\dfrac{\omega_{fi}-\omega}{2}t}{\hbar^2(\omega_{fi}-\omega)^2}. \tag{42.3}$$

很易看出,当 t 很大时,上式可以看作和 t 成正比的一个函数. 证明时,只要注意到

$$\lim_{t\to\infty}\frac{\sin^2\alpha t}{\pi t\alpha^2}=\delta(\alpha). \tag{42.4}$$

实际上,$\alpha\neq0$ 时这个极限值等于零,但当 $\alpha=0$ 时我们有 $\dfrac{\sin^2\alpha t}{t\alpha^2}=t$,故其极限值为无穷大;最后,对 α 从 $-\infty$ 到 $+\infty$ 积分,我们有(作替代 $\alpha t=\xi$)

$$\frac{1}{\pi}\int_{-\infty}^{\infty}\frac{\sin^2\alpha t}{t\alpha^2}\mathrm{d}\alpha=\frac{1}{\pi}\int_{-\infty}^{\infty}\frac{\sin^2\xi}{\xi^2}\mathrm{d}\xi=1.$$

可见(42.4)式左边的函数实际上满足 δ 函数定义中的所有条件. 故 t 很大时我们有

$$|a_{fi}|^2=\frac{1}{\hbar^2}|F_{fi}|^2\pi t\delta\left(\frac{\omega_{fi}-\omega}{2}\right),$$

以 $\hbar\omega_{fi}=E_f-E_i^{(0)}$ 代入,并应用 $\delta(ax)=\delta(x)/a$,得

$$|a_{fi}|^2=\frac{2\pi}{\hbar}|F_{fi}|^2\delta(E_f-E_i^{(0)}-\hbar\omega)t.$$

表式 $|a_{fi}|^2\mathrm{d}\nu_f$ 等于从原态跃迁到 $\mathrm{d}\nu_f$ 间隔内的一个态的概率. 我们看到,当 t 很大时,它与从 $t=0$ 开始所经历的时间间隔成正比. 单位时间内的跃迁概率 $\mathrm{d}w_{fi}$ 为①

$$\mathrm{d}w_{fi}=\frac{2\pi}{\hbar}|F_{fi}|^2\delta(E_f-E_i^{(0)}-\hbar\omega)\mathrm{d}\nu_f. \tag{42.5}$$

如所预料,除了跃迁到能量为 $E_f=E_i^{(0)}+\hbar\omega$ 的态外,这个概率等于零. 如果该连续谱不存在简并能级,则 ν_f 可以径自取作能量值,此时 $\mathrm{d}\nu_f$“间隔”内的态就变成能量为 $E=E_i^{(0)}+\hbar\omega$ 的一个单态,跃迁到这个态的概率为

---

① 很易证明,当我们考虑了(40.8)式中曾被略去的第二项以后,得到一个补充项,这一项除以 t,当 $t\to\infty$ 时趋于零.

$$w_{Ei}=\frac{2\pi}{\hbar}|F_{Ei}|^2. \tag{42.6}$$

还有另一种方法能导出(42.5)式,它在方法论上很有教益,此法中并不假定周期微扰是在 $t=0$ 时刻加入的,而是从 $t=-\infty$ 开始以指数规律 $e^{\lambda t}$ 逐渐地加入(浸渐加入),λ 是一个正的常数,以后让它趋于零. 初始条件 $a_{fi}=0$ 现在适用于 $t=-\infty$ 时刻,微扰矩阵元变成

$$V_{fi}(t)=F_{fi}e^{i(\omega_{fi}-\omega)t+\lambda t},$$

(42.2)式变成

$$a_{fi}=-\frac{i}{\hbar}\int_{-\infty}^{t}V_{fi}(t)\,dt=-F_{fi}\frac{e^{i(\omega_{fi}-\omega)t+\lambda t}}{\hbar(\omega_{fi}-\omega-i\lambda)}. \tag{42.7}$$

因而

$$|a_{fi}|^2=\frac{1}{\hbar^2}|F_{fi}|^2\frac{e^{2\lambda t}}{(\omega_{fi}-\omega)^2+\lambda^2},$$

每单位时间的跃迁概率由上式微商给出:

$$\frac{d}{dt}|a_{fi}|^2=2\lambda|a_{fi}|^2,$$

和(42.4)式一样,下式是成立的:

$$\lim_{\lambda\to 0}\frac{\lambda}{\pi(\alpha^2+\lambda^2)}=\delta(\alpha), \tag{42.8}$$

利用上式取极限 $\lambda\to 0$,可得

$$\frac{d}{dt}|a_{fi}|^2\to\frac{2\pi}{\hbar^2}|F_{fi}|^2\delta(\omega_{fi}-\omega),$$

这就回到了(42.5)式.

§43 连续谱中的跃迁

微扰论的一个最重要应用,是计算恒定(与时间无关)微扰作用下连续谱中的跃迁概率. 我们早就指出过,连续谱的态差不多总是简并的. 用某种方式选好对应于某一给定能级的一套未受扰波函数以后,我们可以把这个问题作如下处理:设在某一初始时刻,已知该系统处于其中的某一态中,试求跃迁到具有同一能量的另一态的概率. 对从初态 i 跃迁到 ν_f 和 $\nu_f+d\nu_f$ 间隔内的态讲来,根据(42.5)式我们立刻得(改变式中的记号,并令该式中的 $\omega=0$)

$$dw_{fi}=\frac{2\pi}{\hbar}|V_{fi}|^2\delta(E_f-E_i)\,d\nu_f. \tag{43.1}$$

这个表式正如我们所预料的,除了 $E_f=E_i$ 以外都等于零:在恒定微扰的作用下,只有能量相同的态才能彼此跃迁. 必须注意的是,对连续谱状态的跃迁而言,dw_{fi}不能直接看作跃迁概率;甚至它的量纲也不一定是[1/时间]. 在(43.1)式

中,$\mathrm{d}w_{fi}$代表单位时间内的跃迁次数,其量纲依赖于连续谱波函数所选的归一化方式.①

我们来计算受扰后的波函数,它在微扰作用之前等于原来的未受扰波函数$\psi_i^{(0)}$.采用§42末段所给的方法,我们可把微扰看作是按$e^{\lambda t}$规律浸渐地加入的,然后取$\lambda \to 0$.按(42.7)式,令$\omega = 0$,并更换记号,得

$$a_{fi}^{(1)} = V_{fi} \frac{\exp\left\{\frac{\mathrm{i}}{\hbar}(E_f - E_i)t + \lambda t\right\}}{E_i - E_f + \mathrm{i}\lambda\hbar}. \tag{43.2}$$

受扰波函数为

$$\boldsymbol{\Psi}_i = \boldsymbol{\Psi}_i^{(0)} + \int a_{fi}^{(1)} \boldsymbol{\Psi}_f^{(0)} \mathrm{d}\boldsymbol{\nu}_f.$$

式中的积分遍及整个连续谱②.把(43.2)式代入,得

$$\boldsymbol{\Psi}_i = \left[\psi_i^{(0)} + \int V_{fi}\psi_f^{(0)} \frac{\mathrm{d}\boldsymbol{\nu}_f}{E_i - E_f + \mathrm{i}0}\right] \exp\left(-\frac{\mathrm{i}}{\hbar}E_i t\right). \tag{43.3}$$

取极限$\lambda \to 0$时,$e^{\lambda t}$因子变成1. $+\mathrm{i}0$项代表λ从正值趋于零时$\mathrm{i}\lambda$的极值,它确定了对变量E_f的积分方式($\mathrm{d}E_f$是$\mathrm{d}\boldsymbol{\nu}_f$中的一个因子,它和描述连续谱态的其它量的微分乘在一起).没有$\mathrm{i}\lambda$项,(43.3)的被积函数在$E_f = E_i$处就会有极点,积分在极点附近将会发散,$\mathrm{i}\lambda$项把这个极点移到复变量E_f的上半平面中去,作完$\lambda \to 0$的极限手续后,极点回到实轴上,但是我们知道,此时积分路径必须从极点的下面绕过去:

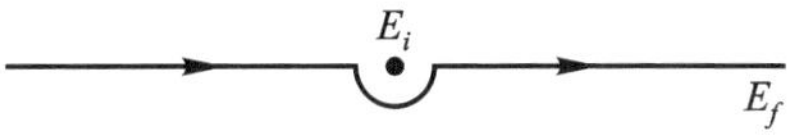

(43.4)

(43.3)式中的时间因子表明,这个函数和原来的未受扰函数属于同一能量E_i.换句话说,下列函数

$$\psi_i = \psi_i^{(0)} + \int \frac{V_{fi}}{E_i - E_f + \mathrm{i}0} \psi_f^{(0)} \mathrm{d}\boldsymbol{\nu}_f \tag{43.5}$$

满足薛定谔方程

$$(\hat{H}_0 + \hat{V})\psi_i = E_i \psi_i.$$

因此,所得表式自然和(38.8)式一致③.

---

① 此处所讲的理论包括很多现象,例如各种碰撞;系统无论在初态和末态都是一群自由粒子,而微扰就是它们之间的相互作用.波函数适当归一化后,(43.1)式就成为碰撞截面(见§126).

② 如果还有离散谱,则在此式(以及随后的式子)中尚需加进对离散谱各态的求和项.

③ 采用此式时,根据ψ_i在远距离处的渐近式中只能包含出射波(不能含入射波)这一条件,就能确定积分路径(见§136).

上述计算相当于微扰论的一级近似. 不难算出它的二级近似,为此,我们需要推导 Ψ_i 的下一级近似表式. 采用 §38 的方法(现在我们已经知道了处理"发散"积分的方法)容易做到这一点. 简单计算后,得

$$\Psi_i = \left\{\psi_i^{(0)} + \int \left[V_{fi} + \int \frac{V_{f\nu}V_{\nu i}}{E_i - E_\nu + \mathrm{i}0}\mathrm{d}\nu \right] \times \frac{\psi_f^{(0)}\mathrm{d}\nu_f}{E_i - E_f + \mathrm{i}0}\right\} \mathrm{e}^{-(\mathrm{i}/\hbar)E_i t}.$$

将此式和(43.3)式比较,直接模拟(43.1)式,即能写出相应的跃迁概率(确切地说,是跃迁次数)公式:

$$\mathrm{d}w_{fi} = \frac{2\pi}{\hbar}\left| V_{fi} + \int \frac{V_{f\nu}V_{\nu i}}{E_i - E_\nu + \mathrm{i}0}\mathrm{d}\nu \right|^2 \delta(E_i - E_f)\,\mathrm{d}\nu_f. \tag{43.6}$$

矩阵元 V_{fi} 对于所考虑的跃迁讲来,有可能等于零. 此时一级近似为零,(43.6)式变成

$$\mathrm{d}w_{fi} = \frac{2\pi}{\hbar}\left| \int \frac{V_{f\nu}V_{\nu i}}{E_i - E_\nu}\mathrm{d}\nu \right|^2 \delta(E_i - E_f)\,\mathrm{d}\nu_f. \tag{43.7}$$

应用上式时,$E_\nu = E_i$ 点一般不是被积函数的极点,于是对 E_ν 的积分方式就无关紧要了,积分可沿实轴进行.

$V_{f\nu}$ 和 $V_{\nu i}$ 都不等于零的那些 ν 态,通常称作 $i \to f$ 跃迁的**中间态**. 直观地讲,好像这种跃迁分成 $i \to \nu$ 和 $\nu \to f$ 两步走(当然,这只是一种口头上的说法). 也有可能 $i \to f$ 的跃迁不能通过一个而要连接通过好几个中间态才能发生. (43.7)式可以立即推广到这种情形,例如,如果需要两个中间态,则有

$$\mathrm{d}w_{fi} = \frac{2\pi}{\hbar}\left| \int \frac{V_{f\nu'}V_{\nu'\nu}V_{\nu i}}{(E_i - E_{\nu'})(E_i - E_\nu)}\mathrm{d}\nu\mathrm{d}\nu' \right|^2 \delta(E_f - E_i)\,\mathrm{d}\nu_f. \tag{43.8}$$

最后,为了澄清取(43.4)的积分路径的数学含义,我们来证明下列公式:

$$\int \frac{f(x)\,\mathrm{d}x}{x - a - \mathrm{i}0} = P\int \frac{f(x)\,\mathrm{d}x}{x - a} + \mathrm{i}\pi f(a), \tag{43.9}$$

式中积分沿着包括 $x = a$ 点在内的实轴段. 如果我们沿着半径为 ρ 的一个半圆绕过极点 $x = a$,我们发现,整个积分等于沿实轴从下限积到 $a - \rho$ 再从 $a + \rho$ 积到上限的两个积分,再加上被积函数在极点处的留数的 $\mathrm{i}\pi$ 倍. 取极限 $\rho \to 0$ 时,沿实轴的两个积分就变成沿整段的主值积分(用 P 表示),结果就是(43.9)式,该式也可用符号形式表成

$$\frac{1}{x - a - \mathrm{i}0} = P\frac{1}{x - a} + \mathrm{i}\pi\delta(x - a), \tag{43.10}$$

P 代表对 $f(x)/(x - a)$ 的积分取主值.

§44 能量的不确定度关系

我们来考虑由相互作用很弱的两个部分所组成的一个系统. 假定在某一时刻,已知这两个部分都具有确定的能量值,我们把它记作 E 和 ε. 经过某一时间

间隔 Δt 以后，再测能量；所得的 E'，ε' 值一般讲来和 E，ε 并不相同. 容易求出测量结果之差 $E'+\varepsilon'-E-\varepsilon$ 的最概然值所具有的数量级.

根据 $\omega=0$ 的(42.3)式，系统在不含时的微扰作用下，经过时间 t 后从能量为 E 的态跃迁到能量为 E' 的态所具有的跃迁概率与下式成正比：

$$\frac{\sin^2\left(\dfrac{E'-E}{2\hbar}t\right)}{(E'-E)^2}$$

由此可知，差 $E'-E$ 的最概然值具有 $\hbar/t$ 的数量级.

把这个结果用到目前考虑的情形中（以两个子系统间的相互作用为微扰），我们得到以下的关系式：

$$|E+\varepsilon-E'-\varepsilon'|\Delta t\sim\hbar. \tag{44.1}$$

由此可见，时间间隔 Δt 愈短，观测到的能量变化就愈大. 重要的是，$\hbar/\Delta t$ 这个数量级和微扰本身的数值无关. 不管子系统间的相互作用弱到什么地步，由(44.1)式确定的能量变化值都能观察到. 这个结果是量子理论所特有的，并且具有深刻的物理意义. 它表明，通过两次测量来验证量子力学中的能量守恒定律只有 $\hbar/\Delta t$ 数量级的精确度，其中的 Δt 为两次测量之间的时间间隔.

(44.1)式通常称为**能量的不确定度关系式**. 但是必须强调指出，它的含义与坐标和动量的不确定度关系式 $\Delta p\Delta x\sim\hbar$ 完全不同. 在后一个关系式中，Δp 和 Δx 为同一时刻的动量和坐标的不确定度；它表明了这两个量不能同时具有定值. 而另一方面，能量 E，ε 却不论在哪一时刻都可以任意精确地进行测量. (44.1)式中的 $(E+\varepsilon)-(E'+\varepsilon')$ 为能量 $E+\varepsilon$ 在两个不同时刻的精确测量值之差，并不是同一给定时刻的能量不确定度.

如果把 E 看作某一系统的能量，把 ε 看作"测量仪器"的能量，我们就可以说，它们之间的相互作用能量只能估计到 $\hbar/\Delta t$ 的程度为止. 令 ΔE，$\Delta\varepsilon$，… 为这些量的测量误差. 在最好的情形下，当 ε 和 ε' 已精确知道时（$\Delta\varepsilon=\Delta\varepsilon'=0$），我们有

$$\Delta(E-E')\sim\frac{\hbar}{\Delta t}. \tag{44.2}$$

根据这个式子，我们可以导出有关动量测量的若干重要结论. 粒子（为确定起见，我们把它说成为电子）动量的测量过程，可以用该电子与某一其它粒子（称为"测量"粒子）的碰撞来实现，这个"测量"粒子在碰撞前后的动量假定可以精确地测定①. 如果把动量守恒定律应用到这个碰撞问题中，可得三个方程式（一个矢量方程的三个分量式），具有六个未知数（碰撞前后电子动量的分量

① 在这里的分析中，这个"测量"粒子的能量等于多少并不重要.

值）. 如果该电子与许多"测量"粒子进行连续碰撞，并对每一次碰撞应用动量守恒定律，则方程数可以大大增加. 可是未知数（碰撞中的电子动量）的数目也随之增加，并且易于证明，不管碰撞多少次，未知数的数目总比方程数多出三个. 因此，为了测定电子的动量起见，除了动量守恒定律外，有必要在每一次碰撞中应用能量守恒定律. 但是我们已经知道，应用后一个定律只能得到 $\hbar/\Delta t$ 数量级的精确度，Δt 为测量过程始末的时间间隔.

为简化以后的讨论计，最好考虑一个假想的理想实验，其中的"测量粒子"是一个全反射的平面镜；这时重要的只是垂直于该平面镜的那个动量分量. 为了确定粒子的动量 P，根据动量守恒定律和能量守恒定律给出下列方程：

$$p' + P' - p - P = 0, \tag{44.3}$$

$$|\varepsilon' + E' - \varepsilon - E| \sim \frac{\hbar}{\Delta t}, \tag{44.4}$$

式中的 P, E 为粒子的动量和能量，p, ε 为平面镜的动量和能量；不带撇的和带撇的分别标志碰撞前后时刻的量. "测量粒子"的 $p, p', \varepsilon, \varepsilon'$ 诸量，假定都是精确知道的，它们的误差都等于零. 那么对其余各量的误差讲来，由上式得

$$\Delta P = \Delta P', \quad |\Delta E' - \Delta E| \sim \frac{\hbar}{\Delta t}.$$

可是

$$\Delta E = (\partial E/\partial P)\Delta P = v\Delta P,$$

v 为该电子（碰撞之前）的速度，同理有

$$\Delta E' = v'\Delta P' = v'\Delta P.$$

从而我们得

$$|(v'_x - v_x)\Delta P_x| \sim \frac{\hbar}{\Delta t}. \tag{44.5}$$

我们在速度和动量下面都加上了一个下标 x，这是为了强调这一式子对每一种分量分别讲来都是成立的.

这就是欲求的关系式. 它表明电子动量的测量（具有给定的精确度 ΔP）必然引起该电子的速度改变（亦即动量本身的改变）. 测量过程的历时愈短，这种改变就愈大. 只有 $\Delta t \to \infty$ 时，这种速度改变才能任意地小，但是占有长时间的动量测量只有对自由粒子才有意义. 动量测量在经历短时间间隔后的不可重复性以及量子力学中测量的"两面性"——一个物理量的测量值与测量过程结束之后它所采取的数值之间加以区别的必要性——在这里表现得特别清楚①.

本节之初根据微扰论所得的结论，也可以用另一种观点推导出来，这就是考

① （44.5）式以及能量不确定度关系的物理含义是由 N. 玻尔给出的（1928）.

虑某一系统在某种微扰作用下的衰变问题. 设 E_0 为该系统的一个能级,这个能级是在完全略去衰变可能性的假定下计算出来的. 令 τ 为系统处于这个态的**寿命**,也就是每单位时间衰变概率值的倒数. 然后用同样的方法,我们可得

$$|E_0 - E - \varepsilon| \sim \frac{\hbar}{\tau}, \tag{44.6}$$

其中的 E, ε 为该系统衰变之后形成的那两个部分的能量. $E+\varepsilon$ 可以看作衰变前的系统能量的一个估计值. 因此所得的式子表明,一个处于"准稳定"态的可衰变系统的能量,只能确定到 $\hbar/\tau$ 数量级为止. 这个量通常称为该能级的**宽度** Γ. 故

$$\Gamma \sim \frac{\hbar}{\tau}. \tag{44.7}$$

§ 45 以势能作微扰

粒子在外场中的整个势能如果可以当作微扰来处理,这种情形值得专门考虑,此时的未受扰薛定谔方程就是该粒子的自由运动方程:

$$\Delta\psi^{(0)} + k^2\psi^{(0)} = 0, \quad k = \frac{\sqrt{2mE}}{\hbar} = \frac{p}{\hbar}, \tag{45.1}$$

并具有平面波解. 自由运动的能谱是连续的,因此我们现在所考虑的是连续谱微扰论中的一个独特情形. 这个问题的直接求解,要比应用普遍公式更为方便.

一级近似的波函数修正 $\psi^{(1)}$ 满足下列方程:

$$\Delta\psi^{(1)} + k^2\psi^{(1)} = \frac{2mU}{\hbar^2}\psi^{(0)}, \tag{45.2}$$

式中的 U 为势能. 根据电动力学我们知道,上式的解可以写成**推迟势**形式,即下列形式①:

$$\psi^{(1)}(x,y,z) = -\frac{m}{2\pi\hbar^2}\int \psi^{(0)} U(x',y',z')\,\mathrm{e}^{ikr}\mathrm{d}V'/r, \tag{45.3}$$

其中的

$$\mathrm{d}V' = \mathrm{d}x'\mathrm{d}y'\mathrm{d}z', \quad r^2 = (x-x')^2 + (y-y')^2 + (z-z')^2.$$

现在来阐明势场 U 应该满足什么样的条件才能看作微扰. 微扰论的适用条件已经包含在 $\psi^{(1)} \ll \psi^{(0)}$ 这个要求内. 设 a 为该势场显著地不等于零的那个区域空间尺度的数量级. 我们首先假定该粒子的能量十分小,以致 ka 的数量级至多等于 1. 此时(45.3)被积函数中的 e^{ikr} 因子在数量级的估计中并不重要,该积分的数量级为 $\psi^{(0)}|U|a^2$,故

---

① 这是(45.2)式的一个特解,其中还可以加进一个未受扰方程(45.1)式的任意解,即(45.2)式的右边等于零时的任意解.

$$\psi^{(1)} \sim \frac{ma^2|U|}{\hbar^2}\psi^{(0)}.$$

我们就得下列条件

$$|U| \ll \frac{\hbar^2}{ma^2}, \quad \text{当 } ka \lesssim 1 \text{ 时}. \tag{45.4}$$

要注意的是,此式右边具有简单的物理含义;它等于封闭在线度为 a 的体积内的一个粒子所具有的动能数量级(因为根据不确定度关系,粒子动量的数量级为 $\hbar/a$).

我们来考虑一个特殊情形,设有一个十分浅的势阱,满足(45.4)式所给的条件.容易证明,在这样的势阱中并不存在负能级(R. Peierls 1929);对一个球对称的势阱讲来,这种特殊情形已经在§33的例题中证明过.实际上,当 $E=0$ 时,未受扰波函数变成一个常数,可以任意选定这个常数,我们暂定它等于1;$\psi^{(0)}=1$.由于 $\psi^{(1)} \ll \psi^{(0)}$,在势阱中运动的波函数 $\psi=1+\psi^{(1)}$ 显然到处不等于零;这个本征函数是无节点的,它属于基态,因此 $E=0$ 仍是该粒子的最小能量值.由此可见,如果势阱足够浅,那么该粒子只能作无限运动;这个粒子不能被势阱所"俘获".必须注意到,这是量子理论所特有的结果;经典力学中的粒子在任意势阱中都能作有限运动.

应该强调指出,以上所讲的只是针对三维势阱而言的.在一维或两维势阱中(即在这样的势阱中,U 只是一个或两个坐标变量的函数),总可以存在负能级(见本节之末的例题).原因在于,在一维或两维情形中,目前考虑的微扰论当能量 E 等于零(或很小)时不再适用①.

在高能量情形下,此时有 $ka \gg 1$,被积函数中的 e^{ikr} 因子起着重要作用,并使积分值显著地减小.这种情形下(45.3)式之解可以变换成另一种形式;为了推导这种形式,最好回到方程(45.2)直接求解.我们把微扰前的运动方向取作 x 轴;则未受扰波函数的形式为 $\psi^{(0)}=e^{ikx}$(常数因子暂定为1).我们来求下式之解:

$$\Delta\psi^{(1)}+k^2\psi^{(1)}=\frac{2m}{\hbar^2}Ue^{ikx},$$

令 $\psi^{(1)}=e^{ikx}f$;鉴于所假定的 k 值很大,我们在 $\Delta\psi^{(1)}$ 中只要保留 e^{ikx} 因子经过一次或两次微商后所得之项就可以了.由此可得 f 的下列方程式:

---

① 在两维情形下,$\psi^{(1)}$ 可表为(根据二维波动方程的理论可知)类似于(45.3)的一个积分式,其中的 $e^{ik\cdot r}dx'dy'dz'/r$ 被换成 $i\pi H_0^{(1)}(kr)dx'dy'$,$H_0^{(1)}$ 为零阶的第一类汉克尔函数,而 $r^2=(x-x')^2+(y-y')^2$.当 $k\to 0$ 时,这个汉克尔函数,从而整个积分式,均以对数方式趋向无穷大.

同理,在一维情形下,被积函数中含有因子 $2\pi i e^{ik\cdot r}dx'/k$,其中的 $r=|x-x'|$,当 $k\to 0$ 时,$\psi^{(1)}$ 按 $1/k$ 趋向无穷大.

$$2\mathrm{i}k\frac{\partial f}{\partial x}=\frac{2mU}{\hbar^2},$$

故

$$\psi^{(1)}=\mathrm{e}^{\mathrm{i}kx}f=-\frac{\mathrm{i}m}{\hbar^2 k}\mathrm{e}^{\mathrm{i}kx}\int U\mathrm{d}x. \tag{45.5}$$

对这个积分进行估计,得 $|\psi^{(1)}|\sim\frac{ma|U|}{\hbar^2 k}$,因此这种情形下的微扰论适用条件为

$$|U|\ll\frac{\hbar^2}{ma^2}ka=\frac{\hbar v}{a},\quad ka\gg1, \tag{45.6}$$

其中的 $v=k\hbar/m$ 是该粒子的速度. 我们注意到这个条件比(45.4)来得弱. 因此,在低能粒子情形下,如果一个势场可以当作微扰来处理,那么在高能情形下,这个势场一定仍能当作微扰来处理,反之就不一定正确了①.

这里所讲的微扰论的适用性,对库仑场而言还需另行考虑. 在 $U=\alpha/r$ 的场中,不可能分出一个有限空间区域,使得域外的 U 比域内的小得很多. 把(45.6)式中的参量 a 改写成距离变量 r,就得欲求的适用条件;从而导出下列不等式:

$$\frac{\alpha}{\hbar v}\ll1. \tag{45.7}$$

由此可见,对高能粒子而言,库仑场可以当作微扰②.

最后,我们来推导一个公式,它能近似地给出某个粒子的波函数,只要这个粒子的能量 E 到处都远大于势能 U(不加其它条件). 在一级近似中,这个波函数和坐标的关系,与自由运动(其方向取作 x 轴)的情形相同. 因此我们可设 ψ 呈 $\psi=\mathrm{e}^{\mathrm{i}kx}F$ 形式,其中的 F 是一个坐标的函数,它与 $\mathrm{e}^{\mathrm{i}kx}$ 相比变化得较慢(但是不能一般地认为它接近于 1). 把它代入薛定谔方程中,可得 F 的方程式

$$2\mathrm{i}k\frac{\partial F}{\partial x}=\frac{2m}{\hbar^2}UF, \tag{45.8}$$

由此得

$$\psi=\mathrm{e}^{\mathrm{i}kx}F=\text{常数}\times\mathrm{e}^{\mathrm{i}kx}\mathrm{e}^{-(\mathrm{i}/\hbar v)\int U\mathrm{d}x}, \tag{45.9}$$

这就是欲求的表式. 但需注意,此式在远距离处并不适用. 在方程(45.8)中,我们略去了含有 F 二级微商的 ΔF 项. 在远距离处,$\partial^2 F/\partial x^2$ 和一级微商 $\partial F/\partial x$ 一起趋于零,但它对横坐标 y,z 的偏微商并不趋于零,只有满足 $x\ll ka^2$ 条件时,

---

① 一维情形下,微扰论的适用条件(45.6)式对所有的 ka 成立. 三维情形下推得的(45.4)式对一维情形并不适用,因为所得的 $\psi^{(1)}$ 函数具有发散性(见前一附注).

② 必须注意,对 $U=\alpha/r$ 的场而言,(45.5)式当 $x/\sqrt{(y^2+z^2)}$ 很大时积分是发散的(对数发散). 因此用微扰论求出的库仑场中的波函数,在绕 x 轴的狭圆锥内不能适用.

它们才能被忽略掉.

习　题

1. 试求一维浅势阱中的能级. 假定它已满足(45.4)式,并且积分$\int_{-\infty}^{\infty} U\mathrm{d}x$是收敛的.

解:我们先假定能级$|E| \ll |U|$,这个假定将被以后的结果所证实. 那么,在下列薛定谔方程的右边

$$\frac{\mathrm{d}^2\psi}{\mathrm{d}x^2}=\frac{2m}{\hbar^2}[U(x)-E]\psi,$$

我们可以略去势阱范围内的E,并把ψ看作常数,不失其普遍性,可令ψ等于1:

$$\frac{\mathrm{d}^2\psi}{\mathrm{d}x^2}=\frac{2m}{\hbar^2}U.$$

此式对$\mathrm{d}x$积分,积分限为$\pm x_1$两点,并且$a \ll x_1 \ll 1/\kappa$,其中的a为势阱宽度,而$\kappa=\sqrt{2m|E|}/\hbar$. 由于$U(x)$的积分是收敛的,式右的积分可延伸到从$-\infty$到$+\infty$的整个值域:

$$\left.\frac{\mathrm{d}\psi}{\mathrm{d}x}\right|_{-x_1}^{x_1}=\frac{2m}{\hbar^2}\int_{-\infty}^{\infty} U\mathrm{d}x. \tag{1}$$

在远离势阱处,波函数呈$\psi=\mathrm{e}^{\pm\kappa x}$的形式. 把它代入(1)式,我们得

$$-2\kappa=\frac{2m}{\hbar^2}\int_{-\infty}^{\infty} U\mathrm{d}x$$

或

$$|E|=\frac{m}{2\hbar^2}\left[\int_{-\infty}^{\infty} U\mathrm{d}x\right]^2.$$

由此可见,能级是一个很小的量,比阱深还高一个数量级(二级小量),与假设相符.

2. 求二维浅势阱$U=U(r)$中的能级(r为平面中的极坐标);假定积分$\int_0^{\infty} rU\mathrm{d}r$是收敛的.

解:和上题一样做法,我们得到阱内的方程为

$$\frac{1}{r}\frac{\mathrm{d}}{\mathrm{d}r}\left(r\frac{\mathrm{d}\psi}{\mathrm{d}r}\right)=\frac{2m}{\hbar^2}U.$$

此式对r从0到r_1积分(其中的$a \ll r_1 \ll 1/\kappa$),结果得

$$\left.\frac{\mathrm{d}\psi}{\mathrm{d}r}\right|_{r=r_1}=\frac{2m}{\hbar^2 r_1}\int_0^{\infty} rU(r)\,\mathrm{d}r. \tag{1}$$

在远离势阱处,两维自由运动的方程为

$$\frac{1}{r}\frac{\mathrm{d}}{\mathrm{d}r}\left(r\frac{\mathrm{d}\psi}{\mathrm{d}r}\right)+\frac{2m}{\hbar^2}E\psi=0,$$

它有(无穷远处为零的)解 ψ = 常数 $\times \mathrm{H}_0^{(1)}(\mathrm{i}\kappa r)$;当这个函数的宗量值很小时,$\mathrm{H}_0^{(1)}$ 中的首项与 $\ln \kappa r$ 成正比. 记住这一点,我们在 $r\sim a$ 处,把阱内外的 ψ 的对数导数等同起来[阱内的 ψ 对数导数等于(1)式的右边],得

$$\frac{1}{a\ln \kappa a}\approx\frac{2m}{\hbar^2 a}\int_0^\infty U(r)r\mathrm{d}r,$$

由此得

$$|E|\sim\frac{\hbar^2}{ma^2}\exp\left\{-\frac{\hbar^2}{m}\left|\int_0^\infty Ur\mathrm{d}r\right|^{-1}\right\}.$$

我们看到,能级比阱深(指数式地)小得很多.

第七章

准经典情形

§46 准经典情形下的波函数

如果各粒子的德布罗意波长在所给问题中远小于确定该问题各种条件的特征尺度 L,该系统就接近于经典性质,正如波动光学当波长趋近于零时过渡到几何光学那样.

让我们对**准经典系统**的性质作进一步的研究.为此,我们在薛定谔方程

$$\sum_a \frac{\hbar^2}{2m_a}\Delta_a\psi + (E - U)\psi = 0$$

中作下列替换:

$$\psi = \mathrm{e}^{(\mathrm{i}/\hbar)\sigma}. \tag{46.1}$$

对函数 σ 我们得到以下方程:

$$\sum_a \frac{1}{2m_a}(\nabla_a\sigma)^2 - \sum_a \frac{\mathrm{i}\hbar}{2m_a}\Delta_a\sigma = E - U. \tag{46.2}$$

由于该系统的性质已经假定是准经典的,σ 就可展成 $\hbar$ 的幂级数:

$$\sigma = \sigma_0 + (\hbar/\mathrm{i})\sigma_1 + (\hbar/\mathrm{i})^2\sigma_2 + \cdots. \tag{46.3}$$

我们先考虑最简单的情形,即单粒子的一维运动.(46.2)式此时化简成

$$\frac{1}{2m}\sigma'^2 - \frac{\mathrm{i}\hbar}{2m}\sigma'' = E - U(x), \tag{46.4}$$

其中的撇号代表对坐标 x 的微商.

在一级近似中,可令 $\sigma = \sigma_0$,并在方程中略去含有 $\hbar$ 的项:

$$\frac{1}{2m}\sigma_0'^2 = E - U(x).$$

由此得

$$\sigma_0 = \pm\int\sqrt{2m[E - U(x)]}\,\mathrm{d}x.$$

这个被积函数正好就是用坐标函数表出的该粒子的经典动量 $p(x)$. 我们把根号前带有 + 号的定义为函数 $p(x)$,则有

$$\sigma_0 = \pm \int p\mathrm{d}x, \quad p = \sqrt{2m(E-U)}, \tag{46.5}$$

这与波函数的极限表式(6.1)所预期的完全一致①. 只有(46.4)式左边的第二项远小于第一项时,这样的近似才是合理的,也就是必须有 $\hbar|\sigma''/\sigma'^2| \ll 1$ 或

$$\left|\frac{\mathrm{d}}{\mathrm{d}x}\left(\frac{\hbar}{\sigma'}\right)\right| \ll 1.$$

在一级近似中,按(46.5)式我们有 $\sigma' = p$,故所得条件可写成

$$\left|\frac{\mathrm{d}}{\mathrm{d}x}\left(\frac{\lambda}{2\pi}\right)\right| \ll 1, \tag{46.6}$$

其中的 $\lambda(x) = 2\pi\hbar/p(x)$ 是该粒子的德布罗意波长,它通过经典函数 $p(x)$ 表为 x 的函数. 因此我们得到了一个定量的**准经典条件**:该粒子的波长在 $x \sim \lambda$ 的间距内必须很少改变. 这里导出的公式不适用于不满足这个条件的空间区域.

条件(46.6)可以写成另一种形式,只要注意到

$$\frac{\mathrm{d}p}{\mathrm{d}x} = \frac{\mathrm{d}}{\mathrm{d}x}\sqrt{2m(E-U)} = -\frac{m}{p}\frac{\mathrm{d}U}{\mathrm{d}x} = \frac{mF}{p},$$

其中的 $F = -\mathrm{d}U/\mathrm{d}x$ 为粒子在外场中所受的经典力. 用此力表示可得:

$$\frac{m\hbar|F|}{p^3} \ll 1. \tag{46.7}$$

由此式可知,如果粒子的动量太小,准经典近似就不适用. 这种不适用性,特别明显地表现在**回点**附近,所谓回点,就是从经典力学看来粒子在该点处应该停止前进,并开始反向运动. 这些回点是由方程式 $p(x) = 0$ 即 $E = U(x)$ 确定的. 当 $p \to 0$ 时,德布罗意波长趋向无穷大,显然不能再假定它很小.

但是必须指出,准经典近似的成立只靠条件(46.6)或(46.7)有可能是不够的. 原因在于,这个条件是从微分方程(46.4)各项的估计中导出的,而所略去的那项含有高阶导数. 实际上,我们在估计中必须规定该式之解的各后继展开项都是一些小量,但这个要求并不能用略去一项小量来保证. 譬如说,如果 $\sigma(x)$ 之解中含有一项,该项大体上随坐标 x 线性地增长,方程中的二次导数是一个小量并不能防止该项在足够远处变成很大. 当势场能够延伸到远超过特征长度 L 的距离处,并在该处具有足够明显的变化时,就有可能发生上述情况;见后面对(46.11)式的讨论. 因而准经典近似对于研究波函数在远距离处的行为来讲,并不成立.

---

① 大家知道,$\int p\mathrm{d}x$ 为作用量的不含时部分. 一个粒子的总的力学作用量 S 为 $S = -Et \pm \int p\mathrm{d}x$. σ_0 中没有 $-Et$ 这一项,因为我们考虑的是不含时的波函数 ψ.

我们来计算展式(46.3)中的次一项. 由(46.4)式中 $\hbar$ 的一级项给出

$$\sigma_0'\sigma_1' + \frac{1}{2}\sigma''_0 = 0,$$

故

$$\sigma_1' = -\frac{\sigma''_0}{2\sigma_0'} = -\frac{p'}{2p}.$$

积分得

$$\sigma_1 = -\frac{1}{2}\ln p, \tag{46.8}$$

式中略去了积分常数.

将上式代入(46.3)和(46.1)中,我们得下列形式的波函数:

$$\psi = \frac{C_1}{\sqrt{p}}\exp\left(\frac{\mathrm{i}}{\hbar}\int p\mathrm{d}x\right) + \frac{C_2}{\sqrt{p}}\exp\left(-\frac{\mathrm{i}}{\hbar}\int p\mathrm{d}x\right). \tag{46.9}$$

波函数中存在的 $1/\sqrt{p}$ 因子有一简单的解释. 在 x 与 $x+\mathrm{d}x$ 坐标范围内发现粒子的概率由 $|\psi|^2$ 所给出,它基本上和 $1/p$ 成正比. 这正是我们对一个“准经典”粒子所预期的结果,因为在经典运动中,一个粒子在 $\mathrm{d}x$ 间隔内所经历的时间,与该粒子的速度(或动量)成反比.

在“经典禁区”内,该处的 $E<U(x)$,函数 $p(x)$ 成为纯虚量,从而指数上的量都成为实量. 波函数在这种区域内的一般形式为

$$\psi = \frac{C_1}{\sqrt{|p|}}\exp\left(-\frac{1}{\hbar}\int |p|\mathrm{d}x\right) + \frac{C_2}{\sqrt{|p|}}\exp\left(\frac{1}{\hbar}\int |p|\mathrm{d}x\right). \tag{46.10}$$

但应记住,准经典近似的精确度,并不允许波函数中保留一个小的指数项,让它和大的指数项加在一起;在这种意义下,通常(46.10)式中的两项不允许同时都保留.

尽管通常用不到波函数中的高次项,但为了说明准经典近似精确度的某些特性起见,我们来推导展式(46.3)中的再下一项.

由(46.4)中的 $\hbar^2$ 项得

$$\sigma_0'\sigma_2' + \frac{1}{2}\sigma_1'^2 + \frac{1}{2}\sigma''_1 = 0,$$

故[σ_0 和 σ_1 用(46.5)和(46.8)代入]

$$\sigma_2' = \frac{p''}{4p^2} - \frac{3p'^2}{8p^3}.$$

积分之(第一项用分部积分),并引入力 $F = pp'/m$,得

$$\sigma_2 = \frac{1}{4}\frac{mF}{p^3} + \frac{1}{8}m^2\int\frac{F^2}{p^5}\mathrm{d}x.$$

这种近似下的波函数具有下列形式：

$$\psi = e^{(i/\hbar)\sigma} = e^{(i/\hbar)\sigma_0 + \sigma_1}(1 - i\hbar\sigma_2)$$

或

$$\psi = \frac{常数}{\sqrt{p}}\left[1 - \frac{1}{4}\frac{im\hbar F}{p^3} - \frac{1}{8}i\hbar m^2\int\frac{F^2}{p^5}dx\right]e^{(i/\hbar)\int p dx}. \tag{46.11}$$

指数前的系数中出现虚修正项，相当于波函数的相位中亦即幂次的$\frac{1}{\hbar}\int p dx$上添加了一个修正项. 这个修正项正比于 $\hbar$，亦即数量级为 λ/L.

(46.11)式括号内的第二和第三项必须远小于 1. 对第二项，这一条件与(46.7)式相同；对第三项的积分进行估计后可以知道，仅当 F^2 在距离 $\sim L$ 处足够快地趋于零时，才能得出(46.7)式.

§47 准经典情形中的边界条件

设 $x = a$ 为一回点，故 $U(a) = E$，并假定对所有 $x > a$ 均有 $U > E$，故回点的右侧为经典禁区. 波函数应在该区内衰减. 离回点足够远处，它具有下列形式：

$$\psi = \frac{C}{2\sqrt{|p|}}\exp\left(-\frac{1}{\hbar}\left|\int_a^x p dx\right|\right), \quad (x > a) \tag{47.1}$$

相当于(46.10)式中的第一项. 在这个回点的左侧，波函数可用(46.9)式所示的薛定谔方程两个准经典解的实线性组合描述：

$$\psi = \frac{C_1}{\sqrt{p}}\exp\left(\frac{i}{\hbar}\int_a^x p dx\right) + \frac{C_2}{\sqrt{p}}\exp\left(-\frac{i}{\hbar}\int_a^x p dx\right). \quad (x < a) \tag{47.2}$$

为了求出这个实线性组合中的系数，有必要研究 $x - a$ 之值从正[此时(47.1)式成立]到负时波函数的变化. 但这要通过回点的邻区，该区内准经典近似不再成立，需要考虑薛定谔方程的精确解. 对于小的 $|x - a|$，我们有

$$E - U(x) \approx F_0(x - a), \quad F_0 = -\left.\frac{dU}{dx}\right|_{x=a} < 0; \tag{47.3}$$

在这区域内，这是一个均匀场中的运动问题. 这个问题的薛定谔方程精确解已见§24，(47.1)和(47.2)式中的系数关系，可以通过与回点两边精确解的渐近式(24.5)和(24.6)的比较导出. 我们注意到，由(47.3)可得 $p(x) = \sqrt{2mF_0(x-a)}$，故下列积分

$$\frac{1}{\hbar}\int_a^x p dx = \frac{2}{3\hbar}\sqrt{2mF_0}(x-a)^{3/2}$$

等于(24.5)中指数函数的宗量，或(24.6)中正弦函数的宗量. 在这一讨论中十分重要的是，展式(47.3)的成立区和准经典区部分重叠：如果整个势场中的运动几乎全是准经典的(正如我们假设的那样)，则可找到足够小的 $|x - a|$ 值，使

得展式(47.3)得以成立,同时此值又足够大,使得准经典条件得以满足,从而可用渐近式(24.5)和(24.6)①.

但是,还存在着另一种方法,更具方法论上的意义,它用不着精确解.为此,我们要把 $\psi(x)$ 形式地看作是复变量 x 的函数,并把 $x-a$ 由正到负的路径选得离 $x=a$ 点足够远,使得准经典条件能在整个路径上形式地得到满足(A. Zwaan, 1929).然后我们再来考虑也能满足展式(47.3)的那些 $|x-a|$ 值,使得波函数(47.1)具有下列形式

$$\psi(x)=\frac{C}{2(2m|F_0|)^{1/4}}\frac{1}{(x-a)^{1/4}}\exp\left\{-\frac{1}{\hbar}\int_a^x\sqrt{2m|F_0|(x-a)}\,\mathrm{d}x\right\}. \tag{47.4}$$

在复变量 x 的上半平面内绕 $x=a$ 点作半径为 ρ 的半圆,我们来考察一下沿此半圆自右到左运动时上述函数的变化.在此半圆上有

$$x-a=\rho\mathrm{e}^{\mathrm{i}\phi},\quad \int_a^x\sqrt{x-a}\,\mathrm{d}x=\frac{2}{3}\rho^{3/2}\left(\cos\frac{3}{2}\phi+\mathrm{i}\sin\frac{3}{2}\phi\right)$$

相位 ϕ 从 0 变到 π,(47.4)式指数因子的模先是增大$\left(当 0<\phi<\frac{2}{3}\pi 时\right)$,随后下降到 1.到达半圆的终点,指数幂变成纯虚量,并等于

$$-\frac{\mathrm{i}}{\hbar}\int_a^x\sqrt{2m|F_0|(a-x)}\,\mathrm{d}x=-\frac{\mathrm{i}}{\hbar}\int_a^x p(x)\,\mathrm{d}x.$$

(47.4)式指数前的系数中,沿此半圆的变化为

$$(x-a)^{-1/4}\to(a-x)^{-1/4}\mathrm{e}^{-\mathrm{i}\pi/4}.$$

因此,(47.4)式整个函数变成(47.2)式中的第二项,且有系数 $C_2=\frac{1}{2}C\mathrm{e}^{-\mathrm{i}\pi/4}$.

通过上半面只能定出(47.2)式的 C_2 系数,这一点可作简单解释.如果我们沿上述半圆反方向(即自左到右)追踪函数(47.2)的变化,就会发现第一项与第二项相比从一开始就指数式地很快减小.可是准经典近似不允许 ψ 中包含一个指数式小项与一个大的主项加在一起,这就是为什么沿此半圆通过时“丢失”了(47.2)中的第一项.

欲求系数 C_1,我们必须自右向左地通过复变量 x 下半平面上的半圆.用同样方法,我们发现(47.4)式现在变成(47.2)中的第一项,且有系数 $C_1=\frac{1}{2}C\mathrm{e}^{\mathrm{i}\pi/4}$.

---

① 展式(47.3)对 $|x-a|\ll L$ 成立,L 为场 $U(x)$ 变化的特征距离.准经典条件(46.7)要求 $|x-a|^{3/2}\gg\hbar/\sqrt{m|F_0|}$.这两个条件是相容的,因为准经典运动远离回点(即 $|x-a|\sim L$),使得 $L^{3/2}\gg\hbar/\sqrt{m|F_0|}$.

因此 $x>a$ 的波函数(47.1)对应于 $x<a$ 的下列函数：

$$\psi=\frac{C}{\sqrt{p}}\cos\left(\frac{1}{\hbar}\int_a^x p\mathrm{d}x+\frac{1}{4}\pi\right).$$

这个对应规则可写成另一种形式，与经典禁区究竟位于回点的哪一侧无关(Kramers，1926)：

$$U(x)>E\text{ 时}\quad\frac{C}{2\sqrt{|p|}}\exp\left\{-\frac{1}{\hbar}\left|\int_a^x p\mathrm{d}x\right|\right\}$$

$$\longrightarrow U(x)<E\text{ 时}\quad\frac{C}{\sqrt{p}}\cos\left\{\frac{1}{\hbar}\left|\int_a^x p\mathrm{d}x\right|-\frac{1}{4}\pi\right\}. \tag{47.5}$$

我们再一次强调，从证明中显然可知，这个规则是和加在回点一侧的特殊边界条件有关的，在这个意义下，它只能用于特定的方向. 规则(47.5)是根据进入经典禁区时 $\psi\to0$ 这个边界条件导出的，应用时，必须从经典禁区出发过渡到经典通区，如式中箭头所示①.

如果经典通区的边界(在 $x=a$ 点)有一无穷高"势壁"，波函数在 $x=a$ 点的边界条件为 $\psi=0$(见§18). 此时准经典近似直到势壁本身都成立，其波函数为

$$\left.\begin{aligned}\psi&=\frac{C}{\sqrt{p}}\sin\frac{1}{\hbar}\int_a^x p\mathrm{d}x\quad(x<a),\\ \psi&=0\quad(x>a).\end{aligned}\right\} \tag{47.6}$$

§48 玻尔－索末菲量子化规则

属于离散谱且量子数 n 值很高的态全都是准经典态，因为 n 是态的编号，它给出了本征函数的节点数(见§21)，而相邻节点的间距具有德布罗意波波长的数量级. n 大时，这个间距小，故其波长远小于运动区的尺度.

我们来推导准经典情形中确定量子能级的一个条件. 为此，我们考虑下列一维势阱中粒子的有限运动；其经典通区 $b\leqslant x\leqslant a$ 界于两个回点之间②.

按规则(47.5)，由 $x=b$ 处的边界条件给出(此点右边的)波函数

$$\psi=\frac{C}{\sqrt{p}}\cos\left[\frac{1}{\hbar}\int_b^x p\mathrm{d}x-\frac{1}{4}\pi\right], \tag{48.1}$$

---

① 反向过渡是没有意义的，因为(47.5)右边的波函数即使作很小的改变，也可能使式左的函数产生一个指数式增大的项.

② 经典力学中，粒子在这样的场内将作周期运动，其周期(从 $x=b$ 运动到 $x=a$ 再折回到 b 点所需的时间)为

$$T=2\int_b^a\frac{\mathrm{d}x}{v}=2m\int_b^a\frac{\mathrm{d}x}{p}$$

v 是粒子速度.

把此规则用于 $x=a$ 点的左边，得同一函数，但具下列形式：

$$\psi=\frac{C'}{\sqrt{p}}\cos\left[\frac{1}{\hbar}\int_x^a p\mathrm{d}x-\frac{1}{4}\pi\right],$$

为了使以上两式在整个区内相同，它们的相位相加起来（是一个常数）必须等于 π 的整倍数：

$$\frac{1}{\hbar}\int_b^a p\mathrm{d}x-\frac{1}{2}\pi=n\pi,$$

（这时 $C=(-1)^n C'$）. 由此得

$$\frac{1}{2\pi\hbar}\oint p\mathrm{d}x=n+\frac{1}{2}, \tag{48.2}$$

其中 $\oint p\mathrm{d}x=2\int_b^a p\mathrm{d}x$ 是对粒子经典运动的整个周期积分. 这就是准经典情形中确定粒子的各个定态的条件，相当于旧量子论中的玻尔－索末菲量子化规则.

$I=\frac{1}{2\pi}\oint p\mathrm{d}x$ 这个量称为**浸渐不变量**（参见《力学》，§49）. 它使得量子化条件(48.2)可以写成

$$I(E)=\hbar(n+1/2)$$

在 §41 已经提到过，当足够慢地，“浸渐地”改变参量时，系统留在给定的 n 态不变. 我们看到，在准经典极限下，这一断言同经典理论中当缓慢改变参量时浸渐不变量保持为常量这一点是一致的.

很容易看出，整数 n 等于波函数的零点数，因而它是定态的编号. 波函数(48.1)中的相位从 $x=b$ 处的 $-\frac{1}{4}\pi$ 增加到 $x=a$ 处的 $\left(n+\frac{1}{4}\right)\pi$，从而使这个区内的余弦函数共有 n 次等于零（在区域 $b\leqslant x\leqslant a$ 以外，波函数递减，而且在有限的距离内无零点）①.

如前所述，准经典情形中的 n 值是很大的. 但应强调，保留(48.2)中 n 上所加的 $\frac{1}{2}$ 仍然是合理的：计及波函数相位的随后几个修正项后，(48.2)的右边只多出一些 $\sim\lambda/L$ 的项，它们要比 1 小得多；见 §46 末尾的说明②.

把这些波函数归一化时，$|\psi|^2$ 的积分可限制在区域 $b\leqslant x\leqslant a$ 内，因为此区之外的 ψ 是指数式衰减的. 由于(48.1)中余弦函数的宗量是一个剧变函数，我们

---

① 严格来讲，零点数要用回点附近波函数的精确形式来计算. 这样做的结果，肯定了此处的结论.

② 某些情形下，由精确薛定谔方程得到的能级精确表式 $E(n)$（作为量子数 n 的函数）当 $n\to\infty$ 时仍能保持其形式；例如库仑场中的能级和谐振子的能级，对于这些情形，本来只能对 n 大的值适用的(48.2)式，能够给出函数 $E(n)$ 的精确表式.

可以足够精确地把余弦函数的平方改成它的平均值$\frac{1}{2}$. 这就得出

$$\int|\psi|^2\mathrm{d}x\approx\frac{1}{2}C^2\int_b^a\frac{\mathrm{d}x}{p(x)}=\frac{\pi C^2}{2m\omega}=1,$$

其中的 $\omega=2\pi/T$ 为经典周期运动的频率. 因此归一化的准经典函数为

$$\psi=\sqrt{\frac{2\omega}{\pi v}}\cos\left(\frac{1}{\hbar}\int_b^x p\mathrm{d}x-\frac{1}{4}\pi\right). \tag{48.3}$$

应该注意,频率 ω 一般说来随能级而异,它是能量的函数.

对(48.2)式还可作另一种解释. 积分值 $\oint p\mathrm{d}x$ 等于该粒子的经典封闭相迹所包围的面积(相迹是该粒子的相空间即 px 平面中的一条曲线). 把这个面积划分成若干格,每格的面积为 $2\pi\hbar$,我们共得 n 格;而数值 n 就等于能量不超过所给值(对应于所考虑相迹的那个能量值)的量子态总数. 因此我们可以这样说,准经典情形下每一个量子态对应于相空间中面积为 $2\pi\hbar$ 的一个**相格**. 换句话说,相空间体积元 $\Delta p\Delta x$ 中所属的态数为

$$\frac{\Delta p\Delta x}{2\pi\hbar}. \tag{48.4}$$

如果用波数 $k=p/\hbar$ 代替动量,这个态数可写成 $\Delta k\Delta x/2\pi$. 这个式子,正如我们所预期的那样,与波动场中熟知的本征振动数的表式完全相同(见《场论》, §52).

从量子化规则(48.2)式出发,可以阐明能谱中能级分布的一般特征. 令 ΔE 为两个相邻能级的间距,即量子数 n 相差为 1 的两个能级的能量差. 由于 ΔE 比能级本身之值小得很多(当 n 很大时),故按(48.2)式可写作

$$\Delta E\oint\frac{\partial p}{\partial E}\mathrm{d}x=2\pi\hbar,$$

但$\partial E/\partial p=v$,故

$$\oint\frac{\partial p}{\partial E}\mathrm{d}x=\oint\frac{\mathrm{d}x}{v}=T.$$

因此得

$$\Delta E=\frac{2\pi}{T}\hbar=\hbar\omega. \tag{48.5}$$

由此可见两个相邻能级的间距等于 $\hbar\omega$. 对一些相邻能级而言(这些能级的 n 值之差远小于 n 值本身),频率 ω 可以近似地看作常数. 因此我们得出这样的结论,在能谱准经典部分的任一小段内,能级是等距分布的,其间距为 $\hbar\omega$. 这个结论是预料中的事,因为在准经典情形下,不同能级间的跃迁频率应该是经典频率 ω 的整数倍.

任一物理量 f 的矩阵元在经典力学极限情形下变成什么，这个问题值得研究. 为此我们从下列事实出发，任一量子态中的平均值 $\bar{f}$ 在极限情形下应该变成该量的经典值，只要该态本身在这种极限情形下能够给出粒子沿一定轨道的运动. 和这种状态相对应的波包是由能量相近的一组定态叠加而成的（见 §6）. 这种态的波函数呈以下形式：

$$\Psi = \sum_n a_n \Psi_n,$$

其中的 a_n 系数，只有在量子数 n 的某一区间 Δn 内（$1 \ll \Delta n \ll n$），才显著地不等于零；n 的数值假定为很大，因为定态是准经典的. 按 f 的平均值定义有

$$\bar{f} = \int \Psi^* \hat{f} \Psi \mathrm{d}x = \sum_n \sum_m a_m^* a_n f_{mn} \mathrm{e}^{\mathrm{i}\omega_{mn}t},$$

对 n, m 的求和可用对 n 与 $s = m - n$ 的求和来代替：

$$\bar{f} = \sum_n \sum_s a_{n+s}^* a_n f_{n+s,n} \mathrm{e}^{\mathrm{i}\omega st},$$

按(48.5)式，我们已令上式中的 $\omega_{mn} = s\omega$.

用准经典波函数算出的 f_{mn} 矩阵元，其数值随 $m - n$ 的增大而剧减，同时它又是量子数 n 的一个缓变函数（当 $m - n$ 给定后）. 因此我们可以近似地写作

$$\bar{f} = \sum_n \sum_s a_n^* a_n f_s \mathrm{e}^{\mathrm{i}\omega st} = \sum_n |a_n|^2 \sum_s f_s \mathrm{e}^{\mathrm{i}\omega st},$$

其中引进了下列记号：

$$f_s = f_{\bar{n}+s, \bar{n}},$$

$\bar{n}$ 为量子数 n 在 Δn 区间内的某一平均值. 但是 $\sum_n |a_n|^2 = 1$；故

$$\bar{f} = \sum_s f_s \mathrm{e}^{\mathrm{i}\omega st}.$$

所得的求和式呈通常的傅里叶级数形式. 由于 $\bar{f}$ 在极限情形下应与经典量 $f(t)$ 完全一致，我们就得到这样的结论：在极限情形下，矩阵元 f_{mn} 变成经典函数 $f(t)$ 的傅里叶展式中的 f_{m-n} 分量.

同理，连续谱状态间的跃迁矩阵元变成 $f(t)$ 的傅里叶积分式中的展开式分量. 此时定态波函数应按能量除以 $\hbar$ 的 δ 函数归一化.

以上所述的所有结果，可以直接推广到多自由度的系统中去，这个系统作着有限运动，并在（经典）力学中能用哈密顿 - 雅可比方法完全分离其变量（所谓条件周期运动见《力学》，§52）. 变量分离以后，每一个自由度归结于一个一维运动，其相应的量子化规则呈下列形式：

$$\oint p_i \mathrm{d}q_i = 2\pi\hbar(n_i + r_i), \tag{48.6}$$

其中的积分是取广义坐标 q_i 的整个变化周期，r_i 是数量级为 1 的一个数，其值依

赖于所给自由度的边界条件的性质①.

在任意多维运动(不是条件周期运动)的一般情形下,准经典量子化条件的表述要作更深远的考虑②. 但是相空间中的“相格”概念仍然适用(在准经典近似下). 根据它与给定空间体积元中的波动场本征振动数的前述关系,这一点是很明显的. 在一般情形下,具有 s 个自由度的系统在相空间体积元中具有

$$\Delta N=\frac{\Delta q_1\cdots\Delta q_s\Delta p_1\cdots\Delta p_s}{(2\pi\hbar)^s} \tag{48.7}$$

个量子态③.

习　题

1. 一个粒子运动于满足准经典条件的(非有心力)势场 $U(\boldsymbol{r})$ 中,求其分立能级的总数(近似值).

解:动量值在 $0\leqslant p\leqslant p_{\max}$ 之间,位置在 $\mathrm{d}V$ 之内的一个相空间体积元中“所属”的态数等于

$$\frac{\frac{4}{3}\pi p_{\max}^3\mathrm{d}V}{(2\pi\hbar)^3}.$$

当 $\boldsymbol{r}$ 给定后,粒子(作经典运动)所能具有的动量满足条件 $E=\frac{p^2}{2m}+U(\boldsymbol{r})\leqslant 0$. 把 $p_{\max}=\sqrt{-2mU(\boldsymbol{r})}$ 代入上式,得离散谱的状态总数为

$$\frac{\sqrt{2}}{3\pi^2}\frac{m^{3/2}}{\hbar^3}\int(-U)^{3/2}\mathrm{d}V,$$

式中对 $U<0$ 的空间区域进行积分. 如果 U 在无穷远处按 r^{-s} 的规律衰减而 $s<2$,按 § 18 的结果,这个积分是发散的(总态数为无穷多).

2. 同上题,但在准经典有心力场 $U(r)$ 中(В. Л. Покровский).

解:由于有心力场中的能级对角动量方向而言是简并的,态数不等于能级数. 对给定的角动量值 M 而言,显然,其态数等于在势场 $U_{有效}=U(r)+\frac{M^2}{2mr^2}$ 中

---

① 例如,对有心力场中的运动而言,我们有

$$\oint p_r\mathrm{d}r=2\pi\hbar\left(n_r+\frac{1}{2}\right),\ \oint p_\theta\mathrm{d}\theta=2\pi\hbar\left(l-m+\frac{1}{2}\right),$$

$$\oint p_\varphi\mathrm{d}\varphi=2\pi\hbar m.$$

其中的 $n_r=n-l-1$ 为径量子数. 最后一个等式说明 p_φ 为角动量的 z 分量,即等于 $\hbar m$.

② 见 Keller J B, *Annals of Physics*, 1958, 4: 180.

③ 特别是对一个粒子,$\mathrm{d}^3p/(2\pi\hbar)^3$ 就是单位坐标空间体积中动量值介于 d^3p 内的状态数. 这解释了平面波(15.8)的两种归一化方法的一致性,见 40 页的附注.

作一维运动的(无简并)能级数. 当 r 给定且能量 $E\leqslant 0$ 时,动量 p_r 的最大可能值为 $p_{r\max}=\sqrt{-2mU_{有效}}$. 故态数(即能级数)等于

$$\int\frac{\mathrm{d}r\mathrm{d}p_r}{2\pi\hbar}=\frac{\sqrt{2m}}{2\pi\hbar}\int\sqrt{-U-\frac{M^2}{2mr^2}}\mathrm{d}r.$$

对 $\mathrm{d}M/\hbar$ 求积分(代替准经典情形中对 l 求和),即得欲求的离散谱能级总数,它等于

$$\frac{m}{4\hbar^2}\int(-U)r\mathrm{d}r.$$

§49 有心力场中的准经典运动

我们知道,有心力场中运动的粒子波函数可以分为角部和径部. 我们先考虑前者.

角部波函数和 φ 角的关系(由量子数 m 所确定)很简单,不发生寻求近似表式的问题. 至于和极角 θ 的关系,按照一般规则,当量子数 l 很大时就变成准经典关系(它的条件以后将更精确地表述).

我们在这里只准备推导磁量子数等于零($m=0$)时的角函数准经典表式(在应用中最重要)①. 这个角部函数和勒让德多项式 $\mathrm{P}_l(\cos\theta)$[见(28.7)式]只差一个常因子,满足下列微分方程

$$\frac{\mathrm{d}^2\mathrm{P}_l}{\mathrm{d}\theta^2}+\cot\theta\frac{\mathrm{d}\mathrm{P}_l}{\mathrm{d}\theta}+l(l+1)\mathrm{P}_l=0. \tag{49.1}$$

作替换

$$\mathrm{P}_l(\cos\theta)=\frac{\chi(\theta)}{\sqrt{\sin\theta}}, \tag{49.2}$$

可化成

$$\chi''+\left[\left(l+\frac{1}{2}\right)^2+\frac{1}{4\sin^2\theta}\right]\chi=0. \tag{49.3}$$

这个式子不含一次微商,并和一维薛定谔方程具有相同的形式.

(49.3)式中,相应的德布罗意波长为

$$\lambda=2\pi\left[\left(l+\frac{1}{2}\right)^2+\frac{1}{4\sin^2\theta}\right]^{-\frac{1}{2}}.$$

---

① 在 $m=l$ 的相反情形下,将对应于位于赤道平面 $\theta=\frac{\pi}{2}$ 内的经典轨道运动,这是因为 $\mathrm{P}_l^l(\cos\theta)=$ 常数 $\times\sin^l\theta$,当 $l\to\infty$ 时,这个函数(因而有 $|\psi|^2$)所有的 $\theta\neq\frac{1}{2}\pi$ 值而言都趋于零.

导数 $\mathrm{d}\left(\frac{\lambda}{2\pi}\right)\Big/\mathrm{d}x$ 必须很小[条件(46.6)],这一要求给出下列不等式

$$\theta l \gg 1,\ (\pi-\theta)l \gg 1. \tag{49.4}$$

这就是角部波函数为准经典的条件.当 l 很大时,这些条件对所有的 θ 值差不多都能满足,只有十分接近于 0 或 π 的 θ 值除外.

当(49.4)式的条件满足时,(49.3)式方括号中的第二项与第一项相比可以略去:

$$\chi''+\left(l+\frac{1}{2}\right)^2\chi=0.$$

这个方程的解为

$$\chi=\sqrt{\sin\theta}\,\mathrm{P}_l(\cos\theta)=A\sin\left[\left(l+\frac{1}{2}\right)\theta+\alpha\right], \tag{49.5}$$

式中的 A 和 α 是常数.

当角度 $\theta \ll 1$ 时,(49.1)式中可令 $\cot\theta\approx 1/\theta$;同时把 $l(l+1)$ 近似写成 $\left(l+\frac{1}{2}\right)^2$,得下列方程:

$$\frac{\mathrm{d}^2\mathrm{P}_l}{\mathrm{d}\theta^2}+\frac{1}{\theta}\frac{\mathrm{d}\mathrm{P}_l}{\mathrm{d}\theta}+\left(l+\frac{1}{2}\right)^2\mathrm{P}_l=0,$$

它具有零阶贝塞尔函数解:

$$\mathrm{P}_l(\cos\theta)=\mathrm{J}_0\left[\left(l+\frac{1}{2}\right)\theta\right],\quad \theta\ll 1. \tag{49.6}$$

其中的常因子已令等于 1,因为 $\theta=0$ 时必须有 $\mathrm{P}_l=1$. P_l的近似表式(49.6)对 $\theta\ll 1$的所有角度都是成立的.例如,它也可以应用到 $1/l\ll\theta\ll 1$ 的角度范围内,在这种情形下,它和(49.5)式应该完全一致,因为(49.5)式对 $\theta\gg 1/l$ 的所有 θ 都是成立的.当 $\theta l\gg 1$ 时,这个贝塞尔函数可以用宗量很大时的渐近表式代替,我们得

$$\mathrm{P}_l\approx\sqrt{\frac{2}{\pi l}}\frac{\sin\left[\left(l+\frac{1}{2}\right)\theta+\frac{1}{4}\pi\right]}{\sqrt{\theta}}$$

(系数中的$\frac{1}{2}$与 l 相比可以略去).与(49.5)式比较,我们发现 $A=\sqrt{\frac{2}{\pi l}}$,$\alpha=\frac{1}{4}\pi$.因此我们最后得到以下的 $\mathrm{P}_l(\cos\theta)$ 表式,适用于准经典情形①:

① 注意:$l(l+1)$ 换成 $(l+1/2)^2$ 的结果,使所得的表式中,在 θ 换成 $\pi-\theta$ 后,多乘一个 $(-1)^l$因子,这正是 $\mathrm{P}_l(\cos\theta)$函数所应有的性质.

$$\mathrm{P}_l(\cos\theta)\approx\sqrt{\frac{2}{\pi l}}\frac{\sin\left[\left(l+\frac{1}{2}\right)\theta+\frac{1}{4}\pi\right]}{\sqrt{\sin\theta}}. \tag{49.7}$$

由此得归一化的球谐函数 Y_{l0}[参考(28.8)式]:

$$\mathrm{Y}_{l0}\approx\frac{\mathrm{i}^l}{\pi}\frac{\sin\left[\left(l+\frac{1}{2}\right)\theta+\frac{1}{4}\pi\right]}{\sqrt{\sin\theta}}. \tag{49.8}$$

现在来讨论波函数的径部. 在 § 32 中已经讲过,$\chi(r)=rR(r)$ 函数满足的方程,等同于具有下列势能的一维薛定谔方程:

$$U_l(r)=U(r)+\frac{\hbar^2}{2m}\frac{l(l+1)}{r^2}.$$

因此,只要把势能理解成为此处的 $U_l(r)$ 函数,我们就可以利用前几节所得的结果.

$l=0$ 的情形最简单. 离心能等于零,如果 $U(r)$ 满足(46.6)式的必要条件,径部波函数将在整个空间成为准经典的. 由于 $r=0$ 时必须有 $\chi=0$,所以这个准经典函数 $\chi(r)$ 由(47.6)式(式中的 $a=0$)所确定.

如果 $l\neq0$,离心能也必须满足(46.6)式的条件. 在 r 很小的区域内,该处的离心能与总能量具有相同的数量级,波长 $\lambda=2\pi\hbar/p\sim r/l$,则条件(46.6)给出 $l\gg1$. 由此可见,如果 l 不大,准经典条件在 r 很小的区域内被离心能所破坏. 容易证明,如果把势能 $U_l(r)$ 中的系数 $l(l+1)$ 改成 $\left(l+\frac{1}{2}\right)^2$:

$$U_l(r)=U(r)+\frac{\hbar^2}{2m}\frac{\left(l+\frac{1}{2}\right)^2}{r^2}. \tag{49.9}$$

再按一维运动的公式计算,可得准经典波函数 $\chi(r)$ 的正确相位值①.

准经典近似对库仑场 $U=\pm\alpha/r$ 是否适用的问题需作特殊考虑. 在整个运动区域内最重要的部分相当于 $|U|\sim|E|$ 亦即距离 $r\sim\alpha/|E|$ 的区域. 这个区域内的准经典运动条件,要求波长 $\lambda\sim2\pi\hbar/\sqrt{2m|E|}$ 远小于该区域的线度 $\alpha/|E|$,由此得

$$|E|\ll\frac{m\alpha^2}{\hbar^2}, \tag{49.10}$$

即能量绝对值必须远小于第一玻尔轨道上的粒子能量值. (49.10)式也可写成下列形式:

---

① 例如在自由运动($U=0$)的最简单情形下,采用(49.9)式的 U_l,当 r 很大时,根据(48.1)式算出的波函数相位的确和(33.12)式的相位相同.

$$\frac{\alpha}{\hbar v} \gg 1, \tag{49.11}$$

其中的 $v \sim \sqrt{|E|/m}$ 为粒子速度. 应该注意,这个条件与库仑场的微扰论适用条件(45.7)式相反.

至于 r 很小的区域($|U(r)| \gg E$),对库仑斥力场而言并不值得注意,因为 $U>E$ 时,准经典波函数是指数式衰减的. 可是在引力场中,当 l 很小时,粒子有可能穿入 $|U| \gg |E|$ 的区域内,这就产生了准经典近似的适用界限问题. 应用一般条件(46.7),令其中的

$$F = -\frac{\mathrm{d}U}{\mathrm{d}r} = \frac{-\alpha}{r^2}, \quad p \approx \sqrt{2m|U|} \sim \sqrt{\frac{m\alpha}{r}}.$$

结果发现,准经典近似的适用区域局限于下列距离:

$$r \gg \frac{\hbar^2}{m\alpha}, \tag{49.12}$$

也就是远大于第一玻尔轨道"半径"的距离.

习　题

如果 $r \to 0$ 时,势场按 $\pm\alpha/r^s$ ($s>2$) 的方式趋向无穷,求波函数在原点附近的行为.

解:当 r 足够小时,波长为

$$\lambda \sim \frac{\hbar}{\sqrt{m|U|}} \sim \frac{\hbar r^{s/2}}{\sqrt{m\alpha}},$$

所以

$$\frac{\mathrm{d}\lambda}{\mathrm{d}r} \sim \frac{\hbar}{\sqrt{m\alpha}} r^{\frac{s}{2}-1} \ll 1;$$

可见已满足准经典条件. 在引力场中,$r \to 0$ 时 $U \to -\infty$. 此时原点附近的区域为经典通区,径向波函数 $\chi \sim 1/\sqrt{p}$,故

$$\psi \sim r^{\frac{s}{4}-1}.$$

在斥力场中,r 很小的区域为经典禁区. 此时波函数当 $r \to 0$ 时指数式地趋于零. 略去指数函数的系数,我们有

$$\psi \sim \exp\left(-\frac{1}{\hbar}\left|\int_{r_0}^{r} p\,\mathrm{d}r\right|\right) \text{或} \quad \psi \sim \exp\left[-\frac{2\sqrt{2m\alpha}}{(s-2)\hbar} r^{-\frac{s}{2}(-1)}\right].$$

§ 50　势垒的贯穿

我们来考虑一个粒子在图 13 所示的场中运动,此场的特点是存在着一个**势垒**,亦即存在着势能 $U(x)$ 超过粒子总能量 E 的一个区域. 经典力学中,势垒对

粒子讲来是“不可穿透”的；但是在量子力学中，一个粒子可以“穿过势垒”：其概率不等于零①. 这个现象也称为**隧道效应**. 如果势场 $U(x)$ 满足准经典条件，该势垒的透射系数可以表成一般形式. 需要指出的是，准经典条件会得出势垒必须是很“宽”的结论，因此准经典情形下的透射系数是很小的.

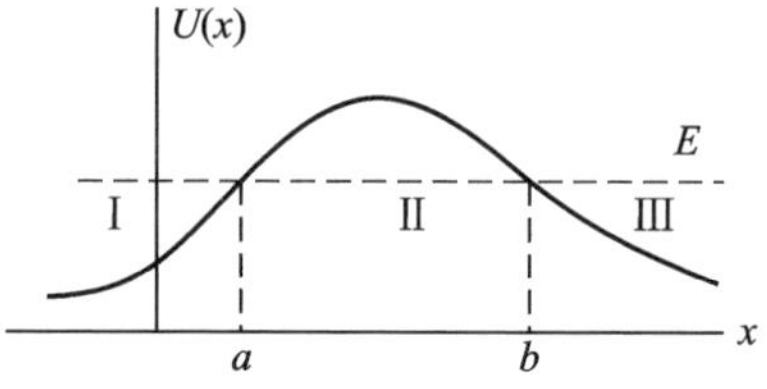

图 13

为了不中断后面的计算，我们先来求解下列问题. 假定在回点 $x=b$ 右侧（该处的 $U(x)<E$）的准经典波函数呈以下的行波形式：

$$\psi=\frac{C}{\sqrt{p}}\exp\left[\frac{\mathrm{i}}{\hbar}\int_b^x p\mathrm{d}x+\frac{1}{4}\mathrm{i}\pi\right]. \tag{50.1}$$

我们来求 $x<b$ 区域内这个态的波函数. 这可和 §47 中的步骤一样，采用复变量 x 的平面. 令

$$E-U(x)\approx F_0(x-b),\ F_0>0,$$

可把(50.1)式写成

$$\psi(x)=\frac{C}{(2mF_0)^{1/4}}\frac{1}{(x-b)^{1/4}}\exp\left\{\frac{\mathrm{i}}{\hbar}(2mF_0)^{1/4}\int_b^x\sqrt{x-b}\,\mathrm{d}x+\frac{1}{4}\mathrm{i}\pi\right\},$$

沿上半平面的下列半圆自右至左地通过：

$$x-b=\rho\mathrm{e}^{\mathrm{i}\phi},$$

$$\mathrm{i}\int_b^x\sqrt{x-b}\,\mathrm{d}x=\frac{2}{3}\rho^{3/2}\left(-\sin\frac{3}{2}\phi+\mathrm{i}\cos\frac{3}{2}\phi\right),$$

相位 ϕ 从 0 变到 π. $\psi(x)$ 函数的模先是递减，随后增大，到达半圆末端的函数值为

$$\psi(x)=\frac{C}{(2mF_0)^{1/4}}\frac{1}{(b-x)^{1/4}\mathrm{e}^{\mathrm{i}\pi/4}}\exp\left\{\frac{1}{\hbar}\int_x^b(2mF_0)^{1/4}\sqrt{(b-x)}\,\mathrm{d}x+\frac{1}{4}\mathrm{i}\pi\right\}.$$

我们就得到下列对应规则②：

$$x>b\text{ 时}\quad\frac{C}{\sqrt{p}}\exp\left\{\frac{\mathrm{i}}{\hbar}\int_b^x p\mathrm{d}x+\frac{1}{4}\mathrm{i}\pi\right\}$$

$$\to x<b\text{ 时}\quad\frac{C}{\sqrt{|p|}}\exp\left\{\frac{1}{\hbar}\left|\int_b^x p\mathrm{d}x\right|\right\}. \tag{50.2}$$

---

① 这类例子已见 §25，题 2.

② 沿下半平面自右向左通过时，$\psi(x)$ 函数的模先增后减，到达左实轴上（$\phi\to-\pi$）变成一个指数式小量，把它始终加到(50.2)指数式大的项上将是不合理的. 在 $\psi(x)$ 为指数式大的区域内，由于准经典近似的不精确性，会丢掉指数式小的修正项. 而这个修正项当 $\phi\to-\pi$ 时又能变成指数式大项，因而后者也就会被丢掉.

必须强调,此式预先假定了经典通区内波函数的特殊形状(向右运动的行波),应用时只能从通区过渡到禁区.

现在来计算穿过势垒的**透射系数**. 设粒子自Ⅰ区由左向右射向势垒. 则在势垒后面的Ⅲ区内,只能有穿过势垒向右运动的波,此区内的波函数可写成

$$\psi=\sqrt{\frac{D}{v}}\exp\left(\frac{\mathrm{i}}{\hbar}\int_b^x p\mathrm{d}x+\frac{1}{4}\mathrm{i}\pi\right),\tag{50.3}$$

式中的 $v=p/m$ 是粒子速度, D 是流密度. 应用规则(50.2),可以求出势垒内部Ⅱ区的波函数:

$$\begin{aligned}\psi&=\sqrt{\frac{D}{|v|}}\exp\left(\frac{1}{\hbar}\left|\int_x^b p\mathrm{d}x\right|\right)=\\&=\sqrt{\frac{D}{|v|}}\exp\left(\frac{1}{\hbar}\left|\int_a^b p\mathrm{d}x\right|-\frac{1}{\hbar}\left|\int_a^x p\mathrm{d}x\right|\right).\end{aligned}\tag{50.4}$$

最后,应用规则(47.5),可得势垒前面Ⅰ区的波函数:

$$\psi=2\sqrt{\frac{D}{v}}\exp\left(\frac{1}{\hbar}\int_a^b|p|\mathrm{d}x\right)\cos\left(\frac{1}{\hbar}\int_x^a p\mathrm{d}x-\frac{1}{4}\pi\right).$$

如果我们令

$$D=\exp\left(-\frac{2}{\hbar}\int_a^b|p|\mathrm{d}x\right),\tag{50.5}$$

上式变成

$$\begin{aligned}\psi&=\frac{2}{\sqrt{v}}\cos\left(\frac{1}{\hbar}\int_a^x p\mathrm{d}x+\frac{1}{4}\pi\right)=\\&=\frac{1}{\sqrt{v}}\exp\left(\frac{\mathrm{i}}{\hbar}\int_a^x p\mathrm{d}x+\frac{1}{4}\mathrm{i}\pi\right)+\\&\quad+\frac{1}{\sqrt{v}}\exp\left(-\frac{\mathrm{i}}{\hbar}\int_a^x p\mathrm{d}x-\frac{1}{4}\mathrm{i}\pi\right).\end{aligned}$$

第一项代表射向势垒的波($x\to-\infty$ 时变成平面波 $\psi=\mathrm{e}^{\mathrm{i}px/\hbar}$),第二项代表反射波. 所选的归一化已使入射波具有单位流密度,因此透射波的流密度 D 就等于所求的势垒透射系数. 注意此公式只当指数幂很大因而 D 本身很小时才能适用. ①

前面已经假定了场 $U(x)$ 在整个势垒范围内满足准经典条件(只有在回点的邻区除外). 但在实际上我们常常遇到这样的势垒,它的势能曲线在一侧降落得极快,使得准经典近似无法应用. 在这种情况下,(50.5)式 D 中的指数因子仍

① D 为指数式小量,这与Ⅰ区内入射波和反射波的振幅相等这个事实有关;两者之间指数式小的差别在准经典近似中被丢掉.

保持不变，但其前面的系数[在(50.5)式中等于1]有所不同. 要算出这个系数，我们必须算出非准经典区内的精确波函数，并据此定出势垒内部的准经典波函数.

习　题

1. 求图14所示的势垒的透射系数：$x<0$ 时 $U(x)=0$，$x>0$ 时 $U(x)=U_0-Fx$；只需算出指数因子.

解：简单计算后给出下列结果：

$$D \sim \exp\left[-\frac{4\sqrt{2m}}{3\hbar F}(U_0-E)^{3/2}\right].$$

2. 求一粒子(角动量等于零)逸出一球对称势阱的概率，该势阱当 $r<r_0$ 时 $U(r)=-U_0$，$r>r_0$ 时 $U(r)=\frac{\alpha}{r}$(图15). ①

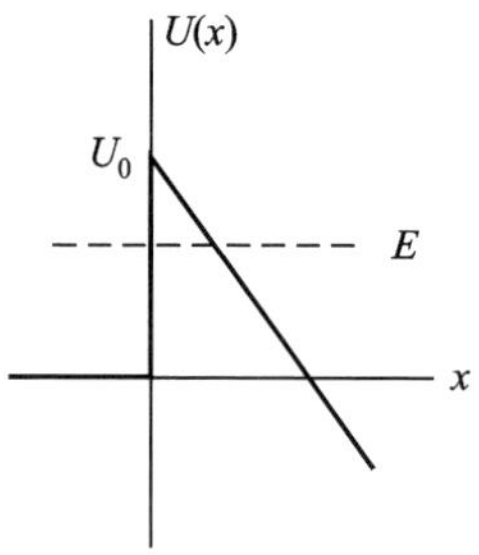

图14

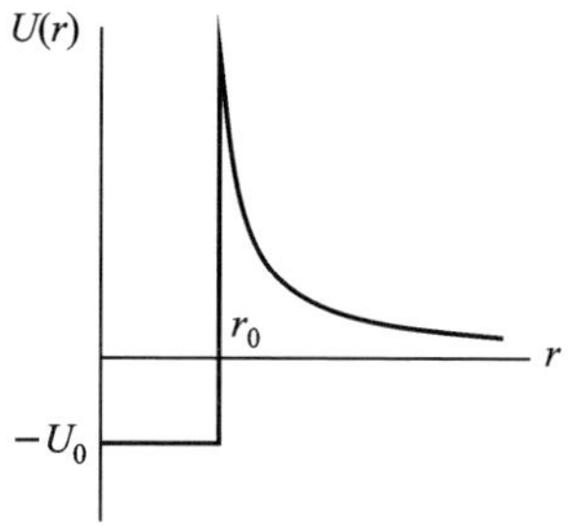

图15

解：球对称问题可以归结为一维问题，因此以前所得的公式可以直接应用. 我们有

$$w \sim \exp\left[-\frac{2}{\hbar}\int_{r_0}^{\alpha/E}\sqrt{2m\left(\frac{\alpha}{r}-E\right)}\,\mathrm{d}r\right].$$

算出此积分，最后得

$$w \sim \exp\left\{-\frac{2\alpha}{\hbar}\sqrt{\frac{2m}{E}}\left[\arccos\sqrt{\frac{Er_0}{\alpha}}-\sqrt{\frac{Er_0}{\alpha}\left(1-\frac{Er_0}{\alpha}\right)}\right]\right\}.$$

在 $r_0\to 0$ 的极限情形下，此式变成

---

① 这个问题首先由 Г. Ф. Гамов(1928)以及由 R. W. Gurney 和 E. U. Condon(1929)在关于放射性 α 衰变的理论中讨论过.

$$w \sim \exp\left\{-\frac{\pi\alpha}{\hbar}\sqrt{\frac{2m}{E}}\right\} = \exp\left\{-\frac{2\pi\alpha}{\hbar v}\right\}.$$

这个公式，当指数幂很大即 $\alpha/\hbar v \gg 1$ 时可以适用. 这个条件和库仑场中的准经典运动条件(49.11)式一致.

3. 设 $U(x)$ 由两个对称的势阱(图 16 中的 Ⅰ 和 Ⅱ)夹一个势垒所组成. 如果该势垒对粒子不可穿透，则其能级对两个势阱相同，相当于粒子在其中一个势阱中运动时所具有的那些能级. 势垒的可穿透这一事实，使得以上的每个能级分裂成两个相邻能级，对应于粒子同时在两个势阱中运动时的两种不同状态. 试求分裂宽度[假定势场 $U(x)$ 是准经典的].

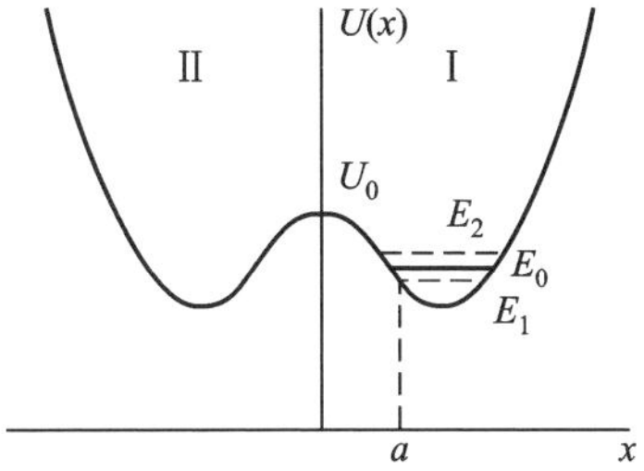

图 16

解：略去穿过势垒的概率，$U(x)$ 场中的薛定谔方程的近似解可以采用准经典波函数 $\psi_0(x)$，这个波函数描述在一个势阱中(譬如阱 Ⅰ)以某个能量 E_0 运动的粒子，它在该阱两侧指数式衰减；$\psi_0(x)$ 假定是这样归一化的，使得 ψ_0^2 对阱 Ⅰ 的积分等于 1. 计入小的透射概率以后，能级 E_0 分裂成 E_1 和 E_2 两能级，对应于这两个能级的正确零级近似波函数，是 $\psi_0(x)$ 和 $\psi_0(-x)$ 的对称和反对称组合：

$$\psi_1(x) = \frac{1}{\sqrt{2}}[\psi_0(x) + \psi_0(-x)], \quad \psi_2(x) = \frac{1}{\sqrt{2}}[\psi_0(x) - \psi_0(-x)]. \qquad (1)$$

阱 Ⅰ 中，$\psi_0(-x)$ 与 $\psi_0(x)$ 相比小至可略；阱 Ⅱ 中则反之. 故乘积 $\psi_0(x)\psi_0(-x)$ 处处都小至可略. (1)式中的两个函数可这样归一化，使它们的平方值对阱 Ⅰ 加阱 Ⅱ 积分后都等于 1.

薛定谔方程为

$$\psi''_0 + \frac{2m}{\hbar^2}(E_0 - U)\psi_0 = 0, \quad \psi''_1 + \frac{2m}{\hbar^2}(E_1 - U)\psi_1 = 0,$$

第一式乘以 ψ_1 第二式乘以 ψ_0 后，两式相减，然后对 $\mathrm{d}x$ 从 0 到 ∞ 积分. 考虑到 $x = 0$ 时，$\psi_1 = \sqrt{2}\psi_0$ 和 $\psi'_1 = 0$，以及

$$\int_0^\infty \psi_0\psi_1 \mathrm{d}x \approx \frac{1}{\sqrt{2}}\int_0^\infty \psi_0^2 \mathrm{d}x = \frac{1}{\sqrt{2}},$$

我们得

$$E_1 - E_0 = -\frac{\hbar^2}{m}\psi_0(0)\psi'_0(0).$$

同理，我们发现 $E_2 - E_0$ 具有相同的表式，但差一负号，故

$$E_2 - E_1 = \frac{2\hbar^2}{m}\psi_0(0)\psi'_0(0).$$

根据(47.1)式，以及(48.3)式中系数 C，我们有

$$\psi_0(0) = \sqrt{\frac{\omega}{2\pi v_0}}\exp\left(-\frac{1}{\hbar}\int_0^a |p|\mathrm{d}x\right), \quad \psi'_0(0) = \frac{mv_0}{\hbar}\psi_0(0),$$

其中的 $v_0 = \sqrt{2(U_0 - E_0)/m}$. 故

$$E_2 - E_1 = \frac{\omega\hbar}{\pi}\exp\left(-\frac{1}{\hbar}\int_{-a}^a |p|\mathrm{d}x\right).$$

a 是对应于能量 E_0 的回点，见图 16.

4. 粒子穿过一抛物势垒 $U(x) = -\frac{1}{2}kx^2$，试求透射系数 D 的精确值(假定 D 不是很小). (E. C. Kemble 1935)①.

解：不管 k 和 E 的数值如何，在足够大的 $|x|$ 距离处运动是准经典的，该处的

$$p = \sqrt{2m\left(E + \frac{1}{2}kx^2\right)} \approx x\sqrt{mk} + E\sqrt{\frac{m}{k}}\frac{1}{x}.$$

薛定谔方程之解的渐近式为

$$\psi = \text{常数} \times \mathrm{e}^{\pm\frac{1}{2}\mathrm{i}\xi^2}\xi^{\pm\mathrm{i}\varepsilon - 1/2}$$

其中引用了下列记号：

$$\xi = x\left(\frac{mk}{\hbar^2}\right)^{1/4}, \quad \varepsilon = \frac{E}{\hbar}\sqrt{\frac{m}{k}}.$$

我们只对这样的解感兴趣：当 $x \to +\infty$ 时此解只含自左向右运动(已经越过势垒)的波. 我们令

$$x \to \infty \text{ 时}, \psi = B\mathrm{e}^{\mathrm{i}\xi^2/2}\xi^{\mathrm{i}\varepsilon - 1/2}, \tag{1}$$

$$x \to -\infty \text{ 时}, \psi = \mathrm{e}^{-\mathrm{i}\xi^2/2}(-\xi)^{-\mathrm{i}\varepsilon - 1/2} + A\mathrm{e}^{\mathrm{i}\xi^2/2}(-\xi)^{\mathrm{i}\varepsilon - 1/2} \tag{2}$$

(2)式中的第一项代表入射波，第二项为反射波(波的行进方向是它的相位增加方向). A 和 B 之间的关系可以从以下的事实出发求出，即 ψ 的渐近表式在 ξ 复变量平面上的足够远的整个区域内都是成立的. 现在来考察函数(1)沿 ξ 上半平面内半径 ρ 很大的一个半圆周上的变化.

$$\xi = \rho\mathrm{e}^{\mathrm{i}\phi}, \quad \mathrm{i}\xi^2 = \rho^2(-\sin 2\phi + \mathrm{i}\cos 2\phi).$$

ϕ 从 0 变到 π. 绕此半圆的结果，函数(1)变成(2)中的第二项，具有系数

$$A = B(\mathrm{e}^{\mathrm{i}\pi})^{\mathrm{i}\varepsilon - 1/2} = -\mathrm{i}B\mathrm{e}^{-\pi\varepsilon}. \tag{3}$$

在路径的 $\left(\frac{1}{2}\pi < \phi < \pi\right)$ 段内，模 $|\mathrm{e}^{\mathrm{i}\xi^2/2}|$ 是指数式大量，此时(2)中第一项的指

① 此题之解也可应用到任一势垒 $U(x)$ 顶点附近的透射，只要 $U(x)$ 在极大值附近依赖于 x 的平方.

数式小量被丢掉①.

按(2)中入射波所选的归一化,粒子数守恒条件为

$$|A|^2+|B|^2=1, \tag{4}$$

由(3)和(4)得到所求的透射系数

$$D=|B|^2=1/(1+\mathrm{e}^{-2\varepsilon\pi}),$$

此式对任何 E 都成立,如果能量的绝对值很大并且是负的,则得 $D\approx\mathrm{e}^{-2\pi|\varepsilon|}$,与(50.5)式一致. 对 $E>0$,量

$$R=1-D=1/(1+\mathrm{e}^{2\pi\varepsilon})$$

是势垒之上的反射系数.

§51　准经典矩阵元的计算

要直接计算任一物理量 f 对准经典波函数而言的矩阵元,存在着很大的困难. 我们假定,所求矩阵元中的那两个跃迁态的能量值并不十分靠近,使得该矩阵元不能化成 f 的傅里叶分量(§48). 困难的产生,在于这样的波函数都呈指数形式(指数幂是一个很大的虚量),被积函数呈现急剧的振荡.

我们来考虑一维的情形[在势场 $U(x)$ 中运动],为简单计,假定该物理量的算符只是一个坐标函数 $f(x)$. 设 ψ_1 和 ψ_2 为对应于粒子能量值 E_1 和 E_2(且 $E_2>E_1$,图 17)的两个波函数;我们假定 ψ_1 和 ψ_2 都取为实函数. 现在要计算下列积分:

$$f_{12}=\int_{-\infty}^{\infty}\psi_1 f\psi_2\,\mathrm{d}x. \tag{51.1}$$

按(47.5),在回点 $x=a_1$ 的两侧区域,但不在 a_1 点的紧邻区域内,ψ_1 波函数呈下列形式:

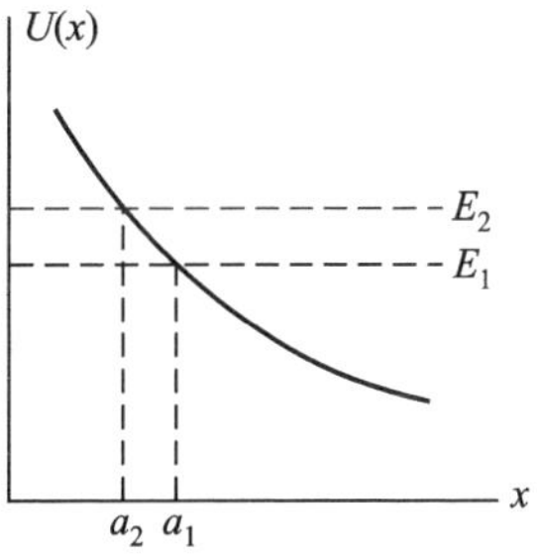

图 17

$$\begin{aligned}x<a_1,\quad \psi_1&=\frac{C_1}{2\sqrt{|p_1|}}\exp\left(-\frac{1}{\hbar}\left|\int_{a_1}^{x}p_1\,\mathrm{d}x\right|\right),\\ x>a_1,\quad \psi_1&=\frac{C_1}{\sqrt{p_1}}\cos\left(\frac{1}{\hbar}\int_{a_1}^{x}p_1\,\mathrm{d}x-\frac{1}{4}\pi\right),\end{aligned} \tag{51.2}$$

对 ψ_2 也有同样的式子(下标 1 改成 2).

可是,如果把波函数的这些渐近式代入(51.1)式中进行积分计算,并不

① 通过下半平面求 A 是不恰当的,因为在与终端[端点处的 ψ 值由(2)式给出]相联的路段 $\left(-\pi<\phi<-\frac{1}{2}\pi\right)$ 上,$\mathrm{e}^{\mathrm{i}\xi^2/2}$ 项与 $\mathrm{e}^{-\mathrm{i}\xi^2/2}$ 项相比是一个指数式小量.

能得到正确的结果. 我们将在下面看到,原因在于这个积分是一个指数式的小量,而被积函数本身却并不很小. 因此被积函数只要相对地作出很小的改变,它的积分值一般讲来就会有成数量级的变化. 这种困难可以用以下的方法加以避免.

我们把 ψ_2 函数表成 $\psi_2=\psi_2^+ +\psi_2^-$,也就是把余弦函数(在 $x>a_2$ 的区域内)表成两个指数式之和. 按照(50.2)式,我们有

$$
\begin{aligned}
x<a_2,\quad \psi_2^+&=\frac{-\mathrm{i}C_2}{2\sqrt{|p_2|}}\exp\left(\frac{1}{\hbar}\left|\int_{a_2}^{x}p_2\,\mathrm{d}x\right|\right),\\
x>a_2,\quad \psi_2^+&=\frac{C_2}{2\sqrt{p_2}}\exp\left[\frac{\mathrm{i}}{\hbar}\int_{a_2}^{x}p_2\,\mathrm{d}x-\frac{1}{4}\mathrm{i}\pi\right];
\end{aligned}
\tag{51.3}
$$

ψ_2^- 函数是 ψ_2^+ 的共轭复函数[$\psi_2^-=(\psi_2^+)^*$].

积分式(51.1)也被分为两个复共轭积分之和 $f_{12}=f_{12}^+ +f_{12}^-$,这是我们想要计算的. 首先,我们注意到下列积分是收敛的:

$$
f_{12}^+=\int_{-\infty}^{\infty}\psi_1 f\psi_2^+\,\mathrm{d}x,
$$

实际上,尽管 ψ_2^+ 函数在 $x<a_2$ 区域内指数式地增长,但是 ψ_1 函数在 $x<a_1$ 区域内按指数形式更快地趋于零(由于在 $x<a_2$ 区域内到处都有 $|p_1|>|p_2|$).

我们把坐标 x 看作一个复变量,并把积分路线从实轴移到上半平面. 当 x 多出一个正的虚增量时,ψ_1 函数(在 $x>a_1$ 区域内)中出现一个递增项,但是 ψ_2^+ 函数仍递减得更快,因为在 $x>a_1$ 区域内到处都有 $p_2>p_1$. 结果使被积函数衰减.

移动后的积分路线不再通过实轴上的 $x=a_1,a_2$ 两点(这两点附近准经典近似不能适用). 因此在整个积分路线上,我们可以应用 ψ_1 和 ψ_2^+ 函数在上半平面中的渐近式,这些表式是

$$
\begin{aligned}
\psi_1&=\frac{C_1}{2[2m(U-E_1)]^{1/4}}\exp\left(\frac{1}{\hbar}\int_{a_1}^{x}\sqrt{2m(U-E_1)}\,\mathrm{d}x\right),\\
\psi_2^+&=\frac{-\mathrm{i}C_2}{2[2m(U-E_2)]^{1/4}}\exp\left(-\frac{1}{\hbar}\int_{a_2}^{x}\sqrt{2m(U-E_2)}\,\mathrm{d}x\right),
\end{aligned}
\tag{51.4}
$$

其中的根号是这样选取的,使得 $x<a_1,a_2$ 时它们在实轴上取正值.

在下列积分式中:

$$
\begin{aligned}
f_{12}^+=\frac{-\mathrm{i}C_1C_2}{4\sqrt{2m}}\int\exp\Bigg(&\frac{1}{\hbar}\int_{a_1}^{x}\sqrt{2m(U-E_1)}\,\mathrm{d}x-\\
&-\frac{1}{\hbar}\int_{a_2}^{x}\sqrt{2m(U-E_2)}\,\mathrm{d}x\Bigg)\times\frac{f(x)\,\mathrm{d}x}{[(U-E_1)(U-E_2)]^{1/4}},
\end{aligned}
\tag{51.5}
$$

我们希望改变积分路径,使得指数因子尽可能减小. 上式中的指数幂只在 $U(x)=\infty$ 的点具有一个极值(因为 $E_1\neq E_2$ 时,指数幂对 x 的微商在其它点都不

等于零).因此积分路径改变到上半平面内的唯一限制是,该路径必须绕过$U(x)$函数的奇点;按照线性微分方程的一般理论,这些奇点也就是$\psi(x)$波函数的奇点.积分路径的具体选择依赖于$U(x)$场的实际形状.如果$U(x)$函数在上半平面只有$x=x_0$的一个奇点,那么该积分可取图18所示的那种路径进行.这个奇点的邻域在该积分中占有重要地位,使得欲求的矩阵元$f_{12}=2\mathrm{Re}f_{12}^{+}$实际上和下列指数幂很小的表式成正比:

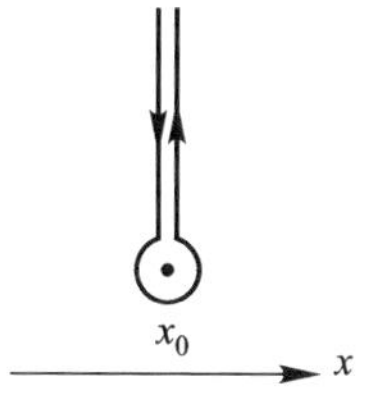

图18

$$f_{12}\sim\exp\left(-\frac{1}{\hbar}\mathrm{Im}\left[\int^{x_0}\sqrt{2m(E_2-U)}\,\mathrm{d}x-\int^{x_0}\sqrt{2m(E_1-U)}\,\mathrm{d}x\right]\right)\qquad(51.6)$$

(Л. Д. Ландау 1932)①.

这两个积分式的积分下限可取经典通区中的任意点;很明显,积分式的虚部不依赖于这两个点的具体选择方式.如果$U(x)$函数在上半平面具有好几个奇点,则(51.6)式中应该取这样的x_0点,使得式中的指数幂具有最小的绝对值②.

当两个能量E_1和E_2相差不多的时候,公式(51.6)可以简化.这时,根据§48的结果,矩阵元简化为经典量$f[x(t)]$对时间的傅里叶积分.令$E_{2,1}=E\pm\frac{\hbar\omega_{21}}{2}$并按$\hbar\omega_{21}$展开,得

$$f_{12}\sim\exp\left(-\omega_{21}\mathrm{Im}\int^{x_0}\sqrt{\frac{m}{2(E-U)}}\mathrm{d}x\right)=\exp(-\omega_{21}\mathrm{Im}\,\tau).\qquad(51.6a)$$

下列这个量

$$\tau=\int^{x_0}\sqrt{\frac{m}{2(E-U)}}\mathrm{d}x=\int^{x_0}\frac{\mathrm{d}x}{v(x)}$$

可以看成是复时间,即在x的复平面上粒子到x_0点所用的时间(而$v(x)=\sqrt{[2(U-E(x))]/m}$是相应的"复速度").不难看出,(51.6a)实际上给出的是,在条件$\mathrm{Im}\,\tau\gg1$之下$f[x(t)]$的复傅里叶展开的拆迁式.

用同一方法,可计算有心力场运动中的准经典矩阵元.但是$U(r)$现在必须理解成为有效势能(势能与离心能之和),对l值不同的态而言,有效势能是不同

① 在(51.5)和(51.6)式的推导中,我们把波函数改成了它们的渐近式,由于采用了图18所示的积分路径,这个积分式的数量级就决定于被积函数的数量级;因此被积函数的很小改变对积分值不会有很大影响.

② 我们已经假定了$f(x)$本身并没有奇点.还要注意,估计矩阵元数量级的(51.6)式,是在指数式前面的系数具有"正常"数量级的前提下写出的.当然,可能存在一些特殊情况使得这一系数变成"非正常地"小.一个最简单的例子是$f(x)=$常数,这时由于波函数的正交性使得矩阵元成为零.这种情况在(51.6)式上看不出来.

的. 为了在以后的问题中进一步应用这个方法起见,我们把两个不同态中的有效势能写成 $U_1(r)$ 和 $U_2(r)$ 的一般形式. 此时,(51.5)被积函数中的指数幂不但在 $U_1(r)$ 或 $U_2(r)$ 等于无穷大那些点具有极值,并且还在满足下列方程那些点具有极值:

$$U_2(r) - U_1(r) = E_2 - E_1. \tag{51.7}$$

因此在以下公式内

$$f_{12} \sim \exp\left(-\frac{1}{\hbar}\mathrm{Im}\left[\int^{r_0} \sqrt{2m(E_2 - U_2)}\,\mathrm{d}r - \right.\right.$$
$$\left.\left. - \int^{r_0} \sqrt{2m(E_1 - U_1)}\,\mathrm{d}r \right] \right), \tag{51.8}$$

r_0的可能值中不只包括 $U_1(r)$ 和 $U_2(r)$ 的各个奇点,并且还包括(51.7)式的各个根.

有心力场情形还有一个不同之处,在(51.1)式中它对 $\mathrm{d}r$ 的积分是从 0(不是从 $-\infty$)到∞ 的:

$$f_{12} = \int_0^\infty \chi_1 f \chi_2 \,\mathrm{d}r.$$

这里有两种情况必须区别,如果被积函数是 r 的偶函数,那么这个积分式可以在形式上延伸到从 $-\infty$ 到 $+\infty$ 的整个区间,从而和以前的情形毫无区别. 如果 $U_1(r)$ 和 $U_2(r)$ 都是 r 的偶函数[$U(-r) = U(r)$],上述情况就有可能发生. 此时的波函数$\chi_1(r)$和$\chi_2(r)$或者是偶函数或者是奇函数①(见 §21),假若$f(r)$函数也是偶的或奇的,乘积$\chi_1 f \chi_2$就有可能是偶函数.

另一方面,如果被积函数不是偶函数[如果 $U(r)$ 不是偶函数,就有这种情况],那么积分路径的起点就不能从 $r=0$ 点移开,而且 $r_0=0$ 点的值就应包含在(51.8)式的 r_0的各种可能值中.

习　题

1. 计算 $U = U_0 \mathrm{e}^{-\alpha x}$ 场中的准经典矩阵元(只算指数因子).

解: $U(x)$ 只有 $x \to -\infty$ 时变成无穷大. 相应地可令(51.6)中的 $x_0 = -\infty$. 这个积分可以延伸到 $x = +\infty$. 方括号内每一项积分时,都在其下限 $-\infty$ 处发散. 因此我们先计算从 $-x$ 到 $+\infty$ 的积分,然后再取极限 $x \to \infty$. 结果得

$$f_{12} \sim \exp\left[-\frac{\pi m}{\alpha\hbar}(v_2 - v_1) \right],$$

其中的 $v_1 = \sqrt{2E_1/m}$, $v_2 = \sqrt{2E_2/m}$ 为无穷远处($x \to \infty$)的粒子速度,该处的运

① $U(r)$ 为偶函数时,径向波函数 $R(r)$ 的奇偶决定于 l 的奇偶. 这可从 r 很小时的 $R(r)$ 看出来(此时有 $R \sim r^l$).

动是自由运动.

2. 与题1相同,但在库仑场 $U=\alpha/r$ 中,求 $l=0$ 的两个态间的准经典跃迁矩阵元.

解:$U(r)$ 函数的唯一奇点是 $r=0$. 相应的积分式已在§50题2中算过. 按(51.8)式,结果得

$$f_{12}\sim\exp\left[\frac{\pi\alpha}{\hbar}\left(\frac{1}{v_2}-\frac{1}{v_1}\right)\right].$$

3. 同第一题,求非谐振子的跃迁矩阵元,其势能为

$$U(x)=\frac{m\omega^2}{2}x^2+\beta x^4$$

在下列条件下计算:

$$\hbar\omega\ll E_1,\quad E_2\ll\frac{m^2\omega^4}{\beta}. \tag{1}$$

解:对正文中所讲有限运动的推广表明,公式(51.6)仍旧成立,应当选取两个点 $x\to\pm\infty$ 作为 x_0,这两个点都带来一个数量级的贡献. 我们有

$$f_{12}\sim\exp\left(-\frac{1}{\hbar}\left[\int_{a_2}^{-\infty}\sqrt{2m(U-E_2)}\,\mathrm{d}x-\int_{a_1}^{-\infty}\sqrt{2m(U-E_1)}\,\mathrm{d}x\right]\right).$$

在(1)式条件之下,给出主要贡献的区域是

$$\sqrt{\frac{E_1}{m\omega^2}},\ \sqrt{\frac{E_2}{m\omega^2}}\ll|x|\ll\sqrt{\frac{m\omega^2}{\beta}}, \tag{2}$$

其中

$$\frac{m\omega^2}{2}x^2\gg E_1,\ E_2,\ \beta x^4.$$

将指数展开为$(E_{1,2}/U)$的幂级数(这时零次项互相抵消)并忽略 βx^4,得

$$f_{12}\sim\exp\left(-\frac{E_2}{\hbar\omega}\int\frac{\mathrm{d}|x|}{|x|}+\frac{E_1}{\hbar\omega}\int\frac{\mathrm{d}|x|}{|x|}\right).$$

在区间(2)中对数发散的积分应予舍去,即在上限 $x\sim\sqrt{(m\omega^2)/\beta}$ 时和在下限 $x\sim a_2\sim\sqrt{E_2/(m\omega^2)}$ 及 $x\sim a_1\sim\sqrt{E_1/(m\omega^2)}$ 时,结果得

$$f_{12}\sim\exp\left(-\frac{E_2}{2\hbar\omega}\ln\frac{m^2\omega^4}{\beta E_2}+\frac{E_1}{2\hbar\omega}\ln\frac{m^2\omega^4}{\beta E_1}\right).$$

引入态的数目,

$$n_1\approx E_1/\hbar\omega,\quad n_2\approx E_2/\hbar\omega,$$

可将答案写成

$$f_{12}\sim\frac{n_2^{n_2/2}}{n_1^{n_1/2}}\left(\frac{\beta\hbar}{m\omega^3}\right)^{(n_2-n_1)/2}.$$

既然在解题过程中存在较大的 x 值,这个解答在 $f(x)$ 不过快地趋近无穷大时是成立的. 如果将 $f(x)$ 展开成为多项式,那么它的幂次应该比 (n_2-n_1) 小。

§52　准经典情形下的跃迁概率

势垒贯穿是经典力学中完全不可能实现的一个例子. 准经典情形下这个过程的概率是一个指数式的小量. 它的有关指数幂可用下法确定.

考虑任一系统从一态到另一态的跃迁,我们解出相应的经典运动方程,求出其跃迁"轨道";但是根据经典力学中并不出现这种过程的事实,这必然是复数解. 例如,我们发现,系统从一态形式上跃迁到另一态的那个"跃迁点" q_0 一般讲来是一个复数点;该点的位置由经典守恒律所确定. 然后我们来计算系统的作用量 $S_1(q_1,q_0)+S_2(q_0,q_2)$,该系统在第一个态中从某个初位置 q_1 出发运动到"跃迁点" q_0,再在第二个态中从 q_0 点出发到达最后的 q_2 位置. 所求的这一过程的概率由下式给出

$$w\sim\exp\left\{-\frac{2}{\hbar}\mathrm{Im}[S_1(q_1,q_0)+S_2(q_0,q_2)]\right\}.\tag{52.1}$$

如果"跃迁点"的位置不是唯一的,则应从中选取这样的点,使得(52.1)式中的指数幂具有最小的绝对值[当然,这个绝对值还应足够的大,使得(52.1)式仍能成立].①

(52.1)式是和§51中计算准经典矩阵元时导出的规则一致的,但应指出,采用矩阵元的平方去计算跃迁概率中指数前的系数,将是不正确的.

基于(52.1)式的**复经典轨道法**是一个普遍方法,它可适用于具有任意多自由度的系统中的跃迁(Л. Д. Ландау,1932). 如果跃迁点是实数但位于经典禁区内,则(在一维运动的简单情形下)(52.1)式与势垒贯穿的概率式(50.5)相同.

垒顶之上的反射

让我们把(52.1)式应用于垒顶反射的一维问题,所谓垒顶之上的反射,就是指粒子能量超过势垒高度时发生的反射. 在这种情形下,q_0 就取粒子运动反向点("回点") x_0 的复坐标,也就是方程 $U(x)=E$ 的复根. 我们来看一下,怎样能更精确地算出包括指数前系数在内的反射系数.

我们必须(像§50那样)再一次建立势垒远右侧的波函数(透射波)与远左侧的波函数(入射和反射波)间的关系. 采用§47和§50中类似的方法,把 ψ 看作复变量 x 的函数,不难做到这一点.

把透射波写成下列形式

---

① 如果该系统的势能本身具有奇点,那么这些奇点也应算入 q_0 的可能值中.

$$\psi_+ = \frac{1}{\sqrt{p}}\exp\left(\frac{\mathrm{i}}{\hbar}\int_{x_1}^{x} p\mathrm{d}x\right),$$

式中的 x_1 为实轴上的任一点，我们来追究它沿上半平面中曲线 C 的变化，C 围绕（在足够远处）回点 x_0（图 19）；这条曲线的整个最后部分必须位于很远的左区，使得入射波的近似（准经典）波函数中的误差远小于欲求的小量 ψ_-. 绕过 x_0 点致使 $\sqrt{E-U(x)}$ 改变符号，回到实轴后 ψ_+ 函数就变成向左传播的反射波 ψ_-①. 由于入射波和透射波的振幅可以看作是相等的，所求的反射系数 R 就简单地等于 ψ_- 和 ψ_+ 的模量平方之比：

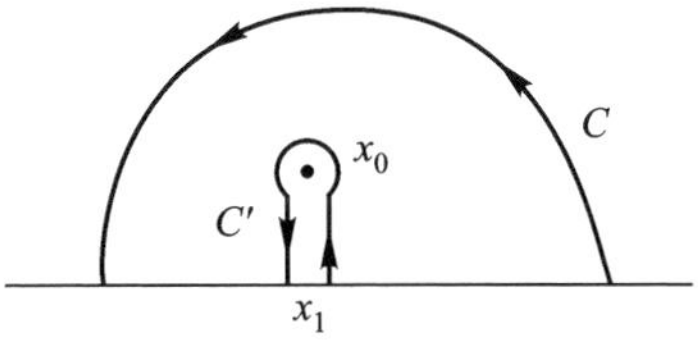

图 19

$$R = \left|\frac{\psi_-}{\psi_+}\right|^2 = \exp\left(-\frac{2}{\hbar}\mathrm{Im}\int_C p\mathrm{d}x\right). \tag{52.2}$$

导出此式后，指数幂的积分路线就可以任意变形；如果变换到图 19 所示的 C' 曲线，则上式积分化成从 x_1 到 x_0 的积分的两倍，我们得②

$$R = \exp\left[\frac{-4}{\hbar}\sigma(x_1, x_0)\right], \quad \sigma(x_1, x_0) = \mathrm{Im}\int_{x_1}^{x_0} p(x)\mathrm{d}x. \tag{52.3}$$

由于 $p(x)$ 在整个实轴上都是实量，x_1 点的选法无关紧要. ③注意（52.3）中指数前的系数为 1（В. Л. Покровский，С. К. Саввин，Ф. Р. Улинич. 1958）. ④

如前所述，在 x_0 的所有可能值中，我们应选这样一个值，使得（52.3）式的指数幂具有最小的绝对值（并且此值必须远大于 1）⑤. 这还暗示着，如果势能 $U(x)$ 本身在上半平面具有奇点，对这些点而言，积分 $\sigma(x_1, x_0)$ 具有较大的值⑥；否则指数幂将由这些奇点之一来确定，而指数前的系数将不会像（52.3）中那样等于 1. 如果 $U(x)$ 随着能量 E 的增大在上半平面某处变成无穷大的话，这个条件肯定无法满足：此时满足 $U=E$ 的 x_0 点在趋于极限时十分接近于满足 $U=\infty$ 的 x_∞

---

① 如绕 x_0 点下面的曲线（例如，简单地沿实轴），ψ_+ 函数就转变成入射波.

② 此处给出的证明出自朗道（1961）.

③ 在某些情况下，值得注意的不仅是入射波和反射波的振幅关系，还有它们的相位关系. 这一关系是 § 25 中所述的系数 α 和 β 所反映的反射波的振幅所决定的. 通过上面的讨论不难看出，从左边射来的波的反射振幅是

$$\left(-\frac{\beta^*}{\alpha^*}\right) = -\mathrm{i}\exp\left[\frac{2\mathrm{i}}{\hbar}\left(\int_{x_1}^{x_0} p\mathrm{d}x + p_1 x_1\right)\right], \quad x_1 \to -\infty.$$

式中的因子（$-\mathrm{i}$）就与通过回点时指数前的系数的相位变化有关.

④ 正文中此结果的推导是由朗道作出的.

⑤ 当然，我们只考虑 $\sigma > 0$ 的 x_0 点，即位于上半平面的 x_0 点.

⑥ 注意这时图 19 中的积分路径 C 应该从函数 $U(x)$ 的奇点下方通过.

点,因而这两个点对反射系数作出的贡献大小差不多[积分 $\sigma(x_\infty, x_0) \sim 1$],公式(52.3)不再成立. 在极限情形下,当 E 大到使得积分值远小于 1 时,微扰论开始适用(见题 2)①.

习　题

1. 采用精确到指数因子的准经典近似,求一氘核和一重核(当作有库仑场的固定力心)碰撞时氘核的衰变概率(E. M. Лифшиц,1939).

解:对反应概率的主要贡献来自零轨道角动量的碰撞,准经典近似中这就是对头撞,粒子的运动变成一维运动.

令 E 为氘核能量,以 ϵ 为单位,ϵ 是氘核的质子和中子的结合能;E_n 和 E_p 为所释放中子和质子的能量,同样以 ϵ 为单位. 我们还采用无量纲坐标 $q = \epsilon r/Ze^2$(Ze 是重核的电荷),并用 q_0 代表 q 在"跃迁点"的值(一般是复值),亦即氘核"衰变时刻"的值. 我们可写出

$$E_n = \frac{1}{2}v_n^2,\ \ E_p = \frac{1}{2}v_p^2 + \frac{1}{q_0},\ \ E = v_d^2 + \frac{1}{q_0}, \tag{1}$$

其中 v_n,v_p 和 v_d 是衰变时刻各粒子的速度,以 $\sqrt{\epsilon/m}$ 为单位,m 是核子质量;v_n 是实量并与释出中子的速度相等,但 v_p 和 v_d 都是复量. 由跃迁点处的能量和动量守恒条件给出

$$E_p + E_n = E - 1,\ \ v_p + v_n = 2v_d. \tag{2}$$

故有

$$v_p = 2\mathrm{i} + v_n,\ \ v_d = \mathrm{i} + v_n,\ \ \frac{1}{q_0} = E + 1 - v_n^2 - 2\mathrm{i}v_n.$$

跃迁前系统的作用量相当于氘在核场中直到衰变点为止的运动;它的虚部为

$$\begin{aligned}\mathrm{Im}S_1 &= Ze^2\sqrt{\frac{m}{\epsilon}}\mathrm{Im}\int_\infty^{q_0}\sqrt{4\left(E - \frac{1}{q}\right)}\,\mathrm{d}q = \\ &= Ze^2\sqrt{\frac{m}{\epsilon}}\mathrm{Im}\left\{2q_0v_d - \frac{2}{\sqrt{E}}\cosh^{-1}\sqrt{q_0E}\right\}.\end{aligned} \tag{3}$$

跃迁后,作用量相当于中子和质子离开衰变点的运动:

$$\begin{aligned}\mathrm{Im}S_2 &= Ze^2\sqrt{\frac{m}{\epsilon}}\mathrm{Im}\left\{\int_{q_0}^{\infty}v_n\,\mathrm{d}q + \int_{q_0}^{\infty}\sqrt{2\left(E_p - \frac{1}{q}\right)}\,\mathrm{d}q\right\} = \\ &= Ze^2\sqrt{\frac{m}{\epsilon}}\mathrm{Im}\left\{-v_nq_0 - v_pq_0 + \sqrt{\frac{2}{E_p}}\mathrm{arcosh}\,\sqrt{q_0E_p}\right\}.\end{aligned} \tag{4}$$

据(52.1),此过程的概率为

① 中间情形曾由 В. Л. Покровский 和 И. М. Хилатников 研究过(ЖэТФ,40,1713,1961)

$$w \sim \exp\left\{-\frac{2Ze^2}{\hbar}\sqrt{\frac{m}{\epsilon}}\,\mathrm{Im}\left[\sqrt{\frac{2}{E_p}}\operatorname{arcosh}\sqrt{q_0E_p}-\frac{2}{\sqrt{E}}\operatorname{arcosh}\sqrt{q_0E}\right]\right\}. \tag{5}$$

与两个反双曲余弦函数来自(4)和(3)式的事实相一致,它们的虚部必须分别与 $\mathrm{Im}v_p$ 和 $\mathrm{Im}v_d$ 具有相同的符号,后两者的符号在(2)式之解中已经这样选定:使得 $\mathrm{Im}(S_1+S_2)>0$.

由于 w 与 E_n 成指数依赖关系,衰变(具有任意的 E_n 和 $E_p=E-1-E_n$ 值)的总概率由指数幂(作为 E_n 的函数)的最小绝对值给出. 分析表明,此事发生在 $E_n\to 0$ 时. 此时有 $q_0=1/(E+1)$,从(5)式得

$$w \sim \exp\left\{-\frac{2Ze^2}{\hbar}\sqrt{\frac{m}{\epsilon}}\left[\sqrt{\frac{2}{E-1}}\arccos\sqrt{\frac{E-1}{E+1}}-\frac{2}{\sqrt{E}}\arccos\sqrt{\frac{E}{E+1}}\right]\right\}.$$

这个公式的成立条件是指数幂必须远大于1.

对 E_n 的非零值算出作用量 $S=S_1+S_2$ 的虚部后,我们可以求出所释放粒子的能量分布. 在邻近 $E_n=0$ 处,我们有①

$$\mathrm{Im}S(E_0)-\mathrm{Im}S(0)\approx E_n\left(\frac{\mathrm{dIm}\,S}{\mathrm{d}E_n}\right)_{E_n=0}.$$

计算导数后给出

$$\frac{\mathrm{d}w}{\mathrm{d}E_n}\sim\exp\left\{-\frac{2Ze^2}{\hbar}\sqrt{\frac{m}{\epsilon}}E_n\left[\frac{3-E}{(E-1)(E+1)^2}+\right.\right.$$
$$\left.\left.+\frac{1}{\sqrt{2(E-1)^3}}\arccos\sqrt{\frac{E-1}{E+1}}\right]\right\}.$$

2. 如粒子能量满足微扰论条件,求垒顶之上的反射系数.

解:采用(43.1)式,初态和末态波函数是沿相反方向行进的两个平面波,分别按单位流密度归一化和按动量除以 $2\pi\hbar$ 的 δ 函数归一化,式中的 $\mathrm{d}\nu=\mathrm{d}p'/2\pi\hbar$,而 p' 是反射后动量,算出对 p' 的积分(计及 δ 函数)后得

$$R=\frac{m^2}{\hbar^2p^2}\left|\int_{-\infty}^{\infty}U(x)\,\mathrm{e}^{2ipx/\hbar}\mathrm{d}x\right|^2. \tag{1}$$

如果微扰论的适用条件得到满足,此式即成立,这个条件为 $Ua/\hbar v\ll 1$,a 为势垒宽度(见§45 附注3),同时有 $pa/\hbar\lesssim 1$. 后一条件保证了 $R(p)$ 函数的非指数性;不然的话,(1)式的成立问题尚需作进一步的研究.

3. 当 $U(x)$ 函数在 $x=x_0$ 处具有一个斜率间断点时,试求在准经典势垒垒顶之上的反射系数.

解:如果 $U(x)$ 函数对实的 x 值具有某种奇点,则反射系数主要由该点附近

① $E_n=0$ 时,函数 $\mathrm{Im}S(E_n)$ 有一个尖点,从尖点出发不管对正的和负的 E_n(负值对应于中子被重核俘获),函数值都增长.

的场所决定,并可用微扰论形式地加以计算,并不要求微扰论对所有的 x 都成立;准经典条件的满足已经足够. 我们就得到题 2 的(1)式,唯一差别是入射粒子的动量必须改成 $p(x)$ 在奇点处的值.

目前情形下我们取斜率间断点为 $x=0$ 点,因此在这点附近有

$$x>0 \text{ 时 } U=-F_1x;\quad x<0 \text{ 时 } U=-F_2x.$$

F_1 不同于 F_2. 对 x 进行积分时,可在被积函数中引进一个阻尼因子 $e^{\pm\lambda x}$,积分做出后再令 $\lambda\to0$. 结果为

$$R=\frac{m^2\hbar^2}{16p_0^6}(F_2-F_1)^2,$$

式中的 $p_0=p(0)$.

§53　浸渐微扰作用下的跃迁

我们在 §41 中已经提到过,在微扰随时间的变化十分缓慢的极限情形下,系统自一态到另一态的跃迁概率趋于零. 现在来定量地研究这个问题,算出在缓变(浸渐)微扰作用下的跃迁概率(Л. Д. Ландау,1961).

设系统的哈密顿量为时间的缓变函数,当 $t\to\pm\infty$ 时趋向一定的极限. 并设 $\psi_n(q,t)$ 和 $E_n(t)$ 是由薛定谔方程 $\hat{H}(t)\psi_n=E_n\psi_n$ 解出的本征函数和能量本征值(依赖于时间参量);由于 $\hat{H}$ 的时间变化具有浸渐性,E_n 和 ψ_n 的时间变化也是缓慢的. 我们面临的问题是,如果 $t\to-\infty$ 时该系统处于 ψ_1 态,求 $t\to+\infty$ 时系统处于某一 ψ_2 态的概率 w_{12}.

微扰的缓变性意味着"跃迁过程"具有很长的持续时间,因而作用量的改变$\left(\text{由积分式 } -\int E(t)\,\mathrm{d}t \text{ 给出}\right)$很大. 在这个意义上所设问题具有准经典性,所求的概率主要由下列 $t=t_0$ 值确定:

$$E_1(t_0)=E_2(t_0),\tag{53.1}$$

t_0 相当于经典力学中的"跃迁时刻"(参考 §52);实际上,这样的跃迁在经典力学中当然是不可能的,它表现于方程式(53.1)具有复根. 与此有关,就有必要研究 t 为复参量时在 $t=t_0$ 点的邻域内薛定谔方程之解所具有的特性,在 t_0 点处两个能量本征值变成相等.

我们将看到,在该点附近本征函数 ψ_1,ψ_2 将随 t 强烈变化. 为了求出其关系,我们先令 ψ_1,ψ_2 的线性组合为 φ_1,φ_2,并满足下列条件:

$$\int\varphi_1^2\mathrm{d}q=\int\varphi_2^2\mathrm{d}q=0,\qquad\int\varphi_1\varphi_2\mathrm{d}q=1.\tag{53.2}$$

只要适当选择复组合系数(t 的函数),总能做到这一点. φ_1 和 φ_2 在 $t=t_0$ 处没有奇点.

现在把本征函数写成下列线性组合形式：

$$\psi = a_1\varphi_1 + a_2\varphi_2. \tag{53.3}$$

要注意的是，当"时间"t 为复变量时，由于势能 $U(t) \neq U(t)^*$，$\hat{H}(t)$ 算符［呈(17.4)形式］仍等于它的转置算符($\hat{H} = \tilde{\hat{H}}$)但不再厄米($\hat{H} \neq \tilde{\hat{H}}^*$)．

把(53.3)式代入薛定谔方程，对该式左乘 φ_1 或 φ_2，然后对 $\mathrm{d}q$ 积分. 引入下列记号：

$$H_{ik}(t) = \int \varphi_i \hat{H} \varphi_k \mathrm{d}q, \tag{53.4}$$

考虑到哈密顿量的上述性质我们有 $H_{12} = H_{21}$，结果得下列方程组：

$$\begin{aligned} H_{11}a_1 + H_{12}a_2 &= Ea_2, \\ H_{12}a_1 + H_{22}a_2 &= Ea_1. \end{aligned} \tag{53.5}$$

这个方程组有非零解的条件为 $(H_{12} - E)^2 = H_{11}H_{22}$，此式之根给出了能量本征值：

$$E = H_{12} \pm \sqrt{H_{11}H_{22}}. \tag{53.6}$$

把它代入(53.5)式中，得

$$\frac{a_2}{a_1} = \pm\sqrt{\frac{H_{11}}{H_{22}}}. \tag{53.7}$$

由(53.6)式可知，为使在 $t = t_0$ 点两个本征值相等，其中的 H_{11} 或 H_{22} 在该点应等于零；我们假定它是 H_{11}. 在正则点，一个函数一般讲来随 $t - t_0$ 而趋于零，因此有

$$E(t) - E(t_0) = \pm 常数 \times \sqrt{t - t_0}, \tag{53.8}$$

即 $E(t)$ 在 $t = t_0$ 处具有支点. 我们还有 $a_2 \sim \sqrt{t - t_0}$，故在 $t = t_0$ 点只有一个本征函数 ϕ_1.

现在我们看到，所设问题在形式上完全类似于 § 52 中讨论过的垒顶反射问题. 我们有"对时间为准经典的"$\Psi(t)$ 波函数，代替了 § 52 中对坐标为准经典的函数，希望求出 $t \to +\infty$ 时波函数中的 $c_2\psi_2 \mathrm{e}^{-\mathrm{i}E_2 t/\hbar}$ 项，而当 $t \to -\infty$ 时波函数为 $\Psi(t) = \psi_1 \mathrm{e}^{-\mathrm{i}E_1 t/\hbar}$. 这类似于用 $x \to +\infty$ 的透射波求出 $x \to -\infty$ 的反射波问题. 欲求的跃迁概率为 $w_{21} = |c_2|^2$. 作用量 $S = -\int E(t)\mathrm{d}t$ 是由具有复支点的 $E(t)$ 函数的时间积分给出［正如积分 $\int p\mathrm{d}x$ 中的 $p(x)$ 函数具有复支点那样］，因此，所考虑的问题，可以通过 t 复平面上从很大负值到很大正值的一个积分回路加以解决，正如 § 52 中对 x 复平面所作的那样，我们不在这里重复这种推导.

我们假定实轴上有 $E_2 > E_1$. 此时回路必须位于复变量 t 的上半平面(该处

的比值 $e^{-iE_2t/\hbar}/e^{-iE_1t/\hbar}$ 是增长的). 结果得下列公式[类似于(52.2)式]

$$w_{21}=\exp\left(\frac{2}{\hbar}\mathrm{Im}\int_{C'}E(t)\,\mathrm{d}t\right),\tag{53.9}$$

其中的积分沿图 19 所示的回路(自左向右)进行.

在支点之左的回路上有 $E=E_1$,支点之右的回路上有 $E=E_2$. 因此可把(53.9)写成

$$w_{21}=\exp\left(-2\mathrm{Im}\int_{t_1}^{t_0}\omega_{21}(t)\,\mathrm{d}t\right),\tag{53.10}$$

其中的 $\omega_{21}=(E_2-E_1)/\hbar$,$t_1$ 为实轴 t 上的任一点;t_0 点应选(53.1)式的一个复根,此根位于上半平面内,并使(53.10)式中的指数幂具有最小的绝对值①. 除了以上自 1 态直接跃迁到 2 态以外,还可能有通过几个中间态的"跃迁方式";其概率也可用类似的公式表出. 例如按 1→3→2 的"方式"进行跃迁时,(53.10)式中的积分应改成以下两个积分之和

$$\int^{t_0^{(31)}}\omega_{31}(t)\,\mathrm{d}t+\int^{t_0^{(23)}}\omega_{23}(t)\,\mathrm{d}t,$$

式中的两个积分上限分别为 $E_1(t)$,$E_3(t)$ 以及 $E_2(t)$,$E_3(t)$ 的两个"交点". 以上的积分式,是采用同时围绕这两个复交点的一个回路后得出的. ②

习　　题

确定服从下列方程

$$\frac{\mathrm{d}^2x}{\mathrm{d}t^2}+\omega^2(t)x=0\tag{1}$$

的经典振子,当其频率 $\omega(t)$ 由 $t\to-\infty$ 时的 ω_1 到 $t\to+\infty$ 时的 ω_2 作缓慢变化时,其浸渐不变量的变化(A. M. Дыхне,1960).

解:方程(1)是由薛定谔方程经过下列变换而来:

$$\psi\to x,\quad x\to t;\quad p(x)/\hbar=k(x)\to\omega(t)$$

变换后,这个问题在形式上等价于在 §25 中讨论过的势垒反射问题. 这就把浸渐不变量变化的计算引向反射振幅的计算.

将 $t\to\mp\infty$ 时(1)式的解写成

$$x=A_1e^{i\omega_1t}+A_1^*e^{-i\omega_1t},\quad x\to-\infty,$$

$$x=A_2e^{i\omega_2t}+A_2^*e^{-i\omega_2t},\quad x\to\infty.$$

根据(25.6),有

---

① t_0 的可能值中尚须包含能使 $E(t)$ 成为无穷大之点;对这些点而言(53.9)式指数前的系数不等于 1.

② 连续谱的中间态问题需另行考虑.

$$A_2=\alpha A_1+\beta A_1^*. \tag{2}$$

振子的浸渐不变量等于 E/ω，因此

$$I_1=m\omega_1\overline{x_2}=2m\omega_1|A_1|^2,\quad I_2=2m\omega_2|A_2|^2,$$

将(2)式代入，得

$$I_2=2m\omega_2[(|\alpha|^2+|\beta|^2|A_1|^2+2\mathrm{Re}(\alpha\beta^*A_1^2)].$$

利用(25.7)式，此式在我们目前的情况具有下列形式：

$$|\alpha|^2=|\beta|^2+\omega_1/\omega_2,\text{得}$$

$$I_2-I_1=4m\omega_2[|\beta|^2|A_1|^2+\mathrm{Re}(\alpha\beta^*A_1^2)]. \tag{3}$$

我们在这里讨论的 $\omega(t)$ 缓慢变化的情况相当于上一节中势垒反射的准经典情况. 在这种情况下，β 是指数式的小量，而 $|\alpha|^2\approx\omega_1/\omega_2$.（事先假设 $\omega^2(t)$ 在 t 的实轴上没有奇点和零点）. 上一节中讲过的计算反射振幅的方法给出 I_2-I_1 的估计是

$$\Delta I=I_2-I_1\sim|\beta|\sim\exp\left(-2\mathrm{Im}\int_{t_1}^{t_0}\omega(t)\,\mathrm{d}t\right),$$

式中 t_0 是 t_0 的上半平面上对 ΔI 给出最大贡献的一个特殊点. 这个公式与 § 51 中（见卷 Ⅰ）中所讨论的简谐振子情况的结果一致. 当 $\omega^2(t)$ 在上半平面有简单零点时，用上节的公式还可以求出指数因子前面的系数.（参见 177 页的脚注）

注意，(3)式的第二项，亦即主要项是依赖于振动的初相位的，当对初相位平均时得

$$\overline{\Delta I}\approx 2RI_1,$$

式中 $R\approx\dfrac{\omega_2}{\omega_1}|\beta|^2$ 是“反射系数”.

第八章

自　　旋

§54　自旋

经典力学和量子力学中,角动量守恒定律都是封闭系统空间各向同性的结果,这一点,早已用角动量和旋转对称性之间的关系论述过.但在量子力学中,这个关系具有特别深远的意义,它确定了角动量这个概念的基本内容,特别是由于粒子角动量的经典定义 $\boldsymbol{r}\times\boldsymbol{p}$ 在量子力学中不再具有直接含义,因为位置和动量不能同时测量.

我们在§28 中看到,如果 l 和 m 的值已给定,粒子波函数的角部关系就被确定,从而它在旋转下的所有对称性质也被确定.这些性质最一般的表述可归结为波函数在坐标系转动下的变换规律.

多粒子系统的波函数 Ψ_{LM}(角动量 L 及其分量 M 的值业已给定)只有当坐标系绕 z 轴转动时才能保持不变①,任何改变 z 轴方向的转动,结果都会使角动量 z 分量没有定值.这意味着,在新的坐标系中,这个波函数一般变为具有给定 L 值但有不同 M 值的 $2L+1$ 个函数的叠加(即线性组合).我们可以说,坐标系转动后,$2L+1$ 个函数 Ψ_{LM}变成了它们相互的线性组合②.其变换规律(即组合系数与坐标轴转动角之间的函数关系)完全由 L 值确定.因此角动量被赋予量子数的含义,它能对一个系统的各个态按照坐标系转动下的变换性质加以分类.角动量概念的这一方面,在量子力学中特别重要,因为它和角部波函数的显示式没有直接的联系;不用这些显示式也能表出这组函数的相互变换规律.

我们来考虑一个复合粒子,例如一个原子核,它整个地静止并且处于某一确

---

① 除了一个不重要的相位因子外.

② 用数学术语来说,这组函数构成了旋转群的一个不可约表示.得以进行相互线性变换的这组函数中的独立函数的个数,称为该表示的维数;并且这个数在函数组的相互线性变换中不可能再少.

定内部状态中. 除了内能外,由于核内粒子的运动,它还具有确定的角动量值 L. 这个角动量可以有 $2L+1$ 种不同的空间取向. 因此,当我们考虑这个复合粒子的整体运动时,除了坐标外,还必须增加一个离散变量:它的内部角动量在空间某一选定方向上的投影.

根据我们对角动量概念的上述理解,有关它的起源问题显得并不重要. 我们可以从中归结出"内禀"角动量的概念,用以描述粒子,不管这个粒子是"复合"的还是"基本"的.

因此,在量子力学中,每个基本粒子必须赋予一个与其空间运动无关的"内禀"角动量. 基本粒子的这个性质是量子理论中特有的(在 $\hbar\to 0$ 的极限下消失),因此在原则上不存在经典解释①.

一个粒子的内禀角动量称为该粒子的**自旋**,以便区别于粒子空间运动所产生的角动量,所谓**轨道角动量**②. 我们所讲的粒子可以是一个基本粒子,也可以是某些方面类似于基本粒子的一个复合粒子(例如一个原子核). 一个粒子的自旋(和轨道角动量一样,以 $\hbar$ 为量度单位)用 s 来代表.

对于有自旋的粒子,用波函数描述其状态时,这个波函数必须不但能确定该粒子处于不同空间位置的概率,而且也能确定其自旋具有各种可能取向的概率. 因此,这个波函数不但依赖于三个连续变量,即粒子的三个坐标,而且还依赖于一个离散的**自旋变量**,它给出自旋在空间某一指定方向(z 轴)的投影并取为数有限的离散值,我们用 σ 代表这个自旋变量.

令 $\psi(x,y,z;\sigma)$ 为这样的波函数. 实质上它代表了对应于不同 σ 值的一组不同的坐标函数;这些函数称为波函数的各个**自旋分量**.
下列积分

$$\int |\psi(x,y,z;\sigma)|^2 \mathrm{d}V$$

确定了粒子具有某个 σ 值的概率. 粒子具有任意的 σ 值并处于 $\mathrm{d}V$ 体积元内的概率为

$$\mathrm{d}V\sum_{\sigma}|\psi(x,y,z;\sigma)|^2.$$

量子力学的**自旋算符**,作用于波函数的自旋变量 σ 上. 换句话说,它以某种方式把波函数的各个分量进行相互线性变换. 这个算符的形状将在以后建立. 但从最一般的考虑很易知道,算符 $\hat{s}_x,\hat{s}_y,\hat{s}_z$ 应该满足和轨道角动量一样的对易关系.

---

① 例如,把基本粒子的内禀角动量想象为"绕自身轴"旋转的结果,这是完全没有意义的.

② 电子具有内禀角动量的物理概念是由 G. 乌伦贝克(Uhlenbeck)和 S. 高兹米特(Goudsmit)于 1925 年提出的. 1927 年 W. 泡利(Pauli)把自旋引入量子力学中.

角动量算符和无限小旋转算符基本上相同. 在 §26 中推导轨道角动量算符的具体表式时,我们考虑了旋转算符作用在一个坐标函数上所得的结果. 在自旋的情形下,这一推导失去意义,因为自旋算符不是作用在坐标上,而是作用在自旋变量上的. 因此,为了求得对易关系式,我们必须把一般形式的无限小旋转操作看作一般的坐标系旋转. 如果我们先绕 x 轴再绕 y 轴连接进行两次无限小旋转,或者把次序倒过来,先绕 y 轴再绕 x 轴,经过直接计算后很易证明,以上两种操作结果的差别等于绕 z 轴的一个无限小旋转(转过的角度等于绕 x 轴和 y 轴的两个转角的乘积). 我们不准备进行这种简单的计算,它的结果仍得通常的角动量分量算符之间的对易关系式;由此可见,这一对易关系式对自旋算符讲来也必成立:

$$[\hat{s}_y,\hat{s}_z]=\mathrm{i}\hat{s}_x,\ [\hat{s}_z,\hat{s}_x]=\mathrm{i}\hat{s}_y,\ [\hat{s}_x,\hat{s}_y]=\mathrm{i}\hat{s}_z. \tag{54.1}$$

由这个关系式导出的所有物理结论也都应成立.

对易关系式(54.1)能使我们求出所有可能的自旋绝对值和所有可能的自旋分量值. §27 中导出的所有结果[(27.7)—(27.9)式]仅仅应用了对易关系式,因此这些结果在这里也能全部适用,只要把上述各式中的 $\boldsymbol{L}$ 换成 $\boldsymbol{s}$ 就可以了. 根据(27.7)式,自旋 z 分量的本征值是递差数为 1 的一组数值. 但是我们不能像轨道角动量的 L_z 分量那样断定这些数值一定都是整数[§27 之初给出的推导在这里不能成立,因为它是以(26.14)式的 $\hat{l}_z$ 算符为基础的,这个表式只对轨道角动量成立].

其次,s_z 这套本征值具有上下限,这两个上下限的绝对值相等而符号相反,我们用 $\pm s$ 表示之. s_z 的最大值和最小值之差 $2s$ 必须是一个整数或零. 因此 s 可取 $0,\dfrac{1}{2},1,\dfrac{3}{2},\cdots$ 值.

于是,自旋平方的本征值等于

$$\boldsymbol{s}^2=s(s+1), \tag{54.2}$$

其中的 s 可以是一个整数(包括零)也可以是一个半整数. s 给定后,自旋的 s_z 分量可取 $s,s-1,\cdots,-s$,等 $2s+1$ 个不同的数值. 因此,自旋为 s 的粒子波函数具有 $2s+1$ 个分量①.

实验表明,大多数的基本粒子[电子,正电子,质子,中子,μ 子和所有的超子(Λ,Σ,Ξ)]具有 $\dfrac{1}{2}$ 的自旋. 此外,也有些基本粒子(π 介子和 K 介子)的自旋等

---

① 由于每类粒子的 s 是一个给定值,故在经典力学极限情形下($\hbar\to 0$)自旋角动量 $\hbar s$ 趋于零. 对轨道角动量讲来由于 l 可取任意值,这样的论证就失去意义. 过渡到经典力学时,$\hbar$ 趋于零同时 l 趋向无穷大,可是乘积 $\hbar l$ 仍为有限值.

于零.

一个粒子的总角动量等于它的轨道角动量 $\boldsymbol{l}$ 加上自旋 $\boldsymbol{s}$. 这两个算符作用于函数的不同变量上,当然是彼此对易的. 总角动量

$$\boldsymbol{j}=\boldsymbol{l}+\boldsymbol{s} \tag{54.3}$$

的本征值,与两个不同粒子的轨道角动量之和一样,取决于"矢量模型"的相加法则(§31). 这就是说,给定了 l 和 s 以后,总角动量可取 $l+s, l+s-1, \cdots, |l-s|$ 等值. 因此,轨道角动量 l 不等于零的一个电子 $\left(\text{自旋为}\frac{1}{2}\right)$ 具有总角动量 $j=l\pm\frac{1}{2}$; $l=0$ 时, j 只有一个值 $j=\frac{1}{2}$.

多粒子系统的总角动量算符 $\hat{\boldsymbol{J}}$ 等于每个粒子的角动量算符 $\hat{\boldsymbol{j}}$ 之和,它的本征值仍用矢量模型法则加以确定. 角动量 $\boldsymbol{J}$ 可以表成下列形状:

$$\boldsymbol{J}=\boldsymbol{L}+\boldsymbol{S},\quad \boldsymbol{L}=\sum_a \boldsymbol{l}_a,\quad \boldsymbol{S}=\sum_a \boldsymbol{s}_a, \tag{54.4}$$

其中的 $\boldsymbol{S}$ 可称为该系统的总自旋, $\boldsymbol{L}$ 可称为该系统的总轨道角动量. 我们注意到,如果该系统的总自旋为半整数(整数),则总角动量也是半整数(整数),因为轨道角动量永远是整数. 特别是,如果该系统是由偶数个同类粒子组成的,它的总自旋永远是整数,从而它的总角动量也是整数.

一个粒子的总角动量算符 $\hat{\boldsymbol{j}}$(或一个多粒子系统的 $\hat{\boldsymbol{J}}$),和轨道角动量算符或自旋算符满足同样的对易关系,这个关系是任意角动量所应满足的普遍的对易关系. 由这个对易关系所导出的角动量矩阵元公式(27.13),对任意的角动量讲来也都成立,只要这些矩阵元是由该角动量的本征态所定义的. 对任意矢量的矩阵元,公式(29.7~10)也同样成立(改变相应的记号).

习 题

自旋为 $\frac{1}{2}$ 的粒子处于 $s_z=\frac{1}{2}$ 的态中,求该自旋在 z' 轴上的投影取各可能值的概率,设 z' 轴和 z 轴的夹角为 θ.

解: 平均后的自旋矢量 $\boldsymbol{s}$ 显然沿 z 轴,且其数值等于 $\frac{1}{2}$. 把它投影到 z' 轴上,求得自旋沿 z' 轴的平均值为 $\bar{s}_{z'}=\frac{1}{2}\cos\theta$. 另一方面,我们又有 $\bar{s}_{z'}=\frac{1}{2}(w_+-w_-)$,其中的 $w_\pm$ 为 $s_{z'}=\pm\frac{1}{2}$ 的概率. 考虑到 $w_++w_-=1$,我们得

$$w_+=\cos^2(\theta/2),\qquad w_-=\sin^2(\theta/2).$$

§55　自旋算符

在本章以后各节中，我们不想讨论波函数与坐标的关系. 例如，当我们讲到坐标系旋转后函数 $\psi(\sigma)$ 的行为时，我们可以假定该粒子处于原点，使得它的坐标在旋转中保持不变，这样得到的结果将标志出 $\psi(\sigma)$ 函数对自旋变量 σ 而言的行为.

变量 σ 和普通变量（坐标变量）的区别在于它的离散性. 一个线性算符作用在离散变量 σ 的函数上，所得的最普遍形式为

$$(\hat{f}\psi)(\sigma)=\sum_{\sigma'}f_{\sigma\sigma'}\psi(\sigma'),\tag{55.1}$$

其中的 $f_{\sigma\sigma'}$ 是一些常数. 我们把 $\hat{f}\psi$ 放在括号内是为了强调在它后面所跟的自旋宗量不是属于原函数 ψ，而是属于用算符 $\hat{f}$ 作用后所得的那个函数. 容易证明，$f_{\sigma\sigma'}$ 是和按通常规则(11.5)所定义的算符矩阵元一致的①.

(11.5)中对坐标的积分现在换成对离散变量求和，所以矩阵元的定义为

$$f_{\sigma_2\sigma_1}=\sum_{\sigma}\psi^*_{\sigma_2}(\sigma)[\hat{f}\psi_{\sigma_1}(\sigma)].\tag{55.2}$$

其中 $\psi_{\sigma_1}(\sigma)$ 和 $\psi_{\sigma_2}(\sigma)$ 是算符 $\hat{s}_z$ 的本征函数，属于本征值 $s_z=\sigma_1$ 和 σ_2；每个函数对应于一个态，粒子处于此态时具有确定的 s_z 值，亦即此时波函数只有一个分量不等于零②：

$$\psi_{\sigma_1}(\sigma)=\delta_{\sigma\sigma_1},\qquad \psi_{\sigma_2}(\sigma)=\delta_{\sigma\sigma_2},\tag{55.3}$$

根据(55.1)，

$$(\hat{f}\psi_{\sigma_1})(\sigma)=\sum_{\sigma'}f_{\sigma\sigma'}\psi_{\sigma_1}(\sigma')=\sum_{\sigma'}f_{\sigma\sigma'}\delta_{\sigma'\sigma_1}=f_{\sigma\sigma_1}.$$

把上式及 $\psi_{\sigma_2}(\sigma)$ 的表式代入(55.2)，该式恒得到满足；证毕.

由此可见，作用于 σ 的函数上的算符可以表成一个 $(2s+1)$ 行 $(2s+1)$ 列的矩阵. 特别是自旋算符本身，作用在波函数上后，按(55.1)有

$$(\hat{\mathbf{s}}\psi)(\sigma)=\sum_{\sigma'}\mathbf{s}_{\sigma\sigma'}\psi(\sigma').\tag{55.4}$$

按照 §54 末段所述，矩阵 $\hat{s}_x,\hat{s}_y,\hat{s}_z$ 与 §27 所得的矩阵 $\hat{L}_x,\hat{L}_y,\hat{L}_z$ 相同，只是把字母 L 和 M 改成 s 和 σ：

---

① 注意(55.1)式右边矩阵元的下标次序与(11.11)式中的通常次序相反.

② 更明确地说，我们应写成

$$\psi_{\sigma_1}(\sigma)=\psi(x,y,z)\delta_{\sigma_1\sigma}.$$

(55.3)中略去了坐标因子，在那里并不重要.

我们必须再一次强调 s_z 的特定本征值 σ_1 或 σ_2 有别于独立变量 σ.

$$\left.\begin{aligned}(s_x)_{\sigma,\sigma-1}&=(s_x)_{\sigma-1,\sigma}=\frac{1}{2}\sqrt{(s+\sigma)(s-\sigma+1)},\\(s_y)_{\sigma,\sigma-1}&=-(s_y)_{\sigma-1,\sigma}=-\frac{1}{2}\mathrm{i}\sqrt{(s+\sigma)(s-\sigma+1)},\\(s_z)_{\sigma,\sigma}&=\sigma.\end{aligned}\right\}\tag{55.5}$$

这就确定了自旋算符.

在自旋为$\frac{1}{2}\left(s=\frac{1}{2},\sigma=\pm\frac{1}{2}\right)$的重要情形下,这些矩阵是两行两列的,具有下列形式

$$\hat{\boldsymbol{s}}=\frac{1}{2}\hat{\boldsymbol{\sigma}},\tag{55.6}$$

其中①

$$\hat{\sigma}_x=\begin{pmatrix}0&1\\1&0\end{pmatrix},\ \hat{\sigma}_y=\begin{pmatrix}0&-\mathrm{i}\\ \mathrm{i}&0\end{pmatrix},\ \hat{\sigma}_z=\begin{pmatrix}1&0\\0&-1\end{pmatrix}.\tag{55.7}$$

这些矩阵称为**泡利矩阵**. 矩阵 $\hat{s}_z=\frac{1}{2}\hat{\sigma}_z$确是对角的,因为它是用 s_z本身的本征函数组来定义的②.

下面是泡利矩阵的一些特殊性质. 把(55.7)中的矩阵直接相乘,得下列方程:

$$\left.\begin{aligned}&\hat{\sigma}_x^2=\hat{\sigma}_y^2=\hat{\sigma}_z^2=1,\\&\hat{\sigma}_y\hat{\sigma}_z=\mathrm{i}\hat{\sigma}_x,\ \hat{\sigma}_z\hat{\sigma}_x=\mathrm{i}\hat{\sigma}_y,\ \hat{\sigma}_x\hat{\sigma}_y=\mathrm{i}\hat{\sigma}_z,\end{aligned}\right\}\tag{55.8}$$

由上式及一般对易关系(54.1),得

$$\hat{\sigma}_i\hat{\sigma}_k+\hat{\sigma}_k\hat{\sigma}_i=2\delta_{ik},\tag{55.9}$$

亦即泡利矩阵彼此反对易. 根据以上诸式,不难验证下列有用的公式:

$$\hat{\boldsymbol{\sigma}}^2=3,\quad(\hat{\boldsymbol{\sigma}}\cdot\boldsymbol{a})(\hat{\boldsymbol{\sigma}}\cdot\boldsymbol{b})=\boldsymbol{a}\cdot\boldsymbol{b}+\mathrm{i}\hat{\boldsymbol{\sigma}}\cdot\boldsymbol{a}\times\boldsymbol{b}.\tag{55.10}$$

式中的 $\boldsymbol{a}$ 和 $\boldsymbol{b}$ 是任意矢量③. 按照上列诸式,由矩阵 $\hat{\sigma}_i$组成的任意标量多项式,

---

① (55.7)中所列的矩阵,行和列都按 σ 的值编号,行数对应于矩阵元的第一个脚标,列数则对应于第二个脚标. 目前情形下,这些编号数为$\frac{1}{2}$和 $-\frac{1}{2}$. (55.4)式所示的算符,其作用是把矩阵的第 σ 行乘以由波函数各个分量组成的一个列矩阵:

$$\psi=\begin{pmatrix}\psi\left(\frac{1}{2}\right)\\ \psi\left(-\frac{1}{2}\right)\end{pmatrix}.$$

② 用同一字母代表自旋分量和泡利矩阵,不会发生混淆. 因为后者总是带有“^”符号.

③ (55.8)—(55.10)右边与 $\hat{\boldsymbol{\sigma}}$ 无关之项,当然应该理解成为乘有一个两行两列单位矩阵.

都可以化简成一个与 $\hat{\boldsymbol{\sigma}}$ 无关的项以及 $\hat{\boldsymbol{\sigma}}$ 的线性项；因此，$\hat{\boldsymbol{\sigma}}$ 算符的任意标量函数都可化成一个线性函数(见题 1)．最后，泡利矩阵及其乘积的迹(对角元之和)为

$$\mathrm{tr}\sigma_i = 0,\ \mathrm{tr}\sigma_i\sigma_k = 2\delta_{ik}. \tag{55.11}$$

本章的以后几节，将对波函数的自旋性质，包括在坐标系任意旋转下的行为，进行详细的讨论，但是我们可以立刻看出波函数的一种重要性质，即绕 z 轴转动下它们的行为.

假定绕 z 轴转动无限小角 $\delta\phi$. 这种转动的算符，可通过角动量算符(目前情形下是自旋算符)表成 $1+\mathrm{i}\delta\phi\cdot\hat{s}_z$. 因此，作为转动的结果，函数组 $\psi(\sigma)$ 变成 $\psi(\sigma)+\delta\psi(\sigma)$，其中

$$\delta\psi(\sigma) = \mathrm{i}\delta\phi\cdot\hat{s}_z\psi(\sigma) = \mathrm{i}\sigma\psi(\sigma)\delta\phi,$$

把上式写成 $\mathrm{d}\psi/\mathrm{d}\phi = \mathrm{i}\sigma\psi(\sigma)$ 形式，并进行积分，我们发现转过有限角 ϕ 时 $\psi(\sigma)$ 变成

$$\psi'(\sigma) = \psi(\sigma)\mathrm{e}^{\mathrm{i}\sigma\phi}. \tag{55.12}$$

特别是转过 2π 角后，$\psi(\sigma)$ 要乘以因子 $\mathrm{e}^{2\pi\mathrm{i}\sigma}$，这个因子对所有的 σ 而言都是一样的，它等于 $(-1)^{2s}$(2σ 和 $2s$ 的宇称永远相同). 由此可见，当坐标系绕 z 轴旋转一整周以后，自旋为整数的粒子波函数回到原值，而自旋为半整数的粒子波函数要变一符号.

习　　题

1. 试把标量 $a+\boldsymbol{b}\cdot\hat{\boldsymbol{\sigma}}$ 的任意函数化成对泡利矩阵为线性的另一个函数.

解：为了确定所求公式 $f(a+\boldsymbol{b}\cdot\hat{\boldsymbol{\sigma}}) = A+\boldsymbol{B}\cdot\hat{\boldsymbol{\sigma}}$ 中的系数，我们注意到，当取 z 轴沿 $\boldsymbol{b}$ 的方向时，算符 $a+\boldsymbol{b}\cdot\hat{\boldsymbol{\sigma}}$ 的本征值为 $a\pm b$，算符 $f(a+\boldsymbol{b}\cdot\hat{\boldsymbol{\sigma}})$ 的相应本征值为 $f(a\pm b)$. 从而求出

$$A = \frac{1}{2}[f(a+b)+f(a-b)],\ \boldsymbol{B} = (\boldsymbol{b}/2b)[f(a+b)-f(a-b)].$$

2. 自旋为 $\frac{1}{2}$ 的两个粒子处于 $\boldsymbol{S} = \boldsymbol{s}_1+\boldsymbol{s}_2$ 具有定值(0 或 1)的态中，求标积 $\boldsymbol{s}_1\cdot\boldsymbol{s}_2$ 的数值.

解：按一般公式(31.3)(这个公式对任意两个角动量的相加都成立)，我们得

$$S=1\ \text{时}\ \boldsymbol{s}_1\cdot\boldsymbol{s}_2 = \frac{1}{4};\ S=0\ \text{时}\ \boldsymbol{s}_1\cdot\boldsymbol{s}_2 = -\frac{3}{4}.$$

3. $\hat{\boldsymbol{s}}$ 算符(自旋值 s 为任意)的各次幂中哪些是线性独立的？

解：由 $\hat{s}_z$ 及其所有可能本征值之差组成的下列算符

$$(\hat{s}_z - s)(\hat{s}_z - s + 1)\cdots(\hat{s}_z + s)$$

作用于任一波函数上等于零,故这个算符本身等于零. 由此可见,$(\hat{s}_z)^{2s+1}$ 可以通过 s_z 算符的较低次的乘幂表出,因此只有 1 到 $2s$ 的乘幂是线性独立的.

§56　旋量

自旋为零时,波函数只有一个分量 $\psi(0)$. 用自旋算符作用后变成零:$\hat{\boldsymbol{s}}\psi = 0$. $\hat{\boldsymbol{s}}$ 和无限小旋转算符之间的关系说明,自旋为零的粒子波函数在坐标系转动下是不变的,也就是说它是一个标量.

自旋为$\frac{1}{2}$的粒子波函数具有两个分量,$\psi\left(\frac{1}{2}\right)$ 和 $\psi\left(-\frac{1}{2}\right)$. 为进一步推广方便计,我们分别用上指标 1 和 2 来区别这两个分量. 这个具有两个分量的量

$$\psi = \begin{pmatrix}\psi^1 \\ \psi^2\end{pmatrix} = \begin{pmatrix}\psi\left(\frac{1}{2}\right) \\ \psi\left(-\frac{1}{2}\right)\end{pmatrix} \tag{56.1}$$

称为一个**旋量**.

坐标系的任意转动中,旋量的分量作线性变换:

$$\psi^{1'} = a\psi^1 + b\psi^2, \quad \psi^{2'} = c\psi^1 + d\psi^2. \tag{56.2}$$

上式可写成

$$\psi^{\lambda'} = (\hat{U}\psi)^{\lambda}, \ \hat{U} = \begin{pmatrix} a & b \\ c & d\end{pmatrix}, \tag{56.3}$$

其中 $\hat{U}$ 是变换矩阵①. 它的矩阵元一般是坐标轴转角的复函数. 这些矩阵元之间存在着一些关系,这些关系直接来自旋量作为粒子波函数的物理条件.

我们来考虑双线性型

$$\psi^1\phi^2 - \psi^2\phi^1, \tag{56.4}$$

其中 ψ 和 ϕ 是两个旋量. 经简单计算后,得

$$\psi^{1'}\phi^{2'} - \psi^{2'}\phi^{1'} = (ad - bc)(\psi^1\phi^2 - \psi^2\phi^1),$$

亦即坐标系转动后,(56.4)式变成它自身. 但如只有一个函数变成自身,这个函数就可看作自旋为零,因而它必是一个标量;也就是说,不管坐标系怎样转动,这个函数必须保持不变. 从而有

$$ad - bc = 1, \tag{56.5}$$

即变换矩阵的行列式等于 1. ②

---

① 记号 $\hat{U}\psi$ 表明矩阵 $\hat{U}$ 的行乘以列 ψ.

② 这样两个量的变换称为**二元变换**.

进一步的关系来自对下式的要求：

$$\psi^1\psi^{1*}+\psi^2\psi^{2*}. \tag{56.6}$$

此式确定了空间某一给定点找到粒子的概率，它应是一个标量，凡使一组量的模量平方之和保持不变的变换，是一个么正变换，因此必有 $\hat{U}^+=\hat{U}^{-1}$（见§12）. 按条件(56.5)，逆矩阵为

$$\hat{U}^{-1}=\begin{pmatrix} d & -b \\ -c & a \end{pmatrix},$$

把它和下列厄米共轭矩阵等同起来：

$$\hat{U}^+=\begin{pmatrix} a^* & c^* \\ b^* & d^* \end{pmatrix},$$

得到

$$a=d^*,\ b=-c^*. \tag{56.7}$$

鉴于关系式(56.5)和(56.7)，a,b,c,d 四个复量中实际上只含三个独立的实参量，对应于定义三维坐标系转动所需的三个角度.

比较(56.4)和(56.6)两个标量式，可知 ψ^{1*} 和 ψ^{2*} 必须分别地按 ψ^2 和 $-\psi^1$ 的规律变换. 应用(56.5)和(56.7)很易验证这一点①.

旋量代数可以表成类似于张量代数的形式. 为此，除了**逆变分量** ψ^1,ψ^2 外（具有上指标），还引入下式定义的**协变分量**（具有下指标）：

$$\psi_1=\psi^2,\quad \psi_2=-\psi^1. \tag{56.8}$$

两个旋量的不变量组合式(56.4)还可以写成标积形式：

$$\psi^\lambda\phi_\lambda=\psi^1\phi_1+\psi^2\phi_2=\psi^1\phi^2-\psi^2\phi^1. \tag{56.9}$$

和张量代数一样，今后凡在同一项中重复出现同一指标者，就意味着对该指标（叠标）求和. 在旋量代数中，我们应该记住下列规则. 根据

$$\psi^\lambda\phi_\lambda=\psi^1\phi_1+\psi^2\phi_2=-\psi_2\phi^2-\psi_1\phi^1=-\psi_\lambda\phi^\lambda.$$

所以

$$\psi^\lambda\phi_\lambda=-\psi_\lambda\phi^\lambda. \tag{56.10}$$

由此可知任一旋量和它自己的标积等于零：

$$\psi^\lambda\psi_\lambda=0. \tag{56.11}$$

根据前面的讨论，ψ_1 和 ψ_2 像 ψ^{1*} 和 ψ^{2*} 那样变换，即

---

① 这个性质与时间反演对称性密切相联. 后者（见§18）包括把波函数改成它的复共轭. 时间反演下，角动量分量也变号. 因此 $\psi^1\equiv\psi\left(\frac{1}{2}\right)$ 和 $\psi^2\equiv\psi\left(-\frac{1}{2}\right)$ 的复共轭函数必然具有自旋投影分别为 $-\frac{1}{2}$ 和 $\frac{1}{2}$ 的那些分量的性质.

$$\psi'_{\lambda}=(\hat{U}^{*}\psi)_{\lambda}. \tag{56.12}$$

乘积 $\hat{U}^{*}\psi$ 也可写作带有转置矩阵 $\tilde{\hat{U}}^{*}$ 的 $\psi\tilde{\hat{U}}^{*}$，由于 $\hat{U}$ 为幺正，我们有 $\tilde{\hat{U}}^{*}=\hat{U}^{-1}$，故 $\psi'_{\lambda}=(\psi\hat{U}^{-1})_{\lambda}$，或①

$$\psi_{\lambda}=(\psi'\hat{U})_{\lambda}. \tag{56.13}$$

仿照通常张量代数中从矢量过渡到张量的情形，我们也可以引进**高秩旋量**的概念. 如果一量 $\psi^{\lambda\mu}$ 具有四个分量，它们按两个一秩旋量的分量乘积 $\psi^{\lambda}\phi^{\mu}$ 的规律变换，则这个量称为二秩旋量. 除了逆变分量 $\psi^{\lambda\mu}$ 外，还可以考虑协变分量 $\psi_{\lambda\mu}$ 和混合分量 ψ_{λ}^{μ}，它们分别按乘积 $\psi_{\lambda}\phi_{\mu}$ 和 $\psi_{\lambda}\phi^{\mu}$ 的变换规律变换. 任意秩旋量都可用同法定义.

旋量的逆变分量和协变分量的相互变换可写成

$$\psi_{\lambda}=g_{\lambda\mu}\psi^{\mu},\ \psi^{\lambda}=g^{\mu\lambda}\psi_{\mu}, \tag{56.14}$$

其中

$$(g_{\lambda\mu})=(g^{\lambda\mu})=\begin{pmatrix}0 & 1\\ -1 & 0\end{pmatrix} \tag{56.15}$$

为二维矢量空间中的**度规旋量**. 例如，我们有

$$\psi_{\lambda}^{\mu}=g_{\lambda\nu}\psi^{\nu\mu},\qquad \psi_{\lambda\mu}=g_{\lambda\nu}g_{\mu\rho}\psi^{\nu\rho},$$

因此有 $\psi_{12}=-\psi_{1}^{1}=-\psi^{21}$，$\psi_{11}=\psi_{1}^{2}=\psi^{22}$ 等等.

$g_{\lambda\mu}$ 本身构成一个二秩反对称单位旋量. 容易看出它的各分量值在坐标系变换下保持不变，且有

$$g_{\lambda\nu}g^{\mu\nu}=\delta_{\lambda}^{\mu}, \tag{56.16}$$

其中 $\delta_{1}^{1}=\delta_{2}^{2}=1$，$\delta_{2}^{1}=\delta_{1}^{2}=0$.

和通常的张量代数一样，旋量代数中也有两种基本运算法则：乘法，以及对一对指标的缩并. 两个旋量相乘给出一个更高秩的旋量：例如由二秩旋量 $\psi_{\lambda\mu}$ 和三秩旋量 $\varphi^{\nu\rho\sigma}$ 可以组成一个五秩旋量 $\psi_{\lambda\mu}\varphi^{\nu\rho\sigma}$. 一对指标的缩并（即对一个协变指标和一个逆变指标的各个分量求和）使一个旋量降低两秩. 例如旋量 $\psi_{\lambda\mu}{}^{\nu\rho\sigma}$ 对指标 μ 和 ν 的缩并给出三秩旋量 $\psi_{\lambda\mu}{}^{\mu\rho\sigma}$；$\psi_{\lambda}^{\mu}$ 的缩并给出标量 ψ_{λ}^{λ}. 这里有一条规则和(56.10)式表明的规则相似：如果我们把被缩并的两个指标上下对调一下，该旋量就改变符号（即 $\psi_{\lambda}^{\lambda}=-\psi^{\lambda}_{\lambda}$）. 根据这一规则，如有一旋量对某两个指标是对称的，对这两个指标缩并的结果就等于零，因此，对一个两秩对称旋量 $\psi_{\lambda\mu}$ 讲来，我们有 $\psi_{\lambda}^{\lambda}=0$.

一个 n 秩旋量如果对它的所有指标都是对称的，则称为**对称旋量**. 从非对称

① 记号 $\psi\hat{U}$（ψ 在 $\hat{U}$ 的左侧）代表分量（ψ_1，ψ_2）作为一行乘以矩阵 $\hat{U}$ 的列.

旋量出发,可以通过对称化手续造出一个对称旋量,这种对称化手续,就是把所有指标进行各种可能的对换,然后把所得的分量全部相加起来. 如上所述,从一个对称旋量的分量出发,不可能(通过缩并)造出更低秩的旋量.

只有二秩旋量可以对它的所有指标反对称. 因为每一个指标只能取两个值,在三个或更多个指标中,最少有两个指标必然会取相同的数值,从而使该(全反对称)旋量的各个分量都恒等于零. 任意一个二秩反对称旋量等于一个单位旋量 $g_{\lambda\mu}$乘以一个标量. 根据上述理由,我们可得下列关系式:

$$g_{\lambda\mu}\psi_{\nu}+g_{\mu\nu}\psi_{\lambda}+g_{\nu\lambda}\psi_{\mu}=0, \tag{56.17}$$

(其中的 ψ_{λ} 是任一旋量),这是因为式左的表式是一个三秩反对称旋量(我们很易验证).

如果把一个旋量乘以其自身,并对其中的一对指标缩并,就成为一个对另一对指标为反对称的旋量:

$$\psi_{\lambda\nu}\psi_{\mu}^{\nu}=-\psi_{\lambda}^{\nu}\psi_{\mu\nu}$$

如上所述,这个旋量应该等于旋量 $g_{\lambda\mu}$ 乘以一个标量. 这个标量因子应该这样来确定,使得对另一对指标再缩并后能够得到正确的结果,据此有:

$$\psi_{\lambda\nu}\psi_{\mu}^{\nu}=-\frac{1}{2}\psi_{\rho\sigma}\psi^{\rho\sigma}g_{\lambda\mu}. \tag{56.18}$$

旋量 $\psi_{\lambda\mu\cdots}^{*}$ 的各个分量是 $\psi_{\lambda\mu\cdots}$ 的复共轭量,它按逆变旋量 $\psi^{\lambda\mu\cdots}$ 的各个分量变换,反之亦然. 因此,任一旋量的各个分量的模量平方之和是一个不变量.

§57　具有任意自旋的粒子波函数

纯形式地讲过任意秩的旋量代数以后,现在可以转入下一个问题:研究具有任意自旋的粒子波函数的性质.

这个问题最好通过自旋为$\frac{1}{2}$的一组粒子来考虑. 总自旋 z 分量的最大可能值是$\frac{1}{2}n$,这是由于对每个粒子都有 $S_z=\frac{1}{2}$而得的结果(亦即所有粒子的自旋都取同一方向,沿 z 轴). 在这种情形下,我们可以明确地说该系统的总自旋 S 也等于$\frac{1}{2}n$.

这时,这个多粒子系统的波函数 $\psi(\sigma_1,\sigma_2,\cdots,\sigma_n)$,除了 $\psi\left(\frac{1}{2},\frac{1}{2},\cdots,\frac{1}{2}\right)$ 分量外,其它的分量都等于零. 如果把这个波函数写成 n 个旋量的乘积形式 $\psi^{\lambda}\varphi^{\mu}\cdots$,式中的每个旋量隶属于其中的一个粒子,那么,每个旋量中只有 $\lambda,\mu,\cdots=1$ 的分量不等于零. 因此只有 $\psi^1\varphi^1\cdots$不等于零. 所有这些乘积的集合组成一个 n 秩旋量,并且对所有的指标对称. 如果变换坐标系(使得各个粒子的自旋不再

沿 z 轴),我们就可以得到一个对称性与以前相同但具有普遍形式的 n 秩旋量.

波函数的“自旋”性质,实质上就是这组波函数对坐标系的旋转而言所具有的性质,这种性质对于自旋为 s 的一个粒子,以及对 $n=2s$ 个自旋为$\frac{1}{2}$的粒子所组成的总自旋为 s 的一个多粒子系统,都是一样的.因此得出结论,自旋为 s 的一个粒子,它的波函数是一个 $n=2s$ 秩的对称旋量.

容易证明,一个 $2s$ 秩对称旋量的独立分量数确是等于 $2s+1$.因为 $2s$ 个指标为 1,零个指标为 2 的那些分量是相同的;$2s-1$ 个指标为 1 有一个指标为 2 的那些分量也是相同的,以此类推直到有零个指标为 1 有 $2s$ 个指标为 2 为止.

从数学上讲,各种对称旋量提供了一种分类方案,用以区分坐标系旋转时一组量可能具有的各种变换方式.如果有 $2s+1$ 个不同的量,变换成为它们之间的线性组合(同时这组量不管怎样地进行线性组合,其总数不能减少),则可断言,它们的变换规律等同于一个 $2s$ 秩对称旋量的分量的变换规律①.任意一组任意数目的函数,当坐标系旋转后如果变换成为它们之间的线性组合,这组函数就可化成(经过适当的线性变换后)一个或几个对称旋量.

因此一个 n 秩任意旋量 $\psi_{\lambda\mu\nu}\cdots$ 可以化成 n 秩、$n-2$ 秩、$n-4$ 秩…的对称旋量,其实际步骤如下.把旋量 $\psi_{\lambda\mu\nu}\cdots$ 对所有的指标对称化,可以组成一个 n 秩对称旋量.其次,原来的旋量 $\psi_{\lambda\mu\nu}\cdots$ 中任选一对指标加以缩并,可得具有 $\psi^{\lambda}_{\lambda\nu}\cdots$ 等形式的各种 $n-2$ 秩旋量,再把这些旋量分别对称化后,得到许多 $n-2$ 秩对称旋量.在 $\psi_{\lambda\mu\nu}\cdots$ 中把两对指标缩并后,再把所得旋量对称化,即得各种 $n-4$ 秩对称旋量,如此类推.

我们再来确立 $2s$ 秩对称旋量的各个分量与 $2s+1$ 个函数 $\psi(\sigma)$ 之间的关系(其中的 $\sigma=s,s-1,\cdots,-s$).下列分量

$$\psi^{\overbrace{22\cdots2}^{s-\sigma}}_{\underbrace{11\cdots1}_{s+\sigma}}$$

中,有 $s+\sigma$ 个指标为 1,有 $s-\sigma$ 个指标为 2,它所对应的自旋沿 z 轴的投影值为 σ.实际上,如果我们再考虑 $n=2s$ 个自旋为$\frac{1}{2}$的粒子所组成的一个系统,来代替自旋为 s 的一个粒子,则上述分量相当于下列乘积:

$$\overbrace{\psi^1\varphi^1\cdots}^{s+\sigma}\overbrace{\chi^2\rho^2\cdots}^{s-\sigma};$$

这个乘积隶属于这样的一个态,其中有 $s+\sigma$ 个粒子具有自旋投影$\frac{1}{2}$,有 $s-\sigma$ 个粒子具有自旋投影 $-\frac{1}{2}$,故其总投影为$\frac{1}{2}(s+\sigma)-\frac{1}{2}(s-\sigma)=\sigma$.最后,选择上

① 换句话说,各种对称旋量构成了旋转群的各种不可约表示(见§98).

述旋量分量和 $\psi(\sigma)$ 函数的比例系数,使得下式能够成立:

$$\sum_{\sigma=-s}^{s} |\psi(\sigma)|^2 = \sum_{\lambda,\mu,\cdots=1}^{2} |\psi^{\lambda\mu\cdots}|^2. \tag{57.1}$$

这个和应是一个标量,因为它等于粒子在空间某一给定点的概率. 在上式右边的求和中,$(s+\sigma)$ 个指标都等于 1 的分量共有

$$\frac{(2s)!}{(s+\sigma)!\ (s-\sigma)!}$$

个. 由此可见,函数 $\psi(\sigma)$ 和旋量分量间的关系为

$$\psi(\sigma) = \sqrt{\frac{(2s)!}{(s+\sigma)!\ (s-\sigma)!}}\psi^{\overbrace{22\cdots2}^{s-\sigma}}_{\underbrace{11\cdots1}_{s+\sigma}}. \tag{57.2}$$

(57.2)式不但保证满足条件(57.1),而且容易证明还满足下列更普遍的条件:

$$\psi^{\lambda\mu\cdots}\varphi_{\lambda\mu\cdots} = \sum_{\sigma} (-1)^{s-\sigma}\psi(\sigma)\varphi(-\sigma), \tag{57.3}$$

其中的 $\psi^{\lambda\mu\cdots}$ 和 $\varphi_{\lambda\mu\cdots}$ 是两个不同的同秩旋量,而 $\psi(\sigma)$,$\varphi(\sigma)$ 是按(57.2)式由这些旋量所导出的函数,$(-1)^{s-\sigma}$ 因子的来源是由于当我们把上述旋量分量的指标全部上升后,符号的变更次数等于其中取值为 2 的指标数.

(55.5)式确定了自旋算符作用于波函数 $\psi(\sigma)$ 上所得的结果. 不难求出这些算符作用于具有 2s 秩旋量形式的一个波函数上所得的结果. 对自旋为$\frac{1}{2}$的情形讲来,函数 $\psi\left(\frac{1}{2}\right)$,$\psi\left(-\frac{1}{2}\right)$ 等于旋量的分量 ψ^1,ψ^2. 根据(55.6)和(55.7)式,自旋算符作用在这些分量上的结果为

$$\begin{aligned}&(\hat{s}_x\psi)^1 = \frac{1}{2}\psi^2,\ (\hat{s}_y\psi)^1 = -\frac{1}{2}\mathrm{i}\psi^2,\ (\hat{s}_z\psi)^1 = \frac{1}{2}\psi^1,\\&(\hat{s}_x\psi)^2 = \frac{1}{2}\psi^1,\ (\hat{s}_y\psi)^2 = \frac{1}{2}\mathrm{i}\psi^1,\ (\hat{s}_z\psi)^2 = -\frac{1}{2}\psi^2.\end{aligned} \tag{57.4}$$

为了过渡到任意自旋的一般情形,我们再考虑 2s 个自旋为$\frac{1}{2}$的粒子所组成的一个系统,并把它的波函数写成 2s 个旋量的乘积. 该系统的自旋算符等于每个粒子的自旋算符之和,每个粒子的自旋算符只作用于该粒子的旋量上,作用的结果由(57.4)式给出. 经过以上的考虑后,我们再回到任意对称旋量的情形,即回到自旋为 s 的一个粒子的波函数情形,就可得下列公式:

$$(\hat{s}_x\psi)^{\overbrace{11\cdots}^{s+\sigma}\overbrace{22\cdots}^{s-\sigma}} = \frac{s+\sigma}{2}\psi^{\overbrace{11\cdots}^{s+\sigma-1}\overbrace{22\cdots}^{s-\sigma+1}} + \frac{s-\sigma}{2}\psi^{\overbrace{11\cdots}^{s+\sigma+1}\overbrace{22\cdots}^{s-\sigma-1}},$$

$$(\hat{s}_y\psi)^{\overbrace{11\cdots}^{s+\sigma}\overbrace{22\cdots}^{s-\sigma}} = -\mathrm{i}\frac{s+\sigma}{2}\psi^{\overbrace{11\cdots}^{s+\sigma-1}\overbrace{22\cdots}^{s-\sigma+1}} + \mathrm{i}\frac{s-\sigma}{2}\psi^{\overbrace{11\cdots}^{s+\sigma+1}\overbrace{22\cdots}^{s-\sigma-1}},$$

$$(\hat{s}_z\psi)^{\overbrace{11\cdots}^{s+\sigma}\overbrace{22\cdots}^{s-\sigma}} = \sigma\psi^{\overbrace{11\cdots}^{s+\sigma}\overbrace{22\cdots}^{s-\sigma}}. \tag{57.5}$$

到目前为止,我们把基本粒子内禀角动量的波函数称为旋量.但从纯形式的观点看来,一个单粒子的自旋角动量,和忽略内部结构的任一系统作为一个整体所具有的总角动量,两者没有什么区别.因此很明显,空间旋转下旋量的变换性质对总角动量为 j 的一个粒子或粒子系统的波函数 ψ_{jm} 同样适用,与所考虑的是自旋还是轨道角动量无关.本征函数 ψ_{jm} 在坐标系转动下的变换规律与 $2j$ 秩对称旋量的分量变换规律之间,必然存在着一定的关系.

建立这种关系时,应该明确地区别波函数依赖于角动量投影 m 的两个不同方面(当 j 值为给定时).可以把波函数看作各种不同 m 值的概率振幅,也可以把它看作具有给定 m 值的本征函数.

以上两个方面我们已在§55之初提过,在那里研究了与 $\hat{s}_z$ 算符的本征值 $s_z=\sigma_0$ 相对应的"本征函数" $\delta_{\sigma\sigma_0}$.两者的数学区别特别明显地表现在自旋为 $s=\frac{1}{2}$ 的粒子的例子中.这种情形下的自旋函数对变量 σ 而言是一个一秩逆变旋量,也就是应该用旋量记号写成 $\delta^{\sigma}_{\sigma_0}$.因而对 σ_0 而言它是一个协变旋量.

这种情况显然具有普遍性:仿效(57.2)式,本征函数 ψ_{jm} 可化成 $2j$ 秩协变对称旋量的有关分量①:

$$\psi_{jm} = \sqrt{\frac{(2j)!}{(j+m)!\ (j-m)!}}\psi_{\underbrace{11\cdots}_{j+m}\underbrace{22\cdots}_{j-m}} \tag{57.6}$$

角动量 j 为整数的本征函数就是球谐函数 Y_{jm}.特别是 $j=1$ 的重要情形,三个球谐函数 Y_{1m} 为

$$Y_{10} = \mathrm{i}\sqrt{\frac{3}{4\pi}}\cos\theta = \mathrm{i}\sqrt{\frac{3}{4\pi}}n_z,$$

$$Y_{1,\pm1} = \mp\mathrm{i}\sqrt{\frac{3}{8\pi}}\sin\theta\mathrm{e}^{\pm\mathrm{i}\varphi} = \mp\mathrm{i}\sqrt{\frac{3}{8\pi}}(n_x\pm\mathrm{i}n_y),$$

这里 $\boldsymbol{n}$ 为径矢方向的单位矢量.上式表明,以上三个函数就其变换性质讲来,和一个矢量 $\boldsymbol{a}$ 的下列三个分量相当:

$$\psi_{10} = \mathrm{i}a_z,\quad \psi_{11} = -\frac{\mathrm{i}}{\sqrt{2}}(a_x+\mathrm{i}a_y)\psi_{1,-1} = \frac{\mathrm{i}}{\sqrt{2}}(a_x-\mathrm{i}a_y) \tag{57.7}$$

---

① 这一结果也可用另一方式导出.如果把角动量为 j 的粒子态的波函数 ψ 对本征函数组 ψ_{jm} 展开:$\psi=\sum\limits_m a_m\psi_{jm}$,则系数 a_m 为不同 m 值的概率幅.在这个意义下,它们对应于自旋波函数的"分量" $\psi(m)$,从而给出其变换规律.另一方面,ψ 在空间某点之值与所选的坐标系无关,亦即 $\sum\limits_m a_m\psi_{jm}$ 是一个标量.与(57.3)式的标量相比.我们看到 a_m 应按 $(-1)^{j-m}\psi_{j,-m}$ 变换.

将此式与(57.6)式比较,可知一个二秩对称旋量的各个分量可按下式表为某一矢量的分量

$$\psi_{12}=\frac{\mathrm{i}}{\sqrt{2}}a_z,\ \psi_{11}=-\frac{\mathrm{i}}{\sqrt{2}}(a_x+\mathrm{i}a_y),\ \psi_{22}=\frac{\mathrm{i}}{\sqrt{2}}(a_x-\mathrm{i}a_y),\qquad(57.8)$$

或

$$\psi^{12}=-\frac{\mathrm{i}}{\sqrt{2}}a_z,\ \psi^{11}=\frac{\mathrm{i}}{\sqrt{2}}(a_x-\mathrm{i}a_y),\ \psi^{22}=-\frac{\mathrm{i}}{\sqrt{2}}(a_x+\mathrm{i}a_y).\qquad(57.9)$$

反之,有

$$a_z=\mathrm{i}\sqrt{2}\psi^{12},\quad a_x=\frac{\mathrm{i}}{\sqrt{2}}(\psi^{22}-\psi^{11}),\quad a_y=\frac{1}{\sqrt{2}}(\psi^{11}+\psi^{22}).\qquad(57.10)$$

很易验证,在这样的定义下我们有下列等式:

$$\psi_{\lambda\mu}\varphi^{\lambda\mu}=\boldsymbol{a}\cdot\boldsymbol{b},\qquad(57.11)$$

其中的 $\boldsymbol{a}$ 和 $\boldsymbol{b}$ 为对应于对称旋量 $\psi^{\lambda\mu}$ 和 $\varphi^{\lambda\mu}$ 的矢量. 不难验证下列旋量对应于下列矢量①:

$$\psi^{\lambda}_{\nu}\varphi^{\mu\nu}+\psi^{\mu}_{\nu}\varphi^{\lambda\nu}\text{和}\sqrt{2}\boldsymbol{a}\times\boldsymbol{b}.\qquad(57.12)$$

(57.10)式可用泡利矩阵缩写成

$$\boldsymbol{a}=\frac{\mathrm{i}}{\sqrt{2}}\boldsymbol{\sigma}^{\lambda}_{\mu}\psi^{\mu}_{\lambda},\quad \psi^{\mu}_{\lambda}=\frac{-\mathrm{i}}{\sqrt{2}}\boldsymbol{a}\cdot\boldsymbol{\sigma}^{\mu}_{\lambda},\qquad(57.13)$$

式中 $\hat{\boldsymbol{\sigma}}$ 的矩阵指标写成上指标与下指标的形式,与 ψ^{μ}_{λ} 的旋量指标位置相对应. 上式的来源容易通过一个特例来理解,即把二秩旋量 ψ^{μ}_{λ} 取作一秩旋量 ψ^{μ} 和复共轭旋量 $\psi^{\lambda *}$ 的乘积. 于是 $\frac{1}{2}\psi^{\lambda *}\cdot\boldsymbol{\sigma}^{\lambda}_{\mu}\psi^{\mu}$ 就是(波函数为 ψ^{μ} 的粒子的)自旋平均值,它显然是一个矢量.

(57.8)或(57.9)式是下列普遍规则的一个特殊情形:一切 $2j$ 偶秩对称旋量,当 j 为整数时可以化成一个 j 秩对称张量,并且该张量在任意两个指标缩并后等于零;这种张量我们称为**不可约张量**.

这一结论也可以从下列事实看出,我们通过简单的验算,不难证明这样的旋量和张量具有同样的独立分量数(等于 $2j+1$)②. 如果把所研究的旋量看作某些二秩旋量的乘积,并把所研究的张量看作某些矢量的乘积,则旋量与张量之间的分量关系式就可通过(57.8)到(57.10)式导出.

---

① 一个对称旋量的混合分量可以写成 ψ^{λ}_{μ} 形式,不必区分 $\psi^{\lambda}{}_{\mu}$ 和 $\psi_{\mu}{}^{\lambda}$.

② 从数学方面讲来,一个 j 秩不可约张量(j 为整数)的 $2j+1$ 个分量,$2j+1$ 个 Y_{jm} 球谐函数;以及 $2j$ 秩对称旋量的 $2j+1$ 个分量,都给出旋转群的同一个不可约表示.

习 题

1. 改写(57.4)式,把其中自旋1/2的算符用矢量 $\hat{\boldsymbol{S}}$ 的旋量分量表出.

解:根据(57.9)式,可以建立矢量 $\hat{\boldsymbol{S}}$ 和旋量 $\hat{s}^{\lambda\mu}$ 间的关系. 定义(57.4)可改写成

$$\hat{s}^{\lambda\mu}\psi^{\nu}=\frac{\mathrm{i}}{2\sqrt{2}}(\psi^{\lambda}g^{\mu\nu}+\psi^{\mu}g^{\lambda\nu}).$$

2. 求自旋算符作用于自旋为1的粒子矢量波函数上所得的公式.

解:矢量函数 $\boldsymbol{\Psi}$ 的分量与旋量分量 $\psi^{\lambda\mu}$ 间的关系已由(57.9)式给出,按(57.5)式得

$$\hat{s}_z\psi_+=-\psi_+,\ \hat{s}_z\psi_-=\psi_-,\ \hat{s}_z\psi_z=0,$$

(其中 $\psi_\pm=\psi_x\pm\mathrm{i}\psi_y$)或

$$\hat{s}_z\psi_x=-\mathrm{i}\psi_y,\ \hat{s}_z\psi_y=\mathrm{i}\psi_x,\ \hat{s}_z\psi_z=0.$$

其余的公式可把上式中的 x,y,z 诸指标循环置换后得到. 这些公式可合并成下列形式

$$\hat{s}_i\psi_k=-\mathrm{i}e_{ikl}\psi_l.$$

复矢量 $\boldsymbol{\Psi}$ 可写成 $\boldsymbol{\Psi}=\mathrm{e}^{\mathrm{i}\alpha}(\boldsymbol{u}+\mathrm{i}\boldsymbol{v})$ 形式,其中的 $\boldsymbol{u}$ 和 $\boldsymbol{v}$ 为实矢量,适当选择相位 α 可使它们相互正交. $\boldsymbol{u}$ 和 $\boldsymbol{v}$ 所确定的平面具有这样的性质,使得自旋沿该平面法线方向的投影值只能等于 ±1.

§58 有限转动算符

现在回到旋量的变换问题,说明怎样用坐标轴的转角具体表出它的变换系数.

根据角动量算符(目前情形下是自旋算符)的定义,$1+\mathrm{i}\delta\varphi\boldsymbol{n}\cdot\hat{\boldsymbol{s}}$ 就是绕指定方向 $\boldsymbol{n}$(单位矢量)转动 $\delta\varphi$ 角的算符. 把它应用到自旋为 $\frac{1}{2}$ 的粒子波函数亦即一秩旋量时,该算符中必须令 $\hat{\boldsymbol{s}}=\frac{1}{2}\hat{\boldsymbol{\sigma}}$. 绕同一方向转动有限角 φ 的转动算符相应地由下式给出[参考(15.13)式]

$$\hat{U}_{\boldsymbol{n}}=\exp\left(\frac{1}{2}\mathrm{i}\varphi\boldsymbol{n}\cdot\hat{\boldsymbol{\sigma}}\right);\tag{58.1}$$

和泡利矩阵的任意函数一样(见§55例题1),上式可化成泡利矩阵的线性式:

$$\hat{U}_{\boldsymbol{n}}=\cos\frac{1}{2}\varphi+\mathrm{i}\boldsymbol{n}\cdot\hat{\boldsymbol{\sigma}}\sin\frac{1}{2}\varphi.\tag{58.2}$$

例如,绕 z 轴转动时,

$$\hat{U}_z(\varphi)=\cos\frac{1}{2}\varphi+\mathrm{i}\hat{\sigma}_z\sin\frac{1}{2}\varphi=\begin{pmatrix}\mathrm{e}^{\mathrm{i}\varphi/2} & 0\\ 0 & \mathrm{e}^{-\mathrm{i}\varphi/2}\end{pmatrix}. \tag{58.3}$$

这意味着旋量的两个分量在这样的转动下按下式变换：

$$\psi^{1'}=\psi^1\mathrm{e}^{\mathrm{i}\varphi/2},\quad \psi^{2'}=\psi^2\mathrm{e}^{-\mathrm{i}\varphi/2},$$

特别是，转动 2π 角，旋量的分量都变号；任意奇数秩的旋量因而也有这个性质（参考 §55 末尾）.

同样，我们也能求出绕 x 轴或 y 轴转动 φ 角的变换矩阵：

$$\left.\begin{aligned}\hat{U}_x(\varphi)&=\begin{pmatrix}\cos\frac{1}{2}\varphi & \mathrm{i}\sin\frac{1}{2}\varphi\\ \mathrm{i}\sin\frac{1}{2}\varphi & \cos\frac{1}{2}\varphi\end{pmatrix},\\ \hat{U}_y(\varphi)&=\begin{pmatrix}\cos\frac{1}{2}\varphi & \sin\frac{1}{2}\varphi\\ -\sin\frac{1}{2}\varphi & \cos\frac{1}{2}\varphi\end{pmatrix}.\end{aligned}\right\} \tag{58.4}$$

我们可注意绕 y 轴转 π 角的特例，对此，有

$$\psi^{1'}=\psi^2,\quad \psi^{2'}=-\psi^1,$$

即

$$\psi^{1'}=\psi_1,\quad \psi^{2'}=\psi_2. \tag{58.5}$$

现在不难写出坐标轴任意转动的变换矩阵，把它表为确定转动的欧拉角的函数.

一个由欧拉角 α,β,γ 定义的坐标轴的转动，可分三步完成(1)先绕 z 轴转 α 角($0\leqslant\alpha\leqslant2\pi$,)(2)再绕新位置的 y 轴（图 20 中的 ON 线，称为**节线**）转 β 角($0\leqslant\beta\leqslant\pi$)，(3)最后绕 z'轴（z 轴的最终位置）转 γ 角($0\leqslant\gamma\leqslant2\pi$)①.

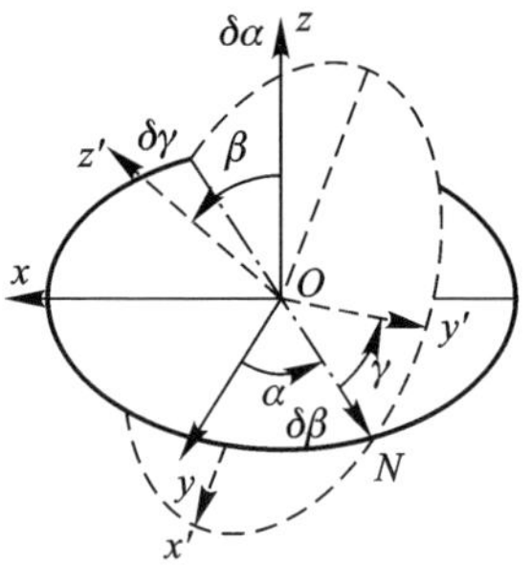

图 20

显然，α 和 β 角就是新 z'轴相对于 x,y,z 三轴的球极角 φ 和 θ：$\alpha=\varphi,\beta=\theta$.

与坐标轴的上述转动相应，整个变换矩阵等于(58.3)和(58.4)式的三个矩阵的乘积：

① xyz 和 $x'y'z'$系永远为右手坐标系，正角和转轴方向呈右手螺旋关系.

此处的欧拉角（量子力学中常用）与第一卷《力学》§35 定义的不同之处，在于第二次转动现在不是绕 x 轴，而是绕 y 轴. α,β,γ 角和第一卷《力学》中采用的 φ,θ,ψ 角（φ,θ 不代表球极角）间的关系为 $\varphi=\alpha+\frac{1}{2}\pi,\theta=\beta,\psi=\gamma-\frac{1}{2}\pi$.

$$\hat{U}(\alpha,\beta,\gamma)=\hat{U}_z(\gamma)\hat{U}_y(\beta)\hat{U}_z(\alpha),$$

这些矩阵相乘后，我们最后得

$$\hat{U}(\alpha,\beta,\gamma)=\begin{pmatrix}\cos\dfrac{\beta}{2}\cdot e^{i(\alpha+\gamma)/2}, & \sin\dfrac{\beta}{2}\cdot e^{-i(\alpha-\gamma)/2}\\ -\sin\dfrac{\beta}{2}\cdot e^{i(\alpha-\gamma)/2}, & \cos\dfrac{\beta}{2}\cdot e^{-i(\alpha+\gamma)/2}\end{pmatrix}. \tag{58.6}$$

根据定义，高秩旋量可按一秩旋量的分量乘积进行变换. 但是在物理应用中，我们感兴趣的不是旋量本身的变换规律，而是波函数 ψ_{jm}.

令函数组 $\psi_{jm}(m=j,j-1,\cdots,-j)$ 描述角动量具有定值 j 的一个态，用的是 xyz 坐标系，并令 $\psi_{jm'}$ 描述同一个态但用 $x'y'z'$ 轴；前者的 m 是 j_z 的值，后者的 m' 是 $j_{z'}$ 的值. 这两组函数呈线性关系，我们把它写成下列形式：

$$\psi_{jm}=\sum_{m'}D^{(j)}_{m'm}(\alpha,\beta,\gamma)\psi_{jm'}. \tag{58.7}$$

系数 $D^{(j)}_{m'm}$ 对 m' 和 m 而言组成一个 $2j+1$ 维矩阵，称为**有限转动矩阵** $\hat{D}^{(j)}$，它的矩阵元是 $x'y'z'$ 轴相对于 xyz 轴转动的欧拉角 α,β,γ 的函数.

有限转动矩阵可以通过函数 ψ_{jm} 的旋量表示构造出来. $j=\dfrac{1}{2}$ 时，两个函数 $\psi_{\frac{1}{2}m}\left(m=\pm\dfrac{1}{2}\right)$ 构成一秩协变旋量. 按(56.13)，从 $x'y'z'$ 到 xyz 的变换是由(58.6)式的矩阵 $\hat{U}$ 实现，故 $\hat{D}^{\left(\frac{1}{2}\right)}=\hat{U}$. ① 其矩阵元可写成

$$D^{(1/2)}_{m'm}=e^{im'\gamma}d^{(1/2)}_{m'm}(\beta)e^{im\alpha},$$

其中 $d^{(1/2)}_{m'm}(\beta)$ 的值见下表：

$d^{(1/2)}_{m'm}(\beta)=$ (58.8)

m' \ m	$\frac{1}{2}$	$-\frac{1}{2}$
$\frac{1}{2}$	$\cos\frac{1}{2}\beta$	$\sin\frac{1}{2}\beta$
$-\frac{1}{2}$	$-\sin\frac{1}{2}\beta$	$\cos\frac{1}{2}\beta$

对任意的 j 值，函数组 ψ_{jm} 与 $2j$ 秩对称协变旋量分量的关系见(57.6)式. $2j$ 秩旋量分量的变换矩阵就是 $2j$ 个 $\hat{D}^{\left(\frac{1}{2}\right)}$ 矩阵的乘积，其中的每个矩阵作用在一个旋量指标上. 把这个乘积乘出来，并写回到 ψ_{jm}，得到下列变换矩阵：

---

① 注意(58.7)中的矩阵指标，它相当于用 ψ_{jm} 排成的行去乘矩阵 $\hat{D}^{(j)}$ 的列(58.7)可写成 $\psi_{jm}=(\psi'_j\hat{D}^{(j)})_m$，与(56.13)式一致.

$$D^{(j)}_{m'm}(\alpha,\beta,\gamma)=e^{im'\gamma}d^{(j)}_{m'm}(\beta)e^{im\alpha},\tag{58.9}$$

函数 $d^{(j)}_{m'm}(\beta)$ 为①

$$d^{(j)}_{m'm}(\beta)=\left[\frac{(j+m')!\ (j-m')!}{(j+m)!\ (j-m)!}\right]^{\frac{1}{2}}\left(\cos\frac{\beta}{2}\right)^{m'+m}\times\\ \times\left(\sin\frac{\beta}{2}\right)^{m'-m}P^{(m'-m,m'+m)}_{j-m'}(\cos\beta),\tag{58.10}$$

其中

$$P^{(a,b)}_n(\cos\beta)=\frac{(-1)^n}{2^n n!}(1-\cos\beta)^{-a}(1+\cos\beta)^{-b}\times\\ \times\left(\frac{d}{d\cos\beta}\right)^n[(1-\cos\beta)^{a+n}(1+\cos\beta)^{b+n}]\tag{58.11}$$

称为雅可比多项式②. 我们注意到

$$P^{(a,b)}_n(-\cos\beta)=(-1)^n P^{(b,a)}_n(\cos\beta).\tag{58.12}$$

函数 $d^{(j)}_{m'm}$ 具有一系列对称性质,这可从(58.11)和(58.12)式导出,但直接从转动变换系数的定义出发去求,比较简单.

矩阵 $\hat{D}^{(j)}$ 是幺正的,它是转动变换矩阵,由于(α,β,γ)转动的逆变换是$(-\gamma,-\beta,-\alpha)$,对实矩阵 $d^{(j)}$ 就有下列关系:

$$d^{(j)}_{m'm}(-\beta)=d^{(j)}_{mm'}(\beta).\tag{58.13}$$

下列各式也都成立:

$$d^{(j)}_{m'm}(\beta)=d^{(j)}_{-m,-m'}(\beta),\tag{58.14}$$

$$\left.\begin{aligned}&d^{(j)}_{m'm}(\pi)=(-1)^{j+m}\delta_{m',-m},\\&d^{(j)}_{m'm}(-\pi)=(-1)^{j-m}\delta_{m',-m},\\&d^{(j)}_{m'm}(0)=\delta_{m'm}.\end{aligned}\right\}\tag{58.15}$$

$j=\frac{1}{2}$时,由(58.8)式可知以上诸式显然成立;推广到任意的 j 时,根据变换矩阵的上述构造方法,可知以上诸式成立.

转动 $\pi-\beta$ 角,可用 π 角和 $-\beta$ 角两个相继转动来完成:

$$d^{(j)}_{m'm}(\pi-\beta)=\sum_{m''}d^{(j)}_{m'm''}(\pi)d^{(j)}_{m''m}(-\beta)=\\ =(-1)^{j-m'}d^{(j)}_{-m'm}(-\beta),$$

---

① 计算见 A. R. Edmonds, Angular Momentum in Quantum Mechanics Princeton, 1957. (58.9)的 $D^{(j)}_{m'm}$ 定义和 Edmonds 书上采用的不同之处,在于对换了 α 和 γ. 本书的定义在处理过程中显得更自然一些.

② 关于这种多项式和超几何级数的关系. 见数学附录 § e 的(e.11)式.

或利用(58.13)式可得

$$d^{(j)}_{m'm}(\pi-\beta)=(-1)^{j-m'}d^{(j)}_{m,-m'}(\beta). \tag{58.16}$$

绕同一轴转动两次,与转角的先后次序无关. 先转 $-\beta$ 角再转 π 角,将得同一结果. 把此结果与(58.16)式比较,得到

$$d^{(j)}_{m'm}(\beta)=(-1)^{m'-m}d^{(j)}_{-m',-m}(\beta). \tag{58.17}$$

由(58.17),(58.14)和(58.13)可得

$$d^{(j)}_{m'm}(\beta)=(-1)^{m'-m}d^{(j)}_{mm'}(\beta)=(-1)^{m'-m}d^{(j)}_{m'm}(-\beta). \tag{58.18}$$

应用(58.13),到(58.18)诸式,我们可以导出全矩阵元 $D^{(j)}_{m'm}$ 的各种对称性质. 特别是,对复共轭函数有

$$D^{(j)*}_{m'm}(\alpha,\beta,\gamma)=D^{(j)}_{m'm}(-\alpha,\beta,-\gamma)=(-1)^{m'-m}D^{(j)}_{-m',-m}(\alpha,\beta,\gamma). \tag{58.19}$$

从数学上讲,矩阵 $\hat{D}^{(j)}$ 给出了旋转群的 $2j+1$ 维不可约幺正表示(见后面§98). 因此有正交关系:

$$\int D^{(j_1)*}_{m'_1m_1}(\alpha,\beta,\gamma)D^{(j_2)}_{m'_2m_2}(\alpha,\beta,\gamma)\frac{d\omega}{8\pi^2}=\frac{1}{2j_1+1}\delta_{j_1j_2}\delta_{m_1m_2}\delta_{m'_1m'_2}, \tag{58.20}$$

其中 $d\omega=\sin\beta d\alpha d\beta d\gamma$.

函数组对下标 m 和 m' 的正交性为因子 $e^{i(m\alpha+m'\gamma)}$ 所保证;对指标 j 的正交性来自 $d^{(j)}_{m'm}$ 对此,有

$$\int_0^\pi d^{(j_1)}_{m'm}(\beta)d^{(j_2)}_{m'm}(\beta)\cdot\frac{1}{2}\sin\beta d\beta=\frac{1}{2j_1+1}\delta_{j_1j_2}. \tag{58.21}$$

最后,为参考计,我们给出参量具有特殊值的几个 $d^{(j)}_{m'm}$ 函数的表式. 对 $j=1$,我们有

$d^{(1)}_{m'm}(\beta)=$

m' \ m	1	0	−1
1	$\frac{1}{2}(1+\cos\beta)$	$\frac{1}{\sqrt{2}}\sin\beta$	$\frac{1}{2}(1-\cos\beta)$
0	$-\frac{1}{\sqrt{2}}\sin\beta$	$\cos\beta$	$\frac{1}{\sqrt{2}}\sin\beta$
−1	$\frac{1}{2}(1-\cos\beta)$	$-\frac{1}{\sqrt{2}}\sin\beta$	$\frac{1}{2}(1+\cos\beta)$

(58.22)

对整数 $j=l$ 和 $m'=0$,由(58.10)和(58.11)式得

$$d^{(l)}_{0m}(\beta)=(-1)^m d^{(l)}_{m0}(\beta)=(-1)^m\sqrt{\frac{(l-m)!}{(l+m)!}}P^m_l(\cos\beta). \tag{58.23}$$

此式的推导容易从原定义(58.7)式看出. 我们把(58.7)右边的 $\psi_{jm'}$ 的值指定给 z 轴,此轴上有(对 $j=l$)

$$Y_{lm'}(n_{z'}) = i^l\sqrt{\frac{2l+1}{4\pi}}\delta_{m'0}. \tag{58.24}$$

式左的 ψ_{jm} 就是球谐函数 $Y_{lm}(\beta,\alpha)$,其球极角 $\varphi\equiv\alpha,\theta\equiv\beta$ 给出 z' 轴的方向,将(58.24)代入(58.7)式,得

$$Y_{lm}(\beta,\alpha) = i^l\sqrt{\frac{2l+1}{4\pi}}D^{(l)}_{0m}(\alpha,\beta,\gamma), \tag{58.25}$$

上式等同于(58.23)式.

最后,列出 m 或 m' 具有最大可能值时的函数表式:

$$d^{(j)}_{jm}(\beta) = (-1)^{j-m}d^{(j)}_{mj} = \\ = \left[\frac{(2j)!}{(j+m)!\ (j-m)!}\right]^{\frac{1}{2}}\left(\cos\frac{\beta}{2}\right)^{j+m}\left(\sin\frac{\beta}{2}\right)^{j-m} \tag{58.26}$$

§59 粒子的部分极化

适当地选择 z 轴的方向总能使所给旋量 ψ^λ $\left(\text{自旋为}\frac{1}{2}\text{的粒子波函数}\right)$的一个分量(例如 ψ^2)等于零. 这是因为空间方向由两个参量(两个角度)所确定,这就是说,可供我们使用的参量数,正好等于欲使一个分量为零(复分量 ψ^2 的实部和虚部都等于零)的条件数.

从物理上讲来,这表明自旋为$\frac{1}{2}$的粒子(为明确起见,我们把它说成是电子)如果处于某一自旋波函数所描述的态中,那就存在一个空间方向,该粒子沿此方向的自旋投影具有 $\sigma=\frac{1}{2}$的定值. 处于这样的态中的电子可称为**完全极化的**.

但是也存在着另一种电子态,称为**部分极化态**. 这种态是一个混合态(对自旋而言的混合态),不能用波函数描述,只能用密度矩阵加以描述(参考§14).

电子的自旋密度矩阵或极化密度矩阵是一个二秩旋量 $\rho^{\lambda\mu}$,满足以下归一化条件:

$$\rho^\lambda{}_\lambda = \rho^1{}_1 + \rho^2{}_2 = 1, \tag{59.1}$$

并满足“厄米”条件:

$$(\rho^\lambda{}_\mu)^* = \rho^\mu{}_\lambda. \tag{59.2}$$

在纯自旋态(即完全极化态)情形下,$\rho^\lambda{}_\mu$ 可以化成波函数 ψ^λ 的分量乘积:

$$\rho^\lambda{}_\mu = \psi^\lambda(\psi^\mu)^*. \tag{59.3}$$

密度矩阵的“对角”分量 $\rho^1{}_1$ 和 $\rho^2{}_2$ 确定了电子自旋的 z 分量值为 $+\frac{1}{2}$ 和 $-\frac{1}{2}$ 的概率，因此该分量的平均值为

$$\bar{s}_z=\frac{1}{2}(\rho^1{}_1-\rho^2{}_2),$$

由(59.1)式得

$$\rho^1{}_1=\frac{1}{2}+\bar{s}_z,\quad \rho^2{}_2=\frac{1}{2}-\bar{s}_z. \tag{59.4}$$

在纯态情形下，$s_\pm=s_x\pm \mathrm{i}s_y$ 的平均值由下式算出：

$$\bar{s}_+=\psi^{\lambda *}\hat{s}_+\psi^\lambda$$
$$\bar{s}_-=\psi^{\lambda *}\hat{s}_-\psi^\lambda$$

按(55.6)和(55.7)式，算符 $\hat{s}_\pm$ 由下列矩阵给出：

$$\hat{s}_+=\begin{pmatrix}0 & 1\\ 0 & 0\end{pmatrix},\quad \hat{s}_-=\begin{pmatrix}0 & 0\\ 1 & 0\end{pmatrix},$$

我们得

$$\bar{s}_+=\psi^{1 *}\psi^2,\quad \bar{s}_-=\psi^{2 *}\psi^1.$$

与此相应，在混合态中有

$$\rho^1{}_2=\bar{s}_-,\quad \rho^2{}_1=\bar{s}_+. \tag{59.5}$$

采用泡利矩阵，可把(59.4)，(59.5)合并成

$$\rho^\lambda{}_\mu=\frac{1}{2}(\delta^\lambda{}_\mu+2\hat{\boldsymbol{\sigma}}^\lambda{}_\mu\cdot\bar{\boldsymbol{s}}). \tag{59.6}$$

由此可见，电子极化密度矩阵的所有分量可以通过自旋矢量的分量平均值表出. 换句话说，实矢量 $\bar{\boldsymbol{s}}$ 完全确定了自旋为 $\frac{1}{2}$ 的粒子的极化性质. 在完全极化的情形下，这个矢量的一个分量(适当选择 z 轴方向后)等于 $\frac{1}{2}$，另两个分量等于零. 在非极化态的相反情形下，三个分量都等于零. 在任意部分极化和任意坐标系的一般情形下，我们有不等式 $0\leqslant\rho\leqslant1$，其中的

$$\rho=2(\bar{s}_x^2+\bar{s}_y^2+\bar{s}_z^2)^{1/2},$$

称为电子的**极化度**.

自旋值为 s 的粒子，密度矩阵是一个 $4s$ 秩旋量 $\rho^{\lambda\mu\cdots}{}_{\rho\sigma\cdots}$，对前 $2s$ 个指标和后 $2s$ 个指标都是对称的，并满足下列条件：

$$\rho^{\lambda\mu\cdots}{}_{\lambda\mu\cdots}=1, \tag{59.7}$$

$$(\rho^{\lambda\mu\cdots}{}_{\rho\sigma\cdots})^*=\rho^{\rho\sigma\cdots}{}_{\lambda\mu\cdots}. \tag{59.8}$$

计算这个密度矩阵的独立分量数时，我们注意到指标 $\lambda,\mu\cdots$(或 $\rho,\sigma,\cdots$)的

各组可能值中,实际上只可能有 $2s+1$ 组不同的值,再考虑到 $\rho^{\lambda\mu\cdots}{}_{\rho\sigma\cdots}$ 诸分量间存在着(59.7)式的关系,因此不同分量数等于 $(2s+1)^2-1=4s(s+1)$. 这些分量虽然都是复量,但(59.8)式表明并不因此而增加部分极化粒子态的独立分量数,它仍等于① $4s(s+1)$. 为比较起见,我们指出,粒子的完全极化态是由 $4s$ 个量确定的($2s+1$ 个波函数的复分量 $\psi^{\lambda\mu\cdots}$,加上一个归一化条件和一个对描述状态而言并不重要的公共相因子).

旋量 $\rho^{\lambda\mu\cdots}{}_{\rho\sigma\cdots}$ 和一切 $4s$ 秩旋量一样,等同于一组 $4s,4s-2,\cdots,0$ 秩不可约张量. 在目前情形下,对每一个秩数讲来,只有一个不可约张量,这是由于旋量 $\rho^{\lambda\mu\cdots}{}_{\rho\sigma\cdots}$ 的对称性,每次缩并时只能有一种缩并方法:从 $\lambda,\mu,\cdots$ 中(任)选一个指标并从 $\rho,\sigma,\cdots$ 中选一个指标相缩并. 除此以外,标量(0 秩张量)一般不存在,它由于条件(59.7)而变为 1.

§60　时间反演和克拉默定理

量子力学中对时间变号所具的对称性,反映为下列事实,如果 ψ 是该系统的某一定态波函数,则"时间反演"后的波函数(记作 ψ^{T})可以描述同一能量的某一可能态. 在 §18 末曾经指出,ψ^{T} 等同于复共轭函数 ψ^*. 这一简单结论,是对不考虑自旋的粒子波函数而言的. 当有自旋时,尚需作进一步的修改.

我们把自旋为 s 的粒子波函数写成逆变旋量 $\psi^{\lambda\mu\cdots}$($2s$ 秩)形式. 但当变成复共轭函数 $\psi^{\lambda\mu\cdots *}$ 后,这个函数却按协变旋量的分量变换. 因此时间反演变换相当于把波函数 $\psi^{\lambda\mu\cdots}$ 变成这样一组新的波函数,它的协变分量按下式确定:

$$\psi^{\mathrm{T}}_{\lambda\mu\cdots}=\psi^{\lambda\mu\cdots *}. \tag{60.1}$$

给定了一组指标值 $\lambda,\mu,\cdots$ 后,一个旋量的协变分量和逆变分量,相当于不同符号的角动量投影值. 因此用函数 $\psi_{s\sigma}$ 表示时,时间反演相当于把 $\psi_{s\sigma}$ 变成 $\psi_{s,-\sigma}$,这正是我们预料的结果,因为时间变号时要改变角动量的方向. 由(60.1)式给出的精确关系为

$$\psi^{\mathrm{T}}_{s,-\sigma}=\psi^*_{s\sigma}(-1)^{s-\sigma}. \tag{60.2}$$

可见,时间反演操作所需的 $\psi_{s\sigma}\to\psi^*_{s\sigma}$ 变换意味着下列变换②:

$$\psi_{s\sigma}\longrightarrow\psi_{s,-\sigma}(-1)^{s-\sigma}.$$

重复操作一次后,得

$$\psi_{s\sigma}\to\psi_{s,-\sigma}(-1)^{s-\sigma}\to\psi_{s\sigma}(-1)^{s-\sigma}(-1)^{s+\sigma}=\psi_{s\sigma}(-1)^{2s}. \tag{60.3}$$

可见只有当自旋为整数时,两次时间反演使波函数回到原值:如果自旋为半整

---

① 给出了这些量等于同时给出了矢量 $\boldsymbol{s}$ 诸分量及其所有的 $2,3,\cdots,2s$,次乘幂和乘积的诸平均值,这些量不能化成较低次的乘幂(参考 §55 例题 3).

② 注意球谐函数的复共轭规则,按(28.9)式,它与(60.3)的一般规则相一致.

数,则波函数变号.

现在来研究任一多粒子系统,设粒子间具有相互作用.考虑了相对论性的相互作用以后,一般地说,这个系统的轨道角动量和自旋角动量不再分别守恒.只有总角动量 $\boldsymbol{J}$ 是守恒量.如果没有外场存在,该系统的每个能级具有 $2j+1$ 重简并.加入外场后简并有所解除.产生的问题是能否把简并完全解除,使该系统只有非简并能级.这个问题与时间反演对称性密切相关.

在经典电动力学中,如果时间变号时电场不变号而磁场变号,则方程具有不变性.①运动的这一基本性质,应该在量子力学中得到保持.因此,不但在封闭系统中,而且在任意外电场中(当磁场不存在时),都应具有时间反演对称性.

系统波函数是一些 n 秩旋量 $\psi^{\lambda\mu\cdots}$,n 两倍于所有粒子自旋之和 $\left(n=2\sum s_a\right)$;这个和不一定等于该系统的总自旋 S.

如前所述,我们可以肯定,在任意电场中,波函数及其时间反演函数必须对应于具有相同能量的态.如果这个能级是非简并的,这两个态必须相同,即其波函数只能相差一个常因子[当然,两者都必须用同型的(协变或逆变的)旋量表出].

令 $\psi^{\mathrm{T}}_{\lambda\mu\cdots}=C\psi_{\lambda\mu\cdots}$,或用(60.1)式写作

$$\psi^{\lambda\mu\cdots *}=C\psi_{\lambda\mu\cdots},\tag{60.4}$$

其中 C 是一常数.上式两边都取复共轭,得

$$\psi^{\lambda\mu\cdots}=C^*\psi^*_{\lambda\mu\cdots}.$$

把式左的指标下降,同时把式右的指标上升.这相当于上式两边乘以 $g_{\alpha\lambda}g_{\beta\mu}\cdots$,并对 $\lambda,\mu,\cdots$ 等指标求和;同时在式右应用下列公式:

$$g_{\alpha\lambda}g_{\beta\mu}\cdots=(-1)^n g^{\lambda\alpha}g^{\mu\beta}\cdots.$$

结果得

$$\psi_{\lambda\mu\cdots}=C^*(-1)^n\psi^{\lambda\mu\cdots *}.$$

把(60.4)式的 $\psi^{\lambda\mu\cdots *}$ 代入上式,我们得

$$\psi_{\lambda\mu\cdots}=(-1)^n CC^*\psi_{\lambda\mu\cdots}.$$

此式应该恒等地得到满足,即必须有 $(-1)^n CC^*=1$.但由于 $|C|^2$ 永远是正的,显然,只有 n 是偶数时(即和式 $\sum s_a$ 为整数时)才有可能.n 为奇数时($\sum s_a$ 为半整数时)条件(60.4)不能满足.②

由此得出结论,只有对粒子自旋之和为整数值的一个系统,电场才有可能完全解除简并.对于自旋之和为半整数的系统,在任意电场中所有的能级都必然是

---

① 参考第二卷,《场论》§17.尚可参考后面§111之末.

② 当和式 $\sum s_a$ 是整数(半整数)时,系统总自旋 S 的所有可能值也都是整数(半整数).

双重简并的①，两个复共轭旋量对应于具有同一能量的两个不同态②.

再作一点数学方面的注释.具有实常数 C 的(60.4)式，在数学上相当于旋量的诸分量能够对应于一组实量的条件，可以称作使旋量为"实"的条件③.奇数的 n 不能满足条件(60.4)，意味着没有一个实量能够对应于一个奇数秩的旋量.反之，对偶数的 n，条件(60.4)可以满足，C 可以是实数.特别是，一个实矢量可以对应于一个二秩对称旋量，只要 $C=1$ 时(60.4)得到满足：

$$\psi^{\lambda\mu *}=\psi_{\lambda\mu}$$

[这不难从(57.8)和(57.9)看出].$C=1$ 的(60.4)式实际上是任意偶数秩的对称旋量成为"实"量的条件.

① 如果该电场具有高度的对称性(立方对称性)，尚有可能存在四重简并(参考 §99 及其习题).

② H. A. Kramers 1930.

③ 从字面上讲，把旋量称为实旋量的是没有意义的，因为它的复共轭旋量具有不同的变换规律.

第九章

粒子的全同性

§61 同类粒子的不可分辨性原理

经典力学中,**全同粒子**(譬如说一组电子)尽管其物理性质全同,但并不失去它们的"个别性". 我们可以设想这些粒子已在某一时刻"编号",随后跟踪它们在各自轨道上的运动;因而这些粒子可以在任一时刻加以鉴别.

量子力学中的情况则完全不同. 我们早已多次指出,由于不确定性原理,电子的轨道概念不再具有任何意义. 如在某一时刻精确地知道了一个电子的位置,即使在无限接近的随后时刻,它的坐标不再具有定值. 因此,在某一时刻把这些电子加以定位和编号,对以后时刻的鉴别工作毫无帮助;如果我们定位了其中一个电子,则在另一时刻的空间某点,我们无法说出这些电子中究竟哪一个电子到达了该点.

由此可见,在量子力学中,我们在原则上不可能对一组同类粒子进行个别追踪从而鉴别它们. 我们可以这样说,量子力学中的全同粒子完全失去了它们的"个别性". 同类粒子在物理性质方面的全同性在这里具有十分深远的意义;它导致了同类粒子的完全不可分辨性.

这个所谓**同类粒子的不可分辨性**原理,在研究同类粒子所组成的量子力学系统时具有根本的意义. 我们先考虑只含两个同类粒子的系统. 由于粒子的全同性,这两个粒子相互对换后所得的态,必须在物理上与原态完全相同. 这就是说,对换的结果,该系统的波函数只能改变一个不重要的相因子. 令 $\psi(\xi_1,\xi_2)$ 为该系统的波函数,ξ_1 和 ξ_2 分别代表每个粒子的三个坐标和一个自旋投影量的集合. 那么我们必须有

$$\psi(\xi_1,\xi_2)=e^{i\alpha}\psi(\xi_2,\xi_1),$$

其中的 α 是某一实常数. 再把它对换一次,就回到原态,同时 ψ 函数被乘以 $e^{2i\alpha}$. 因此得 $e^{2i\alpha}=1$,或 $e^{i\alpha}=\pm1$. 故

$$\psi(\xi_1,\xi_2)=\pm\psi(\xi_2,\xi_1).$$

由此得出结论，波函数只有两种可能性：或者是**对称**的（粒子对换后保持不变），或者是**反对称**的（对换后变一符号）．十分明显，一个给定系统的所有各态的波函数必须具有相同的对称性；要不然，由不同对称性的态叠加而成的一个状态波函数，将会既不对称又不反对称．

这个结论，可以立刻推广到任意多个同类粒子所组成的系统中去．这是很明显的，由于粒子的全同性，如果其中的任意一对粒子具有如上所述的某一种性质，譬如说，具有对称的波函数，则对这类粒子中的任意其它一对粒子而言，也应具有同样的对称性．因此，当我们对换其中的任意一对粒子后，同类粒子的波函数或者保持不变（因此也可以说把其中的粒子进行任意置换后，该波函数保持不变），或者每对换一次变一次符号．前一种情形称为**对称的波函数**，后一种情形称为**反对称的波函数**．

粒子的性质是由对称的还是由反对称的波函数来描写，这取决于该类粒子的本质，由反对称函数描述的粒子称为遵循费米－狄拉克统计的粒子（简称**费米子**），由对称函数描述的粒子称为遵循玻色－爱因斯坦统计的粒子（简称**玻色子**）①．

根据相对论量子力学的规律，可证（见第四卷，§25）粒子所遵循的统计法则和其自旋具有单值关系：自旋为半整数的粒子都是费米子，自旋为整数的粒子都是玻色子．

复合粒子的统计，是由该粒子中所含的费米基本粒子的奇偶数确定的．因为对换两个全同的复合粒子相当于同时对换几对全同的基本粒子．玻色粒子的对换不改变波函数，费米粒子的对换改变波函数的符号．因此，含有奇数个费米基本粒子的复合粒子遵循费米统计，含有偶数个费米基本粒子的复合粒子遵循玻色统计．这个结论当然和上段所述的一般规则是一致的，因为一个复合粒子的自旋是整数还是半整数，决定于它的组成中自旋为半整数的粒子共有偶数个还是奇数个．

例如，原子量为奇数的（即中子和质子的总数为奇数的）原子核遵循费米统计，而原子量为偶数的原子核遵循玻色统计．对原子讲来，除了原子核外还有电子，它的统计显然由原子量和原子序数之和的奇偶来确定．

我们来考虑一个由 N 个全同粒子所组成的系统．粒子间的相互作用可以略

① 这个术语，原先是对同类粒子所组成的理想气体所应遵循哪种统计法则而言的，其中的粒子具有反对称的或对称的波函数．我们这里所考虑的，实际上不仅是不同的统计规律问题，而且主要是不同的力学规律问题．费米统计是由费米于 1926 年针对电子提出的，它与量子力学的关系则由狄拉克所阐明（1926）．玻色统计是由玻色针对光量子提出的，并被爱因斯坦（1924）所推广．

去不计. 令 $\psi_1, \psi_2, \cdots$ 为每个粒子可能单独具有的各种定态波函数. 给出了各个粒子所占的各种状态数以后,该系统的整个状态就被确定. 产生的问题是怎样用 $\psi_1, \psi_2, \cdots$ 波函数构成整个系统的波函数 ψ.

令 $p_1, p_2, \cdots, p_N$ 为 N 个单个粒子所占态的各种编号(其中有些编号可能相同). 对于一个玻色子系统,波函数 $\psi(\xi_1, \xi_2, \cdots \xi_N)$ 是由下列乘积对不同下标 p_1, $p_2, \cdots$ 加以所有可能的置换后求和给出的:

$$\psi_{p_1}(\xi_1)\psi_{p_2}(\xi_2)\cdots\psi_{p_N}(\xi_N). \tag{61.1}$$

这个求和式显然具有所需的对称性. 例如,对两个处于不同态的粒子($p_1 \neq p_2$)所组成的系统,有

$$\psi(\xi_1, \xi_2) = \frac{1}{\sqrt{2}}[\psi_{p_1}(\xi_1)\psi_{p_2}(\xi_2) + \psi_{p_1}(\xi_2)\psi_{p_2}(\xi_1)] \tag{61.2}$$

引入 $1/\sqrt{2}$ 是为了归一化;所有的 $\psi_1, \psi_2, \cdots$ 函数都是正交的,并且假定是归一化的.

一般情形下,对于粒子数 N 为任意值的一个系统,归一化波函数为

$$\psi = \left(\frac{N_1!\ N_2!\ \cdots}{N!}\right)^{\frac{1}{2}} \sum \psi_{p_1}(\xi_1)\psi_{p_2}(\xi_2)\cdots\psi_{p_N}(\xi_N), \tag{61.3}$$

式中对不同下标 $p_1, p_2, \cdots, p_N$ 的所有置换求和, N_i 为数值都等于 i 的下标个数(有 $\sum N_i = N$). 上式的 $|\psi|^2$ 对 $\xi_1, \xi_2, \cdots, \xi_N$ 积分时,除了每项的模量平方值以外所有的交叉项都等于零①;由于(61.3)式一共有 $N!/(N_1!\ N_2!\ N_3!\ \cdots)$ 项,从而得到(61.3)式中的归一化因子.

对于费米子系统,波函数 ψ 是乘积(61.1)的反对称组合. 对双粒子系统有

$$\psi(\xi_1, \xi_2) = \frac{1}{\sqrt{2}}[\psi_{p_1}(\xi_1)\psi_{p_2}(\xi_2) - \psi_{p_1}(\xi_2)\psi_{p_2}(\xi_1)]. \tag{61.4}$$

对 N 个粒子的一般情形,波函数可以写成一个行列式:

$$\psi = \frac{1}{\sqrt{N!}}\begin{vmatrix} \psi_{p_1}(\xi_1) & \psi_{p_1}(\xi_2) & \cdots & \psi_{p_1}(\xi_N) \\ \psi_{p_2}(\xi_1) & \psi_{p_2}(\xi_2) & \cdots & \psi_{p_2}(\xi_N) \\ \cdots & \cdots & \cdots & \cdots \\ \psi_{p_N}(\xi_1) & \psi_{p_N}(\xi_2) & \cdots & \psi_{p_N}(\xi_N) \end{vmatrix}. \tag{61.5}$$

交换两个粒子相当于行列式中两列对换,使上式变号.

由(61.5)式可得下列重要结论. 如果在 $p_1, p_2, \cdots$ 中有两个数值相同,行列式中就有两行相同,这个行列式等于零. 只有当 $p_1, p_2, \cdots$ 之值全部不同时,这个

① 在§63~§65中,对 ξ 的积分暂时理解为包括对坐标的积分以及对 σ 的求和.

行列式才不等于零. 由此可见,由遵循费米统计的同类粒子所组成的系统中,不可能有两个(或更多个)粒子在同一时刻处于同一态. 这就是**泡利原理**(1925).

§ 62　交换作用

不考虑粒子自旋的薛定谔方程以及由它求出的结果并不是毫无用处的. 因为粒子之间的电作用与粒子的自旋无关①. 从数学上讲来,这就是说具有电作用的多粒子系统(没有磁场)的哈密顿量不含自旋算符,把它作用在波函数上不影响自旋变量. 由于这一点,波函数的每一个分量,实际上都能满足这个薛定谔方程;换句话说,这个多粒子系统的波函数可以写成下列乘积形式:

$$\psi(\xi_1\xi_2\cdots)=\chi(\sigma_1,\sigma_2,\cdots)\varphi(\boldsymbol{r}_1,\boldsymbol{r}_2,\cdots)$$

其中的 φ 函数只依赖于粒子的坐标,而 χ 函数只依赖于粒子的自旋. 我们把前者称为坐标波函数或轨道波函数,把后者称为自旋波函数. 薛定谔方程实质上只确定坐标函数 φ,留下一个未定的 χ 函数. 在某些场合,当我们不需要考虑粒子自旋的时候,我们就可以应用薛定谔方程并把波函数看作仅是坐标的函数,正像我们迄今为止所做的那样.

但应指出,尽管粒子间的电作用与自旋无关,该系统的能量却与总自旋存在着一定的特殊关系,这种关系最终讲来是由同类粒子的不可分辨性原理产生的.

我们来考虑一个只含两个全同粒子的系统. 求解薛定谔方程可得一系列能级,每一能级有一个确定的坐标波函数 $\varphi(\boldsymbol{r}_1,\boldsymbol{r}_2)$ 与之对应,这些波函数必须是对称的或反对称的. 因为,粒子的全同性使得该系统的哈密顿量(从而还有它的薛定谔方程)对粒子的对换保持不变. 如果能级都是无简并的,则坐标 $\boldsymbol{r}_1$ 和 $\boldsymbol{r}_2$ 对换后 $\varphi(\boldsymbol{r}_1,\boldsymbol{r}_2)$ 函数只能改变一个常因子;再把它对换一次,我们就可以证明这个常因子只能等于 ±1. ②

先设粒子的自旋等于零. 这样的粒子根本不存在自旋因子,因而波函数化为一个坐标函数 $\varphi(\boldsymbol{r}_1,\boldsymbol{r}_2)$,这个函数必须是对称的(由于自旋为零的粒子服从玻色统计). 这样一来,由薛定谔方程解得的能级实际上不能全部存在,亦即其中对应于反对称函数 φ 的能级对这个系统是不存在的.

两个全同粒子的对换,相当于坐标系(以这两个粒子的联线中点为原点)的反演变换. 另一方面,反演的结果是 φ 函数多出一个 $(-1)^l$ 因子,l 为这两个粒子相对运动的轨道角动量(见 § 30). 这一考虑和上段所得的结论比较,我们可以肯定,两个自旋为零的同类粒子所组成的系统只能具有偶数值的轨道角动量.

---

① 这只在非相对论近似中才是正确的. 考虑了相对论效应后,带电粒子间的作用与自旋有关.

② 有简并时,我们可以把属于同一能级的那些简并波函数适当地线性组合起来,使得这个条件仍被满足.

其次，假定该系统是由自旋为$\frac{1}{2}$的两个粒子（譬如说电子）组成的. 那么，该系统的完整波函数[即$\varphi(\boldsymbol{r}_1,\boldsymbol{r}_2)$函数和自旋函数$\chi(\sigma_1,\sigma_2)$的乘积]对这两个粒子的对换必须反对称. 如果坐标函数是对称的，自旋函数就必须反对称，或则反之. 我们把自旋函数写成旋量形式，它是一个两秩旋量$\chi^{\lambda\mu}$，其中的每个指标对应于一个粒子的自旋. 对称旋量($\chi^{\lambda\mu}=\chi^{\mu\lambda}$)对应于这两个粒子自旋的对称函数，反对称旋量($\chi^{\lambda\mu}=-\chi^{\mu\lambda}$)对应于反对称函数. 但是我们知道，一个二秩对称旋量描述总自旋为1的系统，反对称旋量则可化成一个标量，它所对应的总自旋等于零.

由此可得下列结论. 与薛定谔方程的对称解$\varphi(\boldsymbol{r}_1,\boldsymbol{r}_2)$相对应的能级，只有该系统的总自旋等于零的时候，亦即这两个电子的自旋彼此“反平行”使得总自旋等于零的时候，才能存在. 另一方面，反对称函数$\varphi(\boldsymbol{r}_1,\boldsymbol{r}_2)$所对应的那些能级，要求总自旋值等于1，也就是这两个电子的自旋必须彼此“平行”.

换句话说，多电子系统的那些能量允许值依赖于该系统的总自旋. 由于这个原因，我们可以把这种依赖关系说成是粒子间的一种特殊作用的结果. 这种作用称为“**交换作用**”. 它是一种纯粹的量子效应，过渡到经典力学极限情形时就（和自旋一样）全部消失.

下列情况是我们所讨论的双电子系统所特有的. 每一个能级对应于一个确定的自旋值：0或1. 以后将会看到（§63），自旋值与能级之间的这种单值对应关系，在任意数目的多电子系统中仍然成立. 但是，自旋大于$\frac{1}{2}$的粒子所组成的系统并不具有这样的性质.

我们来考虑一个双粒子系统，每个粒子的自旋为s. 这个系统的自旋波函数是一个$4s$秩旋量：

$$\chi^{\overbrace{\lambda\mu\cdots}^{2s}\overbrace{\rho\sigma\cdots}^{2s}},$$

其中的一半（$2s$个）指标对应于一个粒子的自旋，另一半指标对应于另一个粒子的自旋. 这个旋量对每一组指标而言是分别对称的. 两个粒子的对换，相当于把第一组的所有指标$\lambda,\mu,\cdots$和第二组的所有指标$\rho,\sigma,\cdots$相对换. 为了求得总自旋为S的自旋函数，上述旋量必须缩并掉$2s-S$对指标（每对指标中含有$\lambda,\mu,\cdots$中的一个指标和$\rho,\sigma,\cdots$中的一个指标），并且对其余的指标对称化，结果得到一个$2S$秩对称旋量. 我们知道，旋量对一对指标的缩并，意味着对这些指标进行反对称组合. 因此当粒子对换以后，自旋波函数将乘以$(-1)^{2s-S}$.

另一方面，当粒子对换以后，双粒子系统的完整波函数必须乘以$(-1)^{2s}$（即s为整数时乘以$+1$，s为半整数时乘以-1）. 根据这一点，坐标波函数的对换对称性由$(-1)^S$因子所给出，它只和S有关. 由此得出结论，由两个全同粒子所组成的一个系统的坐标波函数,当总自旋为偶数时是对称的,奇数时是反对称的.

回忆前述粒子对换和坐标系反演间的关系,我们还可以肯定,当系统的自旋 S 为偶(奇)数时,该系统只能具有偶(奇)数的轨道角动量.

在这里还可以看出,该系统的能量允许值和总自旋之间也存在着一定的关系,但是这种关系不一定是单值的.对应于对称(反对称)坐标波函数的各种能级中,S 可以等于任一偶(奇)数值.

现在来计算一下,该系统中具有偶数或奇数 S 值的不同状态各有多少个.S 可取 $2s+1$ 个不同值:$2s,2s-1,\cdots,0$.任一给定的 S,又有 $2S+1$ 个自旋 z 分量值不同的态[因此一起有 $(2s+1)^2$ 个不同态].设 s 为整数,则在 $2s+1$ 个不同的 S 值中,有 $s+1$ 个是偶数,有 s 个是奇数.具有偶数 S 值的总态数共计为

$$\sum_{S=0,2,\cdots,2s}(2S+1)=(2s+1)(s+1);$$

剩下的 $s(2s+1)$ 个态具有奇数的 S 值.同理,当 s 为半整数时,我们发现共有 $s(2s+1)$ 个态具有偶数的 S 值,$(s+1)(2s+1)$ 个态具有奇数的 S 值.

习 题

1. 把电子间的作用看作微扰,求双电子系统的能级的交换分裂.

解: 设粒子分别(不考虑它们间的相互作用)处于轨道波函数为 $\varphi_1(\boldsymbol{r})$ 和 $\varphi_2(\boldsymbol{r})$ 的态中.它们的对称乘积和反对称乘积,分别对应于系统总自旋 $S=0$ 和 $S=1$ 的情形:

$$\varphi=\frac{1}{\sqrt{2}}[\varphi_1(\boldsymbol{r}_1)\varphi_2(\boldsymbol{r}_2)\pm\varphi_1(\boldsymbol{r}_2)\varphi_2(\boldsymbol{r}_1)].$$

粒子相互作用算符 $U(\boldsymbol{r}_2-\boldsymbol{r}_1)$ 在这两种态中的平均值分别等于 $A\pm J$,其中的

$$A=\iint U|\varphi_1(\boldsymbol{r}_1)|^2|\varphi_2(\boldsymbol{r}_2)|^2\mathrm{d}V_1\mathrm{d}V_2,$$

$$J=\iint U\varphi_1(\boldsymbol{r}_1)\varphi_1^*(\boldsymbol{r}_2)\varphi_2(\boldsymbol{r}_2)\varphi_2^*(\boldsymbol{r}_1)\mathrm{d}V_1\mathrm{d}V_2,$$

(J 称为**变换积分**).由此可见,除了不具备交换性质的附加常数 A 以外,能级位移分别为 $\Delta E_0=J,\Delta E_1=-J$(下标表示 S 的值).这些数值可以看作下列自旋**交换算符**①的本征值:

$$\hat{V}_{\mathrm{e}}=-\frac{1}{2}J(1+4\hat{\boldsymbol{s}}_1\cdot\hat{\boldsymbol{s}}_2) \tag{1}$$

($\boldsymbol{s}_1\cdot\boldsymbol{s}_2$ 的本征值见§55 题 2).

例如,如果这两个电子属于不同的原子,则原子间距 R 增大时交换积分指

① 狄拉克最先使用这个算符.

数式地衰减.由 J 的被积函数的结构显然可以看出,这个积分式取决于 $\varphi_1(\boldsymbol{r}_1)$ 和 $\varphi_2(\boldsymbol{r}_2)$ 波函数的"重叠程度";根据离散谱状态波函数的渐近式[见(21.6)式],可得

$$J \sim \mathrm{e}^{-(\kappa_1+\kappa_2)R}, \quad \kappa_1 = \frac{1}{\hbar}\sqrt{2m|E_1|}, \quad \kappa_2 = \frac{1}{\hbar}\sqrt{2m|E_2|},$$

E_1 和 E_2 分别为这两个原子中的电子能级.

2. 与上题同,但系统为三个电子.

解:根据题1中的(1)式,三电子系统的"成对作用"交换算符可写成下列形式:

$$\hat{V}_{\mathrm{e}} = -\sum J_{ab}\left(\frac{1}{2}+2\hat{\boldsymbol{s}}_a\cdot\hat{\boldsymbol{s}}_b\right). \tag{1}$$

式中按粒子对12,13,23求和. $\hat{\boldsymbol{s}}_a\cdot\hat{\boldsymbol{s}}_b$ 算符对自旋值 σ_a,σ_b 不同的态而言的矩阵元可用(55.6)式确定,并等于

$$\left\langle\frac{1}{2},\frac{1}{2}\left|\hat{\boldsymbol{s}}_a\cdot\hat{\boldsymbol{s}}_b\right|\frac{1}{2},\frac{1}{2}\right\rangle = \frac{1}{4},$$

$$\left\langle\frac{1}{2},-\frac{1}{2}\left|\hat{\boldsymbol{s}}_a\cdot\hat{\boldsymbol{s}}_b\right|\frac{1}{2},-\frac{1}{2}\right\rangle = -\frac{1}{4},$$

$$\left\langle\frac{1}{2},-\frac{1}{2}\left|\hat{\boldsymbol{s}}_a\cdot\hat{\boldsymbol{s}}_b\right|-\frac{1}{2},\frac{1}{2}\right\rangle = \frac{1}{2}.$$

先求总自旋投影 $M_S=\sigma_1+\sigma_2+\sigma_3$ 具有最大允许值即 $M_S=\dfrac{3}{2}$ 时的能量,也就是总自旋 $S=\dfrac{3}{2}$ 时的能量,由算符(1)的对角矩阵元算出:

$$\Delta E_{3/2} = -(J_{12}+J_{13}+J_{23}).$$

其次,来计算 $M_S=\dfrac{1}{2}$ 的态.这个 M_S 值可以用三种不同方式实现,即 $\sigma_1,\sigma_2,\sigma_3$ 中的一个可以分别等于 $-\dfrac{1}{2}$ $\left(\text{其余两个为}\dfrac{1}{2}\right)$. 因此,对这些态讲来,我们得到一个三次久期方程.如果注意到这个方程的一个根应该等于我们已经求出的 $S=\dfrac{3}{2}$ 态的能量,则方程的求解可以大大简化,这个久期方程可以被 $\Delta E-\Delta E_{3/2}$ 所除尽:根据这一点,我们可以不必算出三次方程中的常数项①.

从久期方程式算得

$(\Delta E)^3+(J_{12}+J_{13}+J_{23})(\Delta E)^2+$

① 对粒子数较多的系统进行类似的计算时,这一方法特别有用.

$$+\left[J_{12}J_{13}+J_{12}J_{23}+J_{13}J_{23}-(J_{12}^2+J_{13}^2+J_{23}^2)\right]\Delta E+\cdots=0,$$

此式除以 $\Delta E+J_{12}+J_{13}+J_{23}$后，即可求得 $S=\frac{1}{2}$态的两个能级：

$$\Delta E_{\frac{1}{2}}=\pm\left[(J_{12}^2+J_{13}^2+J_{23}^2)-J_{12}J_{13}-J_{12}J_{23}-J_{13}J_{23}\right]^{\frac{1}{2}}.$$

因此一起有三个能级，与 §63 题 1 中算得的能级数一致.

3. Be^8核在什么状态下可以衰变成为两个 α 粒子？

解：由于 α 粒子不存在自旋，两个 α 粒子所组成的系统只能具有偶轨道角动量（即该系统的总角动量），它的状态为偶态. 因此 Be^8核只有取总角动量为偶数的偶态时，上述衰变才有可能实现.

§63　置换对称性

根据只含两个粒子的系统的考虑，我们已经证明定态的坐标波函数 $\varphi(\boldsymbol{r}_1,\boldsymbol{r}_2)$必须是对称的或反对称的. 在一般情形下，系统由任意多个全同粒子所组成，薛定谔方程之解（坐标波函数）对任意两个粒子的对换而言不一定对称或反对称，不像完整波函数（它包含了自旋因子）那样必须具有对称或反对称性. 这是因为，只对换这两个粒子的坐标，并不等于这两个粒子的物理对换. 粒子的物理全同性，在这里只能导出哈密顿量对粒子对换的不变性，因此如有某一函数为薛定谔方程之解，则该函数中的各种变量进行任意置换后，所得的各种函数也都是该方程之解.

我们先对一般的对换问题作几点说明. 在 N 个粒子所组成的系统中，一共有 $N!$ 种不同的置换方式. 假想所有的粒子都编上了号码，每一种置换，就可以用 1,2,…等号码的一个固定序列表示出来. 从号码的自然序列 1,2,…出发，通过粒子对的一系列对换可以得到各种序列. 按照对换的总次数是偶数次还是奇数次，我们把对换完毕后所得的置换分别称为**偶置换**或**奇置换**. 令 $\hat{P}$ 为 N 个粒子的置换算符，并引进 δ_P，当 $\hat{P}$ 为偶置换时 δ_P等于 1，$\hat{P}$ 为奇置换时 $\delta_P=-1$. 如果函数 φ 对所有粒子全都对称，我们有

$$\hat{P}\varphi=\varphi,$$

如果 φ 对所有粒子全反对称，则有

$$\hat{P}\varphi=\delta_P\varphi.$$

从任一函数 $\varphi(\boldsymbol{r}_1,\boldsymbol{r}_2,\cdots,\boldsymbol{r}_N)$出发，通过**对称化**运算可以给出一个对称函数，这个函数可写成

$$\varphi_{\text{sym}}=\text{常数}\times\sum_P\hat{P}\varphi,\tag{63.1}$$

式中对所有可能的置换求和. 通过**交替**(**反对称化**)运算还可以给出一个反对称函数,这个函数可写成

$$\varphi_{\text{ant}} = \text{常数} \times \sum_{P} \delta_P \hat{P}\varphi. \tag{63.2}$$

现在回过来研究全同粒子系统的波函数 φ 所具有的置换性质①. 该系统的哈密顿量对所有的粒子对称,这一事实的数学含义是,$\hat{H}$ 和所有的置换算符 $\hat{P}$ 都对易. 但是这些置换算符并不是彼此对易的,因而它们不能同时对角化. 这就表明,我们挑选不出这样的一组波函数 φ 来,使得每一个函数 φ 对所有的对换保持对称或反对称②:

我们来求函数 $\varphi(\boldsymbol{r}_1, \boldsymbol{r}_2, \cdots, \boldsymbol{r}_N)$(或一组这样的函数)对 N 个变量的置换而言所能具有的各种对称类型. 这种对称类型必须是"不能增添"的,这就是说,对这些函数进行任意的对称化运算或交替运算后,或者变成原来那组函数的线性组合,或者变成恒等于零.

我们已知有两种运算,它们所给出的函数具有最大可能的对称性:这就是对所有变量的对称化运算,以及对所有变量的交替运算。这样的运算可作如下的推广.

我们把 N 个变量 $\boldsymbol{r}_1, \boldsymbol{r}_2, \cdots, \boldsymbol{r}_N$(或者换一个说法也是一样,把 N 个下标 $1, 2, \cdots, N$)分成几组,各组分别含有 $N_1, N_2, \cdots$ 个元素(即变量);$N_1 + N_2 + \cdots = N$. 这一分割可以用一个图形(称为**杨图**)表示. $N_1, N_2, \cdots$ 等数分别等于图中各行所含的格数(例如图 21 中,分别表示 $N = 22$ 的 $6+4+4+3+3+1+1$ 分割和 $7+5+5+3+1+1$ 分割);把 $1, 2, 3, \cdots$ 等数分别填入每格中(每格中填进一个数). 如果我们按格子数的递减次序自上而下把各行排好(如图 21 所示),这个图中不但有好几行而且还有好几列.

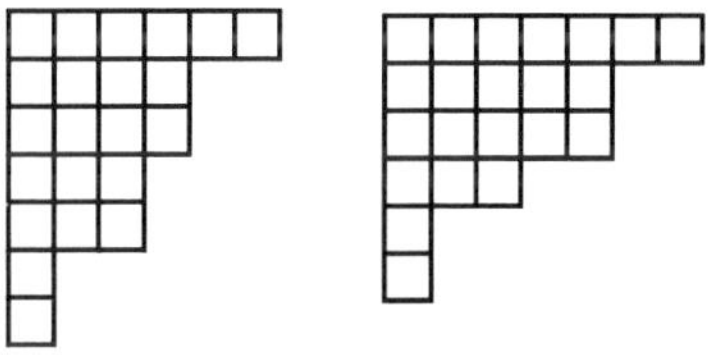

图 21

现在把任一函数 $\varphi(\boldsymbol{r}_1, \boldsymbol{r}_2, \cdots, \boldsymbol{r}_N)$ 分别对每行中所填的那些变量对称化. 经过这样的对称化以后,我们只能对不在同一行中的变量进行交替运算;对同一行中的一对变量进行交替运算后显然恒等于零.

在每一行中挑出一个变量,我们可以假定这些变量都在每行的第一格中,这

① 从数学观点看来,这个问题相当于寻求 N 个元素的置换群所能具有的各种不可约表示. 置换群的数学理论的详细叙述,可参考下列各书:H. 韦耳(Weyl),The Theory of Groups and Quantum Mechanics, Methuen, London 1931; M. Hamermesh, Group Theory and its Application to Physical Problems, Pergam on, London, 1962; I. G. Kaplan, Symmetry of Many - Electron Systems, Academic Press, New York, 1974.

② 只含两个粒子的系统除外,因为它只有一个交换算符,可以和 $\hat{H}$ 同时对角化.

样假定并不失其普遍性(对称化后,每行中的变量次序是无所谓的);现在对这些变量施行交替运算.随后把第一列删去,留下的“削减”图中,再在每一行中挑出一个变量,然后对这些变量进行交替运算;这些变量又可以看作处于“削减图”的第一列.把这样的手续继续下去,我们最后得到一个函数,这个函数起先是对每行中的变量对称化的,随后又对每列中的变量进行了交替运算.经过交替运算后,一般讲来,这个函数对每行中的变量就不再对称.它只对第一行中留下的未经交替运算的那一部分变量保持着对称性,这部分变量处于第一行末端比别行突出的那些方格中.

把 N 个变量用各种方式分配到一个杨图的各行中去以后(每行各格中的分配方式是无所谓的),我们就可以得到一组函数,当 N 个变量以任意方式置换时①,这组函数就变成它们的线性组合.但应强调指出,这些函数并不都是线性独立的;独立函数的个数往往小于 N 个变量分配于该图各行中所能具有的各种分配方式的总数.我们不打算详述这一点②.

由此可见,一个杨图确定了一组具有一定的置换对称类型的函数.(对一个给定的 N 值)画出所有可能的杨图,可以得到所有可能的对称类型.这相当于把 N 分割成几部分之和且每部分之值小于或等于 N 时,一共有多少种不同的分割方式;例如 $N=4$ 时,可能的分割方式有 $4, 3+1, 2+2, 2+1+1, 1+1+1+1$.

系统的每一个能级和一个杨图相对应,该图确定了薛定谔方程的某组解答所具有的置换对称性;一般讲来,每一个能级有若干个不同函数与之相对应,这些函数在变量的置换下彼此线性变换.这种“置换简并”的存在,是由于每个 $\hat{P}$ 算符和哈密顿量对易,但彼此不对易(见§10中段).但是必须强调指出,这一点并不表示该能级不再具有其它的物理简并.所有这些不同的坐标波函数,乘上自旋函数以后,组合成为一个完整波函数,就可满足对称或反对称条件(由粒子的自旋决定).

在各种类型的置换对称性(对给定的 N 而言)中,总有两种类型的对称性只能分别对应于一个函数.一种对应于一个所有变量的对称函数,另一种则对应于一个反对称函数;在前一种情形下,杨图只有一行(此行有 N 格),第二种情形下杨图只有一列.

---

① 也可以按相反次序施行对称化运算和交替运算;先对每列的变量进行交替运算,再对每行的变量进行对称化运算.但这实际上不会得到新结果,用这两种方法求得的两套函数,只差一个线性变换.

② 彼此进行线性变换的一组独立函数构成置换群的一个不可约表示的一组基,独立函数的个数就是该表示的维数.对自旋 $\frac{1}{2}$ 的粒子,这个数的推导见后面例题1.

现在来考虑自旋波函数$\chi(\sigma_1,\sigma_2,\cdots,\sigma_N)$. 它们对粒子置换所具有的对称类型同样由杨图给出,图中的变量现在是粒子自旋的z分量. 产生的问题是,自旋波函数的杨图应该具有怎样的形状,才能与坐标函数的一个给定杨图相配合. 先设粒子的自旋具有整数值,则完整波函数ψ必须对所有的粒子对称. 由于这一点,自旋函数和坐标函数的对称性必须由同一杨图给出,从而完整波函数ψ可以表成这两种函数的特定的双线性组合;在这里我们不打算详述这样的线性组合问题.

其次,设粒子的自旋为半整数值. 则完整波函数必须对所有的粒子反对称. 根据这一点可以证明,坐标函数的杨图和自旋函数的杨图必须具有对偶关系,亦即两者可以通过行列对调而相互得到(例如图 21 中的两个杨图).

让我们对自旋为$\frac{1}{2}$的重要情形(譬如对电子)进行较详细的考虑. 每一个自旋变量$\sigma_1,\sigma_2,\cdots$现在只取$\pm\frac{1}{2}$两个值. 由于一个函数对取值相同的两个任意变量反对称化后等于零,故函数χ只能对一对变量施行交替运算;如果对三个变量施行交替运算,其中必有两个变量取值相同,故其结果等于零.

由此可知,对一个多电子系统讲来,自旋函数的杨图中每一列只能有一格或两格(亦即此图只能有一行或两行);对坐标函数的杨图而言,只能有一列或两列. 含有N个电子的系统中,置换对称性的类型数就等于把N分割成为一部分或两部分之和的可能分割方式数. 当N为偶数时,这个数值等于$\frac{1}{2}N+1$$\left(\text{第二部分分别为 }0,1,\cdots,\frac{1}{2}N\right)$,当$N$为奇数时它等于$\frac{1}{2}(N+1)$$\left(\text{第二部分分别为 }0,1,\cdots,\frac{1}{2}(N-1)\right)$. 例如$N=4$时,所有的杨图(坐标的和自旋的)如图 22 所示.

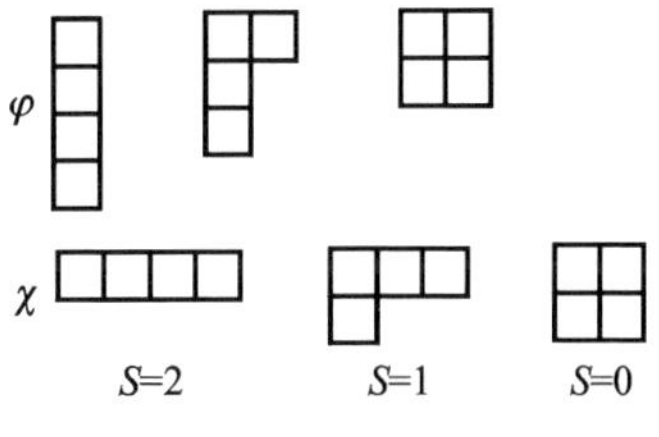

图 22

容易证明,每一种对称类型(即每一杨图)对应于多电子系统的一个确定的总自旋S. 我们把自旋函数考虑成为旋量形式,即把它看做是一个N秩旋量$\chi^{\lambda\mu\cdots}$,这个旋量中的各个指标(每一个指标对应于一个单粒子的自旋)就是排列在杨图中的那些变量. 我们来研究一个杨图,其第一行有N_1格,第二行有N_2格($N_1+N_2=N$,及$N_1\geqslant N_2$). 前面的N_2列中,每列只有两格,这个旋量必须对每一列中的一对指标反对称. 但是对第一行中后面剩下的$n=N_1-N_2$格而言,还必须对这些格子中的变量为对称.

我们知道，这样的一个 N 秩旋量可以化成一个 n 秩对称旋量，与总自旋 $S=\frac{1}{2}n$ 相对应. 至于坐标函数的杨图，我们可以这样说，如果该图中只含一个格子的行数共有 n 行，这个图就对应于总自旋 $S=\frac{1}{2}n$. 当 N 为偶数时，总自旋可取 0 到 $\frac{1}{2}N$ 的各种整数值，N 为奇数时，可取 $\frac{1}{2}$ 到 $\frac{1}{2}N$ 的各种半整数值，这正是应有的结果.

需要强调的是，杨图与总自旋之间的这种一一对应关系，只对自旋为 $\frac{1}{2}$ 的粒子所组成的系统成立；这一点，已在上节的双粒子系统中看到. 对自旋为 s 的 N 个粒子所组成的系统，自旋波函数由 N 个 $2s$ 秩对称旋量的乘积所组成，是一个 $2Ns$ 秩的旋量. 如果这个旋量按 N 格的一个特定杨图进行对称化，一般讲来，可从这个对称旋量的独立分量中构造出几套线性组合，每套对应于系统的一个不同总自旋 S.

自旋 $\frac{1}{2}$ 粒子的自旋函数的杨图每列不能超过两格，同理，自旋为任意值 s 的粒子，每列不能超过 $2s+1$ 格.

如果系统中的粒子数 N 为 $2s+1$ 的整倍数，各种可能的杨图中含有一个每列为 $2s+1$ 格的矩形图. 它对应于总自旋的一个定值，即 $S=0$. 由此可以得出结论，如果两个（自旋）杨图能够拼成一个高为 $2s+1$ 的矩形，则两者的 S 值相同①. 这是角动量相加法则的一个简单推论，该法则便是两个角动量只有绝对值相同时才有可能相加后得零.

作为本节的结束，让我们回到早在 §20 末尾附注中提及的问题，对一个全同粒子系统讲来，我们不能断言最低能量的定态波函数一定无节点. 现在我们可以详述并解释其原由.

如果波函数（指坐标函数）无节点，它必须对所有粒子对称；要是它对粒子 1，2 的对换为反对称，在 $\boldsymbol{r}_1=\boldsymbol{r}_2$ 处将等于零. 可是，如果该系统含有 3 个或 3 个以上的电子，就不可能有全对称的坐标波函数（坐标函数的杨图每行不能超过两格）. 由此可见，尽管对应于最低本征值的薛定谔方程之解是无节点的（根据变

① 例如下列两图（对于 $s=1$）中，

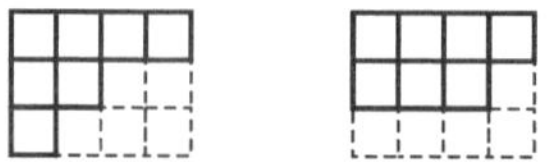

实线图和虚线图是两个互补杨图.

分法定理)，这个解在物理上可能不允许；因而薛定谔方程的最小本征值不再对应于系统的基态，而基态波函数一般讲来将是有节点的. 对于自旋为半整数 s 的粒子，这种情况出现于粒子数超过 $2s+1$ 的系统中，对玻色子系统，全对称坐标波函数总是可以存在的.

习 题

1. 一个系统由 N 个自旋为$\frac{1}{2}$的粒子所组成，求具有不同总自旋值 S 的能级总数.

解：给定了该系统的一个总自旋投影值 $M_S=\sum\sigma$ 以后，可以有 $f(M_S)$ 种不同方式给出以上的 M_S 值：

$$f(M_S)=\frac{N!}{\left(\frac{N}{2}+M_S\right)!\ \left(\frac{N}{2}-M_S\right)!}$$

$f(M_S)$ 等于 N 个事物中一次取出$\frac{N}{2}+M_S$个事物的组合数，因为我们可令$\frac{N}{2}+M_S$个粒子的 $\sigma=\frac{1}{2}$，其余粒子的 $\sigma=-\frac{1}{2}$. 每一能级具有一个给定的 S 值，其中共有 $2S+1$ 个不同的态，这些态的自旋投影值分别为 $M_S=S,S-1,\cdots,-S$. 因此容易证明：具有给定 S 值的不同能级数为

$$n(S)=f(S)-f(S+1)=\frac{N!\ (2S+1)}{\left(\frac{N}{2}+S+1\right)!\ \left(\frac{N}{2}-S\right)!}.$$

不同能级的总数为(当 N 为偶数时)

$$n=\sum_S n(S)=f(0)=\frac{N!}{\left(\frac{N}{2}!\right)^2},$$

当 N 为奇数时，则有

$$n=f\left(\frac{1}{2}\right)=\frac{N!}{\left(\frac{N+1}{2}\right)!\ \left(\frac{N-1}{2}\right)!}.$$

2. 系统由自旋为 1 的粒子所组成，求各种对称类型的自旋函数所具有的总自旋值 S，设该系统的粒子数为 2,3,4.

解：对双粒子系统，这个对应关系由下列事实所确立：粒子对换后，自旋波函

数应乘以$(-1)^{2s-S}$(见§62末).对于$s=1$的粒子,由此得

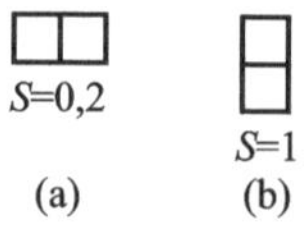

(1)

对于三粒子系统的各个杨图,可从(1)出发以各种可能的方式添加一格后获得,结果可写成下列符号式:

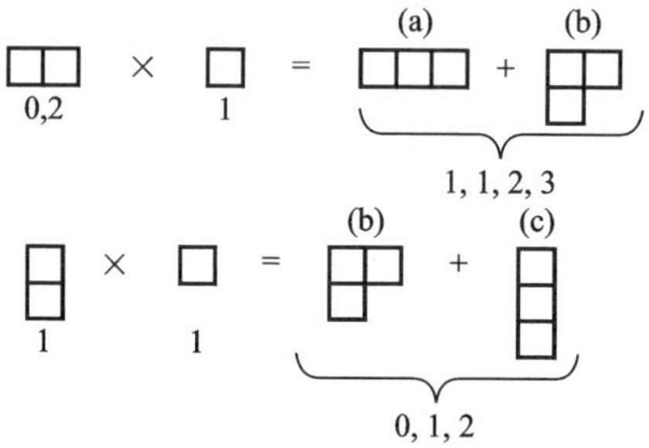

S值见每图下面,三粒子系统(右边的图)的总自旋值来自双粒子系统和单粒子系统(左边的图)自旋的角动量相加法则①.式右各图的S值的分配可以这样来建立,先注意到上图第二式图(c)(一列三格)对应于$S=0$,故图(b)的值为剩下的1和2,第一式中扣掉(b)后,知(a)的S值为1和3:

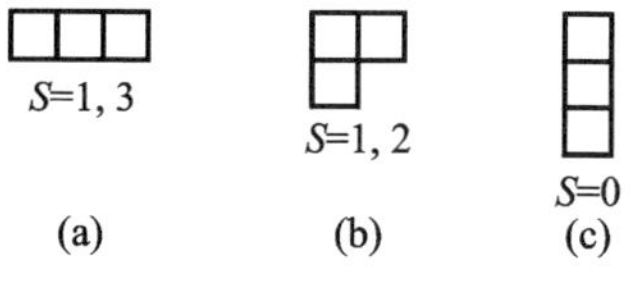

(2)

四粒子系统的杨图可在(2)基础上添加一格得到,但不能出现超过三格的列:

① 图的右边下面有两个1,这是由于第一个1来自角动量0和1的相加,第二个1来自角动量2和1的相加.

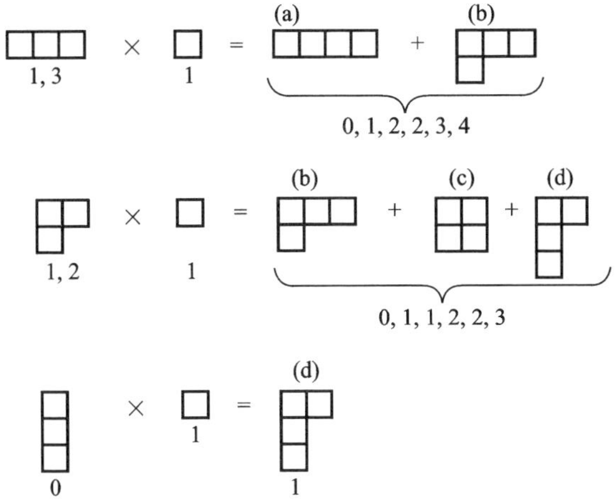

这里图(c)可和(1)中的(a)并成三格高的矩形,故其 S 值也是 0 和 2. 图(b)的 S 值可从上面第二式剩下的数得到,图(a)则可从第一式剩下的 S 值得到:

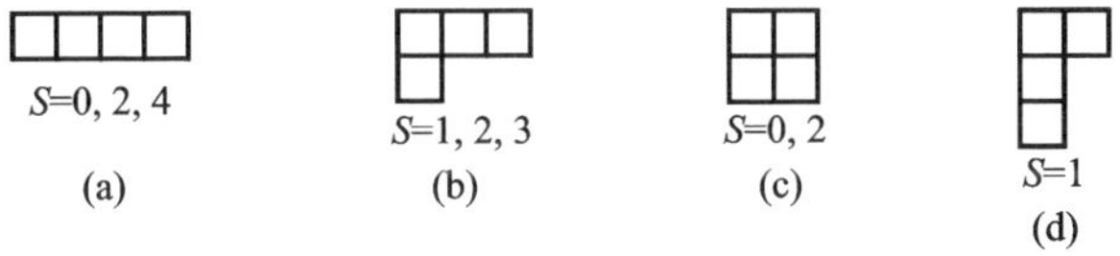

§ 64　二次量子化 · 玻色统计情形

在大量全同粒子所组成的系统的理论中,有一种广泛使用的方法,称为**二次量子化**方法,这个方法在相对论理论中尤为需要,在那里述及的是粒子数可变的系统①.

令 $\psi_1(\xi),\psi_2(\xi),\cdots$ 为一组完备的正交归一化的单粒子定态波函数②,它们可以是一组处于任意确定外场中的粒子态,但通常简单地取作一组平面波,也就是一组具有确定动量值(以及自旋投影值)的自由粒子波函数. 为了使它成为离散态,我们考虑粒子运动于一个很大的但是有限的区域内,它的动量分量的本征值呈离散谱,相邻本征值的间距便和该区的线度成反比,并随线度的增大而趋于零.

在一个自由粒子系统中,每个粒子的动量分别守恒,因此态的**占有数**亦即处

① 二次量子化方法对辐射理论中的光子而言,是由 P. A. M. 狄拉克(1927)所发展的. 随后维格纳(E. Wigner)和约当(P. Jordan)把它推广到费米粒子情形(1928).

② 和 § 61 一样,ξ 代表粒子坐标及其自旋投影值,对 ξ 积分意味着对坐标积分以及对 σ 求和.

于 $\psi_1,\psi_2,\cdots$ 各态中的粒子数 $N_1,N_2,\cdots$ 也是守恒的. 在一个相互作用的粒子系统中,每个粒子的动量并不守恒,因此占有数也不守恒. 对于这样的系统,我们能考虑的只是占有数具有各种数值的概率分布. 我们来寻求一种数学表述,其中以占有数(不是以粒子的坐标和自旋投影值)作为独立变量.

在这种表述中,用狄拉克符号(见 §11)比较方便,用 $N_1,N_2,\cdots$ 来确定量子粒子的状态. 与波函数(61.3)和(61.5)相对应的状态用 $|N_1,N_2,\cdots\rangle$ 表示. 而坐标变量和自旋变量已不再明显出现.

与这种独立变量的选择相对应,各种物理量(包括系统的哈密顿量)的算符也应该改写成作用到占有数函数之上的形式. 这样的表述,可以在算符的通常矩阵表示基础上得到. 该算符的矩阵元必须与无相互作用粒子系统的定态波函数联系起来考虑. 因为这样的态能用确定的占有数描述,能够显示出算符作用在占有数变量上的性质.

我们先来考虑遵循玻色统计的多粒子系统. 设 $\hat{f}_a^{(1)}$ 是粒子 a 的某个物理量算符,它只作用在 ξ_a 的函数上. 我们引入下列算符:

$$\hat{F}^{(1)} = \sum_a \hat{f}_a^{(1)}, \tag{64.1}$$

它对所有的粒子对称$\left(\sum\limits_a \text{ 是对所有的粒子求和}\right)$,现在来求这个算符对(61.3)式波函数而言的矩阵元. 首先,我们容易证明,只有 $N_1,N_2,\cdots$ 等值保持不变的跃迁矩阵元(对角矩阵元),以及其中的一个数值增加 1 另一个数值减少 1 的那些跃迁矩阵元才不等于零. 因为每一个 $\hat{f}_a^{(1)}$ 算符只作用在 $\psi_{p_1}(\xi_1)\psi_{p_2}(\xi_2)\cdots\psi_{p_N}(\xi_N)$ 乘积中的一个函数上,所以不等于零的跃迁矩阵元中,只能有一个单粒子态发生改变;这就意味着某一态中的粒子数减少了一个,而在另一态中的粒子数相应地增加了一个. 这类矩阵元的计算实际上很简单;读一遍不如自己算一遍. 因此我们只给出计算结果. 非对角矩阵元为

$$\langle N_i, N_k - 1 \,|\, F^{(1)} \,|\, N_i - 1, N_k \rangle = f_{ik}^{(1)} \sqrt{(N_i N_k)}. \tag{64.2}$$

为简便计,我们只写出该矩阵元的非对角下标,略去了其余的下标. 式中的 $f_{ik}^{(1)}$ 为下列矩阵元:

$$f_{ik}^{(1)} = \int \psi_i^*(\xi)\hat{f}^{(1)}\psi_k(\xi)\,\mathrm{d}\xi. \tag{64.3}$$

要注意的是算符 $\hat{f}_a^{(1)}$ $(a=1,2,\cdots)$ 具有完全相同的形式,只是作用在不同名称的变量上而已,所以积分 $f_{ik}^{(1)}$ 和 a 无关. $F^{(1)}$ 的对角矩阵元即 $F^{(1)}$ 在 $\Psi_{N_1N_2\cdots}$ 态中的平均值,我们用 $\overline{F^{(1)}}$ 表示. 计算后给出

$$\overline{F^{(1)}} = \sum_i f_{ii}^{(1)} N_i. \tag{64.4}$$

现在引入算符 $\hat{a}_i$,它在二次量子化方法中起着首要的作用;这个算符不是作用在坐标函数上,而是作用在 $N_1,N_2,\cdots$ 等变量上,其定义如下. 算符 $\hat{a}_i$ 作用在函数 $|N_1,N_2,\cdots\rangle$ 上后,变量 N_i 的数值减少 1,同时使这个波函数乘以 $\sqrt{N_i}$:

$$\hat{a}_i|N_1,N_2,\cdots,N_i,\cdots\rangle=\sqrt{N_i}|N_1,N_2,\cdots,N_i-1,\cdots\rangle. \tag{64.5}$$

我们可以说 $\hat{a}_i$ 算符使第 i 个态的粒子数减少一个;因此称为粒子的**湮没算符**. 可用矩阵形式表示,其不等于零的矩阵元为

$$\langle N_i-1|a_i|N_i\rangle=\sqrt{N_i}. \tag{64.6}$$

根据定义[见(11.9)式],$\hat{a}_i$ 的厄米共轭算符 $\hat{a}_i^+$ 的非零矩阵元只有

$$\langle N_i|a_i^+|N_i-1\rangle=\langle N_i-1|a_i|N_i\rangle^*=\sqrt{N_i}. \tag{64.7}$$

这就表明,$\hat{a}_i^+$ 算符作用在 $|N_1,N_2,\cdots\rangle$ 函数上时,使 N_i 的数值增加 1:

$$\hat{a}_i^+|N_1,N_2,\cdots,N_i,\cdots\rangle=\sqrt{N_i+1}|N_1,N_2,\cdots,N_i+1,\cdots\rangle. \tag{64.8}$$

换句话说,$\hat{a}_i^+$ 算符使第 i 个态的粒子数增加一个,因此它称为粒子的**产生算符**.

算符乘积 $\hat{a}_i^+\hat{a}_i$ 作用在波函数上,所有的 $N_1,N_2,\cdots$ 变量显然都不变,而使该函数乘一常数,这是因为 $\hat{a}_i$ 算符使 N_i 减少 1 但 $\hat{a}_i^+$ 算符又使 N_i 回至原值. (64.6)和(64.7)式的两个矩阵直接相乘后,可证 $\hat{a}_i^+\hat{a}_i$ 的矩阵确是一个对角矩阵,并且对角矩阵元等于 N_i. 我们可写作

$$\hat{a}_i^+\hat{a}_i=N_i. \tag{64.9}$$

同法可证

$$\hat{a}_i\hat{a}_i^+=N_i+1. \tag{64.10}$$

以上两式相减,得算符 $\hat{a}_i$ 和 $\hat{a}_i^+$ 的对易关系:

$$\hat{a}_i\hat{a}_i^+-\hat{a}_i^+\hat{a}_i=1. \tag{64.11}$$

i 和 k 不同的两算符作用在不同的变量(N_i 和 N_k)上,是对易的:

$$\hat{a}_i\hat{a}_k-\hat{a}_k\hat{a}_i=0,\ \hat{a}_i\hat{a}_k^+-\hat{a}_k^+a_i=0\quad(i\neq k). \tag{64.12}$$

根据算符 $\hat{a}_i,\hat{a}_i^+$ 的上述性质,易证下列算符

$$\hat{F}^{(1)}=\sum_{i,k}f_{ik}^{(1)}\hat{a}_i^+\hat{a}_k \tag{64.13}$$

与(64.1)式的算符相同. 因为按(64.6),(64.7)算出的所有矩阵元等于(64.2),(64.4)中的矩阵元. 这是一个非常重要的结果. (64.13)式中的 $f_{ik}^{(1)}$ 不过是一些数值. 因此,我们可以把作用于坐标函数上的一个普通算符表为作用于新变量占有数 N_i 函数上的算符.

以上所得的结果,很容易推广到其它形式的算符上. 令

$$\hat{F}^{(2)}=\sum_{a>b}\hat{f}_{ab}^{(2)}, \tag{64.14}$$

其中的 $\hat{f}_{ab}^{(2)}$ 为同时属于两个粒子的一个物理量算符,因而作用在 ξ_a 及 ξ_b 的函数

上. 同样的计算表明,这个算符可以通过 $\hat{a}_i$, $\hat{a}_i^+$ 算符表为

$$\hat{F}^{(2)}=\frac{1}{2}\sum_{i,k,l,m}\langle ik|f^{(2)}|lm\rangle\hat{a}_i^+\hat{a}_k^+\hat{a}_m\hat{a}_l, \tag{64.15}$$

其中

$$\langle ik|f^{(2)}|lm\rangle=\iint\psi_i^*(\xi_1)\psi_k^*(\xi_2)\hat{f}^{(2)}\psi_l(\xi_1)\psi_m(\xi_2)\mathrm{d}\xi_1\mathrm{d}\xi_2.$$

这几个公式显然可以推广到对所有粒子对称的其它任意形式的算符上(例如 $\hat{F}^{(3)}=\sum\hat{f}_{abc}^{(3)}$ 这些形式,等等).

通过这些公式,可用算符 $\hat{a}_i$ 和 $\hat{a}_i^+$ 表达出具有 N 个相互作用全同粒子的物理系统的哈密顿量. 这种系统的哈密顿量对所有的粒子当然是对称的. 在非相对论近似下①,可表成下列一般形式:

$$\hat{H}=\sum_a\hat{H}_a^{(1)}+\sum_{a>b}U^{(2)}(\boldsymbol{r}_a,\boldsymbol{r}_b)+ \\ +\sum_{a>b>c}U^{(3)}(\boldsymbol{r}_a,\boldsymbol{r}_b,\boldsymbol{r}_c)+\cdots, \tag{64.16}$$

其中的 $\hat{H}_a^{(1)}$ 为哈密顿量中只依赖于第 a 个粒子坐标的算符:

$$\hat{H}_a^{(1)}=-(\hbar^2/2m)\nabla_a^2+U^{(1)}(\boldsymbol{r}_a), \tag{64.17}$$

其中的 $U^{(1)}(\boldsymbol{r}_a)$ 为一个单粒子在外场中的势能. (64.16)式中的其余部分为粒子间的相互作用能量;把它分成与两个、三个等粒子的坐标有关的项.

哈密顿量的上述表式使我们可以直接应用(64.13),(64.15)以及类似的式子. 得

$$\hat{H}=\sum_{i,k}H_{ik}^{(1)}\hat{a}_i^+\hat{a}_k+\frac{1}{2}\sum_{i,k,l,m}\langle ik|U^{(2)}|lm\rangle\hat{a}_i^+\hat{a}_k^+\hat{a}_m\hat{a}_l+\cdots. \tag{64.18}$$

这就是欲求的哈密顿量表式,这个算符作用在占有数的函数上.

对无相互作用的多粒子系统讲来,(64.18)式中只留下第一项:

$$\hat{H}=\sum_{i,k}H_{ik}^{(1)}\hat{a}_i^+\hat{a}_k. \tag{64.19}$$

如取 ψ_i 为单粒子哈密顿量 $\hat{H}^{(1)}$ 的本征函数,则矩阵 $H_{ik}^{(1)}$ 是一个对角矩阵,对角元等于该粒子诸能量本征值 ε_i. 故

$$\hat{H}=\sum_i\varepsilon_i\hat{a}_i^+\hat{a}_i;$$

$\hat{a}_i^+\hat{a}_i$ 算符用(64.9)式的本征值代入,可得系统能级表式

$$E=\sum_i\varepsilon_iN_i,$$

这是可以预料的明显结果.

---

① 不存在磁场时.

引入下列 $\hat{\psi}$ 算符，可使我们所作的表述更为精练①：

$$\hat{\psi}(\xi)=\sum_i \psi_i(\xi)\hat{a}_i,\quad \hat{\psi}^+(\xi)=\sum_i \psi_i^*(\xi)\hat{a}_i^+,\tag{64.20}$$

其中的变量 ξ 可以看作参量. 根据以上所述的算符 $\hat{a}_i,\hat{a}_i^+$，可知算符 $\hat{\psi}$ 使该系统的粒子总数减少一个，算符 $\hat{\psi}^+$ 则使它增加一个.

容易证明算符 $\hat{\psi}^+(\xi_0)$ 在 ξ_0 点处产生一个粒子. 因为算符 $\hat{a}_i^+$ 的作用结果，是产生一个处于 $\psi_i(\xi)$ 态中的粒子. 根据这一点，算符 $\hat{\psi}^+(\xi_0)$ 的作用结果，是产生一个状态波函数②为 $\sum\psi_i^*(\xi)\psi_i(\xi_0)=\delta(\xi-\xi_0)$ 的粒子[根据公式(5.12)]，这个粒子具有确定的坐标值(和确定的自旋值).

算符 $\hat{\psi}$ 的对易关系可根据 $\hat{a}_i,\hat{a}_i^+$ 的关系立刻求得：

$$\hat{\psi}(\xi)\hat{\psi}(\xi')-\hat{\psi}(\xi')\hat{\psi}(\xi)=0,\tag{64.21}$$

$$\hat{\psi}(\xi)\hat{\psi}^+(\xi')-\hat{\psi}^+(\xi')\hat{\psi}(\xi)=\sum_i \psi_i(\xi)\psi_i^*(\xi')=\delta(\xi-\xi').\tag{64.22}$$

二次量子化算符 $\hat{F}^{(1)}$ 可用算符 ψ 表成

$$\hat{F}^{(1)}=\int\hat{\psi}^+(\xi)\hat{f}^{(1)}\hat{\psi}(\xi)\,\mathrm{d}\xi,\tag{64.23}$$

其中的算符 $\hat{f}^{(1)}$ 应该理解为作用在 $\hat{\psi}(\xi)$ 中含有参量 ξ 的函数上. 这是因为如把(64.20)的 $\hat{\psi}$ 和 $\hat{\psi}^+$ 代入上式并用定义(64.3)，我们又回到(64.13)式. 同样，(64.15)式变成

$$\hat{F}^{(2)}=\frac{1}{2}\iint\hat{\psi}^+(\xi)\hat{\psi}^+(\xi')\hat{f}^{(2)}\hat{\psi}(\xi')\hat{\psi}(\xi)\,\mathrm{d}\xi\mathrm{d}\xi'.\tag{64.24}$$

特别是，系统的哈密顿量可用算符 $\hat{\psi}$ 表成

$$\hat{H}=\int\left\{-\frac{\hbar^2}{2m}\hat{\psi}^+(\xi)\nabla^2\hat{\psi}(\xi)+\hat{\psi}^+(\xi)U^{(1)}(\xi)\hat{\psi}(\xi)\right\}\mathrm{d}\xi+$$
$$+\frac{1}{2}\iint\hat{\psi}^+(\xi')\hat{\psi}^+(\xi)U^{(2)}(\xi,\xi')\hat{\psi}(\xi')\hat{\psi}(\xi)\,\mathrm{d}\xi\mathrm{d}\xi'+\cdots.\tag{64.25}$$

仿效粒子处于 ψ 态的概率密度式 $\psi^*\psi$，由算符 $\hat{\psi}$ 组成的 $\hat{\psi}^+(\xi)\hat{\psi}(\xi)$ 算符，称为**粒子密度算符**. 下列积分

---

① 注意(64.20)与下式的相似性：

$$\psi=\sum a_i\psi_i,$$

这是任意波函数展为完备函数组. 现在又被量子化了一次，术语二次量子化方法一词即源出于此.

② $\delta(\xi-\xi_0)$是下列乘积的简写

$$\delta(x-x_0)\delta(y-y_0)\delta(z-z_0)\delta\sigma\sigma_0.$$

$$\hat{N} = \int \hat{\psi}^{+}\hat{\psi}\mathrm{d}\xi \tag{64.26}$$

在二次量子化表述中代表系统的粒子总数算符. 这是因为,把(64.20)式的算符 $\hat{\psi}$ 代入,并应用波函数的正交归一化性质,可得

$$\hat{N} = \sum \hat{a}_i^{+}\hat{a}_i.$$

式中的每一项代表第 i 个态中的**粒子数算符**;根据(64.9)式,其本征值等于占有数 N_i,对所有的 N_i 求和后,就是系统中的粒子总数①.

最后,如果系统是由几类不同的玻色子组成的,二次量子化方法中必须对每类粒子定义出 $\hat{a}$ 和 $\hat{a}^{+}$ 算符. 属于不同类别的粒子算符显然是对易的.

§65　二次量子化 · 费米统计情形

对服从费米统计的全同粒子所组成的多粒子系统而言,二次量子化方法的基本理论全部保持不变,但是 $\hat{a}_i$ 算符以及物理量的矩阵元公式自然有所不同.

$\Psi_{N_1N_2\cdots}$ 波函数现在呈(61.5)形式. 由于这个函数的反对称性,首先就产生了正负号问题. 这个问题在玻色统计情形是没有的,因为上节的波函数是对称波函数,它的符号一旦选定后,对粒子的所有置换均保持不变. 为了确定(61.5)式函数的符号起见,我们规定以下的选择方法. 我们把所有的 ψ_i 态编好号码. 然后令(61.5)行列式中的各行按以下次序排列:

$$p_1 < p_2 < p_3 < \cdots < p_N, \tag{65.1}$$

这个行列式中的各列依次为 $\xi_1,\xi_2,\cdots,\xi_N$ 等不同变量的函数. $p_1,p_2,\cdots,p_N$ 中不能有两个数值相同,不然,该行列式将等于零. 换句话说,占有数 N_i 的取值只能是零或 1.

我们再来考虑(64.1)形式的算符 $\hat{F}^{(1)} = \sum\limits_a \hat{f}_a^{(1)}$. 和 §64 中的情形一样,只有保持所有占有数不变的那些跃迁矩阵元,以及使一个占有数(N_i)减少一(从 1 变到零)另一个占有数(N_k)增加一(从零变到 1)的那些跃迁矩阵元才不等于零. $i<k$ 时,容易求得

$$\langle 1_i,0_k | F^{(1)} | 0_i,1_k\rangle = f_{ik}^{(1)}(-1)^{\sum(i+1,k-1)}, \tag{65.2}$$

其中 $0_i,1_i$ 代表 $N_i=0,N_i=1$. 令符号 $\sum(k,l)$ 代表第 k 个态到第 l 个态的所有占有数之和②:

$$\sum(k,l) = \sum_{n=k}^{l} N_n.$$

---

① 对一个具有给定粒子数的系统讲来,这个论述是自明的,这是自由粒子系统哈密顿量(64.19)式的一种性质,但推广到相对论理论中时,会产生新的不再自明的结果(参考第四卷,§11).

② $i>k$ 时,(65.2)式的幂次为 $\sum(k+1,i-1)$,但当 $i=k\pm1$ 时,这个和式应令它等于零.

至于对角矩阵元,求得的结果就是以前的(64.4)式:

$$\overline{F^{(1)}}=\sum_i f_{ii}^{(1)}N_i. \tag{65.3}$$

为了把算符 $\hat{F}^{(1)}$ 表成(64.13)形式,算符 $\hat{a}_i$ 必须按下列矩阵元来定义:

$$\langle 0_i|a_i|1_i\rangle=\langle 1_i|a_i^+|0_i\rangle=(-1)^{\sum(1,i-1)}, \tag{65.4}$$

以上两个矩阵相乘,当 $k>i$ 时可得

$$\langle 1_i,0_k|a_i^+a_k|0_i,1_k\rangle=\langle 1_i,0_k|a_i^+|0_i,0_k\rangle\langle 0_i,0_k|a_k|0_i,1_k\rangle=$$
$$=(-1)^{\sum(1,i-1)}(-1)^{\sum(1,i-1)+\sum(i+1,k-1)}.$$

或

$$\langle 1_i,0_k|a_i^+a_k|0_i,1_k\rangle=(-1)^{\sum(i+1,k-1)}. \tag{65.5}$$

如果 $i=k$,$\hat{a}_i^+\hat{a}_i$ 矩阵为对角矩阵,它的矩阵元当 $N_i=1$ 时等于1,当 $N_i=0$ 时等于零;因此,可写成

$$\hat{a}_i^+\hat{a}_i=N_i. \tag{65.6}$$

将以上两式代入(64.13)式,确实得出(65.2),(65.3)式.

将 $\hat{a}_i^+$,$\hat{a}_k$ 按相反次序相乘,便得

$$\langle 1_i,0_k|a_ka_i^+|0_i,1_k\rangle=\langle 1_i,0_k|a_k|1_i,1_k\rangle\langle 1_i,1_k|a_i^+|0_i,1_k\rangle=$$
$$=(-1)^{\sum(1,i-1)+\sum(i+1,k-1)+\sum(1,i-1)+1}$$

或

$$\langle 1_i,0_k|a_ka_i^+|0_i,1_k\rangle=-(-1)^{\sum(i+1,k-1)}. \tag{65.7}$$

与(65.7)和(65.5)比较,可知两式右边符号相反,即

$$\hat{a}_i^+\hat{a}_k+\hat{a}_k\hat{a}_i^+=0,\quad i\neq k.$$

对于对角矩阵 $\hat{a}_i\hat{a}_i^+$,我们求得

$$\hat{a}_i\hat{a}_i^+=1-N_i, \tag{65.8}$$

此式与(65.6)式相加,得

$$\hat{a}_i\hat{a}_i^++\hat{a}_i^+\hat{a}_i=1.$$

以上两式可合并写成

$$\hat{a}_i\hat{a}_k^++\hat{a}_k^+\hat{a}_i=\delta_{ik}. \tag{65.9}$$

经过同样的计算,可证 $\hat{a}_i\hat{a}_k$ 乘积满足下列关系式:

$$\hat{a}_i\hat{a}_k+\hat{a}_k\hat{a}_i=0 \tag{65.10}$$

(特别有 $\hat{a}_i\hat{a}_i=0$).

由此可见,$i\neq k$ 时,$\hat{a}_i$ 和 $\hat{a}_k$(或 $\hat{a}_k^+$)算符反对易,而在玻色统计情形,这两个算符彼此对易.这种差别是十分自然的.在玻色统计情形下,算符 $\hat{a}_i$ 和 $\hat{a}_k$ 是完全独立的;每一个算符 $\hat{a}_i$ 只作用在一个单独的变量 N_i 上,作用的结果并不依赖于其它占有数的数值.但在费米统计情形下,根据(65.4)式的定义,算符 $\hat{a}_i$ 作用的结果不但与 N_i 本身有关,并且和该态之前的所有占有数有关.因此,各个算符

$\hat{a}_i, \hat{a}_k$的作用不能认为是彼此独立的.

算符 $\hat{a}_i$和 $\hat{a}_i^+$ 的性质如此定义以后,留下的(64.13)到(64.18)的所有其它公式全部保持不变.用(64.20)式定义的算符 $\hat{\psi}$ 表出的物理量算符的(64.23)到(64.25)各式,也都很好地成立.但是(64.21),(64.22)式中的对易关系,现在要改成

$$\hat{\psi}^+(\xi')\hat{\psi}(\xi)+\hat{\psi}(\xi)\hat{\psi}^+(\xi')=\delta(\xi-\xi'), \tag{65.11}$$

$$\hat{\psi}(\xi')\hat{\psi}(\xi)+\hat{\psi}(\xi)\hat{\psi}(\xi')=0. \tag{65.12}$$

如果系统由两类粒子所组成,则对每类粒子可以引进它的二次量子化算符(已在上节之末提过).玻色子算符和费米子算符彼此对易.至于异类费米子的算符,则在非相对论的理论范围内可以假定或则对易或则反对易;这两种假定,在二次量子化方法中得出同一结果.

但在相对论理论中,不同的粒子可以进行相互转变,为了今后在该理论中的应用起见,我们就应假定不同费米子的产生算符和湮灭算符相互反对易.如果把同一复合粒子的两个不同内态看作两个"不同"粒子,这个假定就变得很明显.

第十章

原　　子

§66　原子的能级

在非相对论近似下，原子的定态是由运动于核库仑场内彼此间具有电作用的多电子系统的薛定谔方程确定的；这个方程中不出现电子的自旋算符. 我们知道，处于球对称外场中的一个多粒子系统，总轨道角动量 L 和态的宇称都是守恒的. 因此，原子的每个定态将由轨道角动量的某个定值 L 及其宇称来标志. 此外，全同粒子系统的定态坐标波函数具有一定的置换对称性，我们已在 §63 中看到，对一个多电子系统讲来，每一类置换对称性（即每一种杨图）对应于系统总自旋的某个定值. 因此，原子的每个定态还由电子的总自旋 S 所标志.

一个具有给定 S 和 L 值的能级是简并的，其简并度等于矢量 $\boldsymbol{S}$ 和 $\boldsymbol{L}$ 的所有可能的空间取向数. $\boldsymbol{L}$ 和 $\boldsymbol{S}$ 的空间取向简并度分别为 $2L+1$ 和 $2S+1$. 因此，具有给定 L 和 S 值的一个能级的总简并度等于乘积 $(2L+1)(2S+1)$.

但在实际上，电子的电磁作用中含有依赖于其自旋的相对论效应. 这些效应使得原子的能量不但依赖于矢量 $\boldsymbol{L}$ 和 $\boldsymbol{S}$ 的绝对值，而且还依赖于两者的相对方向. 严格讲来，计及相对论作用以后，原子的总轨道角动量 $\boldsymbol{L}$ 和自旋 $\boldsymbol{S}$ 不再分别守恒. 只有总角动量 $\boldsymbol{J}=\boldsymbol{L}+\boldsymbol{S}$ 才是守恒的；这是来自封闭系统空间各向同性的一个普遍的精确守恒律. 由于这一点，精确的能级应该用总角动量值 J 来标志.

但若相对论效应比较小（往往如此），则可当作微扰处理，在这种微扰的作用下，具有给定 L 和 S 值的一个简并能级就“分裂”成为一组总角动量 J 值各不相同的（然而是靠近的）不同能级. 这些能级（在一级近似下）由适当的久期方程（§39）所确定，它们的（零级近似）波函数则为原简并能级中具有给定 L 和 S 值的那套波函数的某种特定线性组合. 在这样的近似下，我们就能和以前一样，把轨道角动量和自旋的绝对值（但不是它们的方向）看成是守恒的，并且仍用这些

L 和 S 值来标志所分裂的能级.

由此可见,作为相对论效应的结果,具有给定 L 和 S 值的一个能级分裂成为一组具有不同 J 值的能级. 这样的分裂就称为该能级的**精细结构**(或**多重分裂**). 我们知道,J 的取值可从 $L+S$ 直到 $|L-S|$;因此具有给定 L 和 S 值的一个能级分裂成为 $2S+1$ 个(如果 $L>S$)或 $2L+1$ 个(如果 $L<S$)不同的能级. 每一个分裂能级,对 $\boldsymbol{J}$ 矢量的方向而言,仍然是简并的;其简并度等于 $2J+1$. 容易验证,数值 $2J+1$ 对所有可能的 J 值求和之后果真等于

$$(2L+1)(2S+1).$$

原子能级(或称为该原子的**谱项**)的常用记号,类似于具有确定角动量的单粒子态所用的记号(§32):总轨道角动量值 L 不同的态分别用以下的大写拉丁字母标记之:

$$L=0,1,2,3,4,5,6,7,8,9,10\cdots$$
$$\mathrm{S,P,D,F,G,H,I,K,L,M,N}\cdots$$

这些字母的左上角标以数值 $2S+1$,称为该谱项的**多重度**①(但是必须记住,这个值只当 $L\geqslant S$ 时才等于该能级的精细结构组分数). 总角动量 J 值则放在拉丁字母的右下角. 例如,符号 $^2\mathrm{P}_{1/2}$,$^2\mathrm{P}_{3/2}$ 分别表示 $L=1$,$S=1/2$,$J=1/2$ 和 $3/2$ 的能级.

§67　原子中的电子态

拥有一个以上电子的原子,是由运动于核场内的相互作用着的电子所组成的一个复杂系统. 对于这样的系统,严格讲来,我们只可能考虑整个系统的态. 但是我们发现,在颇为精确的范围内,有可能在原子中引入每个单电子态的概念,这种态就是每个电子在原子核和其余电子所产生的某种等效有心力场中运动的定态. 这种等效场,对原子中的不同电子讲来一般是不同的,它们必须同时加以确定,因为每个等效场都依赖于所有其它电子所处的态. 这样的等效场称为**自洽场**.

由于自洽场是球对称的,每个电子态就由它的轨道角动量的某个定值 l 来标志. 具有某一给定 l 值的各个单电子态是用**主量子数** n(按能量的递增次序)加以编号的,n 的取值为

$$n=l+1,l+2,\cdots;$$

这样规定的编号次序,与氢原子采用的编号次序一致. 但是必须注意,复杂原子中 l 值不同的各个能级的能量递增次序,一般不同于氢原子的情形. 在氢原子中,能量不依赖于 l,所以 n 值较大的态总是具有较高的能量. 但在复杂原子中,

① $2S+1=1,2,3,\cdots$ 的能级,分别称为单重,双重,三重,…能级.

以 $n=5, l=0$ 的能级为例，我们发现它处于 $n=4, l=2$ 能级的下面（这在 §70 中有更详细的讨论）.

n 和 l 值不同的各种单电子态，习惯上用一个数字标志它的主量子数，并在其后跟一个字母标志它的 l 值①：例如用 4d 表示 $n=4, l=2$ 的态. 要对一个原子进行完全的描述，除了需要总的 L, S, J 值以外，还需列举出所有电子的态. 例如符号 $1s2p\,^3P_0$ 代表氦原子的一个态，它的 $L=1, S=1, J=0$，并且两个电子分别处于 1s 和 2p 态. 假如有几个电子处于 l 和 n 值相同的态中，为简便计，我们用一个幂指数表示之：例如 $3p^2$ 表示有两个电子处于 3p 态内. 原子中的电子在 n 和 l 值不同的各态中所具有的分布，称为**电子组态**.

给定了 n 和 l 值以后，电子还可以具有沿 z 轴的不同的轨道角动量投影值（m）和不同的自旋投影值（σ）. 若 l 一定，m 可取 $2l+1$ 个值；σ 只限取 $\pm 1/2$ 两个值. 因此共有 $2(2l+1)$ 个不同的态具有相同的 n 和 l 值；这些态称为**等效**的态. 根据泡利原理，每一个这样的态中只能有一个电子. 因此在一个原子中至多只能有 $2(2l+1)$ 个电子可以同时具有相同的 n 和 l 值. 具有同一 n 和 l 值的所有各态如果都被电子所占满，这组电子就称为一个 n, l 型的**闭合壳层**.

具有不同 L 和 S 值但有相同电子组态的各个原子能级，它们之间的能量差是由电子间的静电作用②引起的. 这些能量差通常是很小的，只有不同组态能级间距的几分之一. 关于组态相同而 L 及 S 不同的各个能级的相对位置问题，存在着以下的经验规则（**洪德定则**；F. Hund，1925）：

能量最低的谱项具有（所给电子组态中）最大可能的 S 值以及（对这个 S 值而言）最大可能的 L 值. ③

对一个已知的电子组态，我们现在来说明如何求出可能的诸原子谱项. 如果其中的电子都是不等效的，L 和 S 的各种可能值可以用角动量相加法则直接求出. 例如对于 $np, n'p$ 组态（n 和 n' 不相等），总角动量 L 可取 2,1,0 诸值而总自旋 $S=0,1$；两者组合起来，可得 $^{1,3}S, ^{1,3}P, ^{1,3}D$ 诸谱项.

如果我们考虑的是等效电子，就会出现泡利原理所加的限制. 以三个等效 p 电子所组成的组态为例. $l=1$ 时（p 态），轨道角动量的投影 m 可取 $m=1, 0, -1$ 诸值，因此共有六种可能的态，分别具有以下的 m 和 σ 值：

---

① 另一种常用的术语，是把主量子数 $n=1,2,3,\cdots$ 的电子分别称为 K，L，M，…壳层内的电子（参阅 §74）.

② 我们这里不考虑每个多重能级的精细结构.

③ 要求 S 值最大的原因，可作如下的解释. 以双电子系统为例. 此时有 $S=0$ 或 $S=1$；自旋 1 对应于一个反对称的坐标波函数 $\varphi(\boldsymbol{r}_1, \boldsymbol{r}_2)$. 当 $\boldsymbol{r}_1=\boldsymbol{r}_2$ 时，这个函数等于零；换句话说，在 $S=1$ 的态中找到两个电子紧密靠近的概率是很小的. 这意味着它们之间的静电斥力比较弱，因而能量比较低. 同理，对一个多电子系统讲来，“最反对称”的那个坐标波函数对应于最大的自旋值.

$(a)\ 1,1/2,\qquad (b)\ 0,1/2,\qquad (c)\ -1,1/2,$

$(a')\ 1,-1/2,\qquad (b')\ 0,-1/2,\qquad (c')\ -1,-1/2.$

三个电子可以处于上列任意三个不同态中. 结果所得的各种原子态,分别具有以下的总轨道角动量投影 $M_L=\sum m$ 和总自旋投影 $M_S=\sum\sigma$:

$(a+a'+b)2,1/2\qquad (a+a'+c)1,1/2\qquad (a+b+c)0,3/2$

$(a+b+b')1,1/2\qquad (a+b+c')0,1/2$

$(a+b'+c)0,1/2$

$(a'+b+c)0,1/2$

M_L 或 M_S 为负值的态无须写出,因为它们并不给出新的内容. $M_L=2,M_S=\dfrac{1}{2}$ 态的存在,表明一定有一个 ^2D 谱项,对这个谱项讲来一定还有一个 $\left(1,\dfrac{1}{2}\right)$ 态和一个 $\left(0,\dfrac{1}{2}\right)$ 态. 其次,我们还剩下一个 $\left(1,\dfrac{1}{2}\right)$ 态,因此一定有一个 ^2P 谱项;还有一个 $\left(0,\dfrac{1}{2}\right)$ 态是属于这个谱项的. 最后,所剩下的 $(0,3/2)$ 态和 $(0,1/2)$ 态是属于 ^4S 谱项的. 由此可见,对三个等效 p 电子的组态讲来,只可能有 ^2D, ^2P, ^4S 型谱项各一个.

表 1 中列出了等效 p 电子和等效 d 电子的各种组态及其可能具有的各种谱项. 谱项符号下面标出的数字,表示所给组态中该种谱项的数目超过了 1. 对于等效电子数达到最大值的那些组态讲来(s^2, p^6, $d^{10}\cdots$),谱项总是 ^1S. 如果一个组态所具有的电子数正好等于另一组态形成闭合壳层时所缺少的电子数,那么这两个组态就具有相同的谱项. 这个结论来自一个明显的事实,即壳层中失去一个电子可以看作多出一个"空穴",这个"空穴"态同样可用所失电子态的量子数加以定义.

表 1　等效电子的组态所能具有的谱项

p,	p^5,	$^2\mathrm{P}$		
p^2,	p^4,	$^1\mathrm{SD}$	$^3\mathrm{P}$	
p^3		$^2\mathrm{PD}$	$^4\mathrm{S}$	
d,	d^9	$^2\mathrm{D}$		
d^2,	d^8,	$^1\mathrm{SDG}$	$^3\mathrm{PF}$	
d^3,	d^7	$^2\mathrm{P}\mathrm{D}_2\mathrm{FGH}$	$^4\mathrm{PF}$	
d^4,	d^6	$^1\mathrm{S}_2\mathrm{D}_2\mathrm{F}\mathrm{G}_2\mathrm{I}$	$^3\mathrm{P}_2\mathrm{D}\mathrm{F}_2\mathrm{GH}$	$^5\mathrm{D}$
d^5		$^2\mathrm{SP}\mathrm{D}_3\mathrm{F}_2\mathrm{G}_2\mathrm{HI}$	$^4\mathrm{PDFG}$	$^6\mathrm{S}$

应用洪德定则确定已知电子组态的原子基项时,我们只需考虑未满壳层,因为满壳层内的电子角动量已经相互抵销掉. 举例来讲,设在原子的满壳层外具有四个 d 电子. d 电子的磁量子数可取 0, ±1, ±2 五个值. 因此四个 d 电子可取相同的自旋投影值 $\sigma=1/2$,总自旋的最大可能值从而为 $S=2$. 此后,这些电子必须取不同的 m 值,以致它们给出最大的 $M_L=\sum m$ 值;这些 m 值应该是 2,1,0,-1,因而 $M_L=2$. 这就表明,$S=2$ 时 L 的最大可能值也是 2,其谱项为 ^{5}D.

习　题

试求三个等效 p 电子系统的各种可能态的轨道波函数.

解: ^{4}S 态中所有电子的自旋投影值 σ 相等,故 m 值各不相同. 波函数由函数 ψ_0,ψ_1,ψ_{-1}(下标代表 m 值)所组成的(61.5)式形状的行列式所给出.

对 ^{2}D 谱项,我们先来考虑具有最大可能值 $M_L=2$ 的态. 此时 m 的两个值必须等于1,而另一个等于0. 设电子 2,3 的 $\sigma=+1/2$,电子 1 的 $\sigma=-1/2$(与总自旋 $S=1/2$ 一致). 与此相应,具有所需对称性的轨道波函数为

$$\psi=\frac{1}{\sqrt{2}}\psi_1(1)\left[\psi_0(2)\psi_1(3)-\psi_0(3)\psi_1(2)\right],$$

每个函数 ψ 的宗量代表上述电子的编号.

对 ^{2}P 谱项,我们研究 $M_L=1$ 的态,电子的自旋投影值和以前一样. 这个态可以由两组不同的 m 值来实现,因此轨道波函数由下列线性组合式给出:

$$\psi=a\psi_{-111}+b\psi_{100},$$
$$\psi_{-111}=\psi_1(1)\left[\psi_{-1}(2)\psi_1(3)-\psi_{-1}(3)\psi_1(2)\right],$$
$$\psi_{100}=\psi_0(1)\left[\psi_1(2)\psi_0(3)-\psi_1(3)\psi_0(2)\right].$$

为了确定其系数,我们利用关系式

$$\hat{L}_+\psi=(\hat{l}_+^{(1)}+\hat{l}_+^{(2)}+\hat{l}_+^{(3)})\psi=0,$$

这是 $M_L=L$ 的波函数必须满足的关系式[见(27.8)]. 利用(27.12)的矩阵元,求得

$$\hat{l}_+\psi_1=0,\quad \hat{l}_+\psi_{-1}=\sqrt{2}\psi_0,\quad \hat{l}_+\psi_0=\sqrt{2}\psi_1,$$

因而有

$$\hat{L}_+\psi=\sqrt{2}(a-b)\psi_{011}=0.$$

由此得 $a-b=0$,再计及归一化条件,即得 $a=b=1/2$.

把 $\hat{L}_-$ 算符作用在所得函数上,可得 $M_L<L$ 的各个状态波函数.

§68 类氢能级

薛定谔方程能够精确解出的唯一原子,就是一切原子中最简单的氢原子. 氢

原子以及只含一个电子的离子 He^+, Li^{++}, …, 它们的能级是由玻尔公式(36.10)给出的：

$$E = -\frac{m^2 Z^2 e^4}{2\hbar^2(1+m/M)} \cdot \frac{1}{n^2}. \tag{68.1}$$

式中的 Ze 是原子核的电荷，M 是核质量，m 是电子的质量. 注意，这里与核质量的关系是极弱的.

(68.1)式没有计及任何相对论效应. 在这样的近似下，存在着 §36 中提到过的氢原子特有的附加(**偶然**)简并：主量子数 n 给定时，能量不依赖于轨道角动量 l.

其它原子中也存在着类似于氢原子性质的态. 我们所指的是那样一些高激发态，态中的一个电子具有很大的主量子数，从而基本上是远离原子核的. 在某种近似下，这个电子可以看作是在有效电荷为 1 的"原子实"的库仑场中运动. 但是这样算出的能级值未免过于粗糙了一些：有必要加进一个修正，以便计及在近距离内势场与纯库仑场的差别. 这个修正的性质，根据以下考虑是容易确定的.

由于量子数很大的态都是准经典的，它们的能级可以用玻尔－索末菲量子化规则(48.6)式求出. 近核(远小于"轨道半径")处的场与库仑场的差别，形式上可通过修改 $r=0$ 处的波函数边界条件来加以考虑. 这就使得径向运动量子化条件中的 γ 常数值有所改变. 由于这个条件的其它方面保持不变，因此可得出结论：所得的能级表式与氢原子的差别，只在于把径量子数或主量子数 n 改成 $n+\Delta_l$，其中的 Δ_l 为某一常数(称为**里德伯修正**)：

$$E = -\frac{me^4}{2\hbar^2}\frac{1}{(n+\Delta_l)^2}. \tag{68.2}$$

里德伯修正(按定义)与 n 无关，但它当然是受激电子的角量子数 l 的函数(我们已把 l 取作 Δ 的下标)，同时也是整个原子的角动量 L 和 S 的函数. 当 L 和 S 给定以后，Δ_l 随着 l 的增大而很快地减小. l 愈大，该电子在原子核附近所耗的时间愈短，因此当 l 增大时，它的能级一定会愈来愈接近于氢原子的能级①.

习　题

对远离原子实的一个电子，试求其 s 态类氢波函数的渐近表式.

---

① 为举例起见，我们给出氦原子高激发态里德伯修正的实验值. 氦原子的总自旋值可以是 $S=0$ 和 1，而在所考虑的态内，总轨道角动量 L 与受激电子的角动量 l 相等(另一个电子处于 1s 态). 各个里德伯修正为：对 $S=0$：$\Delta_0=-0.140$, $\Delta_1=+0.012$, $\Delta_2=-0.0022$；对 $S=1$：$\Delta_0=-0.296$, $\Delta_1=-0.068$, $\Delta_2=-0.0029$.

解：远距离处的场为 $U=-1/r$（用原子单位），所求的 $\psi(r)$ 函数满足下列薛定谔方程：

$$\psi''+\frac{2}{r}\psi'-\kappa^2\psi+\frac{2}{r}\psi=0,$$

其中 $\kappa=\sqrt{2|E|}$. 试令解的形式为 $\psi=$ 常数 $\times r^{\nu}e^{-\kappa r}$，并略去比 ψ/r 衰减得更快的项，求得

$$\psi=\text{常数}\times r^{\frac{1}{\kappa}-1}e^{-\kappa r}.$$

§69 自洽场

含有一个以上电子的原子，它的薛定谔方程无法作解析解. 因此，计算原子能级及其定态波函数的各种近似方法具有重要意义. 其中最重要的方法就是所谓**自洽场法**. 这个方法的基本思想，就是把原子中的每个电子都看作是在原子核及其余电子所构成的"自洽场"中运动.

我们以氦原子为例，并且只限于讨论两个电子都处于 s 态时的谱项（n 可以相同或者不同）；此时整个原子也将处于 S 态. 令 $\psi_1(r_1)$ 和 $\psi_2(r_2)$ 为两个电子的波函数；在 s 态中，它们只能是电子到原子核的距离 r_1，r_2 的函数. 整个原子的波函数 $\psi(r_1,r_2)$ 是这两个函数的对称乘积

$$\psi=\psi_1(r_1)\psi_2(r_2)+\psi_1(r_2)\psi_2(r_1), \tag{69.1}$$

还是反对称乘积

$$\psi=\psi_1(r_1)\psi_2(r_2)-\psi_1(r_2)\psi_2(r_1), \tag{69.2}$$

这要看所考虑态的总自旋是 $S=0$ 还是 $S=1$ 而定①. 我们将考虑后一种情形；此时 ψ_1 和 ψ_2 函数可以认为是正交的②.

现在来试求(69.2)形式的函数，使它成为原子真实波函数的最佳近似. 为此目的，我们自然要从变分原理出发，并且只考虑呈(69.2)形式的尝试函数，这个方法是由福克提出的. ③

我们知道，薛定谔方程可以从下列变分原理得出：

$$\iint\psi^*\hat{H}\psi\,dV_1dV_2=\text{极小值},$$

其附加条件为

---

① $S=0$ 的氦原子态通常称为**仲氦态**，$S=1$ 的态则称为**正氦态**.

② 由自洽场法求得的各种电子态波函数 $\psi_1,\psi_2,\cdots$，一般说来，并不相互正交，因为它们不是同一方程而是不同方程的解. 但是在(69.2)式中，在不改变整个原子的 ψ 函数的条件下，我们可以把 ψ_2 改为 $\psi'_2=\psi_2+$ 常数 $\times\psi_1$；适当地选择这个常数，我们总能保证 ψ_1 和 ψ'_2 正交.

③ В. А. Фок，1930.

$$\iint |\psi|^2 \mathrm{d}V_1 \mathrm{d}V_2 = 1,$$

（积分是对氦原子中两个电子的坐标进行的）. 变分后，得下列方程：

$$\iint \delta\psi^* (\hat{H} - E)\psi \mathrm{d}V_1 \mathrm{d}V_2 = 0. \tag{69.3}$$

因此，在波函数 ψ 的任意变分下，我们就得到通常的薛定谔方程. 在自洽场法中，我们把(69.2)形式的 ψ 代入(69.3)式中，并对 ψ_1 和 ψ_2 函数分别进行变分. 换句话说，我们是针对(69.2)形式的各种 ψ 函数去寻求积分的极值；结果所得的能量本征值及其波函数当然都是不精确的，但却是能够表成(69.2)形式的最佳函数.

氦原子的哈密顿量具有下列形式①

$$\hat{H} = \hat{H}_1 + \hat{H}_2 + \frac{1}{r_{12}}, \quad \hat{H}_1 = -\frac{1}{2}\nabla_1^2 - \frac{2}{r_1}, \tag{69.4}$$

其中 r_{12} 是两个电子间的距离. 把(69.2)代入(69.3)进行变分，并令被积函数内 $\delta\psi_1$ 和 $\delta\psi_2$ 前的系数分别等于零，容易得到下列方程组：

$$\left.\begin{aligned}&\left[\frac{1}{2}\nabla^2 + \frac{2}{r} + E - H_{22} - G_{22}(r)\right]\psi_1(r) + \\ &\qquad + [H_{12} + G_{12}(r)]\psi_2(r) = 0, \\ &\left[\frac{1}{2}\nabla^2 + \frac{2}{r} + E - H_{11} - G_{11}(r)\right]\psi_2(r) + \\ &\qquad + [H_{12} + G_{12}(r)]\psi_1(r) = 0,\end{aligned}\right\} \tag{69.5}$$

其中的

$$G_{ab}(r_1) = \int \frac{\psi_a(r_2)\psi_b(r_2)}{r_{12}} \mathrm{d}V_2,$$

$$H_{ab} = \int \psi_a \left(-\frac{1}{2}\nabla^2 - \frac{2}{r}\right)\psi_b \mathrm{d}V, \qquad a, b = 1, 2. \tag{69.6}$$

这就是应用自洽场法最后所得的方程组；它们只能用数值方法求解②.

对于更复杂的情形，也能用同样方法导出一套方程式. 代入变分原理积分式内的原子波函数，是单电子波函数的连乘积的某种线性组合. 这种线性组合必须这样选定：首先，它的置换对称性必须与所考虑原子态的总自旋 S 一致，其次，还应和原子总轨道角动量的给定值 L 一致③.

我们在变分原理中采用了具有必要置换对称性的波函数以后，它就自动地

---

① 本节（包括例题）中都采用原子单位制.

② 用自洽场法算出的轻原子能级与光谱学数据比较，估计这种方法的误差约为5%，某些情形下甚至更好些. 但对复杂原子，其误差可能与相邻能级的间距大小相比拟，从而给出错误的能级顺序.

③ 关于有心力场中多电子系统波函数的一般构造方法，见 §63 中提及的 I. G. Kaplan 的书.

计及了原子中电子间的交换作用. 如果我们略去交换作用,并且略去所给电子组态中原子能量与 L 的依赖关系①就可以得到一套比较简单的方程式(算出的结果自然要略差一些). 仍以氦原子为例;此时可把电子波函数的方程直接写成通常形式的薛定谔方程:

$$\left[\frac{1}{2}\nabla_a^2+E_a-V_a(r_a)\right]\psi_a(r_a)=0,\quad a=1,2. \tag{69.7}$$

式中的 V_a 是一个电子在核库仑场以及另一电子的电荷分布场中运动时所具的势能:

$$V_1(r_1)=-\frac{2}{r_1}+\int\frac{1}{r_{12}}\psi_2^2(r_2)\,\mathrm{d}V_2, \tag{69.8}$$

对 V_2 也有类似的表式. 为了求出整个原子的能量 E,我们注意到,E_1+E_2 之和中已把两个电子间的静电作用计算了两遍,因为这个静电作用既在第一个电子的势能 $V_1(r_1)$ 中出现,又在第二个电子的势能 $V_2(r_2)$ 中出现. 所以在 E_1+E_2 中把电子相互作用的平均能量去掉一次以后,就可以得到 E;即

$$E=E_1+E_2-\iint\frac{1}{r_{12}}\psi_1^2(r_1)\psi_2^2(r_2)\,\mathrm{d}V_1\mathrm{d}V_2. \tag{69.9}$$

如要改进这个简化方法所得的结果,可在随后进一步考虑交换作用以及能量对 L 的依赖关系,把它们当作微扰来处理.

习 题

1. 试求氦原子和类氦离子(具有两个电子以及电荷为 Z 的原子核)基态能量的近似值,把电子间的相互作用当作微扰.

解:基态离子中的两个电子都处于 s 态. 未受微扰能量值等于类氢离子基态能量的两倍(因为有两个电子):

$$E^{(0)}=2(-Z^2/2)=-Z^2,$$

电子的相互作用能量对下列波函数(两个 $l=0$ 的氢原子波函数的乘积)求平均:

$$\psi=\psi_1(r_1)\psi_2(r_2)=\frac{Z^3}{\pi}\mathrm{e}^{-Z(r_1+r_2)}, \tag{1}$$

即得一级近似的修正值. 积分式

$$E^{(1)}=\iint\psi^2\frac{1}{r_{12}}\mathrm{d}V_1\mathrm{d}V_2$$

可按下式简单地算出:

$$E^{(1)}=2\int_0^\infty \mathrm{d}V_2\rho_2\frac{1}{r_2}\int_0^{r_2}\rho_1\mathrm{d}V_1,\quad \mathrm{d}V_1=4\pi r_1^2\mathrm{d}r_1,$$

① D. R. Hartree, 1928.

$$dV_2 = 4\pi r_2^2 dr_2,$$

此式是电荷分布 $\rho_2 = |\psi_2|^2$ 在球对称分布的 $\rho_1 = |\psi_1|^2$ 场中的能量；dV_2 的被积函数是电荷 $\rho_2(r_2)$ 在 $r_1 < r_2$ 的球形场中的能量，积分式前的因子 2 考虑了 $r_1 > r_2$ 位形的贡献. 由上式得 $E^{(1)} = 5Z/8$，最后有

$$E = E^{(0)} + E^{(1)} = -Z^2 + \frac{5}{8}Z.$$

对氦原子（$Z=2$），上式给出 $-E = 11/4 = 2.75$；氦原子基态能量的实际值为 $-E = 2.90$ 原子单位 $= 78.9$ eV.

2. 用变分法求解上题，把波函数近似地表成两个带有有效核电荷的氢原子波函数的乘积.

解：我们来计算下列积分式：

$$\iint \psi \hat{H} \psi dV_1 dV_2, \quad \hat{H} = -\frac{1}{2}(\nabla_1^2 + \nabla_2^2) - \frac{Z}{r_1} - \frac{Z}{r_2} + \frac{1}{r_{12}},$$

其中的 ψ 取上题（1）式的形状，并把（1）式中的 Z 改成有效电荷 Z_{eff}. ψ^2/r_{12} 的积分可按例题 1 的方法算出；由于薛定谔方程

$$\left(-\frac{1}{2}\nabla_1^2 - \frac{Z_{\text{eff}}}{r_1}\right)\psi_1 = -\frac{1}{2}Z_{\text{eff}}^2\psi_1,$$

$\psi\nabla_1^2\psi$ 的积分就可化成 ψ^2/r_1 的积分. 结果得

$$\iint \psi \hat{H} \psi dV_1 dV_2 = Z_{\text{eff}}^2 - 2ZZ_{\text{eff}} + \frac{5}{8}Z_{\text{eff}}$$

作为 Z_{eff} 的函数，这个表式当 $Z_{\text{eff}} = Z - \frac{5}{16}$ 时具有极小值. 它所对应的能量值为

$$E = -\left(Z - \frac{5}{16}\right)^2,$$

对氦原子，上式给出 $-E = 2.85$.

要注意的是，具有以上 Z_{eff} 值的波函数（1），不但对具有（1）式形状的所有函数讲来是最佳的，而且对只依赖于 $r_1 + r_2$ 的各种函数讲来也是最佳的.

§70　托马斯－费米方程

用自洽场法对原子中的电荷分布及电场进行数值计算，是一件极其繁重的工作，尤其是对复杂原子. 但是，对复杂原子我们有另一种近似方法，这个方法的优点是简单；但它的结果显然要比自洽场法的精度差很多.

这个方法①所依据的事实是这样的，在拥有大量电子的复杂原子中，大多数的电子具有比较大的主量子数. 这样的条件下，可以应用准经典近似. 因此，可以

① E. Fermi 和 L. Thomas，1927.

对其中的单电子态应用“相空间”（§48）的概念.

处于物理空间 dV 体积元内动量值小于 p 的电子，对应的相空间体积等于 $\frac{4}{3}\pi p^3 dV$. 这个体积中的“相格”，亦即可能态的数目，等于①$\frac{4\pi p^3 dV}{3(2\pi)^3}$，这些态中的电子数在任何时刻都不能超过下列数值：

$$2\frac{4\pi p^3}{3(2\pi)^3}dV=\frac{p^3}{3\pi^2}dV$$

（每一“相格”中只能装进自旋相反的两个电子）. 在基态原子中，每一个 dV 体积元内的电子必须填满（相空间内的）动量值从零直到某一极大值 p_0 为止的相格. 此时，电子动能在每一点都取尽可能小的数值. 如果把 dV 体积元内的电子数写成 ndV（n 为电子数密度），那么，各点处电子动量的极大值 p_0 与 n 的关系为

$$\frac{p_0^3}{3\pi^2}=n.$$

在电子数密度为 n 的地方，一个电子的最大动能值因而等于

$$\frac{p_0^2}{2}=\frac{1}{2}(3\pi^2 n)^{2/3}. \tag{70.1}$$

其次，设 $\varphi(r)$ 为静电势，假定它在无穷远处等于零. 电子的总能量为 $\frac{1}{2}p^2-\varphi$. 显然，每个电子的总能量一定等于负值，否则它会运动到无穷远处去. 我们用 $-\varphi_0$ 代表每点处电子总能量的极大值，φ_0 是一个正的常数；如果 φ_0 不是常数的话，电子就会从 φ_0 较小之处运动到 φ_0 较大之处. 因此我们可写出

$$\frac{p_0^2}{2}=\varphi-\varphi_0, \tag{70.2}$$

把（70.1）和（70.2）式等同起来，即得

$$n=[2(\varphi-\varphi_0)]^{3/2}\frac{1}{3\pi^2}, \tag{70.3}$$

这就是原子内各点的电子数密度与势能的关系式.

$\varphi=\varphi_0$ 时，密度 n 等于零；在 $\varphi<\varphi_0$ 的整个区域内，显然也应令 n 等于零，否则（70.2）式将会给出负的动能极大值. 因此，方程式 $\varphi=\varphi_0$ 确定了原子的边界. 但是，在总电荷为零的球对称电荷分布的外面并不存在电场. 因此在中性原子的边界上应该有 $\varphi=0$. 由此得出结论，对中性原子讲来，常数 φ_0 一定要等于零. 反之，离子的常数 φ_0 并不等于零.

---

① 本节采用原子单位制.

下面我们考虑中性原子，因而令 $\varphi_0=0$. 根据静电学中的泊松方程，我们有 $\nabla^2\varphi=4\pi n$；把(70.3)式代入这个式子，即得**托马斯－费米**方法的基本方程：

$$\nabla^2\varphi=\frac{8\sqrt{2}}{3\pi}\varphi^{3/2}. \tag{70.4}$$

基态原子的电场分布是由上式的球对称解确定的，这个解应该满足以下的边界条件：$r\to0$ 时，φ 必须变成核库仑场，即 $\varphi r\to Z$；而当 $r\to\infty$ 时，必须有 $\varphi r\to0$. 引进下式定义的新变量 x 代替变量 r：

$$r=xbZ^{-1/3},\quad b=\frac{1}{2}\left(\frac{3\pi}{4}\right)^{2/3}=0.885, \tag{70.5}$$

并引进下列新的未知函数①χ 代替 φ：

$$\varphi(r)=\frac{Z}{r}\chi\left(\frac{rZ^{1/3}}{b}\right)=\frac{Z^{4/3}}{b}\ \frac{\chi(x)}{x}, \tag{70.6}$$

我们得到方程式

$$x^{1/2}\frac{\mathrm{d}^2\chi}{\mathrm{d}x^2}=\chi^{3/2}, \tag{70.7}$$

其边界条件为 $x=0$ 时 $\chi=1$ 以及 $x=\infty$ 时 $\chi=0$. 这个方程不再含有任何参量，因而定义出一个普适的 $\chi(x)$ 函数. 表 2 给出了(70.7)式数值积分后所得的 χ 函数值.

$\chi(x)$ 函数是单调递减的，并且只在无穷远处等于零②. 换句话说，托马斯－费米模型中的原子并不存在边界，形式上延伸到无穷远处.

导数 $\chi'(r)$ 在 $r=0$ 处的值等于 $\chi'(0)=-1.59$. 因此当 $x\to0$ 时 $\chi(x)$ 函数具有 $\chi\cong1-1.59x$ 的形式，相应的势 $\varphi(r)$ 为：

$$\varphi(r)\cong\frac{Z}{r}-1.80Z^{4/3}. \tag{70.8}$$

第一项是核场的势，第二项是电子在原点的势（通常的单位制中为 $-1.80me^3\hbar^{-2}\cdot Z^{4/3}$）. 把(70.6)代入(70.3)中，可得电子数密度的下列表式：

$$n=Z^2f\left(\frac{rZ^{1/3}}{b}\right),\quad f(x)=\frac{32}{9\pi^3}\left(\frac{\chi}{x}\right)^{3/2}. \tag{70.9}$$

---

① 在通常的单位制中，

$$\varphi(r)=\frac{Ze}{r}\chi\left(\frac{rZ^{1/3}}{0.885}\frac{me^2}{\hbar^2}\right).$$

② 方程(70.7)具有一个精确解 $\chi(x)=144x^{-3}$，它在无穷远处等于零，但是不满足 $x=0$ 处的边界条件. 它可以当作 $\chi(x)$ 函数在 x 值很大时的一个渐近式. 这个表式只有当 x 值很大时才能给出很好的精确值，可是，托马斯－费米方程在远距离处一般讲来不再适用（见后）.

表 2 $\chi(x)$函数的值

x	$\chi(x)$	x	$\chi(x)$	x	$\chi(x)$
0.00	1.000	1.4	0.333	6	0.0594
0.02	0.972	1.6	0.298	7	0.0461
0.04	0.947	1.8	0.268	8	0.0366
0.06	0.924	2.0	0.243	9	0.0296
0.08	0.902	2.2	0.221	10	0.0243
0.10	0.882	2.4	0.202	11	0.0202
0.2	0.793	2.6	0.185	12	0.0171
0.3	0.721	2.8	0.170	13	0.0145
0.4	0.660	3.0	0.157	14	0.0125
0.5	0.607	3.2	0.145	15	0.0108
0.6	0.561	3.4	0.134	20	0.0058
0.7	0.521	3.6	0.125	25	0.0035
0.8	0.485	3.8	0.116	30	0.0023
0.9	0.453	4.0	0.108	40	0.0011
1.0	0.424	4.5	0.0919	50	0.00063
1.2	0.374	5.0	0.0788	60	0.00039

我们看到，按托马斯－费米模型，不同原子中的电荷密度分布是相似的，并以 $Z^{-1/3}$ 为特征长度（在通常的单位制中为 $\hbar^2/me^2Z^{1/3}$，即玻尔半径除以 $Z^{1/3}$）. 如果以原子单位量度距离，那么，电子数密度达到最大值的那个距离对所有的 Z 都是一样的. 因此可以这样说，原子序为 Z 的原子中大多数的电子与原子核的距离约为 $Z^{-1/3}$的数量级. 数值计算表明，原子中电子总电荷的一半处于半径为 $1.33Z^{-1/3}$的球内.

同样的考虑表明，原子中电子的平均速度（与能量的平方根同一数量级）约为 $Z^{2/3}$的数量级.

托马斯－费米方程在远离原子核以及靠近原子核处都不能适用. 它在近距离处的适用范围，由不等式（49.12）所限制；距离更小时，准经典近似在核库仑场内不再成立. 令（49.12）式中的 $\alpha = Z$，我们求得距离 r 的下限为 $1/Z$. 在复杂原子中，当 r 很大时准经典近似也不能成立. 容易证明，当 $r \sim 1$ 时，电子的德布罗意波长与距离本身成为同一数量级，准经典条件无疑遭到破坏. 这一点，由估计（70.2），（70.4）式各项之值可以确信；实际上，由于（70.4）式不含 Z，这个结论无需计算就能明显看出来.

由此可见，托马斯－费米方程的适用范围，局限在大于 $1/Z$ 和小于 1 的距离内. 事实上在复杂原子中，绝大多数的电子实际上都是处于这个适用范围内.

后一种情况表明，托马斯－费米模型中原子的"外边界"位于 $r\sim1$ 处，也就是原子的线度并不依赖于 Z. 与此相应，外电子的能量亦即原子的电离势也与 Z 无关①.

借助于托马斯－费米方法，可以算出总的电离能 E，即移掉中性原子内全部电子所必需的能量. 为此目的，我们有必要算出具有托马斯－费米分布的原子内电荷的静电能；我们所求的总能量等于这个静电能的一半，因为在按库仑定律作用的多粒子系统中，它的平均动能等于平均势能的 $-1/2$（根据位力定理，见《力学》，§10）. E 和 Z 的依赖关系可以根据以下的简单考虑事先确定：在电荷为 Z 的核场内运动的 Z 个电子，在与核的平均距离为 $Z^{-1/3}$ 处的静电能，与 $Z\times Z/Z^{-1/3}=Z^{7/3}$ 成正比. 数值计算的结果为 $E=20.8Z^{7/3}$ eV. 这个对 Z 的依赖关系与实验数据很符合；可是系数的经验值接近于 16.

我们已经提到过，常数 φ_0 取不等于零的正值时对应于电离原子. 如果我们通过 $\varphi-\varphi_0=Z\chi/r$ 来定义 χ 函数，所得的 χ 方程就和原先的(70.7)式相同. 但是，我们现在感兴趣的不是在无穷远处等于零的中性原子那样的解，而是在有限值 $x=x_0$ 处等于零的解；这样的解，对任意一个 x_0 值讲来，都是存在的. 在 $x=x_0$ 点处，电荷密度和 χ 一起等于零，但是势能仍保持有限值. x_0 值可按以下方式与电离度相联系. 按照高斯定理，半径为 r 的球内的总电荷等于 $-r^2\dfrac{\partial\varphi}{\partial r}=Z[\chi(x)-x\chi'(x)]$，把 $x=x_0$ 代入上式，即得离子的总电荷 z；由于 $\chi(x_0)=0$，故

$$z=-Zx_0\chi'(x_0). \tag{70.10}$$

图 23 中的粗长曲线代表中性原子的 $\chi(x)$ 曲线；这条曲线的下面是两条电离度不同的离子的曲线. 图中的 z/Z 值等于 $x=x_0$ 处曲线的切线在纵轴上的截距.

(70.7)式尚有任何处都不等于零的解；这些解在无穷远处是发散的. 它可看作对应于负的常数 φ_0 值. 图 23 中也画出了两条这样的 $\chi(x)$ 曲线；它们位于中性原子的曲线之上. 在曲线的 $x=x_1$ 点处我们有

$$\chi(x_1)-x_1\chi'(x_1)=0, \tag{70.11}$$

在 $x<x_1$ 的球内总电荷等于零（在图上，这一点显然就是切线通过原点的那个点）. 如果在 x_1 点处把曲线截断，我们就定义了一个界面电荷密度不等于零的中性原子的 $\chi(x)$. 在物理上，这相当于束缚在某一给定有限体积内的"压缩"原

① 当然，这个模型不能反映元素周期表内出现的原子线度及其电离势对 Z 的周期性依赖关系. 此外，经验数据还表明，当 Z 增大时，原子线度缓慢而稳定地增长，同时电离势减小.

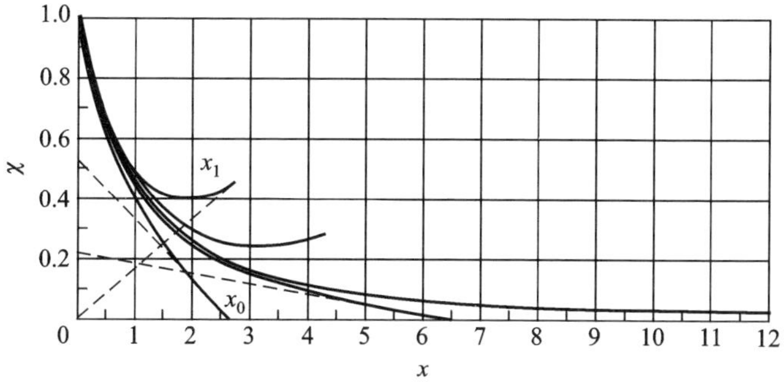

图 23

子①.

托马斯－费米方程没有计及电子间的交换作用. 这种作用的效应要比 $Z^{-2/3}$ 小一个数量级. 因此,在托马斯－费米方法中计及交换作用时,还需同时计及同一数量级的其它各种效应. ②

习　　题

试求托马斯－费米模型的中性原子中电子间静电作用能量与电子和核相互作用能量间的关系.

解: 电子所产生的场势 φ_e 可以从总势 φ 中减去核势 Z/r 而得到. 因此,电子间的相互作用能量为

$$U_{ee} = -\frac{1}{2}\int \varphi_e n \mathrm{d}V = \frac{Z}{2}\int \frac{n}{r}\mathrm{d}V - \frac{1}{2}\int \varphi n \mathrm{d}V =$$

$$= \frac{Z}{2}\int \frac{n}{r}\mathrm{d}V - \frac{(3\pi^2)^{2/3}}{4}\int n^{5/3}\mathrm{d}V,$$

[我们已用(70.3)式以 n 表达 φ]. 另一方面,电子与核的相互作用能 U_{en} 和它们的动能 T 等于

$$U_{en} = -Z\int \frac{n}{r}\mathrm{d}V,$$

$$T = 2\int\int_0^{p_0}\frac{p^2}{2}4\pi p^2\mathrm{d}p\mathrm{d}V = \frac{3(3\pi^2)^{2/3}}{10}\int n^{5/3}\mathrm{d}V,$$

把这些表式与前式比较,得关系式

① 这种方法对研究高度压缩物质的物态方程可能有用处.

② 这已由 А. С. Компанейц, Е. С. Павловский, (ЖЭТФ31, 927, 1956) 和 Д. А. Киржниц (ЖЭТФ32, 115, 1957) 作出.

$$U_{ee} = -\frac{1}{2}U_{en} - \frac{5}{6}T,$$

同时,按照位力定理(见《力学》§10),对按库仑定律相互作用的多粒子系统而言,我们有 $2T = -U = -U_{en} - U_{ee}$. 结果得

$$U_{ee} = -\frac{1}{7}U_{en}.$$

§71　近核处的外电子波函数

我们已经看到,根据托马斯-费米模型,复杂原子(Z 很大)中的外电子主要处于离核 $r \sim 1$ 的距离处①. 但是,原子的很多性质主要取决于原子核附近的电子密度;我们将在§72 和§120 中考虑这些性质. 为了确定这个密度的数量级,我们来追究 r 从远距离($r \sim 1$)变到近距离时,原子内电子波函数 $\psi(r)$ 的变化.

在 $r \sim 1$ 的区域内,核场受到其余电子的屏蔽,因而势能

$$U(r) \sim \frac{1}{r} \sim 1.$$

这个场内电子能级的能量值 $E \sim 1$. 在电荷为 Z 的场内,当距离具有玻尔半径的数量级 $r \sim \frac{1}{Z}$时,核场可以看成是未屏蔽的:$U = -\frac{Z}{r}$. 在过渡区域 $1/Z \ll r \ll 1$ 内,势能 $|U|$ 已比电子能量 E 大很多,并且条件

$$\frac{\mathrm{d}}{\mathrm{d}r}\frac{1}{p} \sim \frac{\mathrm{d}}{\mathrm{d}r}\frac{1}{\sqrt{|U|}} \ll 1$$

(p 为动量)得以满足,因此电子的运动是准经典的. 球对称的准经典波函数为

$$|\psi(r)| \sim \frac{1}{r\sqrt{p}} \sim \frac{1}{r|U|^{1/4}},\quad 当\frac{1}{Z} \ll r \ll 1 时. \tag{71.1}$$

式中系数的数量级(~ 1)是由 $r \sim 1$ 时 $\psi \sim 1$ 的波函数"衔接"条件确定的.

$r \sim 1/Z$ 时,根据(71.1)式(把 $U = -Z/r$ 代入式中)的数量级,即得近核处的波函数的值:②

$$\psi\left(\frac{1}{Z}\right) \sim \sqrt{Z}, \tag{71.2}$$

根据有心力场内的波函数一般性质(§32),当距离进一步减小时,$\psi(r)$或者在数量级上保持为常数(对 s 电子),或者开始减小(当 $l \neq 0$ 时).

---

① 在这一节内,我们采用原子单位.

② 为了求出此式中的系数(当 $r \sim 1$ 区域内的波函数为已知时),尚需利用 $r \lesssim 1/Z$ 区域内的(36.25)式.

电子处于 $r\lesssim\frac{1}{Z}$ 区域内的概率为

$$w\sim|\psi|^2r^3\sim\frac{1}{Z^2}. \tag{71.3}$$

当然,(71.2),(71.3)式只确定了这些量随 Z 值的增大而作出的系统性变化,并没有计及从一个元素过渡到下一个元素时的非系统性变化.

§72 原子能级的精细结构

关于电子相对论性相互作用的公式推导,属于本教程下一卷的内容(见第四卷,§33 和 §83).这里只把与原子谱项有关的效应做一些一般介绍.我们发现,原子哈密顿量中的相对论项可以分成两类,其中的一类含有粒子自旋算符的线性项,另一类则包含它的二次项.前一类相当于电子轨道运动和它的自旋间的相互作用(称为**自旋轨道作用**).后一类相当于电子自旋间的相互作用(**自旋-自旋作用**).这两类相互作用,相对于 v/c 而言(电子速度与光速之比),具有相同的数量级(二级的);但在实际上,自旋轨道作用在重原子中远超过自旋-自旋作用.这是因为自旋轨道作用随着原子序 Z 的增大而迅速增大,然而自旋间作用基本上不依赖于 Z(见后).

自旋轨道作用的算符形式为

$$\hat{V}_{sl}=\sum_a\hat{\boldsymbol{A}}_a\cdot\hat{\boldsymbol{s}}_a \tag{72.1}$$

$\left(\sum\limits_a\text{是对原子中的所有电子求和}\right)$,式中的 $\hat{\boldsymbol{s}}_a$ 是电子自旋算符,$\hat{\boldsymbol{A}}_a$ 是某种"轨道"算符,也就是作用在坐标函数上的一个算符.在自洽场近似中,$\hat{\boldsymbol{A}}_a$ 算符与电子轨道角动量算符 $\hat{\boldsymbol{l}}_a$ 成正比,此时可把 $\hat{V}_{sl}$ 写成

$$\hat{V}_{sl}=\sum\alpha_a\hat{\boldsymbol{l}}_a\cdot\hat{\boldsymbol{s}}_a, \tag{72.2}$$

求和式中的系数可以通过自洽场中的电子势能 $U(r)$ 表成如下的形式:

$$\alpha_a=\frac{\hbar^2}{2m^2c^2r_a}\frac{\mathrm{d}U(r_a)}{\mathrm{d}r_a}. \tag{72.3}$$

由于 $|U(r)|$ 随 r 的增大而减小,所有的 $\alpha_a>0$.

把相互作用(72.1)看作微扰时,为了计算其能量,我们必须把它对未扰态求平均.这个能量的主要贡献此时来自近核区,对电荷为 Ze 的核,这个区域的距离具有玻尔半径($\sim\frac{\hbar^2}{Zme^2}$)的数量级.在这区域内,核场几乎不受屏蔽,因而势能为

$$U(r)\sim Z\frac{e^2}{r}\sim Z^2\frac{me^4}{\hbar^2},$$

于是

$$\alpha \sim \frac{\hbar^2 U}{m^2 c^2 r^2} \sim Z^4 \left(\frac{e^2}{\hbar c}\right)^2 \frac{me^4}{\hbar^2},$$

上式乘以核附近发现电子的概率 w 即得 α 的平均值. 按照(71. 3) $w \sim Z^{-2}$，因此最后求得电子的自旋轨道相互作用能为

$$\bar{\alpha} \sim \left(\frac{Ze^2}{\hbar c}\right)^2 \frac{me^4}{\hbar^2},$$

这就是说，它和原子内的外电子的基本能量($-me^4/\hbar^2$)相差一个$(Ze^2/\hbar c)^2$因子. 这个因子随着原子序的增长而迅速增长，对于重原子达到 1 的数量级.

算符(72. 2)对电子未扰态的具体平均是分两步进行的. 第一步，先对总角动量和总自旋的绝对值给定为 L 和 S 但其方向不确定的那些电子态求平均. $\hat{V}_{sl}$ 经过这样的平均以后还是一个算符，但是这个算符现在不是通过单个电子的算符表达出来，只能通过标志整个原子的算符表达出来. 这些算符就是 $\hat{\boldsymbol{L}}$ 和 $\hat{\boldsymbol{S}}$. 我们把经过平均以后的自旋轨道作用算符记作 $\hat{V}_{SL}$. 它对 $\hat{\boldsymbol{S}}$ 呈线性，具有下列形式：

$$\hat{V}_{SL} = A\hat{\boldsymbol{S}} \cdot \hat{\boldsymbol{L}}, \tag{72.4}$$

式中的 A 是标志所给(未分裂)谱项的一个常数，亦即依赖于 S 和 L 但和原子总角动量 J 无关的一个常数①.

为了算出简并能级(具有给定的 S 和 L 值)的分裂值，必须求解算符(72. 4)的矩阵元所组成的久期方程. 但在目前情况下，我们早已知道了使 V_{SL} 矩阵呈对角形式的正确零级近似波函数. 这就是总角动量 J 具有定值的状态波函数. 对这样的态求平均，相当于把 $\hat{\boldsymbol{S}} \cdot \hat{\boldsymbol{L}}$ 算符换成它的本征值，根据普遍公式(31. 2)，这个本征值等于

$$\boldsymbol{L} \cdot \boldsymbol{S} = \frac{1}{2}[J(J+1) - L(L+1) - S(S+1)].$$

由于 L 和 S 值对一个多重线的各个组分讲来都是一样的，我们所关心的又只是它们的相对位置，因此，可把多重分裂的能量写成以下形式：

$$\frac{1}{2}AJ(J+1), \tag{72.5}$$

---

① 为了弄清这个算符的含义，我们注意到，量子力学中的平均化相当于取某个合适的对角矩阵元. 部分平均化相当于取一组矩阵元，这些矩阵元对描述系统状态的一部分量子数讲来是对角的. 例如，在目前情形下，算符(72. 2)的平均相当于构造一个矩阵，它由矩阵元 $\langle nM'_L M'_S | V_{sl} | nM_L M_S \rangle$ 所组成，其中 M_L，M'_L 和 M_S，M'_S 具有各种可能的数值，但对其余量子数(我们用 n 代表这组量子数)则是对角的. 与此相应，(72. 4)中的 $\hat{\boldsymbol{S}}$ 和 $\hat{\boldsymbol{L}}$ 算符可以看作矩阵 $\langle M'_S | \boldsymbol{S} | M_S \rangle$ 和 $\langle M'_L | \boldsymbol{L} | M_L \rangle$，其矩阵元已由(27. 13)式给出. 在以后的某些处理中，同样需要这种分步平均化的手段.

两个相邻组分(量子数为 J 和 $J-1$ 的组分)的间距因而为

$$\Delta E_{J,J-1}=AJ, \tag{72.6}$$

这个公式称为**朗德间距定则**(1923).

常数 A 可以是正的,也可以是负的. $A>0$ 时,多重能级的最低组分具有最小的 J 值,即 $J=|L-S|$;这样的多重线称为**正**多重线. 如果 $A<0$,多重线的最低组分则为 $J=L+S$ 的能级;这样的多重线称为**倒**多重线.

如果一个原子只有一个未满壳层,对这种原子的基态讲来,容易确定 A 的符号. 如果这个未满壳层中所装的电子数没有超过一半,则按洪德定则(§67),其中所装的 n 个电子的自旋相互平行,使得总自旋具有最大可能值 $S=n/2$. 把 $\boldsymbol{s}_a=\boldsymbol{S}/n$ 代入(72.2)并把 α_a(对同一壳层内的所有电子讲来,α_a是相同的)移到求和号外,即得

$$\hat{V}_{SL}=\frac{\alpha}{2S}\hat{\boldsymbol{S}}\cdot\hat{\boldsymbol{L}},$$

亦即 $A=\alpha/2S>0$. 如果该壳层填充过半,则在(72.2)式中事先加进一个对空位(未满壳层中的空穴)求和之项,随即把它减去. 由于满壳层的 $V_{sl}=0$,结果使 $\hat{V}_{sl}$ 算符具有只对空穴求和的形式

$$\hat{V}_{sl}=-\sum\alpha_a\hat{\boldsymbol{l}}_a\cdot\hat{\boldsymbol{s}}_a,$$

原子的总自旋和总轨道角动量变成 $\boldsymbol{S}=-\sum_a\hat{\boldsymbol{s}}_a$ 和 $\boldsymbol{L}=-\sum\boldsymbol{l}_a$. 再用以前的方法,即得 $A=-\alpha/2S$,即 $A<0$.

根据以上的分析,对于只含一个未满壳层的原子讲来,可以得出一个简单的规则,用以给出该原子的基态 J 值. 如果这个未满壳层中的电子数没有超过该壳层所能容纳的最大电子数的一半,则 $J=|L-S|$;如果该壳层超过了半满,则 $J=L+S$.

我们早已指出过,自旋-自旋作用不同于自旋轨道作用,它基本上不依赖于 Z. 它是电子间的一种直接作用,显然不会包含核场.

对自旋-自旋作用算符求平均,与(72.4)式相类似,得到的表式将是 $\hat{\boldsymbol{S}}$ 的二次式. $\hat{\boldsymbol{S}}^2$和$(\hat{\boldsymbol{S}}\cdot\hat{\boldsymbol{L}})^2$都是 $\hat{\boldsymbol{S}}$ 的二次式. 前者的本征值与 J 无关,不会给出谱项的分裂. 因此,可把它略去,而写成

$$\hat{V}_{SS}=B(\hat{\boldsymbol{S}}\cdot\hat{\boldsymbol{L}})^2. \tag{72.7}$$

其中的 B 是一个常数. 这个算符的本征值中含有与 J 无关的项,以及与 $J(J+1)$ 成正比的项,最后,还有与 $J^2(J+1)^2$ 成正比的一项. 其中的第一项并不引起分裂,我们不感兴趣;第二项可以包括在(72.5)式内,只是改变了一下常数 A. 最后,第三项给出的能量为

$$\frac{1}{4}BJ^2(J+1)^2. \tag{72.8}$$

§66—§67 中讨论的原子能级构造方案，是以下列假定为基础的，即把电子的轨道角动量相加成为原子的总轨道角动量 L，并把它们的自旋相加成为总自旋 S. 我们早已指出过，这种做法，只有当相对论效应很小时才是合理的；更确切地说，精细结构的间距必须远小于 L 和 S 值不同的那些能级之间的间距. 这样的近似，称为**罗素－桑德斯**情形①，也称为"***LS* 耦合**".

但在实际上，这种近似的适用范围是有限的. 轻原子的能级是按 LS 耦合排列的，但当原子序增大时，原子中的相对论相互作用增强起来，罗素－桑德斯近似就变得不适用了②. 还应注意的是，这种近似特别不适用于高激发的能级，此时，原子中的一个电子处于 n 值很大的态中，从而基本上远离原子核（§68）. 这个电子和其它运动电子间的静电作用比较弱；可是，"原子实"中的相对论相互作用并不因此减小.

在相反的极端情形下，相对论作用远超过静电作用（更精确地说，远超过依赖于 L 和 S 的那部分能量）. 这个时候，我们不能把轨道角动量和自旋分开来处理，因为它们不再守恒. 每个单电子用它的总角动量 j 来标志，由 j 相加成为原子的总角动量 J. 原子能级的这种构造方式称为"***jj* 耦合**". 实际上，我们并没有在纯态中碰到过 jj 耦合，但是介于 LS 和 jj 耦合之间的各种耦合方式，曾在极重原子的能级中观测到③.

还有一种独特的耦合方式，曾在某些高激发态中观测到. 此时的"原子实"仍可处于罗素－桑德斯态中，也就是以 L 和 S 值为标志的态中，但是它与高激发电子间的耦合则是 jj 型的；其原因仍是由于这个电子的静电作用比较弱.

氢原子能级的精细结构具有某些特殊性. 它将在本教程的第四卷中作出精确计算（第四卷，§34）. 这里只须指出，当主量子数 n 给定后，能量只与电子的总角动量 j 有关. 因此，它的能级简并度并没有完全消除掉；对一个具有给定 n 和 j 值的能级讲来，就有轨道角动量为 $l=j\pm 1/2$ 的两个态（除非 j 值等于 $n-\frac{1}{2}$，这是 n 给定后的最大 j 值）. 例如，$n=3$ 的能级分裂成为三个能级，其中的 $s_{\frac{1}{2}}$，$p_{\frac{1}{2}}$态属于一个能级，$p_{\frac{3}{2}}$和 $d_{\frac{3}{2}}$态属于另一个能级，$d_{\frac{5}{2}}$则属于第三个能级.

---

① H. N. Russell, F. A. Saunders, 1925.

② 但是必须指出，尽管描述这个耦合方式的定量公式不适用了，但按这种耦合方案给出的能级分类，对较重的原子特别是对它的那些最低态（包括基态）而言，仍可能有意义.

③ 关于各种耦合方案及其定量方面的问题，详见下书：E. U. Condon, G. H. Shortley; The Theory of Atomic Spectra, Cambridge University Press, 1935.

§73 门捷列夫元素周期系

元素按原子序的递增次序排列以后,呈现出性质上的周期性变化①,要阐明这种变化的本质,必须研究原子的各个电子壳层逐步被填充时的特点.周期系的理论是由玻尔②提出的.

从一个原子过渡到下一个原子时,电荷增加 1,并有一个电子添入壳层中.初想起来,每个相继添入的电子,它的结合能似应随原子序的增大而单调地递增.但实际变化却完全不是这样.

基态氢原子中,只有一个处于 $1s$ 态的电子.下一个元素氦的原子中,添加了另一个 $1s$ 电子,可是氦原子内每个 $1s$ 电子的结合能要比氢原子内的电子结合能大很多.这是一种自然的结果,因为氢原子内电子所处的电场不同于添加到 He^+ 离子内的一个电子所处的电场.这两个电场在远距处近似地相同,但在近核处,$Z=2$ 的 He^+ 离子的电场则比 $Z=1$ 的氢核场强得多.在锂原子($Z=3$)中,第三个电子只能填入 $2s$ 态,因为 $1s$ 态中不可能同时存在比两个多的电子.对一个给定的 Z 值而言,$2s$ 能级高于 $1s$ 能级;但这两个能级都随核电荷的增加而下降.但从 $Z=2$ 过渡到 $Z=3$ 时,前一种效应是主要的,所以 Li 原子中第三个电子的结合能远小于氦原子中电子的结合能.再往下,从 Be($Z=4$)原子到 Ne($Z=10$)原子,先填入一个 $2s$ 电子,再陆续填入 6 个 $2p$ 电子.这些电子的结合能,由于核电荷的增大而平均地增大.再下一个电子的添入,轮到 Na($Z=11$)原子,它只能填到 $3s$ 态,由于这个填入更高壳层内的效应要大于核电荷增大的效应,所以结合能再次显著地下降.

电子壳层的上述填充图像反映了各元素构成的整个系列的特征.全部电子态可以分成若干个依次被填充的组,当每组中的各态依次被填充时,结合能平均地增大,但当轮到下一组的态开始被填充时,结合能又显著地下降.

图 24 是用光谱学数据绘出的元素电离势;这些电离势确定了一个元素过渡到下一个元素时所填入电子的结合能.

各种不同的态按下列方式分成若干个依次被填充的组:

---

① Д. И. Менделеев, 1869.

② N. Bohr, 1922.

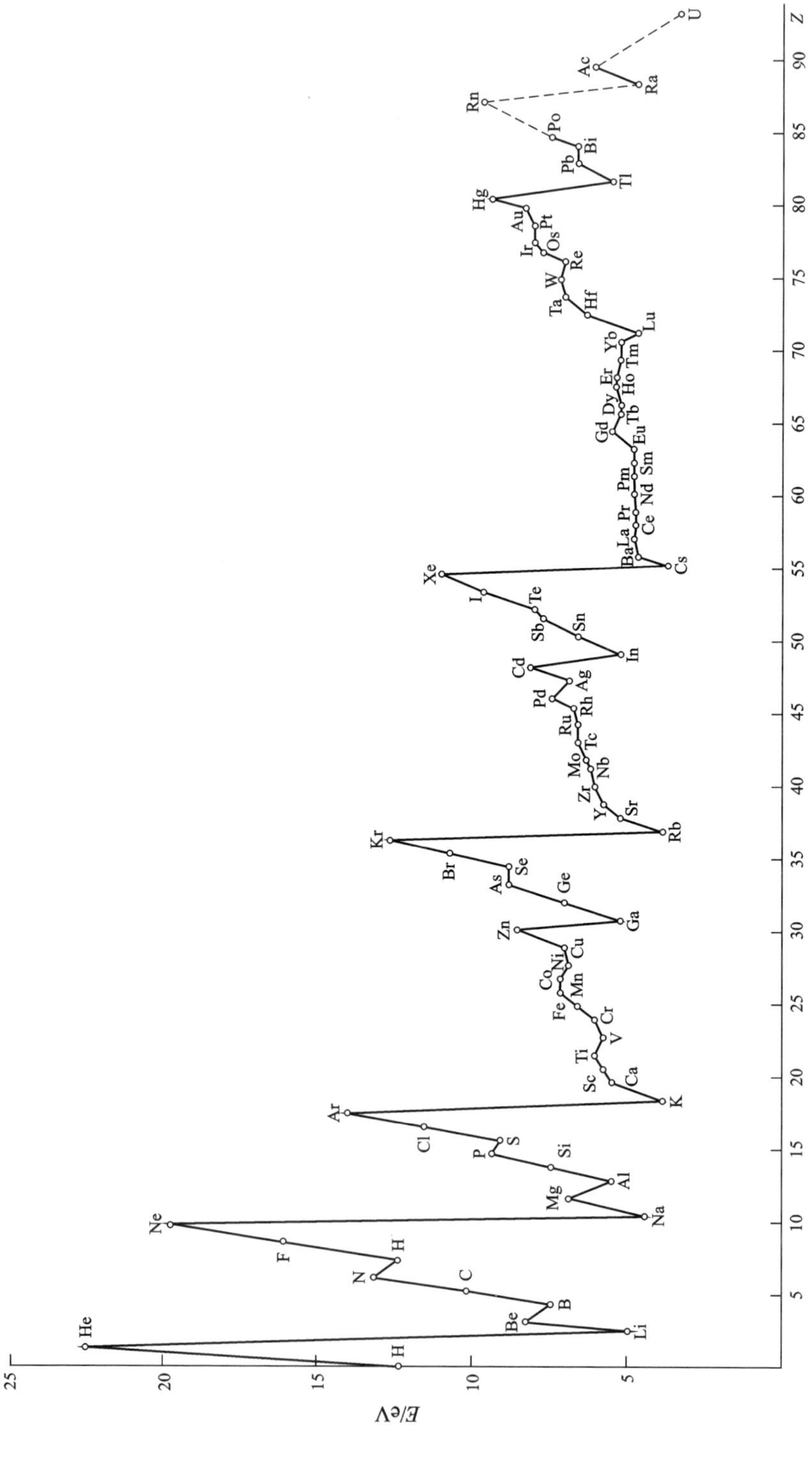
E/eV
Z
25
20
15
10
5
5
10
15
20
25
30
35
40
45
50
55
60
65
70
75
80
85
90
H
He
Li
Be
B
C
N
H
F
Ne
Na
Mg
Al
Si
P
S
Cl
Ar
K
Ca
Sc
Ti
V
Cr
Fe
Mn
Co
Ni
Cu
Zn
Ga
Ge
As
Se
Br
Kr
Rb
Sr
Y
Zr
Nb
Mo
Tc
Ru
Rh
Pd
Ag
Cd
In
Sn
Sb
Te
I
Xe
Cs
Ba
La
Ce
Pr
Nd
Pm
Sm
Eu
Gd
Tb
Dy
Ho
Er
Tm
Yb
Lu
Hf
Ta
W
Re
Os
Ir
Pt
Au
Hg
Tl
Pb
Bi
Po
Rn
Ra
Ac
U

图24

$$\left.\begin{array}{l}1s\cdots\cdots\cdots\cdots\cdots\cdots 2\text{ 个电子}\\ 2s,2p\cdots\cdots\cdots\cdots\cdots 8\text{ 个电子}\\ 3s,3p\cdots\cdots\cdots\cdots\cdots 8\text{ 个电子}\\ 4s,3d,4p\cdots\cdots\cdots\cdots 18\text{ 个电子}\\ 5s,4d,5p\cdots\cdots\cdots\cdots 18\text{ 个电子}\\ 6s,4f,5d,6p\cdots\cdots\cdots 32\text{ 个电子}\\ 7s,6d,5f\cdots\cdots\cdots\cdots\end{array}\right\}\tag{73.1}$$

第一组被 H 和 He 填充完毕;第二组和第三组的填充相当于周期表中的前两个(短)周期,每个周期含有 8 个元素. 随后是两个长周期,每个周期含有 18 个元素,还有一个包括稀土元素在内的长周期,共含 32 个元素. 最后一组的态对自然界的现有元素(以及人造的超铀元素)讲来还未被填满.

为了理解每组的态被陆续填充时元素性质上的变化,指出 d 和 f 态不同于 s 和 p 态的下列特性是十分重要的. 对重原子内的一个电子讲来,有心力场(由静电场及离心场相加而成)的有效势能曲线,在原点附近有一个急剧的近乎垂直的下降,降到某一很深的极小值后,再回升起来,然后渐近地趋于零. 对于 s 态和 p 态,这些曲线的上升部分彼此靠得很近. 这就表明,这些态中的电子与原子核的距离差不多相等. 反之,d 态特别是 f 态的曲线要向左移得很多;这些曲线所确定的"经典通区",比具有同一电子总能量的各 s 态和 p 态更为靠近原子核. 换句话说,d 态和 f 态的电子,大体上要比 s 态和 p 态的电子更加靠近原子核.

原子的许多性质(包括元素的化学性质,见 §81)主要取决于电子壳层的外壳层. 从这一点讲来,d 态和 f 态的上述特点是非常重要的. 例如,当 4f 态开始填充时(见下面的稀土元素),新添入的电子要比先填入的电子更加靠近原子核,结果,使这些新添电子对元素的化学性质差不多不发生影响,所有的稀土元素就有十分相似的化学性质.

含有闭合 d 壳层和闭合 f 壳层(或者完全不含这些壳层)的元素,称为**主族元素**;d 和 f 态正在填充中的元素称为**过渡族元素**. 我们最好把这两族元素分开来考虑.

先考虑主族元素. 氢和氦具有下列基态

$$_1H:1s\,^2S_{1/2},\quad _2He:1s^2\,^1S_0$$

(化学符号左下角的数字代表原子序). 其余主族元素的电子组态见表 3.

表 3　主族元素中原子的电子组态

	s	s^2	s^2p	s^2p^2	s^2p^3	s^2p^4	s^2p^5	s^2p^6	
n = 2	$_3$Li	$_4$Be	$_5$B	$_6$C	$_7$N	$_8$O	$_9$F	$_{10}$Ne	$1s^2$
3	$_{11}$Na	$_{12}$Mg	$_{13}$Al	$_{14}$Si	$_{15}$P	$_{16}$S	$_{17}$Cl	$_{18}$Ar	$2s^22p^6$
4	$_{19}$K	$_{20}$Ca							$3s^23p^6$
4	$_{29}$Cu	$_{30}$Zn	$_{31}$Ga	$_{32}$Ge	$_{33}$As	$_{34}$Se	$_{35}$Br	$_{36}$Kr	$3d^{10}$
5	$_{37}$Rb	$_{38}$Sr							$4s^24p^6$
5	$_{47}$Ag	$_{48}$Cd	$_{49}$In	$_{50}$Sn	$_{51}$Sb	$_{52}$Te	$_{53}$I	$_{54}$Xe	$4d^{10}$
6	$_{55}$Cs	$_{56}$Ba							$5s^25p^6$
6	$_{79}$Au	$_{80}$Hg	$_{81}$Tl	$_{82}$Pb	$_{83}$Bi	$_{84}$Po	$_{85}$At	$_{86}$Rn	$4f^{14}5d^{10}$
7	$_{87}$Fr	$_{88}$Ra							$6s^26p^6$
	$^2S_{1/2}$	$^1S_0$	$^2P_{1/2}$	$^3P_0$	$^4S_{3/2}$	$^3P_2$	$^2P_{3/2}$	$^1S_0$	

每个原子的闭合壳层见表中该行及以上各行的右端. 它的未满壳层的电子组态见同列之首,这些态中电子的主量子数见同行的左端. 整个原子的基态见表底. 例如,铝原子的电子组态为 $1s^22s^22p^63s^23p\ ^2P_{1/2}$.

基态原子的 L 和 S 值可按洪德定则(§67)确定(电子的组态为已知),J 值则按 §72 中指出的规则确定.

惰性气体的原子(He,Ne,Ar,Kr,Xe,Rn)在表中占有特殊的地位:每个原子正好是把(73.1)中列举的一个组态完全填满. 它们的电子组态具有异常的稳定性(它们的电离势在其所属的系内都是最大的). 这就产生了这些元素的化学惰性.

我们看到,主族元素中不同态的填充次序是极有规则的:对每一个主量子数 n 而言,总是先填 s 态再填 p 态. 这些元素的离子的电子组态也是很有规则的(直到把 d 或 f 壳层中的电子电离掉为止):每个离子具有和前一个原子相应的组态. 例如,Mg^+ 离子具有 Na 原子的组态,Mg^{++} 离子具有 Ne 原子的组态.

现在来考虑过渡族元素. 3d,4d,5d 壳层正在填充中的元素分别称为**铁族**,**钯族**和**铂族**元素. 表 4 中列出了这几族元素的电子组态及原子谱项,它们是从光谱学数据得知的. 由表 4 可知,d 壳层的填充要比主族元素中 s 和 p 壳层的填充不规则得很多. 表中有一个主要特征是 s 态和 d 态间的“竞争”现象. 这表现于下列事实,当 p 增加时,往往不按正规次序填成 d^ps^2 组态,而出现 $d^{p+1}s$ 型或 d^{p+2} 型的组态. 例如,铁族元素中,Cr 原子的组态是 $3d^54s$ 而不是 $3d^44s^2$;在含有 8 个 d 电子的 Ni 之后,立刻是 d 壳层被完全填满的 Cu 原子(铜原子因此放在主族中). 这样的不规则性也能在离子的谱项中观察到:这些离子的电子组态,一般讲来,与前一个原子的组态并不完全一致. 例如,V^+ 离子具有 $3d^4$ 的组态(不是 Ti 原子的 $3d^24s^2$ 组态);Fe^+ 离子具有 $3d^64s$ 的组态(不是 Mn 原子的 $3d^54s^2$ 组态). 我们可以指出,在晶体及溶液中所有自然状态的离子,它们的未满壳层中只含 d 电子(不含 s 或 p 电子). 例如,晶体或溶液中找到的铁离子只有 Fe^{++} 和 Fe^{+++},它们的组态分别为 $3d^6$ 和 $3d^5$.

表 4 铁族,钯族和铂族元素中原子的电子组态

铁 族

Ar 壳层 +	$_{21}$SC	$_{22}$Ti	$_{23}$V	$_{24}$Cr	$_{25}$Mn	$_{26}$Fe	$_{27}$Co	$_{28}$Ni
	$3d4s^2$ $^2D_{3/2}$	$3d^24s^2$ $^3F_2$	$3d^34s^2$ $^4F_{3/2}$	$3d^54s$ $^7S_3$	$3d^54s^2$ $^6S_{5/2}$	$3d^64s^2$ $^5D_4$	$3d^74s^2$ $^4F_{9/2}$	$3d^84s^2$ $^3F_4$

钯 族

Kr 壳层 +	$_{39}$Y	$_{40}$Zr	$_{41}$Nb	$_{42}$Mo	$_{43}$Tc	$_{44}$Ru	$_{45}$Rh	$_{46}$Pd
	$4d5s^2$ $^2D_{3/2}$	$4d^25s^2$ $^3F_2$	$4d^45s$ $^6D_{1/2}$	$4d^55s$ $^7S_3$	$4d^55s^2$ $^6S_{5/2}$	$4d^75s$ $^5F_5$	$4d^85s$ $^4F_{9/2}$	$4d^{10}$ $^1S_0$

铂 族

Xe 壳层 +	$_{57}$La							
	$5d6s^2$ $^2D_{3/2}$							
Xe 壳层 +$4f^{14}$ +	$_{71}$Lu	$_{72}$Hf	$_{73}$Ta	$_{74}$W	$_{75}$Re	$_{76}$Os	$_{77}$Ir	$_{78}$Pt
	$5d6s^2$ $^2D_{3/2}$	$5d^26s^2$ $^3F_2$	$5d^36s^2$ $^4F_{3/2}$	$5d^46s^2$ $^5D_0$	$5d^56s^2$ $^6S_{5/2}$	$5d^66s^2$ $^5D_4$	$5d^76s^2$ $^4F_{9/2}$	$5d^96s$ $^3D_3$

类似的情况也出现在 4f 壳层的填充中,这些元素称为**稀土族元素**(表 5)①. 4f 壳层的填充也是不太规则的,其特点是 4f,5d 和 6s 态间的"竞争".

① 有些化学书上往往把 Lu 也算在稀土元素内. 但这是不正确的,由于 Lu 中的 4f 壳层已被填满;因此必须按表 4 所示放在铂族内.

表 5　稀土族元素中原子的电子组态

Xe 壳层 +	$_{58}$Ce	$_{59}$Pr	$_{60}$Nd	$_{61}$Pm	$_{62}$Sm	$_{63}$Eu	
	$4f5d6s^2$ $^1G_4$	$4f^36s^2$ $^4I_{9/2}$	$4f^46s^2$ $^5I_4$	$4f^56s^2$ $^6H_{5/2}$	$4f^66s^2$ $^7F_0$	$4f^76s^2$ $^8S_{7/2}$	
	$_{64}$Gd	$_{65}$Tb	$_{66}$Dy	$_{67}$Ho	$_{68}$Er	$_{69}$Tm	$_{70}$Yb
	$4f^75d6s^2$ $^9D_2$	$4f^96s^2$ $^6H_{15/2}$	$4f^{10}6s^2$ $^5I_8$	$4f^{11}6s^2$ $^4I_{15/2}$	$4f^{12}6s^2$ $^3H_6$	$4f^{13}6s^2$ $^2F_{7/2}$	$4f^{14}6s^2$ $^1S_0$

最后一族过渡元素是从锕开始的. 与稀土族元素相类似,锕族元素填充着 6d 和 5f 壳层(表 6).

作为本节的结束,我们来讨论一下托马斯 - 费米方法的一个有趣应用. 我们看到,p 壳层中的电子首先出现在第五号元素 B(硼)中,d 电子首先出现在 $Z=21$ 的 Sc(钪)中,f 电子首先出现在 $Z=58$ 的 Ce(铈)中. 这些 Z 值可用托马斯 - 费米方法预言出来,其法如下.

表 6　锕族元素中原子的电子组态

Rn 壳层 +	$_{89}$Ac	$_{90}$Th	$_{91}$Pa	$_{92}$U	$_{93}$Np	$_{94}$Pu	$_{95}$Am	$_{96}$Cm
	$6d7s^2$ $^2D_{3/2}$	$6d^27s^2$ $^3F_2$	$5f^26d7s^2$ $^4K_{11/2}$	$5f^36d7s^2$ $^5L_6$	$5f^46d7s^2$ $^6L_{11/2}$	$5f^67s^2$ $^7F_0$	$5f^77s^2$ $^8S_{7/2}$	$5f^76d7s^2$ $^9D_2$

复杂原子内轨道角动量为 l 的电子是以下列有效势能运动的①:

$$U_l(r) = -\varphi(r) + \frac{\left(l+\frac{1}{2}\right)^2}{2r^2}.$$

第一项是托马斯 - 费米势 $\varphi(r)$ 所描述的电场中的势能. 第二项是离心能,因为运动是准经典的,所以其中的 $l(l+1)$ 已改为 $\left(l+\frac{1}{2}\right)^2$. 由于原子中的电子总能量是负的,如果 $U_l(r)$ 对所有的 r 讲来都有 $U_l(r)>0$(Z 和 l 为给定),那么该原子中显然不可能存在具有所给 l 值的电子. 如果固定 l 值而变 Z,我们发现,当 Z 值足够小时,实际上到处都有 $U_l(r)>0$. 当 Z 值增大达到某一值时,$U_l=U_l(r)$ 曲线开始和横轴相接触;Z 值再大时,就会出现 $U_l(r)<0$ 的区域. 因此具有给定

① 和 §70 一样,我们采用原子单位.

l 值的电子首次在原子中出现时所需的 Z 值，是由 $U_l(r)$ 曲线与横轴相切的条件确定的，也就是由以下两式确定的：

$$U_l(r) = -\varphi + \frac{\left(l+\frac{1}{2}\right)^2}{2r^2} = 0,$$

$$U'_l(r) = -\varphi'(r) - \frac{\left(l+\frac{1}{2}\right)^2}{r^3} = 0.$$

把(70.6)式的势代入上式，得下列方程：

$$\left.\begin{aligned} Z^{2/3}\frac{\chi(x)}{x} &= \left(\frac{4}{3\pi}\right)^{2/3}\frac{\left(l+\frac{1}{2}\right)^2}{x^2}, \\ Z^{2/3}\frac{x\chi'(x)-\chi(x)}{x} &= -2\left(\frac{4}{3\pi}\right)^{2/3}\frac{\left(l+\frac{1}{2}\right)^2}{x^2}. \end{aligned}\right\} \tag{73.2}$$

第一式的两边除以第二式的两边，即得 x 的方程式

$$\frac{\chi'(x)}{\chi(x)} = -\frac{1}{x},$$

然后，用(73.2)的第一式求 Z. 数值计算后，得

$$Z = 0.155(2l+1)^3,$$

这个式子表出了具有给定 l 值的电子首次在原子中出现时的 Z 值；其误差约 10%.

如果把系数 0.155 改成 0.17，可得很精确的结果：

$$Z = 0.17(2l+1)^3, \tag{73.3}$$

$l=1,2,3$ 时，上式四舍五入取最近整数值后，即得正确值 5，21，58. $l=4$ 时，(73.3)式给出 $Z=124$；这表明 g 电子要在第 124 号元素中才能首次出现.

§ 74　X 射线谱项

原子中内电子的结合能如此之大，以致当这样一个内电子跃迁到未满的外壳层中（或脱离原子）时，这个受激原子（或离子）相对子电离来讲将处于力学上的不稳定状态，伴随着这种电离，将发生电子壳层的重建并形成稳定的离子. 但由于原子中电子间的相互作用比较弱，产生这种跃迁的概率比较小，因而激发态的寿命 τ 比较长. 由于能级"宽度" $\hbar/\tau$ 比较小（见 § 44），我们就有理由把具有受激内电子的原子能量，看作该原子的一些"准定态"离散能级. 这些能级称为**X 射线谱项**①.

---

① 这个名称的来源，是由于这些能级间的跃迁引起该原子发射出 X 射线.

X 射线谱项的分类,主要根据移去电子的那个封闭壳层,也就是形成“空穴”的那个电子壳层而定. 至于这个电子究竟移到了哪一个外壳层,这对原子的能量几乎没有什么影响,因而是不重要的.

填满某一壳层的一组电子,它们的总角动量等于零. 去掉一个电子以后,这个壳层获得某一角动量 j. 对 (n,l) 壳层讲来,角动量 j 显然可取 $l\pm\frac{1}{2}$ 两个值. 因此,所得的能级可以记作 $1s_{1/2}, 2s_{1/2} 2p_{1/2}, 2p_{3/2}, \cdots$,其中的 j 值是作为下标附记在指示空穴所在的字母下的. 但在习惯上,常用以下的专门记号代表这些能级:

$$\begin{matrix} 1s_{1/2}, & 2s_{1/2}, & 2p_{1/2}, & 2p_{3/2}, & 3s_{1/2}, & 3p_{1/2}, & 3p_{3/2}, & 3d_{3/2}, & 3d_{5/2}, \cdots \\ K & L_{\mathrm{I}} & L_{\mathrm{II}} & L_{\mathrm{III}} & M_{\mathrm{I}} & M_{\mathrm{II}} & M_{\mathrm{III}} & M_{\mathrm{IV}} & M_{\mathrm{V}} \cdots \end{matrix}$$

$n=4,5,6$ 的能级相应地用 N,O,P 等字母标记之.

n 值相同的那些能级彼此靠得很近(用同一大写字母标记之),而与不同 n 值的那些能级远离. 其原因在于这些内电子离核相对来说较近,电子所处的场差不多是未屏蔽的核场. 与此相应,它们的态是“类氢”态,它们的能量在一级近似中等于 $-Z^2/2n^2$(用原子单位),也就是只和 n 有关. 考虑了相对论效应以后,j 值不同的谱项就彼此分开(参阅 §72 关于氢原子能级精细结构的讨论),例如,L_{I},L_{II} 与 L_{III} 分开;M_{I},M_{II} 与 M_{III},M_{IV} 分开. 这样的一对能级称为**相对论双线**. j 值相同 l 值不同的谱项(例如 L_{I} 和 L_{II},M_{I} 和 M_{II}),它们的分裂是由于内电子所处的场已与核库仑场有所不同,也就是这时计及了该电子与其它电子的相互作用. 这样的一对能级称为**屏蔽双线**. 其余电子在核附近产生的势是电子“类氢”能量的主要修正项,它与 $Z^{4/3}$ 成正比[见(70.8)]. 但由于这个修正项既和 n 无关,也和 l 无关,它并不影响到能级间距. 因此,能级差的主要修正项来自一个电子与其邻近电子间的相互作用. 由于内电子间的间距 $r\sim 1/Z$(在电荷为 Z 的场内的玻尔半径),上述作用的能量为 $\sim 1/r\sim Z$. 考虑了这个修正后,在同样的精度内,可以把 X 射线谱项的能量写作 $-(Z-\delta)^2/2n^2$,其中的 $\delta=\delta(n,l)$ 是一个比 Z 小很多的量,可看作核电荷的屏蔽值.

除了电子壳层内一个“空穴”的 X 射线谱项外,也可能存在两个和三个“空穴”的谱项. 由于内电子的自旋轨道作用很强,故空穴的相互耦合为 jj 耦合.

X 射线谱项的宽度取决于重建电子壳层从而填充该空穴的各种可能过程的总概率. 在重原子中,最重要的过程是空穴从所给壳层跃迁到更高壳层(也就是电子相反的跃迁),从而辐射出 X 射线光量子的过程. 这种“辐射”跃迁的概率(及其所对应的那部分能级宽度)随着原子序的增大而极快地增长(约正比于 Z^4),但对给定的 Z 则随跃迁能级的增高而减小.

对于较轻原子(和较高能级),无辐射跃迁占有重要的甚至优势的地位,此时空穴被更高能量的电子所填补,它所释放的能量,可以把原子中的另一个内电子剥离出去(称为**俄歇效应**),此过程的结果,使该原子处于具有两个空穴的态中. 这个过程的概率及其所贡献的那部分能级宽度,在一级近似(相对于 $1/Z$)下与原子序无关①(参阅例题).

习 题

当原子序足够大时,求 X 射线谱项的俄歇宽度依赖于原子序的极限定律.

解:俄歇跃迁概率与下列矩阵元的平方成正比:

$$M = \iint \psi'^*_1 \psi'^*_2 V \psi_1 \psi_2 \mathrm{d}V_1 \mathrm{d}V_2,$$

其中的 $\psi_1\psi_2$ 和 $\psi'_1\psi'_2$ 是参与跃迁过程的那两个电子的初末态波函数,而 $V = e^2/r_{12}$ 是它们的相互作用能量. 当 Z 足够大时,内电子的波函数可看成类氢波函数,并可略去其余电子对核场的屏蔽(在原子内部对积分式 M 有贡献的那个区域内,电离电子的波函数也是类氢的). 如果把所有的量表成库仑单位(常数 $\alpha = Ze^2$,见 §36)后,再进行计算,则在积分式 M 内依赖于 Z 的唯一量是 $V = 1/Zr_{12}$,因而 $M \sim 1/Z$. 跃迁概率以及能级的俄歇宽度 ΔE 将和 Z^{-2} 成正比. 化回到通常单位制(能量的库仑单位是 $Z^2me^4/\hbar^2$)中,可知 ΔE 与 Z 无关.

§75 多极矩

经典理论中,多粒子系统的电学性质是用它的各种不同量级的多极矩描述的,这些多极矩通过各个粒子的坐标及电荷表达出来. 量子理论中,这些量的定义在形式上和经典定义相同,但是现在必须把它们看作算符.

第一个多极矩是**偶极矩**,其定义为下列矢量:

$$\boldsymbol{d} = \sum e\boldsymbol{r},$$

式中对所有粒子求和,为简洁计,略去了代表粒子编号数的下标. 这个算符的矩阵,和任一极矢量的矩阵一样(见 §30),只有宇称相异的状态之间的跃迁矩阵元才不等于零. 所有的对角矩阵元因而都等于零. 换句话说,任一多粒子系统(例如一个原子)的偶极矩,在定态中的平均值都等于零②.

对 l 为奇数的所有 2^l 极矩讲来,以上结论显然也是成立的. 这种多极矩的各个分量是坐标的 l 次(奇次)多项式,它们和一个极矢量的分量一样,当坐标反演

---

① 举例来说,K 能级的俄歇宽度约为 1 eV,更高能级的俄歇宽度可达 ~10 eV.

② 为避免误解起见,我们着重指出,这里所指的是封闭的多粒子系统,或在球对称外电场中的多粒子系统,举例来说,如果把原子核看作是“固定”的,那么,上述论断对原子中的多电子系统讲来是成立的,但对分子中的多电子系统讲来并不成立.

我们还假定,除了总角动量的方向简并以外,不存在其它的附加(“偶然”)能级简并. 否则就会构造出没有确定宇称的定态波函数,它们的偶极矩对角矩阵元不一定等于零.

时，要变一个符号. 因而适用同样的宇称选择定则.

系统的**四极矩**定义为下列对称张量：

$$Q_{ik} = \sum e(3x_i x_k - \delta_{ik}\boldsymbol{r}^2), \tag{75.1}$$

它的对角项之和等于零. 要计算四极矩在系统（譬如说原子）某态中的值，(75.1)式的算符需要对相应的波函数求平均. 这种平均最好分两步进行（参考§72）.

我们用 $\hat{Q}_{ik}$代表对总角动量给定为 J 值（但不是对它的分量值 M_J）的各个电子态求平均后所得的四极矩算符.

这个平均后的算符，必须能用描述整个原子状态的物理量算符表达出来，这样的算符只有"矢量"$\hat{\boldsymbol{J}}$. 因此 $\hat{Q}_{ik}$必呈下列形式：

$$\hat{Q}_{ik} = \frac{3Q}{2J(2J-1)}\left(\hat{J}_i\hat{J}_k + \hat{J}_k\hat{J}_i - \frac{2}{3}\hat{\boldsymbol{J}}^2\delta_{ik}\right), \tag{75.2}$$

括号内的表式是这样构成的，使它对称于下标 i 和 k 并且缩并后等于零；关于系数 Q 的含义留在以后说明. 式中的各个 $\hat{J}_i$算符，应该理解成为我们所熟知的各个 $\hat{J}_i$矩阵（§27 和 §54），它是由 M_J值不同的各个态构成的. 算符 $\hat{\boldsymbol{J}}^2$ 当然可用它的本征值 $J(J+1)$来代替.

由于角动量 $\boldsymbol{J}$ 的三个分量不能同时具有定值，对张量 Q_{ik}的各个分量讲来情况也是这样. 对于 Q_{zz}分量，我们有

$$\hat{Q}_{zz} = \frac{3Q}{J(2J-1)}\left(\hat{J}_z^2 - \frac{1}{3}\hat{\boldsymbol{J}}^2\right),$$

在 $\boldsymbol{J}^2 = J(J+1)$和 $J_z = M_J$的态中，Q_{zz}也具有定值：

$$Q_{zz} = \frac{3Q}{J(2J-1)}\left[M_J^2 - \frac{1}{3}J(J+1)\right]. \tag{75.3}$$

当 $M_J = J$ 时（当角动量"完全"沿 z 轴方向时），我们得 $Q_{zz} = Q$；这个 Q 通常简称为四极矩.

$J=0$ 时，所有的角动量矩阵元等于零，因此(75.2)式的算符也等于零. 这个算符当 $J=\frac{1}{2}$时也恒等于零. 这是因为凡是 $J=\frac{1}{2}$的角动量分量矩阵都等于(55.7)式的泡利矩阵. 把它们代入(75.2)式直接相乘后即能证明这一点.

上述情况不是偶然的，而是下列普遍规则的一个特例：2^l极矩张量（l 为偶数）只对系统总角动量

$$J \geqslant \frac{1}{2}l \tag{75.4}$$

的态才不等于零. 2^l极矩张量是一个 l 秩不可约张量（见《场论》，§41），条件(75.4)来自这种张量的矩阵元的角动量选择定则，亦即其对角矩阵元不等于零

的条件(§107). 我们早已指出,宇称选择定则要求 l 必须是偶数.

应该注意的是,电多极矩都是一些"轨道"量;它们的算符中不含自旋算符. 因此,如能略去自旋轨道作用,使得 L 和 S 分别守恒,那么,多极矩矩阵元所服从的选择定则,对量子数 L 以及对量子数 J 讲来都是一样的.

习 题

1. 在原子能级的不同精细结构组分中(即在 L 和 S 值已定而 J 值不同的各种态中),求其四极矩算符之间的关系.

解:在给定 L 和 S 值的态中,四极矩算符作为纯粹的"轨道"量只依赖于算符 $\hat{\boldsymbol{L}}$,因此仍可用(75.2)式表出,但应把 $\hat{\boldsymbol{J}}$ 改为 $\hat{\boldsymbol{L}}$(但具有不同的 Q 常数). 这个算符再对具有给定 J 值的态求平均后,即得(75.2)式的算符:

$$\hat{Q}_{ik}=\frac{3Q_J}{2J(2J-1)}\left[\hat{J}_i\hat{J}_k+\hat{J}_k\hat{J}_i-\frac{2}{3}J(J+1)\delta_{ik}\right]=$$

$$=\frac{3Q_L}{2L(2L-1)}\left[\overline{\hat{L}_i\hat{L}_k}+\overline{\hat{L}_k\hat{L}_i}-\frac{2}{3}L(L+1)\delta_{ik}\right],\tag{1}$$

需要求出系数 Q_J 与 Q_L 的关系. 为此我们把(1)式左乘 $\hat{J}_i$ 同时右乘 $\hat{J}_k$(并对 i 和 k 求和),并把对角算符化成本征值. 此时,有

$$\hat{J}_i\hat{L}_i\hat{L}_k\hat{J}_k=(\boldsymbol{J}\cdot\boldsymbol{L})^2,$$

按(31.4)式,有

$$2\boldsymbol{J}\cdot\boldsymbol{L}=J(J+1)+L(L+1)-S(S+1).$$

利用下列公式:

$$[\hat{L}_i,\hat{L}_k]=\mathrm{i}e_{ikl}\hat{L}_l,\quad [\hat{J}_i,\hat{L}]=\mathrm{i}e_{ilm}\hat{L}_m,$$

再用类似于§29 例题中的做法,可把乘积 $\hat{J}_i\hat{L}_k\hat{L}_i\hat{J}_k$ 化成

$$\hat{J}_i\hat{L}_k\hat{L}_i\hat{J}_k=(\boldsymbol{J}\cdot\boldsymbol{L})^2-(\boldsymbol{J}\cdot\boldsymbol{L}).$$

同理有

$$\hat{J}_i\hat{J}_i\hat{J}_k\hat{J}_k=(\boldsymbol{J}^2)^2,\quad \hat{J}_i\hat{J}_k\hat{J}_i\hat{J}_k=\boldsymbol{J}^2(\boldsymbol{J}^2-1),$$

结果可从(1)式求出下列关系:

$$Q_J=Q_L\frac{3(\boldsymbol{J}\cdot\boldsymbol{L})(2\boldsymbol{J}\cdot\boldsymbol{L}-1)-2J(J+1)L(L+1)}{(J+1)(2J+3)L(2L-1)}.\tag{2}$$

例如,$S=1/2$ 时,由上式得出

$$\left.\begin{aligned}&J=L+\frac{1}{2}\text{时},\ Q_J=Q_L,\\&J=L-\frac{1}{2}\text{时},\ Q_J=Q_L\frac{(L-1)(2L+3)}{L(2L+1)}.\end{aligned}\right\}\tag{3}$$

2. 一电子(电荷为 $-|e|$),其轨道角动量为 l,试把这电子的四极矩用电子到中心的距离的方均值表示出来.

解:我们必须把下式

$$Q_{zz}=-|e|r^2(3\cos^2\theta-1)=-|e|r^2(3n_z^2-1)$$

对角动量给定为 l、投影值为 $m=l$ 的态求平均.其中角因子的平均值可按§29例题所得的公式直接求出(该式中的 $\hat{l}_z$ 应改为 l),结果得

$$Q_l=|e|\overline{r^2}\frac{2l}{2l+3}. \tag{4}$$

这个量的符号与电子电荷的符号相反,这是必然的:因为角动量沿 z 轴方向的粒子主要运动于 $z=0$ 平面的附近,从而有 $\overline{\cos^2\theta}<1/3$.

对于 $j=l\pm1/2$ 的电子,用(3)式得

$$Q_j=|e|\overline{r^2}\frac{2j-1}{2j+2}. \tag{5}$$

3. 试求基态原子的四极矩,该原子满壳层外共有 ν 个电子全都处于轨道角动量为 l 的等效态中.

解:由于满壳层的总四极矩等于零,该原子的四极矩算符为:

$$\hat{Q}_{ik}=\frac{3|e|\overline{r^2}}{(2l-1)(2l+3)}\sum\left[\hat{l}_i\hat{l}_k+\hat{l}_k\hat{l}_i-\frac{2}{3}l(l+1)\delta_{ik}\right],$$

式中对所有 ν 个外电子求和[其中应用了(4)式].

先假定 $\nu\leqslant 2l+1$,也就是该壳层半满或不到半满.根据洪德定则(§67),此时 ν 个电子的自旋全都平行(因而 $S=\nu/2$).这表明原子的自旋波函数是对称的,因此坐标波函数对这些电子而言是反对称的.由此可见,所有的电子必须具有不同的 m 值,于是最大可能的 M_L 值(以及和它相等的 L 值)等于

$$L=(M_L)_{\max}=\sum_{m=l-\nu+1}^{l}m=\frac{1}{2}\nu(2l-\nu+1).$$

所求的 Q_L 就是 $M_L=L$ 时的 Q_{zz} 本征值.因此有

$$Q_L=\frac{6|e|\overline{r^2}}{(2l-1)(2l+3)}\sum_{m=l-\nu+1}^{l}\left[m^2-\frac{l(l+1)}{3}\right],$$

把求和式算出后,即得

$$Q_L=\frac{2l(2l-2\nu+1)}{(2l-1)(2l+3)}|e|\overline{r^2}. \tag{6}$$

最后,再用(2)式把 Q_L 变换到 Q_J.

当原子的外壳层超过半满时,把电子换成"空穴"加以考虑,就可以化回到以上的情况;结果仍得(6)式,但需改变符号("空穴"的电荷为 $+|e|$),此时式中的 ν 不再是电子数,而是该壳层中的空位数.

§ 76　电场中的原子

如果把原子放入外电场中，它的能级会有所改变；这种现象称为**斯塔克效应**.

处于均匀外电场中的原子，是轴对称场（核场加上外场）中的一个多电子系统，因此严格讲来，原子的总角动量不再守恒；只有总角动量 $\boldsymbol{J}$ 沿外场方向的投影 M_J 才是守恒的. M_J 值不同的态，将具有不同的能量，亦即外电场解除了对角动量空间方向的简并性. 但是，这种解除并不完全，M_J 值只差一个符号的两个态仍然简并. 实际上，均匀外电场中的原子，对通过对称轴的任一平面讲来，具有反射对称性（这个对称轴就是通过原子核而平行于外场方向的轴，我们在以后把它取作 z 轴）. 因此，通过这样的相互反射而得到的两个态，一定具有相同的能量. 可是，对通过某轴的一个平面反射以后，相对于该轴的角动量就要改变符号（绕此轴的正旋转方向变成负旋转方向）.

我们假定外电场足够弱，它所产生的附加能量远小于该原子的能级间距，包括精细结构的间距. 此时，我们就可用 § 38 和 § 39 中所讲的微扰论去计算外电场中的能级移动. 这里的微扰算符就是电子系统处于均匀电场 $\mathscr{E}$ 中的能量，它等于

$$V = -\boldsymbol{d}\cdot\mathscr{E} = -\mathscr{E}d_z \tag{76.1}$$

式中的 $\boldsymbol{d}$ 就是该系统的偶极矩. 在零级近似下，能级是简并的（对总角动量的方向而言）；但在目前情形下，这种简并性并不重要，我们在应用微扰论时，可以把它当作非简并能级来处理. 这是因为 d_z（和任一矢量的 z 分量一样）的矩阵中只有 M_J 值不变的那些跃迁矩阵元才不等于零（见 § 29），所以 M_J 值不同的态，在微扰论的应用中是彼此独立的.

一级近似下的能级移动由微扰项的相应对角矩阵元所确定. 但是偶极矩的所有对角矩阵元全都等于零（ § 75）. 所以电场中的能级位移是场量的二次效应①.

既然是场的二次效应，能级 E_n 的位移 ΔE_n 必呈下列形式：

$$\Delta E_n = -\frac{1}{2}\alpha_{ik}^{(n)}\mathscr{E}_i\mathscr{E}_k, \tag{76.2}$$

式中的 $\alpha_{ik}^{(n)}$ 是二秩对称张量；把场的方向取作 z 轴方向，即得

$$\Delta E_n = -\frac{1}{2}\alpha_{zz}^{(n)}\mathscr{E}^2. \tag{76.3}$$

---

①　氢原子是一个例外，它的斯塔克效应与场成线性关系（见下节）. 处于高激发态的其它元素的原子（因而是类氢的，见 § 68），在足够强的电场中与氢原子的情形类似.

$\alpha_{ik}^{(n)}$ 也就是外场中的原子**极化张量**：把一般公式(11.16)中的参量 λ 取作 $\mathscr{E}_i$ 分量，并令该式中的 $\hat{H}=\hat{H}_0-\mathscr{E}_i d_i$，我们得到原子在电场中的感生偶极矩的平均值：

$$\overline{d_i^{(n)}}=\frac{\partial \Delta E_n}{\partial \mathscr{E}_i},$$

把(76.2)式代入，得

$$\overline{d_i^{(n)}}=\alpha_{ik}^{(n)}\mathscr{E}_k. \tag{76.4}$$

极化率必须用微扰论的一般规则算出. 按照二级近似公式(38.10)，我们有

$$\alpha_{ik}^{(n)}=-2\sum_m{}'\frac{(d_i)_{nm}(d_k)_{mn}}{E_n-E_m}. \tag{76.5}$$

原子的极化率与其状态(未受扰态)特别是与量子数 M_J 有关. 它与 M_J 的关系可表成一般公式. 对各种不同的 M_J 值而言，$\alpha_{ik}^{(n)}$ 的数值可看作下列算符的本征值：

$$\hat{\alpha}_{ik}^{(n)}=\alpha_n\delta_{ik}+\beta_n\left(\hat{J}_i\hat{J}_k+\hat{J}_k\hat{J}_i-\frac{2}{3}\delta_{ik}\hat{\boldsymbol{J}}^2\right), \tag{76.6}$$

这是依赖于矢量 $\hat{\boldsymbol{J}}$ 的两秩对称张量的最一般形式(参考 §75). 按(76.3)和(76.6)，我们有

$$\Delta E_n=-\frac{1}{2}\mathscr{E}^2\left\{\alpha_n+2\beta_n\left[M_J^2-\frac{1}{3}J(J+1)\right]\right\}. \tag{76.7}$$

上式对所有的 M_J 值求和后，曲括号内的第二项等于零，所以第一项等于分裂能级的“重心”移动量. 此外，按照(76.7)式，$J=\dfrac{1}{2}$的能级并不分裂，与克拉末定理(§60)一致.

如果原子处于非均匀外场中(此场在原子尺度范围内变化很小)，由于原子的四极矩作用，会产生一个与场量成线性关系的能级分裂效应. 系统与场之间的四极矩作用算符，与四极矩能量的经典表式(《场论》，§42)具有相同的形式：

$$\hat{V}=\frac{1}{6}\frac{\partial^2\varphi}{\partial x_i\partial x_k}\hat{Q}_{ik} \tag{76.8}$$

式中的 φ 是电场的势，微商取在原子位置处.

习 题

1. 试求多重能级各组分的斯塔克分裂与 J 的关系.

解：此题的求解最好改变一下微扰次序；先考虑没有精细结构的能级的斯塔克分裂，然后再引进自旋轨道作用. 由于原子的自旋不和外电场作用，对轨道角动量给定为 L 的能级讲来，其斯塔克分裂可由(76.2)式确定，但是式中的 $\hat{\alpha}_{ik}$ 应

该通过算符 $\hat{\boldsymbol{L}}$ 表出，正如(76.6)式的 $\hat{\alpha}_{ik}$通过算符 $\hat{\boldsymbol{J}}$ 表出一样：

$$\hat{\alpha}_{ik}=a\delta_{ik}+b\left(\hat{\boldsymbol{L}}_i\hat{\boldsymbol{L}}_k+\hat{\boldsymbol{L}}_k\hat{\boldsymbol{L}}_i-\frac{2}{3}\delta_{ik}\hat{\boldsymbol{L}}^2\right).$$

各处的指标 n 都已略去. 引入自旋轨道作用后的原子态应该用总角动量 J 标志. 把算符 $\hat{\alpha}_{ik}$对具有某一给定 J 值的各态求平均(但不对其分量 M_J 求平均)，这与§75 例题 1 中所作的平均，在形式上完全一样. 结果又回到(76.6)和(76.7)式，式中的 α,β 常数可通过 a,b 常数表成：

$$\alpha=a,\quad \beta=b\frac{3(\boldsymbol{J}\cdot\boldsymbol{L})[2(\boldsymbol{J}\cdot\boldsymbol{L})-1]-2J(J+1)L(L+1)}{J(J+1)(2J-1)(2J+3)}.$$

上式确定了分裂值与 J 的关系(当然不是与 L 和 S 的关系；L 和 S 是未分裂谱项的标志，常数 a 和 b 也和它们有关).

2. 试求双重能级$\left(\text{自旋 } S=\frac{1}{2}\right)$在任意(非弱)电场中的分裂.

解：如果分裂值不小于双重组分之间的间距，那么电场的微扰与自旋轨道作用必须同时加以考虑，亦即微扰算符为以下两项之和

$$\hat{V}=A\hat{\boldsymbol{S}}\cdot\hat{\boldsymbol{L}}-\frac{1}{2}\mathscr{E}^2\left\{a+2b\left[\hat{L}_z^2-\frac{1}{3}L(L+1)\right]\right\}$$

[参考(72.4)和上题]. 略去与分裂无关的常数项，这个算符可改写成[见(29.11)]

$$\hat{V}=\frac{1}{2}A[\hat{S}_+\hat{L}_-+\hat{S}_-\hat{L}_++2\hat{S}_z\hat{L}_z]-b\mathscr{E}^2\hat{L}_z^2,$$

对每个给定的 $M\equiv M_J$值，这个算符的本征值由久期方程的根所确定，该方程由这个算符相对于$|M_LM_S\rangle=\left|M\mp\frac{1}{2},\pm\frac{1}{2}\right\rangle$诸态的矩阵元所组成. 按(27.12)式我们有

$$\left\langle M-\frac{1}{2},\frac{1}{2}\middle|V\middle|M-\frac{1}{2},\frac{1}{2}\right\rangle=\frac{1}{2}A\left(M-\frac{1}{2}\right)-b\mathscr{E}^2\left(M-\frac{1}{2}\right)^2,$$

$$\left\langle M+\frac{1}{2},-\frac{1}{2}\middle|V\middle|M+\frac{1}{2},-\frac{1}{2}\right\rangle=-\frac{1}{2}A\left(M+\frac{1}{2}\right)-b\mathscr{E}^2\left(M+\frac{1}{2}\right)^2,$$

$$\left\langle M-\frac{1}{2},\frac{1}{2}\middle|V\middle|M+\frac{1}{2},-\frac{1}{2}\right\rangle=\frac{1}{2}A\sqrt{\left(L+M+\frac{1}{2}\right)\left(L-M+\frac{1}{2}\right)}.$$

故能级移动(见§39. 例题 1)为

$$\Delta E=-b\mathscr{E}^2M^2\pm\sqrt{\frac{1}{4}A^2\left(L+\frac{1}{2}\right)^2+b\mathscr{E}^2(b\mathscr{E}^2+A)M^2},\qquad(1)$$

式中略去了对双重能级的各个分裂组分全都相同的项. 这个公式(根号前带有正负号)适用于所有$|M|\leqslant L-\frac{1}{2}$的能级. 当$|M|=L+\frac{1}{2}$时只有一个$|M_LM_S\rangle$态，

此时的能级移动由相应的对角矩阵元给出，即

$$\Delta E=\left(\frac{1}{2}A+b\mathscr{E}^2\right)\left(L+\frac{1}{2}\right)-b\mathscr{E}^2\left(L+\frac{1}{2}\right)^2, \tag{2}$$

这个结果等于根号前只取一种符号的(1)式.

3. 试求轴对称电场中能级的四极矩分裂①.

解：在对称于 z 轴的场内，我们有

$$\frac{\partial^2\varphi}{\partial x^2}=\frac{\partial^2\varphi}{\partial y^2}\equiv a,\quad \frac{\partial^2\varphi}{\partial z^2}=-2a,$$

其余的二级导数都等于零. 四极矩能量算符(76.8)变成

$$\frac{a}{6}(\hat{Q}_{xx}+\hat{Q}_{yy}-2\hat{Q}_{zz})=\frac{Qa}{2J(2J-1)}(\hat{\boldsymbol{J}}^2-3\hat{J}_z^2),$$

把算符换成它们的本征值，便得能级移动

$$\Delta E=a\frac{Q}{2J(2J-1)}[J(J+1)-3M_J^2].$$

4. 计算基态氢原子的极化率.

解：由于 s 态的球对称性，极化张量是一个标量($\alpha_{ik}=\alpha\delta_{ik}$)按(76.5)式，我们有

$$\alpha=-2e^2\sum_k{}'\frac{|z_{0k}|^2}{E_0-E_k}.$$

电子的偶极矩为 $d_z=ez$，E_0 为基态能量. 我们按下列定义引入辅助算符 $\hat{b}$

$$z=\frac{m}{\hbar}\frac{\mathrm{d}\hat{b}}{\mathrm{d}t},$$

式中的 m 是电子质量. 则有 $z_{0k}=\frac{\mathrm{i}m}{\hbar^2}(E_0-E_k)b_{0k}$ 和

$$\alpha=\frac{2\mathrm{i}me^2}{\hbar^2}\sum_k z_{0k}b_{k0}=\frac{2\mathrm{i}me^2}{\hbar^2}(zb)_{00}. \tag{1}$$

计算此式时，只需知道 $\hat{b}$ 作用于 $\psi_0(r)$ 波函数后的结果.

根据(9.2)式，

$$z\psi_0=\frac{m}{\hbar}\frac{\mathrm{d}\hat{b}}{\mathrm{d}t}\psi_0=\frac{\mathrm{i}m}{\hbar}(\hat{H}\hat{b}-\hat{b}\hat{H})\psi_0,$$

把 $\hat{b}\psi_0$ 函数记作 $b(\boldsymbol{r})\psi_0$，注意到 ψ_0 满足方程 $\hat{H}\psi_0=E_0\psi_0$，其中

$$\hat{H}=-\frac{\hbar^2}{2m}\nabla^2+U(\boldsymbol{r}),$$

① 这个问题对任意场而言，见 §103，例题 6.

我们得 $b(\boldsymbol{r})$ 的微分方程

$$\frac{1}{2}\psi_0\nabla^2 b+\nabla b\cdot\nabla\psi_0=\mathrm{i}z\psi_0,$$

用 $b=f(r)\cos\theta$ 代入(θ 是球坐标系中的极角,而 $z=r\cos\theta$),上式化成

$$\frac{1}{2}f''+\frac{1}{r}f'-\frac{1}{r^2}f+\frac{\psi'_0}{\psi_0}f'=\mathrm{i}r, \tag{2}$$

上式之解必须满足 $r\to0$ 和 $r\to\infty$ 时 $f\psi_0$ 为有限的条件.

对于基态氢原子,$\psi_0=\dfrac{1}{\sqrt{\pi}}\exp(-r/a_{\mathrm{B}})$,$a_{\mathrm{B}}=\hbar^2/me^2$ 是玻尔半径.满足上述条件的(2)式之解为 $f=-\mathrm{i}ra_{\mathrm{B}}\left(a_{\mathrm{B}}+\dfrac{1}{2}r\right)$.按(1)式现在可得①

$$\alpha=\frac{2\mathrm{i}}{a_{\mathrm{B}}}(rf\cos^2\theta)_{00}=\frac{2\mathrm{i}}{3a_{\mathrm{B}}}(rf)_{00}=\frac{9}{2}a_{\mathrm{B}}^3.$$

5. 在力程为 a 的势阱中,计算一个束缚 s 态电子的极化率,已知 $a\kappa\ll1$ 而 $\kappa=\sqrt{2m|E_0|}/\hbar$,$E_0$ 为电子结合能.

解:根据条件 $a\kappa\ll1$,我们在计算 $(zb)_{00}$ 矩阵元时,可以略去阱内区域,而在整个空间采用阱外区的下列波函数:

$$\psi_0=\sqrt{\frac{\kappa}{2\pi}}\frac{\mathrm{e}^{-\kappa r}}{r}$$

(上式的归一化也采用了条件 $a\kappa\ll1$,见§133).例题 4 中的(2)式现在变成

$$\frac{1}{2}f''-\kappa f'-\frac{f}{r^2}=\mathrm{i}r.$$

上式满足边界条件之解为 $f=-\mathrm{i}r^2/2\kappa$.用上题(1)式,算出

$$\alpha=\frac{me^2}{4\hbar^2\kappa^4}.$$

§77 电场中的氢原子

氢原子能级不同于其它原子的能级,它在均匀电场中的分裂与场强成正比(**线性斯塔克效应**).这是由于氢原子谱项中存在着偶然简并,l 值不同(对一个给定的主量子数 n 而言)的态具有相同的能量.这些态之间的偶极矩跃迁矩阵元并不等于零,因此即使在一级近似下由久期方程得出的能级移动也不为零②.

为计算方便计,最好选取这样一组未扰波函数,使得微扰矩阵对每组相互简

---

① 这个结果在§77 中将用不同的方法导出.

② 以下的计算中,不考虑氢原子能级的精细结构.因此所加的电场虽然不能太强(使得微扰论能够应用),但也不能太弱,使得斯塔克分裂能大于精细结构.相反的情况见第四卷,§52,例题.

并的态是对角的. 我们发现,只要把氢原子在抛物坐标内进行量子化就能做到这一点. 抛物坐标中的氢原子定态波函数 $\psi_{n_1n_2m}$ 已由(37.15)、(37.16)给出.

微扰算符①(电场 $\mathscr{E}$ 中的电子能量)为 $\mathscr{E}z = \mathscr{E}(\xi - \eta)/2$;该电场沿正 z 轴方向,电子所受的力则沿负 z 轴方向. 我们只对能量不改变(即主量子数 n 不改变)的那些 $n_1n_2m \to n'_1n'_2m'$ 跃迁矩阵元感兴趣. 容易证明,其中只有以下的对角矩阵元不等于零(式中已作替代:$\xi = n\rho_1, \eta = n\rho_2$):

$$\int |\psi_{n_1n_2m}|^2 \mathscr{E}z\mathrm{d}V = \frac{\mathscr{E}}{8}\int_0^\infty\int_0^\infty\int_0^{2\pi}(\xi^2 - \eta^2)|\psi_{n_1n_2m}|^2\mathrm{d}\varphi\mathrm{d}\xi\mathrm{d}\eta =$$

$$= \frac{\mathscr{E}}{4}\int_0^\infty\int_0^\infty f_{n_1m}^2(\rho_1)f_{n_2m}^2(\rho_2)(\rho_1^2 - \rho_2^2)\mathrm{d}\rho_1\mathrm{d}\rho_2. \quad (77.1)$$

这个微扰矩阵,对量子数 m 讲来,显然是对角的,由于 n 相同 n_1 不同的 f_{n_1m} 函数的相互正交性(见后),它对量子数 n_1, n_2 讲来也是对角的. (77.1)式中对 $\mathrm{d}\rho_1$ 和 $\mathrm{d}\rho_2$ 的积分可以分开;积分式的具体计算见本书数学附录 § f[积分式(f · 6)]. 经过简单计算以后,求得能级的一级近似修正值为②

$$E^{(1)} = \frac{3}{2}\mathscr{E}n(n_1 - n_2). \quad (77.2)$$

在通常单位制中,即为

$$E^{(1)} = \frac{3}{2}n(n_1 - n_2)|e|\mathscr{E}\frac{\hbar^2}{me^2}.$$

分裂能级的两个极端组分相当于 $n_1 = n - 1, n_2 = 0$,以及 $n_1 = 0, n_2 = n - 1$. 这两个极端组分间的间距按(77.2)式等于

$$3\mathscr{E}n(n-1),$$

这就是说,斯塔克效应的能级总分裂大致和 n^2 成正比. 能级的分裂随着主量子数的增大而增大,这是十分自然的:电子离原子核愈远,原子的偶极矩就愈大.

线性效应的存在,表明未扰态中的原子具有偶极矩,其平均值等于

$$\overline{d_z} = -\frac{3}{2}n(n_1 - n_2). \quad (77.3)$$

这个式子与下列事实相一致;由抛物量子数所确定的态中,原子的电荷分布对 $z = 0$ 的平面是不对称的(见 § 37). 例如 $n_1 > n_2$ 时,电子主要是在 $z > 0$ 的一边,因此该原子的偶极矩与外场相反(电子带负电).

上节中已经讲过,一个均匀电场不能把简并性完全解除:它总是留下双重简并. 这两个简并态,其角动量沿电场方向的分量具有不同的符号(目前情况下,

---

① 本节中采用原子单位.

② 这个结果是由 K. Schwarzschild 和 P. Epstein 用旧量子论得到(1916),以后由 W. Pauli 和 E. Schrödinger 用量子力学得到(1926).

这两个态的角动量投影等于 $\pm m$). 但是从(77.2)式可以看出,氢原子的线性斯塔克效应中,连我们所讲的那种简并度也还没有达到:能级移动值(n 和 n_1-n_2 为给定)与 m 及 n_2 无关. 在二级近似中,简并度将得到进一步的解除,特别是对 $n_1=n_2$ 的那些态讲来线性斯塔克效应根本不存在,这个时候,二次效应的计算是更加需要的.

应用通常的微扰论公式计算二次效应很不方便,因为这个算法需要涉及一个复杂形式的无穷级数的求和. 我们改用下列稍加修改后的方法.

均匀电场中的氢原子薛定谔方程呈下列形式:

$$\left(\frac{1}{2}\nabla^2+E+\frac{1}{r}-\mathscr{E}z\right)\psi=0.$$

它和 $\mathscr{E}=0$ 的方程式一样,可以在抛物坐标中分离变量. 把 §37 中的(37.7)式代入上式,得到以下两个方程:

$$\left.\begin{aligned}&\frac{\mathrm{d}}{\mathrm{d}\xi}\left(\xi\frac{\mathrm{d}f_1}{\mathrm{d}\xi}\right)+\left(\frac{E}{2}\xi-\frac{m^2}{4\xi}-\frac{\mathscr{E}}{4}\xi^2\right)f_1=-\beta_1f_1,\\&\frac{\mathrm{d}}{\mathrm{d}\eta}\left(\eta\frac{\mathrm{d}f_2}{\mathrm{d}\eta}\right)+\left(\frac{E}{2}\eta-\frac{m^2}{4\eta}+\frac{\mathscr{E}}{4}\eta^2\right)f_2=-\beta_2f_2,\\&\beta_1+\beta_2=1\end{aligned}\right\}\tag{77.4}$$

上式和(37.8)式的差别,在于多出了含有 $\mathscr{E}$ 的项. 我们把以上两式中的能量 E 看作具有某一给定值的一个参量,把 β_1 和 β_2 看作式左相应算符的本征值;容易证明,这两个算符都是自轭的. 从以上两式解出的 β_1 和 β_2 是 E 和 $\mathscr{E}$ 的函数,然后,根据条件 $\beta_1+\beta_2=1$ 得出 E 和 $\mathscr{E}$ 的关系.

作为(77.4)式的近似解,我们可以把含有 $\mathscr{E}$ 的项看作微扰项. 在零级近似下($\mathscr{E}=0$),上式有下列熟知的解:

$$f_1=\sqrt{\varepsilon}f_{n_1m}(\xi\varepsilon),\quad f_2=\sqrt{\varepsilon}f_{n_2m}(\eta\varepsilon),\tag{77.5}$$

其中的 f_{n_1m} 函数和(37.16)式相同,能量 E 已经换成下列参量:

$$\varepsilon=\sqrt{-2E},\tag{77.6}$$

相应的 β_1 和 β_2 值为[根据(37.12)式,该式中的 n 须以 $1/\varepsilon$ 代替]

$$\beta_1^{(0)}=\left(n_1+\frac{|m|+1}{2}\right)\varepsilon,\quad\beta_2^{(0)}=\left(n_2+\frac{|m|+1}{2}\right)\varepsilon.\tag{77.7}$$

作为任意自轭算符的一套本征函数,ε 值给定以后 n_1 值不同的那些 f_1 函数,都是彼此正交的;这一事实,我们在以前讨论线性效应的时候早已利用过. 在(77.5)式中,那些函数已按下列条件归一化:

$$\int_0^\infty f_1^2\mathrm{d}\xi=1,\quad\int_0^\infty f_2^2\mathrm{d}\eta=1.$$

β_1 和 β_2 的一级修正值是由微扰项的对角矩阵元确定的.

$$\beta_1^{(1)} = \frac{\mathscr{E}}{4}\int_0^\infty \xi^2 f_1^2 \mathrm{d}\xi, \quad \beta_2^{(1)} = -\frac{\mathscr{E}}{4}\int_0^\infty \eta^2 f_2^2 \mathrm{d}\eta.$$

计算后，得出

$$\beta_1^{(1)} = \frac{\mathscr{E}}{4\varepsilon^2}(6n_1^2 + 6n_1|m| + m^2 + 6n_1 + 3|m| + 2).$$

把上式中的 n_1 换成 n_2 并改变符号后，即得 $\beta_2^{(1)}$ 的表式.

根据微扰论的一般公式，在二级近似中，我们有：

$$\beta_1^{(2)} = \frac{\mathscr{E}^2}{16}\sum_{n'_1 \neq n_1} \frac{|(\xi^2)_{n_1 n'_1}|^2}{\beta_1^{(0)}(n_1) - \beta_1^{(0)}(n'_1)}.$$

$(\xi^2)_{n_1 n'_1}$ 矩阵元中出现的积分在数学附录 § f 中有所计算. 不等于零的矩阵元只有

$$(\xi^2)_{n_1, n_1 - 1} = (\xi^2)_{n_1 - 1, n_1} = -\frac{2}{\varepsilon^2}(2n_1 + |m|)\sqrt{n_1(n_1 + |m|)},$$

$$(\xi^2)_{n_1, n_1 - 2} = (\xi^2)_{n_1 - 2, n_1} = \frac{1}{\varepsilon^2}\sqrt{n_1(n_1 - 1)(n_1 + |m|)(n_1 + |m| - 1)}.$$

前式分母中的差值为

$$\beta_1^{(0)}(n_1) - \beta_1^{(0)}(n'_1) = \varepsilon(n_1 - n'_1).$$

结果算得

$$\beta_1^{(2)} = -\frac{\mathscr{E}^2}{16\varepsilon^5}(|m| + 2n_1 + 1) \cdot$$
$$\cdot [4m^2 + 17(2|m|n_1 + 2n_1^2 + |m| + 2n_1) + 18].$$

上式中的 n_1 改为 n_2 后，可得 $\beta_2^{(2)}$ 的表式. 把所得的这些表式一起代入关系式 $\beta_1 + \beta_2 = 1$ 中，即得下列方程：

$$\varepsilon n - \frac{\mathscr{E}^2 n}{16\varepsilon^5}[17n^2 + 51(n_1 - n_2)^2 - 9m^2 + 19] +$$
$$+ \frac{3}{2}\mathscr{E}\frac{n}{\varepsilon^2}(n_1 - n_2) = 1.$$

用逐步近似法求解上式，可得能量 $E = -\frac{1}{2}\varepsilon^2$ 的二级近似式，结果如下：

$$E = -\frac{1}{2n^2} + \frac{3}{2}\mathscr{E}n(n_1 - n_2) -$$
$$-\frac{\mathscr{E}^2}{16}n^4[17n^2 - 3(n_1 - n_2)^2 - 9m^2 + 19], \tag{77.8}$$

式右第二项就是熟知的线性斯塔克效应，第三项就是所求的二次效应①. 第三项永远是负的，也就是说，二次效应总是使谱项下移. (77.8)式对 $\mathscr{E}$ 微商后，可得

---

① G. Wentzel, I. Waller, P. Epstein, 1926.

偶极矩的平均值;对 $n_1=n_2$ 的那些态讲来,它等于

$$\overline{d_z}=\frac{n^4}{8}(17n^2-9m^2+19)\mathscr{E}. \tag{77.9}$$

因此基态氢原子($n=1,m=0$)的极化率为 9/2(也可参见§76,例题4).

氢原子谱项的能量绝对值随着主量子数 n 的增大而很快地增大,而斯塔克分裂也随之增大.因此,当外电场足够强的时候,高激发能级的斯塔克分裂可以和该能级本身的能量值差不多大小,以致微扰论无法应用①,研究这个问题是很有趣的.为此可以利用这样的事实,n 值很大的态都是准经典的.

作下列替换:

$$f_1=\chi_1/\sqrt{\xi},\quad f_2=\chi_2/\sqrt{\eta}, \tag{77.10}$$

可以把(77.4)式化成以下形式:

$$\left.\begin{aligned}\frac{d^2\chi_1}{d\xi^2}+\left(\frac{E}{2}+\frac{\beta_1}{\xi}-\frac{m^2-1}{4\xi^2}-\frac{\mathscr{E}}{4}\xi\right)\chi_1=0,\\ \frac{d^2\chi_2}{d\eta^2}+\left(\frac{E}{2}+\frac{\beta_2}{\eta}-\frac{m^2-1}{4\eta^2}+\frac{\mathscr{E}}{4}\eta\right)\chi_2=0.\end{aligned}\right\} \tag{77.11}$$

每一个这样的方程,在形式上等同于一个一维的薛定谔方程,粒子的总能量相当于 $\frac{E}{4}$,而势能分别相当于下列函数:

$$\left.\begin{aligned}U_1(\xi)&=-\frac{\beta_1}{2\xi}+\frac{m^2-1}{8\xi^2}+\frac{\mathscr{E}}{8}\xi,\\ U_2(\eta)&=-\frac{\beta_2}{2\eta}+\frac{m^2-1}{8\eta^2}-\frac{\mathscr{E}}{8}\eta.\end{aligned}\right\} \tag{77.12}$$

图 25 和图 26 分别表明这两个函数的大致形状($m>1$).根据玻尔-索末菲量子化规则(48.2),我们有:

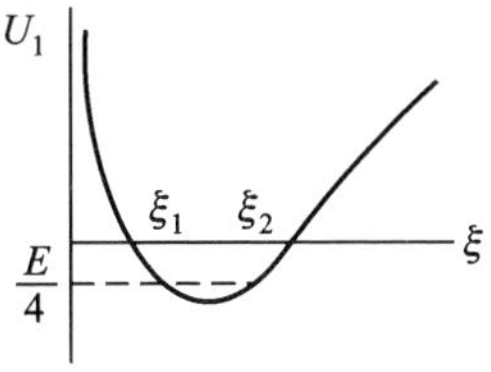

图 25

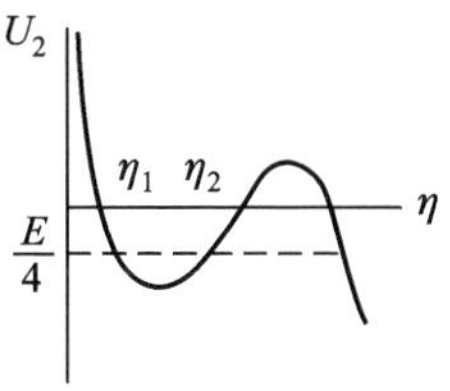

图 26

① 微扰论用于高能级的要求,是微扰项小于该能级本身的能量值(电子的结合能),而不是小于能级之间的间距.因为在准经典情形下(它恰好和高激发态相对应),只要外场所给的力小于未扰系统中作用于粒子上的力,就可以算作小的微扰;这个条件和上述条件等价.

$$
\left.\begin{aligned}
&\int_{\xi_1}^{\xi_2}\sqrt{2\left[\frac{E}{4}-U_1(\xi)\right]}\,\mathrm{d}\xi=\left(n_1+\frac{1}{2}\right)\pi,\\
&\int_{\eta_1}^{\eta_2}\sqrt{2\left[\frac{E}{4}-U_2(\eta)\right]}\,\mathrm{d}\eta=\left(n_2+\frac{1}{2}\right)\pi.
\end{aligned}\right\}\tag{77.13}
$$

式中的 n_1 和 n_2 都是整数①. 这两个式子隐含地确定了参量 β_1,β_2 和 E 的关系. 再加上关系式 $\beta_1+\beta_2=1$,就能给出电场中移动能级的能量值. (77.13)式中的积分可以化成一些椭圆积分;这些方程式只能用数值方法求解.

强电场中的斯塔克效应由于另一现象而复杂化,这就是原子在外电场中的电离现象②. 电子在外场中的势能 $\mathscr{E}z$,当 $z\to-\infty$ 时,可取任意大的负值. 该电子在原子内的势能加上 $\mathscr{E}z$ 以后,结果使电子的运动区域增大(该电子的总能量 E 是负的),除了原子的内部区域以外,还包括沿阳极方向的远离原子核的区域. 这两个区域被一个势垒所隔开,势垒的宽度随着 $\mathscr{E}$ 的增大而递减. 然而在量子力学中,粒子穿透势垒的概率并不等于零. 在目前情形下,电子穿过势垒从原子内部逸出的现象,就是该原子的电离过程. 弱电场中的这种电离概率小得几乎等于零. 但是这个概率将随 $\mathscr{E}$ 的增大而指数式地增大,在足够强的电场中就不可忽视③.

习　　题

1. 试求氢原子(基态)在 $\mathscr{E}\ll 1$(在通常单位制中为 $\mathscr{E}\ll m^2|e|^5/\hbar^4$)的电场中(每单位时间)的电离概率④.

解:在抛物坐标中"沿 η 坐标轴"有一个势垒(图 26);电子沿 $z\to-\infty$ 方向从原子中被"拉出",相当于它进入了 η 值很大的区域. 为了求出电离概率,必须研究 η 值很大时(以及 ξ 值很小时)波函数的形式(下面将看到,在求逸出电子总概率流量的积分式时,小的 ξ 值是重要的). 基态电子的波函数(无外场时)为

$$
\psi=\mathrm{e}^{-\frac{1}{2}(\xi+\eta)}/\sqrt{\pi},\tag{1}
$$

---

① 详细的研究表明,把 U_1 和 U_2 中的 m^2-1 改成 m^2 后,可得更精确的结果. 这样一来,整数 n_1 和 n_2 就等于抛物量子数.

② C. Lanczos,1931.

③ 这一现象提供了一个例证,说明小的微扰为什么有可能改变能谱的性质. 即使是一个弱的电场 $\mathscr{E}$,也足以产生一个势垒和一个远离原子核的电子经典运动区. 严格讲来,其结果是使电子的运动成为无限运动,从而使能谱由离散变成连续. 但是,用微扰论方法求得的形式解仍有它的物理意义:这样给出的能级是属于这样的一些态,这些态虽然不完全是定态,但"差不多"都是定态. 处于这样的一个态中的原子,将在很长时间内维持在这个态中.

可是,用微扰论计算能级的斯塔克分裂时,所得的级数并不是严格收敛的,它只是一个渐近级数:从该级数的某一项开始(微扰愈小,此项出现得愈晚),其后的项不是减小而是增大.

④ 本题采用原子单位.

当有外场存在时,在我们感兴趣的区域内 ψ 和 ξ 的关系可以看作和(1)式相同,至于它和 η 的关系由下列方程确定.

$$\frac{\partial^2\chi}{\partial\eta^2}+\left[-\frac{1}{4}+\frac{1}{2\eta}+\frac{1}{4\eta^2}+\frac{1}{4}\mathscr{E}\eta\right]\chi=0 \tag{2}$$

$\left[\text{即 } E=-\frac{1}{2},m=0,\beta_2=\frac{1}{2}\text{的}(77.11)\text{第二式}\right]$,其中 $\chi=\sqrt{\eta}\psi$. 令 η_0 为 η 的某个值(在势垒内),满足 $1\ll\eta_0\ll1/\mathscr{E}$,当 $\eta\geqslant\eta_0$ 时,波函数是准经典的. 另一方面,由于(2)式呈一维薛定谔方程的形式,我们可以应用(50.2)式. 作为边界条件,ψ 在 $\eta=\eta_0$ 处应该变成(1)式的波函数,我们就得到势垒之外的下列表式:

$$\chi=\left(\frac{\eta_0|p_0|}{\pi p}\right)^{\frac{1}{2}}\exp\left(-\frac{\xi+\eta_0}{2}+\mathrm{i}\int_{\eta_0}^{\eta}p\mathrm{d}\eta+\frac{1}{4}\mathrm{i}\pi\right),$$

其中

$$p(\eta)=\sqrt{-\frac{1}{4}+\frac{1}{2\eta}+\frac{1}{4\eta^2}+\frac{\mathscr{E}\eta}{4}}.$$

我们只对平方 $|\chi|^2$ 感兴趣,因此指数幂的虚部并不重要. 令 η_1 为方程 $p(\eta)=0$ 的根,我们有

$$|\chi|^2=\frac{\eta_0|p_0|}{\pi p}\exp\left(-\xi-2\int_{\eta_0}^{\eta_1}|p|\mathrm{d}\eta-\eta_0\right). \tag{3}$$

$\eta\gg1$ 时,我们在上式指数前的系数中令

$$|p_0|\approx\frac{1}{2},\quad p\approx\frac{1}{2}\sqrt{\mathscr{E}\eta-1}.$$

指数幂中必须保留 $p(\eta)$ 展式的下一项:

$$|\chi|^2=\frac{\eta_0}{\pi\sqrt{\mathscr{E}\eta-1}}\exp\left[-\xi-\int_{\eta_0}^{\eta_1}\sqrt{1-\mathscr{E}\eta}\,\mathrm{d}\eta+\int_{\eta_0}^{\eta_1}\frac{\mathrm{d}\eta}{\eta\sqrt{1-\mathscr{E}\eta}}-\eta_0\right],$$

其中 $\eta_1\approx1/\mathscr{E}$,积分后($\eta_0\mathscr{E}$ 与 1 相比可略去)可得

$$|\chi|^2=\frac{4}{\pi\mathscr{E}\sqrt{\mathscr{E}\eta-1}}\exp\left(-\xi-\frac{2}{3\mathscr{E}}\right). \tag{4}$$

通过垂直于 z 轴的一个平面的总概率流量(即欲求的电离概率 w)为

$$w=\int_0^{\infty}|\psi|^2v_z2\pi\rho\mathrm{d}\rho,$$

ρ 为该平面内的圆柱半径. 对于大的 η(以及小的 ξ)我们可令

$$\mathrm{d}\rho=\mathrm{d}\sqrt{\xi\eta}\approx\frac{1}{2}\sqrt{\frac{\eta}{\xi}}\mathrm{d}\xi.$$

并把下列电子速度代入,

$$v_z\approx\sqrt{2\left(-\frac{1}{2}+\frac{1}{2}\mathscr{E}\eta\right)}=\sqrt{\mathscr{E}\eta-1},$$

我们有

$$w=\int_0^\infty |\chi|^2\pi\sqrt{\mathscr{E}\eta-1}\,\mathrm{d}\xi,$$

故最后得

$$w=\frac{4}{\mathscr{E}}\exp\left(-\frac{2}{3\mathscr{E}}\right) \tag{5}$$

用通常的单位制时，则得

$$w=\frac{4m^3|e|^9}{\mathscr{E}\hbar^7}\exp\left(-\frac{2m^2|e|^5}{3\mathscr{E}\hbar^4}\right).$$

2. 求短程力势阱中的一个束缚 s 态电子被电场拉出的概率. 假定电场很弱，满足 $|e|\mathscr{E}\ll\hbar^2\kappa^3/m$，其中 $\kappa=\sqrt{2m|E|}/\hbar$，$E$ 为阱中电子的结合能，m 为电子质量①.

解：和例题 1 一样，对于弱电场，重要的是远距离（$\kappa r\gg1$）的情况. 阱中电子的束缚态波函数（无电场 $\mathscr{E}$）在该处具有渐近式

$$\psi=\frac{A\sqrt{\kappa}}{r}\mathrm{e}^{-\kappa r},$$

式中 A 是一个与势阱形状有关的无量纲常数②，用抛物坐标时，

$$r=\frac{1}{2}(\xi+\eta),$$

在 $\eta\gg\xi$ 区内波函数具有下列形式：

$$\psi\approx\frac{2A\sqrt{\kappa}}{\eta}\exp\left[-\frac{1}{2}\kappa(\xi+\eta)\right], \tag{6}$$

下面求解时质量、长度和时间的单位分别取 m，$\frac{1}{\kappa}$ 和 $\frac{m}{\hbar\kappa^2}$.

(6) 式是 ξ 函数和 η 函数的乘积. 当有电场存在时，ψ 和 ξ 的关系可以取作与 (6) 式相同（参见例题 1）. 为了求出 ψ 和 η 的关系，我们采用抛物坐标中的薛定谔方程. 与库仑场情形不一样，势阱之场衰减很快，因此对本题至为重要的远距离处此场可以忽略. 于是薛定谔方程分离变量后又得 (77. 11) 式，在该式中现在必须令 $E=-\frac{1}{2}$ 和 $m=0$，且其分离参量现在满足条件

$$\beta_1+\beta_2=0.$$

参量 β_1 应取 $\frac{1}{2}$ [使得当 $\xi\mathscr{E}$ 很小时 $\psi\sim\mathrm{e}^{-\xi/2}$ 能够大致满足 (77. 11) 式的第一个方

---

① Ю. Н. Демков，Г. Ф. Друкарев，1964

② 例如，当势阱半径 a 很小，以致满足 $a\kappa\ll1$ 时，则有 $A=1/\sqrt{2\pi}$；见 § 133.

程];从而 $\beta_2=-\dfrac{1}{2}$,ψ 是 η 的函数,满足下列方程:

$$\frac{\partial^2\chi}{\partial\eta^2}+\left(-\frac{1}{4}-\frac{1}{2\eta}+\frac{1}{4\eta^2}+\frac{1}{4}\mathscr{E}\eta\right)\chi=0,\quad \chi=\psi\sqrt{\eta}.$$

和(2)式一样解此方程,(3)式改成

$$|\chi|^2=\frac{4A^2|p_0|}{\eta_0 p}\exp\left(-\mathscr{E}-2\int_{\eta_0}^{\eta_1}|p|\mathrm{d}\eta-\eta_0\right).$$

其中

$$p(\eta)=\sqrt{-\frac{1}{4}-\frac{1}{2\eta}+\frac{1}{4\eta^2}+\frac{\mathscr{E}\eta}{4}}.$$

其次,(4)式改成

$$|\chi|^2=\frac{A^2\mathscr{E}}{\sqrt{\mathscr{E}\eta-1}}\exp\left(-\xi-\frac{2}{3\mathscr{E}}\right),$$

最后,(5)式改成

$$w=\pi A^2\mathscr{E}\exp\left(-\frac{2}{3\mathscr{E}}\right),$$

用通常单位制时,得

$$w=\frac{\pi|e|\mathscr{E}A^2}{\hbar\kappa}\exp\left(-\frac{2\hbar^2\kappa^3}{3m|e|\mathscr{E}}\right).$$

3. 求势阱中的一个电子受均匀可变电场 $\mathscr{E}=\mathscr{E}_0\cos\omega t$ 作用后,脱出阱外的概率(求出指数式精度即可),假定电场的频率和振幅满足下列条件:

$$\hbar\omega\ll|E|,\quad |e|\mathscr{E}_0\ll\hbar^2\kappa^3/m.$$

其中 $\kappa=\sqrt{2m|E|}/\hbar$,$|E|$ 为阱中电子的结合能(Л. В. Келдыш,1964)①.

解:按所述条件,脱出概率 w 是一个指数式小量. 为了仅仅算出它的指数幂(不要求算出指数因子前的系数),只需考虑沿外场方向(z 轴方向)的一维运动就足够了.

为方便计,电场最好用一个矢势(不是标势)$A_z=A=-\dfrac{c\mathscr{E}_0}{\omega}\sin\omega t$ 来描写. 则阱外区的电子哈密顿量为[见(111.3)式]

$$\hat{H}=\frac{1}{2m}\left(-\mathrm{i}\hbar\frac{\partial}{\partial z}+\frac{|e|\mathscr{E}_0}{\omega}\sin\omega t\right)^2,$$

式中不含 z. 采用下列无量纲的变量和参量:

---

① 这可作为一个例子,说明带单位负电荷的一个离子被强光所电离的情况;这里的势阱是由电子和中性原子实相互作用而产生的,条件 $\hbar\omega\ll|E|$ 保证了电磁波的场可作经典处理.

$$\tau = \frac{\hbar\kappa^2}{2m}t, \quad \eta = 2\kappa z, \quad \Omega = \frac{2m\omega}{\hbar\kappa^2} = \frac{\hbar\omega}{|E|}, \quad F = \frac{|e|m\mathscr{E}_0}{\hbar^2\kappa^3},$$

可把薛定谔方程写成下列形式：

$$\frac{1}{4}\mathrm{i}\frac{\partial\Psi}{\partial\tau} = -\left(\frac{\partial}{\partial\eta} + \frac{\mathrm{i}F}{\Omega}\sin\Omega\tau\right)^2\Psi,$$

其边界条件为，解 $\Psi(\eta,\tau)$ 当 $\eta\to0$ 时应该等于未受扰的阱内电子波函数（具有能量 $E=-|E|$）：

$$\eta\to0 \text{ 时}, \ \Psi\to \mathrm{e}^{\mathrm{i}\tau}. \tag{7}$$

由于问题是准经典的，我们令具有指数式精度的解 Ψ 呈 $\Psi=\exp(\mathrm{i}S)$ 形式，$S(\eta,\tau)$ 是经典作用量. 由于哈密顿量与坐标 η 无关，沿经典轨道的广义动量 $p_\eta=p$ 是守恒量. 故

$$S = -\int_{\tau_0}^{\tau} H(p,\tau')\mathrm{d}\tau' + \eta p + A, \quad H(p,\tau) = 4\left(p + \frac{F}{\Omega}\sin\Omega\tau\right)^2, \tag{8}$$

式中 A 和 τ_0 是常数. 根据作为坐标函数的作用量的含义（见《力学》，§43），p 必须取轨道在 τ 时刻位于 η 点的值，亦即把 p 作为 η 和 τ 的函数由运动方程 $\partial S/\partial p$ = 常数确定：

$$\eta = \int_{\tau_0}^{\tau} \frac{\partial H(p\tau')}{\partial p}\mathrm{d}\tau', \tag{9}$$

式中的常数选得使 $\tau=\tau_0$ 时 $\eta=0$. (8)式和(9)式给出了作用量，它是 τ_0 和 A 这两个常数的函数. 为了获得满足(7)式条件的解（与求出哈密顿－雅可比方程的通解一样；见《力学》，§47 附注），我们必须把 A 看作是 τ_0 的函数，而 τ_0 作为坐标和时间的函数，由下式定义：

$$\frac{\partial S}{\partial\tau_0} = 0, \tag{10}$$

显然有 $A(\tau_0)=\tau_0$；故当 $\eta=0$ 和 $\tau=\tau_0$ 时，我们有 $S=\tau_0$，亦即 $S=\tau$，这和条件(7)完全一致. 此时(10)式变成

$$H(p,\tau_0) + 1 = 0, \tag{11}$$

(9)式和(11)式一起确定了 $\tau_0(\eta,\tau)$ 和 $p(\eta,\tau)$ 函数，从而[把它们代入(8)式后]确定了波函数 $\Psi(\eta,\tau)$.

所求概率 w 与沿 z 轴的流密度成正比. 在经典通区内，它等于 $v_z|\Psi|^2$. 经典通区开始点的坐标值，等于 Im S 不再增长时的点. 在该点处 $(\partial \mathrm{Im}\, S/\partial\eta)_\tau=0$，由于 $\partial S/\partial\eta=p$，得 Im $p=0$；再根据(9)式和(11)式我们可得 Re $p=0$. 根据这一条件，我们可以求出 τ_0 值，把 $p=0$ 代入(11)式后，得

$$\frac{4F^2}{\Omega^2}\sin^2\Omega\tau_0 = -1,$$

从而有

$$\Omega\tau_0 = \mathrm{i}\,\mathrm{arsinh}\,\gamma, \quad \gamma = \frac{\Omega}{2F} = \frac{\sqrt{2m|E|}\,\omega}{|e|\mathscr{E}_0}.$$

“时间”τ_0 为虚数这一点说明了这个过程是经典不可能的.

最后得

$$w \sim \exp\left\{-2\mathrm{Im}\left[\int_{\tau}^{\tau_0}\frac{4F^2}{\Omega^2}\sin^2\Omega\tau'\mathrm{d}\tau' + \tau_0\right]\right\},$$

式中的 τ 可取任意实数值;积分的虚部不受影响. 上式积出后,得

$$w \sim \exp\left\{-\frac{2|E|}{\hbar\omega}f(\gamma)\right\}, \quad f(\gamma) = \left(1+\frac{1}{2\gamma^2}\right)\mathrm{arsinh}\,\gamma - \frac{\sqrt{1+\gamma^2}}{2\gamma}, \qquad (12)$$

$f(\gamma)$ 函数的极限式为

$$f(\gamma) \approx \frac{2}{3}\gamma, \ (\gamma \ll 1)$$

$$f(\gamma) \approx \ln 2\gamma - \frac{1}{2}, \qquad (\gamma \gg 1)$$

$\gamma \to 0$ 时 w 的极限值,相当于粒子被恒定场拉出阱外的概率.

(12)式只当指数幂很大时才能应用. 为此,在任何情况下必须具有 $\hbar\omega \ll |E|$ 的条件.

第十一章

双原子分子

§78　双原子分子的电子谱项

在分子理论中，原子核质量远大于电子质量这一事实起着重要的作用. 由于这种质量差别，分子中原子核的运动速度远小于电子速度. 这就有可能把电子的运动看作是电子在相隔一定距离的一些固定原子核之间的运动. 对这样一种系统求出的能级 U_n，就称为分子的**电子谱项**. 电子谱项与原子能级（它是一组数值）不同，它不是一组数值而是以分子中各个原子核间距离为参量的一个函数. U_n 中还包含原子核之间相互作用的静电能量，所以 U_n 实质上就是当诸固定的原子核具有给定排列时的分子总能量.

我们先从类型最简单的分子——**双原子分子**考虑起，它可以供我们进行最完备的理论研究. 双原子分子的电子谱项只是核距 r 这一个参量的函数.

原子谱项是按总轨道角动量 L 的数值加以分类的，这是原子谱项分类工作中的一个首要原则. 但在分子中并不存在电子总轨道角动量的守恒律，因为多个原子核的电场并不是一个有心力场.

可是在双原子分子中，电场对两个原子核的连线而言具有轴对称性. 由于轨道角动量沿该轴的分量是一个守恒量，我们可按该分量的各种数值对分子的电子谱项进行分类. 沿分子轴的总轨道角动量分量，其绝对值习惯上记作 Λ；Λ 的取值 $0,1,2,\cdots$，Λ 值不同的各个谱项通常用大写的希腊字母加以区别，这些希腊字母与 L 值不同的原子谱项所用的各个拉丁字母相对应. 例如 $\Lambda=0,1,2$ 时分别称为 Σ，Π 和 Δ 谱项. 较大的 Λ 值通常可不考虑.

其次，分子的每个电子态是由该分子中所有电子的总自旋 S 加以标志的. 如果 S 不等于零，对总自旋的空间方向而言就有 $2S+1$ 重简并①. 和原子的情形一

① 在这里我们略去了来自相对论作用的精细结构（见后面 §83 和 §84）.

样，数值 $2S+1$ 称为该谱项的**多重度**，并把它标记在该谱项字母的左上角，例如 $^3\Pi$ 代表 $\Lambda=1, S=1$ 的谱项.

分子的对称性除了能绕对称轴旋转任意角度以外，还可以对通过对称轴的任一平面进行反射，如果我们施行这样的一次反射，分子的能量保持不变. 可是，反射以后所得的态并不完全等同于原来的态. 因为，对通过分子轴的一个平面进行一次反射后，沿该轴的角动量（它是一个轴矢量）要变号. 于是我们得出结论，Λ 值不等于零的所有电子谱项都是双重简并的：每个能量值对应两个态，这两个态中轨道角动量沿分子轴的投影方向是相反的. 在 $\Lambda=0$ 的情形中，分子态对反射完全不变，因此 Σ 谱项并不简并，反射的结果 Σ 谱项的波函数只是改变了一个常数倍. 由于对同一平面的两次反射等于一个恒等变换，这个常数只能是 ±1. 因此我们有必要把波函数反射后保持不变的 Σ 谱项与波函数反射后变号的 Σ 谱项区分开来. 前者记作 Σ^+，后者记作 Σ^-.

如果分子是由两个相同原子组成的，就会出现一种新的对称性，使它的电子谱项多出一个标记. 原子核全同的一个双原子分子，在原子核联线的中点处具有一个对称中心①（我们把它取作原点）. 因而哈密顿量对分子中所有电子坐标的同时变号（原子核坐标不变号）保持不变. 由于上述变换算符②也和总轨道角动量算符相对易，我们就有可能把具有给定 Λ 值的谱项按其宇称分类：电子坐标变号时，**偶**态（记作 g）的波函数保持不变，**奇**态（记作 u）的波函数改变符号，代表宇称的下标 u 和 g 按惯例放在谱项字母的右下角，例如 Π_u, Π_g，等等.

下面是一个经验事实，绝大多数具有化学稳定性的双原子分子的电子基态是完全对称的：电子波函数对分子的所有对称变换一律保持不变. 绝大多数情形下基态的总自旋 S 还等于零. 换句话说，分子的基项为 $^1\Sigma^+$，如果该分子由两个相同原子所组成，则为 $^1\Sigma_g^+$. 这些规则的例外有 O_2 分子（基项为 $^3\Sigma_g^-$）和 NO 分子（基项为 $^2\Pi$）.

习 题

对于 H_2^+ 离子的电子谱项的薛定谔方程，试用椭圆坐标分离其变量.

解：在两个静止质子的电场中，单电子的薛定谔方程为（采用原子单位）

$$\nabla^2\psi+2\left(E+\frac{1}{r_1}+\frac{1}{r_2}\right)\psi=0,$$

椭圆坐标 ξ, η 由下式定义：

---

① 还有一个对称面，即分子轴的垂直平分面. 但是这个对称元素无需单独考虑，有了对称中心和对称轴后就能自动给出这个对称面.

② 不要和分子中所有粒子坐标的同时反演混淆起来（参考 §86）.

$$\xi = \frac{r_1 + r_2}{R}, \quad \eta = \frac{r_2 - r_1}{R}; \quad 1 \leqslant \xi \leqslant \infty, \ -1 \leqslant \eta \leqslant 1.$$

第三个坐标 φ 就是绕两核连线的转角，R 是两核的间距(见《力学》，§48)．这个坐标系中的拉普拉斯算符为

$$\nabla^2 = \frac{4}{R^2(\xi^2 - \eta^2)} \left[\frac{\partial}{\partial \xi}(\xi^2 - 1)\frac{\partial}{\partial \xi} + \frac{\partial}{\partial \eta}(1 - \eta^2)\frac{\partial}{\partial \eta} \right] + \frac{1}{R^2(\xi^2 - 1)(1 - \eta^2)} \frac{\partial^2}{\partial \varphi^2}.$$

令

$$\psi = X(\xi) Y(\eta) e^{i\Lambda\varphi},$$

我们得下列 X 和 Y 的方程

$$\frac{d}{d\xi}\left[(\xi^2 - 1)\frac{dX}{d\xi} \right] + \left(\frac{1}{2}ER\xi^2 + 2R\xi + A - \frac{\Lambda^2}{\xi^2 - 1} \right) X = 0,$$

$$\frac{d}{d\eta}\left[(1 - \eta^2)\frac{dY}{d\eta} \right] + \left(-\frac{1}{2}ER\eta^2 - A - \frac{\Lambda^2}{1 - \eta^2} \right) Y = 0,$$

式中 A 是分离参量．

每个电子谱项 $E(R)$ 由三个量子数描述：Λ 以及两个"椭圆量子数"n_ξ 和 n_η，后者确定了函数 $X(\xi)$ 和 $Y(\eta)$ 的零点数目．

§79　电子谱项的相交

双原子分子中的电子谱项作为核距 r 的函数可以用能量对 r 的作图法表出，考察代表不同谱项的不同曲线的相交问题颇有意义．

设 $U_1(r)$ 和 $U_2(r)$ 是两个不同的电子谱项．如果它们相交于某一点，那么函数 U_1 和 U_2 在该点附近就会有接近值．为了判断怎样才能相交，最好对问题进行以下的处理．我们考虑一个 r_0 点，该点处的 $U_1(r)$ 和 $U_2(r)$ 函数值十分接近(我们记作 E_1 和 E_2)但是并不相等，现在来看一下该点位移一个很短的距离 δr 后能不能使 U_1 和 U_2 值变得相等．能量 E_1 和 E_2 是核距为 r_0 的场内多电子系统哈密顿量 $\hat{H}_0$ 的两个本征值．如果使距离 r_0 增加 δr，哈密顿量变成 $\hat{H}_0 + \hat{V}$，其中的 $\hat{V} = \delta r \cdot \partial \hat{H}_0 / \partial r$ 是一个小的改正，函数 U_1 和 U_2 在 $r_0 + \delta r$ 点的值可看作这个新哈密顿量的本征值．这个观点使我们可以用微扰论求出 $U_1(r)$ 和 $U_2(r)$ 谱项在 $r_0 + \delta r$ 点的值，$\hat{V}$ 看成算符 $\hat{H}_0$ 的一个微扰．

可是，通常的微扰论方法在这里并不适用，因为未微扰问题中的能量本征值 E_1 和 E_2 十分接近，其差值一般讲来并不远大于微扰量，条件(38.9)式并不满足．由于差值 $E_2 - E_1$ 趋于零时变成有简并的本征值情形，我们自然可试用类似于§39 中的方法去解决具有相近本征值的问题．

设 ψ_1, ψ_2 是未微扰算符 $\hat{H}_0$ 的两个本征函数，属于能量 E_1, E_2．我们不用 ψ_1 和

ψ_2而用下列线性组合作为零级近似

$$\psi = c_1\psi_1 + c_2\psi_2. \tag{79.1}$$

把上式代入受微扰方程

$$(\hat{H}_0 + \hat{V})\psi = E\psi \tag{79.2}$$

得到

$$c_1(E_1 + \hat{V} - E)\psi_1 + c_2(E_2 + \hat{V} - E)\psi_2 = 0,$$

对上式分别左乘 ψ_1^* 和 ψ_2^*，积分后得到两个代数方程

$$\left.\begin{aligned} c_1(E_1 + V_{11} - E) + c_2 V_{12} = 0, \\ c_1 V_{21} + c_2(E_2 + V_{22} - E) = 0, \end{aligned}\right\} \tag{79.3}$$

由于算符 $\hat{V}$ 是自轭的，矩阵元 V_{11} 和 V_{22} 是实数并且 $V_{12} = V_{21}^*$. 以上两式的相容条件为

$$\begin{vmatrix} E_1 + V_{11} - E & V_{12} \\ V_{21} & E_2 + V_{22} - E \end{vmatrix} = 0$$

因而

$$E = \frac{1}{2}(E_1 + E_2 + V_{11} + V_{22}) \pm$$
$$\pm\sqrt{\frac{1}{4}(E_1 - E_2 + V_{11} - V_{22})^2 + |V_{12}|^2}. \tag{79.4}$$

上式给出了欲求的一级近似能量本征值.

如果在 $r_0 + \delta r$ 处这两个谱项的能量值相等，(即谱项相交)，这就意味着(79.4)式给出的两个 E 值相等. 为此必须令(79.4)根号中的表式等于零. 由于它是两个平方项之和，故谱项存在交点的条件是

$$E_1 - E_2 + V_{11} - V_{22} = 0, \quad V_{12} = 0. \tag{79.5}$$

可是，可供我们支配的决定微扰 $\hat{V}$ 的只有一个任意参量，即位移量 δr. 因此(79.5)的两个方程一般讲来不能同时满足(假定 ψ_1，ψ_2已选成实函数，故 V_{12}也是实的).

但也有可能碰到 V_{12}矩阵元恒等于零的情形，此时(79.5)只留下一个方程，适当选择 δr 可使该方程得到满足. 这种情形总是发生在所考虑的两个谱项具有不同对称性的时候. 这里所讲的对称性是指所有可能的对称形式：绕轴转动，对平面的反射，反演，也指电子的对换. 在双原子分子中，这意味着所指的是具有不同 Λ 值，不同宇称或不同多重度的谱项，或者是指(对 Σ 谱项而言) Σ^+ 和 Σ^- 谱项.

上述论断的成立，在于微扰算符(和哈密顿量本身一样)与分子的所有对称算符相对易，包括沿轴的角动量算符，反射和反演算符以及电子的对换算符.

§29 和 §30 中曾经证明，对于一个与角动量及反演算符都对易的标量算符而言，它的非零矩阵元只有角动量和宇称都相同的状态之间的跃迁矩阵元. 一般情形下，当所对易的算符为任意的对称算符时，这个证明仍能成立. 我们不在这里重复这个证明，因为 §97 中将在群论基础上给出另一个普遍证明.

因此我们得到这样的结论，双原子分子中只有对称性不同的谱项才能相交，对称性相同的谱项是不能相交的(E. Wigner, J. von Neumann, 1929). 如果在某种近似计算的结果中，我们得到了对称性相同的两个相交谱项，那么在下一级的近似计算中它们就会分开，如图 27 的实线所示.

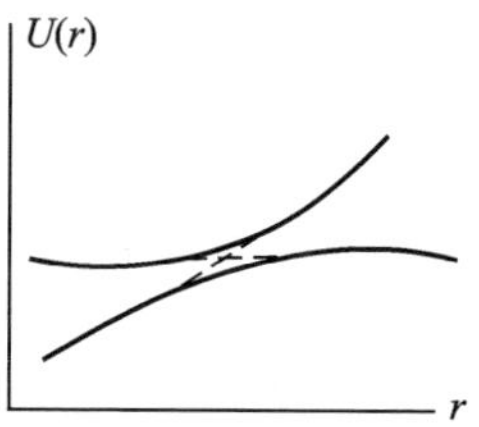

图 27

应该强调的是，这个结论不只是对双原子分子成立，而且是量子力学的一个普遍定理：只要哈密顿量中含有某个参量从而它的本征值是该参量的函数时，这个结论即能成立.

采用群论的术语(见 §96)，谱项有可能相交的一般条件是，这两个谱项应该分属于系统哈密顿量对称群的两个不同的不可约表示①.

多原子分子中，电子谱项不是一个参量而是若干个参量的函数，这些参量就是各个核距. 令 s 为独立核距数. 在具有 N 个($N>2$)原子的分子中，当原子核可任意排列时，这个数 $s=3N-6$. 从几何学的观点看来，每个 $U_n(r_1,\cdots,r_s)$ 谱项是 $s+1$ 维空间中的一个曲面，这些曲面的交区可以有不同的维数，从 0 维(交于一点)到 $s-1$ 维. 除了微扰 $\hat{V}$ 现在不是由一个参量而是由 s 个参量 $\delta r_1,\cdots,\delta r_s$ 所确定的以外，上面所作的推导全部有效. 即使是两个参量，(79.5)中的两个方程式一般讲来总能得到满足. 因此得出这样的结论：多原子分子中任意两个谱项都有可能相交. 如果这两个谱项具有相同的对称性，则其交区由(79.5)式的两个条件所确定，从而这个交区是 $s-2$ 维的. 如果这两个谱项具有不同的对称性，(79.5)式中只留下一个条件，这个交区是 $s-1$ 维的.

例如 $s=2$ 时，谱项可表为三维坐标系中的曲面. 当谱项的对称性不同时，这些曲面的交线是一条直线($s-1=1$)，而当对称性相同时，则交于一点($s-2=$

---

① 这个规则的表观例外是 H_2^+ 离子的电子谱项. 它们由角动量分量 Λ 以及两个椭圆量子数 n_ξ 和 n_η 来描述(见 §78, 例题)，由于这些量子数分别与不同变量的函数相联系，这就无法阻止 Λ 值相同而 n_ξ 和 n_η 值不同的两个 $E(R)$ 谱项相交，即使这些谱项对旋转和反射具有相同的对称性，但实际上，该系统的薛定谔方程中变量的可分离性，说明了它的哈密顿量尚有来自几何性质以外的更高对称性，相对于这个完整对称群而言，n_ξ 和 n_η 值不同的态具有不同的对称类型.

0). 在后一种情形下,不难判明交点附近的曲面形状. 谱项交点附近的能量值是由(79.4)式给出的. 该式中的矩阵元 V_{11}, V_{22}, V_{12} 是位移 $\delta r_1, \delta r_2$ 的线性函数,因而也是距离 r_1, r_2 本身的线性函数. 由解析几何知道,这样的一个方程确定了一个椭圆锥面. 因此这两个谱项在交点附近可以表成任意放置的一个双椭圆锥面(图 28).

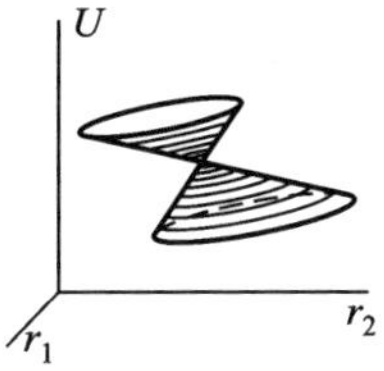

图 28

§ 80　分子谱项与原子谱项的关系

当我们增大双原子分子内原子核间的距离时,其极限是两个孤立原子(或离子). 因此就产生了分子的电子谱项与分开后所得的原子态之间的对应关系问题(E. Wigner, E. Witmer, 1928). 这种关系并不是单值的:如果把两个给定态的原子靠拢起来,所得的分子可以具有各种不同的电子态.

我们先假定该分子是由两个不同原子组成的. 设孤立原子分别处于轨道角动量为 L_1, L_2 自旋为 S_1, S_2 的态中,并令 $L_1 \geqslant L_2$. 角动量沿原子核连线的投影值可取 $M_1 = -L_1, -L_1+1, \cdots, L_1$ 和 $M_2 = -L_2, -L_2+1, \cdots, L_2$. 和 $M_1 + M_2$ 的绝对值确定了这两个原子靠拢后所得的 Λ 值. 把 M_1 和 M_2 的各种可能值相加起来,我们发现所得的各种 $\Lambda = |M_1 + M_2|$ 值的次数如下:

$$
\begin{aligned}
\Lambda = L_1 + L_2 &\quad 2\ 次, \\
L_1 + L_2 - 1 &\quad 4\ 次, \\
\cdots\cdots &\cdots\cdots, \\
L_1 - L_2 &\quad 2(2L_2+1)次, \\
L_1 - L_2 - 1 &\quad 2(2L_2+1)次, \\
\cdots\cdots &\cdots\cdots, \\
1 &\quad 2(2L_2+1)次, \\
0 &\quad 2L_2+1\ 次,
\end{aligned}
$$

我们记得, $\Lambda \neq 0$ 的谱项都是双重简并的, $\Lambda = 0$ 的谱项都是无简并的,因此有:

$$
\left.
\begin{aligned}
&\Lambda = L_1 + L_2 \text{ 的谱项共 1 个}, \\
&\Lambda = L_1 + L_2 - 1 \text{ 的谱项共 2 个}, \\
&\cdots\cdots\cdots\cdots \\
&\Lambda = L_1 - L_2 \text{ 的谱项共 } 2L_2+1 \text{ 个}, \\
&\Lambda = L_1 - L_2 - 1 \text{ 的谱项共 } 2L_2+1 \text{ 个}, \\
&\cdots\cdots\cdots\cdots\cdots\cdots \\
&\Lambda = 0 \text{ 的谱项共 } 2L_2+1 \text{ 个};
\end{aligned}
\right\}
\qquad (80.1)
$$

一共有$(2L_2+1)(2L_1+1)$个谱项，它们的 Λ 值从 0 到 L_1+L_2.

两个原子的自旋 S_1,S_2按角动量相加的一般规则组合成为分子的总自旋，给出下列各个可能的 S 值：

$$S=S_1+S_2,S_1+S_2-1,\cdots,|S_1-S_2|. \tag{80.2}$$

把每个 S 值和(80.1)中的各个 Λ 值组合起来，即得所合成的分子中所有可能谱项的完整的清单.

对于Σ谱项，还有一个符号问题. 这个问题是很易解决的，只需注意到当 $r\to\infty$ 时，分子波函数可以表成两个原子波函数的乘积(或乘积之和). $\Lambda=0$ 的角动量既可以从不等于零但有 $M_1=-M_2$的两个原子角动量相加而成，也可以从 $M_1=M_2=0$ 的两个原子角动量相加而成. 我们用 $\psi_{M_1}^{(1)},\psi_{M_2}^{(2)}$代表第一个和第二个原子的波函数. 当 $M=|M_1|=|M_2|\neq0$ 时，可作以下的对称乘积和反对称乘积：

$$\psi^+=\psi_M^{(1)}\psi_{-M}^{(2)}+\psi_{-M}^{(1)}\psi_M^{(2)},$$
$$\psi^-=\psi_M^{(1)}\psi_{-M}^{(2)}-\psi_{-M}^{(1)}\psi_M^{(2)}.$$

对竖直平面(即通过分子轴的一个平面)的反射使角动量的轴向投影变号，从而使 $\psi_M^{(1)},\psi_M^{(2)}$分别变成 $\psi_{-M}^{(1)},\psi_{-M}^{(2)}$，以及反之. 此时函数 ψ^+保持不变而 ψ^-变一符号，前者对应于Σ^+谱项，后者对应于Σ^-谱项. 因此对于每个 M 值，得到一个Σ^+谱项和一个Σ^-谱项. 由于 M 可以取 L_2个不同的值($M=1,\cdots,L_2$)，总共有 L_2个Σ^+谱项和 L_2个Σ^-谱项.

另一方面，若 $M_1=M_2=0$，分子波函数的形式为 $\psi=\psi_0^{(1)}\psi_0^{(2)}$. 为了判明 $\psi_0^{(1)}$函数对竖直平面的反射所具有的性质，我们选取一个坐标系，它的原点在第一个原子的中心，它的 z 轴沿着分子轴. 我们注意到，对 xz 竖直平面内的反射，等价于对原点反演后再绕 y 轴旋转 180°. $\psi_0^{(1)}$函数经过反演后要乘以 P_1，$P_1=\pm1$ 是第一个原子的所给态的宇称. 其次，无限小旋转算符作用于波函数后所得的结果(从而任一有限大旋转的结果)，完全由该原子的总轨道角动量所决定. 因此只须考虑轨道角动量为 l(同时角动量的 z 分量 $m=0$)的一个单电子原子这一特殊情形就足够了. 把结果中的 l 换成 L，即得对于任意原子的解. $m=0$ 的电子波函数的角部除了一个常系数外等于 $\mathrm{P}_l(\cos\theta)$[见(28.8)]. 绕 y 轴旋转 180°相当于 $x\to-x,y\to y,z\to-z$ 的变换，或者相当于球坐标中 $r\to r,\theta\to\pi-\theta,\varphi\to\pi-\varphi$ 的变换. 此时有 $\cos\theta\to-\cos\theta$，而 $\mathrm{P}_l(\cos\theta)$函数则乘以$(-1)^l$.

由此得出结论，对竖直平面内反射的结果，$\psi_0^{(1)}$函数要乘以$(-1)^{L_1}P_1$. 同理 $\psi_0^{(2)}$要乘以$(-1)^{L_2}P_2$，因而 $\psi=\psi_0^{(1)}\psi_0^{(2)}$波函数要乘以$(-1)^{L_1+L_2}P_1P_2$. 谱项为$\Sigma^+$或$\Sigma^-$，要看这个因子等于 +1 还是 −1 而定.

总结所得结果，我们发现，$(-1)^{L_1+L_2}P_1P_2=+1$ 时在总数为 $2L_2+1$ 个的Σ谱项(每个具有适当的多重度)中，共有 L_2+1 个Σ^+谱项和 L_2个Σ^-谱项，

$(-1)^{L_1+L_2}P_1P_2=-1$ 时则反之.

现在考虑两个相同原子所组成的分子. 把原子的自旋和轨道角动量组合成为分子的总 S 和 Λ 的规则,仍和不同原子构成分子时的情形相同. 所不同的是谱项具有奇偶性. 在这里必须区分两种情况,要看这两个被结合原子是处于相同状态还是处于不同状态.

如果这两个原子处于不同状态①,它的谱项总数要比不同原子的情形大一倍. 实际上,对原点(即分子轴的平分点)的反射使得两个原子的状态相互对换. 把分子波函数相对于原子态的对换进行对称化或反对称化以后,可得两个谱项(具有相同的 Λ 和 S),其中的一个是偶的另一个是奇的. 因此总起来说,有数目相同的偶谱项和奇谱项.

另一方面,如果这两个原子处于相同状态,则其总态数仍和具有不同原子的分子相同. 至于这些态的宇称问题,研究后②(这个研究由于太繁,不在这里给出)得到下列结果:

设 N_u,N_g 为具有给定 Λ 和 S 值的奇偶谱项数. 则:

Λ 奇数时,$N_g=N_u$;

Λ 偶数和 S 偶数($S=0,2,4,\cdots$)时,$N_g=N_u+1$;

Λ 偶数和 S 奇数($S=1,3,\cdots$)时,$N_u=N_g+1$.

最后,在 Σ 谱项中还应区分 Σ^+ 和 Σ^-. 此时有,

S 偶数时,$N_g^+=N_u^-+1=L+1$,

S 奇数时,$N_u^+=N_g^-+1=L+1$;

其中的 $L_1=L_2\equiv L$. 所有 Σ^+ 谱项的宇称为 $(-1)^S$,所有 Σ^- 谱项的宇称为 $(-1)^{S+1}$.

除了以上考虑过的分子谱项与 $r\to\infty$ 时的原子谱项间的关系问题以外,我们还可以提出分子谱项与 $r\to 0$ 时亦即两个原子核合成一点时的"复合原子"谱项间的关系(例如 H_2 分子谱项与 He 原子谱项间的关系). 我们不难导出以下的规则. 从自旋为 S 轨道角动量为 L 宇称为 P 的一个"复合"原子谱项出发,把其组成原子分开后,可得自旋为 S 角动量的轴分量值为 $\Lambda=0,1,\cdots,L$ 的各个分子谱项,每个 Λ 值有一个谱项. 分子谱项的宇称则和原子谱项的宇称相同($P=+1$ 时为 g,$P=-1$ 时为 u). $\Lambda=0$ 的分子谱项当 $(-1)^LP=+1$ 时为 Σ^+ 谱项,当 $(-1)^LP=-1$ 时为 Σ^- 谱项.

---

① 特别是,我们可以讨论一个中性原子和一个电离原子的结合.

② 参考 E. Wigner, E. Witmer. Zs. f. Physik, **51**, 859, 1928.

习　题

1. 试求基态原子结合而成的 H_2, N_2, O_2, Cl_2 分子的各种可能谱项.

解:根据以上给出的规则,可得下列可能谱项:

H_2分子(两原子处于^2S 态):$^1\Sigma_g^+$, $^3\Sigma_u^+$;

N_2分子(两原子处于^4S 态):$^1\Sigma_g^+$, $^3\Sigma_u^+$, $^5\Sigma_g^+$, $^7\Sigma_u^+$;

Cl_2分子(两原子处于^2P 态):$2{}^1\Sigma_g^+$, $^1\Sigma_u^-$, $^1\Pi_g$, $^1\Pi_u$, $^1\Delta_g$,
$2{}^3\Sigma_u^+$, $^3\Sigma_g^-$, $^3\Pi_g$, $^3\Pi_u$, $^3\Delta_u$;

O_2分子(两原子处于^3P 态):$2{}^1\Sigma_g^+$, $^1\Sigma_u^-$, $^1\Pi_g$, $^1\Pi_u$, $^1\Delta_g$, $2{}^3\Sigma_u^+$,
$3\Sigma_g^-$, $^3\Pi_u$, $^3\Pi_g$, $^3\Delta_u$, $2{}^5\Sigma_g^+$, $^5\Sigma_u^-$, $^5\Pi_g$,
$^5\Pi_u$, $^5\Delta_g$.

谱项符号前的数字代表该类谱项的出现次数,如果这个数超过 1 的话.

2. 同上题,但分子为 HCl,CO.

解:不同原子结合时,态的宇称也很重要. 按(31.6)式可知 H,O,C 原子的基态都是偶的,而 Cl 原子的基态是奇的(这些原子的电子组态见表 3). 根据以上所给规则可得:

HCl 分子(两原子处于^2S_g, ^2P_u态);$^{1,3}\Sigma^+$, $^{1,3}\Pi$

CO 分子(两原子处于^3P_g, ^3P_g态):$2{}^{1,3,5}\Sigma^+$, $^{1,3,5}\Sigma^-$, $2{}^{1,3,5}\Pi$, $^{1,3,5}\Delta$

§81　原子价

原子相互结合成为分子的性质是用**原子价**概念描述的. 每种原子具有一定的原子价,当原子结合时,它们的原子价必须相互匹配,亦即原子的每个价键必须有另一原子的一个价键和它相配. 例如甲烷分子 CH_4中,四价碳原子的四个价键和四个单价氢原子的价键相匹配. 在对原子价作出物理诠释时,我们从两个氢原子结合成 H_2分子这一最简单的例子开始.

考虑两个处于基态(^2S)的氢原子. 当它们接近时,最终系统可以处于$^1\Sigma_g^+$或$^3\Sigma_u^+$分子态中. 单项对应于反对称的自旋波函数,三重项对应于对称的自旋波函数. 反之,坐标波函数对$^1\Sigma$谱项是对称的,对$^3\Sigma$谱项则是反对称的. 显然,**H_2分子**的基项只能是$^1\Sigma$谱项. 实际上,反对称的波函数 $\varphi(\boldsymbol{r}_1, \boldsymbol{r}_2)$($\boldsymbol{r}_1$和 $\boldsymbol{r}_2$是两个电子的矢径)总是具有节点(因为 $\boldsymbol{r}_1=\boldsymbol{r}_2$时它等于零),因此它不可能是该系统的最低态.

数值计算表明,$^1\Sigma$电子谱项确有一个很深的极小值,相当于形成一个稳定的 H_2分子. 在$^3\Sigma$态中,能量 $U(r)$随着原子核间距的增大而递减,相当于这两个氢原子的相互排斥①(图 29).

因此在基态中,氢分子的总自旋 $S=0$. 我们发现,差不多所有由主族元素组成的化学性质稳定的化合物的分子都具有这种性质. 在无机分子中,例外的有双原子分子 O_2(基态为 $^3\Sigma$)和 NO(基态为 $^2\Pi$)以及三原子分子 NO_2, ClO_2(总自旋 $S=\frac{1}{2}$). 过渡族元素具有特殊的性质,我们将在讨论了主族元素的原子价性质以后再去讨论它.

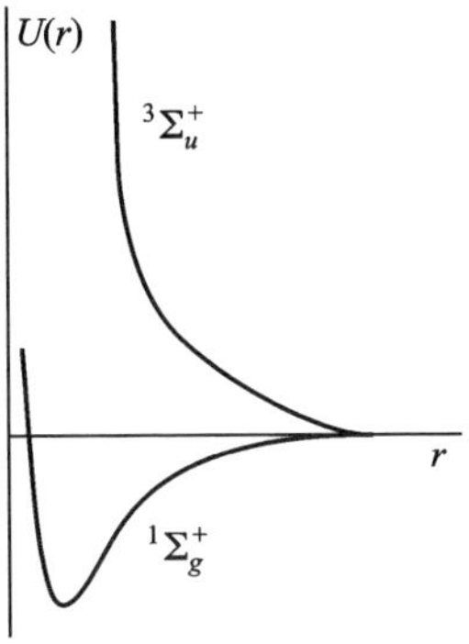

图 29

原子相互结合的性质因而和它们的自旋有关(W. Heitler, H. London, 1927). 进行结合时,原子的自旋相互抵消. 我们最好用一个整数,即原子自旋的两倍,作为原子结合能力的定量标志. 这个整数就等于该原子的化学价. 在此我们必须记住,同一原子可以具有不同的原子价,要看它处于哪个态中.

让我们用这个观点看一下周期表中的主族元素. 第一族元素(表 3 的第一列,碱金属族)的正常态中自旋为 $S=\frac{1}{2}$,因而它们的原子价等于 1. 只有把满壳层中的电子激发出来以后才能得到自旋值较高的激发态. 但这种激发态高到这样的地步,以致激发原子无法组成稳定的分子. ②

第二族元素(表 3 第二列,碱土金属族)的原子在正常态具有 $S=0$ 的自旋. 因而这些原子处于正常态时不能组成化合物. 但有一个激发态比较接近于基态,它的组态不是 s^2 而是未满壳层中的 sp 组态,具有总自旋 $S=1$. 处于这种态中的原子是 2 价的,这是第二族元素的主原子价.

第三族元素的正常态具有电子组态 s^2p 并且自旋 $S=\frac{1}{2}$. 但把封闭 s 壳层中的一个电子激发以后,可以得到一个激发态,它具有组态 sp^2 并具有自旋 $S=3/2$,这个态接近于正常态. 因此这一族元素可以有 3 价和 1 价. 此族的前两个元素(硼、铝)只表现为 3 价元素. 随着原子序的增大,原子价为 1 的趋势就逐渐显示出来,铊元素表现为 3 价和 1 价的机会相等(例如在化合物 TlCl 和 $TlCl_3$ 中). 这是因为对前几个元素讲来,三价化合物中的结合能大于单价化合物中的结合

① 我们在这里不讨论原子间的范德瓦尔斯引力(见 §89). 这个力的存在使得 $^3\Sigma$ 谱项的 $U(r)$ 曲线(在远距处)具有一个极小值. 但是这个极小值与 $^1\Sigma$ 曲线的极小值相比是很浅的,在图 29 所示的尺寸中这个极小值无法表出.

② 关于 Cu, Ag, Au 元素,见本节末.

能,它们之间的差值超过了该原子的激发能量.

第四族元素中,基态具有组态 s^2p^2,自旋等于 1,它的邻近激发态具有组态 sp^3 而自旋等于 2. 这些态相当于 2 价和 4 价. 它和第三族一样,前两个元素(碳,硅)主要表现为高原子价(例如 CO 等为例外),随着原子序的增大而显示出低价趋势.

第五族元素的原子中,基态具有组态 s^2p^3,自旋为 $S=3/2$,所以相应的原子价等于 3. 只有把其中的一个电子激发到主量子数更高的壳层中才能得到自旋更高的激发态. 这些态中最邻近的态具有组态 s^2p^2s' 并且自旋 $S=5/2$(我们习惯地用 s′代表电子的一个 s 态,它的主量子数要比前一个 s 态大 1). 这个态的激发能量虽然比较高,但是这样的激发原子仍能组成稳定的化合物. 因此第五族元素表现为 3 价和 5 价(例如氮在 NH_3 中为 3 价在 HNO_3 中为 5 价).

第六族的元素中,基态(组态为 s^2p^4)的自旋等于 1,因而原子是 2 价的. 激发一个 p 电子后得到自旋为 2 的 s^2p^3s' 态,再激发一个 s 电子后得到自旋为 3 的 $sp^3s'p'$ 态. 处于这两种激发态中的原子都能组成稳定分子,因而表现出 4 价和 6 价. 第六族中的第一个元素(氧)只表现为 2 价,后面的一些元素把高原子价也表现出来(例如硫在 H_2S,SO_2,SO_3 中分别为 2,4,6 价).

第七族(卤素族)中,基态$\left(\text{组态 } s^2p^5,\text{自旋 } S=\dfrac{1}{2}\right)$原子是单价的. 但是以下的激发态可以形成稳定化合物,这些激发态的组态分别为 s^2p^4s',$s^2p^3s'p'$,$sp^3s'p'^2$,自旋分别为 3/2,5/2,7/2,因此原子价为 3,5,7. 此族的第一个元素(氟)总是单价的,但是以后的元素还表现出高原子价(例如氯在 HCl,$HClO_2$,$HClO_3$,$HClO_4$ 中分别为 1,3,5,7 价).

最后是惰性气体族元素的原子,其基态是完全封闭的壳层(因而自旋 $S=0$),它们的激发能量非常高. 因此原子价等于零,这些元素在化学上是惰性的①.

以上所作的论述需要给予如下总的说明. 当我们讲到分子中的一个原子具有某一激发态的原子价时,并不意味着把这个原子拉到远距离处以后一定能得到一个激发原子. 它只是意味着这个分子中的电荷密度分布在该原子的原子核附近接近于一个孤立激发原子的电荷密度分布. 但当原子核之间的距离增大时,这种电荷密度分布很有可能趋于非激发原子的情形.

---

① 其中某些元素仍能与氟和氧结合成稳定化合物. 它们的原子价可能与封闭壳层的最外层中的电子跃迁到能量较近的未满 f 态或 d 态中有关.

还可以提及惰性气体原子与该元素的激发原子相互作用时所产生的相吸效应. 这种效应来自处于不同状态的相同原子靠拢时可能态数的加倍(见 §80). 在这里,激发态在两个原子之间的交替跃迁作用代替了产生通常原子价的交换作用. He_2 分子就是这种分子的一个例子. 由两个相同原子所组成的电离分子中也出现这种类型的化学键(例如 H_2^+).

当原子结合成为分子时,原子中的封闭电子壳层改变得很少.可是未满壳层中的电子密度分布可能会有很大的改变.在表现得最明显的**异极键**情形下,所有的价电子都从原来的原子跑到了另一个原子,以致我们可以把这个分子说成是由电荷(以 e 为单位)等于其原子价的离子所组成.第一族的元素是正电性的:它们在异极化合物中失去电子而构成正的离子.当我们转向随后的几族时,元素的正电性逐渐不明显并转变为负电性,并在第七族元素中达到最高程度.关于异极性问题,我们需要和分子中的激发原子一样作出同样的说明.如果一个分子是异极性的,它并不意味着原子拉开后一定能得到两个离子.例如,对 CsF 分子我们的确可以得到 Cs^+ 和 F^- 离子.但对 NaF 分子所得的却是 Na 和 F 的中性原子(因为氟的电子亲和势大于铯的电离势而小于钠的电离势).

相反的极端情形是**同极键**,同极分子中的各个原子平均说来保持为中性.同极分子不同于异极分子,它并没有显著的偶极矩.异极型和同极型的区别完全是定性的,任何中间类型都有可能出现.

现在来讲过渡族元素.钯族和铂族在原子价的性质方面与主族元素极为相似.唯一不同的是,由于原子内的 d 电子处于较深的位置,它们和分子中的其它原子的作用很弱.结果使这些元素的化合物中常常出现"不饱和"的化合物,它们的分子具有不等于零的自旋(实际上都不超过 1/2).每一种元素都可以呈现出好几种原子价,这些原子价之间的差值可以等于 1,不像主族元素那样只能相差 2(主族元素的原子价改变是由于电子的激发,这些激发电子的自旋原来是成对抵消的,因此激发以后有一对电子的自旋同时获得释放).

稀土族元素是以存在未满 f 电子壳层为特征的.这些 f 电子处于比 d 电子更深的位置,因而它们并不参与原子价.所以稀土族元素的原子价只由未满壳层中的 s 和 p 电子所决定①.但是必须注意,当原子受激以后 f 电子有可能转入 s 和 p 态,使原子价增加 1.因此稀土族元素所表现的原子价其差值也等于 1(实际上它们都是三价和四价的).

锕族元素占有特殊的地位.锕和钍不含 f 电子,参与它们原子价的是 d 电子,因此它们的化学性质不像稀土元素而像钯族和铂族元素.至于铀,虽在基态中有 f 电子,但在化合物中也没有 f 电子.最后,Np,Pu,Am,Cm 原子的化合物中虽有 f 电子,但是参与原子价的电子仍为 s 和 d 电子.在这种意义下,它们都是类铀的."未配对"的 s 和 d 电子的最大数目分别等于 1 和 5,所以锕族元素的最高原子价等于 6,而稀土族元素的最高原子价(有 s 和 p 电子参与的原子价)等于 $1+3=4$.

① 某些稀土族原子的未满壳层中存在着 d 电子,这种电子并不重要,因为这些原子参与化合物时实际上总是处于没有 d 电子的激发态.

铁族元素,就它们的原子价性质来说,介于稀土元素与钯族铂族元素之间.这些原子中的 d 电子处于比较深的位置,在许多化合物中它们对原子价键没有贡献.因此在这样的化合物中,铁族元素类似于稀土元素.在这一类化合物中,有离子型的化合物(例如 $FeCl_2$, $FeCl_3$),其中的金属原子是一个阳离子.和稀土元素一样,这些化合物中的铁族元素可以有好几种原子价.

铁族元素的另一类化合物称为**络合物**,这类化合物的特点是分子中的过渡族元素不是一个简单的离子而是一个复合离子中的一部分(例如 $KMnO_4$ 中的 MnO_4^- 离子,$K_4Fe(CN)_6$ 中的 $Fe(CN)_6^{----}$ 离子).这类复合离子中的原子要比简单离子型化合物中的原子挨得更近,在原子中 d 电子也参与了价键.因此络合物中的铁族元素类似于钯族和铂族.

最后必须提一下铜,银,金等元素,它们在 §73 中放在主族元素内,但在某些化合物中它们类似于过渡族元素.这些元素中,由于 d 壳层的电子可以跃迁到能量相近的 p 壳层(例如铜中的 3d 电子跃迁到 4p),原子价可以超过 1.在这样的化合物中,原子具有未满 d 壳层因而类似于过渡族:铜类似于铁族元素,银和金类似于钯族和铂族.

习　题

基态氢原子和 H^+ 离子结合成电离分子 H_2^+,试求核距 R 远大于玻尔半径时 H_2^+ 的电子谱项(Л. Д. Ландау, 1961; C. Herring, 1962)①

解:本题形式上类似于 §50 题 3,在这里对原子核连线具有轴对称性的两个三维势阱(围绕两个核)代替了两个一维势阱.$E_0=-\frac{1}{2}$能级②(氢原子的基态能级)分裂成为 $U_g(R)$ 和 $U_u(R)$ 两个能级($^2\Sigma_g^+$ 谱项和 $^2\Sigma_u^+$ 谱项),相应的电子波函数为

$$\psi_{g,u}(x,y,z)=\frac{1}{\sqrt{2}}[\psi_0(x,y,z)\pm\psi_0(-x,y,z)].$$

它们对称和反对称于平分原子核连线的 $x=0$ 平面(两核在 x 轴上的 $x=\pm\frac{1}{2}R$ 点).其中的 $\psi_0(x,y,z)$ 是一个势阱中的电子波函数.与 §50 题 3 的做法完全类似,可得

① 关于 H_2 分子的相应问题,见 Л. П. Горьков, Л. П. Питаевский, ДАН СССР. 1963. Т. 151. С. 822; C. Herring, M. Flicker. Physical Review. 134A, 362, 1964(第二篇文章改正了第一篇的计算错误).

② 本题采用原子单位.

$$U_{g,u}(R)-E_0=\mp\iint\psi_0\frac{\partial\psi_0}{\partial x}\mathrm{d}y\mathrm{d}z. \tag{1}$$

式中的积分是对 $x=0$ 平面进行的①.

取 ψ_0 函数$\left(设绕核 1 运动,该核在 x=\frac{1}{2}R 处\right)$的形式为

$$\psi_0=\frac{a}{\sqrt{\pi}}\mathrm{e}^{-r_1}, \tag{2}$$

其中的 a 是一个缓变函数(对氢原子,$a=1$). ψ_0 函数必须满足下列薛定谔方程

$$\frac{1}{2}\nabla^2\psi+\left(-\frac{1}{2}-\frac{1}{R}+\frac{1}{r_1}+\frac{1}{r_2}\right)\psi=0, \tag{3}$$

r_1和 r_2是电子离核 1 和核 2 的距离. 这个方程中的电子总能量等于

$$E_0-\frac{1}{R},$$

因为 E_0本身含有原子核的库仑排斥能 $1/R$.

由于 ψ_0函数离开 x 轴时很快衰减,只有远小于 R 的 y 和 z 区域对积分式(1)才是重要的. 当 $y,z\ll R$ 时,把(2)代入(3)得

$$\frac{\partial a}{\partial x}+\frac{a}{\frac{1}{2}R+x}-\frac{a}{R}=0.$$

式中略去了缓变函数 a 的二阶导数并已令 $r_2\approx\frac{1}{2}R+x$. 上式中 $x\to\frac{1}{2}R$(即在核 1 邻区)时等于 1 的解为

$$a=\frac{2R}{R+2x}\exp\left(\frac{x}{R}-\frac{1}{2}\right).$$

这时(1)式给出

$$U_{g,u}-E_0=\mp\frac{4}{\pi e}\int_{R/2}^{\infty}\mathrm{e}^{-2r_1}2\pi r_1\mathrm{d}r_1=\mp 2R\mathrm{e}^{-R-1},$$

分裂量为②

$$U_g-U_u=-4R\mathrm{e}^{-R-1}. \tag{4}$$

在足够远的距离处,这个表示式指数式地衰减到小于 H 原子与 H^+ 离子偶极矩相互作用的二级近似效应. 由于基态氢原子的极化率等于 9/2 [见(77.9)],而 H^+ 离子的场为 $\mathscr{E}=1/R^2$,相应的相互作用能等于 $-9/(4R^4)$,计及此式后得

① 注意所求的效应取决于这样的距离范围,在此范围内电子以同样方式和两核作用.

② 按前引文献,H_2 分子的相应结果为 $U_g-U_u=-1.64R^{5/2}\mathrm{e}^{-2R}$.

$$U_{g,u}(R)-E_0=\mp\frac{2}{e}R\mathrm{e}^{-R}-\frac{9}{4R^4}. \tag{5}$$

仅当 $R=10.8$ 时第二项才能与第一项差不多. 我们还要指出, U_u 谱项在 $R=12.6$ 处具有一个极小值, 它等于 -5.8×10^{-5} 原子单位 (-1.6×10^{-3} eV)①.

§82　双原子分子单重谱项的振动和转动结构

正如本章初所指出的, 核质量与电子质量的巨大差别, 使我们有可能把确定分子能级的问题分成两个部分. 我们先求原子核为静止时的多电子系统的能级, 作为核距的函数 (电子谱项). 然后可以考虑对一个给定电子态而言的核运动, 这相当于把核看作是按 $U_n(r)$ 规律相互作用着的一组粒子, U_n 是相应的电子谱项. 分子的运动是由整体平动以及原子核绕质心的运动合成的. 我们对整体平动当然不感兴趣, 可把质心看作是固定的.

为讨论方便计, 我们首先考虑分子总自旋 S 为零的电子谱项 (单项). 按 $U(r)$ 规律作用着的两体 (两个核) 相对运动问题可以化成质量为 M (两粒子的折合质量) 的一个单粒子在一有心力场 $U(r)$ 中的运动. $U(r)$ 就是所考虑电子谱项的能量. 有心力场 $U(r)$ 中的运动问题又可以化成势场中的一维运动问题, 该势场的有效能量等于 $U(r)$ 与离心能之和.

我们令 $\boldsymbol{K}$ 为分子的总角动量, 它由电子的轨道角动量 $\boldsymbol{L}$ 和原子核的转动角动量相加而成. 于是原子核的离心能算符可写成

$$B(r)(\hat{\boldsymbol{K}}-\hat{\boldsymbol{L}})^2.$$

我们引用了双原子分子理论中习用的记号:

$$B(r)=\frac{\hbar^2}{2Mr^2}, \tag{82.1}$$

这个算符对电子态 (r 为给定) 平均以后, 所得的离心能是 r 的函数, 它出现于有效势能 $U_K(r)$ 的表式中:

$$U_K(r)=U(r)+B(r)\overline{(\boldsymbol{K}-\boldsymbol{L})^2}, \tag{82.2}$$

式中的横线代表上述平均.

我们来算出对某个态的平均值, 该态中分子的总角动量平方具有定值 $\boldsymbol{K}^2=K(K+1)$ (式中 K 为整数), 同时电子角动量沿分子轴 (z 轴) 的分量具有定值 $L_z=\Lambda$. 展开 (82.2) 式的括号, 我们有

$$U_K(r)=U(r)+B(r)K(K+1)-2B(r)\overline{\boldsymbol{L}}\cdot\boldsymbol{K}+B(r)\overline{\boldsymbol{L}^2}, \tag{82.3}$$

最后一项不含量子数 K 而只与电子态有关, 它可以合并到能量 $U(r)$ 中去. 我们

---

① 这个极小值来自范德瓦尔斯力, 它和稳定离子 H_2^+ 的基态谱项 $U_g(R)$ 的极小值相比是极浅的: 后一个极小值为 -0.6 原子单位 (-16.3 eV), 位于 $R=2.0$ 处.

来证明这一点对其前一项也是成立的.

§ 27 末表明,如果角动量沿某轴的分量具有定值,则角动量矢量的平均值也沿该轴. 如令 $\boldsymbol{n}$ 为沿 z 轴的单位矢量,则有 $\overline{\boldsymbol{L}}=\Lambda\boldsymbol{n}$. 经典力学中,双粒子(例如原子核)系统的转动角动量为 $\boldsymbol{r}\times\boldsymbol{p}$,其中 $\boldsymbol{r}=r\boldsymbol{n}$ 是双粒子之间的径矢,$\boldsymbol{p}$ 是相对运动的动量. 这个角动量垂直于 $\boldsymbol{n}$. 量子力学中,这一点对原子核的转动角动量算符同样成立:

$(\hat{\boldsymbol{K}}-\hat{\boldsymbol{L}})\cdot\boldsymbol{n}=0$,或 $\hat{\boldsymbol{K}}\cdot\boldsymbol{n}=\hat{\boldsymbol{L}}\cdot\boldsymbol{n}$. 这两个算符相等,它们的本征值当然也相等,又由于 $\boldsymbol{n}\cdot\boldsymbol{L}=L_z=\Lambda$,我们有

$$\boldsymbol{K}\cdot\boldsymbol{n}=\Lambda,\tag{82.4}$$

因此(82.3)式的最后第二项为 $\overline{\boldsymbol{L}}\cdot\boldsymbol{K}=\boldsymbol{n}\cdot\boldsymbol{K}\Lambda=\Lambda^2$,它与 K 无关. 重新定义 $U(r)$ 函数,可把有效势能最后写成

$$U_K(r)=U(r)+B(r)K(K+1).\tag{82.5}$$

由公式 $K_z=\Lambda$ 可知,给定 Λ 值后,量子数 K 的取值只能是

$$K\geqslant\Lambda.\tag{82.6}$$

求解具有(82.5)式势能的一维薛定谔方程,可得一组能级. 我们把这些能级(具有同一 K 值的能级)按能量的递增次序加以编号,编号数为 $v=0,1,2,\cdots$; $v=0$ 对应于最低能级. 由此可见,核运动使每个电子谱项分裂成为一组能级,用 K 和 v 两个量子数加以标志.

这些能级(对一个给定的电子谱项)的总数可以是有限的或无限的. 如果电子态是这样的,即当 $r\to\infty$ 时该分子变成两个孤立的中性原子,那么势能 $U(r)$ [因而还有 $U_K(r)$] 在 $r\to\infty$ 时要比 $1/r$ 趋于零更快地趋于某一极限常数值 $U(\infty)$(两个孤立原子能量之和,见 § 89). 在这样的场中,能级数是有限的(见 § 18),尽管在实际分子中这个能级数是一个很大的数值. 这些能级是这样分布的,即对任一给定的 K 值而言,能级数具有一定的数值(它们的 v 值不同),当 K 增大时具有同一 K 值的能级数减少,直到某一 K 值根本不存在能级为止.

另一方面,如果 $r\to\infty$ 时分子分解成两个离子,则在远距离处,$U(r)-U(\infty)$ 变成按库仑定律($\sim 1/r$)吸引的离子吸引能. 在这样的场中有无穷多个能级,愈来愈密地挤向极限值 $U(\infty)$. 可以指出,对大多数基态分子讲来都属于前一种情形,只有相当少数的分子当原子核离远后变成一对离子.

我们不能完整地算出能级依赖于量子数的一般表式. 这样的计算只有对离基态不太远的那些低激发态才是可能的①. 这些能级所对应的 K 和 v 量子数都很小. 实际上,分子光谱研究中经常考虑的也就是这些能级,因此我们对它们特别感兴趣.

---

① 我们总是指属于同一电子谱项的那些能级.

低激发态中的核运动可以看成平衡位置附近的小振动. 据此我们可以把 $U(r)$ 展成 $\xi = r - r_e$ 的幂级数, r_e 等于 $U(r)$ 取极小值时的 r 值. 由于 $U'(r_e) = 0$, 展到二次项为止时我们有

$$U(r) = U_e + \frac{1}{2}M\omega_e^2\xi^2,$$

其中 $U_e = U(r_e)$, ω_e 是振动频率.

(82.5)式右边第二项(离心能)中只要令 $r = r_e$ 就足够了,因为该项中已经含有小量 $K(K+1)$. 因而有

$$U_K(r) = U_e + B_e K(K+1) + \frac{1}{2}M\omega_e^2\xi^2, \tag{82.7}$$

其中的 $B_e = \hbar^2/(2Mr_e^2) = \hbar^2/(2I)$ 称为**转动常数**($I = Mr_e^2$ 是该分子的转动惯量).

(82.7)式的前两项都是常数,第三项相当于一维谐振子. 因此我们可以立刻写出所求的能级:

$$E = U_e + B_e K(K+1) + \hbar\omega_e\left(v + \frac{1}{2}\right). \tag{82.8}$$

可见在上述近似下,能级由三个独立部分所组成:

$$E = E_{el} + E_r + E_v, \tag{82.9}$$

第一项 $E_{el} = U_e$ 是电子能量(包括相距为 $r = r_e$ 的原子核库仑能),第二项为

$$E_r = B_e K(K+1), \tag{82.10}$$

这是分子转动①的转动能. 第三项为

$$E_v = \hbar\omega_e\left(v + \frac{1}{2}\right), \tag{82.11}$$

它是分子内原子核的振动能. 根据定义, v 是具有给定 K 值的那些能级按能量递增次序加以编号的编号数,称为**振动量子数**.

对一个形状给定的势能曲线 $U(r)$, 频率 ω_e 和 $\sqrt{M}$ 成反比. 因此振动能级间距 ΔE_v 和 $1/\sqrt{M}$ 成正比. 转动能级间距 ΔE_r 的分母中含有转动惯量 I, 因此和 $1/M$ 成正比. 电子能级及其间距 ΔE_e 和 M 无关. 由于 m/M(m 为电子质量)在双原子分子理论中是一个小参量,我们有

$$\Delta E_{el} \gg \Delta E_v \gg \Delta E_r, \tag{82.12}$$

---

① 描述双原子分子(无自旋)转动的波函数基本上和一个对称陀螺(§103)相同. 与陀螺不同之处是,分子的转动只需用定义分子轴线方向的两个角度($\alpha \equiv \varphi, \beta \equiv \theta$)来描写,转动波函数与(103.8)式不同之处在于量子数的记号并且少了一个 $e^{ik\gamma}/\sqrt{2\pi}$ 因子. 按(82.4)式, Λ 是总角动量 $\boldsymbol{K}$ 沿分子轴(§103 中的 ζ 轴)的分量,我们必须用 K, M 和 Λ(这里 $M = K_z$)代替 J, M 和 k. 因此

$$\psi_{rot}(\varphi,\theta) = i^K\sqrt{\frac{2K+1}{4\pi}}D_{\Lambda M}^{(K)}(\varphi,\theta,0).$$

上式给出颇不寻常的分子能级分布. 核振动把电子谱项分裂成为一组相靠较近的能级. 这些能级又由于分子的转动而显示出精细分裂①.

下一级近似中,能量不再能分成振动和转动两个独立部分;出现了同时含有 K 和 v 的转动 – 振动项. 计算逐级近似后,所得的 E 是量子数 K 和 v 的一个幂级数展式.

我们将在这里计算(82.8)式的下一级近似. 为此,我们必须把 $U(r)$ 展开至 ξ 的四次幂为止(参考 §38 中的非谐振子问题). 同样地,离心能也要展至 ξ^2 项. 这样得到

$$U_K(r)=U_e+\frac{1}{2}M\omega_e^2\xi^2+\frac{\hbar^2}{2Mr_e^2}K(K+1)-a\xi^3+b\xi^4-$$
$$-\frac{\hbar^2}{Mr_e^3}K(K+1)\xi+\frac{3\hbar^2}{2Mr_e^4}K(K+1)\xi^2. \qquad (82.13)$$

现在把(82.13)中的最后四项当作微扰算符,来计算对(82.8)的本征值的改正. 对于 ξ^2 和 ξ^4 项应用微扰论的一级近似就够了,但对 ξ 和 ξ^3 项一定要计算二级近似,因为 ξ 和 ξ^3 的对角矩阵元都等于零. 所有要计算的矩阵元都已在 §23 和 §38 题 3 中导出. 所得的结果通常表成下列形式:

$$E=E_{el}+\hbar\omega_e\left(v+\frac{1}{2}\right)-x_e\hbar\omega_e\left(v+\frac{1}{2}\right)^2+B_vK(K+1)-$$
$$-D_eK^2(K+1)^2, \qquad (82.14)$$

其中的

$$B_v=B_e-\alpha_e\left(v+\frac{1}{2}\right)\equiv B_0-\alpha_e v. \qquad (82.15)$$

x_e,B_e,α_e,D_e 等常数与(82.13)式中的常数有以下关系:

$$B_e=\frac{\hbar^2}{2I},\quad D_e=\frac{4B_e^3}{\hbar^2\omega_e^2},$$
$$\alpha_e=\frac{6B_e^2}{\hbar\omega_e}\left(\frac{a\hbar}{M\omega_e^2}\sqrt{\frac{2}{MB_e}}-1\right),$$
$$x_e=\frac{3}{2\hbar\omega_e}\left(\frac{\hbar}{M\omega_e}\right)^2\left[\frac{5}{2}\frac{a^2}{M\omega_e^2}-b\right]. \qquad (82.16)$$

---

① 作为例子,下面给出几个分子的 U_e,$\hbar\omega_e$ 和 B_e 值(以 eV 为单位)

	H_2	N_2	O_2
$-U_e$	4.7	7.5	5.2
$\hbar\omega_e$	0.54	0.29	0.20
$10^3\times B_e$	7.6	0.25	0.18

和 v,K 无关之项已归在 E_{el}内.

习 题

把双原子分子中的电子运动和核运动分离开来,试确定这种近似的准确程度.

解:分子总哈密顿量可写成 $\hat{H}=\hat{T}_r+\hat{H}_{el}$,其中 $\hat{T}_r=\hat{\boldsymbol{p}}^2/2M$ 是原子核相对运动的动能算符($\hat{\boldsymbol{p}}=-\mathrm{i}\hbar\partial/\partial\boldsymbol{r}$;$\boldsymbol{r}$ 是连结原子核的径矢;M 是折合质量).哈密顿量 $\hat{H}_{el}$中包括电子的动能算符、电子之间以及电子与原子核之间的库仑势能和原子核之间的库仑能①.设薛定谔方程

$$\hat{H}\psi=(\hat{T}_r+\hat{H}_{el})\psi=E\psi \tag{1}$$

之解的形式为

$$\psi=\sum_m{}'\chi_m(\boldsymbol{r})\varphi_m(q,r) \tag{2}$$

其中的函数组 $\varphi_m(q,r)$是下列方程的正交归一化解:

$$\hat{H}_{el}\varphi_m(q,r)=U_m(r)\varphi_m(q,r). \tag{3}$$

q 代表电子坐标全体;$U_m(r)$是哈密顿量 $\hat{H}_{el}$的本征值,它依赖于参量 r.把(2)代入(1),乘以 $\varphi_n^*(q,r)$并对 q 积分,得

$$\left[\frac{\hat{\boldsymbol{p}}^2}{2M}+V''_{nn}+U_n(r)-E\right]\chi_n(\boldsymbol{r})=-\sum_m{}'(\hat{V}'_{nm}+V''_{nm})\chi_m(\boldsymbol{r}), \tag{4}$$

其中

$$\hat{V}'_{nm}=\frac{1}{M}\boldsymbol{p}_{nm}\cdot\hat{\boldsymbol{p}},\quad V''_{nm}=\frac{1}{2M}(\boldsymbol{p}^2)_{nm}.$$

而 $\boldsymbol{p}_{nm}=\int\varphi_n^*\hat{\boldsymbol{p}}\varphi_m\mathrm{d}q$,$(\boldsymbol{p})^2_{nm}$是对电子波函数而言的矩阵元,对角元 $\boldsymbol{p}_{nn}$由于对称性而等于零.

电子波函数 φ_n只是在原子尺度内变化显著,它们对 $\boldsymbol{r}$ 的微商不会引进大的 M/m 参量(m 为电子质量).因而 V''_{nn}与 $U_n(r)$相比小 m/M 倍,可以略去.如果把(4)式右边看作一个小的微扰,则零级近似波函数 $\chi_n(\boldsymbol{r})$为下式之解:

$$\left[\frac{\hat{\boldsymbol{p}}^2}{2M}+U_n(r)\right]\chi_{nv}=E_{nv}\chi_{nv}. \tag{5}$$

上式描述 $U_n(r)$场中的核运动(v 是这种运动的量子数).微扰论的适用条件是

---

① 哈密顿量 $\hat{H}$ 取的是分子质心为静止的坐标系($\boldsymbol{P}_n+\boldsymbol{P}_e=0$,$\boldsymbol{P}_n$是两个核的总动量,$\boldsymbol{P}_e$是电子总动量).其中没有包含质心动能 $\hat{\boldsymbol{P}}_n^2/2(M_1+M_2)=\boldsymbol{P}_e^2/2(M_1+M_2)$.与电子动能相比,这一项确实很小,比例为 m/M.

$$|\langle nv'|\hat{V}'_{nm}+V''_{nm}|mv\rangle| \ll |E_{nv'}-E_{mv}|.$$

不等式的右边是不同电子谱项的能量差，此量对小的 m/M 参量而言为零级. 式左边含有核波函数的矩阵元. V''_{nm} 中含有 m/M 因子，它确是很小. 在 $\hat{V}'_{nm}$ 的矩阵元中，算符 $\hat{\boldsymbol{p}}$ 作用于 χ_{mv} 函数，使它乘上了一个核动量的数量级的量. 如果原子核作小振动，其动量 ~ $\sqrt{M\hbar\omega_e}$；由于频率 ω_e 和 $\sqrt{M}$ 成反比，矩阵元 $\langle nv'|\hat{V}'_{nm}|mv\rangle$ 为 $(m/M)^{3/4}$ 数量级.

§ 83　多重谱项 · 情形 a

现在来研究自旋 S 不等于零的分子能级的分类问题. 在零级近似中，当相对论效应完全略去以后，分子和任意多粒子系统一样，它的能量与自旋的方向无关（此自旋是“自由”的），结果使能级具有 $(2S+1)$ 重简并. 但当考虑了相对论效应以后，能级就会分裂，从而使能量成为自旋沿分子轴方向的投影值的函数. 我们将把分子中的相对论作用称为**自旋 – 轴作用**. 它的主要部分（和原子的情形一样）就是自旋和电子轨道运动间的相互作用①.

分子能级的性质及其分类，明显地依赖于自旋轨道作用和分子转动两者的相对重要性. 后者所起的作用可以拿两个相邻转动能级的间距作标志. 与此相应，我们来考虑两种极端情形. 一种情形是自旋 – 轴作用的能量大于转动能级之间的能量差，另一种情形则相反. 第一种情形通常称为**情形 a**（或 a 型耦合），第二种情形称为**情形 b**.（F. Hund，1933）.

情形 a 最为常见. Σ 谱项是一个例外，其中主要属于情形 b，因为自旋 – 轴作用效应对这种谱项讲来是很小的（见后）②. 对于其它的谱项讲来，情形 b 有时在极轻的分子中见到，因为这种情形下的自旋 – 轴作用比较弱，而转动能级的间距比较大（转动惯量比较小）.

介于 a 和 b 之间的中间情形当然也是可能的. 还必须注意到，同一个电子态当转动量子数改变时可以从情形 a 连续地变到情形 b. 原因在于，相邻转动能级之间的间距是随着转动量子数的增大而增大的，因此即使在较低转动能级时属于情形 a，但当转动量子数增大后，转动能级间距就有可能大于自旋 – 轴作用的耦合能量（情形 b）.

情形 a 的能级分类原则上与自旋为零的谱项分类没有多大的区别. 我们首

---

① 除了自旋 – 轨道作用和自旋 – 自旋作用以外，还有分子转动与电子自旋及轨道运动间的相互作用. 但是这一部分的作用很小，可能只对自旋 $S=\frac{1}{2}$ 的谱项有意义（见 § 84）.

② 一个特殊情形是 O_2 分子的电子基项（$^3\Sigma$ 谱项）. 它的耦合情况介于 a 型和 b 型之间（见 § 84 题 3）.

先考虑原子核静止时亦即完全略去转动时的电子谱项. 除了电子轨道角动量的投影值 Λ 以外,现在还必须考虑总自旋沿分子轴的投影值,我们用 Σ 代表这个投影量①,它的取值为 $S, S-1, \cdots, -S$. 当自旋和轨道角动量在分子轴上的投影方向一致时,我们令 Σ 取正值(注意 Λ 代表轨道自动量投影值的绝对值). Λ 和 Σ 相加起来给出沿分子轴的电子总角动量:

$$\Omega = \Lambda + \Sigma; \tag{83.1}$$

它的取值为 $\Lambda+S, \Lambda+S-1, \cdots, \Lambda-S$. 由此可见,轨道角动量为 Λ 的一个电子谱项分裂成为 $2S+1$ 个具有不同 Ω 值的谱项;和原子谱项的情形一样,我们把这种分裂称为该电子能级的**精细结构**或**多重分裂**. 通常把 Ω 值标在谱项符号的右下角;例如 $\Lambda=1, S=\frac{1}{2}$ 时我们得到 $^2\Pi_{1/2}$, $^2\Pi_{3/2}$ 两个谱项.

考虑了原子核的运动以后,每一个这样的谱项中会出现振动和转动结构. 各种转动能级是用分子总角动量量子数 J 的数值来标志的,这个总角动量包括了电子的自旋和轨道角动量以及原子核的转动角动量②. J 可以取从 $|\Omega|$ 值开始的各种整数值:

$$J \geqslant |\Omega|, \tag{83.2}$$

显然这是(82.6)式的推广.

现在来推导情形 a 中分子能级的定量公式. 先考虑电子谱项的精细结构. 我们在 §72 中讨论原子谱项的精细结构时应用了(72.4)式,该式表明自旋-轨道作用的平均值与原子总自旋沿轨道角动量矢量方向的投影值成正比. 与此完全类似,双原子分子中的自旋-轴作用(对原子核间距给定为 r 时的电子态取平均)和分子总自旋在分子轴上的投影值 Σ 成正比,因此可把所分裂的电子谱项写成下列形式:

$$U(r) + A(r)\Sigma,$$

式中的 $U(r)$ 是原谱项(未分裂前的谱项)的能量,$A(r)$ 是 r 的某一函数,这个函数与原谱项有关(特别是和 Λ 值有关)但和 Σ 无关. 由于人们通常采用量子数 Ω 而不用 Σ,为方便计,我们可把 $A\Sigma$ 改成 $A\Omega$;所差的 $A\Lambda$ 可以包括在 $U(r)$ 内. 因此对于一个电子谱项,我们有以下的表式

$$U(r) + A(r)\Omega. \tag{83.3}$$

注意分裂谱项的各个分量是彼此等距的:相邻分量(Ω 值相差为 1)的间距与 Ω 无关并等于 $A(r)$.

---

① 不要和 $\Lambda=0$ 的谱项符号混淆起来!

② 符号 $\boldsymbol{K}$ 仍保留为不考虑自旋时的分子总角动量. 情形 a 中量子数 K 并不存在. 因为角动量 $\boldsymbol{K}$ 即使近似地讲来也不能守恒.

根据一般考虑很易证明Σ谱项的 A 值等于零. 为此我们来进行时间反号操作. 此时的能量值一定保持不变,可是分子态中沿分子轴的自旋和轨道角动量都要反向. 能量 $A(r)\Sigma$ 中的Σ就要变号,如果能量保持不变,则 $A(r)$ 必须变号. 如果 $\Lambda\neq0$,我们对 $A(r)$ 的数值不能作出任何结论,因为 $A(r)$ 依赖于轨道角动量,而轨道角动量本身也要变号. 但当 $\Lambda=0$ 时,我们可以肯定 $A(r)$ 此时是不变的,因此它只能等于零. 由此可见,对Σ谱项讲来,一级近似中的自旋-轴作用并不产生能级分裂;只有考虑了二级近似中的自旋-轴作用或者是一级近似中的自旋-自旋作用以后,能级才会分裂(与Σ^2成正比)但是比较小. 这就是前面提到的Σ谱项往往属于情形 b 的根据.

当我们求出了多重分裂以后,分子的转动就可以当作微扰来处理,完全类似于§82 开始所作的推导. 原子核的转动角动量可以从总角动量中减去电子的轨道角动量以及自旋以后得到,所以离心能算符现在呈下列形式:

$$B(r)(\hat{\boldsymbol{J}}-\hat{\boldsymbol{L}}-\hat{\boldsymbol{S}})^2,$$

上式对电子态求平均后再加到(83.3)式中,即得欲求的有效势能 $U_J(r)$:

$$\begin{aligned}U_J(r)&=U(r)+A(r)\Omega+B(r)\overline{(\boldsymbol{J}-\boldsymbol{L}-\boldsymbol{S})^2}=\\&=U(r)+A(r)\Omega+B(r)\,[\boldsymbol{J}^2-2\boldsymbol{J}\cdot\overline{(\boldsymbol{L}+\boldsymbol{S})}+\\&\quad+\overline{\boldsymbol{L}^2}+2\overline{\boldsymbol{L}\cdot\boldsymbol{S}}+\overline{\boldsymbol{S}^2}\,].\end{aligned}$$

$\boldsymbol{J}^2$的本征值是 $J(J+1)$. 其次,根据和§82 中相同的论证,我们有:

$$\overline{\boldsymbol{L}}=\boldsymbol{n}\Lambda,\quad \overline{\boldsymbol{S}}=\boldsymbol{n}\Sigma,\tag{83.4}$$

还有$(\hat{\boldsymbol{J}}-\hat{\boldsymbol{L}}-\hat{\boldsymbol{S}})\cdot\boldsymbol{n}=0$,因此有本征值:

$$\boldsymbol{J}\cdot\boldsymbol{n}=(\hat{\boldsymbol{L}}+\boldsymbol{S})\cdot\boldsymbol{n}=\Lambda+\Sigma=\Omega.\tag{83.5}$$

把以上诸值代入,我们得:

$$U_J(r)=U(r)+A(r)\Omega+B(r)[J(J+1)-2\Omega^2+\overline{\boldsymbol{L}^2}+2\overline{\boldsymbol{L}\cdot\boldsymbol{S}}+\overline{\boldsymbol{S}^2}].$$

对电子态平均时采用的是零级近似波函数①. 但在这种近似中自旋值是守恒的,从而 $\boldsymbol{S}^2=S(S+1)$. 这个波函数是自旋函数和坐标函数的乘积;因此角动量 $\boldsymbol{L}$ 和 $\boldsymbol{S}$ 的平均是相互独立地进行的,我们可得

$$\overline{\boldsymbol{L}\cdot\boldsymbol{S}}=\Lambda\boldsymbol{n}\cdot\overline{\boldsymbol{S}}=\Lambda\Sigma.$$

最后,轨道角动量 $\boldsymbol{L}^2$的平均值与自旋无关,它是标志所给电子谱项(未分裂的谱项)的一个 r 的函数. 凡是 r 的函数但与 J,Σ无关的项都可以包括在 $U(r)$ 中,凡是与Σ(或者 Ω)成正比的项都可以包括在表式 $A(r)\Omega$ 中. 因此可得下列有效势能表式

$$U_J(r)=U(r)+A(r)\Omega+B(r)[J(J+1)-2\Omega^2].\tag{83.6}$$

① 这是既对分子转动效应又对自旋-轴作用而言的零级近似.

利用§82 中从(82.5)式开始的那种方法,我们可以求出目前情形下的分子能级. 把 $U(r)$ 和 $A(r)$ 展为 ξ 的幂级数,对 $U(r)$ 只展到 ξ 的二次幂为止,但对上式中的第二项和第三项只保留零次幂,我们得到以下能级表式:

$$E = U_e + A_e\Omega + \hbar\omega_e\left(v + \frac{1}{2}\right) + B_e[J(J+1) - 2\Omega^2], \tag{83.7}$$

式中的 $A_e = A(r_e)$ 和 B_e 是标志所给(未分裂)谱项的一些常数. 继续展至高次幂以后,可得含有量子数的高次幂项的一个级数,我们就不在这里写出来了.

§84　多重谱项·情形 b

现在转向情形 b. 此时分子的转动效应超过了多重分裂. 因此我们必须首先考虑转动效应而略去自旋-轴作用,然后把后者作为微扰来处理.

自旋为"自由"的分子中,守恒的不但有总角动量 $\boldsymbol{J}$,而且还有 $\boldsymbol{K}$(原子核角动量与电子轨道角动量之和),$\boldsymbol{K}$ 和 $\boldsymbol{J}$ 的关系为:

$$\boldsymbol{J} = \boldsymbol{K} + \boldsymbol{S}, \tag{84.1}$$

量子数 K 区别具有自由自旋的一个转动分子中某一给定电子谱项的各个不同态. 在给定 K 值的态中,有效势能 $U_K(r)$ 显然是和 $S=0$ 情形时的(82.5)式一样的:

$$U_K(r) = U(r) + B(r)K(K+1), \tag{84.2}$$

式中 K 的取值为 $\Lambda, \Lambda+1, \cdots$.

考虑到自旋-轴作用以后,每一谱项一般分裂成为 $2S+1$ 个谱项(或者是 $2K+1$ 个谱项,如果 $K<S$),它们具有不同的总角动量 J①. 根据角动量相加的一般法则,J 的取值(当 K 给定后)是从 $K+S$ 到 $|K-S|$:

$$|K-S| \leqslant J \leqslant K+S. \tag{84.3}$$

计算分裂能量(用微扰论的一级近似)时,需要求出自旋-轴作用能量算符对零级近似态(相对于自旋-轴作用的零级近似态)的平均值. 在目前情形下,这意味着既对电子态又对分子转动态(r 为给定)求平均. 我们知道,第一个平均的结果是一个 $A(r)\boldsymbol{n}\cdot\hat{\boldsymbol{S}}$ 形式的算符,它与自旋算符沿分子轴的投影 $\boldsymbol{n}\cdot\hat{\boldsymbol{S}}$ 成正比. 再把这个算符对分子转动求平均,并取自旋矢量的方向为任意,则有 $\overline{\boldsymbol{n}\cdot\hat{\boldsymbol{S}}} = \overline{\boldsymbol{n}}\cdot\hat{\boldsymbol{S}}$. 平均值 $\overline{\boldsymbol{n}}$ 是一个矢量,从对称性角度考虑应该和"矢量" $\hat{\boldsymbol{K}}$ 的方向一致,$\hat{\boldsymbol{K}}$ 是标志分子转动的唯一矢量. 因此可以写作

$$\overline{\boldsymbol{n}} = \text{常数} \times \hat{\boldsymbol{K}},$$

式中的常数很容易求出,只要以 $\hat{\boldsymbol{K}}$ 乘等式的两边并注意本征值 $\boldsymbol{n}\cdot\boldsymbol{K} = \Lambda$ [见

① 情形 b 中,自旋沿分子轴的投影 $\boldsymbol{n}\cdot\boldsymbol{S}$ 并不具有定值,所以不存在量子数 Σ(或 Ω).

(82.4)式]及 $\boldsymbol{K}^2=K(K+1)$，即有

$$\overline{\boldsymbol{n}\cdot\hat{\boldsymbol{S}}}=\frac{\Lambda}{K(K+1)}\hat{\boldsymbol{K}}\cdot\hat{\boldsymbol{S}}.$$

最后，根据一般公式(31.3)，乘积 $\boldsymbol{K}\cdot\boldsymbol{S}$ 的本征值等于：

$$\boldsymbol{K}\cdot\boldsymbol{S}=\frac{1}{2}[J(J+1)-K(K+1)-S(S+1)]. \tag{84.4}$$

结果，所求的自旋－轴作用能量平均值如下式所示：

$$A(r)\frac{\Lambda}{2K(K+1)}[J(J+1)-K(K+1)-S(S+1)]=$$

$$=A(r)\frac{\Lambda}{2K(K+1)}(J-S)(J+S+1)-\frac{1}{2}A(r)\Lambda,$$

这个式子应该加到(84.2)式的能量公式中. 其中的 $\frac{1}{2}A(r)\Lambda$ 项与 K 和 J 无关可以包括在 $U(r)$ 内，因此有效势能的表式最后为

$$U_K(r)=U(r)+B(r)K(K+1)+$$

$$+A(r)\Lambda\frac{(J-S)\left(J+S+1\right)}{2K(K+1)}. \tag{84.5}$$

按通常方式展成 $\xi=r-r_0$ 的幂级数以后，即得情形 b 时的分子能级表式：

$$E=U_e+\hbar\omega_e\left(v+\frac{1}{2}\right)+B_eK(K+1)+$$

$$+A_e\Lambda\frac{(J-S)\left(J+S+1\right)}{2K(K+1)}. \tag{84.6}$$

正如上节所指出的，Σ 谱项的自旋－轴作用在一级近似下并不给出多重分裂，为了求出它的精细结构，我们有必要考虑自旋－自旋作用，它的算符是电子自旋的二次式. 现在我们感兴趣的并不是这个算符本身，而是这个算符对该分子的电子态的平均结果，正如我们对自旋－轴作用算符所作的那样. 显然，从对称性考虑可知，所求的平均算符应该和总自旋对分子轴的投影值的平方成正比，也就是说可以写成下列形式：

$$\alpha(r)(\hat{\boldsymbol{S}}\cdot\boldsymbol{n})^2, \tag{84.7}$$

式中的 $\alpha(r)$ 又是一个标志所给电子谱项的距离 r 的函数. 对称性的考虑中还允许存在一个与 $\boldsymbol{S}^2$ 成正比的项，但由于自旋的绝对值是一个常数，这一项无关紧要. 我们不打算在这里推导一个繁杂的普遍公式去说明(84.7)式的算符所产生的分裂，本节的题 1 中将推导出对 Σ 三重谱项的公式.

Σ 双重谱项是一个特殊情形. 根据克拉默斯定理(§60)，在总自旋为 $S=1/2$ 的多粒子系统中，双重简并是永远存在的，即使全部考虑了该系统中的内在

相对论作用以后也是这样.因此不管在任何近似中,即使同时考虑了自旋－轴作用和自旋－自旋作用以后,$^2\Sigma$谱项仍不分裂.

只有考虑了自旋与分子转动的相对论作用以后,才能得到谱项的分裂,这个效应是极小的.这种作用的平均算符显然呈 $\gamma\hat{\boldsymbol{K}}\cdot\hat{\boldsymbol{S}}$ 的形式,它的本征值由(84.4)式确定,该式中应令 $S=1/2$,$J=K\pm1/2$.结果对$^2\Sigma$谱项得到下列公式

$$E=U_e+\hbar\omega_e\left(v+\frac{1}{2}\right)+B_eK(K+1)\pm\frac{\gamma}{2}\left(K+\frac{1}{2}\right),\qquad(84.8)$$

有一个常数 $-\frac{1}{4}\gamma$ 已包括在 U_e中.

习　题

1. 求情形 b 中$^3\Sigma$谱项的多重分裂(H. A. Kramers,1929).

解:所求的分裂由(84.7)式的算符确定,这个算符须对分子转动求平均.我们把它写成 $\alpha_e n_i n_k \hat{S}_i\hat{S}_k$的形式,其中的 $\alpha_e=\alpha(r_0)$.由于 $\boldsymbol{S}$ 是守恒矢量,我们只需对乘积 n_in_k求平均.根据§29 例题中所得的公式,我们有

$$\overline{n_in_k}=-\frac{\hat{K}_i\hat{K}_k+\hat{K}_k\hat{K}_i}{(2K-1)(2K+3)}+\cdots\cdots,$$

其中未写出之项(与 δ_{ik}成正比)所给出的能量与 J 无关,不会产生当前讨论的那种能级分裂.分裂值从而由下列算符确定:

$$-\frac{\alpha_e}{(2K-1)(2K+3)}\hat{S}_i\hat{S}_k(\hat{K}_i\hat{K}_k+\hat{K}_k\hat{K}_i).$$

由于 $\hat{\boldsymbol{S}}$ 和 $\hat{\boldsymbol{K}}$ 对易,故有

$$S_iS_kK_iK_k=S_iK_iS_kK_k=(\boldsymbol{S}\cdot\boldsymbol{K})^2.$$

$\boldsymbol{S}\cdot\boldsymbol{K}$ 的本征值已由(84.4)式给出.此外尚有

$$\begin{aligned}\hat{S}_i\hat{S}_k\hat{K}_k\hat{K}_i&=\hat{S}_i\hat{S}_k\hat{K}_i\hat{K}_k+\mathrm{i}\hat{S}_i\hat{S}_ke_{kil}\hat{K}_l=\\&=(\boldsymbol{S}\cdot\boldsymbol{K})^2-\frac{1}{2}(\hat{S}_i\hat{S}_k-\hat{S}_k\hat{S}_i)\mathrm{i}e_{ikl}\hat{K}_l=\\&=(\boldsymbol{S}\cdot\boldsymbol{K})^2+\frac{1}{2}e_{ikl}e_{ikm}\hat{S}_m\hat{K}_l=(\boldsymbol{S}\cdot\boldsymbol{K})^2+\boldsymbol{S}\cdot\boldsymbol{K}.\end{aligned}$$

三重项$^3\Sigma(S=1)$的三个 E_K分量对应于 $J=K,K\pm1$.求得这些分量间的能级间距为:

$$E_{K+1}-E_K=-\alpha_e\frac{K+1}{2K+3},\quad E_{K-1}-E_K=-\alpha_e\frac{K}{2K-1}$$

2. 试求介于情形 a 和 b 之间的双重谱项($\Lambda\neq0$)的能量(E. Hill 和 J. H. van Vleck,1928).

解:由于转动能量和自旋-轴作用能量已假定具有同一数量级,在微扰论中两者必须同时考虑,故微扰算符的形式为①:

$$\hat{V}=B_{e}\hat{\boldsymbol{K}}^{2}+A_{e}\boldsymbol{n}\cdot\hat{\boldsymbol{S}}.$$

零级近似波函数最好采用角动量 K 和 J 同时具有定值的态函数(即情形 b 的函数). 由于双重谱项的 $S=1/2$,当 J 给定以后,量子数 K 可取 $K=J\pm1/2$ 两个值. 为了建立久期方程,我们有必要算出 $\langle nSKJ|V|nSK'J\rangle$ 矩阵元(n 代表确定电子谱项的其余量子数集合),其中的 K 和 K' 可以取上列诸值. 算符 $\hat{\boldsymbol{K}}^{2}$ 的矩阵是对角的;对角矩阵元等于 $K(K+1)$. $(\boldsymbol{n}\cdot\boldsymbol{S})$ 的矩阵元可以用一般公式(109.5)算出,令该式中的 $j_1=S, j_2=K$, $\boldsymbol{n}$ 的约化矩阵元由(87.4)式给出,计算后给出下列久期方程

$$\begin{vmatrix} B_{e}\left(J+\dfrac{1}{2}\right)\left(J+\dfrac{3}{2}\right)-A_{e}\dfrac{\Lambda}{2J+1}-E^{(1)} & \dfrac{A_{e}}{2J+1}\sqrt{\left(J+\dfrac{1}{2}\right)^{2}-\Lambda^{2}} \\ \dfrac{A_{e}}{2J+1}\sqrt{\left(J+\dfrac{1}{2}\right)^{2}-\Lambda^{2}} & B_{e}\left(J+\dfrac{1}{2}\right)\left(J-\dfrac{1}{2}\right)+A_{e}\dfrac{\Lambda}{2J+1}-E^{(1)} \end{vmatrix}=0,$$

解出上式并把 $E^{(1)}$ 加在未扰能量上,即得:

$$E=U_{e}+\hbar\omega_{e}\left(v+\frac{1}{2}\right)+B_{e}J(J+1)\pm$$

$$\pm\sqrt{B_{e}^{2}\left(J+\frac{1}{2}\right)^{2}-A_{e}B_{e}\Lambda+\frac{1}{4}A_{e}^{2}}.$$

常数 $B_e/4$ 已包括在 U_e 内. 情形 a 相当于 $A_e\gg B_eJ$,情形 b 时不等式则反之.

3. 试求情形介于 a 和 b 之间的 $^3\Sigma$ 三重能级的各个分量的间距.

解:和题 2 一样,转动能量和自旋-自旋作用能量在微扰论中要一起考虑. 微扰算符的形式为

$$\hat{V}=B_{e}\hat{\boldsymbol{K}}^{2}+\alpha_{e}(\boldsymbol{n}\cdot\hat{\boldsymbol{S}})^{2}.$$

采用情形 b 中所用的零级近似波函数,$\langle K|\boldsymbol{n}\cdot\boldsymbol{S}|K'\rangle$ 矩阵元(此矩阵的对角指标全已略去)仍可按(109.5)和(87.4)式算出,但此时有 $\Lambda=0, S=1$. 非零矩阵元为

$$\langle J|\boldsymbol{n}\cdot\boldsymbol{S}|J-1\rangle=\sqrt{\frac{J+1}{2J+1}},\quad \langle J|\boldsymbol{n}\cdot\boldsymbol{S}|J+1\rangle=\sqrt{\frac{J}{2J+1}}.$$

J 给定后 K 可取 $K=J, J\pm1$ 诸值. 对 $\langle K|V|K'\rangle$ 诸矩阵元可得

---

① 对转动求平均之前必须先对振动求平均. 因此我们把 $B(r)$ 和 $A(r)$ 函数换成数值 B_e 和 A_e(只限于 ξ 展式的第一项),而未扰能级为 $E^{(0)}=U_{e}+\hbar\omega_{e}\left(v+\dfrac{1}{2}\right)$.

$$\langle J|V|J\rangle = B_e J(J+1) + \alpha_e,$$

$$\langle J-1|V|J-1\rangle = B_e(J-1)J + \alpha_e \frac{J+1}{2J+1},$$

$$\langle J+1|V|J+1\rangle = B_e(J+1)(J+2) + \alpha_e \frac{J}{2J+1},$$

$$\langle J-1|V|J+1\rangle = \langle J+1|V|J-1\rangle = \alpha_e \sqrt{\frac{J(J+1)}{2J+1}}.$$

我们看到，在 $K=J$ 态和 $K=J\pm1$ 态之间并没有跃迁. 因此其中的一个能级就是 $E_1=\langle J|V|J\rangle$. 其它两个能级(E_2,E_3)可从 $J\pm1$ 态的跃迁矩阵元所组成的二次久期方程中解出. 我们只对三重项各个分量的相对位置感兴趣，可以在 E_1，E_2，E_3 三个能量中一律减去一个常数 α_e. 结果得

$$E_1 = B_e J(J+1),$$

$$E_{2,3} = B_e(J^2+J+1) - \frac{\alpha_e}{2} \pm \sqrt{B_e^2(2J+1)^2 - \alpha_e B_e + \frac{\alpha_e^2}{4}}.$$

情形 b 时(α 很小)，考虑 K 值相同 J 值不同的三个能级($J=K,K\pm1$)，我们仍得题 1 中的公式.

§85　多重谱项 · 情形 *c* 和 *d*

除了 a 和 b 两型耦合以及介于其间的耦合外，还有其它类型的耦合. 这些耦合型式的来源如下. 量子数 Λ 归根结底是由分子中两个原子间的电作用而来的，它是电子谱项问题中轴对称性的结果(分子中的这种作用称为轨道角动量与分子轴的耦合作用). Λ 值不同的谱项间的间距给出了这种作用的一个尺度. 在这以前我们默认了这种作用是很强的，使得其间距远大于谱项的多重分裂间距和转动结构间距. 但在实际上也存在着相反的情形，此时轨道角动量和分子轴之间的作用差不多等于甚至小于其它的效应. 在这样的情形下，不管怎样的近似，我们当然不能说轨道角动量在轴上的投影值是守恒的，量子数 Λ 也就失去意义.

如果轨道角动量与轴的耦合小于自旋－轨道耦合，就称为**情形 *c***. 它出现于含有稀土族原子的分子中. 这些原子的特点是含有一些角动量未被抵消掉的 f 电子. 由于 f 电子处于原子的较深处，它们与分子轴的作用就有所削弱. 介于 a 型和 c 型之间的耦合情形，往往在重原子所组成的分子中碰到.

如果轨道角动量与轴的耦合小于转动结构的间距，就称为**情形 *d***. 这种情形出现于最轻分子(H_2,He_2)某些电子谱项的高转动能级(J 值很大的能级)中. 这些谱项的特点是分子中存在着一个高激发电子，它与其余电子(或称为“分子实”)的作用很弱，以致它的角动量并不沿分子轴方向量子化(此时“分子实”沿

轴具有确定的角动量 $\Lambda_{实}$).

当原子核间的距离 r 增大时,原子间的作用减弱,最后小于原子中的自旋-轨道作用.因此,如果考虑 r 足够大时的电子谱项,我们就得到情形 c.当我们要弄清分子的电子谱项与 $r\to\infty$ 时所得的两个原子态间的关系时,必须注意这一点.

在§80 中我们已经讨论过这样的关系,但是略去了自旋-轨道作用.当我们把谱项的精细结构也考虑在内以后,还会产生两个孤立原子的总角动量值 J_1,J_2 与分子的量子数 Ω 之间的关系问题.我们不打算重复完全类似于§80 的讨论,下面只给出它的结论.

如果分子是由不同原子组成的,那么,角动量为 J_1 和 $J_2(J_1\geqslant J_2)$ 的两个原子结合时所得的各种 $|\Omega|$ 值①仍由表格(80.1)给出,表中的 L_1,L_2 应改成 J_1,J_2,同时 Λ 应改成 $|\Omega|$.唯一的区别是,当 J_1+J_2 为半整数时 $|\Omega|$ 的最小值不是表中的 0 而是 1/2.另一方面,当 J_1+J_2 为整数时存在着 $2J_2+1$ 个 $\Omega=0$ 的谱项,这些谱项的符号问题尚待确定(正如略去精细结构后对谱项 Σ 所作的那样).如果 J_1 和 J_2 都是半整数,则 $(2J_2+1)$ 为偶数,其中的一半谱项为 0^+ 另一半谱项为 0^-.如果 J_1 和 J_2 都是整数,则有 J_2+1 个谱项为 0^+,另有 J_2 个谱项为 0^-[如果 $(-1)^{J_1+J_2}P_1P_2=1$],或者反之[如果 $(-1)^{J_1+J_2}P_1P_2=-1$].

如果分子是由处于不同状态的相同原子组成的,结果所得的各种分子态与异原子分子的情形完全一样,唯一的区别是谱项总数增加了一倍,并且每个谱项在奇谱项和偶谱项中各出现一次.

最后,如果分子是由处于相同状态(具有角动量 $J_1=J_2\equiv J$)的相同原子所组成,它的总态数仍和异原子分子的情形相同,它们的宇称分布却是这样的;

J 整数 Ω 偶数时:　$N_g=N_u+1$;

J 整数 Ω 奇数时:　$N_g=N_u$;

J 半整数 Ω 偶数时:　$N_u=N_g$;

J 半整数 Ω 奇数时:　$N_u=N_g+1$.

同时所有的 0^+ 谱项为偶,所有的 0^- 谱项为奇.

当原子核趋近时,c 型耦合往往过渡到 a 型耦合②.这时可能出现下列有趣情况.

我们已经讲过,$\Lambda=0$ 的谱项属于情形 b,从 a 型的分类观点看来,这意味着 Ω 值不同(而 Λ 都等于零)的各个多重能级对应于同一个能量.但是这样的能级

① 把两个原子的总角动量 J_1 和 J_2 相加成为角动量 Ω 时,Ω 的符号显然是不重要的.

② a 型和 c 型谱项分类间的对应关系,不能一般地推导出来.它的推导必须考虑到具体的势能曲线,考虑到对称性相同的能级不能相交的规则(§79).

有可能由两个处于不同精细结构态中的原子彼此靠近时所产生.

因此就有可能发生两对不同精细结构态的原子对应于同一个分子谱项. 对 $\Omega=0$ 的那些谱项讲来,也有可能发生同样的情况,即当原子核趋近时它们变成一个 $\Lambda\neq0$(因而 $\Sigma=-\Lambda$)的分子谱项,这样得到的能级是双重简并的,因为情形 a 中的谱项 0^+ 和 0^-(它们可以来自两对不同的原子态)具有相同的能量①.

§86　分子谱项的对称性

§78 中我们已经研究过双原子分子谱项的若干对称性质. 这些性质刻划了波函数在核坐标不变的变换下所具有的行为. 例如分子对于通过分子轴的平面所具有的反射对称性,导致了 Σ^+ 和 Σ^- 谱项的区别,相对于所有电子坐标同时变号的对称性(对相同原子组成的分子而言)②,导致了谱项的奇偶分类. 这些对称性刻划着各个电子谱项,属于同一电子谱项的所有转动能级具有相同的对称性.

分子的态和任一多粒子系统的态一样(见 §30),还以反演(所有电子坐标和所有核坐标同时变号)时的行为为标志. 由于这一点,所有的分子谱项可以分成符号**正**(电子坐标和核坐标同时反号时波函数保持不变)和符号**负**(反演时波函数变号)两类③.

$\Lambda\neq0$ 时,每一个谱项相对于角动量沿分子轴的两种可能取向讲来都是双重简并的. 反演操作的结果角动量本身并不变号,但是分子轴反了向(原子已易位),从而角动量沿分子轴的取向也反了过来. 属于所给能级的两个波函数因此在反演中进行相互变换,而且我们总是可以把它们线性组合成一个对反演不变的函数和一个反演时变号的函数. 因此对每一个谱项可以得到两个态,其中的一个是正的另一个是负的. 实际上每一个 $\Lambda\neq0$ 的谱项总是分裂的(见 §88),于是这两种态对应于不同的能量值.

Σ 谱项的符号问题需要特殊考虑. 首先,自旋显然与谱项符号(正负符号)没有关系,因反演操作只改变粒子的坐标,而保留波函数的自旋部分不变. 因此任一给定谱项的各个多重结构分量全都具有相同的符号. 换句话说,谱项的符号只依赖于 K 而不依赖于 J④.

分子波函数是电子波函数和原子核波函数的乘积. §82 中曾经指出过, Σ

---

① 此处略去了 Λ 双线(见 §88).

② 假定坐标原点选在分子轴上两核的中点处.

③ 我们保留了这个习用术语. 但很不幸,因为在原子情形下谱项的反演行为被称为宇称,而不称为正负符号.

这里所讲的正负符号不要和 Σ 谱项上附加的 +,- 指标混淆起来!

④ 记住 Σ 谱项通常属于情形 b. 因此必须采用量子数 K 和 J.

态中的原子核运动等价于一个轨道角动量为 K 的粒子在有心力场 $U(r)$ 中的运动. 因此可以肯定,当坐标变号时原子核波函数要乘以 $(-1)^K$[见(30.7)].

电子波函数表征电子谱项,为了明确它的反演性质,我们必须考虑一个固定在原子核上并和原子核一起转动的坐标系. 令 x,y,z 为固定于空间的一个定坐标系,而 ξ,η,ζ 为转动坐标系,该坐标系中分子是固定不动的. ξ,η,ζ 坐标轴的方向是这样确定的,使得 ζ 轴和分子轴重合并沿核 1 到核 2 的方向,ξ,η,ζ 各轴的正方向的相对位置与 x,y,z 坐标系的情形一样(这就是说,如果 x,y,z 是左手坐标系,则 ξ,η,ζ 也是左手坐标系). 反演操作的结果,x,y,z 轴全都反向,使它从左手坐标系变到右手坐标系,此时的 ξ,η,ζ 也应变成右手坐标系,但 ζ 轴是刚性地固定在原子核上保持着它原有的方向,所以 ξ 轴或 η 轴中一定要有一个轴反向. 因此定坐标系中的反演操作等价于动坐标系中对通过分子轴的一个平面所作的反射操作. 但在这样的反射下,Σ^+ 谱项的电子波函数保持不变,而 Σ^- 谱项的电子波函数变一符号.

由此可见,Σ^+ 谱项的转动分量的符号是由 $(-1)^K$ 因子确定的:K 为偶数的一切能级都是正的,K 为奇数的一切能级都是负的. Σ^- 谱项的转动能级的符号由 $(-1)^{K+1}$ 确定:K 为偶数的一切能级都是负的,而 K 为奇数的一切能级都是正的.

如果分子由相同原子①所组成,那么它的哈密顿量还对两个原子核的坐标对换保持不变. 如果它的波函数对原子核的对换保持不变,它的谱项称为对这两个核是对称的;如果波函数反号,则称为是反对称的. 关于原子核的对称性,它与谱项的正负符号及奇偶宇称密切相关. 原子核的坐标对换等价于所有粒子(电子和核)的坐标变号再加上一次只对电子而言的坐标变号. 由此可知,如果该谱项是偶的(奇的)同时又是正的(负的),它对原子核而言就是对称的. 如果该谱项是偶的(奇的)同时又是负的(正的),它对原子核而言就是反对称的.

§62 之末曾经确立过一个普遍定理:两个同类粒子所组成的一个系统的总自旋为偶数时,它的坐标波函数是对称的;为奇数时则是反对称的. 如果把这个结论应用到相同原子所组成的分子的两个原子核上,我们就能发现,谱项的对称性和总自旋 I 的奇偶性有关,I 由两个核自旋 i 相加而得. I 是偶数时谱项为对称,I 是奇数时谱项为反对称②. 特别是,如果这两个原子核没有自旋($i=0$),则 I 等于零,这个分子就不存在反对称的谱项. 由此可见,核自旋对分子谱项具有重要的间接影响,尽管它的直接影响(谱项的超精细结构)并不重要.

---

① 这两个相同原子不但要属于同一元素而且要属于同一同位素.

② 根据谱项的宇称、符号以及对称性之间的关系可以肯定,原子核总自旋 I 为偶数时正能级是偶的,而负能级是奇的. I 为奇数时则反之.

计及核自旋后会导致能级的附加简并. 还在 §62 中,我们曾经计算过 I 值为奇数和偶数时的态数,I 由两个核自旋 i 相加而成. 当 i 为半整数时,I 为偶数的态数等于 $i(2i+1)$,I 为奇数的态数等于 $(i+1)(2i+1)$. 根据上述结论,可知 i 为半整数时对称和反对称谱项的简并度① g_s 和 g_a 之比等于

$$\frac{g_s}{g_a}=\frac{i}{i+1}. \tag{86.1}$$

同理当 i 为整数时这个比值等于

$$\frac{g_s}{g_a}=\frac{i+1}{i}. \tag{86.2}$$

我们已经知道,Σ^+ 谱项旋转分量的符号由 $(-1)^K$ 确定. 例如 Σ_g^+ 谱项的旋转分量当 K 为偶数时是正的因而是对称的,当 K 为奇数时是负的因而是反对称的. 根据以上所得的结论可以肯定,Σ_g^+ 能级旋转分量的核统计权重随着 K 值的依次改变而按(86.1)或(86.2)式的比值交替地改变. 对 Σ_u^+ 以及 Σ_g^-,Σ_u^- 也有完全类似的情况. 特别是当 $i=0$ 时,Σ_u^+,Σ_g^- 谱项中 K 为偶数的能级以及 Σ_g^+,Σ_u^- 谱项中 K 为奇数的能级它们的统计权重都等于零. 换句话说,Σ_u^+,Σ_g^- 电子态中不存在 K 为偶数的转动态,而在 Σ_g^+,Σ_u^- 态中不存在 K 为奇数的转动态.

由于核自旋与电子的作用极弱,I 值的改变几率极小,即使在分子碰撞中也是这样. 因此 I 值奇偶不同的分子只有对称的或只有反对称的谱项,使它们犹如两种不同形式的物质. 例如**正氢**和**仲氢**,前一种分子中两个核自旋 $i=1/2$ 是平行的($I=1$),后一种则是反平行的($I=0$).

§87　双原子分子的矩阵元

本节将给出双原子分子中各种物理量矩阵元的一些普遍公式,我们先计算零自旋态之间的跃迁矩阵元.

设 $\boldsymbol{A}$ 为分子(具有固定的原子核)的某个矢量物理量,例如它的电偶极矩或磁偶极矩. 我们先在 ξ,η,ζ 坐标系中考虑这个量,该坐标系随分子一起转动,ζ 轴沿分子轴. 相对于这个系统的分子角动量(即电子角动量 $\boldsymbol{L}$)并不全部守恒,但它的 ζ 分量是守恒的. 因此量子数 $L_\zeta=\Lambda$ 的选择定则仍然成立(与 §29 中的 M 一样). 矢量的非零矩阵元从而为

$$\begin{gathered}\langle n'\Lambda|A_\zeta|n\Lambda\rangle,\langle n'\Lambda|A_\zeta+\mathrm{i}A_\eta|n,\Lambda-1\rangle,\\ \langle n',\Lambda-1|A_\xi-\mathrm{i}A_\eta|n\Lambda\rangle,\end{gathered} \tag{87.1}$$

n 为具有给定 Λ 值的电子谱项的编号.

---

① 这样的能级简并度常称为该能级的统计权重. (86.1)(86.2)式确定了对称和反对称能级的核统计权重之比.

如果两个谱项都是Σ谱项,我们还需要考虑来自平面(通过分子轴的平面)反射对称性的选择定则. 这样的反射中,一个普通矢量(极矢量)的ζ分量保持不变,但轴矢量的ζ分量要变号. 由此可知,对一个极矢量,A_ζ只有$\Sigma^+\to\Sigma^+$和$\Sigma^-\to\Sigma^-$跃迁矩阵元才是非零的,对轴矢量只有$\Sigma^+\to\Sigma^-$跃迁矩阵元. 我们不必讨论A_ξ,A_η分量,因为对这些量不改变Λ就无法跃迁.

如果该分子由相同原子所组成,就还有宇称的选择定则. 一个极矢量的分量在反演时要变号. 因此只有宇称不同的状态之间的跃迁矩阵元才是非零的(对轴矢量则相反). 特别是,极矢量分量的所有对角矩阵元都等于零.

(87.1)式的矩阵元与同一矢量在x,y,z定坐标系中的矩阵元的关系问题,可用后面§110中导出的适用于任意轴对称物理系统的普遍公式来解决. 当把对量子数M_K(分子总角动量$\boldsymbol{K}$的z分量)的依赖性(对所有矢量相同)分离出来以后,还留下约化矩阵元$\langle n'K'\Lambda'\|A\|nK\Lambda\rangle$. 它们与(87.1)矩阵元的关系,由$k=k'=1$(对应于一个矢量)的(110.7)式适当改变它的量子数记号后得出. 按(82.4),Λ等于总角动量$\boldsymbol{K}$的ζ分量,采用一阶球基张量的分量与矢量的笛卡儿分量之间的关系式(107.1),以及表9的$3j$符号值(§106),可得下列对Λ为对角的矩阵元:

$$\left.\begin{aligned}\langle n'K\Lambda\|A\|nK\Lambda\rangle&=\Lambda\sqrt{\frac{2K+1}{K(K+1)}}\langle n'\Lambda|A_\zeta|n\Lambda\rangle,\\ \langle n',K-1,\Lambda\|A\|nK\Lambda\rangle&=\mathrm{i}\sqrt{\frac{K^2-\Lambda^2}{K}}\langle n'\Lambda|A_\zeta|n\Lambda\rangle.\end{aligned}\right\}\qquad(87.2)$$

以及下列Λ的非对角元:

$$\left.\begin{aligned}&\langle n'K\Lambda\|A\|nK,\Lambda-1\rangle=\\ &\qquad=\sqrt{\frac{(2K+1)(K+\Lambda)(K-\Lambda+1)}{4K(K+1)}}\langle n'\Lambda|A_\xi+\mathrm{i}A_\eta|n,\Lambda-1\rangle,\\ &\langle n'K\Lambda\|A\|n,K-1,\Lambda-1\rangle\\ &\qquad=\mathrm{i}\sqrt{\frac{(K+\Lambda)(K+\Lambda-1)}{4K}}\langle n'\Lambda|A_\xi+\mathrm{i}A_\eta|n,\Lambda-1\rangle,\\ &\langle n',K-1,\Lambda\|A\|nK,\Lambda-1\rangle\\ &\qquad=\mathrm{i}\sqrt{\frac{(K-\Lambda)(K-\Lambda+1)}{4K}}\langle n'\Lambda|A_\xi+\mathrm{i}A_\eta|n,\Lambda-1\rangle.\end{aligned}\right\}\qquad(87.3)$$

留下的非零矩阵元可以通过约化矩阵元的厄米性得到:

$$\langle nK\Lambda\|A\|n'K'\Lambda'\rangle=\langle n'K'\Lambda'\|A\|nK\Lambda\rangle^*.$$

对ξ,η,ζ坐标系中的矩阵元则为

$$\langle n\Lambda|A_\xi-\mathrm{i}A_\eta|n'\Lambda'\rangle=\langle n'\Lambda'|A_\xi+\mathrm{i}A_\eta|n\Lambda\rangle^*,$$
$$\langle n\Lambda|A_\zeta|n'\Lambda'\rangle=\langle n'\Lambda'|A_\zeta|n\Lambda\rangle^*.$$

下面是矢量 $\boldsymbol{A}=\boldsymbol{n}$(沿分子轴的单位矢量)时的矩阵元特例公式. 此时有 $A_\xi=A_\eta=0, A_\zeta=1$,在 ξ,η,ζ 坐标系中只有对角元不等于零. $\langle n\Lambda|A_\zeta|n\Lambda\rangle=1$. 约化矩阵元除指标 K 外对所有指标均为对角,如果只写出 K 指标,我们有

$$\langle K\|n\|K\rangle=\Lambda\sqrt{\frac{2K+1}{K(K+1)}},$$
$$\langle K-1\|n\|K\rangle=\mathrm{i}\sqrt{\frac{K^2-\Lambda^2}{K}}. \tag{87.4}$$

(H. Hönl, F. London, 1925). 对于 $\Lambda=0$,上式给出

$$\langle K\|n\|K\rangle=0,\langle K-1\|n\|K\rangle=\mathrm{i}\sqrt{K}.$$

这和运动于有心力场中的单位矢量矩阵元相一致,见(29.14).

现在再来看一下,当在自旋不等于零的态之间跃迁时,前面所得的公式应作怎样的修改. 重要的是,首先应知道这些态究竟是属于情形 a 还是情形 b.

如果这两个态都属于情形 a,公式主要只是作记号上的更改. 量子数 K 和 M_K 不再存在,应换成总角动量 J 及其 z 轴投影 M_J. 另外还有 S 和 $\Omega=\Lambda+\Sigma$,故约化矩阵元为

$$\langle n'J'S'\Omega'\Lambda'\|A\|nJS\Omega\Lambda\rangle.$$

设 $\boldsymbol{A}$ 为任一轨道矢量(即不依赖于自旋). 其算符与自旋算符 $\hat{\boldsymbol{S}}$ 对易,故其矩阵对量子数 S 和 $S_\zeta=\Sigma$ 是对角的;$\Omega=\Lambda+\Sigma$ 将随 Λ 一起变化(即 $\Omega'-\Omega=\Lambda'-\Lambda$). (87.2) - (87.4)式的改变只是在矩阵元中添加了一些指标并用 J 和 Ω 代替 K 和 Λ. 例如,(87.2)第一式变成(对角指标 S 已略去)

$$(n'J\Omega\Lambda\|A\|nJ\Omega\Lambda)=\Omega\sqrt{\frac{2J+1}{J(J+1)}}\langle n'\Omega\Lambda|A_\zeta|n\Omega\Lambda\rangle.$$

现在令 $\boldsymbol{A}=\boldsymbol{S}$. 由于自旋算符和轨道角动量对易,也和哈密顿量对易,故其矩阵对 n 和 Λ 是对角的但对 S 和 Σ(或 Ω)为非对角. A_ξ,A_η,A_ζ 分量的 $S,\Sigma\to S',\Sigma'$ 跃迁矩阵元由(27.13)式给出,式中用 S 和 Σ 代替 L 和 M. 然后用(87.2)和(87.3)式变换到 x,y,z 坐标系,并用 J 和 Ω 代替 K 和 Λ. 从而得,例如(对角指标 n,S 和 Λ 等已略去)

$$\begin{aligned}&\langle J\Omega\|S\|J,\Omega-1\rangle=\\&=\sqrt{\frac{(2J+1)(J+\Omega)(J-\Omega+1)}{4J(J+1)}}\langle\Omega|S_\xi+\mathrm{i}S_\eta|\Omega-1\rangle=\\&=\left[\frac{(2J+1)(J+\Omega)(J-\Omega+1)(S+\Sigma)(S-\Sigma+1)}{4J(J+1)}\right]^{1/2}.\end{aligned}$$

其次,假定两个态都属于情形 b,并设 $\boldsymbol{A}$ 为轨道矢量,矩阵元的计算可分两步完成. 先只考虑转动分子而不计入 $\boldsymbol{S}$ 和 $\boldsymbol{K}$ 的相加;矩阵元对 S 是对角的并可

由(87.2)(87.3)式确定. 第二步,把 $\boldsymbol{K}$ 加到 $\boldsymbol{S}$ 上给出总角动量 $\boldsymbol{J}$,新矩阵元可用普遍公式(109.3)得到,式中用 K,S,J 代替 j_1,j_2,J. 例如,对 J,K,Λ 对角的矩阵元为

$$\langle n'JK\Lambda \| A \| nJK\Lambda\rangle =$$
$$= (-1)^{K+J+S+1}(2J+1)\begin{Bmatrix} K & J & S \\ J & K & 1 \end{Bmatrix}\langle n'K\Lambda \| A \| nK\Lambda\rangle.$$

应用表10(§108)中的 $6j$ 符号以及(87.2)的约化矩阵元,最后可得

$$\langle n'JK\Lambda \| A \| nJK\Lambda\rangle =$$
$$= \Lambda\sqrt{\frac{2J+1}{J(J+1)}}\frac{J(J+1)+K(K+1)-S(S+1)}{2K(K+1)}\langle n'\Lambda | A_\zeta | n\Lambda\rangle.$$

情形 a 和情形 b 的两态之间的跃迁矩阵元,可用类近的方法计算. 这里不再讨论.

习　题

1. 求一双原子分子谱项的斯塔克分裂,该分子具有恒定的偶极矩,该谱项属于情形 a.

解:偶极矩 $\boldsymbol{d}$ 在电场 $\mathscr{E}$ 中的能量为 $-\boldsymbol{d}\cdot\mathscr{E}$,根据对称性的考虑,双原子分子的偶极矩显然沿分子轴;$\boldsymbol{d}=d\boldsymbol{n}$,$d$ 是一个常数. 取场的方向为 z 轴,得 $-dn_z\varepsilon$ 形式的微扰算符.

根据以上导出的公式求出 n_z 的对角矩阵元,得到情形 a 时的能级分裂式①:

$$\Delta E = -\mathscr{E}\, dM_J\frac{Q}{J(J+1)}.$$

2. 同上题,但谱项属于情形 b(并且 $\Lambda\neq 0$).

解:同法求得

$$\Delta E_{M_J} = -\mathscr{E}\, dM_J\Lambda\,\frac{J(J+1)-S(S+1)+K(K+1)}{2K(K+1)J(J+1)}.$$

3. 同上题,但对 $^1\Sigma$ 谱项.

解:$\Lambda=0$ 时线性效应不再存在,需要转入微扰论的二级近似. 一般公式(38.10)求和时,只要保留这样一些项就可以了,这些项对应于该电子谱项的各个转动分量之间的跃迁(其它项的分母中能量差别比较大). 因此可得

$$\Delta E_{M_K} = d^2\mathscr{E}^2\left\{\frac{|\langle KM_K | n_z | K-1, M_K\rangle|^2}{E_K-E_{K-1}} + \frac{|\langle KM_K | n_z | K+1, M_K\rangle|^2}{E_K-E_{K+1}}\right\},$$

---

① 可以指出的是,这个结果似乎和不存在线性斯塔克效应的一般论断(§76)相矛盾. 实际上,这样的矛盾当然是不存在的,因为这里出现的线性斯塔克效应是由 $\Omega\neq 0$ 的双重简并能级引起的,只要这个斯塔克分裂的能量大于 Λ 双线的能量(§88),以上所得的公式是适用的.

其中的 $E_K = BK(K+1)$. 经简单计算后得

$$\Delta E_{M_K} = \frac{d^2\mathscr{E}^2}{B}\frac{[K(K+1)-3M_K^2]}{2K(K+1)(2K-1)(2K+3)}.$$

§88　Λ 双重分裂

$\Lambda \neq 0$ 的谱项的双重简并(§78)实际上是近似的. 它的产生只是由于我们直到现在为止略去了分子转动对电子态的影响(以及略去了对自旋-轨道作用的高次近似),这一点正是我们在以前的理论中所作的. 考虑了电子态和转动之间的相互作用以后,$\Lambda \neq 0$ 的谱项就分裂成为两个靠得很近的能级. 这种现象称为 **Λ 双重分裂**(E. Hill, J. H. van. Vleck, R. Kronlg, 1928).

现在来定量地考虑这个效应,我们仍从单项($S=0$)开始,我们已经计算过(§82 中)转动能级在微扰论一级近似下的能量值,它由下列算符的对角矩阵元(平均值)所确定:

$$B(r)(\hat{\boldsymbol{K}}-\hat{\boldsymbol{L}})^2.$$

计算下一级近似时,必须考虑上述算符对 Λ 的非对角矩阵元. $\hat{\boldsymbol{K}}^2$ 和 $\hat{\boldsymbol{L}}^2$ 算符对 Λ 是对角的,因此只需要考虑 $-2B\hat{\boldsymbol{K}}\cdot\hat{\boldsymbol{L}}$ 算符.

$\hat{\boldsymbol{K}}\cdot\hat{\boldsymbol{L}}$ 矩阵元的计算最好利用一般公式(29.12),令该式中的 $\boldsymbol{A}=\boldsymbol{K}, \boldsymbol{B}=\boldsymbol{L}$; L 和 M 取作 K 和 M_K,并把 n 改写成 n 和 Λ,其中的 n 代表确定电子谱项的(Λ 以外的)量子数集合. 由于守恒矢量 $\boldsymbol{K}$ 的矩阵对 n 和 Λ 是对角的,而在 $\boldsymbol{L}$ 矢量所含的非对角矩阵元中 Λ 值的改变只能等于 1(参考 §87 中对任意矢量 A 所讲的话),利用(87.3)式,我们得:

$$\begin{aligned}&\langle n'\Lambda K M_K|\boldsymbol{K}\cdot\boldsymbol{L}|n,\Lambda-1,KM_K\rangle = \\ &=\frac{1}{2}\langle n'\Lambda|L_\xi+\mathrm{i}L_\eta|n,\Lambda-1\rangle\sqrt{(K+\Lambda)(K+1-\Lambda)}.\end{aligned}\tag{88.1}$$

Λ 值作更大改变的非零矩阵元是不存在的.

只有在微扰论的第 2Λ 级近似中,$\Lambda\to\Lambda-1$ 矩阵元的微扰效应才能使 $\pm\Lambda$ 态之间出现一个能量差. 与此相应,这个差值将和 $B^{2\Lambda}$ 即 $(m/M)^{2\Lambda}$ 成正比(M 为原子核质量,m 为电子质量). $\Lambda>1$ 时,这个值太小我们不感兴趣. 因此 Λ 双重分裂效应只对下面要考虑的 Π 谱项($\Lambda=1$)才是重要的.

$\Lambda=1$ 时必须进行二级近似. 能量本征值的改正可按一般公式(38.10)确定. 该式求和项分母中的能量差呈 $E_{n,\Lambda,K}-E_{n'\Lambda-1,K}$ 形式. 这些能量差中含有 K 的项相互抵消,因为原子核距离给定为 r 以后所有各个谱项的转动能量都等于 $B(r)K(K+1)$. 所以分裂值 ΔE 与 K 的关系完全由分子中的矩阵元平方确定. 这些矩阵元平方项对应于 Λ 从 1 到 0 以及从 0 到 -1 的跃迁,根据(88.1)′式这两

个跃迁矩阵元和 K 的关系是相同的，我们即得$^1\Pi$ 谱项的分裂值

$$\Delta E = 常数 \times K(K+1), \tag{88.2}$$

式中的常数具有 B^2/ϵ 的数量级，ϵ 具有相邻电子谱项间能量差值的数量级.

现在转向自旋不等于零的谱项($^2\Pi$ 和$^3\Pi$ 谱项，更高的 S 值实际上找不到). 如果这个谱项属于情形 b，则多重分裂对转动能级的 Λ 双线并没有影响，它仍由(88.2)式所确定.

但在情形 a 中，自旋的影响就很重要. 此时每个电子谱项除了用 Λ 外还要用 Ω 来标志. 如果把 Λ 简单地改为 $-\Lambda$，$\Omega=\Lambda+\Sigma$ 值就要改变，从而得到一个完全不同的谱项. 相互简并的态是 Λ，Ω 态和 $-\Lambda$，$-\Omega$ 态. 这种简并性不但能被以上考虑的轨道角动量与分子转动间的相互作用解除掉，而且也能被自旋－轨道作用解除掉. 但总角动量沿分子轴的投影值 Ω 是精确守恒的(当原子核固定时)，它不能被自旋－轨道作用所破坏. 可是自旋－轨道作用能够同时改变 Λ 和 Σ 而使 Ω 保持不变(也就是存在着 Λ 和 Σ 作相应改变的跃迁矩阵元). 这个效应的本身，或者和轨道－转动效应(它改变 Λ 但不改变 Σ)合在一起，就会导致 Λ 双重分裂.

让我们先考虑$^2\Pi$ 谱项. 对于$^2\Pi_{1/2}$谱项($\Lambda=1,\Sigma=-1/2,\Omega=1/2$)，同时考虑了自旋－轨道作用和轨道－转动作用以后(都是一级近似)即得能级分裂. 实际上，前一作用给出 $\Lambda=1,\Sigma=-\dfrac{1}{2}\to\Lambda=0,\Sigma=1/2$ 的跃迁，后一作用则把 $\Lambda=0,\Sigma=1/2$ 的态变成 $\Lambda=-1,\Sigma=1/2$ 的态，这个态与初态的差别就是把 Λ 和 Ω 都改变了符号. 自旋－轨道作用的矩阵元与转动量子数 J 无关，轨道－转动作用与 J 的关系则由(88.1)式确定，该式中(根号中)的 K 和 Λ 应该改成 J 和 Ω. 因此对$^2\Pi_{1/2}$谱项的 Λ 双重分裂讲来，得下列表式：

$$\Delta E_{1/2} = 常数 \times \left(J+\frac{1}{2}\right), \tag{88.3}$$

其中的常数 $\sim AB/\epsilon$. 另一方面，$^2\Pi_{3/2}$谱项的分裂只能在高级近似中找到，因此实际上 $\Delta E_{3/2}=0$.

最后，我们来考虑$^3\Pi$ 谱项. 对于$^3\Pi_0$谱项($\Lambda=1,\Sigma=-1$)，考虑了自旋－轨道作用的二级近似后可得能级分裂(由于 $\Lambda=1,\Sigma=-1\to\Lambda=0,\Sigma=0\to\Lambda=-1,\Sigma=1$ 的跃迁). 据此，这种情形下的 Λ 双重分裂完全与 J 无关：

$$\Delta E_0 = 常数 \sim A^2/\epsilon. \tag{88.4}$$

对于$^3\Pi_1$谱项，$\Sigma=0$，因此自旋对分裂没有影响，我们仍得(88.2)那样的公式，式中的 K 要改成 J：

$$\Delta E_1 = 常数 \cdot J(J+1). \tag{88.5}$$

对$^3\Pi_2$谱项需要应用更高级的近似，因此可令 $\Delta E_2=0$.

Λ 双重分裂所得的一个能级总是正的，另一个是负的，这一点已经在 § 86 中讨论过. 研究了分子波函数以后，可以确立起正负能级的交替规则. 我们只在这里给出它的研究结果①. 我们发现，如果对某个 J 值，正能级处于负能级的下面，那么在 $J+1$ 的双线中这个次序就反过来，正能级位于负能级的上面，并依此类推. 正负能级次序随着总角动量值的依次变化而交替地变化. 这里所讲的是情形 a 的谱项，情形 b 中这一点也能成立，不过依次变化的是角动量值 K.

习　　题

求 $^1\Delta$ 谱项的 Λ 分裂

解：现在这个效应出现于微扰论的四级近似中. 它与 K 的关系由四个(88.1)矩阵元的乘积所确定，这些矩阵元的 Λ 值改变依次为：$2\to1, 1\to0, 0\to-1, -1\to-2$. 它给出

$$\Delta E = 常数 \times (K-1)K(K+1)(K+2),$$

其中的常数 $\sim B^4/\epsilon^3$.

§ 89　原子间的远距作用

我们来考虑两个相隔很远(相对于它们的大小)的原子，求它们之间的相互作用能量. 换句话说，我们来求当原子核间距很大时电子谱项 $U_n(r)$ 所能具有的形式.

为了求解这个问题，我们应用微扰论，把两个孤立原子看作未微扰系统，它们间的电作用势能则看作微扰算符. 根据静电学我们知道，(见《场论》§ 41，§ 42)，两个相距 r 很远的带电系统之间的电作用可以按 $1/r$ 的幂展开，这个展开式中的依次各项相当于这两个系统之间的总电荷作用、偶极矩作用以及四极矩作用，等等. 对中性原子讲来总电荷等于零. 这个展式是从偶极 - 偶极作用($\sim 1/r^3$)开始的，其次是偶极 - 四极项($\sim 1/r^4$)，四极 - 四极(和偶极 - 八极)项($\sim 1/r^5$)，等等.

我们先假定两个原子都处于 S 态，很易证明，在微扰论的一级近似中，这两个原子间无相互作用. 原子间的相互作用能是由微扰算符对未微扰系统波函数(等于这两个原子波函数的乘积②)的对角矩阵元确定的. 但在 S 态中，这些对角矩阵元也就是偶极矩和四极矩等等的平均值，它们都等于零；这一点可以根据对称性的考虑直接得知，因为 S 态中原子的电荷分布是球对称的. 因此在微扰论的

---

① 可参考 E. Wigner, E. Witmer, Zeitschrift für Physik, 51, 859, 1928.

② 我们略去了随着距离作指数式衰减的交换效应；参考 § 62 题 1 及 § 81 例题.

一级近似中,微扰算符展为 $1/r$ 的幂级数后每一项的贡献都等于零①.

二级近似中,我们只需要保留微扰算符中的偶极作用项,因为这一项当 r 增大时衰减得最慢,该项为

$$V=\frac{-\boldsymbol{d}_1\cdot\boldsymbol{d}_2+3(\boldsymbol{d}_1\cdot\boldsymbol{n})(\boldsymbol{d}_2\cdot\boldsymbol{n})}{r^3},\tag{89.1}$$

$\boldsymbol{n}$ 为原子连线的单位矢量. 由于偶极矩的非对角矩阵元一般讲来不等于零,我们在微扰论的二级近似中所得的非零结果是 V 的二次式,也就是正比于 $1/r^6$. 我们早已知道,最低本征值的二级近似改正总是负的(§38). 因此我们得两个基态原子的下列相互作用能表式:

$$U(r)=-\frac{\text{常数}}{r^6}\tag{89.2}$$

其中的常数取正值②(F. London,1928).

因此两个处于 S 基态相距较远的原子以反比于其距离的 7 次方的引力($-\mathrm{d}U/\mathrm{d}r$)彼此相吸. 远距离的原子的这种引力通常称为**范德瓦尔斯力**. 这个力使得电子谱项势能曲线上出现一个极小值,即使这两个原子不能形成稳定分子,但是曲线下陷不多(深度只有一个电子伏的几十分之一甚至几百分之一),而且其位置在几倍于稳定分子的原子间距处,

如果只有一个原子处于 S 态,所得的相互作用能仍为(89.2)式,因为一级近似等于零只需一个原子的偶极矩(和其它的矩)等于零就足够了. (89.2)式中的常数不但依赖于这两个原子的态,而且还依赖于两者的相对取向,也就是依赖于角动量沿原子连线的投影值 Ω.

如果两个原子都具有不等于零的轨道角动量和总角动量,情况就不同了. 偶极矩对任意原子态的平均值都等于零(§75),但是四极矩对 $L\neq 0$. $J\neq 0$ 或 $1/2$ 的态的平均值不等于零. 因此微扰算符中的四极-四极项在一级近似中给出不等于零的结果,原子间的相互作用能现在不是按距离的 6 次方衰减而是按 5 次方衰减的:

$$U(r)=\frac{\text{常数}}{r^5}\tag{89.3}$$

式中的常数可以是正的也可以是负的,也就是既有吸引的也有排斥的. 和以前的情形一样,这个常数不但依赖于原子态,而且也依赖于这两个原子所组成的系统

① 当然,这并不导致原子相互作用能量的平均值正好等于零. 它随着距离作指数式衰减,也就是衰减得比 $1/r$ 的任何有限次幂来得快,从而展式的每项为零. 这是因为相互作用算符的多极矩展开本身,就包含了这两个原子的电荷相距甚远的假定,而在量子力学中,电子的密度分布即使在远距离处也具有有限的(然而是指数式小的)值.

② 例如,对两个氢原子而言这个常数(用原子单位)等与 6.5,氦原子时为 1.5,氩为 68,氪为 150.

的态.

一个特殊情形是两个相同原子处于不同状态时的相互作用. 此时的未微扰系统(两个孤立原子)由于存在着交换原子态的可能性而具有附加简并. 与此相应,一级近似的修正值要用久期方程求出,此方程中不但出现微扰的对角矩阵元而且还有非对角矩阵元. 如果这两个原子态的宇称相异,同时角动量 L 相差 ± 1 或 0(但不都等于 0)(对 J 也有同样的限制),那么对这两个态之间的跃迁讲来,偶极矩的非对角矩阵元一般来说不等于零. 因此从微扰算符的偶极项中即可求得一级近似的效应. 原子间的相互作用能此时就和 $1/r^3$ 成正比:

$$U(r) = -\frac{常数}{r^3} \tag{89.4}$$

式中的常数可正可负.

但在通常情况下,我们感兴趣的原子间相互作用往往要对角动量的所有可能取向求平均(例如,对于气体中的原子间的相互作用). 经过这样的平均以后,所有多极矩的平均值都等于零,因而在原子间相互作用中,微扰论一级近似中所有多极矩的线性效应也都等于零. 于是近距离原子间的平均相互作用力总是遵循(89.2)式的规律. ①

我们来进一步考虑一个原子和一个离子相互作用的类似问题,在微扰论的一级近似中,这个相互作用由离子库仑场中的四极矩能量算符(76.8)的平均值给出. 由于该场的势 $\varphi \sim 1/r$,原子与离子相互作用能量正比于 $1/r^3$. 但是这个效应仅当该原子具有平均四极矩时才存在. 即使如此,当对角动量 J 的所有方向取平均以后,它还是等于零.

以 $1/r$ 为幂次的不总是等于零的下一级相互作用项,出现在对偶极矩算符(76.1)而言的二级微扰论中. 由于离子场强 $\sim 1/r^2$,这种相互作用能正比于 $1/r^4$. 它可通过原子(处于 S 态)极化率 α 表成

$$U = -\frac{\alpha e^2}{2r^4}. \tag{89.5}$$

如果原子处于基态,这个能量(和所有的基态能量修正一样)是负的,亦即原子和离子间具有吸引力②.

---

① 这个规律是以非相对论理论为基础导出的. 它仅当电磁作用的推迟效应不重要时才是正确的. 为此,原子间距 r 必须小于 c/ω_{0n},ω_{0n} 是原子激发态和基态之间的跃迁频率. 计及推迟效应的原子间作用见第四卷 § 85.

② 一个原子和一个远距离的电子间也有类似的引力. 这种引力就是该原子具有吸附一个电子形成负离子能力的原因(结合能从几分之一到几个电子伏). 并不是所有的原子具备这种能力,因为在一个远距离处作 $1/r^4$(或 $1/r^3$)衰减的场中,对应于电子的束缚态的能级数总是有限的,特殊情况下可以等于零.

习 题

推导处于S态的两个相同原子间的范德瓦尔斯力公式，用偶极矩的矩阵元表出.

解：把微扰论一般公式(38.10)应用到(89.1)式的算符即可求得解答. 鉴于S态原子的各向同性，可以事先知道，当对所有的中间态求和时，矢量$\boldsymbol{d}_1$和$\boldsymbol{d}_2$的三个分量的矩阵元平方给出同样的贡献，不同分量的乘积项则等于零. 结果为

$$U(r) = -\frac{6}{r^6}\sum_{n,n'}\frac{\langle n|d_z|0\rangle^2\langle n'|d_z|0\rangle^2}{E_n+E_{n'}-2E_0},$$

其中F_0和E_n为原子基态能量和激发态能量的未微扰值，由于假定基态中$L=0$，$\langle n|d_z|0\rangle$矩阵元仅当跃迁到P态($L=1$)时才不等于零. 应用(29.7)式，得$U(r)$的最终形式为

$$U(r) = -\frac{2}{3r^6}\sum_{n,n'}\frac{\langle n1\|d\|00\rangle^2\langle n'1\|d\|00\rangle^2}{E_{n1}+E_{n'1}-2E_{00}},$$

式中约化矩阵元和能级的指标nL中的第二个指标给出L值，第一个指标代表确定该能级所需的其余量子数集合.

§90 预离解

本章所述双原子分子理论的一个基本前提是假定了分子波函数分离成为一个电子波函数(以核距为参量)和一个核运动波函数的乘积. 这种假定相当于在分子的精确哈密顿量中略去了某些小项，这些项相当于电子和核运动的相互作用.

当用微扰论计及这些项后，就会出现不同电子态间的跃迁. 当跃迁态中至少有一个是属于连续谱的态时，它在物理上特别重要.

图30中给出了两个电子谱项的势能曲线(更确切地说，是分子的给定转动态中的有效势能U_J曲线). 能量E'(图30中第二条水平虚线)代表处于电子态2的一个稳定分子的某个振动能级. 在电子态1中，这个能量处于连续谱范围内. 换句话说，从态2到态1时这个分子就会自动分解，这种现象称为**预离解**①. 由于预离解的存在，像曲线2那样的离散谱状态实际上只有有限的寿命，这就意味着离散能级变宽了，也就是具有一定的宽度(见§44末).

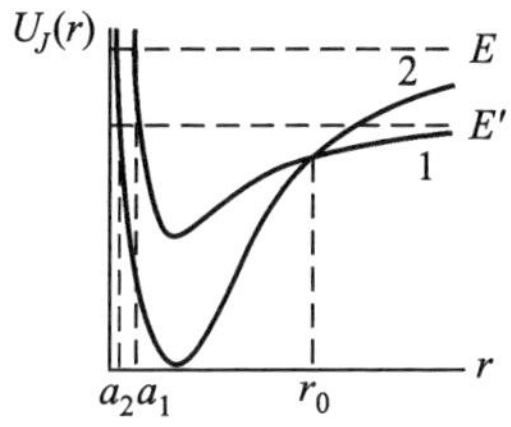

图30

① 曲线1的极小值也有可能根本不存在，如果它对应于原子间的纯斥力的话.

另一方面,如果总能量 E 位于这两个态的离解极限之上(图 30 中第一条水平虚线),从一态到另一态的跃迁相当于所谓**第二类碰撞**. 例如 1→2 的跃迁意味着两个原子的碰撞,其结果是使两个原子处于激发态,并以减少了的动能分开(当 $r\to\infty$ 时,曲线 1 在曲线 2 的下面,$U_2(\infty)-U_1(\infty)$之值就是原子的激发能量).

由于原子核的质量很大,它们的运动是准经典的. 因此所考虑的跃迁概率问题属于 § 52 中讨论过的那一类. 根据该节中的一般考虑可以知道,跃迁概率主要由经典跃迁点[①]确定,由于双原子系统(分子)的总能量在跃迁中守恒,“经典可能”的条件是两个有效势能相等:$U_{J1}(r)=U_{J2}(r)$. 又由于分子的总角动量守恒,两态的离心能相同,因此这个条件意味着势能相等:

$$U_1(r)=U_2(r), \tag{90.1}$$

不再含有角动量.

如果(90.1)式在经典允许区($E>U_{J1}, U_{J2}$的区域)内无实根,根据 § 52,跃迁概率是一个指数式的小量[②]. 仅当势能曲线相交于经典允许区时(如图 30 所示),跃迁概率才是显著的. 此时(52.1)式中的指数幂等于零(该式也就不再适用),跃迁概率将由下面导出的非指数表式确定. 这时条件(90.1)可作如下解释. 如果势能(和总能)相同,两者的动量也就相同. 条件(90.1)也可写成下列形式

$$r_1=r_2, \quad p_1=p_2, \tag{90.2}$$

p 是原子核相对径向运动的动量,下标 1 和 2 代表两个电子态. 我们就可以这样说,跃迁发生时刻两个原子核的距离及其相对动量都保持不变(这称为**弗兰克 - 康登原理**). 从物理上讲,这是由于电子速度远大于核速度,在“电子跃迁期间”两个原子核的位置或速度不会有显著的改变.

不难确立所考虑跃迁的选择定则. 首先,我们有两个明显的精确定则. 总角动量 J 以及谱项的符号(正或负;见 § 86)在跃迁中不能改变,这是因为总角动量的守恒以及坐标系反演下波函数行为的不变是任意(封闭的)多粒子系统的精确定律.

其次,宇称相异态之间的禁戒跃迁定则(由相同原子组成的分子)也是近乎精确的. 态的宇称可以由核自旋和谱项符号唯一地确定. 谱项符号的守恒是一个精确的定律,而核自旋是近乎守恒的,因为它和电子的作用非常弱.

---

① 或者是势能变成无穷大的 $r=0$ 点.

② 如果参与跃迁的分子谱项可由两对不同的原子态来实现(见 § 85 末),亦即势能曲线在远距离处可以分裂成为两支时,就会出现一种特殊情况. 此时的跃迁概率相当大. 一个例子见 А. И. Воронин, Е. Е. Никитин, Оптика и спектр. 1968. Т. 25. С. 803.

要求势能曲线必须要有一个交点,这就意味着两个谱项必须具有不同的对称性(见 §79). 我们来考虑微扰论一级近似下实现的跃迁,(只能在高次近似下实现的跃迁,它的概率比较小). 首先要注意的是,哈密顿量中导致此跃迁的项正好就是引起能级的 Λ 双线的项. 这些项中首先有自旋 - 轨道作用项. 它们是两个轴矢量的乘积,一个具有自旋性质(即由电子自旋算符组成),另一个具有坐标性质. 但要强调指出,这两个矢量并不是简单地等于 $\hat{\boldsymbol{S}}$ 和 $\hat{\boldsymbol{L}}$ 矢量. 它们对于 S 和 Λ 改变 0, ±1 的跃迁具有非零的矩阵元,其中 ΔS 和 $\Delta\Lambda$ 都等于零(同时 $\Lambda\neq0$)的情形应该除去,否则谱项的对称性将在跃迁中保持不变. 两个 Σ 谱项间的跃迁只有当一个为 Σ^+ 另一个为 Σ^- 时才是可能的,因为一个轴矢量只对 Σ^+ 和 Σ^- 之间的跃迁才有非零矩阵元(见 §87).

哈密顿量中对应于分子转动与轨道角动量相互作用之项是与 $\hat{\boldsymbol{J}}\cdot\hat{\boldsymbol{L}}$ 成正比的,它的矩阵元对于 $\Delta\Lambda=\pm1$ 而自旋不变的跃迁不等于零(只有矢量的 ζ 分量 L_ζ 具有 $\Delta\Lambda=0$ 的矩阵元,但是 L_ζ 对于电子态是对角的).

除了以上考虑过的那些项以外,还有来自核动能算符(对核坐标微商的算符)的微扰,这个算符不但作用于核波函数上而且作用于以 r 为参量的电子波函数上. 哈密顿量中的这个相应项与未微扰哈密顿量具有同样的对称性. 因此它只能导致对称性相同的电子谱项间的跃迁,由于这两个谱项并不相交,它的跃迁概率小得可以忽略.

现在来进行跃迁概率的具体计算. 为确定起见,我们考虑第二类碰撞. 根据一般公式(43.1),所求的概率由下式确定:

$$w=\frac{2\pi}{\hbar}\left|\int\chi_{N2}^{*}V(r)\chi_{N}\mathrm{d}r\right|^{2},\tag{90.3}$$

其中的 $\chi_N=r\psi_N$(ψ_N 为原子核径向运动波函数),$V(r)$ 是微扰能量;我们已把(43.1)式中的 ν_f 取作能量 E 并且对它进行了积分. 末态波函数 χ_{N2} 应按能量的 δ 函数归一化. 经过这样的归一化后,(47.5)中的准经典函数具有下列形式:

$$\chi_{N2}=\sqrt{\frac{2}{\pi\hbar v_2}}\cos\left(\frac{1}{\hbar}\int_{a_2}^{r}p_2\mathrm{d}r-\frac{\pi}{4}\right).\tag{90.4}$$

归一化因子已按 §21 末的规则确定. 初态波函数可以写成下列形式:

$$\chi_{N1}=\frac{2}{\sqrt{v_1}}\cos\left(\frac{1}{\hbar}\int_{a_1}^{r}p_1\mathrm{d}r-\frac{\pi}{4}\right),\tag{90.5}$$

它是这样归一化的,使得(90.5)式的驻波分解成两个行波后每个行波的流密度都等于 1;v_1 和 v_2 是原子核相对径向运动的速度. 当把这些函数代入(90.3)式后,即得量纲为 1 的跃迁概率 w. 它可以看作原子核两次通过 $r=r_0$ 点的跃迁概率(r_0 为能级的交点). 要记住,(90.5)的波函数在某种意义下相当于两次通过该点,因为它同时含有入射行波和反射行波.

由函数(90.4)和(90.5)所构成的 $V(r)$ 的矩阵元中,被积函数内含有余弦函数的乘积,这个乘积可以化成宗量为原来宗量之和及差的两个余弦函数之和.在谱项交点 $r=r_0$ 附近积分时,只有第二个余弦函数是重要的,故得

$$w=\frac{4}{\hbar^2}\left|\int\cos\left(\frac{1}{\hbar}\int_{a_1}^{r}p_1\mathrm{d}r-\frac{1}{\hbar}\int_{a_2}^{r}p_2\mathrm{d}r\right)\frac{V(r)\mathrm{d}r}{\sqrt{v_1v_2}}\right|^2,$$

离开交点时积分很快地收敛,因此可把余弦函数的宗量展为 $\xi=r-r_0$ 的幂级数并对 ξ 从 $-\infty$ 到 $+\infty$ 积分(余弦函数前的缓变因子此时可用 $r=r_0$ 处的值来代替).考虑到交点处 $p_1=p_2$,即得:

$$\int_{a_1}^{r}p_1\mathrm{d}r-\int_{a_2}^{r}p_2\mathrm{d}r\approx S_0+\frac{1}{2}\left(\frac{\mathrm{d}p_1}{\mathrm{d}r_0}-\frac{\mathrm{d}p_2}{\mathrm{d}r_0}\right)\xi^2,$$

其中的 S_0 等于 $r=r_0$ 点处这两个积分值之差.动量的微商可通过力 $F=-\mathrm{d}U/\mathrm{d}r$ 表达出来.对等式 $\frac{p_1^2}{2\mu}+U_1=\frac{p_2^2}{2\mu}+U_2$($\mu$ 为原子核折合质量)取微商后可得

$$v_1\frac{\mathrm{d}p_1}{\mathrm{d}r}-v_2\frac{\mathrm{d}p_2}{\mathrm{d}r}=F_1-F_2,$$

因此

$$\int_{a_1}^{r}p_1\mathrm{d}r-\int_{a_2}^{r}p_2\mathrm{d}r\cong S_0+\frac{F_1-F_2}{2v}\xi^2,$$

v 为 v_1 和 v_2 在交点处的公共值.利用以下的熟知公式进行积分:

$$\int_{-\infty}^{+\infty}\cos(\alpha+\beta\xi^2)\mathrm{d}\xi=\sqrt{\frac{\pi}{\beta}}\cos\left(\alpha+\frac{\pi}{4}\right),$$

结果得

$$w=\frac{8\pi V^2}{\hbar v|F_2-F_1|}\cos^2\left(\frac{S_0}{\hbar}+\frac{\pi}{4}\right).\tag{90.6}$$

$S_0/\hbar$ 是一个很大的量并随能量 E 很快地变化.因此即使对一段不大的能量间隔加以平均后,余弦的平方就可用它的平均值来代替.结果得下列公式:

$$w=\frac{4\pi V^2}{\hbar v|F_2-F_1|}\tag{90.7}$$

(Л.Д.朗道,1932).式右的所有各量均取势能曲线交点处的值.

应用于预离解时,我们感兴趣的是分子在单位时间内的离解概率.振动着的原子核在单位时间内有 $2\times\frac{\omega}{2\pi}$ 次通过 $r=r_0$ 点.因此所求的预离解概率等于 w(通过两次的概率)乘以 $\omega/2\pi$,即等于

$$\frac{2V^2\omega}{\hbar v|F_2-F_1|}.\tag{90.8}$$

对于所作的这些计算应作以下说明.谈到谱项的相交时,我们所指的谱项是

指分子中电子运动的"未微扰"哈密顿量 $\hat{H}_0$ 的本征值，并没有把导致跃迁的 $\hat{V}$ 项计算在内. 如果在哈密顿量中包括了 $\hat{V}$ 项，谱项就不可能相交，势能曲线要略为分开，如图 31 所示. 这是在 §79 中我们从略为不同的观点得到的结论.

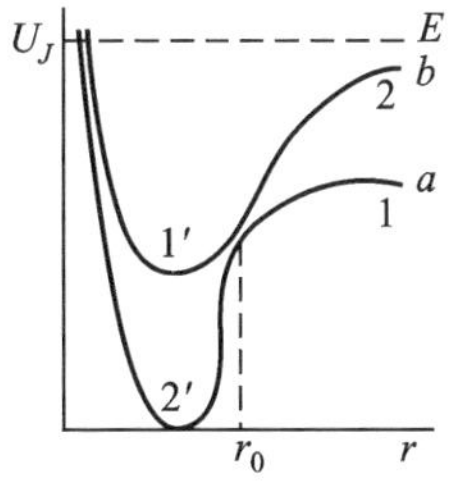

图 31

设 $U_{J1}(r)$ 和 $U_{J2}(r)$ 为算符 $\hat{H}_0$ 的两个本征值（其中的 r 看作参量）. 在 $U_{J1}(r)$ 和 $U_{J2}(r)$ 曲线交点 r_0 的邻域内，我们必须用 §79 中所示的方法去求 $\hat{H}_0+\hat{V}$ 算符的本征值 $U(r)$，结果得

$$U_{b,a}(r)=\frac{1}{2}(U_{J1}+U_{J2}+V_{11}+V_{22})\pm$$

$$\pm\sqrt{\frac{1}{4}(U_{J1}-U_{J2}+V_{11}-V_{22})^2+V_{12}^2},$$

式中各量都是 r 的函数，$U_b(r)$ 函数（上式根号前取正号）相当于图 31 中上面一条连续曲线（1′—2），$U_a(r)$ 相当于下面一条曲线（2′—1）. V_{11} 和 V_{22} 矩阵元可以分别归入 U_{J1} 和 U_{J2} 函数的定义中；V_{12} 可简记为 $V(r)$，上式变成

$$U_{b,a}(r)=\frac{1}{2}(U_{J1}+U_{J2})\pm\frac{1}{2}\sqrt{(U_{J1}-U_{J2})^2+4V^2},\tag{90.9}$$

能级间距为

$$\Delta U=\sqrt{(U_{J1}-U_{J2})^2+4V^2}.\tag{90.10}$$

由此可见，如果两态间有跃迁（$V\neq0$），能级的相交就不存在. 曲线间的最短距离位于 $r=r_0$ 处，该处的 $U_{J1}=U_{J2}$，故得

$$(\Delta U)_{\min}=2|V(r_0)|\tag{90.11}$$

在这点附近，我们把差值 $U_{J1}-U_{J2}$ 展为 $\xi=r-r_0$ 的幂级数，令

$$U_{J1}-U_{J2}=U_1-U_2\approx\xi(F_2-F_1),$$

其中 $F=-(\mathrm{d}V/\mathrm{d}r)_{r_0}$，则

$$\Delta U=\sqrt{(F_2-F_1)^2\xi^2+4V^2(r_0)}.\tag{90.12}$$

(90.11)和(90.12)式是在只考虑两个态的情况下导出的，这两式的成立要求 $(\Delta U)_{\min}$ 必须小于其它谱项的间距. (90.7)式作为跃迁概率必须满足后面更为严格的条件(90.19). 如果后一条件并不满足，仍容许只考虑两个态，但不能用通常微扰论计算跃迁概率，这种情形下需要更一般的处理.

如果我们只考虑交点的邻区并把核运动作准经典处理，那么系统哈密顿量中的核速度算符可用常数 v 代替，坐标 r 可以作为时间的函数满足经典方程 $\mathrm{d}r/\mathrm{d}t=v$，亦即 $\xi=r-r_0=vt$，计算跃迁概率的问题就化成求解电子波函数所满足的波动方程，它的哈密顿量显含时间 t：

$$i\hbar\frac{\partial}{\partial t}\Psi=[\hat{H}_0(t)+\hat{V}(t)]\Psi. \qquad (90.13)$$

令 ψ_a 和 ψ_b 为对应于曲线 a 和 b 的电子态的波函数. 它们是下式之解

$$(\hat{H}_0+\hat{V})\psi_{a,b}=U_{a,b}(t)\psi_{a,b},$$

式中 t 是一个参量. 把(90.13)之解取作下列形式:

$$\Psi=a(t)\psi_a+b(t)\psi_b. \qquad (90.14)$$

如果方程按 $t\to-\infty$ 时 $a=1, b=0$ 的边界条件求解,则 $|b(\infty)|^2$ 给出分子进入 ψ_b 态的概率,代表原子核通过 $r=r_0$ 点时从曲线 a 到曲线 b 的跃迁. 同理,$|a(\infty)|^2=1-|b(\infty)|^2$ 为分子仍留于曲线 a 的概率. 两次通过 r_0 点(两核先接近再分开)的过程中从曲线 a 到曲线 b 的跃迁可以有两种方式:$a\to b\to b$(接近时有 $1\to1'$ 跃迁,分开时分子留在 $1'2$ 曲线上),或者 $a\to a\to b$(接近时 $1\to2'$,分开时 $2'\to2$),因此所求的跃迁概率为

$$w=2|b(\infty)|^2[1-|b(\infty)|^2], \qquad (90.15)$$

式中引用了这样的事实,即通过 $r=r_0$ 点的跃迁概率当然和运动方向无关.

$b(\infty)$ 的值可以用 §53 中描述的方法求出,不必直接应用(90.13)式①. 为此,我们注意到 $U_a(t)$ 和 $U_b(t)$ 曲线相交于下列虚点:

$$t_0^{(\pm)}=\pm i\frac{2|V|}{|F_2-F_1|v}\equiv\pm i\tau_0, \qquad (90.16)$$

对很大的负 t 值,(90.14)中的系数 $a(t)$ 具有下列"对时间为准经典"的形式:

$$a(t)=\exp\left\{-\frac{1}{\hbar}\int_{-\infty}^{t}U_a(t)\,dt\right\}.$$

在 t 复平面上,我们从左实轴出发沿着"准经典"条件总能满足的回线到达右实轴,由于 $U_a<U_b$,所取回线一定在上半平面内绕过 $t_0^{(t)}$ 点(参考 §53). $a(t)$ 函数就变成 $b(t)$,而

$$|b(\infty)|^2=\exp\left\{\frac{2}{\hbar}\mathrm{Im}\left[\int_{t_1}^{i\tau_0}U_a(t)\,dt+\int_{i\tau_0}^{t_1}U_b(t)\,dt\right]\right\}=$$
$$=\exp\left\{-\frac{2}{\hbar}\mathrm{Im}\int_{t_1}^{i\tau_0}\Delta U\,dt\right\},$$

t_1 可取实轴上任一点,例如 $t_1=0$,按(90.12),我们有

$$\Delta U=\sqrt{(F_2-F_1)^2v^2t^2+4V^2}, \qquad (90.17)$$

作替换 $t=i\tau$ 后所求积分变成

---

① §53 中,我们假定了过程是完全绝热的,因此求得的概率是指数式小量. 但在目前情形下,当两核就在 r_0 点的邻域内,它们的速度 v 如果不足够小的话,这个条件可能被破坏. 可是,根据 §52 和 §53 中的分析可以清楚地看到,对该法本身的可用性而言,只有下列两点是重要的,即当 $|t|$ 大时的绝热性以及只限于两个能级.

$$\mathrm{i}\int_0^{\tau_0}\sqrt{4V^2-(F_2-F_1)^2v^2\tau^2}\,\mathrm{d}\tau=\mathrm{i}\frac{\pi V^2}{v|F_2-F_1|}.$$

由此我们得到跃迁概率的下列最终表式：

$$w=2\exp\left(-\frac{2\pi V^2}{\hbar v|F_2-F_1|}\right)\left[1-\exp\left(-\frac{2\pi V^2}{\hbar v|F_2-F_1|}\right)\right] \tag{90.18}$$

(C. Zener,1932). 我们可以看出,在两种极限情形下跃迁概率都变得很小. 当 $V^2\gg\hbar v|F_2-F_1|$ 时,它是一个指数式小量(绝热情形);当

$$V^2\ll\hbar v|F_2-F_1|, \tag{90.19}$$

时(90.18)变成(90.7)式. 由(90.17)式知,$\tau\sim|V|/(|F_2-F_1|v)$ 是原子核通过交点的"通过时间"相应的频率为 $\omega_\tau\sim1/\tau$,以上两种极限情形能否达到,由 $\hbar\omega_\tau$ 和该问题中的特征能量 $|V|$ 之间的关系来确定.

最后,我们来考虑一个类似于预离解的现象,称为双原子分子光谱中的微扰. 如果有两个离散的分子能级 E_1 和 E_2,对应于两个相交的电子谱项,彼此靠得很近,那么这两个电子态之间的跃迁可能性会引起能级的位移. 根据微扰论的一般公式(79.4),位移能级的表式为

$$\frac{E_1+E_2}{2}\pm\sqrt{\left(\frac{E_1-E_2}{2}\right)^2+|V_{12N}|^2}, \tag{90.20}$$

式中的 V_{12N} 是分子态 1 和 2 之间跃迁的微扰矩阵元;矩阵元 V_{11N} 和 V_{22N} 显然已包括在 E_1 和 E_2 内. 由上式可知,这两个能级背向移动而分开(高能级上升另一能级下降). 差值 $|E_1-E_2|$ 愈小位移量则愈大.

矩阵元 V_{12N} 的计算方法是和确定第二类碰撞的概率所用的方法相同. 唯一的差别是,现在的波函数 χ_{N1} 和 χ_{N2} 都属于离散谱,因此都必须归一化为 1. 根据(48.3)式我们有

$$\chi_{N1}=\sqrt{\frac{2\omega_1}{\pi v_1}}\cos\left(\frac{1}{\hbar}\int_{a_1}^{r}p_1\,\mathrm{d}r-\frac{\pi}{4}\right),$$

对 χ_{N2} 有类似的式子. 与(90.3)到(90.5)诸式比较后可知,目前考虑的矩阵元 V_{12N} 与两次通过交点时的那个跃迁概率 w 之间具有下列关系:

$$|V_{12N}|^2=w\frac{\hbar\omega_1}{2\pi}\frac{\hbar\omega_2}{2\pi}. \tag{90.21}$$

习 题

1. 试求第二类碰撞的总截面并把它表为相碰原子动能 E 的函数,跃迁是由自旋轨道作用引起的(朗道,1932).

解:考虑到核运动的准经典性,可引入**碰撞参量** ρ 的概念(ρ 即不考虑原子核的相互作用时入射原子核的偏射距离),并把有效截面 $\mathrm{d}\sigma$ 定义为"靶面积"

$2\pi\rho d\rho$ 与每次碰撞时的跃迁概率 $w(\rho)$ 的乘积（参考《力学》，§18）. 对 ρ 积分后即得总截面 σ.

对于自旋－轨道作用，矩阵元 $V(r)$ 与相碰原子的角动量 M 无关. 我们把曲线交点 $r=r_0$ 处的速度 v 写成下列形式：

$$v=\sqrt{\frac{2}{\mu}\left(E-U-\frac{M^2}{2\mu r_0^2}\right)}=\sqrt{\frac{2}{\mu}\left(E-U-\frac{\rho^2 E}{r_0^2}\right)},$$

其中的 U 是 U_1 和 U_2 在交点处的公共值，μ 是两原子的折合质量，角动量 $M=\mu\rho v_\infty$，v_∞ 是两原子相距无穷远时的相对速度. 选择能量的零点，使得初态中原子的相互作用能量在无穷远处等于零，此时有 $E=\mu v_\infty^2/2$. 代入（90.7）式得：

$$d\sigma=2\pi\rho d\rho w=\frac{8\pi^2 V^2}{\hbar|F_2-F_1|}\frac{\rho d\rho}{\sqrt{\frac{2}{\mu}\left(E-U-\frac{\rho^2 E}{r_0^2}\right)}}.$$

对 $d\rho$ 的积分应从零开始到速度 v 等于零时的 ρ 值为止. 结果得：

$$\sigma=\frac{4\sqrt{2\mu}\pi^2 V^2 r_0^2}{\hbar|F_2-F_1|}\frac{\sqrt{E-U}}{E}.$$

2. 同上题，但跃迁是由分子转动与轨道角动量间的相互作用引起的（朗道，1932）.

解：矩阵元 V 呈 $V(r)=MD/\mu r^2$ 的形式，其中的 $D(r)$ 是电子轨道角动量的矩阵元. 应用和题 1 相同的方法，得：

$$\sigma=\frac{16\sqrt{2}\pi^2 D^2}{3\hbar\sqrt{\mu}|F_2-F_1|}\frac{(E-U)^{3/2}}{E}.$$

3. 当能量 E 接近于交点处的势能值 U_J 时，求跃迁概率.

解：当 $E-U_J$ 值很小时，（90.7）式不能适用，由于交点附近的核速度 v 不能看作常数，因此不能像推导（90.7）式那样把它拿出积分号外.

交点附近的 U_{J1}，U_{J2} 曲线可改成两条直线：

$$U_{J1}=U_J-F_{J1}\xi,\quad U_{J2}=U_J-F_{J2}\xi,\quad \xi=r-r_0$$

这个区域内的波函数 χ_{N1} 和 χ_{N2} 就是均匀场中一维运动的波函数（§24）. 为计算方便，我们采用动量表象中的波函数. 按能量的 δ 函数归一化后的波函数具有下列形式（见 §24 例题）：

$$a_2=\frac{1}{\sqrt{2\pi\hbar|F_{J2}|}}\exp\left\{\frac{i}{\hbar F_{J2}}\left[(E-U_J)p-\frac{p^3}{6\mu}\right]\right\},$$

乘以 $\sqrt{2\pi\hbar}$ 后，可得按入射波和反射波的单位流密度归一化的波函数：

$$a_1=\frac{1}{\sqrt{|F_{J1}|}}\exp\left\{\frac{i}{\hbar F_{J1}}\left[(E-U_J)p-\frac{p^3}{6\mu}\right]\right.,$$

积分时,微扰能(矩阵元)V 又有可能拿到积分号外,并用它在交点处的值来代替:

$$w = \frac{2\pi}{\hbar}\left| V\int_{-\infty}^{+\infty} a_1 a_2^* \mathrm{d}p \right|^2,$$

结果得:

$$w = \frac{4\pi V^2(2\mu)^{2/3}}{\hbar^{4/3}(F_{J1}F_{J2})^{1/3}(F_{J2}-F_{J1})^{2/3}}\Phi^2\left[-(E-U_J)\left(\frac{2\mu}{\hbar^2}\right)^{1/3}\left(\frac{1}{F_{J2}}-\frac{1}{F_{J1}}\right)^{2/3}\right],$$

式中的 $\Phi(\xi)$ 是艾里函数(见数学附录 §b). 当 $E-U_J$ 很大时上式变成(90.7)式.

4. 试求一个氢原子和一个氢离子(质子)远而慢的碰撞(即相对速度 $v \ll 1$)中的电荷交换概率(О. Б. Фирсов,1951). ①

解:我们把 $H+H^+$ 系统看作一个电离氢分子(见 §81 题),电荷交换是由于电子从核 1 处的 ψ_1 态过渡到核 2 附近的 ψ_2 态. 即便原子核是静止的,这些态都不是定态. 定态为

$$\psi_{g,u} = \frac{1}{\sqrt{2}}(\psi_1 \pm \psi_2),$$

它们的能量 $U_{g,u}(R)$ 是核距离 R 的函数. 当核作给定的慢运动(看作经典运动)时,这些能量是时间的缓变函数,波函数对时间的依赖关系由"对时间的准经典"因子给出(对照 §53):

$$\exp\left(-\mathrm{i}\int U_{g,u}(t)\,\mathrm{d}t\right).$$

$t\to-\infty$ 时等于 ψ_1 的那个叠加态为

$$\Psi = \frac{1}{\sqrt{2}}\left[\psi_g \exp\left(-\mathrm{i}\int_{-\infty}^{t} U_g \mathrm{d}t\right) + \psi_u \exp\left(-\mathrm{i}\int_{-\infty}^{t} U_u \mathrm{d}t\right)\right],$$

$t\to\infty$ 时,上式呈 $c_1\psi_1 + c_2\psi_2$ 线性组合形式,电荷交换概率为 $w = |c_2|^2$. 简单计算后得

$$w = \sin^2\eta, \qquad \eta = \frac{1}{2}\int_{-\infty}^{\infty}(U_u - U_g)\,\mathrm{d}t.$$

在碰撞参量 ρ 很大(同时速度 v 够慢)的碰撞中,核运动可以假定在 $R=\sqrt{\rho^2+v^2t^2}$ 的一条直线上,$R\gg1$ 时的差值 U_u-U_g 已由 §81 例题中(4)式给出. 此时

$$\eta = \frac{4}{v}\int_{\rho}^{\infty}\frac{R^2\mathrm{e}^{-R-1}}{\sqrt{R^2-\rho^2}}\mathrm{d}R,$$

---

① 本题用原子单位

$\rho \gg 1$ 时，这个积分中 R 值的重要区域位于积分下限附近. 令 $R=\rho(1+x)$，我们得

$$\eta \approx \frac{2\sqrt{2}}{ev}\rho^2 \mathrm{e}^{-\rho}\int_0^\infty \frac{\mathrm{e}^{-\rho x}}{\sqrt{x}}\mathrm{d}x = \frac{2\sqrt{2\pi}}{ev}\rho^{3/2}\mathrm{e}^{-\rho}.$$

第十二章

对称性理论

§91　对称变换

多原子分子中的谱项分类和双原子分子中一样,与其对称性密切相关. 因此,我们先来考察一下一个分子所能具有的各种对称型式.

一个物体的对称性,是由使该物体保持不变的所有的变换确定的,这样的变换称为**对称变换**. 每一个可能的对称变换,可以表成三种基本变换中的一种或一种以上的组合. 这三种本质不同的变换型式是:物体绕某轴转过某一给定角的**旋转**,对某一平面的**反射**,以及把物体移动某一距离的**平移**. 其中最后一种显然只能适用于无限介质(晶格),一个有限大小的物体(特别是一个分子)只能对旋转和反射具有对称性.

如果物体绕某轴转过 $2\pi/n$ 角后不变,该轴就称为 n **阶对称轴**,n 可取任一整数值:$n=2,3,\cdots$. $n=1$ 相当于转过 2π 角,也就是零度,它相当于一个**恒等变换**,我们用记号 C_n 代表绕某一给定轴转过 $2\pi/n$ 角的操作. 把这个操作重复进行两次,三次,…,我们得到转过 $2(2\pi/n)$,$3(2\pi/n)$,…角,它们也能使物体保持不变,这些旋转可以记作 C_n^2,C_n^3,…,如果 p 能除尽 n,显然有

$$C_n^p = C_{n/p}, \tag{91.1}$$

特别是旋转 n 次以后,我们又回到原位,即实行一次恒等变换,后者习惯上记作 E,我们可写成

$$C_n^n = E. \tag{91.2}$$

如果物体对某一平面反射后与原先重合,这个平面就称为**对称平面**,我们用记号 σ 代表对平面的反射操作,对同一平面的两次反射显然等于一个恒等变换:

$$\sigma^2 = E. \tag{91.3}$$

这两个变换(旋转和反射)的同时运用给出所谓**旋转 - 反射轴**,具有一个 n

阶旋转 - 反射轴的物体,先绕该轴转过 $2\pi/n$ 角再对垂直于该轴的一个平面反射一次(图 32)后与原先重合,很易看出,仅当 n 为偶数时它才是一种新的对称型式. 因为如果 n 是奇数,把旋转 - 反射变换重复 n 次,就等价于对该轴垂直平面的一次反射(因为旋转角为 2π 角,对同一平面的奇数次反射等于一次反射). 再把这个变换重复 n 次,结果就把这个旋转 - 反射轴化成一个 n 阶对称轴和垂直于该轴的一个独立对称平面. 但如 n 是偶数,旋转 - 反射变换重复 n 次就使物体回复原位.

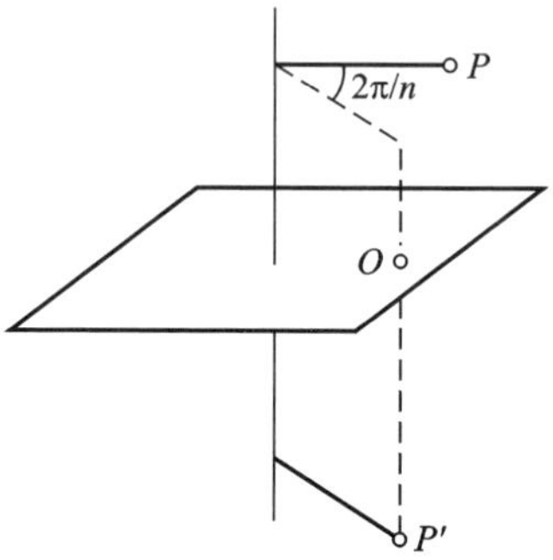

图 32

我们用记号 S_n 代表旋转 - 反射变换. 用 σ_h 代表对垂直于所给轴的一个平面进行的反射,按定义可写成

$$S_n = C_n\sigma_h = \sigma_h C_n, \tag{91.4}$$

其中 C_n 和 σ_h 的操作次序显然对结果无影响.

二阶旋转 - 反射轴是一个重要的特例,很易看出,转过 π 角后再对垂直于转轴的平面反射一次就是一个反演变换,此时物体上的一个 P 点变换到 PO 延线上的 P' 点,并且 OP 等于 OP',O 点为转轴和平面的交点. 具有这种变换对称性的物体,称为具有**对称中心**的物体. 我们用记号 I 代表反演操作,故有

$$I \equiv S_2 = C_2\sigma_h. \tag{91.5}$$

显然还有 $I\sigma_h = C_2$, $IC_2 = \sigma_h$,换句话说,一个两阶轴、一个垂直于该轴的对称平面以及它们交点处的一个对称中心三者是相互依赖的:只要存在其中的任意两个,第三个也就自动出现.

现在来指出旋转和反射的若干纯几何学性质,这些性质有助于对物体对称性的研究.

转轴交于某点的两个旋转的乘积,等价于绕第三轴的一个旋转,此轴也通过该交点. 对两个相交平面的两次反射等价于一个旋转,其转轴显然就是这两个平面的交线,其转角很易用简单的几何作图法求出,它等于两平面夹角的两倍. 如果用 $C(\varphi)$ 代表转角为 φ 的绕轴旋转,用记号 σ_v 和 σ'_v 代表①对通过该轴的两个平面进行的反射,以上的说法即可写成:

$$\sigma_v\sigma'_v = C(2\varphi), \tag{91.6}$$

式中的 φ 是两平面的夹角. 必须注意的是,上式中两个反射的乘积次序并不是

---

① 通常用下标 v 代表对通过某一给定轴的一个平面("竖直"面)所进行的反射,用下标 h 代表对垂直于该轴的一个平面("水平"面)所进行的反射.

无所谓的：$\sigma_v\sigma_v'$变换给出的旋转方向是从 σ_v'面到 σ_v面，乘积次序对调后给出的旋转具有相反的方向. 对(91.6)式左乘 σ_v后得

$$\sigma_v' = \sigma_v C(2\varphi). \tag{91.7}$$

换句话说，旋转操作后再对通过转轴的一个平面反射一次，等价于对另一平面的反射，并且这个反射面和前一平面的夹角等于转角的一半. 由此可知，一个两阶对称轴和通过该轴的两个正交对称面是彼此相关的：只要存在其中的两个，第三个也一定存在.

现在来指出，转角为 π 转轴(图 33 中的 Oa 和 Ob)相交成角 φ 的两个旋转，它们的乘积等价于转角为 2φ 转轴垂直于前两轴(图 33 中的 PP')的一个旋转. 变换的结果仍等于一个旋转是很明显的；经过第一个旋转(绕 Oa 轴)后 P 点变到 P'点，再经第二个旋转(绕 Ob 轴)后它又回到原位. 这就意味着，PP'直线保持不动，因而是一个转轴. 为了求出转角，只要注意到 Oa 轴在第一旋转中保持不动，而经第二旋转后它变到 Oa'位置，Oa'和 Oa 的夹角为 2φ. 用同样的方法还可证明，以上两个变换的操作次序对调后所得的旋转具有相反的方向.

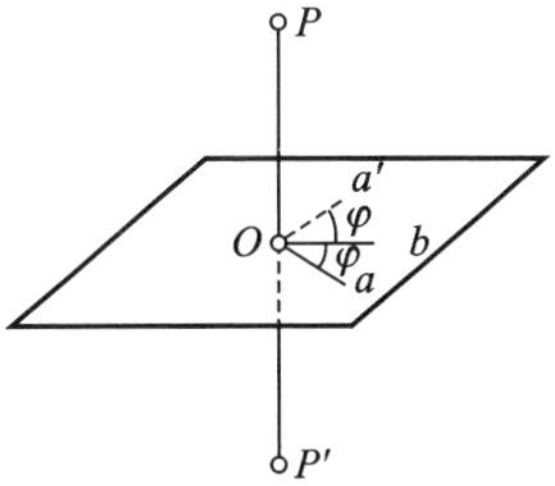

图 33

一般讲来两个逐次变换的结果和它们的操作次序有关，但对某些情形也可和操作次序无关：这时我们说两个变换是对易的. 以下几种情形就是可对易的变换：

(1) 绕同一轴的两个旋转；

(2) 对正交平面的两个反射(等价于绕其交线旋转 π 角)；

(3) 转角为 π 转轴彼此正交的两个旋转(等价于绕第三个正交轴旋转 π 角)；

(4) 一次旋转以及对垂直于转轴的平面所作的一次反射；

(5) 任一旋转(或反射)以及对转轴上(或反射平面上)一个点所作的一次反演. 这是根据(1)和(4)得到的.

§92 变换群

一个给定物体的所有对称变换的集合，称为该物体的**对称变换群**(或者简称为**对称群**). 以上所讲的变换都是指物体的几何变换. 但在量子力学的应用中，最好把这些对称变换看作是使该系统的哈密顿量保持不变的各种坐标变换. 很明显，如果一个系统经过某一旋转或反射后保持不变，那么它所对应的坐标变换也不会改变该系统的薛定谔方程. 因此我们所讲的变换群将是这样的，它使所

给的薛定谔方程保持不变①.

对称群的研究最好是利用**群论**这一数学工具,它的要点将在下面加以说明.我们先研究含有限多个变换的那种群(称为**有限群**).组成该群的每一个变换称为该群的一个**群元**.

对称群具有以下几点重要性质.所有的群都含有一个恒等变换 E(称为该群的**单位元**).一个群中的元可以彼此"**相乘**",两个(或两个以上)变换的**乘积**是指这些变换相继施行后所得的最终结果.显然,一个群中任意两元的乘积仍为该群中的一个元.对于群元的乘法,结合律成立:$(AB)C=A(BC)$,其中的 A,B,C 是同一群中的三个元.但是乘法对易律不一定成立:一般讲来,$AB\neq BA$.对群中的每一元 A,在同一群中还存在着它的"**逆**"元 A^{-1}(**逆变换**),满足 $AA^{-1}=E$.在某些情形下,一个元有可能等于它的逆元,特别是 $E^{-1}=E$.互逆元 A 和 A^{-1} 显然是对易的.

两元乘积 AB 的逆元为

$$(AB)^{-1}=B^{-1}A^{-1}.$$

更多个元的连乘积也有类似的式子,应用乘法结合律进行相乘后,很易证明这一点.

如果所有的群元全都对易,这样的群称为**阿贝尔群**.阿贝尔群的一个特例就是**循环群**.循环群是指这样的群,它的所有元可以表为一个群元的各个逐次乘幂,也就是由下列诸元组成的群:

$$A,A^2,A^3,\cdots\cdots,A^n=E,$$

n 是某一整数.

设 $\boldsymbol{G}$ 为某一群②,如果可以从中取出一组元 $\boldsymbol{H}$,使得 $\boldsymbol{H}$ 本身也构成一个群,那么群 $\boldsymbol{H}$ 就称为群 $\boldsymbol{G}$ 的一个**子群**.同一个群元可以出现在群 $\boldsymbol{G}$ 的不同子群中.

取出群中的任一元 A 进行逐次自乘后,最后可以得到单位元(因为该群的元总数是有限的).如果 n 是满足 $A^n=E$ 的最小整数,则 n 称为元 A 的**阶**,同时群元的集合 $A,A^2,\cdots,A^n=E$ 称为 A 的**周期**.这个周期记作 $\{A\}$,它本身是一个

---

① 采用这种观点后不但能包括此处所讲的各种旋转和反射群,而且还能包括保持薛定谔方程不变的其它变换型式.其中包括所考虑系统(分子或原子)中同类粒子间的坐标对换.一个给定系统中同类粒子间所有可能的各种对换的集合,称为该系统的**置换群**(我们已经在 §63 中碰到过).以下所讲的群的一般性质对置换群讲来也是适用的,但是我们不准备在这里详述此群.

关于本章所用的记号问题,需作下列说明.对称变换实质上都是算符,它和全书所讲的算符是一样的,因此照例要在它的字母上加一个"∧"号.我们并没有加上这种记号,是由于省略后不会在本章中引起误会,同时和习用的记法相一致.根据同一理由,我们以习用符号 E 代表恒等变换,而不用其它各章中所用的符号 1.最后,反演算符在本章中记作 I,而不用 §30 中的 P,尽管后者在量子力学新近文献中是常用的.

② 我们用黑斜体拉丁字母代表群.

群,也就是原群的一个子群并且是一个循环子群.

要判断所给的一个群元集合是不是一个子群,只要看一下该集合中任意两个元相乘后是不是仍为该集合中的一个元就可以了.事实上,如果该集合是一个子群,集合中每一个元 A 和它们的所有自乘幂包括 A^{n-1}(n 是这个元的阶)在内都应属于该集合,其中的 A^{n-1}就是 A 的逆元(因为 $A^{n-1}A=A^n=E$);单位元显然也在该集合中.

群的元的总数称为该群的阶.很易证明,子群的阶是整群的阶的一个整因子.为此,我们来考虑群 $\boldsymbol{G}$ 的一个子群 $\boldsymbol{H}$,并令 G_1 为群 $\boldsymbol{G}$ 中不属于 $\boldsymbol{H}$ 的某一元.用 G_1 乘(假定为右乘)$\boldsymbol{H}$ 中的所有元,我们得到一组元(称为**右陪集**)记作 $\boldsymbol{H}G_1$.这个陪集中的所有元显然都属于群 $\boldsymbol{G}$.但是没有一个元属于 $\boldsymbol{H}$,因为如果对 $\boldsymbol{H}$ 中的任意两个元 H_a 和 H_b 有 $H_aG_1=H_b$,就有 $G_1=H_a^{-1}H_b$,这就是说,G_1 也将属于子群$\boldsymbol{H}$,这是和假设矛盾的.同理可以证明,如果 G_2 是 $\boldsymbol{G}$ 中不属于 $\boldsymbol{H}$ 和 $\boldsymbol{H}G_1$ 的一个元则陪集 $\boldsymbol{H}G_2$ 中的所有元不能属于 $\boldsymbol{H}$ 和 $\boldsymbol{H}G_1$.继续施行这种手续,最后可把有限群 $\boldsymbol{G}$ 中的所有元全部分尽.所有的元被分成以下诸陪集($\boldsymbol{G}$ 中 $\boldsymbol{H}$ 的各个**陪集**):

$$\boldsymbol{H},\boldsymbol{H}G_1,\boldsymbol{H}G_2,\cdots,\boldsymbol{H}G_m,$$

每一个陪集含有 h 个元,h 是子群 $\boldsymbol{H}$ 的阶.由此可见,群 $\boldsymbol{G}$ 的阶 g 为 $g=hm$,定理得证.整数 $m=g/h$ 称为群 $\boldsymbol{G}$ 中子群 $\boldsymbol{H}$ 的**指数**.

如果群的阶数是一个素数,根据上述定理立刻可知这样的群不存在任何子群(除非是 E 或该群本身).这个定理的逆命题也是成立的:凡是不存在子群的一个群一定是素数阶并且一定是一个循环群(否则元素的周期将是它的子群).

现在来引进**共轭元**这一重要概念.两个元 A 和 B 称为相互共轭的,如果

$$A=CBC^{-1},$$

式中的 C 也是该群中的一个元.上式右乘 C 并左乘 C^{-1}后即得逆式 $B=C^{-1}AC$.共轭元的一个重要特性是,如果 A 共轭于 B 以及 B 共轭于 C,就有 A 共轭于 C,因从 $B=P^{-1}AP$ 和 $C=Q^{-1}BQ$(P 和 Q 都是该群的元)出发,可得 $C=(PQ)^{-1}A(PQ)$.由于这一点,我们可以讲到由群中的相互共轭元素所组成的一个集合,这样的集合称为该群的一个**共轭元类**(或简称**类**).每一个类完全由该类中的任一个元素 A 所确定:给出 A 后即可作乘积 GAG^{-1},并令 G 依次地等于该群中的各个元,即可得出 A 的整个共轭元类(当然,这个办法可能使该类中的每个元得出好几遍).因此我们可以把整个群分成若干个类,每一个群元显然只能属于其中的一个类.群的单位元本身自成一类,因为对于该群中的所有元,都有 $GEG^{-1}=E$.如果是一个阿贝尔群,每一元都自成一类,因为按定义,所有的群元彼此对易,每一个元只能和自己共轭从而自成一类.要强调的是,群的类(除了 E 这个类)根本不是该群的子群,从它不含单位元这一点就可以看出来.

同一类中的所有元具有相同的阶. 实际上,如果 n 是 A 元的阶(因而有 $A^n = E$),那么对它的共轭元 $B = CAC^{-1}$ 就有 $(CAC^{-1})^n = CA^nC^{-1} = E$.

设 $\boldsymbol{H}$ 为群 $\boldsymbol{G}$ 的一个子群,G_1 为 $\boldsymbol{G}$ 中不属于 $\boldsymbol{H}$ 的一个元. 很易证明,$G_1\boldsymbol{H}G_1^{-1}$ 这一组元具有群的一切特性,因而也是 $\boldsymbol{G}$ 的一个子群. $\boldsymbol{H}$ 和 $G_1\boldsymbol{H}G_1^{-1}$ 这两个子群称为是**共轭**的:一个子群中的每个元和另一子群中的一个元相共轭. 采取各种不同的 G_1,我们得到一系列共轭的子群,其中可能有一部分是彼此重合的. 也可能发生这样的情形,凡和 $\boldsymbol{H}$ 共轭的子群都和 $\boldsymbol{H}$ 重合. 这种情形下的 $\boldsymbol{H}$ 称为群 $\boldsymbol{G}$ 的一个**正规子群**或**不变子群**. 例如阿贝尔群的每个子群显然都是它的正规子群.

我们来考虑一个具有 n 个元 $A, A', A'', \cdots$ 的群 $\boldsymbol{A}$,还有一个具有 m 个元 $B, B', B'', \cdots$ 的群 $\boldsymbol{B}$,并且假定 $\boldsymbol{A}$ 的所有元(除了单位元 E 外)都不同于 $\boldsymbol{B}$ 的元但和 $\boldsymbol{B}$ 的元相对易. 如果把群 $\boldsymbol{A}$ 的每个元和群 $\boldsymbol{B}$ 的每个元相乘起来,可以得到 nm 个元,它们也组成一个群. 实际上,其中的任意两个元相乘后 $AB \cdot A'B' = AA' \cdot BB' = A''B''$ 仍为其中的一个元. 所得的 nm 阶群记作 $\boldsymbol{A} \otimes \boldsymbol{B}$,并称为群 $\boldsymbol{A}$ 和 $\boldsymbol{B}$ 的**直积**.

最后来介绍群的**同构**概念. 两个同阶的群 $\boldsymbol{A}$ 和 $\boldsymbol{B}$,如果在双方的元间可以建立起某种一一对应关系,使得元 A 对应于元 B 以及元 A' 对应于元 B' 时,就有元 $A'' = AA'$ 对应于元 $B'' = BB'$,则这两个群就称为同构的. 这样的两个群从抽象观点看来显然具有相同的性质,尽管它们的元具有不同的实际含义.

§93 点群

有限大物体(例如一个分子)的对称群必须是这样的,该物体上至少要有一个点对群中的任一变换都保持不变. 换句话说,一个分子的所有对称轴和所有对称平面至少要有一个公共交点. 实际上,绕两个不相交轴的逐次旋转或者对两个不相交平面的逐次反射都能使物体发生位移,从而不能使该物体与原先重合. 具有以上性质的对称群就称为**点群**.

在构造点群的各种可能类型之前,我们先介绍一个简单的几何手续,以便对一个群的诸元进行分类. 设 Oa 为某一轴线,A 为绕该轴旋转某个定角的一个群元. 并设 G 为同一群中的一个变换(旋转或反射),它把 Oa 轴变到 Ob 位置. 现在来证明 $B = GAG^{-1}$ 元相当于绕 Ob 轴的一个旋转,它的转角等于 A 元绕 Oa 轴的转角. 为此,可以考虑 GAG^{-1} 变换作用于 Ob 轴本身的结果. G 的逆变换 G^{-1} 先把 Ob 轴变到 Oa 位置,下一步的 A 变换使该轴保持不动,最后的 G 变换又使该轴回到原来位置. 最后结果是 Ob 轴保持不变,因而 B 变换就是绕该轴的一个旋转,由于 A 和 B 属于同一共轭类,具有相同的阶,这就意味着它们的转角相同.

由此得出结论,转角相同的两个旋转是属于同一类的,如果该群中存在一个元能把一个转轴变到另一个转轴的话,用同样方法还可以证明,如果该群中存在一个变换能把一个平面变到另一个平面的话,那么对不同平面的两个反射是属于同一类的. 至于那些可以相互变换的对称轴或对称平面,则称为**等价**的.

以上所讲的两个旋转如果是绕同一轴的,还需作某些补充说明,设 C_n^k($k=1,2,\cdots,n-1$)是绕某一 n 阶对称轴的各个旋转元,C_n^k的逆元 $C_n^{-k}=C_n^{n-k}$等于绕同一方向转过($n-k$)($2\pi/n$)角,也等于逆向转过 $2k\pi/n$ 角. 如果该群中存在一个绕其垂直轴旋转 π 角的变换(这个变换能使 n 阶轴反向),那么根据上段所讲的一般规则,C_n^k和 C_n^{-k}将属于同类. 对垂直于该轴的平面所作的一次反射 σ_h也能使该轴(n 阶轴)反向,但是必须注意,这样的反射还能改变旋转的方向. 因此 σ_h的存在并不能使 C_n^k和 C_n^{-k}共轭. 另一方面,对通过该轴的平面所作的一次反射 σ_v并不能改变该轴的方向但能改变旋转的方向,因此有 $C_n^{-k}=\sigma_v C_n^k \sigma_v$. 如果有这样的对称面存在,$C_n^k$和 C_n^{-k}就属于同类. 如果转轴和转角相同但旋转方向不同的两个元是共轭的,该转轴就称为**双向轴**.

点群的分类还常用到下列规则. 设 $\boldsymbol{G}$ 是不含反演 I 的群,$\boldsymbol{C}_i$是由 I 和 E 两个元组成的群. 则直积 $\boldsymbol{G}\otimes\boldsymbol{C}_i$是一个群,它含有两倍于 $\boldsymbol{G}$ 的元,其中的一半元等于 $\boldsymbol{G}$ 群的元,另一半元是由后者乘以 I 后得到的. 由于 I 和点群的任意其它变换都对易,显然群 $\boldsymbol{G}\otimes\boldsymbol{C}_i$具有两倍于 $\boldsymbol{G}$ 的类:$\boldsymbol{G}$ 群中的每一个类 A 对应于群 $\boldsymbol{G}\otimes\boldsymbol{C}_i$中 A 和 AI 两个类. 特别是,反演 I 总是自成一类.

现在可以历数所有可能的各种点群. 我们来构造这些点群,先从最简单的开始然后逐步加入新的对称元. 我们用黑斜体的拉丁字母附上适当的下标代表这些点群.

Ⅰ. 群 $\boldsymbol{C}_n$

这是最简单的对称型式,它只有一个 n 阶对称轴. $\boldsymbol{C}_n$群就是绕 n 阶轴旋转的群. 这个群显然是一个循环群. 它的 n 个元各自形成一类. $\boldsymbol{C}_1$群只含恒等变换 E,相当于不存在任何对称性的情形.

Ⅱ. 群 $\boldsymbol{S}_{2n}$

$\boldsymbol{S}_{2n}$群是绕一个 $2n$(偶数)阶旋转-反射轴的旋转反射群. 它含有 $2n$ 个元并且显然是一个循环群. 特别是 $\boldsymbol{S}_2$群,它只含 E 和 I 两个元素,这个群又记作 $\boldsymbol{C}_i$. 要指出的是,如果群的阶数取 $2n=4p+2$ 的形式,元中就含有反演,因为 $(S_{4p+2})^{2p+1}=c_2\sigma_h=I$. 这样的群可以写成直积形式:$\boldsymbol{S}_{4p+2}=\boldsymbol{C}_{2p+1}\otimes\boldsymbol{C}_i$,也记作 $\boldsymbol{C}_{2p+1,i}$.

Ⅲ. 群 $\boldsymbol{C}_{nh}$

这种群是由一个 n 阶对称轴加进一个垂直于它的对称平面后得到的. $\boldsymbol{C}_{nh}$群含有 $2n$ 个元:其中有 $\boldsymbol{C}_n$群的 n 个旋转以及 n 个旋转-反射变换 $C_n^k\sigma_h$,$k=1,2,\cdots,n$(其中包括反射 $C_n^n\sigma_h=\sigma_h$). 这个群的所有元是对易的,即它是一个阿贝尔群,它的类数等于元数. 如果 n 为偶数($n=2p$),这个群含有一个对称中心(因为

$C_{2p}^{p}\sigma_h = C_2\sigma_h = I$). 最简单的群 $\boldsymbol{C}_{1h}$ 只含 E 和 σ_h 两个元素,它又记作 $\boldsymbol{C}_s$.

Ⅳ. 群 $\boldsymbol{C}_{nv}$

如果一个 n 阶对称轴再加进一个通过该轴的对称平面,就会自动地得出另外 $n-1$ 个通过该轴的夹角为 π/n 的对称平面[根据 §91 中所讲的几何定理(91.7)①]. 由此而得的群 $\boldsymbol{C}_{nv}$ 含有 $2n$ 个元:绕 n 阶轴的 n 个旋转以及对竖直面的 n 个反射 σ_v. 图 34 中画出了 $\boldsymbol{C}_{3v}$ 群和 $\boldsymbol{C}_{4v}$ 群的对称平面和对称轴线.

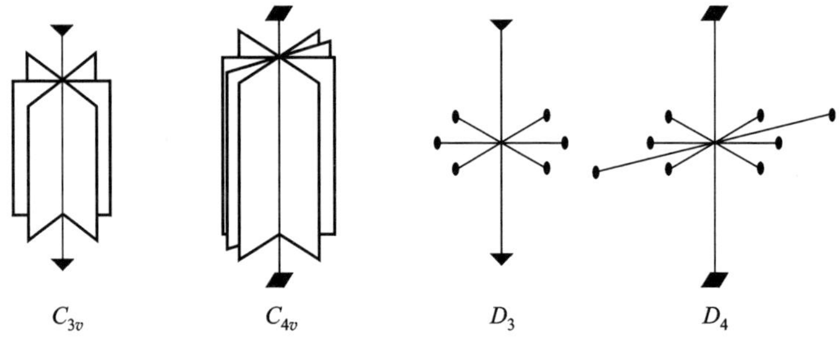

图 34

确定其类时,我们注意到,由于存在着通过轴线的对称平面,这个轴是双向的. 群元在各类中的具体分布取决于 n 是偶数还是奇数.

如果 n 是奇数($n=2p+1$),每一个平面经过逐次的旋转 C_{2p+1} 后可以依次地变到其它的 $2p$ 个平面,因此所有的对称平面都是等价的,对它们的反射属于同一类. 绕轴的旋转中除了恒等变换外共有 $2p$ 个操作并且成对地共轭. 所以它们组成 p 个类,每类有两个元(C_{2p+1}^{k} 和 C_{2p+1}^{-k}, $k=1,2,\cdots,p$). 此外 E 自成一类. 因此总共有 $p+2$ 类.

如果 n 是偶数($n=2p$),逐次旋转 C_{2p} 只能使相间平面相互变换,两个相邻平面无法相互变换. 因而存在两组等价面,每组有 p 个,相应地就有两个类,每个类有 p 个元(反射元). 在绕轴的旋转中, $C_{2p}^{2p}=E$ 和 $C_{2p}^{p}=C_2$ 各自组成一类,其余的 $2p-2$ 个旋转成对地共轭并给出 $p-1$ 个类,每类有两个元. 因此群 $\boldsymbol{C}_{2p,v}$ 共有 $p+3$ 个类.

Ⅴ. 群 $\boldsymbol{D}_n$

一个 n 阶对称轴如果再加进一个垂直于它的二阶对称轴,就会自动地产生 $n-1$ 个另外的二阶对称轴,因此共有 n 个夹角为 π/n 的二阶水平轴. 结果所得

① 很易证明,有限群中两个对称平面的夹角不可能不等于 2π 的一个有理分式. 否则的话,这种对称面进行无限反复的相互反射后,就会得到无限多个相交于同一轴线的对称平面. 换句话说,只要存在两个这样的平面,就会导致整个的轴对称.

的群 $\boldsymbol{D}_n$ 含有 $2n$ 个元：绕 n 阶轴的 n 个旋转以及绕水平轴转 π 角的 n 个旋转（我们用 U_2 代表这种旋转，保留 C_2 代表绕竖直轴转 π 角的旋转）. 作为例子，图 34 画出了群 $\boldsymbol{D}_3$ 和 $\boldsymbol{D}_4$ 的对称轴系.

和情形Ⅳ一样，我们可以证明 n 阶轴是一个双向轴. 当 n 是奇数时，所有的二阶水平轴都是等价的；当 n 是偶数时，它们组成两个不等价的集合. 因此群 $\boldsymbol{D}_{2p}$ 共有 $p+3$ 个类：E，两个 U_2 类每类含有 p 个旋转 U_2，旋转 C_2，还有 $p-1$ 类每类含有两个绕竖直轴的旋转. 另一方面，群 $\boldsymbol{D}_{2p+1}$ 却有 $p+2$ 类：E，$2p+1$ 个旋转 U_2，还有 p 类每类含有绕竖直轴的两个旋转.

群 $\boldsymbol{D}_2$ 是一个重要的特例. 它的对称轴系是由三个相互正交的二阶轴组成的. 这个群也记作 $\boldsymbol{V}$.

Ⅵ. 群 $\boldsymbol{D}_{nh}$

如果在群 $\boldsymbol{D}_n$ 的轴系中再加进一个水平对称面通过 n 个二阶轴，就会自动地出现 n 个竖直平面，每个平面通过竖直轴和一个水平轴. 由此而得的 $\boldsymbol{D}_{nh}$ 群含有 $4n$ 个元素：除了 $\boldsymbol{D}_n$ 群的 $2n$ 个元素外还有 n 个反射 σ_v 和 n 个旋转－反射变换 $C_n^k\sigma_h$. 图 35 中画出了 $\boldsymbol{D}_{3h}$ 群的对称轴和对称面.

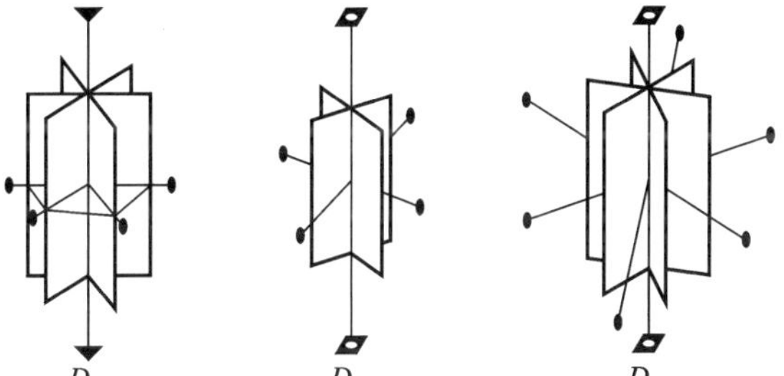

图 35

反射 σ_h 和此群的所有其它元都对易，因此可把 $\boldsymbol{D}_{nh}$ 写作直积 $\boldsymbol{D}_{nh}=\boldsymbol{D}_n\otimes\boldsymbol{C}_s$，其中的 $\boldsymbol{C}_s$ 是由 E 和 σ_h 两个元组成的群. 当 n 为偶数时，群元中含有反演操作，因此还可写成 $\boldsymbol{D}_{2p,h}=\boldsymbol{D}_{2p}\otimes\boldsymbol{C}_i$.

由此可知，$\boldsymbol{D}_{nh}$ 群的类数两倍于 $\boldsymbol{D}_n$ 群的类数. 其中的一半和 $\boldsymbol{D}_n$ 群的类相同（绕轴旋转），其余的一半是由前者乘以 σ_h 后得到的. 对竖直面的反射 σ_v 都属于一类（如果 n 是奇数）或者组成两类（如果 n 是偶数），旋转－反射变换 $\sigma_h C_n^k$ 和 $\sigma_h C_n^{-k}$ 成对共轭.

Ⅶ. 群 $\boldsymbol{D}_{nd}$

还可以用另一种方式在 $\boldsymbol{D}_n$ 群的轴系中加进对称平面. 所加进的竖直面通过

n 阶轴并且平分两个相邻二阶水平轴的夹角. 加进这样的一个平面后又会自动产生其它 $n-1$ 个竖直平面. 由此而得的对称平面系和对称轴系确定了群 $\boldsymbol{D}_{nd}$(图 35 中画出了群 $\boldsymbol{D}_{2d}$ 和群 $\boldsymbol{D}_{3d}$ 的平面系和轴系).

群 $\boldsymbol{D}_{nd}$ 含有 $4n$ 个元. 除了群 $\boldsymbol{D}_n$ 的 $2n$ 个元外,要加上对竖直面的 n 个反射(记作 σ_d, d 表示"对角"平面)以及具有形式为 $G=U_2\sigma_d$ 的 n 个变换. 为了弄清变换 G 的性质,我们注意到,根据(91.6)式旋转 U_2 可以表成 $U_2=\sigma_h\sigma_v$ 的形式,式中的 σ_v 是对通过二阶轴的竖直面的反射. 因此 $G=\sigma_h\sigma_v\sigma_d$($\sigma_v$ 和 σ_h 变换本身当然不是该群的元). 由于 σ_v 和 σ_d 的反射面相交于 n 阶轴,夹角为 $(2k+1)\pi/2n$, $k=1,\cdots,(n-1)$(由于相邻面的夹角为 $\pi/2n$),根据(91.6)式就有 $\sigma_v\sigma_d=C_{2n}^{2k+1}$. 因此得 $G=\sigma_h C_{2n}^{2k+1}=S_{2n}^{2k+1}$,因此这些元就是绕竖直轴的旋转-反射变换. 由此可见,这个竖直轴不是一个简单的 n 阶对称轴,而是一个 $2n$ 阶旋转-反射轴.

对角平面使两个相邻的二阶水平轴相互反射,故在该群中相邻的二阶轴是等价的(n 是奇数或偶数时都成立). 同理,所有的对角平面也是等价的. 旋转-反射变换 S_{2n}^{2k+1} 和 S_{2n}^{-2k-1} 成对地共轭①.

把以上的考虑应用到群 $\boldsymbol{D}_{2p,d}$,我们发现它共有以下的 $2p+3$ 类:E,绕 n 阶轴的旋转 C_2,绕 n 阶轴的其余旋转组成的 $p-1$ 类每类含有两个共轭的旋转,$2p$ 个旋转 U_2 组成的一个类,$2p$ 个反射 σ_d 组成的一个类,还有 p 类每类含有两个旋转-反射变换.

当 n 为奇数时($n=2p+1$),群元中含有反演(因为此时有一个水平轴和一个垂直面正交). 因而可以写成 $\boldsymbol{D}_{2p+1,d}=\boldsymbol{D}_{2p+1}\otimes\boldsymbol{C}_i$,可见 $\boldsymbol{D}_{2p+1,d}$ 群共有 $2p+4$ 个类,这些类可以由 $\boldsymbol{D}_{2p+1}$ 群的 $p+2$ 个类直接求出.

Ⅷ. 群 $\boldsymbol{T}$(四面体群)

这个群的轴系等于一个正四面体的对称轴系. 它可以由群 $\boldsymbol{V}$ 的轴系中加进四条三阶斜轴得到,绕三阶斜轴旋转时可使三条二阶轴相互变换. 这套轴系也可利用正立方体表出,三条二阶轴为正立方体三对平行面的面心联线,三阶轴为该立方体的斜对角线. 图 36 中画出了这些轴线在正立方体以及在正四面体中的位置(每种轴线只画出一条).

三条二阶轴是彼此等价的. 四条三阶轴也是等价的,因为它们可以通过 C_2 旋转而相互易位,但它们不是双向轴. 由此可知,$\boldsymbol{T}$ 群共有 12 个元分成四类:E,三个 C_2 旋转,四个 C_3 旋转和四个 C_3^2 旋转.

Ⅸ. 群 $\boldsymbol{T}_d$

---

① 因为

$$\sigma_d S_{2n}^{2k+1}\sigma_d=\sigma_d\sigma_h C_{2n}^{2k+1}\sigma_d=\sigma_h\sigma_d C_{2n}^{2k+1}\sigma_d=\sigma_h C_{2n}^{-2k-1}=S_{2n}^{-2k-1}.$$

这个群包括了正四面体的所有对称变换，它的轴系可以从群 $\boldsymbol{T}$ 轴系中加进对称平面而得到，每一个对称平面通过一条二阶轴和两条三阶轴. 从而使二阶轴变为四阶旋转 - 反射轴(和 $\boldsymbol{D}_{2d}$ 中的情形相似). 这套对称系统可简便地用下面的方式表达：三条旋转 - 反射轴各通过正立方体 3 对平行面的面心，四条三阶轴是该立方体的斜对角线，六个对称平面各通过该立方体的六对平行边(图 37 中画出了每种轴线中的一条和一个平面).

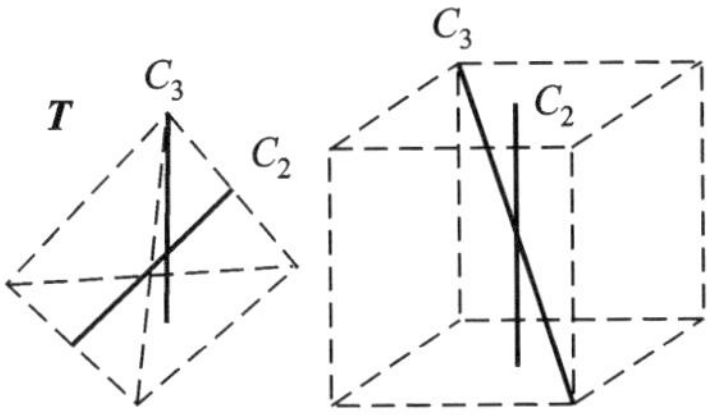

图 36

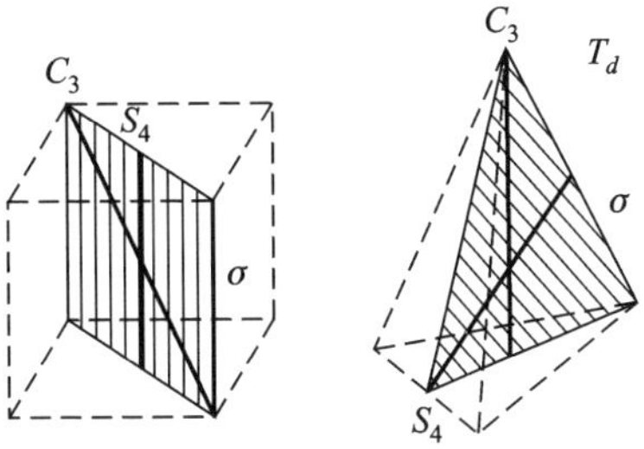

图 37

由于对称面通过三阶轴，这些轴都是双向轴. 同种的所有轴线和同种的所有平面都是等价的. 因而这个群的 24 个元分成以下五类：E；8 个 C_3 和 C_3^2 旋转；6 个对称平面的反射；6 个 S_4 和 S_4^3 旋转 - 反射变换以及 3 个 $C_2 = S_4^2$ 旋转.

Ⅹ. 群 $\boldsymbol{T}_h$

这个群是由群 $\boldsymbol{T}$ 加进一个对称中心后得到的，即 $\boldsymbol{T}_h = \boldsymbol{T} \otimes \boldsymbol{C}_i$. 结果出现三个相互正交的对称平面，每个平面通过一对二阶轴，并使三阶轴变成六阶旋转 - 反射轴(图 38 中画出了每种轴线中的一条和一个平面).

这个群含有 24 个元并分为 8 类，它们可以从群 $\boldsymbol{T}$ 的类直接求得.

Ⅺ. 群 $\boldsymbol{O}$(八面体群)

这个群的轴系是一个正立方体的对称轴系. 计有 3 条四阶轴通过对面的面心，4 条三阶轴通过对顶角，6 条二阶轴通过相对的棱的中点(图 39).

很易看出，所有的同阶轴是等价的，而且每个轴都是双向轴. 因此 24 个元分成以下五类：E；8 个 C_3 和 C_3^2 旋转；6 个 C_4 和 C_4^3 旋转；3 个 C_4^2 旋转以及 6 个 C_2 旋转.

Ⅻ. 群 $\boldsymbol{O}_h$

这是正立方体所有对称变换所组成的群①. 可从群 $\boldsymbol{O}$ 加进一个对称中心得到：$\boldsymbol{O}_h = \boldsymbol{O} \otimes \boldsymbol{C}_i$. 群 $\boldsymbol{O}$ 的三阶轴因此变成了六阶旋转 - 反射轴(正立方体的空间对角线)，此外还出现 6 个对称面，通过每一对平行边，还有三个平行于立方体

① 群 $\boldsymbol{T}, \boldsymbol{T}_d, \boldsymbol{T}_h, \boldsymbol{O}, \boldsymbol{O}_h$ 常称为立方体群.

各面的平面(图 40). 这个群共有 48 个元分成 10 类,它们可以从群 $\boldsymbol{O}$ 的类直接求得. 5 个类和群 $\boldsymbol{O}$ 的相同,其余的 5 类是:I;8 个 S_6 和 S_6^5旋转 - 反射变换;6 个绕四阶轴的旋转 - 反射变换 $C_4\sigma_h$ 和 $C_4^3\sigma_h$;3 个对四阶水平面的反射 σ_h以及 6 个对四阶轴垂直面的反射 σ_v.

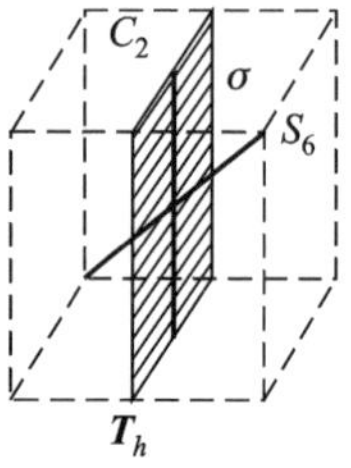

图 38

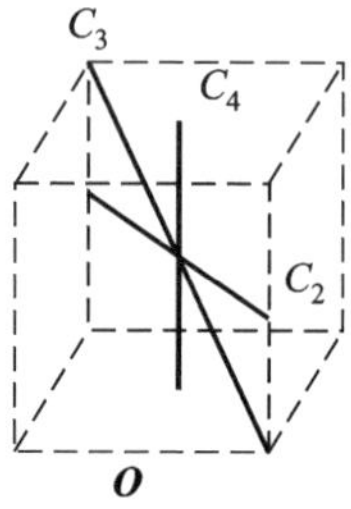

图 39

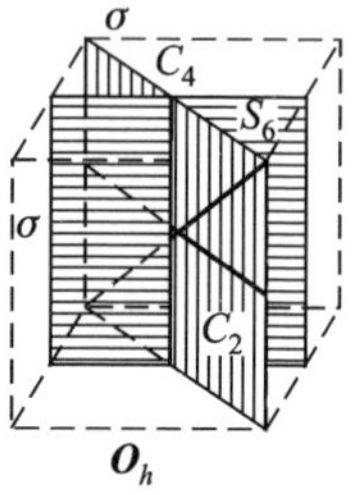

图 40

XIII, XIV. 群 $\boldsymbol{Y}$, $\boldsymbol{Y}_h$(二十面体群)

这两个群物理上并不重要,因为自然界并不存在这样的分子对称群. 我们就简单地提一下,群 $\boldsymbol{Y}$ 是绕正二十面体(表面为二十个正三角形的凸体)或正十二面体(表面为十二个正五边形的凸体)对称轴系的 60 个旋转所组成的群,计有 6 个五阶轴 10 个三阶轴和 15 个两阶轴. $\boldsymbol{Y}_h$群是加入对称中心后得到的,$\boldsymbol{Y}_h=\boldsymbol{Y}\otimes\boldsymbol{C}_i$,它是以上正多面体的所有对称变换组成的群.

以上列举了元数为有限的所有类型的点群. 此外尚需考虑元数为无限的**连续点群**. 它将在 §98 中讨论.

§94　群的表示

我们来考虑任一对称群,设 ψ_1为所考虑物理系统位形空间中的某个坐标单值函数. 在对应于群元 G 的坐标变换下,这个函数变成另一个函数. 考虑到该群中的 g 个变换(g 是该群的阶),一般讲来可从 ψ_1 出发得到 g 个不同的函数. 然而,对于某种 ψ_1 讲来,其中的某些函数可能是线性相关的. 结果可以得到 f 个($f\leqslant g$)线性独立的函数 $\psi_1,\psi_2,\cdots,\psi_f$,它们在该群所属的各种变换下变为它们之间的线性组合. 换句话说,G 变换的结果使每个 ψ_i函数($i=1,2,\cdots,f$)变成下列线性组合:

$$\sum_{k=1}^{f} G_{ki}\psi_k,$$

式中的 G_{ki}是一些依赖于变换 G 的常数. 这些常数的集合组成**变换矩阵**①.

① 由于 ψ_i函数都是单值的,该群中的每个元和一个特定的变换矩阵相对应.

根据上述关系，我们最好把群元 G 看成是作用在函数 ψ_i 上的算符，从而可写作：

$$\hat{G}\psi_i = \sum_k G_{ki}\psi_k. \tag{94.1}$$

函数组 ψ_i 总可以选成是正交归一化的函数组. 此时变换矩阵的概念就和 §11 中所定义的算符矩阵概念相一致，它的矩阵元为：

$$G_{ik} = \int \psi_i^* \hat{G}\psi_k \mathrm{d}q. \tag{94.2}$$

两个群元 G 和 H 的乘积，对应于矩阵 G 和矩阵 H 用通常的矩阵乘法法则(11.12)相乘后所得的矩阵：

$$(GH)_{ik} = \sum_l G_{il}H_{lk}. \tag{94.3}$$

与所有的群元分别对应的各矩阵的集合，称为该群的一个**表示**. 定义这些矩阵时所用的函数 $\psi_1,\cdots,\psi_f$ 称为这个表示的**基函数**. 这些函数的总数 f 称为该表示的**维数**.

我们来考虑积分 $\int \psi_i^* \psi_k \mathrm{d}q$. 由于积分延及整个空间，积分值对坐标系的任意旋转或反射显然保持不变，这就是说，对称变换不会破坏基函数的正交归一化性质，从而 $\hat{\boldsymbol{G}}$ 都是幺正算符①(见 §12)，因此，在以正交归一化函数组为基的一个表示中，代表群元的矩阵也都是幺正矩阵.

假定对函数组 $\psi_1,\cdots,\psi_f$ 施行下列线性幺正变换：

$$\psi_i' = \hat{S}\psi_i, \tag{94.4}$$

所得的新函数组 $\psi_1',\cdots,\psi_f'$ 仍然是正交归一化的(参考 §12)②. 如果现在取函数组 ψ'_i 为表示的基函数组，我们得到一个维数相同的新表示. 这种通过基函数组的相互线性变换而得到的表示，称为**等价表示**. 这些相互等价的表示显然没有本质的区别.

等价表示的矩阵可以简单地相互表达. 根据(12.7)式，算符 $\hat{G}$ 在新表示中的矩阵，等于下列算符在旧表示中的矩阵：

$$\hat{G}' = \hat{S}^{-1}\hat{G}\hat{S}. \tag{94.5}$$

代表群元 G 的矩阵中，对角元之和(即阵迹)称为群元的**特征标**，我们把它记作 $\chi(G)$. 一个极为重要的结论是，等价表示的矩阵具有相同的特征标(见(12.11)式). 这就显示了利用特征标描述群表示的特殊重要性：它可以立即区

---

① 这个论断中重要的是，积分值或者为零($i \neq k$ 时)或者肯定不为零($i = k$ 时)，因为被积函数 $|\psi_i|^2$ 是正的.

② 按(12.12)式，变换的幺正性使得基函数组的模量平方之和在变换中保持不变.

别等价的表示和根本不同的表示. 以后我们只把不等价的表示称为不同的表示.

如果我们把(94.5)中的 S 看作一个群元,它联系着共轭元 G 和 G',即可得出这样的结论,在群的任一给定表示中,属于同一类的群元具有相同的特征标.

恒等变换对应于群的单位元 E. 单位元的矩阵在所有的表示中都是对角的,且对角元都等于 1. 因此特征标 $\chi(E)$ 正好等于该表示的维数:

$$\chi(E)=f. \tag{94.6}$$

我们来考虑某一 f 维的表示. 有可能发生这样的情形,经过(94.4)式的适当线性组合以后,它的基函数可以分成若干组,每组分别具有 $f_1,f_2,\cdots$ 个函数($f_1+f_2+\cdots=f$),当群中的任一元作用在这些函数上时,各组的函数只能变成本组的各函数的线性组合而不能变成其它组的函数. 在这样的情形下,所考虑的表示称为**可约表示**.

另一方面,如果一组基函数不管进行怎样的线性组合,在群元的作用下它的总数不能分解或减少,由这组函数所给出的表示就称为**不可约表示**. 任一可约表示都能分解成为若干个不可约表示. 这就是说,经过适当的线性组合以后,它的基函数可以分解成为若干个组,每一组函数在群元的作用下按某一不可约表示变换. 其中若干个不同的组也有可能按同一不可约表示变换. 在这种情况下,我们就说可约表示中含有这种不可约表示若干次.

不可约表示是群的重要特征,它在群论的所有量子力学应用中都占有主要地位. 下面给出不可约表示的若干基本性质①.

可以证明,一个群的不等价不可约表示的数目等于该群的类数 r. 我们用不同的号码来区别各种不可约表示的特征标. 群元素 G 在这些表示中的特征标分别记作 $\chi^{(1)}(G),\chi^{(2)}(G),\cdots,\chi^{(r)}(G)$.

不可约表示的矩阵元满足一系列正交关系. 首先,对于两个不等价的不可约表示,下列关系式成立:

$$\sum_G G_{ik}^{(\alpha)}G_{lm}^{(\beta)*}=0, \tag{94.7}$$

式中的 $\alpha\neq\beta$ 区别两个不可约表示, $\sum\limits_G$ 代表对该群的所有元求和. 对于同一个不可约表示,下式成立:

$$\sum_G G_{ik}^{(\alpha)}G_{lm}^{(\alpha)*}=\frac{g}{f_\alpha}\delta_{il}\delta_{km}, \tag{94.8}$$

也就是说,只有矩阵元的模量平方和才不等于零:

$$\sum_G |G_{ik}^{(\alpha)}|^2=\frac{g}{f_\alpha}.$$

① 这些性质的证明可以在任何一本群论教科书中找到.

(94.7)和(94.8)式可以合并写成下列形式：

$$\sum_G G_{ik}^{(\alpha)} G_{lm}^{(\beta)*} = \frac{g}{f_\alpha}\delta_{\alpha\beta}\delta_{il}\delta_{km}. \tag{94.9}$$

特别是，从上式出发可求出不可约表示特征标的一个重要的正交关系.(94.9)式两边对 $i=k, l=m$ 的各个值求和后可得

$$\sum_G \chi^{(\alpha)}(G)\chi^{(\beta)}(G)^* = g\delta_{\alpha\beta}, \tag{94.10}$$

$\alpha=\beta$ 时有

$$\sum_G |\chi^{(\alpha)}(G)|^2 = g.$$

这就是说，一个不可约表示的特征标的模量平方和等于该群的阶数. 要注意的是，上式可以作为一个判据，用来判断一个表示是不是不可约表示. 对于一个可约表示，上式右边的和总是大于 g(例如等于 ng, n 是该可约表示中所含的不可约表示数).

由(94.10)式还可得出，两个不可约表示具有相同的特征标不但是这两个表示为等价的必要条件而且也是充分条件.

由于同类元的特征标相同，(94.10)的求和中实际上只有 r 个独立项，该式可写成下列形式

$$\sum_C g_C\chi^{(\alpha)}(C)\chi^{(\beta)}(C)^* = g\delta_{\alpha\beta}, \tag{94.11}$$

式中是对该群的 r 个类(用巡标 C 表示)求和，g_C是 C 类中元的个数.

因不可约表示的个数等于类数，r^2 个量 $f_{\alpha C} = \sqrt{g_C/g}\chi^{(\alpha)}(C)$ 可以组成一个方矩阵.

根据对第一个下标的正交式

$$\sum_C f_{\alpha C}f_{\beta C}^* = \delta_{\alpha\beta},$$

可以自动得出对第二个下标的正交式

$$\sum_\alpha f_{\alpha C}f_{\alpha C'}^* = \delta_{CC'}.$$

因此除了(94.11)式以外，还有

$$\sum_\alpha \chi^{(\alpha)}(C)\chi^{(\alpha)}(C')^* = \frac{g}{g_C}\delta_{CC'}. \tag{94.12}$$

任一个群的各种不可约表示中，总是存在一个平凡的不可约表示，它只有一个基函数，这个函数在群的所有变换下保持不变. 这个一维表示称为**单位表示**，该表示中的所有特征标都等于 1. 如果正交关系(94.10)或(94.11)中有一个是单位表示，则对另一个表示有

$$\sum_G \chi^{(\alpha)}(G) = \sum_C g_C\chi^{(\alpha)}(C) = 0. \tag{94.13}$$

这就是说,对于每一个不可约表示,所有群元的特征标之和等于零.

根据(94.10)式,我们很容易把任一可约表示分解成不可约表示,只要这些表示的特征标是已知的,设$\chi(G)$为某个f维可约表示的特征标,并令整数$a^{(1)}$,$a^{(2)},\cdots,a^{(r)}$分别代表该表示中所含的各个不可约表示的次数,因而有

$$\sum_{\beta=1}^{r} a^{(\beta)} f_\beta = f, \tag{94.14}$$

式中f_β是不可约表示的维数.特征标$\chi(G)$则可写成

$$\chi(G) = \sum_{\beta=1}^{r} a^{(\beta)} \chi^{(\beta)}(G). \tag{94.15}$$

上式乘以$\chi^{(\alpha)*}(G)$并对所有的G求和,根据(94.10)式得

$$a^{(\alpha)} = \frac{1}{g} \sum_{G} \chi(G) \chi^{(\alpha)}(G)^{*}. \tag{94.16}$$

我们来考虑一个$f=g$维的表示,它由g个函数$\hat{G}\psi$给出,ψ是坐标的一般函数(因而由ψ所得的g个函数$\hat{G}\psi$彼此线性独立),这样的表示称为**正规表示**.很明显在这个表示中,除了单位元所对应的矩阵外没有一个矩阵含有不等于零的对角矩阵元.因而有$G\neq E$时$\chi(G)=0$以及$\chi(E)=g$.把这个表示分解成为不可约表示,根据(94.16)式,整数$a^{(\alpha)}$的数值为$a^{(\alpha)}=(1/g)gf^{(\alpha)}=f^{(\alpha)}$.也就是说,每个不可约表示在正规表示中所含的次数等于它的维数.把$a^{(\alpha)}=f^{(\alpha)}$代入(94.14)式即得下列关系式:

$$f_1^2 + f_2^2 + \cdots + f_r^2 = g, \tag{94.17}$$

即一个群的所有不可约表示的维数平方之和等于该群的阶数①.由此可见,对于一个阿贝尔群(此时$r=g$),所有的不可约表示都是一维的($f_1=f_2=\cdots=f_r=1$).

我们还可以不加证明地指出,不可约表示的维数可以除尽该群的阶数g.

实际上,我们可以通过下式把一个正规表示分解成不可约部分:

$$\psi_i^{(\alpha)} = \frac{f_a}{g} \sum_{G} G_{ik}^{(\alpha)*} \hat{G}\psi. \tag{94.18}$$

很易验证,上式中具有给定k值的函数组$\psi_i^{(\alpha)}$($i=1,2,\cdots,f_\alpha$)按下式变换:

$$\hat{G}\psi_i^{(\alpha)} = \sum_{e} G_{li}^{(\alpha)} \psi_l^{(\alpha)},$$

也就是说,它们是第α个不可约表示的基.给予各种不同的k值,我们可以对每一个不可约表示得到f_α套不同的基函数$\psi_i^{(\alpha)}$,这和正规表示中每个不可约表示出现f_α次的事实相一致.

---

① 可以提及的是,对点群讲来,当r和g给定后,实际上只能有一组整数值$f_1,\cdots,f_r$可以满足(94.17)式.

任一函数 ψ 可以表成按群的各个不可约表示变换的各个函数之和. 这个问题可通过下式解决:

$$\psi = \sum_{\alpha} \sum_{i} \psi_i^{(\alpha)}, \quad \psi_i^{(\alpha)} = \frac{f_\alpha}{g} \sum_{G} G_{ii}^{(\alpha)*} \hat{G}\psi. \tag{94.19}$$

为了证明这一点,我们把第二式代入第一式并对 i 求和,得到

$$\psi = \frac{1}{g} \sum_{\alpha} f_\alpha \chi^{(\alpha)*}(G) \hat{G}\psi. \tag{94.20}$$

由于维数 f_α 等于群的单位元的特征标 $\chi^{(\alpha)}(E)$,我们可用正交关系(94.12)证明,(94.20)的求和中仅当 G 是单位元时才不等于零(而等于 g). 因此(94.20)式的右边恒等于 ψ.

我们来考虑两组不同的函数 $\psi_1^{(\alpha)},\cdots,\psi_{f_\alpha}^{(\alpha)}$ 和 $\psi_1^{(\beta)},\cdots,\psi_{f_\beta}^{(\beta)}$,它们构成一个群的两个不可约表示. 作乘积 $\psi_i^{(\alpha)}\psi_k^{(\beta)}$,我们可得 $f_\alpha f_\beta$ 个新函数,它们可以作为 $f_\alpha f_\beta$ 维的一个新表示的基. 这个新表示称为前两个表示的**直积**或**克罗内克**(Kronecker)**积**,只有 f_α 或 f_β 等于 1 时它才是不可约的. 容易证明,直积的特征标等于构成它的那两个表示的特征标的乘积. 实际上,如果

$$\hat{G}\psi_i^{(\alpha)} = \sum_{l} G_{li}^{(\alpha)} \psi_l^{(\alpha)}, \qquad \hat{G}\psi_k^{(\beta)} = \sum_{m} G_{mk}^{(\beta)} \psi_m^{(\beta)},$$

则有

$$\hat{G}\psi_i^{(\alpha)}\psi_k^{(\beta)} = \sum_{l,m} G_{li}^{(\alpha)} G_{mk}^{(\beta)} \psi_l^{(\alpha)} \psi_m^{(\beta)}.$$

对特征标而言,我们把它记作 $(\chi^{(\alpha)} \times \chi^{(\beta)})(G)$,可得

$$(\chi^{(\alpha)} \times \chi^{(\beta)})(G) = \sum_{i,k} G_{ii}^{(\alpha)} G_{kk}^{(\beta)} = \sum_{i} G_{ii}^{(\alpha)} \sum_{k} G_{kk}^{(\beta)},$$

即

$$(\chi^{(\alpha)} \times \chi^{(\beta)})(G) = \chi^{(\alpha)}(G)\chi^{(\beta)}(G). \tag{94.21}$$

相乘的这两个不可约表示在特殊情况下也可以是相同的,此时有两组不同的函数 $\psi_1,\cdots,\psi_f$ 和 $\varphi_1,\cdots,\varphi_f$ 给出同一个不可约表示,而这个表示与自身的直积是由 f^2 个函数 $\psi_i\varphi_k$ 给出的,并且具有以下的特征标:

$$(\chi \times \chi)(G) = [\chi(G)]^2.$$

这个可约表示可以立即分解成两个维数较小的表示(这两个表示一般讲来仍是可约的):一个表示是由 $\frac{1}{2}f(f+1)$ 个 $\psi_i\varphi_k + \psi_k\varphi_i$ 函数给出的;另一个表示是由 $\frac{1}{2}f(f-1)$ 个 $\psi_i\varphi_k - \psi_k\varphi_i$ 函数($i \neq k$)给出的. 显然,这两组函数中的每一组只能变换成本组各函数的线性组合. 前一个表示称为不可约表示自身的**对称乘积**,它的特征标记作 $[\chi^2](G)$;后一个表示称为**反对称乘积**,它的特征标记作 $\{\chi^2\}(G)$. 为了求出对称乘积的特征标,我们写出

$$\hat{G}(\psi_i\varphi_k+\psi_k\varphi_i)=\sum_{l,m}G_{li}G_{mk}(\psi_l\varphi_m+\psi_m\varphi_l)=$$
$$=\frac{1}{2}\sum_{l,m}(G_{li}G_{mk}+G_{mi}G_{lk})(\psi_l\varphi_m+\psi_m\varphi_l),$$

因此特征标为

$$[\chi^2](G)=\frac{1}{2}\sum_{i,k}(G_{ii}G_{kk}+G_{ik}G_{ki}).$$

但是 $\sum_i G_{ii}=\chi(G)$，$\sum_{i,k}G_{ik}G_{ki}=\chi(G^2)$，因此最后得到下列表式

$$[\chi^2](G)=\frac{1}{2}\{[\chi(G)]^2+\chi(G^2)\}. \tag{94.22}$$

根据上式我们就可从群表示的特征标出发算出它的对称乘积的特征标. 应用完全相同的方法，还可求出反对称乘积的特征标①：

$$\{\chi^2\}(G)=\frac{1}{2}\{[\chi(G)]^2-\chi(G^2)\}. \tag{94.23}$$

如果函数组 ψ_i 和 φ_i 相同，显然只能求得它们的对称乘积，它由 ψ_i^2 和 $i\neq k$ 的乘积 $\psi_i\psi_k$ 给出. 实际应用中还可能碰到更高次的对称乘积，它们的特征标可以用类似的方法求出.

直积的一个重要特性如下. 当我们把两个不同的不可约表示的直积分解成不可约成分时，仅当相乘的这两个表示是彼此复共轭的，它们的直积中才会含有单位表示（而且只含一次）. 对于实表示，仅当不可约表示和它自身相乘时，直积中（当然是在它的对称乘积中）才会含有单位表示. 为了判明(94.21)的表示中是否含有单位表示，我们只需根据(94.16)式，把它的特征标对 G 求和并除以群的阶数 g，然后按正交关系(94.10)立刻获得结论.

最后，我们来讲一下关于两个群的直积群的不可约表示问题（不要和同一个群的两个表示的直积混淆起来）. 如果函数组 $\psi_i^{(\alpha)}$ 给出了群 $\boldsymbol{A}$ 的一个不可约表示，函数组 $\psi_k^{(\beta)}$ 给出了群 $\boldsymbol{B}$ 的一个不可约表示，那么它们的乘积 $\psi_k^{(\beta)}\psi_i^{(\alpha)}$ 就是群 $\boldsymbol{A}\times\boldsymbol{B}$ 的一个 $f_\alpha f_\beta$ 维表示的基，而且这个表示是不可约的. 这个表示的特征标可以用原来两个表示的特征标相乘而得［参考(94.21)式的推导］. 群 $\boldsymbol{A}\otimes\boldsymbol{B}$ 中的元素 $C=AB$ 所对应的特征标为

$$\chi(C)=\chi^{(\alpha)}(A)\chi^{(\beta)}(B). \tag{94.24}$$

按此方式把群 $\boldsymbol{A}$ 和 $\boldsymbol{B}$ 的所有不可约表示互乘，即得群 $\boldsymbol{A}\otimes\boldsymbol{B}$ 的所有不可约表示.

§95　点群的不可约表示

现在来具体确定各种点群的各个不可约表示. 绝大多数的分子只有二，三，

---

① 值得指出的是，对于两维表示，特征标 $\{\chi^2\}(G)$ 等于线性变换 G 的行列式，这很易通过直接计算证明.

四和六阶的对称轴,由于我们不考虑二十面体群 $\boldsymbol{Y},\boldsymbol{Y}_h$;下面只考虑 $n=1,2,3,4,6$ 的群 $\boldsymbol{C}_n,\boldsymbol{C}_{nh},\boldsymbol{C}_{nv},\boldsymbol{D}_n,\boldsymbol{D}_{nh}$ 和 $n=1,2,3$ 的群 $\boldsymbol{S}_{2n},\boldsymbol{D}_{nd}$.

表 7 给出了这些群的各个不可约表示的特征标. 同构的群具有相同的表示,我们已经把它们放在一起. 表的上端群元符号前的数字,表明该元所属类中具有的元数(见 §93). 表的左边各列给出了各个表示的习用名称. 一维表示记作 A 或 B,二维表示记作 E,三维表示记作 F. 不要把二维不可约表示的记号 E 和群的单位元混淆起来①. A 表示的基函数对 n 阶主轴的旋转是对称的,B 表示的基函数对以上的旋转则是反对称的,对反射 σ_h 具有不同对称性的基函数,它们的表示用撇号来区别(一撇或两撇),而下标 g 和 u 表明了对反演的对称性. 除了群表示的名称以外,还有 x,y,z 等字母,这些字母表明了这些坐标分量本身是按哪一个表示变换的. 所选的 z 轴总是沿着主对称轴. 字母 ε 和 ω 分别代表

$$\varepsilon=\mathrm{e}^{2\pi\mathrm{i}/3},\qquad \omega=\mathrm{e}^{2\pi\mathrm{i}/6}=-\omega^4;$$

$$\varepsilon+\varepsilon^2=-1,\quad \omega^2-\omega=-1.$$

最简单的问题是求循环群($\boldsymbol{C}_n,\boldsymbol{S}_n$)的不可约表示. 一个循环群和任一阿贝尔群一样,只有一维不可约表示. 设 G 为该群的一个**生成元**(即这个元的逐次乘幂给出该群的所有元). 由于 $G^g=E$(g 是该群的阶),于是很明显,当把算符 $\hat{G}$ 作用在基函数 ψ 上时,这个函数只是乘以因子 $\sqrt[g]{1}$,即②

$$\hat{G}\psi=\mathrm{e}^{2\pi\mathrm{i}k/g}\psi\quad(k=1,2,\cdots,g).$$

$\boldsymbol{C}_{2h}$(以及和它同构的 $\boldsymbol{C}_{2v},\boldsymbol{D}_2$)是阿贝尔群,因此它的所有不可约表示也都是一维的,而且特征标只能等于 ±1(因为每个元的平方都等于 E).

其次考虑群 $\boldsymbol{C}_{3v}$. 它和群 $\boldsymbol{C}_3$ 相比增加了对竖直面的反射 σ_v(都属于同一类). 对于绕轴旋转保持不变的一个函数(群 $\boldsymbol{C}_3$ 的 A 表示的基函数)对于 σ_v 反射讲来可以是对称的,也可以是反对称的. 在旋转 C_3 作用下被乘以 ε 和 ε^2 的那两个函数($\boldsymbol{C}_3$ 群复共轭表示 E 中的两个基函数)在反射时相互变换③. 根据以上这些考虑可知,$\boldsymbol{C}_{3v}$ 群(以及和它同构的 $\boldsymbol{D}_3$ 群)具有两个一维不可约表示和一个二维不可约表示,它们的特征标如表 7 所示. 这个群是 6 阶的,根据 $1^2+1^2+2^2=6$ 可知,我们已经找出了它的所有不可约表示.

根据同样的考虑,可以给出同类型其它群($\boldsymbol{C}_{4v},\boldsymbol{C}_{6v}$)的不可约表示的特征标.

群 $\boldsymbol{T}$ 是由 $\boldsymbol{D}_2\equiv\boldsymbol{V}$ 群加进四个三阶斜轴后得到的. 对 $\boldsymbol{V}$ 群的变换保持不变的一个函数(A 表示的基函数),对旋转 C_3 讲来可以乘以 $1,\varepsilon$ 或 ε^2. $\boldsymbol{V}$ 群的三个一

① 为什么把两个复共轭的一维表示写成一个二维表示的样子,其原因将在 §96 中解释.

② 例如,对点群 $\boldsymbol{C}_n$,ψ 函数可取 $\psi=\mathrm{e}^{\mathrm{i}k\varphi}$,$k=1,2,\cdots,n$,$\varphi$ 是绕某一固定轴的转角.

③ 例如我们可把这两个函数取成 $\psi_1=\mathrm{e}^{\mathrm{i}\varphi}$,$\psi_2=\mathrm{e}^{-\mathrm{i}\varphi}$,对竖直面反射时 φ 变号.

表 7　点群不可约表示的特征标

C_i	C_2	C_s		
C_i			E	I
	C_2		E	C_2
		C_s	E	σ
A_g	$A;z$	$A';x,y$	1	−1
$A_u;x,y,z$	$B;x,y$	$A'';z$	1	−1

C_3	E	C_3	C_3^2
$A;z$	1	1	1
$E;x\pm iy$	1	ε	ε^2
	1	ε^2	ε

C_{2h}	C_{2v}	$V=D_2$				
C_{2h}			E	C_2	σ_h	I
	C_{2v}		E	C_2	σ_v	σ_v'
		$V=D_2$	E	C_2^z	C_2^y	C_2^x
A_g	$A_1;z$	A	1	1	1	1
B_g	$B_2;y$	$B_3;x$	1	−1	−1	1
$Au;z$	A_2	$B_1;z$	1	1	−1	−1
$B_u;x,y$	$B_1;x$	$B_2;y$	1	−1	1	−1

C_{3v}	D_3			
C_{3v}		E	$2C_3$	$3\sigma_v$
	D_3	E	$2C_3$	$3U_2$
$A_1;z$	A_1	1	1	1
A_2	$A_2;z$	1	1	−1
$E;x,y$	$E;x,y$	2	−1	0

C_4	S_4				
C_4		E	C_4	C_2	C_4^3
	S_4	E	S_4	C_2	S_4^3
$A;z$	A	1	1	1	1
B	$B;z$	1	−1	1	−1
$E;x\pm iy$	$E;x\pm iy$	1	i	−1	−i
		1	−i	−1	i

C_6	E	C_6	C_3	C_2	C_3^2	C_6^5
$A;z$	1	1	1	1	1	1
B	1	−1	1	−1	1	−1
E_1	1	ω^2	$-\omega$	1	ω^2	$-\omega$
	1	$-\omega$	ω^2	1	$-\omega$	ω^2
$E_2;x\pm iy$	1	ω	ω^2	−1	$-\omega$	$-\omega^2$
	1	$-\omega^2$	$-\omega$	−1	ω^2	ω

C_{4v}	D_4	D_{2d}					
C_{4v}			E	C_2	$2C_4$	$2\sigma_v$	$2\sigma_v'$
	D_4		E	C_2	$2C_4$	$2U_2$	$2U_2'$
		D_{2d}	E	C_2	$2S_4$	$2U_2$	$2\sigma_d$
$A_1;z$	A_1	A_1	1	1	1	1	1
A_2	$A_2;z$	A_2	1	1	1	−1	−1
B_1	B_1	B_1	1	1	−1	1	−1
B_2	B_2	$B_2;z$	1	1	−1	−1	1
$E;x,y$	$E;x,y$	$E;x,y$	2	−2	0	0	0

续表

$\boldsymbol{D}_6$			E	C_2	$2C_3$	$2C_6$	$3U_2$	$3U_2'$
	$\boldsymbol{C}_{6v}$		E	C_2	$2C_3$	$2C_6$	$3\sigma_v$	$3\sigma_v'$
		$\boldsymbol{D}_{sh}$	E	σ_h	$2C_3$	$2S_3$	$3U_2$	$3\sigma_v$
A_1	$A_1;z$	A'_1	1	1	1	1	1	1
$A_2;z$	A_2	A'_2	1	1	1	1	−1	−1
B_1	B_2	A''_1	1	−1	1	−1	1	−1
B_2	B_1	$A''_2;z$	1	−1	1	−1	−1	1
E_2	E_2	$E';x,y$	2	2	−1	−1	0	0
$E_1;x,y$	$E_1;x,y$	E''	2	−2	−1	1	0	0

$\boldsymbol{T}$	E	$3C_2$	$4C_3$	$4C_3^2$
A	1	1	1	1
E {	1	1	ε	ε^2
	1	1	ε^2	ε
$F;x,y,z$	3	−1	0	0

$\boldsymbol{O}$		E	$8C_3$	$3C_2$	$6C_2$	$6C_4$
	$\boldsymbol{T}_d$	E	$8C_3$	$3C_2$	$6\sigma_d$	$6S_4$
A_1	A_1	1	1	1	1	1
A_2	A_2	1	1	1	−1	−1
E	E	2	−1	2	0	0
F_2	$F_2;x,y,z$	3	0	−1	1	−1
$F_1;x,y,z$	F_1	3	0	−1	−1	1

维表示 B_1,B_2,B_3 的基函数,在 C_3 旋转下进行相互变换(例如可取坐标分量 x,y,z 本身作为这三个基函数,即可看出这一点).因此得到三个一维不可约表示和一个三维不可约表示($1+1+1+3^2=12$).

最后考虑同构群 $\boldsymbol{O}$ 和 $\boldsymbol{T}_d$. $\boldsymbol{T}_d$ 群是由 $\boldsymbol{T}$ 群加进 σ_d 反射后得到的,每个反射面通过两个三阶轴. $\boldsymbol{T}$ 群的单位表示 A 的基函数对 σ_d 反射讲来可以对称或反对称(它们都属于一类),它们给出了 $\boldsymbol{T}_d$ 群的两个一维表示.在三阶轴旋转下被乘以 ε 或 ε^2 的那两个函数($\boldsymbol{T}$ 群复共轭表示 E 的基函数),对通过该转轴的平面进行反射后相互变换,因而得到一个二维表示。最后,对于 $\boldsymbol{T}$ 群的 F 表示的三个基函数,其中的一个函数经反射后仍变为自己(或者保持不变或者变一符号),另两个函数则相互变换.因此共有两个一维表示,一个二维表示和两个三维表示①.

至于其它我们感兴趣的点群,它们是上述几种群和 $\boldsymbol{C}_i$(或 $\boldsymbol{C}_s$)群的直积,可以根据已给群直接算出它们的各种表示.它们是

$$\boldsymbol{C}_{3h}=\boldsymbol{C}_3\otimes\boldsymbol{C}_s,\ \boldsymbol{D}_{2h}=\boldsymbol{D}_2\otimes\boldsymbol{C}_i,\ \boldsymbol{D}_{3d}=\boldsymbol{D}_3\otimes\boldsymbol{C}_i,\ \boldsymbol{O}_h=\boldsymbol{O}\otimes\boldsymbol{C}_i,$$

$$\boldsymbol{C}_{4h}=\boldsymbol{C}_4\otimes\boldsymbol{C}_i,\ \boldsymbol{D}_{4h}=\boldsymbol{D}_4\otimes\boldsymbol{C}_i,\boldsymbol{D}_{6h}=\boldsymbol{D}_6\otimes\boldsymbol{C}_i,$$

$$\boldsymbol{C}_{6h}=\boldsymbol{C}_6\otimes\boldsymbol{C}_i,\ \boldsymbol{S}_6=\boldsymbol{C}_3\otimes\boldsymbol{C}_i,\ \boldsymbol{T}_h=\boldsymbol{T}\otimes\boldsymbol{C}_i.$$

① 二十面体群中具有高维(4 和 5 维)不可约表示.

对于其中的每个直积,它们的不可约表示数要比原群的多一倍,而且一半对反演对称(用下标 g 标志),另一半对反演反对称(用下标 u 标志). 不可约表示的特征标可以从原群的特征标乘以 ±1 后得到(根据(94.24)式的规则). 以 $\boldsymbol{D}_{3d}$ 群为例,可得下列不可约表示:

$\boldsymbol{D}_{3d}$	E	$2C_3$	$3U_2$	I	$2S_6$	$3\sigma_d$
A_{1g}	1	1	1	1	1	1
A_{2g}	1	1	-1	1	1	-1
E_g	2	-1	0	2	-1	0
A_{1u}	1	1	1	-1	-1	-1
A_{2u}	1	1	-1	-1	-1	1
E_u	2	-1	0	-2	1	0

§96　不可约表示和谱项的分类

群论的量子力学应用所根据的事实是,一个物理系统(一个原子或分子)的薛定谔方程对该系统的对称变换保持不变①. 由此可以立刻知道,把群元作用于满足薛定谔方程的某一本征函数(属于某一能量本征值)上,所得的结果仍为同一方程的属于同一能量本征值之解. 换句话说,属于同一能级的一组定态波函数在对称变换下彼此相互变换,也就是说这组波函数能够给出对称群的某个表示. 一个重要事实是,这样的表示是不可约的. 事实上,对称变换下进行相互变换的一组函数必然是属于同一能级,对称变换下并不相互变换的几组函数属于同一能级的情形(可约表示的基函数组就可以分解成为以上的几组函数),是一个极为偶然的例外②.

因此,系统的每一个能级对应于该系统对称群的某一个不可约表示,这个表示的维数确定了该能级的简并度,也就是确定了具有该能量的不同态数,知道了不可约表示后就可以确定这些态的一切对称性质,也就是确定了这些态在各种对称变换下所能具有的行为.

维数大于 1 的不可约表示只能在含有非对易元的群中找到,因阿贝尔群的不可约表示只能是一维的. 值得回忆的是,我们在未讲群论之前早已提到过,简并的出现是和非对易算符(但它们都和哈密顿量对易)的存在有关(§10).

对以上的说法需要补充一点. 我们早已指出过(§18),量子力学中的时间

① 维格纳(E. P. Wigner)首先把群论方法应用于量子力学(1926).

② 如果它们没有特殊的原因,这里,我们想到了"偶然"简并,它是由于系统的哈密顿量具有本章所述的纯几何学对称性以外的更高对称性而引起的(见§36末).

变号对称性(没有磁场时成立)使得相互复共轭的波函数属于同一能量本征值.由于这一点,如果有两组相互复共轭的函数给出了同一个群的两个不同(不等价)的不可约表示,那么应该把这两个复共轭表示看成是维数大了一倍的一个"物理上不可约的"表示.这就是以后我们要假定的.上节中我们就有复共轭表示的例子.例如 $\boldsymbol{C}_3$ 群只有一维表示,但是其中有两个是复共轭的,从物理上讲它们对应于一个双重简并能级(当有磁场存在时,就没有时间变号对称性,这两个复共轭表示也就对应于不同的能级)①.

现在假定所给的物理系统受到某一微扰(该系统放进本身具有一定对称性的外场中).产生的问题是,这个微扰能够在多大程度上分裂原来的简并能级②.如果外场的对称性等于或者高于③未微扰系统的对称性,那么受微扰哈密顿量 $\hat{H}=\hat{H}_0+\hat{V}$ 的对称性就和未微扰算符 $\hat{H}_0$ 的对称性相同.在这样的情况下,简并能级显然不会产生分裂.如果微扰的对称性低于未微扰系统的对称性,则哈密顿量 $\hat{H}$ 的对称性就和微扰 $\hat{V}$ 的对称性相同.原来的一组波函数,给出了算符 $\hat{H}_0$ 的对称群的某个不可约表示,也得给出受微扰算符 $\hat{H}$ 的对称群的一个表示,但是这个表示将是可约的,这就意味着简并能级的分裂.现在来举例说明,如何用群论的数学工具解决能级分裂的具体问题.

设未微扰系统具有对称性 $\boldsymbol{T}_d$,我们来研究一个三重简并能级,这个能级对应于该群的不可约表示 F_2,这个表示的特征标为

E	$8C_3$	$3C_2$	$6\sigma_d$	$6S_4$
3	0	-1	1	-1

现在假定该系统受到对称性为 $\boldsymbol{C}_{3v}$ 的微扰(它的三阶轴和 $\boldsymbol{T}_d$ 群的一个三阶轴重合).这个简并能级的三个波函数给出了 $\boldsymbol{C}_{3v}$ 群(它是 $\boldsymbol{T}_d$ 群的一个子群)的一个表示,并且这个表示的特征标就等于 $\boldsymbol{T}_d$ 群的原来表示中同样元所具有的特征标,亦即

E	$2C_3$	$3\sigma_v$
3	0	1

但是这个表示是可约的.知道了 $\boldsymbol{C}_{3v}$ 群的不可约表示的特征标后,根据一般规则

① 严格讲来,实的特征标(即复共轭表示为等价表示时)并不是群表示的基函数能选成实函数的充分条件.但对点群的不可约表示而言却是充分的(并不是对"双值"点群而言,见 § 99).

② 例如晶格中 d 壳层和 f 壳层的离子能级,它和周围原子的作用很弱.这种情形下的微扰就是其余原子作用在该离子上的电场(外场).

③ 如果对称群 $\boldsymbol{H}$ 是群 $\boldsymbol{G}$ 的子群,我们就说 $\boldsymbol{H}$ 的对称性较低而 $\boldsymbol{G}$ 的对称性较高.如果算符中一项具有 $\boldsymbol{G}$ 的对称性另一项具有 $\boldsymbol{H}$ 的对称性,显然两项之和具有较低的对称性即 $\boldsymbol{H}$ 的对称性.

(94.16),很易把以上表示分解成不可约表示. 结果发现它可以分解成 $\boldsymbol{C}_{3v}$群的 A_1表示和 E 表示. 因此三重简并能级 F_2就分裂成为一个无简并能级 A_1和一个双重简并能级 E. 如果原来的系统受到的是具有对称性 $\boldsymbol{C}_{2v}$(它也是群 $\boldsymbol{T}_d$ 的一个子群)的微扰,则能级 F_2的三个波函数所给出的表示就具有以下的特征标

E	C_2	σ_v	σ'_v
3	-1	1	1

把这个表示分解成不可约成分,结果发现它含有表示 A_1,B_1,B_2. 因此这种情形下能级 F_2分裂成三个无简并的能级.

§97　矩阵元的选择定则

群论不但能给出任一对称物理系统的能级分类,而且还能给出一个简单方法,用来求出该系统各种物理量矩阵元的选择定则.

这个方法是以下面的普遍定理为基础的. 设 $\psi_i^{(\alpha)}$ 为对称群的一个不可约表示(非单位表示)的一个基函数. 这个函数对整个空间①积分等于零:

$$\int \psi_i^{(\alpha)} \mathrm{d}q = 0. \tag{97.1}$$

上式的证明基于这样的事实,一个延及整个空间的积分,对坐标系的任意变换包括任意的对称变换在内都是不变的. 因此有

$$\int \psi_i^{(\alpha)} \mathrm{d}q = \int \hat{G}\psi_i^{(\alpha)} \mathrm{d}q = \int \sum_k G_{ki}^{(\alpha)} \psi_k^{(\alpha)} \mathrm{d}q,$$

将上式对所有的群元求和,结果式左的积分增加了 g 倍(g 是该群的阶),我们有:

$$g\int \psi_i^{(\alpha)} \mathrm{d}q = \sum_k \int \psi_k^{(\alpha)} \sum_G G_{ki}^{(\alpha)} \mathrm{d}q.$$

但是对任一不可约表示(不是单位表示)讲来,我们有恒等式 $\sum\limits_G G_{ki}^{(\alpha)} = 0$[此式是正交关系(94.7)中一个不可约表示等于单位表示时的特例]. 于是定理得证.

如果 ψ 是属于群的某一可约表示的一个基函数,则积分 $\int \psi \mathrm{d}q$ 将等于零,除非这个可约表示中含有单位表示. 这个定理是前一定理的直接推论.

物理量 f 的矩阵元由下列积分给出:

$$\langle \beta k | f | \alpha i \rangle = \int \psi_k^{(\beta)} \hat{f} \psi_i^{(\alpha)} \mathrm{d}q, \tag{97.2}$$

式中的指标 α 和 β 区分该系统的不同能级,下标 i,k 是属于同一简并能级的各

① 是指该物理系统的位形空间.

个波函数①的编号. 由函数组 $\psi_i^{(\alpha)}$ 和 $\psi_k^{(\beta)}$ 给出的该系统对称群的两个不可约表示,我们分别记作 $D^{(\alpha)}$ 和 $D^{(\beta)}$,与量 f 的对称性相对应的群的表示记作 D_f,这个表示取决于 f 的张量特性. 例如,当 f 为真标量时,它的算符 $\hat{f}$ 对所有的对称变换保持不变,则 D_f 为单位表示. 如果 f 为赝标量而群中只含对称轴时,这一结论仍成立. 但当群中还含有反射时,D_f 便不再是单位表示,虽然它的维数等于 1. 如果 f 是一个矢量,则 D_f 是由三个矢量分量进行线性变换所给出的一个表示,这个表示对极矢量和轴矢量而言一般是不同的.

乘积 $\psi_k^{(\beta)}\hat{f}\psi_i^{(\alpha)}$ 给出一个直积表示 $D^{(\beta)}\otimes D_f\otimes D^{(\alpha)}$. 仅当这个表示包含单位表示时,也就是直积 $D^{(\beta)}\otimes D^{(\alpha)}$ 中包含 D_f 时,矩阵元才不等于零. 实用上,更为方便的办法是把 $D^{(\alpha)}\otimes D_f$ 分解为不可约成分,它可立刻给出跃迁矩阵元(从 $D^{(\alpha)}$ 型的初态出发)不等于零的所有各种 $D^{(\beta)}$ 型的末态.

在标量的最简单情形下,D_f 为单位表示,由此可以立刻知道,仅当初末态为同一类型时矩阵元才不等于零:两个不同的不可约表示的直积 $D^{(\alpha)}\otimes D^{(\beta)}$ 中不含单位表示,可是一个不可约表示和其自身的直积中总是含有单位表示. 这是定理的最普遍说法,它的特例我们早已碰到过.

对能量为对角的矩阵元,也就是属于同一谱项的各个态之间的跃迁矩阵元(不是属于类型相同但谱项不同的两个态之间的跃迁矩阵元),需要作特殊的处理. 这种情形下我们不是有两组不同的函数而是只有一组函数 $\psi_1^{(\alpha)}, \psi_2^{(\alpha)}, \cdots$. 我们要用不同的方法求出它的选择定则,它依赖于量 f 在时间反演下的行为.

我们来考虑一个由波函数 $\psi = \sum c_i\psi_i^{(\alpha)}$ 所描述的态. 此态中 f 的平均值由下列求和式给出:

$$\bar{f} = \sum_{i,k} c_k^* c_i \langle \alpha k | f | \alpha i \rangle.$$

在复共轭波函数 $\psi^* = \sum c_i^* \psi_i^{(\alpha)}$ 所描述的态中,我们有

$$\bar{f} = \sum_{i,k} c_k c_i^* \langle \alpha k | f | \alpha i \rangle = \sum_{i,k} c_i c_k^* \langle \alpha i | f | \alpha k \rangle,$$

如果 f 对时间反演不变,这两个态不但属于同一能级而且还有相同的 $\bar{f}$ 值. 由于系数 c_i 是任意的,这意味着

$$\langle \alpha k | f | \alpha i \rangle = \langle \alpha i | f | \alpha k \rangle,$$

因此,为了求出选择定则,我们不需考虑整个直积 $D^{(\alpha)}\otimes D^{(\alpha)}$,而只需考虑它的

① 当我们采用"物理上不可约"的表示时,由于基函数总可取成实函数,我们在(97.2)式中不再区分波函数及其复共轭函数.

对称部分$[D^{(\alpha)2}]$,只要$[D^{(\alpha)2}]$中含有D_f,就有非零矩阵元①.

但当f在时间反演下变号时,从ψ变到ψ^*必随之有$\bar{f}$的变号. 从而用同一方法可得

$$\langle \alpha k|f|\alpha i\rangle = -\langle \alpha i|f|\alpha k\rangle,$$

在此情形下,选择定则是由直积的反对称部分$\{D^{(\alpha)2}\}$确定的.

习　　题

1. 当存在对称$\boldsymbol{O}$时,求电矩$\boldsymbol{d}$和磁矩$\boldsymbol{\mu}$的矩阵元选择定则.

解:群$\boldsymbol{O}$不含反射,因此极矢$\boldsymbol{d}$和轴矢$\boldsymbol{\mu}$按同一不可约表示F_1变换. F_1和群$\boldsymbol{O}$的其它表示的直积可分解为:

$$\left.\begin{array}{l} F_1\otimes A_1 = F_1,\ F_1\otimes A_2 = F_2,\ F_1\otimes E = F_1+F_2, \\ F_1\otimes F_1 = A_1+E+F_1+F_2,\ F_1\otimes F_2 = A_2+E+F_1+F_2. \end{array}\right\} \tag{1}$$

因此不等于零的(能量)非对角元为下列跃迁:

$$F_1\leftrightarrow A_1,\ E,\ F_1,\ F_2;\ F_2\leftrightarrow A_2,\ E,\ F_2.$$

群$\boldsymbol{O}$的不可约表示的对称和反对称乘积为

$$\left.\begin{array}{l} [A_1^2]=[A_2^2]=A_1,\ [E^2]=A_1+E,\ [F_1^2]=[F_2^2]=A_1+E+F_2, \\ \{E^2\}=A_2,\ \{F_1^2\}=\{F_2^2\}=F_1. \end{array}\right\} \tag{2}$$

对称乘积中不含F_1,因此矢量$\boldsymbol{d}$(时间反演不变)没有(能量的)对角元. 磁矩在时间反演下变号,对F_1和F_2态有对角元.

2. 同题1,但为对称$\boldsymbol{D}_{3d}$.

解:$\boldsymbol{D}_{3d}$群中矢量$\boldsymbol{d}$和$\boldsymbol{\mu}$具有不同的变换规律:

$$d_x,\ d_y\sim E_u,\qquad d_z\sim A_{zu},$$

$$\mu_x,\ \mu_y\sim E_g,\qquad \mu_z\sim A_{2g}.$$

本题及下面的题中,记号~代表"按某个表示变换". 我们有

$$\left.\begin{array}{l} E_u\otimes A_{1g}=E_u\otimes A_{2g}=E_u,\ E_u\otimes A_{1u}=E_u\otimes A_{2u}=E_g, \\ E_u\otimes E_u=A_{1g}+A_{2g}+E_g,\ E_u\otimes E_g=A_{1u}+A_{2u}+E_u. \end{array}\right\} \tag{3}$$

因此d_x,d_y的非对角矩阵元中,不等于零的有跃迁$E_u\leftrightarrow A_{1g},A_{2g},E_g,E_g\leftrightarrow A_{1u},A_{2u}$.
同法求得下列选择定则

$$d_z:\ A_{1g}\leftrightarrow A_{2u};\ A_{2g}\leftrightarrow A_{1u};\ E_g\leftrightarrow E_u;$$

$$\mu_x,\mu_y:\ E_g\leftrightarrow A_{1g},A_{2g},E_g;\ E_u\leftrightarrow A_{1u},A_{2u},E_u;$$

$$\mu_z:\ A_{1g}\leftrightarrow A_{2g};\ A_{1u}\leftrightarrow A_{2u};\ E_g\leftrightarrow E_g;\ E_u\leftrightarrow E_u.$$

---

① 乘积$[D^{(\alpha)2}]$中总是含有单位表示,所以标量的对角元(以及初末态类型相同的非对角元)不等于零.

$\boldsymbol{D}_{3d}$群不可约表示的对称和反对称乘积为

$$\left.\begin{aligned}&[A_{1g}^2]=[A_{1u}^2]=[A_{2g}^2]=[A_{2u}^2]=A_{1g},\\&[E_g^2]=[E_u^2]=E_g+A_{1g},\{E_g^2\}=\{E_u^2\}=A_{2g}\end{aligned}\right\}\tag{4}$$

我们看到对于 $\boldsymbol{d}$ 的分量,不存在(能量的)对角元;对于矢量 $\boldsymbol{\mu}$ 在 E_g或 E_u型简并能级的各态之间存在着 μ_z的对角元.

3. 当存在对称 $\boldsymbol{O}$ 时,求电四极矩张量 Q_{ik}的矩阵元选择定则.

解:对群 $\boldsymbol{O}$ 而言,张量 Q_{ik}(是一个对称张量并且 Q_{ii}之和等于零)的各个分量按以下规则变换:

$$Q_{xy},\ Q_{xz},\ Q_{yz}\sim F_2,\quad Q_{xx}+\epsilon Q_{yy}+\epsilon^2Q_{zz},\quad Q_{xx}+\epsilon^2Q_{yy}+\epsilon Q_{zz}\sim E$$
$$(\epsilon=\mathrm{e}^{2\pi\mathrm{i}/3}).$$

把 F_2,E 和群 $\boldsymbol{O}$ 的所有表示的直积进行分解后,可得非对角元的下列选择定则:

$$Q_{xy},Q_{xz},Q_{yz}:\ F_1\leftrightarrow A_2,E,F_1,F_2;\quad F_2\leftrightarrow A_1,E,F_1,F_2;$$
$$Q_{xx},Q_{yy},Q_{zz}:\ E\leftrightarrow A_1,A_2,E;\quad F_1\leftrightarrow F_1,F_2;\quad F_2\leftrightarrow F_2.$$

对角元存在于下列态中(可从(2)看出):

$$Q_{xy},Q_{xz},Q_{yz}:\ F_1,F_2,$$
$$Q_{xx},Q_{yy},Q_{zz}:\ E,F_1,F_2.$$

4. 同题 3,但为对称 $\boldsymbol{D}_{3d}$.

解:对群 $\boldsymbol{D}_{3d}$而言,分量 Q_{ik}的变换规律为

$$Q_{zz}\sim A_{1g};\ Q_{xx}-Q_{yy},\ Q_{xy}\sim E_g;\ Q_{xz},\ Q_{yz}\sim E_g$$

Q_{zz}具有标量的行为. 把 E_g和群 $\boldsymbol{D}_{3d}$的所有表示的直积进行分解后,可得 Q_{ik}其余分量的非对角元选择定则:

$$E_g\leftrightarrow A_{1g},A_{2g},E_g;\qquad E_u\leftrightarrow A_{1u},A_{2u},E_u.$$

只有对 E_g和 E_u的态,对角元才是非零的[可从(4)式看出].

§98 连续群

除了§93 中历数的各种有限点群外,还存在着群元个数为无限的**连续点群**. 这就是轴对称群和球对称群.

最简单的轴对称群是 $\boldsymbol{C}_\infty$ 群,它含有绕对称轴旋转任意角 φ 的 $C(\varphi)$元,称为**两维旋转群**. 这个群可以看作 $\boldsymbol{C}_n$群当 $n\to\infty$ 时的极限情形. 同理,作为 $\boldsymbol{C}_{nh}$,$\boldsymbol{C}_{nv}$,$\boldsymbol{D}_n$,$\boldsymbol{D}_{nh}$等群的极限,我们有 $\boldsymbol{C}_{\infty h}$,$\boldsymbol{C}_{\infty v}$,$\boldsymbol{D}_\infty$,$\boldsymbol{D}_{\infty h}$等连续群.

具有轴对称性的分子只能是由位于同一直线上的原子所组成. 如果它对该直线的中点并不对称,它的点群就是 $\boldsymbol{C}_{\infty v}$群,群中除了绕轴旋转外还有对通过该轴线的任一平面的反射 σ_v. 如果该分子对称于轴线的中点,它的点群就是 $\boldsymbol{D}_{\infty h}=\boldsymbol{C}_{\infty v}\otimes\boldsymbol{C}_i$. 作为分子的对称群,$\boldsymbol{C}_\infty$,$\boldsymbol{C}_{\infty h}$,$\boldsymbol{D}_\infty$ 等群并不出现.

完全球对称的群含有绕通过中心的任意轴线转任意角的旋转元,还含有对通过该中心的任意平面所进行的反射,这个群是单个原子的对称群,我们把它记作 $\boldsymbol{K}_h$. 所有空间旋转所组成的群 $\boldsymbol{K}$(它称为三维旋转群或简称为**旋转群**)是它的一个子群. 群 $\boldsymbol{K}$ 中加进一个对称中心后即得群 $\boldsymbol{K}_h$($\boldsymbol{K}_h=\boldsymbol{K}\otimes\boldsymbol{C}_i$).

连续群的各个元可以用一个或几个取连续值的参量加以区别. 以旋转群为例,它的参量可以取确定坐标系转动的三个欧拉角.

§92 中所讲的有限群的一般性质以及与此有关的一些概念(子群,共轭元,类,等等)可以直接推广到连续群. 当然,与群的阶数直接有关的那些论述(例如子群的阶可以除尽整群的阶)不再具有意义.

$\boldsymbol{C}_{\infty v}$群中所有的对称面彼此等价,因此所有反射 $\boldsymbol{\sigma}_v$组成一类,它具有连续的群元. 此群的对称轴是一个双向轴,因此它具有连续的共轭元类,每类含有 $C(\pm\varphi)$两个元. 群 $\boldsymbol{D}_{\infty h}$的类可以从群 $\boldsymbol{C}_{\infty v}$的类直接求出,因为 $\boldsymbol{D}_{\infty h}=\boldsymbol{C}_{\infty v}\otimes\boldsymbol{C}_i$.

旋转群 $\boldsymbol{K}$ 中所有的轴都是等价的而且是双向的,因此转角绝对值 $|\varphi|$ 相同的所有绕任意轴的旋转元组成一类. 群 $\boldsymbol{K}_h$ 的类可以从群 $\boldsymbol{K}$ 的类直接求出.

表示的概念,可约和不可约等也能立即推广到连续群. 每个不可约表示含有无穷系列的矩阵,但是相互作线性变换的基函数的数目(即该表示的维数)仍是有限的. 这套基函数总是可以这样来选择,使得该表示是幺正的. 一个连续群的不同的不可约表示的数目是无限的,但构成离散序列,即它们可以挨个计数. 对于这些表示的矩阵元和特征标,也存在有正交关系,它们是有限群的相应关系的推广. (94.9)式现在变成

$$\int G_{ik}^{(\alpha)}G_{lm}^{(\beta)*}\,\mathrm{d}\tau_G=\frac{1}{f_\alpha}\delta_{\alpha\beta}\delta_{il}\delta_{km}\int \mathrm{d}\tau_G, \tag{98.1}$$

(94.10)式改为

$$\int \chi^{(\alpha)}(G)\chi^{(\beta)*}(G)\,\mathrm{d}\tau_G=\delta_{\alpha\beta}\int \mathrm{d}\tau_G. \tag{98.2}$$

这些公式中的积分称为群上的**不变积分**,$\mathrm{d}\tau_G$ 可用群参量的微分表出并使 $\mathrm{d}\tau_G$ 对该群的任意变换保持不变①. 例如旋转群中可取 $\mathrm{d}\tau_G=\sin\beta\,\mathrm{d}\alpha\mathrm{d}\beta\mathrm{d}\gamma$,其中 α,β 和 γ 是定义坐标系转动的三个欧勒角(§58),此时 $\int\mathrm{d}\tau_G=8\pi^2$.

当我们在确定总角动量的本征值和本征函数时,实质上已经碰到过三维旋转群的不可约表示(没有采用群论的术语). 角动量的三个分量算符(除了一个

---

① 这里所讲的连续群不可约表示的各种性质仅当积分式(98.1)和(98.2)收敛时才能成立,特别是“群体积” $\int\mathrm{d}\tau_G$ 必须有限,这个条件对连续点群确是满足的(但对于像相对论中的洛仑兹群,它就不满足).

常因子外)就是无限小旋转算符①,而角动量的本征值标志了其波函数的空间旋转性质. 对于一个给定的角动量值 j,有 $2j+1$ 个本征函数 ψ_{jm} 与之相对应,它们的角动量分量 m 的数值不同但同属于一个 $2j+1$ 重简并的能级. 在坐标系转动下,这组函数变成它们的线性组合,从而给出了旋转群的一个不可约表示. 因此从群论的观点看来,j 就是旋转群各个不可约表示的编号,而且每个 j 对应于一个 $2j+1$ 维表示,j 值可取整数和半整数,因此群表示的维数 $2j+1$ 可取所有的整数值 1,2,3,….

这些表示的基函数实质上已在 §56 和 §57 中研究过,群表示的矩阵见 §58. 具有给定 j 值的一个表示,它的基是由一个 $2j$ 秩对称旋量的 $2j+1$ 个独立分量构成的(等价于 $2j+1$ 个函数 ψ_{jm}).

旋转群中 j 值为半整数的不可约表示有一重要特性. 它的基函数(奇数秩旋量的各个分量)转动 2π 角后要变一符号,可是 2π 的转动等于群的单位元,由此得出结论,j 值为半整数的表示都是**双值表示**:对于每个群元(绕某轴转 φ 角,$0\leqslant\varphi\leqslant2\pi$),该表示中与之对应的矩阵不是一个而是两个,这两个矩阵的特征标相差一个符号②.

前面提到,一个孤立原子具有对称性 $\boldsymbol{K}_h=\boldsymbol{K}\otimes\boldsymbol{C}_i$. 因此从群论观点看,每个原子谱项对应于旋转群 $\boldsymbol{K}$ 的某个不可约表示(确定原子的总角动量值 J)以及 $\boldsymbol{C}_i$ 群的一个不可约表示(确定态的字称)③.

当把原子放入外电场时,它的能级分裂. 分裂能级的数目及其相应状态的对称性质可用 §96 中的方法来确定. 为此,应把外场对称性群的 $2J+1$ 维表示(由 ψ_{JM} 函数组所构成)分解成为该群的不可约表示. 这就需要事先知道 ψ_{JM} 函数组所给出的表示的特征标.

由于同类元的不可约表示特征标是相同的,我们只需考虑绕 z 轴的转动就足够了,我们知道,绕该轴转 φ 角后波函数 ψ_{JM} 要乘以 $e^{iM\varphi}$,M 是角动量沿该轴的分量. 因此函数组 ψ_{JM} 的变换矩阵是对角的,其特征标为

$$\chi^{(J)}(\varphi)=\sum_{M=-J}^{J}e^{iM\varphi}=\frac{e^{i(J+1)\varphi}-e^{-iJ\varphi}}{e^{i\varphi}-1},$$

---

① 数学术语中,这些算符就是旋转群的生成元.

② 必须指出,群的双值表示不能算作真实字义下的表示,因为它们并不是由单值的基组函数给出的;另外见 §99.

③ 此外,原子的哈密顿量对电子的对换保持不变. 在非相对论近似下,坐标波函数和自旋波函数是可分离的,我们就有坐标函数所给出的置换群的各种表示. 如果给定了置换群的不可约表示,原子的总自旋 S 就被确定(§63). 但当计及相对论作用后,波函数不再能分解成坐标部分和自旋部分. 粒子坐标和自旋同时对换的对称性,不能用来标志原子谱项,因为泡利原理只允许总波函数对所有电子为反对称. 这一事实与计及相对论效应后自旋严格讲来不再守恒相一致,这时只有总角动量 $\boldsymbol{J}$ 是守恒的.

或①

$$\chi^{(J)}(\varphi)=\frac{\sin\left(J+\frac{1}{2}\right)\varphi}{\sin\frac{1}{2}\varphi}. \tag{98.3}$$

对于反演 $\boldsymbol{I}$,M 值不同的函数 ψ_{JM} 具有相同的行为,全都是乘以 +1 或 -1,视原子态的偶或奇而定.故其特征标为

$$\chi^{(J)}(I)=\pm(2J+1). \tag{98.4}$$

最后,按下列公式可以算出对 σ 面反射以及旋转-反射 φ 角的特征标:

$$\sigma=IC_2,\ S(\phi)=IC(\pi+\varphi).$$

让我们再来考虑一下轴对称群 $\boldsymbol{C}_{\infty v}$ 的不可约表示.当我们确定具有对称性 $\boldsymbol{C}_{\infty v}$ 的双原子分子(即由不同原子组成的分子)的电子谱项分类时,实际上已经把这个问题解决了.该处的 0^+ 和 0^- 两个谱项($\Omega=0$)对应于两个一维不可约表示:单位表示 A_1 和表示 A_2,A_2 的基函数对所有旋转保持不变但对 σ_v 平面的反射变一符号.$\Omega=1,2,\cdots$ 的双重简并谱项对应于各个二维表示,分别记作 E_1,E_2,….两个基函数在绕轴转过 φ 角后要乘以 $e^{\pm i\Omega\varphi}$,而在 σ_v 面的反射中两者相互变换.这些表示的特征标为

$\boldsymbol{C}_{\infty v}$	E	$2C(\varphi)$	$\infty\sigma_v$
A_1	1	1	1
A_2	1	1	-1
E_k	2	$2\cos k\varphi$	0

(98.5)

群 $\boldsymbol{D}_{\infty h}=\boldsymbol{C}_{\infty v}\otimes\boldsymbol{C}_i$ 的不可约表示可从群 $\boldsymbol{C}_{\infty v}$ 的直接得到(对应于原子核相同的双原子分子的谱项分类).

如果 Ω 取半整数值,函数 $e^{\pm i\Omega\varphi}$ 给出群 $\boldsymbol{C}_{\infty v}$ 的不可约双值表示,它们对应于自旋为半整数的分子的谱项②.

---

① 为避免误解,我们强调指出,此式中所用的不是欧拉角而是欧拉角以外的群元的另一种参量化:变换现在是由转轴方向及绕此轴的转角 φ 所标志.可以证明,采用这组参量后,(98.2)式应对 $2(1-\cos\varphi)\mathrm{d}\varphi\mathrm{d}o$ 积分,$\mathrm{d}o$ 是转轴方向的立体角元.

② 与三维旋转群的结果不同,在这里可以适当挑选 Ω 的分数值,不但可得单值和双值表示,而且还可有三值或更多值的表示.但由于角动量是无限小旋转算符,它在物理上允许的本征值仍由上述三维旋转群的表示所确定.因此,二维旋转群(以及任一有限对称群)的三值(或更多值)表示从数学上来讲虽然是肯定的但是没有物理意义.

§99 有限点群的双值表示

自旋为半整数的态(因而总角动量为半整数),对应于该系统对称点群的一个双值表示.这是旋量的一个普遍特性,因此对连续点群和有限点群都能成立.这就产生了寻求有限点群的不可约**双值表示**的必要性.

前面讲过,双值表示实际上不是一个真正的群表示,特别是§94中所讲的公式对它们并不适用,那些公式中所讲的所有不可约表示[例如(94.17)式中的所有不可约表示的维数平方和]只是指单值的真正表示.

为了求得双值表示,最好采用以下的技巧(H. A. Bethe,1929).我们纯形式地在群中引入一个新元(记作 Q),它代表绕任意轴旋转 2π 角但并不等于单位元 E,它的平方才等于 E:$Q^2=E$.因此,绕 n 阶对称轴的旋转 C_n 仅当连续施行 $2n$ 次(而不是 n 次)后才能给出恒等变换:

$$C_n^n=Q,\quad C_n^{2n}=E. \tag{99.1}$$

反演 I 是一个与所有旋转都对易的元,它应该和以前一样连续施行两次后等于 E.但是对一个平面的两次反射并不等于 E 而等于 Q:

$$\sigma^2=Q,\qquad \sigma^4=E. \tag{99.2}$$

这是因为反射可以写成 $\sigma_h=IC_2$ 的形式.结果所得的一组元组成了某个虚构的对称点群,它的阶数等于原来群的两倍.我们把这种群称为**双点群**.实际点群的双值表示显然就是所对应双群的单值表示,因此可用通常方法求出.

双群的类数大于原来群(但不一定等于它的两倍).Q 元和群中所有其它元都是对易的①,因此自成一类.如果对称轴是双向轴,则双群中的元 C_n^k 就和元 $C_n^{2n-k}=QC_n^{n-k}$ 相共轭.因此,当有二阶轴存在时,元的分类也要看这些轴是不是双向轴(这一点在普通的点群中并不重要,因为 C_2 和逆旋转 C_2^{-1} 相等).

举例来讲,T 群的二阶轴都是等价的而且都是双向轴,它的三阶轴都是等价的但都不是双向轴.因此双群 $\boldsymbol{T}'$②中的24个元分成以下七类:E,Q,三个旋转 C_2 和三个 C_2Q 所组成的一类,以及 $4C_3,4C_3^2,4C_3Q,4C_3^2Q$ 四个类.

一个双点群的不可约表示首先含有原点群的各个单值表示(此时的 Q 和 E 都对应于单位矩阵),其次就是原点群的各双值表示,此时的元 Q 对应于一个负的单位矩阵.现在我们感兴趣的只是后一种表示.

双群 $\boldsymbol{C}'_n(n=1,2,3,4,6)$ 和 $\boldsymbol{S}'_4$ 与原群一样都是循环群③.它们的不可约表示都是一维的,可以用§95的方法毫无困难地求出来.

---

① 对旋转和反演这是显然的,对于平面反射,由于它能表成反演和旋转的乘积形式,因此也和 Q 对易.

② 我们在普通点群上加一撇号代表双群.

③ $\boldsymbol{S}'_2\equiv\boldsymbol{C}'_i$,$\boldsymbol{S}'_6\equiv\boldsymbol{C}'_{3i}$,其中含有反演 I,它们是阿贝尔群但不是循环群.

群 $\boldsymbol{D'}_n$(或者和它同构的群 $\boldsymbol{C'}_{nv}$)的各个不可约表示可以应用与单群相同的方法求出. 这些表示是由 $\mathrm{e}^{\pm ik\varphi}$形式的函数给出的,$\varphi$ 是绕 n 阶轴的转角,k 可取各半整数值(整数值对应于普通的单值表示). 绕二阶水平轴旋转后这两个函数相互对调,旋转 C_n后它们乘以 $\mathrm{e}^{\pm 2\pi ik/n}$.

双立方体群的表示比较不容易求出. 群 $\boldsymbol{T'}$的 24 个元被分成七类. 因此共有七个不可约表示,其中的四个和群 $\boldsymbol{T}$ 的相同. 其余三个表示的维数平方和必等于 12,由此可知它们都是二维的. 由于 C_2 和 C_2Q 属于同类,故有 $\chi(C_2)=\chi(C_2Q)=-\chi(C_2)$,因此这三个表示中都有 $\chi(C_2)=0$. 其次,这三个表示中至少有一个是实表示,因为复表示只能以共轭方式成对地出现. 我们来考虑这个实表示,并且假定 C_3元的矩阵已经化成对角形式(设对角元为 a_1,a_2). 由于 $C_3^3=Q$,故有 $a_1^3=a_2^3=-1$. 为了使 $\chi(C_3)=a_1+a_2$等于实数,必须令 $a_1=\mathrm{e}^{\pi i/3}$,$a_2=\mathrm{e}^{-\pi i/3}$. 结果得 $\chi(C_3)=1$,$\chi(C_3^2)=a_1^2+a_2^2=-1$. 由此我们找到了一个表示. 比较它和群 $\boldsymbol{T}$ 的两个一维复共轭表示的直积,即可求出其它两个表示.

应用同样的方法可以求出群 $\boldsymbol{O'}$的表示,我们不在这里细讲了. 表 8 给出了上述各种双群表示的特征标. 只给出了普通点群的双值表示. 与这些双群同构的群具有同样的表示.

其它的点群或者和表中的点群同构或者等于这些群和群 $\boldsymbol{C}_i$的直积,因此它们的表示无需特殊计算.

与通常表示的理由一样,两个复共轭双值表示应从物理上看成一个维数加倍的不可约表示. 即使是对特征标为实数的两个一维双值表示,也应该配成一对. 这是因为(见 §60),自旋为半整数的系统中复共轭的波函数是线性独立的. 如果我们有一个实特征标的一维双值表示①(由某个函数 ψ 所给出),那么 ψ 的复共轭函数 ψ^* 也将按等价表示变换,尽管我们知道 ψ 和 ψ^* 是线性独立的. 另一方面,两个相互复共轭的波函数必属于同一能级,由此可见,物理应用中这个表示必须加倍.

表 8 点群的双值表示

D'_2	E	Q	$C_2^{(x)}$ $C_2^{(x)}Q$	$C_2^{(y)}$ $C_2^{(y)}Q$	$C_2^{(z)}Q$ $C_2^{(z)}Q$	
E'	2	−2	0	0	0	
D'_3	E	Q	C_3 C_3^2Q	C_3^2 C_3Q	$3U_2$	$3U_2Q$

① 这样的表示可以在 n 为奇数的 $\boldsymbol{C'}_n$群中找到,它的特征标为 $\chi(C_n^k)=(-1)^k$.

续表

E'_1 {	1	−1		−1		1		i	$-i$
	1	−1		−1		1		$-i$	i
E'_2	2	−2		1		−1		0	0

D'_6	E	Q	C_2	C_3	C_3^2	C_6	C_6^5	$3U_2$	$3U'_2$
			C_2Q	C_3^2Q	C_3Q	C_6^5Q	C_6Q	$3U_2Q$	$3U'_2Q$
E'_1	2	−2	0	1	−1	$\sqrt{3}$	$-\sqrt{3}$	0	0
E'_2	2	−2	0	1	−1	$-\sqrt{3}$	$\sqrt{3}$	0	0
E'_3	2	−2	0	−2	2	0	0	0	0

D'_4	E	Q	C_2	C_4	C_4^3	$2U_2$	$2U'_2$
			C_2Q	C_4^3Q	C_4Q	$2U_2Q$	$2U'_2Q$
E'_1	2	−2	0	$\sqrt{2}$	$-\sqrt{2}$	0	0
E'_2	2	−2	0	$-\sqrt{2}$	$\sqrt{2}$	0	0

T'	E	Q	$4C_3$	$4C_3^2$	$4C_3Q$	$4C_3^2Q$	$3C_2$
							$3C_2Q$
E'	2	−2	1	−1	−1	1	0
G' {	2	−2	ϵ	$-\epsilon^2$	$-\epsilon$	ϵ^2	0
	2	−2	ϵ^2	$-\epsilon$	$-\epsilon^2$	ϵ	0

O'	E	Q	$4C_3$	$4C_3^2$	$3C_4^2$	$3C_4$	$3C_4^3$	$6C_2$
			$4C_3^2Q$	$4C_3Q$	$3C_4^2Q$	$3C_4^3Q$	$3C_4Q$	$6C_2Q$
E'_1	2	−2	1	−1	0	$\sqrt{2}$	$-\sqrt{2}$	0
E'_2	2	−2	1	−1	0	$-\sqrt{2}$	$\sqrt{2}$	0
G'	4	−4	−1	1	0	0	0	0

§97中关于寻求各种物理量f的矩阵元选择定则的方法,它的全部讨论对自旋为半整数的系统仍然成立,只是对能量而言的对角矩阵元有所例外,重复§97末的分析但用(60.2)和(60.3)式,我们发现,如果量f在时间反演下是偶的或奇的,在求其选择定则时,我们必须采用$D^{(\alpha)}$表示本身的反对称积$\{D^{(\alpha)2}\}$和对称积$[D^{(\alpha)2}]$,这和§97中所讲的自旋为整数的系统的选择定则相反①.

习 题

一个原子处于具有立方对称性O的场中②,求其能级(总角动量值给定

---

① 应用这些定则时应该注意到,对于双值表示,单位表示不是在它的对称乘积中而是在它的反对称乘积中.对二维的双值表示来讲,反对称乘积$\{D^{(\alpha)2}\}$正好就是单位表示.

② 例如,所讲的可以是指晶格中的原子.注意本题中外场的对称群是否存在对称中心是无关紧要的,因为波函数的反演性质(该能级的宇称)与角动量J无关.

为J)分裂.

解:角动量J相同而M_J值不同的一组原子态波函数给出了$\boldsymbol{O}$群的一个$2J+1$维可约表示,它的特征标由(98.3)式给出.把这个表示分解成不可约表示(J为整数时是单值的,J为半整数时是双值的),即可求出能级分裂(见§96).下面列举前几个J值的不可约成分:

$J=0$	$1/2$	1	$3/2$	2	$5/2$	3
A_1	E_1'	F_1	G'	$E+F_2$	$E_2'+G'$	$A_2+F_1+F_2$

第十三章

多原子分子

§100　分子振动的分类

群论应用于多原子分子,首先解决的是电子谱项的分类问题,也就是原子核位置给定后的能级分类问题. 它们是按原子核位形的对称点群的不可约表示分类的. 但是我们必须强调一个明显的事实,这样求得的分类结果是对一定的原子核位形而言的,因为原子核移位后这样的位形对称性就要遭到破坏. 我们通常所讲的位形都是指原子核处于平衡位置时的位形. 这种情形下求出的分类结果即使当原子核发生小振动时仍继续具有一定的意义,但当振动不能再认为很小时,当然就失去意义.

这个问题在双原子分子中并不出现,因为它在原子核的任意位移下仍能保持它的轴对称性. 对于三原子分子也发生类似的情形. 它的三个原子核总是处于一平面内,这个面就是这个分子的一个对称面. 因此三原子分子的电子谱项永远能用这个平面进行分类(波函数对这个平面的反射为对称或反对称).

对于多原子分子的基态电子谱项,存在着一个经验规则,根据这个规则绝大多数分子的基态电子波函数是全对称的(对于双原子分子,这个规则已经在§78 中提及). 换句话说,这个波函数对分子对称群的所有元都保持不变,也就是说,它属于该群的不可约单位表示.

群论的方法对分子振动的研究特别有用(E. P. Wigner, 1930). 在对这个问题进行量子力学研究之前,必须先作分子振动的纯经典研究,这种纯经典研究把分子看作是由许多相互作用着的粒子(原子核)所组成的一个经典系统.

根据经典力学(见《力学》§23, §24),粒子数为 N 的一个系统(这些粒子不在一直线上)具有 $3N-6$ 个振动自由度. 在 $3N$ 个总自由度中,有整个系统的三个平动自由度和整个系统的三个转动自由度①. 作小振动的多粒子系统的能量表式可以写成：

$$E=\frac{1}{2}\sum_{i,k}m_{ik}\dot{u}_i\dot{u}_k+\frac{1}{2}\sum_{i,k}k_{ik}u_iu_k \tag{100.1}$$

式中的 m_{ik}, k_{ik} 是一些常系数，u_i 是粒子离开平衡位置的位移矢量分量（下标 i,k 既标志粒子也标志矢量分量）. 把 u_i 进行适当的线性变换以后，我们可以在(100.1)式中消去整个系统的平动和转动坐标，并且可以选取这样的振动坐标系，使得(100.1)式中的两个二次型都变成平方和. 再对这些振动坐标进行归一化，使得动能表式中的所有系数都等于 1，结果就得以下形式的振动能量：

$$E=\frac{1}{2}\sum_{i,\alpha}\dot{Q}_{\alpha i}^2+\frac{1}{2}\sum_{\alpha}\omega_\alpha^2\sum_i Q_{\alpha i}^2, \tag{100.2}$$

振动坐标 $Q_{\alpha i}$ 称为**简正坐标**；ω_α 是相应的独立振动的频率. 有可能发生几个简正坐标对应于同一个频率的情形（称为**多重**频率）. 简正坐标的下标 α 相当于不同频率的编号，下标 $i(i=1,2,\cdots,f_\alpha)$ 则为属于同一频率的各种不同坐标编号（f_α 称为该频率的**多重度**）.

(100.2)式的分子能量必须对对称变换保持不变. 这意味着简正坐标组 $Q_{\alpha i}, i=1,2,\cdots,f_\alpha$（$\alpha$ 为给定）在分子对称点群的任一变换下相互变换，并使平方和 $\sum_i Q_{\alpha i}^2$ 保持不变. 换句话说，属于同一振动频率的一组简正坐标给出了分子对称群的一个不可约表示，该频率的多重度就是这个表示的维数. 这个表示的不可约性，与 §96 中对薛定谔方程之解所作的论证相同. 两个不等价的不可约表示能够具有相同的频率，这是极为偶然的例外. 需要保留的例外仍然是特征标为相互复共轭的两个不可约表示. 由于简正坐标的物理实质，它们只能是实量，因此两个相互复共轭的表示从物理上讲应该对应于同一本征频率而具有两倍的多重度.

根据以上这些考虑，我们可以不必具体求解简正坐标这个复杂问题，就有可能对分子的各种本征振动进行分类. 为此，必须首先求出（根据下面描述的方法）所有振动坐标合在一起所给出的表示，我们把它称为**总振动表示**. 这个表示是可约的，把它分解成为不可约成分后即可求得各本征频率的多重度以及各相应振动的对称性质. 同一个不可约表示有可能在这个总表示中出现若干次，这就表明存在着若干个不同的频率但具有相同的多重度和相同的振动对称性.

我们从下列事实出发寻求这个总表示. 群表示的特征标对基函数的线性变换是不变的. 因此我们可以不用简正坐标为基函数来计算特征标，而用原子核离

---

① 如果所有粒子都在一直线上，振动自由度数就等于 $3N-5$（这种情形下只能有两个转动自由度，因为线型分子的绕轴自转是没有意义的）.

开平衡位置的位移矢量分量 u_i 作为基函数来计算这个总表示的特征标.

当我们计算点群中某一元 G 的特征标时,只需考虑在 G 的变换下保持不动(更确切地说,保持其平衡位置不动)的那些原子核. 因为在 G 的旋转或反射下,如果原子核 1 变到了相同原子核 2 原先所在的位置,这就意味着 G 的操作使核 1 的位移变成了核 2 的位移. 换句话说,G_{ik} 矩阵的第 i 行(对应于该原子核的位移 u_i)中就不存在对角矩阵元. 另一方面,在 G 的操作下,平衡位置保持不变的那些原子核的位移矢量分量只能变换成为它们自身的组合,因此可以把它们和其余原子核的位移矢量区分开来考虑.

我们先考虑转角为 φ 的绕某一对称轴的旋转 $C(\varphi)$. 设 u_x, u_y, u_z 是某原子核的位移矢量分量,这个原子核的平衡位置正好在对称轴上,因而不受旋转 $C(\varphi)$ 的影响. 这些分量,和任一普通矢量(极矢量)的分量一样,在转动下是按以下公式变换的.(z 轴为对称轴):

$$
\begin{aligned}
u'_x &= u_x\cos\varphi + u_y\sin\varphi,\\
u'_y &= -u_x\sin\varphi + u_y\cos\varphi,\\
u'_z &= u_z.
\end{aligned}
$$

它的特征标,也就是变换矩阵的对角元之和,等于 $1+2\cos\varphi$. 如果在这个对称轴上共有 N_C 个原子核,总特征标就等于

$$
N_C(1+2\cos\varphi), \tag{100.3}
$$

但是这个特征标是对应于所有 $3N$ 个位移 u_i 的变换,因此必须从中分离出整个分子的平动和转动(小转动)变换. 平动变换是由分子质心的位移矢量 $\boldsymbol{U}$ 确定的,它的特征标因此是 $1+2\cos\varphi$. 整个分子的转动是由转角矢量[①] $\delta\boldsymbol{\Omega}$ 确定的. 矢量 $\delta\boldsymbol{\Omega}$ 是一个轴矢量. 但是对坐标系的旋转而言,轴矢量和极矢量是一样的. 因此矢量 $\delta\boldsymbol{\Omega}$ 所对应的特征标也是 $1+2\cos\varphi$. 总计起来,(100.3)式中必须减去 $2(1+2\cos\varphi)$. 因此在总振动表示中旋转 $C(\varphi)$ 的特征标 $\chi(C)$ 等于

$$
\chi(C) = (N_C-2)(1+2\cos\varphi). \tag{100.4}
$$

单位元的特征标显然等于总的振动自由度:$\chi(E) = 3N-6$(可从 $N_C = N, \varphi = 0$ 的(100.4)式求出).

应用同样的方法,我们可以算出旋转–反射变换 $S(\varphi)$(绕 z 轴转 φ 角再对 xy 平面反射一次)的特征标. 此时每一矢量按下列公式变换:

$$
\begin{aligned}
u'_x &= u_x\cos\varphi + u_y\sin\varphi,\\
u'_y &= -u_x\sin\varphi + u_y\cos\varphi,\\
u'_z &= -u_z,
\end{aligned}
$$

---

① 大家知道,无限小转角可以看作一个矢量 $\delta\boldsymbol{\Omega}$,这个矢量的绝对值等于转角. 它的方向沿着按右手螺旋法则规定的转轴方向. 这样定义的 $\delta\boldsymbol{\Omega}$ 显然是一个轴矢量.

它所对应的特征标为$(-1+2\cos\varphi)$. 因此在$3N$个位移u_i所给出的表示中,它的特征标为

$$N_S(-1+2\cos\varphi), \tag{100.5}$$

N_S是在操作$S(\varphi)$下保持不动的原子核数,这个数显然只能等于0或1. 质心的位移矢量$\boldsymbol{U}$对应于特征标$-1+2\cos\varphi$. 矢量$\delta\boldsymbol{\Omega}$是一个轴矢量,它对坐标系的反演保持不变. 另一方面,旋转－反射变换$S(\varphi)$可表成

$$S(\varphi)=C(\varphi)\boldsymbol{\sigma}_h=C(\varphi)C_2I=C(\pi+\varphi)I$$

亦即旋转$\pi+\varphi$角后再来一次反演. 所以对矢量$\delta\boldsymbol{\Omega}$来讲,$S(\varphi)$的特征标等于$C(\pi+\varphi)$的特征标,也就是等于$1+2\cos(\pi+\varphi)=1-2\cos\varphi$. 因为$(-1+2\cos\varphi)+(1-2\cos\varphi)=0$,所以(100.5)式就是总表示中旋转－反射变换$S(\varphi)$的特征标$\chi(S)$:

$$\chi(S)=N_S(-1+2\cos\varphi) \tag{100.6}$$

特殊情形下,对平面反射的特征标($\varphi=0$)为$\chi(\sigma)=N_\sigma$,反演的特征标($\varphi=\pi$)为$\chi(I)=-3N_I$.

这样求出了总振动表示的特征标χ以后,就只需把它分解成为不可约表示,应用(94.16)式以及§95中所给的特征标表就能办到(见本节例题).

线型分子的振动分类不需要应用群论. 总的振动自由度是$3N-5$. 其中必须把两类振动区分开来,一类是诸原子保持在一直线上,另一类则不属于这种情况①. N个粒子在同一直线上运动时的自由度等于N,其中的一个相当于整个分子的平动自由度. 因此诸原子保持在一直线上振动的简正坐标数等于$N-1$. 一般讲来,它和$N-1$个不同的本征频率相对应. 其余的$(3N-5)-(N-1)=2N-4$个简正坐标,相当于破坏分子共线的各种振动,它们与$N-2$个不同的双重简并频率相对应②(每一个频率有两个简正坐标,分别在两个正交平面中作同样的振动).

习　题

1. 试求NH_3分子(一个等边三角锥,原子N在顶点,三个H原子在底角,见图41)简正振动的分类.

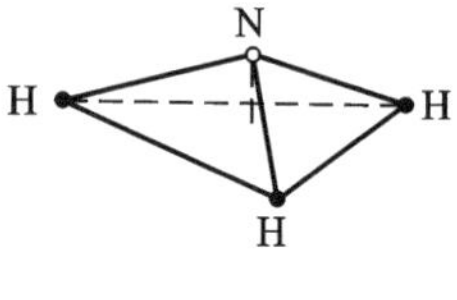

图 41

解:这个分子的对称点群为$\boldsymbol{C}_{3v}$. 绕三阶轴旋转只有一个原子(N)不动,对σ_v反射有两个原子不动(N和一个H). 根据(100.4),(100.6)式求得总表示的特征标为:

① 如果该分子对称于轴线的中点,还会出现另一种振动特点,见本节题10.

② 应用$\boldsymbol{C}_{\infty v}$群不可约表示的记号(见§98),我们可以说,有$N-1$个振动是$A_1$型的,有$N-2$个振动是$E_1$型的.

E	$2C_3$	$3\sigma_v$
6	0	2

把这个表示分解为不可约成分,结果发现含有两个 A_1 表示和两个 E 表示. 因此有两个无简并的频率对应于两个 A_1 型的振动,保持着该分子的全部对称性(称为完全对称的振动),还有两个双重简并的频率,它们的简正坐标按 E 表示变换.

2. 同题 1,但为 H_2O 分子(图 42).

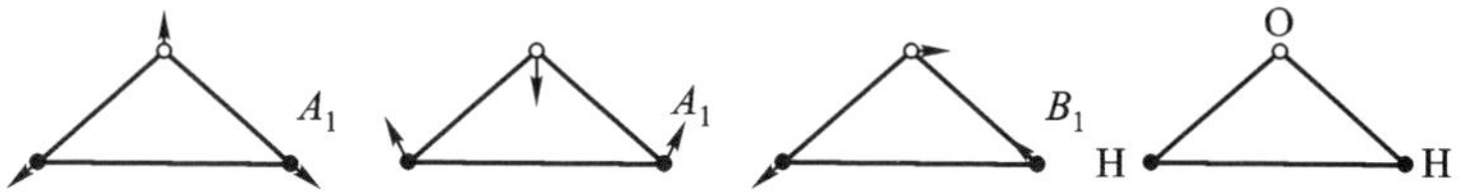

图 42

解:对称群为 $\boldsymbol{C}_{2v}$. C_2 变换使 O 原子保持不动,σ_v 变换时(对分子平面的反射)三个原子都不动,σ'_v 反射时只有 O 原子不动. 总振动表示的特征标为:

E	C_2	σ_v	σ'_v
3	1	3	1

这个表示可分解成 $2A_1$, $1B_1$ 不可约表示,也就是说,存在着两个全对称振动和一个对称性为 B_1 表示的振动,所有的频率都是无简并的. 图 42 中画出了三个相应的简正振动.

3. 同题 1,但分子为 $CHCl_3$(图 43a).

解:分子对称群为 $\boldsymbol{C}_{3v}$. 用同一方法我们求得三个 A_1 型的全对称振动和三个 E 型的双重简并振动.

4. 同题 1,但分子为 CH_4(C 原子处于四面体的中心,四个 H 原子在顶角,图 43b).

解:分子对称群为 $\boldsymbol{T}_d$,振动为 $1A_1$, $1E$, $2F_2$.

5. 同题 1,但分子为 C_6H_6(图 43c).

解:分子对称群为 $\boldsymbol{D}_{6h}$. 振动为:

$$2A_{1g},\ 1A_{2g},\ 1A_{2u},\ 1B_{1g},\ 1B_{1u},\ 1B_{2g},\ 3B_{2u},$$
$$1E_{1g},\ 3E_{1u},\ 4E_{2g},\ 2E_{2u}.$$

6. 同题 1,但分子为 OsF_8(Os 原子在立方体的中心,F 原子在顶角上,图 43d).

解:分子对称群为 $\boldsymbol{O}_h$. 振动为:

$$1A_{1g},\ 1A_{2u},\ 1E_g,\ 1E_u,\ 2F_{1u},\ 2F_{2g},\ 2F_{2u}$$

7. 同题 1. 但为 UF_6 分子(U 原子处于八面体中心,F 原子在顶角上,图

43e).

解:分子对称群为 $\boldsymbol{O}_h$,振动为:

$$1A_{1g},\ 1E_g,\ 2F_{1u},\ 1F_{2g},\ 1F_{2u}.$$

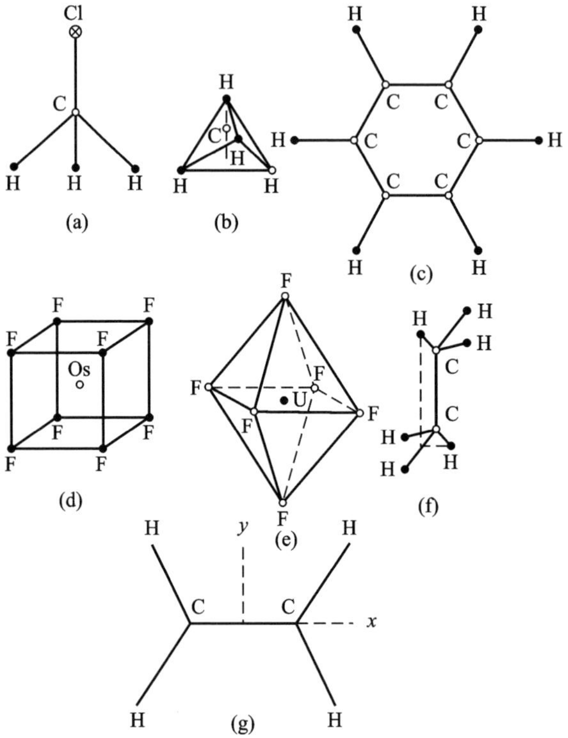

图 43

8. 同题 1,但分子为 C_2H_6(图 43f).

解:分子对称群为 $\boldsymbol{D}_{3d}$. 振动为:

$$3A_{1g},\ 1A_{1u},\ 2A_{2u},\ 3E_g,\ 3E_u.$$

9. 同题 1,但分子为 C_2H_4(图 43g;所有原子在同一平面内).

解:分子对称群为 $\boldsymbol{D}_{2h}$. 振动为:

$$3A_{1g},\ 1A_{1u},\ 2B_{1g},\ 1B_{1u},\ 2B_{3u},\ 1B_{2g},\ 2B_{2u}.$$

(所取的坐标轴见该图).

10. 同题 1,但为一线型分子,由 N 个原子所组成并且对称于它的中点.

解:除了本节所讲的线型分子的振动分类外,还需要考虑对中点反演的性质. 存在着两种不同的情况,要看 N 是偶数还是奇数.

如果 N 是偶数($N=2p$),该分子的中点处就不存在原子. 给出了该分子半截

p 个原子沿轴线的独立位移后,可令其余的 p 个原子具有与前者相等和相反的位移,结果就有 p 个振动使诸原子保持在轴线上并且对称于它的中点,其余的 $(2p-1)-p=p-1$ 个共线振动对中点则是反对称的. 此外,p 个原子不处于同一直线上的运动自由度为 $2p$. 我们令对称置放的原子具有相等和相反的位移,就得到 $2p$ 个对称的振动,但在其中必须扣掉相当于分子转动的两个自由度. 因此共有 $p-1$ 个双重简并的频率使得原子离轴振动并且对称于它的中点,其余 $(2p-2)-(p-1)=p-1$ 个双重简并频率相当于对中点反对称的振动. 应用 $\boldsymbol{D}_{\infty h}$ 群不可约表示的名称(见§98 末段),我们可以说,A_{1g} 型的振动有 p 个,A_{1u},E_{1g},E_{1u} 型的振动各有 $p-1$ 个.

如果 N 是奇数($N=2p+1$),经过类似的分析可以证明,A_{1g},A_{1u},E_{1u} 型的振动各有 p 个而 E_{1g} 型的振动有 $p-1$ 个.

§101 振动能级

从量子力学的观点看来,分子的振动能量由下列哈密顿量的本征值所确定:

$$\hat{H}^{(v)}=\frac{1}{2}\sum_{\alpha}\sum_{i=1}^{f_\alpha}\hat{P}_{\alpha i}^2+\frac{1}{2}\sum_{\alpha}\omega_\alpha^2\sum_{i=1}^{f_\alpha}Q_{\alpha i}^2, \tag{101.1}$$

式中的 $\hat{P}_{\alpha i}=-\mathrm{i}\hbar\dfrac{\partial}{\partial Q_{\alpha i}}$ 是简正坐标 $Q_{\alpha i}$ 所对应的动量算符. 由于这个哈密顿量可以分解成独立项($\hat{P}_{\alpha i}^2+\omega_\alpha^2Q_{\alpha i}^2$)之和,它的能级就可以表成下列求和式:

$$E^{(v)}=\hbar\sum_{\alpha}\omega_\alpha\sum_{i}\left(v_{\alpha i}+\frac{1}{2}\right)=\sum_{\alpha}\hbar\omega_\alpha\left(v_\alpha+\frac{f_\alpha}{2}\right), \tag{101.2}$$

式中的 $v_\alpha=\sum_i v_{\alpha i}$,$f_\alpha$ 是频率 ω_α 的多重度. 它的波函数等于相应线性谐振子波函数的乘积:

$$\psi=\prod_{\alpha}\psi_\alpha, \tag{101.3}$$

$$\psi_\alpha=\text{常数}\times\exp\left(-\frac{1}{2}c_\alpha^2\sum_i Q_{\alpha i}^2\right)\prod_i H_{v_{\alpha i}}(c_\alpha Q_{\alpha i}). \tag{101.4}$$

H_v 代表 v 阶厄米多项式,$c_\alpha=\sqrt{\omega_\alpha/\hbar}$. 如果 ω_α 中存在着多重频率,振动能级一般讲来是简并的. (101.2)式中的能量仅依赖于求和 $v_\alpha=\sum_i v_{\alpha i}$. 因此能级简并度等于用 $v_{\alpha i}$ 凑成一组给定 v_α 的拼凑方式数. 对于单个 v_α 讲来,拼凑方式数为①

$$\frac{(v_\alpha+f_\alpha-1)!}{v_\alpha!\ (f_\alpha-1)!}.$$

---

① 等于 v_α 个球放到 f_α 个匣子中的置放方式数.

因此总简并度为：

$$\prod_{\alpha} \frac{(v_\alpha + f_\alpha - 1)!}{v_\alpha!\ (f_\alpha - 1)!}. \tag{101.5}$$

对于双重简并的频率，这个乘积中的因子等于 $v_\alpha + 1$，三重简并频率的因子则为 $\frac{1}{2}(v_\alpha + 1)(v_\alpha + 2)$.

必须指出的是，以上的简并度仅仅对纯粹的谐振动才成立. 当我们在哈密顿量中考虑了简正坐标的更高次幂（非谐振动）以后，这个简并会被解除，即使不是完全的解除（进一步讨论见 § 104）.

属于同一简并振动谱项的一组（101.3）式的波函数，给出了分子对称群的某个表示（这个表示一般是可约的）. 但是，属于不同频率的函数组是相互独立变换的. 因此由（101.3）式的所有波函数给出的一个表示，等于由（101.4）式的函数组所给出的各个表示的直积，所以我们只要研究后一种表示就可以了.

（101.4）式中的指数因子对所有的对称变换保持不变. 在厄米多项式中，只有幂次相同的项能够进行相互变换（对称变换显然不会改变每项的幂次）. 另一方面，每一厄米多项式完全由它的最高次项所决定，即可写作

$$\sum_{i=1}^{f_\alpha} H_{v_{\alpha i}}(c_\alpha Q_{\alpha i}) = 常数 \cdot Q_{\alpha 1}^{v_{\alpha 1}} Q_{\alpha 2}^{v_{\alpha 2}} \cdots Q_{\alpha f_\alpha}^{v_{\alpha f_\alpha}} + 低次项,$$

因此我们只要考虑最高次项就可以了.

具有相同 $v_\alpha = \sum_i v_{\alpha i}$ 值的各个函数属于同一谱项. 因此把 v_α 个 $Q_{\alpha i}$ 相乘起来，它们的各种乘积可以给出一个表示，这个表示就是以 $Q_{\alpha i}$ 为基的不可约表示的 v_α 次对称乘积（见 § 94）（L. Tisza，1933）.

对于一维表示，它的 v 次对称乘积的特征标显然是①

$$\chi_v(G) = [\chi(G)]^v.$$

对二维和三维表示讲来，最好应用以下的数学技巧. ②不可约表示各个基函数的平方和对所有的对称变换保持不变. 因此可以把这组基函数形式地看作是一个二维或三维矢量的各个分量，并把对称变换看作是作用在这个矢量上的某种旋转（或反射）. 需要强调的是，这样的旋转和反射不能和实际的对称变换混为一谈，它们（对于每一个给定的群元 G）还依赖于所考虑的表示.

我们进一步考虑二维表示. 设 $\chi(G)$ 为所给二维表示中某一群元的特征标，且有 $\chi(G) \neq 0$. 一个二维矢量在平面中旋转 φ 角后，它的 x, y 分量的变换矩阵的对角元之和等于 $2\cos\varphi$. 如令

---

① 我们采用 $\chi_v(G)$ 记号代替不方便的 $[\chi^v](G)$.

② 这个办法是由 А. С. Компанеец（1940）采用的.

$$2\cos\varphi=\chi(G),\tag{101.6}$$

我们就可以求出这个不可约表示中群元 G 形式上所对应的转角 φ. 这个表示自身的 v 次对称乘幂,是由 $v+1$ 个基函数 $x^v,x^{v-1}y,\cdots,y^v$ 给出的. 这个 v 次对称乘幂表示的特征标为①

$$\chi_v(G)=\frac{\sin(v+1)\varphi}{\sin\varphi}.\tag{101.7}$$

$\chi(G)=0$ 的情形需要特殊的考虑,因为零特征标既可能是旋转 $\pi/2$ 角也可能是反射. 如果 $\chi(G^2)=-2$,则为旋转 $\pi/2$ 角,而 $\chi_v(G)$ 为:

$$\chi_v(G)=(-1)^{v/2}\frac{1+(-1)^v}{2}.\tag{101.8}$$

如果 $\chi(G^2)=2$,则 $\chi(G)$ 必须看作反射(即 $x\to x,y\to -y$ 的变换)的特征标,此时

$$\chi_v(G)=\frac{1+(-1)^v}{2},\tag{101.9}$$

同法可得三维表示对称乘幂的特征标公式. 所给表示中群元所对应的那种形式上的旋转或反射,很容易利用表 7(§95)求出. 这种形式上的变换,就是坐标系按所给表示变换的那个同构群中与所给 $\chi(G)$ 值相对应的那个变换. 例如对于 $\boldsymbol{O}$ 群和 $\boldsymbol{T}_d$ 群的 F_1 表示,我们应取 $\boldsymbol{O}$ 群的变换;但对于这两个群的 F_2 表示,我们应取 $\boldsymbol{T}_d$ 群的变换. 它们的特征标 $\chi_v(G)$ 我们不在这里推导.

§102 分子对称位形的稳定性

当原子核具有对称位形时,如果对称群具有一个或一个以上的维数大于 1 的不可约表示,则分子的一个电子谱项有可能是简并的. 我们要问,这样的对称位形是不是该分子的一个稳定平衡位形. 我们完全不考虑自旋的影响(如果它存在的话),因为这种影响在多原子分子中通常可以略去不计. 我们要讲的电子谱项简并性因此和自旋无关,仅仅是轨道简并性.

如果所给位形是稳定的,作为核距函数的分子能量在所给位形下必是一极小值. 这就意味着,原子核小位移时,能量的改变式中不能含有这种位移的线性项.

设 $\hat{H}$ 为该分子电子态的哈密顿算符,原子核的间距是它的一些参量. 当原子核具有所给的对称位形时,我们把这个哈密顿算符记作 $\hat{H}_0$. 可以取简正振动

---

① 计算 $\chi_v(G)$ 时最好采用下列形式的基函数:

$$(x+\mathrm{i}y)^v,(x+\mathrm{i}y)^{v-1}(x-\mathrm{i}y),\cdots,(x-\mathrm{i}y)^v,$$

此时的旋转变换矩阵是对角的,对角元之和为:

$$\mathrm{e}^{\mathrm{i}v\varphi}+\mathrm{e}^{\mathrm{i}(v-2)\varphi}+\cdots+\mathrm{e}^{-\mathrm{i}v\varphi}.$$

坐标 $Q_{\alpha i}$作为确定原子核小位移的各个量. 把 $\hat{H}$ 展成 $Q_{\alpha i}$的幂级数后可得：

$$\hat{H}=\hat{H}_0+\sum_{\alpha,i}V_{\alpha i}Q_{\alpha i}+\sum_{\alpha,\beta,i,k}W_{\alpha i,\beta k}Q_{\alpha i}Q_{\beta k}+\cdots, \tag{102.1}$$

$V,W,\cdots$等展开系数只是电子坐标的函数. 在对称变换下，$Q_{\alpha i}$诸量变为相互间的组合，此时(102.1)式中的各个和变成同一类型的另一些和. 因此我们可以把对称变换形式地看作 $Q_{\alpha i}$不变时这些和中的系数的变换. 特别是 $V_{\alpha i}$系数(给定 α 值的一组系数)将和坐标 $Q_{\alpha i}$一样按对称群的同一表示变换. 这是因为哈密顿量对所有的对称变换保持不变，它的展式中的每一个齐次项包括线性项在内也将对所有的对称变换保持不变①.

我们来考虑某个简并的(在对称位形下)电子谱项 E_0. 原子核的位移破坏了分子的对称性，一般讲来它会引起谱项的分裂. 近似到核位移的线性项为止，谱项的分裂值由展开式(102.1)中线性项的矩阵元所组成的一个久期方程所确定，这种矩阵元为

$$V_{\rho\sigma}=\sum_{\alpha,i}Q_{\alpha i}\int\psi_\rho V_{\alpha i}\psi_\sigma\mathrm{d}q, \tag{102.2}$$

式中的 ψ_ρ,ψ_σ是属于所考虑简并谱项的电子态的波函数(已选为实函数). 对称位形的稳定性要求与 Q 成正比的分裂值等于零，也就是要求这个久期方程所有的根全都等于零，这就意味着 $V_{\rho\sigma}$矩阵本身必须等于零. 当然，我们只应该考虑破坏分子对称性的那些简正振动，也就是说应该把全对称振动(对应于群的单位表示)事先除去.

由于 $Q_{\alpha i}$是任意的，所以若(102.2)式的矩阵元等于零则只能是以下的所有积分等于零：

$$\int\psi_\rho V_{\alpha i}\psi_\sigma\mathrm{d}q. \tag{102.3}$$

令 D^{el}为电子波函数 ψ_ρ借以变换的不可约表示，D_α为 $V_{\alpha i}$借以变换的不可约表示；我们已经讲过，表示 D_α就是简正坐标 $Q_{\alpha i}$借以变换的那个表示. 根据 §97 中的结论，如果$[D^{(el)2}]\times D_\alpha$中含有单位表示也就是$[D^{(el)2}]$中含有 D_α，则(102.3)式的积分不等于零. 反之则所有的积分都等于零.

由此可见，如果表示$[D^{(el)2}]$中不含有标志分子振动的任何一个 D_α不可约表示(单位表示除外)，所给的对称位形就是稳定的. 对于无简并的电子态讲来，这个条件总能得到满足，因为一维表示自身的对称乘幂是一个单位表示.

举 CH_4 型的分子为例，其中的一个原子(C)处于中心，另四个原子(H)处于四面体的四个顶角上. 这样的位形具有 $\boldsymbol{T}_d$ 对称性. 简并电子谱项相当于这个群

---

① 严格讲来，$V_{\alpha i}$应按 $Q_{\alpha i}$的复共轭表示变换. 但是正如我们已经指出的，如果这两个复共轭表示并不相同，那么从物理上讲来应该把它们合在一起看成一个维数加倍的表示. 所以这个声明并不重要.

中的 E, F_1, F_2 表示. 该分子具有一个 A_1 型简正振动(全对称振动),一个 E 型双重简并振动和两个 F_2 型三重简并振动(见 § 100,题 4). E, F, F_2 自身的对称乘积为

$$[E^2] = A_1 + E, \quad [F_1^2] = [F_2^2] = A_1 + E + F_2.$$

我们看到,每个中至少含有一个 E 或 F_2 表示,因此对简并电子态讲来所考虑的四面体位形是不稳定的.

这个结论构成一个普遍规律,称为**杨 - 特勒定理**(H. A. Jahn, E. Teller, 1937):当存在简并电子态时,原子核的任何对称位形(共线时除外)都是不稳定的. 由于这种不稳定性,原子核以破坏这种对称位形的方式运动,以使谱项的简并性完全解除. 我们可以这样说,一个对称(非共线的)分子的电子基项只能是非简并的. ①

刚才讲过线型分子是一个例外. 这一点不用群论也易证明. 原子核的离轴位移是具有 ξ 和 η 分量的一个普通矢量(ζ 轴沿分子轴). 我们在 § 87 中看到,这种矢量的矩阵元中只有角动量的轴分量 Λ 值改变 1 的那些跃迁矩阵元才不等于零. 另一方面,线型分子简并谱项的两个态分别具有角动量轴分量值 Λ 和 $-\Lambda(\Lambda \geqslant 1)$. 这两个态间的跃迁至少要使 Λ 的改变值等于 2,因此矩阵元总是等于零. 由此可见,分子中原子核的共线位形有可能是稳定的,即使电子态为简并也是一样.

对定理的一个建设性的普遍证明出于以下的考虑(E. Ruch, 1957). 由于原子核的位形对称性而导致的电子态的简并,仅当分子的对称点群中至少出现一个阶数 $n > 2$ 的旋转(C_n)轴或旋转 - 反射(S_n)轴时才有此可能. 此时相互简并态的波函数(即表示 $D^{(el)}$ 的那些基函数)中至少有一个波函数的电子密度 $\rho = |\psi|^2 = \psi^2$ 对该轴不是旋转不变的,电子的电场将和电子密度一样对该轴也不对称. 在一个(非共线)分子中,存在着一些不在轴上的等价核,在 C_n 或 S_n 旋转下相互易位. 因此从电场看来这些等价核所处的位置是不等价的. 但是电场内一组带电粒子的各个平衡位置的等价性并不需要电场本身的对称性,这样的事是不可能的,除非是巧合.

对定理的系统证明不过是上述物理情况的一种数学具体化. 让我们来指出这个证明的结构(E. Ruch, A. Schönhofer, 1965)②.

我们来考虑(非线型分子中)某个核 a,它不在分子的"中心"上(即不在群

① 由于同一对称性导致的简并电子态中的对称性遭受破坏这一物理概念是由朗道(1934)提出的. 杨和特勒考虑了分子中所有可能的各种原子核对称位形并用以上方法逐个加以考察后证明了这个定理.

② 详见 E. Ruch, A. Schönhofer, Theoret. chim. acta(Berl.). 1965. , Bd. 3. S. 291.

中对称变换的固定点上);也不在对称主轴上,如果有这样的主轴的话①. 设 $\boldsymbol{H}$ 为保持核 a 不动的所有分子对称变换的集合,$\boldsymbol{H}$ 是分子总对称群 $\boldsymbol{G}$ 的一个子群,它可能是 $\boldsymbol{C}_1,\boldsymbol{C}_s,\boldsymbol{C}_n,\boldsymbol{C}_{nv}$ 诸点群之一. 在 $\boldsymbol{G}$ 中而不在 $\boldsymbol{H}$ 中的那些变换把核 a 变到其它等价核 $a',a'',\cdots$ 的位置上去. 设 s 为这组等价核的数目,子群 $\boldsymbol{H}$ 的阶显然等于 g/s,g 是整群 $\boldsymbol{G}$ 的阶(即 s 为子群 $\boldsymbol{H}$ 在群 $\boldsymbol{G}$ 中的指数)②.

s 的数目至少是 3. 因为维数大于 1 的不可约表示 $D^{(el)}$ 的存在,至少要有一个阶数高于 2 的对称轴(已经讲过),根据所述条件,核 a 不在这个主轴上.

群 $\boldsymbol{G}$ 的表示 $D^{(el)}$ 对于对称性较低的群 $\boldsymbol{H}$ 而言一般是可约的. 我们假定它分解成为 $\boldsymbol{H}$ 的不可约表示时含有一个维数为 1 的表示 $d^{(el)}$. 它是由一个电子波函数 ψ 给出的,ψ 是 $D^{(el)}$ 表示的基函数之一. 由于 $d^{(el)}$ 的维数为 1,$\rho=\psi^2$ 对 $\boldsymbol{H}$ 中的所有变换保持不变,也就是给出了该群的一个单位不可约表示.

$\boldsymbol{H}$ 的这种单位表示也可以用原子 a 的位移之一 Q_a 为基矢得到,这个位移沿着从分子中心到核 a 的径矢.

对这个位移施行 $\boldsymbol{G}$ 中的所有操作后,得到群 $\boldsymbol{G}$ 的一个 D_Q 表示(一般为可约)的基函数组. 由于在 $\boldsymbol{G}$ 中而不在 $\boldsymbol{H}$ 中的每个变换把位移 Q_a 变换到其它 $s-1$ 个等价核 $a',a'',\cdots$,中的一个位移上,而不同核的位移当然是线性独立的,所以 D_Q 的维数为 s. 构成 D_Q 基函数组的位移 $Q_a,Q_{a'},\cdots$ 肯定地不能对应于整个分子的移动或转动:如果有三个或更多个等价核的话,它们的径向位移不能组合成为分子的这些位移.

同理,对函数 $\rho=\psi^2$ 施行所有变换后可得群 $\boldsymbol{G}$ 的一个表示 D_ρ. D_ρ 的维数可能是 s 也可能小于 s,因为我们没有理由假定 s 个函数 $\rho,G'\rho,G''\rho,\cdots$ 都是线性独立的. 但是我们可以说,如果表示 D_ρ 不同于 D_Q,那么它一定整个地包含在 D_Q 内③. 此外,它一定不是单位表示,因为 ψ^2 对整群 $\boldsymbol{G}$ 而言肯定不是不变的;只有维数超过 1 的不可约表示 $D^{(el)}$ 的基函数的平方和才是不变的.

表示 D_Q 和 D_ρ 的这些性质立刻能给出所需的结论:D_Q 是总振动表示的一部分,D_ρ 是 $[D^{(el)2}]$ 表示的一部分,不含单位表示. D_Q 中包含了 D_ρ,这就说明了 $[D^{(el)2}]$ 中至少含有一个非单位振动表示 D_α,这正是我们要证明的.

上述论证中,我们假定了 $D^{(el)}$ 分解成为子群 $\boldsymbol{H}$ 的不可约表示时含有一个维

---

① 所谓主轴是指(立方体群和二十面体群以外的对称群中)$n>2$ 的 C_n 或 S_n 轴.

② 群 $\boldsymbol{G}$ 的所有元可以分成 S 个陪集 $\boldsymbol{H},G'\boldsymbol{H},G''\boldsymbol{H},\cdots$,其中 $G',G'',\cdots$ 是把核 a 变换到 $a',a'',\cdots$ 的元.

③ 这个论断的含义如下. 设子群 $\boldsymbol{H}$ 的一个表示(维数为 f)是由几套不同的基函数组给出的,并设对其中的一套施行 $\boldsymbol{G}$ 中的所有变换后给出 $\boldsymbol{G}$ 的一个 sf 维表示,s 是子群 $\boldsymbol{H}$ 在 $\boldsymbol{G}$ 中的指数. 那么我们就可以这样说,对任何其它一套基函数组施行同样的变换后所得的一个 $\boldsymbol{G}$ 群表示,或者和前一个表示相同或者完全包含在前一个表示之内,严格证明见 371 页的脚注②.

数为 1 的表示. 这个假定在绝大多数情况下是正确的. 例如,当 $\boldsymbol{H}=\boldsymbol{C}_1,\boldsymbol{C}_s,\boldsymbol{C}_2,\boldsymbol{C}_{2v}$时肯定是正确的(因为这些群的所有不可约表示的维数为 1). 当 $\boldsymbol{H}=\boldsymbol{C}_n,\boldsymbol{C}_{nv}$而 $n>2$ 时也肯定是正确的,只要 $D^{(el)}$ 的维数为奇数(因为 $\boldsymbol{C}_n$和 $\boldsymbol{C}_{nv}$群只有维数为 1 或 2 的不可约表示). 考察点群不可约表示的特征标表以后,可以看到一个例外,这就是立方体群 $\boldsymbol{G}=\boldsymbol{O},\boldsymbol{T}_d,\boldsymbol{O}_h$的二维表示相对于子群 $\boldsymbol{H}=\boldsymbol{C}_3,\boldsymbol{C}_{3v}$.

让我们取 $\boldsymbol{G}=\boldsymbol{O}$ 和 $\boldsymbol{H}=\boldsymbol{C}_3$这个特例,它只反映表示的名称. 两个电子波函数 ψ_1,ψ_2给出 $\boldsymbol{O}$ 群的 $D^{(el)}=E$ 表示以及子群 $\boldsymbol{C}_3$的 $d^{(el)}=E$ 表示,至于 $\boldsymbol{C}_3$,由乘积 $\psi_1^2,\psi_2^2,\psi_1\psi_2$给出的表示为$[E^2]=A+E$. 以核 a 的任一位移矢量 $\boldsymbol{Q}_a$的三个分量为基,可得同样的 $\boldsymbol{C}_3$表示. 在这种情形下,$\boldsymbol{O}$ 的 D_ρ表示为$[D^{(el)2}]=A_1+E$,不含对应于整个分子移动或转动矢量的 F_2表示,它同时含有单位表示和一个非单位表示. 由于 D_ρ包含在 D_Q(维数为 $3s$)内(理由同前),这就证明了这些情况下分子也是不稳定的①.

与本章之初所作的声明相一致,以上的全部讨论中我们把电子态的简并性完全归结为纯轨道的来源. 但可指出,即使计及自旋 - 轨道作用和自旋 - 自旋作用,杨 - 特勒定理仍能成立,唯一区别是,在自旋为半整数的(非线型)分子中克拉默斯双重简并不会导致不稳定性,这和 §60 中证明的普遍定理相一致. 后者对应于双点群的二维双值不可约表示. 这种情形下之所以没有不稳定性,可以从以下纯形式的论证中看出. 在 $D^{(el)}$为双值表示的情形下,求(102. 3)矩阵元的选择定则时,我们必须考虑反对称乘积$\{D^{(el)2}\}$而不是对称乘积(见 §99). 但对维数为 2 的每个双值不可约表示讲来,反对称乘积均为单位表示,这就是说,这些乘积中肯定不含与分子的任何非全对称振动相对应的那些表示.

§103 陀螺转动的量子化

在多原子分子转动能级的研究中,往往由于在研究转动时必须同时研究振动而遇到了困难. 作为初步例子,让我们把转动的分子看作一个刚体(一个**陀螺**),亦即具有“刚性联结”的原子.

令 ξ,η,ζ 为一坐标系,它的三个坐标轴沿着陀螺的三个转动惯量主轴并随陀螺一起转动. 把经典能量表式中的转动角动量分量 J_ξ,J_η,J_ζ,改成相应的算符以后,即得相应的哈密顿量:

$$\hat{H}=\frac{1}{2}\hbar^2\left(\frac{\hat{J}_\xi^2}{I_A}+\frac{\hat{J}_\eta^2}{I_B}+\frac{\hat{J}_\zeta^2}{I_C}\right),\tag{103.1}$$

式中的 I_A,I_B,I_C是陀螺的三个主转动惯量.

① 还有一个例外是二十面体群的 4 维表示,作类似的处理后得到同样的结论.

旋转坐标系中角动量分量算符 $\hat{J}_\xi,\hat{J}_\eta,\hat{J}_\zeta$间的对易关系不是那么明显的，因为角动量分量 $\hat{J}_x,\hat{J}_y,\hat{J}_z$间的通常对易关系式是在定坐标系中推导出来的. 但是，它们很易用以下公式求出

$$(\hat{\boldsymbol{J}}\cdot\boldsymbol{a})(\hat{\boldsymbol{J}}\cdot\boldsymbol{b})-(\hat{\boldsymbol{J}}\cdot\boldsymbol{b})(\hat{\boldsymbol{J}}\cdot\boldsymbol{a})=-\mathrm{i}\hat{\boldsymbol{J}}\cdot(\boldsymbol{a}\times\boldsymbol{b}),\tag{103.2}$$

式中 $\boldsymbol{a},\boldsymbol{b}$ 是标志该刚体的两个任意对易矢量. 把上式左边写在 x,y,z 定坐标系中，应用角动量分量间以及它们和任一矢量的分量间的普通对易法则，很易验证以上等式是成立的.

现在设 $\boldsymbol{a}$ 和 $\boldsymbol{b}$ 是沿 ξ 和 η 轴的单位矢量. 则 $\boldsymbol{a}\times\boldsymbol{b}$ 是沿 ζ 轴的单位矢量，由(103.2)给出

$$\hat{J}_\xi\hat{J}_\eta-\hat{J}_\eta\hat{J}_\xi=-\mathrm{i}\hat{J}_\zeta,\tag{103.3}$$

同法可得另外两个对易式. 于是旋转坐标系中角动量分量算符的对易式与定坐标系中的区别仅在于式右差了一个符号①. 由此可知，根据以前的对易式求得的本征值以及矩阵元等等公式只要一律改成它们的复共轭式，就能对 J_ξ,J_η,J_ζ适用. 特别是 J_ζ的本征值(本节中记作 k，而 J_z的本征值记作 M)的取值为 $k=-J,\cdots,+J$，J 是一个整数，即陀螺角动量的值.

球型陀螺

现在来求转动陀螺的能量本征值，最简单的情形是刚体的三个主转动惯量全都相等：$I_A=I_B=I_C=I$. 当分子的对称群是一个立方体点群的时候就属于这种情形. (103.1)式的哈密顿量呈下列形式

$$\hat{H}=\frac{\hbar^2}{2I}\hat{\boldsymbol{J}}^2,$$

其本征值为

$$E=\frac{\hbar^2}{2I}J(J+1),\tag{103.4}$$

其中每个能级具有角动量相对于刚体本身的 $2J+1$ 个方向简并性(即 $J_\zeta=k$ 有 $2J+1$ 个值)②.

对称陀螺

当陀螺的主转动惯量只有两个相等时，即 $I_A=I_B\neq I_C$时，也不难算出其能级. 具有二阶以上对称轴的一个分子就属于这种情形. 哈密顿量(103.1)呈下列形式：

---

① 这个事实表明，从所作用的陀螺波函数看来，x,y,z 坐标系的转动等价于 ξ,η,ζ 坐标系的反转动.

② 今后我们不再去管角动量沿定坐标轴的 $2J+1$ 重方向简并性，这种简并总是存在的，但在物理上并不重要. 如果把这种简并性包括在内，一个球型陀螺的能级总简并度为$(2J+1)^2$

$$\hat{H}=\frac{\hbar^2}{2I_A}(\hat{J}_\xi^2+\hat{J}_\eta^2)+\frac{\hbar^2}{2I_C}\hat{J}_\zeta^2=\frac{\hbar^2}{2I_A}\hat{\boldsymbol{J}}^2+\frac{1}{2}\hbar^2\left(\frac{1}{I_C}-\frac{1}{I_A}\right)\hat{J}_\zeta^2,\tag{103.5}$$

由此可见,具有确定的 J,k 值的态所具有的能量为

$$E=\frac{\hbar^2}{2I_A}J(J+1)+\frac{1}{2}\hbar^2\left(\frac{1}{I_C}-\frac{1}{I_A}\right)k^2,\tag{103.6}$$

此式给出了对称陀螺的能级.

球型陀螺中出现的对 k 值的简并在这里得到了部分的解除. 只有符号相反的两个 k 值具有相同的能量,这与角动量沿陀螺轴的两个相反方向相对应. 因此对称陀螺的能级($k\neq0$)都是双重简并的.

因此对称陀螺的定态要用三个量子数来描述:角动量 J 及其沿陀螺轴的分量($J_\zeta=k$)以及沿空间固定的 z 轴的分量($J_z=M$);陀螺的能量与最后一个量子数无关. 角动量及其沿空间固定轴的分量,以及沿刚性联结于一个物理系统上的轴分量①,三者之间所以能同时测量是由于算符 $\hat{\boldsymbol{J}}^2$ 和 J_z 不但能相互对易而且还和算符 $\hat{J}_\zeta=\hat{\boldsymbol{J}}\cdot\boldsymbol{n}$ 对易,$\boldsymbol{n}$ 是沿 ζ 轴的单位矢量. 这一点可通过直接计算加以证明,但也能事先知道:角动量算符是一个无限小转动算符,而固定于陀螺上的两个矢量的标积 $\boldsymbol{J}\cdot\boldsymbol{n}$ 对坐标轴的任意转动是不变的.

求对称陀螺的定态波函数于是就变成了求 $\hat{\boldsymbol{J}}^2$, $\hat{J}_z$ 和 $\hat{J}_\zeta$ 算符的共同本征函数. 这在数学上又和角动量本征函数在有限转动下的变换规律有关. 改变量子数的记号以后,(58.7)式的规律可写成

$$\psi_{JM}=\sum_k D_{kM}^{(J)}(\alpha,\beta,\gamma)\psi_{Jk}.\tag{103.7}$$

我们取 ψ_{JM} 为用定坐标 x,y,z 描述的陀螺状态波函数,ψ_{Jk} 为用附着在陀螺上的坐标轴 ξ,η,ζ 描述的状态波函数. 在和物理系统(例如陀螺)刚性连结的坐标系中,ψ_{Jk} 具有与系统的空间方向无关的定值 $\psi_{Jk}^{(0)}$. (103.7)式给出了 ψ_{JM} 对角度的依赖关系. 设 $|JM\rangle$ 态还具有确定的沿 ζ 轴的角动量分量值 k. 这意味着只有具有这个 k 值的 $\psi_{Jk}^{(0)}$ 才不等于零,于是(103.7)的求和式中只剩下一项

$$\psi_{JMk}=\psi_{Jk}^{(0)}D_{kM}^{(J)}(\alpha,\beta,\gamma).$$

上式给出了状态波函数 $|JMk\rangle$ 和欧拉角的关系,这些欧拉角定义了陀螺转轴和固定轴的关系. 采用下列波函数归一化条件:

$$\int|\psi_{JMk}|^2\sin\beta\mathrm{d}\alpha\mathrm{d}\beta\mathrm{d}\gamma=1,$$

我们有

$$\psi_{JMk}=\mathrm{i}^J\sqrt{\frac{2J+1}{8\pi^2}}D_{kM}^{(J)}(\alpha,\beta,\gamma),\tag{103.8}$$

① 不要和沿两个空间固定轴的分量混淆起来(这两个分量不能同时测量).

式中的相因子是这样选定的，使得 $k=0$ 时(103.8)式的函数变成总角动量为 J，分量为 M 的自由(不附着于 ζ 轴)角动量本征函数，亦即通常的(球谐)函数；参考(58.25)式①.

非对称陀螺

$I_A \neq I_B \neq I_C$ 时，能级的一般表式无法算出. 角动量相对于陀螺方向的简并现在完全被解除，对每个给定的 J 值有 $2J+1$ 个无简并的能级. 计算这些能级时，我们要从矩阵形式的薛定谔方程出发(O. Klein, 1929)，做法如下.

J 以及角动量 ζ 分量具有定值的陀螺状态波函数 ψ_{Jk} 就是上面导出的(103.8)式的函数(为方便计我们略去下标 M，因为能量和 M 无关). 在这些状态中，非对称陀螺的能量并不具有定值. 另一方面，在定态中 J_ζ 分量并不具有定值，亦即能级没有确定的 k 值，定态波函数呈下列线性组合形式：

$$\psi_J = \sum_k c_k \psi_{Jk}, \tag{103.9}$$

式中已假定所有的函数具有公共的 M 值，代入薛定谔方程 $\hat{H}\psi_J = E_J\psi_J$ 中，得方程组

$$\sum_{k'} (\langle Jk|H|Jk'\rangle - E\delta_{kk'})c_{k'} = 0 \tag{103.10}$$

上式有解的条件为以下久期方程：

$$|\langle Jk|H|Jk'\rangle - E\delta_{kk'}| = 0, \tag{103.11}$$

此式的根给出陀螺的能级，然后用(103.10)给出使哈密顿量对角化的(103.9)式中的线性组合系数，亦即给出具有给定 J 值(及 M 值)的陀螺定态波函数. 计算对这些波函数而言的任何物理量矩阵元，就化成对对称陀螺波函数而言的矩阵元.

算符 $\hat{J}_\xi, \hat{J}_\eta$ 只有 k 值改变 1 的跃迁矩阵元，而 $\hat{J}_\zeta$ 只有对角元(见(27.13)式，把式中的 L, M 改成 J, k). 因此算符 $\hat{J}_\xi^2, \hat{J}_\eta^2, \hat{J}_\zeta^2$ 从而 $\hat{H}$ 只有 $k \to k$ 或 $k \pm 2$ 的跃迁矩阵元. k 的奇态和偶态间没有跃迁矩阵元，这使得 $2J+1$ 次的久期方程立刻分解成 J 次和 $J+1$ 次的两个独立方程. 其中一个只含 k 为偶数的跃迁矩阵元，另一方程只含 k 为奇数的跃迁矩阵元. 这两个方程都能进一步化成两个次数较低的方程. 为此，我们不能用函数组 ψ_{Jk} 定义的矩阵元，而必须用下列函数组定义的矩阵元：

---

① 不用有限转动理论直接推导(103.8)式见题 1，用(103.8)式的波函数计算各种量的矩阵元见§110 和§87；与双原子分子(无自旋)相应公式的差别仅在于量子数的名称(见§82 第二个附注).

$$\left.\begin{aligned}\psi_{Jk}^{+}&=\frac{1}{\sqrt{2}}(\psi_{Jk}+\psi_{J,-k}),\quad \psi_{J0}^{+}=\psi_{J0},\\ \psi_{Jk}^{-}&=\frac{1}{\sqrt{2}}(\psi_{Jk}-\psi_{J,-k})(k\neq 0).\end{aligned}\right\}\tag{103.12}$$

指标 + 和 - 不一样的函数具有不同的对称性(对通过 ζ 轴的平面所作的反射,会改变 k 的符号),它们之间的跃迁矩阵元因而等于零. 因此我们可把久期方程分解成一个对(+)态的和一个对(-)态的.

具有对易关系(103.3)的哈密顿量(103.1)具有特殊的对称性:它对 $\hat{J}_\xi,\hat{J}_\eta$,$\hat{J}_\zeta$算符中任意两个算符的同时反号保持不变. 这种对称性形式地对应于 $\boldsymbol{D}_2$ 群. 因此非对称陀螺的能级可按此群的不可约表示分类. 从而有四类无简并能级,分别对应于 A,B_1,B_2,B_3 表示(见 § 95,表 7).

很易确定非对称陀螺的哪些态属于哪个类型. 为此,我们必须找出 ψ_{Jk} 和(103.12)式函数的对称性质. 这可从(103.8)式直接做起,但从通常的球谐函数做起更为简单,我们注意到,就其对称性质而言,角动量 ζ 分量具有定值的状态波函数是和下列角动量本征函数一样的:

$$\psi_{Jk}\sim Y_{Jk}^{*}(\theta,\varphi)\sim \mathrm{e}^{-\mathrm{i}k\varphi}\Theta_{Jk}(\theta)\tag{103.13}$$

其中 θ,φ 是 ξ,η,ζ 坐标轴中的球面角,记号 ~ 代表“变换相同”;(103.13)中取复共轭是由于对易式(103.3)的右边反号.

绕 ζ 轴转过 π 角后(即对称操作 $C_2^{(\zeta)}$),(103.13)式的函数被乘以 $(-1)^k$:

$$C_2^{(\zeta)}:\psi_{Jk}\to(-1)^k\psi_{Jk}$$

操作 $C_2^{(\eta)}$ 可看作反演再加上对 $\xi\zeta$ 平面的一次反射;第一个操作使 ψ_{Jk} 乘以 $(-1)^J$,第二个操作(φ 变号)相当于改变 k 的符号. 根据函数 $\Theta_{J,-k}$ 的定义(28.6),我们有

$$C_2^{(\eta)}:\psi_{Jk}\to(-1)^{J+k}\psi_{J,-k}.$$

最后,对操作 $C_2^{(\xi)}=C_2^{(\eta)}C_2^{(\zeta)}$ 得

$$C_2^{(\xi)}:\psi_{Jk}\to(-1)^J\psi_{J,-k}.$$

应用这些变换规则,我们发现函数组(103.12)的态分属于下列各种对称类型:

$$\psi_{Jk}^{+}\begin{cases}J\text{ 偶}, & k\text{ 偶}\quad A\\ J\text{ 偶}, & k\text{ 奇}\quad B_3\\ J\text{ 奇}, & k\text{ 偶}\quad B_1\\ J\text{ 奇}, & k\text{ 奇}\quad B_2\end{cases}$$

$$\psi_{Jk}^{-}\begin{cases} J\text{偶}, & k\text{偶} & B_1 \\ J\text{偶}, & k\text{奇} & B_2 \\ J\text{奇}, & k\text{偶} & A \\ J\text{奇}, & k\text{奇} & B_3 \end{cases} \tag{103.14}$$

对于一个给定的 J 值,很易算出每一类型中的态数. A 型及每个 B_1,B_2,B_3 型中的态数如下:

	A	B_1,B_2,B_3
J 偶	$\frac{1}{2}J+1$	$\frac{1}{2}J$
J 奇	$\frac{1}{2}J-\frac{1}{2}$	$\frac{1}{2}J+\frac{1}{2}$

(103.15)

对于非对称陀螺,存在着 A,B_1,B_2,B_3 型各态间跃迁矩阵元的选择定则:这些规则很易用通常的对称性考虑得到. 对于物理矢量 $\boldsymbol{A}$ 的分量讲来,我们有下列选择定则:

$$\begin{aligned} A_\xi:&\quad A\leftrightarrow B_3^{(\xi)},B_1^{(\zeta)}\leftrightarrow B_2^{(\eta)},\\ A_\eta:&\quad A\leftrightarrow B_2^{(\eta)},B_1^{(\zeta)}\leftrightarrow B_3^{(\xi)},\\ A_\zeta:&\quad A\leftrightarrow B_1^{(\zeta)},B_2^{(\eta)}\leftrightarrow B_3^{(\xi)} \end{aligned} \tag{103.16}$$

为清楚起见,群表示的符号上标注了一个坐标轴,绕该轴旋转时所注表示的特征标为 $+1$.

习　题

1. 通过直接计算算符 $\hat{\boldsymbol{J}}^2,\hat{J}_z,\hat{J}_\zeta$ 的共同本征函数,求出对称陀螺的 $|JMk\rangle$ 态波函数(F. Reiche, H. Rademacher, 1926).

解: 为了求出作为欧拉角 α,β,γ 的函数的 ψ_{JMk},我们必须用欧拉角表出沿定轴 x,y,z 的角动量分量算符. 由于沿任一轴的角动量分量算符为 $-\mathrm{i}\partial/\partial\varphi$,$\varphi$ 是绕该轴的转角,我们有

$$\hat{J}_x=-\mathrm{i}\frac{\partial}{\partial\varphi_x},\quad \hat{J}_y=-\mathrm{i}\frac{\partial}{\partial\varphi_y},\quad \hat{J}_z=-\mathrm{i}\frac{\partial}{\partial\varphi_z},$$

其中 $\varphi_x,\varphi_y,\varphi_z$ 为绕相应轴的转角. 对这些角的微商可化成对 α,β,γ 角的微商,因为无限小转动沿转轴可作矢量相加. 图 20(§58)用欧拉角表出了无限小转动 $\delta\alpha,\delta\beta,\delta\gamma$ 的矢量方向. 取它们沿定轴 x,y,z 的分量,即得绕定轴的转角

$$\begin{aligned} \delta\varphi_x&=-\sin\alpha\delta\beta+\cos\alpha\sin\beta\delta\gamma,\\ \delta\varphi_y&=\cos\alpha\delta\beta+\sin\alpha\sin\beta\delta\gamma, \end{aligned}$$

$$\delta\varphi_z = \delta\alpha + \cos\beta\delta\gamma.$$

反过来有

$$\delta\alpha = -\cot\beta\cos\alpha\delta\varphi_x - \cot\beta\sin\alpha\delta\varphi_y + \delta\varphi_z,$$
$$\delta\beta = -\sin\alpha\delta\varphi_x + \cos\alpha\delta\varphi_y,$$
$$\delta\gamma = \frac{\cos\alpha}{\sin\beta}\delta\varphi_x + \frac{\sin\alpha}{\sin\beta}\delta\varphi_y.$$

从这些表式得

$$\hat{J}_x = -\mathrm{i}\left(-\cos\alpha\cot\beta\frac{\partial}{\partial\alpha} - \sin\alpha\frac{\partial}{\partial\beta} + \frac{\cos\alpha}{\sin\beta}\frac{\partial}{\partial\gamma}\right),$$
$$\hat{J}_y = -\mathrm{i}\left(-\sin\alpha\cot\beta\frac{\partial}{\partial\alpha} + \cos\alpha\frac{\partial}{\partial\beta} + \frac{\sin\alpha}{\sin\beta}\frac{\partial}{\partial\gamma}\right),$$
$$\hat{J}_z = -\mathrm{i}\frac{\partial}{\partial\alpha}.$$

当把算符 $\hat{J}_z = -\mathrm{i}\partial/\partial\alpha$ 和 $\hat{J}_\zeta = -\mathrm{i}\partial/\partial\gamma$（$\gamma$ 为绕 ζ 轴的转角）作用在 ψ_{JMk} 上后，这些算符分别被 M 和 k 所代替（波函数与 α 和 γ 角的关系是由因子 $\exp(\mathrm{i}\alpha M + \mathrm{i}\gamma k)$ 给出的）. 从而有.

$$\hat{J}_+ = \hat{J}_x + \mathrm{i}\hat{J}_y = \mathrm{e}^{\mathrm{i}\alpha}\left(\frac{\partial}{\partial\beta} - M\cot\beta + \frac{k}{\sin\beta}\right),$$
$$\hat{J}_- = \hat{J}_x - \mathrm{i}\hat{J}_y = \mathrm{e}^{-\mathrm{i}\alpha}\left(-\frac{\partial}{\partial\beta} - M\cot\beta + \frac{k}{\sin\beta}\right).$$

剩下的推导和 § 28 末完全一样. 我们从方程 $\hat{J}_+\psi_{JJk} = 0$ 出发，此式对 $M = J$ 的波函数成立，从而有

$$\left(\frac{\partial}{\partial\beta} - J\cot\beta + \frac{k}{\sin\beta}\right)\psi_{JJk} = 0,$$

上式的归一化解为

$$\psi_{JJk} = \mathrm{i}^J(-1)^{J-k}\sqrt{\frac{(2J+1)!}{2(J+k)!\,(J-k)!}}\left(\cos\frac{1}{2}\beta\right)^{J+k}\left(\sin\frac{1}{2}\beta\right)^{J-k}\frac{1}{2\pi}\mathrm{e}^{\mathrm{i}(J\alpha+k\gamma)}.$$

归一化积分是一个欧拉 β 函数. 上式除了一个相因子外，实际上与下式相同（参考(58.26)）：

$$\sqrt{\frac{2J+1}{8\pi^2}}D_{kJ}^{(J)}(\alpha,\beta,\gamma).$$

所选的相因子与(103.7)中的定义一致.

对 ψ_{JJk} 反复应用下式就可算出 $M < J$ 的各个波函数

$$\hat{J}_-\psi_{J,M+1,k} = \sqrt{(J-M)(J+M+1)}\,\psi_{JMk}.$$

最后结果与(103.8)相同，该处的函数 $D_{kM}^{(J)}$ 为(58.10)和(58.11)式，并计及了这

些函数的对称性质(58.18).

2. 计算非对称陀螺的$\langle Jk' | H | Jk \rangle$矩阵元.

解:根据(27.13)式得

$$\langle k | J_{\xi}^2 | k \rangle = \langle k | J_{\eta}^2 | k \rangle = \frac{1}{2}[J(J+1) - k^2],$$

$$\langle k | J_{\xi}^2 | k+2 \rangle = \langle k+2 | J_{\xi}^2 | k \rangle = -\langle k | J_{\eta}^2 | k+2 \rangle = -\langle k+2 | J_{\eta}^2 | k \rangle =$$

$$= \frac{1}{4}[(J-k)(J-k-1)(J+k+1)(J+k+2)]^{\frac{1}{2}},$$

为简洁计,矩阵元中一律省略了对角指标 J,所求的哈密顿量矩阵元因此为①

$$\left.\begin{aligned}&\langle k | H | k \rangle = \frac{1}{4}\hbar^2(a+b)[J(J+1)-k^2] + \frac{1}{2}\hbar^2 ck^2,\\&\langle k | H | k+2 \rangle = \langle k+2 | H | k \rangle =\\&= \frac{1}{8}\hbar^2(a-b)[(J-k)(J-k-1)(J+k+1)(J+k+2)]^{\frac{1}{2}}.\end{aligned}\right\} \tag{1}$$

相对于函数组(103.12)而言的矩阵元,可通过(1)式的矩阵元表出:

$$\left.\begin{aligned}&\langle k\pm | H | k\pm \rangle = \langle k | H | k \rangle \quad (k\neq 1),\\&\langle 1\pm | H | 1\pm \rangle = \langle 1 | H | 1 \rangle \pm \langle 1 | H | -1 \rangle,\\&\langle k\pm | H | k+2, \pm \rangle = \langle k | H | k+2 \rangle \quad ,(k\neq 0)\\&\langle 0+ | H | 2+ \rangle = \sqrt{2}\langle 0 | H | 2 \rangle.\end{aligned}\right\} \tag{2}$$

3. 试求 $J=1$ 的非对称陀螺的能级.

解:三次的久期方程分解成三个线性方程.其中一个给出

$$E_1 = \langle 0+ | H | 0+ \rangle = \frac{1}{2}\hbar^2(a+b), \tag{3}$$

根据上式可以立刻写出其它两个能级,因为 a,b,c 三个参量是以对称的方式出现在这个问题中,从而有

$$E_2 = \frac{1}{2}\hbar^2(a+c), \qquad E_3 = \frac{1}{2}\hbar^2(b+c). \tag{4}$$

E_1,E_2,E_3能级分别属于②对称类型 B_1,B_2,B_3.这些态的波函数为 $\psi_1 = \psi_{10}^+,\psi_2 = \psi_{11}^+,\psi_3 = \psi_{11}^-$.

4. 同题 2,但 $J=2$.

解:久期方程为 5 次,分解成为三个线性方程和一个二次方程.从一个线性

---

① 题 2 至题 5 中,采用下列记号使公式简化:

$$a = 1/I_A, \quad b = 1/I_B, \quad c = 1/I_C.$$

② 这是根据对称性的考虑.例如能量 E_1 对于参量 a 和 b 是对称的,因此它的态对 ξ 轴和 η 轴具有同样的对称性,亦即属于 B_1 型的态.

方程得

$$E_1=\langle 2-|H|2-\rangle=2\hbar^2c+\frac{1}{2}\hbar^2(a+b), \tag{5}$$

这是属于 B_1 型的一个能级. 由此立刻可知, 一定有 B_2 和 B_3 型的其它两个能级:

$$E_2=2\hbar^2b+\frac{1}{2}\hbar^2(a+c),\qquad E_3=2\hbar^2a+\frac{1}{2}\hbar^2(b+c)$$

这三个能级具有波函数 $\psi_1=\psi_{22}^-, \psi_2=\psi_{21}^-, \psi_3=\psi_{21}^+$.

二次方程为

$$\begin{vmatrix}\langle 0+|H|0+\rangle-E & \langle 2+|H|0+\rangle\\ \langle 2+|H|0+\rangle & \langle 2+|H|2+\rangle-E\end{vmatrix}=0, \tag{6}$$

解出得

$$E_{4,5}=\hbar^2(a+b+c)\pm\hbar^2\sqrt{(a+b+c)^2-3(ab+bc+ca)} \tag{7}$$

这两个能级属于 A 型, 相应波函数为 ψ_{20}^+ 和 ψ_{22}^+ 的线性组合.

5. 同题 2, 但 $J=3$.

解: 久期方程为 7 次, 分解成为一个线性方程和三个二次方程. 线性方程给出

$$E_1=\langle 2-|H|2-\rangle=2\hbar^2(a+b+c), \tag{8}$$

这是一个属于 A 型的能级. 一个二次方程为题 3 的(6)式, 但 J 值不一样. 它的根为

$$E_{2,3}=\frac{5}{2}\hbar^2(a+b)+\hbar^2c\pm\hbar^2\sqrt{4(a-b)^2+c^2+ab-ac-bc}, \tag{9}$$

这是 B_1 型能级. 其余能级可从上式置换 a,b,c 后得到.

6. 具有四极矩的一个系统, 处于任意的外电场中, 求其能级分裂.

解: 取张量 $\partial^2\varphi/\partial x_i\partial x_k$ 的三个主轴为坐标系(见 §76 题 3), 哈密顿量的四极矩部分可化成

$$\hat{H}=A\hat{J}_x^2+B\hat{J}_y^2+C\hat{J}_z^2,\qquad A+B+C=0.$$

由于上式和(103.1)式的哈密顿量在形式上完全类似, 本题等价于寻求非对称陀螺的能级, 唯一区别是现在系数之和 $A+B+C=0$, 并且角动量还可具有半整数值. 这些可用同样的方法从头算起, 但对整数 J 值可用题 3 和题 5 的结果, 对前几个 J 值, 所得的能级移动值 ΔE 如下:

$$J=1:\qquad \Delta E=-A,\ -B,\ -C;$$

$$J=3/2:\qquad \Delta E=\pm\sqrt{\frac{3}{2}(A^2+B^2+C^2)};$$

$$J=2:\qquad \Delta E=3A, 3B, 3C,\ \pm\sqrt{6(A^2+B^2+C^2)}.$$

$J=3/2$ 时分裂能级保持双重简并, 与克拉默斯定理(§60)一致.

§104　分子的振动转动相互作用

迄今为止我们把转动和振动看作分子的两种独立运动. 但在实际上,这两种运动的同时存在产生了它们之间的特殊相互作用(E. Teller, L. Tisza, G. Placzek, 1932—1933).

让我们先从线型多原子分子考虑起. 一个线型分子可以作两类振动(见§100末段):频率为无简并的纵振动和频率为双重简并的横振动. 现在我们对后一类振动感兴趣. 一般来讲,作横振动的分子具有某种角动量. 这一点从简单的力学考虑看来是很明显的①,但它也能从量子力学的考虑证实. 后一种考虑还能使我们求出该角动量在所给振动态中的各种可能值.

我们假定分子中某一双重频率 ω_α受到了激发. 振动量子数为 v_α的能级是 $v_\alpha+1$ 重简并的. 与该能级对应的是以下 $v_\alpha+1$ 个波函数:

$$\psi_{v_{\alpha_1}v_{\alpha_2}}=\text{常数}\times\exp\left[-\frac{1}{2}c_\alpha^2(Q_{\alpha_1}^2+Q_{\alpha_2}^2)\right]H_{v_{\alpha_1}}(c_\alpha Q_{\alpha_1})H_{v_{\alpha_2}}(c_\alpha Q_{\alpha_2})$$

其中 $v_{\alpha_1}+v_{\alpha_2}=v_\alpha$,或者是这些波函数的任意的独立线性组合. 与指数因子相乘的那个多项式的总幂次(Q_{α_1}的幂加上 Q_{α_2}的幂),对这些函数讲来都是相等的并等于 v_α. 显然,我们总能选取 $\psi_{v_{\alpha_1}v_{\alpha_2}}$的下列线性组合作为基本函数组:

$$\psi_{v_\alpha l_\alpha}=\text{常数}\times\exp\left[-\frac{1}{2}c_\alpha^2(Q_{\alpha_1}^2+Q_{\alpha_2}^2)\right]\times$$

$$\times\left[(Q_{\alpha_1}+\mathrm{i}Q_{\alpha_2})^{(v_\alpha+l_\alpha)/2}(Q_{\alpha_1}-\mathrm{i}Q_{\alpha_2})^{(v_\alpha-l_\alpha)/2}+\cdots\right].\qquad(104.1)$$

方括号内是一个确定的多项式,我们只写出了它的最高次项. l_α是一个整数,可以取 $v_\alpha+1$ 个不同的值 $v_\alpha, v_\alpha-2, v_\alpha-4, \cdots, -v_\alpha$.

横振动的简正坐标 $Q_{\alpha_1}, Q_{\alpha_2}$是两个离开分子轴的正交位移. 绕轴旋转 φ 角后,多项式的最高次项(因而整个函数 $\psi_{v_\alpha l_\alpha}$被乘以

$$\exp\left\{\mathrm{i}\varphi\left(\frac{v_\alpha+l_\alpha}{2}\right)-\mathrm{i}\varphi\left(\frac{v_\alpha-l_\alpha}{2}\right)\right\}=\exp(\mathrm{i}l_\alpha\varphi).$$

由此可见,(104.1)式的函数对应于角动量的轴分量为 l_α的一个态.

我们得到的结论是,双重频率 ω_α被激发的态(具有量子数 v_α)中,该分子具有一个能取下列诸值(相对于分子轴)的角动量

$$l_\alpha=v_\alpha, v_\alpha-2, v_\alpha-4, \cdots, -v_\alpha\qquad(104.2)$$

它称为分子的**振动角动量**. 如果有若干个横振动同时被激发,总的振动角动量就

① 例如,周相差为$\frac{1}{2}\pi$ 的两个正交横振动,可以看作一个弯折分子绕一纵轴的纯转动.

等于 $\sum_{\alpha} l_{\alpha}$,加上电子轨道角动量以后,给出该分子沿轴的总角动量 l.

分子的总角动量 J 不能小于沿轴的角动量(与双原子分子的情形类似),即 J 的取值为

$$J = |l|, |l| + 1, \cdots,$$

换句话说,不存在 $J = 0, 1, \cdots, |l| - 1$ 的态.

简谐振动的情形下,能量只和量子数 v_{α} 有关而与 l_{α} 无关. 考虑非简谐振动以后,振动能级的简并度(对 l_{α} 值而言的简并度)有所解除. 但是,这种解除是不完全的:分裂能级保持着双重简并,l 和所有 l_{α} 同时改变符号的两个态具有相同的能量. 这是因为在能量的下一级近似(简谐振动后的下一级近似)中,出现 l_{α} 的二次型 $\sum_{\alpha,\beta} g_{\alpha\beta} l_{\alpha} l_{\beta}$($g_{\alpha\beta}$ 是常数). 通过类似于双原子分子中的 Λ 双线效应,这种余留的双重简并即可得到解除.

回到非线型分子时,首先要作下列力学性质的说明. 对于任意一个多粒子(非线型)系统讲来,就有一个怎样把振动和转动完全区分开来的问题;换句话说,我们怎样去理解一个"非转动的系统". 乍看起来,不存在转动的判据似乎是角动量等于零:

$$\sum m\boldsymbol{r} \times v = 0 \tag{104.3}$$

($\sum$ 是对该系统的粒子求和). 但是这个式子的左边并不等于某一坐标函数对时间的全微商. 因此这个等式不能通过对时间的积分而表成某一坐标函数等于零的形式. 但这正好是合理地定义"纯振动"和"纯转动"这两个概念所需要的.

因此作为无转动的定义,我们必须采用下列条件:

$$\sum m\boldsymbol{r}_0 \times v = 0, \tag{104.4}$$

式中 $\boldsymbol{r}_0$ 是粒子平衡位置的径矢. 令 $\boldsymbol{r} = \boldsymbol{r}_0 + \boldsymbol{u}$,$\boldsymbol{u}$ 是小振动中的位移,我们有 $v = \dot{\boldsymbol{r}} = \dot{\boldsymbol{u}}$. (104.4)式对时间积分后得

$$\sum m\boldsymbol{r}_0 \times \boldsymbol{u} = 0. \tag{104.5}$$

该分子的运动可以看作是满足条件(104.5)的纯振动与整个分子转动的组合①.

把角动量写成以下形式:

$$\sum m\boldsymbol{r} \times v = \sum m\boldsymbol{r}_0 \times v + \sum m\boldsymbol{u} \times v,$$

我们看到,与无转动定义(104.4)相一致,我们必须把 $\sum m\boldsymbol{u} \times v$ 理解为振动角动量. 但是必须指出,这个角动量只是系统总角动量的一个部分,它根本不守恒. 因此对每个振动态只能附加一个振动角动量的平均值.

不具备二阶以上对称轴的一个分子,是属于非对称陀螺型的. 这类分子中的

① 分子的平动一开始就可除去,只要所选的坐标系相对于分子的质心保持不动.

所有振动频率都是无简并的(它们的对称群只有一维的不可约表示). 因此所有的振动能级不存在简并. 但在所有非简并态中,角动量的平均值一定等于零(见§26). 由此可见,在非对称陀螺型的分子中,所有态的振动角动量平均值都等于零.

如果分子的对称元素中存在着一个二阶以上的对称轴,这个分子就属于对称陀螺型. 这种分子的振动频率既有无简并的也有双重简并的. 对前者振动角动量的平均值仍等于零. 对双重简并频率讲来,沿分子轴的角动量平均值并不等于零.

计入振动角动量后,也不难求出分子(对称陀螺型)的转动能量表式. 它的能量算符与(103.5)式的差别在于,该式中的陀螺转动角动量现在要改成总角动量 $\boldsymbol{J}$(守恒量)和振动角动量 $\boldsymbol{J}^{(v)}$ 之差:

$$\hat{H}_{转动}=\frac{\hbar^2}{2I_A}(\hat{\boldsymbol{J}}-\hat{\boldsymbol{J}}^{(v)})^2+\frac{\hbar^2}{2}\left(\frac{1}{I_C}-\frac{1}{I_A}\right)(\hat{J}_\zeta-\hat{J}_\zeta^{(v)})^2 \qquad (104.6)$$

所求的能量等于平均值 $\overline{H}_{转动}$. (104.6)式中含有 $\boldsymbol{J}$ 分量的平方项,这些项给出(103.6)式的纯转动能量. $\boldsymbol{J}^{(v)}$ 分量的平方项给出的是和转动量子数无关的常数,可以略去. 我们现在感兴趣的是 $\boldsymbol{J}$ 分量和 $\boldsymbol{J}^{(v)}$ 分量的乘积项,这些项代表了分子振动和转动的相互作用,称为**科里奥利作用**(因为它对应于经典力学中的科里奥利力). 对这些项进行平均时,应该注意到振动角动量的 ξ 横分量和 η 横分量的平均值等于零. 因此科里奥利作用的能量平均值为

$$E_{科氏}=-\frac{\hbar^2}{I_C}kk_v, \qquad (104.7)$$

式中的 k(整数)和§103 中的一样,是总角动量的分子轴投影值,$k_v=\overline{J}_\zeta^{(v)}$ 为标志该振动态的振动角动量分量平均值;与 k 值不同,k_v 不是一个整数.

最后来研究球型陀螺式的分子. 它包括了对称群为任一立方体群的那些分子. 这种分子具有无简并的以及双重和三重简并的频率(对应于立方体群中具有的那些一维、二维和三维不可约表示). 振动能级的简并性,总是被非简谐运动部分地解除;考虑了这个效应以后,除了无简并能级外只留下双重和三重简并的能级. 我们现在要讨论的就是这些被非简谐运动所分裂的能级.

很易证明,对球型陀螺式的分子讲来,振动角动量的平均值不但在非简并的振动态中等于零,而且也在双重简并的振动态中等于零. 这一点只要根据对称性的考虑就可以证明. 实际上,属于同一简并能级的两个态中的平均角动量矢量,在分子对称群的所有变换下必相互变换. 但是没有一个立方对称群能够只在两个方向间进行相互变换,至少要有三个方向才能进行相互变换.

根据以上的考虑还可以知道,对于三重简并振动能级的态,振动角动量的平均值并不等于零. 经过对振动态平均以后,角动量是用一个算符表示,其矩阵元

就是三个相互简并态之间的跃迁矩阵元. 与态数相一致,这个算符一定具有 $\zeta\hat{\boldsymbol{l}}$ 的形式,其中的 $\hat{\boldsymbol{l}}$ 是单位长的角动量算符(因此时 $2l+1=3$),ζ 是标志该振动能级的常数. 分子转动运动的哈密顿量为

$$\hat{H}_{转动}=\frac{\hbar^2}{2I}(\hat{\boldsymbol{J}}-\hat{\boldsymbol{J}}^{(v)})^2.$$

经过上述平均后变成下列算符:

$$\hat{H}_{转动}=\frac{\hbar^2}{2I}\hat{\boldsymbol{J}}^2+\frac{\hbar^2}{2I}\overline{\hat{\boldsymbol{J}}^{(v)2}}-\frac{\hbar^2}{I}\zeta\hat{\boldsymbol{J}}\cdot\hat{\boldsymbol{l}}, \qquad (104.8)$$

第一项的本征值就是(103.4)式的转动能量,第二项是一个与转动量子数无关的不重要的常数. (104.8)式的最后一项给出了所求的振动能级的科里奥利分裂值. $\hat{\boldsymbol{J}}\cdot\hat{\boldsymbol{l}}$ 的本征值可以用通常方法算出;它可以具有(当 $\boldsymbol{J}$ 给定后)三个不同的值(对应于矢量 $\boldsymbol{l}+\boldsymbol{J}$ 的三个值:$J+1, J-1, J$). 结果得

$$E^{(J+1)}_{科氏}=-\frac{\hbar^2}{I}\zeta J, E^{(J-1)}_{科氏}=\frac{\hbar^2}{I}\zeta(J+1), E^{(J)}_{科氏}=\frac{\hbar^2}{I}\zeta, \qquad (104.9)$$

§105 分子谱项的分类

分子波函数是电子波函数以及原子核振动波函数和转动波函数的乘积. 我们已经分别地讨论了这些函数的对称类型及其分类. 现在尚待讨论整个分子的谱项分类,也就是总波函数所能具有的对称性.

如果给出了三个因子对某一变换的对称性,它们的乘积对该变换而言的对称性也就被确定. 为了完备地标志态的对称性,我们还必须知道分子中所有粒子(电子和核)的坐标同时反演时总波函数所具有的行为. 根据总波函数在这个变换下变号还是不变号,我们把相应的态分别称为**负**的或**正**的①.

但是必须指出,只有对不存在立体异构体的分子,态的反演特性才具有意义. 如果存在着立体异构性,分子经反演后所得的位形不能通过空间旋转与原位形重合,这些就是分子的"右旋"异构体和"左旋"异构体②. 因此,当存在着立体异构体的时候,相互反演所得的两个波函数实质上属于不同的分子,它们间的比较就失去了意义③.

我们在 §86 中看到,双原子分子中的核自旋,对分子谱项按其简并度的排列方式,以及对某些情形下某种对称能级的完全受禁等,都有间接的重要影响.

---

① 我们习惯地但不太理想地采用了与双原子分子相同的术语(§86).

② 为了使立体异构体能够存在,该分子必须没有与反射有关的任何对称元素(没有反演中心、对称面、旋转-反射轴).

③ 严格讲来,量子力学给出的这两类异构体间的跃迁概率总是不等于零. 可是这个概率与原子核穿过势垒有关,是极小的.

这种影响对多原子分子也是存在的. 但是现在的问题要复杂得多,需要在每种具体情况下应用群论方法.

这个方法的要点是这样的. 总波函数除了坐标部分外(这是迄今为止我们所研究的)还有自旋因子,这个因子是所有核自旋在某一选定空间方向的投影值的函数. 一个原子核的自旋投影 σ 可以取 $2i+1$ 个不同值(i 是该原子核的自旋). 给出 $\sigma_1,\sigma_2,\cdots,\sigma_N$($N$ 是分子中的原子总数)的所有可能值后,共有 $(2i_1+1)(2i_2+1)\cdots(2i_N+1)$ 个不同的自旋因子数值. 在每一种对称变换下,有些原子核(同类的核)对调了位置,如果设想自旋值仍"保留不动",则这种变换就等价于原子核间的自旋值交换. 因此,各个自旋因子可以相互线性变换,从而给出分子对称群的某个表示(这个表示一般讲来是可约的). 把它分解成为不可约表示后,即得自旋波函数所能具有的各种对称类型.

对于自旋因子所给出的表示,很易写出它的特征标 $\chi_{自旋}(G)$ 的一般公式. 为此只需注意到,一个对称变换中只有这样一些自旋因子是保持不变的,这些因子中被对调的原子核正好具有相同的 σ_a 值. 除了这些因子外其它的自旋因子会相互对调,所以它们对特征标毫无贡献. 记住 σ_a 可取 $2i_a+1$ 个值,我们就有

$$\chi_{自旋}(G)=\Pi(2i_a+1), \qquad (105.1)$$

式中的连乘积是若干组原子的连乘积(每一组原子提供连乘积中的一个因子),每一组原子具有相同的 σ_a 值并在所给的 G 变换下相互易位.

但是,我们对自旋函数的对称性质不如对坐标函数那样感兴趣(我们所指的是坐标函数对核坐标置换而言的对称性,电子的坐标则保持不变). 这两种对称性是直接相关的,因为任一对原子核对换后,总波函数必须变号或者保持不变,要看它服从费米统计还是玻色统计(换句话说,总波函数必须乘以 $(-1)^{2i}$,i 是所对换原子核的自旋). 我们在特征标(105.1)中引入适当的因子,即可得到下式所示的群表示特征标 $\chi(G)$,这个群表示中包含了坐标波函数借以变换的所有不可约表示:

$$\chi(G)=\Pi(2i_a+1)(-1)^{2i_a(n_a-1)}, \qquad (105.2)$$

n_a 是 G 变换下进行相互易位的第 a 组原子核中的原子核数. 把这个表示分解成为各个不可约成分后,即得该分子坐标波函数所能具有的各种对称类型以及各个相应能级的简并度(今后所讲的简并度,都是指原子核系统的不同自旋态数①).

每一类型的对称态,与分子中等价原子核组的某一总自旋值相联系(等价原子核组在分子对称群的变换下相互易位). 这种联系并不是单值的:每一类型的对称态可以和等价原子核组的不同自旋值相联系. 在每种具体情形下也可以

① 这种意义下的能级简并度,通常称为该能级的核统计权重(见 §86 最后一个附注).

用群论方法确定这种联系.

作为一个例子,我们来考虑非对称陀螺型的乙烯分子 $C_2^{12}H_4^1$(图 43g,对称群为 $\boldsymbol{D}_{2h}$). 化学符号右上角的数字标明了所属的同位素,这个指标是必要的,因为不同的同位素具有不同的核自旋. 目前情形下 H^1 的核自旋等于 1/2 而 C^{12} 的核自旋等于零. 因此只需考虑氢原子.

我们取图 43g 中所画的坐标系,z 轴垂直于分子平面,x 轴沿分子轴. 对 xy 面反射时所有的原子保持不动,其它的反射和旋转使氢原子成对地对换. 按(105. 2)式可得下列群表示特征标:

E	$\sigma(xy)$	$\sigma(xz)$	$\sigma(yz)$	I	$C_2(z)$	$C_2(y)$	$C_2(x)$
16	16	4	4	4	4	4	4

把这个表示分解成不可约成分,结果发现它含有以下几种 $\boldsymbol{D}_{2h}$ 群的不可约表示:$7A_g,3B_{1g},3B_{2u},3B_{3u}$. 数字代表可约表示中包含该不可约表示的次数:这些数字也就是各个相应能级的核统计权重①.

以上所得的乙烯分子态的分类,是对总(坐标)波函数(包括电子,振动和转动部分)而言的. 但在通常情况下,我们对以上结果的兴趣往往在另一方面. 这就是说,知道了总波函数所能具有的对称性以后,只要给定电子态和振动态,就可以直接求出所能具有的各种转动能级(以及它们的统计权重).

我们以基态电子谱项的最低振动能级(振动未被激发的能级)的转动结构为例,假定基态的电子波函数是全对称的(符合所有多原子分子的实际情况). 在这种情况下,总波函数的绕轴旋转对称性也就是转动波函数所具的对称性. 和以上所得的结果相比较,我们就可以知道,乙烯分子中 A 和 B_1 型的转动能级是正的(见 § 103),且有统计权重 7 和 3;而 B_2 和 B_3 型的能级是负的,统计权重等于 3.

和双原子分子一样(见 § 86 末),由于核自旋与电子的作用极弱,乙烯分子中核对称性不同的态实际上不能相互跃迁,因此处于这些态中的分子,犹如同一物质的不同变态. 故乙烯 $C_2^{12}H_4^1$ 具有四种变态,其核统计权重分别为 7,3,3,3.

作出上述结论时,要点在于对称性不同的态是属于不同能级的(其间距远大于核自旋的作用能). 对于核对称性不同的态属于同一简并能级的那种分子讲来,上述结论不能成立.

再举一个例子,对称陀螺型的氨分子 $N^{14}H_3^1$(图 41,对称群 $\boldsymbol{C}_{3v}$). N^{14} 的核自旋等于 1,H^1 的核自旋等于 1/2. 应用(105. 2)式,即得我们感兴趣的 $\boldsymbol{C}_{3v}$ 群表示的特征标:

---

① 每一类型的态与乙烯分子中四个 H 原子的总自旋值的关系,在题 1 中推导.

E	$2C_3$	$3\sigma_v$
24	6	−12

它含有以下的 $\boldsymbol{C}_{3v}$ 群不可约表示：$12A_2$，$6E_0$ 因此有两类能级：它们的核统计权重等于 12 和 6①.

对称陀螺的转动能级（J 值为给定）是按量子数 k 值分类的. 和上例一样，我们来考虑 NH_3 分子基态电子谱项的最低振动能级的转动结构（也就是假定电子波函数和振动波函数都是全对称的）. 在求转动波函数的对称性的时候我们应该注意到，有意义的只是指绕轴旋转下的变换性质. 因此可以把对称平面改成垂直于这些平面的一些二阶对称轴（对一平面的反射等价于绕这样一个二阶轴旋转再加上一次反演）. 在目前情形下，所考虑的 $\boldsymbol{C}_{3v}$ 群就可以换成和它同构的 $\boldsymbol{D}_3$ 点群.

$k=\pm|k|$ 的转动波函数绕三阶竖直轴进行 C_3 旋转后被乘以 $e^{\pm 2\pi i|k|/3}$，如绕二阶水平轴进行 U_2 旋转则发生相互变换，因此它们给出了 $\boldsymbol{D}_3$ 群的一个二维表示. 如果 $|k|$ 不是 3 的倍数，这个表示就是不可约的 E 表示. 总波函数的 $\boldsymbol{C}_{3v}$ 群表示，可以按谱项的正或负对 $\chi(U_2)$ 乘以 +1 或 −1 后得到. 但由于 E 表示中的 $\chi(U_2)=0$，因此不论谱项的正负仍都得到 E 表示（但此时为 $\boldsymbol{C}_{3v}$ 群的表示不是 $\boldsymbol{D}_3$ 群的表示）. 由此得出结论，当 $|k|$ 不等于 3 的倍数时，正负能级都是可能的，核统计权重为 6（总坐标波函数的对称性属于 E 型）.

当 $|k|$ 为 3 的倍数（但不等于零）时，转动波函数给出的（$\boldsymbol{D}_3$ 群）表示具有下列特征标：

E	$2C_3$	$3U_2$
2	2	0

这个表示是可约的，分解为 A_1，A_2 表示. 为了使总波函数属于 $\boldsymbol{C}_{3v}$ 群的 A_2 表示，转动能级 A_1 必须是负的，A_2 必须是正的，由此可见，当 $|k|$ 为 3 的倍数并且不等于零时，正负能级都是可能的，核统计权重为 12（能级为 A_2 型）.

最后，对应于角动量分量 $k=0$ 的只有一个转动函数；它所给出的表示具有特征标②

E	$2C_3$	$3U_2$
1	1	$(-1)^J$

① A_2 型谱项的氢核总自旋为 3/2，E 型谱项的氢核总自旋为 1/2. 注意在不可约表示中出现二维的表示 E 并不表示在分子能级中出现附加的简并，这是置换简并，在 §63 中已经说过.

② 角动量值为 J 而投影值为零的本征函数旋转 π 角后被乘以 $(-1)^J$，

如果总波函数为 A_2 型对称，它经反演后必然给出 $(-1)^{J+1}$ 因子. 由此可见，当 $k=0$ 时，J 值为偶数的能级只能是负的，J 值为奇数的能级只能是正的；两种情形下的统计权重都等于 6(A_2 型能级).

总结以上结果，即得下表，表中列入了各种不同 k 值时 $N^{14}H_3^1$ 分子的基态电子谱项最低振动能级所能具有的各种态(符号 +，- 表示正态和负态)：

	(+)	(-)
$\|k\|$不是 3 的倍数	$6E$	$6E$
$\|k\|$是 3 的倍数	$12A_2$	$12A_2$
$k=0$ J 为偶数	——	$6A_2$
$k=0$ J 为奇数	$6A_2$	——

J 和 k 给定以后，NH_3 分子的能级一般讲来是简并的(还可参考题 3 中 ND_3 的表). 这种简并性由于下列特殊效应而被部分地解除，这个效应与氢原子的有限质量以及与氨分子的形状扁平有关. 该分子中的原子作不大的竖直位移后就有可能从图 44 的一个位形跃迁到另一个位形，这两个位形可以通过对一个平面的反射而相互得到，这个平面平行于三角锥的底边. 这种跃迁导致了能级的分裂，使正负能级彼此分开.(一维情形下与此类似的效应见 § 50 题 3). 这两个位形被一个"势垒"所隔开，能级分裂值与原子穿过这个"势垒"的概率成正比. 氨分子的这个概率尽管由于以上所讲的性质而比较大，但是它的分裂值还是很小的(10^{-4} eV).

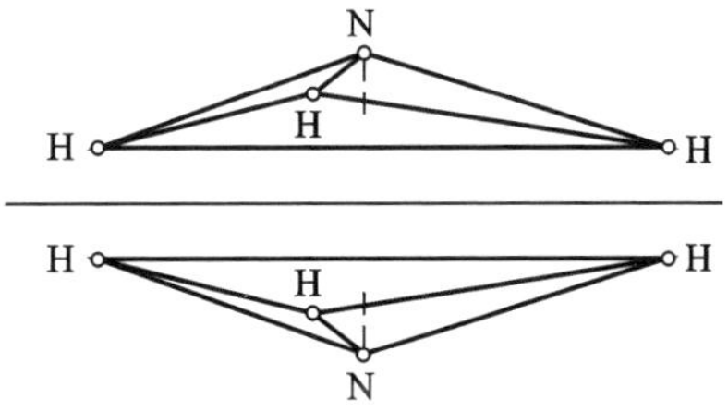

图 44

球型陀螺式分子的例子，见本节题 5.

习　　题

1. 确立 $C_2^{12}H_4^1$ 分子中态的对称性与该分子中氢核总自核间的关系.

解：① 四个 H^1 核的总自旋可以具有 $I=2,1,0$ 三个值，它的投影 M_I 可取 2 到 -2 的各个值. 我们从 M_I 的最大值开始，逐个地考虑 M_I 值相同的那些自旋因子所给出的表示.

$M_I=2$ 时只有一个自旋因子，其中所有原子核的自旋投影值都等于 1/2. $M_I=1$ 时有四个不同的自旋因子，它们的区别在于四个原子核中一个核的自旋投影值等于 $-\frac{1}{2}$. 最后，$M_I=0$ 时有六个不同的自旋因子，要看选取哪两个核的自

① 应用置换群的方法求解类似的问题，可以考虑 I. G. Kaplan 的书(见 § 63)，第 6 章，§ 2.

旋投影值等于 $-\frac{1}{2}$. 这三组自旋因子给出的三套群表示特征标如下表所示.

	E	$\sigma(xy)$	$\sigma(xz)$	$\sigma(yz)$	I	$C_2(z)$	$C_2(y)$	$C_2(x)$
$M_I=2$	1	1	1	1	1	1	1	1
$M_I=1$	4	4	0	0	0	0	0	0
$M_I=0$	6	6	2	2	2	2	2	2

第一个表示是单位表示 A_g;由于 $I=2$ 时才能有 $M_I=2$,因此 A_g 型的态对应于自旋 $I=2$.

$M_I=1$ 时可以有 $I=1$ 和 $I=2$,第二个表示减去第一个表示后再把它分解成不可约表示,结果发现 $I=1$ 时有 B_{1g}, B_{2u}, B_{3u} 三种态.

最后,$M_I=0$ 时可以具有 $M_I=1$ 的各个表示和 $I=0$ 的表示. 第三个表示减去第二个表示后得到两个 A_g 态,对应于自旋 $I=0$.

2. 对 $C_2^{12}H_4^2$,$C_2^{13}H_4^1$,$N_2^{14}O_4^{16}$ 分子,求总(坐标)波函数的对称类型及其相应能级的统计权重[所有这些分子具有同一形式,核自旋为 $i(H^2)=1$,$i(C^{13})=1/2$,$i(N^{14})=1$].

解:与本节所讲的 $C_2^{12}H_4^1$ 分子的方法相同,求得下列各态(所选的坐标轴也和例中的一样):

分　　子	(+)	(−)
$C_2^{12}H_4^2$	$27A_g$, $18B_{1g}$	$18B_{2u}$, $18B_{3u}$
$C_2^{13}H_4^1$	$16A_g$, $12B_{1g}$	$12B_{2u}$, $24B_{3u}$
$N_2^{14}O_4^{16}$	$6A_g$	$3B_{3u}$

3. 同上题,但分子为 $N^{14}H_3^2$

解:与本节中 $N^{14}H_3^1$ 分子的做法一样,求得的态为 $30A_1, 3A_2, 24E$.

对基态电子谱项最低振动能级讲来,不同的 k 值具有下列各态:

	(+)	(−)
$\lvert k\rvert$不是 3 的倍数	$24E$	$24E$
$\lvert k\rvert$是 3 的倍数	$30A_1, 3A_2$	$30A_1, 3A_2$
$k=0$ J 为偶数	$30A_1$	$3A_2$
$k=0$ J 为奇数	$3A_2$	$30A_1$

4. 与上题同,但分子为 $C_2^{12}H_6^1$(见图 43f;对称群为 $\boldsymbol{D}_{3d}$).

解: 可能态具有下列类型:$7A_{1g},1A_{1u},3A_{2g},13A_{2g},9E_g,11E_u$.

对基态电子谱项最低振动能级讲来,可得下列各态:

	(+)	(−)
$\|k\|$不是 3 的倍数	$9E_g$	$11E_u$
$\|k\|$是 3 的倍数	$7A_{1g},3A_{2g}$	$1A_{1u},13A_{2u}$
$k=0$ J 为偶数	$7A_{1g}$	$1A_{1u}$
$k=0$ J 为奇数	$3A_{2g}$	$13A_{2u}$

5. 同上题,但为甲烷分子 $C^{12}H_4^1$(C 原子在四面体中心,四个 H 原子在顶角).

解: 这个分子属于球型陀螺式,对称群为 $\boldsymbol{T}_d$. 用同一方法可以求出可能态的类型为:$5A_2,1E,3F_1$(分子的总自旋相应地等于 2,0,1).

球型陀螺的转动态是按总角动量 J 值分类的. 每个 J 值有 $2J+1$ 个转动函数,给出了 $\boldsymbol{O}$ 群的一个 $2J+1$ 维表示,$\boldsymbol{O}$ 群与 $\boldsymbol{T}_d$ 群同构,它是把 $\boldsymbol{T}_d$ 群中的所有对称平面换成垂直于它的二阶轴后得到的. 这个表示的特征标由(98.3)式所确定. 例如 $J=3$ 时可得下列群表示特征标:

E	$8C_3$	$6C_2$	$6C_4$	$3C_4^2$
7	1	−1	−1	−1

其中所含的 $\boldsymbol{O}$ 群不可约表示为 A_2,F_1,F_2. 再来研究基态电子谱项最低振动能级的转动结构,所得的结论是,$J=3$ 时总波函数为 A_2 型的能级只能是正的,F_1 型态的能级则可正可负. 对于前几个 J 值,可得下列各态(它们的核统计权重也一起写出):

	(+)	(−)
$J=0$	——	$5A_2$
$J=1$	$3F_1$	——
$J=2$	$1E$	$1E,3F_1$
$J=3$	$5A_2,3F_1$	$3F_1$
$J=4$	$1E,3F_1$	$5A_2,1E,3F_1$

第十四章

角动量的相加

§106　3j 符号

§31 中导出的角动量相加法则，给出了角动量为 j_1 和 j_2 的两个粒子（或两个更复杂的部分）所组成①的系统总角动量的各种可能值. 这个法则实际上和波函数的空间旋转性质密切相关，并可根据旋量的性质立即得出.

角动量为 j_1 和 j_2 的粒子波函数分别是 $2j_1$ 秩和 $2j_2$ 秩的对称旋量，系统的波函数则等于它们的乘积：

$$\psi^{(1)}\overbrace{\lambda\mu\cdots}^{2j_1}\psi^{(2)}\overbrace{\rho\sigma\cdots}^{2j_2}. \tag{106.1}$$

这个乘积对所有的指标对称化后，得到一个 $2(j_1+j_2)$ 秩的对称旋量，对应于总角动量为 j_1+j_2 的态. 如果我们把乘积（106.1）中的一对指标缩并掉，其中的一个指标取自 $\psi^{(1)}$ 另一个指标取自 $\psi^{(2)}$（否则缩并后等于零），由于 $\psi^{(1)}$ 和 $\psi^{(2)}$ 都是对称旋量，$\lambda,\mu,\cdots$ 和 $\rho,\sigma,\cdots$ 中不管取哪一对指标进行缩并都是一样的，经过对称化以后，得到一个 $2(j_1+j_2-1)$ 秩的旋量，对应于角动量为 j_1+j_2-1 的态②. 继续这种手续，可得从 j_1+j_2 直到 $|j_1-j_2|$ 的 j 值各一次，和已知的角动量相

---

① 严格讲来，我们总是考虑这样一个系统（以后不必每次声明），它的各部分之间相互作用很弱，以致每部分的角动量在一级近似下可以看作是守恒的.

下面所得的全部结果，当然不但能应用于两个粒子（或粒子系统）的总角动量的相加，而且也能应用于同一系统的轨道角动量和自旋的相加，假如自旋－轨道耦合是足够的弱的话.

② 为避免误解，作下列说明是有益的. 双粒子系统的波函数永远是一个 $2(j_1+j_2)$ 秩的旋量，这个秩数一般地不等于 $2j$，j 是该系统的总角动量. 但是，这个旋量可以等价于一个低秩旋量. 例如，角动量 $j_1=j_2=\frac{1}{2}$ 的双粒子系统波函数是一个 2 秩旋量. 但如总角动量 $j=0$，这个旋量是反对称的，因而可化成一个标量. 一般讲来，总角动量 j 确定了该系统旋量波函数的对称性：它对 $2j$ 个指标是对称的并对其余指标反对称.

加法则相一致.

从数学上讲来,这就是把旋转群两个不可约表示($2j_1+1$ 维和 $2j_2+1$ 维)的直积 $D^{(j)}\times D^{(j_2)}$ 分解为不可约成分,于是角动量的相加法则可写成

$$D^{(j_1)}\times D^{(j_2)}=D^{(j_1+j_2)}+D^{(j_1+j_2-1)}+\cdots+D^{(|j_1-j_2|)}.$$

为了完全解决角动量相加问题,我们还须研究怎样由两个组成粒子的波函数构造具有给定总角动量值的系统波函数问题.

我们先从简单情形开始,亦即两个角动量相加后所得的总角动量等于零的情形. 此时显然有 $j_1=j_2$ 以及角动量分量 $m_1=-m_2$. 令 ψ_{jm} 为一个粒子的归一化状态波函数(呈非旋量形式);它具有角动量 j 和分量 m. 所求的系统波函数 ψ_0,等于 m 值相反的两个粒子波函数的乘积之和:

$$\psi_0=\frac{1}{\sqrt{2j+1}}\sum_{m=-j}^{j}(-1)^{j-m}\psi_{jm}^{(1)}\psi_{j,-m}^{(2)}, \tag{106.2}$$

j 等于 j_1 和 j_2 的公共值. 求和式前的因子来自归一化. 求和式中的各个系数必须具有相同的绝对值,因为所有的角动量分量值 m 应该是等概率的. (106.2)式中的符号序次很易用波函数的旋量形式求出. 采用旋量记号,(106.2)中的求和式为下列标量(系统总角动量为零)

$$\psi^{(1)\lambda\mu\cdots}\psi_{\lambda\mu\cdots}^{(2)}, \tag{106.3}$$

它是由两个 $2j$ 秩旋量所组成. 根据上式,我们可从(57.3)式直接求出(106.2)式中各项的符号.

但应注意,一般讲来我们只能确定求和式(106.2)中各项的相对符号,至于整个求和式的符号则可能与角动量的"相加次序"有关. 实际上,如果把 $\psi^{(1)}$ 中所有的旋量指标全部下降(有 $j+m$ 个指标为 1,$j-m$ 个指标为 2)并把 $\psi^{(2)}$ 中的指标全部上升,(106.3)的标量就要乘以 $(-1)^{2j}$,当 j 为半整数时就要变一符号.

其次,我们来考虑总角动量为零的一个系统,由角动量为 j_1,j_2,j_3 分量为 m_1,m_2,m_3 的三个粒子所组成. 总角动量等于零的条件是 $m_1+m_2+m_3=0$,并且 j_1,j_2,j_3 中任意一个的值可以从其它两个值的矢量相加法则中得到,也就是说,j_1,j_2,j_3 在几何上应该是一个封闭三角形的三条边. 换句话说,每一个值介于其它两值的和与差之间:

$$|j_1-j_2|\leqslant j_3\leqslant j_1+j_2,\text{等等}$$

代数和 $j_1+j_2+j_3$ 显然是一个整数.

所考虑系统的波函数为下列求和式:

$$\psi_0=\sum_{m_1,m_2,m_3}\begin{pmatrix} j_1 & j_2 & j_3\\ m_1 & m_2 & m_3\end{pmatrix}\psi_{j_1m_1}^{(1)}\psi_{j_2m_2}^{(2)}\psi_{j_3m_3}^{(3)}, \tag{106.4}$$

每个 m_i 的取值是从 $-j_i$ 到 j_i. 这个公式中的系数称为**维格纳**(Wigner)**3j-符号**. 按

定义仅当 $m_1+m_2+m_3=0$ 时它们才不等于零.

置换下标 1,2,3 时,(106.4)式的波函数只能改变一个不重要的周相因子.实际上 $3j$ 符号可以全部定义成实量(见后面),ψ_0的不确定性就变成只是它的公共符号的不确定性(正如(106.2)式的函数那样).这意味着 $3j$ 符号中列的对换使它或者不变或者变一符号.

确定求和式(106.4)中系数($3j$ 符号的常用定义)的一个最对称的方法是这样的.采用旋量记号,ψ_0是由三个旋量 $\psi^{(1)\lambda\mu\cdots}$,$\psi^{(2)\lambda\mu\cdots}$,$\psi^{(3)\lambda\mu\cdots}$的乘积经过全部指标的缩并后形成的一个标量,每一对缩并指标取自其中的两个不同旋量.对粒子 1 和 2 讲来,缩并时 $\psi^{(1)}$ 取上标 $\psi^{(2)}$ 取下标;对粒子 2 和 3,缩并时 $\psi^{(2)}$ 取上标 $\psi^{(3)}$ 取下标;对粒子 3 和 1,则 $\psi^{(3)}$ 取上标 $\psi^{(1)}$ 取下标.很易证明,这三类缩并指标分别有 $j_1+j_2-j_3$,$j_2+j_3-j_1$和 $j_1+j_3-j_2$对.这个缩并规则唯一地确定了 ψ_0的符号.

显然,采用了这个定义以后,指标 1,2,3 的循环置换使 ψ_0保持不变.这意味着 $3j$ 符号对列的循环置换保持不变.很易看出,1,2,3 中任意两个指标的对换,会使 $j_1+j_2+j_3$对旋量指标发生升降,这意味着 ψ_0要乘以$(-1)^{j_1+j_2+j_3}$;换句话说,$3j$ 符号具有下列性质:

$$\begin{pmatrix} j_2 & j_1 & j_3 \\ m_2 & m_1 & m_3 \end{pmatrix} = (-1)^{j_1+j_2+j_3} \begin{pmatrix} j_1 & j_2 & j_3 \\ m_1 & m_2 & m_3 \end{pmatrix} \text{等等}, \tag{106.5}$$

即当 $j_1+j_2+j_3$为奇数时,任意两列的对调要变一符号.

最后,很易看出

$$\begin{pmatrix} j_1 & j_2 & j_3 \\ -m_1 & -m_2 & -m_3 \end{pmatrix} = (-1)^{j_1+j_2+j_3} \begin{pmatrix} j_1 & j_2 & j_3 \\ m_1 & m_2 & m_3 \end{pmatrix}, \tag{106.6}$$

每个角动量 z 分量的变号可看作绕 y 轴转 π 角的结果,这等价于把所有的旋量下标上升并同时把所有的上标下降(见(58.5)式).

从(106.4)式出发,可以导出一个重要公式,这个公式能够给出具有给定 j 和 m 值的双粒子系统的 ψ_{jm} 波函数,为此,我们把粒子 1 和 2 一起看作一个系统.由于这个系统的角动量 $\boldsymbol{j}$ 和粒子 3 的角动量 $\boldsymbol{j}_3$ 相加后所得的总角动量等于零,故一定有 $j=j_3$,$m=-m_3$.按(106.2),我们可写成

$$\psi_0 = \frac{1}{\sqrt{2j+1}} \sum_m (-1)^{j-m} \psi_{jm} \psi^{(3)}_{j,-m} \tag{106.7}$$

此式应该和(106.4)式比较(该式中的 j_3,m_3改成 j, $-m$).在这里,我们首先要计及这样的事实,(106.7)中的求和是按(106.3)式的构造法则进行的,与(106.4)的求和式的构造法则并不一致;为了把(106.7)化成(106.4)的形式,不难看出,我们必须把粒子 1 和 3 的每对缩并指标上下对调一下,这就产生了一个附加因

子$(-1)^{j_1-j_2+j_3}$. 比较的结果为①

$$\psi_{jm}=(-1)^{j_1-j_2+m}\sqrt{2j+1}\sum_{m_1,m_2}\begin{pmatrix}j_1 & j_2 & j\\ m_1 & m_2 & -m\end{pmatrix}\psi_{j_1m_1}^{(1)}\psi_{j_2m_2}^{(2)},\tag{106.8}$$

式中对 m_1,m_2的求和应满足 $m_1+m_2=m$ 的条件.

(106.8)式给出了我们所需要的表式,它把角动量为j_1和j_2的两个粒子波函数组合成为系统的波函数.该式可写成

$$\psi_{jm}=\sum_{m_1,m_2}\langle m_1m_2|jm\rangle\psi_{j_1m_1}^{(1)}\psi_{j_2m_2}^{(2)}(m_2=m-m_1),\tag{106.9}$$

式中的系数

$$\langle m_1m_2|jm\rangle=(-1)^{j_1-j_2+m}\sqrt{2j+1}\begin{pmatrix}j_1 & j_2 & j\\ m_1 & m_2 & -m\end{pmatrix}\tag{106.10}$$

组成一个变换矩阵,它把$(2j_1+1)(2j_2+1)$个正交归一化的完备波函数$|m_1m_2\rangle$变换成为同样完备的$|jm\rangle$波函数组(具有给定的j_1,j_2值).这种系数称为**矢量耦合系数**或**克莱布什-高丹**(Clebsch-Gordan)**系数**.记号$\langle m_1m_2|jm\rangle$就是一组函数展为另一组函数时常用的(11.18)式中的展开系数的记号.为简洁计,我们已在记号中省略了两组函数共有的量子数j_1和j_2.必要时可恢复成$\langle j_1m_1j_2m_2|j_1j_2jm\rangle$②.

(106.9)的变换矩阵是幺正的(见§12).因此逆变换系数

$$\psi_{j_1m_1}^{(1)}\psi_{j_2m_2}^{(2)}=\sum_{j=|j_2-j_1|}^{j_1+j_2}\langle j,m_1+m_2|m_1m_2\rangle\psi_{j,m_1+m_2}\tag{106.11}$$

等于(106.9)式中变换系数的复共轭.后面将指出,这些系数都是些实量,因此简单地有

$$\langle m_1m_2|jm\rangle=\langle jm|m_1m_2\rangle.$$

根据量子力学的一般规则,(106.11)中展开系数的平方给出了系统具有某个j和m值的概率(当j_1,m_1和j_2,m_2为给定时).

变换(106.9)的幺正性意味着它的系数满足一定的正交条件.根据(12.5)和(12.6)式有

$$\sum_{m_1,m_2}\langle m_1m_2|jm\rangle\langle m_1m_2|j'm'\rangle=$$

---

① 根据(60.2)式,时间反演下,波函数变成

$$\psi_{jm}\to(-1)^{j-m}\psi_{j,-m}$$

很易验证,(106.8)式的右边确实同其左边一样按上式变换的.

② 克莱布什-高丹系数(C-G系数)在有的文献中记作

$$C_{m_1m_2}^{jm}\quad 或\quad C_{j_1m_1,j_2m_2}^{jm}.$$

$$=(2j+1)\sum_{m_1,m_2}\begin{pmatrix} j_1 & j_2 & j \\ m_1 & m_2 & -m \end{pmatrix}\begin{pmatrix} j_1 & j_2 & j' \\ m_1 & m_2 & -m' \end{pmatrix}$$

$$=\delta_{jj'}\delta_{mm'}, \tag{106.12}$$

$$\sum_j \langle m_1 m_2 | jm\rangle\langle m'_1 m'_2 | jm\rangle =$$

$$=\sum_j (2j+1)\begin{pmatrix} j_1 & j_2 & j \\ m_1 & m_2 & -m \end{pmatrix}\begin{pmatrix} j_1 & j_2 & j \\ m'_1 & m'_2 & -m \end{pmatrix}=$$

$$=\delta_{m_1 m'_1}\delta_{m_2 m'_2}. \tag{106.13}$$

3j 符号的一般显示表达式是相当冗长的. 它可写成①

$$\begin{pmatrix} j_1 & j_2 & j_3 \\ m_1 & m_2 & m_3 \end{pmatrix}=\left[\frac{(j_1+j_2-j_3)!\ (j_1-j_2+j_3)!\ (-j_1+j_2+j_3)!}{(j_1+j_2+j_3+1)!}\right]^{1/2}\times$$

$$\times[(j_1+m_1)!\ (j_1-m_1)!\ (j_2+m_2)!\ (j_2-m_2)!\ (j_3+m_3)!\ (j_3-m_3)!]^{1/2}\times$$

$$\times\sum_z\frac{(-1)^{z+j_1-j_2-m_3}}{z!\ (j_1+j_2-j_3-z)!\ (j_1-m_1-z)!\ (j_2+m_2-z)!\ (j_3-j_2+m_1+z)!\ (j_3-j_1-m_2+z)!} \tag{106.14}$$

式中对所有的整数 z 值求和,但由于负整数的阶乘为无穷大,这个求和式中只有为数有限的项. 求和式前的系数明显对称于下标 1,2,3;把求和变量 z 的值变换一下即可看出求和式本身也具有这种对称性.

除了根据 3j 符号的定义直接导出的对称性质(106.5)和(106.6)式以外,3j 符号还存在着其它一些对称性质,但它们的推导较为复杂,我们不在这里给出. 所讲的这些对称性可用 3j 符号的参量所组成的下列 3×3 数值表很好地表达出来:

$$\begin{pmatrix} j_1 & j_2 & j_3 \\ m_1 & m_2 & m_3 \end{pmatrix}=\begin{bmatrix} j_2+j_3-j_1 & j_3+j_1-j_2 & j_1+j_2-j_3 \\ j_1-m_1 & j_2-m_2 & j_3-m_3 \\ j_1+m_1 & j_2+m_2 & j_3+m_3 \end{bmatrix}, \tag{106.15}$$

此表中每行或每列之和都等于 $j_1+j_2+j_3$. 然后有:(1) 表中任意两列对调后,3j 符号要乘以 $(-1)^{j_1+j_2+j_3}$(与(106.5)所给的性质相同);(2) 任意两行对调后同样要乘以 $(-1)^{j_1+j_2+j_3}$(对下面两行讲来,与(106.6)所给的性质相同);(3) 表中

---

① (106.9)式中的系数由维格纳(E. P. Wigner, 1931)首先算出. 它的对称性质及对称表式(106.14)由拉卡(G. Racah, 1942)首先导出. 最直接的导出方法也许是利用(57.6)式把 ψ_0 的旋量表式(加以适当的归一化后)直接化成(106.4)的求和式. 注意(57.6)中的系数是实的,因此 3j 符号也一定是实数. 另一种推导见 A. R. Edmonds, Angular Momentum in Quantum Mechanics, Princeton, 1957. 后面的 3j 符号表引自此书.

的行和列对调后 3j 符号保持不变①.

下面给出特殊情形下的某些简单公式. 按(106.2)有下列数值:

$$\begin{pmatrix} j & j & 0 \\ m & -m & 0 \end{pmatrix} = (-1)^{j-m}\frac{1}{\sqrt{2j+1}}. \tag{106.16}$$

由(106.14)式直接可得:

$$\begin{pmatrix} j_1 & j_2 & j_1+j_2 \\ m_1 & m_2 & -m_1-m_2 \end{pmatrix} = (-1)^{j_1-j_2+m_1+m_2} \times$$
$$\times \left[\frac{(2j_1)!\,(2j_2)!\,(j_1+j_2+m_1+m_2)!\,(j_1+j_2-m_1-m_2)!}{(2j_1+2j_2+1)!\,(j_1+m_1)!\,(j_1-m_1)!\,(j_2+m_2)!\,(j_2-m_2)!}\right]^{1/2} \tag{106.17}$$

$$\begin{pmatrix} j_1 & j_2 & j_3 \\ j_1 & -j_1-m_3 & m_3 \end{pmatrix} = (-1)^{-j_1+j_2+m_3} \times$$
$$\times \left[\frac{(2j_1)!\,(-j_1+j_2+j_3)!\,(j_1+j_2+m_3)!\,(j_3-m_3)!}{(j_1+j_2+j_3+1)!\,(j_1-j_2+j_3)!\,(j_1+j_2-j_3)!\,(-j_1+j_2-m_3)!\,(j_3+m_3)!}\right]^{1/2}$$

下列公式

$$\begin{pmatrix} j_1 & j_2 & j_3 \\ 0 & 0 & 0 \end{pmatrix} = (-1)^{p}\left[\frac{(j_1+j_2-j_3)!\,(j_1-j_2+j_3)!\,(-j_1+j_2+j_3)!}{(2p+1)!}\right]^{1/2} \times$$
$$\times \frac{p!}{(p-j_1)!\,(p-j_2)!\,(p-j_3)!} \tag{106.18}$$

当 $2p=j_1+j_2+j_3$ 为偶数时,上式的推导需要许多附加计算②,当 $2p$ 为奇数时,这个 3j 符号由于对称性(106.6)而等于零.

表 9 中列入了 $j_3=1/2,1,3/2,2$ 的各种 3j 符号值,以供参考. 对于每一个 j_3 值,表中只给出了少数几个 3j 符号,其余的 3j 符号可以根据(106.5),(106.6)式以及这个表推出.

表 9 3j 符号表

$$\begin{pmatrix} j+\frac{1}{2} & j & \frac{1}{2} \\ m & -m-\frac{1}{2} & \frac{1}{2} \end{pmatrix} = (-1)^{j-m-\frac{1}{2}}\left[\frac{j-m-\frac{1}{2}}{(2j+1)(2j+2)}\right]^{1/2}$$

① 见 T. Regge, Il nuovo cimento 10, 544, 1958; 11, 116, 1959. (106.15)对称性(以及 6j 符号(108.3)式的性质)的更深入的数学特征的讨论见评述性文章 Я. А. Смородинский и Л. А. Шелепин, УФН, 106, 3 (1972).

② 见前引 Edmonds 的书.

续表

$$(-1)^{j-m}\begin{pmatrix} j_1 & j & 1 \\ m & -m-m_3 & m_3 \end{pmatrix}$$

j_1 \ m_3	0
j	$\frac{2m}{[2j(2j+1)(2j+2)]^{1/2}}$
$j+1$	$-\left[\frac{2(j+m+1)(j-m+1)}{(2j+1)(2j+2)(2j+3)}\right]^{1/2}$

j_1 \ m_3	1
j	$\left[\frac{2(j-m)(j+m+1)}{2j(2j+1)(2j+2)}\right]^{1/2}$
$j+1$	$-\left[\frac{(j-m)(j-m+1)}{(2j+1)(2j+2)(2j+3)}\right]^{1/2}$

$$(-1)^{j-m+\frac{1}{2}}\begin{pmatrix} j_1 & j & \frac{3}{2} \\ m & -m-m_3 & m_3 \end{pmatrix}$$

j_1 \ m_3	$\frac{1}{2}$
$j+\frac{1}{2}$	$-\left(j+3m+\frac{3}{2}\right)\left[\frac{j-m+\frac{1}{2}}{2j(2j+1)(2j+2)(2j+3)}\right]^{1/2}$
$j+\frac{3}{2}$	$\left[\frac{3\left(j-m+\frac{1}{2}\right)\left(j-m+\frac{3}{2}\right)\left(j+m+\frac{3}{2}\right)}{(2j+1)(2j+2)(2j+3)(2j+4)}\right]^{1/2}$

j_1 \ m_3	$\frac{3}{2}$
$j+\frac{1}{2}$	$-\left[\frac{3\left(j-m-\frac{1}{2}\right)\left(j-m+\frac{1}{2}\right)\left(j-m+\frac{3}{2}\right)}{2j(2j+1)(2j+2)(2j+3)}\right]^{1/2}$
$j+\frac{3}{2}$	$\left[\frac{\left(j-m-\frac{1}{2}\right)\left(j-m+\frac{1}{2}\right)\left(j-m+\frac{3}{2}\right)}{(2j+1)(2j+2)(2j+3)(2j+4)}\right]^{1/2}$

$$(-1)^{j-m}\begin{pmatrix} j_1 & j & 2 \\ m & -m-m_3 & m_3 \end{pmatrix}$$

续表

j_1 \ m_3	0
j	$\dfrac{2[3m^2-j(j+1)]}{[(2j-1)2j(2j+1)(2j+2)(2j+3)]^{1/2}}$
$j+1$	$-2m\left[\dfrac{6(j+m+1)(j-m+1)}{2j(2j+1)(2j+2)(2j+3)(2j+4)}\right]^{1/2}$
$j+2$	$\left[\dfrac{6(j+m+2)(j+m+1)(j-m+2)(j-m+1)}{(2j+1)(2j+2)(2j+3)(2j+4)(2j+5)}\right]^{1/2}$
j_1 \ m_3	1
j	$(1+2m)\left[\dfrac{6(j+m+1)(j-m)}{(2j-1)2j(2j+1)(2j+2)(2j+3)}\right]^{1/2}$
$j+1$	$-2(j+2m+2)\left[\dfrac{(j-m+1)(j-m)}{2j(2j+1)(2j+2)(2j+3)(2j+4)}\right]^{1/2}$
$j+2$	$2\left[\dfrac{(j+m+2)(j-m+2)(j-m+1)(j-m)}{(2j+1)(2j+2)(2j+3)(2j+4)(2j+5)}\right]^{1/2}$
j_1 \ m_3	2
j	$\left[\dfrac{6(j-m-1)(j-m)(j+m+1)(j+m+2)}{(2j-1)2j(2j+1)(2j+2)(2j+3)}\right]^{1/2}$
$j+1$	$-2\left[\dfrac{(j-m-1)(j-m)(j-m+1)(j+m+2)}{2j(2j+1)(2j+2)(2j+3)(2j+4)}\right]^{1/2}$
$j+2$	$\left[\dfrac{(j-m-1)(j-m)(j-m+1)(j-m+2)}{(2j+1)(2j+2)(2j+3)(2j+4)(2j+5)}\right]^{1/2}$

习　题

试求自旋为 1/2 轨道角动量给定为 l 的粒子态的角部波函数与总角动量为 j 投影值为 m 的状态波函数之间的关系.

解:这个问题可以用一般公式(106.8)解决,把该式中的 $\psi^{(1)}$ 理解为轨道角动量本征函数(即球谐函数 Y_{lm}),把 $\psi^{(2)}$ 理解为自旋波函数 $\chi(\sigma)$[其中的 $\sigma=\pm\dfrac{1}{2}$]:

$$\psi_{jm}=(-1)^{l+m-\frac{1}{2}}\sqrt{2j+1}\sum_{\sigma}\begin{pmatrix} l & 1/2 & j \\ m-\sigma & \sigma & -m\end{pmatrix}Y_{l,m-\sigma}\chi(\sigma)$$

把 3j 符号值代入后,即得:

$$\psi_{l+\frac{1}{2},m}=\sqrt{\frac{j+m}{2j}}\chi\left(\frac{1}{2}\right)Y_{l,m-\frac{1}{2}}+\sqrt{\frac{j-m}{2j}}\chi\left(-\frac{1}{2}\right)Y_{l,m+\frac{1}{2}}$$

$$\psi_{l-\frac{1}{2},m}=-\sqrt{\frac{j-m+1}{2j+2}}\chi\left(\frac{1}{2}\right)Y_{l,m-\frac{1}{2}}+\sqrt{\frac{j+m+1}{2j+2}}\chi\left(-\frac{1}{2}\right)Y_{l,m+\frac{1}{2}}$$

§107　张量的矩阵元

§29 中曾经得到过物理矢量的矩阵元与角动量分量值间的一些关系式. 这些式子实际上不过是任意秩不可约张量(见 §57)的某些相应的一般公式的一个特例①.

一个 k(整数)秩不可约张量的 $2k+1$ 个分量按其变换性质来说等价于 $2k+1$ 个球谐函数 $Y_{kq}, q=-k,\cdots,k$(见 §57 最后一个附注),这就是说,把一个张量的分量适当地线性组合以后,我们可以得到一组量,这组量在转动下按函数组 Y_{kq} 的规律变换. 我们用 f_{kq} 代表这组量,称为 k 秩**球张量**.

以 $k=1$ 的矢量为例,f_{1q} 和矢量诸分量的关系式为

$$f_{10}=\mathrm{i}a_z,\ f_{1,\pm1}=\mp\frac{\mathrm{i}}{\sqrt{2}}(a_x\pm\mathrm{i}a_y). \tag{107.1}$$

参考(57.7). 二秩张量的相应公式为

$$\left.\begin{aligned}&f_{20}=-\sqrt{\frac{3}{2}}a_{zz},\ f_{2,\pm1}=\pm(a_{xz}\pm\mathrm{i}a_{yz}),\\&f_{2,\pm2}=-\frac{1}{2}(a_{xx}-a_{yy}\pm2\mathrm{i}a_{xy}).\end{aligned}\right\} \tag{107.2}$$

且有 $a_{xx}+a_{yy}+a_{zz}=0$②.

两个(或更多个)球张量 $f_{k_1q_1}, f_{k_2q_2}$ 可按角动量相加法则构造出张量乘积,k_1, k_2 形式上代表着对应于这两个张量的"角动量". 因此可以按下式从 k_1 和 k_2 秩的两个球张量构造出 $K=k_1+k_2,\cdots,|k_1-k_2|$ 秩的球张量:

$$\begin{aligned}(f_{k_1}g_{k_2})_{KQ}&=\sum_{q_1,q_2}\langle q_1q_2|KQ\rangle f_{k_1q_1}g_{k_2q_2}=\\&=(-1)^{k_1-k_2+Q}\sqrt{2K+1}\sum_{q_1,q_2}\begin{pmatrix}k_1&k_2&K\\q_1&q_2&-Q\end{pmatrix}f_{k_1q_1}g_{k_2q_2}\end{aligned} \tag{107.3}$$

(参考(106.9)式). 但是,两个同为 k 秩的张量的标积通常定义成为

$$(f_kg_k)_{00}=\sum_q(-1)^{k-q}f_{kq}g_{k,-q}, \tag{107.4}$$

---

① §107—§109 中所分析的问题,大部分结果是由拉卡(G. Racah,1942—1943)给出的.

② 之所以要取 f_{kq} 为复量仅仅是因为我们采用的是球分量,而该张量原来的笛卡儿分量都是些实量.

这个式子和 $K=Q=0$ 的(107.3)式相差一个因子 $\sqrt{2k+1}$,可参考(106.2)式①.这个定义也可改写成

$$(f_k g_k)_{00} = \sum_q f_{kq} g_{kq}^*.$$

如果我们注意到球张量的复共轭为②(参考(28.9))

$$f_{kq}^* = (-1)^{k-q} f_{k,-q}$$

把物理量表成球张量的形式对其矩阵元的计算特别方便,这样一来就能直接应用角动量相加理论中的各种结果.

按矩阵元的定义,我们有

$$\hat{f}_{kq}\psi_{njm} = \sum_{n'j'm'} \langle n'j'm' | f_{kq} | njm \rangle \psi_{n'j'm'}, \tag{107.5}$$

其中 ψ_{njm} 为系统的定态波函数,该态由它的角动量 j,分量 m 和其余量子数的集合 n 所描写.(107.5)式左右两边的函数按其变换性质来说,分别对应于(106.11)式的两边,因此可以立刻得到以下一些选择定则:k 秩不可约张量的 f_{kq} 分量的矩阵元,除了满足"角动量相加法则"$\boldsymbol{j}'=\boldsymbol{j}+\boldsymbol{k}$ 的 $jm \to j'm'$ 跃迁矩阵元外,其余都等于零,亦即量子数 j',j,k 必须满足"三角形法则"(构成一个封闭三角形的三条边),并且有 $m'=m+q$. 特别是,仅当 $2j \geqslant k$ 时,对角元才能不等于零.

其次,根据同样的变换对应,求和式(107.5)中的系数应该和(106.11)式中的系数成正比(**维格纳-埃克特定理** Wigner-Eckart). 这一点确定了这些系数和 m,m' 的关系,因此矩阵元可写成下列形式:

$$\langle n'j'm' | f_{kq} | njm \rangle = \\ = \mathrm{i}^k (-1)^{j_{\max}-m'} \begin{pmatrix} j' & k & j \\ -m' & q & m \end{pmatrix} \langle n'j' \| f_k \| nj \rangle, \tag{107.6}$$

其中 $j_{\max}$ 代表 j 和 j' 二者中较大的那一个,$\langle n'j' \| f_k \| nj \rangle$ 是一些和 m,m',q 无关的量,称为**约化矩阵元**. 这个公式解决了矩阵元和角动量分量的依赖关系问题.这个关系完全是由对旋转群而言的对称性质所支配的,至于和其它量子数的关系则由 f_{kq} 本身的物理特性所确定③.

算符组 $\hat{f}_{kq}$ 之间存在着下列关系:

$$\hat{f}_{kq}^{+} = (-1)^{k-q} \hat{f}_{k,-q}, \tag{107.7}$$

因此对其矩阵元讲来,下式成立:

---

① 如果矢量 $\boldsymbol{A}$ 和 $\boldsymbol{B}$ 对应于(107.1)式的球张量 f_{1q} 和 g_{1q} 则有 $(f_1 g_1)_{00} = \boldsymbol{A}\cdot\boldsymbol{B}$ 秩.

② 我们重复一下关于(106.8)式的说明:按此规则,对(107.3)式右边的两个 k_1 和 k_2 秩张量取复共轭,则使式左的 K 秩张量也成为其复共轭.

③ 根据这些结果,立刻可得 §29 中给出的矢量矩阵元的选择定则及其公式(29.7),(29.9).

$$\langle n'j'm'|f_{kq}|njm\rangle^* = (-1)^{k-q}\langle njm|f_{k,-q}|n'j'm'\rangle. \tag{107.8}$$

把(107.6)代入上式并利用 $3j$ 符号的性质(106.5)和(106.6),可得约化矩阵元的“厄米”关系①:

$$\langle n'j'\|f_k\|nj\rangle = \langle nj\|f_k\|n'j'\rangle^*. \tag{107.9}$$

标量(107.4)的矩阵元对 j 和 m 是对角的. 按矩阵乘法规则有

$$\langle n'jm|(f_k g_k)_{00}|njm\rangle = \\ = \sum_q (-1)^{k-q}\sum_{n''j''m''}\langle n'jm|f_{kq}|n''j''m''\rangle\langle n''j''m''|g_{k,-q}|njm\rangle,$$

把(107.6)代入上式,利用 $3j$ 符号的正交关系对 q 和 m'' 求和后,得到

$$\langle n'jm|(f_k g_k)_{00}|njm\rangle = \frac{1}{2j+1}\sum_{n''j''}\langle n'j\|f_k\|n''j''\rangle\langle n''j''\|g_k\|nj\rangle. \tag{107.10}$$

同理易得矩阵元平方和的下列公式

$$\sum_{q,m'}|\langle n'j'm'|f_{kq}|njm\rangle|^2 = \frac{1}{2j+1}|\langle n'j'\|f_k\|nj\rangle|^2, \tag{107.11}$$

$$\sum_{m,m'}|\langle n'j'm'|f_{kq}|njm\rangle|^2 = \frac{1}{2k+1}|\langle n'j'\|f_k\|nj\rangle|^2. \tag{107.12}$$

第一式是在给定 m 值下对 q 和 m' 求和,第二式是在给定 q 值下对 m 和 m' 求和(两式均有 $m'=m+q$).

为参考计,我们来考察 f_{kq} 就是球谐函数 Y_{kq} 本身时的情形,给出它对一个粒子的两个整数轨道角动量态 l_1 和 l_2 之间的跃迁矩阵元,即下列积分:

$$\langle l_1m_1|Y_{lm}|l_2m_2\rangle = \int Y^*_{l_1m_1}Y_{lm}Y_{l_2m_2}\mathrm{d}o. \tag{107.13}$$

除了角动量相加法则($\boldsymbol{l}+\boldsymbol{l}_2=\boldsymbol{l}_1$)所赋予的选择定则以外,这个矩阵元还有一个 $l+l_1+l_2$ 必须为偶数的规则. 这是来自宇称守恒,它要求两个粒子态的宇称乘积 $(-1)^{l_1+l_2}$ 必须等于所考虑物理量的宇称 $(-1)^l$(见 §30).

(107.13)式的那些矩阵元是 §110 中所算的一个更普遍的积分的一个特例(是该节附注),它们由下式给出:

$$\langle l_1m_1|Y_{lm}|l_2m_2\rangle = (-1)^{m_1}\mathrm{i}^{-l_1+l_2+l}\begin{pmatrix} l_1 & l & l_2 \\ -m_1 & m & m_2\end{pmatrix}\times \\ \times\begin{pmatrix} l_1 & l & l_2 \\ 0 & 0 & 0\end{pmatrix}\left[\frac{(2l+1)(2l_1+1)(2l_2+1)}{4\pi}\right]^{\frac{1}{2}}, \tag{107.14}$$

特别是 $m_1=m_2=m=0$ 时,得三个勒让德函数的乘积积分式:

① 定义式(107.6)中的相因子实际上是这样选定的,使得(107.9)式成立.

$$\int_{-1}^{1} P_l(\mu) P_{l_1}(\mu) P_{l_2}(\mu)\, \mathrm{d}\mu = 2\begin{pmatrix} l_1 & l & l_2 \\ 0 & 0 & 0 \end{pmatrix}^2. \tag{107.15}$$

§ 108　6j 符号

§ 106 中我们定义 3j 符号为(106.4)式中对总角动量为零的三个粒子波函数求和时的系数. 从旋转变换的性质讲来,这个和是一个标量,由于这一点,具有给定 j_1, j_2, j_3 值(以及所有可能的 m_1, m_2, m_3 值)的一组 3j 符号可以看作这样一组量,它们在旋转下是按乘积 $\psi_{j_1m_1}\psi_{j_2m_2}\psi_{j_3m_3}$ 的逆步规律变换的,使得整个和是一个标量.

根据这个观点我们可以提出只用 3j 符号构造标量的问题. 这个标量必须只依赖于 j,不依赖于随转动变化的 m. 换句话说,它必能表成对所有的 m 求和的形式,这样的求和式就是两个 3j 符号乘积的下列"缩并"式:

$$\sum_m (-1)^{j-m}\begin{pmatrix} j & \cdot & \cdot \\ m & \cdot & \cdot \end{pmatrix}\begin{pmatrix} j & \cdot & \cdot \\ -m & \cdot & \cdot \end{pmatrix} \tag{108.1}$$

[参考标量(106.2)的构造方法].

由于每个"缩并"针对着一对 m,构造一个完整的标量时我们必须考虑偶数个 3j 符号的乘积. 两个 3j 符号的乘积缩并时,由于其正交性,显然有

$$\sum_{m_1, m_2, m_3}\begin{pmatrix} j_1 & j_2 & j_3 \\ m_1 & m_2 & m_3 \end{pmatrix}\begin{pmatrix} j_1 & j_2 & j_3 \\ -m_1 & -m_2 & -m_3 \end{pmatrix}(-1)^{j_1+j_2+j_3-m_1-m_2-m_3} =$$

$$= \sum_{m_1, m_2, m_3}\begin{pmatrix} j_1 & j_2 & j_3 \\ m_1 & m_2 & m_3 \end{pmatrix}^2 = 1,$$

其中应用了等式 $m_1+m_2+m_3=0$ 及(106.6),(106.12)式. 因此构造一个非平凡标量所需的最少因子数等于 4.

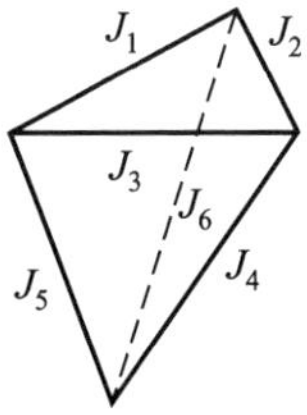

图 45

每个 3j 符号中,三个 j 值组成一个封闭三角形. 由于每个 j 值必须出现在两个 3j 符号的"缩并"中,显然,在用 4 个 3j 符号的乘积构造一个标量时,一定会有 6 个 j 值组成一个不规则四面体的 6 条棱(图 45),每一个 3j 符号对应于它的一个面. 我们在定义所需的标量时,对其缩并过程照例要用一定的条件,它由下式给出:

$$\begin{Bmatrix} j_1 & j_2 & j_3 \\ j_4 & j_5 & j_6 \end{Bmatrix} = \sum_{\text{所有}m}(-1)^{\sum_i (j_i - m_i)}\begin{pmatrix} j_1 & j_2 & j_3 \\ -m_1 & -m_2 & -m_3 \end{pmatrix}\times$$

$$\times\begin{pmatrix} j_1 & j_5 & j_6 \\ m_1 & -m_5 & m_6 \end{pmatrix}\begin{pmatrix} j_4 & j_2 & j_6 \\ m_4 & m_2 & -m_6 \end{pmatrix}\begin{pmatrix} j_4 & j_5 & j_3 \\ -m_4 & m_5 & m_3 \end{pmatrix}, \tag{108.2}$$

式中对所有 m 的所有可能值求和，但由于每个 $3j$ 符号中的三个 m 值之和必须为零，6 个 m 中实际上只有 3 个 m 是独立的，(108.2)式所定义的量称为**6j 符号**或**拉卡系数**①.

根据定义(108.2)，应用 $3j$ 符号的对称性质，不难验证 $6j$ 符号中的三列进行任意置换时，或者任意两列的上下指标同时对调时，$6j$ 符号保持不变. 由于这些对称性质，$6j$ 符号中的 $j_1,\cdots,j_6$ 可以排列成 24 种等价的形式②. 此外，$6j$ 符号还有一个不太明显的对称性质，这是两组不同 j 值的符号间的一个等式③：

$$\begin{Bmatrix} j_1 & j_2 & j_3 \\ j_4 & j_5 & j_6 \end{Bmatrix} = \begin{Bmatrix} j_1 & \frac{1}{2}(j_2+j_5+j_3-j_6) & \frac{1}{2}(j_3+j_6+j_2-j_5) \\ j_4 & \frac{1}{2}(j_2+j_5+j_6-j_3) & \frac{1}{2}(j_3+j_6+j_5-j_2) \end{Bmatrix}. \tag{108.3}$$

下面给出 $6j$ 符号与 $3j$ 符号间一个有用的关系式，它可从定义(108.2)导出：

$$\sum_{m_4m_5m_6}(-1)^{j_4+j_5+j_6-m_4-m_5-m_6}\begin{pmatrix} j_1 & j_5 & j_6 \\ m_1 & -m_5 & m_6 \end{pmatrix}\times$$
$$\times\begin{pmatrix} j_4 & j_2 & j_6 \\ m_4 & m_2 & -m_6 \end{pmatrix}\begin{pmatrix} j_4 & j_5 & j_3 \\ -m_4 & m_5 & m_3 \end{pmatrix} = \begin{pmatrix} j_1 & j_2 & j_3 \\ m_1 & m_2 & m_3 \end{pmatrix}\begin{Bmatrix} j_1 & j_2 & j_3 \\ j_4 & j_5 & j_6 \end{Bmatrix}, \tag{108.4}$$

式左的求和项与(108.2)中的相比少了一个 $3j$ 符号. 因此我们可以说，(108.4)中的和可用缺掉一个面的四面体(图 45)代表. 这一点确定了它与标量求和式的差别. 换句话说，就其变换性质而言，它相当于一个 $3j$ 符号，这个符号一定和(108.4)式右边的那个 $3j$ 符号成正比. 该式两边乘以

$$\begin{pmatrix} j_1 & j_2 & j_3 \\ m_1 & m_2 & m_3 \end{pmatrix}$$

并对 m_1,m_2,m_3 求和后，很易求出其比例系数(即该式右边的 $6j$ 符号).

$6j$ 符号在下述三个角动量的相加问题中自然地产生.

设 j_1,j_2,j_3 三个角动量相加后给出的总角动量为 J. 当 J 值(及其分量值 M)

---

① 文献中也有的用下列记号

$$W(j_1j_2j_4j_5;j_3j_6) = (-1)^{j_1+j_2+j_4+j_5}\begin{Bmatrix} j_1 & j_2 & j_3 \\ j_4 & j_5 & j_6 \end{Bmatrix}.$$

② 如果把图 45 看作一个正四面体，那么 j 的 24 种等价置换可以从该四面体的 24 种对称变换(旋转和反射)获得.

③ 见 T. Regge, Il nuovo cimento[10]10, 544, 1958; 11, 116, 1959.

给定后，该系统的态还没有唯一地确定，它还依赖于这些角动量相加的方式(或称耦合方案).

例如，我们来考虑这样两个耦合方案:(1) 先把角动量 j_1 和 j_2 相加成为总角动量 j_{12}，再把 j_{12} 和 j_3 相加成为最后的角动量 J;(2) 角动量 j_2 和 j_3 相加成 j_{23}，然后由 j_{23} 和 j_1 相加成 J. 前一方案对应于 j_{12}(以及 j_1, j_2, j_3, J, M)具有定值的态，其波函数记作 $\psi_{j_{12}JM}$(为简洁计省写了重复性下标 j_1, j_2, j_3). 同理，第二种耦合方案的波函数记作 $\psi_{j_{23}JM}$. 这两种情形下的"中间"角动量的值(j_{12} 或 j_{23})一般讲来都不是唯一的，所以我们有两组不同的态(J 和 M 为给定)，它们具有不同的 j_{12} 或 j_{23} 值. 根据一般规则，这两组态的波函数由一定的幺正变换相联系:

$$\psi_{j_{23}JM} = \sum_{j_{12}} \langle j_{12} | j_{23} \rangle \psi_{j_{12}JM}. \qquad (108.5)$$

从物理角度看来很明显，这个变换中的系数全与 M 无关:它们应和整个系统的空间取向无关. 因此，它们只能和 6 个角动量值 $j_1, j_2, j_3, j_{12}, j_{23}, J$ 有关而与这些角动量的分量值无关，也就是说全都是(前述定义下的)标量. 这些系数很易用下法具体算出.

重复应用(106.9)式得

$$\psi_{j_{23}JM} = \sum_{(m)} \langle m_1 m_{23} | JM \rangle \psi_{j_1 m_1} \psi_{j_{23} m_{23}} =$$
$$= \sum_{(m)} \langle m_1 m_{23} | JM \rangle \langle m_2 m_3 | j_{23} m_{23} \rangle \psi_{j_1 m_1} \psi_{j_2 m_2} \psi_{j_3 m_3},$$
$$\psi_{j_{12}JM} = \sum_{(m)} \langle m_3 m_{12} | JM \rangle \langle m_1 m_2 | j_{12} m_{12} \rangle \psi_{j_1 m_1} \psi_{j_2 m_2} \psi_{j_3 m_3},$$

(m)代表对表式中出现的所有 $m_1, m_2, \cdots$ 求和. 根据函数 ψ_{jm} 的正交性，我们有

$$\langle j_{12} | j_{23} \rangle \equiv \int \psi^*_{j_{12}JM} \psi_{j_{23}JM} \mathrm{d}q =$$
$$= \sum_{(m)} \langle m_3 m_{12} | JM \rangle \langle m_1 m_{23} | JM \rangle \langle m_1 m_2 | j_{12} m_{12} \rangle \langle m_2 m_3 | j_{23} m_{23} \rangle.$$

式右求和时 M 固定，但其结果实际上与 M 无关(理由已述). 因此上式还可对 M 求和并把求和式乘上一个因子 $1/(2j+1)$. 用(106.10)式把 $\langle m_1 m_2 | jm \rangle$ 等系数表为 3j 符号，得下列表式:

$$\langle j_{12} | j_{23} \rangle = (-1)^{j_1+j_2+j_3+J} \sqrt{(2j_{12}+1)(2j_{23}+1)} \begin{Bmatrix} j_1 & j_2 & j_{12} \\ j_3 & J & j_{23} \end{Bmatrix}. \qquad (108.6)$$

利用 6j 符号与(108.5)式的变换系数之间的上述关系，可以很容易地导出有关 6j 符号乘积之和的某些有用公式.

首先，由于变换(108.5)是幺正的，且其系数都是实数，所以下式成立:

$$\sum_{j} (2j+1)(2j''+1) \begin{Bmatrix} j_1 & j_2 & j' \\ j_3 & j_4 & j \end{Bmatrix} \begin{Bmatrix} j_3 & j_2 & j \\ j_1 & j_4 & j'' \end{Bmatrix} = \delta_{j'j''}. \qquad (108.7)$$

其次,我们来考虑三个角动量的三种耦合方案,其中间和分别为 j_{12},j_{23} 和 j_{31}. 三种情形下的变换系数(108.6)是由矩阵的乘法规则相联系的:

$$\sum_{j_{23}}\langle j_{12}|j_{23}\rangle\langle j_{23}|j_{31}\rangle=\langle j_{12}|j_{31}\rangle,$$

把(108.6)代入上式,重编下标后得

$$\sum_{j}(-1)^{j+j_3+j_6}(2j+1)\begin{Bmatrix}j_2 & j_4 & j_6\\ j_1 & j_5 & j\end{Bmatrix}\begin{Bmatrix}j_4 & j_1 & j_6\\ j_2 & j_5 & j_3\end{Bmatrix}=$$
$$=\begin{Bmatrix}j_1 & j_2 & j_3\\ j_4 & j_5 & j_6\end{Bmatrix}.\tag{108.8}$$

最后,考虑四个角动量的各种耦合方案后,可以导出①三个 $6j$ 符号连乘积的下列相加公式:

$$\sum_{j}(-1)^{j+\sum_1^9 j_i}(2j+1)\begin{Bmatrix}j_4 & j_2 & j_6\\ j_9 & j_8 & j\end{Bmatrix}\begin{Bmatrix}j_2 & j_1 & j_3\\ j_7 & j & j_9\end{Bmatrix}\begin{Bmatrix}j_4 & j_3 & j_5\\ j_7 & j_8 & j\end{Bmatrix}=$$
$$=\begin{Bmatrix}j_1 & j_2 & j_3\\ j_4 & j_5 & j_6\end{Bmatrix}\begin{Bmatrix}j_6 & j_1 & j_5\\ j_7 & j_8 & j_9\end{Bmatrix}\tag{108.9}$$

(L. C. Biedenharn, J. P. Elliott,1953).

为参考计,我们给出 $6j$ 符号的某些显示表式. 一般情形下,$6j$ 符号可写成下列求和式:

$$\begin{Bmatrix}j_1 & j_2 & j_3\\ j_4 & j_5 & j_6\end{Bmatrix}=\Delta(j_1j_2j_3)\Delta(j_1j_5j_6)\Delta(j_4j_2j_6)\Delta(j_4j_5j_3)\times$$
$$\times\sum_{z}\frac{(-1)^z(z+1)!}{(z-j_1-j_2-j_3)!\ (z-j_1-j_5-j_6)!\ (z-j_4-j_2-j_6)!\ (z-j_4-j_5-j_3)!}\times$$
$$\times\frac{1}{(j_1+j_2+j_4+j_5-z)!\ (j_2+j_3+j_5+j_6-z)!\ (j_3+j_1+j_6+j_4-z)!}\tag{108.10}$$

其中

$$\Delta(abc)=\left[\frac{(a+b-c)!\ (a-b+c)!\ (-a+b+c)!}{(a+b+c+1)!}\right]^{1/2}.$$

式中是对所有正整数 z 求和,但分母中不能有一个阶乘出现负宗量值.

表 10 给出了当一个参量等于 $0,\frac{1}{2}$ 或 1 时的 $6j$ 符号值.

① 见 § 106 中所引 Edmonds 的书.

表 10　6j 符号表

$\begin{Bmatrix} a & b & c \\ 0 & c & b \end{Bmatrix} = \dfrac{(-1)^s}{\sqrt{(2b+1)(2c+1)}}$	$s=a+b+c$
$\begin{Bmatrix} a & b & c \\ \frac{1}{2} & c-\frac{1}{2} & b+\frac{1}{2} \end{Bmatrix} = (-1)^s\left[\dfrac{(s-2b)(s-2c+1)}{(2b+1)(2b+2)2c(2c+1)}\right]^{1/2}$	
$\begin{Bmatrix} a & b & c \\ \frac{1}{2} & c-\frac{1}{2} & b-\frac{1}{2} \end{Bmatrix} = (-1)^s\left[\dfrac{(s+1)(s-2a)}{2b(2b+1)2c(2c+1)}\right]^{1/2}$	
$\begin{Bmatrix} a & b & c \\ 1 & c-1 & b-1 \end{Bmatrix} = (-1)^s\left[\dfrac{s(s+1)(s-2a-1)(s-2a)}{(2b-1)2b(2b+1)(2c-1)2c(2c+1)}\right]^{1/2}$	
$\begin{Bmatrix} a & b & c \\ 1 & c-1 & b \end{Bmatrix} = (-1)^s\left[\dfrac{2(s+1)(s-2a)(s-2b)(s-2c+1)}{2b(2b+1)(2b+2)(2c-1)2c(2c+1)}\right]^{1/2}$	
$\begin{Bmatrix} a & b & c \\ 1 & c-1 & b+1 \end{Bmatrix} = (-1)^s\left[\dfrac{(s-2b-1)(s-2b)(s-2c+1)(s-2c+2)}{(2b+1)(2b+2)(2b+3)(2c-1)2c(2c+1)}\right]^{1/2}$	
$\begin{Bmatrix} a & b & c \\ 1 & c & b \end{Bmatrix} = (-1)^{s+1}\dfrac{2[b(b+1)+c(c+1)-a(a+1)]}{[2b(2b+1)(2b+2)2c(2c+1)(2c+2)]^{1/2}}$	

最后,我们来讲几点有关用 3j 符号构成高阶标量的问题.

6j 符号以后的下一个标量,是由六个 3j 符号的缩并乘积构成的. 这些 3j 符号中含有 18 个成对的 j,因此所得的标量依赖于 9 个参量 j. 它按例称为 **9j - 符号**并由下式定义①(E. P. Wigner,1951):

$$\begin{Bmatrix} j_{11} & j_{12} & j_{13} \\ j_{21} & j_{22} & j_{23} \\ j_{31} & j_{32} & j_{33} \end{Bmatrix} = \sum_{\text{所有}m} \begin{pmatrix} j_{11} & j_{12} & j_{13} \\ m_{11} & m_{12} & m_{13} \end{pmatrix}\begin{pmatrix} j_{21} & j_{22} & j_{23} \\ m_{21} & m_{22} & m_{23} \end{pmatrix}\times$$
$$\times\begin{pmatrix} j_{31} & j_{32} & j_{33} \\ m_{31} & m_{32} & m_{33} \end{pmatrix}\begin{pmatrix} j_{11} & j_{21} & j_{31} \\ m_{11} & m_{21} & m_{31} \end{pmatrix}\begin{pmatrix} j_{12} & j_{22} & j_{32} \\ m_{12} & m_{22} & m_{32} \end{pmatrix}\begin{pmatrix} j_{13} & j_{23} & j_{33} \\ m_{13} & m_{23} & m_{33} \end{pmatrix}. \tag{108.11}$$

这个量也可以写成三个 6j 符号的乘积之和:

① 根据缩并的一般规则(108.1),(108.11)式最后三个 3j 符号中的 m 应该具有负号并且在 $\sum$ 符号的后面应该引入一个因子 $(-1)^{\sum(j-m)}$. 但是根据 3j 符号的(106.6)式,并且考虑到目前情形下对 9 个 m 的求和结果 $\sum m$ 等于零,就得到(108.11)式的定义.

$$\begin{Bmatrix} j_{11} & j_{12} & j_{13} \\ j_{21} & j_{22} & j_{23} \\ j_{31} & j_{32} & j_{33} \end{Bmatrix} = \sum_j (-1)^{2j}(2j+1) \times$$

$$\times \begin{Bmatrix} j_{11} & j_{21} & j_{31} \\ j_{32} & j_{33} & j \end{Bmatrix} \begin{Bmatrix} j_{12} & j_{22} & j_{32} \\ j_{21} & j & j_{23} \end{Bmatrix} \begin{Bmatrix} j_{13} & j_{23} & j_{33} \\ j & j_{11} & j_{12} \end{Bmatrix}. \qquad (108.12)$$

把定义(108.2)代入(108.12)并利用 $3j$ 符号的正交性,可以看出(108.11)和(108.12)式的等价性.

$9j$ 符号具有高度的对称性,它直接来自(108.11)式的定义以及 $3j$ 符号的对称性. 很易看出,把 $9j$ 符号中的任意两行或任意两列对调以后,它等于原来的 $9j$ 符号乘以 $(-1)^{\Sigma j}$. 此外,$9j$ 符号对转置保持不变,即对行和列的互调保持不变.

更高阶的标量依赖于数目更多的参量 j. 显然,这个参量数一定是 3 的整倍数($3nj$ 符号). 我们不在这里讨论这些量的性质. 只指出一点,当 $n>3$ 时,对每一个 n 值来说存在着不止一种 $3nj$ 符号,彼此不能互相约化. 例如 $n=4$ 时,存在着两种不同类型的 $12j$ 符号①.

§109　角动量耦合表象中的矩阵元

我们再来研究由两个部分(把它称为子系统 1 和 2)所组成的一个系统,令 $f_{kq}^{(1)}$ 为属于第一个子系统的球张量. 根据(107.6)式,它对该子系统的波函数而言的矩阵元为

$$\langle n'_1 j'_1 m'_1 | f_{kq}^{(1)} | n_1 j_1 m_1 \rangle =$$

$$= \mathrm{i}^k (-1)^{j_{1\max} - m'_1} \begin{pmatrix} j'_1 & k & j_1 \\ -m'_1 & q & m_1 \end{pmatrix} \langle n'_1 j'_1 \| f_k^{(1)} \| n_1 j_1 \rangle. \qquad (109.1)$$

我们的问题是要计算这个量对整个系统的波函数而言的矩阵元,看它能否用(109.1)式中出现的约化矩阵元表示出来.

整个系统的态是由量子数 $j_1 j_2 J M n_1 n_2$(J 和 M 是整个系统的角动量及其分量)确定的. 由于 $f_{kq}^{(1)}$ 属于子系统 1,它的算符与子系统 2 的角动量算符对易. 所以它的矩阵元对 j_2 是对角的,它对子系统 2 的其余量子数 n_2 也是对角的. 为简洁计,我们可以省去 (j_2, n_2) 这两个指标而把所求的矩阵元写成

$$\langle n'_1 j'_1 J' M' | f_{kq}^{(1)} | n_1 j_1 J M \rangle.$$

根据(107.6)式,它与 M 的关系由下式给出:

---

① 关于 $9j$ 符号的理论以及 $3nj$ 符号的性质问题,更详细的论述可以参考前引 Edmonds 一书中的文献以下列两书:А. П. Юцис, И. Б. Левинсон, В. В. Ванагас. Математический аппарат теории момента количества движения. ——Вилвьнюс, 1960; Д. А. Варшалович, А. Н. Москалев, В. К. Херсонский. Квантовая теория углового момента. ——М.:Наука, 1975.

$$\langle n'_1 j'_1 J'M' | f_{kq}^{(1)} | n_1 j_1 JM \rangle =$$
$$= \mathrm{i}^k (-1)^{J_{\max}-M'} \begin{pmatrix} J' & k & J \\ -M' & q & M \end{pmatrix} \langle n'_1 j'_1 J' \| f_k^{(1)} \| n_1 j_1 J \rangle \qquad (109.2)$$

为了确立(109.1)和(109.2)两式右边的两个约化矩阵元之间的关系,我们可按矩阵元的定义写出

$$\langle n'_1 j'_1 J'M' | f_{kq}^{(1)} | n_1 j_1 JM \rangle = \int \psi_{J'M'}^* \hat{f}_{kq}^{(1)} \psi_{JM} \mathrm{d}q =$$
$$= \sum_{m_1 m'_1} (-1)^{j'_1 - j_2 + M' - M} \sqrt{(2J'+1)(2J+1)} \times$$
$$\times \begin{pmatrix} j'_1 & j_2 & J' \\ m'_1 & m_2 & -M' \end{pmatrix} \begin{pmatrix} j_1 & j_2 & J \\ m_1 & m_2 & -M \end{pmatrix} \langle n'_1 j'_1 m'_1 | f_{kq}^{(1)} | n_1 j_1 m_1 \rangle.$$

把(109.1)和(109.2)代入上式并把所得的结果与(108.4)式比较,我们就可以看出,(109.1)和(109.2)式中的两个约化矩阵元的比值必须与某一个 $6j$ 符号成正比. 把这两个式子进行精确比较以后即得下列最终表式:

$$\langle n'_1 j'_1 J' \| f_k^{(1)} \| n_1 j_1 J \rangle =$$
$$= (-1)^{j_{1\max} + j_2 + J_{\min} + k} \sqrt{(2J+1)(2J'+1)} \times$$
$$\times \begin{Bmatrix} j'_1 & J' & j_2 \\ J & j_1 & k \end{Bmatrix} \langle n'_1 j'_1 \| f_k^{(1)} \| n_1 j_1 \rangle, \qquad (109.3)$$

式中的 $j_{1\max}$ 是指 j_1 和 j'_1 中较大的那一个, $J_{\min}$ 是指 J 和 J' 中较小的那一个. 对属于子系统 2 的球张量讲来,类似的约化矩阵元公式为:

$$\langle n'_2 j'_2 J' \| f_k^{(2)} \| n_2 j_2 J \rangle =$$
$$= (-1)^{j_1 + j_{2\min} + J_{\max} + k} \sqrt{(2J+1)(2J'+1)} \times$$
$$\times \begin{Bmatrix} j'_2 & J' & j_1 \\ J & j_2 & k \end{Bmatrix} \langle n'_2 j'_2 \| f_k^{(2)} \| n_2 j_2 \rangle. \qquad (109.4)$$

(109.3)和(109.4)式之间缺乏完全的对称性[表现在(−1)的指数幂中],是由于波函数的周相与角动量的相加顺序有关. 当我们同时计算这两个子系统的矩阵元时,必须记住这个差别.

其次,设 $(f_k^{(1)} f_k^{(2)})_{00}$ 为属于不同子系统的两个 k 秩球张量(这两个张量因此是对易的)的标积[见定义(107.4)],求出这个标积对整个系统而言的矩阵元表式是很有用处的. 根据(107.10)式,这个矩阵元可以通过每个张量的约化矩阵元(对整个系统的波函数而言的约化矩阵元)用下式表达出来:

$$\langle n'_1 n'_2 j'_1 j'_2 JM | (f_k^{(1)} f_k^{(2)})_{00} | n_1 n_2 j_1 j_2 JM \rangle =$$
$$= \frac{1}{2J+1} \sum_{J''} \langle n'_1 j'_1 J \| f_k^{(1)} \| n_1 j_1 J'' \rangle \langle n'_2 j'_2 J'' \| f_k^{(2)} \| n_2 j_2 J \rangle,$$

这里应用了这样一个事实:属于一个子系统的物理量的矩阵对另一个子系统的量子数是对角的. 把(109.3)和(109.4)代入上式并应用求和式(108.8),即得所求的公式,这个公式是用每个张量相对于所属子系统波函数而言的约化矩阵元来表出的标积矩阵元:

$$\langle n'_1 n'_2 j'_1 j'_2 JM | (f_k^{(1)} f_k^{(2)})_{00} | n_1 n_2 j_1 j_2 JM \rangle =$$

$$= (-1)^{j_{1\min}+j_{2\max}+J} \begin{Bmatrix} J & j'_2 & j'_1 \\ k & j_1 & j_2 \end{Bmatrix} \times$$

$$\times \langle n'_1 j'_1 \| f_k^{(1)} \| n_1 j_1 \rangle \langle n'_2 j'_2 \| f_k^{(2)} \| n_2 j_2 \rangle. \qquad (109.5)$$

§ 110　轴对称系统的矩阵元

属于对称陀螺型系统的物理量矩阵元的计算基础,是三个 D 函数连乘积的一个积分表式.

为了导出它,我们回到展开式(106.11):

$$\psi_{j_1 m_1} \psi_{j_2 m_2} = \sum_j \langle jm | m_1 m_2 \rangle \psi_{jm}, \quad m = m_1 + m_2,$$

上式两边作坐标的有限转动变换. 每个函数 ψ 按(58.7)式变换后,就有

$$\sum_{m'_1 m'_2} D^{(j_1)}_{m'_1 m_1} D^{(j_2)}_{m'_2 m_2} \psi_{j_1 m'_1} \psi_{j_2 m'_2} = \sum_j \sum_m \langle jm | m_1 m_2 \rangle D^{(j)}_{m'm} \psi_{jm'}.$$

现在把式右的 $\psi_{jm'}$ 表成展开式(106.9)并分别比较乘积 $\psi_{j_1 m_1}, \psi_{j_2 m_2}$ 前的系数,得到关系式

$$D^{(j_1)}_{m'_1 m_1}(\omega) D^{(j_2)}_{m_2 m_2}(\omega) = \sum_j \langle m'_1 m'_2 | jm' \rangle D^{(j)}_{m'm}(\omega) \langle m_1 m_2 | jm \rangle, \quad (110.1)$$

其中的 $m = m_1 + m_2, m' = m'_1 + m'_2, \omega$ 代表三个欧拉角 α, β, γ. 用 $3j$ 符号表出,上式成为

$$D^{(j_1)}_{m'_1, m_1}(\omega) D^{(j_2)}_{m'_2 m_2}(\omega) =$$

$$= \sum_j (2j+1) \begin{pmatrix} j_1 & j_2 & j \\ m'_1 & m'_2 & -m' \end{pmatrix} \begin{pmatrix} j_1 & j_2 & j \\ m_1 & m_2 & -m \end{pmatrix} D^{(j)*}_{-m', -m}(\omega), \qquad (110.2)$$

其中还用到 D 函数的性质(58.19).

(110.2)式两边乘以 $D^{(j)}_{-m', -m}(\omega)$ 并用正交式(58.20)对 ω 积分后,得

$$\int D^{(j_1)}_{m'_1 m_1}(\omega) D^{(j_2)}_{m'_2 m_2}(\omega) D^{(j_3)}_{m'_3 m_3}(\omega) \frac{d\omega}{8\pi^2} =$$

$$= \begin{pmatrix} j_1 & j_2 & j_3 \\ m'_1 & m'_2 & m'_3 \end{pmatrix} \begin{pmatrix} j_1 & j_2 & j_3 \\ m_1 & m_2 & m_3 \end{pmatrix}, \qquad (110.3)$$

式中的指标已按显然方式重新命名，使得结果更呈对称. 这就是欲求的公式①.

令 $f_{kq'}$ 为属于陀螺的一个 k 秩球张量，在固定于陀螺的坐标系 $x',y',z'=\xi,\eta,\zeta$ 中（ζ 沿陀螺轴）：例如电多极矩张量或磁多极矩张量. 令 f_{kq} 为这个张量在定坐标系 x,y,z 中的分量，两者的关系由有限转动矩阵给出：

$$f_{kq}=\sum_{q'}D^{(k)}_{q'q}(\omega)f_{kq'}. \tag{110.4}$$

描写整个系统转动的波函数，它与 D 函数的差别仅在于归一化：

$$\psi_{jm\mu}=\mathrm{i}^{j}\sqrt{\frac{2j+1}{8\pi^{2}}}D^{(j)}_{\mu m}(\omega), \tag{110.5}$$

式中 j 是系统的总角动量，m 是沿固定 z 轴的分量，μ 是沿陀螺轴的分量；相因子是这样选定的，使得 j 为整数并且 $\mu=0$ 时，函数(110.5)变成自由角动量的本征函数（参考(103.8)式），计算张量(110.4)相对于这套函数而言的矩阵元时，可用(110.3)式，并用(58.19)表出 D 函数的复共轭，我们得

$$\langle j'\mu'm'|f_{kq}|j\mu m\rangle=\mathrm{i}^{j-j'}(-1)^{\mu'-m'}\sqrt{(2j+1)(2j'+1)}\times$$
$$\times\begin{pmatrix} j' & k & j\\ -\mu' & q' & \mu\end{pmatrix}\begin{pmatrix} j' & k & j\\ -m' & q & m\end{pmatrix}\langle\mu'|f_{kq'}|\mu\rangle; \tag{110.6}$$

其中 $q'=\mu'-\mu,q=m'-m$.

此式给出了所提问题的解，它表出了矩阵元与角动量 j,j' 及其分量 m,m' 的关系. 与量子数 μ,μ' 的关系当然是不确定的，它们的值与系统的“内”态有关，“内”矩阵元 $\langle\mu'|f_{kq'}|\mu\rangle$ 就是取的内态.

矩阵元(110.6)与 m,m' 的关系，当然和总角动量为给定的任一系统中的情况相同. 按(107.6)，利用约化矩阵元把这个依赖因子分离出去以后，得约化矩阵元的下列表式：

$$\langle j'\mu'\|f_k\|j\mu\rangle=\mathrm{i}^{j-j'-k}(-1)^{j_{\max}-\mu'}\sqrt{(2j+1)(2j'+1)}\times$$
$$\times\begin{pmatrix} j' & k & j\\ -\mu' & q' & \mu\end{pmatrix}\langle\mu'|f_{kq}|\mu\rangle \tag{110.7}$$

对于一个给定的 m，矩阵元(110.6)的模量平方对 m'（以及对 $q=m'-m$）求和后与 m 值无关，按一般规则(107.11)它等于

$$\sum_{q,m'}|\langle j'\mu'm'|f_{kq}|j\mu m\rangle|^{2}=\frac{1}{2j+1}|\langle j'\mu'\|f_k\|j\mu\rangle|^{2}=$$
$$=(2j'+1)\begin{pmatrix} i' & k & j\\ -\mu' & q' & \mu\end{pmatrix}^{2}|\langle\mu'|f_{kq'}|\mu\rangle|^{2}. \tag{110.8}$$

① 对整数值 $j_1=l_1,j_2=l_2$ 和 $j_3=l_3$，以及 $m'_1=m'_2=m'_3=0$，函数 $D^{(l)}_{0m}$ 按(58.25)化成球谐函数，(110.3)给出了三个球谐函数的连乘积的积分表式(107.14).

x,y,z 坐标系中的约化矩阵元(110.7)的厄米关系(107.9),是和 ξ,η,ζ 系中的矩阵元关系(107.8)

$$\langle\mu'|f_{kq'}|\mu\rangle=(-1)^{k-q}\langle\mu|f_{k,-q'}|\mu'\rangle^*$$

一致的,这是我们预料到的.

这个轴对称系统的转动和一个双原子分子(或共轴核)一样,只用定义轴线方向的两个角($\alpha\equiv\varphi,\beta\equiv\theta$)来描写.这种情形下的转动波函数与(110.5)式的差别就在于缺少一个因子 $e^{i\mu\gamma}/\sqrt{2\pi}$,可参考 §82 中第二个附注.可是,这个差别并不影响矩阵元:由于函数 $D^{(j)}_{m'm}(\alpha,\beta,\gamma)$ 与 γ 的关系可用因子 $e^{im'\gamma}$ 表出,(110.3)式可以写成

$$\delta_{m'0}\int D^{(j_1)}_{m'_1m_1}(\alpha,\beta,0)D^{(j_2)}_{m'_2m_2}(\alpha,\beta,0)D^{(j_3)}_{m'_3m_3}(\alpha,\beta,0)\frac{\sin\alpha\mathrm{d}\alpha\mathrm{d}\beta}{4\pi}=$$

$$=\begin{pmatrix}j_1 & j_2 & j_3\\ m_1 & m_2 & m_3\end{pmatrix}\begin{pmatrix}j_1 & j_2 & j_3\\ m'_1 & m'_2 & m'_3\end{pmatrix},$$

其中 $m'=m'_1+m'_2+m'_3$,这个积分的计算结果并没有变.角动量轴分量的选择定则仍和以前($\mu'-\mu=q'$)一样,来自电子波函数的正交性(由于分子对 ζ 轴的对称性).(110.6)和(110.7)式中的 $\langle\mu'|f_{kq'}|\mu\rangle$ 现在必须理解成为对静止核的电子态而言的矩阵元.

第十五章

磁场中的运动

§111 磁场中的薛定谔方程

具有自旋的粒子还有某种“内禀”磁矩 $\boldsymbol{\mu}$. 它的量子力学算符与自旋算符 $\hat{\boldsymbol{s}}$ 成正比,可以写成

$$\hat{\boldsymbol{\mu}} = \frac{\mu}{s}\hat{\boldsymbol{s}} \tag{111.1}$$

式中 s 是粒子的自旋值,μ 是标志粒子的一个常数. 磁矩分量的本征值为 $\mu_z = \mu\sigma/s$. 因此系数 μ(通常把 μ 称作磁矩值)就是 μ_z的最大可能值,当自旋分量 $\sigma = s$ 时达到此值.

$\mu/\hbar s$ 给出了该粒子内禀磁矩和内禀角动量的比值(当两者都沿 z 轴时). 对于通常的(轨道)角动量,这个比值为 $e/(2mc)$(见《场论》, §44). 粒子的内禀磁矩和其自旋间的比例系数则不同,对于电子,它等于 $-|e|/mc$,为通常值的二倍,理论上可从狄拉克相对论波动方程求出(见卷4, §33). 电子$\left(自旋\frac{1}{2}\right)$的内禀磁矩 $-\mu_B$因此为

$$\mu_B = \frac{|e|\hbar}{2mc} = 9.27\times10^{-24}\ \mathrm{J/T}. \tag{111.2}$$

μ_B称为**玻尔磁子**.

重粒子的磁矩习惯上以**核磁子**为单位,此单位的定义为 $e\hbar/(2m_pc)$,m_p为质子的质量. 实验上测得质子的内禀磁矩为 2.79 核磁子,其方向与自旋平行. 中子的磁矩与自旋反向,数值为 1.91 核磁子.

应该注意的是,(111.1)式两边的 $\boldsymbol{\mu}$ 和 $\boldsymbol{s}$ 应该是同一类型的矢量:都是轴矢量. 电偶极矩的类似方程 $\boldsymbol{d}$($\boldsymbol{d}$ = 常数 $\times\boldsymbol{s}$)将和坐标系的反演对称性相矛盾:反演

后式子两边的相对符号将会改变①.

在非相对论量子力学中,磁场只看作外场. 但粒子间的磁作用是一种相对论效应,需要用统一的相对论理论加以考虑.

经典理论中,电磁场中带电粒子的哈密顿函数为

$$H=\frac{1}{2m}\left(\boldsymbol{p}-\frac{e}{c}\boldsymbol{A}\right)^{2}+e\varphi,$$

φ 是场的标势,$\boldsymbol{A}$ 是矢势,$\boldsymbol{p}$ 是粒子的广义动量(见《场论》§16). 如果粒子无自旋,可用通常方式过渡到量子力学:广义动量必须改为算符 $\hat{\boldsymbol{p}}=-\mathrm{i}\hbar\nabla$,我们得哈密顿算符②

$$\hat{H}=\frac{1}{2m}\left(\hat{\boldsymbol{p}}-\frac{e}{c}\boldsymbol{A}\right)^{2}+e\varphi. \tag{111.3}$$

另一方面,如果粒子有自旋,上述手续是不够的. 这是因为粒子的内禀磁矩直接与磁场相作用. 在经典的哈密顿函数中,这种作用并不存在,因为自旋是一种纯量子效应,在经典力学极限下消失. 哈密顿量的正确表式是在(111.3)中外加一项 $-\hat{\boldsymbol{\mu}}\cdot\boldsymbol{H}$ 后得到的,这一项相当于磁矩 $\boldsymbol{\mu}$ 在磁场 $\boldsymbol{H}$ 中的能量. 因此有自旋粒子的哈密顿算符为③

$$\hat{H}=\frac{1}{2m}\left(\hat{\boldsymbol{p}}-\frac{e}{c}\boldsymbol{A}\right)^{2}-\hat{\mu}\cdot\boldsymbol{H}+e\varphi. \tag{111.4}$$

展开平方项 $\left(\hat{\boldsymbol{p}}-\frac{e}{c}\boldsymbol{A}\right)^{2}$ 时,注意 $\hat{\boldsymbol{p}}$ 一般和矢量 $\boldsymbol{A}$ 不对易,后者是坐标的函数. 我们必须写成

$$\hat{H}=\frac{\hat{\boldsymbol{p}}^{2}}{2m}-\left(\frac{e}{2mc}\right)(\boldsymbol{A}\cdot\hat{\boldsymbol{p}}+\hat{\boldsymbol{p}}\cdot\boldsymbol{A})+\frac{e^{2}}{2mc^{2}}\boldsymbol{A}^{2}-\frac{\mu}{s}\hat{\boldsymbol{s}}\cdot\boldsymbol{H}+e\varphi. \tag{111.5}$$

根据动量算符和任意坐标函数的对易关系(16.4),我们有

$$\hat{\boldsymbol{p}}\cdot\boldsymbol{A}-\boldsymbol{A}\cdot\hat{\boldsymbol{p}}=-\mathrm{i}\hbar\,\mathrm{div}\,\boldsymbol{A}. \tag{111.6}$$

故当 $\mathrm{div}\,\boldsymbol{A}\equiv0$ 时 $\hat{\boldsymbol{p}}$ 和 $\boldsymbol{A}$ 对易. 这一点对均匀场成立,它的矢势可表成下式:

$$\boldsymbol{A}=\frac{1}{2}\boldsymbol{H}\times\boldsymbol{r}. \tag{111.7}$$

具有哈密顿算符(111.4)的方程 $\mathrm{i}\hbar\partial\psi/\partial t=\hat{H}\psi$ 是存在磁场情形下的广义薛定谔方程. 这个方程中哈密顿算符所作用的波函数是一些 $2s$ 秩的对称旋量.

---

① 这种方程(假如基本粒子存在一个电矩)也和时间反演对称性相矛盾:时间反号时 $\boldsymbol{d}$ 不变,但自旋变号(为明显起见,我们以这些量在轨道运动中的定义为例,此时 $\boldsymbol{d}$ 中只含坐标,但角动量中还含有粒子的速度).

② 广义动量在这里和普通动量采用同一符号 $\boldsymbol{p}$(不用《场论》§16 中的 $\boldsymbol{P}$),是为了强调它们对应于同一个算符.

③ 磁场和哈密顿算符用同一字母不会混淆,因后者总加有“^”号.

磁场中的粒子波函数不能唯一地定义，因为场势的选择不是唯一的，它们只能确定到相差一个规范变换为止（见《场论》，§18）：

$$\boldsymbol{A}\to\boldsymbol{A}+\nabla f,\quad \varphi\to\varphi-\frac{1}{c}\frac{\partial f}{\partial t},\tag{111.8}$$

其中 f 是坐标和时间的任意函数. 这种变换并不影响场强的值，因此不会在实质上改变波动方程的解，特别是，$|\psi|^2$ 一定保持不变. 不难证明，如果对哈密顿算符作(111.8)式的变换同时对波函数作下列变换，则原方程保持不变：

$$\psi\to\psi\exp\left(\frac{\mathrm{i}e}{\hbar c}f\right).\tag{111.9}$$

波函数的这种非唯一性并不影响到任何一个具有物理意义的量（此量的定义中并不显含场势）.

经典力学中，粒子的广义动量和速度的关系为

$$m\boldsymbol{v}=\boldsymbol{p}-e\boldsymbol{A}/c.$$

为了求出量子力学中的算符 $\hat{\boldsymbol{v}}$，需要求出矢量 $\boldsymbol{r}$ 和哈密顿算符的对易关系. 简单计算后给出

$$m\hat{\boldsymbol{v}}=\hat{\boldsymbol{p}}-\frac{e}{c}\boldsymbol{A},\tag{111.10}$$

这与经典表式完全类似. 至于速度的分量算符，我们有下列对易关系

$$\left.\begin{aligned}\{\hat{v}_x,\hat{v}_y\}&=\mathrm{i}\frac{e\hbar}{m^2c}H_z,\\ \{\hat{v}_y,\hat{v}_z\}&=\mathrm{i}\frac{e\hbar}{m^2c}H_x,\\ \{\hat{v}_z,\hat{v}_x\}&=\mathrm{i}\frac{e\hbar}{m^2c}H_y,\end{aligned}\right\}\tag{111.11}$$

上式很易直接验证. 我们看到，在磁场中，（带电）粒子的三个速度分量并不对易. 这意味着粒子三个方向的速度分量不能同时具有定值.

当在磁场中运动时，只有场 $\boldsymbol{H}$（以及矢势 $\boldsymbol{A}$）反号才能有时间反演对称性，这意味着（见 §18 和 §60），薛定谔方程 $\hat{H}\psi=E\psi$ 取复共轭并把 $\boldsymbol{H}$ 反号后，其原有形式保持不变. 这可很明显地从哈密顿算符(111.4)的所有各项（除了 $-\hat{\boldsymbol{s}}\cdot\boldsymbol{H}$ 这一项）看出. 薛定谔方程中 $-\hat{\boldsymbol{s}}\cdot\boldsymbol{H}\psi$ 这一项在上述变换下变成 $\hat{\boldsymbol{s}}^*\cdot\boldsymbol{H}\psi^*$，由于 $\hat{\boldsymbol{s}}^*$ 不同于 $-\hat{\boldsymbol{s}}$，初看起来对称性被破坏了. 但应记住，波函数实质上是一个旋量 $\psi^{\lambda\mu\cdots}$，时间反演下，一个逆变旋量必须改为协变旋量（见 §60），故在薛定谔方程中 $-\hat{\boldsymbol{s}}\cdot\boldsymbol{H}\psi^{\lambda\mu\cdots}$ 变成 $\hat{\boldsymbol{s}}^*\cdot\boldsymbol{H}\psi_{\lambda\mu\cdots}$. 利用定义(57.4)，(57.5)很易看出，算符 $\hat{\boldsymbol{s}}^*$ 作用在协变旋量分量上的结果，与算符 $\hat{\boldsymbol{s}}$ 作用在逆变旋量分量上的结果相差一个符号. 因此时间反演操作导致的分量 $\psi_{\lambda\mu\cdots}$ 的薛定谔方程，与原来的 $\psi^{\lambda\mu\cdots}$ 的方程具有同一形式.

§ 112　均匀磁场中的运动

我们来求恒定均匀磁场中粒子的能级（朗道，1930）. 均匀磁场的矢势此时最好不取（111.7）式而取下列形式：

$$A_x = -Hy, \quad A_y = A_z = 0, \tag{112.1}$$

磁场方向已取作 z 轴.

哈密顿算符则变成

$$\hat{H} = \frac{1}{2m}\left(\hat{p}_x + \frac{eH}{c}y\right)^2 + \frac{\hat{p}_y^2}{2m} + \frac{\hat{p}_z^2}{2m} - \frac{\mu}{s}\hat{s}_z H. \tag{112.2}$$

首先，我们注意到算符 $\hat{s}_z$ 是和哈密顿算符对易的，因为后者不含自旋的其它分量算符. 这意味着自旋的 z 分量守恒，从而 $\hat{s}_z$ 可用本征值 $s_z = \sigma$ 代替. 随后，波函数与自旋的关系成为不重要，薛定谔方程中的 ψ 可取作普通的坐标函数. 这个函数的方程为

$$\frac{1}{2m}\left[\left(\hat{p}_x + \frac{eH}{c}y\right)^2 + \hat{p}_y^2 + \hat{p}_z^2\right]\psi - \frac{\mu}{s}\sigma H\psi = E\psi. \tag{112.3}$$

这个方程的哈密顿算符不显含坐标 x 和 z. 因此算符 $\hat{p}_x$ 和 $\hat{p}_z$（对 x 和 z 的微分算符）也和哈密顿算符对易，亦即广义动量的 x 和 z 分量是守恒量. 由此可把 ψ 取成下列形式：

$$\psi = e^{\frac{i}{\hbar}(p_x x + p_z z)}\chi(y). \tag{112.4}$$

本征值 p_x 和 p_z 取 $-\infty$ 到 $+\infty$ 的所有值. 由于 $A_z = 0$，广义动量的 z 分量等于普通的动量分量 mv_z，因此粒子速度沿磁场方向可取任意值，我们可以说沿磁场的运动是“非量子化”的.

（112.4）代入（112.3），得函数 $\chi(y)$ 的下列方程

$$\chi'' + \frac{2m}{\hbar^2}\left[\left(E + \frac{\mu\sigma}{s}H - \frac{1}{2m}p_z^2\right) - \frac{1}{2}m\omega_H^2(y - y_0)^2\right]\chi = 0, \tag{112.5}$$

式中记号 $y_0 = -cp_x/eH$，以及

$$\omega_H = \frac{|e|H}{mc}. \tag{112.6}$$

（112.5）式形式上等同于频率为 ω_H 的线性振子的薛定谔方程（23.6）. 因此可以立刻作出结论，（112.5）式圆括号内的表式相当于振子能量，它具有本征值 $\left(n + \frac{1}{2}\right)\hbar\omega_H$，而 $n = 0, 1, 2, \cdots$.

由此我们得到均匀磁场中粒子能级的下列表式：

$$E = \left(n + \frac{1}{2}\right)\hbar\omega_H + \frac{1}{2m}p_z^2 - \frac{\mu\sigma}{s}H. \tag{112.7}$$

第一项给出的是离散能量值，对应于垂直于磁场的平面内的运动，这些能级称为

朗道能级. 对于电子,$\mu/s=-|e|\hbar/mc$,(112.7)变成

$$E=\left(n+\frac{1}{2}+\sigma\right)\hbar\omega_H+\frac{1}{2m}p_z^2. \tag{112.8}$$

与能级(112.7)式相对应的本征函数$\chi(y)$由(23.12)式给出,适当改变记号后得到

$$\chi_n(y)=\frac{1}{\pi^{1/4}a_H^{1/2}\sqrt{2^n n!}}\exp\left[-\frac{(y-y_0)^2}{2a_H^2}\right]\mathrm{H}_n\left(\frac{y-y_0}{a_H}\right), \tag{112.9}$$

其中 $a_H=\sqrt{\hbar/m\omega_H}$.

经典力学中,粒子在垂直于场 $\boldsymbol{H}$ 的平面(xy 平面)中作圆周运动(圆心固定). 量子力学中守恒的 y_0 相当于经典的圆心坐标. $x_0=cp_y/eH+x$ 也是一个守恒量,很易看出其算符与哈密顿算符(112.2)对易. x_0 相当于圆心的经典坐标 x①. 可是 $\hat{x}_0$ 和 $\hat{y}_0$ 算符不对易,换句话说,坐标 x_0 和 y_0 不能同时取定值.

由于(112.7)式中不含 p_x,后者原先假定它可取连续值,能级是连续简并的. 如果 xy 平面内的运动局限在一个很大的但是有限的面积 $S=L_xL_y$ 内,简并度就成为有限的. Δp_x 区间内 p_x 的可能值(现在是离散的)的数目为$(L_x/2\pi\hbar)\Delta p_x$. 当轨道中心在 S 内时所有这些 p_x 值都是允许的(与很大的 L_y 值相比,我们略去了轨道半径). 从条件 $0<y_0<L_y$ 得 $\Delta p_x=eHL_y/c$. 因而态数(n,p_z 给定)为 $eHS/(2\pi\hbar c)$. 如果运动区域在 z 方向也是有限的(尺度为 L_z),在 Δp_z 区间内 p_z 的可能值的数目为$(L_z/2\pi\hbar)\Delta p_z$,此区间内的态数为

$$\frac{eHS}{2\pi\hbar c}\frac{L_z}{2\pi\hbar}\Delta p_z=\frac{eHV\Delta p_z}{4\pi^2\hbar^2 c}. \tag{112.10}$$

对于电子,还有一个附加简并:(112.8)式中 $n,\sigma=\frac{1}{2}$和 $n+1,\sigma=-\frac{1}{2}$的能级相同.

习　题

1. 求均匀磁场中的电子状态波函数,该态中电子沿磁场方向的动量和角动量具有定值.

解:取 z 轴沿场的方向,在柱坐标 ρ,φ,z 中,矢势的分量为 $A_\varphi=\frac{1}{2}H\rho, A_z=A_\rho$

---

① 在圆半径为 cmv_t/eH(v_t 是速度在 xy 面上的投影,见《场论》,§21)的经典运动中,我们有

$$y_0=-cp_x/eH=-cmv_x/eH+y.$$

由此可知,y_0 是圆心的 y 坐标. 另一坐标为

$$x_0=cmv_y/eH+x=cp_y/eH+x.$$

$=0$,薛定谔方程为①

$$-\frac{\hbar^2}{2M}\left[\frac{1}{\rho}\frac{\partial}{\partial\rho}\left(\rho\frac{\partial\psi}{\partial\rho}\right)+\frac{\partial^2\psi}{\partial z^2}+\frac{1}{\rho^2}\frac{\partial^2\psi}{\partial\varphi^2}\right]-\frac{1}{2}\mathrm{i}\hbar\omega_H\frac{\partial\psi}{\partial\varphi}+\frac{1}{8}M\omega_H^2\rho^2\psi=E\psi. \quad (1)$$

取解的形式为

$$\psi=\frac{1}{\sqrt{2\pi}}R(\rho)\,\mathrm{e}^{\mathrm{i}m\varphi}\,\mathrm{e}^{\mathrm{i}p_z z/\hbar},$$

得径向函数的方程

$$\frac{\hbar^2}{2M}\left(R''+\frac{R'}{\rho}-\frac{m^2R}{\rho^2}\right)+\left[E-\frac{p_z^2}{2M}-\frac{1}{8}M\omega_H^2\rho^2-\frac{1}{2}\hbar\omega_H m\right]R=0.$$

定义一个新的独立变量 $\xi=(M\omega_H/2\hbar)\rho^2$,可把上式写成

$$\xi R''+R'+\left(-\frac{1}{4}\xi+\beta-\frac{m^2}{4\xi}\right)R=0,$$

$$\beta=\frac{1}{\hbar\omega_H}\left(E-\frac{p_z^2}{2M}\right)-\frac{1}{2}m.$$

当 $\xi\to\infty$ 时,所求函数的行为犹如 $\mathrm{e}^{-\xi/2}$,而当 $\xi\to 0$ 时犹如 $\xi^{|m|/2}$,因此可令

$$R(\xi)=\mathrm{e}^{-\xi/2}\xi^{|m|/2}w(\xi);$$

$w(\xi)$的方程被下列合流超几何函数所满足

$$w=\mathrm{F}\left\{-\left(\beta-\frac{1}{2}|m|-\frac{1}{2}\right),|m|+1,\xi\right\}.$$

如果波函数到处有限,$\beta-\frac{1}{2}|m|-\frac{1}{2}$必须是一个非负整数 n_ρ. 能级就由下式给出:

$$E=\hbar\omega_H\left(n_\rho+\frac{1}{2}|m|+\frac{1}{2}m+\frac{1}{2}\right)+\frac{p_z^2}{2M},$$

它等价于(112.7). 相应的径向波函数为

$$R_{n_\rho m}(\rho)=\frac{1}{a_H^{1+|m|}}\left[\frac{(|m|+n_\rho)!}{2^{|m|}n_\rho!\ |m|!^2}\right]^{1/2}\exp\left(-\frac{\rho^2}{4a_H^2}\right)\times$$
$$\times\rho^{|m|}F\left(-n_\rho,|m|+1,\frac{\rho^2}{2a_H^2}\right), \quad (2)$$

其中 $a_H=\sqrt{\hbar/M\omega_H}$,上式已按下列条件归一化:

$$\int_0^\infty R^2\rho\,\mathrm{d}\rho=1.$$

此处的超几何函数是一个广义拉盖尔多项式.

① 电子的电荷写成 $e=-|e|$,电子质量记作 M 以便和角动量 m 相区别. 此题中自旋项不重要,故省去.

2. 求对应于电子束缚态的最低能级,该电子处于浅势阱 $U(r)$ ($|U| \ll \hbar^2/ma^2$, a 是阱中的力程)及一个均匀磁场中(Ю. А. Бычков,1960).

解:对场 $U(r)$ 所设的条件保证了(磁场不存在时)微扰论可用,此时阱中没有束缚态(§45).当有磁场存在时,只有对垂直于 $\boldsymbol{H}$ 的平面内的运动,才能把 $U(r)$ 看作微扰;加上 U 后该运动的能谱(离散)性质不变,但沿 $\boldsymbol{H}$ 方向的运动性质发生了改变,从无限运动变成(见后面)有限运动,亦即能谱从连续变成离散.对后一种运动讲来,势阱之场不能用微扰论处理.

据此,当把薛定谔方程(题 1 的(1)式,但左边加了一项 $U\psi$)分离变量以后,径向函数 $R(\rho)$ 仍呈上题的(2)式,最低能级对应于量子数 $n_\rho = m = 0$. 把 $\psi = R_{00}(\rho)\chi(z)$ 代入薛定谔方程,乘以 $R_{00}(\rho)$ 并对 $\rho d\rho$ 积分后,得 $\chi(z)$ 的方程

$$-\frac{\hbar^2}{2m}\chi'' + \overline{U}(z)\chi = \varepsilon\chi, \tag{3}$$

其中 $\varepsilon = E - \frac{1}{2}\hbar\omega$,

$$\overline{U}(z) = \int_0^\infty U(\sqrt{z^2+\rho^2})R_{00}^2(\rho)\rho d\rho.$$

m 仍为粒子质量. 上式与势阱 $U(z)$ 中能量为 ε 的一维运动薛定谔方程具有相同的形式,因此可以简单地利用 §45 题 1 的结果,按该题得离散能级为

$$\varepsilon = -\frac{m}{2\hbar^2}\left[\int_{-\infty}^\infty \overline{U}(z)dz\right]^2 = -\frac{m}{2\hbar^2}\left[\int_{-\infty}^\infty\int_0^\infty U(\sqrt{z^2+\rho^2})R_{00}^2(\rho)\rho d\rho dz\right]^2 \tag{4}$$

波函数 $R_{00}(\rho)$ 在距离 $\rho \sim a_H$ 处衰减. 如果磁场很弱使得 $a_H \gg a$,上式对 ρ 的积分主要在 $\rho \leqslant a$ 区域内,在此区域内可令 $R_{00}(\rho) \approx R_{00}(0) = 1/a_H$,于是

$$\varepsilon = -\frac{me^2H^2}{8\pi^2\hbar^4c^2}\left(\int U(r)dV\right)^2, \tag{5}$$

其中 $dV = 2\pi\rho d\rho dz \to 4\pi r^2 dr$. 相反地,在强磁场情形下,当 $a_H \ll a$ 时,(4)中的积分主要在 $\rho \leqslant a_H$ 内,此时可令 $U(\sqrt{z^2+\rho^2}) \approx U(z)$. 对 ρ 的积分就化成对 R_{00} 函数的归一化积分并等于 1,故

$$\varepsilon = -\frac{2m}{\hbar^2}\left(\int_0^\infty U(z)dz\right)^2. \tag{6}$$

这两种情形下,对积分的估计给出 $\varepsilon \ll \hbar\omega_H$.

3. 求磁场中的氢原子能级,该磁场很强使得 $a_H \ll a_B$, a_B 为玻尔半径(R. J. Elliott, R. Loudon,1960).

解:按所述条件,$\hbar\omega_H \gg me^4/\hbar^2$,在垂直于 $\boldsymbol{H}$ 的平面内核库仑场对电子运动的影响可以看作小的微扰,从而回到题 2 的情形,(3)式可用,但

$$\overline{U}(z)=-e^2\int_0^{\infty}\frac{R_{00}^2(\rho)\rho}{\sqrt{\rho^2+z^2}}\mathrm{d}\rho, \tag{7}$$

此式中写进 R_{00} 径向函数，我们只是考虑纵向运动的能级，保持横向运动为零朗道能级 $\left(\frac{1}{2}\hbar\omega_H\right)$.

基态波函数 $\chi_0(z)$ 延伸到 $|z|\leqslant a_H$ 距离处并在该距离内变化缓慢（没有零点，故在 $z=0$ 处不等于零）. 因此最低能级满足 §45 题 1 中所用的条件，从而(6)式可用，(6)式是以该题之解为基础的. 积分的对数发散可在上限 $|z|\sim a_B$ 和下限 $|z|-a_H$ [这里的 $|z|\sim\rho$，(7)式中不允许用 $|z|$ 代替 $\sqrt{\rho^2+z^2}$]处"截断". 结果为

$$\varepsilon_0=-\frac{2me^4}{\hbar^2}\ln^2\frac{a_B}{a_H}=-\frac{me^4}{2\hbar^2}\ln^2\frac{\hbar^3H}{m^2c|e|^3}. \tag{8}$$

此式具有所谓对数准确性. 这里不但假定了比值 a_B/a_H 很大而且它的对数也是很大的. 对数的宗量中有一个数值因子仍不确定.

离散谱的激发态是由 $\overline{U}(z)\approx-e^2/z$ [从 $z\sim a_B\gg\rho$ 的(7)式中得出]的薛定谔方程(3)中解出的，但此式作变换 $\chi=z\varphi(z)$ 后可化成

$$-\frac{\hbar^2}{2m}\frac{1}{z^2}\frac{\mathrm{d}}{\mathrm{d}z}\left(z^2\frac{\mathrm{d}\varphi}{\mathrm{d}z}\right)-\frac{e^2\varphi}{z}=e\varphi, \tag{9}$$

这与三维库仑问题中 s 态的径向波函数方程相同，因此所求的能级由(36.10)式给出：

$$\varepsilon_n=-\frac{me^4}{2\hbar^2n^2}, \tag{10}$$

其中 $n=1,2,3,\cdots$，此式也只有对数准确性. 下一级改正项与主项相比将是很小的，比值只有 $1/\ln(a_B/a_H)$.

(9)式只给出了 $z>0$ 的波函数. 它可延拓到 $z<0$ 的区域内成为 $\chi(-z)=\chi(z)$ 或者 $\chi(-z)=-\chi(z)$. 在这种近似下，能级(10)因而是双重简并的. 但在对 (a_H/a_B) 而言的更高次近似中，双重简并被解除.

§113　磁场中的原子

我们来考虑处于均匀磁场 $\boldsymbol{H}$ 中的一个原子. 它的哈密顿算符是

$$\hat{H}=\frac{1}{2m}\sum_a\left[\hat{\boldsymbol{p}}_a+\frac{|e|}{c}\boldsymbol{A}(\boldsymbol{r}_a)\right]^2+U+\frac{|e|\hbar}{mc}\boldsymbol{H}\cdot\hat{\boldsymbol{S}}, \tag{113.1}$$

式中对所有的电子（电子的电荷写成 $-|e|$）求和，U 是电子之间以及和核的相互作用能量，$\hat{\boldsymbol{S}}=\sum\hat{\boldsymbol{s}}_a$ 是原子的总（电子）自旋算符.

如果磁场矢势取(111.7)式，则已指出，此时算符 $\hat{\boldsymbol{p}}$ 和 $\boldsymbol{A}$ 对易. 展开(113.1)

中的方括号并用 $\hat{H}_0$ 代表没有磁场时的原子哈密顿量，我们得

$$\hat{H}=\hat{H}_0+\frac{|e|}{mc}\sum_a \boldsymbol{A}_a\cdot\hat{\boldsymbol{p}}_a+\frac{e^2}{2mc^2}\sum_a \boldsymbol{A}_a^2+\frac{|e|\hbar}{mc}\boldsymbol{H}\cdot\hat{\boldsymbol{S}},$$

把(111.7)的 $\boldsymbol{A}$ 代入，得

$$\hat{H}=\hat{H}_0+\frac{|e|}{2mc}\boldsymbol{H}\cdot\sum_a \boldsymbol{r}_a\times\hat{\boldsymbol{p}}_a+\frac{e^2}{8mc^2}\sum_a (\boldsymbol{H}\times\boldsymbol{r}_a)^2+\frac{|e|\hbar}{mc}\boldsymbol{H}\cdot\hat{\boldsymbol{S}}.$$

但 $\boldsymbol{r}_a\times\hat{\boldsymbol{p}}_a$ 就是电子的轨道角动量算符，对所有电子求和后给出了原子的总轨道角动量算符 $\hbar\hat{\boldsymbol{L}}$. 故

$$\hat{H}=\hat{H}_0+\mu_B(\hat{\boldsymbol{L}}+2\hat{\boldsymbol{S}})\cdot\boldsymbol{H}+\frac{e^2}{8mc^2}\sum_a (\boldsymbol{H}\times\boldsymbol{r}_a)^2, \qquad (113.2)$$

μ_B 是玻尔磁子. 算符

$$\hat{\boldsymbol{\mu}}_{原子}=-\mu_B(\hat{\boldsymbol{L}}+2\hat{\boldsymbol{S}}) \qquad (113.3)$$

可以看作原子的“内禀”磁矩算符，它在没有磁场时也为原子所具有.

外磁场分裂了原子的能级并且解除了对总角动量方向的简并性(**塞曼效应**). 我们来求原子能级的分裂值，该能级的 J, L 和 S 等量子数具有定值(亦即假定能级属于 LS 耦合情形，见 §72).

我们将假定磁场很弱，以致 $\mu_B H$ 比原子的能级间距包括精细结构间距在内要小得多. 此时(113.2)中的第二和第三项可看作微扰，未微扰能级就是多重项的各个成分. 一级近似中可以略去第三项，因与第二项的线性项相比它是场的二次项.

在这种近似下，能量分裂值 ΔE 是由微扰项对总角动量沿磁场方向分量具有定值的那些(未微扰)态求平均值得到的. 取磁场方向为 z 轴，我们有

$$\Delta E=\mu_B H(\overline{L}_z+2\hat{S}_z)=\mu_B H(\overline{J}_z+\overline{S}_z). \qquad (113.4)$$

平均值 $\overline{J}_z$ 正好等于所给本征值 $J_z=M_J$. 平均值 $\overline{S}_z$ 可用分步平均法(参考 §72)求出. 作法如下.

算符 $\hat{\boldsymbol{S}}$ 先对 S, L 和 J 值固定但 M_J 值不固定的原子态求平均. 平均以后的算符 $\overline{\hat{\boldsymbol{S}}}$ 一定和标志自由原子的唯一守恒“矢量”$\hat{\boldsymbol{J}}$“平行”. 因此可写成

$$\overline{\boldsymbol{S}}=常数\times\boldsymbol{J},$$

这个式子是纯约定的，因为 $\boldsymbol{J}$ 的三个分量不能同时有定值，它的 z 分量可直接写成

$$\overline{S}_z=常数\times J_z=常数\times M_J.$$

前式两边乘以 $\boldsymbol{J}$ 后得方程

$$\overline{\boldsymbol{S}}\cdot\boldsymbol{J}=常数\times\boldsymbol{J}^2=常数\times J(J+1).$$

把守恒矢量 $\boldsymbol{J}$ 放进平均记号内得 $\overline{\boldsymbol{S}}\cdot\boldsymbol{J}=\overline{\boldsymbol{S}\cdot\boldsymbol{J}}$. 平均值 $\overline{\boldsymbol{S}\cdot\boldsymbol{J}}$ 在 $\boldsymbol{L}^2$, $\boldsymbol{S}^2$ 和 $\boldsymbol{J}^2$ 具有定值的态中等于它的本征值[参考(31.4)式]

$$\boldsymbol{S}\cdot\boldsymbol{J}=\frac{1}{2}[J(J+1)-L(L+1)+S(S+1)]$$

从以上第二式中求出常数代入第一式后,得

$$\overline{S}_z=M_J\boldsymbol{J}\cdot\boldsymbol{S}/\boldsymbol{J}^2. \tag{113.5}$$

汇集以上诸式并代入(113.4)中,得到分裂值的最终表式:

$$\Delta E=\mu_{\mathrm{B}}gM_J/H \tag{113.6}$$

其中的

$$g=1+\frac{J(J+1)-L(L+1)+S(S+1)}{2J(J+1)} \tag{113.7}$$

称为**朗德(Landé)因子**或**旋磁因子**. 无自旋时($S=0$,因而 $J=L$)$g=1$;$L=0$ 时(故 $J=S$)$g=2$①.

(113.6)式给出了 $2J+1$ 个 $M_J=-J,-J+1,\cdots,J$ 的不同能量值. 因此磁场完全解除了关于角动量方向的能级简并,与电场不同,电场保留 $M_J=\pm|M_J|$ 的两个能级不分裂②(§76). 但是,当 $g=0$ 时,(113.6)描述的线性分裂不再存在,即使 $J\neq0$ 的态如 $^4\mathrm{D}_{1/2}$ 就是这样.

我们在§76中看到,电场中原子能级的位移和其平均电偶极矩之间存在着一定的关系. 磁场情形下也有类似的关系. 经典理论中,带电粒子系统的势能为 $-\boldsymbol{\mu}\cdot\boldsymbol{H}$,$\boldsymbol{\mu}$ 是该系统的磁矩. 量子理论中,要用相应的算符来代替,故系统的哈密顿算符为

$$\hat{H}=\hat{H}_0-\hat{\boldsymbol{\mu}}\cdot\boldsymbol{H}=\hat{H}_0-\hat{\mu}_zH.$$

应用(11.16)式,以场 H 为参量 λ,得磁矩平均值为

$$\overline{\mu}_z=-\frac{\partial\Delta E}{\partial H}, \tag{113.8}$$

其中 ΔE 是所给原子态的能级位移. 把(113.6)代入上式,我们看到,在角动量的 z 方向投影 M_J 具有定值的原子态中,该原子沿 z 方向的平均磁矩为

$$\overline{\mu}_z=-\mu_{\mathrm{B}}gM_J. \tag{113.9}$$

如果原子既无自旋又无轨道角动量($S=L=0$),不论在一级近似或任一高级近似中,(113.2)式中的第二项不产生能级位移(因为 $\boldsymbol{L}$ 和 $\boldsymbol{S}$ 的矩阵元等于

---

① 由一般公式(113.6)和(113.7)所描述的分裂通常称为**反常塞曼效应**. 这个不合适的名词的产生是由于电子的自旋未发现以前人们把(113.6)中 $g=1$ 的效应看作是正常的.

② §76中对电场所作的论证对磁场并不成立. 原因在于 $\boldsymbol{H}$ 是一个轴矢量,因此对包含它的任一平面的反射,$\boldsymbol{H}$ 要变号. 所以由这个操作所得的两个态分属于不同场中的原子,不是同一场中的原子.

零).在此情形下,整个效应来自(113.2)中的第三项.在微扰论的一级近似中能级位移就等于下列平均值

$$\Delta E=\frac{e^2}{8mc^2}\sum_a\overline{(\boldsymbol{H}\times\boldsymbol{r}_a)^2}. \tag{113.10}$$

令$(\boldsymbol{H}\times\boldsymbol{r}_a)^2=H^2r_a^2\sin^2\theta$,$\theta$ 是 $\boldsymbol{r}_a$ 和 $\boldsymbol{H}$ 的夹角,对 $\boldsymbol{r}_a$ 的各个方向求平均,我们有 $\overline{\sin^2\theta}=1-\overline{\cos^2\theta}=2/3$($L=S=0$ 的状态波函数是球对称的,因此对方向求平均与对距离 r_a 求平均无关),故

$$\Delta E=\frac{e^2}{12mc^2}H^2\sum_a\overline{r_a^2}. \tag{113.11}$$

由(113.8)算出的磁矩现在和场 H 成正比(对 $L=S=0$ 的原子,无磁场时当然不会有磁矩).把它写成χH 的形式,我们可把系数χ 看作**朗之万公式**(P. Langevin,1905)所给出的原子磁化率:

$$\chi=-\frac{e^2}{6mc^2}\sum_a\overline{r_a^2}, \tag{113.12}$$

它是负的,亦即原子是抗磁的①.

如果 $J=0$ 但 $S=L\neq0$,场的线性位移还是等于零,可是二级近似中微扰 $-\boldsymbol{\mu}_{\mathrm{at}}\cdot\boldsymbol{H}$ 的二次效应超过了(113.11)的效应②,这是因为根据一般公式(38.10),能量本征值的微扰论二级改正项是一个求和式,其中各个求和项的分母中含有未微扰能级的差,目前情形下它们是能级的精细结构间距,都是一些小量.我们已在§38 中指出,二级近似的基态能级改正项永远是负的.因此基态中的磁矩永远是正的,亦即 $J=0$,$L=S\neq0$ 的基态原子是顺磁的.

强磁场中,μ_0H 差不多等于或大于精细结构间距,能级的分裂情况与(113.6)和(113.7)预言的不同,这种现象称为**帕邢-巴克(Paschen-Back)效应**.

当塞曼分裂远大于精细结构间距但仍小于不同多重项之间的间距时,能级分裂值的计算是很简单的(和以前一样可以证明,哈密顿算符(113.2)中的第三项与第二项相比仍可略去).换句话说,此时磁场中的能量远超过自旋-轨道作用③.因此可在一级近似中略去自旋-轨道作用.轨道角动量的投影 M_L 和自旋的投影 M_S 就和总角动量的投影一样都成为守恒量,故分裂值由下式给出:

---

① 托马斯-费米模型不能用来计算电子离核的距离的均方值,尽管托马斯-费米密度为 $n(r)$ 的积分式 $\int nr^2\mathrm{d}r$ 是收敛的,但收敛太慢,结果与实验相差较远.

② $S=L\neq0$ 时,对于 $S,L,J\to S,L,J\pm1$ 的跃迁,其非对角跃迁矩阵元 L_z,S_z 一般讲来不等于零.

③ 对于中间情形,当磁场效应和自旋-轨道作用差不多大小的时候,能级分裂的一般表式无法算出,$S=\frac{1}{2}$时的计算见后面的例题 1.

$$\Delta E=\mu_{\mathrm{B}}H(M_L+2M_S). \tag{113.13}$$

多重项分裂是叠加在磁场分裂上的. 它是由(72.4)的 $A\hat{\boldsymbol{L}}\cdot\hat{\boldsymbol{S}}$ 算符对具有给定 M_L, M_S 值的态求平均后确定的(我们考虑的是自旋–轨道作用引起的多重项分裂). 给定了角动量的一个分量值,其它两个分量的平均值就都等于零. 从而 $\overline{\boldsymbol{L}\cdot\boldsymbol{S}}=M_LM_S$,因此下一级近似中的能级公式为

$$\Delta E=\mu_{\mathrm{B}}H(M_L+2M_S)+AM_LM_S. \tag{113.14}$$

计算任意耦合型式(不是 LS 耦合)下的塞曼效应是不可能的. 我们只能说,这种分裂(在弱场中)和场 H 成线性关系并与总角动量分量 M_J 成正比,亦即呈下列形式:

$$\Delta E=\mu_{\mathrm{B}}g_{nJ}HM_J, \tag{113.15}$$

式中的 g_{nJ} 是标志所考虑谱项的某些系数,n 代表标志该谱项的除 J 以外的所有量子数的集合. 这些系数虽然不能分别算出,但有可能得到一个有关 $\sum\limits_n g_{nJ}$ 的实用公式,式中对具有给定电子组态和总角动量的所有可能的原子态求和.

根据定义

$$g_{nJ}M_J=\langle nJM_J|L_z+2S_z|nJM_J\rangle,$$

另一方面,$g_{SLJ}M_J$ [其中 g_{SLJ} 是 LS 耦合的朗德因子(113.7)]是用不同的波函数完备组算出的下列对角矩阵元:

$$g_{SLJ}M_J=\langle SLJM_J|L_z+2S_z|SLJM_J\rangle.$$

这两组波函数可通过线性么正变换相互得到,但是这种变换不改变对角矩阵元之和(§12). 因此有

$$\sum_n g_{nJ}M_J=\sum_{S,L} g_{SLJ}M_J.$$

由于 g_{nJ} 和 g_{SLJ} 与 M 无关,故得

$$\sum_n g_{nJ}=\sum_{S,L} g_{SLJ}, \tag{113.16}$$

式中对所给电子组态中具有给定 J 值的一切可能态求和. 这就是欲求的关系式.

习　题

1. 求 $S=\dfrac{1}{2}$ 的谱项在帕邢–巴克效应中的分裂.

解:在微扰处理论中需要同时考虑磁场和自旋轨道作用,即微扰算符为①

① 我们没有把正比于 $(\hat{\boldsymbol{L}}\cdot\hat{\boldsymbol{S}})^2$ 的项(自旋–自旋作用)包括在 $\hat{V}$ 内. 但应记住,当自旋 $S=\dfrac{1}{2}$ 时,由于泡利矩阵的特性(见§55),可把 $(\hat{\boldsymbol{L}}\cdot\hat{\boldsymbol{S}})^2$ 化成 $\hat{\boldsymbol{L}}\cdot\hat{\boldsymbol{S}}$,从而包括在所写的 $\hat{V}$ 的表式中.

$$\hat{V}=A\hat{\boldsymbol{L}}\cdot\hat{\boldsymbol{S}}+\mu_{\mathrm{B}}(\hat{L}_z+2\hat{S}_z)H.$$

作为零级近似的原始波函数，我们取 $L, S=\frac{1}{2}, M_L, M_S$ 具有定值（L 给定，$M_L=-L,\cdots,L; M_S=\pm\frac{1}{2}$）的这套波函数. 受微扰态中只有 $M\equiv M_J=M_L+M_S$ 是守恒量（$\hat{V}$ 和 $\hat{J}_z$ 对易），因此分裂谱项的各个部分具有确定的 M 值. $M=\pm\left(L+\frac{1}{2}\right)$ 这两个值每个只能以一种方式出现：即 $|M_LM_S\rangle=\left|L\frac{1}{2}\right\rangle$ 和 $\left|-L,-\frac{1}{2}\right\rangle$. 具有这两个 M 值的态，它的能量改正值简单地等于这两个 $|M_LM_S\rangle$ 的对角元 $\langle M_LM_S|V|M_LM_S\rangle$. 其余的 M 值每个都能以两种方式出现：即 $\left|M-\frac{1}{2},\frac{1}{2}\right\rangle$ 和 $\left|M+\frac{1}{2},-\frac{1}{2}\right\rangle$. 此时对应于每个 M 有两个不同的能量值，它们是由以上两态间的跃迁矩阵元所组成的久期方程确定的.

$\boldsymbol{L}\cdot\boldsymbol{S}$ 的矩阵元可由矩阵 $\langle M_L|\boldsymbol{L}|M'_L\rangle$ 和 $\langle M_S|\boldsymbol{S}|M'_S\rangle$ 的直接相乘算出，并且有

$$\langle M_LM_S|\boldsymbol{L}\cdot\boldsymbol{S}|M_LM_S\rangle=M_LM_S,$$

$$\left\langle M+\frac{1}{2},-\frac{1}{2}\middle|\boldsymbol{L}\cdot\boldsymbol{S}\middle|M-\frac{1}{2},\frac{1}{2}\right\rangle=\left\langle M-\frac{1}{2},\frac{1}{2}\middle|\boldsymbol{L}\cdot\boldsymbol{S}\middle|M+\frac{1}{2},-\frac{1}{2}\right\rangle=$$

$$=\frac{1}{2}\sqrt{\left(L+M+\frac{1}{2}\right)\left(L-M+\frac{1}{2}\right)}.$$

无磁场时，该谱项是双线，其两成分间的间距为 $\varepsilon=A\left(L+\frac{1}{2}\right)$，见(72.6). 我们取其中的较低能级作为能量的原点. 于是在磁场中的能级最终表式为

$$E=\varepsilon\pm\mu_{\mathrm{B}}H(L+1),\quad \text{当 } M=\pm\left(L+\frac{1}{2}\right)\text{时;}$$

$$E^{\pm}=\frac{1}{2}\varepsilon+\mu_{\mathrm{B}}HM\pm\left[\frac{1}{4}(\varepsilon^2+\mu_{\mathrm{B}}^2H^2)+\frac{1}{2L+1}\mu_{\mathrm{B}}HM\varepsilon\right]^{\frac{1}{2}},$$

$$\text{当 } M=L-\frac{1}{2},\cdots,-L+\frac{1}{2}\text{时.}$$

当 $\mu_{\mathrm{B}}H/\varepsilon\ll 1$ 时有

$$E^{+}=\varepsilon+\mu_{\mathrm{B}}HM\frac{2(L+1)}{2L+1},\quad E^{-}=\mu_{\mathrm{B}}HM\frac{2L}{2L+1},$$

这与(113.6)，(113.7)式一致 $\left(\text{令该式中 } S=\frac{1}{2}, J=L\pm\frac{1}{2}\right)$. 当 $\mu_{\mathrm{B}}H/\varepsilon\gg 1$ 时，我们有

$$E^{\pm}=\mu_{\rm B}H\left(M\pm\frac{1}{2}\right)+\frac{1}{2}\varepsilon\pm\frac{M\varepsilon}{2L+1},$$

这与(113.14)式一致.

2. 求情形 a 的双原子分子谱项的塞曼分裂.

解:核运动产生的磁矩远小于电子的磁矩.因此磁场的微扰对分子讲来仍和对多电子系统一样,即可写成和以前一样的形式:$\hat{V}=\mu_{\rm B}\boldsymbol{H}\cdot(\hat{\boldsymbol{L}}+2\hat{\boldsymbol{S}})$,其中 $\boldsymbol{L},\boldsymbol{S}$ 是电子的轨道和自旋角动量.

微扰项对电子态求平均,在情形 a 时可得

$$\mu_{\rm B}Hn_z(\Lambda+2\Sigma)=\mu_{\rm B}Hn_z(2\Omega-\Lambda).$$

n_z 对分子转动的平均值等于下列对角元

$$\langle JM|n_z|JM\rangle=\frac{\Omega M}{J(J+1)},$$

其中 $M\equiv M_J$,这个矩阵元是从(87.4)的约化矩阵元算出的,该式中的 K 和 Λ 改成 J 和 Ω.故所求的分裂值为

$$\Delta E=\mu_{\rm B}HM\frac{\Omega(2\Omega-\Lambda)}{J(J+1)}.$$

3. 同题 2,但为情形 b.

解:确定所求分裂值的对角元 $\langle\Lambda KJ|V|\Lambda KJ\rangle$ 可用 §87 给出的一般规则算出.但它也可用以下更简明的办法算出.微扰算符对轨道和电子态求平均,可得

$$\mu_{\rm B}H(\Lambda n_z+2\hat{S}_z)$$

(自旋算符在这个平均中不受影响),然后,我们对分子的转动求平均;n_z 的平均值由(87.4)式给出,从而得

$$\mu_{\rm B}H\left[\frac{\Lambda^2}{K(K+1)}\hat{K}_z+2\hat{S}_z\right]$$

最后,我们对自旋波函数求平均.经过整个平均后,各矢量的平均值必须平行于总角动量 $\boldsymbol{J}$,它是唯一的守恒矢量.因此得[参考(113.5)]

$$\frac{\mu_{\rm B}H}{J(J+1)}\left[\frac{\Lambda^2}{K(K+1)}\boldsymbol{K}\cdot\boldsymbol{J}+2\boldsymbol{S}\cdot\boldsymbol{J}\right]M$$

$(M\equiv M_J)$,最后是

$$\Delta E=\frac{\mu_{\rm B}}{J(J+1)}\left\{\frac{\Lambda^2}{2K(K+1)}[J(J+1)+K(K+1)-S(S+1)]+[J(J+1)-K(K+1)+S(S+1)]\right\}HM.$$

4. 一个抗磁性原子处于外磁场中,求原子中心处的感生磁场强度.

解:对于 $S=L=0$,哈密顿量中不含场的线性微扰项,因此原子波函数不含磁场的一级改正项,外磁场感生的原子中的电流变化 $\boldsymbol{j}'$ 只是来自(仍为 H 的一

级近似)电子速度算符的附加项$(|e|/mc)\boldsymbol{A}$. 因此有①

$$\boldsymbol{j}' = -\rho\frac{e^2}{mc}\boldsymbol{A} = -\rho\frac{e^2}{2mc}\boldsymbol{H}\times\boldsymbol{r} \tag{1}$$

式中ρ是原子中的电子密度. 这个附加电流在原子中心处产生的磁场为

$$\boldsymbol{H}_{\text{ind}} = -\frac{1}{c}\int\frac{\boldsymbol{j}'\times\boldsymbol{r}}{r^3}\mathrm{d}V,$$

参考(121.8). 把(1)式代入并在积分号内对$\boldsymbol{r}$的方向求平均,得

$$\boldsymbol{H}_{\text{ind}} = -\frac{e^2}{3mc^2}\boldsymbol{H}\int\frac{\rho}{r}\mathrm{d}r = \frac{e}{3mc^2}\varphi_e(0)\boldsymbol{H}, \tag{2}$$

$\varphi_e(0)$是原子的电子壳层在其中心处的电势.

在托马斯-费米模型中,$\varphi_e(0) = -1.80Z^{4/3}me^3/\hbar^2$[见(70.8)]故

$$\boldsymbol{H}_{\text{ind}} = -0.60\left(\frac{e^2}{\hbar c}\right)^2 Z^{4/3}\boldsymbol{H} = -3.2\times10^{-5}Z^{4/3}\boldsymbol{H}.$$

§114 可变磁场中的自旋

我们来考虑一个具有磁矩的电中性粒子,处于一个均匀的但随时间变化的磁场中. 它可以是一个基本粒子(中子),也可以是一个复合粒子(原子). 假定磁场很弱,粒子在该场中的磁能小于该粒子的能级间距. 我们就可研究粒子的整体运动,它的内态已被给定.

设$\hat{\boldsymbol{s}}$为该粒子的"内禀"角动量算符——基本粒子的自旋或者是原子的总角动量$\boldsymbol{J}$. 磁矩算符可表成(111.1)的形式. 中性粒子整体运动的哈密顿量可写成

$$\hat{H} = -\frac{\mu}{s}\hat{\boldsymbol{s}}\cdot\boldsymbol{H}. \tag{114.1}$$

我们只写出了依赖于自旋的那一部分哈密顿量.

在一均匀场中,这个算符不显含坐标②. 粒子波函数因而分解成为坐标函数和自旋函数的乘积. 前者不过是自由运动的波函数,以后我们仅对其自旋部分感兴趣. 我们将证明,角动量s为任意的一个粒子的问题,可以化成较简单的自旋为$\frac{1}{2}$的一个粒子运动的问题(E. Majorana). 为此只需应用§57中早已用过的方法,即把自旋为s的一个粒子形式上换成$2s$个自旋为$\frac{1}{2}$的"粒子". 算符$\hat{\boldsymbol{s}}$则表

① 此式相当于原子的电子壳层绕外磁场方向的拉莫尔进动:见《场论》§45.

② 这些说法也能用到在非均匀磁场中运动的任一粒子(带电或不带电),只要它的运动可以看作是准经典的. 随粒子的轨道运动变化的磁场,就可以简单地看成时间的函数,我们也能用同样的方程描述自旋波函数的变化.

成这些"粒子"的自旋算符之和 $\sum \hat{\boldsymbol{s}}_a$，波函数则表成 $2s$ 个 1 秩旋量的乘积，哈密顿算符(114.1)则分解成为 $2s$ 个独立的哈密顿算符：

$$\hat{H} = \sum_a \hat{H}_a, \hat{H}_a = -\frac{\mu}{s}\boldsymbol{H} \cdot \hat{\boldsymbol{s}}_a, \tag{114.2}$$

因此 $2s$ 个"粒子"中每个粒子的运动都能相互独立地确定. 当我们这样做了以后，就只需重新引进任一 $2s$ 秩对称旋量的各个分量，来代替 $2s$ 个 1 秩旋量各个分量的连乘积.

习　题

1. 求均匀磁场中自旋为$\frac{1}{2}$的一个中性粒子的自旋波函数，该磁场方向恒定但其绝对值按 $H = H(t)$ 的任意规律变化.

解：波函数是一个旋量 ψ^ν，它满足波动方程

$$\mathrm{i}\hbar \frac{\partial}{\partial t}\psi^\nu = -2\mu \boldsymbol{H} \cdot \hat{\boldsymbol{s}}\psi^\nu \tag{1}$$

取磁场方向为 z 轴，把上式写成旋量的分量式

$$\mathrm{i}\hbar \frac{\partial}{\partial t}\psi^1 = -\mu H\psi^1, \quad \mathrm{i}\hbar \frac{\partial}{\partial t}\psi^2 = \mu H\psi^2,$$

得

$$\psi^1 = c_1 \exp\left(\frac{\mathrm{i}\mu}{\hbar}\int H\mathrm{d}t\right), \quad \psi^2 = c_2 \exp\left(\frac{-\mathrm{i}\mu}{\hbar}\int H\mathrm{d}t\right),$$

常数 c_1, c_2 必须从初始条件和归一化条件 $|\psi^1|^2 + |\psi^2|^2 = 1$ 求出.

2. 同题 1，但磁场的绝对值恒定，它的方向以匀角速 ω 绕 z 轴旋转并和 z 轴夹 θ 角.

解：该磁场具有分量

$$H_x = H\sin\theta\cos\omega t, \quad H_y = H\sin\theta\sin\omega t, \quad H_z = H\cos\theta,$$

按(1)得方程

$$\dot{\psi}^1 = \mathrm{i}\omega_H(\psi^1\cos\theta + \psi^2\mathrm{e}^{-\mathrm{i}\omega t}\sin\theta),$$

$$\dot{\psi}^2 = \mathrm{i}\omega_H(\psi^1\mathrm{e}^{\mathrm{i}\omega t}\sin\theta - \psi^2\cos\theta)$$

其中 $\omega_H = \mu H/\hbar$. 作替换 $\psi^1 = \mathrm{e}^{-\mathrm{i}\omega t/2}\varphi^1, \psi^2 = \mathrm{e}^{\mathrm{i}\omega t/2}\varphi^2$，上列方程组就化成常系数线性方程组，解出后得

$$\psi^1 = \mathrm{e}^{-\mathrm{i}\omega t/2}(c_1\mathrm{e}^{\mathrm{i}\Omega t/2} + c_2\mathrm{e}^{-\mathrm{i}\Omega t/2}),$$

$$\psi^2 = 2\omega_H\mathrm{e}^{\mathrm{i}\omega t/2}\sin\theta\left[\frac{c_1}{\Omega + \omega + 2\omega_H\cos\theta}\mathrm{e}^{\mathrm{i}\Omega t/2} - \frac{c_2}{\Omega - \omega - 2\omega_H\cos\theta}\mathrm{e}^{-\mathrm{i}\Omega t/2}\right],$$

其中

$$\Omega=[(\omega+2\omega_H\cos\theta)^2+4\omega_H^2\sin^2\theta]^{1/2}.$$

§ 115　磁场中的流密度

现在来推导在磁场中运动的带电粒子的流密度的量子力学表达式.

我们从下式出发①:

$$\delta H=-\frac{1}{c}\int \boldsymbol{j}\cdot\delta\boldsymbol{A}\mathrm{d}V, \tag{115.1}$$

此式确定了矢势变化时具有空间电荷分布的哈密顿函数的变化②. 量子力学中此式必须应用于带电粒子哈密顿量的平均值:

$$\overline{H}=\int\Psi^*\left[\frac{1}{2m}\left(\hat{\boldsymbol{p}}-\frac{e}{c}\boldsymbol{A}\right)^2-\frac{\mu}{s}\boldsymbol{H}\hat{\boldsymbol{s}}\right]\Psi\mathrm{d}V. \tag{115.2}$$

对上式进行变分,并注意 $\delta\boldsymbol{H}=\operatorname{curl}\delta\boldsymbol{A}$,得

$$\delta\overline{H}=\int\Psi^*\left[-\frac{e}{2mc}(\hat{\boldsymbol{p}}\cdot\delta\boldsymbol{A}+\delta\boldsymbol{A}\cdot\hat{\boldsymbol{p}})+\frac{e^2}{mc^2}\boldsymbol{A}\cdot\delta\boldsymbol{A}\right]\Psi\mathrm{d}V-$$

$$-\frac{\mu}{s}\int\operatorname{curl}\delta\boldsymbol{A}\cdot\Psi^*\hat{\boldsymbol{s}}\Psi\mathrm{d}V. \tag{115.3}$$

$\boldsymbol{p}\cdot\delta\boldsymbol{A}$ 项可用分部积分变成

$$\int\Psi^*\hat{\boldsymbol{p}}\cdot\delta\boldsymbol{A}\Psi\mathrm{d}V=-\mathrm{i}\hbar\int\Psi^*\nabla(\delta\boldsymbol{A}\cdot\Psi)\mathrm{d}V=\mathrm{i}\hbar\int\delta\boldsymbol{A}\cdot\Psi\nabla\Psi^*\mathrm{d}V$$

(无穷远处的面积分照例等于零). 利用矢量分析中熟知的公式

$$\boldsymbol{a}\cdot\operatorname{curl}\boldsymbol{b}=-\operatorname{div}(\boldsymbol{a}\times\boldsymbol{b})+\boldsymbol{b}\cdot\operatorname{curl}\boldsymbol{a},$$

对(115.3)中的最后一项进行分部积分. div 项的积分等于零,故得

$$\int\Psi^*\boldsymbol{s}\boldsymbol{\Psi}\cdot\operatorname{curl}\delta\boldsymbol{A}\mathrm{d}V=\int\delta\boldsymbol{A}\cdot\operatorname{curl}(\Psi^*\hat{\boldsymbol{s}}\Psi)\mathrm{d}V,$$

最后结果为

$$\delta\overline{H}=-\frac{\mathrm{i}e\hbar}{2mc}\int\delta\boldsymbol{A}\cdot(\Psi\nabla\Psi^*-\Psi^*\nabla\Psi)\mathrm{d}V+\frac{e^2}{mc^2}\int\boldsymbol{A}\cdot\delta\boldsymbol{A}\Psi\Psi^*\mathrm{d}V-$$

---

① 本节中的 $\boldsymbol{j}$ 代表电流密度,亦即粒子的通量密度乘以粒子电荷 e.

② 磁场中一个电荷的拉格朗日函数中含有一项 $\frac{e}{c}v\cdot\boldsymbol{A}$, 如果电荷具有空间分布,则此项为 $\frac{1}{c}\int\boldsymbol{j}\cdot\boldsymbol{A}\mathrm{d}V$.

当 $\boldsymbol{A}$ 变化时拉氏函数的改变为

$$\delta L=\frac{1}{c}\int\boldsymbol{j}\cdot\delta\boldsymbol{A}\mathrm{d}V,$$

而哈密顿函数的无限小变化等于拉氏函数的无限小变化再取一个负号(见《力学》, § 40).

$$-\frac{\mu}{s}\int \delta \boldsymbol{A}\cdot \operatorname{curl}(\Psi^{*}\hat{s}\Psi)\,\mathrm{d}V.$$

将此式和(115.1)比较,即得下列流密度表式:

$$\boldsymbol{j}=\frac{\mathrm{i}e\hbar}{2m}[(\nabla \Psi^{*})\Psi-\Psi^{*}\nabla \Psi]-\frac{e^{2}}{mc}\boldsymbol{A}\Psi^{*}\Psi+\frac{\mu}{s}c\operatorname{curl}(\Psi^{*}\hat{s}\Psi) \quad (115.4)$$

要强调的是,这个表式中虽然显含矢势,但 $\boldsymbol{j}$ 还是单值的. 这可通过直接计算加以验证,只要记得矢势按(111.8)变换的同时波函数应按(111.9)式变换.

也很易验证,流(115.4)和电荷密度 $\rho=e|\Psi|^{2}$ 确实满足下列连续性方程

$$\frac{\partial\rho}{\partial t}+\operatorname{div}\boldsymbol{j}=0.$$

(115.4)式最后一项给出了粒子磁矩对流密度的贡献. 这就是 $c\operatorname{curl}\boldsymbol{m}$,其中

$$\boldsymbol{m}=\frac{\mu}{s}\Psi^{*}\hat{s}\Psi=\Psi^{*}\hat{\boldsymbol{\mu}}\Psi, \quad (115.5)$$

这是磁矩的空间密度.

(115.4)式是流的平均值. 它可看作流密度算符 $\hat{\boldsymbol{j}}$ 的对角矩阵元. 这个算符可用二次量子化形式最简单地写出来,即把(115.4)中的 Ψ 和 Ψ^{*} 改成算符 $\hat{\Psi}$ 和 $\hat{\Psi}^{+}$(根据一般规则,每项中的 Ψ^{+} 应写在 Ψ 的左边). 这个符号的非对角矩阵元也能求出:

$$\boldsymbol{j}_{nm}=\frac{\mathrm{i}e\hbar}{2m}[(\nabla \Psi_{n}^{*})\Psi_{m}-\Psi_{n}^{*}\nabla \Psi_{m}]-\frac{e^{2}}{mc}\boldsymbol{A}\Psi_{n}^{*}\Psi_{m}+$$

$$+\frac{\mu}{s}c\operatorname{curl}(\Psi_{n}^{*}\hat{s}\Psi_{m}). \quad (115.6)$$

第十六章

核　结　构

§116　同位旋不变性

目前还没有完整的**核力**理论,核力是作用在核粒子(**核子**)之间并把它们束缚在原子核内的一种力. 由于还没有一个完整的核力理论,所以对核力的描述在更大程度上需要依靠实验.

核子有两种,两者的主要区别在于它们的电性. 质子(p)带有正电荷,而中子(n)是电中性的. 它们的自旋都是$\frac{1}{2}$,质量几乎相等(分别为 1836.1 和 1838.6 电子质量). 这种相似性不是偶然的,撇开电性的差别,质子和中子是两个极为相似的粒子,这种相似性在本质上具有重要的意义.

业已发现,除了较弱的电力外,两个质子间的相互作用力非常相似于两个中子间的相互作用力,这称为核力的**电荷对称性**①.

在保持这种对称性的范围内,我们可以说,双质子(pp)系统和双中子(nn)系统具有性质上相同的态. 当然,在这里重要的是,质子和中子服从同一种统计(即费米统计),因此 pp 和 nn 系统只允许有波函数 $\psi(\boldsymbol{r}_1,\sigma_1;\boldsymbol{r}_2,\sigma_2)$ 对称性相同的态,即对粒子坐标和自旋的同时交换保持反对称性的那种态.

可是,电荷对称性不过是质子和中子间更深入的物理相似性即所谓**同位旋不变性**②的表现之一. 这个性质不但导致 pp 和 nn 系统(可通过所有质子与所有中子的对换而相互得到)的相似性,而且还导致由不同粒子组成的 pn 系统与以上两个系统的相似性,当然,它们不可能是完全的相似,因为 pn 系统中的粒子并

---

① 它特别是表现在镜像核性质(结合能,能谱等等)的相似性方面. 一对镜像核是指质子数和中子数相互对换的两个核.

② 同位旋不变性,英文为 isotopic invariance,也有称为 isobaric invariance.

不全同,它的态肯定不限于波函数为反对称的态. 但是我们发现,在 pn 系统的各种可能态中有些态在性质上和两个全同核子系统的态差不多精确相同[①]. 这些态当然是由反对称波函数描写的(pn 系统剩下的态由对称波函数所描写,在 pp 和 nn 系统中并不存在).

同位旋不变性和电荷对称性一样,仅当略去电磁作用后才能成立. 同位旋不变性为什么只是近似正确的另一个理由是,中子和质子间存在着很小的质量差别;如果中子和质子间真是精确对称的,它们的质量当然也应等同[②].

有一种方便的表述方式可以用来描述同位旋不变性. 它是根据下列事实自然地得到的,即同位旋不变性相当于把核子系统的态按其坐标 - 自旋波函数 ψ 的对称性进行分类的可能性,而与所述及的核子类型无关,因此在所找的表述方式中,我们一定有可能定义一个描述系统状态的新量子数,用以唯一地确定函数 ψ 的对称性. 与此类似的一种情况,我们早已在粒子自旋为$\frac{1}{2}$的多粒子系统中碰到过. 我们在 §63 中看到,如果指定了这个系统的总自旋 S,则其坐标波函数 φ 的对称性就被唯一地确定,而不管每个粒子的自旋分量 σ 究竟取 $\pm\frac{1}{2}$中的哪个值.

因此在对同位旋不变性进行形式上的描述时,我们就有理由把中子和质子看作同一个粒子(核子)的两个不同"电荷态",它们的区别在于一个新矢量 $\boldsymbol{\tau}$ 的分量具有不同的值,这个新矢量 $\boldsymbol{\tau}$ 在形式上与自旋为$\frac{1}{2}$的自旋矢量具有完全类似的性质. 这个新量通常称为**同位自旋**或**同位旋**[③],它是"同位旋空间"ξ,η,ζ(当然它和实际空间毫无关系)中的一个矢量.

一个核子的同位旋的 ζ 轴分量只能取 $\tau_\zeta=\pm\frac{1}{2}$两个值. $+\frac{1}{2}$值被任意地指定给质子,$-\frac{1}{2}$值则指定给中子[④]. 几个核子的同位旋可按通常自旋的相加法则相加成为系统的总同位旋. 系统总同位旋的 ζ 分量等于各个粒子的 τ_ζ 值之和. 对于一个质子数为 Z(即原子序数)中子数为 N 质量数 $A=Z+N$ 的核,我们有

$$T_\zeta=\sum\tau_\zeta=\frac{1}{2}(Z-N)=Z-\frac{1}{2}A. \tag{116.1}$$

---

① 这可根据 pp 散射和 pn 散射的实验数据分析中得出(G. Breit, E. U. Condon, R. D. Present, 1936).

② 实际上,中子和质子间的这个质量差别很可能还是由电磁原因造成的.

③ 先由 W. Heisenberg(1932)所采用,并由 B. Cassen 和 E. U. Condon(1936)拿来描写同位旋不变性.

④ 文献中也能找到相反的指定.

亦即当核子数固定后,T_ζ 能给出该系统的总电荷. 因此 T_ζ 显然是一个严格守恒量,它简单地表达了电荷的守恒.

正如总自旋 S 确定了自旋波函数的对称性那样,系统总同位旋的绝对值 T 确定了该系统"电荷部分"波函数 ω 的对称性. 从而也确定了坐标 - 自旋(即通常的)波函数 ψ 的对称性,这是因为核子系统的总波函数(即乘积 $\psi\omega$)必须具备一定的对称性,它和所有的费米子系统一样,对两个粒子的坐标,自旋以及"电荷变量"τ_ζ 的同时对换必须反对称. 因此任一核子系统中波函数 ψ 存在着确定的对称性,在上述处理中被表达成为 T 的守恒性.

我们也可以换一种说法,所谓同位旋不变性,是指系统的性质对同位旋空间中的转动具有不变性. 仅仅是 T_ζ 值不同的各个态(T 和其它量子数具有定值)具有相同的性质. 电荷对称性(中子和质子互换后系统性质的不变性)不过是同位旋不变性的一个特例,可以看成是对所有 τ_ζ 的同时变号所具有的不变性,亦即绕同位旋空间 $\xi\eta$ 平面内的一个轴旋转 180°所具有的不变性.

根据以上的处理显然可知,同位旋不变性必然会被库仑作用所破坏,库仑作用与电荷有关,也就是和同位旋的 ζ 分量有关,故对 $\xi\eta\zeta$ 空间内的转动并不具备不变性.

我们以双核子系统为例,它的总同位旋可取 $T=1$ 和 $T=0$ 两个值. $T=1$ 时 T_ζ 分量的可能值为 1,0,-1. 根据(116.1),相应的电荷值为 2,1,0,亦即 $T=1$ 的系统可以是 pp,pn 或 nn. $T=1$ 的波函数电荷部分 ω 是对称的(正如对称的自旋波函数对应于自旋 $S=1$ 一样,参考 §62). 所以 $T=1$ 的态具有反对称的通常波函数 ψ. $T=0$ 时只能有 $T_\zeta=0$,相应的波函数 ω 是反对称的;因此它只和 pn 系统中 ψ 波函数为对称的态有关.

同位旋对应于一个算符 $\hat{\boldsymbol{\tau}}$,它作用在波函数的电荷变量 τ_ζ 上,正和自旋算符 $\hat{s}$ 作用在自旋变量 σ 上一样. 鉴于两者在形式上完全类似,$\hat{\tau}_\xi,\hat{\tau}_\eta,\hat{\tau}_\zeta$ 算符和 $\hat{s}_x,\hat{s}_y,\hat{s}_z$ 算符一样,由(55.7)式的泡利矩阵给出.

下面来给出这些算符的某些组合形式,它们具有简单的直观含义. 下列算符

$$\hat{\tau}_+=\hat{\tau}_\xi+\mathrm{i}\hat{\tau}_\eta=\begin{pmatrix}0&1\\0&0\end{pmatrix}$$

作用在中子波函数上把它变成质子波函数,作用在质子波函数上则等于零. 同理,算符

$$\hat{\tau}_-=\hat{\tau}_\xi-\mathrm{i}\hat{\tau}_\eta=\begin{pmatrix}0&0\\1&0\end{pmatrix}$$

把质子变成中子,并把中子"湮没"掉. 最后,下列算符

$$\frac{1}{2}+\hat{\tau}_\zeta=\begin{pmatrix}1&0\\0&0\end{pmatrix}$$

使质子波函数不变并把中子波函数湮没掉. 上式乘 e 后可以称为核子的电荷算符.

现在来证明,两个粒子的对换算符 $\hat{P}$ 可以用它们的同位旋算符 $\hat{\tau}_1,\hat{\tau}_2$ 表达出来. 根据定义,对换算符作用在双粒子系统波函数 $\psi(\boldsymbol{r}_1,\sigma_1;\boldsymbol{r}_2,\sigma_2)$ 上的结果是使这两个粒子的坐标和自旋同时对换,亦即变量 $\boldsymbol{r}_1,\sigma_1$ 和 $\boldsymbol{r}_2,\sigma_2$ 对换. 这个算符的本征值为 ±1,当它作用在对称的或反对称的 ψ 波函数上时就有

$$\hat{P}\psi_{对称}=\psi_{对称};\quad \hat{P}\psi_{反对称}=-\psi_{反对称}. \tag{116.2}$$

前面已经讲过,$\psi_{对称}$ 和 $\psi_{反对称}$ 分别对应于总同位旋 $T=0$ 和 $T=1$ 的电荷波函数 ω_T. 由此可见,为了把 $\hat{P}$ 表成作用于电荷变量上的算符,它就应该具有下列性质

$$\hat{P}\omega_0=\omega_0,\quad \hat{P}\omega_1=-\omega_1. \tag{116.3}$$

这两个条件能被算符 $1-\hat{\boldsymbol{T}}^2$ 所满足,这是很易看出的,只要注意到 ω_T 是算符 $\hat{\boldsymbol{T}}^2$ 的本征函数,具有本征值 $T(T+1)$. 最后,写出 $\boldsymbol{T}=\boldsymbol{\tau}_1+\boldsymbol{\tau}_2$ 并且考虑到 $\boldsymbol{\tau}_1^2$ 和 $\boldsymbol{\tau}_2^2$ 都具有定值 $\tau(\tau+1)=\dfrac{3}{4}$,即得所求的表式①

$$\hat{P}=1-\hat{\boldsymbol{T}}^2=-\frac{1}{2}-2\hat{\boldsymbol{\tau}}_1\cdot\hat{\boldsymbol{\tau}}_2 \tag{116.4}$$

对于核子系统中各种物理量的矩阵元,存在着一定的同位旋选择定则(L. A. Radicati,1952). 设 F 为具有相加性的某个量(任意秩张量),亦即它对于整个系统而言的值等于对各个个别核子而言的值之和. 我们把这个量的算符写成

$$\hat{F}=\sum_p\hat{f}_p+\sum_n\hat{f}_n,$$

式中分别对该系统内所有的质子和中子求和. 这个表式可写成下列等同形式:

$$\begin{aligned}\hat{F}&=\sum\left(\frac{1}{2}+\hat{\tau}_\zeta\right)\hat{f}_p+\sum\left(\frac{1}{2}-\hat{\tau}_\zeta\right)\hat{f}_n=\\&=\frac{1}{2}\sum(\hat{f}_p+\hat{f}_n)+\sum(\hat{f}_p-\hat{f}_n)\hat{\tau}_\zeta,\end{aligned} \tag{116.5}$$

式中每项都是对所有核子(质子和中子)求和. (116.5)中的第一项是标量,第二项是同位旋空间中矢量的 ζ 分量. 因此它们对同位旋而言的选择定则,与普通空间中的标量和矢量对轨道角动量而言的选择定则(见 §29)相同:同位旋标量只允许不改变 T 值的跃迁;同位旋矢量的 ζ 分量只能有 $\Delta T=0$ 或 ±1 的跃迁矩阵元. 对于 $T_\zeta=0$ 的两个态,也就是对于中子数和质子数相等的系统,不能有 $\Delta T=0$ 的跃迁,这是因为 $\Delta T=0$ 的跃迁矩阵元是和 T_ζ 成正比的(见(29.7)式).

---

① 这种形式的算符,已在 §62 例题中用粒子的通常自旋导出过.

以原子核的偶极矩为例，$\boldsymbol{f}_p$ 为 $e\boldsymbol{r}$ 而 $\boldsymbol{f}_n=0$.(116.5)中的第一项为

$$\frac{1}{2}e\sum\boldsymbol{r}=\frac{e}{2m}\sum m\boldsymbol{r}.$$

因而和质心的径矢成正比，适当选取原点后可使它等于零.可见核偶极矩可化成同位旋矢量的 ζ 分量.

§117 核力

作用于核子之间的核力的主要特征是力程很短：在数量级为 10^{-13} cm 的距离处指数式地衰减.

在非相对论极限下我们可以这样说，核力与核子的速度无关并且有势；核内的核子速度大约是光速的1/4(见后).两核子的相互作用势能 U 不但和距离 r 有关而且相当强烈地和它们的自旋有关①.U 和 r 的确切关系当然只能由核力理论去确立，至于它和自旋的关系则可根据自旋算符的性质经过简单考虑后得出.

可供我们支配的与相互作用能量 U 有关的矢量一起只有三个，即两核子间的单位径矢量 $\boldsymbol{n}$，以及两个核子的自旋 $\boldsymbol{s}_1$ 和 $\boldsymbol{s}_2$.根据自旋$\frac{1}{2}$算符的一般性质，它的任意函数可以化成线性函数(§55).再考虑到乘积 $\boldsymbol{n}\cdot\boldsymbol{s}$ 不是真标量而是赝标量(因为 $\boldsymbol{n}$ 是极矢量而 $\boldsymbol{s}$ 是轴矢量).于是很明显，从 $\boldsymbol{n},\boldsymbol{s}_1,\boldsymbol{s}_2$ 三个矢量出发只能构造出两个与自旋呈线性关系的独立标量，即$(\boldsymbol{s}_1\cdot\boldsymbol{s}_2)$和$(\boldsymbol{n}\cdot\boldsymbol{s}_1)(\boldsymbol{n}\cdot\boldsymbol{s}_2)$②.

从而，两核子的相互作用算符计及对自旋的关系后，可以写成三个独立项之和：

$$\hat{U}_{普通}=U_1(r)+U_2(r)(\hat{\boldsymbol{s}}_1\cdot\hat{\boldsymbol{s}}_2)+\\+U_3(r)[3(\hat{\boldsymbol{s}}_1\cdot\boldsymbol{n})(\hat{\boldsymbol{s}}_2\cdot\boldsymbol{n})-\hat{\boldsymbol{s}}_1\cdot\hat{\boldsymbol{s}}_2],\tag{117.1}$$

其中两项与自旋有关，一项无关.第三项被写成这样的形式，是使它对 $\boldsymbol{n}$ 的各个方向平均后等于零.这一项所描述的力通常称为**张量力**.

(117.1)中的下标“普通”表明这个算符不影响核子的电荷态.实际上还存在着作用后使质子变成中子以及中子变成质子的相互作用.这种“交换”作用的算符与(117.1)不同之处在于还含有(116.4)的粒子对换算符：

$$\hat{U}_{交换}=\{U_4(r)+U_5(r)(\hat{\boldsymbol{s}}_1\cdot\hat{\boldsymbol{s}}_2)+\\+U_6(r)[3(\hat{\boldsymbol{s}}_1\cdot\boldsymbol{n})(\hat{\boldsymbol{s}}_2\cdot\boldsymbol{n})-\hat{\boldsymbol{s}}_1\cdot\hat{\boldsymbol{s}}_2]\}\hat{P}.\tag{117.2}$$

总的相互作用算符为

① 从这一点讲来，粒子作用和电子作用有很大的不同，后者的自旋-自旋作用是纯相对论性的而且(在原子中)很小.

② 这里假定了核力是空间反演不变的，亦即不能含有赝标量.迄今为止没有实验否定这个假设.

$$\hat{U}=\hat{U}_{\text{普通}}+\hat{U}_{\text{交换}}. \tag{117.3}$$

可见两核子的相互作用要用六个不同的距离函数来描写. 这些项一般讲来都属于同一数量级①,

(117.1)和(117.2)中的自旋算符可以用总自旋算符 $\hat{\boldsymbol{S}}$ 表出,把 $\hat{\boldsymbol{S}}=\hat{\boldsymbol{s}}_1+\hat{\boldsymbol{s}}_2$ 和 $\hat{\boldsymbol{S}}\cdot\boldsymbol{n}=\hat{\boldsymbol{s}}_1\cdot\boldsymbol{n}+\hat{\boldsymbol{s}}_2\cdot\boldsymbol{n}$ 平方起来并利用 $\hat{\boldsymbol{s}}_1^2=\hat{\boldsymbol{s}}_2^2=\frac{3}{4}$, $(\hat{\boldsymbol{s}}_1\cdot\boldsymbol{n})^2=(\hat{\boldsymbol{s}}_2\cdot\boldsymbol{n})^2=\frac{1}{4}$ (见(55.10)式),我们得

$$\hat{\boldsymbol{s}}_1\cdot\hat{\boldsymbol{s}}_2=\frac{1}{2}\left(\hat{\boldsymbol{S}}^2-\frac{3}{2}\right),$$

$$(\hat{\boldsymbol{s}}_1\cdot\boldsymbol{n})(\hat{\boldsymbol{s}}_2\cdot\boldsymbol{n})=\frac{1}{2}\left[(\hat{\boldsymbol{S}}\cdot\boldsymbol{n})^2-\frac{1}{2}\right]. \tag{117.4}$$

算符 $\hat{\boldsymbol{S}}^2$ 和 $\hat{\boldsymbol{S}}$ 对易,因此对于(117.1)和(117.2)中前两项所代表的作用讲来,系统的总自旋矢量是守恒的. 张量作用含有算符 $(\hat{\boldsymbol{S}}\cdot\boldsymbol{n})^2$,它和 $\hat{\boldsymbol{S}}^2$ 对易但和矢量 $\hat{\boldsymbol{S}}$ 本身不对易. 结果只有总自旋的绝对值守恒,它的方向不守恒.

双核子系统的总自旋 S 可取 0 和 1,总同位旋 T 也是这样,因此这个系统所有的态可按 S 和 T 值的不同分成四类. 每类的态具有相互作用算符 $A(r)$(对 $S=0$)或 $A(r)+B(r)\left[(\hat{\boldsymbol{S}}\cdot\boldsymbol{n})^2-\frac{2}{3}\right]$(对 $S=1$),可按每类情况由一般表式(117.3)化出(见题 1)②.

S 和 T 给定后,系统的态是按总角动量值 J 和宇称分类的. 我们知道,$T=0$ 和 $T=1$ 分别对应于波函数 ψ 为对称的和反对称的态. 另一方面,S 值确定了波函数对自旋变量的对称性($S=1$ 对称,$S=0$ 反对称). 显然,当 S 和 T 给定以后,波函数对空间变量的对称性(态的宇称)也被确定. 同位旋 $T=0$ 的态只能是偶的三重态($S=1$)或奇的单态($S=0$);而同位旋 $T=1$ 的态均为奇的三重态或偶的单态.

由于自旋作为矢量并不守恒,轨道角动量一般也不守恒,只有两者之和 $\boldsymbol{J}=\boldsymbol{L}+\boldsymbol{S}$ 是守恒的. 可是 $\boldsymbol{L}$ 的绝对值也有可能守恒,这是因为给定了 J, S 和宇称

① 还可提一下依赖于核子速度的相互作用. 在速度的线性近似下,可以用一个具有 $[\varphi_1(r)+\varphi_2(r)\hat{P}](\hat{\boldsymbol{L}}\cdot\hat{\boldsymbol{S}})$ 形式的算符来描写,其中 $\boldsymbol{L}=\boldsymbol{r}\times\boldsymbol{p}$ 是两核子相对运动的轨道角动量,$\boldsymbol{p}$ 是动量,$\boldsymbol{S}=\boldsymbol{s}_1+\boldsymbol{s}_2$. 这个算符含有两个 r 的函数. 根据宇称及时间反演不变性,$\boldsymbol{p}\cdot\boldsymbol{n}$ 和 $\boldsymbol{S}\cdot\boldsymbol{n}$ 等项被排除.

② 有关氘核性质的实验表明,$T=0$, $S=1$ 的核子作用具有强的引力和一个深的"势阱"(张量力的存在使它难于用函数 $A(r)$ 和 $B(r)$ 的性质表达出来). 此外,根据观测到的氘核四极矩的符号,可知这个态的张量力中 $B(r)$ 的系数是负的. 根据核子散射实验结果,可知 $T=1$, $S=0$ 的作用也是引力作用,但比较弱,特别是不能形成双粒子的稳定系统.

(或 J,S 和 T)后,有可能只有一个特定的 L 值可以与之相容(记得双粒子系统的宇称为$(-1)^L$).例如 $S=1,J=1$ 的奇态只能有 $L=1$,即${}^3P_1$.在其它情形下,给定了 J,S 和宇称后可以有两个不同的 L 值,因而 L 是不守恒的.例如 $S=1,J=2$ 的奇态可以有 $L=1$ 或 $L=3$,这是一个组合态${}^3P_2+{}^3F_2$.

因此我们得到双核子系统的下列各种可能态(符号 ± 代表宇称):

$$T=1:{}^3P_0^-,{}^3P_1^-,({}^3P_2+{}^3F_2)^-,{}^3F_3^-,\cdots$$
$${}^1S_0^+,{}^1D_2^+,{}^1G_4^+,\cdots$$
$$T=0:({}^3S_1+{}^3D_1)^+,{}^3D_2^+,({}^3D_3+{}^3G_3)^+,\cdots$$
$${}^1P_1^-,{}^1F_3^-,\cdots$$

核力一般讲来并不是相加性的.这就是说,两个以上核子所组成的系统中,它的核力作用并不等于其中所有各对粒子的核力作用之和.然而,与二体作用相比较,三体作用和多体作用看来并不重要,因此在讨论复杂核的性质时,在很大程度上我们仍可以二体作用的性质为基础.

原子核实验结果表明,当粒子数 A 增大时,核子系统开始类似于宏观的“核物质”,它的体积和能量都与 A 成正比地增长(质子间库仑作用以及核的自由表面所产生的那些效应都是很小的).产生这种现象的核力性质称为**饱和性**.

饱和性的存在使核子的二体作用函数 $U_1,\cdots,U_6$ 受到一定的限制.假定所有粒子都集中在核力作用半径那样大小的一个体积内,使得每对粒子间都有相互作用存在.如果有这样一种核子组态(以及这样一些自旋取向)其中每对间的作用力都是吸引力,那么这个系统的势能是负的并且与 A^2 成正比,其动能是正的并且和 $A^{5/3}$ 成正比(A 的较小幂次)①.显然,在这种条件下会有足够多的核子集中到一个与 A 无关的小体积中去,即不能形成核物质.由此可见,核力饱和性可以表成这样的条件:与 A^2 成正比的负作用能量的那些组态都不存在(见题 2).

核物质体积与其粒子数的正比性可用下式表出:

$$R=r_0A^{1/3}. \tag{117.5}$$

上式给出了核半径 R 和核中粒子数 A 的关系.实验结果(电子和核的散射)给出 $r_0=1.1\times10^{-13}$ cm.

我们可求出核物质中核子动量的极限值(参考 §70).物理空间单位体积内动量为 $p\leqslant p_0$ 的粒子所占的相空间体积为 $4\pi p_0^3/3$,除以$(2\pi\hbar)^3$ 后即得“相格”数,每格中可以同时占有两个质子和两个中子.令中子数等于质子数,我们得

① 集中于某一给定体积内的粒子其密度 n 与粒子数 A 成正比,每个粒子的动能与 $n^{2/3}$ 成正比(参考(70.1)),故总动能 $\sim A\cdot A^{2/3}$.

$$4\,\frac{4\pi}{3}\left(\frac{p_0}{2\pi\hbar}\right)^3=\frac{A}{V},$$

V 是原子核体积. 把(117.5)代入得

$$p_0=\left(\frac{3\pi^2 A}{2V}\right)^{\frac{1}{3}}\hbar=(9\pi)^{1/3}\frac{\hbar}{2r_0}=1.4\times 10^{-14}\ \text{g}\cdot\text{cm/s}.$$

相应的动能 $p_0^2/2m_p\sim 40$ MeV(m_p 为核子质量),而速度为

$$\frac{p_0}{m_p}\approx\frac{c}{4}.$$

习　　题

1. 对 S,T 具有定值的各种双核子态,求其相互作用算符.

解:根据一般表式(117.1)—(117.3),应用(116.3)和(117.4),得所求的 $\hat{U}_{ST}$ 算符:

$$\hat{U}_{00}=U_1-\frac{3}{4}U_2+U_4-\frac{3}{4}U_5,$$

$$\hat{U}_{01}=U_1-\frac{3}{4}U_2-U_4+\frac{3}{4}U_5,$$

$$\hat{U}_{10}=U_1+\frac{1}{4}U_2+U_4+\frac{1}{4}U_5+\frac{1}{2}(U_3+U_6)[3(\hat{\boldsymbol{S}}\cdot\boldsymbol{n})^2-2],$$

$$\hat{U}_{11}=U_1+\frac{1}{4}U_2-U_4-\frac{1}{4}U_5+\frac{1}{2}(U_3-U_6)[3(\hat{\boldsymbol{S}}\cdot\boldsymbol{n})^2-2].$$

2. 求核力饱和性的条件,假定张量力不存在,其它各型的力假定具有相等的作用半径.

解:对核子数为 A 的系统,考虑几种极端情形的态(其它各种情形都介于其间). 写出这个系统中一个"平均"核子对的相互作用能为正的各种条件.

假定原子核的总自旋和总同位旋都呈极大值:$S_{核}=T_{核}=\frac{1}{2}A$(当系统中的粒子都是质子而且它们的自旋都平行时). 则每对核子具有 $S=T=1$,要写出的条件为

$$U_{11}>0. \tag{1}$$

其次,设 $T_{核}=\frac{1}{2}A$, $S_{核}=0$. 则每对核子的 $T=1$,每个粒子的 s_z 平均值为零. 后者表明核子的 $s_z=\frac{1}{2}$ 和 $s_z=-\frac{1}{2}$ 是等概率的. 在这些条件下,一对核子处于 $S=0$ 态或 $S=1$ 态的概率分别为 1/4 和 3/4(与 S_z 值的个数 $2S+1$ 成正比). 因此核子对平均能量为正的条件为

$$\frac{1}{4}U_{01}+\frac{3}{4}U_{11}>0. \tag{2}$$

同样地,讨论 $T_{核}=0,S_{核}=\frac{1}{2}A$ 的态,得条件

$$\frac{1}{4}U_{10}+\frac{3}{4}U_{11}>0. \tag{3}$$

在 $T_{核}=S_{核}=0$ 的那些态中,核子对具有 $S=T=1$ 的概率为 $3/4\times3/4$,具有 $T=1,S=0$ 的概率为 $3/4\times1/4$,以此类推. 从而得条件

$$\frac{9}{16}U_{11}+\frac{3}{16}(U_{10}+U_{01})+\frac{1}{16}U_{00}>0. \tag{4}$$

最后,设系统由 $\frac{1}{2}A$ 个质子和 $\frac{1}{2}A$ 个中子所组成,所有质子的自旋平行并和所有中子的自旋反平行. 单个核子为 $\mathrm{p}\left(\tau_\zeta=\frac{1}{2}\right)$ 或 $\mathrm{n}\left(\tau_\zeta=-\frac{1}{2}\right)$ 的概率相等,核子对具有 $T=0$ 的概率为 1/4,由于这一对核子中一个是 p 另一个是 n,故 $S_z=0$. 这个 S_z 值以相等的概率来自 $S=0$ 或 $S=1$ 的态. 因此核子对处于 $T=0,S=0$ 态和 $T=0,S=1$ 态的概率都等于 $1/4\times1/2=1/8$. $T=1,S=0$ 的态也有这样的概率,剩下 5/8 的概率就属于 $T=S=1$ 的态. 因而得条件

$$\frac{1}{8}(U_{00}+U_{01}+U_{10})+\frac{5}{8}U_{11}>0. \tag{5}$$

不等式(1)—(5)构成核力饱和性所需的条件.

§118 壳层模型

原子核的许多性质可用**壳层模型**很好地描述,它和原子的电子壳层结构基本上类似. 这个模型中,原子核内的每个核子可以看作是在所有其余核子所组成的自洽场中运动:由于核力的作用范围很小,这个场一超出核"表面"所围的体积就很快地衰减. 与此相应,整个原子核的态可用指定各个单核子态的办法来描写.

自洽场是球对称的,对称中心当然就是原子核的质心,这样一来,就产生了下列困难. 在自洽场法中,系统的波函数是由单核子波函数的乘积(或适当对称化后的乘积之和)构成的,可是这样的函数无法保持质心不动[①]:由这种函数算出的质心平均速度虽然等于零,但速度值本身的概率并不等于零.

当我们用自洽场法的波函数 $\psi(\boldsymbol{r}_1,\cdots,\boldsymbol{r}_A)$ 计算任一物理量时,可以采用先消除质心运动的办法来避免这一困难. 设 $f(\boldsymbol{r}_i,\boldsymbol{p}_i)$ 为某一物理量,它是核子坐标

① 对于原子中的电子不会产生这种困难,因为它的质心和不动的原子核位置重合,必然是静止的.

和动量的函数. 当用函数组 ψ 计算它的矩阵元时,我们必须在不改变 $\psi(\boldsymbol{r}_i)$ 的情况下把函数 f 中的宗量改为

$$\boldsymbol{r}_i\to\boldsymbol{r}_i-\boldsymbol{R},\quad \boldsymbol{p}_i\to\boldsymbol{p}_i-\frac{1}{A}\boldsymbol{P}. \tag{118.1}$$

式中 $\boldsymbol{R}$ 是原子核质心的径矢,A 是核内粒子数,$\boldsymbol{P}$ 是整体运动的动量. (118.1)中的第二项相当于从核子速度 v_i 中减去质心速度 $\boldsymbol{V}$,$\boldsymbol{P}$ 和 $\boldsymbol{V}$ 的关系为 $\boldsymbol{P}=Am_{\mathrm{p}}\boldsymbol{V}$ (S. Gartenhaus, C. Schwartz, 1957).

例如原子核偶极矩算符为 $\boldsymbol{d}=e\sum\boldsymbol{r}_p$,式中对核内所有质子求和. 用自洽场法算其矩阵元时,这个算符必须改成 $e\sum(\boldsymbol{r}_p-\boldsymbol{R})$. 原子核的质心坐标为

$$\boldsymbol{R}=\frac{1}{A}\left(\sum_p\boldsymbol{r}_p+\sum_n\boldsymbol{r}_n\right),$$

式中对所有质子和中子求和. 由于核内质子数为 Z,偶极矩算符最后改成

$$e\sum_p\boldsymbol{r}_p\to e\left(1-\frac{Z}{A}\right)\sum_p\boldsymbol{r}_p-e\frac{Z}{A}\sum_n\boldsymbol{r}_n, \tag{118.2}$$

上式中的质子具有"有效电荷" $e(1-Z/A)$,中子具有"电荷" $-eZ/A$. 由(118.2)知,偶极矩改正项的相对数量级为 1. 不难求出,磁矩和更高级电多极矩改正项的相对数量级为 $1/A$.

非相对论近似中,核子和自洽场的相互作用与该核子的自旋无关:这种关系只能和 $\hat{\boldsymbol{s}}\cdot\boldsymbol{n}$ 成正比,$\boldsymbol{n}$ 是沿核子径矢 $\boldsymbol{r}$ 的单位矢量,这个乘积是一个赝标量而不是真标量.

但当计及依赖于粒子速度的相对论项以后,核子能量就会依赖于自旋. 其中的最大项与速度成正比. 从 $\boldsymbol{s}$,$\boldsymbol{n}$ 和 v 三个矢量出发可组成一个真标量 $\boldsymbol{n}\times v\cdot\boldsymbol{s}$,因此原子核内核子的自旋-轨道耦合算符为

$$\hat{V}_{sl}=-\varphi(r)\boldsymbol{n}\times\hat{v}\cdot\hat{\boldsymbol{s}}, \tag{118.3}$$

$\varphi(r)$ 是 r 的某个函数,见 §117 第三个附注. 由于 $m_{\mathrm{p}}\boldsymbol{r}\times v$ 是粒子的轨道角动量 $\hbar\boldsymbol{l}$,(118.3)也可写成

$$\hat{V}_{sl}=-f(r)\hat{\boldsymbol{l}}\cdot\hat{\boldsymbol{s}}, \tag{118.4}$$

其中 $f=\hbar\varphi/rm_{\mathrm{p}}$. 应该强调这个作用是 v/c 的一级效应,而原子中电子的自旋-轨道耦合是二级效应(§72),这个差别是由于核力即使在非相对论近似中也依赖于自旋,而电子的非相对论相互作用(库仑力)是与自旋无关的.

自旋-轨道作用能量主要集中在原子核表面附近,亦即函数 $f(r)$ 在核内衰减. 这是因为这种作用在无限的核物质中根本不会存在,只要考虑到此时的系统是均匀的,显然不再存在某种优先的 $\boldsymbol{n}$ 方向.

作用项(118.4)把轨道角动量为 l 的核子能级分裂成为角动量 $j=l\pm\frac{1}{2}$ 的

两个能级.

由于(按(31.3)式)

$$\left.\begin{aligned} \boldsymbol{l}\cdot\boldsymbol{s} &= \frac{1}{2}l, & j &= l+\frac{1}{2} \\ &= -\frac{1}{2}(l+1), & j &= l-\frac{1}{2} \end{aligned}\right\}, \tag{118.5}$$

分裂量为

$$\Delta E = E_{l-\frac{1}{2}} - E_{l+\frac{1}{2}} = \overline{f(r)}\left(l+\frac{1}{2}\right). \tag{118.6}$$

实验表明,$j=l+\frac{1}{2}$的能级($\boldsymbol{l}$ 和 $\boldsymbol{s}$ 平行)低于$j=l-\frac{1}{2}$的能级,这意味着$f(r)>0$.

原子核中核子的自旋-轨道耦合要比该核子与自洽场的作用弱,但是一般讲来它要比原子核内两个核子的直接作用能量来得大,因后一种作用随着原子量的增加而更快地衰减.

各种相互作用能的上述大小关系,使核能级必须按 jj 耦合分类:各个核子的自旋和轨道角动量相加成为总角动量$\boldsymbol{j}=\boldsymbol{l}+\boldsymbol{s}$,由于 $\boldsymbol{l}$ 和 $\boldsymbol{s}$ 间的关系不受粒子间直接作用的影响(M. Göppert - Mayer, 1949; O. Haxel, J. H. D. Jensen, H. E. Suess, 1949)$\boldsymbol{j}$ 具有定值①. 随后单个核子的 $\boldsymbol{j}$ 相加成为原子核的总角动量 $\boldsymbol{J}$($\boldsymbol{J}$ 通常简称为**核自旋**,犹如把原子核当作一个基本粒子). 从这方面看来,核能级的分类与原子能级根本不同:在原子的电子壳层中,相对论性的自旋-轨道耦合一般地小于直接的电作用和交换作用,故其能级分类通常以 LS 耦合为基础.

原子核中每个核子的态由它的角动量 j 和它的宇称来描写. 尽管矢量 $\boldsymbol{l}$ 和 $\boldsymbol{s}$ 并不分别守恒,可是核子轨道角动量的绝对值可以具有定值. 因为角动量 j 可以来自 $l=j-\frac{1}{2}$的态或者来自 $l=j+\frac{1}{2}$的态,对于给定的 j(半整数),这两个态具有不同的宇称$(-1)^l$,所以当 j 和宇称都确定后,量子数 l 也就被确定了.

具有给定 l 和 j 值的各个核子态习惯上按"主量子数"n 编号(按能量的递增次序),n 从 1 开始取整数值②. 各种态记作 $1s_{\frac{1}{2}}, 1p_{\frac{1}{2}}, 1p_{\frac{3}{2}}$,等等. 其中字母前的数字为主量子数,字母 s, p, d, …按惯例代表 l 值,下标为 j 值. 具有给定 n, l, j 值的一个态中可以同时具有不超过 $2j+1$ 个中子和不超过 $2j+1$ 个质子.

整个核的态(组态为给定)按惯例用 J 值及该态的宇称符号 + 或 - 来标志(后者在壳层模型中由所有核子 l 值的代数和的奇偶来确定).

---

① 只有对最轻的原子核,耦合才接近于 LS.

② 与原子中电子能级的通常做法不同,在那里 n 的取值是从 $l+1$ 开始的.

根据有关核性质实验结果的分析，有可能导出有关核能级位置的一系列规则. 首先，我们发现核子能量随轨道角动量 l 增大. 产生这个规则的原因是，当 l 增大时粒子的离心能随之增大，从而使结合能减小.

其次，对于一个给定的 l，$j=l+\frac{1}{2}$ 的能级（相当于矢量 $\boldsymbol{l}$ 和 $\boldsymbol{s}$ 平行）位于 $j=l-\frac{1}{2}$ 能级之下. 这个规则已经在前面提及，它和原子核内核子的自旋－轨道耦合性质有关.

下面的规则与原子核的同位旋有关，已知同位旋的分量 T_ζ 是由该核的质量数和质子数确定的（见(116.1)式）. 对于一个给定的 T_ζ 值，同位旋的绝对值可取 $T\geqslant|T_\zeta|$ 的任意值. 一般讲来，原子核的基态具有这些同位旋允许值中的最小值，即

$$T_{\mathrm{gr}}=|T_\zeta|=\frac{1}{2}(N-Z). \tag{118.7}$$

这个规则来自中子－质子相互作用的一个性质，即在 np 系统中同位旋 $T=0$ 的态（即氘核态）要比 $T=1$ 态的结合能大，见 § 117 的倒数第二个脚注.

我们也能对基态核的自旋建立起一些规则. 这些规则确定了单核子角动量 $\boldsymbol{j}$ 如何相加成为核的总自旋. 它表现在原子核中处于相同态的质子或中子有以相反的角动量配合"成对"的趋势. 这种 pp 和 nn 对的结合能约为 1 或 2 MeV 的数量级.

这个现象特别表现在**偶－偶**核中（原子核含有偶数个质子和偶数个中子），上述规则使核子角动量成对地抵消掉，结果使这种核的总角动量等于零.

但如原子核具有奇数个质子或中子，并且满壳层外的所有核子处于相同态中，该核的总角动量通常就等于一个核子的角动量，因为所有的质子和中子配对以后只剩下了一个核子（满壳层的总角动量必然为零）.

对于**奇－奇**核（Z 和 N 都是奇数），没有一般规则足以确定基态的自旋.

对原子核内各个壳层具体填充方式的讨论，需要对现有各种实验数据进行详细的分析，这就超出了本书的范围. 下面只想大致地提几点.

研究原子性质时我们曾经看到，电子态可以分成若干个组，每当填满一组转入下一组时，电子的结合能就下降. 对原子核也有类似的情况，核子态可分成下列各组：

$$
\begin{array}{ll}
 & \text{核子数} \\
1s_{1/2} & 2 \\
1p_{3/2},1p_{1/2}, & 6 \\
1d_{5/2},1d_{3/2},2s_{1/2} & 12 \\
1f_{7/2},2p_{3/2},1f_{5/2},2p_{1/2},1g_{9/2} & 30 \\
2d_{5/2},1g_{7/2},1h_{11/2},2d_{3/2},3s_{1/2}, & 32 \\
2f_{7/2},1h_{9/2},1i_{13/2},2f_{5/2},3p_{3/2},3p_{1/2} & 44
\end{array}
\tag{118.8}
$$

每组给出了质子或中子的总空位数. 根据这些数字,每当原子核中的质子总数 Z 或中子总数 N 等于下列各数之一时,就有一个组被填满.

$$2,8,20,50,82,126.$$

这些数通常称为**幻数**①

Z 和 N 都是幻数的“双幻”核特别稳定. 与邻近的核相比,它们再结合一个核子的能力特别弱,从而它们的第一激发态特别高②.

(118.8)所列各组的态,大致上反映了一些核的填充次序. 但在实际上,却发现填充过程是相当不规则的,此外还应注意到,在不接近于幻数的重核中,能级间距可能和“成对能量”差不多大小,单个核子对作为一个状态成分的态概念本身也在很大程度上失去意义.

我们对壳模型中核磁矩的计算作几点说明. 我们所指的当然是对核内的粒子运动平均以后的磁矩. 这个平均磁矩 $\bar{\boldsymbol{\mu}}$ 显然是沿核自旋 $\boldsymbol{J}$ 的方向,它是核内唯一的特殊方向,因此它的算符为

$$\hat{\bar{\boldsymbol{\mu}}}=\mu_0 g\hat{\boldsymbol{J}}, \tag{118.9}$$

μ_0 是核磁子,g 是回转磁因子. 磁矩分量的本征值为 $\bar{\mu}_z=\mu_0 gM_J$. 它的最大值 $\mu=\mu_0 gJ$ 通常简称为核磁矩 μ(参考(111.1)式). 采用此记号后有

$$\hat{\bar{\boldsymbol{\mu}}}=\mu\hat{\boldsymbol{J}}/J. \tag{118.10}$$

核磁矩是由满壳层以外的核子磁矩组合而成的,因为满壳层内核子角动量已经抵消掉. 每个核子在核内产生的磁矩由两部分组成:自旋部分和(质子情形下)轨道部分,亦即可表成 $g_s\hat{\boldsymbol{s}}+g_l\hat{\boldsymbol{l}}$(此后我们略去因子 μ_0,即核磁矩通常以核磁子为单位). 自旋的和轨道的旋磁因子,对质子为 $g_l=1,g_s=5.585$;对中子为 $g_l=0,g_s=-3.826$.

对核内的核子运动平均以后,磁矩就正比于 $\boldsymbol{j}$,把它写成 $g_j\boldsymbol{j}$ 形式后,我们有

---

① $1f_{7/2}$ 各态(8 个空位)有时单独编成一组,所以 28 也具有某种幻数性质.

② 这些核有 ${}^4_2He_2$, ${}^{16}_8O_8$, ${}^{40}_{20}Ca_{20}$, ${}^{208}_{82}Pb_{126}$, ${}^4He$ 核不能再加进一个核子.

$$g_j\hat{\boldsymbol{j}}=g_s\bar{\hat{\boldsymbol{s}}}+g_l\bar{\hat{\boldsymbol{l}}}=\frac{1}{2}(g_l+g_s)\hat{\boldsymbol{j}}+\frac{1}{2}(g_l-g_s)\overline{(\hat{\boldsymbol{l}}-\hat{\boldsymbol{s}})}$$

上式两边乘 $\hat{\boldsymbol{j}}=\hat{\boldsymbol{l}}+\hat{\boldsymbol{s}}$,取其本征值得

$$g_j j(j+1)=\frac{1}{2}(g_l+g_s)j(j+1)+$$
$$+\frac{1}{2}(g_l-g_s)[l(l+1)-s(s+1)],$$

令 $s=\dfrac{1}{2}, j=l\pm\dfrac{1}{2}$,得

$$g_j=g_l\pm\frac{g_s-g_l}{2l+1},\quad j=l\pm\frac{1}{2}. \tag{118.11}$$

取上述旋磁因子值,对质子磁矩 $\mu_{\mathrm{p}}=g_j j$ 有

$$\left.\begin{aligned}&j=l-\frac{1}{2},\quad \mu_{\mathrm{p}}=\left(1-\frac{2.29}{j+1}\right)j,\\&j=l+\frac{1}{2},\quad \mu_{\mathrm{p}}=j+2.29.\end{aligned}\right\} \tag{118.12}$$

对中子有

$$\left.\begin{aligned}&j=l-\frac{1}{2},\quad \mu_{\mathrm{n}}=\frac{1.91}{j+1}j,\\&j=l+\frac{1}{2},\quad \mu_{\mathrm{n}}=-1.91.\end{aligned}\right\} \tag{118.13}$$

(T. Schmidt,1937)

如果封闭壳层外只有一个核子,(118.12)和(118.13)直接给出了核磁矩.对于两个核子,磁矩的相加也是很简单的(见题1).当核子数超过2时,磁矩的平均必须用该系统的波函数,后者由单个核子波函数以适当的方式构成.如果核子组态以及整个原子核的态已经给定,当所给组态中具有给定 J 和 T 值的态只有一个的时候,系统的波函数能够唯一地构成(例如见题3).否则的话,原子核的态是几个(J 和 T 相同的)独立态的混合,而核波函数中的线性组合系数一般讲来还是未知的①.

最后可指出,原子核内核子自旋-轨道耦合的存在,使得核内质子产生一个(118.9)式以外的附加磁矩(M. Göpper-Mayer, J. H. D. Jensen,1952).其理由是,当有外场存在时,显含粒子速度的相互作用算符中应把动量 $\hat{\boldsymbol{p}}$ 改成 $\hat{\boldsymbol{p}}-e\boldsymbol{A}/c$.(118.3)式作此替代后,采用(111.7)式的矢势,我们发现质子哈密顿算符中

① 但是,对核磁矩的"单粒子"计算,实际上相当不精确.这时(118.12)和(118.13)中的两对值不是磁矩的精确值而只是其上下限.

含有下列附加项：

$$\varphi(r)\frac{e}{cm_{\mathrm{p}}}\boldsymbol{n}\times\boldsymbol{A}\cdot\hat{\boldsymbol{s}}=f(r)\frac{e}{2c\hbar}\boldsymbol{r}\times(\boldsymbol{H}\times\boldsymbol{r})\cdot\hat{\boldsymbol{s}}=$$

$$=f(r)\frac{e}{2c\hbar}\boldsymbol{r}\times(\hat{\boldsymbol{s}}\times\boldsymbol{r})\cdot\boldsymbol{H}.$$

这一项等价于附加磁矩的出现,其算符为

$$\hat{\boldsymbol{\mu}}_{附加}=-\frac{e}{2c\hbar}f(r)\boldsymbol{r}\times(\hat{\boldsymbol{s}}\times\boldsymbol{r})=$$

$$=-\frac{e}{2c\hbar}r^2f(r)\{\hat{\boldsymbol{s}}-(\hat{\boldsymbol{s}}\cdot\boldsymbol{n})\boldsymbol{n}\}\tag{118.14}$$

习　　题

1. 试求双核子系统(具有总角动量 $\boldsymbol{J}=\boldsymbol{j}_1+\boldsymbol{j}_2$)的磁矩,用两个核子磁矩 μ_1 和 μ_2 表出.

解:与推导(118.11)式类似,我们得

$$\frac{\mu}{j}=\frac{1}{2}\left(\frac{\mu_1}{j_1}+\frac{\mu_2}{j_2}\right)+\frac{1}{2}\left(\frac{\mu_1}{j_1}-\frac{\mu_2}{j_2}\right)\frac{(j_1-j_2)(j_1+j_2+1)}{J(J+1)}.$$

2. 试求三核子系统的各种可能态,每个核子的角动量 $j=3/2$(主量子数相同).

解:与§67 中求等效电子系统的各种可能态类似,每个核子可以处于(m_j, τ_ζ)值不同的下列八个态中的一个:

$$(3/2,1/2),(1/2,1/2),(-1/2,1/2),(-3/2,1/2),$$
$$(3/2,-1/2),(1/2,-1/2),(-1/2,-1/2),(-3/2,-1/2).$$

把其中的三个不同态组合起来,可得(M_J, T_ζ)值不同的下列各种三核子系统态:

(7/2,1/2),2(5/2,1/2),(3/2,3/2),4(3/2,1/2),(1/2,3/2),5(1/2,1/2).(括号前的数字代表该态的数目,M_J 和 T_ζ 为负值的态无需写出).它们对应于以下各种(J,T)值:

(7/2,1/2),(5/2,1/2),(3/2,3/2),(3/2,1/2),(1/2,1/2)

3. 某组态由处于 $\mathrm{p}_{3/2}$ 态的两个中子和一个质子所组成(n 相同),求其基态磁矩(计及同位旋不变性)①.

解:此组态的基态具有 $J=3/2$,根据本节所给规则,它的同位旋具有最小值 $T=|T_\zeta|=\dfrac{1}{2}$.

① Li^7 核具有这种组态(在封闭壳层$(1s_{1/2})^4$ 外面).

现在来求对应于最大值 $M_J=3/2$ 的系统波函数. 这个值可分别来自 pn, n 的下列各组 m_j 值(两个核子相同时要用泡利原理):

$$\left(\frac{3}{2},\frac{3}{2},-\frac{3}{2}\right),\left(\frac{3}{2},\frac{1}{2},-\frac{1}{2}\right),\left(\frac{1}{2},\frac{3}{2},-\frac{1}{2}\right),\left(-\frac{1}{2},\frac{3}{2},\frac{1}{2}\right).$$

因此所求的波函数 $\psi_{TT_\zeta}^{JM_J}$ 具有下列线性组合形式:

$$\begin{aligned}\Psi_{1/2\ -1/2}^{3/2\ \ 3/2}=&a[\psi_{1/2}^{3/2}\psi_{-1/2}^{3/2}\psi_{-1/2}^{-3/2}]+b[\psi_{1/2}^{3/2}\psi_{-1/2}^{1/2}\psi_{-1/2}^{-1/2}]+\\&+c[\psi_{-1/2}^{3/2}\psi_{1/2}^{1/2}\psi_{-1/2}^{-1/2}]+d[\psi_{-1/2}^{3/2}\psi_{-1/2}^{1/2}\psi_{1/2}^{-1/2}],\end{aligned}\qquad(1)$$

式中的[…]代表三个单核子波函数 $\psi_{\tau_\zeta}^{m_j}$ 的反对称乘积(即(61.5)的行列式形式).

下列算符作用在(1)式上必等于零(见§67,例题):

$$\hat{T}_-=\sum_{i=1}^{3}\hat{\tau}_-^{(i)},\quad J_+=\sum_{i=1}^{3}\hat{j}_+^{(i)}.$$

$\hat{\tau}_-^{(i)}$ 算符把第 i 个核子的质子波函数变成中子波函数(把中子波函数变成零). 因此很易看出, $\hat{T}_-$ 算符使(1)式第一项的行列式中有两行都变成零,同时把其余三项的行列式变成相等. 因此得下列条件:

$$b+c+d=0.$$

其次,对 $j=3/2$ 而 m_j 值不同的各个单核子态,我们有[根据(27.12)]:

$$\hat{j}_+\psi^{3/2}=0,\ \hat{j}_+\psi^{1/2}=\sqrt{3}\psi^{3/2},\ \hat{j}_+\psi^{-1/2}=2\psi^{1/2},\ \hat{j}_+\psi^{-3/2}=\sqrt{3}\psi^{-1/2}.$$

由此很易找出 $\hat{J}_+$ 算符作用在(1)式上的结果为

$$\hat{J}_+\Psi_{1/2\ -1/2}^{3/2\ 3/2}=\sqrt{3}(a+b-c)[\psi_{1/2}^{3/2}\psi_{-1/2}^{3/2}\psi_{-1/2}^{-1/2}]+2(c-d)[\psi_{-1/2}^{3/2}\psi_{1/2}^{1/2}\psi_{-1/2}^{1/2}]$$

(有几项的变号与行列式中各行的置换有关). 上式等于零的条件为:

$$a+b-c=0,$$
$$c-d=0.$$

根据以上诸条件再加上(1)式的归一化条件,可得出

$$a=\frac{3}{\sqrt{15}},\quad b=-\frac{2}{\sqrt{15}},\quad c=d=\frac{1}{\sqrt{15}}.$$

考虑到 m_j 态中质子(或中子)磁矩的平均投影值为 $\mu_p m_j/j$(或 $\mu_n m_j/j$),即可求得由(1)式波函数算出的系统磁矩平均值,它等于

$$\mu=\bar{\mu}_z=\frac{9}{15}\mu_p+\frac{4}{15}\mu_p+\frac{1}{15}\left(\frac{1}{3}\mu_p+\frac{2}{3}\mu_n\right)+\frac{1}{15}\left(-\frac{1}{3}\mu_p+\frac{4}{3}\mu_n\right)=\frac{1}{15}(13\mu_p+2\mu_n).$$

根据(118.12),(118.13)式,处于 $p_{3/2}$ 态的核子有 $\mu_n=-1.91$, $\mu_p=3.79$. 结果得 $\mu=3.03$.

4. 设满壳层外的所有核子都属于同一态,并且质子数等于中子数,求核磁矩.

解：由于 $N=Z$ 时同位旋分量值 $T_\zeta=0$，因此只有下列算符的同位标量部分才有对角矩阵元：

$$\hat{\boldsymbol{\mu}}=\sum_n g_n\hat{\boldsymbol{j}}_n+\sum_p g_p\hat{\boldsymbol{j}}_p;$$

参考 §116 之末. 根据(116.5)式取出以上算符的同位标量部分，它等于

$$\frac{1}{2}(g_n+g_p)\sum_{n,p}\hat{\boldsymbol{j}}=\frac{1}{2}(g_n+g_p)\hat{\boldsymbol{J}}.$$

因此总平均核磁矩等于 $\frac{1}{2}(g_n+g_p)J$.

5. 计算角动量为 j 的核子的附加磁矩，用(118.6)式的自旋－轨道分裂值把它表达出来(M. Goepper－Mayer，J. Jensen，1952).

解：对算符(118.14)的角部求平均[把(118.14)大括号内的表式记作 $\hat{\sigma}$]. 应用 §29 例题中所得的公式，得出结果为

$$\bar{\hat{\boldsymbol{\sigma}}}\equiv\overline{\hat{\boldsymbol{s}}-(\hat{\boldsymbol{s}}\cdot\boldsymbol{n})\boldsymbol{n}}=\frac{2}{3}\hat{\boldsymbol{s}}+\frac{(\hat{\boldsymbol{s}}\cdot\hat{\boldsymbol{l}})\hat{\boldsymbol{l}}-(\hat{\boldsymbol{l}}\cdot\hat{\boldsymbol{s}})\hat{\boldsymbol{l}}-\frac{2}{3}l(l+1)\hat{\boldsymbol{s}}}{(2l-1)(2l+3)}\tag{2}$$

另一方面，对核子运动整个平均以后，$\boldsymbol{\sigma}$ 的平均值只能沿 $\boldsymbol{j}$ 方向，即 $\bar{\hat{\boldsymbol{\sigma}}}=a\hat{\boldsymbol{j}}$；其中的 $a=(\bar{\hat{\boldsymbol{\sigma}}}\cdot\hat{\boldsymbol{j}})/\boldsymbol{j}^2$. 把(2)式中的矢量投影到 $\boldsymbol{j}$ 上[并且考虑到算符 $\hat{\boldsymbol{j}}$ 和 $(\hat{\boldsymbol{l}}\cdot\hat{\boldsymbol{s}})$ 是对易的]同时把 $\boldsymbol{l}\cdot\boldsymbol{s}$，$\boldsymbol{l}^2$ 等等改成它们的本征值，经过简单计算后可得下式所示的核子附加磁矩(以核磁子为单位)：

$$\mu_{附加}=\mp\overline{f(r)\frac{m_{\mathrm{p}}R^2}{\hbar^2}}\frac{2j+1}{4(j+1)}\quad\left(j=l\pm\frac{1}{2}时\right),\tag{3}$$

m_{p} 是核子质量，R 是核半径. 由于 $f(r)$ 在核内深处很快地衰减，求 r^2f 的平均时可以把 r^2 改成 R^2. (3)中的 $\bar{f}$ 可按(118.6)式表为自旋－轨道分裂值.

§119 非球形核

在有心力场中运动的粒子组不可能具有转动能谱，在量子力学中，这个系统的转动概念是没有意义的. 这一点适用于 §117 中所讲的具有球对称自洽场的原子核壳层模型.

把一个系统的能量分成"内在"和"转动"部分，这在量子力学中没有确切的含义，它只能是近似的并且在下列情形下才是可能的，即由于某种物理原因，这个系统能够很好地近似成为运动于某一给定非球对称场中的粒子组. 考虑到这种场相对于某一固定坐标系转动的可能性，结果就有能级的转动结构. 例如分子中就出现这样的情形，它的电子谱项可以作为运动于给定的固定核场中的一个多电子系统的能级来加以确定.

实验表明,大多数原子核确实没有转动结构,这意味着对这些核来说,球对称自洽场是一个很好的近似. 也就是说,除有量子涨落外,这些核是球形的.

但也存在另一类核,它们具有转动型的能谱;它们大致位于原子量为 $150 < A < 190$ 和 $A > 220$ 的范围内,这个性质意味着,球对称的自洽场差不多对这些核是完全不能适用的,而从原则上讲,应在事先不作对称性假定的情形下去求自洽场,以便使这些核的形状也能"自洽地"加以确定. 实验表明,这类原子核的正确模型是这样的,它的自洽场具有一个对称轴和一个垂直于它的对称平面(亦即具有旋转椭球的对称性). 非球形核的概念在 A. Bohr 和 B. R. Mottelson(1952—1953)的工作中得到了详尽的发展.

需要强调的是,在这里我们考虑的是性质上不同的两类核. 这一点特别可从下列事实看出,核或者是球形的,或者就是"形变程度"并不很小的非球形.

核内未满壳层的存在有利于非球形的出现,而核子的配对现象看来也相当重要. 另一方面,封闭壳层趋向于给出球形核,一个典型例子是双幻核 $^{208}_{82}Pb$:由于它的核子组态的封闭性,这个核(以及邻近于它的核)是球形的,这就使得在非球形重核序列中出现了一个间断.

非球形核的能级由两部分组成:"固定"核的能级和整体转动的能级. 在偶 - 偶核中,转动结构的能级间距小于"固定"核的能级间距.

非球形核的能级分类在许多方面类似于由两个相同原子组成的双原子分子,因为这两种情形中粒子(核子或电子)所处的场具有相同的对称性. 因此我们可以直接应用第十一章中所得的一系列结论①.

我们先考虑"固定"核的状态分类,在轴对称场中,只有角动量沿对称轴的分量是守恒量. 因此每个核态首先由总角动量的 Ω 分量所描写②,它可以是整数或半整数. 根据波函数在所有核子坐标(相对于该核中心)反号时的行为,能级可用偶(g)或奇(u)描述.

此外,$\Omega = 0$ 时,根据波函数对通过核轴的平面的反射行为,可分为正态和负态(见 §78).

偶 - 偶非球形核的基态为 0_g^+(零代表 Ω 值),对应于具有零角动量和最高对称性的波函数. 这是所有中子和质子配对的结果. 如果原子核含有奇数个质子或中子,我们可以考虑在偶 - 偶核实的自洽场中的"单个"核子态. 此时的 Ω 值由该核子的角动量分量 ω 所确定. 同理,奇 - 奇核中的 Ω 值由奇数中子和质子

---

① 应该指出,我们所讲的能级分类的类似性指的是双原子分子不是指对称陀螺. 一个多粒子系统在轴对称的场中运动,绕场轴转动的概念就失去意义,正像有心力场中的系统绕任一轴旋转的概念一样.

② 按定义有 $\Omega \geqslant 0$(正如双原子分子中的量子数 Λ 是正的一样),记得在双原子分子中,仅当 Ω 被定义成为 $\Lambda + \Sigma$ 并且 Σ 可正可负(取决于轨道角动量和自旋的相对方向)时,Ω 才能具有负值.

的角动量分量所确定:

$$\Omega = |\omega_p \pm \omega_n|.$$

需要强调的是,我们不能说核子的自旋分量及其轨道角动量分量同时具有定值.理由是这样的,虽然核子的自旋轨道耦合小于它和核实自洽场的作用能,但它并不小于假如微扰论可用(从而核子的自旋和角动量可以近似地分开考虑①)时核子在自洽场中应有的相邻能级间距.

现在考虑非球形核的转动结构.这个结构中的间距小于原子核中核子的自旋-轨道作用.这相当于双原子分子理论中的情形 a(§ 83).

转动核的总角动量 $\boldsymbol{J}$ 当然是守恒的,对给定的 Ω,J 的取值是从 Ω 开始:

$$J = \Omega,\ \Omega+1,\ \Omega+2, \cdots; \tag{119.1}$$

见(83.2).对 $\Omega=0$ 的原子核,J 的可能值还有一个附加限制:0_g^+ 和 0_u^- 态中的 J 值只能取偶数,而 0_g^- 和 0_u^+ 态中的只能取奇数(见 § 86).特别是偶-偶核基项(0_g^+)的转动能级中,J 的取值为 0,2,4,….

原子核的转动能量由下式给出:

$$E_{转动} = \frac{\hbar^2}{2I} J(J+1), \tag{119.2}$$

I 是原子核的转动惯量(绕垂直于对称轴的一个轴);这个公式对应于双原子分子理论中的类似表式[(83.6)式中依赖于 J 的那一项].最低能级对应于 J 的最低值,即 $J=\Omega$.

根据(119.2),能级的转动结构可用某些间隔规则来描写,这些规则和能级(Ω 为给定)的其它特征无关.以偶-偶核基项的转动结构部分(具有 $J=2,4,6,8,\cdots$)为例,从最低能级($J=0$)开始各间距的比例为 1∶3,3∶7∶12….

但是,(119.2)对 $\Omega=\frac{1}{2}$ 的态讲来是不够的,这种态可以在原子核中有奇数个核子时出现.这种情形下,还有一项与(119.2)差不多大小的能量贡献,它来自核子和转动核离心场的相互作用.此项与 J 的关系可用下法找出.

力学中知道(《力学》§ 39),转动坐标系中的粒子能量含有一个附加项,它等于转动角速度和粒子角动量的乘积.原子核哈密顿算符中的这一相应项可以写成 $2b\hat{\boldsymbol{K}}\cdot\hat{\boldsymbol{\sigma}}$ 的形式,式中 b 是某个常数,$\boldsymbol{K}$ 是核实(去掉一个外核子后的原子核)的角动量,$\boldsymbol{\sigma}$ 是该核子的角动量.后者必须从纯形式意义来理解,实际上,在原子核的轴对称场中并不存在核子的角动量矢量,把 $\hat{\boldsymbol{\sigma}}$ 看作类似于自旋为 $\frac{1}{2}$ 算符的含义是,它能给出角动量分量值为 $\pm\frac{1}{2}$ 的两态之间的跃迁,与 $\Omega=\frac{1}{2}$ 的情形

① 然而在球形核中却有定义量 l 的可能,这是由于宇称和角动量的同时守恒.

相一致①. 由于 $\boldsymbol{K}=\boldsymbol{J}-\boldsymbol{\sigma}$,这个算符的本征值为

$$2b\boldsymbol{K}\cdot\boldsymbol{\sigma}=b\left[J(J+1)-K(K+1)-\frac{3}{4}\right].$$

为方便计,我们在上式中加进一项与 J 无关的常数项 b,当 $J=K\pm\frac{1}{2}$时上式就等于 $\pm b\left(J+\frac{1}{2}\right)$.

如果利用偶－偶核实的角动量 K 是一个偶数的事实,上述表式可写成 $(-1)^{J-\frac{1}{2}}b\left(J+\frac{1}{2}\right)$. 因此对 $\Omega=\frac{1}{2}$的原子核转动能量,可得下列表示式:

$$E_{转动}=\frac{\hbar^2}{2I}J(J+1)+(-1)^{J-\frac{1}{2}}b\left(J+\frac{1}{2}\right). \tag{119.3}$$

(A. Bohr, B. R. Mottelson, 1953). 注意当常数 b 是正的并且足够大时,$J=3/2$ 的能级可能处于 $J=\frac{1}{2}$能级的下面,亦即转动能级的正常次序(最低能级对应于 J 的最小允许值)将会改变.

非球形核的转动惯量不能像具有给定形状的刚体那样去计算. 这样的计算只有当运动于核自洽场中的核子可以看作彼此间没有直接作用时才有可能. 实际上,成对效应导致转动惯量的减小,使它小于刚体值.

非球形核的磁矩 $\boldsymbol{\mu}$ 包括"固定"核的磁矩和来自核转动的磁矩,前者(对核内的核子运动平均以后)沿核轴,可写成 $\mu'\boldsymbol{n}$,μ'是它的值,$\boldsymbol{n}$ 是沿核轴的单位矢量,来自转动的磁矩(经过同样的平均以后)沿矢量 $\boldsymbol{J}-\Omega\boldsymbol{n}$ 方向,这个矢量是原子核的总角动量减去"固定核"中核子的总角动量②. 故

$$\boldsymbol{\mu}=\mu'\boldsymbol{n}+g_r(\boldsymbol{J}-\Omega\boldsymbol{n}). \tag{119.4}$$

g_r 是转动核的旋磁因子. 由于转动中的磁矩仅由质子所贡献,我们有

$$g_r=\frac{I_p}{I_p+I_n}, \tag{119.5}$$

式中 I_n 和 I_p 是原子核转动惯量的中子部分和质子部分. 对一个质子系统,简单地有 $g_r=1$. 一般说来,(119.5)式的比值不等于原子核的质子数和质量数之比 Z/A.

---

① $\Omega=\frac{1}{2}$情形的特点是,只有属于同一能级并且角动量分量值反号的两个态之间才存在着能量微扰项的跃迁矩阵元,这就使得即使是微扰论的一级近似中也出现能级位移.

这种现象与 $\Omega=\frac{1}{2}$的双原子分子能级的 Λ 双线(§88)相类似.

② 这个写法仅适用于 $\Omega\neq\frac{1}{2}$的情形(见题 2).

对核转动平均以后，磁矩沿守恒矢量 $\boldsymbol{J}$ 的方向：

$$\bar{\hat{\boldsymbol{\mu}}} = \frac{\mu}{J}\hat{\boldsymbol{J}} = (\mu' - \Omega g_{\mathrm{r}})\bar{\boldsymbol{n}} + g_{\mathrm{r}}\hat{\boldsymbol{J}}.$$

和通常做法一样，上式两边乘 $\hat{\boldsymbol{J}}$ 后取本征值，对 $\Omega = J$ 的基态核，有

$$\mu = (\mu' + g_{\mathrm{r}})\frac{J}{J+1}. \tag{119.6}$$

习　题

1. 试用 Q_0 表达转动核的四极矩 Q，Q_0 为相对于核轴（固定在核上）的四极矩（A. Bohr 1951）.

解：转动核四极矩张量算符可通过 Q_0 表成

$$Q_{ik} = \frac{3}{2}Q_0\left(n_i n_k - \frac{1}{3}\delta_{ik}\right).$$

这是一个零迹对称张量，由核轴单位矢量 $\boldsymbol{n}$ 的分量所组成，并且 $Q_{zz} = Q_0$. 对原子核转动态求平均的方法类似于 §29 中例题之解（不同之处是 $\overline{n_i J_i} = \Omega$，而不是零），从而得到（75.2）那样的表式，而

$$Q = Q_0\,\frac{3\Omega^2 - J(J+1)}{(2J+3)(J+1)}.$$

对 $\Omega = J$ 的原子核基态，我们得

$$Q = Q_0\,\frac{(2J-1)J}{(2J+3)(J+1)}$$

J 增大时比值 Q/Q_0 趋于 1，但是很慢.

2. 求 $\Omega = \dfrac{1}{2}$ 的原子核基态磁矩.

解：此时的磁矩算符可用本节引进的 $\hat{\boldsymbol{\sigma}}$ 算符写成下列形式

$$\hat{\boldsymbol{\mu}} = 2\mu'\hat{\boldsymbol{\sigma}} + g_{\mathrm{r}}\hat{\boldsymbol{K}},\quad \hat{\boldsymbol{K}} = \hat{\boldsymbol{J}} - \hat{\boldsymbol{\sigma}}.$$

以下的计算和本节介绍的相同. 如果 $J = \dfrac{1}{2}$ 对应于原子核的基态 $\left(K = J - \dfrac{1}{2} = 0\right)$，我们有 $\mu = \mu'$；如果基态中 $J = 3/2$ $\left(\text{以及 } K = J + \dfrac{1}{2} = 2\right)$，则 $\mu = (9g_{\mathrm{r}} - 3\mu')/5$.

3. 求偶–偶核基态转动结构的前几个能级的能量，该核具有旋转椭球对称性.

解：偶–偶核基态对应于最对称的“固定”核波函数，亦即具有 $\boldsymbol{D}_2$ 群的 A 表示对称性的波函数. 因此对给定的 J 值共有 $\dfrac{1}{2}J+1$ 个（J 为偶数时）或 $\dfrac{1}{2}(J-1)$ 个（J 为奇数时）不同的能级. $J=2$ 时由 §103 题 3 的（7）式给出，$J=3$ 时由

§103 题 4 的(8)式给出.

§120　同位素移位

原子核的特殊性质(有限的质量,大小,自旋)使它不同于库仑场有固定力心,这对原子的电子能级产生一定的影响.

其中的一个效应称为能级的**同位素移位**,这是原子从一个同位素变到另一个同位素时的能级变动. 当然,我们感兴趣的实际上并不是一个能级的变动,而是谱线中观测到的能级间距的变动,由于这一原因,我们实际上需要考虑的并不是原子的整个电子壳层的能量,而只是与参与跃迁的电子有关的那一部分能量.

轻原子中,同位素移位主要来自核的有限质量,计及核的运动后,哈密顿算符中出现以下一项:

$$\frac{1}{2M}\left(\sum_i \hat{\boldsymbol{p}}_i\right)^2,$$

式中的 M 是核的质量,$\boldsymbol{p}_i$ 是电子的动量①. 来自这个效应的同位素移位因而由以下平均值给出:

$$\frac{1}{2}\left(\frac{1}{M_1}-\frac{1}{M_2}\right)\overline{\left(\sum_i \boldsymbol{p}_i\right)^2}, \tag{120.1}$$

这个平均是由有关原子态的波函数算出的(M_1 和 M_2 是两个同位素的核质量).

重原子中,同位素移位的主要贡献来自原子核的有限大小. 这个效应实际上只对处于 s 态的外电子能级才是显著的,由于 s 态波函数(与 $l\neq 0$ 的态不同)当 $r\to 0$ 时不趋于零,所以在"核内"找到电子的概率比较大. 我们来计算这种情形下的同位素移位②.

令 $\varphi(r)$ 为核场的实际静电势,不同于点电荷 Ze 的库仑势 Ze/r. 与纯库仑场 Ze/r 中的值相比较,电子能量的改变由下列积分给出:

$$\Delta E=-e\int\left(\varphi-\frac{Ze}{r}\right)\psi^2(r)\,\mathrm{d}V, \tag{120.2}$$

式中的 $\psi(r)$ 是电子波函数,s 态中这个函数是球对称的并且是实函数. 上式中的积分从形式上讲来虽然延及整个空间,但实际上被积函数中的 $\varphi-Ze/r$ 只在核体积内才不等于零. 另一方面,当 $r\to 0$ 时 s 态波函数趋于一个常数(参考 §32),而且实际上甚至在核外就已经达到了这个常数值. 因此可把 ψ^2 移出积

---

① 在原子的质心系中,原子核动量和电子动量之和等于零:$\boldsymbol{p}_{核}+\Sigma\boldsymbol{p}_i=0$. 因此它们的总动能为

$$\frac{\boldsymbol{p}_{核}^2}{2M}+\frac{1}{2m}\sum_i \boldsymbol{p}_i^2=\frac{1}{2M}\left(\sum_i \boldsymbol{p}_i\right)^2+\frac{1}{2m}\Sigma\boldsymbol{p}_i^2.$$

② 以下给出的计算中没有考虑到原子核附近电子运动的相对论效应,从而只当条件 $Ze^2/\hbar c\ll 1$ 满足时才能成立.

分号外，并把这个由库仑点电荷算出的 $\psi(r)$ 改成它在 $r=0$ 处的值.

为了进一步变换这个积分，利用恒等式 $\Delta r^2=6$ 并把(120.2)写成以下形式：

$$\Delta E=-\frac{1}{6}e\psi^2(0)\int\left(\varphi-\frac{Ze}{r}\right)\Delta r^2\mathrm{d}V=-\frac{1}{6}e\psi^2(0)\int r^2\Delta\left(\varphi-\frac{Ze}{r}\right)\mathrm{d}V$$

体积分的变换中已经利用了无穷远面上的积分等于零的事实. 但是 $\Delta\frac{1}{r}=-4\pi\delta(\boldsymbol{r})$，而且对所有的 r 有 $r^2\delta(\boldsymbol{r})=0$. 再根据静电学的泊松公式 $\Delta\varphi=-4\pi\rho$，式中的 ρ 现在是原子核内的电荷密度分布. 最后得下列结果：

$$\Delta E=\frac{2\pi}{3}\psi^2(0)Ze^2\,\overline{r^2},\tag{120.3}$$

式中

$$\overline{r^2}=\frac{1}{Ze}\int\rho r^2\mathrm{d}V$$

是原子核的质子均方半径. 核内质子均匀分布时，$\overline{r^2}=3R^2/5$，R 是核的几何半径. 能级的同位素移位等于两个同位素的(120.3)式之差.

§71 中曾经估计过 $\psi(0)$，表明它和原子序(假定很大)的关系为 $\sqrt{Z}$. 因此(120.3)所表示的分裂值和 R^2Z^2 成正比.

§121 原子能级的超精细结构

原子中来自原子核性质的另一个效应，是电子和核自旋相互作用引起的原子能级分裂，这称为能级的**超精细结构**. 考虑到这种作用很弱，超精细结构的间距即使和精细结构的间距相比也小得很多，所以超精细结构必须针对每个精细结构成分分别加以考虑.

本节中用 i 代表核自旋(与原子光谱中的常用记号一致)，记号 J 仍留作原子中电子壳层的总角动量. 原子(包括原子核)的总角动量记作 $\boldsymbol{F}=\boldsymbol{J}+\boldsymbol{i}$. 每个超精细结构成分由这个角动量的某一个定值所描写. 按照角动量相加的一般规则，量子数 F 的取值为

$$F=J+i,J+i-1,\cdots,|J-i|,\tag{121.1}$$

因此每个具有给定 J 值的能级分裂成为 $2i+1$ 个(如果 $i<J$)或者 $2J+1$ 个(如果 $i>J$)能级.

由于原子中电子间的平均距离 r 远大于核半径 R，电子和最低阶核多极矩的作用在超精细分裂中起着重要的作用. 这些矩计有磁偶极矩和电四极矩，平均电偶极矩则为零(见 §75).

核磁矩的数量级为 $\mu_{核}\sim eRv_{核}/c$，其中 $v_{核}$ 是原子核中核子的速度. 它和电子磁矩($\mu_{电子}\sim e\hbar/mc$)的相互作用能量具有数量级

$$\frac{\mu_{核}\mu_{电子}}{r^3} \sim \frac{e^2\hbar}{mc^2}\frac{Rv_{核}}{r^3}. \tag{121.2}$$

四极矩 $Q \sim eR^2$,它所产生的场与电子电荷的相互作用能量具有数量级

$$\frac{eQ}{r^3} \sim \frac{e^2R^2}{r^3}. \tag{121.3}$$

(121.2)和(121.3)的比较表明,磁作用(及其产生的能级分裂)要比四极矩作用大$(v_{核}/c)(\hbar/mcR) \sim 15$ 倍,尽管比值 $v_{核}/c$ 比较小,但比值 $\hbar/mcR$ 是大的.

电子和原子核的磁作用算符具有下列形式:

$$\hat{V}_{iJ} = a\hat{\boldsymbol{i}} \cdot \hat{\boldsymbol{J}} \tag{121.4}$$

[类似于电子的自旋-轨道作用(72.4)]. 它所产生的能级分裂和 F 的关系因此为

$$\frac{1}{2}aF(F+1); \tag{121.5}$$

参考(72.5).

电子和核四极矩的相互作用算符,是由核四极矩张量算符 $\hat{Q}_{ik}$和电子的角动量矢量 $\hat{\boldsymbol{J}}$ 的分量构成的. 它与这些算符组成的标量 $\hat{Q}_{ik}\hat{J}_i\hat{J}_k$ 成正比,具有下列形式:

$$b\left[\hat{i}_i\hat{i}_k + \hat{i}_k\hat{i}_i - \frac{2}{3}i(i+1)\delta_{ik}\right]\hat{J}_i\hat{J}_k; \tag{121.6}$$

式中应用了这样的事实,即 Q_{ik}通过(75.2)那样的公式用核自旋算符表出. 算出算符(121.6)的本征值(与§84 中题 1 的算法完全类似),可得能级的四极矩超精细分裂与量子数 F 的下列关系式:

$$\frac{1}{2}bF^2(F+1)^2 + \frac{1}{2}bF(F+1)[1-2J(J+1)-2i(i+1)]. \tag{121.7}$$

磁偶极超精细分裂效应对外层的 s 态电子的能级特别显著,因为这样的一个电子有较大的概率处于原子核附近.

我们来计算含有一个外层 s 电子的原子的超精细分裂(E. Fermi,1930). 这个电子由球对称的 $\psi(r)$ 波函数所描写,它在其余电子和原子核的自洽场中运动①.

我们把电子和核的相互作用算符取作 $-\hat{\boldsymbol{\mu}} \cdot \hat{\boldsymbol{H}}$,这是核磁矩 $\hat{\boldsymbol{\mu}} = \mu\hat{\boldsymbol{i}}/i$ 在电子所产生的磁场 $\boldsymbol{H}$(原点处的磁场)中的能量算符. 根据电动力学中的熟知公式,此磁场为

---

① 以下的计算假定满足条件 $Ze^2/\hbar c \ll 1$(见 452 页注②).

$$\hat{\boldsymbol{H}}=\frac{1}{c}\int\frac{\boldsymbol{n}\times\hat{\boldsymbol{j}}}{r^2}\mathrm{d}V. \tag{121.8}$$

式中的 $\hat{\boldsymbol{j}}$ 是来自运动电子的自旋的电流密度算符，$\boldsymbol{r}=r\boldsymbol{n}$ 是原点到体积元 $\mathrm{d}V$ 的径矢①. 按照(115.4)，

$$\hat{\boldsymbol{j}}=-2\mu_{\mathrm{B}}c\,\mathrm{curl}(\psi^2\hat{\boldsymbol{s}})=-2\mu_{\mathrm{B}}c\frac{\mathrm{d}\psi^2(r)}{\mathrm{d}r}\boldsymbol{n}\times\hat{\boldsymbol{s}},$$

μ_{B} 是玻尔磁子. 令 $\mathrm{d}V=r^2\mathrm{d}r\mathrm{d}o$ 并进行积分，得

$$\hat{\boldsymbol{H}}=-2\mu_{\mathrm{B}}\int_0^{\infty}\frac{\mathrm{d}\psi^2}{\mathrm{d}r}\mathrm{d}r\int\boldsymbol{n}\times(\boldsymbol{n}\times\boldsymbol{s})\mathrm{d}o=-2\mu_{\mathrm{B}}\psi^2(0)\frac{8\pi}{3}\hat{\boldsymbol{s}}.$$

相互作用算符最后变成

$$\hat{V}_{is}=-\hat{\boldsymbol{\mu}}\cdot\hat{\boldsymbol{H}}=\frac{16\pi}{3i}\mu\mu_{\mathrm{B}}\psi^2(0)\hat{\boldsymbol{i}}\cdot\hat{\boldsymbol{s}}. \tag{121.9}$$

如果原子的总角动量 $J=S=\dfrac{1}{2}$，超精细分裂产生的是双线 $\left(F=i\pm\dfrac{1}{2}\right)$；根据(121.5)和(121.9)，这两个能级的间距为

$$E_{i+\frac{1}{2}}-E_{i-\frac{1}{2}}=\frac{8\pi}{3i}\mu\mu_{\mathrm{B}}(2i+1)\psi^2(0). \tag{121.10}$$

由于 $\psi(0)$ 值正比于 $\sqrt{Z}$（见§71），这个分裂值正比于原子序.

习　题

1. 求原子的超精细分裂（来自磁作用），该原子具有轨道角动量为 l 的一个（封闭壳层外的）电子(E. Fermi, 1930).

解： 核磁矩 μ 产生的矢势和场强为

$$\boldsymbol{A}=\frac{\boldsymbol{\mu}\times\boldsymbol{n}}{r^2},\quad \boldsymbol{H}=\frac{3\boldsymbol{n}(\boldsymbol{\mu}\cdot\boldsymbol{n})-\boldsymbol{\mu}}{r^3}$$

($\mathrm{div}\,\boldsymbol{A}=0$). 应用这些式子，可把相互作用算符写成下列形式：

$$\frac{|e|}{mc}\boldsymbol{A}\cdot\hat{\boldsymbol{p}}+\frac{|e|\hbar}{mc}\hat{\boldsymbol{H}}\cdot\hat{\boldsymbol{s}}=\frac{2\mu_{\mathrm{B}}}{r^3}\hat{\boldsymbol{\mu}}\cdot[\hat{\boldsymbol{l}}+3(\hat{\boldsymbol{s}}\cdot\boldsymbol{n})\boldsymbol{n}-\hat{\boldsymbol{s}}].$$

对具有给定 j 值的态平均以后，方括号内的表式沿 $\boldsymbol{j}$ 方向. 因而可写出

$$\hat{V}_{ij}=2\mu_{\mathrm{B}}\hat{\boldsymbol{\mu}}\cdot\hat{\boldsymbol{j}}[\hat{\boldsymbol{l}}\cdot\hat{\boldsymbol{j}}+3(\hat{\boldsymbol{s}}\cdot\bar{\boldsymbol{n}})(\bar{\boldsymbol{n}}\cdot\hat{\boldsymbol{j}})-\hat{\boldsymbol{s}}\cdot\hat{\boldsymbol{j}}]\frac{\overline{r^{-3}}}{j(j+1)},$$

n_in_k 的平均值已在§29例题中算出. 采用它并取本征值后得

$$\frac{2\mu_{\mathrm{B}}\mu}{i}\boldsymbol{i}\cdot\boldsymbol{j}\left[\boldsymbol{l}\cdot\boldsymbol{j}+\frac{2l(l+1)\boldsymbol{s}\cdot\boldsymbol{j}-6(\boldsymbol{s}\cdot\boldsymbol{l})(\boldsymbol{j}\cdot\boldsymbol{l})}{(2l-1)(2l+3)}\right]\frac{\overline{r^{-3}}}{j(j+1)},$$

① 见《场论》(43.7). 该式中的矢量 $\boldsymbol{R}$ 是反方向的，即从 $\mathrm{d}V$ 到原点(场的观测点).

再经简单计算，最后得

$$\frac{\mu_{\mathrm{B}}\mu}{i}\frac{l(l+1)}{j(j+1)}F(F+1)\overline{r^{-3}},$$

其中 $\boldsymbol{F}=\boldsymbol{j}+\boldsymbol{i}, j=l\pm\frac{1}{2}$. r^{-3} 的平均是对电子波函数的径向部分求的.

2. 求原子能级超精细结构分量的塞曼分裂(S. A. Goudsmit, R. F. Bacher, 1930).

解：(113.4)式中(假定外场很弱，它所产生的分裂小于超精细结构间距)，现在不但要对电子态求平均并且还要对核自旋的方向求平均. 从第一个平均得 $\Delta E=\mu_{\mathrm{B}}g_J J_z H$，其中 g_J 同以前的(113.7)式一样. 第二个平均给出[类似于(113.5)]：

$$\overline{J}_z=(\boldsymbol{J}\cdot\boldsymbol{F})M_F/\boldsymbol{F}^2,$$

故最后得

$$\Delta E=\mu_{\mathrm{B}}g_F HM_F,\quad g_F=g_J\frac{F(F+1)+J(J+1)-i(i+1)}{2F(F+1)}.$$

§122 分子能级的超精细结构

分子能级的超精细结构与原子能级的相类似.

大多数分子中电子总自旋为零. 能级超精细分裂的主要来源就是电子和核的四极矩作用. 当然，只有自旋 i 不等于 0 和 $\frac{1}{2}$ 的那些核才能参与这种作用，否则它们的四极矩等于零.

鉴于分子中的核运动比较慢，四极矩相互作用算符对分子态的平均可以分成两步：先对固定核的电子态求平均，再对分子的转动求平均.

我们先考虑双原子分子. 第一步平均给出电子和每个核的作用，可表成正比于标量 $\hat{Q}_{ik}n_i n_k$ 的一个算符，由核四极矩张量算符和分子轴的单位矢量 $\boldsymbol{n}$ 所组成，$\boldsymbol{n}$ 是确定该分子与核自旋相对取向的唯一矢量. 由于 $\hat{Q}_{ii}=0$，这个算符可写成下列形式：

$$b\hat{i}_i\hat{i}_k\left(n_i n_k-\frac{1}{3}\delta_{ik}\right). \tag{122.1}$$

给定了核自旋沿分子轴的分量 i_ζ 后，这个量等于 $b\left[i_\zeta^2-\frac{1}{3}i(i+1)\right]$.

当算符(122.1)对分子转动求平均后，它可通过守恒的转动角动量算符 $\hat{\boldsymbol{K}}$ 表达出来. 乘积 $n_i n_k$ 的平均可用 §29 例题中导出的公式(矢量 $\boldsymbol{l}$ 改成 $\boldsymbol{K}$)，其结果为

$$-\frac{b}{(2K-1)(2K+3)}\hat{i}_i\hat{i}_k\left[\hat{K}_i\hat{K}_k+\hat{K}_k\hat{K}_i-\frac{2}{3}\delta_{ik}K(K+1)\right]. \tag{122.2}$$

这个算符的本征值可用(121.6)中的同样做法求出.

对于多原子分子,(122.1)一般地改成下列形式的一个算符:

$$b_{ik}\hat{i}_i\hat{i}_k, \tag{122.3}$$

b_{ik}是标志该分子电子态的一个零迹张量.对分子转动平均以后,这个张量即可通过总转动角动量 $\boldsymbol{J}$ 表成下列形式:

$$\bar{b}_{ik}=b\left[\hat{J}_i\hat{J}_k+\hat{J}_k\hat{J}_i-\frac{2}{3}J(J+1)\delta_{ik}\right]. \tag{122.4}$$

系数 b 原则上可用 b_{ik} 张量沿惯量主轴 ξ,η,ζ 的三个分量表达出来;由于这些轴和分子固定在一起,$b_{\xi\xi}$等分量作为分子的一种性质不受平均的影响.我们来考虑标量$\overline{b_{ik}J_iJ_k}$,用(122.4)计算得

$$\overline{b_{ik}J_iJ_k}=bJ(J+1)\left[\frac{4}{3}J(J+1)-1\right]; \tag{122.5}$$

算法类似于§29 中的例题.把张量乘积展成沿 ξ,η,ζ 轴的分量,我们得

$$\overline{b_{ik}J_iJ_k}=b_{\xi\xi}\overline{J_\xi^2}+b_{\eta\eta}\overline{J_\eta^2}+b_{\zeta\zeta}\overline{J_\zeta^2}, \tag{122.6}$$

这里应用了乘积 $J_\xi J_\zeta$ 等等的平均值等于零这一事实①. J_ξ^2 等等的平均值原则上可用陀螺的相应转动态波函数求出.特别是对称陀螺,简单地有

$$\overline{J_\zeta^2}=k^2,\quad \overline{J_\xi^2}=\overline{J_\eta^2}=\frac{1}{2}[J(J+1)-k^2].$$

如果核自旋为$\frac{1}{2}$,四极矩作用不存在.在此情形下超精细分裂的一个主要来源是核磁矩之间的直接磁作用.两个磁矩$\boldsymbol{\mu}_1=\mu_1\boldsymbol{i}_1/i_1$ 和$\boldsymbol{\mu}_2=\mu_2\boldsymbol{i}_2/i_2$ 间的相互作用算符为

$$\frac{\mu_1\mu_2}{i_1i_2r^3}[\hat{\boldsymbol{i}}_1\cdot\hat{\boldsymbol{i}}_2-3(\boldsymbol{i}_1\cdot\boldsymbol{n})(\boldsymbol{i}_2\cdot\boldsymbol{n})].$$

计算分裂能量时,如前所述,必须对分子态求平均.

当分子中含有重原子时,核磁矩间的直接作用和通过电子壳层的间接作用对超精细分裂都有相当大的贡献.从形式上讲,这种相互作用相对于核自旋与电子的作用讲来只属于微扰论的二级近似效应.根据§121 的结论很易看出,这个效应和核矩直接作用的比值为$(Ze^2/\hbar c)^2$ 的数量级,当 Z 很大时,它接近于 1.

---

① 在 $\boldsymbol{J}$ 的一个分量(例如 J_ζ)为对角的矩阵表示中,乘积 $J_\xi J_\zeta$,$J_\eta J_\zeta$ 等等只有量子数 k 改变 1 的那些跃迁矩阵元才不等于零,可是非对称陀螺定态波函数所含的 ψ_{Jk}中 k 的差值是一个偶数(见§103).

最后，分子能级超精细分裂中某些贡献来自核磁矩与分子转动的作用. 转动分子是一个电荷的运动系统，产生一定的磁场，给出了电流密度 $\boldsymbol{j}=\rho\boldsymbol{\Omega}\times\boldsymbol{r}$ 后即可用电动力学的公式算出磁场，上式中的 ρ 是静止分子的（电子和核的）电荷密度，$\boldsymbol{\Omega}$ 是转动角速度. 能级分裂值可从这个磁场中的核磁矩能量算出，分子的角速度分量应该通过它的角动量分量表达出来（参考 §103）.

第十七章

弹 性 碰 撞

§123 散射的一般理论

经典力学中,两个粒子的碰撞完全取决于它们的速度和碰撞参量(当无相互作用时入射粒子的偏射距离).量子力学中,这个问题的提法必须改变,因为在定速运动下,轨道概念从而还有碰撞参量已失去意义.在这里,理论的目的只是计算粒子碰撞后偏转(或称被**散射**到)任一给定角度的概率.本章所讲的**弹性碰撞**,是指碰撞中的两个粒子保持不变,或者这两个相碰粒子(如果它们是复合粒子的话)的内态保持不变.

弹性碰撞问题和所有的二体问题一样,可以归结为具有**折合质量**的一个单粒子在力心为固定的场 $U(r)$ 中的散射问题①.这种简化是变换到**质心系**实现的,在**质心系**中两粒子的质心保持静止.我们用 θ 代表这个坐标系中的散射角,它与**实验室坐标系**中两个粒子的偏转角 ϑ_1 和 ϑ_2 之间具有简单的关系,这个实验室系中有一个(第二个)粒子在碰撞以前是静止的:

$$\tan\vartheta_1 = \frac{m_2\sin\theta}{m_1 + m_2\cos\theta}, \quad \vartheta_2 = \frac{1}{2}(\pi - \theta), \tag{123.1}$$

式中 m_1, m_2 是两个粒子的质量(见《力学》,§17).特别是,当这两个粒子的质量相同时($m_1 = m_2$),简单地有

$$\vartheta_1 = \frac{1}{2}\theta, \quad \vartheta_2 = \frac{1}{2}(\pi - \theta); \tag{123.2}$$

和 $\vartheta_1 + \vartheta_2 = \frac{1}{2}\pi$,亦即两粒子以直角散开.

本章中我们总是采用质心为静止的坐标系(除非作特殊的声明),并用 m 代

① 在这里我们略去了粒子的自旋-轨道作用(如果粒子具有自旋的话).有心力场的假定,也排除了例如电子被分子散射等这类过程的考虑.

表相碰粒子的折合质量.

沿正 z 轴方向运动的一个自由粒子由平面波所描写,我们把它写成 $\psi = e^{ikz}$ 的形式,也就是把它的波函数这样归一化,使其流密度等于粒子速度 v. 远离散射中心的散射粒子,是由一个 $f(\theta)e^{ikr}/r$ 形式的出射球面波所描写,其中的 $f(\theta)$ 是散射角 θ 的某个函数(θ 是 z 轴和散射粒子运动方向之间的夹角). 这个函数称为**散射振幅**. 因此,势能为 $U(r)$ 的薛定谔方程之解的精确波函数,在远距离处必须呈下列渐近形式:

$$\psi \approx e^{ikz} + f(\theta)\frac{e^{ikr}}{r}. \tag{123.3}$$

散射粒子在单位时间内通过 $dS = r^2 do$ 面积元(do 是立体角元)的概率等于 $vr^{-2}|f|^2 dS = v|f|^2 do$①. 它与入射波的流密度之比为

$$d\sigma = |f(\theta)|^2 do, \tag{123.4}$$

这个量具有面积的量纲,称为散射到 do 立体角内的**有效截面**,或简称为**截面**. 如果令 $do = 2\pi\sin\theta d\theta$,我们得

$$d\sigma = 2\pi\sin\theta|f(\theta)|^2 d\theta. \tag{123.5}$$

这是散射到 θ 和 $\theta + d\theta$ 角度范围内的截面.

对于有心力场 $U(r)$ 中的散射讲来,薛定谔方程之解对 z 轴(入射粒子方向)显然应当是轴对称的. 每一个这样的解可以表成运动于该场中的粒子能量给定为 $\hbar^2 k^2/2m$ 的许多连续谱波函数的叠加,这些波函数具有不同的轨道角动量值 l 但其 z 分量均为零;这些函数与绕 z 轴的方位角 φ 无关,亦即全是轴对称的. 因此所需的波函数具有下列形式:

$$\psi = \sum_{l=0}^{\infty} A_l P_l(\cos\theta) R_{kl}(r), \tag{123.6}$$

式中 A_l 是常数,R_{kl} 是满足下列方程的径向函数:

$$\frac{1}{r^2}\frac{d}{dr}\left(r^2\frac{dR_{kl}}{dr}\right) + \left[k^2 - \frac{l(l+1)}{r^2} - \frac{2m}{\hbar^2}U(r)\right]R_{kl} = 0. \tag{123.7}$$

系数 A_l 必须这样来选取,使得(123.6)式的函数在远距离处呈(123.3)的渐近形式. 我们将证明这会导致

$$A_l = \frac{1}{2k}(2l+1)i^l \exp(i\delta_l) \tag{123.8}$$

式中的 δ_l 是函数 R_{kl} 的**相移**. 这个证明还能解决用这些相移表出散射振幅的问题.

---

① 我们已经假定了入射粒子束是由一个宽(避免衍射效应)而有界的光阑所定义的,这也是散射实验中的实际情况. 因此在(123.3)式两项之间不存在干涉;模量平方 $|\psi|^2$ 的取值点处不存在入射波.

R_{kl}函数的渐近式已由(33.20)式给出：

$$R_{kl} \approx \frac{2}{r}\sin\left(kr - \frac{1}{2}l\pi + \delta_l\right) =$$

$$= \frac{1}{\mathrm{i}r}\{(-\mathrm{i})^l \exp[\mathrm{i}(kr+\delta_l)] - \mathrm{i}^l \exp[-\mathrm{i}(kr+\delta_l)]\}.$$

将上式及(123.8)代入(123.6)，得到波函数的下列渐近式

$$\psi \approx \frac{1}{2\mathrm{i}kr}\sum_{l=0}^{\infty}(2l+1)\mathrm{P}_l(\cos\theta)[(-1)^{l+1}\mathrm{e}^{-\mathrm{i}kr} + S_l \mathrm{e}^{\mathrm{i}kr}], \qquad (123.9)$$

其中引入一个记号

$$S_l = \exp(2\mathrm{i}\delta_l). \qquad (123.10)$$

把平面波(34.2)展开，作同样的变换，可得

$$\mathrm{e}^{\mathrm{i}kz} \approx \frac{1}{2\mathrm{i}kr}\sum_{l=0}^{\infty}(2l+1)\mathrm{P}_l(\cos\theta)[(-1)^{l+1}\mathrm{e}^{-\mathrm{i}kr} + \mathrm{e}^{\mathrm{i}kr}].$$

我们看到，差式 $\psi - \mathrm{e}^{\mathrm{i}kz}$ 中含有 $\mathrm{e}^{-\mathrm{i}kr}$ 因子的各项果真都被消去. 这个差式中 $\mathrm{e}^{\mathrm{i}kr}/r$ 前的系数就是散射振幅，我们得

$$f(\theta) = \frac{1}{2\mathrm{i}k}\sum_{l=0}^{\infty}(2l+1)(S_l - 1)\mathrm{P}_l(\cos\theta). \qquad (123.11)$$

这个公式解决了用 δ_l 表达散射振幅的问题(H. Faxen, J. Holtsmark, 1927). ①

如果 $\mathrm{d}\sigma$ 对所有的角度积分，即得总散射截面 σ，它等于粒子被散射的总概率(单位时间内)与入射波概率流密度之比. 把(123.11)代入下列积分式：

$$\sigma = 2\pi\int_0^{\pi}|f(\theta)|^2 \sin\theta \mathrm{d}\theta.$$

考虑到 l 值不同的勒让德多项式是正交的，而

$$\int_0^{\pi}\mathrm{P}_l^2(\cos\theta)\sin\theta \mathrm{d}\theta = \frac{2}{2l+1},$$

得到总截面

$$\sigma = \frac{4\pi}{k^2}\sum_{l=0}^{\infty}(2l+1)\sin^2\delta_l. \qquad (123.12)$$

这个求和式中的每一项就是对轨道角动量给定为 l 的散射粒子而言的**分波截面** σ_l. 注意 σ_l 的最大可能值为

① 根据相位 δ_l(假定为已知)复原散射势的形状问题十分重要. 这个问题是由 И. М. Гелъфанд, Б. М. Левитан 和 В. А. Марченко. 解决的. 他们发现，为了确定 $U(r)$，原则上只需知道 $\delta_0(k)$ 在波数 $k=0$ 到 $k=\infty$ 的整个区域内的函数形状就可以了，如果还有离散(负的)能级 E_n 的话，尚需知道离散态波函数渐近式(当 $r\to\infty$ 时) $R_{n0}\approx a_n \mathrm{e}^{-\kappa_n r}/r$ ($\kappa_n = \sqrt{2m|E_n|}/\hbar$) 中的系数 a_n. 根据这些数据确定 $U(r)$，需要求解一个线性积分方程. 这个命题的完整讨论见 V. de Alfaro, T. Regge, Potential Scattering, North - Holland, Amsterdam, 1965.

$$\sigma_{l,\max}=\frac{4\pi}{k^2}(2l+1) \tag{123.13}$$

上式与(34.5)式比较后可知,角动量为 l 的散射粒子数可以比入射束中的这种粒子数大四倍.这是一种纯粹的量子效应,它来自散射粒子和未被散射粒子间的干涉.

今后还要用到**分波散射振幅** f_l,它定义为以下展开式中的系数:

$$f(\theta)=\sum_l(2l+1)f_l\mathrm{P}_l(\cos\theta). \tag{123.14}$$

按(123.11),它和相位 δ_l 的关系为

$$f_l=\frac{1}{2\mathrm{i}k}(S_l-1)=\frac{1}{2\mathrm{i}k}(\mathrm{e}^{2\mathrm{i}\delta_l}-1), \tag{123.15}$$

而分波截面为

$$\sigma_l=4\pi(2l+1)|f_l|^2. \tag{123.16}$$

习　题

在二维情况下,试用相移表出散射振幅.场为 $U=U(\rho)$,$\rho=\sqrt{x^2+z^2}$,入射粒子流沿 z 轴方向.

解:在二维情况下,在散射点远处的波函数是平面波和柱面波的叠加

$$\psi=\mathrm{e}^{\mathrm{i}kz}+f(\varphi)\frac{\mathrm{e}^{\mathrm{i}k\rho}}{\sqrt{-\mathrm{i}\rho}}. \tag{1}$$

式中 φ 是散射方向与 z 轴的夹角,$f(\varphi)$ 是散射振幅,它在二维情况下的量纲是长度的平方根.在根号下面引进的因子 $-\mathrm{i}=\exp(-\mathrm{i}\pi/2)$ 是为了简化以后的分式.沿 y 轴单位长度的散射截面为

$$\mathrm{d}\sigma=|f|^2\mathrm{d}\varphi.$$

它的量纲是长度.

应当把波函数展开为在 y 轴方向上具有确定的角动量分量形如 $Q_m(\rho)\mathrm{e}^{\mathrm{i}m\varphi}$ 的函数,这些函数在远离散射点处的形式与在§34 所得的自由运动的展开式只相差一些相移

$$Q_m(\rho)\approx\mathrm{i}^m\sqrt{\frac{2}{\pi k\rho}}\sin\left[k\rho-\frac{\pi}{2}\left(m-\frac{1}{2}\right)+\delta_m\right],$$

式中 $\delta_m=\delta_{-m}$.利用§34 中各题中的平面波的展开式按本节的方法展开,我们发现,渐近行为如(1)式的函数可以用级数表出:

$$\psi=\sum_{m=-\infty}^{\infty}\mathrm{e}^{\mathrm{i}\delta_m}Q_m(\rho)\mathrm{e}^{\mathrm{i}m\varphi},$$

而散射振幅等于

$$f(\varphi)=\frac{1}{\mathrm{i}\sqrt{2\pi k}}\sum_{m=-\infty}^{\infty}\left(\mathrm{e}^{2\mathrm{i}\delta_m}-1\right)\mathrm{e}^{\mathrm{i}m\varphi}. \tag{2}$$

积分得总截面为

$$\sigma=\int_0^{2\pi}|f|^2\mathrm{d}\varphi=\sum_{m=-\infty}^{\infty}\sigma_m,\text{式中 }\sigma_m=\sigma_{-m}=\frac{4}{k}\sin^2\delta_m. \tag{3}$$

不难验证二维情形下的光学定理为

$$\operatorname{Im}f(0)=\sqrt{\frac{k}{8\pi}}\sigma,$$

参见下节(125.9)式.

§124 一般公式的研究

以上所得的公式,原则上适用于任一场 $U(r)$ 中的散射,该场在无穷远处等于零.这些公式的应用,只归结为对式中出现的相位 δ_l 的性质的考察.

为了估计出 l 值很大时的相位 δ_l 的数量级,我们可以利用 l 很大时运动为准经典的事实(见§49).波函数的相位此时由以下积分确定:

$$\int_{r_0}^{r}\sqrt{k^2-\frac{(l+1/2)^2}{r^2}-\frac{2mU(r)}{\hbar^2}}\mathrm{d}r+\frac{1}{4}\pi,$$

其中 r_0 是根号内表式的一个根($r>r_0$ 是运动的经典允许区).从上式中减去以下自由运动波函数的相位:

$$\int_{r_0}^{r}\sqrt{k^2-\frac{(l+1/2)^2}{r^2}}\mathrm{d}r+\frac{1}{4}\pi,$$

并令 $r\to\infty$,按定义即得 δ_l.对于很大的 l,r_0 也变得很大,因此 $U(r)$ 在整个积分区内都很小,我们近似地得

$$\delta_l=-\int_{r_0}^{\infty}\frac{mU(r)\,\mathrm{d}r}{\hbar^2\sqrt{k^2-\frac{(l+1/2)^2}{r^2}}}. \tag{124.1}$$

此积分(如果收敛)的数量级为

$$\delta_l\sim\frac{mU(r_0)r_0}{k\hbar^2}, \tag{124.2}$$

r_0 的数量级为 $r_0\sim l/k$.

如果 $U(r)$ 在无穷远处按 $1/r^n$ 趋于零($n>1$),则积分(124.1)收敛而相位 δ_l 为有限.反之,如果 $n\leqslant1$,积分发散,从而相位 δ_l 为无穷大.这一点对任意的 l 都能成立,因为积分(124.1)的收敛或发散依赖于 $U(r)$ 在 r 很大处的行为,然而在远距离处(该处的 $U(r)$ 场已很弱),径向运动对所有的 l 讲来都是准经典的.我们将在下面看到,(123.11)和(123.12)式当 δ_l 无穷大时将作怎样的解释.

我们先考虑总截面级数表式(123.12)的收敛性. 如果考虑到 $U(r)$ 比 $1/r$ 递降得更快,由(124.1)式可知,l 大时相位 $\delta_l \ll 1$. 因此可令 $\sin^2\delta_l \approx \delta_l^2$,(123.12)式高次项之和就具有 $\sum_{l\gg 1} l\delta_l^2$ 的数量级. 根据级数收敛性的积分准则,我们知道,只要积分式 $\int^{\infty} l\delta_l^2 \mathrm{d}l$ 收敛,则所考虑的级数就是收敛的. 把(124.2)式代入并把 l 换成 kr_0 后,即得下列积分式:

$$\int^{\infty} U^2(r_0) r_0^3 \mathrm{d}r_0,$$

如果 $U(r)$ 在无穷远处按 $1/r^n$ 衰减而 $n>2$,这个积分收敛,从而总截面为有限. 反之,如果场 $U(r)$ 衰减得不比 $1/r^2$ 快,总截面就变成无穷大. 这一点的物理原因是,当场只是随距离缓慢地衰减时,小角度散射的概率变得很大. 我们可以回顾一下经典力学中的有关情形,当粒子以很大的但是有限的碰撞参量 ρ 通过任一势场(这个场只当 $r\to\infty$ 时才等于零)时,总是要偏转一个很小的但是并不等于零的角度,因此不管 $U(r)$ 的衰减规律如何,它的总散射截面总是等于无穷大①. 这种论证在量子力学中并不成立,因为当我们讲到散射到某个角度时,这个角度必须比粒子运动方向的不确定度大得多. 如果碰撞参量的已知精确度为 $\Delta\rho$,那么它所引起的动量横向分量的不确定度为 $\hbar/\Delta\rho$,亦即角度的不确定度为 $\sim\hbar/(mv\Delta\rho)$.

鉴于 $U(r)$ 衰减缓慢时小角度散射占有重要的地位,这就自然地产生了这样的一个问题,$U(r)$ 即使比 $1/r^2$ 衰减得更快,$\theta=0$ 的散射振幅有没有可能仍是发散的? 我们令(123.11)中的 $\theta=0$,对后面的项讲来它们的和与 $\sum_{l\gg 1} l\delta_l$ 成正比. 正如上段中所做的论证那样,当判别这个和是否收敛时,最后我们得到以下积分:

$$\int^{\infty} U(r_0) r_0^2 \mathrm{d}r_0,$$

当 $U(r)\sim 1/r^n$ 而 $n\leqslant 3$ 时,此积分发散. 由此可见,势场的衰减不快于 $1/r^3$ 时,$\theta=0$ 处的散射振幅变成无穷大.

最后,我们来考虑相位 δ_l 本身等于无穷大的情形,它发生于 $U(r)\sim 1/r^n$ 而 $n\leqslant 1$. 根据以上所得的结论显然可以知道,当场衰减得这样慢的时候,总截面以及 $\theta=0$ 的散射振幅都将等于无穷大. 但还留下一个如何计算 $\theta\neq 0$ 的 $f(\theta)$ 问题.

① 这反映在经典力学中确定总截面的积分 $\int 2\pi\rho \mathrm{d}\rho$ 是发散的.

首先应该注意的是，我们有下列公式①

$$\sum_{l=0}^{\infty}(2l+1)\mathrm{P}_l(\cos\theta)=4\delta(1-\cos\theta).\qquad(124.3)$$

换句话说，只要 $\theta\neq0$ 这个和就等于零. 所以对(123.11)式的散射振幅讲来，$\theta\neq0$时我们可以略去每项方括号内的1，留下

$$f(\theta)=\frac{1}{2\mathrm{i}k}\sum_{l=0}^{\infty}(2l+1)\mathrm{P}_l(\cos\theta)\mathrm{e}^{2\mathrm{i}\delta_l}.\qquad(124.4)$$

如果上式右边乘一常数因子 $\mathrm{e}^{-2\mathrm{i}\delta_0}$ 截面不会发生改变，因为它是由模量平方 $|f(\theta)|^2$ 确定的，此时复函数 $f(\theta)$ 的相位只是改变了一个不重要的常数. 另一方面，把差 $\delta_l-\delta_0$ 表成(124.1)式那样，$U(r)$ 的积分发散性就被消去，只留下一个有限的量. 因此在所考虑的情形下，我们可以采用下列公式计算散射振幅

$$f(\theta)=\frac{1}{2\mathrm{i}k}\sum_{l=0}^{\infty}(2l+1)\mathrm{P}_l(\cos\theta)\mathrm{e}^{2\mathrm{i}(\delta_l-\delta_0)}.\qquad(124.5)$$

§125 散射的幺正条件

任意场(不一定是有心力场)中的散射振幅都能满足来自一般物理要求的某些关系式.

对任意场中的弹性散射讲来，波函数在远距离处的渐近式为

$$\psi\approx\mathrm{e}^{\mathrm{i}kr\boldsymbol{n}\cdot\boldsymbol{n}'}+\frac{1}{r}f(\boldsymbol{n},\boldsymbol{n}')\mathrm{e}^{\mathrm{i}kr}.\qquad(125.1)$$

这个公式与(123.3)不同之处在于，现在的散射振幅依赖于两个单位矢量的方向，入射粒子的方向($\boldsymbol{n}$)以及散射粒子的方向($\boldsymbol{n}'$)，而不光是依赖于这两个方向的夹角.

入射方向 $\boldsymbol{n}$ 不同的各种(125.1)式的函数，它们的任意线性组合仍代表某一可能的散射过程. 把(125.1)式乘以任意系数 $F(\boldsymbol{n})$ 并对 $\boldsymbol{n}$ 的各个方向(立体角元 $\mathrm{d}o$)积分后，就能把这样的线性组合写成以下积分形式：

$$\int F(\boldsymbol{n})\mathrm{e}^{\mathrm{i}kr\boldsymbol{n}\cdot\boldsymbol{n}'}\mathrm{d}o+\frac{\mathrm{e}^{\mathrm{i}kr}}{r}\int F(\boldsymbol{n})f(\boldsymbol{n},\boldsymbol{n}')\mathrm{d}o.\qquad(125.2)$$

由于距离 r 任意大，第一个积分中的因子 $\mathrm{e}^{\mathrm{i}kr\boldsymbol{n}\cdot\boldsymbol{n}'}$ 是变矢量 $\boldsymbol{n}$ 的方向的急剧振荡函数. 因此该积分主要由指数极值(此时 $\boldsymbol{n}=\pm\boldsymbol{n}'$)附近的 $\boldsymbol{n}$ 值所确定. 在 $\boldsymbol{n}=\pm\boldsymbol{n}'$的邻域中，因子 $F(\boldsymbol{n})\approx F(\pm\boldsymbol{n}')$ 可以拿出积分号外，然后积分得②：

---

① 这个公式就是 δ 函数的勒让德多项式展开，上式两边乘以 $\sin\theta\mathrm{P}_l(\cos\theta)$ 并对 $\mathrm{d}\theta$ 积分后即可得到直接验证. 其中偶函数 $\delta(x)$ 的积分式 $\int_0^{\infty}\delta(x)\mathrm{d}x$ 取为 1/2.

② 计算这个积分时可把积分路径弯向 $\mu=\cos\theta$ 变量(θ 是 $\boldsymbol{n}$ 和 $\boldsymbol{n}'$间的夹角)的上半复平面，保持它的两端 $\mu=\pm1$ 不动. 远离这两个端点时，$\mathrm{e}^{\mathrm{i}kr\mu}$ 函数就很快地衰减.

$$2\pi i F(-\boldsymbol{n}')\frac{e^{-ikr}}{kr}-2\pi i F(\boldsymbol{n}')\frac{e^{ikr}}{kr}+\frac{e^{ikr}}{r}\int f(\boldsymbol{n},\boldsymbol{n}')F(\boldsymbol{n})\,do.$$

约去公共因子 $2\pi i/k$,上式可写成简洁的算符形式

$$\frac{e^{-ikr}}{r}F(-\boldsymbol{n}')-\frac{e^{ikr}}{r}\hat{S}F(\boldsymbol{n}'), \tag{125.3}$$

式中

$$\hat{S}=1+2ik\hat{f}, \tag{125.4}$$

$\hat{f}$ 是由下式定义的积分算符:

$$\hat{f}F(\boldsymbol{n}')=\frac{1}{4\pi}\int f(\boldsymbol{n},\boldsymbol{n}')F(\boldsymbol{n})\,do. \tag{125.5}$$

$\hat{S}$**算符**称为**散射算符**(或**散射矩阵**)或者简称为 S **矩阵**,它是由海森伯首先引入的(1943).

(125.3)中的第一项代表射向力心的波,第二项代表离开力心的波.弹性散射中,粒子数守恒可表为入射波和出射波的流密度相等.换句话说,这两个波的归一化应该相同.为此,散射算符必须是幺正的(§12),也就是说,必须有

$$\hat{S}\hat{S}^{+}=1, \tag{125.6}$$

或者把(125.4)式代入上式并互乘

$$\hat{f}-\hat{f}^{+}=2ik\hat{f}\hat{f}^{+}. \tag{125.7}$$

最后,利用定义(125.5),我们可以把散射的**幺正条件**写成以下形式:

$$f(\boldsymbol{n},\boldsymbol{n}')-f^{*}(\boldsymbol{n}',\boldsymbol{n})=\frac{ik}{2\pi}\int f(\boldsymbol{n},\boldsymbol{n}'')f^{*}(\boldsymbol{n}',\boldsymbol{n}'')\,do'' \tag{125.8}$$

$\boldsymbol{n}=\boldsymbol{n}'$时上式右边的积分正是散射总截面 $\sigma=\int|f(\boldsymbol{n},\boldsymbol{n}'')|^2do''$. 上式左边的差值此时可以化成振幅 $f(\boldsymbol{n},\boldsymbol{n})$ 的虚部.这样,我们就得到了弹性散射总截面和零角度散射振幅虚部之间的普遍关系式:

$$\operatorname{Im} f(\boldsymbol{n},\boldsymbol{n})=\frac{k}{4\pi}\sigma, \tag{125.9}$$

此式称为散射的**光学定理**.

散射振幅的另一个普遍性质,可以根据时间反演对称性的要求导出.在量子力学中,这种对称性表述为:如函数 ψ 描述任一可能态,那么它的复共轭函数 ψ^{*} 也对应于某一可能态(§18).因此(125.3)式的复共轭波函数

$$\frac{e^{ikr}}{r}F^{*}(-\boldsymbol{n}')-\frac{e^{-ikr}}{r}\hat{S}^{*}F^{*}(\boldsymbol{n}')$$

也描述某种可能的散射过程.我们通过令 $-\hat{S}^{*}F^{*}(\boldsymbol{n}')=\Phi(-\boldsymbol{n}')$定义一个新的任意函数.利用算符$\hat{S}$的幺正性就得

$$F^*(\boldsymbol{n}') = -(\hat{S}^*)^{-1}\boldsymbol{\Phi}(-\boldsymbol{n}') = -\tilde{\hat{S}}\boldsymbol{\Phi}(-\boldsymbol{n}')$$

引入改变矢量 $\boldsymbol{n}$ 和 $\boldsymbol{n}'$ 符号的坐标反演算符 $\hat{P}$，则可写出

$$F^*(-\boldsymbol{n}') = \hat{P}F^*(\boldsymbol{n}') = -\hat{P}\tilde{\hat{S}}\boldsymbol{\Phi}(\boldsymbol{n}'),$$

从而得到下列时间反演波函数：

$$\frac{e^{-ikr}}{r}\boldsymbol{\Phi}(-\boldsymbol{n}') - \frac{e^{ikr}}{r}\hat{P}\tilde{\hat{S}}\hat{P}\boldsymbol{\Phi}(\boldsymbol{n}').$$

此式必须和原先的波函数(125.3)实质上相同、比较后表明，它导致下列条件

$$\hat{P}\tilde{\hat{S}}\hat{P} = \hat{S}, \tag{125.10}$$

此时两个波函数只是在任意函数的记号上有差别.

把算符等式(125.10)变换成矩阵等式后，即得散射振幅的相应关系式. 转置使初末态矢量 $\boldsymbol{n}$ 和 $\boldsymbol{n}'$ 对调，反演则改变它们的符号. 因此有

$$S(\boldsymbol{n},\boldsymbol{n}') = S(-\boldsymbol{n}', -\boldsymbol{n}). \tag{125.11}$$

也就是

$$f(\boldsymbol{n},\boldsymbol{n}') = f(-\boldsymbol{n}', -\boldsymbol{n}). \tag{125.12}$$

这个关系式(称为**倒易定理**)表达了这样一个明显结果：两个互为时间反演的散射过程具有相等的振幅. 时间反演把初末态对调并把态中的粒子运动方向变成反方向.

对于有心力场中的散射，以上所得的普遍公式可以简化. 这种情形下的振幅 $f(\boldsymbol{n},\boldsymbol{n}')$ 只与 $\boldsymbol{n}$ 和 $\boldsymbol{n}'$ 的夹角 θ 有关. 因此(125.12)变成了一个恒等式. 幺正条件(125.8)变成

$$\operatorname{Im} f(\theta) = \frac{k}{4\pi}\int f(\gamma)f^*(\gamma')\,do'', \tag{125.13}$$

式中 γ,γ' 是 $\boldsymbol{n},\boldsymbol{n}'$ 与空间中某一固定方向 $\boldsymbol{n}''$ 间的夹角. 如果 $f(\theta)$ 采用展开式(123.14)，应用球谐函数的加法定理(c.10)，可从(125.13)式中得出分波振幅的下列关系式：

$$\operatorname{Im} f_l = k|f_l|^2. \tag{125.14}$$

这个公式也可直接从(123.15)式导出，按该式有 $|2ikf_l+1|^2=1$. 在有心力场中散射的情形下，光学定理(125.9)也很易从(123.11)和(123.12)式直接导出.

把(125.14)式改写成 $\operatorname{Im}(1/f_l) = -k$ 后，即可看出振幅 f_l 必须具有下列形式：

$$f_l = \frac{1}{g_l - ik}, \tag{125.15}$$

式中的 $g_l = g_l(k)$ 是一个实量；它和相位 δ_l 的关系为

$$g_l = k\cot\delta_l \tag{125.16}$$

以后我们要多次用到这个振幅表达式.

我们来考察一下(对有心力场中的散射)以上定义的散射算符和§123理论中所述各量的关系.

由于轨道角动量在有心力场中是守恒的,散射算符和角动量算符对易.换句话说,S 矩阵在 l 表象中是对角的,又由于 $\hat{S}$ 算符是幺正的,它的本征值模量必等于1,亦即必具有 $e^{2i\delta_l}$ 的形式,而 δ_l 为实数.很易看出,这些 δ_l 和波函数的相移是一样的,使得 S 矩阵的本征值就是(123.10)中定义的 S_l.算符 $\hat{f}=(\hat{S}-1)/2ik$ 的本征值就是分波振幅(123.15).实际上,如果我们把函数 $F(\boldsymbol{n})$ 取作 $P_l(\cos\theta)$ [从而 $F(-\boldsymbol{n})=P_l(-\cos\theta)=(-1)^l P_l(\cos\theta)$],波函数(125.3)应该等于(123.9)中一个求和项所代表的薛定谔方程之解.因此有

$$\hat{S}P_l(\cos\theta)=S_lP_l(\cos\theta).$$

对于沿 z 轴入射的平面波讲来,(125.3)中的函数 $F(\boldsymbol{n})$ 就是 δ 函数 $F=4\delta(1-\cos\theta)$,其中的 θ 是 $\boldsymbol{n}$ 和 z 轴的夹角,这里定义的 δ 函数可参考§124中对(124.3)所加的注,δ 函数前所选的系数是这样的,当它代入定义(125.5)式的右边时正好可以得出 $f(\theta)$,这时 θ 是 $\boldsymbol{n}'$ 和 z 轴的夹角.把这个 δ 函数表成(124.3)式的形状:

$$F=4\delta(1-\cos\theta)=\sum_{l=0}^{\infty}(2l+1)P_l(\cos\theta) \tag{125.17}$$

再把算符 $\hat{f}$ 作用在它上面,于是,正如所预期的,我们即可得到,形如(123.14)式的散射振幅.

最后,还应添加下面的说明.从数学观点看来,幺正条件(125.8)式说明了这样一个事实,并不是所有预先给定的函数 $f(\boldsymbol{n},\boldsymbol{n}')$ 都能成为某个场中的散射振幅.特别是,并不是所有的函数 $f(\theta)$ 都能成为某个有心力场中的散射振幅.根据(125.13)式,它的虚部和实部之间必须满足一定的关系.如果把它写成 $f(\theta)=|f|e^{i\alpha}$,当模量 $|f|$ 与所有角度的关系给定以后,(125.13)式就给出一个积分方程,由它原则上可解出未知的 $\alpha(\theta)$ 相位.换句话说,知道了散射截面(即模量平方 $|f|^2$)与所有角度的关系以后,就可在原则上复原该散射振幅.但是这样的复原缺乏唯一性,它可以相差一个以下的变换式

$$f(\theta)\rightarrow -f^*(\theta) \tag{125.18}$$

上式能使(125.13)式保持不变[当然也使截面 $|f|^2$ 保持不变.(125.18)式的变换等价于(123.11)中所有相位 δ_l 同时变号].但是,这样的非唯一性是可以消除的,只要把散射振幅看作既是角度的函数也是能量的函数.以后将看到(§128,§129),作为能量函数的振幅,它的解析性质对(125.18)式的变换不是不变的.

§126 玻恩公式

在一个极为重要的情形下,即当散射场本身可以看作微扰时,能够得到散射截面的一般计算公式①. §45 中已经证明,当以下两条件之一成立时,即有当作微扰的可能:

$$|U| \ll \frac{\hbar^2}{ma^2} \tag{126.1}$$

以及

$$|U| \ll \frac{\hbar v}{a} = \frac{\hbar^2}{ma^2}ka, \tag{126.2}$$

式中的 a 是场 $U(r)$ 的作用范围,U 是该场主要区域内的场值的数量级. 当第一个条件得到满足时,这个近似对所有的速度都能成立;第二个条件表明,它对足够快的粒子总是适用的.

根据 §45,我们把波函数取成 $\psi=\psi^{(0)}+\psi^{(1)}$ 的形式,式中的 $\psi^{(0)}=\mathrm{e}^{\mathrm{i}\boldsymbol{k}\cdot\boldsymbol{r}}$ 对应于波矢为 $\boldsymbol{k}=\boldsymbol{p}/\hbar$ 的入射粒子. 根据(45.3)式我们有

$$\psi^{(1)}(x,y,z) = -\frac{m}{2\pi\hbar^2}\int U(x',y',z')\,\mathrm{e}^{\mathrm{i}(\boldsymbol{k}\cdot\boldsymbol{r}'+kR)}\frac{\mathrm{d}V'}{R}. \tag{126.3}$$

取散射中心为原点,我们从原点到 $\psi^{(1)}$ 值的计算点引一径矢量 $\boldsymbol{R}_0$,把沿 $\boldsymbol{R}_0$ 的单位矢量记作 $\boldsymbol{n}'$. 设体积元 $\mathrm{d}V'$ 的径矢量为 $\boldsymbol{r}'$;则有 $\boldsymbol{R}=\boldsymbol{R}_0-\boldsymbol{r}'$. 在远离中心处,$R_0 \gg r'$,因而

$$R=|\boldsymbol{R}_0-\boldsymbol{r}'|\approx R_0-\boldsymbol{r}'\cdot\boldsymbol{n}',$$

把它代入(126.3),我们得 $\psi^{(1)}$ 的下列渐近式:

$$\psi^{(1)}\approx -\frac{m}{2\pi\hbar^2}\frac{\mathrm{e}^{\mathrm{i}kR_0}}{R_0}\int U(\boldsymbol{r}')\,\mathrm{e}^{\mathrm{i}(\boldsymbol{k}-\boldsymbol{k}')\cdot\boldsymbol{r}'}\mathrm{d}V'$$

(式中 $\boldsymbol{k}'=k\boldsymbol{n}'$ 是散射后粒子的波矢量). 上式和(123.3)式给出的散射振幅相比较,求得后者的表式为

$$f=-\frac{m}{2\pi\hbar^2}\int U\mathrm{e}^{-\mathrm{i}\boldsymbol{q}\cdot\boldsymbol{r}}\mathrm{d}V, \tag{126.4}$$

式中已经变换了积分变量并且引进了矢量

$$\boldsymbol{q}=\boldsymbol{k}'-\boldsymbol{k}, \tag{126.5}$$

$\boldsymbol{q}$ 的绝对值是

$$q=2k\sin\frac{\theta}{2} \tag{126.6}$$

---

① 在 §123 中导出的普遍性理论中,这个近似相当于所有 δ_l 全都很小时的情形,并且要求这些相位都可从以势能为微扰的薛定谔方程中算出来(见例题4).

其中 θ 是 $\boldsymbol{k}$ 和 $\boldsymbol{k}'$的夹角，也就是散射角.

最后，把散射振幅的模量加以平方，即得下列散射到 $\mathrm{d}o$ 立体角元中的截面表式：

$$\mathrm{d}\sigma=\frac{m^2}{4\pi^2\hbar^4}\left|\int U\mathrm{e}^{-\mathrm{i}\boldsymbol{q}\cdot\boldsymbol{r}}\mathrm{d}V\right|^2\mathrm{d}o. \tag{126.7}$$

我们从上式看到，动量变化为 $\hbar\boldsymbol{q}$ 的散射，是由 U 场的相应傅里叶分量的模量平方确定的.(126.7)式是由玻恩(M. Born，1926)首先得到的. 碰撞理论中通常把这个近似称为**玻恩近似**.

要注意的是，这个近似中存在着以下关系：

$$f(\boldsymbol{k},\boldsymbol{k}')=f^*(\boldsymbol{k}',\boldsymbol{k}) \tag{126.8}$$

这是正、逆两个散射过程间的振幅关系，也就是初、末态动量相互对调但不像时间反演那样改变符号的两个过程间的振幅关系. 由此可见，这个散射中出现了倒易定理(125.12)式以外的另一种对称性. 这种对称性与微扰论中散射振幅的值很小有密切的关系，并且可从幺正条件(125.8)式直接得到，只要在该式中略去含有 f 二次项的那个积分式①.

(126.7)式也可以用另一种方法得到(但是不能确定散射振幅的相位). 我们可以从一般公式(43.1)出发，该式给出的连续谱状态之间的跃迁概率为

$$\mathrm{d}w_{fi}=\frac{2\pi}{\hbar}|U_{fi}|^2\delta(E_f-E_i)\,\mathrm{d}\nu_f.$$

在目前情形下，这个公式要应用到动量为 $\boldsymbol{p}$ 的入射粒子态跃迁到动量为 $\boldsymbol{p}'$的并且散射到 $\mathrm{d}o'$立体角元内的粒子态. 态的间隔 $\mathrm{d}\nu_f$ 可以取作 $\mathrm{d}^3p'/(2\pi\hbar)^3$. 把以下初末态能量差代入：

$$E_f-E_i=(p'^2-p^2)/2m,$$

得到

$$\mathrm{d}w_{p'p}=\frac{4\pi m}{\hbar}|U_{p'p}|^2\delta(p'^2-p^2)\frac{\mathrm{d}^3p'}{(2\pi\hbar)^3}. \tag{126.9}$$

入射粒子和散射粒子的波函数都是平面波. 由于我们已经把态间隔 $\mathrm{d}\nu_f$ 取作 $\boldsymbol{p}/2\pi\hbar$ 空间的体积元，末态波函数必须按 $\boldsymbol{p}/2\pi\hbar$ 的 δ 函数归一化：

$$\psi_{p'}=\mathrm{e}^{\frac{\mathrm{i}}{\hbar}\boldsymbol{p}'\cdot\boldsymbol{r}}, \tag{126.10}$$

初态波函数仍按单位流密度归一化：

$$\psi_p=\sqrt{\frac{m}{p}}\,\mathrm{e}^{\frac{\mathrm{i}}{\hbar}\boldsymbol{p}\cdot\boldsymbol{r}}, \tag{126.11}$$

---

① 因此很明显，这种对称性即使在微扰论的二级近似中也已不复存在. 这将在 §130 中直接证明：参考(130.13)式.

则(126.9)具有面积的量纲,它就是微分散射截面.

(126.9)式中存在着 δ 函数意味着 $p'=p$,亦即动量的绝对值不变,这是弹性散射所应有的. 变换到动量空间的球坐标中去(即把 d^3p' 改为 $p'^2\mathrm{d}p'\mathrm{d}o'=\frac{1}{2}p'(\mathrm{d}p'^2)\mathrm{d}o'$)并对 p'^2 积分,就能把 δ 函数去掉. 积分的结果相当于把被积式中的 p' 改成 p,结果得

$$\mathrm{d}\sigma=\frac{mp}{4\pi^2\hbar^4}\left|\int\psi_{p'}^{*}U\psi_{p}\mathrm{d}V\right|^2\mathrm{d}o'.$$

把(126.10),(126.11)的函数代入上式,我们又一次得到最终表式(126.7).

(126.7)式的形状,可以应用到 $U(x,y,z)$ 场中的散射,这个场不只是 r 的函数而且可以是坐标的任意函数. 但在有心力场 $U(r)$ 的情形下,这个公式还可进一步变换. 在积分

$$\int U(r)\mathrm{e}^{-\mathrm{i}\boldsymbol{q}\cdot\boldsymbol{r}}\mathrm{d}V$$

式中,我们采用球坐标 r,ϑ,φ,它的极轴沿着矢量 $\boldsymbol{q}$ 的方向,我们用 ϑ 代表极角以便区别于散射角 θ. 现在可以对 ϑ 和 φ 进行积分,结果得

$$\int_0^\infty\int_0^{2\pi}\int_0^\pi U(r)\mathrm{e}^{\mathrm{i}qr\cos\vartheta}r^2\sin\vartheta\mathrm{d}\vartheta\mathrm{d}\varphi\mathrm{d}r=4\pi\int_0^\infty U(r)\frac{\sin qr}{q}r\mathrm{d}r.$$

把上式代入(126.4)中,即得有心力场中散射振幅的以下表式:

$$f=-\frac{2m}{\hbar^2}\int_0^\infty U(r)\frac{\sin qr}{q}r\mathrm{d}r,\tag{126.12}$$

当 $\theta=0$(即 $q=0$)时,如果 $U(r)$ 在无穷远处的衰减不快于 $1/r^3$,则以上积分发散(与 §124 中的一般结论一致).

我们注意到下列有趣事实. (126.12)式中的粒子动量 p 以及散射角 θ 只通过 q 表达出来. 因此在玻恩近似中,散射截面对 p,θ 的依赖关系只是通过 $p\sin\frac{\theta}{2}$ 表达出来.

再回到任意场 $U(x,y,z)$,我们来研究速度很小($ka\ll1$)和很大($ka\gg1$)两种极端情形. 速度很小时,可令(126.4)式中的 $\mathrm{e}^{-\mathrm{i}\boldsymbol{q}\cdot\boldsymbol{r}}\approx1$,因此散射振幅为

$$f=-\frac{m}{2\pi\hbar^2}\int U\mathrm{d}V,\tag{126.13}$$

而当 $U=U(r)$ 时,则有

$$f=-\frac{2m}{\hbar^2}\int_0^\infty U(r)r^2\mathrm{d}r.\tag{126.14}$$

此时的散射呈各向同性并且与速度无关,这和 §132 中的一般结论相一致.

反过来,在高速极端情形下,散射显著地非各向同性,它主要是集中在张角

很窄的 $\Delta\theta \sim 1/ka$ 锥体范围内的向前散射;实际上,由于这个锥体以外的 q 值很大,$e^{-i\boldsymbol{q}\cdot\boldsymbol{r}}$因子是一个急剧振荡函数,它与缓变函数 U 相乘后的积分结果差不多等于零.

q 值很大时的截面衰减规律并不是普适的,它与场的具体形状有关.如果场 $U=U(r)$ 在 $r=0$ 处或 r 的任一实数值处具有奇点,那么积分式(126.12)主要由这个奇点的邻域所确定,其截面按某一幂次规律衰减.这个规律也适用于函数 $U(r)$ 没有奇点但不是偶函数的情形;此时 $r=0$ 的邻域在积分中最为重要.但当 $U(r)$ 是 r 的一个偶函数时,这个积分可在形式上扩展到负的 r 值,即沿变量 r 的整个实轴,随后可把这个积分路线(如果 $U(r)$ 在实轴上没有奇点)移到复平面上直到碰上最近的复奇点为止.当 q 值很大时,积分将作指数衰减,但是必须记住,玻恩近似对于计算这种指数式的小量一般讲来是不合适的(还可参考§131).

尽管 $\Delta\theta \sim 1/ka$ 锥体内的微分散射截面与速度的关系不大,但其总散射截面(假定积分 $\int d\sigma$ 为收敛)在高能时由于锥体张角的减小而随之减小,它与锥体所张的立体角成正比,即和 $(\Delta\theta)^2 \sim 1/k^2a^2$ 成正比,或者说和其能量成反比.

在碰撞理论的许多物理应用中,描述散射的下列积分通常称作**输运截面**:

$$\sigma_{tr} = \int (1-\cos\theta)\, d\sigma. \tag{126.15}$$

通过类似于以上的讨论可以知道,高速时这个量是和能量的平方成反比的.

习　题

1. 求球势阱的玻恩近似散射截面,该势阱当 $r<a$ 时 $U=-U_0$,$r>a$ 时 $U=0$.

解:计算积分式(126.12),得下列结果:

$$d\sigma = 4a^2\left(\frac{mU_0a^2}{\hbar^2}\right)^2 \frac{(\sin qa - qa\cos qa)^2}{(qa)^6} do.$$

对所有角度积分后(最好取 $q=2k\sin(\theta/2)$ 为积分变量,把 do 换成 $2\pi q dq/k^2$)即得散射总截面:

$$\sigma = \frac{2\pi}{k^2}\left(\frac{mU_0a^2}{\hbar^2}\right)^2\left[1-\frac{1}{(2ka)^2}+\frac{\sin 4ka}{(2ka)^3}-\frac{\sin^2 2ka}{(2ka)^4}\right].$$

极限情形下由上式得

$$ka \ll 1 \text{ 时}; \quad \sigma = \frac{16\pi a^2}{9}\left(\frac{mU_0a^2}{\hbar^2}\right)^2,$$

$$ka \gg 1 \text{ 时}; \quad \sigma = \frac{2\pi}{k^2}\left(\frac{mU_0a^2}{\hbar^2}\right)^2.$$

2. 同上题,但 $U=U_0e^{-r^2/a^2}$.

解: 最好用(126.7)式计算,取 $\boldsymbol{q}$ 方向沿一个坐标轴.结果得

$$d\sigma=\frac{\pi a^2}{4}\left(\frac{mU_0a^2}{\hbar^2}\right)^2e^{-q^2a^2/2}do$$

及总截面

$$\sigma=\frac{\pi^2}{2k^2}\left(\frac{mU_0a^2}{\hbar^2}\right)^2(1-e^{-2k^2a^2}).$$

这些公式的适用条件由 $U=U_0$ 的不等式(126.1),(126.2)给出.此外,如果指数的绝对值很大,$d\sigma$ 的公式也不能适用①.

3. 同上题,但场 $U=\frac{a}{r}e^{-r/a}$.

解: 计算积分式(126.12)得:

$$d\sigma=4a^2\left(\frac{ama}{\hbar^2}\right)^2\frac{do}{(q^2a^2+1)^2},$$

总截面为

$$\sigma=16\pi a^2\left(\frac{ama}{\hbar^2}\right)^2\frac{1}{4k^2a^2+1}.$$

这些公式的适用条件由 $U=\alpha/a$ 的(126.1)(126.2)式给出:$\alpha ma/\hbar^2\ll 1$ 或 $\alpha/\hbar v\ll 1$.

4. 求玻恩近似情形下有心力场散射的相位 δ_l.

解: 对 $U(r)$ 场中运动的径向波函数 $\chi=rR$ 以及对自由运动波函数 $\chi^{(0)}$,我们有方程[见(32.10)]

$$\chi''+\left[k^2-\frac{l(l+1)}{r^2}-\frac{2m}{\hbar^2}U\right]\chi=0,$$

$$\chi^{(0)''}+\left[k^2-\frac{l(l+1)}{r^2}\right]\chi^{(0)}=0.$$

第一式乘 $\chi^{(0)}$,第二式乘 χ,相减后再对 r 积分(采用 $r=0$ 处的边界条件 $\chi=0$),我们得

$$\chi'(r)\chi^{(0)}(r)-\chi(r)\chi^{(0)\prime}(r)=\frac{2m}{\hbar^2}\int_0^r U\chi\chi^{(0)}dr.$$

把 U 看作微扰,上式右边可令 $\chi\approx\chi^{(0)}$. $r\to\infty$ 时上式左边可用渐近式(33.12)和(33.20),而在积分式中我们用精确式(33.10)代入.结果得

① 这种情形下微扰论的不适用性很容易从计算二级近似的散射振幅中看出[见(130.13)],虽然指数函数的系数比一级近似项的系数小,可是负指数只比一级项中的小一半.

$$\sin\delta_l \approx \delta_l = -\frac{\pi m}{\hbar^2}\int_0^\infty U(r)\left[J_{l+\frac{1}{2}}(kr)\right]^2 r\mathrm{d}r.$$

这个式子也可从玻恩散射振幅(126.4)直接展成勒让德多项式并与(123.11)比较后得到(对小的 δ_l).

5. 用玻恩近似求 $U=\alpha/(r^2+a^2)^{n/2}$ 的场中($n>2$)快粒子($ka \gg 1$)的总散射截面.

解:我们将看到在这种情形下,大角动量的分波振幅在散射中是主要的.所以把(123.12)中对 l 的求和改为积分后可以算出截面;在玻恩近似下,所有的 $\delta_l \ll 1$,所以

$$\sigma \approx \frac{4\pi}{k^2}\int_0^\infty 2l\delta_l^2\,\mathrm{d}l. \tag{1}$$

l 值大的 δ_l 可从(124.1)算出:

$$\delta_l = -\frac{\alpha m}{\hbar^2}\int_{l/k}^\infty \frac{\mathrm{d}r}{(r^2+a^2)^{n/2}\left(k^2-\frac{l^2}{r^2}\right)^{1/2}}.$$

作替代 $r^2+a^2=(a^2+l^2/k^2)/\xi$,上式可化成熟知的欧拉积分,结果是

$$\delta_l = -\frac{m\alpha k^{n-2}}{2\hbar^2(a^2k^2+l^2)^{(n-1)/2}}\frac{\Gamma\left(\frac{1}{2}\right)\Gamma\left(\frac{1}{2}n-\frac{1}{2}\right)}{\Gamma\left(\frac{1}{2}n\right)}. \tag{2}$$

(1)式由范围 $l \sim ak \gg 1$ 所确定,这就证实了所作的假定.对该式进行积分,计算后给出

$$\sigma = \frac{\pi^2}{n-2}\left[\frac{\Gamma\left(\frac{1}{2}n-\frac{1}{2}\right)}{\Gamma\left(\frac{1}{2}n\right)}\right]^2\left(\frac{m\alpha}{k\hbar^2a^{n-2}}\right)^2 \tag{3}$$

根据(126.2),在此情形下玻恩近似成立的条件为 $m\alpha/(\hbar^2ka^{n-1}) \ll 1$.注意 $\sigma \sim k^{-2}$,这与前面的一般说明一致.

6. 用玻恩近似求二维场 $U=U(x,z)$ 中的散射振幅,粒子束沿 z 轴入射.

解:采用§45的第二个附注和汉克耳函数的渐近式:

$$H_0^{(1)}(u) \approx \sqrt{\frac{2}{\pi u}}\mathrm{e}^{\mathrm{i}(u-\pi/4)} \text{ 在 } u\to\infty \text{ 时},$$

我们求出在远离场轴(y 轴)的 R_0 处,波函数的修正式为

$$\psi^{(1)} \approx \frac{f(\theta)}{\sqrt{R_0}}\mathrm{e}^{\mathrm{i}kR_0}.$$

式中的散射振幅为

$$f(\theta)=-\frac{m}{\hbar^2\sqrt{2\pi k}}\mathrm{e}^{\mathrm{i}\pi/4}\int U(\boldsymbol{\rho})\mathrm{e}^{-\mathrm{i}\boldsymbol{q}\cdot\boldsymbol{\rho}}\mathrm{d}^2\rho,$$

式中 $\boldsymbol{\rho}=(x,z)$ 是二维径矢，$\mathrm{d}^2\rho=\mathrm{d}x\mathrm{d}z$，$\theta$ 是 xz 平面内的散射角. 二维情形下，散射振幅的量纲为长度的平方根，散射截面 $\mathrm{d}\sigma=|f|^2\mathrm{d}\theta$ 的量纲为长度.

§127 准经典情形

我们来研究散射的量子理论过渡到经典理论极限时的方式.

不考虑散射角 θ 为零的情况，我们可把精确理论给出的散射振幅写成(124.4)的形式：

$$f(\theta)=\frac{1}{2\mathrm{i}k}\sum_{l=0}^{\infty}(2l+1)\mathrm{P}_l(\cos\theta)\mathrm{e}^{2\mathrm{i}\delta_l} \tag{127.1}$$

我们知道，准经典波函数以有大的相位为特征. 因此自然可假定，大的 δ_l 相当于过渡到经典散射理论这一极限情形. 求和式(127.1)的值主要由 l 值大的项所决定. 因而 $\mathrm{P}_l(\cos\theta)$ 可用渐近式(49.7)来代替，该式可写成

$$\mathrm{P}_l(\cos\theta)\approx-\frac{\mathrm{i}}{\sqrt{2\pi l\sin\theta}}\left[\mathrm{e}^{\mathrm{i}\left(l+\frac{1}{2}\right)\theta+\mathrm{i}\frac{\pi}{4}}-\mathrm{e}^{-\mathrm{i}\left(l+\frac{1}{2}\right)\theta-\mathrm{i}\frac{\pi}{4}}\right].$$

上式代入(127.1)得

$$f(\theta)=\frac{1}{k}\sum_l\sqrt{\frac{l}{2\pi\sin\theta}}\left\{\mathrm{e}^{\mathrm{i}\left[2\delta_l-\left(l+\frac{1}{2}\right)\theta-\frac{\pi}{4}\right]}-\mathrm{e}^{\mathrm{i}\left[2\delta_l+\left(l+\frac{1}{2}\right)\theta+\frac{\pi}{4}\right]}\right\}. \tag{127.2}$$

这些指数因子作为 l 的函数都是急剧振荡的(因为它们的相位很大)，因此(127.2)式的求和中大多数的项将相互抵消. 这样这个和式主要取决于这样一些 l 值，这些 l 位于指数的一个极值附近，亦即下式之根附近：

$$2\frac{\mathrm{d}}{\mathrm{d}l}\delta_l\pm\theta=0, \tag{127.3}$$

在此范围内级数中所含有的大量的项，其指数因子几乎保持不变(因为极值附近的指数变化缓慢)，因此这些项不会相互抵消掉.

准经典情形中的相位 δ_l 可以写成以下两个相位之差当 $r\to\infty$ 时的极限值(见§124). 一个是 $U(r)$ 场中准经典波函数的相位

$$\frac{\pi}{4}+\frac{1}{\hbar}\int_{r_0}^{r}\sqrt{2m[E-U(r)]-\frac{\hbar^2(l+1/2)^2}{r^2}}\mathrm{d}r,$$

另一个是自由运动波函数的相位(见§33)

$$kr-\frac{1}{2}l\pi,$$

因此得

$$\delta_l = \int_{r_0}^{\infty} \left[\frac{1}{\hbar} \sqrt{2m(E-U) - \frac{\hbar^2 (l+1/2)^2}{r^2}} - k \right] \mathrm{d}r + \frac{\pi}{2}\left(l+\frac{1}{2}\right) - kr_0. \tag{127.4}$$

再将这个式子代入(127.3)式,当我们计算这个积分的导数时,必须记住积分限 r_0 也是依赖于 l 的,但是由此而产生的 $k\mathrm{d}r_0/\mathrm{d}l$ 项正好和 δ_l 中 $-kr_0$ 项的导数相抵消.

$\hbar\left(l+\dfrac{1}{2}\right)$是粒子的角动量,在经典力学中可以写成 $m\rho v$ 的形式,其中 ρ 是碰撞参量,v 是粒子在无穷远处的速度. 作此替代后;最终(127.3)式呈以下形式:

$$\int_{r_0}^{\infty} \frac{mv\rho \mathrm{d}r}{r^2 \sqrt{2m(E-U) - (mv\rho/r)^2}} = \frac{1}{2}(\pi \mp \theta). \tag{127.5}$$

斥力场中只当式右 θ 前取负号时,上式才能有根(ρ 的根),引力场中式右只能取正号.

(127.5)与通过碰撞参量确定散射角的经典表式(见《力学》,§18)完全相同,很易证明,从上式确实可得截面的经典表式.

为了证明这一点. 我们把(127.2)中的指数展开成 $l' = l - l_0(\theta)$ 的幂级数,其中的 $l_0(\theta)$ 由(127.3)—(127.5)式确定. 我们取(127.2)中的第一项,从而取(127.3)中下面的负号(吸引). 按(127.3)有

$$\left.\frac{\mathrm{d}^2\delta_l}{\mathrm{d}l^2}\right|_{l=l_0} = \frac{1}{2}\frac{\mathrm{d}\theta}{\mathrm{d}l_0},$$

故

$$\mathrm{i}\left[2\delta_l - \left(l+\frac{1}{2}\right)\theta - \frac{\pi}{4}\right] \approx \mathrm{i}\left[2\delta_{l_0} - \left(l_0+\frac{1}{2}\right)\theta - \frac{\pi}{4}\right] + \frac{\mathrm{i}}{2}\frac{\mathrm{d}\theta}{\mathrm{d}l_0}l'^2.$$

(127.2)中对 l 的求和现在改成在 $l'=0$ 点附近对 l'的积分. 把 l'看作复变量,在该点附近取积分路线沿指数的最速降落方向,该方向与实轴的夹角或为$\dfrac{1}{4}\pi$ 或为 $-\dfrac{1}{4}\pi$,这由 $\mathrm{d}\theta/\mathrm{d}l_0$ 的符号来确定. 换句话说,我们令 $l' = \xi \exp\left(\pm\dfrac{1}{4}\mathrm{i}\pi\right)$ 并对 ξ 的实数值积分;由于该积分收敛很快,积分限可延伸为 $-\infty$ 到∞:

$$\int_{-\infty}^{\infty} \exp\left(-\frac{1}{2}\xi^2\left|\frac{\mathrm{d}\theta}{\mathrm{d}l_0}\right|\right)\mathrm{d}\xi = \sqrt{2\pi\left|\frac{\mathrm{d}l_0}{\mathrm{d}\theta}\right|},$$

结果为

$$f(\theta) = \frac{1}{k}\left(\frac{l_0}{\sin\theta}\left|\frac{\mathrm{d}l_0}{\mathrm{d}\theta}\right|\right)^{\frac{1}{2}} \exp\left\{\mathrm{i}\left[2\delta_{l_0} - \left(l_0+\frac{1}{2}\right)\theta - \frac{1}{4}\pi\right]\right\}, \tag{127.6}$$

故

$$d\sigma = |f|^2 \cdot 2\pi \sin\theta d\theta = 2\pi \frac{l_0}{k^2}\left|\frac{dl_0}{d\theta}\right| d\theta. \qquad (127.7)$$

碰撞参量为 $\rho = l_0/k$，于是我们就回到经典公式 $d\sigma = 2\pi\rho d\rho$.

由此可知，经典散射（偏转角 θ 为给定）的条件是满足（127.3）式的 l 值必须很大，这个 l 值的 δ_l 也必须很大①. 后一条件有一个简单的解释. 当粒子以碰撞参量 ρ 入射时，如果我们可以说偏转 θ 角的散射是经典的，那么这两个量的量子力学不确定度必须比较小：$\Delta\rho \ll \rho$，$\Delta\theta \ll \delta$. 散射角的不确定度为 $\Delta\theta \sim \Delta p/p$ 数量级，其中 p 是粒子动量，Δp 是其横向分量的不确定度，由 $\Delta p \sim \hbar/\Delta\rho \gg \hbar/\rho$，我们有 $\Delta\theta \gg \hbar/p\rho$，故

$$\theta \gg \frac{\hbar}{\rho m v}. \qquad (127.8)$$

把角动量 $m\rho v$ 改成 $\hbar l$，我们得 $\theta l \gg 1$，这就是 $\delta_l \gg 1$（因为 $\delta_l \sim l\theta$，可从（127.3）看出）.

粒子的经典偏转角可以用“碰撞时间”$\tau \sim \rho/v$ 内的横动量增量 Δp 和原动量 mv 的比值来估计. 在距离 ρ 处粒子所受的力为 $F = -dU(\rho)/d\rho$；由于 $\Delta p \sim F\rho/v$，故 $\theta \sim F\rho/mv^2$. 这个估计只当 $\theta \ll 1$ 时才严格成立，但即使对 $\theta \sim 1$ 也能用来作出数量级的估计. 代入（127.8）中，得到下列形式的准经典散射条件：

$$|F|\rho^2 \gg \hbar v. \qquad (127.9)$$

这个不等式应对满足 $|U(\rho)| \lesssim E$ 的所有 ρ 值成立.

如果场 $U(r)$ 衰减得比 $1/r$ 还快，那么对足够大的 ρ 值来讲，条件（127.9）总是不能满足的. 可是小的 θ 对应于大的 ρ；因此角度足够小的散射不再是经典的. 反之，如果场的衰减不快于 $1/r$，小角度散射就是经典的；此时大角度散射是否为经典则取决于场在小距离处的行为.

对于库仑场，$U = \alpha/r$，如果 $\alpha \gg \hbar v$，则条件（127.9）是满足的. 这个条件正好和库仑场作为微扰的条件相反. 可是我们将看到，在库仑场散射中，量子理论所得的结果总是和经典结果相一致的.

习 题

1. 求某场中准经典散射的总截面，该场在足够远处具有 $U = \alpha/r^n$（$n > 2$）的形式.

解：由于起主要作用的是 l 大的 δ_l，所以我们用（124.1）式计算 δ_l：

---

① （127.5）式给出的 θ 和 ρ 的关系有可能不是一一对应的；可以有不止一个 ρ 值对应于同一个 θ 值. 在这种情形下，$f(\theta)$ 是由一些具有适当 l_0 值的（127.6）式求和得到. 在 $\theta(\rho)$ 的极值处，导数 $d\rho/d\theta$ 从而还有经典微分截面 $d\sigma/do$ 都变成无穷大；接近这样的 θ 角时，经典近似当然不再成立（见题 2）.

$$\delta_l = -\frac{m\alpha}{\hbar^2}\int_{l/k}^{\infty}\frac{\mathrm{d}r}{r^n\sqrt{k^2-\frac{l^2}{r^2}}} = -\frac{m\alpha k^{n-2}}{2\hbar^2 l^{n-1}}\frac{\Gamma\left(\frac{1}{2}\right)\Gamma\left(\frac{1}{2}n-\frac{1}{2}\right)}{\Gamma\left(\frac{1}{2}n\right)}, \tag{1}$$

这个积分的计算见§126 例题 5.

把(123.12)中的求和改成积分,有

$$\sigma = \frac{4\pi}{k^2}\int_0^{\infty} 2l\sin^2\delta_l \mathrm{d}l,$$

然后作替代 $\delta_l = u$ 并对 u 进行分部积分,以上积分式可化成伽玛函数.结果得

$$\sigma = 2\pi^{\frac{n}{n-1}}\sin\left[\frac{\pi}{2}\cdot\frac{n-3}{n-1}\right]\Gamma\left(\frac{n-3}{n-1}\right)\left[\frac{\Gamma\left(\frac{1}{2}n-\frac{1}{2}\right)}{\Gamma\left(\frac{1}{2}n\right)}\right]^{\frac{2}{n-1}}\left(\frac{\alpha}{\hbar v}\right)^{\frac{2}{n-1}}, \tag{2}$$

$n=3$ 时不定式展开后给出 $\sigma = 2\pi^2\alpha/\hbar v$.

这个结果的适用条件首先是,$\delta_l \sim 1$ 时有 $l \gg 1$;由此给出不等式

$$m\alpha k^{n-2}/\hbar^2 \gg 1.$$

另一个条件是要求 $U(r)$ 在超过距离

$$r \sim \frac{l}{k} \sim (m\alpha/\hbar^2 k)^{\frac{1}{n-1}}$$

(l 是从 $\delta_l \sim 1$ 得到的)后,必须具有本题所给的渐近形式,这个距离在积分(1)中起着主要作用.如果场的渐近式只当距离 $r \gg a$ 时方能达到(其中 a 是该场的特征尺度),我们就有条件

$$m\alpha/(\hbar^2 k a^{n-1}) \gg 1.$$

上式给出了所能允许的速度的上限.这种情形下,对足够高的速度($m\alpha/\hbar^2 k a^{n-1} \ll 1$),有 $\sigma \sim k^{-2}$(参考§126,题 5).

2. 在经典散射角 $\theta(\rho)$(作为碰撞参量 $\rho = l/k$ 的函数)的一个极值附近,求散射的角分布.

解:$\theta(l)$ 在某个 $l = l_0$ 处具有极值,则按(127.3)式,该点附近的 δ_l 具有如下形式:

$$2\delta_l \approx 2\delta_{l_0} + \theta_0 l' + \frac{1}{3}\alpha l'^3,$$

其中 $\theta_0 = \theta(l_0)$,$l' = l - l_0$;在这里我们仍取(127.3)中下面的负号这一特殊情形.对 $\theta(l)$ 函数的极大值或极小值,常数 α 分别为负或正.对散射振幅讲来,(127.6)改成

$$|f(\theta)| = \frac{1}{k}\left(\frac{l_0}{2\pi\sin\theta_0}\right)^{1/2}\int_{-\infty}^{\infty}\exp\left\{\mathrm{i}\left(-l'\theta' + \frac{1}{3}\alpha l'^3\right)\right\}\mathrm{d}l',$$

其中 $\theta'=\theta-\theta_0$. 用 (b.3) 把以上积分式化成艾里函数，最后得下列散射截面①：

$$d\sigma=\frac{4\pi l_0}{\alpha^{2/3}k^2}\Phi^2\left(-\frac{\theta'}{\alpha^{1/3}}\right)d\theta'.$$

微分截面 $d\sigma/d\theta'$ 随进入散射的经典允许区 ($\alpha<0$ 时的 $\theta'>0$，或 $\alpha>0$ 时的 $\theta'<0$) 的距离的增大而减小；在 $\theta'>0$ 点的另一侧，它在零和逐渐衰减的一个振幅之间振荡. 在 $\theta'\alpha^{-1/3}=1.02$ 处，$d\sigma/d\theta'$ 具有极大值，该处的 $\Phi^2=0.90$.

3. 求小角度准经典散射的角分布，设对某个有限的 $\rho=l_0/k$ 值，经典偏转角 θ 等于零.

解：准经典散射的假定在这里意味着 $l_0\gg1$ 和 $\delta_{l_0}\ll1$. 于是接近于 l_0 的 l 值在散射中是重要的. 对于小的 $l'=l-l_0$，我们有

$$\delta_l\approx\delta_{l_0}+\frac{1}{2}\beta l'^2$$

然后按 (127.3)，$l'=0$ 时 $\theta=0$. 将上式代入 (127.1)，把 $P_l(\cos\theta)$ 写成 (49.6) 形式，对 l 的求和又改成对 $l'=0$ 点附近对 l' 的积分②：

$$f=\frac{l_0}{ik}\exp(2i\delta_{l0})\int J_0(l\theta)\exp(i\beta l'^2)\,dl'.$$

这个积分是由 $l'\sim\beta^{-1/2}$ 的区域确定的，对于 $\theta\ll\sqrt{\beta}$ 的角，我们可把 $J_0(l\theta)$ 移出积分号外并取 $l=l_0$ 处的值，剩下的积分用前面所述的方法计算. 结果得截面③

$$d\sigma=\frac{\pi l_0^2}{\beta k^2}J_0^2(l_0\theta)\,do.$$

如果对某个有限的 (非零) ρ 值经典散射角趋于 π 的话，当散射角接近于 π 时，可得类似的截面结果.

§128　散射振幅的解析性质

把散射振幅看作是进行散射的粒子能量 E 的函数并把 E 形式地看作复变量，可以确立有关散射振幅的一系列重要性质.

我们来考虑一个粒子在场 $U(r)$ 中的运动，该场在无穷远处足够快（快的程度以后再指出）地趋于零. 为了简化讨论，先假定该粒子的轨道角动量 l 为零. 我们可把波函数 ($l=0$ 和 E 为任一给定值的薛定谔方程之解) 的渐近式写成

---

① 这种类型的散射在成虹理论中出现，因此被称为**虹散射**.

② 严格讲来，振幅中应包含来自碰撞参量 $\rho\to\infty$ 的小角度散射供献的一项. 但此项与所列出的那项相比一般讲来是很小的.

③ 这种类型的散射出现于某种气象现象的理论中，称为**发光散射**.

$$\chi \equiv r\psi = A(E)\exp\left(-\frac{\sqrt{-2mE}}{\hbar}r\right) + B(E)\exp\left(\frac{\sqrt{-2mE}}{\hbar}r\right), \quad (128.1)$$

并把 E 看作复变量，当 E 为负实数时，把 $\sqrt{-E}$ 定义为正的. 此波函数假定已按某一条件例如 $\psi(0)=1$ 归一化.

在左实轴上($E<0$)，(128.1)中第一项和第二项的指数因子都是实的，$r\to\infty$ 时，其中的一个是衰减的另一个是增长的. 根据 χ 是实函数的条件，可知 $E<0$ 时 $A(E)$ 和 $B(E)$ 都是实函数，由此还能得出这样的结论，在对称于实轴的任意两点上，这两个函数具有复共轭值：

$$A(E^*) = A^*(E), \quad B(E^*) = B^*(E). \quad (128.2)$$

从左实轴通过上半平面转到右实轴，即得 $E>0$ 时的波函数渐近式：

$$\chi = A(E)e^{ikr} + B(E)e^{-ikr}, \quad k = \frac{\sqrt{2mE}}{\hbar}. \quad (128.3)$$

如果是通过下半平面转到右实轴，我们就得

$$\chi = A^*(E)e^{-ikr} + B^*(E)e^{ikr}.$$

由于 χ 应该是 E 的单值函数，这就表明

$$E>0 \text{ 时}, \quad A(E) = B^*(E). \quad (128.4)$$

这个关系式也可根据 $E>0$ 时 χ 函数为实量直接得出. 但由于(128.1)中根号 $\sqrt{-E}$ 不是单值的，系数 $A(E)$ 和 $B(E)$ 本身也不是单值的. 为了消除这种非单值性，复平面上要切去右实轴. 这条割线使得 $\sqrt{-E}$ 是单值的从而保证了 $A(E)$ 和 $B(E)$ 函数的单值性. 并且这两个函数在割线的上下沿具有复共轭值[(128.3)式中的 $A(E)$ 和 $B(E)$ 取割线上沿的值].

具有上述割线的复平面，我们称它为黎曼面的**物理叶**. 根据我们的定义，在整个物理叶上有

$$\mathrm{Re}\sqrt{-E} > 0, \quad (128.5)$$

特别是在割线的上沿，$\sqrt{-E}$ 应该定义成为 $-i\sqrt{E}$①.

(128.3)中的两个因子 e^{ikr} 和 e^{-ikr}，从而还有 χ 中的两项，都是数量级相同的量，因此形如(128.3)的渐近式总是合理的. 在整个物理叶上，当 $r\to\infty$ 时，(128.1)式中的第一项指数衰减而第二项指数增长[由于(128.5)]. 因此(128.1)式中的两项具有不同的数量级，从而这个表式作为波函数的渐近式不一定是合理的：其中的小项与大项相差过于悬殊. 为了使(128.1)式成为合理

---

① 本节中我们考虑物理叶上散射振幅的性质. 但在以后，我们有时需要考虑(见§134)黎曼面的另一个“非物理”叶. 在这个叶上有

$$\mathrm{Re}\sqrt{-E} < 0. \quad (128.5a)$$

从右半轴向下直接穿过割线即可到达这个非物理叶.

的,小项和大项之比必须不小于势能的相对数量级 U/E,这正是薛定谔方程转入渐近区时被略去之项.换句话说,场 $U(r)$ 必须满足以下条件:

$r\to\infty$ 时 $U(r)$ 的衰减快于

$$\exp\left(-\frac{2\sqrt{2m}}{\hbar}r\mathrm{Re}\sqrt{-E}\right). \tag{128.6}$$

如果这个条件对任意的 $\mathrm{Re}\sqrt{-E}>0$ 得到满足即如果 $U(r)$ 比下式减少还快:

$$\mathrm{e}^{-cr} \tag{128.6a}$$

式中 c 为任意正的常数,那么形如(128.1)的渐近式就对整个物理叶成立.作为常系数方程的解,它没有 E 的奇点.这意味着函数 $A(E)$ 和 $B(E)$ 在整个物理叶上是正则的.只有 $E=0$ 这一点除外,这一点作为割线的起始点,是这些函数的分支点.

粒子在场 $U(r)$ 中的束缚态,对应于 $r\to\infty$ 时趋于零的波函数.这一点意味着(128.1)式中的第二项不应出现,也就是说,离散能级对应于 $B(E)$ 函数的各个零点.由于薛定谔方程只有实的本征值,$B(E)$ 在物理叶上的所有零点都是实数(并且分布在左实轴上).

$E>0$ 时的 $A(E)$ 和 $B(E)$ 函数直接与场 $U(r)$ 中的散射振幅有关,现说明如下.按(33.20)式写成的 χ 渐近式为

$$\chi=\text{常数}\cdot\left[\mathrm{e}^{\mathrm{i}(kr+\delta_0)}-\mathrm{e}^{-\mathrm{i}(kr+\delta_0)}\right], \tag{128.7}$$

比较(128.3)式和(128.7)式即可看出

$$-\frac{A(E)}{B(E)}=\mathrm{e}^{2\mathrm{i}\delta_0(E)}, \tag{128.8}$$

而根据(123.15)式,角动量 $l=0$ 的散射振幅为

$$f_0=\frac{1}{2\mathrm{i}k}(\mathrm{e}^{2\mathrm{i}\delta_0}-1)=\frac{\hbar}{2\sqrt{-2mE}}\left(\frac{A}{B}+1\right), \tag{128.9}$$

式中的 A 和 B 取割线上沿的值.

现在把散射振幅看作是整个物理叶上的 E 的函数,我们就可以看出,离散能级就是这个函数的单极点.如果场 $U(r)$ 满足条件(128.6),根据以上的讨论,散射振幅不再存在其它的奇点①.

我们来计算某一离散能级 $E=E_0<0$ 极点处的散射振幅的留数.为此目的,我们先写出 χ 函数及其对能量的导数所满足的方程:

$$\chi''+\frac{2m}{\hbar^2}(E-U)\chi=0,\qquad\left(\frac{\partial\chi}{\partial E}\right)''+\frac{2m}{\hbar^2}(E-U)\frac{\partial\chi}{\partial E}=-\frac{2m}{\hbar^2}\chi,$$

① $E=0$ 点除外,它是以前特别提到的 $A(E)$ 和 $B(E)$ 函数的奇点.但当 $E\to0$ 时散射振幅仍能保持有限值(见§132).

为简短计,以后不再每次声明此事.

第一式乘以$\partial\chi/\partial E$,第二式乘以χ,然后两式相减并对r积分得:

$$\chi'\frac{\partial\chi}{\partial E}-\chi\left(\frac{\partial\chi}{\partial E}\right)'=\frac{2m}{\hbar^2}\int_0^r\chi^2\mathrm{d}r. \tag{128.10}$$

把上式应用于$E=E_0$和$r\to\infty$. 式右的积分当$r\to\infty$时等于1(如果束缚态波函数是按通常条件$\int\chi^2\mathrm{d}r=1$归一化的). 式左的χ用(128.1)式代入,并且考虑到$E=E_0$点附近有:

$$A(E)\approx A(E_0)\equiv A_0,\quad B(E)\approx(E+|E_0|)\frac{\mathrm{d}B}{\mathrm{d}E}\bigg|_{E=E_0}\equiv\beta(E+|E_0|),$$

结果就得

$$\beta=-\frac{1}{A_0\hbar}\sqrt{\frac{m}{2|E_0|}}.$$

根据以上这些表式可以知道,在$E=E_0$点附近散射振幅的首项($l=0$的振幅)具有如下形式:

$$f=-\frac{\hbar^2A_0^2}{2m}\frac{1}{E+|E_0|}. \tag{128.11}$$

由此可见,离散能级处散射振幅的留数取决于相应的归一化定态波函数渐近表式中的A_0系数:

$$\chi=A_0\exp\left(-\frac{\sqrt{2m|E_0|}}{\hbar}r\right). \tag{128.12}$$

现在回到散射振幅解析性质的研究,考虑不满足条件(128.6a)的情形. 在这样的场中,只有(128.1)式中的增长项才是整个物理叶上薛定谔方程之解的渐近式的正确部分. 从而和以前一样,我们可以肯定$B(E)$函数没有奇点.

这种条件下的函数$A(E)$只能作为右实轴上χ渐近式中的系数(χ中的两项在该处都是合理的)的解析延拓才能在复平面上确定. 但是这样的延拓现在会给出不同的结果,要看这种延拓是从割线的上沿还是从下沿开始的. 为了得到一个单值函数,我们规定,上半平面和下半平面中的$A(E)$是分别从右实轴的上沿和下沿开始的解析延拓,割线则要一般地延及整个实轴. 这样定义的函数仍和以前一样,具有$A(E^*)=A^*(E)$的性质,但一般讲来,无论在实轴的右半部和左半部它都不是实量. 从原则上讲,它也能具有奇点.

然而在这样的条件下要把函数$A(E)$定义在复平面上,只能通过把右边实轴上作为渐进表式χ的系数那个函数做解析延拓来得到. 但是一般讲来,这种延拓从割线的上边开始还是从下边开始,所得的结果是不一样的.

为了达到单值性的目的,我们约定:上半平面的$A(E)$是由右半轴的上边延拓而成的,而下半平面的$A(E)$是由右半轴的下边延拓而成的. 这时,一般讲来,割线应该成为整个实轴的延拓. 这样得到的函数仍然具有$A(E^*)=A^*(E)$的性质,但一般讲来,实轴的左边和右边都不是实的,原则上轴上也可能有极点.

我们来证明,函数 $A(E)$ 在物理叶之中没有极点这件事还是有一个判据,虽然它不满足条件(128.6a).

为此,让我们考察在给定 E 值(复值)下作为复 r 的函数的 χ. 这时将 χ 限制在上半平面即可,因为上下两个半平面中的 $A(E)$ 是互为复共轭的. 对于能使 Er^2 成为实正数的那些 r 值来说,波函数(128.1)中两项的数量级是一样的. 这就是说,我们回到了原来 $E>0$,r 为实数的那种情况,那时渐进表式 χ 中的两项对于任意在无穷远趋于零的场 $U(r)$ 来说都是合理的. 因此可以肯定,对于那些 E 值,$A(E)$ 不可能有奇点,这些 E 值就是,当 r 沿着 $Er^2>0$ 的射线趋于无穷大时能使 $U(r)\to 0$ 的. 当 E 取遍上半平面的所有的值时,条件 $Er^2>0$ 选出的是 r 的复平面的右下象限. 于是我们得到结论①(朗道,1961):

$$\text{在右半平面上 } r\to\infty \text{ 时,}\quad U(r)\text{ 满足条件 } U(r)\to 0 \tag{128.13}$$

条件(128.6a)和(128.13)包括了类型很广的一些场. 以致可以这样说,散射振幅通常在两个半平面内都没有奇点. 在左实轴上(如无割线它是物理叶的一部分),散射振幅具有对应于束缚态能量的奇点;当有割线存在时,还可能具有其它的奇点.

特别是,它发生于下列形式的场中:

$$U=\text{常数}\times r^n \mathrm{e}^{-r/a}, \tag{128.14}$$

n 为任意. 在左半轴的 $0<-E<\hbar^2/(8ma^2)$ 间隔内,条件(128.6)成立,因此在这一段上不需要有割线;散射振幅只能具有对应于束缚态的极点. 在左半轴的其余部分,就可能有**多余**极点和其它奇点(S. T. Ma,1946). 这些奇点的出现与下列事实有关,当 r 沿 $Er^2>0$ 的曲线趋向无穷大时,E 值一旦运动到左半轴的下面(在 r 复平面上,也就是上述曲线落到虚轴的左边),(128.14)式的函数不再趋于零.

其次,我们来研究 $|E|\to\infty$ 时散射振幅的解析性质. 当 E 沿实轴趋向无穷大时,玻恩近似成立,散射振幅趋于零. 按照前面的讨论,这种情况也发生在如果 r 的复值满足 $Er^2>0$,而 E 值沿复平面中任一直线($\arg E=$ 常数)趋于无穷大时. 当 r 沿 $\arg r=-\dfrac{1}{2}\arg E$ 的直线趋向无穷大时,如果有 $U\to 0$,并且 $U(r)$ 在该直线上没有奇点,则玻恩近似的成立条件得到满足,散射振幅仍趋于零. 当 $\arg E$ 取 0 到 π 的所有各值时,$\arg r$ 取 0 到 $-\pi/2$ 的各个值.

由此得出结论,如果 $U(r)$ 在 r 的右半面内不存在奇点并在无穷远处趋于零,则散射振幅在 E 平面各个方向的无穷远处都趋于零.

---

① 由于 $U(r)$ 是实函数,在实轴上有等式 $U(r^*)=U^*(r)$ 成立,因此(128.13)在右下半平面成立自动地意味着此条件在整个右半平面成立.

以上所讲的虽然都是针对角动量 $l=0$ 的散射，但在实际上以上所讲的一切结论对角动量不等于零的任一分波振幅都是成立的. 推导中的唯一区别是，χ 渐近式中的 $e^{\pm ikr}$ 因子现在要改成自由运动(33.16)式的精确径向波函数①.

$l\neq0$ 时，(128.9)和(128.11)式要作某些改变.(128.7)式现在改成

$$\chi_l = rR_l = \text{常数}\times\left\{\exp\left[\mathrm{i}\left(kr-\frac{l\pi}{2}+\delta_l\right)\right]-\exp\left[-\mathrm{i}\left(kr-\frac{l\pi}{2}+\delta_l\right)\right]\right\}, \tag{128.15}$$

对分波振幅 f_l 可得[按(123.15)式定义]

$$f_l=\frac{\hbar}{2\sqrt{-2mE}}\left[(-1)^l\frac{A}{B}+1\right]. \tag{128.16}$$

在角动量为 l 的 $E=E_0$ 能级附近，散射振幅中的首项由下式给出：

$$f\approx(2l+1)f_l\mathrm{P}_l(\cos\theta)=(-1)^{l+1}\frac{\hbar^2A_0^2}{2m}\frac{1}{E+|E_0|}(2l+1)\mathrm{P}_l(\cos\theta), \tag{128.17}$$

用以代替(128.11)式.

§129 色散关系

上节中我们研究了具有给定 l 值的分波散射振幅的解析性质，我们看到，这些性质由于有可能出现“多余”奇点以及无穷远处的非正则性而被复杂化了. 总振幅作为具有给定散射角值的能量的函数，显然具有类似的性质. 可是，零角度的散射振幅构成一个例外，我们现在要指出，它的解析性质是比较简单的.

写出进行散射的粒子波函数的薛定谔方程：

$$\nabla^2\psi+k^2\psi=\frac{2mU}{\hbar^2}\psi, \tag{129.1}$$

我们把它形式地看作右边不等于零的一个波动方程，亦即看作电动力学中熟知的推迟势方程.

这个方程的描述在远离中心的 R_0 处沿 $\boldsymbol{k}'$ 方向“辐射”的解，具有以下形式(见《场论》§66)：

$$\psi_{\text{散射}}=-\frac{1}{4\pi}\frac{e^{ikR_0}}{R_0}\int\frac{2mU}{\hbar^2}\psi e^{-i\boldsymbol{k}'\cdot\boldsymbol{r}}\mathrm{d}V. \tag{129.2}$$

这个表式在目前情形下代表散射粒子的波函数，e^{ikR_0}/R_0 的系数给出散射振幅 $f(\theta,E)$. 特别是，如令 $\boldsymbol{k}'=\boldsymbol{k}$($\boldsymbol{k}$ 是入射粒子的波矢量)，即得零角度散射振幅：

---

① 这些函数的极限表式(33.17)只当 $E>0$ 时才能应用；在 E 平面的其余部分，χ 函数中的两项具有不同的数量级，引用这种极限表式后，对 χ 函数所引起的误差一般要大于薛定谔方程中略去 U 所引起的误差.

$$f(0,E)=-\frac{m}{2\pi\hbar^2}\int U\psi e^{-ikz}dV \tag{129.3}$$

(已取 z 轴沿 $\boldsymbol{k}$ 方向). 这个表式当然只有形式上的意义,因为被积函数中仍含有未知波函数. 但对作为能量 E 的函数的 $f(0,E)$ 这个量讲来,可从上式引出有关它的解析性质的一些结论①.

被积函数中的函数 ψ 当 r 很大时由入射波和出射波两部分所组成. 后者与 e^{ikr} 成正比,因此所对应的那部分被积函数内含有 $e^{ik(r-z)}$ 因子. 另一方面,复平面(从右实轴割线的上沿出发)上 ik 被 $-\sqrt{-2mE}/\hbar$ 所代替,并在物理叶上到处有 $\mathrm{Re}\sqrt{-E}>0$. 由于 $r\geqslant z$, $\mathrm{Re}[ik(r-z)]<0$,这个积分对任意的复 E 值收敛. 至于 ψ 中与 e^{ikz} 成正比的入射波部分,它的指数因子在积分中被消去,因而这一部分也是收敛的.

积分(129.3)中的函数 ψ 作为薛定谔方程之解对所有的复 E 值都是唯一地定义了的,它除了平面波外只含有 $r\to\infty$ 时衰减的那一部分. 因此整个收敛积分(129.2)也是唯一地确定了的,所以它的奇点只能通过 ψ 变成无穷大才能产生. 这种情况发生在离散能级处②.

很易证实,当 $|E|\to\infty$ 时, $f(0,E)$ 保持有限. 当 $|E|$ 很大时,(129.1)式的薛定谔方程中可以略去含有 U 之项,从而使 ψ 中只剩下平面波 $\psi\sim e^{ikz}$. 结果使(129.3)式变成

$$f(0,\infty)=-\frac{m}{2\pi\hbar^2}\int U dV,$$

这和零角度散射的($q=0$ 的)玻恩振幅(126.4)相一致,我们把它记作 $f_B(0)$.

由此得出结论,零角度的散射振幅在整个物理叶(包括无穷远处)上是正则的,只有左实轴上离散能级处的极点是例外③.

现在来研究积分式

$$\frac{1}{2\pi i}\int_C\frac{f(0,E')-f_B}{E'-E}dE', \tag{129.4}$$

---

① 当然已经假定,当 $r\to\infty$ 时,场 $U(r)$ 衰减得足够快,使得 $f(0,E)$ 是存在的(当 $E>0$ 时),见§124.

② 为避免误解,我们必须强调指出,这里所讨论的 ψ 是指系统的总波函数,它的归一化条件就是渐近表式中平面波前的系数等于 1[见(123.3)式]. 上节中我们研究的是这个波函数的 ψ_l 部分, ψ_l 具有确定的角动量值 l 并且假定已按某种任意方式归一化. 如果把总波函数按函数组 ψ_l 展开,则在展式中 ψ_l 前含有一个正比于 $1/B_l$ 的系数;以 $l=0$ 的(128.3)式函数为例,它在 ψ 的展式中呈以下形式:

$$常数\times\frac{1}{r}\times\frac{1}{B}[(A+B)e^{ikr}-2iB\sin kr],$$

因此在函数 $B_l(E)$ 的零点处,也就是在离散能级处, ψ 变成无穷大.

③ 以上的证法属于 Л. Д. Фаддеев(1958).

所选的积分路线见图 46,它由一个无穷远处的圆和绕右半轴割线的曲线所组成. 沿圆弧的积分等于零,因为 $f(0,\infty)-f_B=0$.

沿割线两沿积分后给出

$$\frac{1}{\pi}\int_0^\infty \frac{\operatorname{Im} f(0,E')}{E'-E}\mathrm{d}E';$$

上式中已经采用了 §128 中对物理振幅所作的定义,对正实值的 E,这个物理振幅是由割线的上沿给出的,割线的下沿则给出复共轭值.

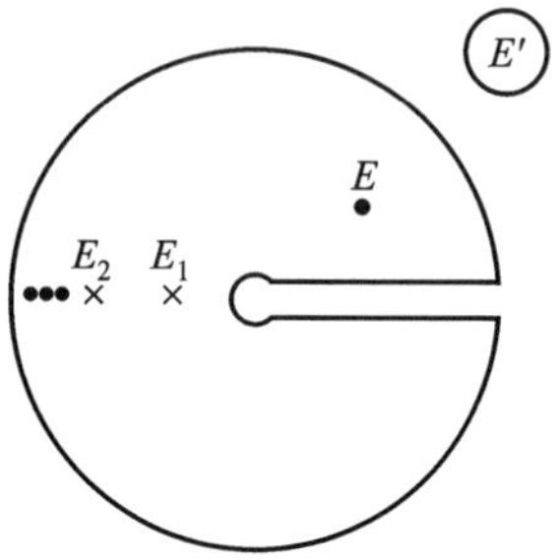

图 46

另一方面,根据柯西定理,积分式(129.4)应等于 $f(0,E)-f_B$ 再加上被积函数 $\frac{f(0,E')}{E'-E}$ 在各极点 $E'=E_n$ 处的留数 R_n,其中的 E_n 就是各个离散能级的能量,这些留数可以用(128.17)式确定并等于

$$R_n=\frac{d_n}{E_n-E},\quad d_n=-(-1)^{l_n}(2l_n+1)\frac{\hbar^2A_{0n}^2}{2m}, \tag{129.5}$$

l_n 是能量为 E_n 的状态的角动量. 因此得

$$f(0,E)=f_B+\frac{1}{\pi}\int_0^\infty \frac{\operatorname{Im} f(0,E')}{E'-E}\mathrm{d}E'+\sum_n\frac{d_n}{E-E_n}. \tag{129.6}$$

此式称为**色散关系**,它用 $E>0$ 的 $f(0,E)$ 的虚部值确定物理叶上任一点的 $f(0,E)$ 值(D. Y. Wong,1957;N. Khuri,1957).

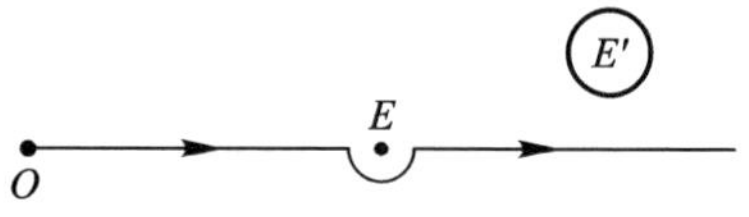

图 47

当 E 点趋于割线的上沿时,(129.6)式中沿实轴的积分应从下面绕过 $E=E'$ 极点,如果作一个无限小的半圆绕过这一点(图 47),(129.6)式右边积分的相应部分给出 $\mathrm{i}\operatorname{Im} f(0,E)$,剩下从 0 到 ∞ 的积分必须取作主值. 结果得

$$\operatorname{Re} f(0,E)=f_B+\frac{1}{\pi}\mathrm{P}\int_0^\infty \frac{\operatorname{Im} f(0,E')}{E'-E}\mathrm{d}E'+\sum_n\frac{d_n}{E-E_n}, \tag{129.7}$$

$E>0$ 的零角度散射振幅的实部就可以通过它的虚部来确定. 可以提及的是,根据(125.9)式,后者直接和总散射截面相联系.

§130　动量表象中的散射振幅

散射振幅的概念中只含有散射粒子的初末态动量的方向. 因此自然地也能在动量表象中表述散射问题,在此表象中并不存在过程的空间分布问题. 下面我们来看怎样做到这一点.

首先,我们取原来的薛定谔方程

$$-\frac{\hbar^2}{2m}\nabla^2\psi(\boldsymbol{r})+[U(\boldsymbol{r})-E]\psi(\boldsymbol{r})=0, \tag{130.1}$$

把坐标波函数变到动量表象,亦即变成它的傅里叶分量

$$a(\boldsymbol{q})=\int\psi(\boldsymbol{r})\mathrm{e}^{-\mathrm{i}\boldsymbol{q}\cdot\boldsymbol{r}}\mathrm{d}V, \tag{130.2}$$

反之有

$$\psi(\boldsymbol{r})=\frac{1}{(2\pi)^3}\int a(\boldsymbol{q})\mathrm{e}^{\mathrm{i}\boldsymbol{q}\cdot\boldsymbol{r}}\mathrm{d}^3q. \tag{130.3}$$

(130.1)式乘以 $\mathrm{e}^{-\mathrm{i}\boldsymbol{q}\cdot\boldsymbol{r}}$ 并对 $\mathrm{d}V$ 积分. 第一项作两次分部积分后给出

$$\int\mathrm{e}^{-\mathrm{i}\boldsymbol{q}\cdot\boldsymbol{r}}\nabla^2\psi(\boldsymbol{r})\mathrm{d}V=\int\psi(\boldsymbol{r})\nabla^2\mathrm{e}^{-\mathrm{i}\boldsymbol{q}\cdot\boldsymbol{r}}\mathrm{d}V=-\boldsymbol{q}^2a(\boldsymbol{q}).$$

第二项中,$\psi(\boldsymbol{r})$用(130.3)代入,我们得

$$\int U(\boldsymbol{r})\psi(\boldsymbol{r})\mathrm{e}^{-\mathrm{i}\boldsymbol{q}\cdot\boldsymbol{r}}\mathrm{d}V=\iint U(\boldsymbol{r})\mathrm{e}^{-\mathrm{i}\boldsymbol{q}\cdot\boldsymbol{r}}a(\boldsymbol{q}')\mathrm{e}^{\mathrm{i}\boldsymbol{q}'\cdot\boldsymbol{r}}\mathrm{d}V\frac{\mathrm{d}^3q'}{(2\pi)^3}=$$

$$=\int U(\boldsymbol{q}-\boldsymbol{q}')a(\boldsymbol{q}')\frac{\mathrm{d}^3q'}{(2\pi)^3},$$

式中的 $U(\boldsymbol{q})$ 是场 $U(\boldsymbol{r})$ 的傅里叶分量①:

$$U(\boldsymbol{q})=\int U(\boldsymbol{r})\mathrm{e}^{-\mathrm{i}\boldsymbol{q}\cdot\boldsymbol{r}}\mathrm{d}V,$$

因此薛定谔方程在动量表象中变成

$$\left(\frac{\hbar^2q^2}{2m}-E\right)a(\boldsymbol{q})+\int U(\boldsymbol{q}-\boldsymbol{q}')a(\boldsymbol{q}')\frac{\mathrm{d}^3\boldsymbol{q}'}{(2\pi)^3}=0, \tag{130.4}$$

注意这是一个积分方程,不是微分方程.

描述动量为 $\hbar\boldsymbol{k}$ 的粒子散射的波函数具有以下形式:

$$\psi_{\boldsymbol{k}}(\boldsymbol{r})=\mathrm{e}^{\mathrm{i}\boldsymbol{k}\cdot\boldsymbol{r}}+\chi_{\boldsymbol{k}}(\boldsymbol{r}), \tag{130.5}$$

式中的 $\chi_{\boldsymbol{k}}(\boldsymbol{r})$ 函数,它的渐近式($r\to\infty$ 时)是一个射出球面波. 上式的傅里叶分量为

$$a_{\boldsymbol{k}}(\boldsymbol{q})=(2\pi)^3\delta(\boldsymbol{q}-\boldsymbol{k})+\chi_{\boldsymbol{k}}(\boldsymbol{q}) \tag{130.6}$$

此式代入(130.4),得 $\chi_{\boldsymbol{k}}(\boldsymbol{q})$ 函数的以下方程②:

$$\frac{\hbar^2}{2m}(k^2-q^2)\chi_{\boldsymbol{k}}(\boldsymbol{q})=U(\boldsymbol{q}-\boldsymbol{k})+\int U(\boldsymbol{q}-\boldsymbol{q}')\chi_{\boldsymbol{k}}(\boldsymbol{q}')\frac{\mathrm{d}^3\boldsymbol{q}'}{(2\pi)^3}. \tag{130.7}$$

用下式定义的未知函数代替 $\chi_{\boldsymbol{k}}(\boldsymbol{q})$,对上式进行变换:

---

① 为方便计,我们把 $\boldsymbol{q}$ 写成为傅里叶分量的宗量,不作下标处理.

② 根据 δ 函数的性质,乘积 $(q^2-k^2)\delta(\boldsymbol{q}-\boldsymbol{k})$ 乘任一函数 $f(\boldsymbol{q})$(在 $\boldsymbol{q}=\boldsymbol{k}$ 处无奇点)后对 d^3q 积分等于零. 在这个意义下,可令 $(q^2-k^2)\delta(\boldsymbol{q}-\boldsymbol{k})\equiv0$.

$$\chi_k(\boldsymbol{q})=\frac{2m}{\hbar^2}\frac{F(\boldsymbol{k},\boldsymbol{q})}{q^2-k^2-\mathrm{i}0},\tag{130.8}$$

这就消去了(130.7)式系数中 $q^2=k^2$ 处的奇点,该式变成

$$F(\boldsymbol{k},\boldsymbol{q})=-U(\boldsymbol{q}-\boldsymbol{k})-\frac{2m}{\hbar^2}\int\frac{U(\boldsymbol{q}-\boldsymbol{q}')F(\boldsymbol{k},\boldsymbol{q}')}{q'^2-k^2-\mathrm{i}0}\frac{\mathrm{d}^3q'}{(2\pi)^3},\tag{130.9}$$

其中的 i0 代表 $\delta\to+0$ 时 $\mathrm{i}\delta$ 的极值,它包括在定义(130.8)中,目的是使(130.9)式的积分具有给定的意义,因为它确立了绕过 $q^2=k^2$ 点的方式(参考§43).我们来证明,这样的积分方式相当于使以下函数具有所需要的渐近形式:

$$\chi_k(\boldsymbol{r})=\frac{2m}{\hbar^2}\int\frac{F(\boldsymbol{k},\boldsymbol{q})\mathrm{e}^{\mathrm{i}\boldsymbol{q}\cdot\boldsymbol{r}}}{q^2-k^2-\mathrm{i}0}\frac{\mathrm{d}^3q}{(2\pi)^3}.\tag{130.10}$$

为此,我们令 $\mathrm{d}^3q=q^2\mathrm{d}q\mathrm{d}o_q$ 并先对 $\mathrm{d}o_q$ 积分,即对矢量 $\boldsymbol{q}$ 相对于 $\boldsymbol{r}$ 的各个方向积分.这类积分早已在(125.2)第一项的变换中做过;在 r 大的区域内,结果是

$$\chi_k(\boldsymbol{r})=-\frac{2m}{\hbar^2}\frac{2\pi\mathrm{i}}{r}\int_0^\infty\frac{F(\boldsymbol{k},q\boldsymbol{n}')\mathrm{e}^{\mathrm{i}qr}-F(\boldsymbol{k},-q\boldsymbol{n}')\mathrm{e}^{-\mathrm{i}qr}}{q^2-k^2-\mathrm{i}0}\frac{q\mathrm{d}q}{(2\pi)^3}$$

其中 $\boldsymbol{n}'=\boldsymbol{r}/r$,或者

$$\chi_k(\boldsymbol{r})=-\frac{\mathrm{i}m}{2\pi^2\hbar^2r}\int_{-\infty}^{\infty}\frac{F(\boldsymbol{k},q\boldsymbol{n}')\mathrm{e}^{\mathrm{i}qr}q\mathrm{d}q}{q^2-k^2-\mathrm{i}0}.$$

被积函数在 $q=k+\mathrm{i}0$ 和 $q=-k-\mathrm{i}0$ 处具有极点;q 复平面上的积分路线分别从下面和从上面绕过这两点.(图 48a).这条积分路线可以稍为移动到上半平面内,用一条平行于实轴的直线和一个绕 $q=k$ 极点的封闭圈来代替(图 48b).

图 48

沿直线的积分当 $r\to\infty$ 时趋于零(因为被积函数中含有 $\mathrm{e}^{-r\mathrm{Im}\,q}$ 因子),沿封闭圈的积分等于被积函数在极点 $q=k$ 处的留数乘以 $2\pi\mathrm{i}$.最后结果为

$$\chi_k(\boldsymbol{r})=\frac{m}{2\pi\hbar^2}\frac{\mathrm{e}^{\mathrm{i}kr}}{r}F(k\boldsymbol{n},k\boldsymbol{n}'),\tag{130.11}$$

式中 $\boldsymbol{n}$ 为 $\boldsymbol{k}$ 方向的单位矢量.我们已经导出了所需的波函数渐近式,而散射振幅为

$$f(\boldsymbol{n},\boldsymbol{n}')=\frac{m}{2\pi\hbar^2}F(k\boldsymbol{n},k\boldsymbol{n}').\tag{130.12}$$

可见散射振幅由满定积分方程(130.9)的 $F(\boldsymbol{k},\boldsymbol{q})$ 函数在 $q=k$ 点的值所决定.

当微扰论能用时,(130.9)式很易用叠代法求解. 一级近似中略去积分项,我们有 $F(\boldsymbol{k},\boldsymbol{q})=-U(\boldsymbol{q}-\boldsymbol{k})$. 下一级近似中我们把它代入积分项内,(130.12)式的散射振幅就变成(稍改记号)

$$f(\boldsymbol{n},\boldsymbol{n}')=-\frac{m}{2\pi\hbar^2}\left\{U(\boldsymbol{k}'-\boldsymbol{k})+\frac{2m}{\hbar^2}\int\frac{U(\boldsymbol{k}'-\boldsymbol{k}'')U(\boldsymbol{k}''-\boldsymbol{k})}{k^2-k''^2+\mathrm{i}0}\frac{\mathrm{d}^3k''}{(2\pi)^3}\right\}, \tag{130.13}$$

其中 $\boldsymbol{k}=k\boldsymbol{n},\boldsymbol{k}'=k\boldsymbol{n}'$. 第一项与一级近似(126.4)相同;第二项表明二级近似对散射振幅的贡献①.

从(130.13)可得 § 126 中提到的一个结论:即使在二级近似中,散射振幅也已失去(126.8)式的对称性. 初看起来,(130.13)的积分项对初末态的对调似乎也是对称的. 实际不然,因为取复共轭表式后,积分路线及其绕过极点的方式已被改变.

§ 131　高能散射

如果势能与 $\hbar^2/ma^2$(a 和通常一样是势场的作用距离)相比并不小,就有可能发生一种情况,此时散射粒子的能量很大,使得

$$|U| \ll E\sim\frac{\hbar^2}{ma^2}(ka)^2, \tag{131.1}$$

但还满足条件

$$|U|\gtrsim\frac{\hbar^2}{ma^2}ka=\frac{\hbar v}{a}; \tag{131.2}$$

当然,我们假定了

$$ka\gg 1. \tag{131.3}$$

在这种情形下,虽是快粒子散射,但玻恩近似不适用:条件(126.1)和(126.2)都不满足.

考察这种情形,我们可用(45.9)的波函数表式:

$$\psi=\mathrm{e}^{\mathrm{i}kz}F(\boldsymbol{r}),\quad F(\boldsymbol{r})=\exp\left(-\frac{\mathrm{i}}{\hbar v}\int_{-\infty}^{z}U\mathrm{d}z\right). \tag{131.4}$$

应用此式时,能量只需满足条件 $|U|\ll E$. § 45 中曾经指出,上式只对 $z\ll ka^2$ 成立,所以它不能立即延伸到渐近式(123.3)得以成立的距离处. 可是我们并不需要这样做;计算散射振幅时,知道 $a\ll z\ll ka^2$ 区间内的波函数已经足够,此时 $F(\boldsymbol{r})$ 指数中的积分可以延伸到无穷远:

---

① 这个结果不用动量表象当然也很易得到. 二级近似与一级近似式的差别在于把(130.13)中大括号内的表式改成 $U(\boldsymbol{k}'-\boldsymbol{k})$,这可从(43.1)和(43.6)式的比较中明显看出.

$$\psi = e^{ikz} S(\boldsymbol{\rho}),\tag{131.5}$$

其中的记号

$$S(\boldsymbol{\rho}) = e^{2i\delta(\boldsymbol{\rho})},\quad \delta(\boldsymbol{\rho}) = -\frac{1}{2\hbar v}\int_{-\infty}^{\infty} U\mathrm{d}z,\tag{131.6}$$

$\boldsymbol{\rho}$ 是 xy 平面内的径矢.

快粒子散射主要发生在小角度,这是我们现在要考虑的.由于动量的改变 $\hbar\boldsymbol{q}$ 比较小($q \ll k$),矢量 $\boldsymbol{q}$ 可以看成垂直于入射粒子的波矢 $\boldsymbol{k}$,也就是位于 xy 平面内.散射波可从(131.5)减去入射波 e^{ikz}($z = -\infty$ 的(131.4)式)后得到.波矢为 $\boldsymbol{k}' = \boldsymbol{k} + \boldsymbol{q}$ 的散射振幅和散射波的相应傅里叶分量成正比①:

$$f \sim \int [S(\boldsymbol{\rho}) - 1] e^{-i\boldsymbol{q}\cdot\boldsymbol{\rho}} \mathrm{d}^2\rho$$

($\mathrm{d}^2\rho = \mathrm{d}x\mathrm{d}y$).这个表式中的比例系数可通过与玻恩近似极限情形的比较而导出(见下面).

这个计算也可用一个不同的方法来进行,它能直接导出一个完全确定的表式.为此我们采用(129.2)并把(131.4)的 ψ 代入.由于按(45.8)有

$$\frac{2m}{\hbar^2} UF = 2ik\frac{\partial F}{\partial z},$$

得散射振幅(e^{ikR_0}/R_0 的系数)

$$\begin{aligned} f &= \frac{k}{2\pi i}\int \frac{\partial F}{\partial z} e^{-i\boldsymbol{q}\cdot\boldsymbol{\rho}} \mathrm{d}x\mathrm{d}y\mathrm{d}z = \\ &= \frac{k}{2\pi i}\int [F(z=\infty) - F(z=-\infty)] e^{-i\boldsymbol{q}\cdot\boldsymbol{\rho}} \mathrm{d}x\mathrm{d}y, \end{aligned}$$

把 F 的表式代入,最后得②

$$f = \frac{k}{2\pi i}\int [S(\boldsymbol{\rho}) - 1] e^{-i\boldsymbol{q}\cdot\boldsymbol{\rho}} \mathrm{d}^2\rho.\tag{131.7}$$

如果能量很高,以致 $\delta \sim |U|a/\hbar v \ll 1$,玻恩近似成立:展开 $S - 1 \approx 2i\delta$,由(131.7)得

$$f = -\frac{m}{2\pi\hbar^2}\int U e^{-i\boldsymbol{q}\cdot\boldsymbol{\rho}} \mathrm{d}^2\rho\mathrm{d}z,$$

与(126.4)式一致.

---

① 求散射振幅的这种方法类似于讨论夫琅禾费衍射(《场论》, § 61)时所用的方法.衍射效应使得(131.4)对 $z \geqslant ka^2$ 不适用.

② 两维情形下,$U(x,z)$ 场中的散射振幅由以下类似的公式确定:

$$f = \frac{1}{i}\sqrt{\frac{k}{2\pi}}\int [S(x) - 1] e^{-iqx} \mathrm{d}x.\tag{131.7a}$$

$|f|^2 \mathrm{d}\theta$ 是沿 y 轴单位长度内的散射截面,θ 为 xz 平面内的散射角;尚可参考 § 126 题 6.

应用光学定理(125.9),我们可以(131.7)导出散射总截面.零角度的散射振幅就是 $\boldsymbol{q}=0$ 的 f 值.因此得

$$\sigma=\int 2\mathrm{Re}(1-S)\mathrm{d}^2\rho=\int 4\sin^2\delta(\boldsymbol{\rho})\mathrm{d}^2\rho. \tag{131.8}$$

被积函数可看作碰撞参量在 $\mathrm{d}^2\rho$ 范围内的粒子散射截面①.

(131.7)式并没有预先假定势场是有心力场.对有心力场讲来,值得看一下怎样从精确的一般公式(123.11)直接导出此式.

根据条件(131.1)—(131.3),散射中起主要作用的是角动量 l 大的分波振幅.因此波函数满足准经典条件,我们可用(124.1)式的 δ_l.令该式中的 $r_0\approx l/k, r^2=z^2+l^2/k^2$,我们得

$$\delta_l\approx-\frac{m}{\hbar^2}\int_{l/k}^{\infty}\frac{U(r)\mathrm{d}r}{\sqrt{k^2-l^2/r^2}}=-\frac{m}{\hbar^2k}\int_0^{\infty}U(\sqrt{z^2+l^2/k^2})\mathrm{d}z,$$

这与(131.6)中 $\rho=l/k$ 时的 $\delta(\rho)$ 值一致②.其次,小角度($\theta\ll 1$)时 l 大的勒让德多项式可取(49.6)的形式:

$$P_l(\cos\theta)\approx \mathrm{J}_0(\theta l)=\frac{1}{2\pi}\int_0^{2\pi}\mathrm{e}^{-\mathrm{i}\theta l\cos\varphi}\mathrm{d}\varphi.$$

上式代入(123.11)并把求和(对大的 l)改成积分,我们得

$$f=\frac{1}{\pi}\int\int_0^{2\pi}f_l\mathrm{e}^{-\mathrm{i}\theta l\cos\varphi}\mathrm{d}\varphi l\mathrm{d}l=\frac{k^2}{\pi}\int f_l\mathrm{e}^{-\mathrm{i}\boldsymbol{q}\cdot\boldsymbol{\rho}}\mathrm{d}^2\rho, \tag{131.9}$$

式中 $\boldsymbol{q}$ 和 $\boldsymbol{\rho}$ 为两维矢量,其大小为 $q=k\theta, \rho=l/k$.最后,把(123.15)的 f_l[式中 $\delta_l=\delta(l/k)$]代入,就回到(131.7)式.

对于有心力场中的散射,(131.7)式对 xy 面内的极角 φ($\mathrm{d}^2\rho=\rho\mathrm{d}\rho\mathrm{d}\varphi$)积分后,变成

$$f=-\mathrm{i}k\int\{\exp[2\mathrm{i}\delta(\rho)]-1\}\mathrm{J}_0(q\rho)\rho\mathrm{d}\rho, \tag{131.10}$$

§126 中已指出,玻恩近似不能适用于大角度的快速粒子散射,如果截面是一个指数式小量的话.这里给出的方法在这种条件下也不能适用.这样的情形实际上是准经典的,微扰论不能应用.

---

① §152 中,将给出被多粒子系统所散射的情形下(131.7)和(131.8)式的推广.

② 准经典函数 $2\hbar\delta(\boldsymbol{\rho})$ 是粒子作经典轨道运动时由场 U 所引起的作用量的改变量.对快速粒子,轨道可取直线,从而 $2\delta(\boldsymbol{\rho})$ 等于下面两个经典作用量积分之差

$$\int_{-\infty}^{\infty}\sqrt{k^2-\frac{2mU}{\hbar^2}}\mathrm{d}z-\int_{-\infty}^{\infty}k\mathrm{d}z\approx-\frac{m}{\hbar^2k}\int_{-\infty}^{\infty}U\mathrm{d}z.$$

在这种意义下,此处的 $2\delta(\boldsymbol{\rho})$ 所起的作用类似于几何光学中程函的作用.散射理论中的这种近似因而常称作**程函近似**.但应强调指出,散射振幅并不还原成为它的准经典值,因为一般讲来,条件 $\theta l\gg 1$ 和 $\delta_l\gg 1$ 并不满足.

根据准经典近似的一般规则（参考§52，§53），按指数规律衰减的散射截面中，它的指数可以通过经典禁区中"复轨道"的研究来确定.①

经典散射问题中，粒子在场 $U(r)$ 中的散射角 θ 与碰撞参量 ρ 之间的关系为

$$\frac{\pi\pm\theta}{2}=\int_{r_0}^{\infty}\frac{\rho\mathrm{d}r}{r^2\sqrt{1-\frac{\rho^2}{r^2}-\frac{U}{E}}},\tag{131.11}$$

r_0 是最接近于力心的距离，为下式的一个根.

$$1-\frac{\rho^2}{r^2}-\frac{U}{E}=0\tag{131.12}$$

（见(127.5)）.我们感兴趣的情形相当于经典粒子散射中不能偏转的角度区②.这些角度相当于(131.11)式的复数解 $\rho(\theta)$（具有相应的 r_0 复值）.根据这样求出的函数 $\rho(\theta)$ 以及粒子的经典轨道角动量 $mv\rho$，可以算出作用量

$$S(\theta)=mv\int\rho(\theta)\,\mathrm{d}\theta,\tag{131.13}$$

式中 v 是粒子在无穷远处的速度.散射振幅为

$$f\sim\exp\left(-\frac{1}{\hbar}\mathrm{Im}\,S(\theta)\right).\tag{131.14}$$

一般讲来，(131.12)式的复根不止一个.(131.11)式中的 r_0 应该选取这样的一个复根，它具有最小的正虚部 Im S. 此外，如果 $U(r)$ 具有复奇点，也应看作 r_0 的一个可能值③.

$r\sim r_0$ 区域在(131.11)的积分中最为重要.当 E 很大时，根号内的 U/E 项可以略去.积分后得

$$\rho=r_0\cos\frac{1}{2}\theta.\tag{131.15}$$

如果 r_0 是函数 $U(r)$ 的一个奇点，它只和场的性质有关而和 ρ 或 E 无关.用(131.13)式算出 S 后，即得这种情形下的散射振幅为

$$f\sim\exp\left(-\frac{2mv}{\hbar}\sin\frac{\theta}{2}\mathrm{Im}\,r_0\right).\tag{131.16}$$

但如 r_0 取自(131.12)式的一个根，指数的形状就和场的特点有关.例如以下函数

$$U=U_0\mathrm{e}^{-(r/a)^2}$$

（它在有限距离内无奇点）根据方程式

---

① 关于指数因子前的系数的讨论，见 А. З. Паташинский, В. Л. Покровский, И. М. Халатников, ЖЭТФ, 45, 989, 1963 (Soviet Physics JETP 18, 683, 1964).

② 这里所讲的方法不但对大的 E 成立，而且对散射为指数式小的所有情形都成立.

③ 我们记得（见§126），如果 $U(r)$ 当 r 为实量时具有奇点.则截面不按指数规律衰减.

$$\frac{U}{E}=1-\frac{\rho^2}{r^2}\approx\sin^2\frac{\theta}{2}$$

得

$$r_0\approx \mathrm{i}a\sqrt{\ln\left(\frac{E}{U_0}\sin^2\frac{1}{2}\theta\right)}.\tag{131.17}$$

由于它对 θ 的依赖性极小，r_0 在(131.13)的积分中可以看作常数，结果得(131.16)式的散射振幅，其中的 r_0 由(131.17)式给出.

习　　题

1. 对半径为 a 深度为 U_0 并满足条件(131.1) $U_0 \ll \hbar^2k^2/m$ 的球形方势阱，求总散射截面.

解：我们有

$$\int_{-\infty}^{\infty}U\mathrm{d}z=-2U_0\sqrt{a^2-\rho^2}.$$

根据(131.7)，向前散射振幅($\boldsymbol{q}=0$)为

$$f(0)=-\frac{\mathrm{i}k}{2\pi}\int_0^a\left[\exp\left(\frac{2\mathrm{i}U_0}{\hbar v}\sqrt{a^2-\rho^2}\right)-1\right]2\pi\rho\mathrm{d}\rho=$$

$$=-\mathrm{i}ka^2\int_0^1(\mathrm{e}^{2\mathrm{i}\nu x}-1)x\mathrm{d}x=\frac{ka^2}{2}\left[\mathrm{i}-\frac{\mathrm{e}^{2\mathrm{i}\nu}}{\nu}-\frac{\mathrm{i}}{2\nu^2}(\mathrm{e}^{2\mathrm{i}\nu}-1)\right],$$

其中 $\nu=U_0a/\hbar v$ 为“玻恩参量”，根据光学定理(125.9)，求得总截面：

$$\sigma=2\pi a^2\left[1+\frac{1}{2\nu^2}-\frac{\sin 2\nu}{\nu}-\frac{\cos 2\nu}{2\nu^2}\right]$$

在 $\nu\ll1$ 的(玻恩)极限情形下，上式给出 $\sigma=2\pi a^2\nu^2$，与§126题1一致. 在 $\nu\gg1$ 的相反极限情形下，我们有 $\sigma=2\pi a^2$，即几何截面的两倍. 后一结果具有简单的含义. 当 $\nu\gg1$ 时，碰撞参量 $\rho<a$ 的所有粒子均被散射，亦即离开入射束. 在这个意义下，势阱具有“吸收”球的行为；根据巴比涅(Babinet)原理(见《场论》§61末)，总截面为“吸收”截面的两倍.

2. 同题1，但场 $U=U_0\exp(-r^2/a^2)$.

解：这种情形下

$$\int_{-\infty}^{\infty}U\mathrm{d}z=a\sqrt{\pi}U_0\exp(-\rho^2/a^2),$$

代入(131.7)，改变积分变量，得零角度散射振幅

$$f(0)=-\frac{\mathrm{i}ka^2}{2}\int_0^{\nu\sqrt{\pi}}(\mathrm{e}^{-\mathrm{i}u}-1)\frac{\mathrm{d}u}{u},$$

式中 $\nu=U_0a/\hbar v$. 故总截面为

$$\sigma=2\pi a^2\int_0^{\nu\sqrt{\pi}}(1-\cos u)\frac{\mathrm{d}u}{u}.$$

对于 $\nu \ll 1$，被积函数为 $1/2u$，截面 $\sigma = 1/2\pi a^2\nu^2$，这与 §126 题 2（$ka \gg 1$ 时）一致. 对于 $\nu \gg 1$，我们把被积函数写成 $(1-\mathrm{e}^{-\lambda u}\cos u)/u$，含有一个小参量 λ，积分后再令它趋于零，分部积分后给出

$$\int_0^{\nu\sqrt{\pi}} (1-\cos u)\frac{\mathrm{d}u}{u} \approx \ln(\nu\sqrt{\pi}) - \int_0^{\infty} \ln u \sin u \mathrm{d}u = \ln(\nu\sqrt{\pi}) + C,$$

式中 C 是欧拉常数. 故

$$\sigma = 2\pi a^2 \ln\{\nu\sqrt{\pi}\mathrm{e}^C\}, \quad \nu \gg 1.$$

3. 求磁场中电子小角度散射的截面，该场集中在半径为 a 的柱形区内（Y. Aharonov, D. Bohm, 1959）.

解：令磁场沿 y 轴，它也就是柱形区的轴，并取入射电子束的方向为 z 轴. 那么散射与坐标 y 无关，我们可以考虑 xz 平面内的两维问题.

柱形区外，磁场 $\boldsymbol{H}=0$，但其矢势不等于零：

$$\boldsymbol{A} = \frac{\Phi}{2\pi}\nabla\varphi, \tag{1}$$

式中 φ 是 xz 平面内的极角，Φ 是磁通量；实际上对 xz 平面内的圆（半径 $r>a$）面积进行积分，即有

$$\int H \mathrm{d}x\mathrm{d}z = \oint \boldsymbol{A}\cdot\mathrm{d}\boldsymbol{l} = \frac{\Phi}{2\pi}\varphi\Big|_0^{2\pi} = \Phi.$$

势(1)改变了电子波函数（平面波）的相位；按(111.9)，我们有

$$\varphi = \mathrm{e}^{\mathrm{i}kz}\exp\left(\frac{\mathrm{i}e}{\hbar c}\frac{\Phi}{2\pi}\varphi\right). \tag{2}$$

但是此式在沿 $z>0$ 半轴的一个窄区（宽度 $\sim a$）内不适用，因为通过磁场区域的粒子运动受到了该场的干扰. 这就解释了绕原点使 φ 角增加 2π 时函数(2)出现的非唯一性. 实际上从(2)式的不适用性得到，在 $z>0$ 的半轴附近有一条割线（宽度为有限）：在割线的两侧，φ 值相差 2π，例如 $\mp\pi$.

对于具有小动量转移 $q \approx k\theta$（$qa \ll 1, \theta \ll 1$）的小角度散射，横距 $x \sim 1/q \gg a$ 是重要的，割线的宽度可以略去. 考虑 $z \gg |x|$ 的区域，我们还能略去 z 轴. 两侧 ψ 对 x 的依赖关系，得到①

$$\psi = \mathrm{e}^{\mathrm{i}kz}F(x), \quad F(x) = \begin{cases} \exp\left(-\dfrac{\mathrm{i}e}{2\hbar c}\Phi\right), & x>0, \\ \exp\left(\dfrac{\mathrm{i}e}{2\hbar c}\Phi\right), & x<0. \end{cases} \tag{3}$$

“两维”散射振幅由(131.7a)式算出②. $q \neq 0$ 时我们有

① (3)和(131.4)式一样，对很大的 z 值不适用，那时衍射效应变得很重要.

② 早已提及，这个公式($q=0$)不用势场中的薛定谔方程也能导出.

$$f=\frac{1}{\mathrm{i}}\sqrt{\frac{k}{2\pi}}\left\{\exp\left(\frac{-\mathrm{i}e\Phi}{2\hbar c}\right)\int_0^{\infty}\mathrm{e}^{-\mathrm{i}qx}\mathrm{d}x+\text{复共轭式}\right\}$$

计算此积分时引入 $\mathrm{e}^{-\lambda z}$ 因子,积分后再令 $\lambda\to0$,结果为

$$f=\frac{\mathrm{i}}{q}\sqrt{\frac{2k}{\pi}}\sin\frac{e\Phi}{2\hbar c}$$

从而散射截面为

$$\mathrm{d}\sigma=|f|^2\mathrm{d}\theta=\frac{2}{\pi k}\sin^2\frac{e\Phi}{2\hbar c}\frac{\mathrm{d}\theta}{\theta^2} \tag{4}$$

$\dfrac{e\Phi}{\hbar c}\ll1$ 时,我们得

$$\mathrm{d}\sigma=\frac{e^2\Phi^2}{2\pi k\hbar^2c^2}\frac{\mathrm{d}\theta}{\theta^2}$$

相当于微扰论适用时的情形.

注意截面(4)和磁场强度具有周期性的依赖关系,并当 $\theta\to0$ 时总截面是发散的,尽管磁场是集中在一个有限的空间区域内.这些都是特有的量子效应.

§132 慢粒子散射

假定散射粒子的速度很低,它的波长远大于场 $U(r)$ 的作用半径 a(即 $ka\ll1$),它的能量远小于这个作用半径内的场值,我们来研究这种极限情形下弹性散射的性质.解决这个问题需要弄清楚 k 很小时相位 δ_l 和波数 k 之间的极限关系.

当 $r\leqslant a$ 时,精确薛定谔方程(123.7)中只能略去含有 k^2 的一项:

$$R''_l+\frac{2}{r}R'_l-\frac{l(l+1)}{r^2}R_l=\frac{2m}{\hbar^2}U(r)R_l. \tag{132.1}$$

而在 $a\ll r\ll1/k$ 范围内,还可以略去 $U(r)$ 项,留下

$$R''_l+\frac{2}{r}R'_l-\frac{l(l+1)}{r^2}R_l=0. \tag{132.2}$$

这个方程的通解是

$$R_l=c_1r^l+\frac{c_2}{r^{l+1}}, \tag{132.3}$$

常数 c_1 和 c_2 的值原则上只能通过对具体的函数 $U(r)$ 来求解(132.1)式得到.当然,对不同的 l 它们是不同的.在更远的距离 $r\sim1/k$ 处,薛定谔方程中的 $U(r)$ 项可以略去,但 k^2 项不能略去,因此有

$$R''_l+\frac{2}{r}R'_l+\left[k^2-\frac{l(l+1)}{r^2}\right]R_l=0, \tag{132.4}$$

这就是自由运动的方程.它的解为(见§33)

$$R_l = c_1(-1)^l \frac{(2l+1)!!}{k^{2l+1}} r^l \left(\frac{\mathrm{d}}{r\mathrm{d}r}\right)^l \frac{\sin kr}{r} +$$

$$+ c_2(-1)^l \frac{r^l}{(2l-1)!!}\left(\frac{\mathrm{d}}{r\mathrm{d}r}\right)^l \frac{\cos kr}{r}, \tag{132.5}$$

式中的常数已经这样选定，使得 $kr \ll 1$ 时这个解变成(132.3)式，这就保证了 $kr \ll 1$ 范围内之解(132.3)和 $kr \sim 1$ 范围内之解(132.5)的“衔接”.

最后，当 $kr \gg 1$ 时，解(132.5)呈以下渐近形式(§33)：

$$R_l \approx \frac{c_1(2l+1)!!}{rk^{l+1}} \sin\left(kr - \frac{\pi l}{2}\right) + \frac{c_2 k^l}{(2l-1)!!\ r} \cos\left(kr - \frac{\pi l}{2}\right).$$

上式中两项之和可以表成以下形式：

$$R_l \approx \text{常数} \times \frac{1}{r} \sin\left(kr - \frac{\pi l}{2} + \delta_l\right). \tag{132.6}$$

相位 δ_l 由下式确定：

$$\tan \delta_l \approx \delta_l = \frac{c_2}{c_1(2l-1)!!\ (2l+1)!!} k^{2l+1} \tag{132.7}$$

(由于 k 很小，所有的相位 δ_l 都很小).

根据(123.15)式，分波散射振幅为

$$f_l = \frac{1}{2\mathrm{i}k}(\mathrm{e}^{2\mathrm{i}\delta_l} - 1) \approx \frac{\delta_l}{k}.$$

由此得出结论，在低能极限情形下有

$$f_l \sim k^{2l}. \tag{132.8}$$

由此可见，所有 $l \neq 0$ 的分波振幅都小于 $l = 0$ 的散射振幅(称为 **s 波散射**). 把它们略去后，总振幅为

$$f(\theta) \approx f_0 = \frac{\delta_0}{k} = \frac{c_2}{c_1} = -\alpha, \tag{132.9}$$

因而 $\mathrm{d}\sigma = \alpha^2 \mathrm{d}o$，而总截面

$$\sigma = 4\pi\alpha^2. \tag{132.10}$$

上式表明，低速时的散射是各向同性的，而且截面和粒子的能量无关①. 常数 α 称为**散射长度**，其值可正可负.

以上的讨论中我们默认了场 $U(r)$ 在远距离处($r \gg a$)衰减得足够快，使得以上所作的忽略是合理的. 这个场究竟要衰减得多快，这是很容易弄清的. 当 r

---

① 电子被原子散射时，与 $1/k$ 相比较的作用半径 a(条件 $ka \ll 1$)可用原子半径作代表，对复杂原子，a 值可达几个玻尔半径(几个 $\hbar^2/me^2$). 由于这个半径很大，只有当电子能量差不多等于几分之一电子伏特时(满足 $ka \ll 1$)，有效截面才是一个常数. 当电子能量超过这个数值时，截面对能量就有显著的依赖关系(这个现象称为**冉邵尔(Ramsauer)效应**).

很大时,(132.3)式 R_l 函数中的第二项远小于第一项,为了保持这一项的合理性起见,(132.2)式中保留的小项 $\sim c_2/r^{l+1}r^2$ 应该仍大于(132.1)变到(132.2)时所略去的项 $UR_l \sim Uc_1r^l$. 由此可见,如果(132.8)式对分波振幅 f_l 的结果是成立的,则 $U(r)$ 的衰减必须快于 $1/r^{2l+3}$. 特别是 f_0 值的计算,以及与能量无关的各向同性散射式(132.9),只有当 $U(r)$ 在远距处衰减得快于 $1/r^3$ 时才成立.

如果场 $U(r)$ 在远处按指数规律衰减,可对振幅 f_l 按 k 的幂次展开的下几项作出一定的判断. 我们在 §128 中已看到,这种情形下的振幅 f_l 作为复变量 E 的函数,当 E 为负实数时是一个实量①. 因此对(125.15)式中的函数 $g_l(E)$ 讲来也有同样的情况:

$$f_l = \frac{1}{g_l - \mathrm{i}k}$$

($E<0$ 时 $\mathrm{i}k$ 是实数). 另一方面,函数 $g_l(E)$ 当 $E>0$ 时也是一个实量(根据它的定义). 由此可见,函数 $g_l(E)$ 对所有的实 E 值都是实的,因此可按 E 的整数次幂展开,也就是按 k 的偶次幂展开. 因此对振幅 $f_l(k)$ 本身讲来,它就可以按 $\mathrm{i}k$ 的整数次幂展开;k 的所有偶次幂项都是实的,k 的奇次幂项都是虚的. 根据(132.8)式,$f_l(k)$ 的展开式是从 $\sim\delta_l/k \sim k^{2l}$ 项开始的;与此相应,$g_l(k)$ 的展开式是从正比于 k^{-2l} 的项开始的.

当场在远处按 $U \approx \beta r^{-n}$ 的幂次律衰减而 $n<3$ 时,我们已经讲过,振幅为常数的(132.9)式不再成立.

现在来研究各种不同 n 值的情形. 当 $n \leqslant 1$ 而速度足够小时,碰撞参量 ρ 的所有值实际上都能满足以下条件:

$$\rho|U(\rho)| \gg \hbar v, \tag{132.11}$$

因此散射可以用经典公式描述[参考条件(127.9)].

当 $1<n<2$ 时,对不太大的 ρ 值,不等式(132.11)在一个相当的范围内仍能得到满足;与此相应,对于不太小的角度其散射是经典的. 同时还存在着这样的一个 ρ 值区域,它满足

$$\rho|U(\rho)| \ll \hbar v, \tag{132.12}$$

也就是微扰论的适用条件得到满足[见(126.2)].

当 $n>2$ 时,在远距处以下不等式成立:

$$|U| \ll \frac{\hbar^2}{mr^2}, \tag{132.13}$$

因此在这个距离范围内,相互作用对散射的贡献可以用微扰论计算(而在较近

① 当 E 很小时,即令 U 是按 $\mathrm{e}^{-r/a}$ 规律衰减,条件(128.6)也能得到满足.

的距离内，微扰论的适用条件可能不再满足)①. 假定 r_0 是这样的一个值，当 $r \gg r_0$时不等式(132.13)成立，同时又有 $r_0 \ll 1/k$. 根据(126.12)式，$r \gg r_0$ 区域对散射振幅的贡献由以下的积分给出：

$$-\frac{2m\beta}{\hbar^2}\int_{r_0}^{\infty}\frac{1}{r^n}\frac{\sin qr}{qr}r^2\mathrm{d}r = -\frac{2m\beta}{\hbar^2}q^{n-3}\int_{qr_0}^{\infty}\frac{\sin\xi}{\xi^{n-1}}\mathrm{d}\xi. \tag{132.14}$$

当 $2<n<3$ 时，上述积分在其下限是收敛的，低速时($kr_0 \ll 1$)可以把这个下限改作零，因此积分和 $q^{-(3-n)}$ 成正比，也就是和速度的负幂次成正比. 此时这一项对散射振幅就是主要贡献，从而有

$$f \sim q^{-(3-n)}, \quad 2<n<3. \tag{132.15}$$

此式确定了散射截面与粒子速度以及与散射角的依赖关系.

$n=3$ 时，积分(132.14)在其下限为对数发散. 它仍是散射振幅的主要部分，因此有

$$f \sim \ln\frac{常数}{q}, \qquad n=3. \tag{132.16}$$

$n>3$ 时，$r \gg r_0$ 区域的贡献随着 $k\to 0$ 而减小，散射则由(132.9)式的常数振幅所确定. 但是(132.14)式的贡献，即使它相对讲来比较小，由于属于"反常"而仍有一定的意义. "正常"情况是，当 $U(r)$ 衰减得足够快时，$f(k)$ 可按 k 的整数次幂展开，并且展式中所有的实项都和 k 的偶次幂成正比. 当把积分(132.14)分部积分若干次后(降低分母中 ξ 的幂次)，我们可从中分离出含有 k 的偶次幂的部分剩下一个 $qr_0\to 0$ 时为收敛的积分，它与 k^{n-3}成正比，一般讲来它并不是偶次幂②.

习　　题

1. 试求慢粒子对一深度为 U_0 半径为 a 的球形方势阱的散射截面.

解：假定该粒子的波数满足条件 $ka \ll 1$ 和 $k \ll \kappa$，其中 $\kappa = \frac{\sqrt{2mU_0}}{h}$. 我们只对相位 δ_0 感兴趣. 因此令(132.1)式中的 $l=0$，得到关于函数 $\chi(r)=rR_0(r)$ 的以下方程：

$$\chi'' + \kappa^2\chi = 0, (r<a)$$

$r=0$ 处 χ 等于零($r=0$ 时 χ/r 必须有限)的解为

$$\chi = A\sin\kappa r, (r<a).$$

---

① 此时的低速散射不会是准经典的，因为不等式(132.11)和同时要求 $|U(\rho)| \leq E$ 不相容.

② 如果 n 是一个奇数 $2p+1$，则 $n-3=2p-2$ 是一个偶数，但在这种情形下积分(132.14)仍有一个"反常"部分，它对散射振幅的贡献是和 $q^{2p-2}\ln q$ 成正比的.

对于 $r>a$，函数 χ 满足方程 $\chi''+k^2\chi=0$（即 $l=0$ 的(132.4)式），故

$$\chi=B\sin(kr+\delta_0),\ (r>a).$$

根据 $r=a$ 处 χ'/χ 的连续性条件，得方程

$$\kappa\cot\kappa a=k\cot(ka+\delta_0)\approx\frac{k}{ka+\delta_0},$$

由此可定出 δ_0. 结果得以下散射振幅①：

$$f=\frac{\tan\kappa a-\kappa a}{\kappa}.$$

$\kappa a\ll1$ 时（即 $U_0\ll\hbar^2/ma^2$），此式给出 $\sigma=(4\pi a^2/9)(\kappa a)^4$，与玻恩近似的结果一致（见§126，题1）.

2. 同题1，但被高度为 U_0 的一个球形"势丘"所散射

解：只要把题1中 U_0 改为 $-U_0$（即把 κ 改为 $i\kappa$）即得本题之解. 散射振幅为

$$f=\frac{\tanh\kappa a-\kappa a}{\kappa}.$$

在 $\kappa a\gg1$ 的极限情形下，我们有

$$f=-a,\quad \sigma=4\pi a^2.$$

这相当于被一个半径为 a 的不透明球所散射. 注意经典力学的结果要比它小四倍（$\sigma=\pi a^2$）.

3. 求场 $U=\alpha/r^n$，$\alpha>0$，$n>3$ 中低能粒子的散射截面.

解：$l=0$ 的(132.1)式为

$$\chi''-\gamma^2\frac{\chi}{r^n}=0,\quad \gamma=\frac{\sqrt{2m\alpha}}{\hbar}.$$

代替换

$$\chi=\varphi\sqrt{r},\quad r=\left[\frac{2\gamma}{(n-2)x}\right]^{2/(n-2)}$$

上式可化到以下形式：

$$\frac{d^2\varphi}{dx^2}+\frac{1}{x}\frac{d\varphi}{dx}-\left[1+\frac{1}{(n-2)^2x^2}\right]\varphi=0,$$

这是 $1/(n-2)$ 阶虚宗量 ix 的贝塞尔方程. $r=0$（即 $x=\infty$）处等于零的解为（除了一个常因子外）

$$\chi=\sqrt{r}\,H^{(1)}_{1/(n-2)}\left(\frac{2i\gamma}{n-2}r^{-(n-2)/2}\right).$$

① 如果势阱的宽度和深度使得 κa 接近于 $\pi/2$ 的奇倍数，那么这个公式不再适用. 对于这样的 κa 值讲来，负能级离散谱中存在着一个接近于零的能级（见§33，题1），此时的散射将由下节导出的公式描述.

利用以下熟知公式：

$$\mathrm{H}_p^{(1)}(z)=\frac{\mathrm{i}}{\sin p\pi}\left[\mathrm{e}^{-\mathrm{i}p\pi}J_p(z)-\mathrm{J}_{-p}(z)\right],$$

$$\mathrm{J}_p(z)\approx z^p\frac{1}{2^p\Gamma(p+1)},\quad (z\ll 1),$$

我们可得到χ函数在远距处($\gamma\ll r\ll 1/k$)的表式为$\chi=$常数$\times(c_1r+c_2)$，再根据比值c_2/c_1求出散射振幅

$$f=-\left(\frac{\gamma}{n-2}\right)^{2/(n-2)}\frac{\Gamma\left(\frac{n-3}{n-2}\right)}{\Gamma\left(\frac{n-1}{n-2}\right)}.$$

4. 求慢粒子在场U中的散射振幅，该场在远距处的衰减规律为$U\approx\beta\gamma^{-n}$，$2<n\leqslant 3$.

解：散射振幅中的主项由(132.14)式给出，该式的积分下限可用零代替. 积分后得

$$f=\frac{\pi m\beta}{\hbar^2}\frac{q^{n-3}}{\Gamma(n-1)\cos\frac{\pi n}{2}},\quad 2<n<3, \tag{1}$$

对于$n=3$有

$$f=-\frac{2m\beta}{\hbar^2}\ln\frac{\text{常数}}{q}, \tag{2}$$

(1)式展成勒让德多项式，可得分波振幅(按(123.14)式定义)：

$$f_l=-\frac{\sqrt{\pi}m\beta}{2\hbar^2}\frac{\Gamma\left(\frac{n-1}{2}\right)\Gamma\left(l-\frac{n-3}{2}\right)}{\Gamma\left(\frac{n}{2}\right)\Gamma\left(\frac{n+1}{2}+l\right)}k^{n-3}. \tag{3}$$

$n>3$时(1)式确定了散射振幅的“反常”部分，在l值满足$2l>n-3$的各分波振幅中，(3)式总是主要部分，同时(132.8)式应改成$f_l\sim k^{n-3}$.

5. 求场$U(r)=-U_0\mathrm{e}^{-r/a}(U_0>0)$中慢粒子的散射振幅.

解：经下列变量变换后

$$x=2a\kappa\mathrm{e}^{-r/2a},\quad \kappa=\frac{\sqrt{2mU_0}}{\hbar},$$

函数$\chi=rR_0$满足的(132.1)式变成

$$\frac{\mathrm{d}^2\chi}{\mathrm{d}x^2}+\frac{1}{x}\frac{\mathrm{d}\chi}{\mathrm{d}x}+\chi=0,$$

上式的通解为

$$\chi=A\mathrm{J}_0(x)+B\mathrm{N}_0(x),$$

式中 J_0 和 N_0 为第一类和第二类贝塞尔函数. 由 $r=0$ 时 $\chi=0$ 的条件得

$$A/B=-N_0(2\kappa a)/J_0(2\kappa a).$$

$a\ll r\ll 1/k$ 的范围对应于 $x\ll 1$(当然,已假定 $a\kappa e^{-1/ak}\ll 1$);此时

$$\chi\approx A+B\frac{2}{\pi}\ln\frac{\gamma x}{2}=A+\frac{2B}{\pi}\ln\kappa a\gamma-\frac{Br}{\pi a},$$

式中 $\gamma=e^C=1.78\cdots$(C 是欧拉常数). 此式相当于(132.3)式,根据这样得到的 c_1 和 c_2 值,我们求出散射振幅

$$f=-a\left[\frac{\pi A}{B}+2\ln(\kappa a\gamma)\right]=$$

$$=\frac{a\pi}{J_0(2\kappa a)}\left[N_0(2\kappa a)-\frac{2}{\pi}\ln(\kappa a\gamma)J_0(2\kappa a)\right]$$

在 $\kappa a\ll 1$ 极限下,$f=2a^3\kappa^2$,这与玻恩近似(126.14)式一致. $\kappa a\gg 1$ 时有 $f=-2a\ln(\kappa a\gamma)$.

6. 用微扰论的二级近似,求低能极限下的散射振幅(И. Я. Померанчук, 1948).

解: $k\to 0$ 时(130.13)第二项中的积分变成

$$-\int\frac{U_{-k''}U_{k''}}{k''^2}d^3k''=-\iiint U(\boldsymbol{r})U(\boldsymbol{r}')e^{i\boldsymbol{k}''(\boldsymbol{r}-\boldsymbol{r}')}\frac{d^3k''}{k''^2}dVdV'=$$

$$=-2\pi^2\iint\frac{U(\boldsymbol{r})U(\boldsymbol{r}')}{|\boldsymbol{r}-\boldsymbol{r}'|}dVdV';$$

式中应用了以下公式:

$$\int e^{i\boldsymbol{k}'\cdot(\boldsymbol{r}-\boldsymbol{r}')}\frac{4\pi}{k^2}\frac{d^3k}{(2\pi)^3}=\frac{1}{|\boldsymbol{r}-\boldsymbol{r}'|},$$

见《场论》,§ 51. 故散射振幅为

$$f=-\frac{m}{2\pi\hbar^2}\int UdV+\left(\frac{m}{2\pi\hbar}\right)^2\iint\frac{U(\boldsymbol{r})U(\boldsymbol{r}')}{|\boldsymbol{r}-\boldsymbol{r}'|}dVdV',\qquad(1)$$

对有心力场,此式给出

$$f=-\frac{2m}{\hbar^2}\int Ur^2dr+\frac{8m^2}{\hbar^2}\iint U(r)U(r')r^2dr\cdot r'dr'.$$

(1)式中第二项总是正的(从原来的 $\boldsymbol{k}$ 空间中的积分形式显然可知). 故对低能散射截面讲来,斥力场($U>0$)中一级玻恩近似给出的值总是过高,而引力场($U<0$)中给出的则过低.

7. 在二维情况下,确定慢粒子散射截面与能量的关系.

解: 二维情况下远处的波函数由 § 123 的题目中的(1)式给出. 与三维情况相同的论证指出,$m=0$ 的态给出低能散射的主要贡献,因为散射振幅 f 与散射角 φ 无关. 这就允许在 $\rho\gg a$ 的远处将所有方向上,将 $e^{ik\rho}/\sqrt{\rho}$ 换成自由运动的薛

定谔方程的严格解，其渐近式为（参见§45）的第2个脚注和§126的第6题

$$\psi = e^{ikz} + f\sqrt{\frac{\pi k}{2}} \cdot iH_0^{(1)}(k\rho). \tag{1}$$

利用 $H_0^{(1)}(x)$ 在 x 小处的渐近式

$$H_0^{(1)}(x) \approx -i\frac{2}{\pi}\ln\frac{2i}{\gamma x}, \quad |x| \ll 1,$$

将(1)式写成近处 $\rho \ll \frac{1}{k}$ 的形式，得

$$\psi \approx \left(1 + f\sqrt{\frac{2k}{\pi}}\ln\frac{2i}{\gamma k}\right) - f\sqrt{\frac{2k}{\pi}}\ln\rho. \tag{2}$$

式中 $\gamma = e^C$，C 是欧拉常数.

(2)式相当于薛定谔方程

$$-\frac{\hbar^2}{2m}\frac{1}{\rho}\frac{d}{d\rho}\rho\frac{d\psi}{d\rho} = 0,$$

在区域 $\frac{1}{k} \gg \rho \gg a$ 成立的通解，这也正是可以想到的，在这个区域中，薛定谔方程中含有 $U(x)$ 和 E 的项都可以略去. 这时解的形式是

$$\psi \approx c_1 + c_2\ln\rho.$$

和(132.3)，(132.9)两式一样，两个常数的比 C_1/C_2 取决于 $E=0$ 时在区域 $\rho \sim a$ 薛定谔方程的解. 这一比值是实的，并且与能量无关，令其为

$$c_1/c_2 = -\ln r_0 \tag{3}$$

式中的 r_0 是一个量纲为长度的常数. 比较(2)、(3)两式，得

$$f = -\sqrt{\frac{\pi}{2k}}\frac{1}{\ln[i2/(\gamma k r_0)]},$$

由此得截面为

$$\sigma = 2\pi|f|^2 = \frac{\pi^2}{k}\frac{1}{\ln^2[2/(\gamma k r_0)] + \pi^2/4}. \tag{4}$$

我们看到，与三维情况不同，在二维情况下，散射截面随能量的减小而增大. 注意，在无穷高柱形势垒的散射中，(3)式中的 r_0 与势垒的半径 a 相同.

§133 低能共振散射

引力场中的慢粒子散射（$ka \ll 1$）在以下情形下需要特别考虑，即负能级的离散谱中含有一个 s 态，它的能量小于作用范围 a 内的场值 U. 我们用 ε（$\varepsilon > 0$）代表这个能级. 进行散射的粒子能量 E 很小，接近于 ε，或者说差不多和该能级共振. 我们将看到，它会导致散射截面的显著增长.

浅能级的存在，在散射理论中可以用以下论证的纯形式方法考虑.

函数$\chi = rR_0$(它的 $l=0$)的精确薛定谔方程

$$\chi'' + \frac{2m}{\hbar^2}[E - U(r)]\chi = 0$$

中,在场的"内"区($r \lesssim a$),与 U 相比我们可以略去 E:

$$\chi'' - \frac{2m}{\hbar^2}U(r)\chi = 0, \quad r \sim a, \tag{133.1}$$

反之,在"外"区,我们可以略去 U:

$$\chi'' + \frac{2m}{\hbar^2}E\chi = 0, \quad r \gg a. \tag{133.2}$$

(133.2)式之解和满足边界条件$\chi(0)=0$ 的(133.1)式之解应该在某点 r_1(r_1 满足 $1/k \gg r_1 \gg a$)处"衔接"起来;衔接条件就是比值χ'/χ 必须连续.这个比值与波函数的归一化因子无关.

但是,代替考虑 $r \sim a$ 区内的运动,我们可把外区之解的χ'/χ 给予适当选择的边界条件推移到很小的 r 处.由于外区之解当 $r \to 0$ 时变化很慢,我们可把边界条件形式地放到 $r=0$ 点处.$r \sim a$ 区的(133.1)式中不含 E,因此替代它的边界条件也应该和粒子的能量无关.换句话说,它应该具有以下形式:

$$\left.\frac{\chi'}{\chi}\right|_{r\to 0} = -\kappa \tag{133.3}$$

式中 κ 是某个常数.但由于 κ 和 E 无关,条件(133.3)一定也能应用到具有很小负能量值 $E = -|\varepsilon|$的薛定谔方程之解上,亦即应用到粒子的定态波函数上.对于 $E = -|\varepsilon|$,我们由(133.2)式得

$$\chi = A_0 \exp\left(-\frac{\sqrt{2m|\varepsilon|}}{\hbar}r\right), \tag{133.4}$$

式中的 A_0 是一个常数,将上式代入(133.3),可知 κ 是一个正量并等于

$$\kappa = \frac{\sqrt{2m|\varepsilon|}}{\hbar}. \tag{133.5}$$

现在我们把边界条件(133.3)应用到自由运动波函数

$$\chi = 常数 \times \sin(kr + \delta_0),$$

它是 $E>0$ 时(133.2)式的精确通解.由此就得所需的相位 δ_0:

$$\cot\delta_0 = -\frac{\kappa}{k} = -\sqrt{\frac{|\varepsilon|}{E}}. \tag{133.6}$$

由于式中的能量 E 只受条件 $ka \ll 1$ 的限制,它不需比$|\varepsilon|$小,相位 δ_0 以及 s 波散射振幅不一定很小.

$l>0$ 的相位 δ_l 及其分波振幅仍是很小.因此我们仍可把总振幅看作等于 s 波散射振幅

$$f \approx \frac{1}{2\mathrm{i}k}(\mathrm{e}^{2\mathrm{i}\delta_0}-1)=\frac{1}{k(\cot\delta_0-\mathrm{i})}.$$

把(133.6)代入上式,我们得到

$$f=-\frac{1}{\kappa+\mathrm{i}k} \tag{133.7}$$

以及总散射截面

$$\sigma=\frac{4\pi}{\kappa^2+k^2}=\frac{2\pi\hbar^2}{m}\frac{1}{E+|\varepsilon|}. \tag{133.8}$$

可见散射仍为各向同性,但其截面和能量有关,且在共振区($E\sim|\varepsilon|$)内远大于场的作用半径的平方 a^2(因为 $ka \ll 1$). 需着重指出的是,(133.8)式与近距离内粒子相互作用的细节无关,而是整个地取决于共振能级的数值①.

以上公式要比推导它时所作的假定更为普遍. 假定函数 $U(r)$ 略有改变,这种改变也改变了边界条件(133.3)中的常数 κ 的值. 适当改变 $U(r)$,可使 κ 为零,然后变成一个小的负值. 此时仍得(133.7)式的散射振幅和(133.8)式的截面. 可是现在的 $|\varepsilon|=\hbar^2\kappa^2/2m$ 不过是标志场 $U(r)$ 的一个常数,不再是该场中的一个能级了. 在这种情况下,我们就说该场有一个**虚能级**,这是因为,尽管并不存在接近于零的实际能级,但该场略作改变就足以产生这样的一个能级.

把(133.7)式的函数解析延拓到 E 的复平面上,在其左实轴上 $\mathrm{i}k$ 变成 $-\sqrt{-2mE}/\hbar$(见 § 128),我们看到,散射振幅在 $E=-|\varepsilon|$ 处有一个极点,与 § 128 的一般结论相一致. 反之,正如我们所预料的,虚能级并不对应于物理叶上散射振幅的任何奇点,(散射振幅在非物理叶上的 $E=-|\varepsilon|$ 处有一个奇点,见 § 128 中的第三个附注).

从形式上看来,(133.7)式相当于(125.15)式

$$f_0=\frac{1}{g_0(k)-\mathrm{i}k}$$

中函数 $g_0(k)$ 的展开式的首项是负的并且反常地小这种情况. 为使公式精确化,我们可以计入展开式的第二项:

$$f_0=\frac{1}{-\kappa_0+\frac{1}{2}r_0k^2-\mathrm{i}k} \tag{133.9}$$

(Л. Д. Ландау, Я. А. Смородинский, 1944). 我们可以回忆起,当场衰减得足够快时,函数 $g_l(k)$ 可展成 k 的偶次幂(见 § 132). 在(133.9)式中,我们把 $g_0(0)$ 值记作 $-\kappa_0$,为的是保留记号 κ 代表(133.5)式,它与能级 ε 有关. 根据以上的讨论,κ 应该由能使(133.9)式中分母为零的 $-\mathrm{i}k$ 值给出,亦即由下式之根给出:

① (133.8)式首先由 E. Wigner(1933)导出;本节推导方法来自 H. A. Bethe, R. E. Peierls(1935).

$$\kappa = \kappa_0 + \frac{1}{2} r_0 \kappa^2. \tag{133.10}$$

(133.9)式分母中的改正项$\frac{1}{2} r_0 k^2$ 比 κ_0 小,因为已假定 k 很小,但其本身具有"正常"的数量级:系数 $r_0 \sim a$ 永远是正的(见题 1).需要强调的是,含有这一项是散射振幅公式中略去 $l \neq 0$ 的角动量贡献后的一个合理改进,它对 f 给出了一个相对数量级为 ka 的改正,而 $l=1$ 的散射的贡献具有相对数量级$(ka)^3$. 当 $k \to 0$时,振幅 $f_0 \to 1/\kappa_0$,亦即 $1/\kappa_0$ 等于 § 132 中定义的散射长度 α. 而式

$$g_0(k) \equiv k \cot \delta_0 = -\frac{1}{\alpha} + \frac{1}{2} r_0 k^2 \tag{133.11}$$

中的系数 r_0 称为相互作用的**有效力程**①.

对于截面,由(133.9)得

$$\sigma = \frac{4\pi}{\left(\kappa_0 - \frac{1}{2} r_0 k^2\right)^2 + k^2}.$$

如果我们略去分母中的 k^4 项(虽然包括它可能是合理的),此式可写成[应用(133.10)式]

$$\sigma = \frac{4\pi(1 + r_0 \kappa)}{k^2 + \kappa^2} = \frac{4\pi \hbar^2}{m} \frac{1 + r_0 \kappa}{E + |\varepsilon|}. \tag{133.12}$$

让我们回到"外"区中的束缚态波函数表式(133.4),把它的归一化系数和以上定义的两个参量联系起来. 计算(133.9)式的函数在极点 $E = \varepsilon$ 处的留数并和(128.11)式比较后,我们求出

$$\frac{1}{A_0^2} = \frac{1}{2\kappa} - \frac{1}{2} r_0. \tag{133.13}$$

第二项对第一项是一个小的改正,因为 $\kappa r_0 \sim \kappa a \ll 1$. 没有这个改正时,$A_0^2 = 2\kappa$,即

$$\chi = \sqrt{2\kappa}\, e^{-\kappa r}, \quad \psi = \frac{\chi}{\sqrt{4\pi} r} = \sqrt{\frac{\kappa}{2\pi}} \frac{e^{-\kappa r}}{r}, \tag{133.14}$$

相当于(133.14)式如能在整个空间中成立时所得的归一化.

我们扼要地讨论一下轨道角动量不等于零的散射中的共振问题. 函数$g_l(k)$

① 对于两核子作用这一重要情形,这里可以列出常数 α 和 r_0 的值. 对于自旋平行的一个中子和一个质子(同位旋 $T=0$ 的态),$\alpha = 5.4 \times 10^{-13}$ cm,$r_0 = 1.7 \times 10^{-13}$ cm;这两个值对应于能量为$|\varepsilon| = 2.23$ MeV 的氘核基态实际能级. 对于自旋反平行的一个中子和一个质子(同位旋 $T=1$ 的态),$\alpha = -24 \times 10^{-13}$ cm,$r_0 = 2.7 \times 10^{-13}$ cm;这些值对应于$|\varepsilon| = 0.067$ MeV 的一个虚能级. 由于同位旋守恒,后一组值也适用于自旋反平行的双中子系统. 根据泡利原理,自旋平行的 nn 系统不能有 s 态.

的展开式是从 $\sim k^{-2l}$ 的项开始的，保留展开式中的前两项，分波振幅可写成

$$f_l = \frac{1}{-bE^{-l}(-\varepsilon + E) + \mathrm{i}k}, \tag{133.15}$$

式中 b 和 ε 是两个常数，且 $b>0$（见后）．共振情形对应于 E^{-l} 的系数的一个反常低值，亦即 ε 反常地小．但由于 E 很小，$b\varepsilon E^{-l}$ 项仍可能比 k 大．

如果 $\varepsilon<0$，(133.15)式中的分母有一个实根 $E\approx -|\varepsilon|$，故 ε 是一个离散能级（具有角动量 l）①，但和 s 波散射中的共振相反，(133.15)式的振幅不会比 a 大；角动量为 $l+1$ 的共振散射的振幅仅与角动量为 l 的非共振散射振幅同一数量级．

但如 $\varepsilon>0$，振幅(133.15)在 $E\sim\varepsilon$ 区内具有 $1/k$ 的数量级，亦即远大于 a．这个区域的相对宽度很小：$\Delta E/\varepsilon \sim (ka)^{2l-1}$．因此在这种情形下有一个锐共振．这类共振散射的产生是因为，$l\neq 0$ 的一个正能级尽管不是真的离散能级，但也是准离散的：由于离心势垒的存在，低能粒子逃离此态跑到无穷远处的概率是很小的，所以该态的“寿命”比较长（见 §134）．这就是为什么 $l\neq 0$ 的共振散射本质上不同于 s 态（此态没有离心势垒）的原因所在．(133.15)式中 $\varepsilon>0$ 的分母当 $E=E_0-\mathrm{i}\dfrac{\Gamma}{2}$ 时等于零，其中

$$E_0\approx\varepsilon, \quad \Gamma=\frac{2\sqrt{2m}}{b\hbar}\varepsilon^{l+\frac{1}{2}} \tag{133.16}$$

可是，散射振幅的这个极点位于非物理叶上．小量 Γ 就是准离散能级的宽度（见 §134）．

最后，我们可以指出相位 δ_l 的一个有趣的性质，它很易从前面的结果中导出．我们把相位 $\delta_l(E)$ 看作能量的连续函数，它的值也不限于 0 到 π（参看 §36 最后一个附注）．我们来证明下式成立：

$$\delta_l(0)-\delta_l(\infty)=n\pi, \tag{133.17}$$

式中 n 是引力场 $U(r)$ 中角动量为 l 的离散能级数（N. Levinson, 1949）．

证明时我们注意到，在满足条件 $|U|\ll\hbar^2/ma^2$ 的场中，玻恩近似对所有的能量成立，所以对所有的 E 均有 $\delta_l(E)\ll 1$，由于 $E\to\infty$ 时散射振幅趋于零，我们有 $\delta_l(\infty)=0$．根据 §132 中的一般结论，还有 $\delta_l(0)=0$．这样的场中不存在离散能级（见 §45），故 $n=0$．现在来研究势阱 $U(r)$ 逐渐加深时差值 $\delta_l(\Delta)-\delta_l(\infty)$ 的变化，Δ 是某个给定的小量，随着这种加深，阱的上端依次出现第一个、

① 对于 $\varepsilon<0$ 以及 E 接近于 $|\varepsilon|$，

$$f_l\approx(-1)^{l+1}|\varepsilon|^l/b(E+|\varepsilon|)$$

与(128.17)相比较，说明 $b>0$．

第二个等等的能级,每出现一个能级,相位 $\delta_l(\Delta)$ 就增加一个 π①. 加深到给定的 $U(r)$ 时再令 $\Delta\to 0$,即得(133.17)式.

习 题

1. 试用 $r\sim a$ 的"内"区中 $E=\varepsilon$ 的定态波函数表达有效力程 r_0(Я. А. Смородинский,1948).

解:令 χ_0 为 $r\sim a$ 区内的波函数,它已按 $r\to\infty$ 时 $\chi_0\to 1$ 的条件归一化. 于是整个空间中的波函数的平方可写成 $\chi^2=A_0^2(\mathrm{e}^{-2\kappa r}+\chi_0^2-1)$ 的形式. 这个表示式当 $\kappa r\gg 1$ 时变成 $A_0^2\mathrm{e}^{-2\kappa r}$,当 $\kappa r\ll 1$ 时变成 $A_0^2\chi_0^2$,它应按下式归一化:

$$\int_0^\infty \chi^2\mathrm{d}r=A_0^2\left[\frac{1}{2\kappa}-\int_0^\infty(1-\chi_0^2)\mathrm{d}r\right]=1,$$

与(133.13)式比较后给出

$$r_0=2\int_0^\infty(1-\chi_0^2)\mathrm{d}r.$$

根据 $U(r)<0$ 的(133.1)式,该式之解就是 χ_0,可知 $\chi_0(r)<\chi_0(\infty)=1$. 因此总有 $r_0>0$.

2. 当场 $U(r)$ 变化时,求相位 δ_l 的改变.

解:对薛定谔方程

$$\chi''_l+\frac{2m}{\hbar^2}\left[E-\frac{l(l+1)}{r^2}-U\right]\chi_l=0$$

中的 $U(r)$ 进行变分,我们得

$$\delta\chi''_l+\frac{2m}{\hbar^2}\left[E-\frac{l(l+1)}{r^2}-U\right]\delta\chi_l=\frac{2m}{\hbar^2}\chi_l\delta U.$$

第一式乘 $\delta\chi_l$,第二式乘 χ_l,相减后对 r 积分,得

$$(\chi_l\delta\chi'_l-\chi'_l\delta\chi_l)\big|_{r\to\infty}=\frac{2m}{\hbar^2}\int_0^\infty\chi_l^2\delta U\mathrm{d}r,$$

上式左端用下列渐近式代入:

$$\chi_l=\sin\left(kr-\frac{1}{2}l\pi+\delta_l\right),$$

$$\delta\chi_l=\delta(\delta_l)\cos\left(kr-\frac{1}{2}l\pi+\delta_l\right)$$

(此式中所选的系数 1 确定了所采用的归一化),我们得

① (133.6)式中,这相当于 δ_0 从 0 变到 π,此时 k 为给定的小量,而 κ 则从负值($-\kappa\gg k$)变到正值 $\kappa\gg k$. 当 $l\neq 0$ 时,同样可从 $k\cot\delta_l=-bE^{-l}(E-\varepsilon)$ 中得到这个结论. 此时 $E=\Delta$ 为给定,而 ε 从 $\varepsilon\gg\Delta$ 变到 $-\varepsilon\gg\Delta$.

$$\delta(\delta_l) = -\frac{2m}{k\hbar^2}\int_0^\infty \chi_l^2 \delta U \mathrm{d}r.$$

根据这个式子,我们可对作为能量连续函数的相位 δ_l 的符号问题作出某些结论,为了避免这些函数定义中的含混处(可以相差 π 的整数倍),我们用条件 $\delta_l(\infty)=0$ 加以归一化.

先从 $U=0$ 开始,此时所有的 δ_l 等于零,逐渐增大 $|U|$,我们发现斥力场 $(U>0)$ 中所有的 $\delta_l<0$,引力场 $(U<0)$ 中则 $\delta_l>0$. 斥力场中 $\delta_l(0)=0$,所以低能时 δ_l 很小;散射振幅因此是负的:$f\approx\delta_0/k<0$. 引力场中相应地推得,只当不存在离散能级时 f 才能是正的,不然的话,当 E 很小时,δ_l 不是接近于零而是接近于 $n\pi$(见(133.17)式),并且对 f 的符号问题不能作出判断.

3. 对半径为 a 深度为 U_0 的球形方势阱,求散射长度 α 和有效力程 r_0,设该势阱只含一个接近于零的离散能级.

解:仿照 §132 题 1 的做法,只是在阱内区与 U_0 相比我们不略去粒子能量 $E=\hbar^2k^2/2m$. 得到相位 δ_0 的方程为

$$k\cot(\delta_0+ak)=K\cot aK,\quad K=\frac{1}{\hbar}\sqrt{2m(U_0+E)}.$$

为了使阱内只含一个能级,且接近于零,必须有(见 §33,题 1)

$$U_0=\frac{\pi^2\hbar^2}{8ma^2}(1+\Delta),\quad \Delta\ll 1.$$

将前式展成 ka 和 Δ 的幂次式后,我们得

$$k\cot\delta_0\approx-\frac{\pi^2}{8a}\Delta+\frac{1}{2}ak^2,$$

故 $\alpha=1/\kappa_0=8a/\pi^2\Delta$,$r_0=a$,$\kappa_0$ 值与 $\sqrt{\dfrac{2m|E_1|}{\hbar}}$ 一致,E_1 是阱中能级的能量值;见 §33,题 1.

4. 对一个在球半径 a 外面等于零的势场 $U(r)$,试用相位 $\delta_0(k)$ 表出下列积分式

$$\int_0^a \chi^2 \mathrm{d}r$$

χ 为 s 态波函数(G. Lüders,1955).

解:按(128.10)式

$$\int_0^a \chi^2\mathrm{d}r=\frac{1}{2k}\left[\chi'\frac{\partial\chi}{\partial k}-\chi\left(\frac{\partial\chi}{\partial k}\right)'\right]_{r=a},$$

式中撇号代表对 r 微分[(128.10)中对 E 的导数已改成对 $k=\sqrt{\dfrac{2mE}{\hbar}}$ 的导数]由

于在 $r=a$ 处不存在场，上式右边可采用自由运动波函数：$\chi=2\sin(kr+\delta_0)$［按(33.20)归一化］. 结果为

$$\int_0^a \chi^2 \mathrm{d}r = 2\left(a+\frac{\mathrm{d}\delta_0}{\mathrm{d}k}\right)-\frac{1}{k}\sin[2(ka+\delta_0)]>0.$$

因为 χ^2 的积分一定是正的，上式右边也一定是正的①.

§ 134　准离散能级处的共振

能够衰变的系统，严格讲来并不存在离散能谱. 衰变时从中逸出的粒子走向无穷远处，从这一点看来，该系统的运动是无限运动，因而能谱是连续的.

但是，该系统的衰变概率有可能非常小. 这类系统的一个简单例子是，粒子四周被一个相当高和宽的势垒所包围. 存在亚稳态的另一种可能原因是，由于弱的自旋－轨道作用，衰变时系统的自旋必须发生改变.

对于衰变概率很小的系统，我们可以引进**准定态**的概念，该态中的粒子长时期地在这个"系统之内"运动，经过相当长的一段时间间隔 τ 以后才逸出，τ 可称为所考虑准定态的**寿命**（$\tau\sim 1/w$，w 为单位时间的衰变概率）. 这些态的能谱是**准离散**的，它由一串有宽度的能级所组成，**宽度**和寿命的关系为 $\Gamma\sim\hbar/\tau$［见(44.7)式］. 准离散能级的宽度小于这些能级之间的间距.

准定态的研究，可以采用下列纯形式的方法. 直到现在为止，我们总是要求薛定谔方程之解具有这样的边界条件，它的波函数在无穷远处必须是有限的. 代替这一点，现在我们来找寻这样的解，它在无穷远处是一个出射球面波，与系统衰变后逸出的粒子相对应. 由于这样的边界条件是一个复条件，我们无法断言能量本征值一定是实数. 反之，求解薛定谔方程后得到一串复值，我们把它写成以下形式：

$$E=E_0-\frac{1}{2}\mathrm{i}\Gamma, \tag{134.1}$$

式中的 E_0 和 Γ 是两个常数，它们都是正的（见后）.

很易看出这种复能量值的物理含义. 准定态波函数中的时间因子具有以下形式：

$$\exp\left(-\frac{\mathrm{i}}{\hbar}Et\right)=\exp\left(-\frac{\mathrm{i}}{\hbar}E_0t-\frac{\Gamma}{2\hbar}t\right).$$

---

① 这个不等式早先已由 Wigner(1955)用别的方式导出.

因此按波函数的模量平方给出的所有概率都按 $e^{-\Gamma t/\hbar}$ 的规律随时间衰减①. 特别是,发现粒子处于“系统之内”的概率是按这个规律衰减的,因此 Γ 值决定了该态的寿命,单位时间的衰变概率为

$$w=\Gamma/\hbar. \tag{134.2}$$

准定态波函数在远距离处(出射波)具有以下因子:

$$\exp\left[\frac{\mathrm{i}r}{\hbar}\sqrt{2m(E_0-\mathrm{i}\Gamma/2)}\right],$$

$r\to\infty$ 时,该因子指数式地增长(根号的虚部是负的). 这些函数的归一化积分 $\int|\psi|^2\mathrm{d}V$ 因而是发散的. 附带说一下,这一点解决了这样一个表观矛盾;一方面 $|\psi|^2$ 随时间衰减,另一方面可用波动方程证明它的归一化积分是一个常数.

现在来考查粒子能量接近于某一准离散能级时的波函数形式.

像 §128 一样,我们写出径向波函数的渐近式(在远距离处)(128.1):

$$R_l=\frac{1}{r}\left[A_l(E)\exp\left(-\frac{\sqrt{-2mE}}{\hbar}r\right)+B_l(E)\exp\left(\frac{\sqrt{-2mE}}{\hbar}r\right)\right], \tag{134.3}$$

并把 E 看作复变量. 当 E 为正实值时,

$$R_l=\frac{1}{r}\left[A_l(E)\mathrm{e}^{\mathrm{i}kr}+B_l(E)\mathrm{e}^{-\mathrm{i}kr}\right],\quad k=\frac{\sqrt{2mE}}{\hbar}, \tag{134.4}$$

并有 $A_l(E)=B_l^*(E)$ [见(128.3),(128.4)],式中的函数 $B_l(E)$ 取在右实轴割线的上沿.

确定复能量本征值的条件,归结为渐近式(134.3)中不存在入射波. 这就意味着,$E=E_0-\frac{1}{2}\mathrm{i}\Gamma$ 时系数 $B_l(E)$ 必须等于零:

$$B_l\left(E_0-\frac{1}{2}\mathrm{i}\Gamma\right)=0, \tag{134.5}$$

由此可见,准离散能级和真离散能级一样,都是函数 $B_l(E)$ 的零点,但和真离散能级所对应的零点不同,它们并不位于物理叶上;我们在写出条件(134.5)时,

---

① 我们注意到,这一点表明了物理上 Γ 为正量的必要性. 但是这个条件也可以根据所设的薛定谔方程之解在无穷远处的边界条件自动地得到,也可以根据微扰论公式中绕过极点的规则(见 §130)得到. 假定从离散能级 n 到连续谱态 ν 的跃迁是由恒定微扰 V 引起的. 则能级的二级修正为[参考(33.10)]

$$E_n^{(2)}=\int\frac{|V_{n\nu}|^2}{E_n^{(0)}-E_\nu+\mathrm{i}0}\mathrm{d}\nu,$$

规则(43.10)给出

$$\Gamma=-2\,\mathrm{Im}\,E_n^{(2)}=2\pi\int|V_{n\nu}|^2\delta(E_n^{(0)}-E_\nu)\mathrm{d}\nu,$$

这与跃迁概率(43.1)式一致.

已经假定了所求的准定态波函数来自(134.3)式的相同项,该项在 $E>0$ 时[即(134.4)式]也是一个出射波($\sim e^{ikr}$). 可是 $E=E_0-\frac{1}{2}i\Gamma$ 点位于正实轴的下面. 从割线上沿[(134.4)式中的系数用它来定义]到达这一点而又不离开物理叶,只有绕过 $E=0$ 点. 这样一来 $\sqrt{-E}$ 变号,出射波变成了入射波. 因此,为了保持为出射波,我们只能直接向下通过割线到达这一点,从而落到另一叶非物理叶上.

现在来研究接近于准离散能级的那些正能量值(当然,应假定 Γ 很小,否则不会存在这些接近值). 把函数 $B_l(E)$ 展成差式

$$E-\left(E_0-\frac{1}{2}i\Gamma\right)$$

的幂级数,只取一级项,我们有

$$B_l(E)=\left(E-E_0+\frac{1}{2}i\Gamma\right)b_l, \tag{134.6}$$

式中 b_l 是一个常数. 上式代入(134.4),得到接近准定态的以下状态波函数:

$$R_l=\frac{1}{r}\left[\left(E-E_0-\frac{1}{2}i\Gamma\right)b_l^* e^{ikr}+\left(E-E_0+\frac{1}{2}i\Gamma\right)b_l e^{-ikr}\right], \tag{134.7}$$

这个函数的相位 δ_l 由下式给出:

$$\begin{aligned}\exp(2i\delta_l)&=\frac{E-E_0-i\Gamma/2}{E-E_0+i\Gamma_0/2}\exp(2i\delta_l^{(0)})=\\&=\left(1-\frac{i\Gamma}{E-E_0+i\Gamma/2}\right)\exp(2i\delta_l^{(0)}),\end{aligned} \tag{134.8}$$

其中的

$$\exp(2i\delta_l^{(0)})=(-1)^{l+1}\frac{b_l^*}{b_l}. \tag{134.9}$$

$|E-E_0|\gg\Gamma$ 时,相位 δ_l 等于 $\delta_l^{(0)}$,因此 $\delta_l^{(0)}$ 就是远离共振的相位值.

共振区内的 δ_l 显著地随能量变化. 如果利用

$$\exp(2i\arctan\lambda)=\frac{\exp(i\arctan\lambda)}{\exp(-i\arctan\lambda)}=\frac{1+i\lambda}{1-i\lambda}$$

把(134.8)改写成以下形式:

$$\delta_l=\delta_l^{(0)}-\arctan\frac{\Gamma}{2(E-E_0)}, \tag{134.10}$$

我们就可看到,通过整个共振区(从 $E\ll E_0$ 变到 $E\gg E_0$)后相位改变了 π.

$E=E_0-\frac{1}{2}i\Gamma$ 时,(134.7)式变成

$$R_l=-\frac{i\Gamma}{r}b_l^* e^{ikr}.$$

如果这个波函数是按$|\psi|^2$对系统内部区域的积分等于1这样的条件归一化的，那么这个出射波的总流量（它等于$v|\mathrm{i}\Gamma b_l^*|^2$）应该等于(134.2)式的衰变概率.从而得

$$|b_l|^2=\frac{1}{\hbar v\Gamma}. \tag{134.11}$$

当入射粒子的能量E接近于由散射系统和进行散射的粒子所组成的**复合系统**的某个准离散能级E_0时，以上所得的结果使我们有可能求出这个粒子的弹性散射振幅.在一般公式(123.11)中，对应于E_0能级的那一个l项必须用(134.8)式代入.这时我们得出

$$f(\theta)=f^{(0)}(\theta)-\frac{2l+1}{k}\frac{\Gamma/2}{E-E_0+\mathrm{i}\Gamma/2}\exp(2\mathrm{i}\delta_l^{(0)})\mathrm{P}_l(\cos\theta), \tag{134.12}$$

式中的$f^{(0)}(\theta)$是远离共振的散射振幅，它和准定态的性质无关[它由每项中的$\delta_l=\delta_l^{(0)}$的(123.11)式给出]①.$f^0(\theta)$称为**势散射**振幅，(134.12)中的第二项则称为**共振散射**振幅，后者在$E=E_0-\frac{1}{2}\mathrm{i}\Gamma$处有一个极点，如前所述，这个极点不在物理叶上②.

(134.12)式给出了在复合系统某一准离散能级处接近共振的弹性散射.它的成立范围由以下要求所决定，即差值$|E-E_0|$必须远小于该能级到相邻准离散能级的距离D：

$$|E-E_0|\ll D. \tag{134.13}$$

如果所考虑的是慢粒子散射，亦即共振区内的粒子波长远大于散射系统的尺度时，(134.12)式还可适当化简.此时只有s波散射是重要的；我们将假定E_0确是属于$l=0$的能级.势散射振幅就变成一个实常数$-\alpha$（见§132）③.在共振散射振幅中，我们令$l=0$并把$\exp(2\mathrm{i}\delta_0^{(0)})$改成1（因为$\delta_0^{(0)}=-\alpha k\ll 1$），从而得

$$f(\theta)=-\alpha-\frac{\Gamma/2}{k(E-E_0+\mathrm{i}\Gamma/2)}. \tag{134.14}$$

在$|E-E_0|\sim\Gamma$的窄区内，第二项远大于振幅α，α可以略去.但当远离共振区时，这两项可能差不多大小.

以上的推导中，我们暗中假定了能级E_0的数值本身并不太小，共振区不在

---

① 如果考虑的是带电粒子被一个带电粒子系统所散射，相位$\delta_l^{(0)}$应该采用(135.11)式.

② 注意，慢粒子共振散射的(133.15)式，当E接近于$l\neq 0$的正能级ε时，该式与(134.12)式中的共振项精确对应.此时的E_0和Γ值由(133.16)式给出，由于E很小，相位$\delta_l^{(0)}$也很小，故$\exp(2\mathrm{i}\delta_l^{(0)})\approx 1$.

③ 已假定散射场随距离的增大而足够快地衰减.§145中将把上述结果应用到原子核对慢中子的散射.

$E=0$ 点附近. 如果考虑的是复合系统第一个准离散能级处的共振,该能级与 $E=0$的间距远小于它和下一个能级之间的间距(即 $E_0 \ll D$),这时展开式(134.6)就不再适用了. 这一点可从这样的事实看出,当 $E\to 0$ 时,(134.14)式的振幅并不趋于一常数极限,而按一般理论这正是 s 波散射所必需的.

我们来考虑一个准离散能级接近于零的情形,仍假定进行散射的粒子在共振区内很慢,只有 s 波散射是重要的.

波函数中的系数 $B_l(E)$ 现在必须按能量 E 本身的幂次展开. $E=0$ 点是函数 $B_l(E)$ 的一个支点,从割线上沿绕过此点到达下沿时 $B_l(E)$ 变成 $B_l^*(E)$. 这意味着展开是按 $\sqrt{-E}$ 的幂进行的,按上述方式绕过 $E=0$ 点时它要变号. 对于正的 E 值,我们把函数 $B_0(E)$ 的展开式中的前几项写成以下形式:

$$B_0(E)=(E-\varepsilon_0+\mathrm{i}\gamma\sqrt{E})b_0(E), \tag{134.15}$$

式中的 ε_0 和 γ 都是实常数,$b_0(E)$ 是能量的函数,它也能展成$\sqrt{E}$的幂级数,但在 $E=0$ 点附近没有零点①. 准离散能级 $E=E_0-\mathrm{i}\Gamma/2$ 相当于延拓到非物理叶下半平面后的 $E-\varepsilon_0+\mathrm{i}\gamma\sqrt{E}$因子等于零,因此 E_0 和 Γ 可由下式确定:

$$E_0-\frac{\mathrm{i}}{2}\Gamma-\varepsilon_0+\mathrm{i}\gamma\sqrt{E_0-\mathrm{i}\Gamma/2}=0 \tag{134.16}$$

(为了使 E_0 和 Γ 是正的,常数 ε_0 和 γ 必须是正的). 例如宽度为 $\Gamma \ll E_0$ 的一个能级,相当于这些常数间具有 $\varepsilon_0 \gg \gamma^2$ 的关系,这时从(134.16)式可得 $E_0=\varepsilon_0$,$\Gamma=2\gamma\sqrt{\varepsilon_0}$.

目前情形下(134.15)式代替了(134.6)式,随后的公式也要作相应的修改(E_0 改为 ε_0,Γ 改为 $2\gamma\sqrt{E}$). 散射振幅因而由(134.14)式改成下式:

$$f=-\alpha-\frac{\hbar\gamma}{\sqrt{2m}(E-\varepsilon_0+\mathrm{i}\gamma\sqrt{E})} \tag{134.17}$$

(式中已令 $k=\sqrt{2mE}/\hbar$,m 是该粒子和散射系统的折合质量). $E\to 0$ 时这个振幅确是趋于一常数极限,从而证实了展式(134.15)的形状.

要注意的是,(134.17)式也包括了复合系统的一个真离散能级接近于零时的情形,它由 ε_0 和 γ 这两个常数间的适当关系所给出. 如果 $|\varepsilon_0| \ll \gamma^2$,对 $E \ll \gamma^2$ 的能量讲来,共振项分母中的第一项 E 可以略去不计.

再略去势散射振幅 α,我们得公式

$$f=-\frac{1}{\mathrm{i}k-\sqrt{2m}\,\varepsilon_0/\hbar\gamma}$$

---

① 按(134.9)式,函数 $b_0(E)$ 确定了势散射的相位. 慢粒子散射中,它的展开式的首项为 $b_0(E)=$ 常数 $\times\,\mathrm{i}(1+\mathrm{i}\alpha k)$.

和(133.7)式相同(该式中 $\kappa = -\sqrt{2m}\,\varepsilon_0/\hbar\gamma$). 此式对应于 $E=\varepsilon_0^2/\gamma^2$ 能级处的共振,这个离散能级是真的还是虚的,要看常数 κ 是正的还是负的而定.

§135　卢瑟福公式

库仑场中的散射从物理应用的观点看来十分重要.它的重要性还在于,这种情形下量子力学的碰撞问题可以精确解出.

当有一个方向可以区别于其余方向时(目前情形下就是入射粒子的方向),库仑场中的薛定谔方程最好在抛物坐标系 ξ,η,φ 中求解(§37).有心力场中的粒子散射问题是轴对称的.因此波函数 ψ 与 φ 角无关.我们把薛定谔方程(37.6)的特解写成以下形式:

$$\psi = f_1(\xi)f_2(\eta), \tag{135.1}$$

这就是 $m=0$ 的(37.7)式.据此,分离变量后,我们得 $m=0$ 的(37.8)式①:

$$\left.\begin{aligned}&\frac{\mathrm{d}}{\mathrm{d}\xi}\left(\xi\frac{\mathrm{d}f_1}{\mathrm{d}\xi}\right)+\left(\frac{1}{4}k^2\xi-\beta_1\right)f_1=0,\\&\frac{\mathrm{d}}{\mathrm{d}\eta}\left(\eta\frac{\mathrm{d}f_2}{\mathrm{d}\eta}\right)+\left(\frac{1}{4}k^2\eta-\beta_2\right)f_2=0,\\&\beta_1+\beta_2=1.\end{aligned}\right\} \tag{135.2}$$

散射粒子的能量当然是正的,我们已令 $E=\frac{1}{2}k^2$.(135.2)式中的符号是针对斥力场情形的,对于引力场中的散射截面讲来,所得的最后结果相同.

我们要找的薛定谔方程之解应该符合如下要求:对于负的 z 和大的 r,它具有平面波形式:

$$\psi \sim e^{ikz} \quad (当\ r\to\infty,\ -\infty<z<0),$$

这对应于沿正 z 轴方向入射的粒子.下面就会看到,形如(135.1)的一个特解(而不是具有各种 β_1,β_2 值的解的线性组合)能够符合上述要求.

在抛物坐标系中,上述要求呈以下形式:

$$\psi \sim e^{i\frac{1}{2}k(\xi-\eta)} \qquad (对\ \eta\to\infty\ 和所有\ \xi)$$

要满足上式只有

$$f_1(\xi) = e^{i\frac{1}{2}k\xi} \tag{135.3}$$

并且 $f_2(\eta)$ 遵循以下条件:

$$f_2(\eta) \sim e^{-i\frac{1}{2}k\eta}, \quad \eta\to\infty\ 时. \tag{135.4}$$

把(135.3)代入(135.2)第一式中,我们发现这个函数的确满足该方程,只

① 本节中,我们采用库仑单位(见§36).

要常数 $\beta_1=\frac{1}{2}\mathrm{i}k$. 这时由(135.2)的第二式($\beta_2=1-\beta_1$)得

$$\frac{\mathrm{d}}{\mathrm{d}\eta}\left(\eta\frac{\mathrm{d}f_2}{\mathrm{d}\eta}\right)+\left(\frac{1}{4}k^2\eta-1+\frac{1}{2}\mathrm{i}k\right)f_2=0,$$

我们来寻求上式以下形式的解:

$$f_2(\eta)=\mathrm{e}^{-\mathrm{i}\frac{1}{2}k\eta}w(\eta),\tag{135.5}$$

其中的函数 $w(\eta)$ 当 $\eta\to\infty$ 时趋于一常数. 对 $w(\eta)$ 得以下方程:

$$\eta w''+(1-\mathrm{i}k\eta)w'-w=0,\tag{135.6}$$

引入新变量 $\eta_1=\mathrm{i}k\eta$ 后,上式可以化成参量为 $\alpha=-\mathrm{i}/k,\gamma=1$ 的合流超几何函数方程. 我们从(135.6)式的解中应当选取满足下述要求的解:它乘以 $f_1(\xi)$ 后只包含出射球面波(散射波),而不包含入射球面波. 此解即以下函数:

$$w=\text{常数}\times\mathrm{F}\left(-\frac{\mathrm{i}}{k},1,\mathrm{i}k\eta\right)$$

把以上各个表式汇集起来,即得描述散射问题的以下薛定谔方程的精确解:

$$\psi=\mathrm{e}^{-\frac{\pi}{2k}}\Gamma\left(1+\frac{\mathrm{i}}{k}\right)\mathrm{e}^{\mathrm{i}\frac{1}{2}k(\xi-\eta)}\mathrm{F}\left(-\frac{\mathrm{i}}{k},1,\mathrm{i}k\eta\right).\tag{135.7}$$

ψ 中的归一化常数已选定,使得入射平面波具有单位振幅(见后).

为了把这个函数中的入射波和散射波区分开来,我们必须考虑它在远离散射中心处的形式. 应用合流超几何函数渐近展开式中的前两项[(d.14)式],对大的 η 我们有

$$\mathrm{F}\left(-\frac{\mathrm{i}}{k},1,\mathrm{i}k\eta\right)\approx\frac{(-\mathrm{i}k\eta)^{\mathrm{i}/k}}{\Gamma(1+\mathrm{i}/k)}\left(1+\frac{1}{\mathrm{i}k^3\eta}\right)+\frac{(\mathrm{i}k\eta)^{-\mathrm{i}/k}}{\Gamma(-\mathrm{i}/k)}\frac{\mathrm{e}^{\mathrm{i}k\eta}}{\mathrm{i}k\eta}=$$

$$=\frac{\mathrm{e}^{\pi/2k}}{\Gamma(1+\mathrm{i}/k)}\left(1+\frac{1}{\mathrm{i}k^3\eta}\right)\exp\left(\frac{\mathrm{i}}{k}\ln k\eta\right)-\frac{(\mathrm{i}/k)\mathrm{e}^{\pi/2k}}{\Gamma(1-\mathrm{i}/k)}\frac{\mathrm{e}^{\mathrm{i}k\eta}}{\mathrm{i}k\eta}\exp\left(-\frac{\mathrm{i}}{k}\ln k\eta\right).$$

把上式代入(135.7)并变换到球坐标系[$\xi-\eta=2z,\eta=r-z=r(1-\cos\theta)$],最后可得波函数的以下渐近表示式:

$$\psi=\left[1+\frac{1}{\mathrm{i}k^3r(1-\cos\theta)}\right]\exp\left\{\mathrm{i}kz+\frac{\mathrm{i}}{k}\ln[kr(1-\cos\theta)]\right\}+$$

$$+\frac{f(\theta)}{r}\exp\left\{\mathrm{i}kr-\frac{\mathrm{i}}{k}\ln(2kr)\right\},\tag{135.8}$$

其中的

$$f(\theta)=-\frac{1}{2k^2\sin^2(\theta/2)}\frac{\Gamma(1+\mathrm{i}/k)}{\Gamma(1-\mathrm{i}/k)}\exp\left(-\frac{2\mathrm{i}}{k}\ln\sin\frac{\theta}{2}\right).\tag{135.9}$$

(135.8)式中的第一项代表入射波,我们看到,由于库仑场衰减缓慢,这个

平面入射波即使在远离散射中心处也是畸变的①,表现在它的相位中存在对数项以及在振幅中存在 $1/r$ 量级的项,在(135.8)第二项所表示的散射球面波中,其相位中也有畸变对数项,这些与波函数的通常渐近表式(123.3)之间的差别,实际上并不重要,因为当 $r\to\infty$ 时它们给出的流密度改正值趋于零.

由此得到散射截面 $d\sigma=|f(\theta)|^2 do$ 的公式

$$d\sigma=\frac{do}{4k^4\sin^4\dfrac{\theta}{2}},$$

在通常单位制中就是

$$d\sigma=\left(\frac{\alpha}{2mv^2}\right)^2\frac{do}{\sin^4\dfrac{\theta}{2}},\tag{135.10}$$

式中 $v=k\hbar/m$ 是粒子的速度. 这就是经典力学中给出的著名的**卢瑟福公式**. 因此对于库仑场中的散射,量子力学和经典力学给出同样的结果(N. Mott, W. Gordon, 1928). 当然,由玻恩公式(126.12)也能导出(135.10)式.

下面我们给出散射振幅(135.9)的球谐函数展开式,以供参考. 它是把(36.28)式的周相代入(124.5)式后得到的,该式即②

$$\exp(2i\delta_l^{库仑})=\frac{\Gamma\left(l+1+\dfrac{i}{k}\right)}{\Gamma\left(l+1-\dfrac{i}{k}\right)},\tag{135.11}$$

由此得

$$f(\theta)=\frac{1}{2ik}\sum_l(2l+1)\frac{\Gamma\left(l+1+\dfrac{i}{k}\right)}{\Gamma\left(l+1-\dfrac{i}{k}\right)}P_l(\cos\theta).\tag{135.12}$$

散射振幅(135.9)中的符号对应于斥力场. 在库仑引力场中,(135.9)式改成它的复共轭式. 这样一来,在 $\Gamma(1-i/k)$ 函数的极点处,亦即伽玛函数的宗量为负整数或零的那些点处(当 $\operatorname{Im}k>0$ 并且函数 $r\psi$ 在无穷远处衰减时),$f(\theta)$ 变成无穷大. 与此相应的能量值为 $\dfrac{1}{2}k^2=-1/2n^2\ (n=1,2,3,\cdots)$,这与库仑场中的离散能级值一致(参考 §128).

---

① 这种畸变的来源可以经典地阐明. 如果考虑一族入射方向相同的(平行于 z 轴)经典库仑双曲线轨道,很易证明,它们的正交面方程在远距离($z\to-\infty$)处并不趋于 z = 常数,而是趋于 $z+k^{-2}\ln k(r-z)$ = 常数,这个面就是(135.8)式中入射波的等相面.

② 此式中的 $\delta_l^{库仑}$ 值不同于真正的(发散的)库仑相位,其差值对所有的 l 来讲都是相同的.

§ 136　连续谱的波函数组

分析有心力场中的运动时(第五章),我们所考虑的定态中,粒子具有确定的能量和确定的轨道角动量 l 及其分量 m. 这些离散谱的状态波函数(ψ_{nlm})和连续谱的状态波函数(ψ_{klm},能量 $\hbar^2k^2/2m$)合起来组成一个完备组,任意的状态波函数可以用它展开. 可是这组函数对散射理论中的问题并不适用. 我们有另外一组方便的函数,其中的连续谱波函数具有特殊的渐近行为:在无穷远处成为一个平面波和一个出射球面波. 这些态中的粒子具有确定的能量,但是没有确定的角动量及其分量.

根据(123.6)和(123.8),这样的波函数(我们把它记作 $\psi_{\boldsymbol{k}}^{(+)}$)由下式给出:

$$\psi_{\boldsymbol{k}}^{(+)}=\frac{1}{2k}\sum_{l=0}^{\infty}\mathrm{i}^l(2l+1)\mathrm{e}^{\mathrm{i}\delta_l}R_{kl}(r)\mathrm{P}_l\left(\frac{\boldsymbol{k}\cdot\boldsymbol{r}}{kr}\right).\tag{136.1}$$

勒让德多项式的宗量写成 $\cos\theta=\boldsymbol{k}\cdot\boldsymbol{r}/kr$,因此上式不存在(123.6)式那样[式中的 z 轴是平面波的传播方向]的坐标轴的特殊选法问题. 对矢量 $\boldsymbol{k}$ 取所有可能的值后,我们就得到一组波函数,现在来证明,它们是按连续谱的通常规则正交归一化的:

$$\int\psi_{\boldsymbol{k}'}^{(+)*}\psi_{\boldsymbol{k}}^{(+)}\mathrm{d}V=(2\pi)^3\delta(\boldsymbol{k}'-\boldsymbol{k}).\tag{136.2}$$

证明时[①],我们注意到乘积 $\psi_{\boldsymbol{k}'}^{(+)*}\psi_{\boldsymbol{k}}^{(+)}$ 可以表成以下乘积对 l 和 l' 的双重求和:

$$\mathrm{P}_l\left(\frac{\boldsymbol{k}\cdot\boldsymbol{r}}{kr}\right)\mathrm{P}_{l'}\left(\frac{\boldsymbol{k}'\cdot\boldsymbol{r}}{k'r}\right).$$

对 $\boldsymbol{r}$ 各个方向的积分可利用下式进行:

$$\int\mathrm{P}_l\left(\frac{\boldsymbol{k}\cdot\boldsymbol{r}}{kr}\right)\mathrm{P}_{l'}\left(\frac{\boldsymbol{k}'\cdot\boldsymbol{r}}{k'r}\right)\mathrm{d}o=\delta_{ll'}\frac{4\pi}{2l+1}\mathrm{P}_l\left(\frac{\boldsymbol{k}\cdot\boldsymbol{k}'}{kk'}\right),\tag{136.3}$$

参考数学附录(c.12)式. 留下

$$\int\psi_{\boldsymbol{k}'}^{(+)*}\psi_{\boldsymbol{k}}^{(+)}\mathrm{d}V=\frac{\pi}{kk'}\sum_{l=0}^{\infty}(2l+1)\mathrm{e}^{\mathrm{i}[\delta_l(k)-\delta_l(k')]}\mathrm{P}_l(\cos\gamma)\times$$
$$\times\int_0^{\infty}R_{k'l}(r)R_{kl}(r)r^2\mathrm{d}r$$

式中 γ 是 $\boldsymbol{k}$ 和 $\boldsymbol{k}'$ 的夹角. 但径向函数 R_{kl} 是按下式正交归一化的:

$$\int_0^{\infty}R_{k'l}R_{kl}r^2\mathrm{d}r=2\pi\delta(k'-k).$$

---

① 实质上,只有 $\psi_{\boldsymbol{k}}^{(+)}$ 的正交性需要单独证明,归一化可从函数的渐近式直接导出(参考 § 21). 在这个意义下,(136.2)式的成立是明显的,因为 $r\to\infty$ 时这些函数中的非衰减项只有 $\psi_{\boldsymbol{k}}^{(+)}\approx\mathrm{e}^{\mathrm{i}\boldsymbol{k}\cdot\boldsymbol{r}}$.

因此可在这个积分式前的系数中令 $k=k'$,再用(124.3)式,我们得

$$\int \psi_{k'}^{(+)*}\psi_{k}^{(+)}\mathrm{d}V=\frac{2\pi^2}{k^2}\delta(k'-k)\sum_{l=0}^{\infty}(2l+1)\mathrm{P}_l(\cos\gamma)=$$

$$=\frac{8\pi^2}{k^2}\delta(k'-k)\delta(1-\cos\gamma).$$

上式右边当 $\boldsymbol{k}\neq\boldsymbol{k}'$时为零,乘以 $2\pi k^2\sin\gamma\mathrm{d}k\mathrm{d}\gamma/(2\pi)^3$ 再对整个 $\boldsymbol{k}$ 空间积分后得 1,这就证明了(136.2)式.

引进 $\psi_{\boldsymbol{k}}^{(+)}$ 函数组的同时,还可引进另一个函数组,它们对应于在无穷远处是一个平面波和一个入射球面波的态. 我们把这些函数记作 $\psi_{\boldsymbol{k}}^{(-)}$,它们可从 $\psi_{\boldsymbol{k}}^{(+)}$ 直接得到:

$$\psi_{\boldsymbol{k}}^{(-)}=\psi_{-\boldsymbol{k}}^{(+)*}. \tag{136.4}$$

由于 $\mathrm{e}^{\mathrm{i}kr}/r$(出射波)的复共轭为 $\mathrm{e}^{-\mathrm{i}kr}/r$(入射波),而平面波变成 $\mathrm{e}^{-\mathrm{i}\boldsymbol{k}\cdot\boldsymbol{r}}$,因此,为了保留 $\boldsymbol{k}$ 的原有定义(平面波 $\mathrm{e}^{\mathrm{i}\boldsymbol{k}\cdot\boldsymbol{r}}$),我们必须把 $\boldsymbol{k}$ 改成 $-\boldsymbol{k}$,如(136.4)式所示. 注意到

$$\mathrm{P}_l(-\cos\theta)=(-1)^l\mathrm{P}_l(\cos\theta),$$

由(136.1)式得

$$\psi_{\boldsymbol{k}}^{(-)}=\frac{1}{2k}\sum_{l=0}^{\infty}\mathrm{i}^l(2l+1)\mathrm{e}^{-\mathrm{i}\delta_l}R_{kl}(r)\mathrm{P}_l\left(\frac{\boldsymbol{k}\cdot\boldsymbol{r}}{kr}\right). \tag{136.5}$$

库仑场的情形非常重要. 此时函数 $\psi_{\boldsymbol{k}}^{(+)}$(和 $\psi_{\boldsymbol{k}}^{(-)}$)可写成封闭式,它可从(135.7)式直接得到. 我们把抛物坐标表成

$$\frac{1}{2}k(\xi-\eta)=kz=\boldsymbol{k}\cdot\boldsymbol{r},\quad k\eta=k(r-z)=kr-\boldsymbol{k}\cdot\boldsymbol{r}.$$

因此对库仑斥力场有①

$$\psi_{\boldsymbol{k}}^{(+)}=\mathrm{e}^{-\pi/2k}\Gamma\left(1+\frac{\mathrm{i}}{k}\right)\mathrm{e}^{\mathrm{i}\boldsymbol{k}\cdot\boldsymbol{r}}\mathrm{F}\left(-\frac{\mathrm{i}}{k},1,\mathrm{i}kr-\mathrm{i}\boldsymbol{k}\cdot\boldsymbol{r}\right), \tag{136.6}$$

$$\psi_{\boldsymbol{k}}^{(-)}=\mathrm{e}^{-\pi/2k}\Gamma\left(1-\frac{\mathrm{i}}{k}\right)\mathrm{e}^{\mathrm{i}\boldsymbol{k}\cdot\boldsymbol{r}}\mathrm{F}\left(\frac{\mathrm{i}}{k},1,-\mathrm{i}kr-\mathrm{i}\boldsymbol{k}\cdot\boldsymbol{r}\right). \tag{136.7}$$

库仑引力场的波函数组可由上式中 k 和 r 的同时变号获得:

$$\psi_{\boldsymbol{k}}^{(+)}=\mathrm{e}^{\pi/2k}\Gamma\left(1-\frac{\mathrm{i}}{k}\right)\mathrm{e}^{\mathrm{i}\boldsymbol{k}\cdot\boldsymbol{r}}\mathrm{F}\left(\frac{\mathrm{i}}{k},1,\mathrm{i}kr-\mathrm{i}\boldsymbol{k}\cdot\boldsymbol{r}\right), \tag{136.8}$$

$$\psi_{\boldsymbol{k}}^{(-)}=\mathrm{e}^{\pi/2k}\Gamma\left(1+\frac{\mathrm{i}}{k}\right)\mathrm{e}^{\mathrm{i}\boldsymbol{k}\cdot\boldsymbol{r}}\mathrm{F}\left(-\frac{\mathrm{i}}{k},1,-\mathrm{i}kr-\mathrm{i}\boldsymbol{k}\cdot\boldsymbol{r}\right). \tag{136.9}$$

库仑场对原点附近粒子运动的作用,可用 $\psi_{\boldsymbol{k}}^{(+)}$ 或 $\psi_{\boldsymbol{k}}^{(-)}$ 的模量平方和自由运动波函数 $\psi_{\boldsymbol{k}}=\mathrm{e}^{\mathrm{i}\boldsymbol{k}\cdot\boldsymbol{r}}$的模量平方在 $r=0$ 点的比值来标志. 利用公式

① 采用库仑单位.

$$\Gamma\left(1+\frac{\mathrm{i}}{k}\right)\Gamma\left(1-\frac{\mathrm{i}}{k}\right)=\frac{\mathrm{i}}{k}\Gamma\left(\frac{\mathrm{i}}{k}\right)\Gamma\left(1-\frac{\mathrm{i}}{k}\right)=\frac{\pi}{k}\sinh\frac{\pi}{k},$$

很易求出对斥力场有

$$\frac{|\psi_{\boldsymbol{k}}^{(+)}(0)|^2}{|\psi_{\boldsymbol{k}}|^2}=\frac{|\psi_{\boldsymbol{k}}^{(-)}(0)|^2}{|\psi_{\boldsymbol{k}}|^2}=\frac{2\pi}{k(\mathrm{e}^{2\pi/k}-1)},\tag{136.10}$$

对引力场有

$$\frac{|\psi_{\boldsymbol{k}}^{(+)}(0)|^2}{|\psi_{\boldsymbol{k}}|^2}=\frac{|\psi_{\boldsymbol{k}}^{(-)}(0)|^2}{|\psi_{\boldsymbol{k}}|^2}=\frac{2\pi}{k(1-\mathrm{e}^{-2\pi/k})}.\tag{136.11}$$

$\psi_{\boldsymbol{k}}^{(+)}$ 和 $\psi_{\boldsymbol{k}}^{(-)}$ 函数组在连续谱微扰论的应用问题中起着重要的作用. 我们假定,作为某个微扰$\hat{V}$的结果,粒子在连续谱的状态间进行跃迁. 跃迁概率由以下矩阵元确定:

$$\int\psi_f^*\ \hat{V}\psi_i\mathrm{d}V.\tag{136.12}$$

产生的问题是,究竟用波动方程的哪些解作为初态(ψ_i)和末态(ψ_f)波函数,以便求得的振幅针对粒子从无穷远处动量为 $\hbar\boldsymbol{k}$ 的态跃迁到无穷远处动量为 $\hbar\boldsymbol{k}'$ 的态①,我们来证明,它要求

$$\psi_i=\psi_{\boldsymbol{k}}^{(+)},\quad \psi_f=\psi_{\boldsymbol{k}'}^{(-)}.\tag{136.13}$$

(A. Sommerfeld,1931).

如果我们不仅对微扰$\hat{V}$,而且也对粒子运动所在的场 $U(r)$ 来看一下怎样用微扰论求解的话,这个问题就变得清楚了. 零级近似(对 U 而言)中,矩阵元(136.12)为

$$U_{\boldsymbol{k}'\boldsymbol{k}}=\int\mathrm{e}^{-\mathrm{i}\boldsymbol{k}'\cdot\boldsymbol{r}}\hat{U}\mathrm{e}^{\mathrm{i}\boldsymbol{k}\cdot\boldsymbol{r}}\mathrm{d}V$$

在对 U 的高级近似中,这个积分改成一个级数,其中每一项是一个积分

$$\int\frac{U_{\boldsymbol{k}'\boldsymbol{k}_1}U_{\boldsymbol{k}_1\boldsymbol{k}_2}\cdots U_{\boldsymbol{k}_n\boldsymbol{k}}}{(E_{\boldsymbol{k}}-E_{\boldsymbol{k}_1}+\mathrm{i}0)\cdots(E_{\boldsymbol{k}}-E_{\boldsymbol{k}_n}+\mathrm{i}0)}\mathrm{d}^3k_1\cdots\mathrm{d}^3k_n$$

(参考 § 43 和 § 130). 分子中含有对未微扰平面波而言的(各级)矩阵元,积分则按同一个固定规则避开了所有的极点. 另一方面,这个级数可以作为(136.12)式的矩阵元而得到,该式中的波函数 ψ_i 和 ψ_f 现在是对于场 U 而言的微扰论级数. 其结果一定等于许多积分之和,并按同一规则避开了其中的所有极点. 这一事实表明,在 ψ_i 和 ψ_f^* 的级数表式中,必须按同样的规则避开各项中的

① 这种过程的一个例子是,一个电子和一个静止重核相碰并辐射一个光子,从而改变了它的能量和运动方向. 微扰$\hat{V}$就是电子和辐射场的作用,核库仑场就是 $\psi_{\boldsymbol{k}}^{(+)}$ 和 $\psi_{\boldsymbol{k}}^{(-)}$ 借以定义的场 U(见卷 4, § 90 和 § 93). 另一个例子是电子和一个原子碰撞,同时伴随着原子的电离,见 § 148,题 4.

极点. 可是,如果具有这种规则的波函数是由微扰论解出的,所得的解的渐近式中必须包含出射波(以及平面波). 换句话说,形式为

$$\psi_i = e^{i\boldsymbol{k}\cdot\boldsymbol{r}}, \quad \psi_f^* = e^{-i\boldsymbol{k}'\cdot\boldsymbol{r}}$$

的零级近似(对 U 而言)波函数必须分别用波动方程的精确解 $\psi_{\boldsymbol{k}}^{(+)}$ 和 $\psi_{-\boldsymbol{k}'}^{(+)} = (\psi_{\boldsymbol{k}'}^{(-)})^*$ 来代替. 这就证明了规则(136.13).

取 $\psi_{\boldsymbol{k}'}^{(-)}$ 为末态波函数还能用于从离散谱到连续谱的跃迁,此时当然不存在怎样选 ψ_i 的问题.

§ 137 全同粒子的碰撞

两个全同粒子的碰撞需要作特殊的考虑. 粒子的全同性在量子力学中导致了两者之间出现一种特有的交换作用. 这一点对散射也有重要的影响(N. F. Mott,1930)①.

双粒子系统的轨道波函数必须对这两个粒子对称或反对称,取决于它们的总自旋是偶数还是奇数(见 § 62). 因此由通常薛定谔方程解出的描述散射问题的波函数也必须对这两个粒子对称化或反对称化. 粒子的对换等价于联结它们的径矢的反向. 在质心为静止的坐标系中,这就意味着 r 保持不变而把 θ 角换成 $\pi-\theta$(因而 $z=r\cos\theta$ 变成 $-z$),因此波函数的渐近表式(123.3)必须改为

$$\psi = e^{ikz} \pm e^{-ikz} + \frac{1}{r}e^{ikr}[f(\theta) \pm f(\pi-\theta)] \tag{137.1}$$

由于粒子的全同性,当然不能说出哪个是散射的哪个是被散射的. 在质心静止的坐标系中,我们有两个等同的沿相反方向传播的入射平面波(e^{ikz}和 e^{-ikz}),(137.1)式中的出射球面波同时计及了这两个粒子的散射,由此算出的概率给出了这两个粒子中任一个粒子散射到给定 do 立体角元内的概率. 散射截面等于这个流量和两个入射平面波中任意一个平面波的流密度之比,也就是说和以前一样,仍由(137.1)式 e^{ikr}/r 前面的系数的模量平方所给出.

由此可见,如果相碰粒子的总自旋为偶数,散射截面的形式为

$$d\sigma_s = |f(\theta) + f(\pi-\theta)|^2 do, \tag{137.2}$$

而当总自旋为奇数时,则有

$$d\sigma_a = |f(\theta) - f(\pi-\theta)|^2 do. \tag{137.3}$$

干涉项 $f(\theta)f^*(\pi-\theta)+f^*(\theta)f(\pi-\theta)$ 的出现标志着交换作用. 如果这两个粒子并不相同,正如经典力学中那样,两个粒子中任一粒子散射到某一给定立体角元 do 内的概率,就简单地等于一个粒子偏转 θ 角的概率加上另一个反向运动粒子偏转 $\pi-\theta$ 角的概率,换句话说,截面应该等于

① 在这里我们仍略去直接的自旋-轨道作用.

$$\{|f(\theta)|^2+|f(\pi-\theta)|^2\}\mathrm{d}o.$$

在低速极限情形下,如果粒子间的相互作用随着距离的增大而衰减得足够快,散射振幅就趋向于一个和角度无关的常数值(§132),从(137.3)式可知,此时 $\mathrm{d}\sigma_a$ 趋于零,亦即只有总自旋为偶数的两个粒子相互散射.

(137.2),(137.3)式中已经假定了这两个相碰粒子的总自旋具有某一定值.如果这两个粒子并不处于确定的自旋态,那么在求截面时需要对所有可能的自旋态求平均,并假定这些自旋态都是等概率的.§62 中曾经指出,在双粒子系统(每个粒子的自旋为 s)中,总数为 $(2s+1)^2$ 个不同的自旋态中,有 $s(2s+1)$ 个态对应于偶的总自旋,有 $(s+1)(2s+1)$ 个态对应于奇的总自旋(如果 s 为半整数),或者反之(如果 s 为整数).我们先假定粒子自旋 s 是半整数.此时,两个相碰粒子的系统的 S 值为偶数的概率等于 $s(2s+1)/(2s+1)^2=s/(2s+1)$,$S$ 值为奇数的概率等于 $(s+1)/(2s+1)$.故截面为

$$\mathrm{d}\sigma=\frac{s}{2s+1}\mathrm{d}\sigma_s+\frac{s+1}{2s+1}\mathrm{d}\sigma_a. \tag{137.4}$$

把(137.2),(137.3)代入上式,得

$$\mathrm{d}\sigma=\{|f(\theta)|^2+|f(\pi-\theta)|^2\}-\frac{1}{2s+1}[f(\theta)f^*(\pi-\theta)+ +f^*(\theta)f(\pi-\theta)]\}\mathrm{d}o. \tag{137.5}$$

同样,对整数值的 s 求得

$$\mathrm{d}\sigma=\{|f(\theta)|^2+|f(\pi-\theta)|^2+\frac{1}{2s+1}[f(\theta)f^*(\pi-\theta)+ +f^*(\theta)f(\pi-\theta)]\}\mathrm{d}o. \tag{137.6}$$

作为一个例子,我们来写出按库仑定律($U=e^2/r$)作用的两个电子的碰撞公式.把(135.9)代入 $s=\dfrac{1}{2}$ 的(137.5)式中,经过简单计算后得(通常单位制中)

$$\mathrm{d}\sigma=\left(\frac{e^2}{m_0v^2}\right)^2\left[\frac{1}{\sin^4\dfrac{\theta}{2}}+\frac{1}{\cos^4\dfrac{1}{2}\theta}-\frac{1}{\sin^2\dfrac{1}{2}\theta\cos^2\dfrac{1}{2}\theta}\cos\left(\frac{e^2}{\hbar v}\ln\tan^2\frac{1}{2}\theta\right)\right]\mathrm{d}o, \tag{137.7}$$

式中采用电子质量 m_0 代替折合质量 $m=m_0/2$.如果粒子速度很大使得 $e^2\ll v\hbar$(注意,这个条件正好就是库仑场的微扰论适用条件),上式就可以显著地化简.此时第三项中的余弦函数可以用 1 代替,我们得

$$\mathrm{d}\sigma=\left(\frac{2e^2}{m_0v^2}\right)^2\frac{4-3\sin^2\theta}{\sin^4\theta}\mathrm{d}o. \tag{137.8}$$

在相反的极限情形下,$e^2\gg v\hbar$,相应于过渡到经典力学(见§127末).在(137.7)式中,这种过渡是很特殊的.当 $e^2\gg v\hbar$ 时,方括号内第三项的余弦函数

是一个急剧振荡函数. 对每一个给定的 θ 角,(137.7)式给出的散射截面值一般讲来显著地不同于卢瑟福散射的值. 但是,即使对一个很窄范围内的 θ 值平均以后,(137.7)式中的振荡项等于零,我们就得到经典公式.

上述所有截面公式,都是对质心静止的坐标系而言的. 把它变换到碰撞前一个粒子为静止的坐标系中,只需把式中的 θ 改成 2ϑ 就可以了[根据(123.2)]. 因而,对于两个电子的碰撞,从(137.7)式得

$$d\sigma = \left(\frac{2e^2}{m_0 v^2}\right)^2 \left[\frac{1}{\sin^4\vartheta} + \frac{1}{\cos^4\vartheta} - \right.$$

$$\left. - \frac{1}{\sin^2\vartheta\cos^2\vartheta}\cos\left(\frac{e^2}{\hbar v}\ln\tan^2\vartheta\right)\right]\cos\vartheta d o, \qquad (137.9)$$

式中的 do 是新坐标系中的立体角元. θ 改成 2ϑ 时,立体角元 do 必须改成 $4\cos\vartheta do$,因为

$$\sin\theta d\theta d\varphi = 4\cos\vartheta\sin\vartheta d\vartheta d\varphi.$$

习 题

求自旋为$\frac{1}{2}$的两个全同粒子的散射截面,它们具有给定的自旋平均值 $\bar{s}_1$ 和 $\bar{s}_2$.

解: 截面和粒子极化的关系,必须用正比于标量 $\bar{s}_1 \cdot \bar{s}_2$ 的项来表出. 我们把 $d\sigma$ 写成 $a + b\bar{s}_1 \cdot \bar{s}_2$ 的形式. 对于非极化的粒子($\bar{s}_1 = \bar{s}_2 = 0$),第二项不存在,并按(137.4)有 $d\sigma = a = \frac{1}{4}(d\sigma_s + 3d\sigma_a)$,如果两个粒子在同一方向完全极化$\left(\bar{s}_1 \cdot \bar{s}_2 = \frac{1}{4}\right)$,该系统肯定处于 $S=1$ 的态中. 此时有 $d\sigma = a + \frac{1}{4}b = d\sigma_a$. 从以上两式解出 a 和 b,我们有

$$d\sigma = \frac{1}{4}(d\sigma_s + 3d\sigma_a) + (d\sigma_a - d\sigma_s)\bar{s}_1 \cdot \bar{s}_2.$$

§ 138 带电粒子的共振散射

带电核粒子(例如质子和质子)的散射,除了短程的核力外,还有衰减缓慢的库仑作用. 这种情形下的共振散射理论是按 § 133 中所述的同样方法发展的. 唯一差别是核力作用范围以外($r \gg a$)的波函数不能取自由运动方程(133.2)之解,必须取库仑场中薛定谔方程的精确通解. 粒子的速度仍假定很小,使得 $ka \ll 1$;$1/k$ 和库仑制单位长度 $a_c = \hbar^2/(mZ_1Z_2e^2)$($m$ 是相碰粒子的折合质量)之间的关系可以任意①.

---

① 以下所讲的理论来自 Л. Д. Ландау 和 Я. А. Смородинский(1944).

对于库仑斥力场中 $l=0$ 的运动，径函数 $\chi=rR_0$ 的薛定谔方程为

$$\chi''+\left(k^2-\frac{2}{r}\right)\chi=0, \tag{138.1}$$

此处采用了库仑单位制. § 36 中曾经求出过上式之解，所加的条件是 $r=0$ 处 χ/r 为有限. 我们用记号 F_0 代表这个解，它的形式是[见(36.27)和(36.28)]

$$\left.\begin{aligned}F_0&=A\mathrm{e}^{\mathrm{i}kr}kr\mathrm{F}\left(\frac{\mathrm{i}}{k}+1,2,-2\mathrm{i}kr\right),\\ A^2&=\frac{2\pi/k}{\mathrm{e}^{2\pi/k}-1}.\end{aligned}\right\} \tag{138.2}$$

这个函数在远距处的渐近式为

$$\left.\begin{aligned}F_0&\approx\sin\left(kr-\frac{1}{k}\ln(2kr)+\delta_0^{库仑}\right)\\ \delta_0^{库仑}&=\arg\Gamma\left(1+\frac{\mathrm{i}}{k}\right),\end{aligned}\right\} \tag{138.3}$$

r 很小时($kr\ll1,r\ll1$)展开式的首项为

$$\mathrm{F}_0=Akr(1+r+\cdots). \tag{138.4}$$

但在目前，边界条件已经改变，波函数在原点的行为不再重要，我们需要的是(138.1)式的通解，它等于两个独立解的线性组合.

(138.2)式的合流超几何函数中的那些参量(γ 值是一个整数，$\gamma=2$)属于数学附录 § d 之末所讲的情形. 根据该处的(d.14)式，(138.2)式中的 F 函数等于两项之和，我们把这两项另行线性组合后，可得(138.1)的另一个独立解. 我们取这两项之差作为它们的线性组合，即得方程(138.1)的第二个独立解(记作 G_0)，其形式为①

$$\mathrm{G}_0=2\mathrm{Im}\frac{A\mathrm{e}^{-\mathrm{i}kr}kr}{\Gamma(1+\mathrm{i}/k)}(-2\mathrm{i}kr)^{-1+\mathrm{i}/k}\mathrm{G}\left(1-\frac{\mathrm{i}}{k},-\frac{\mathrm{i}}{k},-2\mathrm{i}kr\right) \tag{138.5}$$

函数 F_0 就是同一式的实部. 远距处的渐近式为

$$\mathrm{G}_0\approx\cos\left(kr-\frac{1}{k}\ln 2kr+\delta_0^{库仑}\right), \tag{138.6}$$

对小的 γ，展开式的前几项为

$$\mathrm{G}_0=\frac{1}{A}\{1+2\gamma[\ln 2\gamma+2C-1+h(k)]+\cdots\}, \tag{138.7}$$

式中 $C=0.577\cdots$ 为欧拉常数. $h(k)$ 代表以下函数：

$$h(k)=\mathrm{Re}\,\psi(-\mathrm{i}/k)+\ln k, \tag{138.8}$$

① 函数 F_0 和 G_0(以及 $l\neq0$ 时相应地定义的函数 F_l 和 G_l)分别称为**正规**和**非正规库仑函数**.

$\psi(z)=\Gamma'(z)/\Gamma(z)$是 Γ 函数的对数导数①

方程(138.1)的通解可写成以下形式：

$$\chi=\text{常数}\times(\mathrm{F}_0\cot\delta_0+\mathrm{G}_0),\tag{138.9}$$

式中的 $\cot\delta_0$ 是一个常数.所选的记号使得这个解的渐近式呈以下形式：

$$\chi\sim\sin\left(kr-\frac{1}{k}\ln(2kr)+\delta_0^{\text{库仑}}+\delta_0\right),\tag{138.10}$$

因此 δ_0 就是由短程力引起的波函数的附加相位.我们必须把它和边界条件$[\chi'/\chi]_{r\to0}$=常数中出现的常数联系起来,这个边界条件是用来代替核力作用范围内的波函数处理的.由于对数导数χ'/χ 当 $r\to0$ 时具有对数发散性,这个边界条件现在不能取在 $r=0$ 处,而只能取在某一任意小的但为有限值的 $r=\rho$ 点处.应用(138.4)和(138.7)式算出$\chi'(\rho)/\chi(\rho)$后令它等于一个常数,即得以下形式的边界条件：

$$kA^2\cot\delta_0+2[\ln 2\rho+2C+h(k)]=\text{常数}.$$

式左含有与 k 无关的常数 $2\ln 2\rho$ 和 $4C$,把它们并入式右的常数内,然后把这个常数记作 $-\kappa$,在普通单位制中,$\cot\delta_0$ 的最后表式为

$$\cot\delta_0=-\frac{1}{\pi}(\mathrm{e}^{2\pi/ka_c}-1)\left[h(ka_c)+\frac{1}{2}\kappa a_c\right]\tag{138.11}$$

取极限 $1/a_c\to0$,也就是对不带电粒子,(138.11)式变成关系式 $\cot\delta_0=-\kappa/k$,亦即(133.6)式.

图 49 给出了函数 $h(x)$的一个图形②.

由此可见,当有库仑作用存在时,这个"常数"为

$$\frac{2\pi\cot\delta_0}{a_c(\mathrm{e}^{2\pi ka_c}-1)}+\frac{2}{a_c}h(ka_c)=-\kappa.\tag{138.12}$$

我们在"常数"一词上加一个引号,是由于 κ 实际上是某一与短程力性质有关的

---

① 通过展式(d.17)可从(138.5)求得展式(138.7),推导时要用到以下熟知公式：

$$\psi(1+z)=\psi(z)+1/z$$

(上式很易从 $\Gamma(z+1)=z\Gamma(z)$以及 $\psi(1)=-C,\psi(2)=-C+1$ 导出).

② 计算 $h(k)$函数可利用公式

$$h(k)=k^{-2}\sum_{n=1}^{\infty}\frac{1}{n(n^2+k^{-2})}-C+\ln k$$

上式很易用下式得到：

$$\psi(z)=-C-\frac{1}{z}+z\sum_{n=1}^{\infty}\frac{1}{n(n+z)}$$

见 Whittaker, watson, Course of Modern Analysis, Cambridge, 1944, §12.16.$h(k)$函数的极限表式为

$$k\ll1,\ h(k)\approx k^2/12,$$

$$k\gg1,\ h(k)=-C+\ln k+1.2/k^2;$$

后一式给出的 $h(k)$值精确到4%以内,直到 $k>2.5$.

函数按小量 ka 的幂展开后所得的首项. 正如§133 中指出的,低能共振相当于常数 κ 特别小的情形. 因而,为了改进精确度,我们必须计及这个展式中的下一项($\sim k^2$),该项中含有一个数量级"正常"的系数,也就是必须把(138.12)式中的 $-\kappa$ 改成

$$-\kappa_0+\frac{1}{2}r_0k^2 \text{①}.$$

正如§133 所说,共振的存在来自该系统的一个真的或虚的束缚态. 可以证明②,判断真能级或虚能级的判据仍然是常数 κ 的符号

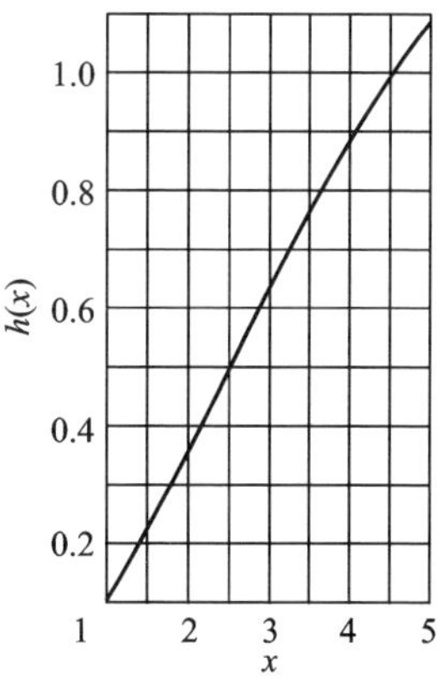

图 49

根据(138.10),波函数的总相移为 $\delta_l^{库仑}+\delta_l$. 因而散射振幅为

$$f(\theta)=\frac{1}{2ik}\sum_{l=0}^{\infty}(2l+1)\left[e^{2i(\delta_l^{库仑}+\delta_l)}-1\right]P_l(\cos\theta), \qquad (138.13)$$

方括号内的差可以写成

$$e^{2i(\delta_l^{库仑}-\delta_l)}-1=\left[e^{2i\delta_l^{库仑}}-1\right]+\left[e^{2i\delta_l^{库仑}}(e^{2i\delta_l}-1)\right]. \qquad (138.14)$$

库仑相移 $\delta_l^{库仑}$ 对所有的 l 散射振幅给出数量级相同的贡献. 相移 δ_l 和短程力有关,低能时 $l\neq0$ 的 δ_l 很小. 因此,把(138.14)代入(138.13)时,每个求和项中保留(138.14)式的第一项,求和后即得库仑散射振幅(135.9)

$$f_{库仑}(\theta)=-\frac{1}{2a_ck^2\sin^2\frac{1}{2}\theta}\exp\left(-\frac{2i}{ka_c}\ln\sin\frac{1}{2}\theta+2i\delta_0^{库仑}\right). \qquad (138.15)$$

(138.14)式中第二个括号只保留 $l=0$ 的项. 因而总散射振幅为

$$f(\theta)=f_{库仑}(\theta)+\frac{1}{2ik}(e^{2i\delta_0}-1)e^{2i\delta_0^{库仑}}. \qquad (138.16)$$

上式中的第二项可以称为**核散射振幅**. 但应强调指出,这种划分具有任意性:鉴于(138.11)中 δ_0 的定义,库仑作用的存在对 δ_0 这一项也有相当大的影响,这与不带电粒子短程力的相应项很不一样. 特别是 $ka_c\to0$ 时,相移 δ_0 以及(138.16)式中的第二项按 $e^{-2\pi/ka_c}$ 的规律指数式地趋于零. 也就是说,核散射整个地被库仑斥力掩盖掉.

---

① 对质子-质子散射,常数 $\alpha=1/\kappa_0$ 和 r_0 的值为 $\alpha=-7.8\times10^{-13}$ cm, $r_0=2.8\times10^{-13}$ cm(库仑制长度单位为 $2\hbar^2/m_pe^2=57.6\times10^{-13}$ cm). 这些值是对自旋反平行的一对质子而言的:根据泡利原理,自旋平行的双质子系统不能处于 s 态.

② 见 Л. Ланвау, Я. Смородинский, ЖЗТФ, 14, 269, 1944.

散射截面中,这两部分振幅是相干的:

$$\frac{\mathrm{d}\sigma}{\mathrm{d}o}=|f(\theta)|^2=\left(\frac{Z_1Z_2e^2}{2mv^2}\right)^2\left[\frac{1}{\sin^4(\theta/2)}-\right.$$

$$\left.-\frac{4ka_{\mathrm{c}}}{\sin^2(\theta/2)}\sin\delta_0\cos\left(\frac{2}{ka_{\mathrm{c}}}\ln\sin\frac{\theta}{2}+\delta_0\right)+4(ka_{\mathrm{c}})^2\sin\delta_0^2\right]. \qquad (138.17)$$

上式假定了相碰粒子是不同的,对同类粒子,散射振幅在取平方之前必须先对称化(参考 § 137).

§ 139　快电子和原子的弹性碰撞

快电子和原子的弹性碰撞可以用玻恩近似处理. 只要入射电子的速度远大于原子中的电子速度即可.

由于电子和原子的质量差别很大,后者在碰撞中可以认为是不动的,质心为静止的坐标系就和原子为静止的坐标系重合. 此时(126.7)式中的 $\boldsymbol{p}$ 和 $\boldsymbol{p}'$ 就代表碰撞前后的电子动量,m 为电子质量,θ 角就是电子偏转角 ϑ. (126.7)式中的势能 $U(r)$ 需要适当地定义.

§ 126 中,我们计算了相对于碰撞前后自由粒子波函数而言的相互作用能的矩阵元 $U_{p'p}$. 在和原子碰撞时,还应计及描述原子内部状态的波函数. 弹性碰撞中,原子态保持不变. 因此 $U_{p'p}$ 仍可作为由电子波函数 ψ_p 和 $\psi_{p'}$ 所确定的矩阵元,它对原子波函数而言是对角的. 换句话说,(126.7)式中的 $U(r)$ 应该取作对原子波函数平均以后的电子和原子间的相互作用势能. 它等于 $e\varphi(r)$,其中的 $\varphi(r)$ 是原子中的平均电荷分布在 r 点产生的势.

我们用 $\rho(r)$ 代表原子中的电荷密度分布,对势 φ 而言,我们有以下泊松方程

$$\nabla^2\varphi=-4\pi\rho(r).$$

所求的矩阵元 $U_{p'p}$ 基本上就是 U 的(即 φ 的)傅里叶分量(对应于波矢 $\boldsymbol{q}=\boldsymbol{k}'-\boldsymbol{k}$ 的傅里叶分量). 把泊松方程分别应用于每一个傅里叶分量,我们有

$$\nabla^2(\varphi_q e^{i\boldsymbol{q}\cdot\boldsymbol{r}})=-q^2\varphi_q e^{i\boldsymbol{q}\cdot\boldsymbol{r}}=-4\pi\rho_q e^{i\boldsymbol{q}\cdot\boldsymbol{r}},$$

故

$$\varphi_q=4\pi\rho_q/q^2,$$

亦即

$$\int\varphi e^{-i\boldsymbol{q}\cdot\boldsymbol{r}}\mathrm{d}V=\frac{4\pi}{q^2}\int\rho e^{-i\boldsymbol{q}\cdot\boldsymbol{r}}\mathrm{d}V. \qquad (139.1)$$

电荷密度 $\rho(\boldsymbol{r})$ 由电子电荷和核电荷所组成:

$$\rho=-en(r)+Ze\delta(\boldsymbol{r}),$$

式中 $en(r)$ 是原子中的电子电荷密度. 乘以 $e^{-i\boldsymbol{q}\cdot\boldsymbol{r}}$ 并积分得

$$\int \rho e^{-i\boldsymbol{q}\cdot\boldsymbol{r}} dV = -e\int n e^{-i\boldsymbol{q}\cdot\boldsymbol{r}} dV + Ze.$$

由此得我们所关心的积分式

$$\int U e^{-i\boldsymbol{q}\cdot\boldsymbol{r}} dV = \frac{4\pi e^2}{q^2}[Z - F(q)], \tag{139.2}$$

式中的 $F(q)$ 由下式定义：

$$F(q) = \int n e^{-i\boldsymbol{q}\cdot\boldsymbol{r}} dV \tag{139.3}$$

并称为**原子形状因子**. 它是散射角和入射电子速度的函数.

最后，把(139.2)代入(126.7)式，得快电子被原子弹性散射的截面公式①：

$$d\sigma = \frac{4m^2e^4}{\hbar^4 q^4}[Z - F(q)]^2 do, \quad q = \frac{2mv}{\hbar}\sin\frac{1}{2}\vartheta. \tag{139.4}$$

我们来考虑 $qa_0 \ll 1$ 的极限情形，a_0 具有原子半径的数量级. 小的散射角对应于小的 q：$\vartheta \ll v_0/v$，其中 $v_0 \sim \hbar/ma_0$ 为原子中电子速度的数量级.

我们把 $F(q)$ 展成 q 的幂级数. 零级项为 $\int n dV$，它是原子中的电子总数 Z. 一级项和 $\int \boldsymbol{r} n(r) dV$ 成正比，也就是原子偶极矩的平均值；它恒等于零（见§75）. 因此必须继续展开至二级项，得到

$$Z - F(q) = \frac{1}{6}q^2\int n r^2 dV;$$

代入(139.4)后得

$$d\sigma = \left|\frac{me^2}{3\hbar^2}\int n r^2 dV\right|^2 do. \tag{139.5}$$

由此可见，在小角度范围内，截面与散射角无关，并由原子中电子距离原子核的均方距离所给定.

在大 q（$qa_0 \gg 1$，即 $\vartheta \gg v_0/v$）的相反极限情形下，(139.3)被积函数中的 $e^{-i\boldsymbol{q}\cdot\boldsymbol{r}}$ 因子是一个急剧振荡函数，因而整个积分接近于零. 和 Z 相比我们就可以略去 $F(q)$，故

$$d\sigma = \left(\frac{Ze^2}{2mv^2}\right)^2 \frac{do}{\sin^4\frac{1}{2}\vartheta}, \tag{139.6}$$

也就是说，我们得到原子核处的卢瑟福散射.

---

① 我们略去了进行散射的快电子和原子中电子间的交换作用，也就是没有把该系统的波函数对称化. 这种做法的合理性是明显的：在“交换积分”中，自由粒子的急剧振荡波函数与原子中电子波函数之间的干涉效应，对散射振幅的贡献是很小的.

我们也能计算**输运截面**

$$\sigma_{tr} = \int (1 - \cos \vartheta) \mathrm{d}\sigma. \tag{139.7}$$

根据(139.5)式,在 $\vartheta \ll v_0/v$ 的角度范围内,我们有 $\mathrm{d}\sigma$ = 常数 × $\sin \vartheta \mathrm{d}\vartheta$ = 常数 × $\vartheta \mathrm{d}\vartheta$,式中的常数与 ϑ 无关. 因此在这个范围内,上式积分中的被积函数和 ϑ^3 成正比,故在积分的下限很快地收敛. 在 $1 \gg \vartheta \gg v_0/v$ 的范围内,我们有 $\mathrm{d}\sigma \approx$ 常数 × $\mathrm{d}\vartheta/\vartheta^3$;被积函数与 $1/\vartheta$ 成正比,积分(139.7)对数性发散. 由此可见,这个角度范围在积分中起着主要作用,我们只需对这个范围积分. 积分的下限必须取 v_0/v 的数量级;我们把它写成 $e^2/\gamma\hbar v$ 形式,γ 是一个无量纲常数. 结果得下列公式

$$\sigma_{tr} = 4\pi \left(\frac{Ze^2}{mv^2}\right)^2 \ln \frac{\gamma\hbar v}{e^2}. \tag{139.8}$$

常数 γ 的精确计算需要考虑 $\vartheta > v_0/v$ 的散射,无法表成一般形式. σ_{tr}很少依赖于这个常数的选择,因为它只出现在对数之内,而且还乘上了一个很大的量$\hbar v/e^2$.

为了对重原子的形状因子进行数值计算,我们可以采用托马斯 - 费米分布的密度 $n(r)$. 我们知道,托马斯 - 费米模型中的 $n(r)$ 具有以下形式:

$$n(r) = Z^2 f\left(\frac{rZ^{1/3}}{b}\right),$$

此式及以后各式中所有的量都用原子单位量度. 很易看出,用这个函数 $n(r)$ 计算积分式(139.3)时,q 只包含在组合 $qZ^{-1/3}$ 中:

$$F(q) = Z\varphi(bqZ^{-1/3}). \tag{139.9}$$

作为参考,表 11 给出了函数 $\varphi(x)$ 的值,它对所有的原子都成立①.

表 11　托马斯 - 费米模型的原子形状因子

x	$\varphi(x)$	x	$\varphi(x)$	x	$\varphi(x)$
1	1.000	1.08	0.422	2.17	0.224
0.15	0.922	1.24	0.378	2.32	0.205
0.31	0.796	1.39	0.342	2.48	0.189
0.46	0.684	1.55	0.309	2.64	0.175
0.62	0.589	1.70	0.284	2.79	0.167
0.77	0.522	1.86	0.264	2.94	0.156
0.93	0.469	2.02	0.240		

① 必须注意,这个式子对小的 q 不能应用,因为此时 nr^2 的积分实际上不能用托马斯 - 费米模型计算(见§113 的第 3 个注). 还须指出,托马斯 - 费米模型并不代表原子的个别性质以及它们随原子序的系统性变化.

根据(139.9)的原子形状因子,截面(139.4)将呈以下形式:

$$d\sigma=\frac{4Z^2}{q^2}[1-\varphi(bqZ^{-1/3})]^2do=Z^{2/3}\Phi\left(Z^{-1/3}v\sin\frac{1}{2}\vartheta\right)do,\quad(139.10)$$

其中的 $\Phi(x)$ 是一个对所有原子都成立的新函数. 总截面可经积分获得. 由于小的 ϑ 角范围在这个积分中起主要作用,因此可以写成

$$d\sigma\approx Z^{2/3}\Phi(Z^{-1/3}v\vartheta/2)2\pi\vartheta d\vartheta,$$

并把对 ϑ 的积分延伸至无穷大:

$$\sigma=2\pi Z^{2/3}\int_0^\infty\Phi(Z^{-1/3}v\vartheta/2)\vartheta d\vartheta=\frac{8\pi}{v^2}Z^{4/3}\int_0^\infty x\Phi(x)dx,$$

因此 σ 的形式为

$$\sigma=\text{常数}\times Z^{4/3}/v^2.\quad(139.11)$$

同样,很易证明,(139.8)式中的 γ 常数将与 $Z^{-1/3}$ 成正比.

习　题

计算快电子对基态氢原子的弹性散射截面.

解: 氢原子基态波函数为(采用原子单位)$\psi=e^{-r}/\sqrt{\pi}$,故 $n=e^{-2r}/\pi$. (139.3)中对角度的积分与推导(126.12)式时相同. 我们有

$$F=\frac{4\pi}{q}\int_0^\infty n(r)\sin qr\cdot rdr=\frac{1}{\left(1+\frac{1}{4}q^2\right)^2},$$

代入(139.4)中得

$$d\sigma=\frac{4(8+q^2)^2}{(4+q^2)^4}do,$$

其中 $q=2v\sin\frac{1}{2}\vartheta$. 令 $do=2\pi\sin\vartheta d\vartheta=(2\pi/v^2)qdq$ 并对 q 从 0 到 $2v$ 积分,可算出总截面;由于假定 v 很大而且积分收敛,积分上限可用无穷大代替,结果为

$$\sigma=\frac{7\pi}{3v^2}.$$

输运截面按下式计算:

$$\sigma_{tr}=\frac{1}{2v^2}\int q^2d\sigma.$$

改换积分变量,令 $u=4+q^2$,除 du/u 这一项外积分上限均取无穷大,我们得

$$\sigma_{tr}=\frac{4\pi}{v^4}\left(\ln v+\frac{1}{12}\right)$$

与(139.8)式一致.

§140 具有自旋轨道作用的散射

迄今为止,我们只研究了粒子间相互作用与其自旋无关的碰撞. 在这些条件下,自旋或者对散射过程根本没有影响,或者由于交换效应而只有间接影响(§137).

现在来研究把§123中给出的散射理论推广到粒子间相互作用明显依赖于自旋的情形,这正是核粒子的碰撞中所发生的.

我们将详细讨论最简单的情形,其中一个相碰粒子的自旋为$\frac{1}{2}$(为确定起见,把它取作入射粒子),另一个(靶粒子)的自旋为零.

对系统的一个给定角动量j(半整数),轨道角动量只能有$l=j\pm\frac{1}{2}$两个值,它们对应于宇称不同的态. 因此在这种情形下,轨道角动量绝对值的守恒来自$\boldsymbol{j}$和宇称的守恒.

算符$\hat{f}$(§125)现在不但作用在系统波函数的轨道变量上,而且也作用在它的自旋变量上. 它应该和守恒量$\boldsymbol{l}^2$对易. 这种算符的最一般形式为

$$\hat{f}=\hat{a}+\hat{b}\hat{\boldsymbol{l}}\cdot\hat{\boldsymbol{s}}, \tag{140.1}$$

其中的$\hat{a}$和$\hat{b}$是轨道算符,只和$\boldsymbol{l}^2$有关.

S矩阵,从而还有算符$\hat{f}$的矩阵,对于守恒量l和j(以及总角动量的分量m)具有定值的状态波函数而言是对角的,而且对角元可以通过(123.15)式用波函数的相位δ表达出来. 对于给定的l和给定的总角动量$j=l+\frac{1}{2}$或$l-\frac{1}{2}$,$\boldsymbol{l}\cdot\boldsymbol{s}$的本征值分别为$\frac{l}{2}$和$-(l+1)/2$[见(118.5)]. 因此,确定算符$\hat{a}$和$\hat{b}$的对角矩阵元(记作$a_l$和$b_l$)时,我们有关系式

$$\left.\begin{aligned} a_l+\frac{l}{2}b_l&=\frac{1}{2\mathrm{i}k}\left(\mathrm{e}^{2\mathrm{i}\delta_l^+}-1\right),\\ a_l-\frac{l+1}{2}b_l&=\frac{1}{2\mathrm{i}k}\left(\mathrm{e}^{2\mathrm{i}\delta_l^-}-1\right),\end{aligned}\right\} \tag{140.2}$$

式中的相位δ_l^+和δ_l^-分别对应于$j=l+\frac{1}{2}$和$j=l-\frac{1}{2}$的态.

但是,我们感兴趣的并不在于算符$\hat{f}$相对于给定l和j的态而言的那些对角元本身,而在于作为入射波方向和散射波方向的函数的散射振幅. 这个振幅仍然是一个算符,但这只是针对自旋变量的,是对自旋分量σ并不对角的一个算符. 本节以后用记号$\hat{f}$代表这个算符.

为了导出这个算符,我们必须把算符(140.1)作用在对应于入射平面波(沿 z 轴)的函数(125.17)上. 因而

$$\hat{f}=\sum_{l=0}^{\infty}(2l+1)(a_l+b_l\hat{\boldsymbol{l}}\cdot\hat{\boldsymbol{s}})P_l(\cos\theta), \tag{140.3}$$

式中还应算出算符 $\hat{\boldsymbol{l}}\cdot\hat{\boldsymbol{s}}$ 作用在 $\mathrm{P}_l(\cos\theta)$ 函数上的结果. 它的做法是,先写出下式[见(29.11)]

$$\hat{\boldsymbol{l}}\cdot\hat{\boldsymbol{s}}=\frac{1}{2}(\hat{l}_+\hat{s}_-+\hat{l}_-\hat{s}_+)+\hat{l}_z\hat{s}_z,$$

再应用算符 $\hat{l}_\pm$ 的矩阵元公式(27.12),或者更简单地应用算符表式(26.14),(26.15)结果得

$$\hat{\boldsymbol{l}}\cdot\hat{\boldsymbol{s}}\mathrm{P}_l(\cos\theta)=\mathrm{i}\boldsymbol{\nu}\cdot\hat{\boldsymbol{s}}\mathrm{P}_l^1(\cos\theta),$$

式中的 P_l^1 是连带勒让德多项式,$\boldsymbol{\nu}$ 是一个垂直于散射平面的沿 $\boldsymbol{n}\times\boldsymbol{n}'$ 方向的单位矢量[$\boldsymbol{n}$ 是入射(z 轴)方向,$\boldsymbol{n}'$是由球极角 θ,φ 所定义的散射方向].

由(140.2)式求出 a_l 和 b_l 后代入(140.3)式中,最后可得

$$\hat{f}=A+2B\boldsymbol{\nu}\cdot\boldsymbol{s}, \tag{140.4}$$

$$\left.\begin{aligned}A&=\frac{1}{2\mathrm{i}k}\sum_{l=0}^{\infty}[(l+1)(\mathrm{e}^{2\mathrm{i}\delta_l^+}-1)+l(\mathrm{e}^{2\mathrm{i}\delta_l^-}-1)]\mathrm{P}_l(\cos\theta),\\ B&=\frac{1}{2k}\sum_{l=1}^{\infty}(\mathrm{e}^{2\mathrm{i}\delta_l^+}-\mathrm{e}^{2\mathrm{i}\delta_l^-})\mathrm{P}_l^1(\cos\theta).\end{aligned}\right\} \tag{140.5}$$

这个算符的矩阵元所给出的散射振幅,它的初末态具有确定的自旋投影值 σ 和 σ'. 我们来考虑对所有可能的 σ'值求和,并对初态中(入射束中)各种不同 σ 的概率求平均以后的截面. 这样的截面由下式给出:

$$\mathrm{d}\sigma=\overline{(f^+f)_{\sigma\sigma}}\mathrm{d}o; \tag{140.6}$$

乘积 $\hat{f}^+\hat{f}$ 取对角矩阵元相当于对末态求和①,横线则代表对初态求平均. 如果初态中所有的自旋方向都是等概率的,这个平均就可以化成取矩阵的阵迹除以自旋分量 σ 的可能值的个数:

$$\mathrm{d}\sigma=\frac{1}{2}\mathrm{tr}(f^+f)\mathrm{d}o \tag{140.7}$$

---

① 设 $|f_{0n}|^2$ 为某一算符的 $0\to n$ 跃迁矩阵元的模量平方,对末态 n 求和后,我们有

$$\sum_n|f_{0n}|^2=\sum_n f_{0n}(f_{0n})^*=\sum_n f_{0n}(f^+)_{n0}=(ff^+)_{00}.$$

为避免误解,我们必须指出,(140.6)中的 $^+$ 号代表 $\hat{f}$(自旋的算符)的厄米共轭,并不是 $\boldsymbol{n}$ 和 $\boldsymbol{n}'$的转置.

把(140.4)代入(140.6)后,$(\boldsymbol{\nu}\cdot\boldsymbol{s})^2$ 的平均值可按 $\frac{1}{3}\boldsymbol{\nu}^2\boldsymbol{s}^2=\frac{1}{3}s(s+1)=\frac{1}{4}$ 算出,结果得

$$\frac{\mathrm{d}\sigma}{\mathrm{d}o}=|A|^2+|B|^2+2\mathrm{Re}(AB^*)\boldsymbol{\nu}\cdot\boldsymbol{P},\tag{140.8}$$

式中的 $\boldsymbol{P}=2\bar{s}$ 是入射束的初始极化度,它的定义是初态中的自旋平均值和其最大可能值 $\left(\frac{1}{2}\right)$ 之比. 在自旋为 $\frac{1}{2}$ 情形下,矢量 $\bar{s}$ 完全描述了自旋态(§59).

可以指出的是,入射束的极化导致了散射的方位角不对称性:因为截面式(140.8)中的最后一项 $\boldsymbol{\nu}\cdot\boldsymbol{P}$ 不但和极角 θ 有关而且和矢量 $\boldsymbol{n}'$ 相对于 $\boldsymbol{n}$ 的方位角 φ 有关(如果极化不垂直于 $\boldsymbol{\nu}$,则 $\boldsymbol{\nu}\cdot\boldsymbol{P}\neq 0$).

散射粒子的极化度可从下式算出:

$$\boldsymbol{P}'=\frac{2\,\overline{(f^+\boldsymbol{s}f)_{\sigma\sigma}}}{\overline{(f^+f)_{\sigma\sigma}}}.\tag{140.9}$$

如果初态是非极化的($\boldsymbol{P}=0$),经简单计算给出

$$\boldsymbol{P}'=\frac{2\mathrm{Re}(AB^*)}{|A|^2+|B|^2}\boldsymbol{\nu}.\tag{140.10}$$

可见一般讲来,散射会导致垂直于散射平面的极化. 可是,这种效应在玻恩近似中并不存在:如果所有的相位 δ 都很小,系数 A 在相移的一级近似下是一个实量,而 B 是一个纯虚量,故

$$\mathrm{Re}(AB^*)=0.$$

(140.10)的极化 $\boldsymbol{P}'$ 沿着 $\boldsymbol{\nu}$ 方向这一点是显然的:$\boldsymbol{P}'$ 是一个轴矢量,而 $\boldsymbol{\nu}$ 是现有的极矢量 $\boldsymbol{n}$ 和 $\boldsymbol{n}'$ 所能组成的唯一的轴矢量. 因此很明显,自旋为 $\frac{1}{2}$ 的非极化粒子束,被自旋为任意的(不一定为零)原子核所组成的非极化靶①散射时,散射粒子的极化也将具有这个性质.

表述散射的倒易定理时应该记得,时间反演不但使动量变号而且还使角动量变号,因此在具有自旋的情形下,散射的时间反演对称性必须表现为下述两个过程的振幅相等,这两个过程的差别不只是初末态的对调以及运动方向的反号,而且还有这两个态中粒子自旋分量的反号. 此外,这两个振幅的符号有可能不同,因为根据(60.3)式,时间反演会在自旋波函数中引进一个 $(-1)^{s-\sigma}$ 因子. 结

---

① 这里指的是自旋方向完全任意分布的靶. 记得 $s>\frac{1}{2}$ 时,自旋矢量的平均值并不完全确定自旋态,当这个平均值等于零时不一定意味着自旋的完全无序.

果使倒易定理表成以下形式①：

$$f(\sigma_1,\sigma_2,\boldsymbol{n};\sigma'_1,\sigma'_2,\boldsymbol{n}')$$
$$=(-1)^{\Sigma(s-\sigma)}f(-\sigma'_1,-\sigma'_2,-\boldsymbol{n}';-\sigma_1,-\sigma_2,-\boldsymbol{n}),\qquad(140.11)$$

式中的 $f(\sigma_1,\sigma_2,\boldsymbol{n};\sigma'_1,\sigma'_2,\boldsymbol{n}')$ 是使碰撞粒子的自旋分量由 σ_1,σ_2 变到 σ'_1,σ'_2 的散射振幅. 指数中的求和是取遍散射前后的粒子.

玻恩近似中,散射具有进一步的对称性,初末态对调但粒子动量和自旋分量不像时间反演那样变号的两个过程,它们的概率相同(见§126). 把这个性质和倒易定理联合起来,我们发现,散射对动量和自旋分量的全部反号(但不对调)具有对称性. 从而很易得出结论,在玻恩近似中,任何非极化粒子束对非极化靶的散射不会有极化效应. 因为在上述变换下,极化矢量 $\boldsymbol{P}$ 变号,应该和 $\boldsymbol{P}$ 同向的单位矢量 $\boldsymbol{k}\times\boldsymbol{k}'$ 却不变号. 由此可知,上述自旋为$\frac{1}{2}$的粒子对零自旋粒子散射的有关性质,实际上是一个普遍性质.

当碰撞粒子的自旋为任意时,角分布的一般公式极为复杂,我们不在这里推导,只是计算一下确定这种角分布所需的参量数.

前面考虑过自旋为$\frac{1}{2}$和 0 的两个粒子的碰撞情形,它具有这样的性质,当 j 和宇称给定以后,此双粒子系统只能有一个态(不计总角动量空间取向这一不重要的方面). 每一个这样的态在散射振幅中导致一个实参量(相位 δ). 对于其它的自旋,一般讲来会有几个不同的态具有相同的总角动量 J 和相同的宇称,这些态由总自旋 S 和粒子间的相对运动轨道角动量 l 的数值相区别. 假定这些态的数目为 n,很易看出,每一组这样的态在散射振幅中提供$\frac{1}{2}n(n+1)$个实参量. 这是因为,对这组态而言,S 矩阵是一个具有幺正对称性的矩阵(由于倒易定理),它有 $n\times n$ 个复矩阵元. 这个矩阵中的独立参量数是很易算出的,只要注意到,如果把算符$\hat{S}$写成$\hat{S}=\exp(\mathrm{i}\hat{R})$的形式,当$\hat{R}$为任一厄米算符时,$\hat{S}$的幺正性就自动得到满足[见(12.13)]. 如果$\hat{S}$是对称的,则矩阵$\hat{R}$也是,但 R 是厄米的,故它必是实的,而一个实对称矩阵具有$\frac{1}{2}n(n+1)$个独立分量.

以自旋为$\frac{1}{2}$的两个粒子为例,数 $n=2$,J 给定后共有四个态:两个态的 $l=J$,而总自旋 $S=0$ 或 1;另两个态的 $l=J\pm1$,$S=1$. 显然,其中两个是偶态(l 偶数)

① 此式的推导类似于(125.12). 入射波和出射波的振幅中必须含有自旋因子,(125.10)式应改为条件 $\hat{K}^{-1}\tilde{\hat{S}}\hat{K}=\hat{S}$,其中算符 $\hat{K}$ 不但进行反演而且还按(60.3)式改变自旋态.

两个是奇态（l 奇数）.

两个自旋为$\frac{1}{2}$的粒子的散射振幅，作为和这两个粒子的自旋变量有关的一个算符，根据必要的不变性条件（时间反演下必须是一个不变的标量），很易写出它的一般表式. 为了构造出这个表式，我们一共有两个粒子的自旋轴矢量 $\boldsymbol{s}_1$ 和 $\boldsymbol{s}_2$ 以及两个普通（极）矢量 $\boldsymbol{n}$ 和 $\boldsymbol{n}'$可供我们支配. 每个 $\hat{s}_1$ 和 $\hat{s}_2$ 算符在振幅中一定呈线性，因为自旋为$\frac{1}{2}$的算符的任意函数总能化成线性函数. 满足这些条件的算符的最普遍的形式可以写成

$$\hat{f}=A+B(\hat{\boldsymbol{s}}_1\cdot\boldsymbol{\lambda})(\hat{\boldsymbol{s}}_2\cdot\boldsymbol{\lambda})+C(\hat{\boldsymbol{s}}_1\cdot\boldsymbol{\mu})(\hat{\boldsymbol{s}}_2\cdot\boldsymbol{\mu})+$$
$$+D(\hat{\boldsymbol{s}}_1\cdot\boldsymbol{\nu})(\hat{\boldsymbol{s}}_2\cdot\boldsymbol{\nu})+E(\hat{\boldsymbol{s}}_1+\hat{\boldsymbol{s}}_2)\cdot\boldsymbol{\nu}+F(\hat{\boldsymbol{s}}_1-\hat{\boldsymbol{s}}_2)\cdot\boldsymbol{\nu}. \tag{140.12}$$

系数 $A,B,\cdots$都是些标量，它们仅和标量 $\boldsymbol{n}\cdot\boldsymbol{n}'$有关，亦即和散射角 θ（以及和能量）有关；$\boldsymbol{\lambda},\boldsymbol{\mu},\boldsymbol{\nu}$ 分别为沿 $\boldsymbol{n}+\boldsymbol{n}'$，$\boldsymbol{n}-\boldsymbol{n}'$ 和 $\boldsymbol{n}\times\boldsymbol{n}'$ 方向的三个相互垂直的单位矢量. 时间反演操作相当于作以下变换：

$$\boldsymbol{s}_1\to-\boldsymbol{s}_1,\quad \boldsymbol{s}_2\to-\boldsymbol{s}_2,\quad \boldsymbol{n}\to-\boldsymbol{n}',\quad \boldsymbol{n}'\to-\boldsymbol{n}.$$

从而有

$$\boldsymbol{\lambda}\to-\boldsymbol{\lambda},\quad \boldsymbol{\mu}\to\boldsymbol{\mu},\quad \boldsymbol{\nu}\to-\boldsymbol{\nu}$$

算符（140.12）的不变性很明显.

核子（质子和中子）的相互散射中，（140.12）的最后一项并不出现. 这是因为核子间的核力不改变系统的总自旋值 S，，可是算符 $\hat{s}_1-\hat{s}_2$ 并不和$\hat{\boldsymbol{S}}^2$ 对易（根据（117.4）式，（140.12）中其余项可用总自旋算符$\hat{\boldsymbol{S}}$表出，因此和算符$\hat{\boldsymbol{S}}^2$ 对易）. 同类核子（pp 或 nn）的散射中，系数 $A,B,\cdots$作为散射角的函数还满足某些对称关系，这是两个粒子全同的结果（见题 2）.

习　题

1. 自旋为$\frac{1}{2}$的粒子被自旋为零的粒子所散射，如果散射前极化不等于零，求散射后的极化.

解：计算（140.9）式时最好取其分量式，令 z 轴沿 $\boldsymbol{\nu}$ 方向. 结果为

$$\boldsymbol{P}'=\frac{(|A|^2-|B|^2)\boldsymbol{P}+2|B|^2\boldsymbol{\nu}(\boldsymbol{\nu}\cdot\boldsymbol{P})+2\mathrm{Im}(AB^*)\boldsymbol{\nu}\times\boldsymbol{P}+2\boldsymbol{\nu}\mathrm{Re}(AB^*)}{|A|^2+|B|^2+2\mathrm{Re}(AB^*)\boldsymbol{\nu}\cdot\boldsymbol{P}}.$$

2. 试求两个相同核子的散射振幅中系数（作为 θ 角的函数）所应满足的对称条件（R. Oehme，1955）.

解：我们把（140.12）中的各项重新分组，使得每组仅当双核子系统的态为单态（$S=0$）或三重态（$S=1$）时才不为零：

$$\hat{f} = a\left(\hat{\boldsymbol{s}}_1 \cdot \hat{\boldsymbol{s}}_2 - \frac{1}{4}\right) + b\left(\hat{\boldsymbol{s}}_1 \cdot \hat{\boldsymbol{s}}_2 + \frac{3}{4}\right) + c\left[\frac{1}{4} + (\hat{\boldsymbol{s}}_1 \cdot \boldsymbol{\nu})(\hat{\boldsymbol{s}}_2 \cdot \boldsymbol{\nu})\right] +$$
$$+ d[(\hat{\boldsymbol{s}}_1 \cdot \boldsymbol{n})(\hat{\boldsymbol{s}}_2 \cdot \boldsymbol{n}') + (\hat{\boldsymbol{s}}_1 \cdot \boldsymbol{n}')(\hat{\boldsymbol{s}}_2 \cdot \boldsymbol{n})] + e(\hat{\boldsymbol{s}}_1 + \hat{\boldsymbol{s}}_2) \cdot \boldsymbol{\nu}. \tag{1}$$

应用(117.4)式,很易看出第一项仅当 $S=0$ 时才不等于零,其余项仅当 $S=1$ 时才不等于零.由于粒子的全同性,散射振幅对粒子坐标的交换当 $S=0$ 时必须是对称的,$S=1$ 时必须是反对称的.这种变换等价于 $\theta \to \pi - \theta$,或者是把矢量 $\boldsymbol{n}$ 和 $\boldsymbol{n}'$ 中的一个变号(参考 § 137).根据这些条件,我们得到以下关系:

$$\left.\begin{aligned} &a(\pi-\theta) = a(\theta), \quad b(\pi-\theta) = -b(\theta), \quad c(\pi-\theta) = -c(\theta),\\ &d(\pi-\theta) = d(\theta), \quad e(\pi-\theta) = e(\theta). \end{aligned}\right\} \tag{2}$$

由于同位旋守恒,nn 和 pp 散射以及同位旋态 $T=1$ 的 np 散射具有相同的散射振幅.但对 np 系统还可有 $T=0$ 的态,因此 np 散射振幅要用不同于(1)式的系数 $a, b, \cdots$ 来描写,这些系数并不具备(2)式的对称性质.

§ 141　雷杰极点

在 § 128 中,我们把散射振幅看作粒子能量 E 的复变函数研究了它的解析性质,轨道角动量 l 作为一个参量具有实的整数值.如果现在针对实的能量值 E 把 l 看作一个连续的复变量,那么从方法论意义上来看,散射振幅将会进一步呈现一些十分重要的性质①.

和 § 128 一样,我们取具有以下渐近式的径向波函数:

$$\chi_l = rR_l = A(l,E)\exp\left(-\frac{\sqrt{-2mE}}{\hbar}r\right) + B(l,E)\exp\left(\frac{\sqrt{-2mE}}{\hbar}r\right). \tag{141.1}$$

这些函数是薛定谔方程(32.8)之解(式中的 l 现在看作复变量),同时,我们按以下条件从两个独立解中选择一个:

$$\text{当 } r \to 0 \text{ 时,}\quad R_l \approx \text{常数} \times r^l. \tag{141.2}$$

可以立刻看出,这个条件对参量 l 的允许值给予了一定的限制.实际上,r 很小时,(32.8)式之解的一般形式为(见 § 32 末)

$$R_l \approx c_1 r^l + c_2 r^{-l-1}.$$

为了使第二个解明显区别于第一个解并把它去掉,r^{-l-1} 项当 $r \to 0$ 时必须超过 r^l 项.对于复的 l,这一点导致 $\mathrm{Re}\,l > \mathrm{Re}(-l-1)$,或

$$\mathrm{Re}\left(l + \frac{1}{2}\right) > 0. \tag{141.3}$$

以后我们只考虑垂直线 $l = -\dfrac{1}{2}$ 右边的那一半 l 复平面.

① 这些性质首先由雷杰(T. Regge,1958)进行了研究.

波函数 $R(r;l,E)$ 为系数对 l 解析的一个微分方程之解，它是 l 的一个解析函数，在半平面(141.3)内没有奇点. 这一点特别适用于渐近式(141.1)，因而函数 $A(l,E)$ 和 $B(l,E)$ 对 l 没有奇点. 可是，在这里已经假定了 $r\to\infty$ 时(141.1)中的两项都给保留是合理的. 这一点当 $E>0$ 时总是对的，当 $E<0$ 时，如果场 $U(r)$ 满足条件(128.6)或(128.13)，这一点也是对的. 这些论断中重要的是波函数渐近行为(对 r)的方式依赖于 E 而不依赖于 l. 因此它的趋于这个渐近式并不受 l 为复数这一事实的影响.

比较(141.1)和渐近式(128.15)，我们发现 S 矩阵元呈以下形式：

$$S(l,E)=\exp[2\mathrm{i}\delta(l,E)]=\mathrm{e}^{\mathrm{i}\pi l}\frac{A(l,E)}{B(l,E)},\tag{141.4}$$

此式对复的 l 也成立(尽管"相移"δ 此时不再是实的).

对于实的 l 和 $E>0$，函数 A 和 B 有(128.4)式的关系：$A(l,E)=B^*(l,E)$. 因而对复的 l 有

$$A(l^*,E)=B^*(l,E),\ E>0.\tag{141.5}$$

从而 $S(l,E)$ 满足**复幺正**条件：

$$S^*(l,E)S(l^*,E)=1.\tag{141.6}$$

由于 $A(l,E)$ 和 $B(l,E)$ 作为 l 的函数没有奇点，因此函数 $S(l,E)$ 以及分波振幅 $f(l,E)$ 只在函数 $B(l,E)$ 的零点处具有奇点(极点). 散射振幅在 l 复平面中的这些极点称为**雷杰极点**. 它们的位置当然依赖于实参量 E 的值. 确定极点位置的函数

$$l=\alpha_i(E)$$

称为**雷杰轨迹**. 当 E 变动时，极点在 l 面内沿一定的曲线运动. 下标 i 是极点的编号，以后将略去.

现在研究雷杰轨迹的性质，我们先来证明 $E<0$ 时所有的 $\alpha(E)$ 都是实函数. 为此，我们考虑以下方程：

$$\chi''+\left[\frac{2m}{\hbar^2}(E-U(r))-\frac{\alpha(\alpha+1)}{r^2}\right]\chi=0,\tag{141.7}$$

这是 $l=\alpha$ 的波函数所应满足的方程. 此式乘 χ^* 并对 r 积分(第一项作分部积分)，得到

$$-\int_0^\infty|\chi'|^2\mathrm{d}r+\frac{2m}{\hbar^2}\int_0^\infty(E-U)|\chi|^2\mathrm{d}r-\alpha(\alpha+1)\int_0^\infty\frac{|\chi|^2}{r^2}\mathrm{d}r=0.$$

式中应用了 $B=0$ 时(确定雷杰极点的条件)波函数在 $r\to\infty$ 过程中指数衰减的事实，所以各个积分都是收敛的. 上式前两项是实的，所以最后一项的积分也是实的. 从而必须有

$$\operatorname{Im}[\alpha(\alpha+1)]=\operatorname{Im}\left(\alpha+\frac{1}{2}\right)^2=2\operatorname{Re}\left(\alpha+\frac{1}{2}\right)\operatorname{Im}\alpha=0.$$

但是我们考虑的只是半平面(141.3)内的极点，肯定地有

$$\mathrm{Re}\left(\alpha+\frac{1}{2}\right)>0,$$

这就给出了所求的结果：

$$\mathrm{Im}\,\alpha(E)=0\ (E<0\text{ 时}).\tag{141.8}$$

其次，我们对(141.7)式进行和推导(128.10)式一样的手续：对 E 微分后乘以 χ，减去乘 $\partial\chi/\partial E$ 的(141.7)式，得到以下恒等式：

$$\left[\chi'\frac{\partial\chi}{\partial E}-\chi\left(\frac{\partial\chi}{\partial E}\right)'\right]'-\frac{2m}{\hbar^2}\chi^2+\frac{\chi^2}{r^2}\frac{\mathrm{d}\alpha(\alpha+1)}{\mathrm{d}E}=0,$$

上式对 r 从 0 到 ∞ 积分，再利用 $r\to\infty$ 时 $\chi\to0$ 的事实，可证上式第一项的积分等于零，于是有

$$\frac{\mathrm{d}\alpha(\alpha+1)}{\mathrm{d}E}\int_0^\infty\frac{\chi^2}{r^2}\mathrm{d}r=\frac{2m}{\hbar^2}\int_0^\infty\chi^2\mathrm{d}r.\tag{141.9}$$

我们已知 α 是实的，波函数也是实的，因而(141.9)中的两个积分都是正的. 故

$$\frac{\mathrm{d}}{\mathrm{d}E}\alpha(\alpha+1)=2\left(\alpha+\frac{1}{2}\right)\frac{\mathrm{d}\alpha}{\mathrm{d}E}>0$$

又由于 $\alpha+\frac{1}{2}>0$，故得

$$\frac{\mathrm{d}\alpha}{\mathrm{d}E}>0\ (E<0\text{ 时}).$$

可见 $E<0$ 时函数 $\alpha(E)$ 随 E 单调地增长.

函数 $\alpha(E)$ 取“物理”值时(即取 $l=0,1,2,\cdots$ 整数值时)，所得的负 E 值对应于该系统的离散能级. 我们注意到，这一点给出了根据它们所在的雷杰轨迹对束缚态进行分类的一个新原则.

作为一个例子，我们考虑在库仑引力场中运动的雷杰轨迹. 此时散射矩阵元为①.

$$S_l=\frac{\Gamma(l+1-\mathrm{i}/k)}{\Gamma(l+1+\mathrm{i}/k)},\tag{141.10}$$

k 用库仑单位. 此式的极点是 $\Gamma(l+1-\mathrm{i}/k)$ 的宗量为负整数或零的那些点. $E<0$ 时 $k=\mathrm{i}\sqrt{-2E}$，故

$$\alpha(E)=-n_r-1+\frac{1}{\sqrt{-2E}},\qquad E<0,\tag{141.11}$$

其中 $n_r=0,1,2,\cdots$ 是雷杰轨迹的编号. 令 $\alpha(E)$ 等于 $l=0,1,2,\cdots$ 中的一个整数，我们得到熟知的库仑场中离散能级的玻尔公式：

---

① 参考(135.11)式，该式中的 k 必须变号以便把斥力改为引力.

$$E=-\frac{1}{2}(n_r+1+l)^{-2}.$$

n_r 在这里与确定径向波函数节点数的径量子数相一致，每条雷杰轨迹（即对每个给定的 n_r 值）对应于无穷多个轨道角动量值不同的能级.

现在来考虑 $E>0$ 时 $\alpha(E)$ 函数的性质.（141.1）式中复变量 E 的函数 $A(l,E)$ 和 $B(l,E)$ 是定义在以右实轴为割线的一个平面上的（见 §128）. 与此相应，使 $B(l,E)=0$ 的函数 $l=\alpha(E)$ 具有同样的割线. 在割线的上下沿，$\alpha(E)$ 具有复共轭值，在上沿有 $\mathrm{Im}\ \alpha>0$. 对此我们不准备停留在只作形式上的证明，而要对其原因作出更为物理的解释.

当 l 为复数时，离心能以及有效势能 $U_l=U+l(l+1)/(2mr^2)$ 也成为复数. 重复 §19 中的推导，（19.6）式现在改为

$$\frac{\partial}{\partial t}|\boldsymbol{\Psi}|^2+\nabla\cdot\boldsymbol{j}=2|\boldsymbol{\Psi}|^2\mathrm{Im}\ U_l.$$

当 $l=\alpha$ 和 $\mathrm{Im}\ \alpha>0$ 时，我们还有 $\mathrm{Im}\ U_l>0$. 于是上式右边是正的，这表示场体积内辐射一个新粒子. 因此波函数的渐近式（当 $B=0$ 时，只含（141.1）中的第一项）必须表为出射波，这发生在割线的上沿（参考从（128.1）到（128.3）式的推导）.

由于 $E>0$ 时 $\alpha(E)$ 是复函数，它不能取"物理"值 $l=0,1,2,\cdots$. 可是，它有可能在 l 复平面上接近于这些值. 我们来证明，这就会在分波振幅中出现共振（对应于所考虑的 l 的整数值）.

设 l_0 为接近于函数 $\alpha(E)$ 的整数值，并令 E_0 为 $\mathrm{Re}\alpha(E_0)=l_0$ 时的能量值（实的和正的）. 于是在此值附近，我们有

$$\alpha(E)\approx l_0+\mathrm{i}\eta+\beta(E-E_0),\tag{141.12}$$

其中 $\eta=\mathrm{Im}\ \alpha(E_0)$ 是一个实常数. 我们将考虑割线上沿的 $\alpha(E)$ 值. 按照前面的讨论，这种情形下 $\eta>0$（并且有 $\eta\ll1$，根据 α 接近于 l_0 的假定）. 很易看出，常数 β（即 $E=E_0$ 处的导数 $\mathrm{d}\alpha/\mathrm{d}E$）可以看作是实的和正的. 实际上，由于 $\alpha(E)$ 差不多是实的，所以波函数 $\chi(r;\alpha,E)$ 也差不多是实的. 略去 η 的高级小量后，我们可以略去 χ 的虚部，从而 β 是正的，因为（141.9）中的积分是正的①.

---

① 为了阐明这些积分的结构，我们注意 $r\gg a$ 的渐近区（a 是场的作用范围）内波函数的（141.1）式是成立的，当 η 很小时，此区对积分式只有很小的贡献. 事实上，如果 $l=\alpha(E)$ 是 $B(l,E)$ 的一个零点，则按（141.5）$l=\alpha^*$ 是 $A(l,E)$ 的一个零点. 因此 $A(\alpha,E)$ 从而 $\chi(r;\alpha,E)$ 在 $r\gg a$ 区内都是一些小量 $\sim\eta^{1/2}$，见（134.11）. 估计这些积分时，还有一个重要之点是，在割线的上沿（对 E 的关系），波函数含有一个因子

$$\mathrm{e}^{ikr}:\chi(r;\alpha,E)=A(\alpha,E)\mathrm{e}^{ikr}.$$

在这个上沿，E 可看作 $E+\mathrm{i}\delta(\delta\to+0)$；则 k 也有一个小的正虚部，它保证了（141.9）式中积分的收敛性. 从物理上讲，$r\gg a$ 区对积分的贡献之所以小，是由于能量 E_0 对应于一个准定态（见后）；粒子到达此区只能是该态的一个罕有衰变的结果. 积分的主要贡献来自 $r\sim a$ 区，在此区内波函数差不多是实的.

由于 $l=\alpha(E)$ 是 $B(l,E)$ 的一个零点，后者在 α,E_0 点附近正比于 $\alpha-l$. 应用(141.12)，我们就有

$$B(l_0,E)\approx 常数\times[a(E-E_0)+i\eta]. \tag{141.13}$$

此式的形状与(134.6)式相同，该式中的 E_0 是能量，$\Gamma=2\eta/a>0$ 是准离散能级的宽度. 由此可见，雷杰轨迹($E>0$)对 l 整数值的接近对应于该系统的准定态. 因此对这些态来讲存在着与严格定态一样的分类原则：每条雷杰轨迹可以对应于一族离散的和准离散的能级.

把 l 处理成为复变量使我们有可能导出总散射振幅(对 $E>0$)的一个有用积分形式，它可由级数(123.11)得出

$$f(\mu)=\frac{1}{2ik}\sum_{l=0}^{\infty}(2l+1)[S(l,E)-1]P_l(\mu),\mu=\cos\theta. \tag{141.14}$$

为此，首先不但须对 $l\geqslant 0$ 的整数而且也应对所有的复值 l 定义出函数 $P_l(\mu)$. 这一点可把 $P_l(\mu)$ 看作方程(c.2)之解来实现：

$$(1-\mu^2)P''_l(\mu)-2\mu P'_l(\mu)+l(l+1)P_l(\mu)=0. \tag{141.15}$$

其边界条件为 $P_l(1)=1$. 这样定义的 $P_l(\mu)$，作为 l 的函数对有限的 l 值没有奇点①.

很易证明级数(141.14)等于下列积分

$$f(\mu)=\frac{1}{4k}\int_C\frac{2l+1}{\sin\pi l}[S(l,E)-1]P_l(-\mu)\,dl, \tag{141.16}$$

式中积分回线 C 沿负向(顺时针方向)绕实轴上所有 $l=0,1,2,\cdots$ 诸点并在无穷远处封闭：

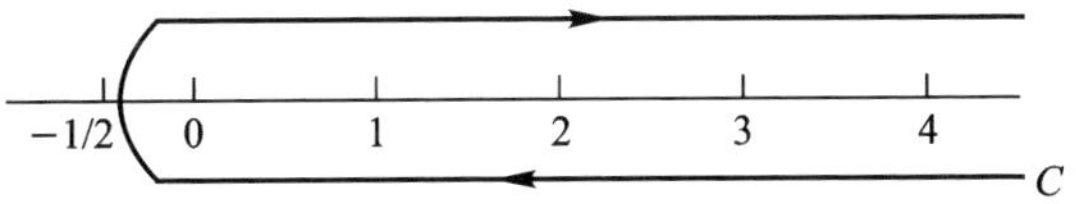

函数 $S(l,E)$ 的所有极点 $l=\alpha_1,\alpha_2,\cdots$($E>0$ 时不在实轴上)必须留在回线 C 的外面. 积分(141.16)可化成 $-2\pi i$ 乘以被积函数在 $l=0,1,2,\cdots$ 诸点的留数之和，$l=0,1,2,\cdots$ 是函数 $1/\sin\pi l$ 的极点，其留数为 $(-1)^l/\pi$. 由于对整数 l 有 $P_l(-\mu)=(-1)^lP_l(\mu)$，我们就从(141.16)得到(141.14)式②.

---

① 把(141.15)和(e.2)比较，我们可把 $P_l(\mu)$ 表成超几何函数

$$P_l(\mu)=F\left(-l,l+1,1;\frac{1}{2}-\frac{1}{2}\mu\right)$$

② 本节所讨论的概念(非相对论理论)在 § 123 所引的 de Alfaro, Regge 的书中给出了详细论述.

习　题

证明对应于一系列角动量 l 的相移满足不等式

$$\delta_{l+1}(E)-\delta_l(E)<\pi/2.$$

解：我们把 l 看成连续的实变量，并对(32.10)式进行微分

$$\frac{\partial\chi''}{\partial l}+\left[\frac{2m}{\hbar^2}(E-U)-\frac{l(l+1)}{r^2}\right]\frac{\partial\chi}{\partial l}=(2l+1)\frac{\chi}{r^2}.$$

将此式乘以 χ，并将原式乘以 $\partial\chi/\partial l$，两式相减得

$$\left[\chi\frac{\partial\chi'}{\partial t}-\chi'\frac{\partial\chi}{\partial t}\right]'=(2l+1)\frac{\chi^2}{r^2}.$$

将此等式从 0 到 ∞ 对 r 积分，当 $r=0$ 时方括号中得式子为零，而当 $r\to\infty$ 时可以利用渐近式(33.20)最后得

$$4k\left(\frac{\pi}{2}-\frac{\partial\delta_l}{\partial l}\right)=(2l+1)\int_0^\infty\frac{\chi^2}{r^2}\mathrm{d}r>0,$$

由此知 $\partial\delta_l/\partial l<\pi/2$. 将这个关系从 l 到 $l+1$ 对 l 积分，即得到所欲求的不等式. 将后者同(133.17)式结合起来可以证明：离散能级的数目 n_l 并不能随 l 的增大而增大. 因为当 $E\to\infty$ 时，这时玻恩近似成立，散射的相位趋于零，即 $\delta_l(\infty)=0$ 这时有

$$n_{l+1}-n_l=\frac{1}{\pi}[\delta_{l+1}(0)-\delta_l(0)]<1/2,\qquad n_{l+1}-n_l\leqslant 0.$$

第十八章

非弹性碰撞

§142 存在非弹性过程时的弹性散射

当碰撞伴有相碰粒子的内态改变时，这种碰撞称为**非弹性**的. 在这里我们对“内态的改变”作最广泛的理解，特别是，粒子的本性也可以改变. 例如，这种改变可以包括原子的激发或电离，原子核的激发或蜕变，以及其它等等. 当碰撞(例如核反应)可以产生不同的物理过程时，我们把它称为不同的**反应道**.

非弹性道的存在，也对弹性散射的性质产生一定的影响.

一般情形下，当有各种反应道存在时，相碰粒子系统波函数的渐近式是一个求和式，每个可能道对应于其中的一项. 特别是，其中有一项描述处于原有的未改变状态中的粒子(称为**输入道**). 这个波函数是粒子的内态波函数和相对运动波函数(在质心为静止的坐标系中)的乘积. 后一函数正是我们现在感兴趣的，我们把它记作 ψ 并来寻找它的渐近式.

输入道的波函数 ψ 是由一个入射平面波和一个对应于弹性散射的出射球面波组成的. 它也可以像 §123 那样表成一个入射波和一个出射波之和. 区别在于径向函数 $R_l(r)$ 的渐近式不能取成驻波形式. 驻波是振幅相等的入射波和出射波之和. 在纯粹的弹性散射中，这一点与问题的物理含义相符合，但当存在非弹性道时，出射波的振幅必须小于入射波的振幅. 因此 ψ 的渐近式将由(123.9)式给出：

$$\psi=\frac{1}{2ikr}\sum_{l=0}^{\infty}(2l+1)\mathrm{P}_l(\cos\theta)\left[(-1)^{l+1}e^{-ikr}+S_l e^{ikr}\right],\qquad(142.1)$$

只是 S_l 不再由(123.10)式给出，而是一些模量小于 1 的量(一般为复数). 弹性散射振幅可通过(123.11)式用这些量表出：

$$f(\theta)=\frac{1}{2ik}\sum_{l=0}^{\infty}(2l+1)(S_l-1)\mathrm{P}_l(\cos\theta)\qquad(142.2)$$

对于弹性散射的总截面 σ_e,(123.12)式换成

$$\sigma_e=\frac{\pi}{k^2}\sum_{l=0}^{\infty}(2l+1)|1-S_l|^2. \tag{142.3}$$

非弹性散射的总截面,或者对所有道而言的**反应截面** σ_r,也能通过 S_l 表出.为此我们只需注意到,对每个 l 值,出射波的强度被削弱为入射波的 $|S_l|^2$ 倍.这种削弱必须全部归于非弹性散射.因此有

$$\sigma_r=\frac{\pi}{k^2}\sum_{l=0}^{\infty}(2l+1)(1-|S_l|^2), \tag{142.4}$$

总截面为

$$\sigma_t=\sigma_e+\sigma_r=\frac{2\pi}{k^2}\sum_{l=0}^{\infty}(2l+1)(1-\mathrm{Re}S_l). \tag{142.5}$$

角动量为 l 的弹性散射分波振幅由(123.15)式确定,即

$$f_l=\frac{1}{2\mathrm{i}k}(S_l-1). \tag{142.6}$$

(142.3)和(142.4)求和式中的每一项就是角动量为 l 的弹性散射和非弹性散射的分截面:

$$\left.\begin{aligned}\sigma_e^{(l)}&=\frac{\pi}{k^2}(2l+1)|1-S_l|^2,\\ \sigma_r^{(l)}&=\frac{\pi}{k^2}(2l+1)(1-|S_l|^2),\\ \sigma_t^{(l)}&=\frac{2\pi}{k^2}(2l+1)(1-\mathrm{Re}S_l).\end{aligned}\right\} \tag{142.7}$$

$S_l=1$ 对应于完全不存在这种(具有给定 l 值的)散射,$S_l=0$ 对应于角动量为 l 的粒子完全被"吸收"掉[(142.1)式中没有这个 l 值的出射分波],这时弹性和非弹性散射的截面因而相等:

$$\sigma_e^{(l)}=\sigma_r^{(l)}=\frac{\pi}{k^2}(2l+1). \tag{142.8}$$

我们还可以看出,尽管弹性散射在没有非弹性散射时也能出现(当 $|S_l|=1$ 时),相反情形则是不可能的:非弹性散射的存在必然导致弹性散射的同时存在.对一给定的 $\sigma_r^{(l)}$ 值,弹性散射截面一定介于以下范围内:

$$\sqrt{\sigma_0}-\sqrt{\sigma_0-\sigma_r^{(l)}}\leqslant\sqrt{\sigma_e^{(l)}}\leqslant\sqrt{\sigma_0}+\sqrt{\sigma_0-\sigma_r^{(l)}}, \tag{142.9}$$

其中 $\sigma_0=(2l+1)\pi/k^2$.

取(142.2)中 $\theta=0$ 的 $f(\theta)$ 值并与(142.5)式比较,我们发现

$$\mathrm{Im}\,f(0)=\frac{k}{4\pi}\sigma_t, \tag{142.10}$$

这是光学定理(125.9)式的推广.这里的 $f(0)$ 仍是零角度弹性散射振幅,但是总

截面 σ_t 中包括了非弹性部分.

分波振幅 f_l 的虚部和分截面 $\sigma_t^{(l)}$ 的关系为

$$\operatorname{Im} f_l = \frac{k}{4\pi}\frac{\sigma_t^{(l)}}{2l+1}, \tag{142.11}$$

此式直接来自(142.6)和(142.7).

波函数渐近式中系数 S_l 的模量不等于 1,并不影响 §128 中对弹性散射振幅(作为复变量 E 的函数)的奇点所作的结论. 这些结论当有非弹性过程存在时仍然成立. 可是,振幅的解析性质有所改变,它在负实轴($E<0$)上不再是实量,而且它在 $E>0$ 的割线上下沿不再取相互复共轭的数值(因此它在上下半平面对称于实轴的两点处,也不再取相互复共轭的数值).

当从割线上沿绕过 $E=0$ 点到达下沿时,根号 $\sqrt{E}$ 改变符号,也就是说,绕行的结果 k 变号($E>0$ 时 k 是实的). 此时(142.1)式中的入射波和出射波相互对换,因而系数 S_l 被它的倒数 $1/S_l$(它不等于 S_l^*)所代替. 割线上下沿的振幅 f_l 可以记作 $f_l(k)$ 和 $f_l(-k)$(物理振幅当然只能是 $f_l(k)$). 根据(142.6)我们有

$$f_l(k) = \frac{S_l - 1}{2ik}, \quad f_l(-k) = -\frac{1/S_l - 1}{2ik}.$$

由以上两式中消去 S_l,得以下关系:

$$f_l(k) - f_l(-k) = 2ikf_l(k)f_l(-k) \tag{142.12}$$

不存在非弹性过程时就有 $f(-k)=f^*(k)$,而且(142.12)和(142.11)式相同.

把(142.12)改写成

$$\frac{1}{f_l(k)} - \frac{1}{f_l(-k)} = -2ik,$$

我们就可看出,$1/f_l(k)+ik$ 必须是 k 的偶函数. 如果用 $g_l(k^2)$ 代表这个函数,则有:

$$f_l(k) = \frac{1}{g_l(k^2) - ik}. \tag{142.13}$$

但这个偶函数 $g_l(k^2)$ 和(125.15)式的不同,它现在不是实函数①.

当粒子束通过大量散射中心所组成的散射介质时,由于各种弹性的和非弹性的碰撞过程而使粒子离散,入射束的强度就逐渐减弱下来. 这种减弱完全由零

---

① 以上的讨论(以及由此而得的有关 g_l 为偶函数的结论)中,事先假定了 $r\to\infty$ 时相互作用衰减得足够快,使得左半 E 平面内不存在割线,从而使绕 $E=0$ 点一周成为可能.

角度的弹性散射振幅所确定，在一定的条件下（见后），可以用下列纯形式的方法描述①.

设$f(0,E)$是对介质中每个单独粒子而言的零角度散射振幅. 我们假定f比粒子间的平均距离$d \sim (V/N)^{1/3}$来得小. 于是在每个介质粒子上的散射就能分开考虑. 我们引进具有固定中心的某个“有效场”U_{eff}作为辅助量，它是这样定义的，使得由它算出的零角度玻恩散射振幅正好等于实际的振幅$f(0,E)$. 当然，这决不意味着真正能用玻恩近似根据粒子间的实际作用算出$f(0,E)$. 于是，按定义有[参考(126.4)]：

$$\int U_{\text{eff}} \mathrm{d}V = -\frac{2\pi\hbar^2}{m} f(0,E), \tag{142.14}$$

式中的m是被散射粒子的质量. 这样定义的场和振幅f一样，都是复量. 估计等式(142.14)两边的数量级，可得U_{eff}和它的作用距离a之间的关系：

$$a^3 U_{\text{eff}} \sim \frac{\hbar^2}{m} f. \tag{142.15}$$

定义(142.14)当然不是唯一的. 我们再在它上面加进一个补充条件，使得场U_{eff}满足以下的微扰论适用条件：

$$|U_{\text{eff}}| \ll \frac{\hbar^2}{ma^2} \tag{142.16}$$

（同时有$|f| \ll a$）. 很易看出，在这样的情形下，粒子束的衰减可以用平波面在某一均匀介质中的传播来描写，这个介质中的粒子具有以下的恒定势能：

$$\overline{U}_{\text{eff}} = \frac{N}{V} \int U_{\text{eff}} \mathrm{d}V = -\frac{N}{V} \frac{2\pi\hbar^2}{m} f(0,E), \tag{142.17}$$

这是把介质中所有N个粒子的有效场对介质体积V求平均后得到的. 这个问题是很明显的，如果我们先去考虑介质的每个区段，这个区段中的散射中心尽管已经很多但是它的散射效应仍然很小. 划分这种区段的可能性由条件(142.16)得到保证. 粒子束通过这个区段时，它的衰减由零角度的散射振幅所确定，这个振幅在玻恩近似下是由散射场对该区段的整个体积积分后确定的. 这就意味着，我们感兴趣的散射特性完全由场对介质体积的平均式(142.17)确定.

因此通过介质的粒子束可以用平面波$\sim \mathrm{e}^{ikz}$描写，它的波数为

$$k = \frac{1}{\hbar}\sqrt{2m(E-\overline{U}_{\text{eff}})}.$$

引进入射粒子的波数$k_0 = \sqrt{2mE}/\hbar$，可以把k写成nk_0的形式，其中

① 以下所讲的方法适用于快中子（能量为几百个 MeV 的数量级）被原子核散射，这种中子的波长很短，以致原子核可以看作一个非均匀的宏观介质.

$$n=\sqrt{1-\frac{\overline{U}_{\mathrm{eff}}}{E}}=\sqrt{1+\frac{N}{V}\frac{2\pi\hbar^2}{mE}f(0,E)}, \tag{142.18}$$

n 起着介质对于所通过粒子束而言的"折射系数"的作用. 一般讲来,n 是一个复量(振幅 f 是复的),它的虚部给出了粒子束强度的衰减. 如果 $E\gg|\overline{U}_{\mathrm{eff}}|$,则(142.18)式给出

$$\mathrm{Im}\ n=\frac{N}{V}\frac{\pi\hbar^2}{mE}\mathrm{Im}\ f(0,E)=\frac{N}{V}\frac{\sigma_t}{2k},$$

式中 σ_t 是散射总截面,这里我们已经应用了光学定理(142.10). 这个表式对应于以下明显结果:波的强度是按规律

$$|\mathrm{e}^{\mathrm{i}kz}|^2\sim\mathrm{e}^{-N\sigma_t z/V}$$

衰减的.

除了吸收外,折射系数(142.18)还能确定(根据它的实部)出入这个介质的粒子束的折射定律①.

习　　题

中子束被重核散射,核半径 a 远大于中子的波长($ka\gg1$). 假定轨道角动量为 $l<ka\equiv l_0$ 的(即碰撞参量 $\rho=\hbar l/mv=l/k<a$ 的)所有入射中子都被原子核吸收掉,而 $l>l_0$ 的入射中子和原子核根本不发生作用. 试求小角度的弹性散射截面.

解: 上述条件下的中子运动基本上是准经典的,小角度弹性散射完全类似于光线在黑球上的夫琅禾费衍射. 因此所求的截面可以用这个衍射问题的已知解直接写出②

$$\mathrm{d}\sigma_e=\pi a^2\frac{\mathrm{J}_1^2(ka\theta)}{\pi\theta^2}\mathrm{d}o.$$

从(142.3)式也能导出同样结果. 根据本题的条件,我们有 $l<l_0$ 时 $S_l=0$ 以及 $l>l_0$ 时 $S_l=1$. 故弹性散射振幅为

---

① (142.17)式应用中的一个有趣例子是气体中一个碱金属原子的较高能级的位移. 在高激发态中,价电子和原子中心的平均间距 $\bar{r}$ 要比原子实以及中性气体原子的尺度 a 都来得大. 这些中性气体原子在半径 $\sim\bar{r}$ 的球内对价电子讲来起着散射中心的作用,并且把价电子的能级移动了(142.17)式所示的数量级. 由于受激价电子的德布罗意波长也比 a 大,振幅 $f(0,E)\approx-\alpha$,其中 α 是散射长度[参考(132.9)式]. 因此这个效应使能级移动一个恒定的数量 $2\pi\hbar^2\alpha\nu/m$,其中 m 是电子质量,ν 是气体粒子数密度(E. Fermi,1934).

② 见《场论》§ 61,题 3(在黑球上的衍射问题等价于不透明幕上挖一圆孔的衍射问题). 截面由衍射波强度除以入射流密度后得到.

$$f(\theta) = -\frac{1}{2ik}\sum_{l=0}^{l_0}(2l+1)P_l(\cos\theta).$$

l 大的项是这个求和式的主要部分. 因此可把 $2l+1$ 改成 $2l$, 应用 θ 小时 $P_l(\cos\theta)$ 的渐近式(49.6), 并把求和改成积分:

$$f(\theta) = \frac{i}{k}\int_0^{l_0} lJ_0(\theta l)\,dl = \frac{i}{k\theta}l_0J_1(\theta l_0) = \frac{ia}{\theta}J_1(ka\theta),$$

这正是应有的结果①.

弹性散射总截面为

$$\sigma_e = \pi a^2\int_0^\infty \frac{J_1^2(ka\theta)}{\pi\theta^2}2\pi\theta d\theta = \pi a^2,$$

这个积分所以能延伸到 ∞ 是因为收敛很快. 这是在所述条件下应有的结果(参考(142.8)式), 并且和吸收截面相同, 简单地等于球的几何截面. 总截面 $\sigma_t = 2\pi a^2$.

§143 慢粒子的非弹性散射

§132 中所作的低能弹性散射极限定律的推导, 很易推广到存在非弹性过程时的情形.

和以前一样, $l=0$ 的散射在低能时最为重要. 根据 §132 的结果, 相应的 S 矩阵元为

$$S_0 = e^{2i\delta_0} \approx 1 + 2i\delta_0 = 1 - 2ik\alpha.$$

§132 中描述的波函数性质只有一点要改变, 它在无穷远处的条件[渐近式(142.1)]现在是复条件, 而不再是纯弹性散射情形下的实驻波. 常数 $\alpha = -c_2/c_1$ 因此也是复数. 模量 $|S_0|$ 不再等于 1. 条件 $|S_0|<1$ 意味着 $\alpha = \alpha' + i\alpha''$ 的虚部必是负的($\alpha''<0$).

把 S_0 代入(142.7), 即得弹性和非弹性散射截面:

$$\sigma_e = 4\pi|\alpha|^2, \tag{143.1}$$

$$\sigma_r = 4\pi|\alpha''|/k. \tag{143.2}$$

可见弹性散射截面仍和速度无关, 但是非弹性截面和粒子速度成反比——$1/v$

① 对于快速带电粒子在"黑"核上的衍射散射问题可作同样的讨论. 此时极限值 l_0 应该由这样的条件来确定, 使得粒子在库仑场中的经典运动轨道与原子核间的最短距离正好等于核半径. $l<l_0$ 时仍应令 $S_l=0$, $l>l_0$ 时 $S_l=e^{2i\delta_l}$, 其中 δ_l 是(135.11)给出的库仑相位. 见 А. И. Ахиезер, И. Я. Померанчук, Некоторые Вопросы Теория Ядра, Гостехиздат, 1950, §22; Journal of Physics, USSR 9, 471. 1945.

定律(H. A. Bethe,1935). 因此,当速度降低时,与弹性散射相比,非弹性过程变得越来越重要①.

极限定理(143.1)和(143.2)当然只是截面按 k 的幂展开后的首项. 有趣的是,这两个截面展开式的下一项中不再含有(143.1)和(143.2)以外的新常数(Ф. Л. Шапиро,1958). 这个结果是由于在(142.13)中,$l=0$ 的分波振幅

$$f_0(k)=\frac{1}{g_0(k^2)-\mathrm{i}k}$$

中的 $g_0(k^2)$ 函数是一个偶函数. 当 k 小时这个函数可按 k 的偶次幂展开,因此 $g_0\approx-1/\alpha$ 的下一项是 $\sim k^2$. 如果略去这一项,$f_0(k)$ 展开式中的前两项仍可写成

$$f_0(k)\approx-\alpha(1-\mathrm{i}k\alpha),$$

相应地,截面展开式也应保留到下一项,由此很易得到以下表式:

$$\sigma_e=4\pi|\alpha|^2(1-2k|\alpha''|),\tag{143.3}$$

$$\sigma_r=4\pi|\alpha''|(1-2k|\alpha''|)/k.\tag{143.4}$$

这些结果假定了相互作用在远距离处衰减得足够快. 我们在 §132 中看到,如果场 $U(r)$ 的衰减快于 r^{-3},当 $k\to0$ 时弹性散射振幅就趋于常数极限. 这也是非弹性道存在时类似的结果(143.1)得以成立的一个必要条件②.

反应截面的 $1/v$ 律满足较弱的条件:场的衰减只需快于 r^{-2},这可从以下对 $1/v$ 律的直观推导中清楚地看出.

碰撞中产生反应的概率,是和"反应带"内($r\sim a$ 的范围内)的入射粒子波函数的模量平方成正比的. 这一点在物理上表述了这样的一个事实,例如慢中子和核的碰撞,仅当中子"透进"核内时反应才能发生. 如果相互作用的衰减快于 r^{-2},则从远的 r 一直到 $r\sim a$,波函数不会有数量级的改变,换句话说,当 $k\to0$ 时,比值 $|\psi(a)/\psi(\infty)|^2$ 趋于一个有限极值(这可从薛定谔方程中的 $U\psi$ 项远小于 $\nabla^2\psi$ 这一事实看出). 反应截面是 $|\psi|^2$ 除以流密度. 如取 ψ 为平面波按单位流密度归一化,我们有 $|\psi|^2\sim1/v$,这就是所求的结果.

在带电核粒子的碰撞中,除短程核力外还有衰减缓慢的库仑场. 这个库仑场可以显著改变反应带内入射波的量值. 反应截面等于 $1/v$ 乘以 $r\to0$ 时的库仑波函数和自由波函数的模量平方的比值. 这个比值由(136.10),(136.11)式给出,其结果为(库仑单位)

---

① 同样可以求出角动量 $l\neq0$ 的分波反应截面和速度的关系,结果为 $\sigma_r^{(l)}\sim k^{2l-1}$,弹性散射截面仍和以前一样,与 k^{4l} 成正比,也就是 $k\to0$ 时比 l 值相同的 $\sigma_r^{(l)}$ 衰减得更快.

② (143.3)式计及了 k 的幂次展开的下一项,要求 U 的衰减比 r^{-4} 快.

$$\sigma_r = \frac{2\pi A}{k^2 |e^{\pm 2\pi/k} - 1|}; \tag{143.5}$$

指数中的正号对应于斥力,负号对应于引力.

$1/v$ 律中的系数 A 是一个常数. 如果速度远大于一个库仑单位($k >> 1$),库仑作用不起作用,我们又回到定律 $\sigma_r = A/k$.

如果速度远小于一个库仑单位($k << 1$,在普通单位制中也就是 $Z_1 Z_2 e^2/\hbar v >> 1$,其中 $Z_1 e$ 和 $Z_2 e$ 是相碰粒子的电荷),在决定反应带内的波函数量值时库仑作用成为主要的. 对于相吸粒子的碰撞就有

$$\sigma_r = 2\pi A/k^2, \tag{143.6}$$

对于相斥粒子的碰撞有

$$\sigma_r = (2\pi A/k^2) e^{-2\pi/k}. \tag{143.7}$$

后一情形中,当 $k \to 0$ 时,截面趋于零. (143.6)和(143.7)所差的指数因子就是越过库仑势垒的概率,在普通单位制中它就是 $\exp(-2\pi Z_1 Z_2 e^2/\hbar v)$.

注意,极限定律(143.6)不但适用于总截面而且也适用于每个角动量为 l 的分波截面①. 这一点可从下列事实看出,在函数 $\psi_k^{(+)}$ 的展开式(136.1)中[前面用到的(136.10)和(136.11)式中出现 $\psi_k^{(+)}$],每个求和项中的函数 R_{kl} 有着相同的对 k 的极限关系:$k \to 0$ 时径向函数都由(36.25)式给出(引力情形),而当接近力心时我们有 $R_{kl} \sim \sqrt{k}\, r^l$. 单个角动量对反应带内波函数平方的贡献为 $\sim a^{2l}/k$,亦即所有的 l 以同样的方式依赖于 k,尽管它们被小的因子 $(a/a_c)^{2l}$ 所削弱,其中 $a_c = \hbar^2/m Z_1 Z_2 e^2$ 是库仑制的长度单位.

§144　存在反应时的散射矩阵

§142 和 §143 中所考虑的截面 σ_r 是所有可能的非弹性散射道的总截面. 现在我们来进行非弹性散射普遍理论的推导,其中每道都可分开考虑.

我们将假定,两个粒子的碰撞结果仍形成两个粒子(可能相同也可能不同). 我们把所有可能的反应道(对一个给定的能量而言)加以编号,并用适当的下标附记在这些道的有关量上.

设 i 道为输入道. 此道中相碰粒子的相对运动波函数(在质心系中)早已给出,它是入射平面波与弹性散射的出射波之和:

$$\psi_i = e^{ik_i z} + f_{ii}(\theta)\frac{e^{ik_i r}}{r} \tag{144.1}$$

振幅 f_{ii} 的平方给出 i 道中的弹性散射截面:

$$d\sigma_{ii} = |f_{ii}|^2 do. \tag{144.2}$$

① 对(143.7)式同样成立.

其它道(下标用 f) 中,粒子的相对运动波函数代表出射波. 前面已经解释过,这些波最好表成下列形式①

$$\psi_f = f_{fi}(\theta)\sqrt{\frac{m_f}{m_i}}\frac{e^{ik_f r}}{r}, \tag{144.3}$$

式中的 k_f 是 f 道反应产物的相对运动波矢量,θ 是它和 z 轴的夹角,m_i 和 m_f 分别是两个初态粒子和两个末态粒子的折合质量. 立体角 do 内的散射通量等于 $|\psi_f|^2$ 乘以 $v_f r^2 do$,相应的反应截面等于这个通量除以入射通量密度(它等于 v_i). 故

$$d\sigma_{fi} = |f_{fi}|^2 \frac{p_f}{p_i} do_f, \tag{144.4}$$

式中的动量 $p_i = m_i v_i, p_f = m_f v_f$.

§ 125 中我们定义过散射算符 $\hat{S}$,它把入射波变换成出射波. 当有几道存在时,这个算符具有不同道之间的跃迁矩阵元. 对各道为"对角"的矩阵元相当于弹性散射,而非对角元相当于各种非弹性过程. 所有这些矩阵元对别的变量而言仍为算符. 它们的求法如下.

和 § 125 中所用的方法一样,我们定义与振幅 f_{ii}, f_{fi} 有关的算符 $\hat{f}_{ii}, \hat{f}_{fi}$ 如下:

$$\hat{S}_{fi} = \delta_{fi} + 2i\sqrt{k_i k_f}\hat{f}_{fi}. \tag{144.5}$$

按照这个定义很易看出,所得的 S 矩阵一定满足幺正条件. 因为和 § 125 中一样,我们可以把输入道的波函数写成一组入射波和出射波:

$$\begin{aligned}\psi_i &= F(-\boldsymbol{n}')\frac{e^{-ik_i r}}{r\sqrt{v_i}} - (1 + 2ik_i\hat{f}_{ii})F(\boldsymbol{n}')\frac{e^{ik_i r}}{r\sqrt{v_i}} = \\ &= F(-\boldsymbol{n}')\frac{e^{-ik_i r}}{r\sqrt{v_i}} - \hat{S}_{ii}F(\boldsymbol{n}')\frac{e^{ik_i r}}{r\sqrt{v_i}}\end{aligned} \tag{144.6}$$

为方便计,上式与(125.3)式相比多引进了一个因子 $1/\sqrt{v_i}$. 采用以上定义的振幅后,f 道的波函数就为

$$\psi_f = 2ik_i\sqrt{\frac{m_f}{m_i}}\hat{f}_{fi}F(\boldsymbol{n}')\frac{e^{ik_f r}}{r\sqrt{v_i}} = \hat{S}_{fi}F(\boldsymbol{n}')\frac{e^{ik_f r}}{r\sqrt{v_f}}. \tag{144.7}$$

入射波的通量必等于所有道的出射波通量之和. 这个要求反映了这样一个明显的条件:碰撞中能够产生的所有过程(弹性和非弹性)的概率之和必等于 1. 鉴于球面波的分母中有 $\sqrt{v}$ 因子,这些波的通量密度中不再出现速度. 因此上述条件简单地意味着入射波与出射波的集合具有同样的归一化. 所以,这个条件又可

① 在这里系统的初态仍用下标 i 末态仍用 f(参考 § 41 附注 1). 散射振幅中,末态的下标写在初态的左面,与矩阵元的下标放置方式相一致. 为统一起见,截面中的下标也采用这种顺序.

表成散射算符的幺正条件，只要把这个算符看成是对各道编号而言的一个矩阵，对于算符$\hat{f}_{fi}$，这个条件变成

$$\hat{f}_{fi}-\hat{f}_{if}^{+}=2\mathrm{i}\sum_{n}k_n\hat{f}_{fn}\hat{f}_{in}^{+},\tag{144.8}$$

与(125.7)式相类似，式中的指标 + 代表取复共轭并对所有的矩阵下标取转置，但道的编号下标除外.

S 矩阵对轨道角动量具有定值 l 的态是对角的，相应的矩阵元用指标(l)相区别. 把算符$\hat{f}_{ii}$和$\hat{f}_{fi}$作用到函数(125.17)上，我们得到以下形式的弹性和非弹性散射振幅：

$$\left.\begin{aligned}f_{ii}&=\frac{1}{2\mathrm{i}k_i}\sum_{l=0}^{\infty}(2l+1)(S_{ii}^{(l)}-1)\mathrm{P}_l(\cos\theta),\\ f_{fi}&=\frac{1}{2\mathrm{i}\sqrt{k_ik_f}}\sum_{l=0}^{\infty}(2l+1)S_{fi}^{(l)}\mathrm{P}_l(\cos\theta).\end{aligned}\right\}\tag{144.9}$$

相应的积分截面为

$$\left.\begin{aligned}\sigma_{ii}&=\frac{\pi}{k_i^2}\sum_{l=0}^{\infty}(2l+1)\,|1-S_{ii}^{(l)}|^2,\\ \sigma_{fi}&=\frac{\pi}{k_i^2}\sum_{l=0}^{\infty}(2l+1)\,|S_{fi}^{(l)}|^2.\end{aligned}\right\}\tag{144.10}$$

前者与(142.3)式相同. 总的反应截面σ_r(来自输入道 i)为

$$\sigma_r=\sum_f{}'\sigma_{fi},$$

式中对 $f\neq i$ 的所有 f 求和，由于 S 矩阵是幺正的，我们有

$$\sum_f{}'|S_{fi}|^2=1-|S_{ii}|^2.$$

上式给出(142.4)式的σ_r.

散射过程对时间反演的对称性(**倒易定理**)由下式给出：

$$\hat{S}_{fi}=\hat{S}_{i^*f^*},\tag{144.11}$$

也就是

$$\hat{f}_{fi}=\hat{f}_{i^*f^*}.\tag{144.12}$$

式中符号 i^* 和 f^* 代表这样两个态，它们与 i 和 f 态的区别在于把粒子的动量和自旋分量全部变号①，它们称为态 i 和 f 的时间反演态. (144.11)和(144.12)式

① 对于复合粒子(原子和原子核)，这里的“自旋”取作总的内禀角动量，它由组成部分的自旋和内部运动的轨道角动量相加而成.

推广了弹性散射的(125.11)和(125.12)式①.

(144.12)式导致反应截面的以下关系式:

$$\frac{d\sigma_{fi}}{p_f^2 do_f}=\frac{d\sigma_{i^*f^*}}{p_i^2 do_{i^*}},\tag{144.13}$$

此式表述了**细致平衡原理**.

§126 中曾经提及,如果微扰论可用,则在一级近似中我们不但有倒易定理而且还有直接过程 $i\to f$ 和逆过程 $f\to i$(按字面含义的逆过程)之间的振幅关系. 这个关系由方程 $f_{fi}=f_{i^*f}$表出,它对非弹性过程也能很好地成立(也在一级近似下). 相应的截面关系则为

$$\frac{d\sigma_{fi}}{p_f^2 do_f}=\frac{d\sigma_{if}}{p_i^2 do_i}.\tag{144.14}$$

如果截面对 p_f 的所有方向积分,并对末态粒子自旋 s_{1f},s_{2f}的方向求和,还对初态粒子的动量 p_i 以及自旋 s_{1i},s_{2i}的方向求平均,那么 $i\to f$ 和 $i^*\to f^*$ 这两个跃迁之间的区别就不再存在. 令这样的截面为

$$\overline{\sigma_{fi}}=\frac{1}{4\pi(2s_{1i}+1)(2s_{2i}+1)}\sum_{(m_s)}\int d\sigma_{fi}do_i,$$

上式中对所有粒子的自旋分量求和,求和及积分号前面的因子是由于我们不是对初态粒子的有关量求和而是求平均. 把(144.13)写成以下形式:

$$p_i^2 d\sigma_{fi}do_{i^*}=p_f^2 d\sigma_{i^*f^*}do_f,$$

进行积分和求平均以后,我们得到

$$g_i p_i^2\overline{\sigma}_{fi}=g_f p_f^2\overline{\sigma}_{if},\tag{144.15}$$

其中

$$g_i=(2s_{1i}+1)(2s_{2i}+1),\quad g_f=(2s_{1f}+1)(2s_{2f}+1),\tag{144.16}$$

上式给出了初态粒子对或末态粒子对的自旋取向数,称为 i 态和 f 态的**统计权重**.

最后,我们提一下振幅 f_{fi}的下列性质. 我们在 §140 中已看到,当 $p_i\to 0$ 时截面 σ_{fi}按 $1/p_i$ 变化(如果相互作用在远距离处衰减得足够快),根据(144.4)式,这意味着 $p_i\to 0$ 时 $f_{fi}\to$常数. 从对称性(144.12)可知,当 $p_f\to 0$ 时 f_{fi}也趋于一个常数. 我们将在 §147 中回到这个结论上来.

§145 布赖特和维格纳公式

我们在 §134 中引进了准定态的概念,这种态具有有限的但是比较长的寿

---

① 我们在这里略去了一个(-1)因子,它在有自旋粒子的碰撞中可能会出现[参考(140.11)],这一点当然不会影响到截面式(144.13).

命. 在能量不太高的核反应领域中,通过**复合核**的形成阶段①,出现了很大一类这样的态.

这个过程的直观物理图像是这样的,入射到原子核上的粒子与核内的核子相互作用而和它们“并合”在一起组成一个复合系统,所带入的粒子能量被分配到许多核子上. 共振能相当于这个复合系统的准离散能级. 准定态的长寿命(与原子核内核子的运动周期相比较而言)来自这样的事实,在大部分的时间内能量被分配到许多粒子身上,致使其中没有一个粒子具有足够的能量使它能够克服其余粒子的引力而逸出核外. 只有在相当少的情况下,才会有足够高的能量集中到其中的一个核子身上,这时复合核就会以各种不同的方式进行衰变,对应于各种可能的反应道②.

以上描述的碰撞特点表明,发生非弹性过程的可能性不会影响到弹性振幅中与复合核性质无关的势散射部分(见 §134);非弹性过程只能改变弹性振幅的共振部分,根据同一理由,通过复合核的形成阶段而实现的那些非弹性散射过程,它们的振幅全都具有纯共振的特性. 所有振幅中的共振分母(这个分母与

$$E=E_0-\frac{\mathrm{i}}{2}\Gamma$$

时入射波的系数等于零有关)仍保持原来的$\left(E-E_0+\frac{1}{2}\mathrm{i}\Gamma\right)$的形式,$\Gamma$ 仍为复合核任一给定准定态的衰变总概率.

以上这些考虑再加上散射振幅必须满足的幺正条件,足以建立这些振幅的形式.

采用对称的形式进行计算是比较方便的,我们把复合核的所有可能的衰变道进行编号,而不事先标出哪个是该反应的输入道. 我们用 $a,b,c,\cdots$ 代表道的编号下标. 我们还将考虑准定态的具有 l 值的分波振幅③. 如前所述,我们把这些待求的振幅表成以下形式:

$$f_{ab}^{(l)}=\frac{1}{2\mathrm{i}k_a}(\mathrm{e}^{2\mathrm{i}\delta_a}-1)\delta_{ab}-\frac{1}{2\sqrt{k_ak_b}}\mathrm{e}^{\mathrm{i}(\delta_a+\delta_b)}\frac{\Gamma M_{ab}}{E-E_0+\frac{1}{2}\mathrm{i}\Gamma} \qquad (145.1)$$

(为简洁计,常数 δ_a 和 M_{ab}上的(l)指标已略去). 式中第一项仅当 $a=b$ 时才存在,它代表 a 道中的势弹性散射振幅,其中常数 δ_a 和(134.12)式中的 $\delta_l^{(0)}$ 相同. (145.1)式中的第二项对应于共振过程. 此项中共振因子的系数是这样选定的,

① 复合核的概念来自玻尔(N. Bohr,1936).

② 在这些相互竞争着的各种反应道中,也包括入射粒子的辐射俘获,此时复合核从一个激发态跃迁到它的基态而放出一个 γ 光子,由于辐射跃迁的概率比较小,这个过程也是“缓慢”的.

③ 我们先不考虑由于过程中含有粒子自旋而产生的复杂性.

使得应用幺正条件后结果被简化(见后).

由于所考虑的散射具有给定的轨道角动量绝对值,这个值对时间反演并不变号,倒易定理(对时间反演而言的对称性)就可以简单地表成振幅 $f_{ab}^{(l)}$ 对下标 a,b 的对称性. 由此可知,系数 M_{ab} 一定也有这样的对称性($M_{ab}=M_{ba}$).

振幅 $f_{ab}^{(l)}$ 的幺正条件为[参考(144.8)]

$$\operatorname{Im} f_{ab}^{(l)} = \sum_c k_c f_{ac}^{(l)} f_{bc}^{(l)*}, \tag{145.2}$$

把(145.1)代入,经过直接计算后得

$$\frac{M_{ab}^*}{E-E_0-\frac{1}{2}\mathrm{i}\Gamma}-\frac{M_{ab}}{E-E_0+\frac{1}{2}\mathrm{i}\Gamma}=\frac{\mathrm{i}\Gamma\sum\limits_c M_{ac}M_{bc}^*}{(E-E_0)^2+\frac{1}{4}\Gamma^2}$$

如果这个方程对所有的能量 E 恒成立,首先应有 $M_{ab}=M_{ab}^*$,亦即 M_{ab} 是一个实量. 于是得

$$M_{ab} = \sum_c M_{ac}M_{bc}, \tag{145.3}$$

亦即系数矩阵 M_{ab} 必须等于其自身的平方.

实对称矩阵 M_{ab} 通过适当的线性正交变换 $\hat{U}$ 以后可以化成对角形式. 用 $M^{(\alpha)}$ 标记它的对角元(本征值),这个变换可写成

$$\sum_{a,b} U_{\alpha a}U_{\beta b}M_{ab} = M^{(\alpha)}\delta_{\alpha\beta},$$

式中的变换系数满足以下正交关系:

$$\sum_c U_{\alpha c}U_{\beta c} = \delta_{\alpha\beta}, \tag{145.4}$$

逆变换为

$$M_{ab} = \sum_\alpha U_{\alpha a}U_{\alpha b}M^{(\alpha)}. \tag{145.5}$$

(145.3)式给出了本征值 $M^{(\alpha)}$ 的条件 $M^{(\alpha)}=(M^{(\alpha)})^2$,因此它们只能是 0 或 1,如果只有一个 $M^{(\alpha)}$ 不等于零(设为 $M^{(1)}=1$),则(145.5)给出

$$M_{ab} = U_{1a}U_{1b}, \tag{145.6}$$

亦即所有的矩阵元 M_{ab} 都可用 $U_{1a}(a=1,2,\cdots)$ 这组量表出. 如果有几个 $M^{(\alpha)}$ 不等于零,那么矩阵元 M_{ab} 可用 $U_{1a},U_{2a},\cdots$ 几组量的和表出,这些量只有正交关系因而是独立的. 这种情形相当于偶然简并,此时复合核的几个不同准定态对应于同一个准离散能级①. 忽略这种不重要的情形,亦即只考虑非简并能级,我们就

① 这一点特别清楚地表现在所有的 $M^{(\alpha)}=1$ 时的情形,由(145.4)和(145.5),此时有 $M_{ab}=\delta_{ab}$,亦即不同道之间没有跃迁. 换句话说,这种情形相当于存在着若干个彼此独立的准离散态,每个态在一个道的弹性散射中出现.

可得出这样的结论:矩阵元 M_{ab} 等于一些量的乘积,其中的每个量只和一个道的指标有关.

采用记号

$$|U_{1a}| = \sqrt{\Gamma_a/\Gamma},$$

可把(145.6)式写成

$$M_{ab} = \pm \sqrt{\Gamma_a \Gamma_b}/\Gamma, \tag{145.7}$$

M_{ab} 的符号与 U_{1a} 和 U_{1b} 的符号有关,还不能确定. 考虑到等式 $\sum U_{1c}U_{1c}=1$,所定义的 Γ_a 满足下式:

$$\sum_a \Gamma_a = \Gamma, \tag{145.8}$$

Γ_a 称为各个道的**分宽度**. 公式(145.1),(145.7)和(145.8)给出了待求的散射振幅的一般形式.

现在把最终公式改写一下,取某个固定的道为输入道①. 该道的分宽度记作 Γ_e(**弹性宽度**)其它反应道的宽度记作 $\Gamma_{r1}, \Gamma_{r2}, \cdots$.

弹性散射总振幅为

$$f_e(\theta) = f^{(0)}(\theta) - \frac{2l+1}{2k} \frac{\Gamma_e}{E - E_0 + \frac{1}{2}\mathrm{i}\Gamma} \mathrm{e}^{2\mathrm{i}\delta_l^{(0)}} \mathrm{P}_l(\cos\theta), \tag{145.9}$$

式中 k 是入射粒子的波数,$f^{(0)}$ 是势散射振幅. 此式和(134.12)式的区别在于共振项分子中的 Γ 换成了较小的 Γ_e.

早已提过非弹性过程的振幅是纯共振型的. 微分截面为

$$\mathrm{d}\sigma_{ra} = \frac{(2l+1)^2}{4k^2} \frac{\Gamma_e \Gamma_{ra}}{(E-E_0)^2 + \frac{1}{4}\Gamma^2} [\mathrm{P}_l(\cos\theta)]^2, \tag{145.10}$$

积分截面为

$$\sigma_{ra} = (2l+1)\frac{\pi}{k^2} \frac{\Gamma_e \Gamma_{ra}}{(E-E_0)^2 + \frac{1}{4}\Gamma^2}. \tag{145.11}$$

所有非弹性过程的总截面为

$$\sigma_r = (2l+1)\frac{\pi}{k^2} \frac{\Gamma_e \Gamma_r}{(E-E_0)^2 + \frac{1}{4}\Gamma^2}, \tag{145.12}$$

其中 $\Gamma_r = \Gamma - \Gamma_e$ 称为该能级的总**非弹性宽度**.

还想知道的是反应截面在共振值 $E = E_0$ 附近的能量范围内的积分结果. 由

---

① 这些公式首先由布赖特和维格纳(G. Breit, E. Wigner,1936)得到.

于 σ_r 离开共振时衰减得很快,对 $E-E_0$ 的积分可以延伸为 $-\infty$ 到 $+\infty$,求得

$$\int \sigma_r \mathrm{d}E = (2l+1)\frac{2\pi^2}{k^2}\frac{\Gamma_e \Gamma_r}{\Gamma}. \tag{145.13}$$

在慢中子散射中(它的波长远大于原子核的线度),只有 s 波散射是重要的,它的势散射振幅是一个实常数 $-\alpha$. (134.14)变成

$$f_e = -\alpha - \frac{\Gamma_e}{2k\left(E-E_0+\frac{1}{2}\mathrm{i}\Gamma\right)}. \tag{145.14}$$

弹性散射总截面为

$$\sigma_e = 4\pi\alpha^2 + \frac{\pi}{k^2}\frac{\Gamma_e^2 + 4\alpha k \Gamma_e (E-E_0)}{(E-E_0)^2 + \frac{1}{4}\Gamma^2}. \tag{145.15}$$

$4\pi\alpha^2$ 这一项可以称为**势散射截面**. 我们看到共振区内存在着势散射和共振散射的干涉. 只有在该能级的邻近($E-E_0 \sim \Gamma$)才能略去振幅 α(记得 $|\alpha k| \ll 1$),此时的慢中子弹性散射截面公式变成

$$\sigma_e = \frac{\pi}{k^2}\frac{\Gamma_e^2}{(E-E_0)^2 + \frac{1}{4}\Gamma^2}. \tag{145.16}$$

弹性和非弹性散射的总截面为

$$\sigma_t = \sigma_e + \sigma_r = \frac{\pi}{k^2}\frac{\Gamma_e \Gamma}{(E-E_0)^2 + \frac{1}{4}\Gamma^2}. \tag{145.17}$$

当势散射可忽略时,截面 σ_e,σ_{ra} 可表成以下形式:

$$\sigma_e = \sigma_t \frac{\Gamma_e}{\Gamma}, \quad \sigma_{ra} = \sigma_t \frac{\Gamma_{ra}}{\Gamma}.$$

σ_t 是所有共振过程的截面之和,可以看作是复合核的形成截面. 各种弹性和非弹性过程的截面,等于 σ_t 乘以复合核衰变为该道的相对概率,后者是能级总宽度和相应分宽度的比值. 截面的这种表述方式,完全是由于散射振幅分子中的系数 M_{ab} 能够进行因式分解的结果,它相当于这样的物理图像,该碰撞过程可分两步实现:先形成处于某一准离散态中的复合核,然后通过某一个道衰变①.

正如 § 134 中早已提到的,此处所讨论公式的适用范围只受到一个条件的限制,即差值 $|E-E_0|$ 必须小于该复合核两个(具有相同的角动量值)相邻准离散能级的间距 D. 我们还提到过,如果 $E=0$ 值位于共振区内,上述这些公式不允

---

① 所有以上的计算都是以 $a+X=b+Y$ 型的反应为基础的,从两个初始粒子(入射粒子和核)出发变成两个粒子. 但从所得结果的物理本质可以看出,这样的假定并不是必需的. (145.11)那样的积分截面式对原子核中逸出多个粒子的反应讲来也是成立的.

许过渡到 $E\to 0$ 的极限. 在这种情形下公式应作修改,即把能量 E_0 改成某个有关的常数 ε_0,把弹性宽度 Γ_e 改成 $\gamma_e\sqrt{E}$,非弹性宽度 Γ_r 仍应看作常数(H. A. Bethe, G. Placzek, 1937)①. 这些修改使得当 $E\to 0$ 时,非弹性截面(145.12)按 $1/\sqrt{E}$ 增长,与慢粒子非弹性散射的普遍理论相一致(§143).

当考虑相碰粒子的自旋以后,公式一般讲来非常复杂. 我们只考虑最简单的但是比较重要的慢中子散射情形,参与散射的只有 $l=0$ 的轨道角动量. 复合核的自旋由靶核的自旋 i 和中子的自旋 $s=\dfrac{1}{2}$ 相加而得,它可取 $j=i\pm\dfrac{1}{2}$ 两个值(我们假定 $i\neq 0$,否则公式不需改变). 复合核的每个准离散能级和一个确定的 j 值相联系,因此反应截面等于(145.12)式(取 $l=0$)乘以概率 $g(j)$,$g(j)$ 就是当有一个共振能级存在时原子核加中子这个系统具有必要的 j 值的概率.

我们假定中子和靶核的自旋取向都是完全任意的,对 $\boldsymbol{i}$ 和 $\boldsymbol{s}$ 这一对自旋讲来,共有 $(2i+1)(2s+1)=2(2i+1)$ 种可能的取向. 其中有 $2j+1$ 种取向对应于给定的总角动量值 j,假定所有的空间取向都是等概率的,我们求得具有给定 j 值的概率为

$$g(j)=\frac{2j+1}{2(2i+1)}. \tag{145.18}$$

弹性散射的截面公式也应作同样的修改,但应记得势散射中这两个 j 值全都存在,因此(145.15)式的第二项中应该包含一个 $g(j)$ 因子(j 为该共振能级的总角动量),$4\pi\alpha^2$ 这一项应改为求和式:

$$\sum_j g(j)4\pi[\alpha^{(j)}]^2.$$

共振反应通过复合核的形成阶段(处于某一准定态中)这一事实,导致有关反应产物角分布问题的某些一般性结论,每个准定态(除了其它特性以外)具有一定的宇称. 因而这个复合核蜕变后形成的 $b+Y$ 粒子系统也有同样的宇称. 这意味着该系统的波函数及其反应振幅当坐标系反演后只是乘上了一个 ±1 因子;振幅的平方即截面因而保持不变. 坐标系的反演对确定散射方向的极角和方位角讲来意味着作变换 $\theta\to\pi-\theta,\varphi\to\pi+\varphi$(在系统的质心系中). 反应产物的角分布因而对这个变换保持不变,特别是,当我们对参与反应的所有粒子的自旋取向平均以后,截面只和散射角 θ 有关,对这个角而言的角分布必然对称于变换 $\theta\to\pi-\theta$,也就是角分布(在质心系中)对称于粒子碰撞方向的垂

---

① 要注意的是,对于小能量情形下可能发生的那些非弹性过程讲来(例如辐射俘获),$E=0$ 值不是一个阈值. 当能量接近于该反应的阈值时(低于阈值该反应不会发生),分宽度 Γ_{ra} 应作 Γ_e 所作的那种修改.

直平面①.

鉴于复合核具有大量密集的能级,截面随能量的具体变化对许多散射过程说来极为复杂,这种复杂性造成了一个困难,使我们难于发现从一个核到另一个核时截面性质的任何系统性变化. 因此我们就有理由去研究抛开共振结构细节的那种截面行为,也就是对远大于能级间距的能量间隔进行平均以后的截面行为. 这样的处理也不必区分不同类型的非弹性过程. 只把散射分为"弹性"和"非弹性"部分(其含义见后)②.

为了说明平均过程的含义,我们仍略去与自旋有关的复杂性,来考虑 $l=0$ 的分波截面.

按照(142.7)式,

$$\left.\begin{aligned}&\sigma_e=\frac{\pi}{k^2}|S-1|^2,\quad \sigma_r=\frac{\pi}{k^2}(1-|S|^2),\\&\sigma_t=\frac{\pi}{k^2}2(1-\mathrm{Re}S)\end{aligned}\right\}\tag{145.19}$$

弹性和非弹性截面以及由此而得的总截面通过同一个量 S(为简洁计省略了指标(0))表达出来. 对能量间隔求平均时,与 S 成线性关系的总截面可以通过 S 的平均值表成

$$\overline{\sigma}_t=\frac{\pi}{k^2}2(1-\mathrm{Re}\overline{S}),\tag{145.20}$$

$1/k^2$ 因子变化缓慢,不受平均的影响,平均以后的"弹性"截面被定义成为

$$\overline{\sigma}_e^{光}=\frac{\pi}{k^2}|\overline{S}-1|^2,\tag{145.21}$$

它一般地不等于平均值 $\overline{\sigma}_e$,换句话说,这样的弹性散射是先对出射波 Se^{ikr}/r 中的振幅平均以后再来定义的,采用这个定义,一个波包的弹性散射保持它的形状不变. 我们可以说,(145.21)式的截面与散射的"相干"部分有关. 这就意味着,通过形成复合核而发生的那一部分弹性散射被排除在外:当一长寿命的复合核已经形成随后又衰变时,入射波包的特征当然全都丧失. 这个平均化模型中的"非弹性"散射现在自然是由差值 $\overline{\sigma}_a^{光}=\overline{\sigma}_t-\overline{\sigma}_e^{光}$ 来定义,即

$$\overline{\sigma}_a^{光}=\frac{\pi}{k^2}(1-|\overline{S}|^2).\tag{145.22}$$

因此其中不但包括各种非弹性过程,也还包括形成中间复合核而发生的那一部

① 对于无自旋粒子,微分反应截面简单地正比于$[P_l(\cos\theta)]^2$,这种对称性很明显.

② 以下的平均方法(进展到所谓核散射的**光学模型**)是由 V. F. Weisskopf, C. E. Porter. 和 H. Feshbach(1954)提出的.

分弹性散射.

很易看出,这种解释给出了极限情形的正确处理,因而可以进行合理的内插.

在低能范围内,共振之间分得很开($\Gamma \ll D$),每个能级附近的 S 值由下式给出:

$$S = e^{2i\delta^{(0)}}\left(1 - \frac{i\Gamma_e}{E - E_0 + \frac{1}{2}i\Gamma}\right),$$

平均后得

$$\bar{S} = e^{2i\delta^{(0)}}\left(1 - \frac{\pi\bar{\Gamma}_e}{D}\right) \tag{145.23}$$

其中 $\bar{\Gamma}_e$ 和 D 是对所考虑能量范围内所有的能级平均以后所得的弹性宽度和平均能级间距,缓变函数 $\delta^{(0)}(E)$ 在这个平均中可看作一个常数. 从而得

$$\bar{\sigma}_a^{光} = \frac{\pi}{k^2}\frac{2\pi\bar{\Gamma}_e}{D}, \tag{145.24}$$

式中已略去 $\sim \Gamma/D$ 的小项①. 此式实际上和截面(145.17)的平均值一致,如前所述,它对应于复合核的形成.

随着复合核激发能量的增大,能级间距减小,衰变概率(以及能级的总宽度)增大,以致能级开始交叠(此时准离散能级这一概念本身也在很大程度上失去它的意义). 函数 $S(E)$ 的不规则性就逐渐平滑下去,使得精确函数和平均函数的差别逐渐变小,截面式(145.22)就和(145.19)式给出的 σ_r 相同. 这一点与下列事实一致,高能时复合核通过输入道而衰变与该能量下可能发生的各种衰变方式比较起来是不重要的. 因此在这个能量范围内,所有参与形成复合核的过程都可以看作是非弹性的.

由此可见,平均模型中的散射还是能用一个量 $\bar{S}$ 来确定,现在 $\bar{S}$ 是能量的光滑函数. 在**光学模型**中,为了算出这个函数,原子核的散射特性用一个具有复势的力场来近似. 该势的虚部使其结果除弹性散射外还有粒子的吸收,这种吸收相当于平均模型中的"非弹性"散射,其截面由(145.22)式给出.

§ 146　反应中的末态相互作用

反应结果所产生的粒子之间的相互作用,可以对它们的能量分布和角分布产生重要的影响. 而这种效应,当相互作用粒子的相对速度很小时自然特别明

---

① 由于其它能级的存在而在一个能级的范围内所产生的那些项,都具有同样的数量级.

显. 例如在伴有两个或更多个核子辐射的核反应中,就存在着这种现象,在这里效应来自自由核子之间的核力作用①.

设 $\boldsymbol{p}_0$ 为逸出核子对的质心动量,$\boldsymbol{p}$ 为它们的相对动量. 我们假定 $p \ll p_0$,因而相对动能 $E = p^2/m$(m 为核子质量)远小于质心动能 $E_0 = p_0^2/4m$. 我们还假定 E_0 远大于双核子系统的(真的或虚的)能级 ε. 这就是说,仅假定核子间的相对运动是"慢"的,而核子本身的运动都是"快"的.

反应概率是和处于"反应带"内的生成粒子的波函数模量平方成正比的,这个"带"内的粒子间距具有核力力程 a 的数量级(见 §134 中对于初始粒子的类似讨论). 在目前情形下,我们的目的只是求出反应概率和一对核子的相对运动特性之间的关系. 因此只需考虑相对运动波函数 $\psi_p(\boldsymbol{r})$ 就足够了,生成一对相对动量在 d^3p 区间内的核子的概率为

$$\mathrm{d}w_p = 常数 \times |\psi_p(a)|^2 \mathrm{d}^3 p, \tag{146.1}$$

§136 中曾经指出过,为了求出一个系统通过散射进入具有确定运动方向的状态的概率,我们应该采用(在无穷远处)只含入射波和一个平面波的末态波函 $\psi_p^{(-)}$ 作为波函数,这些函数应按动量的 δ 函数归一化. $\psi_p^{(-)}$ 函数也可从 $\psi_p^{(+)}$ 函数直接得到(取复共轭并改变 $\boldsymbol{p}$ 的符号),$\psi_p^{(+)}$(在无穷远处)含有出射球面波与两粒子的相互散射相当. 代入(146.1)时两者的差别并不重要,即(146.1)中的 ψ_p 可以取作 $\psi_p^{(+)}$,于是问题就化为早已讨论过的慢粒子共振散射.

ψ_p 函数在 $r \sim a$ 区域内的具体形状尽管是不知道的,为了求出概率和能量 E 的关系,我们只需考虑 $r \gtrsim 1/k \gg a$ 距离处的这个函数(式中的 $\boldsymbol{k} = \boldsymbol{p}/\hbar$;已假定 $ka \ll 1$),然后把它延伸到距离 $r \sim a$ 处就足够了②. ψ_p 的主要贡献来自球面波(含有 $1/r$ 因子),这个波等于一组 l 值不同的分波,它们的振幅就是相应的散射振幅. 由于低能时 $l \neq 0$ 的散射振幅比较小,求 $|\psi_p(a)|^2$ 时只需考虑 s 波. 因此根据(133.7)式有

$$\psi_p \sim \frac{1}{\kappa + \mathrm{i}k} \frac{\mathrm{e}^{\mathrm{i}kr}}{r}, \tag{146.2}$$

其中 $\kappa = \sqrt{2m|\varepsilon|}/\hbar$,而 ε 为双核子系统的束缚(或虚)态能量③. 上式代入(146.1)得

$$\mathrm{d}w_p = 常数 \times \frac{\mathrm{d}^3 p}{E + |\varepsilon|}. \tag{146.3}$$

---

① 下述结果先由 A. B. Migdal(1950)得到,后由 K. M. Watson(1952)独立地得到.

② 这样做是允许的,因为在 $r \ll 1/k$ 的区域内,确定 ψ_p 的薛定谔方程中可以略去能量 E. 因此这个区域内 ψ_p 和 E 的关系完全决定于它和 $r \sim 1/k$ 区域内函数的"衔接"条件.

③ 这里所指的是自旋平行或反平行的 np 系统,或者是自旋反平行的 nn 系统. 至于 pp 系统,由于库仑斥力而使情况复杂化,此时要用 §138 中给出的理论来处理.

可见动量的方向分布(在双核子系统的质心系中)是各向同性的. 相对运动的能量分布由下式给出:

$$\mathrm{d}w_E = 常数 \times \frac{\sqrt{E}\,\mathrm{d}E}{E + |\varepsilon|}. \tag{146.4}$$

我们看到,核子间的相互作用使得能量分布在低能区的 $E \sim |\varepsilon|$ 处出现一个极大值①

实验室坐标系中,小的 θ 角(两粒子动量的夹角)对应于小的相对动量值($p \ll p_0$). 因此 E 分布中存在着极大值,对应于实验室坐标系中核子逸出方向间的角关联在小的 θ 值时出现增长的概率.

设 $\boldsymbol{p}_1$ 和 $\boldsymbol{p}_2$ 是实验室坐标系中两个核子的动量,则有

$$\boldsymbol{p}_0 = \boldsymbol{p}_1 + \boldsymbol{p}_2,\quad \boldsymbol{p} = \frac{1}{2}(\boldsymbol{p}_2 - \boldsymbol{p}_1)$$

$\left(两个相同粒子的折合质量为\frac{1}{2}m\right)$. 以上两式矢乘后得 $\boldsymbol{p}_0 \times \boldsymbol{p} = \boldsymbol{p}_1 \times \boldsymbol{p}_2$,故当 $p \ll p_0$时有

$$p_0 p_\perp = p_1 p_2 \sin\theta \approx \frac{p_0^2}{4}\theta$$

或 $\theta = 4p_\perp / p_0$,其中 $p_\perp$ 是矢量 $\boldsymbol{p}$ 相对于 $\boldsymbol{p}_0$ 方向而言的横向分量,θ 是 $\boldsymbol{p}_1$ 和 $\boldsymbol{p}_2$ 方向间所夹的小角. 把(146.3)改写成以下形式:

$$\mathrm{d}w_p = 常数 \times \frac{2\pi p_\perp \mathrm{d}p_\perp \mathrm{d}p_{/\!/}}{(p_\perp^2 + p_{/\!/}^2)\frac{1}{m} + |\varepsilon|},$$

并对 $p_{/\!/}$ 积分,即得对 θ 角而言的概率分布. 由于积分收敛很快,积分限可延伸到从 $-\infty$ 到 $+\infty$,最后结果为

$$\mathrm{d}w_\theta = 常数 \times \frac{\theta \mathrm{d}\theta}{\sqrt{\theta^2 + 4|\varepsilon|/E_0}}, \tag{146.5}$$

立体角元 $\mathrm{d}o \approx 2\pi\theta\mathrm{d}\theta$ 的角分布在 $\theta \sim \sqrt{|\varepsilon|/E_0}$ 处有一极大值.

§ 147　反应阈附近的截面行为

如果反应产物的内能之和超过了初始粒子的内能之和,这个反应就有一个**阈**:仅当碰撞粒子的动能(在质心系中)E 超过某个一定的"阈"值 $E_阈$ 时,这个反

---

① 严格讲来,(146.3)(146.4)式中的常系数也可能依赖于 E(通过整个反应产物系统的其余部分的波函数),但是这样的依赖关系是很弱的:这个系数作为 E 的函数,只有在该反应中核子对所能具有的整个能量范围内($\sim E_0$)才会有显著的变化,因此对 $E \ll E_0$ 区间内的分布讲来,这种依赖关系与(146.4)式所示的强烈关系相比可以略去不计.

应才有可能发生. 我们来考察阈值附近的反应截面依赖于能量的特点. 我们假定反应产物只有两个粒子($A+B=A'+B'$型).

在阈的附近,生成粒子的相对速度 v'很小,这种反应与碰撞粒子速度很低的反应正好相反. 截面和 v'的关系因此很易通过(144.13)式的细致平衡原理以及反应的已知能量关系求出,而 v'是该式中输入道的速度(§143). 在很大一类反应中,A'和 B'粒子间不存在库仑作用(例如产生一个慢中子的核反应),因而求得的反应截面与 $v'^2(1/v')$成正比①,即

$$\sigma_r \sim v' \tag{147.1}$$

同理我们求得截面和碰撞粒子能量的下列关系:速度 v'从而还有反应截面 σ_r 与差值 $E-E_{阈}$ 的平方根成正比

$$\sigma_r = A\sqrt{E-E_{阈}} \tag{147.2}$$

不同道的散射振幅间由幺正条件联系. 因此打开一个新道也使其它过程的截面包括弹性散射截面在内的能量关系式中出现某些奇点(E. P. Wigner, 1948; A. И. Базь,1957;G. Breit,1957). 为了阐明这种现象的由来及性质,我们考虑一个简单情形,此时低于反应阈的只有弹性散射.

在阈值附近,所产生的 A'和 B'粒子处于轨道角动量 $l=0$ 的态中[对应于(147.2)式]. 如果反应中的粒子无自旋,轨道角动量守恒,$A+B$ 粒子系统也处于 s 态中. 按照(142.7),$l=0$ 的反应分截面与弹性散射的 S 矩阵元的关系为

$$\sigma_r^{(0)} = \frac{\pi}{k^2}(1-|S_0|^2), \tag{147.3}$$

式中 k 是碰撞粒子的波数. 令(147.2)和(147.3)相等,我们求出正好在反应阈以上的精确到 $\sqrt{E-E_{阈}}$ 数量级的模量 $|S_0|$,它等于

$$|S_0| = 1-\frac{k_{阈}^2}{2\pi}A\sqrt{E-E_{阈}},\quad (E>E_{阈}), \tag{147.4}$$

式中 $k_{阈}=\sqrt{2mE_{阈}}/\hbar$,$m$ 是粒子 A 和 B 的折合质量,阈值以下只有弹性散射,故

$$|S_0| = 1,\quad (E<E_{阈}). \tag{147.5}$$

但是散射振幅从而 S_0 应该是整个能量变化区域内的解析函数,这样的函数[在阈值以上取值为(147.4),在阈值以下取值为(147.5)],可同样精确地由下式表出

$$S_0 = e^{2i\delta_0}\left(1-\frac{k_{阈}^2}{2\pi}A\sqrt{E-E_t}\right), \tag{147.6}$$

式中的 δ_0 是常数,$E<E_{阈}$ 时上式的根号变成虚数,方括号内表式的模量和 1 只

① 这个结果相当于§144 末导出的 $p_f\to 0$ 时振幅 f_{fi} 的常数极限. 截面式(144.4)正比于 p_f.

差一个更高级的小量.

对于所有的 $l\neq 0$,不存在非弹性散射,所以

$$S_{阈}=e^{2i\delta_l},\ (l\neq 0). \tag{147.7}$$

在阈值附近,相位 δ_l 应取它在 $E=E_{阈}$ 处的值. ①

把所得的 $S_{阈}$ 值代入(142.2),即得反应阈附近散射振幅的以下表式:

$$f(\theta,E)=f_{阈}(\theta)-\frac{k_t}{4\pi i}A\sqrt{E-E_{阈}}\,e^{2i\delta_0}, \tag{147.8}$$

其中 $f_{阈}(\theta)$ 是 $E=E_{阈}$ 时的散射振幅. 因此散射微分截面为

$$\frac{d\sigma}{do}=|f_{阈}(\theta)|^2+\frac{k_{阈}}{2\pi}A\sqrt{E-E_{阈}}\operatorname{Im}\{f_{阈}(\theta)e^{-2i\delta_0}\},E>E_{阈},$$

$$=|f_{阈}(\theta)|^2-\frac{k_{阈}}{2\pi}A\sqrt{E-E_{阈}}\operatorname{Re}\{f_{阈}(\theta)e^{-2i\delta_0}\},E<E_{阈},$$

把振幅 $f_{阈}$ 写成 $|f_{阈}|e^{i\alpha(\theta)}$,最后可把结果写成下列形式

$$\frac{d\sigma}{do}=|f_{阈}(\theta)|^2-\frac{k_{阈}}{2\pi}A|f_{阈}(\theta)|\sqrt{|E-E_{阈}|}\times\begin{cases}\sin(2\delta_0-\alpha),E>E_{阈},\\ \cos(2\delta_0-\alpha),E<E_{阈},\end{cases} \tag{147.9}$$

这个公式中截面和能量的关系,根据角度 $2\delta_0-\alpha$ 在第一,第二,第三和第四象限内而分别具有图 50a,b,c,d 的形式. 每种情形下都有两个分支位于公共的垂直切线的两边.

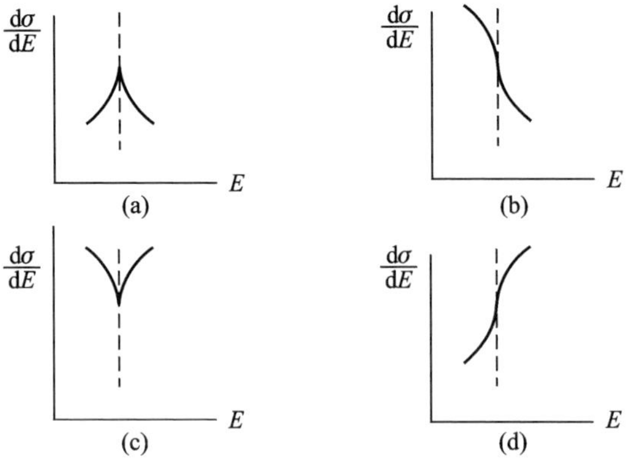

图 50

(147.9)对 do 积分时,第二项的积分贡献只能来自 $f_{阈}(\theta)$ 的各向同性部分,

---

① 由于 $\delta_l(E)$ 在 $E>E_{阈}$ 和 $E<E_{阈}$ 时都是实函数,它可按 $E-E_{阈}$ 的整数幂展开成级数.

即弹性散射的 s 分波振幅$(e^{2i\delta_0}-1)/2ik_{阈}$. 从而得阈值附近的弹性散射总截面

$$\sigma=\sigma_{阈}-2A\sqrt{|E-E_{阈}|}\times\begin{cases}\sin^2\delta_0, & E>E_{阈},\\ \sin\delta_0\cos\delta_0, & E<E_{阈}.\end{cases} \tag{147.10}$$

对于正的和负的 $\sin\delta_0\cos\delta_0$,上式分别具有图 50 中(a)或(b)的形状.

由此可知,反应阈的存在使得弹性散射截面对能量的依赖关系中出现一个特征奇点. 如果粒子具有自旋,公式当然会有定量方面的差别,但是这种效应的一般特性仍然不变①,如果阈值以下除了弹性散射外还有别的反应,那么在该反应的截面中也将出现相应的奇点. 这些截面都在 $E=E_{阈}$ 处具有一个奇点,并在 $E=E_{阈}$ 附近是 $\sqrt{|E-E_{阈}|}$ 的线性函数,这个函数在阈值上下具有不同的斜率.

在辐射出一个带正电荷的粒子的核反应中,我们碰到了反应产物(粒子 A' 和 B')间具有库仑斥力的情形. 在这种情形下,当 $v'\to 0$(即 $E\to E_{阈}$)时,反应截面以及这个截面对能量的所有微商都指数式地趋于零,并在其它过程的截面中没有奇点.

最后,我们来考虑生成两个电荷相异的慢粒子的反应,因而粒子间具有库仑引力. 这种反应的截面通过细致平衡原理与两个相吸慢粒子反应的截面式(143.6)相联系. 因此当 $v'\to 0$ 时,该截面趋向常数极限值:

$$v'\to 0,\ \sigma_r=常数. \tag{147.11}$$

亦即通过阈值时反应截面突然具有某一有限值.

现在来阐明这种反应的弹性散射截面在阈值附近的奇点性质(А. И. Базь, 1959),但它不可能像不带电粒子那样根据阈值以上的已知规律把(147.11)用前面的简单办法直接地求得. 与后一种情况相比较,现在的情况由于下列事实而复杂化了:$A'+B'$系统在近阈区$(E<E_{阈})$具有束缚态,它们对应于库仑引力场中的离散能级,从能量角度看来,这些态可以在粒子 A 和 B 的碰撞中形成,但由于弹性散射的可能性,它们只能是准定态,然而,它们的存在必然会在阈值以下的弹性散射中引起与布赖特-维格纳共振相类似的共振效应.

为了解决上述问题,我们来研究描述碰撞过程的波函数的结构. 与两道的存在相一致,相互作用粒子系统的薛定谔方程具有在整个位形空间内为有限的两个独立解,令 ψ_1 和 ψ_2 代表这两个任意选定和任意归一化的解. 我们可以把这两个函数线性组合起来用以描述其中一道为输入道情形时的散射,令 a 和 b 分别代表粒子对为 A,B 和 A',B'的两个道,并令 $\psi=\alpha_1\psi_1+\alpha_2\psi_2$ 对应于输入道 a 的情形,它描述粒子 A 和 B 的弹性散射以及反应 $A+B\to A'+B'$. 在反应阈附近,系数 α_1 和 α_2 显著地依赖于小动量 k_b,而任选的函数 ψ_1 和 ψ_2 在 $k_b=0$ 处没有

① 自旋不等于零时,s 态中的 $A'+B'$系统可以具有不等于零的总角动量,因而 $A+B$ 系统可以具有不同的轨道态.

奇点.

在远距离处,函数 ψ 必须表为两项之和,它们对应于 a 和 b 道中粒子对的运动. 这两项都等于粒子的"内部"函数及其相对运动波函数的乘积①,后一种函数在 a 道中呈 $R_a^- - S_{aa}R_a^+$ 形式,在 b 道中呈 $-S_{ab}R_b^+$ 形式,其中 R^+ 和 R^- 是相应道的出射和入射波,在远大于短程力的作用距离同时远小于 $1/k_b$ 的距离 r_0 处,这些函数(及其导数)应该和"反应带"内的波函数 ψ 算出的数值衔接起来. 衔接条件如下式所示

$$\alpha_1 a_1 + \alpha_2 a_2 = (R_a^- - S_{aa}R_a^+)|_{r_0},\quad \alpha_1 b_1 + \alpha_2 b_2 = -S_{ab}R_b^+|_{r_0},$$

$$\alpha_1 a'_1 + \alpha_2 a'_2 = (R_a^- - S_{aa}R_a^+)'|_{r_0},\quad \alpha_1 b'_1 + \alpha_2 b'_2 = -S_{ab}R_b^{+\prime}|_{r_0},$$

式中的 $a_1, a'_1, b_1, b'_1, \cdots$ 是从函数 ψ_1 和 ψ_2 算出的量. 按照上面的讨论,在近阈处它们可看作是一些和 k_b 无关的常数. 把以上两对方程相除,我们得到具有两个未知数(α_1/α_2 和 S_{aa})的两个线性方程. 这两个方程的系数中只包含一个"临界地"依赖于 k_b 的量,即 b 道中出射波的对数导数. 我们把这个量定义成

$$\lambda = \frac{1}{2\pi}\frac{(rR_b^+)'}{rR_b^+}\bigg|_{r=r_0}.$$

我们没有必要求出这些方程的具体解答,只要注意到我们所需的量 S_{aa}(确定弹性散射振幅)是 λ 的分式线性函数就足够了. 阈值以下的 λ 是实数,因为波函数 R_b^+ 是实函数,它是无穷远处具有实条件(按 $e^{-\kappa_b r}$ 衰减,其中 $\kappa_b = \sqrt{2m_b(E_{阈} - E)}/\hbar$)的实薛定谔方程之解. 阈值以下一定有 $|S_{aa}| = 1$,由此可见,这个分式线性函数 $S_{aa}(\lambda)$ 一定具有以下形式:

$$S_{aa} = \frac{1+\beta\lambda}{1+\beta^*\lambda}e^{2i\eta}, \tag{147.12}$$

式中 η 是一个实常数,β 是一个复常数.

现在来求作为动量 k_b 的函数的 λ 值. 由于粒子 A 和 B 之间作用着库仑引力,rR_b^+ 为无穷远处渐近地正比于 $e^{ik_b r}$ 的库仑波函数. 在库仑斥力场中,这个函数由 $G_0 + iF_0$ 给出,G_0 和 F_0 见(138.4)和(138.7). 把式中的 k 和 r 同时变号,就变成了引力场情形②. 进行这种变换并算出对数导数(见 §138),我们有③

$$\lambda = \frac{i}{1-e^{-2\pi/k_b}} - \frac{1}{\pi}\left\{\ln k_b + \frac{1}{2}\left[\psi\left(\frac{i}{k_b}\right) + \psi\left(-\frac{i}{k_b}\right)\right]\right\}, \tag{147.13}$$

---

① 规律(147.11)不但对总截面成立,而且对各种 l 的分波截面也成立,参考 §143 末尾. 下面讨论的奇点因而也为所有的分波截面所具有. 它的性质完全可从下面给出的对 $l=0$ 情形的处理中明显看出. 为简洁计,相应的分波振幅中的指标 0 将省略掉.

② 下面采用库仑单位. k 和 r 的变号在形式上相当于库仑制长度单位的变号.

③ 为了简化以后的公式,我们在大括号表达式中略去了与 k_b 无关的实常数 $-\ln 2r_0 - 2C$;这相当于不太重要地重新定义(147.12)式中的复量 β 和实量 η.

式中 k_b 已假定为实量，所以这个式子是属于阈值以上的区域的. 当 $k_b \to 0$ 时，(147.13)中的第一项趋于 i，第二项趋于零(见§138第4个附注)，因此阈值以上有

$$\lambda = \mathrm{i}, \quad (E > E_{\text{阈}}). \tag{147.14}$$

把 k 改成 $\mathrm{i}\kappa$ 后，就过渡到阈值以下的区域，当 $\kappa \to 0$ 时由(147.13)式得①

$$\lambda = -\cot(\pi/\kappa_b), \quad (E < E_{\text{阈}}) \tag{147.15}$$

这些公式解决了所考虑的问题. 弹性散射截面为

$$\sigma_e = \pi k_a^{-2} |S_{aa} - 1|^2.$$

阈值以上有：

$$S_{aa} = \frac{1 + \mathrm{i}\beta}{1 + \mathrm{i}\beta^*} \mathrm{e}^{2\mathrm{i}\eta}, \quad (E > E_{\text{阈}}). \tag{147.16}$$

和反应截面一样，散射截面在这个区域内是常数. 条件 $|S_{aa}| < 1$ 意味着 $\operatorname{Im}\beta > 0$.

阈值以下有

$$S_{aa} = \mathrm{e}^{2\mathrm{i}\eta} \frac{\beta - \tan(\pi/\kappa_b)}{\beta^* - \tan(\pi/\kappa_b)}. \tag{147.17}$$

这个表式具有无穷多个共振，其密度向着 $E = E_{\text{阈}}$ 点增长，这些共振能量等于下式的根：

$$S_{aa} = -1, \text{即 } \operatorname{Re}\, \mathrm{e}^{2\mathrm{i}\eta} (\beta - \tan(\pi/\kappa_b)] = 0;$$

由于短程力的存在，这些能级相对于纯库仑能级(它们是 $\tan(\pi/\kappa_b) = 0$ 的根)而言略有移动. 当能量 E 趋近于阈值时，弹性散射截面在零和 $4\pi/k_a^2$ 之间振荡，如图51所示. 出现共振结构的整个阈下区的宽度，由第一库仑能级的能量值所确定②.

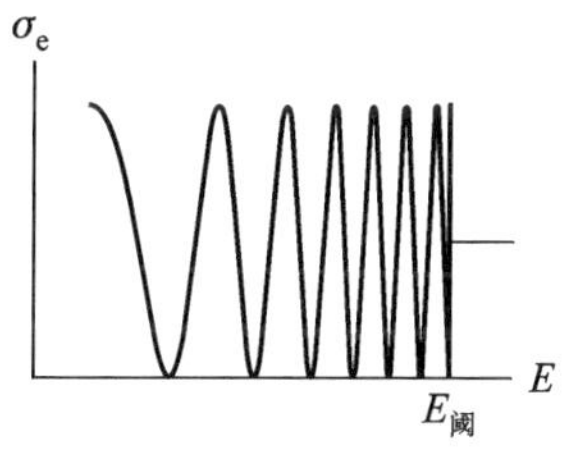

图 51

① (147.13)中的第一项给出 $-\frac{1}{2}\cot(\pi/\kappa_b) + \frac{1}{2}\mathrm{i}$，(147.13)的大括号内的部分趋于 $\frac{1}{2}\pi\cot(\pi/\kappa_b) + \frac{1}{2}\mathrm{i}\pi$，其中应用了公式 $\psi(x) - \psi(-x) = -\pi\cot\pi x - 1/x$.(它可从熟知公式 $\Gamma(x)\Gamma(-x) = -\pi/x\sin\pi x$ 的对数导数求出)和 $x \to \infty$ 时的极限表式

$$\psi(x) \approx \ln x - 1/2x.$$

② 近阈反应的另一个有趣情形是原子被一个电子所电离，该电子的能量只是略大于该原子的第一个电离能. 这些条件下的碰撞过程可以看作是准经典的，但由于末态中存在着三个带电粒子而使问题极大地复杂化了. 这个难题的普遍解由 G. H. Wannier (Physical Review 90, 817, 1953)给出. 我们发现，一个中性原子的电离概率正比于 $(E - I)^\alpha$，其中 $\alpha = \frac{1}{4}\sqrt{91/3 - 1} = 1.13$，$E - I$ 是电子的超过电离阈值的能量.

§148　快电子和原子的非弹性碰撞

快电子和原子间的非弹性碰撞,可用§139中对弹性碰撞的同样方式,用玻恩近似加以研究①.玻恩近似的适用条件仍和以前一样,入射电子的速度必须远大于原子中电子的速度,碰撞中的能量损失可以是任意值,如果电子失去了它的相当大一部分能量,原子被电离,这些能量被转移到其中的一个电子身上.可是,我们总可以把碰撞后具有较大速度的那个电子看作散射电子,这样,如果入射电子速度很大,则散射电子的速度也很大.

正如早已指出的,在一个电子和一个原子的碰撞中,质心静止的坐标系可以认为与原子静止的坐标系一致,而后一坐标系正是下面实际上要采用的.

非弹性碰撞伴有原子的内态变化.该原子可能从基态跳到某一个离散谱或连续谱的激发态,后一种情形意味着原子的电离.推导一般公式时,我们可以把这两种情形合在一起考虑.

我们先从连续谱状态之间跃迁概率的一般公式出发(和§126中一样),把它应用到具有入射电子和原子的系统.令 $\boldsymbol{p},\boldsymbol{p}'$ 为入射电子在碰撞前后的动量,E_0,E_n 为原子的相应能量,至于跃迁概率,(126.9)式换成

$$\mathrm{d}w_n=\frac{2\pi}{\hbar}|\langle n,\boldsymbol{p}'|\boldsymbol{U}|0,\boldsymbol{p}\rangle|^2\delta\left(\frac{p'^2-p^2}{2m}+E_n-E_0\right)\frac{\mathrm{d}^3p'}{(2\pi\hbar)^3},\qquad(148.1)$$

式中的矩阵元是入射电子和原子间以下相互作用能的矩阵元:

$$U=\frac{Ze^2}{r}-\sum_{a=1}^{Z}\frac{e^2}{|\boldsymbol{r}-\boldsymbol{r}_a|},$$

式中 $\boldsymbol{r}$ 是入射电子的径矢,$\boldsymbol{r}_a$ 是原子中电子的径矢,原点位于原子核处,m 是电子质量.

电子波函数 $\psi_{\boldsymbol{p}},\psi_{\boldsymbol{p}'}$ 由以前的(126.10)(126.11)式确定,此时 $\mathrm{d}w$ 就是碰撞截面 $\mathrm{d}\sigma$.我们把初态和末态原子波函数记作 ψ_0 和 ψ_n.如果原子的末态属于离散谱,则 ψ_n(和 ψ_0 一样)按通常方式归一化.反之,如果原子进入连续谱的一个态,波函数应按确定该态的参量 ν 的 δ 函数归一化(例如,这些参量可以是原子的能量,以及电离时离开原子的那个电子的动量的各分量),由此求出的截面给出了原子碰撞到参量值介于 ν 和 $\nu+\mathrm{d}\nu$ 区间内的连续谱态时的概率.

(148.1)对绝对值 p' 积分后得

$$\mathrm{d}\sigma_n=\frac{mp'}{4\pi^2\hbar^4}|\langle n\boldsymbol{p}'|U|0\boldsymbol{p}\rangle|^2\mathrm{d}o',$$

式中的 p' 由能量守恒律确定:

① §148—§150中大部分结果是由H. A. Bethe(1930)得到的.

$$\frac{1}{2m}(p^2 - p'^2) = E_n - E_0. \tag{148.2}$$

把(126.10),(126.11)式的电子波函数代入矩阵元中,得

$$\mathrm{d}\sigma_n = \frac{m^2}{4\pi^2\hbar^4}\frac{p'}{p}\left|\iint U\mathrm{e}^{-\mathrm{i}\boldsymbol{q}\cdot\boldsymbol{r}}\psi_n^*\psi_0\mathrm{d}\tau\mathrm{d}V\right|^2\mathrm{d}o, \tag{148.3}$$①

式中 $\mathrm{d}\tau = \mathrm{d}V_1\mathrm{d}V_2\cdots\mathrm{d}V_Z$ 是原子中 Z 个电子的位形空间的体积元,我们略去了 $\mathrm{d}o$ 上的撇号. 当 $n=0$ 和 $p=p'$时,(148.3)变成弹性散射截面公式.

由于函数 ψ_n 与 ψ_0 正交,U 中的原子核作用项 Ze^2/r 对 τ 积分后等于零,因此对非弹性碰撞有

$$\mathrm{d}\sigma_n = \frac{m^2}{4\pi^2\hbar^4}\frac{p'}{p}\left|\sum_a\iint\frac{e^2}{|\boldsymbol{r}-\boldsymbol{r}_a|}\mathrm{e}^{-\mathrm{i}\boldsymbol{q}\cdot\boldsymbol{r}}\psi_n^*\psi_0\mathrm{d}\tau\mathrm{d}V\right|^2\mathrm{d}o. \tag{148.4}$$

对 V 的积分可按 § 139 进行. 而积分

$$\varphi_{\boldsymbol{q}}(\boldsymbol{r}_a) = \int\frac{\mathrm{e}^{-\mathrm{i}\boldsymbol{q}\cdot\boldsymbol{r}}}{|\boldsymbol{r}-\boldsymbol{r}_a|}\mathrm{d}V$$

在形式上等同于密度分布为 $\rho=\delta(\boldsymbol{r}-\boldsymbol{r}_a)$ 的空间电荷在 $\boldsymbol{r}$ 点处的势的傅里叶分量,因此(139.1)式给出

$$\varphi_{\boldsymbol{q}}(\boldsymbol{r}_a) = \frac{4\pi}{q^2}\mathrm{e}^{-\mathrm{i}\boldsymbol{q}\cdot\boldsymbol{r}_a}. \tag{148.5}$$

将此式代入(148.4),最后得到以下非弹性碰撞截面的一般表式:

$$\mathrm{d}\sigma_n = \left(\frac{e^2m}{\hbar^2}\right)^2\frac{4k'}{kq^4}\left|\left\langle n\left|\sum_a\mathrm{e}^{-\mathrm{i}\boldsymbol{q}\cdot\boldsymbol{r}_a}\right|0\right\rangle\right|^2\mathrm{d}o, \tag{148.6}$$

式中的矩阵元是对原子波函数而言的,我们引进了波矢量 $\boldsymbol{k}'=\boldsymbol{p}'/\hbar$, $\boldsymbol{k}=\boldsymbol{p}/\hbar$ 代替了动量. 这个公式给出了电子被散射到立体角元 $\mathrm{d}o$ 内而原子跃迁到第 n 个激发态时的碰撞概率. 矢量 $-\hbar\boldsymbol{q}$ 是电子在碰撞中给予原子的动量.

为计算方便计,最好把截面中的立体角元改成矢量 $\boldsymbol{q}$ 的绝对值的元 $\mathrm{d}q$. 矢量 $\boldsymbol{q}$ 是由 $\boldsymbol{q}=\boldsymbol{k}'-\boldsymbol{k}$ 定义的,其绝对值为

$$q^2 = k^2 + k'^2 - 2kk'\cos\vartheta. \tag{148.7}$$

因此,给定了 k, k',亦即给定了电子的能量损失后,有

$$q\mathrm{d}q = kk'\sin\vartheta\mathrm{d}\vartheta = \frac{kk'}{2\pi}\mathrm{d}o, \tag{148.8}$$

从而(148.6)式可写成

$$\mathrm{d}\sigma_n = 8\pi\left(\frac{e^2}{\hbar v}\right)^2\frac{\mathrm{d}q}{q^3}\left|\left\langle n\left|\sum_a\mathrm{e}^{-\mathrm{i}\boldsymbol{q}\cdot\boldsymbol{r}_a}\right|0\right\rangle\right|^2. \tag{148.9}$$

① 这个公式是微扰论的一般结果,不但适用于电子和原子的碰撞,也适用于两个粒子的任何非弹性碰撞,确定了质心为静止的坐标系中的散射截面(m 是这两个粒子的折合质量).

矢量 $\boldsymbol{q}$ 在以下的计算中起着重要的作用. 让我们较详细地考察一下它和散射角 ϑ 以及碰撞中的能量转移 $E_n - E_0$ 的关系，下面将看到，最重要的碰撞是散射角很小（$\vartheta \ll 1$），能量转移远小于入射电子能量 $E = \dfrac{1}{2}mv^2$ 的碰撞：$E_n - E_0 \ll E$. 这种情形下 $k - k'$ 的值也很小（$k - k' \ll k$），而且

$$E_n - E_0 = \frac{\hbar^2}{2m}(k^2 - k'^2) \approx \frac{\hbar^2}{m}k(k - k') = \hbar v(k - k').$$

由于 ϑ 很小，从（148.7）式得

$$q^2 \approx (k - k')^2 + (k\vartheta)^2,$$

最后有

$$q = \sqrt{\left(\frac{E_n - E_0}{\hbar v}\right)^2 + (k\vartheta)^2}. \tag{148.10}$$

q 的极小值为

$$q_{\min} = \frac{E_n - E_0}{\hbar v}. \tag{148.11}$$

在小角度范围内，我们还可以进一步划分成不同的区域，这取决于小量 ϑ 和 v_0/v 之间的关系，此处 v_0 具有原子中电子速度的数量级. 如果我们考虑的能量转移具有原子中电子能量 ε_0 的数量级（$E_n - E_0 \sim \varepsilon_0 \sim mv_0^2$），则当 $(v_0/v)^2 \ll \vartheta \ll 1$ 时有

$$q = k\vartheta = (mv/\hbar)\vartheta; \tag{148.12}$$

（148.10）式根号中的第一项与第二项相比可以略去. 在这个角度范围内，q 因而和能量转移无关. 当 $\vartheta \ll 1$ 时，q 既可以大于也可以小于 $1/a_0$（a_0 具有原子线度的数量级）. 在对能量转移作出同样的假定下，我们有

$$\vartheta \sim v_0/v \text{ 时}, qa_0 \sim 1. \tag{148.13}$$

现在把一般公式（148.9）应用于小的 q（$qa_0 \ll 1$，即 $\vartheta \ll v_0/v$）. 这种情形下可把指数因子展成 $\boldsymbol{q}$ 的幂级数：

$$e^{-i\boldsymbol{q}\cdot\boldsymbol{r}_a} \approx 1 - i\boldsymbol{q}\cdot\boldsymbol{r}_a = 1 - iqx_a,$$

我们选择了 x 轴沿矢量 $\boldsymbol{q}$ 的坐标系. 上式代入（148.9）时，由于波函数 ψ_0 和 ψ_n 的正交性，含 1 之项等于零，我们就得

$$d\sigma_n = 8\pi\left(\frac{e}{\hbar v}\right)^2 \frac{dq}{q}|\langle n|d_x|0\rangle|^2 = \left(\frac{2e}{\hbar v}\right)^2 |\langle n|d_x|0\rangle|^2 \frac{do}{\vartheta^2}, \tag{148.14}$$

式中 $d_x = e\sum_a x_a$ 是原子的偶极矩分量，我们看到，截面（对小的 q）是由与原子

的状态变化相对应的那个偶极矩跃迁矩阵元的模量平方给出的. ①

但有可能出现这样的情况,由于选择定则,对所考虑的跃迁讲来偶极矩矩阵元都等于零(**禁戒跃迁**),这时 $e^{-i\boldsymbol{q}\cdot\boldsymbol{r}_a}$还需展至下一项,我们得

$$d\sigma_n = 2\pi\left(\frac{e^2}{\hbar v}\right)^2 \left|\langle n\left|\left(\sum_a x_a^2\right)\right|0\rangle\right|^2 q dq. \tag{148.15}$$

现在来考虑 q 很大($qa_0 >> 1$)的相反极端情形. 如果 q 很大,这意味着原子接受的动量远大于原子中电子原有的内禀动量. 从物理上考虑这是很明显的:在这种情形下,我们可以把原子中电子看作是自由的,而和原子的碰撞可以看作是入射电子与原子中原为静止的电子的弹性碰撞. 这一点也可从普遍公式(148.9)看出来,当 q 很大时,矩阵元中的被积式含有急剧振荡因子 $e^{-i\boldsymbol{q}\cdot\boldsymbol{r}_a}$,如果 ψ_n 中不含类似的因子,这个积分差不多等于零. 这样的 ψ_n 函数对应于一个电离原子,辐射出一个动量为 $-\hbar\boldsymbol{q}=\boldsymbol{p}-\boldsymbol{p}'$的电子,这个动量相当于两个自由电子碰撞时由动量守恒律所给出的动量.

具有大动量转移的碰撞中,入射电子和原子电子有可能获得差不多大小的末速度. 与相碰粒子的全同性有关的交换作用开始变得重要起来,尽管普遍公式(148.9)中并没有计及这一点. 有交换的快电子散射截面由(137.9)式给出,这个公式采用的是碰撞前一个电子为静止的坐标系. 对快电子讲来,(137.9)式最后一项中的余弦函数可以取作 1. 乘以原子中的电子数 Z 以后,即得一个电子和一个原子碰撞的以下截面式:

$$d\sigma = 4Z\left(\frac{e^2}{mv^2}\right)^2\left[\frac{1}{\sin^4\vartheta}+\frac{1}{\cos^4\vartheta}-\frac{1}{\sin^2\vartheta\cos^2\vartheta}\right]\cos\vartheta do, \tag{148.16}$$

为方便计,此式中的散射角最好用碰撞后电子具有的能量来表达. 我们知道,能量为 $E=\frac{1}{2}mv^2$ 的粒子和同质量的静止粒子相碰后,所得的粒子能量分别为

$$\varepsilon = E\sin^2\vartheta,\ E-\varepsilon = E\cos^2\vartheta.$$

为了求出有关 $d\varepsilon$ 区间的截面,我们按关系式

$$\cos\vartheta do = 2\pi\sin\vartheta\cos\vartheta d\vartheta = (\pi/E)d\varepsilon,$$

把 do 化成 $d\varepsilon$. 代入(148.16)即得最后表式

$$d\sigma_\varepsilon = \pi Z e^4\left[\frac{1}{\varepsilon^2}+\frac{1}{(E-\varepsilon)^2}-\frac{1}{\varepsilon(E-\varepsilon)}\right]\frac{d\varepsilon}{E}. \tag{148.17}$$

① 物理上通常感兴趣的截面 $d\sigma_n$,是对末态原子角动量的所有空间取向求和并对初态角动量的所有空间取向求平均以后的截面. 经过这样的求和及求平均以后,

$$|\langle n|d_x|0\rangle|^2$$

和 x 轴的方向无关.

如果能量 ε 和 $E-\varepsilon$ 中有一个远小于另一个,上式三项中只有一项(第一或第二项)是重要的.这是可以预料的,因为当两个电子的能量相差很大时,交换作用不再重要,它应回到熟知的卢瑟福公式①.

微分截面对所有角度积分(或对 q 积分)后给出把原子激发到给定态的总截面 σ_n. σ_n 与入射电子速度的关系,是和偶极矩的相应跃迁矩阵元是否存在具有密切的关系.我们先假定这个矩阵元不等于零.于是当 q 小时,$d\sigma_n$ 由(148.14)式给出,而且我们看到,当 q 减小时对 q 的积分是对数发散的.另一方面,在大 q 的区域内,当 q 增大时截面(对一给定的能量转移 E_n-E_0)指数式地减小,这是因为(148.9)矩阵元的被积函数中存在着一个(早已指出的)剧烈振荡因子.由此可见,对 q 积分时 q 值小的区域起着主要作用,我们可把积分范围限制在从(148.11)式的极小值开始到数量级为 $1/a_0$ 的某个值为止.

结果得

$$\sigma_n=8\pi\left(\frac{e}{\hbar v}\right)^2|\langle n|d_x|0\rangle|^2\ln\left(\beta_n\frac{v\hbar}{e^2}\right), \tag{148.18}$$

其中 β_n 是一个量纲为 1 的常数,我们不可能算出它的一般形式②.

另一方面,如果偶极矩矩阵元对于所考虑的跃迁讲来等于零,那么对 q 的积分无论对小的 q(可从(148.15)式看出)以及对大的 q 都是很快地收敛的.积分的最重要区域为 $q\sim1/a_0$.这时不可能得到普遍的定量公式,我们只能推出这样的结论:σ_n 将和速度的平方成反比:

$$\sigma_n=\frac{\text{常数}}{v^2}. \tag{148.19}$$

这可从普遍公式(148.9)直接看到,按该式当 $q\sim1/a_0$ 时 $d\sigma_n$ 将和 $1/v^2$ 成正比.

我们来求散射到某一给定立体角元而不管原子进入哪个态的非弹性散射截面 $d\sigma_r$,为此,需要把(148.9)式对所有 $n\neq0$ 的态求和,也就是对基态以外的所有原子态(包括离散谱和连续谱)求和.我们不去考虑大角度区间和小角度区间,而假定 $(v_0/v)^2\ll\vartheta\ll1$,于是按(148.12),$q$ 和能量转移值无关③.

后一种情况使我们很易算出非弹性碰撞的总截面,亦即求和式

---

① 对于正电子和原子的碰撞不存在交换效应,卢瑟福公式

$$d\sigma_\varepsilon=\frac{\pi Ze^4}{E}\frac{d\varepsilon}{\varepsilon^2}$$

对所有的 $g\gg1/a_0$ 成立.

② 我们假定了 E_n-E_0 具有原子中电子能量 ε_0 的数量级.对于更大的能量转移($E_n-E_0\sim E\gg\varepsilon_0$),(148.14)和(148.18)仍不能适用,因为此时的偶极矩矩阵元变得很小,不能只取 q 的幂级数展式的第一项.

③ (148.9)式的求和也对 $E_n-E_0\gg\varepsilon_0$ 的态进行,此时(148.12)式不再成立.但对具有大能量转移的跃迁来讲,有效截面比较小,这些项在求和式中并不重要.所加的条件 $\vartheta\ll1$ 使我们可以不必考虑交换效应.

$$d\sigma_r = \sum_{n\neq 0} d\sigma_n = 8\pi\left(\frac{e^2}{\hbar v}\right)^2 \sum_{n\neq 0} |\langle n| \sum_a e^{-i\boldsymbol{q}\cdot\boldsymbol{r}_a} |0\rangle|^2 \frac{dq}{q^3} =$$

$$= \left(\frac{2e^2}{mv^2}\right)^2 \sum_{n\neq 0} |\langle n| \sum_a e^{-i\boldsymbol{q}\cdot\boldsymbol{r}_a}|0\rangle|^2 \frac{do}{\vartheta^4}. \qquad (148.20)$$

为此我们注意到,根据矩阵乘法规则,对任意一个量f有

$$\sum_n |f_{0n}|^2 = \sum_n f_{0n}(f_{0n})^* = \sum_n f_{0n}(f^+)_{n0} = (ff^+)_{00}$$

上式是对所有的n求和,包括$n=0$. 因而

$$\sum_{n\neq 0} |f_{0n}|^2 = \sum_n |f_{0n}|^2 - |f_{00}|^2 = (ff^+)_{00} - |f_{00}|^2. \qquad (148.21)$$

把此式应用于$f=\sum e^{-i\boldsymbol{q}\cdot\boldsymbol{r}_a}$,我们有

$$d\sigma_r = \left(\frac{2e^2}{mv^2}\right)^2 \left\{\left\langle \left|\sum_a e^{-i\boldsymbol{q}\cdot\boldsymbol{r}_a}\right|^2\right\rangle - \left|\left\langle \sum_a e^{-i\boldsymbol{q}\cdot\boldsymbol{r}_a}\right\rangle\right|^2\right\}\frac{do}{\vartheta^4}, \qquad (148.22)$$

式中$\langle\cdots\rangle$代表对原子基态求平均(取 00 对角矩阵元). 根据定义,平均值$\langle\sum e^{-i\boldsymbol{q}\cdot\boldsymbol{r}_a}\rangle$就是基态原子的原子形状因子$F(q)$. 大括号内的第一项可写成

$$\left|\sum_{a=1}^{Z} e^{-i\boldsymbol{q}\cdot\boldsymbol{r}_a}\right|^2 = Z + \sum_{a\neq b} e^{i\boldsymbol{q}\cdot(\boldsymbol{r}_a-\boldsymbol{r}_b)},$$

从而得一般公式

$$d\sigma_r = \left(\frac{2e^2}{mv^2}\right)^2 \left\{Z - F^2(q) + \left\langle \sum_{a\neq b} e^{i\boldsymbol{q}\cdot(\boldsymbol{r}_a-\boldsymbol{r}_b)}\right\rangle\right\}\frac{do}{\vartheta^4}. \qquad (148.23)$$

当q很小可按q的幂展开($v_0/v \ll qa_0 \ll 1$,相当于角度$(v_0/v)^2 \ll \vartheta \ll v_0/v$)时,此式可大为化简. 为方便计,我们不去展开(148.23)式,而把(148.14)式的$d\sigma_n$重新对n求和. 利用$f=d_x$的(148.21)式并记得$\langle d_x\rangle=0$,求和后得

$$d\sigma_r = \left(\frac{2e}{\hbar v}\right)^2 \langle d_x^2\rangle \frac{do}{\vartheta^2}. \qquad (148.24)$$

把上式和小角度弹性散射截面式(139.5)比较一下是有意义的,后者和ϑ无关,散射到do立体角元内的非弹性截面则随ϑ的减小而按$1/\vartheta^2$的规律增长.

对于$v_0/v \ll \vartheta \ll 1$(因而$qa_0 \gg 1$)范围内的$\vartheta$角,(148.23)大括号内的第二和第三项都很小,我们简单地有

$$d\sigma_r = Z\left(\frac{2e^2}{mv^2}\right)^2 \frac{do}{\vartheta^4} \qquad (148.25)$$

也就是对Z个原子电子的卢瑟福散射(没有交换作用),我们记得,对于弹性散射有(139.6)式,它不是和Z而是和Z^2成正比.

最后,对角度积分后,我们得到对所有的角度以及对原子的任意激发而言的非弹性散射总截面σ_r. 和计算(148.18)式的σ_n完全一样,可得

$$\sigma_r = 8\pi\left(\frac{e}{\hbar v}\right)^2 \langle d_x^2 \rangle \ln\left(\beta \frac{v\hbar}{e^2}\right). \tag{148.26}$$

习　题[①]

1. 求快电子被氢原子(处于基态)非弹性散射的角分布($v^{-2} \ll \vartheta \ll 1$).

解: 对氢原子而言,(148.23)大括号内的第三项等于零,而原子形状因子 $F(q)$ 已在§139例题中算出.把它代入得

$$d\sigma_r = \frac{4}{v^4\vartheta^4}\left[1 - \frac{1}{\left(1+\frac{v^2\vartheta^2}{4}\right)^4}\right]do.$$

2. 基态氢原子受电子碰撞而激发到第 n 个离散谱能级(n 是主量子数),求微分截面.

解: 最好用抛物坐标计算矩阵元.取 z 轴沿矢量 q 的方向,此时有 $e^{i\boldsymbol{q}\cdot\boldsymbol{r}} = e^{iqz} = e^{iq(\xi-\eta)/2}$. 基态波函数呈 $\psi_{000} = \pi^{-1/2}e^{-(\xi+\eta)/2}$ 形式.仅当跃迁到 $m=0$ 的态时矩阵元才不等于零.这种态的波函数为

$$\psi_{n_1n_20} = \frac{1}{\sqrt{\pi}n^2}e^{-\frac{\xi+\eta}{2n}}F\left(-n_1, 1, \frac{\xi}{n}\right)F\left(-n_2 1, \frac{\eta}{n}\right)$$

($n = n_1 + n_2 + 1$).所求的矩阵元由以下积分式给出:

$$\langle n_1n_20|e^{i\boldsymbol{q}\cdot\boldsymbol{r}}|000\rangle = \iint_0^\infty e^{i\frac{q}{2}(\xi-\eta)}\psi_{000}\psi_{n_1n_20}\frac{(\xi+\eta)}{4}2\pi d\xi d\eta,$$

这个积分可用数学附录§f中所引的公式加以计算.结果得:

$$|\langle n_1n_20|e^{i\boldsymbol{q}\cdot\boldsymbol{r}}|000\rangle|^2 = 2^8n^6q^2\frac{[(n-1)^2+(qn)^2]^{n-3}}{[(n+1)^2+(qn)^2]^{n+3}}[(n_1-n_2)^2+(qn)^2],$$

$n_1 + n_2 = n - 1$ 值相同的态都有相同的能量.在 n 为给定的情形下,对所有可能的 $n_1 - n_2$ 值求和,并把结果代入(148.9),即得所求的截面:

$$d\sigma_n = \frac{2^{11}\pi}{v^2}n^7\left[\frac{n^2-1}{3}+(qn)^2\right]\frac{[(n-1)^2+(qn)^2]^{n-3}}{[(n+1)^2+(qn)^2]^{n+3}}\frac{dq}{q}.$$

3. 试求氢原子第一激发态被激发的总截面.

解: 公式

$$d\sigma_2 = \frac{2^8\pi}{v^2}\frac{dq}{q\left(q^2+\frac{9}{4}\right)^5}$$

尚需对从 $q_{min} = (E_2 - E_1)/v = 3/8v$ 到 $q_{max} = 2v$ 的所有 q 值积分,只保留 v 的最高

---

① 所有题都采用原子单位.

次项. 经过初等积分后结果得①

$$\sigma_2=\frac{2^{18}\pi}{3^{10}v^2}\left(\ln 4v-\frac{25}{24}\right)=\frac{4\pi}{v^2}0.555\ln\frac{v^2}{0.50}.$$

4. 求氢原子(处于基态)电离而次级电子发射到给定方向的有效截面;次级电子的能量远小于初级电子的能量,故交换作用可以略去(H. S. W. Massey, C. Mohr, 1933).

解:初态的原子波函数为 $\psi_0=\pi^{-1/2}e^{-r}$. 末态的原子已电离,从中发射出的电子具有波矢量 $\boldsymbol{\kappa}$(和能量 $\varepsilon=\frac{1}{2}\kappa^2$). 这个态由(136.9)的函数 $\psi_{\kappa}^{(-)}$ 描写,其中的出射部分(在无穷远处)只有沿 $\boldsymbol{\kappa}$ 方向传播的一个平面波,$\psi_{\kappa}^{(-)}$ 函数已按 $\boldsymbol{\kappa}/2\pi$ 空间的 δ 函数归一化,因此由它算出的截面是对 $d^3\kappa/(2\pi)^3$ 亦即 $\kappa^2d\kappa do_{\kappa}/(2\pi)^3$ 而言的,do_{κ} 是沿次级电子方向的立体角元. 于是有

$$d\sigma=\frac{4k'\kappa^2}{(2\pi)^3kq^4}|\langle\boldsymbol{\kappa}|e^{-i\boldsymbol{q}\cdot\boldsymbol{r}}|0\rangle|^2do\,do_{\kappa}d\kappa$$

(do 是对散射电子而言的立体角元),其中的

$$\langle\boldsymbol{\kappa}|e^{-i\boldsymbol{q}\cdot\boldsymbol{r}}|0\rangle=\int\psi_{\kappa}^{(-)*}e^{-i\boldsymbol{q}\cdot\boldsymbol{r}}\psi_0dV=\frac{e^{-\pi/2\kappa}\Gamma(1-i/\kappa)}{\pi^{1/2}}I,$$

$$I=\left\{-\frac{\partial}{\partial\lambda}\int\exp(-i\boldsymbol{q}\cdot\boldsymbol{r}-i\kappa r-\lambda r)F\left(\frac{i}{\kappa},1,i(\kappa r+\boldsymbol{\kappa}\cdot\boldsymbol{r})\right)\frac{dV}{r}\right\}_{\lambda=1}.$$

积分时采用抛物坐标,z 轴沿 $\boldsymbol{\kappa}$ 方向,φ 角从 $(\boldsymbol{q},\boldsymbol{k})$ 平面算起:

$$I=\left\{-\frac{1}{2}\frac{\partial}{\partial\lambda}\int_0^{\infty}\int_0^{\infty}\int_0^{2\pi}\exp\left[-\frac{i}{2}q(\xi-\eta)\cos\gamma+iq\sqrt{\xi\eta}\sin\gamma\cos\varphi-\right.\right.$$

$$\left.\left.-\frac{\lambda}{2}(\xi+\eta)-\frac{i}{2}\kappa(\xi-\eta)\right]F\left(-\frac{i}{\kappa},1,-i\kappa\xi\right)d\varphi d\xi d\eta\right\}_{\lambda=1},$$

式中 γ 是 $\boldsymbol{\kappa}$ 和 $\boldsymbol{q}$ 的夹角. 作替代 $\sqrt{\eta}\cos\varphi=u,\sqrt{\eta}\sin\varphi=v$ 后,很易对 φ 和 η 积分,积出后得

$$\frac{I}{2\pi}=\left\{\frac{\partial}{\partial\lambda}\int_0^{\infty}\exp\left\{\frac{-q^2\sin^2\gamma+\lambda^2+(\kappa+q\cos\gamma)^2}{2[i(\kappa+q\cos\gamma)-\lambda]}\xi\right\}\times\right.$$

---

① 对任意的 n 也能算出截面. 用数值计算法还可以算出被氢原子非弹性散射的总截面:

$$\sigma_r=4\pi\ln\frac{v^2}{0.160},$$

式中包括了以下两项贡献,即来自原子离散谱状态被激发的碰撞以及原子被电离的碰撞:

$$\sigma_{激发}=\frac{4\pi}{v^2}\times0.715\ln\left(\frac{v^2}{0.160}\right),$$

$$\sigma_{电离}=\frac{4\pi}{v^2}\times0.285\ln\left(\frac{v^2}{0.012}\right).$$

$$\left.\times \frac{F\left(-\frac{i}{\kappa}, 1, -i\kappa\xi\right)d\xi}{[i(\kappa + q\cos\gamma) - \lambda]}\right\}_{\lambda=1},$$

此处的积分可从 $\gamma = 1, n = 0$ 的 $(f.3)$ 式求出. 进一步的计算虽然冗长但是是初等的,结果得到以下的截面表式:

$$d\sigma = \frac{2^8 k'\kappa[q^2 + 2q\kappa\cos\gamma + (\kappa^2+1)\cos^2\gamma]}{\pi k q^2[q^2 + 2q\kappa\cos\gamma + 1 + \kappa^2]^4[(q+\kappa)^2+1][(q-\kappa)^2+1](1 - e^{-2\pi/\kappa})} \times$$
$$\times \exp\left(-\frac{2}{\kappa}\arctan\frac{2\kappa}{q^2 - \kappa^2 + 1}\right)do\,do_\kappa\,d\kappa.$$

对次级电子的所有发射角求积分时可用初等方法进行,结果得到辐射电子能量给定为 $\frac{1}{2}\kappa^2$ 情形下散射的角分布:

$$d\sigma = \frac{2^{10}k'\kappa}{kq^2}\frac{\left[q^2 + \frac{1}{3}(1+\kappa^2)\right]\exp\left(-\frac{2}{\kappa}\arctan\frac{2\kappa}{q^2-\kappa^2+1}\right)}{[(q+\kappa)^2+1]^3[(q-\kappa)^2+1]^3(1-e^{-2\pi/\kappa})}do\,d\kappa.$$

$q \gg 1$ 时上式在 $\kappa \approx q$ 处具有很陡的极大值;在这个极大值附近有

$$d\sigma = \frac{2^5}{3\pi\kappa^4}\frac{d\kappa\,do}{[1 + (q-\kappa)^2]^3}.$$

对 $do = 2\pi q dq/k^2 \cong (2\pi\kappa/k^2)d(q-\kappa)$ 积分后,得到表式 $8\pi d\kappa/k^2\kappa^3$,正如我们所预期的那样,它和(148.17)式中的第一项一致.

§ 149　有效滞阻

碰撞理论的应用中,计算碰撞粒子的平均能量损失极为重要. 我们最好用以下的量标志这种能量损失:

$$d\kappa = \sum_n (E_n - E_0)\,d\sigma_n, \tag{149.1}$$

我们将把这个量称为(微分)**有效滞阻**,式中的求和当然既包括离散谱也包括连续谱,$d\kappa$ 是对散射到某一给定立体角元内的情形而言的. ①.

快电子有效滞阻的一般公式为:

$$d\kappa = 8\pi\left(\frac{e^2}{\hbar v}\right)^2 \sum_n (E_n - E_0)\left|\langle n|\sum_a e^{-i\mathbf{q}\cdot\mathbf{r}_a}|0\rangle\right|^2\frac{dq}{q^3}, \tag{149.2}$$

其中的 $d\sigma_n$ 取自(148.9)式. 正如推导(148.23)式那样,我们排除了对极小角度区域的考虑,并假定 $(v_0/v)^2 \ll \vartheta \ll 1$. 于是 $\boldsymbol{q}$ 和能量转移值无关,我们就可以算出对 n 求和的一般形式.

---

① 如果一个电子通过气体,它在各个原子上的散射是彼此独立地进行的,那么 $Nd\kappa$(N 是单位体积内的气体原子数)就是电子在偏转到给定的立体角元的碰撞中单位路程内所损失的能量.

这个算法要用到下面导出的**求和定理**. 作为坐标函数的某个量f,它的矩阵元及其对时间导数$\dot{f}$的矩阵元由下式联系:

$$(\dot{f})_{0n}=-\frac{\mathrm{i}}{\hbar}(E_n-E_0)f_{0n}, \tag{149.3}$$

所以有

$$\sum_n (E_n-E_0)|f_{0n}|^2=\sum_n (E_n-E_0)f_{0n}(f_{0n})^*=$$
$$=\sum_n (E_n-E_0)f_{0n}(f^+)_{n0}=\mathrm{i}\hbar\sum_n(\dot{f})_{0n}(f^+)_{n0}=\mathrm{i}\hbar(\dot{f}f^+)_{00}.$$

原子的定态波函数可以选成实函数. 此时坐标函数f的矩阵元就具有关系式$f_{0n}=f_{n0}$,而对(149.3)式的矩阵元讲来就有相应的关系式$(\dot{f})_{0n}=-(\dot{f})_{n0}$. 因此以上的求和式还可写成以下形式:

$$\sum_n (E_n-E_0)|f_{0n}|^2=-\mathrm{i}\hbar\sum_n(f^+)_{0n}(\dot{f})_{n0}=-\mathrm{i}\hbar(f^+\dot{f})_{00}.$$

以上两式相加后除以2,即得求和定理:

$$\sum_n (E_n-E_0)|f_{0n}|^2=\frac{\mathrm{i}\hbar}{2}(\dot{f}f^+-f^+\dot{f})_{00}. \tag{149.4}$$

我们把它应用于

$$f=\sum_a \mathrm{e}^{-\mathrm{i}\boldsymbol{q}\cdot\boldsymbol{r}_a},$$

根据(19.2)式,f的时间微商可用以下的算符表出

$$\hat{\dot{f}}=-\frac{\hbar}{2m}\sum_a[\mathrm{e}^{-\mathrm{i}\boldsymbol{q}\cdot\boldsymbol{r}_a}(\boldsymbol{q}\cdot\nabla_a)+(\boldsymbol{q}\cdot\nabla_a)\mathrm{e}^{-\mathrm{i}\boldsymbol{q}\cdot\boldsymbol{r}_a}].$$

$\hat{\dot{f}}$和$\hat{f}^+$的对易结果很易直接算得:

$$\hat{\dot{f}}\hat{f}^+-\hat{f}^+\hat{\dot{f}}=-\frac{\mathrm{i}\hbar}{m}q^2Z.$$

代入(149.4),即得下式

$$\sum_n\frac{2m}{\hbar^2q^2}(E_n-E_0)\left|\langle n|\sum_a\mathrm{e}^{-\mathrm{i}\boldsymbol{q}\cdot\boldsymbol{r}_a}|0\rangle\right|^2=Z, \tag{149.5}$$

它已实现了我们所要求的求和计算. ①

因此得到关于微分有效滞阻的公式

$$\mathrm{d}\kappa=4\pi\frac{Ze^4}{mv^2}\frac{\mathrm{d}q}{q}=\frac{2Ze^4}{mv^2}\frac{\mathrm{d}o}{\vartheta^2}. \tag{149.6}$$

它的适用范围由以下不等式给出:

---

① 推导这个公式时,我们从来没有利用过指标"0"代表原子基态,因此这个公式对任意的初态都是成立的.

$$\left(\frac{v_0}{v}\right)^2 \ll \vartheta \ll 1,\ \text{即}\frac{v_0}{v} \ll a_0 q \ll \frac{v}{v_0}.$$

其次，当动量转移不超过某一值 q_1 而 $v_0/v \ll a_0 q_1 \ll v/v_0$ 时，我们来求所有碰撞的总有效滞阻

$$\kappa(q_1) = \sum_n \int_{q_{\min}}^{q_1} (E_n - E_0)\,\mathrm{d}\sigma_n, \tag{149.7}$$

$q_{\min}$ 由(148.11)式给出. 式中的积分号不能搬到 $\sum\limits_n$ 的前面，因为 $q_{\min}$ 依赖于 n.

我们把积分区间划分成两段，从 $q_{\min}$ 到 q_0 的一段和 q_0 到 q_1 的一段，其中的 q_0 是 q 的某个值，满足 $v_0/v \ll q_0 a_0 \ll 1$. 于是在 $q_{\min}$ 到 q_0 的整个积分区间内，我们可用(148.14)式的 $\mathrm{d}\sigma_n$：

$$\kappa(q_0) = 8\pi\left(\frac{e}{\hbar v}\right)^2 \sum_n |\langle n|d_x|0\rangle|^2 (E_n - E_0) \int_{q_{\min}}^{q_0} \frac{\mathrm{d}q}{q},$$

从而

$$\kappa(q_0) = 8\pi\left(\frac{e}{\hbar v}\right)^2 \sum_n |\langle n|d_x|0\rangle^2 (E_n - E_0) \ln\frac{q_0 \hbar v}{E_n - E_0}. \tag{149.8}$$

在 q_0 到 q_1 的区间内，可先对 n 求和，给出(149.6)式的 $\mathrm{d}\kappa$，然后对 q 积分，得出

$$\kappa(q_1) - \kappa(q_0) = 4\pi \frac{Ze^4}{mv^2} \ln\frac{q_1}{q_0}. \tag{149.9}$$

为了变换以上的表式，我们利用(149.4)得出的求和定理，在该式中令

$$\hat{f} = \frac{d_x}{e} = \sum_a x_a,\quad \dot{\hat{f}} = \frac{1}{m}\sum_a \hat{p}_{xa}.$$

$\hat{f}^+$ 和 $\dot{\hat{f}}$ 对易(现在的 $\hat{f}^+$ 等于 $\hat{f}$)可得出 $\dot{\hat{f}}\hat{f}^+ - \hat{f}^+\dot{\hat{f}} = -\mathrm{i}\hbar Z/m$，因而①

$$\sum_n N_{0n} \equiv \sum_n \frac{2m}{e^2\hbar^2}(E_n - E_0)|\langle n|d_x|0\rangle|^2 = Z. \tag{149.10}$$

量 N_{0n} 称为各个相应跃迁的**振子强度**.

我们引进原子的某个平均能量 I，它由下式定义

$$\ln I = \frac{\sum_n N_{0n}\ln(E_n - E_0)}{\sum_n N_{0n}} = \frac{1}{Z}\sum_n N_{0n}\ln(E_n - E_0). \tag{149.11}$$

然后应用(149.10)，可把(149.8)改成写

$$\kappa(q_0) = \frac{4\pi Ze^4}{mv^2}\ln\left(\frac{q_0\hbar v}{I}\right).$$

此式和(149.9)相加，最后得

① (149.5)式的附注对本式也适用.

$$\kappa(q_1)=\frac{4\pi Ze^4}{mv^2}\ln\left(\frac{q_1\hbar v}{I}\right).\qquad(149.12)$$

此式中只出现一个标志所给原子的常数①.

通过 $q_1=mv\vartheta_1/\hbar$ 用散射角 ϑ_1 表达 q_1，即得所有散射到 $\vartheta\leqslant\vartheta_1$ 区间内的有效滞阻：

$$\kappa(\vartheta_1)=4\pi\frac{Ze^4}{mv^2}\ln\left(\frac{mv^2\vartheta_1}{I}\right).\qquad(149.13)$$

如果 $q_1a_0\gg1$（即 $\vartheta_1\gg v_0/v$），我们可把 κ 表成入射电子所能给予原子的最大能量转移值的函数. 我们在上节中曾经指出，$qa_0\gg1$ 时原子被电离，差不多所有的动量 $\hbar\boldsymbol{q}$ 和能量都交给了一个原子电子，由于 $\hbar\boldsymbol{q}$ 和 ε 是一个电子的动量和能量，即有关系 $\varepsilon=\hbar^2q^2/2m$. 把 $q_1^2=2m\varepsilon_1/\hbar^2$ 代入(149.12)，我们得碰撞中能量转移 $\varepsilon\leqslant\varepsilon_1$ 的有效滞阻：

$$\kappa(\varepsilon_1)=\frac{2\pi Ze^4}{mv^2}\ln\left(\frac{2m\varepsilon_1v^2}{I^2}\right).\qquad(149.14)$$

最后，我们作如下的说明，原子的各个离散谱能级主要来自一个单（外层）电子的激发. 即使是两个电子的激发，它所需要的能量通常足以使该原子电离. 因此，在振子强度的求和式中，跃迁到离散谱态的只是数量级等于 1 的那一部分；而伴有电离的则构成另一部分，其数量级为 Z. 由此可知，伴有电离的碰撞在滞阻（被重原子滞阻）中起主要作用.

习　题

试求一个电子被一个氢原子滞阻（$I=0.55$ 原子单位）的总有效滞阻. 对于大的能量转移，两个相碰电子中较快的一个取作初级电子.

解：当碰撞后的初级电子和次级电子具有差不多大小的能量时，必须计及交换效应. 因此，对于能量转移介于某值 ε_1 $(1\ll\varepsilon_1\ll v^2)$ 和最大值

$$\varepsilon_{\max}=\frac{1}{2}E=\frac{1}{4}v^2$$

（根据我们对初级电子的定义）之间的滞阻讲来，我们须采用(148.17)式的有效截面：

---

① 对氢原子，$I=0.55me^4/\hbar^2=14.9$ eV. 对重原子，我们采用托马斯－费米方法计算常数 I，可望得到很好的精确性. 很易确立这样算出的 I 值如何依赖于 Z. 在准经典情形下，多粒子系统的本征频率相当于它的能级差. 原子的平均本征频率具有 v_0/a_0 的数量级. 由此可知，$I\sim\hbar v_0/a_0$. 托马斯－费米模型中原子电子的速度和 Z 的关系为 $Z^{2/3}$，而原子的线度按 $Z^{-1/3}$ 变化. 可见 I 必正比于 Z；$I=$ 常数 $\times Z$. 根据实验结果发现，这个常数约为 10 eV 的数量级.

$$\kappa(\varepsilon_{\max})-\kappa(\varepsilon_1)=\frac{\pi}{E}\int_{\varepsilon_1}^{E/2}\varepsilon\left[\frac{1}{\varepsilon^2}+\frac{1}{(E-\varepsilon)^2}-\frac{1}{\varepsilon(E-\varepsilon)}\right]\mathrm{d}\varepsilon=\frac{\pi}{E}\left(\ln\frac{E}{8\varepsilon_1}+1\right).$$

此式加到(149.14)式上,我们得①(用原子单位)

$$\kappa=\frac{4\pi}{v^2}\ln\left(\frac{v^2}{2I}\sqrt{\frac{1}{2}\varepsilon}\right)=\frac{4\pi}{v^2}\ln\frac{v^2}{0.94}.$$

§150　重粒子和原子的非弹性碰撞

用粒子的速度表示玻恩近似适用于重粒子和原子碰撞的条件,仍和电子的情形一样,为:

$$v\gg v_0.$$

这可根据微扰论适用性的普遍条件($Ua_0/\hbar v\ll 1$)立即得出,只要注意到这个条件中不出现粒子质量,而 $Ua_0/\hbar$ 具有原子中电子速度的数量级即可.

在粒子和原子的质心为静止的坐标系中,截面由一般公式(148.3)给出,式中的 m 目前是粒子和原子的折合质量. 但为方便计,我们考虑碰撞前的原子处于静止的坐标系. 为此,我们从(148.1)式出发. 在碰撞前原子为静止的坐标系中,表达能量守恒律的 δ 函数的宗量具有以下形式:

$$\frac{p'^2}{2M}-\frac{p^2}{2M}+\frac{(\boldsymbol{p}'-\boldsymbol{p})^2}{2M_a}+E_n-E_0,\tag{150.1}$$

式中 M 是入射粒子质量,而 M_a 是原子质量. 第三项是原子的反冲动能(考虑原子和电子的碰撞时,这一项可以完全略去).

对于快速重粒子和原子的碰撞,粒子的动量改变和它的初始动量相比,差不多总是很小. 如果这个条件成立,我们可以略去 δ 函数宗量中的原子反冲能量,得到和(148.3)完全一样的公式,只是该式中的 m 必须改成入射粒子的质量 M(不是粒子和原子的折合质量). 考虑到动量转移与初始动量相比已经假定为很小,我们可令 $p\approx p'$,于是在碰撞前原子为静止的坐标系中,截面式为

$$\mathrm{d}\sigma_n=\frac{M^2}{4\pi^2\hbar^4}\left|\iint U\mathrm{e}^{-\mathrm{i}\boldsymbol{q}\cdot\boldsymbol{r}}\psi_n^*\psi_0\,\mathrm{d}\tau\mathrm{d}V\right|^2\mathrm{d}o.\tag{150.2}$$

考虑到粒子的电荷可能不同于电子,我们用 ze^2 代替 e^2,其中 ze 为入射粒子的电荷. 非弹性散射的一般公式,写成(148.9)的形式:

$$\mathrm{d}\sigma_n=8\pi\left(\frac{ze^2}{\hbar v}\right)^2\left|\langle n|\sum_a\mathrm{e}^{-\mathrm{i}\boldsymbol{q}\cdot\boldsymbol{r}_a}|0\rangle\right|^2\frac{\mathrm{d}q}{q^3}\tag{150.3}$$

---

①　对于正电子和氢原子的碰撞,没有交换效应,把(149.14)式中的 ε_1 简单地代以 $\varepsilon_{\max}=E=\frac{1}{2}v^2$,即得总滞阻

$$\kappa=\frac{4\pi}{v^2}\ln\left(\frac{v^2}{0.55}\right).$$

并不含有粒子质量. 由此可见,从它导出的所有公式对重粒子的碰撞仍能适用,只要这些公式是通过 v 和 q 表达的.

不难看出,用散射角 ϑ(重粒子和原子相撞后的偏转角)表达的公式应作怎样的修改. 为此,我们首先注意到,重粒子的非弹性碰撞中 ϑ 角总是很小的. 因为,当动量转移很大时(与原子中电子的动量相比),我们可以把和原子的非弹性碰撞看作是和自由电子的弹性碰撞. 可是,当一重粒子和一轻粒子(电子)碰撞时,重粒子几乎是不偏离的. 换句话说,重粒子转移给原子的动量与该粒子的初始动量相比是很小的. 大角度弹性散射是一个例外,但这种可能性是极小的.

因此,在整个角度范围内我们可令

$$q=\frac{1}{\hbar}\sqrt{\left(\frac{E_n-E_0}{v}\right)^2+(Mv\vartheta)^2}, \tag{150.4}$$

除了极小的角度外,上式实际上可化成

$$q\hbar\approx Mv\vartheta \tag{150.5}$$

另一方面,当我们考虑电子和原子的碰撞时,我们有(对于小角度)

$$q=\frac{1}{\hbar}\sqrt{\left(\frac{E_n-E_0}{v}\right)^2+(mv\vartheta)^2}.$$

由此可得这样的结论,从电子和原子碰撞中所得的公式,只要这些公式用速度和偏转角表达出来,那么如果到处进行以下替代:

$$\vartheta\to\frac{M}{m}\vartheta, \tag{150.6}$$

(包括立体角元 $\mathrm{d}o=2\pi\sin\vartheta\mathrm{d}\vartheta\approx2\pi\vartheta\mathrm{d}\vartheta$ 的替代),就变成重粒子碰撞的公式,入射粒子的速度仍保持不变. 定性地说,这意味着小角度散射的整个图像(对给定的粒子速度而言)被压缩了 m/M 倍.

以上所得的规则也和小角度弹性散射有关. 对 $\vartheta\ll1$ 的(139.4)式作(150.6)式的变换,我们得截面

$$\mathrm{d}\sigma_e=8\pi\left(\frac{ze^2}{Mv^2}\right)^2\left[Z-F\left(\frac{Mv\vartheta}{\hbar}\right)\right]^2\frac{\mathrm{d}\vartheta}{\vartheta^3}. \tag{150.7}$$

角度 $\vartheta\sim1$ 的重粒子弹性散射,被化成在原子核上的卢瑟福散射.

具有大动量转移而原子被电离的非弹性散射需要作特殊的考虑. 和被电子所电离的情况不同,这里当然没有交换效应. 重粒子的特征是,大的动量转移($qa_0\gg1$)并不意味着大的偏转角,ϑ 总是保持很小. 辐射电子的能量介于 ε 和 $\varepsilon+\mathrm{d}\varepsilon$ 之间的电离截面可从(148.25)式直接得出,它可写成以下形式:

$$\mathrm{d}\sigma_r=8\pi\left(\frac{ze^2}{\hbar v}\right)^2Z\frac{\mathrm{d}q}{q^3},$$

令 $\hbar^2q^2/2m=\varepsilon$(整个动量 $\hbar\boldsymbol{q}$ 交给了一个原子电子). 此式给出

$$d\sigma_\varepsilon = \frac{2\pi Z z^2 e^4}{mv^2}\frac{d\varepsilon}{\varepsilon^2}. \tag{150.8}$$

在重粒子和原子的碰撞中，总截面和有效滞阻特别有用. 非弹性散射总截面由以前的(148.26)式给出. 总有效滞阻可把(149.12)式中的 q_1 改成最大动量转移 q_{max}后得到. q_{max}很易用粒子速度表出，方法如下. 由于 $\hbar q_{max}$与粒子原动量 Mv 相比仍是很小，它的能量变化和动量变化的关系为 $\Delta E = v \cdot \hbar \boldsymbol{q}$. 另一方面，对于大的动量转移，这个能量几乎都交给了一个原子电子，因此可写成

$$\varepsilon = \frac{\hbar^2 q^2}{2m} = \hbar\, v \cdot \boldsymbol{q} \leqslant \hbar v q.$$

从而有 $\hbar q \leqslant 2mv$，即

$$\hbar q_{max} = 2mv,\ \varepsilon_{max} = 2mv^2. \tag{150.9}$$

我们注意，非弹性碰撞中粒子的最大偏转角为

$$\vartheta_{max} = \frac{\hbar q_{max}}{Mv} = \frac{2m}{M}.$$

(150.9)代入(149.12)中，我们得到重粒子的总有效滞阻

$$\kappa = \frac{4\pi Z z^2 e^4}{mv^2}\ln\frac{2mv^2}{I}. \tag{150.10}$$

§151　中子散射

在碰撞理论的许多物理问题中，需要考虑到散射过程怎样受散射中心运动的影响. 在一定的条件下，这类问题可以用费米(E. Fermi,1936)建议的那种微扰论解决，即使单独讲来微扰论对每个中心的散射并不适用. 这类问题中包括慢中子对多原子系统(例如分子)的散射. 我们来考虑这个特殊问题.

中子几乎不被电子散射，所以实际上所有的散射都发生在原子核处①. 我们将假定被单个核散射的振幅小于原子间距. 那么在分子中被每个核散射的振幅即使在别的原子核处也已经很小. 在这些条件下，被分子散射的振幅等于被单个核散射的振幅之和.

微扰论一般讲来不能应用于中子和核的散射：尽管核力的范围很小，在此范围内的作用却极强. 但重要的是，慢中子(其波长远大于原子核线度)散射的振幅是一个和速度无关的常数. 令 f_a 为被第 a 个核散射的振幅，$|f_a|^2 do$ 是中子被一个自由核弹性散射的微分截面(在它们的质心系中).

这个常数振幅可从微扰论形式地得到，如果我们用一个"点"势来描写中子和核的相互作用的话：

① 我们还假定该分子没有磁矩. 否则还存在着来自中子和分子磁矩相互作用的特殊散射效应.

$$U(\boldsymbol{r}) = -\frac{2\pi\hbar^2}{M}f\delta(\boldsymbol{r}),\tag{151.1}$$

式中 M 是中子和核的折合质量. 当此式代入玻恩公式(126.4)中时,δ 函数使得积分式成为与 $\boldsymbol{q}$ 无关的一个常数. 这样定义的"场"$U(\boldsymbol{r})$被称为**赝势**. 需要强调的是,作出这个定义的可能性是由于 f 为常数这一事实. 在中子能量为任意的一般情形下,散射振幅分别依赖于初动量 $\boldsymbol{p}$ 和末动量 $\boldsymbol{p}'$,而不只是依赖于两者之差 $\boldsymbol{q}$,但玻恩近似给出的振幅却只能依赖于 $\boldsymbol{q}$. ①

如果散射核在作给定的运动(例如,分子中的各种振动),我们对此运动求平均后,则(151.1)式的相互作用势被"铺展"到一个尺度一般地远大于散射振幅 f 的范围内. 对于这样"铺展"开的作用势讲来,玻恩近似的适用条件(126.1)是满足的.

因此我们可以用以下赝势描写中子-分子作用:

$$U(\boldsymbol{r}) = -2\pi\hbar^2\sum_a \frac{f_a}{M_a}\delta(\boldsymbol{r}-\boldsymbol{R}_a),\tag{151.2}$$

式中对分子的所有原子核求和,$\boldsymbol{R}_a$ 是它们的径矢,$\boldsymbol{r}$ 是中子的径矢. 把上式代入(148.3),把 m 改成 M_m(M_m 是分子和中子的折合质量),我们得质心系中的中子被分子散射的以下截面式:

$$\mathrm{d}\sigma_n = M_m^2\frac{p'}{p}\left|\sum_a \frac{f_a}{M_a}\langle n|\mathrm{e}^{-\mathrm{i}\boldsymbol{q}\cdot\boldsymbol{R}_a}|0\rangle\right|^2\mathrm{d}o,\tag{151.3}$$

式中的矩阵元是针对能量为 E_0 和 E_n 的核运动定态波函数而言的,动量 p 和 p' 通过能量守恒律相联系:

$$\frac{p^2-p'^2}{2M_m} = E_n - E_0.$$

(151.3)式描写了分子中的核运动状态具有特定变化($0\to n$ 跃迁)的非弹性碰撞,也就是所述问题的解:从中子对自由核散射的振幅(假定为已知)出发,计及核的内禀运动以及各个核散射之间的干涉效应,求出了中子被分子散射的截面.

如果核自旋不等于零,还应考虑到散射振幅 f_a 依赖于中子和散射核的总自旋这样的事实. 它的做法如下.

核和中子的总自旋可取 $j_a = i_a \pm \dfrac{1}{2}$ 两个值,i_a 是核自旋. 相应的散射振幅记作 f_a^+ 和 f_a^-. 我们来构造一个自旋算符,对于给定的 j_a 值,它的本征值分别为 f_a^+ 和 f_a^-. 这个算符就是

---

① 需要强调的是,尽管赝势在形式地应用微扰论的情况下能够给出散射振幅的正确值,但这并不意味着微扰论真能适用于这样的场. 对于一个深度为 U_0 并以 U_0a^3 = 常数的方式趋于无穷远的势阱讲来(a 为阱半径,它趋于零),条件(126.1),(126.2)肯定都不会满足.

$$\hat{f}_a = a_a + b_a \hat{\boldsymbol{s}} \cdot \hat{\boldsymbol{i}}_a, \tag{151.4}$$

其中 $\hat{\boldsymbol{i}}_a$ 和 $\hat{\boldsymbol{s}}_a$ 是核和中子的自旋算符，系数 a_a 和 b_a 由下式给出：

$$\left.\begin{aligned} a_a &= \frac{1}{2i_a+1}[(i_a+1)f_a^+ + i_a f_a^-], \\ b_a &= \frac{2}{2i_a+1}(f_a^+ - f_a^-). \end{aligned}\right\} \tag{151.5}$$

这是很易证明的，只要注意到对于给定的 j 值，算符 $\hat{\boldsymbol{s}} \cdot \hat{\boldsymbol{i}}$ 的本征值为

$$\boldsymbol{s} \cdot \boldsymbol{i} = \frac{1}{2}\left[j(j+1) - i(i+1) - \frac{3}{4}\right].$$

应用算符(151.4)取代(151.3)式中的 f_a，并取对应于所考虑跃迁的矩阵元. 如果入射中子和靶核都是非极化的，那么散射截面必须进行适当的平均.

习　题

1. 假定中子和核的自旋方向都是毫无规则地分布的，分子中所有的核都不相同，试对(151.3)式进行平均.

解：对中子的和核的自旋方向求平均是相互独立的，每一种自旋平均后得零，从而 $\overline{\boldsymbol{s} \cdot \boldsymbol{i}_a} = 0$. 如果分子中没有两个原子是相同的，这就没有核自旋的交换作用，又由于它们的直接相互作用可以忽略，分子中各个核的自旋方向可以看作是独立的，因而 $(\boldsymbol{s} \cdot \boldsymbol{i}_1)(\boldsymbol{s} \cdot \boldsymbol{i}_2)$ 等形状的乘积平均后也得零. 对于平方 $(\boldsymbol{s} \cdot \boldsymbol{i})^2$ 有

$$\overline{(\boldsymbol{s} \cdot \boldsymbol{i})^2} = \frac{1}{3}\boldsymbol{s}^2\boldsymbol{i}^2 = \frac{1}{3}s(s+1)i(i+1) = \frac{1}{4}i(i+1),$$

由此得以下平均截面式：

$$\mathrm{d}\sigma_n = M_m^2 \frac{p'}{p}\left[\left|\sum \frac{1}{M_a} a_a \langle n | \mathrm{e}^{-\mathrm{i}\boldsymbol{q}\cdot\boldsymbol{R}_a} | 0\rangle\right|^2 + \frac{1}{4}\sum_a \frac{i_a(i_a+1)}{M_a^2} b_a^2 |\langle n | \mathrm{e}^{-\mathrm{i}\boldsymbol{q}\cdot\boldsymbol{R}_a} | 0\rangle|^2\right]\mathrm{d}o.$$

2. 试将(151.3)式应用于慢中子对正氢和仲氢的散射(J. Schwinger, E, Teller, 1937)

解：在取自旋算符的矩阵元以前，对氢分子散射的(151.3)式为

$$\mathrm{d}\sigma_n = \frac{16p'}{9p} | a\langle n | \mathrm{e}^{-\mathrm{i}\boldsymbol{q}\cdot\boldsymbol{r}/2} + \mathrm{e}^{\mathrm{i}\boldsymbol{q}\cdot\boldsymbol{r}/2} | 0\rangle + b\hat{\boldsymbol{s}}\langle n | \hat{\boldsymbol{i}}_1 \mathrm{e}^{-\mathrm{i}\boldsymbol{q}\cdot\boldsymbol{r}/2} + \hat{\boldsymbol{i}}_2 \mathrm{e}^{\mathrm{i}\boldsymbol{q}\cdot\boldsymbol{r}/2} | 0\rangle |^2 \mathrm{d}o, \tag{1}$$

$$a = \frac{1}{4}(3f^+ + f^-), \quad b = f^+ - f^-$$

$\pm \boldsymbol{r}/2$ 是分子中两个核相对于其质心的径矢.

分子的转动和振动态由量子数 K, M_k, v(它们的集合在(1)式中用 n 表出)所定义，在 H_2 分子的电子基态中，仅当总的核自旋 $I=0$(仲氢)时 K 才能取偶数值；仅当 $I=1$(正氢)时 K 才能取奇数值. 因此有必要区分两种情况：(1) K 的奇

偶相同的两个转动态之间的跃迁，这只有 I 值不变才行（正－正和仲－仲跃迁）(2) K 的奇偶不同的两个态之间的跃迁，这只有改变 I 值才行（正－仲和仲－正跃迁）. 第一种情况下我们有

$$\langle n|\mathrm{e}^{-\mathrm{i}\boldsymbol{q}\cdot\boldsymbol{r}/2}|0\rangle=\langle n|\mathrm{e}^{\mathrm{i}\boldsymbol{q}\cdot\boldsymbol{r}/2}|0\rangle=\langle n|\cos\frac{1}{2}\boldsymbol{q}\cdot\boldsymbol{r}|0\rangle$$

应当记住的是，$\boldsymbol{r}$ 变号后转动波函数要乘以 $(-1)^K$. (1) 式的自旋算符则变成 $2a+b\hat{\boldsymbol{s}}\cdot\hat{\boldsymbol{I}}$，其中 $\hat{\boldsymbol{I}}=\hat{\boldsymbol{i}}_1+\hat{\boldsymbol{i}}_2$，根据前面的讨论，这个算符对 I 是对角的. 对 $(2a+b\boldsymbol{s}\cdot\boldsymbol{I})^2$ 的平均和题 1 一样，给出

$$4a^2+\frac{1}{4}b^2I(I+1).$$

结果是

$$\mathrm{d}\sigma_n=\frac{4}{9}\frac{p'}{p}|\langle n|\cos\frac{1}{2}\boldsymbol{q}\cdot\boldsymbol{r}|0\rangle|^2[(3f^++f^-)^2+I(I+1)(f^++f^-)^2]\mathrm{d}o. \quad (2)$$

第二种情形下

$$\langle n|\mathrm{e}^{\mathrm{i}\boldsymbol{q}\cdot\boldsymbol{r}/2}|0\rangle=-\langle n|\mathrm{e}^{-\mathrm{i}\boldsymbol{q}\cdot\boldsymbol{r}/2}|0\rangle=\mathrm{i}\langle n|\sin\frac{1}{2}\boldsymbol{q}\cdot\boldsymbol{r}|0\rangle$$

(1)式的自旋算符成为 $\hat{\boldsymbol{s}}\cdot(\hat{\boldsymbol{i}}_1-\hat{\boldsymbol{i}}_2)$，它只有 I 的非对角矩阵元. 这些矩阵元的模量平方值对末态总自旋 $\boldsymbol{I}'$ 的所有分量求和时，可按 $[\boldsymbol{s}\cdot(\boldsymbol{i}_1-\boldsymbol{i}_2)]^2$ 的平均值（对角元）算出（见 534 页注①）：

$$\overline{[\boldsymbol{s}\cdot(\boldsymbol{i}_1-\boldsymbol{i}_2)]^2}=\frac{1}{3}\cdot\frac{3}{4}\overline{(\boldsymbol{i}_1-\boldsymbol{i}_2)^2}=\frac{1}{4}(2\boldsymbol{i}_1^2+2\boldsymbol{i}_2^2-\boldsymbol{I}^2)=\frac{1}{4}[3-I(I+1)].$$

结果是

$$\mathrm{d}\sigma_n=(1)(3)\frac{4}{9}\frac{p'}{p}|\langle n|\sin\frac{1}{2}\boldsymbol{q}\cdot\boldsymbol{r}|0\rangle|^2(f^+-f^-)^2\mathrm{d}o, \quad (3)$$

式中的系数 1 出现于正－仲跃迁，系数 3 出现于仲－正跃迁.

如果中子很慢，它的波长甚至远超过分子的线度，则可令(2)和(3)式矩阵元中的 $\cos\left(\frac{1}{2}\boldsymbol{q}\cdot\boldsymbol{r}\right)=1$，$\sin\left(\frac{1}{2}\boldsymbol{q}\cdot\boldsymbol{r}\right)=0$，结果除 00 对角元外都等于零. 这些条件下，当然只可能有弹性散射. 这时的弹性散射截面为

$$\mathrm{d}\sigma_e=\frac{4}{9}[(3f^++f^-)^2+I(I+1)(f^+-f^-)^2]\mathrm{d}o.$$

3. 求中子对一束缚质子的散射截面，该质子可看作频率为 ω 的各向同性三维振子（E. Fermi，1936）.

解：考虑质子绕空间某一固定点振动着，根据(151.3)式的推导，必须令该式中的 $M_m=M$，$M_a=\frac{1}{2}M$（M 为质子质量）. 于是

$$d\sigma_n=\frac{p'}{p}\frac{\sigma_0}{\pi}\sum\left|\int e^{-i\boldsymbol{q}\cdot\boldsymbol{r}}\psi_{000}(\boldsymbol{r})\psi_{n_1n_2n_3}(\boldsymbol{r})dV\right|^2 do,$$

式中的 $\sigma_0=4\pi|f|^2$ 是对自由质子的散射截面，$\psi_{n_1n_2n_3}$ 是三维振子的本征函数，对应于能级 $E_n=\hbar\omega(n+3/2)$；$\sum$ 是对和量给定为 n 的所有 n_1, n_2 和 n_3 值求和. $\psi_{n_1n_2n_3}$ 函数组是三个线性振子波函数的乘积（见 §33，题 4）. 所求的积分因而可分解成为以下形式的三个积分的乘积

$$\int_{-\infty}^{\infty}\exp\left(-\frac{iq_x x}{2}-\frac{\alpha^2x^2}{2}-\frac{\alpha^2x^2}{2}\right)H_{n_1}(\alpha x)dx$$

（$\alpha=\sqrt{M\omega/\hbar}$），把（a.4）式的 $H_{n_1}(x)$ 代入上式并分部积分 n_1 次，结果为

$$d\sigma_n=\frac{1}{\pi}\frac{v'}{v}\frac{\sigma_0}{2^n\alpha^{2n}}\sum\frac{q_x^{2n_1}q_y^{2n_2}q_z^{2n_3}}{n_1!\ n_2!\ n_3!}\exp\left(-\frac{q^2}{2\alpha^2}\right)do.$$

按二项式定理进行求和后，最后结果为

$$d\sigma_n=\frac{\sigma_0}{\pi n!}\sqrt{\frac{E'}{E}}\left(\frac{q^2}{2\alpha^2}\right)^n\exp\left(-\frac{q^2}{2\alpha^2}\right)do.$$

特别是，弹性散射截面（$n=0, E=E'$）为

$$d\sigma_e=\frac{\sigma_0}{\pi}\exp\left(-\frac{q^2}{2\alpha^2}\right)do,\ \sigma_e=\sigma_0\frac{\hbar\omega}{E}\left[1-\exp\left(-\frac{4E}{\hbar\omega}\right)\right],$$

当 $E/\hbar\omega\to0$ 时，$\sigma_e\to4\sigma_0$.

§152　高能非弹性散射

§131 中对两个粒子相互散射问题所用的程函近似，也能推广到包括一个快粒子和一个多粒子系统或“靶”的碰撞（包括非弹性）过程（R. J. Glauber, 1958）.

这个推广中，所假定的原则和以前一样. 入射粒子的能量 E 假定很大，使得 $E\gg|U|$ 和 $ka\gg1$，其中 U 是这个粒子和靶粒子间的相互作用能量，a 是此相互作用的力程. 我们考虑动量转移比较小的散射：入射粒子的动量改变 $\hbar\boldsymbol{q}$ 与它的原有值 $\hbar\boldsymbol{k}$ 相比很小（$q\ll k$）. 这个条件现在不但使得散射角很小，并且还使能量转移也比较小.

我们还将假定入射粒子的速度 v 远大于靶内粒子的速度 v_0：

$$v\gg v_0. \tag{152.1}$$

对于带电粒子和原子的散射讲来，此条件等价于玻恩近似的适用条件（参考 §148 和 §150）.

如果 $v\gg v_0$，一定有 $|U|a/\hbar v\ll1$. 因此在该情形下不需要本节的理论. 但对核靶讲来，粒子间结合的不是库仑力而是核力，情况就不同了. 我们将讨论一个

快粒子被核散射这一特殊情形①.

条件(152.1)使我们有可能考虑入射粒子相对于核中位置固定的各个核子而言的运动问题②,这就是说,粒子-靶系统的波函数可以写成

$$\psi(\boldsymbol{r},\boldsymbol{R}_1,\boldsymbol{R}_2,\cdots)=\varphi(\boldsymbol{r};\boldsymbol{R}_1,\boldsymbol{R}_2,\cdots)\Phi_i(\boldsymbol{R}_1,\boldsymbol{R}_2,\cdots),\qquad(152.2)$$

其中 $\Phi_i(\boldsymbol{R}_1,\boldsymbol{R}_2,\cdots)$ 是原子核第 i 个内态的波函数;$R_1,R_2,\cdots$是核内各个核子的径矢.因子 $\varphi(\boldsymbol{r};\boldsymbol{R}_1,\boldsymbol{R}_2,\cdots)$ 是正在进行散射的粒子波函数($\boldsymbol{r}$ 是它的径矢),具有给定的 $\boldsymbol{R}_1,\boldsymbol{R}_2,\cdots$值,这些值是以下薛定谔方程中的参量:

$$\left[-\frac{\hbar^2}{2m}\nabla^2+\sum_a U_a(\boldsymbol{r}-\boldsymbol{R}_a)\right]\varphi=\frac{\hbar^2k^2}{2m}\varphi,\qquad(152.3)$$

其中 $U_a(\boldsymbol{r}-\boldsymbol{R}_a)$ 是该粒子和第 a 个核子的作用能量,而 $\hbar\boldsymbol{k}$ 是粒子在无穷远处的动量③.

如果我们求出了具有以下渐近式的(152.3)式之解:

$$\varphi=\mathrm{e}^{\mathrm{i}\boldsymbol{k}\cdot\boldsymbol{r}}+\mathrm{F}(\boldsymbol{n}',\boldsymbol{n};\boldsymbol{R}_1,\boldsymbol{R}_2,\cdots)\frac{\mathrm{e}^{\mathrm{i}kr}}{r}\qquad(152.4)$$

(式中 $\boldsymbol{n}'=\boldsymbol{r}/r,\boldsymbol{n}=\boldsymbol{k}/k$),则(152.2)式的波函数

$$\psi=\mathrm{e}^{\mathrm{i}\boldsymbol{k}\cdot\boldsymbol{r}}\Phi_i+\mathrm{F}\Phi_i\frac{\mathrm{e}^{\mathrm{i}kr}}{r}\qquad(152.5)$$

将描写对碰撞前处于第 i 个态的原子核所进行的散射:入射波 $\mathrm{e}^{\mathrm{i}\boldsymbol{k}\cdot\boldsymbol{r}}$在(152.5)式中作为 Φ_i 的相乘因子出现.(152.5)式中的第二项代表散射波.但是,仅当入射粒子的能量改变足够小,也就是核的内能变化足够小时,用这个式子来求散射振幅才是合适的.因此,把粒子考虑成为是在"刚性固定"的核子组的恒定场中运动(相当于方程(152.3))时,我们就略去了这种运动可能的能量变化.

为了把核的内态具有特定变化的散射振幅分离出来,应把 ψ 写成以下形式:

$$\psi=\mathrm{e}^{\mathrm{i}\boldsymbol{k}\cdot\boldsymbol{r}}\Phi_i+\sum_f f_{fi}(\boldsymbol{n}',\boldsymbol{n})\Phi_f\frac{\mathrm{e}^{\mathrm{i}kr}}{r},\qquad(152.6)$$

式中对原子核的各个态求和,$f_{fi}(\boldsymbol{n}',\boldsymbol{n})$ 则给出待求的原子核具有特定跃迁 $i\to f$ 的散射振幅,它是散射角($\boldsymbol{n}$ 和 $\boldsymbol{n}'$的夹角)的函数.比较(152.6)和(152.5)得

$$f_{fi}(\boldsymbol{n}',\boldsymbol{n})=\int\Phi_f^*\mathrm{F}\Phi_i\mathrm{d}\tau,\qquad(152.7)$$

其中 $\mathrm{d}\tau=\mathrm{d}^3R_1\mathrm{d}^3R_2\cdots$是原子核位形空间中的体积元.我们必须再一次强调,这

① 条件(152.1)给出的是任一重核的相对论速度 v.在目前的非相对论理论表述中,我们不考虑它对任一特殊散射过程的实际适用性问题.

② 这个近似类似于分子理论所根据的那种近似,即分子中的电子态是针对各个原子核的固定位置来考虑的.

③ (152.3)式中假定了粒子和核的作用等于它和各单个核子的两体作用之和.

个公式仅当 i 和 f 态的能量相差比较小时才能成立.

方程(152.3)之解(152.4)本身,可用 §131 中描述的方法求出①. 类似于(131.7)式,我们有

$$F(\boldsymbol{n}',\boldsymbol{n};\boldsymbol{R}_1,\boldsymbol{R}_2,\cdots)=\frac{k}{2\pi\mathrm{i}}\int[S,(\rho,\boldsymbol{R}_1,\boldsymbol{R}_2,\cdots)-1]\mathrm{e}^{-\mathrm{i}q\cdot\rho}\mathrm{d}^2\rho, \quad (152.8)$$

其中

$$\left.\begin{aligned}S(\boldsymbol{\rho},\boldsymbol{R}_1,\boldsymbol{R}_2,\cdots)&=\exp[2\mathrm{i}\delta(\boldsymbol{\rho},\boldsymbol{R}_1,\boldsymbol{R}_2,\cdots)],\\ \delta(\boldsymbol{\rho},\boldsymbol{R}_1,\boldsymbol{R}_2,\cdots)&=\sum_a\delta_a(\boldsymbol{\rho}-\boldsymbol{R}_{a\perp}),\\ \delta_a(\boldsymbol{\rho}-\boldsymbol{R}_{a\perp})&=-\frac{1}{2\hbar v}\int_{-\infty}^{\infty}U_a(\boldsymbol{r}-\boldsymbol{R}_a)\mathrm{d}z.\end{aligned}\right\} \quad (152.9)$$

记得 $\boldsymbol{\rho}$ 是径矢 $\boldsymbol{r}$ 在(垂直于 $\boldsymbol{k}$ 的)xy 平面内的分量,$\boldsymbol{R}_{a\perp}$ 是径矢 $\boldsymbol{R}_a$ 的上述相应分量:$\hbar\boldsymbol{q}=\boldsymbol{p}'-\boldsymbol{p}$ 是散射粒子的动量改变,(152.8)式中只出现它的横分量. 函数 δ_a 确定粒子被单个自由核子弹性散射的振幅:

$$f^{(a)}=\frac{k}{2\pi\mathrm{i}}\int\{\mathrm{e}^{2\mathrm{i}\delta_a(\rho)}-1\}\mathrm{e}^{-\mathrm{i}q\cdot\rho}\mathrm{d}^2\rho. \quad (152.10)$$

当 $i=f$ 时,(152.7)和(152.8)给出被原子核弹性散射的振幅:

$$f_{ii}(\boldsymbol{n}',\boldsymbol{n})=\frac{k}{2\pi\mathrm{i}}\int[\overline{S}(\boldsymbol{\rho})-1]\mathrm{e}^{-\mathrm{i}q\cdot\rho}\mathrm{d}^2\rho, \quad (152.11)$$

式中的横线代表对原子核的内态求平均:

$$\overline{S}(\boldsymbol{\rho})=\int S(\boldsymbol{\rho},\boldsymbol{R}_1,\boldsymbol{R}_2,\cdots)|\Phi_i(\boldsymbol{R}_1,\boldsymbol{R}_2,\cdots)|^2\mathrm{d}\tau, \quad (152.12)$$

此式推广了前面的(131.7)式.

令(152.11)式中的 $\boldsymbol{n}'=\boldsymbol{n}$ 并应用(142.10)式的光学定理,我们得散射总截面

$$\sigma_t=2\int(1-\mathrm{Re}\overline{S})\mathrm{d}^2\rho. \quad (152.13)$$

弹性散射全截面 σ_e 是由 $|f_{ii}|^2$ 对 $\boldsymbol{n}'$ 的方向积分后得到的. 对于小的散射角 θ,我们有 $q\approx k\theta$,立体角元 $\mathrm{d}o\approx\mathrm{d}^2q/k^2$. 因而

$$\sigma_e=\int|f_{ii}|^2\frac{\mathrm{d}^2q}{k^2}.$$

采用(152.11)式的 f_{ii},把 $f_{ii}^*f_{ii}$ 写成 $\mathrm{d}^2\rho\mathrm{d}^2\rho'$ 的一个重积分,利用下式可实行对 d^2q

---

① §131 中曾经指出,波函数的初始表式(131.4)只在 $z\ll ka^2$ 的距离处成立. 这一点在 §131 的进一步推导中并不重要. 但对一个多粒子系统(例如一个原子核)的散射来讲,它会导致另一种限制;(131.4)式必须在散射系统所占的整个体积内成立,也就是说,我们必须有 $R_0\ll ka^2$,其中 R_0 是原子核半径,a 是势 U 的力程.

的积分：

$$\int \mathrm{e}^{-\mathrm{i}\boldsymbol{q}\cdot(\boldsymbol{\rho}-\boldsymbol{\rho}')}\mathrm{d}^2q=(2\pi)^2\delta(\boldsymbol{\rho}-\boldsymbol{\rho}'),$$

这个 δ 函数在对 $\mathrm{d}^2\rho'$的积分中被积掉. 结果为

$$\sigma_e=\int|\bar{S}-1|^2\mathrm{d}^2\rho. \tag{152.14}$$

反应总截面为

$$\sigma_r=\sigma_t-\sigma_e=\int(1-|\bar{S}|^2)\mathrm{d}^2\rho. \tag{152.15}$$

注意(152.13)—(152.15)是和一般公式(142.3)—(142.5)一致的：对后者把求和(对大的 l 求和)改成对 $\rho=l/k$ 的 $\mathrm{d}^2\boldsymbol{\rho}$ 求积分,并把 S_l 改成 $\bar{S}(\rho)$函数,我们就得(152.13)—(152.15).

习　题

1. 试把一个快粒子被一个氘核弹性散射的振幅用该快粒子对质子和中子的散射振幅表达出来(R. J. Glauber,1955).

解：根据(152.11),被氘核弹性散射的振幅为

$$f^{(d)}(\boldsymbol{q})=\frac{k}{2\pi\mathrm{i}}\int|\psi_a(\boldsymbol{R})|^2\left\{\exp\left[2\mathrm{i}\delta_n\left(\boldsymbol{\rho}-\frac{1}{2}\boldsymbol{R}_\perp\right)+\right.\right.$$
$$\left.\left.+2\mathrm{i}\delta_p\left(\boldsymbol{\rho}+\frac{1}{2}\boldsymbol{R}_\perp\right)\right]-1\right\}\mathrm{e}^{-\mathrm{i}\boldsymbol{q}\cdot\boldsymbol{\rho}}\mathrm{d}^3R\mathrm{d}^2\rho, \tag{1}$$

其中 $\psi_d(\boldsymbol{R})$为氘核中中子(n)和质子(p)的相对运动波函数；$\boldsymbol{R}=\boldsymbol{R}_\mathrm{n}-\boldsymbol{R}_\mathrm{p}$,$\boldsymbol{R}_\perp$是 $\boldsymbol{R}$ 在入射粒子波矢 $\boldsymbol{k}$ 的垂直平面上的分量. (1)式大括号内的差量可以写成

$$\exp(2\mathrm{i}\delta_n+2\mathrm{i}\delta_p)-1=(\mathrm{e}^{2\mathrm{i}\delta_n}-1)+(\mathrm{e}^{2\mathrm{i}\delta_p}-1)+(\mathrm{e}^{2\mathrm{i}\delta_n}-1)(\mathrm{e}^{2\mathrm{i}\delta_p}-1).$$

采用中子$f^{(\mathrm{n})}$和质子$f^{(\mathrm{p})}$的散射振幅定义,根据(152.10)及其逆式

$$\exp[2\mathrm{i}\delta_a(\boldsymbol{\rho})]-1=\frac{2\pi\mathrm{i}}{k}\int f^{(a)}(\boldsymbol{q})\mathrm{e}^{\mathrm{i}\boldsymbol{q}\cdot\boldsymbol{\rho}}\frac{\mathrm{d}^2q}{(2\pi)^2},$$

可对积分(1)进行变换,结果为

$$f^{(\mathrm{d})}(\boldsymbol{q})=f^{(\mathrm{n})}(\boldsymbol{q})F(\boldsymbol{q})+f^{(\mathrm{p})}(\boldsymbol{q})F(-\boldsymbol{q})-$$
$$-\frac{1}{2\pi\mathrm{i}k}\int F(2\boldsymbol{q}')f^{(\mathrm{n})}\left(\frac{1}{2}\boldsymbol{q}+\boldsymbol{q}'\right)f^{(\mathrm{p})}\left(\frac{1}{2}\boldsymbol{q}-\boldsymbol{q}'\right)\mathrm{d}^2q', \tag{2}$$

其中

$$F(\boldsymbol{q})=\int|\psi_d(\boldsymbol{R})|^2\mathrm{e}^{-\mathrm{i}\boldsymbol{q}\cdot\boldsymbol{R}/2}\mathrm{d}^3R$$

是氘核形状因子.

(2)式中令 $\boldsymbol{q}=0$($F(0)=1$)并用(142.10)式的光学定理,求得氘核散射总截面

$$\sigma_t^{(\mathrm{d})}=\sigma_t^{(\mathrm{n})}+\sigma_t^{(\mathrm{p})}+\frac{2}{k^2}\mathrm{Re}\int F(2\boldsymbol{q})f^{(\mathrm{n})}(\boldsymbol{q})f^{(\mathrm{p})}(-\boldsymbol{q})\mathrm{d}^2q. \tag{3}$$

2. 求一个快氘核被一个半径为 R_0 的重吸收核散射后衰变成为一个中子和一个质子的截面，其中 R_0 远大于氘核波长（$kR_0 \gg 1$，其中 $\hbar\boldsymbol{k}$ 是氘核动量）也远大于氘核半径（Е. Л. Фейнберг, 1954；R. J. Glauber, 1955；А. И. Ахиезер；А. Г. Сименко 1955）.

解：把入射氘核看作平面波，大吸收核（$kR_0 \gg 1$）起着使波衍射的不透明屏幕的作用. 入射氘核的波函数为 $\mathrm{e}^{\mathrm{i}\boldsymbol{k}\cdot\boldsymbol{r}}\psi_{\mathrm{d}}(R)$，其中 $\psi_{\mathrm{d}}(R)$ 是氘核的内部波函数 [$\boldsymbol{R}=\boldsymbol{R}_{\mathrm{n}}-\boldsymbol{R}_{\mathrm{p}}$ 是核内中子到质子的径矢，$\boldsymbol{r}=\frac{1}{2}(\boldsymbol{R}_{\mathrm{n}}+\boldsymbol{R}_{\mathrm{p}})$ 是它们的质心的径矢]. 吸收核的存在“移去”了这个函数中的一个部分，这部分的中子和质子横向坐标（$\boldsymbol{\rho}_{\mathrm{n}}$ 和 $\boldsymbol{\rho}_{\mathrm{p}}$）位于原子核的“阴影”区内，即半径为 R_0 的圆内. 因此波函数变成

$$\psi=\mathrm{e}^{\mathrm{i}\boldsymbol{k}\cdot\boldsymbol{r}}S(\boldsymbol{\rho}_{\mathrm{n}},\boldsymbol{\rho}_{\mathrm{p}})\psi_{\mathrm{d}}(R),$$

当 $\rho_{\mathrm{n}},\rho_{\mathrm{p}}\geqslant R_0$ 时式中的 $S=1$，而当 ρ_{n} 或 ρ_{p} 小于 R_0 时 $S=0$①. 这个波函数若没有因子 ψ_{d}，则相当于（131.5）形式的入射波表示式（略去衍射对射线的弯曲），因而 S 因子具有和 §131 及 §152 中同样的含义.

类似于（152.13）和（152.14）式，氘核散射的总截面 σ_t（包括所有的非弹性过程）和弹性散射截面 σ_e 分别为

$$\sigma_t=2\int(1-\overline{S})\mathrm{d}^2\rho,\quad \sigma_e=\int(\overline{S}-1)^2\mathrm{d}^2\rho,$$

式中 $\boldsymbol{\rho}=\frac{1}{2}(\boldsymbol{\rho}_{\mathrm{n}}+\boldsymbol{\rho}_{\mathrm{p}})$ 并且应用了 S 为实量的事实. S 的平均是对氘核基态而言的：

$$\overline{S}(\rho)=\int S\psi_{\mathrm{d}}^2\mathrm{d}^3R.$$

至于 ψ_{d}，采用以下函数就足够了：

$$\psi_{\mathrm{d}}=\sqrt{\frac{\kappa}{2\pi}}\frac{\mathrm{e}^{-\kappa R}}{R},$$

此式在中子和质子间核力的力程外距离 R 处成立（参考（133.14）式；$\kappa=\sqrt{m|\varepsilon|}/\hbar$，$|\varepsilon|$ 是氘核的结合能，m 是核子质量）. 根据 S 的定义，如果有一个核子或者两个核子都进入半径为 R_0 的圆内并被原子核吸收掉，则 $1-S$ 不等于零：从而

$$\sigma_{俘获}=\int(1-\overline{S})\mathrm{d}^2\rho=\frac{1}{2}\sigma_t \tag{1}$$

① 氘和原子核的库仑作用已略去.

为俘获一个或两个核子的截面. 另一方面, $\sigma_t = \sigma_{俘获} + \sigma_e + \sigma_{衰变}$, 其中 $\sigma_{衰变}$ 为待求的氘核“衍射”衰变截面. 故

$$\sigma_{衰变} = \frac{1}{2}\sigma_t - \sigma_e = \int \overline{S}(1-\overline{S})\,d^2\rho. \tag{2}$$

当 $R_0\kappa \gg 1$ 时, 在积分式(2)中小距离($\sim 1/\kappa$, 是从原子核边缘算起的是重要的, 于是沿边缘的积分给出一个因子 $2\pi R_0$, 沿垂直方向的积分可把阴影区看作以直线为界那样去计算, 取此直线为 y 轴, 并取 x 轴从阴影向外, 我们有

$$\sigma_{衰变} = 2\pi R_0 \int_0^{\infty} \overline{S}(x)\left[1 - \overline{S}(x)\right] dx,$$

其中的积分

$$\overline{S}(x) = \int_{-\infty}^{\infty}\int_{-\infty}^{\infty}\int_{-2x}^{2x} \psi_d^2(R)\,dX\,dY\,dZ,$$

$$R = \sqrt{X^2 + Y^2 + Z^2},$$

对给定的 $x = \frac{1}{2}(X_n + X_p)$, 上式是在 $X_n, X_p \geqslant 0$ 的区域上积分, 也就是在 $|X| = |X_n - X_p| \leqslant 2x$ 区域上积分. 把积分变量变换成 X 和 R 以及 YZ 平面内的极角后(此时 $dY\,dZ \to 2\pi R\,dR$), 这个积分变成

$$\overline{S}(x) = 1 - e^{-4\kappa x} + 4\kappa x \int_{4\kappa x}^{\infty} \frac{e^{-\xi}}{\xi} d\xi, \tag{3}$$

含有这个 $\overline{S}(x)$ 函数的积分(2), 可利用下式通过重复分部积分算出:

$$\int_0^{\infty} (e^{-\xi} - e^{-2\xi}) \frac{d\xi}{\xi} = \ln 2.$$

结果为

$$\sigma_{衰变} = \frac{\pi}{3\kappa} R_0 \left(\ln 2 - \frac{1}{4}\right).$$

在同一条件 $\kappa R_0 \gg 1$ 下, 俘获截面为

$$\sigma_{俘获} = \pi R_0^2 + \frac{\pi R_0}{4\kappa}$$

[(1)式对 $\rho > R_0$ 区的积分可用(3)式算出, 对 $\rho < R_0$ 区的积分给出 πR_0^2]. 这个截面包括整个氘核的被俘以及俘获一个核子而释放另一个(**剥裂反应**). 后一种反应截面是按照只有一个核子射入阴影区时的碰撞面积(对 ψ_d^2 平均以后)而算出的, 并有

$$\sigma_{俘获,n} = \sigma_{俘获,p} = \frac{\pi R_0}{4\kappa}$$

(R. Serber, 1947).

数学附录

§a 厄米多项式

方程式

$$y'' - 2xy' + 2ny = 0 \tag{a.1}$$

属于用**拉普拉斯方法**①能解的类型.

这个方法可用于以下类型的任一线性方程:

$$\sum_{m=0}^{n} (a_m + b_m x) \frac{\mathrm{d}^m y}{\mathrm{d}x^m} = 0,$$

式中的系数不超过 x 的一次幂,其求解步骤如下.我们作下列多项式

$$P(t) = \sum_{m=0}^{n} a_m t^m, \quad Q(t) = \sum_{m=0}^{n} b_m t^m$$

及由它们所组成的函数

$$Z(t) = \frac{1}{Q} \exp \int \frac{P}{Q} \mathrm{d}t,$$

它确定到一个常数因子为止.所考虑方程之解可表成下列复积分形式:

$$y = \int_C Z(t) \mathrm{e}^{xt} \mathrm{d}t,$$

基中所取的积分路线 C 使积分为有限且不等于零,并且,当 t 走完曲线 C 以后(曲线 C 可以是封闭的,也可以是不封闭的),函数

$$V = \mathrm{e}^{xt} QZ$$

回到原值.

在方程式(a.1)的情形下,我们有

$$P = t^2 + 2n, \; Q = -2t, \; Z = -\frac{1}{2t^{n+1}} \mathrm{e}^{-\frac{t^2}{4}}, \; V = \frac{1}{t^n} \mathrm{e}^{x_t - \frac{t^2}{4}},$$

故其解为

---

① 可参考,E. Goursat, Cours d' Analyse Mathe' matique, Gauthier - Villars, Paris, vol. Ⅱ,;或斯米尔诺夫著《高等数学教程》,(中译本:第三卷第三分册,第五章 §107),高等教育出版社.

$$y = \int \exp\left(xt - \frac{t^2}{4}\right)\frac{\mathrm{d}t}{t^{n+1}}. \tag{a.2}$$

在物理应用中我们只需考虑 $n > -\frac{1}{2}$ 的情况. 对这些 n 值而言,积分路线可取曲线 C_1 或 C_2(附录图 1);这些曲线满足所需条件,因为函数 V 在曲线两端($t = +\infty$ 或 $l = -\infty$)等于零①.

我们来求参量 n 的值,使得方程(a.1)之解对 x 的所有有限值而言是有限的. 当 $x \to \pm\infty$ 时,此解不比 x 的有限次幂更快地趋向无穷大. 我们先考虑非整数的 n 值. 此时(a.2)式沿 C_1 和 C_2 的积分给出方程(a.1)的两个独立解. 按照 $t = 2(x-u)$ 的关系引进变量 u 后,沿 C_1 的积分可变换成以下形式,式中略去了一个常数因子,

$$y = \mathrm{e}^{x^2}\int_{C'_1}\frac{\mathrm{e}^{-u^2}}{(u-x)^{n+1}}\mathrm{d}u, \tag{a.3}$$

其中积分是沿 u 复平面上的 C'_1 曲线进行的,如附录图 2 所示.

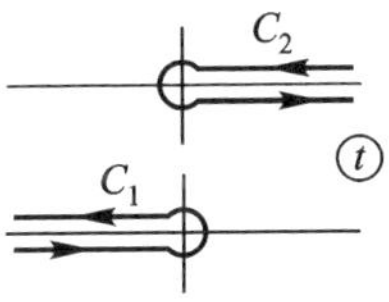

附录图 1

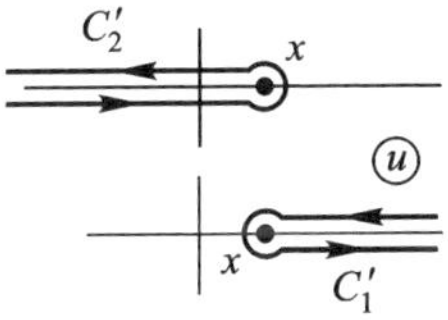

附录图 2

当 $x \to +\infty$ 时,整个积分路线 C'_1 移向无穷远处,(a.3)式中的积分按 e^{-x^2} 规律趋于零. 但当 $x \to -\infty$ 时,积分路线延及整个实轴,(a.3)式中的积分并不指数式地趋于零,从而 $y(x)$ 函数按 e^{x^2} 规律趋向无穷大. 同理,容易证明(a.2)沿曲线 C'_2 的积分当 $x \to +\infty$ 时指数式地发散.

当 n 为正整数时(包括零),沿积分路线的直线部分的积分相互抵消,而(a.3)式中沿 C'_1 和 C'_2 的两个积分现在变成一个绕 $u = x$ 点的封闭曲线的积分,故解为

$$y(x) = \mathrm{e}^{x^2}\oint\frac{\mathrm{e}^{-u^2}}{(u-x)^{n+1}}\mathrm{d}u,$$

这个解满足所述条件. 按照熟知的求解析函数导数的柯西公式

$$f^{(n)}(x) = \frac{n!}{2\pi\mathrm{i}}\oint\frac{f(t)}{(t-x)^{n+1}}\mathrm{d}t,$$

① 这些路线对负整数的 n 不适用,因积分(a.2)沿这些路线将恒等于零.

可知 $y(x)$ 除了一个常数因子外就是一个**厄米多项式**

$$H_n(x)=(-1)^n e^{x^2}\frac{d^n}{dx^n}e^{-x^2}. \tag{a.4}$$

H_n 多项式按 x 的降幂展开，呈下列形式：

$$H_n(x)=(2x)^n-\frac{n(n-1)}{1}(2x)^{n-2}+\frac{n(n-1)(n-2)(n-3)}{1\times 2}(2x)^{n-4}-\cdots, \tag{a.5}$$

它只含宇称与 n 相同的各种 x 幂次. 我们写出前面几个厄米多项式：

$$H_0=1, H_1=2x, H_2=4x^2-2, H_3=8x^3-12x,$$
$$H_4=16x^4-48x^2+12. \tag{a.6}$$

计算归一化积分时，我们把(a.4)代入 $e^{-x^2}H_n$，并进行分部积分 n 次，得

$$\int_{-\infty}^{\infty} e^{-x^2}H_n^2(x)dx=\int_{-\infty}^{\infty}(-1)^n H_n(x)\frac{d^n}{dx^n}e^{-x^2}dx=\int_{-\infty}^{\infty}e^{-x^2}\frac{d^n}{dx^n}H_n dx.$$

但是 d^nH_n/dx^n 是一个常数 $2^n n!$. 故

$$\int_{-\infty}^{\infty} e^{-x^2}H_n^2(x)dx=2^n n!\sqrt{\pi}. \tag{a.7}$$

§ b　艾里函数

方程

$$y''-xy=0 \tag{b.1}$$

也属于拉普拉斯类型(见 § a). 根据一般方法，我们作下列函数：

$$P=t^2,\ Q=-1,\ Z=-e^{-\frac{1}{3}t^3},\ V=e^{x_t-\frac{t^3}{3}},$$

故其解可表成下列形式：

$$y(x)=常数\times\int_C e^{x_t-\frac{1}{3}t^3}dt, \tag{b.2}$$

所选的积分路线 C，必须使 V 函数在该曲线的两端都等于零. 这两个端点因而必须在 t 复平面上的 Re $t^3>0$ 区域内(附录图 3 中的阴影区)趋向无穷远.

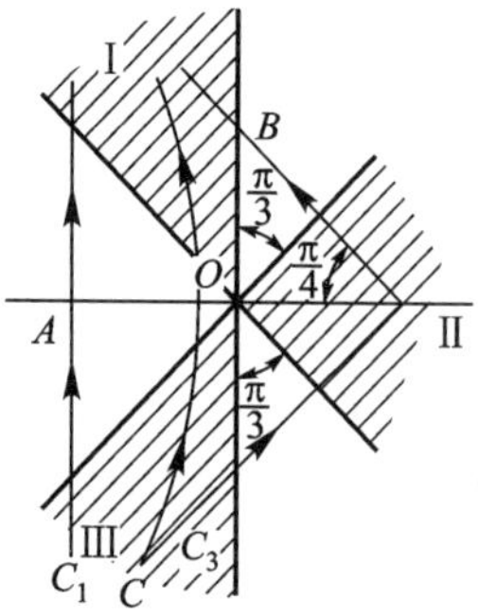

附录图 3

对所有 x 而言均为有限的解，可取图中所示的积分曲线 C 得到. 这条曲线可以任意移动，只要它的两个端点仍留在原来的两个阴影区(附录图 3 中的 I 和 III)内并趋向无穷远. 我们注意到，如果所取的曲线位于 III 和 II 两个阴影区内，当

$x\to\infty$ 时，所得之解为无穷大.

把 C 移到虚轴的位置，(b.2)函数呈下列形式(用 $t=\mathrm{i}u$ 代入)：

$$\Phi(x)=\frac{1}{\sqrt{\pi}}\int_0^{\infty}\cos\left(ux+\frac{1}{3}u^3\right)\mathrm{d}u. \tag{b.3}$$

函数(b.2)中的常数已取作 $-\mathrm{i}/2\sqrt{\pi}$，这样得到的 $\Phi(x)$ 函数称为**艾里函数**①.

用鞍点法计算积分(b.2)，可得 x 值很大时的 $\Phi(x)$ 渐近式. 对 $x>0$ 而言，被积函数中的指数幂当 $t=\pm\sqrt{x}$ 时有一个极值，这个被积函数的"最陡下降方向"平行于虚轴. 因此欲求 x 为很大正值时的渐近式，我们把指数幂展成 $t+\sqrt{x}$ 的幂级数，并沿平行于虚轴的 C_1 直线(图3)积分；C_1 和虚轴的间距 $OA=\sqrt{x}$. 用 $t=-\sqrt{x}+\mathrm{i}u$ 代入，我们得

$$\Phi(x)\approx\frac{1}{2\sqrt{\pi}}\int_{-\infty}^{+\infty}\exp\left(-\frac{2}{3}x^{3/2}-\sqrt{x}u^2\right)\mathrm{d}u,$$

故

$$\Phi(x)\approx\frac{1}{2x^{1/4}}\exp\left(-\frac{2}{3}x^{3/2}\right). \tag{b.4}$$

可见 x 为很大正值时，$\Phi(x)$ 函数指数式递减.

为了求 x 为很大负值时的渐近式，我们注意到，$x<0$ 时指数幂在 $t=\mathrm{i}\sqrt{|x|}$ 和 $t=-\mathrm{i}\sqrt{|x|}$ 处有一极值，这两点处的最陡下降方向与实轴分别夹 $-\frac{1}{4}\pi$ 角和 $\frac{1}{4}\pi$ 角. 取折线 C_3(距离为 $OB=\sqrt{|x|}$)为积分路线，经过某些简单变换后，我们得

$$\Phi(x)=\frac{1}{|x|^{1/4}}\sin\left(\frac{2}{3}|x|^{3/2}+\frac{\pi}{4}\right). \tag{b.5}$$

因此在 x 为很大负值的区域内，$\Phi(x)$ 函数具有振荡性. 可以指出，$\Phi(x)$ 函数的第一个极大值(最大极值)为 $\Phi(-1.02)=0.95$.

艾里函数可以用 $\frac{1}{3}$ 阶的贝塞尔函数来表述. 很容易证实(b.1)方程具有下列解：

$$\sqrt{x}Z_{1/3}\left(\frac{2}{3}x^{3/2}\right),$$

---

① 我们按照 B. A. 福克(Фок)所设的定义；见 Г. Я. Яаковпева，艾里函数表. 莫斯科：科学出版社 1969. $\Phi(x)$ 是福克所定义的两个函数之一，记作 $V(x)$. 文献中还会遇到艾里函数的另一种定义，它与(b.3)差一个常因子：$Ai(x)=\frac{1}{\sqrt{\pi}}\Phi(x)$.

其中 $Z_{1/3}(x)$ 为 $\frac{1}{3}$ 阶贝塞尔方程的任意解. 与(b.3)式相同的解为

$$x>0 \text{ 时}, \Phi(x)=\frac{\sqrt{\pi x}}{3}\left[I_{-1/3}\left(\frac{2}{3}x^{3/2}\right)-I_{1/3}\left(\frac{2}{3}x^{3/2}\right)\right]\equiv\sqrt{\frac{x}{3\pi}}K_{1/3}\left(\frac{2}{3}x^{3/2}\right)$$

$$x<0 \text{ 时}, \Phi(x)=\frac{\sqrt{\pi|x|}}{3}\left[\mathrm{J}_{-1/3}\left(\frac{2}{3}|x|^{3/2}\right)+\mathrm{J}_{1/3}\left(\frac{2}{3}|x|^{3/2}\right)\right] \tag{b.6}$$

其中

$$\mathrm{I}_\nu(x)=\mathrm{i}^{-\nu}\mathrm{J}_\nu(\mathrm{i}x), K_\nu(x)=\frac{\pi}{2\sin\nu\pi}[\mathrm{I}_{-\nu}(x)-\mathrm{I}_\nu(x)],$$

利用递推公式

$$\mathrm{K}_{\nu-1}(x)-\mathrm{K}_{\nu+1}(x)=-\frac{2\nu}{x}K_\nu(x),$$

$$2K'_\nu(x)=-K_{\nu-1}(x)-K_{\nu+1}(x).$$

很易求出艾里函数的导数

$$\Phi'(x)=-\frac{x}{\sqrt{3\pi}}\mathrm{K}_{2/3}\left(\frac{2}{3}x^{3/2}\right),(x>0) \tag{b.7}$$

$x=0$ 时.

$$\Phi(0)=\frac{\sqrt{\pi}}{3^{2/3}\Gamma\left(\frac{2}{3}\right)}=0.629,$$

$$\Phi'(0)=-\frac{3^{1/6}\Gamma\left(\frac{2}{3}\right)}{2\sqrt{\pi}}=-0.459.$$

附录图 4 绘的是艾里函数的曲线图形.

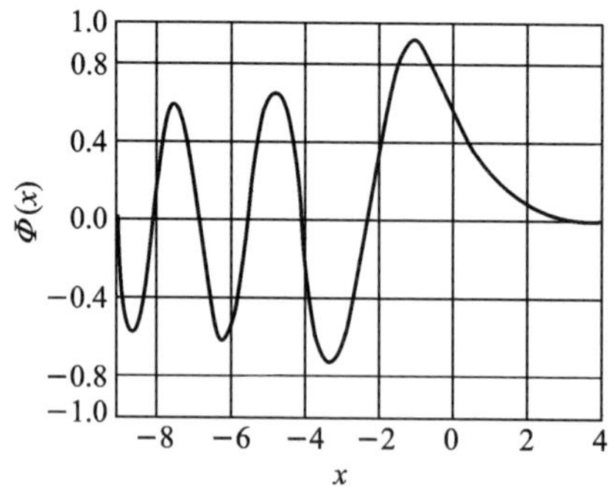

附录图 4

§c 勒让德多项式①

勒让德多项式 $P_l(\cos\theta)$由下式定义:

$$P_l(\cos\theta)=\frac{1}{2^l l!}\frac{d^l}{(d\cos\theta)^l}(\cos^2\theta-1)^l \tag{c.1}$$

满足下列微分方程

$$\frac{1}{\sin\theta}\frac{d}{d\theta}\left(\sin\theta\frac{dP_l}{d\theta}\right)+l(l+1)P_l=0. \tag{c.2}$$

连带勒让德多项式由下式定义:

$$P_l^m(\cos\theta)=\sin^m\theta\frac{d^m P_l(\cos\theta)}{(d\cos\theta)^m}=\frac{1}{2^l l!}\sin^m\theta\frac{d^{l-m}}{(d\cos\theta)^{l-m}}(\cos^2\theta-1)^l, \tag{c.3}$$

或者,等价地定义为

$$P_l^m(\cos\theta)=(-1)^m\frac{(l+m)!}{(l-m)!\ 2^l l!}\sin^{-m}\theta\frac{d^{l-m}}{(d\cos\theta)^{l-m}}(\cos^2\theta-1)^l. \tag{c.4}$$

其中 $m=0,1,\cdots,l$,连带多项式满足下列方程

$$\frac{1}{\sin\theta}\frac{d}{d\theta}\left(\sin\theta\frac{dP_l^m}{d\theta}\right)+\left[l(l+1)-\frac{m^2}{\sin^2\theta}\right]P_l^m=0. \tag{c.5}$$

勒让德多项式的归一化积分式为

$$\int_{-1}^{1}[P_l(\mu)]^2 d\mu$$

$(\mu=\cos\theta)$. 把(c.1)代入上式,并进行 l 次分部积分后,得

$$\frac{(-1)^l}{2^{2l}(l!)^2}\int_{-1}^{1}(\mu^2-1)^l\frac{d^{2l}}{d\mu^{2l}}(\mu^2-1)^l d\mu=\frac{(2l)!}{2^{2l}(l!)^2}\int_{-1}^{1}(1-\mu^2)^l d\mu.$$

作变换 $u=\frac{1}{2}(1-\mu)$,使该积分变成欧拉 B 积分,结果为

$$\int_{-1}^{1}[P_l(\mu)]^2 d\mu=\frac{2}{2l+1}. \tag{c.6}$$

同理,容易证明 l 值不同的 $P_l(\mu)$ 函数是彼此正交的.

$$\int_{-1}^{1}P_l(\mu)P_{l'}(\mu)d\mu=0,\quad l\neq l' \tag{c.7}$$

连带勒让德多项式的归一化积分可用类似方法算出. 把 $[P_l^m(\mu)]^2$ 写成(c.3)和(c.4)式的乘积,作 $l-m$ 次分部积分;结果得

$$\int_{-1}^{1}[P_l^m(\mu)]^2 d\mu=\frac{2}{2l+1}\frac{(l+m)!}{(l-m)!}. \tag{c.8}$$

---

① 球谐函数的理论已有许多论述极佳的数学文献. 为参考计,我们在这里仅给出一些主要的关系式,不准备系统讨论这种函数的理论.

容易证明 l 不同(m 相同)的 P_l^m 函数彼此正交:

$$\int_{-1}^{1} P_l^m(\mu) P_{l'}^m(\mu) d\mu = 0, l \neq l' \tag{c. 9}$$

三个勒让德函数的乘积的积分计算,见 § 107.

下列**加法定理**对勒让德多项式成立. 设 γ 为球角 θ, φ 和 θ', φ' 所决定的两个空间方向的夹角: $\cos\gamma = \cos\theta\cos\theta' + \sin\theta\sin\theta'\cos(\varphi - \varphi')$, 则有

$$P_l(\cos\gamma) = P_l(\cos\theta) P_l(\cos\theta') + \\ + \sum_{m=1}^{l} 2\frac{(l-m)!}{(l+m)!} P_l^m(\cos\theta) P_l^m(\cos\theta') \cos m(\varphi - \varphi'), \tag{c. 10}$$

这个定理也可用(28.7)定义的球谐函数表成

$$P_l(\boldsymbol{n} \cdot \boldsymbol{n}') = \frac{4\pi}{2l+1} \sum_{m=-l}^{l} Y_{lm}^*(\boldsymbol{n}') Y_{lm}(\boldsymbol{n}). \tag{c. 11}$$

$\boldsymbol{n}$ 和 $\boldsymbol{n}'$ 是两个单位矢量. $Y_{lm}(\boldsymbol{n})$ 的宗量是 $\boldsymbol{n}$ 相对于某一固定坐标系的球角.

如果(c. 10)式乘以 $P_l(\cos\theta)$ 并对 $do = \sin\theta d\theta d\varphi$ 积分. 式右所有含有 $\cos m(\varphi - \varphi')$ 因子的各项对 φ 积分后等于零;应用(c. 6)和(c. 7),我们得

$$\int P_l(\cos\gamma) P_{l'}(\cos\theta) do = \delta_{ll'} \frac{4\pi}{2l+1} P_l(\cos\theta').$$

此式可写成下列对称形式,

$$\int P_l(\boldsymbol{n}_1 \cdot \boldsymbol{n}_2) P_{l'}(\boldsymbol{n}_1 \cdot \boldsymbol{n}_3) do_1 = \delta_{ll'} \frac{4\pi}{2l+1} P_l(\boldsymbol{n}_2 \cdot \boldsymbol{n}_3), \tag{c. 12}$$

其中 $\boldsymbol{n}_1, \boldsymbol{n}_2, \boldsymbol{n}_3$ 是三个单位矢量,积分是对 $\boldsymbol{n}_1$ 的方向而言的.

最后,我们给出前几个归一化的 Y_{lm} 球函数:

$$Y_{00} = \frac{1}{\sqrt{4\pi}}, \qquad Y_{1,\pm1} = \mp i\sqrt{\frac{3}{8\pi}} \sin\theta e^{\pm i\varphi},$$

$$Y_{10} = i\sqrt{\frac{3}{4\pi}} \cos\theta, \qquad Y_{2,\pm1} = \pm\sqrt{\frac{15}{8\pi}} \cos\theta\sin\theta e^{\pm i\varphi},$$

$$Y_{20} = \sqrt{\frac{5}{16\pi}}(1 - 3\cos^2\theta), \qquad Y_{2,\pm2} = -\sqrt{\frac{15}{32\pi}} \sin^2\theta e^{\pm 2i\varphi},$$

$$Y_{30} = -i\sqrt{\frac{7}{16\pi}} \cos\theta(5\cos^2\theta - 3),$$

$$Y_{3,\pm1} = \pm i\sqrt{\frac{21}{64\pi}} \sin\theta(5\cos^2\theta - 1) e^{\pm i\varphi},$$

$$Y_{3,\pm2} = -i\sqrt{\frac{105}{32\pi}} \cos\theta\sin^2\theta e^{\pm 2i\varphi}, \qquad Y_{3,\pm3} = \pm i\sqrt{\frac{35}{64\pi}} \sin^3\theta e^{\pm 3i\varphi}.$$

§d 合流超几何函数

合流超几何函数定义为级数

$$F(\alpha,\gamma,z)=1+\frac{\alpha}{\gamma}\frac{z}{1!}+\frac{\alpha(\alpha+1)}{\gamma(\gamma+1)}\frac{z^2}{2!}+\cdots, \tag{d.1}$$

此级数对 z 的所有有限值都是收敛的;参量 α 是任意的,而参量 γ 假定不等于零或负整数. 如果 α 是一个负整数(或零),则 $F(\alpha,\gamma,z)$ 变成一个 $|\alpha|$ 次多项式.

$F(\alpha,\gamma,z)$ 函数满足微分方程

$$zu''+(\gamma-z)u'-\alpha u=0, \tag{d.2}$$

它很易直接验证①. 用 $u=z^{1-\gamma}u_1$ 代入方程,上式可变换成另一个同样类型的方程.

$$zu''_1+(2-\gamma-z)u'_1-(\alpha-\gamma+1)u_1=0. \tag{d.3}$$

由此可知 γ 为非整数时,方程(d.2)尚有特解 $z^{1-\gamma}F(\alpha-\gamma+1,2-\gamma,z)$,它和(d.1)式线性无关,故方程(d.2)的通解为

$$u=C_1F(\alpha,\gamma,z)+C_2z^{1-\gamma}F(\alpha-\gamma+1,2-\gamma,z). \tag{d.4}$$

第二项和第一项相反,在 $z=0$ 处有一奇点.

方程(d.2)为拉普拉斯型,它的解可用围线积分来表达. 根据一般方法作函数

$$P(t)=\gamma t-\alpha,\ Q(t)=t(t-1),\ Z(t)=t^{\alpha-1}(t-1)^{\gamma-\alpha-1},$$

则

$$u=\int e^{tz}t^{\alpha-1}(t-1)^{\gamma-\alpha-1}dt. \tag{d.5}$$

所选的积分路线必须使 $V(t)=e^{tz}t^{\alpha}(t-1)^{\gamma-\alpha}$ 函数走完该曲线后回到原值. 对(d.3)方程应用同一方法,可得 u 的另一围线积分:

$$u=z^{1-\gamma}\int e^{tz}t^{\alpha-\gamma}(t-1)^{-\alpha}dt.$$

作替换 $tz\to t$ 后,这个积分化成下列方便形式:

$$u(z)=\int e^{t}(t-z)^{-\alpha}t^{\alpha-\gamma}dt, \tag{d.6}$$

而 V 函数则变成

$$V(t)=e^{t}t^{\alpha-\gamma+1}(t-z)^{1-\alpha}.$$

(d.6)中的被积式一般讲来具有两个奇点,在 $t=z$ 和 $t=0$ 处. 我们取积分围线 C,它从无穷远处($\mathrm{Re}\,t\to-\infty$)来沿正方向绕过这两个奇点后,再回到无穷

① γ 为负整数时的方程(d.2)不需专门研究,因为通过变换[此变换给出(d.3)式]它可以化成 γ 为正整数的情形.

远处去(附录图 5). 因为 $V(t)$ 在围线两端等于零, 所以这个围线满足所需条件. (d.6)式沿围线 C 的积分在 $z=0$ 处无奇点; 因此, 它除了一个常数因子外, 必须和 $F(\alpha,\gamma,z)$ 函数相同, $F(\alpha,\gamma,z)$ 在 $z=0$ 处是没有奇点的. 当 $z=0$ 时, 被积函数的两个奇点重合; 根据伽马函数论中的一个熟知公式①,

$$\frac{1}{2\pi i}\int_C e^t t^{-\gamma}dt=\frac{1}{\Gamma(\gamma)}. \tag{d.7}$$

由于 $F(\alpha,\gamma,0)=1$, 显然有

$$F(\alpha,\gamma,z)=\frac{\Gamma(\gamma)}{2\pi i}\int_C e^t(t-z)^{-\alpha}t^{\alpha-\gamma}dt. \tag{d.8}$$

(d.5)中的被积函数在 $t=0$ 及 $t=1$ 处具有奇点. 如果 $\mathrm{Re}(\gamma-\alpha)>0$, 并且 α 不是正整数, 则积分路线可取围线 C', 它从 $t=1$ 点出发, 沿正方向绕 $t=0$ 点再回到 $t=1$ 点处(附录图 6); 当 $\mathrm{Re}(\gamma-\alpha)>0$ 时, 函数 $V(t)$ 绕此围线一周而回到原来的零值②. 由此定义的积分在 $z=0$ 处也没有奇点, 它和 $F(\alpha,\gamma,z)$ 的关系为

$$F(\alpha,\gamma,z)=-\frac{1}{2\pi i}\frac{\Gamma(1-\alpha)\Gamma(\gamma)}{\Gamma(\gamma-\alpha)}\oint_{C'}e^{tz}(-t)^{\alpha-1}(1-t)^{\gamma-\alpha-1}dt. \tag{d.9}$$

积分式(d.8), (d.9)应作下列说明. 当 α 和 γ 为非整数时, 被积函数不是单值函数. 它们在每一点所取之值, 已经假定满足这样的条件, 即复量的幂次所取的辐角具有最小的绝对值.

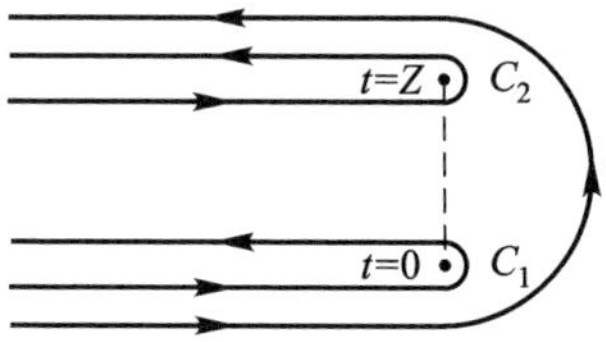

附录图 5

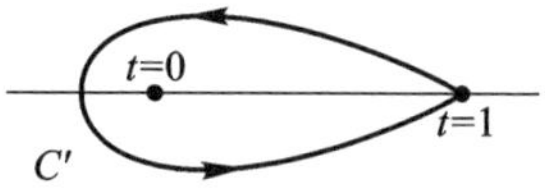

附录图 6

注意下列有用的公式:

$$F(\alpha,\gamma,z)=e^zF(\gamma-\alpha,\gamma,-z), \tag{d.10}$$

如果在积分式(d.8)中作替换 $t\to t+z$, 立即可得上式.

我们曾经指出, 如果 $\alpha=-n$(n 为正整数), 则函数 $F(\alpha,\gamma,z)$ 变成一个多项式. 可以求得这种多项式的简洁表达式. 在积分式(d.9)中作替换 $t\to 1-t/z$ 后, 再应用柯西公式, 即得

① 可参考 Whittaker 和 Watson, Course of Modern Analysis, Cambridge, 1944, § 12.22.

② 如果 γ 为正整数, 则 C' 可取同时绕 $t=0$ 及 $t=1$ 点的任一围线.

$$F(-n,\gamma,z)=\frac{1}{\gamma(\gamma+1)\cdots(\gamma+n-1)}z^{1-\gamma}e^{2}\frac{d^{n}}{dz^{n}}(e^{-z}z^{\gamma+n-1}).\qquad(d.11)$$

如果尚有 $\gamma=m$(m 为正整数),我们得下列公式

$$F(-n,m,z)=\frac{(-1)^{m-1}}{m(m+1)\cdots(m+n-1)}e^{z}\frac{d^{m+n-1}}{dz^{m+n-1}}(e^{-z}z^{n}).\qquad(d.12)$$

(d.8)式中作替换 $t\to z-t$ 后,再对积分式采用柯西公式,即得上式.

多项式 $F(-n,m,z)$,$0\leqslant m\leqslant n$(除开一个常数因子外),与下列**广义拉盖尔多项式**相符:

$$L_{n}^{m}(z)=(-1)^{m}\frac{(n!)^{2}}{m!\ (n-m)!}F(-(n-m),m+1,z)=$$

$$=\frac{n!}{(n-m)!}e^{z}\frac{d^{n}}{dz^{n}}e^{-z}z^{n-m}=(-1)^{m}\frac{n!}{(n-m)!}e^{z}z^{-m}\frac{d^{n-m}}{dz^{n-m}}e^{-z}z^{n}.\qquad(d.13)$$

$m=0$ 时 L_{n}^{m} 多项式用 $L_{n}(z)$ 标记并称为**拉盖尔多项式**;由(d.13)式得

$$L_{n}(z)=e^{z}\frac{d^{n}}{dz^{n}}(e^{-z}z^{n}).$$

(d.8)的积分表式便于得出 z 很大时的合流超几何函数渐近式.我们把积分围线变形成 C_1 和 C_2 两条围线(图5),分别绕过 $t=0$ 和 $t=z$ 点;C_2 的下支假定与 C_1 的上支在无穷远处相接.我们在被积函数的括号内取出 $(-z)^{-\alpha}$,可得按 z 的负幂次展开的表式.在沿围线 C_2 的积分式中,作替换 $t\to t+z$;则围线 C_2 变换成 C_1.故(d.8)式可表成

$$F(\alpha,\gamma,z)=\frac{\Gamma(\gamma)}{\Gamma(\gamma-\alpha)}(-z)^{-\alpha}G(\alpha,\alpha-\gamma+1,-z)+$$

$$+\frac{\Gamma(\gamma)}{\Gamma(\alpha)}e^{z}z^{\alpha-\gamma}G(\gamma-\alpha,1-\alpha,z),\qquad(d.14)$$

其中的

$$G(\alpha,\beta,z)=\frac{\Gamma(1-\beta)}{2\pi i}\int_{C_1}\left(1+\frac{t}{z}\right)^{-\alpha}t^{\beta-1}e^{t}dt.\qquad(d.15)$$

(d.14)式中 $-z$ 和 z 的幂次所取的辐角必须具有最小的绝对值.最后,被积函数中的 $(1+t/z)^{-\alpha}$ 展成 t/z 的幂级数,并应用(d.7)式,可得 $G(\alpha,\beta,z)$ 的渐近级数

$$G(\alpha,\beta,z)=1+\frac{\alpha\beta}{1!\ z}+\frac{\alpha(\alpha+1)\beta(\beta+1)}{2!\ z^{2}}+\cdots.\qquad(d.16)$$

(d.14)和(d.16)式给出了 $F(\alpha,\gamma,z)$ 函数的渐近展式.

γ 为正整数时,方程式(d.2)的通解(d.4)中的第二项,或则和第一项相符(如果 $\gamma=1$),或则毫无意义(如果 $\gamma>1$).在这种情形下,(d.14)式中的两项,即分别沿围线 C_1 和 C_2 的两个(d.8)积分式,可以取作(d.2)式的两个线性独立

解[C_1,C_2围线和 C 一样,满足所需条件,因此沿这两个围线的积分都是(d.2)式之解].这两个解的渐近式可从早已得到的公式给出;留下的问题是求它们的 z 的升幂展式.为此,我们从(d.14)式以及 $z^{1-\gamma}\mathrm{F}(\alpha-\gamma+1,2-\gamma,z)$ 所满足的类似公式出发.根据这两个公式,我们把 $G(\alpha,\alpha-\gamma+1,-z)$ 表成 $\mathrm{F}(\alpha,\gamma,z)$ 和 $\mathrm{F}(\alpha-\gamma+1,2-\gamma,z)$;然后令 $\gamma=p+\varepsilon$(p 是一个正整数),并取极限 $\varepsilon\to0$,利用洛毕达定则求出此未定式.经过较长的计算后,给出下列展式:

$$G\left(\alpha,\alpha-p+1,-z\right)=-\frac{\sin\pi\alpha\cdot\Gamma(p-\alpha)}{\pi\Gamma(p)}z^{\alpha}\left\{\ln z\cdot\mathrm{F}(\alpha,p,z)+\right.$$
$$+\sum_{s=0}^{\infty}\frac{\Gamma(p)\Gamma(\alpha+s)[\psi(\alpha+s)-\psi(p+s)-\psi(s+1)]}{\Gamma(\alpha)\Gamma(s+p)\Gamma(s+1)}z^{s}+$$
$$\left.+\sum_{s=1}^{p-1}(-1)^{s+1}\frac{\Gamma(s)\Gamma(\alpha-s)\Gamma(p)}{\Gamma(\alpha)\Gamma(p-s)}z^{-s}\right\},\tag{d.17}$$

式中 ψ 表示伽马函数的对数导数;$\psi(\alpha)=\Gamma'(\alpha)/\Gamma(\alpha)$.

§e　超几何函数

超几何函数由 $|z|<1$ 圆内的下列级数定义:

$$\mathrm{F}(\alpha,\beta,\gamma,z)=1+\frac{\alpha\beta}{\gamma}\frac{z}{1!}+\frac{\alpha(\alpha+1)\beta(\beta+1)}{\gamma(\gamma+1)}\frac{z^2}{2!}+\cdots,\tag{e.1}$$

$|z|>1$ 时,由以上级数解析延拓求得[见(e.6)].超几何函数是下列微分方程的一个特殊积分:

$$z(1-z)u''+[\gamma-(\alpha+\beta+1)z]u'-\alpha\beta u=0.\tag{e.2}$$

参量 α 和 β 是任意的,而 $\gamma\neq0,-1,-2,\cdots$,$\mathrm{F}(\alpha,\beta,\gamma,z)$ 函数显然对称于参量 α 和 β①.(e.2)方程的第二个独立解为

$$z^{1-\gamma}\mathrm{F}(\beta-\gamma+1,\alpha-\gamma+1,2-\gamma,z);$$

它在 $z=0$ 处有一奇点.

为参考计,下面将给出超几何函数所满足的一些关系式.

$\mathrm{F}(\alpha,\beta,\gamma,z)$ 函数可以对所有的 z 值表出,当 $\mathrm{Re}(\gamma-\alpha)>0$ 时,可表为下列积分式

$$\mathrm{F}(\alpha,\beta,\gamma,z)=-\frac{1}{2\pi\mathrm{i}}\frac{\Gamma(1-\alpha)\Gamma(\gamma)}{\Gamma(\gamma-\alpha)}\oint_{C'}(-t)^{\alpha-1}(1-t)^{\gamma-\alpha-1}(1-tz)^{-\beta}\mathrm{d}t,\tag{e.3}$$

---

① 合流超几何函数可由 $\mathrm{F}(\alpha,\beta,\gamma,z)$ 取下列极限求得

$$\mathrm{F}(\alpha,\gamma,z)=\lim_{\beta\to\infty}\mathrm{F}(\alpha,\beta,\gamma,z/\beta).$$

文献中还把超几何函数记作${}_2\mathrm{F}_1(\alpha,\beta,\gamma,z)$,合流超几何函数记作${}_1\mathrm{F}_1(\alpha,\gamma,z)$.F 下面的左标和右标分别代表级数项中分子上和分母上的参量数.

所取的围线 C' 如附录图 6 所示. 应用直接代入法容易验证这个积分式确实满足方程(e.2);上式中所选的常数因子,应使得 $z=0$ 时函数值等于 1.

方程(e.2)中作替换 $u=(1-z)^{\gamma-\alpha-\beta}u_1$ 得到一个同一类型的方程,原式中的 α,β,γ 分别被 $\gamma-\alpha,\gamma-\beta,\gamma$ 诸参量所代替. 因此,有等式

$$\mathrm{F}(\alpha,\beta,\gamma,z)=(1-z)^{\gamma-\alpha-\beta}\mathrm{F}(\gamma-\alpha,\gamma-\beta,\gamma,z) \tag{e.4}$$

上式两边满足同一方程式,并且在 $z=0$ 处它们的值相等.

将积分式(e.3)作替换 $t\to t/(1-z+zt)$,可得出以 z 和 $z/(z-1)$ 为变量的两个超几何函数之间的下列关系式:

$$\mathrm{F}(\alpha,\beta,\gamma,z)=(1-z)^{-\alpha}\mathrm{F}\left(\alpha,\gamma-\beta,\gamma,\frac{z}{z-1}\right). \tag{e.5}$$

此式中的多值函数 $(1-z)^{-\alpha}$(及以后所有各式中类似的函数)所取之值,决定于这样的条件,即复量的幂所取的辐角具有最小的绝对值.

其次,我们给出以 z 和 $1/z$ 为变量的超几何函数之间的下列重要公式,但不加证明.

$$\begin{aligned}\mathrm{F}(\alpha,\beta,\gamma,z)=&\frac{\Gamma(\gamma)\Gamma(\beta-\alpha)}{\Gamma(\beta)\Gamma(\gamma-\alpha)}(-z)^{-\alpha}\mathrm{F}\left(\alpha,\alpha+1-\gamma,\alpha+1-\beta,\frac{1}{z}\right)+\\&+\frac{\Gamma(\gamma)\Gamma(\alpha-\beta)}{\Gamma(\alpha)\Gamma(\gamma-\beta)}(-z)^{-\beta}\mathrm{F}\left(\beta,\beta+1-\gamma,\beta+1-\alpha,\frac{1}{z}\right).\end{aligned} \tag{e.6}$$

这个公式把 $\mathrm{F}(\alpha,\beta,\gamma,z)$ 表为 $|z|>1$ 时为收敛的一个级数,这就是原级数(e.1)的解析延拓.

下列公式

$$\begin{aligned}\mathrm{F}(\alpha,\beta,\gamma,z)=&\frac{\Gamma(\gamma)\Gamma(\gamma-\alpha-\beta)}{\Gamma(\gamma-\alpha)\Gamma(\gamma-\beta)}\mathrm{F}(\alpha,\beta,\alpha+\beta+1-\gamma,1-z)+\\&+\frac{\Gamma(\gamma)\Gamma(\alpha+\beta-\gamma)}{\Gamma(\alpha)\Gamma(\beta)}(1-z)^{\gamma-\alpha-\beta}\mathrm{F}(\gamma-\alpha,\gamma-\beta,\gamma+1-\alpha-\beta,1-z)\end{aligned} \tag{e.7}$$

把 z 和 $1-z$ 的超几何函数联系起来;其推导过程与(e.6)式相似. 把(e.7)和(e.6)式合并,可得下列关系式

$$\begin{aligned}\mathrm{F}(\alpha,\beta,\gamma,z)=&\frac{\Gamma(\gamma)\Gamma(\beta-\alpha)}{\Gamma(\beta)\Gamma(\gamma-\alpha)}(1-z)^{-\alpha}\mathrm{F}\left(\alpha,\gamma-\beta,\alpha+1-\beta,\frac{1}{1-z}\right)+\\&+\frac{\Gamma(\gamma)\Gamma(\alpha-\beta)}{\Gamma(\alpha)\Gamma(\gamma-\beta)}(1-z)^{-\beta}\mathrm{F}\left(\beta,\gamma-\alpha,\beta+1-\alpha,\frac{1}{1-z}\right),\end{aligned} \tag{e.8}$$

$$\begin{aligned}\mathrm{F}(\alpha,\beta,\gamma,z)=&\frac{\Gamma(\gamma)\Gamma(\gamma-\alpha-\beta)}{\Gamma(\gamma-\beta)\Gamma(\gamma-\alpha)}z^{-\alpha}\mathrm{F}\left(\alpha,\alpha+1-\gamma,\alpha+\beta+1-\gamma,\frac{z-1}{z}\right)+\\&+\frac{\Gamma(\gamma)\Gamma(\alpha+\beta-\gamma)}{\Gamma(\alpha)\Gamma(\beta)}(1-z)^{\gamma-\alpha-\beta}z^{\alpha-\gamma}\mathrm{F}\left(1-\beta,\gamma-\beta,\gamma+1-\alpha-\beta,\frac{z-1}{z}\right).\end{aligned} \tag{e.9}$$

(e.6)到(e.9)各式右边的每一项都是超几何方程的一个解.

如果 α(或 β)是一个负整数(或零),$\alpha=-n$,则超几何函数变成 n 次多项式,并可表成下列形式

$$F(-n,\beta,\gamma,z)=\frac{z^{1-\gamma}(1-z)^{\gamma+n-\beta}}{\gamma(\gamma+1)\cdots(\gamma+n-1)}\frac{d^n}{dz^n}[z^{\gamma+n-1}(1-z)^{\beta-\gamma}]. \quad (e.10)$$

此式与下列**雅可比多项式**只差一个常数因子.

$$P_n^{(a,b)}(z)=\frac{(a+1)(a+2)\cdots(a+n)}{n!}F\left(-n,a+b+n+1,a+1,\frac{1-z}{2}\right)=$$

$$=\frac{(-1)^n}{2^n n!}(1-z)^{-a}(1+z)^{-b}\frac{d^n}{dz^n}[(1-z)^{a+n}(1+z)^{b+n}]. \quad (e.11)$$

$a=b=0$ 时,雅可比多项式就是勒让德多项式. $n=0$ 时,$P_0^{(a,b)}=1$.

§f 含有合流超几何函数的积分计算

让我们考虑下列积分式

$$J_{\alpha\gamma}^{\nu}=\int_0^\infty e^{-\lambda z}z^{\nu}F(\alpha,\gamma,kz)dz, \quad (f.1)$$

假定它是收敛的,那么,必须使 $\mathrm{Re}\,\nu>-1$ 和 $\mathrm{Re}\,\lambda>|\mathrm{Re}\,k|$;如果 α 是一个负整数,后一条件可用 $\mathrm{Re}\,\lambda>0$ 代替.

应用 $F(\alpha,\gamma,kz)$ 的积分表式(d.9),并把围线积分和与 dz 的积分对调,容易得出:

$$J_{\alpha\gamma}^{\nu}=-\frac{1}{2\pi i}\frac{\Gamma(1-\alpha)\Gamma(\gamma)}{\Gamma(\gamma-\alpha)}\oint_{C'}\int_0^\infty e^{-(\lambda-kt)z}z^{\nu}(-t)^{\alpha-1}(1-t)^{\gamma-\alpha-1}dtdz=$$

$$=-\frac{1}{2\pi i}\frac{\Gamma(1-\alpha)\Gamma(\gamma)}{\Gamma(\gamma-\alpha)}\lambda^{-\nu-1}\Gamma(\nu+1)\oint_{C'}(-t)^{\alpha-1}(1-t)^{\gamma-\alpha-1}(1-kt/\lambda)^{-\nu-1}dt.$$

考虑到(e.3)式,我们最后得

$$J_{\alpha\gamma}^{\nu}=\Gamma(\nu+1)\lambda^{-\nu-1}F(\alpha,\nu+1,\gamma,k/\lambda) \quad (f.2)$$

当 $F(\alpha,\nu+1,\gamma,k/\lambda)$ 函数变成一个多项式时,积分 $J_{\alpha\gamma}^{\nu}$ 可用初等函数表示出来:

$$J_{\alpha\gamma}^{\nu+n-1}=(-1)^n\Gamma(\gamma)\frac{d^n}{d\lambda^n}[\lambda^{\alpha-\gamma}(\lambda-k)^{-\alpha}], \quad (f.3)$$

$$J_{-n,\gamma}^{\nu}=(-1)^n\frac{\Gamma(\nu+1)(\lambda-k)^{\gamma+n-\nu-1}}{\gamma(\gamma+1)\cdots(\gamma+n-1)}\frac{d^n}{d\lambda^n}[\lambda^{-\nu-1}(\lambda-k)^{\nu-\gamma+1}], \quad (f.4)$$

$$J_{\alpha m}^{n}=\frac{(-1)^{m-n}}{k^{m-1}(1-\alpha)(2-\alpha)\cdots(m-1-\alpha)}\times$$

$$\times\left\{-(m-1)!\,\frac{d^n}{d\lambda^n}[\lambda^{\alpha-1}(\lambda-k)^{m-\alpha-1}]+\right.$$

$$+n!\,(m-n-1)\cdots(m-1)\lambda^{\alpha-n-1}(\lambda-k)^{-1+m-n-\alpha}\times$$

$$\left.\times\frac{d^{m-n-2}}{d\lambda^{m-n-2}}[\lambda^{m-\alpha-1}(\lambda-k)^{\alpha-1}]\right\} \quad (f.5)$$

其中 m,n 都是整数，且 $0\leqslant n\leqslant m-2$.

其次，让我们计算下列积分

$$J_\nu=\int_0^\infty e^{-kz}z^{\nu-1}[F(-n,\gamma,kz)]^2dz, \tag{f.6}$$

其中 n 是一个正整数，并且 $\operatorname{Re}\nu>0$. 为了计算这个积分式，我们从一个更普遍的积分式出发，被积函数中的 e^{-kz} 因子改成 $e^{-\lambda z}$. 其中一个 $F(-n,\gamma,kz)$ 函数可写成围线积分(d.9)，然后应用(f.3)式对 dz 积分：

$$\int_0^\infty e^{-\lambda z}z^{\nu-1}[F(-n,\gamma,kz)]^2dz=-\frac{1}{2\pi i}\frac{\Gamma(1+n)\Gamma(\gamma)}{\Gamma(\gamma+n)}\times$$

$$\times\int_0^\infty\oint_{C'}(-t)^{-n-1}(1-t)^{\gamma+n-1}e^{-(\lambda-kt)z}z^{\nu-1}F(-n,\gamma,kz)\,dt\,dz=$$

$$=-\frac{1}{2\pi i}(-1)^n\frac{\Gamma(1+n)\Gamma^2(\gamma)\Gamma(\nu)}{\Gamma^2(\gamma+n)}\times\oint_{C'}(\lambda-kt-k)^{\gamma+n-\nu}(-t)^{-n-1}\times$$

$$\times(1-t)^{\gamma+n-1}\frac{d^n}{d\lambda^n}[(\lambda-kt)^{-\nu}(\lambda-kt-k)^{\nu-\gamma}]dt.$$

λ 的 n 次导数显然可用 t 的 n 次导数来代替；然后再令 $\lambda=k$，就回到积分 J_ν.

$$J_\nu=-\frac{1}{2\pi i}\frac{\Gamma(n+1)\Gamma(\nu)\Gamma^2(\gamma)}{\Gamma^2(\gamma+n)k^\nu}\times$$

$$\times\oint_{C'}(-t)^{\gamma-\nu-1}(1-t)^{\gamma+n-1}\frac{d^n}{dt^n}[(1-t)^{-\nu}(-t)^{\nu-\gamma}]dt.$$

分部积分 n 次后. d^n/dt^n 算符就转移到表式 $(-t)^{\gamma-\nu-1}(1-t)^{\gamma+n-1}$ 身上，然后用莱布尼茨公式展开此导数. 结果得到许多积分式之和，其中的每一个积分式都能化成熟知的欧拉积分式. 最后可得所求积分的下列表式：

$$J_\nu=\frac{\Gamma(\nu)n!}{k^\nu\gamma(\gamma+1)\cdots(\gamma+n-1)}\times$$

$$\times\left\{1+\sum_{s=0}^{n-1}\frac{n(n-1)\cdots(n-s)(\gamma-\nu-s-1)(\gamma-\nu-s)\cdots(\gamma-\nu+s)}{[(s+1)!]^2\gamma(\gamma+1)\cdots(\gamma+s)}\right\} \tag{f.7}$$

容易看出 J_ν 积分间具有下列关系式

$$J_{\gamma+p}=\frac{(\gamma-p-1)(\gamma-p)\cdots(\gamma+p-1)}{k^{2p+1}}J_{\gamma-1-p}, \tag{f.8}$$

其中 p 是任意整数.

同样地可计算积分

$$J=\int_0^\infty e^{-\lambda z}z^{\gamma-1}F(\alpha,\gamma,kz)F(\alpha',\gamma,k'z)dz, \tag{f.9}$$

我们把 $F(\alpha',\gamma,k'z)$ 函数表成围线积分(d.9)，然后利用 $n=0$ 的(f.3)式对 dz 积分：

$$J = -\frac{1}{2\pi i}\frac{\Gamma(1-\alpha')\Gamma(\gamma)}{\Gamma(\gamma-\alpha')}\oint_{C'}\int_0^\infty (-t)^{\alpha'-1}(1-t)^{\gamma-\alpha'-1}z^{\gamma-1}e^{-z(\lambda-k't)}\times$$

$$\times F(\alpha,\gamma,kz)\,dz\,dt$$

$$= -\frac{1}{2\pi i}\frac{\Gamma(1-\alpha')\Gamma^2(\gamma)}{\Gamma(\gamma-\alpha')}\oint_{C'}(-t)^{\alpha'-1}(1-t)^{\gamma-\alpha'-1}(\lambda-k't)^{\alpha-\gamma}\times$$

$$\times(\lambda-k't-k)^{-\alpha}dt.$$

作替换 $t\to\lambda t/(k't+\lambda-k')$，这个积分变成(e.3)形式，结果得

$$J=\Gamma(\gamma)\lambda^{\alpha+\alpha'-\gamma}(\lambda-k)^{-\alpha}(\lambda-k')^{-\alpha'}F\left(\alpha,\alpha',\gamma,\frac{kk'}{(\lambda-k)(\lambda-k')}\right). \tag{f.10}$$

如果 α(或 α')是负整数，$\alpha=-n$，上式可用(e.7)式改写成

$$J=\frac{\Gamma^2(\gamma)\Gamma(\gamma+n-\alpha')}{\Gamma(\gamma+n)\Gamma(\gamma-\alpha')}\lambda^{-n+\alpha'-\gamma}(\lambda-k)^n(\lambda-k')^{-\alpha'}\times$$

$$\times F\left(-n,\alpha',-n+\alpha'+1-\gamma,\frac{\lambda(\lambda-k-k')}{(\lambda-k)(\lambda-k')}\right). \tag{f.11}$$

最后，让我们考虑下列形式的积分

$$J_\gamma^{sp}(\alpha,\alpha')=\int_0^\infty e^{-\frac{1}{2}(k+k')z}z^{\gamma-1+s}F(\alpha,\gamma,kz)F(\alpha',\gamma-p,k'z)\,dz. \tag{f.12}$$

假定参量值使该积分绝对收敛；s 和 p 都是正整数. 应用(f.10)，其中最简单的积分式 $J_\gamma^{00}(\alpha,\alpha')$ 为

$$J_\gamma^{00}(\alpha,\alpha')=2^\gamma\Gamma(\gamma)(k+k')^{\alpha+\alpha'-\gamma}(k'-k)^{-\alpha}(k-k')^{-\alpha'}\times$$

$$\times F\left[\alpha,\alpha',\gamma,\frac{-4kk'}{(k'-k)^2}\right], \tag{f.13}$$

如果 α(或 α')是一个负整数，$\alpha=-n$，应用(f.11)式，我们还可写成

$$J_\gamma^{00}(-n,\alpha')=2^\gamma\frac{\Gamma(\gamma)(\gamma-\alpha')(\gamma-\alpha'+1)\cdots(\gamma-\alpha'+n-1)}{\gamma(\gamma+1)\cdots(\gamma+n-1)}\times$$

$$\times(-1)^n(k+k')^{-n+\alpha'-\gamma}(k-k')^{n-\alpha'}F\left[-n,\alpha',\alpha'+1-n-\gamma,\left(\frac{k+k'}{k-k'}\right)^2\right]. \tag{f.14}$$

$J_\gamma^{sp}(\alpha,\alpha')$ 的一般公式也可以推导出来，但是它过于复杂不便应用. 更方便的办法是应用递推公式，它可以把 $J_\gamma^{sp}(\alpha,\alpha')$ 的积分式化成 $s=p=0$ 的积分式. 我们把它写出来，不加证明①. 公式

$$J_\gamma^{sp}(\alpha,\alpha')=\frac{\gamma-1}{k}\{J_{\gamma-1}^{s,p-1}(\alpha,\alpha')-J_{\gamma-1}^{s,p-1}(\alpha-1,\alpha')\}, \tag{f.15}$$

---

① 具体推导见 W. Gordon, Annalen der Physik[5]2,1031,1929.

可使 $\mathrm{J}_{\gamma}^{sp}(\alpha,\alpha')$ 化成 $p=0$ 的积分式. 然后,公式

$$\mathrm{J}_{\gamma}^{s+1,0}(\alpha,\alpha')=\frac{4}{k^2-k'^2}\left\{\left[\frac{\gamma}{2}(k-k')-k\alpha+k'\alpha'-k's\right]\mathrm{J}_{\gamma}^{s0}(\alpha,\alpha')+\right.$$
$$\left.+s(\gamma-1+s-2\alpha')\mathrm{J}_{\gamma}^{s-1,0}(\alpha,\alpha')+2\alpha' s\mathrm{J}_{\gamma}^{s-1,0}(\alpha,\alpha'+1)\right\} \tag{f.16}$$

最后可使 $\mathrm{J}_{\gamma}^{sp}(\alpha,\alpha')$ 化成 $s=p=0$ 的积分式.

索　　引①

① 这个索引不重复目录，而是其补充. 索引包括目录中未直接反映出来的术语和概念.

《弹性理论（第五版）》

本书是《理论物理学教程》的第七卷，系统地讲述了弹性力学的基本理论和方法，重点讨论了弹性理论的基本方程，介绍了半无限弹性介质问题，固体接触问题的经典解法和晶体的弹性性质，还讨论了板和壳的问题，杆的扭转和弯曲以及弹性系统的稳定性问题，并用宏观连续介质力学方法深入地阐述了弹性波以及振动的理论问题，位错的力学问题，固体的热传导和黏滞性理论以及液晶的力学理论。本书叙述精练，推演论证严谨，更着重于问题的物理描述。本书可作为高等学校物理专业高年级本科生教材，也可供相关专业的研究生和科研人员参考。

《连续介质电动力学（第四版）》

本书是《理论物理学教程》的第八卷，系统阐述了实体介质的电磁场理论以及实物的宏观电学和磁学性质。全书论述条理清晰，内容广泛，包括导体和介电体静电学、恒定电流、恒定磁场、铁磁性和反铁磁性、超导电性、准恒电磁场、磁流体动力学、介质内的电磁波及其传播规律、空间色散、非线性光学和电磁波散射等内容。本书可作为理论物理专业的研究生和高年级本科生教材，也可供科研人员和教师参考。